원소 주기율표

- 금속
- 비금속
- 반금속

IA (1)	IIA (2)	IIIB (3)	IVB (4)	VB (5)	IVB (6)	VIIB (7)	VIIIB (8)	VIIIB (9)	VIIIB (10)	IB (11)	IIB (12)	IIIA (13)	IVA (14)	VA (15)	VIA (16)	VIIA (17)	VIIIA (18)
1 H 1 008																	2 He 4.003
3 Li 6.941	4 Be 9.013											5 B 10.811	6 C 12.011	7 N 14.067	8 O 15.999	9 F 18.998	10 Ne 20.180
11 Na 22.990	12 Mg 24.305											13 Al 26.982	14 Si 28.086	15 P 30.974	16 S 32.065	17 Cl 35.453	18 Ar 39.948
19 K 39.098	20 Ca 40.078	21 Sc 44.956	22 Ti 47.867	V 50.942	24 Cr 51.996	25 Mn 54.938	26 Fe 55.845	27 Co 58.933	28 Ni 58.693	29 Cu 63.546	30 Zn 65.390	31 Ga 69.723	32 Ge 72.590	33 As 74.922	34 Se 78.960	35 Br 79.904	36 Kr 83.789
37 Rb 85.469	38 Sr 87.620	39 Y 88.906	40 Zr 91.224	41 Nb 92.906	42 Mo 95.95	43 Tc (98)	44 Ru 101.07	45 Rh 102.91	46 Pd 106.42	47 Ag 107.87	48 Cd 112.4	49 In 114.82	50 Sn 118.701	51 Sb 121.760	52 Te 127.60	53 I 126.904	54 Xe 131.293
55 Cs 132.91	56 Ba 137.33	71 Lu 174.97	72 Hf 178.5	73 Ta 180.95	74 W 183.85	75 Re 186.21	76 Os 190.2	77 Ir 192.22	78 Pt 195.078	79 Au 196.967	80 Hg 200.59	81 Tl 204.38	82 Pb 207.2	83 Bl 208.980	84 Po (209)	85 At (210)	86 Rn (222)
87 Fr (223)	88 Ra (226)	103 Lr (262)	104 Rf (267)	105 Db (268)	106 Sg (271)	107 Bh (272)	108 Hs (270)	109 Mt (276)	110 Ds (281)	111 Rg (280)	112 Cn (285)	113 Nh (286)	114 Fl (289)	115 Mc (290)	116 Lv (293)	117 Ts (294)	118 Og (294)

란탄족	57 La 138.906	58 Ce 140.116	59 Pr 140.908	60 Nd 144.240	61 Pm (145)	62 Sm 150.36	63 Eu 151.964	64 Gd 157.25	65 Tb 158.925	66 Dy 162.501	67 Ho 164.930	68 Er 167.259	69 Tm 168.934	70 Yb 173.054
악티늄족	89 Ac (227)	90 Th 232.038	91 Pa 231.036	92 U 238.029	93 Np (237)	94 Pu (244)	95 Am (243)	96 Cm (247)	97 Bk (247)	98 Cf (251)	99 Es (252)	100 Fm (257)	101 Md (258)	102 No (259)

화학물들의 몰질량

화합물	몰질량
$AgBr$	187.772
$AgCl$	143.32
Ag_2CrO_4	331.729
AgI	234.7727
$AgNO_3$	169.872
$AgSCN$	165.95
Al_2O_3	101.960
$Al_2(SO_4)_3$	342.13
As_2O_3	197.840
B_2O_3	69.62
$BaCO_3$	197.335
$BaCl_2 \cdot 2H_2O$	244.26
$BaCrO_4$	253.319
$Ba(IO_3)_2$	487.130
$Ba(OH)_2$	171.341
$BaSO_4$	233.38
Bi_2O_3	465.958
CO_2	44.009
$CaCO_3$	100.086
CaC_2O_4	128.096
CaF_2	78.075
CaO	56.077
$CaSO_4$	136.13
$Ce(HSO_4)_4$	528.37
CeO_2	172.114
$Ce(SO_4)_2$	332.23
$(NH_4)_2Ce(NO_3)_6$	548.22
$(NH_4)_4Ce(SO_4)_4 \cdot 2H_2O$	632.53
Cr_2O_3	151.989
CuO	79.545
Cu_2O	143.091
$CuSO_4$	159.60
$Fe(NH_4)_2(SO_4)_2 \cdot 6H_2O$	392.13
FeO	71.844
Fe_2O_3	159.687
Fe_3O_4	231.531
HBr	80.912
$HC_2H_3O_2$ (acetic acid)	60.052
$HC_7H_5O_2$ (benzoic acid)	122.123
$(HOCH_2)_3CNH_2$ (TRIS)	121.135
HCl	36.46
$HClO_4$	100.45
$H_2C_2O_4 \cdot 2H_2O$	126.064
H_5IO_6	227.938
HNO_3	63.012
H_2O	18.015
H_2O_2	34.014
H_3PO_4	97.994
H_2S	34.08
H_2SO_3	82.07
H_2SO_4	98.07
HgO	216.59
Hg_2Cl_2	472.08
$HgCl_2$	271.49
KBr	119.002
$KBrO_3$	166.999
KCl	74.55
$KClO_3$	122.55
KCN	65.116
K_2CrO_4	194.189
$K_2Cr_2O_7$	294.182
$K_3Fe(CN)_6$	329.248
$K_4Fe(CN)_6$	368.346
$KHC_8H_4O_4$ (phthalate)	204.222
$KH(IO_3)_2$	389.909
K_2HPO_4	174.174
KH_2PO_4	136.084
$KHSO_4$	136.16
KI	166.0028
KIO_3	214.000
KIO_4	229.999
$KMnO_4$	158.032
KNO_3	101.102
KOH	56.105
$KSCN$	97.18
K_2SO_4	174.25
$La(IO_3)_3$	663.610
$Mg(C_9H_6NO)_2$ (8-hydroxyquinolate)	312.611
$MgCO_3$	84.313
$MgNH_4PO_4$	137.314
MgO	40.304
$Mg_2P_2O_7$	222.551
$MgSO_4$	120.36
MnO_2	86.936
Mn_2O_3	157.873
Mn_3O_4	228.810
$Na_2B_4O_7 \cdot 10H_2O$	381.36
$NaBr$	102.894
$NaC_2H_3O_2$	82.034
$Na_2C_2O_4$	133.998
$NaCl$	58.44
$NaCN$	49.008
Na_2CO_3	105.988
$NaHCO_3$	84.006
$Na_2H_2EDTA \cdot 2H_2O$	372.238
Na_2O_2	77.978
$NaOH$	39.997
$NaSCN$	81.07
Na_2SO_4	142.04
$Na_2S_2O_3 \cdot 5H_2O$	248.17
NH_4Cl	53.49
$(NH_4)_2C_2O_4 \cdot H_2O$	142.111
NH_4NO_3	80.043
$(NH_4)_2SO_4$	132.13
$(NH_4)_2S_2O_8$	228.19
NH_4VO_3	116.978
$Ni(C_4H_7O_2N_2)_2$ (dimethylglyoximate)	288.917
$PbCrO_4$	323.2
PbO	223.2
PbO_2	239.2
$PbSO_4$	303.3
P_2O_5	141.943
Sb_2S_3	339.70
SiO_2	60.083
$SnCl_2$	189.61
SnO_2	150.71
SO_2	64.06
SO_3	80.06
$Zn_2P_2O_7$	304.70

Robert M. Granger II
Hank M. Yochum
Jill N. Granger
Karl D. Sienerth

그레인저의

핵심 기기분석

INSTRUMENTAL ANALYSIS

이용일 / 김주훈 · 김태영 · 이영복 · 조원련 옮김
역자 대표

사이플러스
Science plus

옮긴이 머리말

Preface

21세기 과학기술은 NT, ET, BT, IT 등의 첨단기술로 대표되고 있으며, 학제적 융합기술로 발전하고 있다, 이러한 첨단 과학기술의 발전은 신속하고 정확한 분석기술의 뒷받침이 없다면 과학기술의 개발 자체가 불가능하다. 실제적으로 기기분석은 화학뿐만 아니라 식품, 의약품, 생명과학, 화학공업, 환경 및 에너지 분야에서 광범위하게 활용되고 있어서. 이와 관련된 학과의 대학 학부과정에서 필수적으로 이수해야 하는 교과목이다.

이 책은 R. M. Granger II, H. M. Yochum, J. N. Granger, K. D. Sienerth가 저술한 "*Instrumental Analysis*"를 바탕으로 현대 기기분석의 핵심 분야만을 선정하여 각 분야의 전문가들이 알기 쉽게 편역한 교과서이다. 이 책은 원자 및 분자분광법, 전기분석법, 크로마토그래피법 및 질량분석법에 관한 기본 이론, 장치 디자인, 응용과 작동법을 기술하고 있으며, 무엇보다 학생들에게 여러 가지 기기분석 기술의 장점과 단점을 상대적으로 비교하여 다양한 기기분석 기술을 평가하는 방법을 명확히 알려주고 있다. 또한 이 책은 어려운 전문적인 지식과 이론을 기술하고 있는 대부분의 기기분석 교재와는 달리 논리적인 접근 방식으로 구성되어, 학생들이 점진적인 사고를 통하여 기본 원리를 쉽게 이해할 수 있으며, 간단한 도구를 이용한 실제 사례를 첨부하여 응용성에 대한 이해를 도와주고 있다.

이 책은 화학뿐 아니라 생명과학, 화학공학, 제약공학, 재료과학 등을 전공하는 학부생들을 위해 한 학기용 혹은 두 학기용으로 편역되었으며, 기초 이론, 원자분광분석, 분자분광분석, 분리분석, 전기분석의 5개의 부로 나누어져 있어서 전공 분야에 따라 적절한 분야를 선택하여 강의할 수 있다. 사용된 학술용어는 대한화학회의 화학술어집과 화합물 명명법에 따라 원문과 함께 볼드체나 이태릭체로 표기되어 있다.

모쪼록, 본 교재를 통하여 장차의 연구나 분석 실무를 위해 필요한 현대 기기분석법의 원리와 응용법을 보다 쉽게 논리적으로 이해하고, 보다 광범위하게 실제적으로 적용할 수 있기를 기대하며, 기기분석을 처음으로 접하는 학생들에게는 매우 흥미로운 관심을 유발시켜 주는 안내서로 역할을 다 할 것이라 믿는다.

옮긴이 적음

지은이 머리말

Preface

이 책의 구성

이 교과서는 다섯 개의 구역으로 구성되어 있으며, 여러 가지 강의 및 학습 기능을 제공한다.

- **1부(1~2장): 기초.** 이 책은 분석기술을 분석자들이 질문에 대답하기 위해 사용하는 도구라고 생각하는 견지에서 마련된 "분석자의 도구상자"라는 소개의 장으로 시작한다. 능숙한 분석자는 복잡한 화학 문제를 해결하기 위하여 다양한 도구의 사용법을 알아야 한다. 이 주제는 책 전반에 걸쳐 계속하여 강조되며, 1부의 나머지 부분은 기초 지식을 복습하고, 기기분석 신호처리에 대해 설명한다. 대부분의 학부 화학 프로그램에서 이러한 주제들을 필수과목으로 가르치지만, 이에 대한 재검토는 개개의 기기 유형을 파악하는 데 많은 도움이 된다.

- **2부(3~5장): 원자분광법.** 세 개의 장에서는 원자 기기분석의 핵심 주제를 다루고 있으며, 원자흡수분광법에 대한 토론으로 시작하여 원자발광분광법으로 이어진다. 또한, X-ray 분광법으로 확장하여, 원자흡수분광법 및 원자방출분광법과 비교하여 원소 분석 기술로서의 X-ray 분광법의 역할에 대해 논의하게 된다.

- **3부(6~11장): 분자분광법.** 진동분광법[적외선(IR)과 라만]에 관한 두 장에서도 X-ray 분광법에 대하여 논의할 것이며, 학생들이 마이크로소프트사의 엑셀을 사용하여 Fourier 변환을 수행할 수 있도록 하는 여러 활동을 통해 IR 분광법의 Fourier 변환을 소개한다. 소형화된 레이저의 출현으로 과거 수십 년 동안에 라만 분광법의 유용성은 크게 향상되었으며, 따라서 이 책에서는 라만 분광법에 대해 장 전체를 할여하여 설명하고 있다. 다음으로 이온 발생, 질량 선택 및 검출을 분리하여 설명하는 모듈 접근법을 사용하여 질량분광법(MS)에 대하여 논의하고 있다. 가장 일반적인 MS 응용 프로그램을 "플러그 앤 플레이(plug and play)" 모델을 이용하여 나타내고 있으며, 따라서 학생들이 매우 다양한 MS 기기 유형을 "종합"할 수 있게 해 준다. 3부는 핵자기 분광법에 대한 논의로 마무리하게 되는데, 핵자기 공명(NMR)은 유기화학 과목에서 논의되었을 가능성이 높지만, 이 책에서는 데이터 해석에만 초점을 두지 않고 어떻게 신호가 생성, 탐지 및 처리되는지에 대한 기기설계에 중점을 두고 있다.

- **4부(12~14장): 분리분석법.** 화학분석을 하기 전에, 분석물은 매트릭스로부터 반드시 분리되어야 한다. 이 구역에서는 세 가지의 가장 일반적인 기기분리기술인 액체 크로마토그래피, 기체 크로마토그래피, 전기동을 논의한다. 각각의 장은 분리기술에 적용되는 기본적인 원리로부터 시작하고 있으며, 가장 널리 알려진 응용법과 각 분리 분석법의 "최첨단 기술"에 대해서도 논의하고 있다.

- **5부(15~16장): 전기분석법.** 이 책은 전위차법 및 탐침을 다루는 장과 전압전류법에 대한 별도의 장으로 구성되어 있다. 전위차법의 분석적 응용은 소형 전자 장치의 발전으로 많은 발전이 이루어졌으며, 전위차법에 대한 논의에서는 탐침의 설계와 적용을 강조하여 설명하였다. 오늘날 탐침은 법 집행, 수사과학 및 보안 시스템뿐만 아니라 의학, 환경 모니터링 및 품질 관리 시스템에서 정기적으로 사용되고 있다. 전압전류법은 전기 활성 시스템에 관한 정량적 및 정성적 정보를 얻는 데 사용되고 있으며, 빠르고 저렴하며 신뢰할 수 있는 수단을 제공한다. 또한, 전압전류법은 화학적 반응과 전기화학적 반응이 일어나는 시스템의 메커니즘에 관해 중요한 정보를 제공한다. 여기서 주목할 점은 전압전류법은 세포 내 수준으로 규모를 축소하여 실험을 수행할 수 있다는 점이다. 16장에서는 전압전류법의 기초에 대해 논의하고, 연구 실험실에서 사용되는 몇몇 일반적인 파형을 포함하며, 마이크로, 나노 크기의 전극의 유용성과 한계점을 설명한다.

강의 및 학습 기능

- **비교 및 대조:** 책이 전개됨에 따라 전략적으로 배치된 비교 및 대조(compare and Contrast)를 통해 여러 가지 다른 분석 기술들을 직접 비교할 수 있다. 학생들이 한 기술을 배울 때 다른 기술과 비교하여 이 기술의 장단점을 이해하도록 돕기 위해 특별히 고안되었다. 비교 및 대비 기능은 분리, 분석 속도, 검출 한계, 구매 비용, 운영 비용, 유지 관리 비용, 시료 준비 시간 그리고 파괴 대 비파괴 분석 같은 것들을 직접 비교할 수 있는 표로 적절하게 제공되고 있다. 이 기능은 기기의 디자인과 유용성면에서 유사점과 차이점을 강조한 벤다이어그램으로 표현되어 있기도 하며, 학생들이 한 구역에서 다른 구역으로 넘어갈 때 유사점과 차이점에 대한 비판적인 사고를 유도하고 있다.

- **프로파일:** 학생들이 상상력과 흥미를 가지도록 각 장에서 실제적인 응용으로 시작하고 각 장마다 추가적인 프로파일(Profile)을 두고 있다. 이 상자는 학생들이 자주 묻는 "그래서 뭐?"와 "누가 신경 쓰는가?"라는 질문에 대답하도록 고안되어 있다.

- **실습활동:** 이 책에는 학생들이 물리적 현상을 재현하거나 쉽게 얻을 수 있는 재료를 사용하여 작동하는 기기의 구성 요소를 구축할 수 있는 실습활동(activity)가 포함되어 있다. 이러한 활동은 학생이 교실 밖에서 활동을 수행할 수 있도록 설계되어 있으며, 또한 학습시간에 시범을 보여주거나 혹은 소그룹 활동으로도 적합하다.

- **예제:** 각 장에는 핵심적인 계산 그리고 연습을 통해 학생들을 지도하는 여러 가지 학습 예제가 포함되어 있으며, 추가적인 연습 문제도 각 장의 끝에 포함되어 있다.

- **문제:** 학습 예제와 매우 유사한 여러 가지 문제들을 두어 학생들이 능숙하게 문제를 풀 수 있도록 해 준다.

- **심화자료:** 각 장의 마지막에 그 주제와 관련된 영향력 있는 글 혹은 저널 논문들을 나타내어 심화 학습자료를 제공한다.

- **연습 문제:** 핵심적인 개념을 강화하는 연습 문제는 각 장의 끝 부분에 전략적으로 배치되어 있으며, 핵심적인 아이디어들을 한층 강화하게 된다.

간추린 차례

Brief Contents

제4부 분리분석법
Separation Science

제5부 전기분석법
Electroanalytical Techniques

차례

Contents

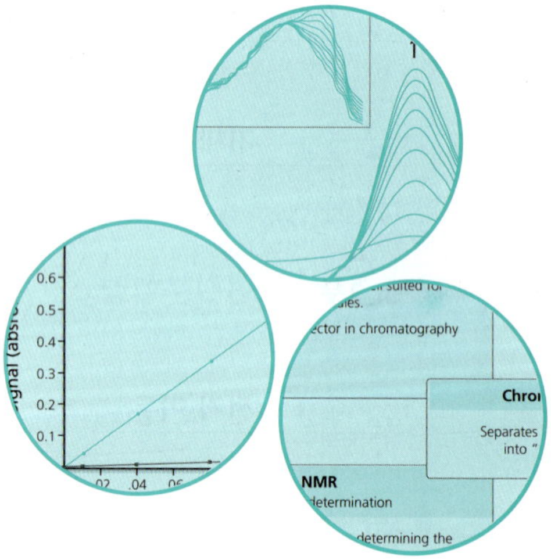

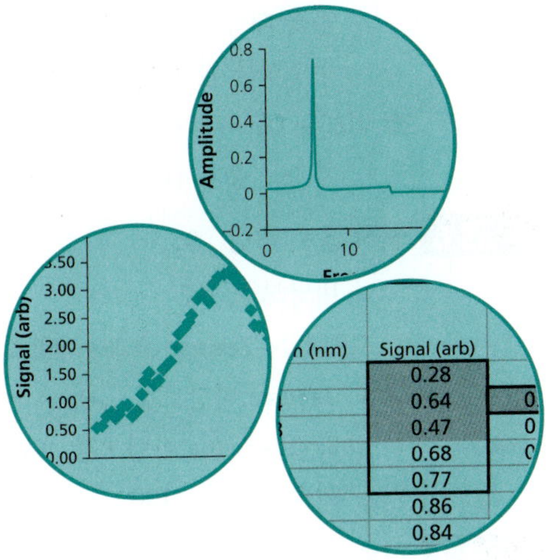

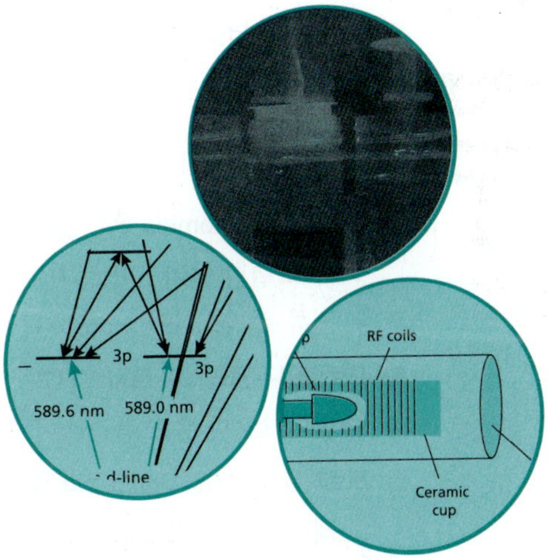

589.6 nm
589.0 nm
RF coils
Ceramic cup

제4장 원자 방출 분광법 109

Atomic Emission Spectroscopy

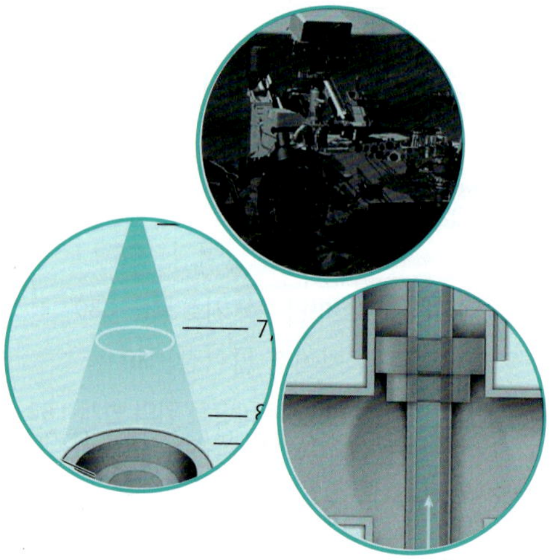

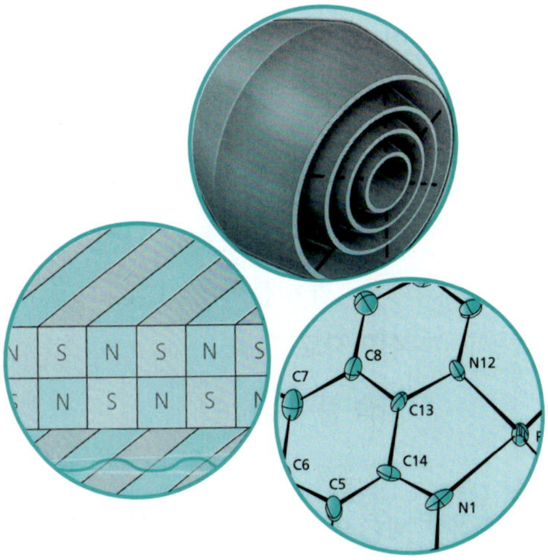
N
S
N
S
N
S
N
S
N
S
C8
N12
C7
C13
C14
C6
C5
N1

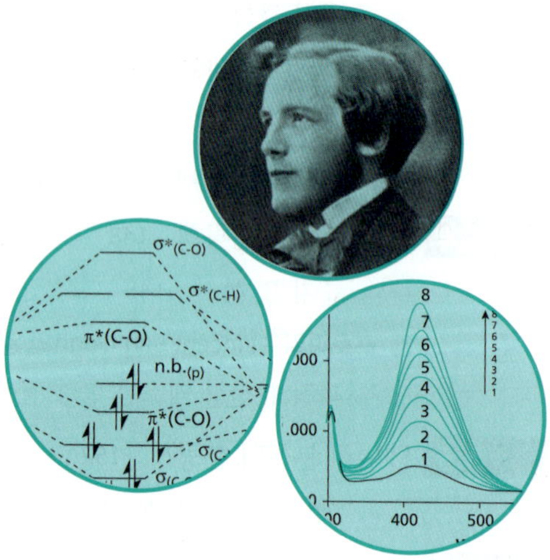

σ*(C-O)
σ*(C-H)
π*(C-O)
n.b.(p)
π*(C-O)
400
500

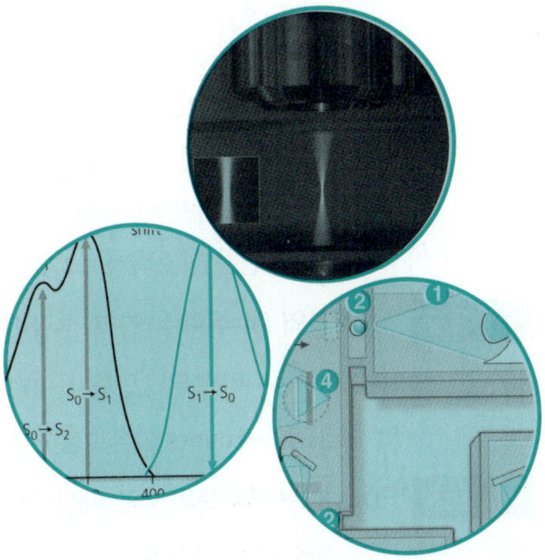
$S_0 \to S_1$
$S_1 \to S_0$
$S_0 \to S_2$
400

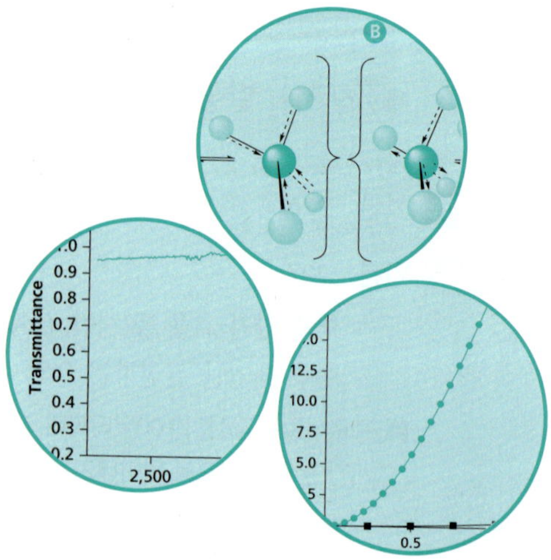

B
Transmittance
0.9
0.8
0.7
0.6
0.5
0.4
0.3
2,500
12.5
10.0
7.5
5.0
0.5

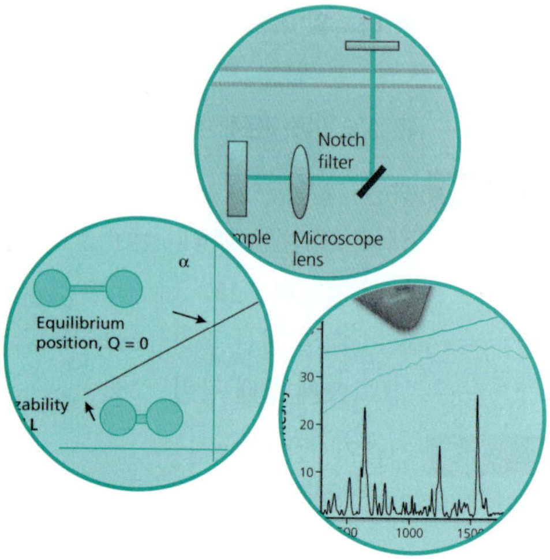
Notch filter
mple
Microscope lens
α
Equilibrium position, Q = 0
zability
L
30
20
10
1000
150

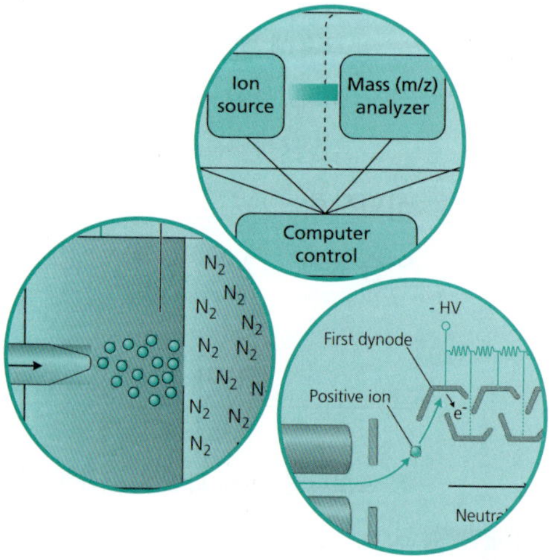
Ion source
Mass (m/z) analyzer
Computer control
N_2
- HV
First dynode
Positive ion
e^-
Neutra

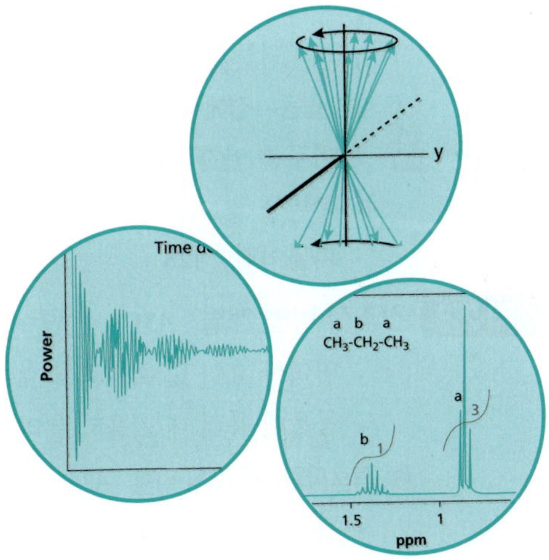

y
Power
a b a
CH_3-CH_2-CH_3
a
3
b
1
1.5
1
ppm

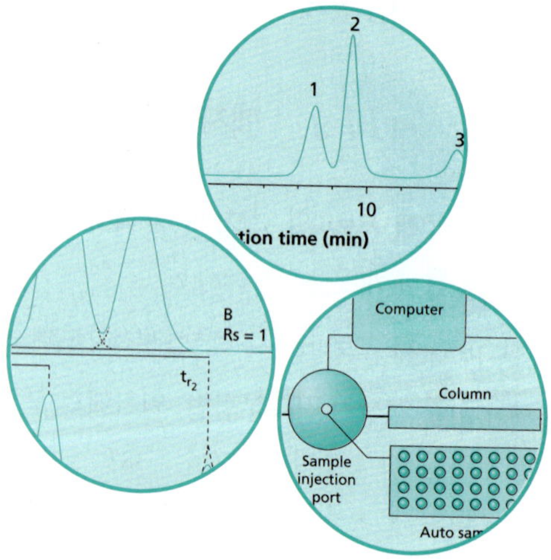
2
1
10
B
Rs = 1
Computer
Column
Sample
injection
port

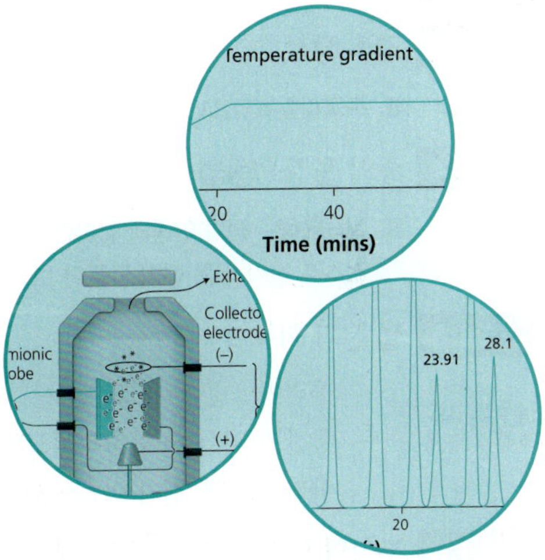
Temperature gradient
20
40
Time (mins)
(–)
(+)
23.91
28.1
20

제14장 전기 이동 503

Electrophoresis

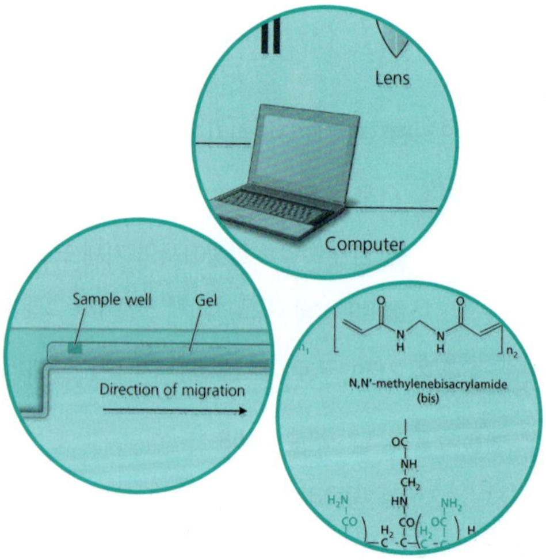

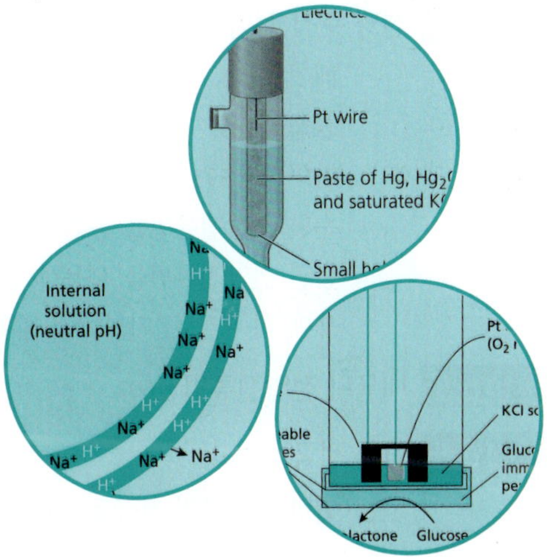
Pt wire
Internal
solution
(neutral pH)
Glucose

제16장 분석적 전압전류법 573

Analytical Voltammetry

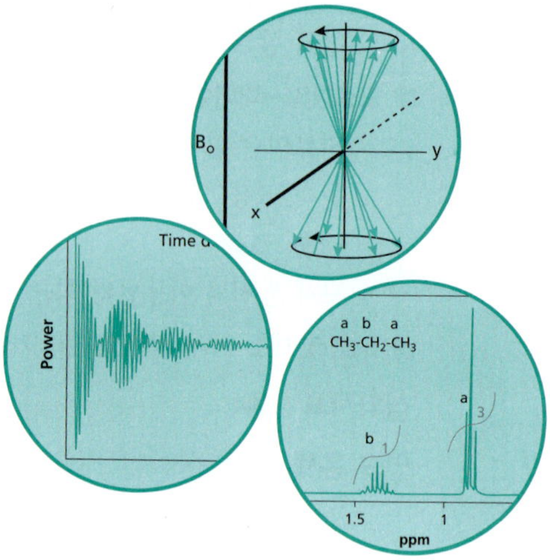

제 1 장

분석자의 도구상자

The Analyst's Toolbox

▶ 개념_Concepts

▶ 특집_Features

프로파일

비교 및 대조

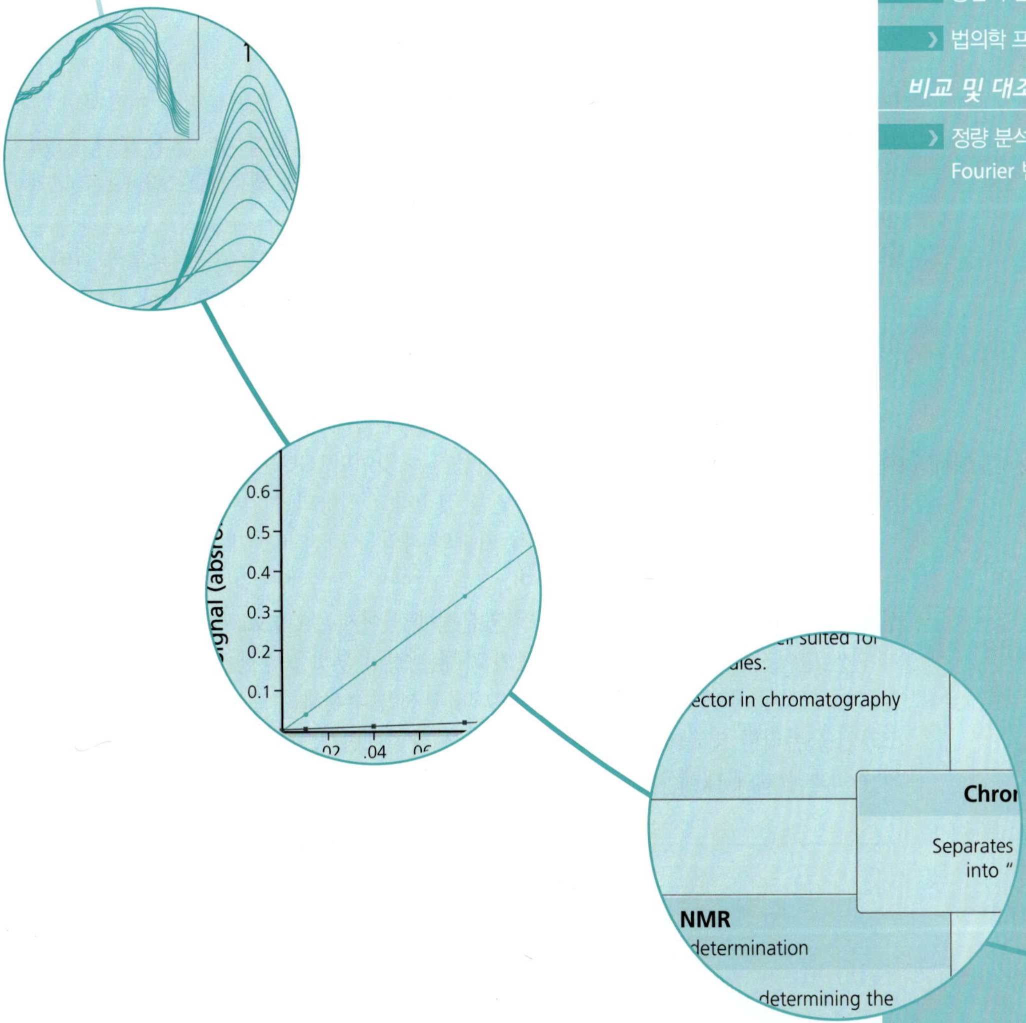

▸프로파일_*Profile*
시나리오

윗입술에 흰 가루가 묻어 있는 한 남자가 거실 바닥에 죽은 채 누워 있는 것이 발견되었다. 그 남자의 룸메이트는 코카인 소지 혐의로 사전에 체포되었다. 그러나 주방 조리대에도 흰 가루가 뿌려진 도넛 한 상자가 있다. (1) 남자의 입술에 묻은 분말이 코카인인지, (2) 만약 그것이 코카인인 경우 코카인이 HCl 형태인지 또는 유리 염기 형태인지(어떤 형태를 소유했는지에 따라 처벌이 다르다), (3) 만약 그것이 코카인인 경우 남자가 약물 과다 복용으로 죽었는지(즉, 그의 혈액 속 코카인의 농도는 얼마인가)의 여부를 판단하는 것이 여러분의 일이다.

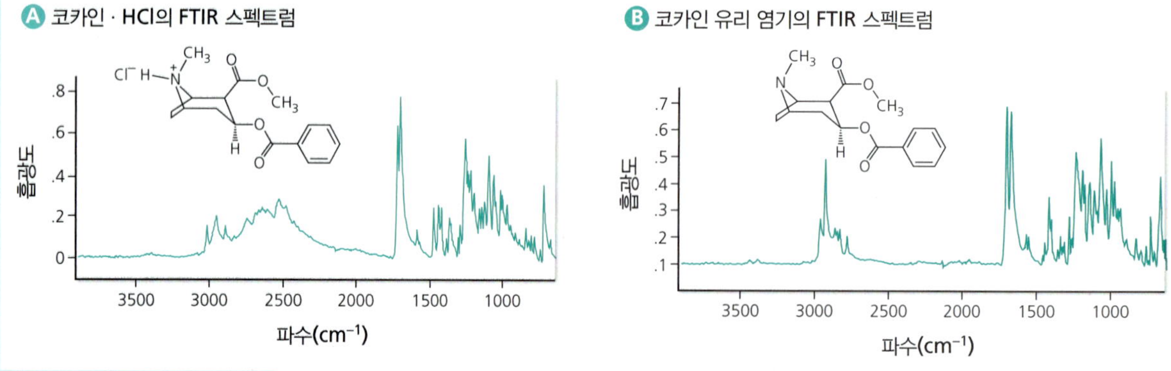

그림 1.1 (A) 코카인 · HCl, (B) 코카인 유리 염기의 FTIR 스펙트럼.

이러한 문제들에 답하기 위해서 여러분은 몇 가지 다른 기기들을 사용할 필요가 있다. 예를 들어, 흰 가루의 단순한 Fourier 변환 적외선(FTIR) 스펙트럼을 이용하면 그 분자의 구조적 성분을 확인함으로써 그것을 코카인으로 식별할 수 있다. 또한 FTIR은 화합물의 형태(유리 염기 또는 HCl 염)를 결정할 수 있게 해준다. 그림 1.1은 코카인 · HCl과 유리 염기 코카인의 FTIR을 보여 준다. 이 두 분자는 구조적으로 거의 동일하지만, FTIR 스펙트럼 분석에 의해 쉽게 구별된다. 만약, 여러분이 그 가루가 코카인이라고 결정하면, 다음으로 남자의 혈액 속에서 코카인 농도를 측정하게 될 것이다. 고성능 액체 크로마토그래피(HPLC)를 사용하여 코카인을 분리할 수 있으며, HPLC는 코카인을 검출하고 정량화하기 위해 자외선-가시선(UV-vis) 분광계와 연결되어 있을 가능성이 크다. 또 다른 방법은 코카인을 유기 용매 속에서 추출하고, 코카인을 분리하기 위하여 기체 크로마토그래피(GC)를 사용하는 것이다. GC는 검출기로서 질량 분석기와 연결될 수 있으며, 이는 또한 코카인을 검출하고 정량화할 것이다.

이 시나리오에서 보여 주는 것은 각 기술의 다양한 강점과 한계를 파악하고 이해하는 것이 중요하다는 것이다. 예를 들어, 그림 1.1에서 볼 수 있듯이 FTIR 분광법은 정성 분석에 매우 효율적이다. 하지만 정량 분석에 있어서는 UV-vis 분광법에 비해 성능이 훨씬 떨어진다. 반면에, UV-vis 분광기 자체는 정성 분석을 수행하는 데 거의 쓸모가 없으며, 이것이 우리가 시료의 정성적 UV-vis 분석을 수행하기 전에 HPLC를 사용하여 코카인을 분리한 이유이다. 이 책의 각 장들을 살펴보면서, 여러분은 수많은 분석 기법의 능력과 한계에 대해 알게 될 것이다. ■

1.1 서론

기기 분석법은 본질적으로 인간의 감각을 확장하려는 노력에서 비롯된다. 본문에서 상당히 넓은 범위의 기기와 각각의 기기에 관련된 방법을 자세하게 설명할 것이다. 우리가 새로운 기술을 소개할 때 여러분이 이미 익숙한 기술의 맥락에서 각각의 새로운 기술을 통합하는 것이 중요하다. 이 장의 목적은 다섯 가지의 일반적인 기기분석 기술을 규명하는 것이다. 지금까지 여러분들의 실험실 경험은 많은 부분이 한 번에 한 가지 기술을 사용하는 것에 집중되어 있었지만, 실제로 분석자는 실험실에서 자신의 목표를 달성하기 위해 광범위한 지식을 습득하고 활용해야 한다. 이 장에 제시된 다섯 가지 기술 뿐 아니라 다른 많은 기술들도 이후 장에서 자세히 다룰 것이다.

다섯 가지 중요한 *유형*의 기기가 화학에서 대부분의 문제 또는 응용 분야에 적용된다. 여기에는 *자외선-가시선(UV-vis) 분광법, Fourier 변환 적외선 분광법(FTIR),*[1] *핵자기 공명 분광법(NMR), 질량 분석법(MS), 크로마토그래피*(액체 크로마토그래피[LC]와 기체 크로마토그래피[GC])가 포함된다. 실제로, 화학시설(학술적 또는 산업적)들을 방문해 보라. 여러분은 의심할 여지없이 이러한 기기의 유형을 찾을 수 있을 것이다.

여기에서 논의된 네 가지 기기 유형은 분광학적 방법(UV-vis, FTIR, NMR, MS)이지만, 그중에서 2개(UV-vis, FTIR)만이 **광학적 방법**(optical method)으로 간주됨을 주목하자.[2] UV-vis 분광법은 분자 내에서의 전자 전이를 측정하고,[3] 반면에 FTIR 분광법은 각 결합 유형에 관련된 진동 주파수를 측정한다.[4] 이들 둘 다 흡수법인데, 즉 에너지가 계에 유입되고 우리는 그 에너지의 변화를 관찰한다. UV-vis 및 FTIR에서 에너지원은 가시선 범위 내에 있거나 외부(자외선 내지 적외선)에 있다. NMR 분광법 또한 흡수를 포함하지만, 외부적으로 작용된 자기장에 의해 에너지가 계로 유입된다. 이러한 분광분석법은 분자를 "보는" 능력을 확장시키고 정상적인 인간의 감각을 벗어난 분자 상호작용을 탐지한다.

스펙트럼(spectrum) 및 **분광분석법**(spectrometry)이라는 용어는 역사적으로 다양한 파장 범위의 빛을 관찰하는 것을 의미한다. 그러나 MS는 본질적으로 빛 또는 광자를 전혀 다루지 않고, 대신에 MS는 "질량 스펙트럼" 또는 특정 질량 대 전하 비의 이온 수를 넓은 범위에 걸쳐 측정한다. MS는 우리가 물체의 무게를 재는 능력을 원자 수준까지 확장시킨다. MS를 사용하여 특정 동위 원소의 몰질량을 높은 정확도로 결정할 수 있지만, 질량 분석기의 대다수는 구조 및 구성 성분을 결정하기 위한 분자 분석에 사용된다.

소개된 다섯 가지 기술 중에서 특이한 것은 크로마토그래피인데, 이것은 혼합물의 구성 성분을 효율적으로 분리하는 것을 다룬다. 크로마토그래피는 분광분석법이 아니며, 실험 결과를 관찰하기 위한 검출기로 *다른* 유형의 기기가 사용되지 않고서 단독적인 분석 방법으로 실행될 수 없다. 하지만 크로마토그래피는 우리가 복잡한 혼합물로부터 각각의 물질들을 분리할 수 있게 해주고, 주로 다른 분석 기술에 앞서 수행된다. 크로마토그래피는 분석자에게 절대적으로 필요한 것이며, 모든 분석 화학자는 크로마토그래피 분리 방법에 대한 실질적인 경험을 쌓아야 한다.

---

[1] 라만 분광법은 앞으로 수십 년 안에 FTIR을 능가할 것으로 보인다.

[2] **광학적**(optical)이란 광원에서 발생하는 빛의 세기(P_0)를 측정하고, 그 뒤에 빛을 흡수하는 물질을 통과한 후의 빛의 세기(P)를 측정하는 방법을 의미한다.

[3] 많은 원자 분광학적 방법(3, 4장)은 자외선/가시선 빛의 흡수 및/또는 방출을 포함하지만, *UV-vis*라는 용어는 일반적으로 용액에서 분자 분광법을 의미하는 것으로 이해된다.

[4] 적외선 분광법은 전적으로 분자 기술이다. 단일 원자는 진동 들뜸을 겪을 수 없다.

1.2 자외선-가시선 분광법

UV-vis 분광법은 *전자기 스펙트럼*(electromagnetic spectrum, EMS)에서 195~400 nm의 자외선 영역과 400~900 nm의 가시선 영역에서의 광자의 흡수를 포함한다. 정확히 말하면 700~900 nm까지의 영역이 EMS의 근적외선 영역이다. 그러나 우리는 간단히 이 기술을 UV-vis 분광법이라고 부른다. UV-vis 기기와 관련된 자세한 내용은 6장에서 다룰 것이다. 여기에서는 분석자가 문제를 해결하는 데 사용할 수 있는 여러 기기 중 하나의 맥락에서 UV-vis 분광법을 소개한다. EMS의 UV-vis 범위에서 광자의 흡수는 결합 분자 궤도에서 전자가 더 높은(보통 반결합) 궤도로 전이하는 것과 관련이 있다.[5] 우리는 입사 광자의 에너지가 **바닥 상태**(ground state, E_0)에서 **들뜬 상태**(excited state, E_1)로 전자를 전이시키는 데 필요한 에너지와 같을 때 빛의 흡수를 볼 것으로 예상한다. 흡수만이 발생했다면, 모든 UV-vis 흡수에 대한 선 스펙트럼을 볼 것으로 예상된다. 그러나 여러분이 이전 화학 강좌의 경험으로부터 알고 있듯이 UV-vis 흡수 피크는 일반적으로 넓다. 6장은 실험적 관찰에 대한 이론적 설명을 제공하는데, 이는 다음과 같이 요약된다.

1. 각각의 전자 전이와 관련된 여러 진동 및 회전 전이가 있다.
2. 흡수 화학종과 용매 사이의 상호 작용은 모든 전이에 대해 바닥 상태와 들뜬 상태를 변화시킨다.

이러한 조건들은 각각의 명목상 분자 오비탈 에너지 준위에 대하여 비교적 넓은 범위에 매우 근접한 간격의 에너지 준위를 생성한다. 최종 결과는 명목상 피크 파장의 20~50% 범위의 바탕선 너비를 나타내는 일반적으로 넓은 UV-vis 흡수 피크이다. 넓은 UV-vis 피크는 UV-vis 분광법이 정성 분석을 하기에 좋지 않은 선택이 되지만, UV-vis가 **정량 분석**(quantitative analysis)에는 좋은 선택이 된다(이유는 1.3절 이후의 비교 및 대조에서 설명할 것임).

원칙적으로 UV-vis 스펙트럼을 나노미터 단위의 파장(가로 좌표 또는 x축)에 대한 흡광도(세로 좌표 또는 y축)로 도시한다. 흡광도를 측정하려면 먼저 흡수되지 않은 신호(바탕값)의 강도를 측정하고 그 다음에 시료를 측정해야 한다. 우리는 컴퓨터로 흡광도 스펙트럼을 계산하고 나타내지만, 근본적으로 기기는 각 파장에서 빛 유출량을 측정하고 투과도를 결정한다. (6장에서 더 자세한 내용을 다룬다.)

자외선-가시선 분광법이 정량 분석에 도움이 되는 이유 중 하나는 자외선-가시선 분광법과 관련된 광자가 특정 광 방출 물질에서 전자에 대한 결합 에너지를 극복할 만큼 충분히 활력이 있다는 사실인데,[6] 이 사실은 광전증배관과 연속 단계 광 다이오드와 같은 가장 민감한 광자 검출기를 이용할 수 있게 한다. 우리는 6장에서 이러한 검출기 중 일부의 구성을 살펴 볼 것이다.

전형적인 UV-vis 스펙트럼은 극소수의(때로는 1개에 불과한) 피크를 나타내며, 이러한 피크의 자연적인 너비 때문에 피크를 분리할 수 없는 경우가 종종 있다. 이러한 낮은 분해능으로 인해 UV-vis 분광기는 정성 분석을 수행하는 데 부적절한 기기이지만, 여러분이 곧 알게 되는 바와 같이 낮은 분해능을 이용할 수 있게 된다. 특이하게도, UV-vis 스펙트럼에서 발견되는 넓은 피크 너비는 고정밀 분석에 매우 적합하다. 그림 1.2는 아세토나이트릴에서 **다이-2-피리딜 케톤**(di-2-pyridyl ketone, DPK)의 구조(삽입 그림)와 UV-vis 스펙트럼을 보여준다.[7] 그림 1.2(A)에서 240 nm와 272 nm에서 두 개의 강하고 잘 분해되지 않은 피크를 볼 수 있으며, 세 번째로 356 nm에서 매우 약한 피크를 볼 수

[5] 불연속적인 원자의 UV-vis 분광법은 원자 흡수 분광법이라고 하는 기술이다(3장 참조).
[6] 이것은 광전 효과의 응용이다.
[7] Sienerth, K. D.; Granger,R. M.; et al. *Inorg. Chem.* **2004**, 43, 72-28.

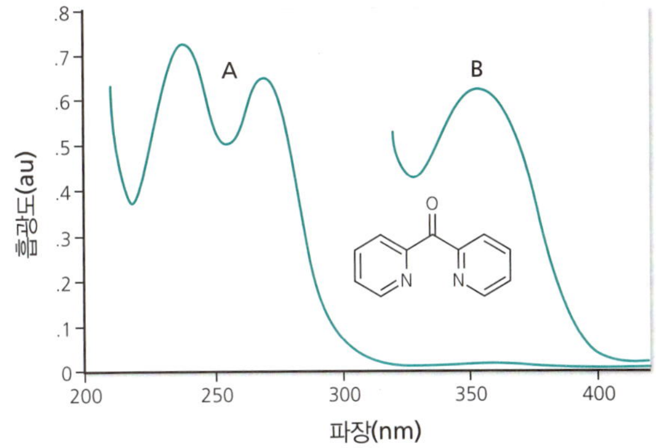

그림 1.2 건조된 아세토나이트릴에서의 DPK(구조 삽입)의 자외선-가시선 스펙트럼. DPK의 농도는 (A) 0.0828 mM과 (B) 4.17 mM이다. 용기의 경로 길이는 1.0 cm이다.

있다. 추가적인 정보가 없다면, *아마도* 그것이 파이 결합 및/또는 고립 전자쌍을 나타낸다는 것 이외에 이 스펙트럼은 분석물에 대해 실질적으로 정성적인 정보는 아무것도 알려줄 수 없을 것이다. 그러나 UV-vis 피크는 종종 높은 **몰 흡광도**(molar absorptivity)를 나타내는데,[8] 이것은 UV-vis 분광법을 기반으로 하는 방법의 감도를 크게 향상시킨다.

Beer의 법칙(Beer's law)[9]을 이용하여 직접적인 정량 분석을 하는 것이 UV-vis의 가장 일반적인 응용 방법이지만, UV-vis의 정성적인 응용을 전적으로 무시해서는 안 된다. 높은 감도는 실험자가 농도의 아주 작은 변화를 구별할 수 있게 해주며, 이 능력은 정성적인 응용(동역학 연구)에 도움이 된다. 동역학 측정은 보다 복잡한 화학 반응과 관련된 기초적인 분자 상호작용을 이해하는 데 사용된다. 이러한 측정이 성공적으로 이루어지기 위해서는 매우 짧은 시간 내에 몰농도의 작은 변화를 기록할 수 있어야 하는데, 이는 UV-vis 분광법에서 사용되는 대부분의 검출기의 신속한 응답과 회수로 뒷받침된다. Diazirines[10]의 연구를 기술한 최근 보고서에 의하면, 연구자들은 피코 초 단위로 마이크로몰의 변화를 측정할 필요가 있는 나노 초 미만의 수명을 갖는 전이 상태종의 UV-vis 스펙트럼을 관찰할 수 있다.[11] UV-vis 분광법은 또한 많은 생화학적 연구에서 가치 있는 정성적인 결과를 제공한다. 생화학 반응은 종종 수용성 매질을 필요로 하고 크고 복잡한 분자를 포함하기 때문에(둘 다 FTIR 및 NMR 방법에 대한 중요한 과제를 나타냄), UV-vis 분광법은 다른 종들과 큰 생체 분자들 사이의 상호 작용으로 인한 흡수 피크 파장의 변화를 모니터링하기 위하여 사용될 수 있다. 최근 Matera와 Clark는 UV-vis 분광법을 사용하여 죽상 동맥 경화증의 개시에 가능한 주범으로 여겨지는 효소인 *myeloperoxidase*(미엘로퍼옥시데이스)에 의한 지방산(저밀도 지질단백질과 유사)의 산화를 연구했다(그림 1.3).

좋은 품질의 연구용 분광 광도계는 일반적으로 190~1,100 nm의 범위에서 1~2 nm의 분해능을 얻을 수 있으며, 2016년 기준으로 가격은 $10,000 미만이다. 많은 실험실의 실험에 적합한 기본적인 수준의 분광 광도계는 $3,000 미만으로 구입할 수 있지만, 일반적으로 이러한 장비는 다양한 파장 범위에 걸친 전체적인 스펙트럼을 제공하기보다는 사용자가 모든 측정에 고정된 한 파장을 선택하도록 되어 있다.

[8] 몰흡광 계수는 몰농도와 경로 길이에 대한 흡수와 관련된 비례 계수이다. Beer의 법칙(6장에서 더 논의됨)에서, 우리는 $A = \varepsilon bc$인 것을 알 수 있다. 여기서 ε은 몰흡광 계수이다.

[9] 이 장의 뒷부분에 나오는 비교 및 대조 특집과 6장에서 Beer의 법칙을 참조하라.

[10] 생화학 및 유기 금속 연구에서 중요한 전구물질.

[11] Platz, M. S.; et al. *J. Amer. Chem. Soc.*, **2009**, 13 (38), 13784-13790.

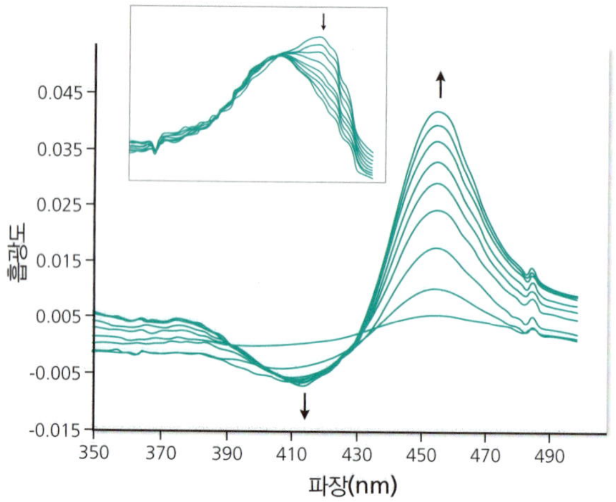

그림 1.3 Myeloperoxidase 효소(MPO)의 반응 생성물의 분해에 따른 차이 스펙트럼. 각 차이 스펙트럼은 초기 MPO 스펙트럼으로부터 20초 간격으로 스펙트럼을 감하여 만들어졌다. 삽입도는 실제 스펙트럼 변화를 보여준다. 저자의 허락 하에 사용된 그림: Matera, K. M.; Clark, A. L. *Bioorg. Med. Chem. Lett.*, **2010**, *20(19)*, 5643~5648.

문제 1.1 UV-vis 광자의 흡수는 일반적으로 전자 전이와 관련이 있다. 즉, 이러한 흡수는 전자가 한 에너지 준위에서 다른 에너지 준위로 이동하게 한다. 일반 화학 강의에서, 여러분은 에너지 준위가 양자화되어 있다는 것을 배웠다. 이 정보만을 기반으로 UV-vis 스펙트럼에서는 어떤 형태(넓음 혹은 좁음)의 피크가 나타날 것으로 예상하는가? 당신의 답을 설명하라. UV-vis 분광법에서 왜 일반적으로 부드럽고 넓은 피크를 관찰할 수 있는 지에 대한 아이디어를 제안하라.

문제 1.2 Beer의 법칙에 따르면 흡광도 = εbc이다. 이 식에서 ε는 몰흡광 계수(단위 $cm^{-1} \cdot M^{-1}$), b는 흡광체 경로 길이(단위 cm), 그리고 c는 몰농도(단위 M)이다. 그림 1.2에서 272 nm에서 보이는 DPK 피크에 대한 ε를 예측하라.

문제 1.3 문제 1.2에서 계산된 몰흡광 계수를 사용하여, 272 nm에서 0.433의 흡광도를 나타내는 데 필요한 DPK의 농도는 얼마인지 구하라.

문제 1.4: 불순물이 포함된 DPK의 13.50 mg 시료를 50.00 mL 아세토나이트릴에 용해시키고, 0.05 cm의 경로 길이를 갖는 시료 용기에 넣었다. 흡광도는 272 nm 파장에서 0.513이었다. DPK 시료의 순도 퍼센트는 얼마인가? *힌트*: 문제 1.2에서 계산된 몰흡광 계수를 사용하라.

문제 1.5 피크의 흡수율(강도 또는 높이)과 정량적인 감도 사이의 관계에 대한 근본적인 근거는 무엇인가?

1.3 적외선 분광법

분석물 분자가 적외선(IR) 광자를 흡수하면, 분자는 바닥 진동 상태에서 들뜬 진동 상태로 전이한다. 각각의 진동 들뜬 상태는 그것과 관련된 특정한 에너지(진동수 또는 파장)를 가지고 있다. 진동은 연구되는 분자에 존재하는 화학 결합으로부터 나타나기 때문에, 특정 진동수에서 적외선 에너지의 흡광도를 관찰하면 분자에 존재하는 결합 유형을 추론할 수 있다. 진동의 진동수는 어떤 유형의 원자 또는 작용기가 결합에 관여하는지에 대한 판단을 가능하게 한다. 예를 들어, DPK 분자(그림 1.2에 보인 구조)는 1,690 cm^{-1}

(λ = 5.92 μm 또는 ν = 5.36 × 10^{13} Hz)에서 흡수 피크를 나타내는데,[12] 이는 카보닐기(C=O)에서 탄소와 산소 사이 결합의 신축 진동의 특성이다. 이 장에서는 화학분석용 기기 중 하나의 기기로서 그것의 역할에 대한 맥락에서 적외선 분광법(전통적인 적외선 분광기와 보다 최근의 FTIR 기술 모두)에 대해 설명하고자 한다. 적외선 분광법에 대한 자세한 내용은 8장에서 다룬다.

UV-vis와는 반대로, 적외선 피크는 일반적으로 상당히 좁아서 피크 파장의 1~10%의 바탕선 너비를 나타낸다. 적외선 스펙트럼은 전형적으로 이러한 피크를 많이 나타내며, 이 각각의 피크들은 우리가 분석물에 대해 무엇을 알 수 있는지를 추가적으로 설명해 준다. 구조적인 정보가 제공되므로 적외선 분광법은 **정성**(qualitative) 분석에 탁월한 기구이다. 예를 들어, 사염화 탄소(CCl_4)에 용해된 DPK의 FTIR 스펙트럼을 참고하라(그림 1.4). DPK의 FTIR 스펙트럼에서 카보닐 피크의 너비(0.17 μm)는 피크 흡수 파장(5.92 μm)의 2.9%에 불과하다.[13] UV-vis 스펙트럼과 달리 FTIR 스펙트럼에는 많은 피크가 있으며, 각 피크는 분자의 특정 결합과 관련된 신축 또는 굽힘 운동에 기인할 수 있다. 1,690 cm^{-1}에서의 강한 피크는 카보닐을 나타내고, 1,560 cm^{-1} 부근의 두 개의 피크는 피리딜 고리를 나타내고, 1,430 cm^{-1} 부근의 피크는 방향족 고리를 나타낸다. 다중 흡수 띠는 분자 구조를 정확히 예측하기 위해 사용할 수 있는 풍부한 정성적인 정보를 제공한다. 실제로, 약 1,500~500 cm^{-1}의 영역은 물질을 확인하는 데 사용할 수 있는 많은 피크를 정확하게 나타내기 때문에 "지문 영역(fingerprint region)"으로 간주된다. 그러나 UV-vis 피크에 비해 FTIR의 좁고 낮은 흡수율 때문에 *정량* 분석에는 덜 유용하다. 이 절 다음에 나오는 비교 및 대조 특집에서 이 개념을 확장해 설명할 것이다.

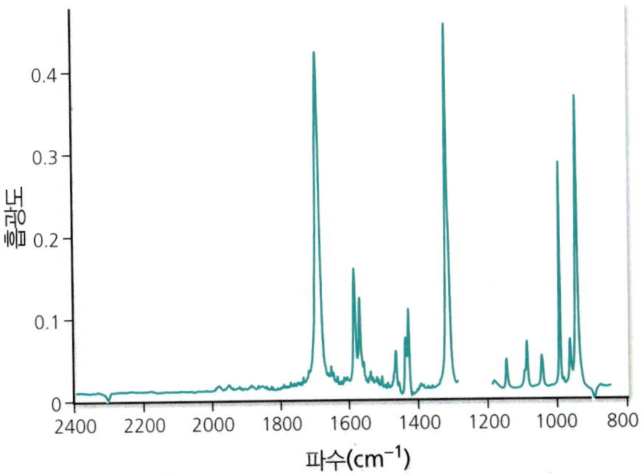

그림 1.4 파수의 함수로서 CCl_4에서 0.058 M DPK의 적외선 흡광도 스펙트럼. 시료 용기의 경로 길이는 0.2 mm이다.

우리는 화학 실험실에서 넓은 의미의 **적외선 분광법**(infared spectroscopy)이라는 용어를 사용한다. 지금까지 실험실에서 볼 수 있는 가장 일반적인 유형의 기기는 FTIR 분광기이다. FTIR 분광기는 단색화 장치 또는 다른 파장 선택 시스템 대신 Michelson 간섭계를 사용한다. 주사 분광기와 비교하면 FTIR 분광기는 근본적으로 많은 장점이 있으며, 8장에서 상세하게 다룰 것이다. *적외선 분광법*은 또한 탐지되는 전자기 스펙트럼의 실제 영역과 관련이 있다. 적외선 영역은 약 800~1,000,000 nm (또는 13,000~10 cm^{-1})의 파장을 포함한다. 이 영역은 800~2,500 nm (또는 12,500~4,000 cm^{-1})의 **근적외선**(near-IR),[14] 2,500~50,000 nm (또는 4,000~200 cm^{-1})의 **중적외선**(mid-IR) 및 50,000~1,000,000 nm (또는 200~10 cm^{-1})의 **원적외선**(far-IR) 영역으로 세분화된다. 중적외선 영역은 유기 및 유기 금속 물질에 대해 가장 유용한 정보를 제공하므로, 적외선 분광법에 대해 얘기할 때 별도의 언급이 없다면 중적외선 영역을 나타낸다고 가정한다.

좋은 연구용 투과 FTIR 장비는 약 $30,000에 구입할 수 있다(2016년 기준). 반사능을 추가하면 원하는 유형과 품질에 따라 해당 가격에 $5,000~$25,000가 추가된다.

문제 1.6 그림 1.4에서 1,690 cm^{-1}에서 보이는 피크에 대한 ε을 예측하라. (문제 1.2 참조)

[12] cm^{-1} 단위는 파수(파장이 센티미터로 표시될 때 파장의 역수이며, 적외선 분광법에서 일반적으로 사용됨)라고 한다.

[13] 위에 주어진 UV-vis 피크 너비를 직접 비교하기 위해 스펙트럼에서 주어진 *파수*(cm^{-1})의 단위 대신에 파장의 단위를 사용한다.

[14] 이 영역은 가시선 영역 근처에 있으므로 "근"이라고 한다. 자연에 대한 인간 중심적 관점은 가시선 영역을 전자기 세계의 중심에 두고 있다.

문제 1.7 이 문제는 개방형 질문이다. 여러분의 의견을 자유롭게 제시하고 정당화하라. 여러분이 새로운 분석 실험실을 설치하고 있다. UV-vis와 FTIR 기기 중 어느 것을 먼저 구입하겠는가? 모든 경우에 화학자는 비용과 이익을 고려해야 하고 또한 자신의 분석에 무엇이 필요한지를 생각해야 한다. 여러분의 대답을 설명하라.

비교 및 대조_Compare and Contrast

정량 분석에서 자외선-가시선 분광법 대 Fourier 변환 적외선 분광법

화학자들의 경험에 따르면 UV-vis 분광법은 정성 분석에는 매우 약하지만 정량 분석에는 우수하고, 적외선 분광법에서는 그 반대이다. 우리는 이미 정성분석과 관련하여 UV-vis와 FT-IR을 비교한 사례를 들었다. UV-vis 스펙트럼은 극소수의 넓은 피크를 나타내며, FTIR 스펙트럼은 분석물의 화학적 성질에 대한 풍부한 정보를 제공하는 많은 수의 좁은 피크를 나타낸다.

그래서 정량 분석을 위해 무엇이 UV-vis을 FTIR보다 우수하게 만드는지 잠시 논의해 보자. 두 가지 요인이 있다. UV-vis의 넓은 피크는 측정에서의 오차를 줄이는 경향이 있으며, 일반적으로 UV-vis 검출기의 감도는 검출 한계를 현저히 낮춘다. 이 절에서 우리는 이 두 가지 현상에 대해 자세히 살펴본다. 그림 1.5는 1,800 cm^{-1} (5,556 nm)에 중심을 둔 FTIR 흡수 띠를 보여 주며, 일반적인 바탕선 너비는 피크 위치의 약 4%이다. 파수 판독에서 발생한 기기 오차가 0.5%였다면, 신호의 실험 오차는 거의 6%이며, 파수 판독의 1.0% 오차는 측정된 신호에서 무려 20%의 오차를 유발한다. FTIR을 매우 좋은 정성분석 기기로 만드는 뾰족한 피크는 정량 분석을 위한 사용에는 불리하다.

그림 1.6은 피크 위치(140 nm)의 35%의 일반적인 너비를 갖는 400 nm 중심의 시뮬레이션 된 UV-vis 피크를 보여준다. 기기의 파장 측정 오차가 0.5%라면, 신호 측정 오차는 0.08%에 불과하다. 파장 측정에서 1%의 오차는 신호에 0.33%의 오차를 유발하고, 파장 측정에서 4%의 오차는 신호에 5%의 오차를 유발한다. 그림 1.7은 넓은 UV-vis 피크에 비해 좁은 FTIR 피크에 대한 오차의 비교이다.

UV-vis가 정량 분석을 위해 FTIR보다 우수하다는 또 다른 이유는 상대적인 피크 세기 때문이다. 문제 1.2에서 우리는 기본적인 관계를 배웠다.

$$A = \varepsilon bc$$

여기서 A는 측정된 흡광도(단위 없음)이고, ε는 몰흡광 계수(단위 $cm^{-1} \cdot M^{-1}$), b는 용기를 통한 입사광의 경로 길이(단위 cm), 그리고 c는 몰농도이다.* 정량 분석 실험에서, 농도를 알고 있는 일련의 용액의 흡광도를 측정한 다음 흡광도 대 농도를 도시하여 검정 곡선을 얻는다. 그 시점부터 우리는 간단히 미지 농도 용액의 흡광도를 측정하고 농도를 결정하기 위해 도표(또는 선형 회귀)를 사용할 수 있다. 이 시나리오에서는 그림 1.8에서 볼 수 있듯이 A 대 c 도표의 기울기를 **감도**(sensitivity)라고 하며, 높은 감도(가파른 기울기)가 바람직하다. 파란색 선은 8,400 $cm^{-1} \cdot M^{-1}$의 몰흡광 계수를 나타내는 DPK의 UV-vis 스펙트럼에서 272 cm^{-1} 피크에 대한 A 대 c의 도시를 나타낸다. 회색 선은 ε = 380 $cm^{-1} \cdot M^{-1}$인 DPK의 적외선 스펙트럼에서 1,690 cm^{-1} 피크의 A 대 c 도시를 보여준다. UV-vis 피크에서 볼 수 있는 높은 몰흡광 계수는 더 높은 감도를 제공한다. 즉, 농도의 작은 변화는 상대적으로 신호의 높은 변화를 가져올 것이므로 두 가지 유사한 농도를 더 잘 구별할

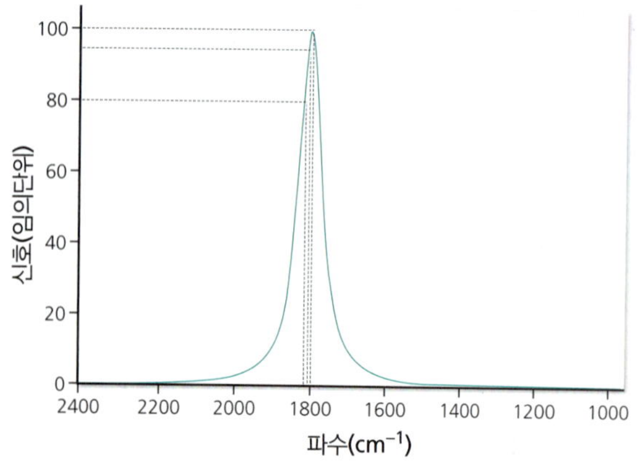

그림 1.5 1,800 cm^{-1}(5,556 nm)에서 4%(72 cm^{-1})의 너비로 시뮬레이션된 적외선 흡수 피크. 1,800 cm^{-1}을 중심으로 하는 선의 바로 왼쪽에 있는 수직선은 파수(1,809 cm^{-1})에서 0.5%의 오차와 일치하는 위치를 나타낸다. 이 두 수직선과 연관된 수평선은 신호에서의 오차를 나타낸다. 1800 중심으로부터 가장 멀리 있는 선은 파수(1,818 cm^{-1})에서 1.0%의 오차와 일치하는 위치와 신호를 나타낸다.

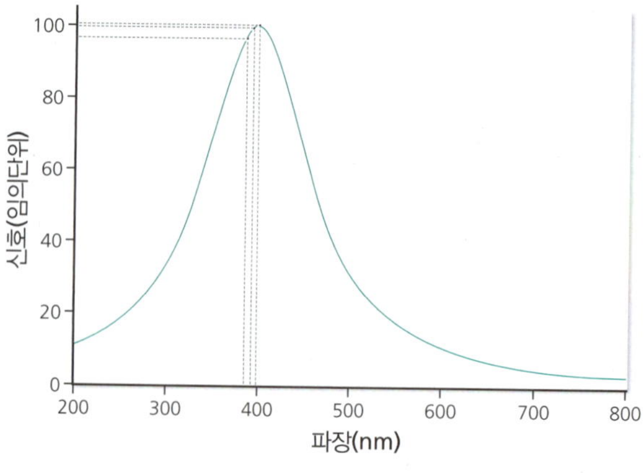

그림 1.6 피크 너비가 35%(140 nm)인 UV-vis 피크. 400 nm를 중심으로 한 선의 바로 왼쪽에 있는 수직선은 파수(398 nm)에서 0.5%의 오차와 일치하는 위치를 나타낸다. 이 두 수직선과 연관된 수평선은 신호에서의 오차를 나타낸다. 400 중심으로부터 가장 멀리 있는 선은 파수(384 nm)에서 1.0%의 오차와 일치하는 위치와 신호를 나타낸다.

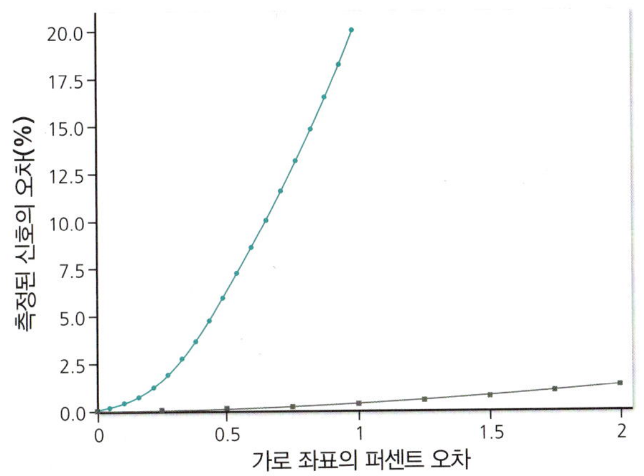

그림 1.7 가로 좌표의 오차로 인한 측정된 신호의 오차 백분율 도시. 파란색 원 및 선은 좁은 적외선 피크를 나타낸다. 회색 사각형 및 선은 넓은 UV-vis 피크를 나타낸다.

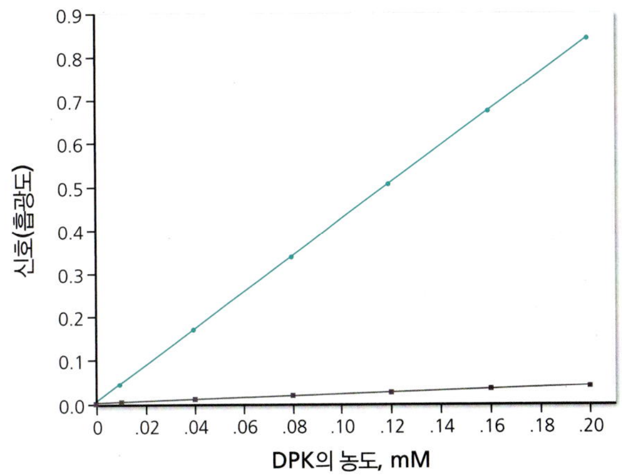

그림 1.8 다른 몰흡광 계수를 나타내는 방법에 대한 분석물 농도 대 계산된 신호(흡광도)의 도시. 파란색 원 및 선은 일반적으로 높은 흡광계수를 갖는 UV-vis 피크를 나타낸다. 회색 사각형 및 선은 일반적으로 낮은 흡광계수를 갖는 적외선 피크를 나타낸다.

수 있다. 예를 들어, 0.10과 0.16 mM DPK의 농도를 갖는 두 가지 용액은 FTIR 스펙트럼에서는 흡광도가 0.011의 차이를 보여 주지만 UV-vis 스펙트럼에서는 0.25의 차이(2,000% 더 큰)를 보인다.

UV-vis 스펙트럼의 0.011 AU 신호 변화에 대해, 우리는 2.5 μM의 차이를 가진 0.10 M 용액과 0.1025 M 용액을 구분할 수 있다. 이것은 DPK에만 해당되는 것이 아니다. UV-vis 피크와 관련된 몰흡광 계수는 10^2에서 10^6 사이인 반면, FTIR 피크는 10에서 10^3까지의 범위로 매우 작은 것이 일반적이다.

* *$A = \varepsilon bc$는 Beer의 법칙의 식이다. 이것은 6장에서 더 논의된다.*

1.4 핵자기 공명 분광법

NMR 분광기의 구체적인 기기 세부 사항은 11장에서 다루겠지만, 여기서는 UV-vis 및 FTIR 분광법과 관련하여 이 기술을 소개하고, 상호보완적인 분석 기기들로 여러분의 분석 도구 상자를 채우는 주제를 토대로 이 기술을 소개한다. NMR로 정량 분석을 할 수는 있지만, 대부분의 경우에 분석자에게 분자 구조, 연결성 및 배향에 대한 구체적인 정보를 제공하는 *정성적인* 기구로 알려져 있다. 이에 비해 FTIR은 분석자에게 분자에 존재하는 *결합 유형*(예, 카보닐 또는 사이아노 그룹의 존재)에 대한 정보를 제공하는 반면 NMR은 분자 내 원자의 *연결성*에 대한 정보를 제공한다. 예를 들면, NMR 스펙트럼에서는, 메틸($-CH_3$)의 양성자와 메틸렌($-CH_2$)의 양성자를 구별할 수 있다. 또한, NMR 스펙트럼은 메틸기가 메틸렌기에 가까이 인접해 있는지 더 멀리 떨어져 있는지를 알려준다. NMR 방법은 분자 구조의 세부 사항을 조사하는 데 사용된다.

NMR은 분광법(UV-vis 및 FTIR과 같이)이지만, 에너지원은 "빛"이 아닌 저에너지 라디오파 발전기이기 때문에 광학적 방법으로 간주되지 않는다.[15] NMR 현상에 필요한 환경을 제공하는 외부적에서 주어지는 자기장의 영향 하에서, 시료의 핵은 연속파 또는 라디오파 에너지의 펄스에 의해 자극(공명으로)을 받는다. 핵이 한 상태에서 다른 상태로 전이(공명화)함에 따라 신호가 측정된다. UV-vis 분광법은 EMS의 자외선 및 가시선 영역에서의 복사선을 사용하여 자극 된 전자의 흡광도를 "보는" 데 도움이 되는 반

[15] UV-vis와 FTIR은 시료와 상호 작용하기 전후에 직접 측정되는 빛 에너지 원을 다루기 때문에 광학적 방법으로 간주된다.

면, NMR은 라디오파수 범위에서 생성된 진동 자기장을 사용하여 자극된 핵의 흡광도를 "보는" 데 도움이 된다.

화학적 이동과 스핀-스핀 짝지음이라는 중요한 두 가지 현상은 정성적인 기기로서의 NMR 분광법에 특별한 가치를 제공한다. 화학적 이동의 기본 아이디어는 각각의 핵 주변 화학적 환경은 서로 다르며, 특징적인 자기성 환경을 만들어 낸다는 것이다. 예를 들어, 메탄올에서 탄소의 수소와 산소의 수소(CH_3-OH)는 매우 다른 환경을 가지고 있다. 이러한 다양한 환경은 NMR 스펙트럼에서 *x*축을 따라 신호가 넓게 퍼지게 한다. 스펙트럼은 더 큰 자기장 **가리움**(shielding)을 받는 핵이 오른쪽(0에 가까운)에 있고, 근처의 전자에 의한 자기장 가리움을 덜 받는 핵이 왼쪽(가로 좌표에서 점점 더 양수로 증가, δ 또는 ppm 단위)에 있도록 배치되어 있다.

다이에틸말로네이트(diethylmalonate)의 양성자(^1H) NMR 스펙트럼을 그림 1.9에 나타내었다. 각 피크의 위치(화학적 이동)는 화합물에 관한 정보를 알려준다. 메틸기는 약 1.25 ppm에서 관찰된다. 그 ^1H 핵은 가장 큰 가리움을 받고 있다. 한편, 메틸기에 인접한 메틸렌 양성자는 에스터기 내의 산소와 근접해 있어서 덜 가리워진다(4.25 ppm). 공명 피크의 위치는 분자 환경에서 각 핵의 근처에 있는 원소의 유형에 대해 많은 것을 알려준다.

또한, 그림 1.9는 중요한 정성적인 정보를 제공하는 다른 중요한 현상을 보여준다. 스핀-스핀 짝지음이다. 분석물 핵에 의해 나타나는 장에 근처의 핵도 작은 자기적인 변화를 생성한다. 따라서 탄소에 인접해 있는 양성자는 분석물 양성자의 신호를 "분리(split)"할 수 있다. 여러분은 이전의 수업에서 이러한 현상에 대한 간략한 설명을 들은 적이 있을 것이며, 11장에서 이 현상을 보다 자세히 살펴볼 것이다. 지금은 인접한 탄소에 결합된 n개의 양성자가 양성자 흡수 피크를 n + 1개의 피크로 갈라지게 한다는 것을 기억하는 것으로 충분하며, 우리는 이 정보를 사용하여 분자의 *구체적인* 화학 구조에 대해 알 수 있다. 예를 들어, 그림 1.9에서 1.25 ppm의 세 개의 피크는 가리움을 많이 받는 지방족 양성자가 CH_2기에 인접한 탄소(메틸)에 결합되어 있음을 나타낸다. 인접한 탄소에 있는 두 개의 양성자는 메틸기 신호를 세 개(2 + 1 = 3)로 분리한다.

각 피크 아래의 총 면적은 신호와 관련된 핵의 개수에 비례하는 것에 주목하라. 세 개 및 네 개의 피크 높이는 갈라짐이 없을 때 각각의 단일 피크보다 훨씬 낮지만, 피크 아래의 총 면적은 그 피크를 나타내는 핵의 개수에 비례한다. 그림 1.9의 가로의 S자 곡

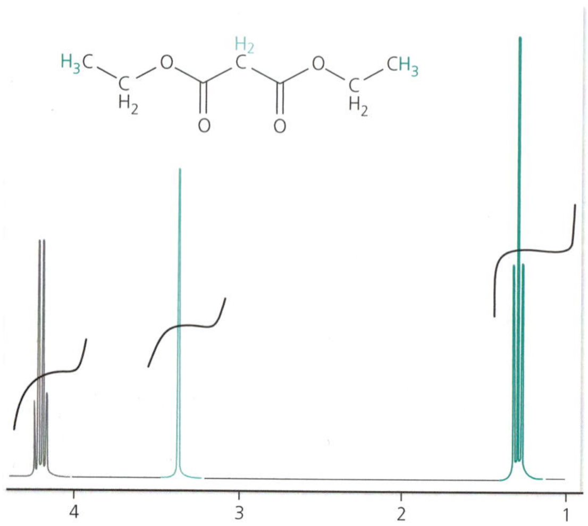

그림 1.9 다이에틸말로네이트(diethylmalonate)의 ^1H NMR 스펙트럼. x축은 농도 단위가 아닌, 기본 기준 공명 주파수의 ppm 단위의 화학적 이동이다. 이것은 11장에서 설명될 것이다.

선은 각 피크 그룹에 대한 *적분*(integration) 값을 제공하고, 이것으로 우리는 각 신호에 포함된 양성자의 상대적 개수를 알 수 있다.

간단한 ^{1}H NMR 실험에서 얻은 화학적 이동, 갈라짐 양식 및 적분 값은 분석물에 대한 상당한 정보를 제공한다. 불행히도, NMR 분광법의 주된 단점 중 하나는 기기 비용과 유지 비용이다. 시스템의 가장 비싼 부분은 자석이다. 일부 고체 중심 자석 및 전자석 기반 시스템이 여전히 존재하지만, 대부분 상업적으로 이용 가능한 시스템은 초전도선의 코일을 통해 흐르는 전류에 의해 생성된 자기장을 사용한다. 초전도 상태를 만들려면, 이러한 전선은 약 6K로 냉각되어야 하며, 이는 대형 Dewar 플라스크 속 액체 헬륨을 지속적으로 필요로 한다. 매우 비싼 액체 헬륨이 너무 빨리 끓는 것을 방지하기 위해, 액체 질소로 채워진 2차 Dewar 플라스크가 중심 Dewar 플라스크를 둘러싸고 있다. 일상적으로 사용하는 초전도 NMR 장비의 전반적인 비용은 약 $250,000이며, 연간 유지 비용은 $10,000~20,000이다. 더욱이 실수로 자석의 온도가 초전도 온도보다 높아지면 자석이 "소멸"되고 자석을 재충전하는 데 드는 비용이 수천 달러(>$40,000)일 수 있다.

기기 분석을 공부한 대부분의 학생들은 아마도 화학 교과 과정 중 이전의 수업에서 NMR 스펙트럼 해석을 공부했을 것이다. 유기 화학 과정에서 시료 분석을 위해 NMR을 사용했을 수도 있다. 우리는 이 책에서 스펙트럼 분석에 많은 시간을 할애하지는 않을 것이다. 대신에 이 책의 뒷부분에서는 신호가 어떻게 생성되고, 측정되고, 처리되는지와 같은 기기적 관점에 대해 다룰 것이다. 또한 분석도구 상자의 중요한 부분으로 펄스형 FT 기술로 최신의 NMR 실험에 대한 개요도 설명할 것이다. 여러분은 FT NMR의 신호 처리가 FTIR과 매우 유사하다는 것을 알 수 있을 것이다.

문제 1.8 표준 ^{1}H NMR 스펙트럼에서 1-클로로프로페인의 각 고유 양성자에 대해 어떤 유형의 갈라짐 양식을 예측하는가? 2-클로로프로페인에서는?

문제 1.9: 2-뷰탄온, 메틸 에틸 에터, 1-뷰타인의 스펙트럼은 각각 다이에틸말로네이트(그림 1.9)에서 보이는 스펙트럼과 유사한 세 개, 네 개 및 단일 피크를 나타낸다. 각각의 화합물에 대해, NMR 스펙트럼을 사용하여 다이에틸말로네이트와 어떻게 구별하는지 설명하라. *힌트*: 근처 핵의 가리움 효과와 예상되는 적분 비를 고려하라.

1.5 질량 분석법

MS는 엄밀히 말하자면 전자기 복사를 포함하지 않기 때문에 *분광분석* 기술은 아니다. 따라서 이 기술은 근본적으로 UV-vis, FTIR 또는 NMR 분광법과 다르다. MS에서 **분광분석법**(spectrometry)이라는 용어는 장비의 출력이 "질량 스펙트럼"의 형태이거나, 또는 오히려 가로 좌표의 질량 대 전하 비율(m/z) 값의 범위에 걸쳐 세로 좌표에 상대적인 이온 존재 비를 표시한다는 것과 관련이 있다. MS에 대한 자세한 내용은 10장에서 다루지만, 화학 분석도구 상자에서 중요한 분석도구로서 기본사항이 이 장에 소개되어 있다. 분석 실험실에는 독립형 질량 분석기가 배치되어 있지만, MS는 주로 GC-MS 및 LC-MS와 같은 크로마토그래피 장비와 함께 사용되는데, 이 때 MS는 검출기 역할을 한다.

NMR과 마찬가지로 MS 실험의 결과는 분석자가 분석물 분자의 화학적 구조를 밝히는 데 도움이 되는 매우 구체적인 정보를 제공할 수 있다. 실제로 GC-MS와 LC-MS[16]는 실질적인 정성적 정보를 제공하기 위한 일반적 이용에 있어서 NMR과 비교할 만하며, 또한 MS는 정량적인 목적을 위해서도 상당히 우수하다.

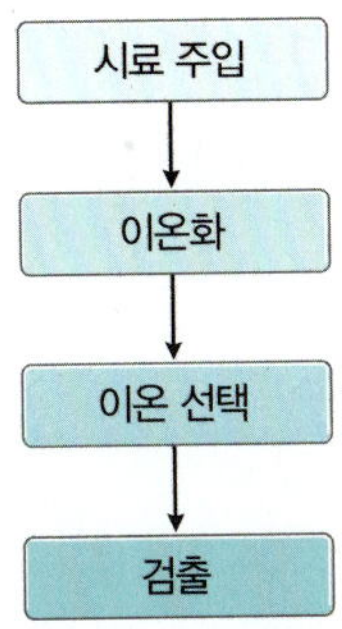

그림 1.10 MS 실험과 관련된 기본 단계.

[16] GC-MS는 질량분석 검출과 연결된 가스 크로마토그래피의 약자이다. LC-MS는 질량 분석 검출과 연결된 액체 크로마토그래피(일반적으로 고성능 액체 크로마토그래피, HPLC)의 약자이다.

화학 분석용 기기 중에서 일반적인 MS 기기의 기능은 비교적 간단하다(그림 1.10 참조). 우리가 지금까지 논의한 분광법과는 달리 시료는 충돌 에너지원에 노출되지 않는다. 그것은 고정된 위치에 있는 동안에는 작동하지 않는다. 대신, MS에서 시료는 역동적으로 시스템에 **도입**(introduced)되며, 분석은 본질적으로 시스템을 통한 시료의 이동성에 의해 좌우된다. 지금부터는 시료가 MS 시스템에 기체로 도입되는 체계를 설명할 것이다.

시료 내의 분석물은 **이온화**(ionized)되어야 한다. 전자를 제거하거나 양성자, H^+와 같은 전하를 띠는 종을 추가하여 분석 분자에 최소한 단일 전하라도 주어야 한다. 많은 MS 시스템에서 분석물 전구체는 이온화될 뿐만 아니라 분자의 다른 조각을 나타내는 **생성 이온**(product ion)을 만들어내기 위해 분해된다. 조각내기 방식은 분석자가 전체 분자의 여러 부분을 결정할 수 있도록 하는 추가 정보를 제공할 수 있다.

일단 전구체 분자를 이온화하고, 아마도 생성 이온의 부분 물질을 생성했으면, 어떤 종류가 존재하는지를 결정해야 한다. 이렇게 하기 위해서는 전압 기울기를 통해 모든 이온을 보내어 가속화시킨 후, 질량 분석기를 통해 이온 무리를 통과시켜 컴퓨터 제어 하에서 특정 m/z 비의 이온을 *선택*할 수 있게 한다. 1초 내에 단일 m/z 값의 이온만이 검출되고 계수되기 위해서 질량 분석기를 통과한다. 특정 실험 변수(자세한 내용은 10장 참조)를 변경함으로써, 약 1초 동안에 일련의 m/z 값을 선택하여 각 m/z에서 총 수(이온 개수)를 산출할 수 있는데, 이것이 질량 스펙트럼이다. 대다수의 경우 부여된 전하(표준 장비에서)가 단일(+1)이기 때문에 가로 좌표는 본질적으로 각 이온의 질량을 나타낸다고 가정할 수 있다. 그러나 우리는 더 높은 전하를 가진 이온의 존재 가능성을 항상 인식하고 있어야 한다. 예를 들어, m/z = 57 amu에서 질량 스펙트럼의 피크를 보면, *tert*-뷰틸 이온$(CH_3)_3C^+$의 결과일 가능성이 높지만, 옥테인의 2가 양이온$(C_8H_{18}^{2+})$일 수도 있다.

그림 1.11은 옥살산 다이에틸의 질량 스펙트럼을 보여준다. 우리는 약 146 amu에서 **선구 이온**(precursor ion) 피크(즉, 단일 하전된 옥살산 다이에틸)를 관찰할 수 있다. 스펙트럼에서 가장 큰 피크는 **주 피크**(base peak)라고 하며, 여기서는 74 amu에서 볼 수 있다. 이는 옥살산이 대칭적으로 반으로 분해되어 만들어진 두 개의 생성 이온 $\cdot COOCH_2CH_3^+$ 조각에 해당한다.

생성 이온 $\cdot COOCH_2CH_3^+$에서 메틸기가 손실된 $\cdot COOCH_2^+$ 조각은 59 amu에서 현저한 피크를 나타내며, 전구 이온에서 두 개의 $-OCH_2CH_3$ 치환체 손실 후의 조각은 56 amu에서 확실한 피크를 나타낸다.

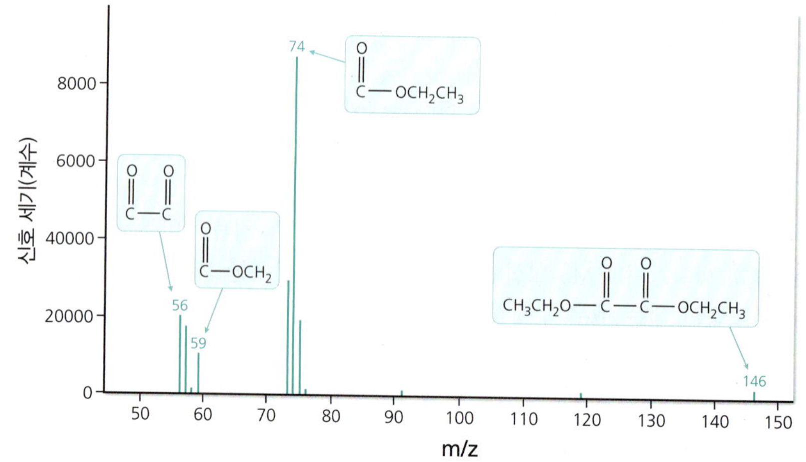

그림 1.11 옥살산 다이에틸의 질량 스펙트럼.

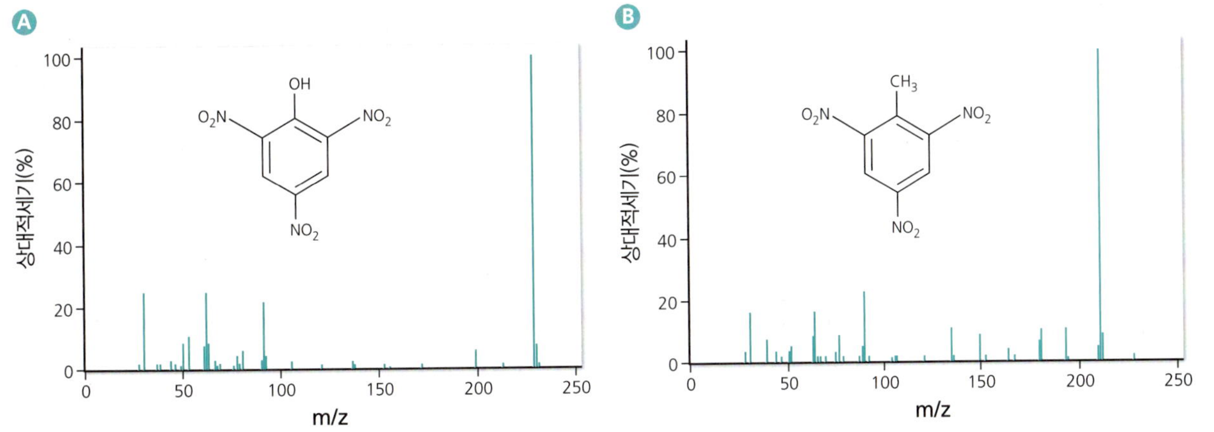

그림 1.12 두 가지 유사한 폭발물질의 질량 스펙트럼: (A) picric acid 또는 trinitrophenol, (B) trinitrotoluene 또는 TNT.

분석물 분자의 화학적 구조에 대한 많은 정보를 질량 스펙트럼에서 얻을 수 있지만, 모든 조각들이 어떻게 결합되어 있는지 정확하게 결정하는 것은 어렵다. 그러나 일관된 실험 조건 하에서, 임의의 주어진 물질은 같은 패턴의 피크 위치 및 피크 높이 비, 즉 질량 스펙트럼을 생성할 것이다. 따라서 질량 스펙트럼은 해당 물질의 분광계 **지문**(fingerprint) 역할을 한다. 특정 화합물의 질량 스펙트럼을 수집하고 저장하면, 나중에 알려지지 않은 물질의 질량 스펙트럼과 저장된 스펙트럼을 비교하여 동일한지 여부를 확실하게 알 수 있다. 사실, 화학 실험실에서는 보통 알려지지 않은 물질의 확인을 용이하게 하기 위해 수천 개의 질량 스펙트럼 라이브러리(데이터베이스)를 구입하여 설치하고 있다.[17] 이 스펙트럼을 찾고 비교하는 능력은 법의학, 생화학, 환경 화학 및 유기금속 화학과 같은 많은 분야를 지지하고 있다. 그림 1.12는 구조상 오직 하나의 원자만이 화학적으로 다른 두 종류의 폭발물 질량 스펙트럼을 보여준다.[18] 두 개의 질량 스펙트럼에서 차이점을 쉽게 구별할 수 있으며, 만약 이들 스펙트럼이 데이터베이스를 갖춘 기기에서 얻어졌다면, 스펙트럼에 데이터베이스에 저장된 스펙트럼과 일치하는 확률이 얼마인지 표시된다.

▸프로파일 _Profile

종합적 검토

MS 데이터베이스를 사용할 수 없어도 다른 화학 분석용 기기를 사용하면 조각을 다시 조립할 수 있다. 예를 들어, NMR은 분자 내 연결성을 결정하는 데 매우 유용한 기술이므로 MS 스펙트럼과 NMR 스펙트럼을 비교하면 MS에서의 각 조각이 어떻게 연결되어 있는지를 충분히 이해할 수 있다. 이와 마찬가지로 $C{=}O^+$ 및 $CH_2{=}CH_2^+$는 m/z = 28 amu를 가지고 있다. 따라서 MS 스펙트럼에서 m/z = 28 amu를 갖는 조각은 구별이 어려울 수도 있다. 그러나 우리가 보았듯이 FTIR은 분자 내 결합 유형을 결정하는 데 매우 유용한 도구이므로, FTIR 데이터를 분석에 추가하여 이용하면 분자 내 C=O 결합과 $CH_2{=}CH_2$ 결합의 존재를 구별할 수 있다. 일단 여러분이 무엇을 다루고 있는지 알기만 하면, 간단한 UV-vis 실험을 통해 시약에서 분석 물질의 양을 매우 정확하게 결정할 수 있다. ■

[17] http://www.nist.gov/pml/data/asd.cfm를 참조하라.

[18] 이 스펙트럼은 National Institute of Standards and Technology (NIST) Chemistry Webbook, http://webbook.nist.gov/chemistry/에서 얻었다(accessed August 13, 2015).

일반적인 화학 실험실 환경에서 독립형 MS 기기는 많이 설치되어 있지 않다. GC-MS 시스템의 가격은 사용자가 선택한 다양한 옵션에 따라 약 $60,000에서 $120,000(2016년 기준) 정도이다. 탠덤 LC-MS 시스템은 일반적으로 더 비싼데, $100,000에서 $250,000 정도이다.

문제 1.10 그림 1.11의 스펙트럼을 참조하라. 그림에서 주어진 화합물의 구조를 살펴보면, 무엇 때문에 우리가 볼 수 있는 특정 봉우리가 나타나는가? 즉, 왜 우리가 어떤 조각은 볼 수 있지만, 다른 조각들은 관찰되지 않는다고 생각하는가?

문제 1.11 그림 1.12의 두 스펙트럼은 m/z = 30 amu에서 확실한 피크를 나타낸다. 두 스펙트럼 모두에서 그 피크를 야기할 수 있는 적어도 하나의 조각을 예측하라.

1.6 크로마토그래피

기기 분석에 대한 소개를 끝내기 전에 분석자의 도구상자에 기기 하나를 더 추가해야 한다. 실제적으로 순수한 시료를 얻는 것은 매우 어려운 일이다. 대부분의 경우 실제 시료는 혼합물이며 보통 매우 복잡한 시료이다. 일반적으로, 분석자가 행하는 첫 번째 작업은 시료 혼합물로부터 분석물을 분리하는 것이며, 크로마토그래피는 복잡한 혼합물의 성분을 효율적으로 분리하여 개별적인 성분 분석을 가능하게 하는 핵심 기술이다. 우리는 **크로마토그래피**(chromatography)라는 용어가 다양한 기기들(그리고 또한 기기적이 아닌 기술들)을 기반으로 하는 *매우* 광범위한 방법들을 말한다는 것을 알아야 한다. 유기 화학을 연구했다면 실험실에서 적어도 두 가지 유형의 크로마토그래피 실험을 수행했을 가능성이 크다. 그것은 얇은 층 크로마토그래피(TLC) 및 GC이다. 화학 기기 실험실에서 발견되는 가장 일반적인 두 가지 크로마토그래피 유형은 HPLC 및 GC이다. 이 기법을 다루는 원리에 대해서는 12장과 13장에서 자세히 다룰 예정이다.

이름에서 알 수 있듯이 GC는 헬륨이나 질소와 같은 비활성 기체를 시료가 장비를 통과하는 수단으로 사용한다. 우리는 이 운반 기체를 **이동상**(mobile phase)이라고 부른다. 어떤 면에서는 역동적인 시료 프로파일을 가지고 있는 MS와 유사하다. 이 두 가지 기술은 분석을 위해 분리된 시료 성분을 질량 분석기로 직접 전달하는 탠덤 GC-MS 기기에 잘 연결된다.

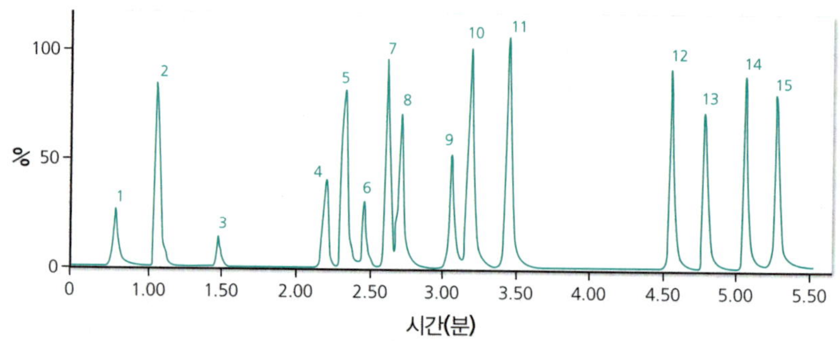

그림 1.13 15개 약물의 분리를 보여주는 UPLC 크로마토그램. 이동상은 0.5 mL/min에서 $CHOONH_4$ (30 mM, ph 3.5)이다. 약물은 1, nicotine; 2, cotinine; 3, paraxanthine; 4, caffeine; 5, amphetamine; 6, 3,4-methylenedioxyamphetamine (MDA, or "sass"); 7, methamphetamine; 8, 3,4-methylenedioxymethamphetamine (MDMA, or "ecstasy"); 9, benzoylecgonine; 10, 3,4-methylenedioxyethamphetamine (MDEA, or "Eve"); 11, ketamine; 12, cocaine; 13, lysergic acid diethylamide (LSD); 14, phencyclidine (PCP, or "angel dust"); and 15, fentanyl이다.

HPLC 시스템은 일반적으로 GC보다 복잡하고 비용이 비싸지만, HPLC 시스템은 휘발성이 있으며 열적으로 안정한 시료에 국한되지 않는다는 장점이 있다. 분석물이 용매에 용해될 수 있다면 분석물을 HPLC 시스템에 도입할 수 있다. 기기 설계 기술의 향상(특히, 액체 펌프기술의 개발)은 훨씬 높은 성능을 가지는 초고성능 액체 크로마토그래피(UPLC) 시스템의 개발로 이어졌다.[19] 크로마토그래피 시스템의 출력을 **크로마토그램**(chromatogram)이라고 한다. 그림 1.13은 MS 검출기를 사용하여 5분 내에 15개의 약물을 분리하는 UPLC 크로마토그램을 보여준다.

크로마토그래피 기기를 사용하면 다양한 검출기를 통해 분석을 수행할 수 있다. 검출기 유형의 선택은 분리 시에 유용한 분광학적 또는 다른 물리적인 데이터를 사용자에게 제공한다. UV-vis 분광기와 형광 분광기(HPLC에서) 및 열전도도 검출기(GC에서)가 가장 일반적으로 사용된다. 질량 분석기는 HPLC 검출기로 점점 보편화되고 있으며, 매우 강력한 힘을 제공한다. 그러나 MS 검출기를 추가하면 상당한 비용이 추가된다.

간단한 크로마토그래피 분리에서 분석물은 이동상(GC의 운반 기체 또는 HPLC 기술의 펌프질된 용매)과 **고정상**(stationary phase) 사이의 다양한 상호 작용을 기반으로 분리된다. 예를 들어, TLC 실험에서 고정상은 고정(움직이지 않는) 물질로 코팅된 얇은 유리 또는 플라스틱 판일 것이다. 고정상과 상호 작용하지 않는 혼합물 중의 분석물은 이동상과 동일한 속도로 이동하고, 이동상과 함께 **용출**(elute)된다(또는 TLC 판에서 가장 멀리 이동함). 다른 한편으로 고정상과 강하게 상호 작용하는 분석물은 비교적 오랜 시간 동안 머물 것이고, 훨씬 늦게 용출될 것이다(TLC 판에서 그렇게 멀리 움직이지는 않을 것임). 고정상과 적당히 상호 작용하는 화합물은 중간 정도의 시간 동안 머물 것이고, 따라서 첫 번째와 두 번째로 기술된 것들 사이에서 용출될 것이다. 기기적인 기술에서 고정상 물질은 컬럼에 적재된다. 따라서 고정상은 보통 컬럼에 속하는 것으로 한다. 컬럼 기술 및 컬럼 설계에 관한 기술은 다음 장에서 논의될 것이다. HPLC 시스템에서 가장 비싼 부분은 컬럼을 통해 이동상을 밀어내는 데 사용되는 용매 펌프(또는 펌프)이다. 이 펌프는 분리를 위한 높은 성능의 분해능을 얻기 위하여 300+ atm 정도의 높은 압력을 줄 수 있어야 한다. 이 펌프는 기기에 상당한 비용을 추가한다.

문제 1.12 MS와 HPLC에 대해 알고 있는 바를 고려하여, 비교적 최근에 MS가 HPLC의 검출기로 사용된 이유는 무엇인가?

문제 1.13 그림 1.13의 크로마토그램을 고려하고, 피크 7, methamphetamine 및 피크 8, 3,4-methylenedioxymethamphetamine은 완전히 분리되어 있지 않은 점에 주목하여, 실험자들이 이들의 분리에 어려움을 느꼈다고 생각하는 이유는 무엇인가?

이 장에서는 다섯 가지의 일반적인 기기의 상대적 장점과 단점에 대해 논의했다. UV-vis는 *정량 분석*에 매우 적합하다. FTIR, NMR, MS는 훌륭한 *정성 분석* 기기이다. 크로마토그래피는 검출기로 사용되는 다른 기기 방법보다 먼저 수행한다(그림 1.14). 그러나 이 장의 서론에서 언급했듯이, 일반적인 분석 화학 실험실은 이러한 기기들이 모두 설치되어 있다. 즉, FTIR 기기만 또는 NMR 기기만 갖춘 분석 시설은 일반 분석 실험실이 아닌, 연구 혹은 컨설팅 분야와 관련된 전문 센터일 가능성이 크다. 도구 상자를 생각해 보면, 우리는 목수가 자신의 공구 상자에 망치만 또는 톱만 가지고 있을 것으로 예상하지 않는다. 이 장의 제목도 이와 비슷한 것이다. 경우에 따라 목수는 도구 상

[19] UPLC 압력은 훨씬 더 높으므로 크기가 2 μ 미만인 입자를 사용하여 효율을 증가시킬 수 있는 장점이 있다.

UV-Vis

유기 및 전이 금속 화합물의 정량 분석.
(얼마나 가지고 있는가?)

UV-vis 분광법은 동역학적 연구에도 매우 적합하다.

보통 크로마토그래피의 검출기로 사용된다.

FTIR

유기 및 전이 금속 화합물의 정성 분석.
(어떤 종류의 결합이 존재하는가?)

또한 군론과 결합시키면 FTIR을 사용하여 분자 대칭을 결정할 수 있다.

때때로 크로마토그래피의 검출기로 사용된다.

크로마토그래피

복잡한 용액을 "순수"한 분석물로 분리한다.

NMR
구조 결정

NMR은 분자 구조 내에서 연결성을 결정할 때 특히 유용하다.

(즉, 메틸기가 메틸렌에 인접해 있는 경우)

2D-NMR 기술은 단백질 및 DNA와 같은 큰 복합 분자의 2차 및 3차 구조를 결정하는 데 매우 유용하다.

MS
구조 결정
(즉, 다른 분광학 데이터와 결합하여, 분자 질량을 아는 것으로 보통 명확한 식별이 된다.)

MS 데이터의 조각내기 방식은 각 분자마다 서로 다르다. 스펙트럼 데이터베이스와 종합해 보면, 보통 MS 분석만으로도 화합물을 확실하게 식별하기에 충분하다.

보통 크로마토그래피의 검출기로 사용된다.

그림 1.14 많은 분석 실험실에서 발견되는 5가지 기기적인 "도구"를 비교한 요약 도표.

자에서 하나의 도구만 사용해야 할 필요가 있지만, 진정으로 다재다능한 목수가 되려면 다양한 도구로 숙련되어야 한다.

마찬가지로 실험실에서는 하나 또는 두 개의 기기만 사용해야 하는 경우가 있다. 그러나 진정으로 복잡한 화학적 문제는 만족스러운 결정에 도달하기 위해서 여러 가지 기기가 함께 사용되어야한다. 이 책을 공부하면서 각각의 새로운 기술을 여러분의 분석 도구 상자에 넣어야 함을 명심해야 한다. 여러분 자신에게 다음과 같은 질문을 해 보라.

- 이 새로운 기술은 내가 이미 공부했던 다른 기술들과 비교하여 무엇이 좋은가 혹은 나쁜가?
- 이 새로운 기술은 내가 이미 공부했던 기술과 어떻게 함께 사용할 수 있는가?

▸ 프로파일 _Profile
법의학 프로토콜의 확립

오락성 마약으로서 불법적으로 사용되며, "데이트 강간 약물"이라는 사악한 별명을 가진 γ-hydroxybutyric acid (GHB)에 대해 대부분 들어봤을 것이다. 그것은 진정제 및 중독성 물질이며 사용자에게 행복감, 탈억제, 기억 상실증 및 무의식 상태를 유발하는 것으로 알려져 있다. 지난 10년 동안, 연구자들은 수용성 GHB를 함유한 시료의 법의학적 분석에서 핵심적인 어려움을 극복하려고 노력해 왔다. 이 약물은 물과의 반응을 통해 유리산 및 기타 부산물로 쉽게 전환된다. 또한 "품질 좋은" 약물은 일반적으로 은밀한 합성 기술로부터 만들어진 불순물을 가지고 있다.* 게다가 GHB의 유리산 형태는 또 다른 일반적인 불법 약물인 γ-hydroxybutyrolactone (GBL)의 수용액 상의 가수 분해에 의해 생성된다. 이러한 시료의 법의학적인 분석은 FTIR이 다양한 형태의 약물을 독단적으로 구분할 수 없고, GHB는 보통 카복실산 염 형태로 생산되므로 유리산에 대한 표준 기준 시료가 없기 때문에 많은 어려움이 있었다. 미국 마약 단속국과 미국 식품 의약국의 화학자들은 이 문제를 해결했지만, 이러한 목적을 이루기 위해서 여러 가지 많은 기기적인 방법을 조합했다.[†,‡]

첫째, 연구자들은 GHB의 유리산 형태의 순수한 기준 시료를 합성했다. 그들은 일련의 합성 계획서를 테스트하고, UV 검출기가 달린 HPLC를 사용하여 각 방법의 수율을 측정하고, 합성 과정에서 형성된 반응하지 않은 염 형태의 GHB 및 모든 GBL을 모니터링했다. 두 번째로, 그들은 음료수(보통 pH가 낮은)에 첨가된 GHB와 같은 여러 가지의 실제 시료를 테스트했다. 이러한 경우 GHB는 염과 유리산 형태 사이에 평형으로 존재할 수 있으며, GHB의 일부는 GBL로 전환되었을 수 있다. 이와 같은 상황에서 확립된 GHB 법의학 프로토콜은 모든 형태의 GHB를 찾는 것에 실패했다. 2.7 미만의 pH에서 GHB는 거의 전적으로 유리산 형태로서 존재하지만, 그 이상의 pH에서의(데이트 강간 피해자의 음료의 경우) 상호 변환 반응으로 다른 형태가 생성되는 것을 가능하게 만든다. 이 연구에서 연구자들은 HPLC-UV, HPLC-MS, GC-MS, ^{1}H-NMR, FTIR을 종합적으로 사용했다. 결국 그들은 GHB 또는 GBL을 함유하고 있다고 의심되는 법의학적 시료를 FTIR과 ^{1}H-NMR을 종합하여 분석할 것을 제안했다. FTIR은 유리산과 카복실산 GHB를 구별할 것이고, ^{1}H-NMR은 GHB와 GBL을 구별할 것이다. 그림 1.15 및 1.16을 참조하라. ■

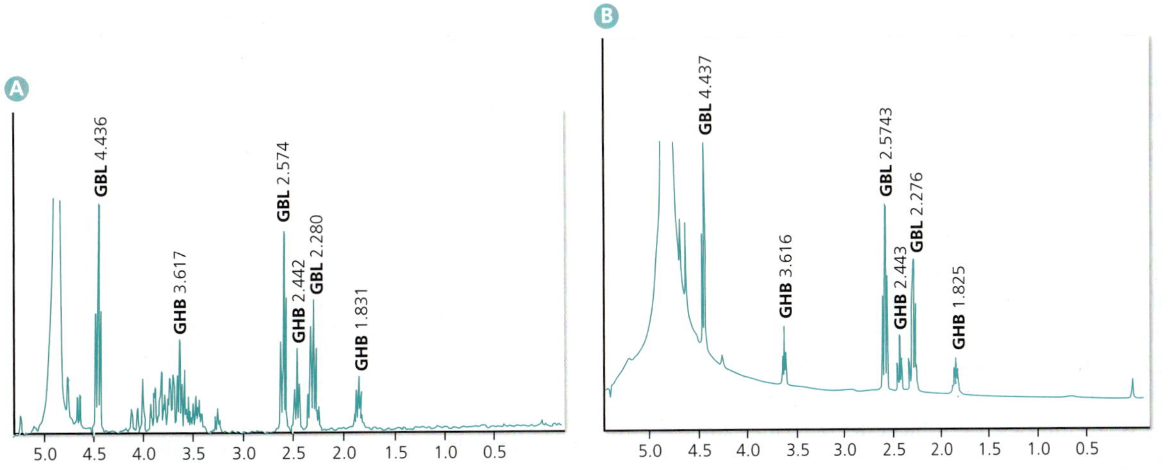

그림 1.15 γ-hydroxybutyric acid (GHB) 유리산을 함유한 수용성 기반 GBL 법의학적 물질의 양성자 핵자기 공명 스펙트럼: (A) 상업적으로 제조된 γ-butyrolactone (GBL) "음료", (B) GBL의 저장에 사용한 후 물로 씻어낸 음료수 병의 잔류물.

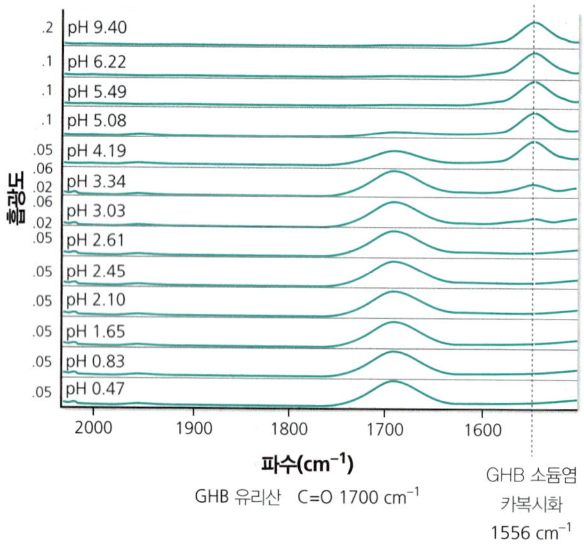

그림 1.16 D_2O에 있는 NaGHB/HCl 반응 혼합물의 용액 pH에 따른 적외선 스펙트럼의 누적 그래프.

* Ciolino, L. A.; et. al. *J. Forensic Sci.*, 2001, 46, 1315-1323.

† DeFrancesco, J. V.; et al. *J. Forensic Sci.*, 2006, 51(2), 321-329

‡ Witkowski, M. R.; et al. *J. Forensic Sci.*, 2006, 51(2), 330-339

1.7 심화자료

Books

Bell, S. *Forensic Chemistry*, 2nd ed.; Prentice Hall: Upper Saddle River, NJ, **2012**.

de Hoffmann, E.; Stroobant, V. *Mass Spectrometry: Principles and Applications*, 3rd ed.; Wiley-Interscience: Chichester, England, **2007**.

Griffiths, P.; De Haseth, J. A. *Fourier Transform Infrared Spectrometry (Chemical Analysis: A Series of Monographs on Analytical Chemistry and Its Applications)*, 2nd ed.; Wiley-Interscience: Chichester, England, **2007**.

Jacobsen, N. E. *NMR Spectroscopy Explained: Simplified Theory, Applications and Examples for Organic Chemistry and Structural Biology*; Wiley-Interscience: Chichester, England, **2007**.

Snyder, L. R.; Kirkland, J. J.; Dolan, J. W. *Introduction to Modern Liquid Chromatography*, 3rd ed; John Wiley & Sons: Hoboken: NJ, **2009**.

Sparkman, O. D.; Penton, Z.; Kitson, F. G. *Gas Chromatography and Mass Spectrometry: A Practical Guide*, 2nd ed.; Academic Press: Amsterdam, **2011**.

Journals

Brettell, T. A.; Butler, J. M.; Almirall, J. R. Forensic Science, *Anal. Chem.* **2011**, *83(12)*, 4539–4556.

Leclercq, L.; Cuyckens, F.; Mannens, R.; de Vries, P. T.; Evans, D. C. Which Human Metabolites Have We MIST? Retrospective Analysis, Practical Aspects, and Perspectives For Metabolite Identification and Quantification in Pharmaceutical Development. *Chem. Res. Toxicol.*, **2009**, *22*(2), 280–293.

1.8 연습 문제

1.1 흡광도 = εbc 관계식에서, ε은 몰흡광 계수(단위 $cm^{-1} \cdot M^{-1}$)이고 *c*는 몰농도이다. 그림 1.2에서 356 nm에서 보이는 피크의 ε를 추정하라.

1.2 그림 1.2의 DPK가 나타내는 3개의 모든 피크에 대한 몰흡광 계수가 이 장에서 결정되었다. 그 피크들을 발생시키는 전이에 대해 어떤 추측을 할 수 있는가?

1.3 그림 1.4에서 대략 1,000 cm^{-1}의 피크에 대하여

(a) 파수(cm^{-1})를 마이크로미터 단위의 파장으로 변환하라.

(b) 해당 피크의 흡광도를 계산하여 퍼센트 투과도로 변환하라.

1.4 Fourier 변환은 이 장에서 두 가지 기기에 관하여 언급되었다. Fourier 변환을 설명하는 믿을 만한 웹사이트를 찾아서 발견한 것들을 200자 이내로 요약하라.

1.5 그림 1.12에 표시된 두 스펙트럼의 주 피크 위치를 이론적으로 설명하라.

1.6 다음의 각 분광기는 EMS의 어느 영역(헤르츠 단위)을 사용하는가?

(a) UV-vis (b) FTIR

그레인저의

핵심 기기분석

INSTRUMENTAL ANALYSIS

제2장

신호와 잡음

신호처리의 기초

Signals and Noise

An Introduction to Signal Processing

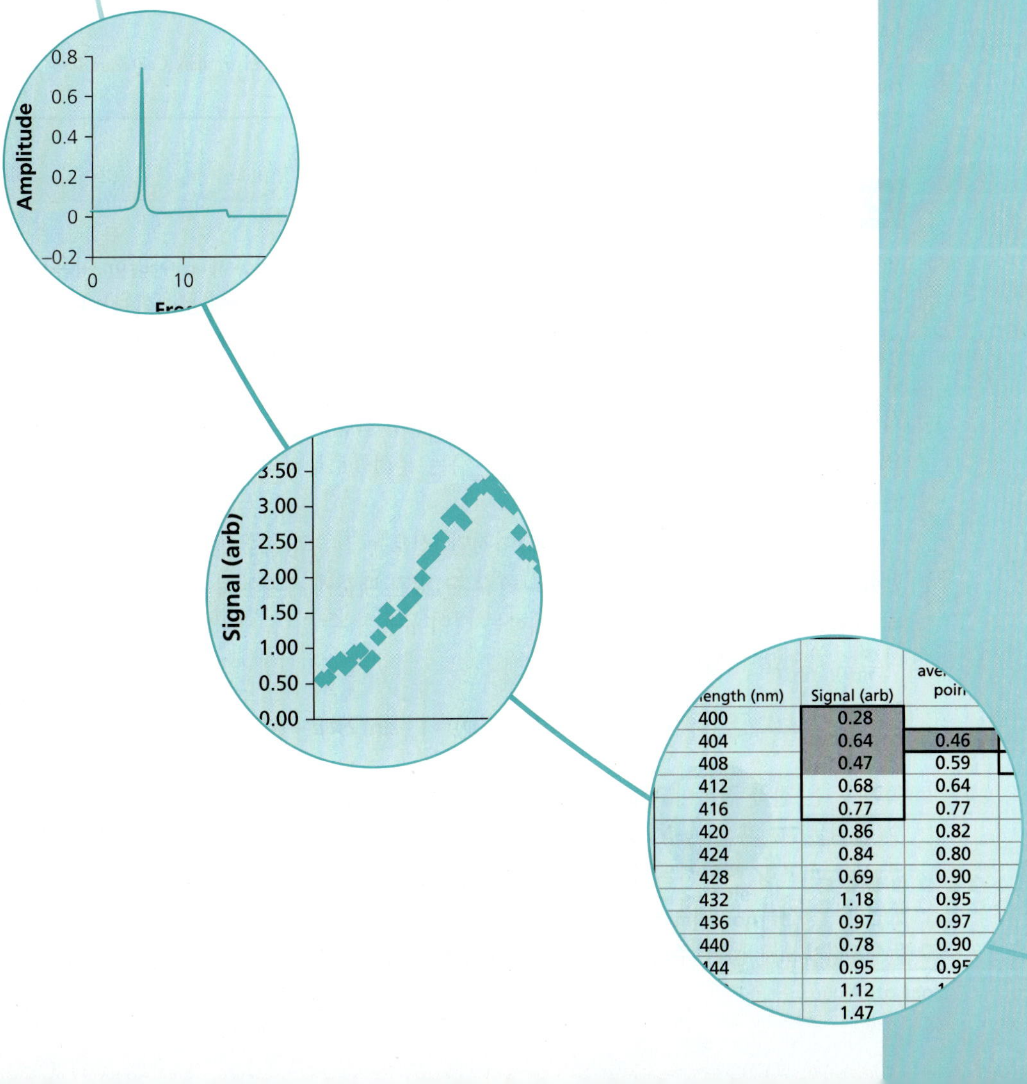

개념 _Concepts

특집 _Features

프로파일

▶ 프로파일 _Profile
단일 분자 분광법

2014년 노벨 화학상은 단일 분자를 감지하고 측정할 수 있는 방법들을 개발하는 데 획기적인 성과를 이룬 공로로 William Moerner*, Eric Berzig, Stefan Hell에게 주어졌다. 이 성과에서의 본질적인 요소는 신호 측정 시 수반되는 잡음을 획기적으로 줄이고 제거될 수 없는 잡음 속에서 신호만을 감지할 수 있는 실험을 설계했다는 것이다.

그림 2.1(A)은 Moerner의 몇몇 연구 결과들을 보여 주고 있다. 우리는 실험의 세부적인 사항들을 다루지는 않겠지만, 그림 2.1(A, i)에서 원으로 표시된 "피크(peak)"에 주목하도록 하자. 해당 피크는 펜타센(pentacene) 단일 분자에 의한 것이다. 그 연구자들은 어떻게 측정된 특정 특성이 단순한 잡음이 아닌 실제 피크라고 확신할 수 있었을까? 그들은 관찰된 피크 변화가 단일 분자와 연관된 것으로 설명할 수밖에 없는 특수 레이저 변조 기술뿐만 아니라 잡음 감소 방법들의 조합을 사용하였다.

Moerner의 연구 이후, 많은 연구자들이 단일 분자들을 감지하기 위해 더 진전되거나 유사한 신호 대 잡음 비 증대 기술들을 사용해 오고 있다. 그리고 어떤 경우에는 단일 분자들의 시각적인 이미지들을 관찰하기도 한다. 그림 2.1(B)은 단일 DNA 분자의 형광 이미징 결과를 보여주고 있다.†

이 장에서 우리는 실험 데이터에 존재하는 신호와 잡음의 특성들에 대해 배울 것이다. 이는 측정 방식들을 적절히 변화시켜 신호를 찾거나 수학적으로 데이터 작업을 수행함으로써 신호를 증대시키기 위해 필요한 것이다. 신호 강도와 잡음에 대한 고려는 우리가 이 책을 통해 각각의 새로운 분석기기 유형을 소개할 때 중요한 사항이다. ■

* *Moerner, W. E.; Kador, L. Phys. Rev. Lett.,* ***1989****, 62, 2535–2538.*
† *Kartalov, E. P. Single Molecule Detection and DNA Sequencing-by-Synthesis. PhD dissertation, California Institute of Technology, Pasadena, CA,* ***2004****.*

2.1 신호에 대한 서론

현대 화학 분석기기에서 측정되는 대다수의 신호는 전압이나 전류이다. 이러한 이유로 신호에 대해 이해하기 위해서는 *전자장치*(electronics)에 대해 생각해 보아야 한다. 1장에 기본적인 분석기기에 대한 간략한 소개를 다루었다. 실험 결과에 대한 올바른 해석을 하기 위해서 우리는 관심 대상 분석물의 특성과 연관된 검출기 반응(즉, 신호)와 분석물의 특성과는 관련 없는 연관된 검출기 반응(즉, 잡음) 간의 관계에 대해 이해할 필요가 있다. 일반적으로, 측정된 신호($S_{measured}$)는 분석물로부터의 신호($S_{analyte}$)와 잡음과 연관된 신호의 합으로 여겨진다.

비록 대부분의 신호들은 직류(DC)이지만, 신호는 직류와 교류의 구성 요소들을 포함하고 있다. 교류 신호들은 잡음으로 여길 수 있기 때문에 기기에서 관찰된 직류 신호로 작업할 때에는 교류 신호들을 이해하는 것이 유용할 수 있다. 단일 교류 신호는 다음 식으로 기술할 수 있다.

$$V(t) = V_m \sin(\omega t + \phi) = V_m \sin(2\pi f t + \phi) \qquad \text{식 (2.1)}$$

이때 V_m은 전압 진폭이고, ω는 신호 각 주파수(단위는 rad/s), ϕ는 위상 상수, f는 주파수(단위는 Hz 혹은 cycles/s)이다. 그림 2.2(A)의 삽입 그림은 세 교류 신호들과 한 직류 신호의 조합(여기서는 수학적 합)을 보여 주고 있다. 삽입 그림에서의 세 교류 신호들은 다른 진폭, 주파수, 위상 상수를 지니고 있다. 가장 낮은 주파수를 갖는 신호(회색)는 그 다음으로 높은 주파수를 갖는 신호(검은색)와 같은 진폭을 지니고 있다. 삽입 그

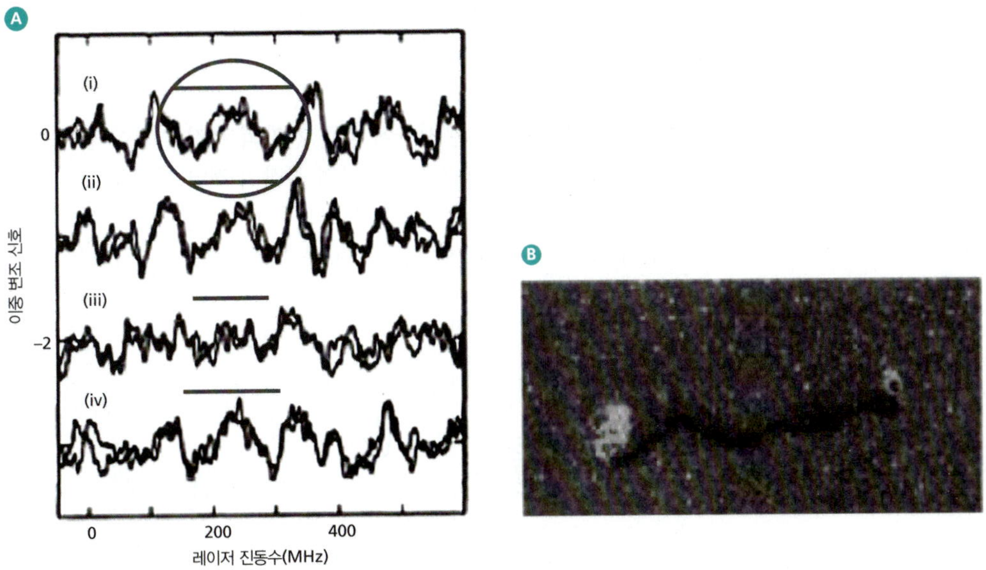

그림 2.1 (A) 단일 분자의 검출. (i)에서 (iv)까지는 피크를 나타내며(동그라미로 표시), 주변 소음으로부터 가까스로 인식할 수 있다. (B) DNA 단일 분자의 형광 검출.

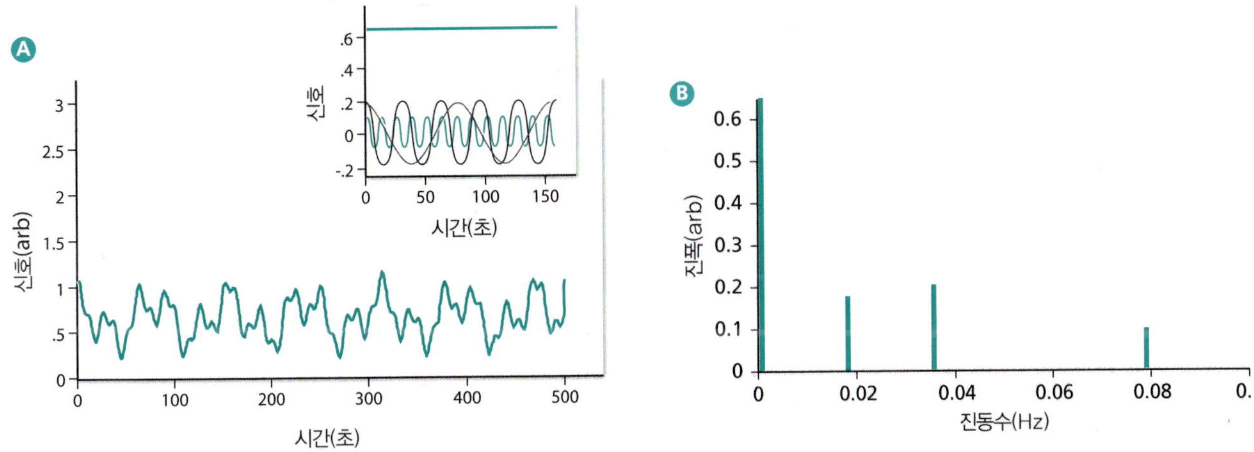

그림 2.2 (A) 삽입된 그림에 표시된 3개 신호 합의 시간 영역 스펙트럼: DC 신호(수평선) 및 주파수가 다른 3개의 AC 신호(3개의 서로 다른 사인파). (B) 주파수 스펙트럼.

림에서의 주파수는 각 신호의 주기로부터 $f = 1/T$(이때, T는 주기) 관계를 이용하여 결정할 수 있다. 그림 2.2(A)에 나타난 시간 영역 신호뿐만 아니라, 신호는 각 신호의 진폭을 주파수에 따라 도시하여 주파수 영역에서의 신호로 나타낼 수도 있다. 주파수 영역 스펙트럼은 그림 2.2(B)에 나타나 있다. 직류 신호는 0 Hz에 표시되어 있음을 주목하기 바란다. 우리는 신호 처리를 논의하면서 시간 영역 신호와 주파수 영역 신호 간의 변환을 자주 접하게 될 것이다.

삽입 그림에서의 개별 신호들은 교류와 직류 성분들로 구성된 전체 신호로 더해질 수 있다. 이 결합된 신호는 만약 모든 네 개의 신호들이 어떠한 구별 없이 검출기에 도달한다면 기기의 검출기가 감지하는 신호의 예가 될 것이다. 다시 말해, 우리의 목표는 측정의 어떤 면이 중요한지와 그렇지 않은지를 이해하는 것이다. 때때로, 오직 직류 신호만을 측정하는 것이 목표가 될 수 있다. 또 다른 경우에는 비교적 높은 주파수의 신호만을 측정하고자 하거나 반대로 검출기 반응 중 낮은 주파수 구성 요소만 측정하고자 할 수도 있다.

문제 2.1 다음 그림은 시간에 따른 전압의 측정 결과이다. 전압은 서로 다른 주파수를 갖는 두 교류 요소와 0.1 V 미만의 무작위 전압 변동을 갖는 한 직류 요소를 갖는다고 한다. 그림으로부터 두 직류 신호의 주기와 주파수를 추정하라. 또한, 각 주파수들도 계산하라. 두 교류 신호에 대한 주파수 스펙트럼을 그려 보라.

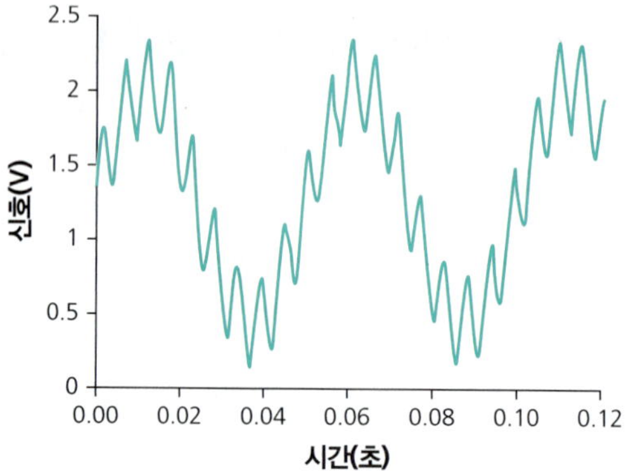

문제 2.2 다음 그림은 시간에 따른 전압의 측정 결과이다. 신호는 여러 가지 다른 주파수로 구성되어 있다고 한다. 측정된 신호에 가장 낮은 주파수의 기여도를 추정하라. 가장 낮은 주파수의 교류 요소의 진폭을 추정하라.

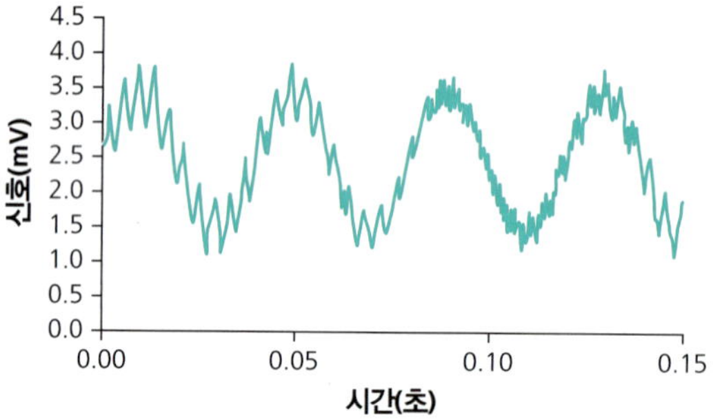

2.2 잡음의 원인과 특성

잡음은 측정 시스템에 기인하는 것(*기기적 잡음*, instrumental noise)과 시료에서의 화학적기여로부터 기인하는 것(*화학적 잡음*, chemical noise)로 분류할 수 있다. 예를 들어, 기기적 잡음은 측정 전압을 변화시킬 수 있는 전자장치의 온도 변화나 주변의 누설 전자기파 복사에 대한 안테나 역할을 할 수 있는 허술하게 접지된 전선 때문에 발생한다. 화학적 잡음은 시료 측면에서 발생하는데, 예를 들어, 온도, 압력, 습도에 영향을 받는 시료의 물성들이 시료를 완전히 통제하지 못하거나 초기 측정 검정 중에 고려되지 않았기에 측정되는 신호에 영향을 미치는 경우들이다.

잡음에 영향을 미치는 각 기기적 잡음의 형태들과(예를 들어, 검출기/전자장치의 온도, 동력원과의 근접 정도) 각 기여 정도를 이해하는 것이 중요하다. 특정 상황과 관련 있는 잡음의 형태를 이해하는 것은 신호 강도를 높이고 잡음을 줄이는 전략이 될 수 있다.

다른 종류의 잡음은 다른 주파수 의존성을 갖는다. 우리는 곧 중요한 두 종류의 잡음들이 측정의 *띠너비*(bandwidth)에 의존한다는 것을 살펴보도록 하겠다. 띠너비 Δf는 시스템이 측정하는 최대 주파수와 최소 주파수 차이의 차이이다. 특히, 띠너비는 절반-파워 주파수(half-power frequency)에서의 높은 주파수와 낮은 주파수의 차이로 정의한다. 절반-파워 주파수는 파워가 최대치의 절반으로 떨어졌을 때의 주파수이다. 측정 띠너비는 측정기기(멀티미터, 오실로스코프) 혹은 측정 띠너비를 더 좁힐 수 있는 시스템에 적용되는 필터에 의해 한정될 수 있다. 예를 들어, 50~200 kHz에서의 신호를 측정하는 멀티미터는 Δf = 200 kHz − 50 kHz = 150 kHz의 띠너비를 갖는다.

만일 우리가 시간의 함수인(예를 들어, 동역학 정보를 얻기 위해) 측정을 수행하고자 기기를 사용한다면, 우리는 기기가 얼마나 빨리 분석물 시스템에서의 변화에 따라 반응하는지 알아야 한다. 측정의 띠너비과 기기가 분석물 시스템의 변화에 반응하는 데 걸리는 시간 사이의 관계를 알아야 우리가 사용하는 기기가 적절히 반응할 수 있는지를 알 수 있다. 만일 우리가 급격히 변화하는 신호를 다루고 있다면 그만큼 재빨리 반응할 수 있는 기기가 필요한 것이다. 기기 반응 시간(response time) 혹은 상승 시간(rise time) t_r은 기기가 입력 스텝 전압의 10%에서 90%로 증가하는 데 걸리는 시간으로 정의한다. 매우 짧은 상승 시간을 갖는 기기는 스텝 반응 입력에 매우 빨리 반응할 수 있다. 만일 우리가 측정 시스템을 효율적인 저항-커페시터(RC)[1] 회로로 모델화하면, 상승 시간은 아래와 같이 띠너비와 관련되어 있음을 알 수 있다.

$$t_r = \frac{0.35}{\Delta f} \qquad \text{식 (2.2)}$$

식 (2.2)를 보면, 측정 띠너비가 클수록 시스템의 반응 시간이 짧다. 상승 시간은 아래 식과 같이 RC 회로에의 **시간 상수**(time constant, τ)와 연관된다.

$$t_r = 2.2\tau = 2.2RC \qquad \text{식 (2.3)}$$

◈ 열적 잡음

열적 잡음(thermal noise)은 Johnson 혹은 Nyquist-Johnson 잡음이라고도 하는데, 전기적 구성물에서의 열적 작용에 의한 전하의 무작위 운동으로 기인한 전압이다. 저항 회로에서 이 전압은 아래 식으로 나타낼 수 있다.

$$V_{rms,Johnson} = \sqrt{4k_B TR\Delta f} \qquad \text{식 (2.4)}$$

이때, k_B는 Boltzmann 상수(1.38×10^{-23} m^2 kg/s^2 K), T는 저항의 절대 온도(K), R은 저항(Ω), 그리고 Δf는 측정에 대한 띠너비(Hz)이다. 이것이 제곱 평균 제곱근(rms) 전압이다. 식에서 보면 Johnson 잡음은 측정 띠너비가 클수록 더 크다. 열적 잡음은 모든 주파수에 걸쳐 일정하기 때문에, 우리는 샘플링하는 주파수 영역이 클수록 열적 잡음이 크다는 의미로 띠너비 의존성을 생각할 수 있다. 이를 생각하는 또 다른 방법으로 열적 잡음은 주파수 띠너비에 의존하지만 실제 주파수에는 의존하는 않는다는 것이다. 온도 의존성 때문에 열적 잡음은 검출 전자장치의 온도를 낮추어 줄일 수 있다. 예를 들어, 전하 결합 검출기 장치는 액체 질소(77K)로 온도를 낮추어 더 작은 열적 잡음을 얻을 수 있다. 열적 잡음을 줄이는 또 다른 방법은 측정의 띠너비를 줄이는 것인데 여기에는 단점이 따른다. 식 (2.2)에 따르면 Δf를 줄일 때 시스템 상승 시간 t_r은 커진다. 열적 잡음을 줄이기 위해 띠너비를 줄이는 것은, 동역학 측정을 위한 활용도가 잠재적으로 제한될 수 있는, 더 느린 장치로 만들어 버리는 것이 된다.

[1] RC 회로란 저항(R)과 커페시터(C)들이 직렬로 연결된 것을 말한다.

» 예제 2.1

어떠한 측정을 위해 1 μV rms 이하의 Johnson 잡음을 얻고자 한다면, 검출기 온도를 낮출 것인지 아니면 측정 띠너비를 줄일 것인지를 결정해보라. 검출기 온도는 77K까지 낮출 수 있다. 이 측정에서 상승 시간은 75 μs보다 크지 않도록 해야 한다. 검출기의 효율 저항은 10,000 Ω이고, 띠너비는 50 kHz이다.

풀이 ›

해당 수준의 Johnson 잡음을 얻기 위한 온도는 식 (2.4)를 이용하여 계산할 수 있다.

$$T = \frac{V^2_{rms,Johnson}}{4k_B R\Delta f} = \frac{(1\times10^{-6}\ \text{V})^2}{4(1.38\times10^{-23}\ \frac{\text{m}^2\text{kg}}{\text{s}^2\text{K}})(10{,}000\ \Omega)(50{,}000\ \text{Hz})} = 36.2\ \text{K}$$

액체 질소는 77K에서 끓기 때문에 이 온도는 편리한 측정을 위해서는 너무 낮다. 다른 방안으로, 실온에서 사용할 검출기의 띠너비를 식 (2.4)를 이용하여 계산할 수 있다.

$$\Delta f = \frac{V^2_{rms,Johnson}}{4k_B RT} = \frac{(1\times10^{-6}\ \text{V})^2}{4(1.38\times10^{-23}\ \frac{\text{m}^2\text{kg}}{\text{s}^2\text{K}})(10{,}000\ \Omega)(300\ \text{K})} = 6.04\ \text{kHz}$$

우리는 온도를 77K까지 낮추고 띠너비를 줄이는 것으로 위 두 방안을 결합할 수도 있다. 77K 온도에서의 검출기를 위한 띠너비는 아래와 같다.

$$\Delta f = \frac{V^2_{rms,Johnson}}{4k_B RT} = \frac{(1\times10^{-6}\ \text{V})^2}{4(1.38\times10^{-23}\ \frac{\text{m}^2\text{kg}}{\text{s}^2\text{K}})(10{,}000\ \Omega)(77\ \text{K})} = 23.5\ \text{kHz}$$

만일 우리가 띠너비를 줄이고 실온에서 검출기를 사용하는 방안을 선택한다면, 측정의 요구 조건에 부합하는지를 판단하기 위해 상승 시간을 확인해 보아야 한다.

$$t_r = \frac{0.35}{\Delta f} = \frac{0.35}{6{,}040} = 58\ \mu s$$

이는 측정의 요구 조건에 부합한다. 따라서 Johnson 잡음을 1 μV 이하로 유지하려면 띠너비를 낮추어야 한다.

문제 2.3 한 측정 시스템이 1 MΩ의 효율 저항과 10 MHz의 띠너비를 갖는다. 실온에서의 Johnson 잡음을 계산하라. 측정에 대한 상승 시간은 얼마인가? 측정 띠너비를 10 kHz로 줄이면 Johnson 잡음은 얼마나 감소되는가? 띠너비가 10 kHz일 때의 상승 시간은 얼마인가?

❖ 산탄 잡음

산탄 잡음(shot noise)은 다이오드와 트렌지스터 내에 전하의 양자화된 특성에 의해 발생한다. 즉, 전하는 양자화된 개별적인 양으로 전류는 연속적인 부드러운 흐름이 아닌 "파열"적인 흐름이다. 이와 관련하여 산탄 잡음 전류 $i_{rms,shot}$은

$$i_{rms,shot} = \sqrt{2Ie\Delta f} \qquad \text{식 (2.5)}$$

» 예제 2.2

기기 내 전류를 측정하기 위해 200 kHz의 띠너비를 갖는 멀티미터를 사용하려고 한다. (a) 1 pA와 (b) 1 mA의 전류와 연관된 산탄 잡음 전류를 계산하라. 각 직류 전류에 대한 산탄 잡음 전류의 비율을 계산하라. 어떤 전류가 가장 큰 비율의 산탄 잡음을 가지는가?

풀이 ›

(a)
$$i_{rms,shot} = \sqrt{2Ie\Delta f} = \sqrt{(2)(1\times10^{-12}\ \text{A})(1.6\times10^{-19}\ \text{C})(200{,}000\ \text{Hz})} = 2.52\times10^{-13}\ \text{A}$$

비율은 $\dfrac{i_{rms,shot}}{I_{DC}} = \dfrac{2.52\times10^{-13}\ \text{A}}{1\times10^{-12}\ \text{A}} = 0.25$이다.

(b) $i_{rms,shot} = \sqrt{2Ie\Delta f} = \sqrt{(2)(1\times10^{-3}\ \text{A})(1.6\times10^{-19}\ \text{C})(200{,}000\ \text{Hz})} = 8\times10^{-9}\ \text{A}$

비율은 $\dfrac{i_{rms,shot}}{I_{DC}} = \dfrac{8\times10^{-9}\ \text{A}}{1\times10^{-3}\ \text{A}} = 8\times10^{-6}$이다.

1 pA 전류에 대한 산탄 잡음은 직류 전류의 25%이고, 더 큰 1 mA 전류는 이 직류 전류의 0.0008%에 해당하는 산탄 잡음을 나타낸다.

이때, I는 평균 직류 전류, e는 전자의 전하, Δf는 주파수 띠너비이다. 불행히도 I는 측정하고자 하는 분석 신호이거나 관련되어 있는 경우가 많다. Johnson 잡음과 마찬가지로 산탄 잡음도 주파수에는 독립적이지만 측정의 띠너비에는 의존적이다. Johnson 잡음과 산탄 잡음은 백색 잡음(white noise)의 종류들이다. 주파수에 독립적인 잡음들을 백색 잡음이라 한다.

문제 2.4 분광계는 −50°C에서 250°F 범위의 극심한 온도 변화를 경험하는 공업적 제조 반응기에 사용된다. 기기의 효율 저항은 30 kΩ이고, 측정에 대한 띠너비는 100 kHz이다. 이 온도 범위에서의 열적 잡음을 계산하라. 이때 온도 범위에서 발생할 수 있는 저하의 온도 의존성은 무시하라. 어떻게 측정 띠너비를 50 kHz까지 줄여서 열적 잡음을 줄이게 할 수 있는가?

문제 2.5 어떤 시스템이 1 MΩ의 효율 저항을 갖는다. 효율 저항은 변화하지 않는다고 가정할 때, 세 가지 다른 띠너비의 오실로스코프(80 GHz, 200 MHz, 50 MHz)를 사용할 때의 산탄 잡음을 계산하라.

◈ 플리커 잡음

플리커 잡음(fliker noise, *1/f* 잡음으로 불리기도 함)은 전기 측정에서의 전체 소음에 중요한 기여를 한다. 그 중요성에도 불구하고, *1/f* 잡음은 완전히 이해되지는 않았다. *1/f* 잡음은 교통 패턴을 포함하는 물리적 시스템과 생물학 시스템의 다양한 영역에서 관찰된다. 기기 분석 시 *1/f* 잡음은 반도체내 전기적 신호에 특별히 중요하다. 플리커 잡음은 $1/f^n$ 관계의 주파수 의존성을 갖는다. 이때 n은 0.5~1.5 범위에 있다. 주파수 의존성에 따라 *1/f* 잡음은 낮은 주파수에서 증가하며 100~200 Hz미만일 때 특히 유해한 수준으로 존재한다. 이 형태의 잡음은 또한 직류 전류 측정 시 두드러질 수 있다. 신호 수준이 낮을 때에는 가능한 한 직류 전류나 낮은 주파수 측정을 피하는 것이 좋다. 동일한 강도의 주파수 비의존성을 나타내는 백색 잡음과는 반대로 *1/f* 잡음은 특별한 주파수 의존성 때문에 종종 분홍 잡음(pink noise)이라 한다.

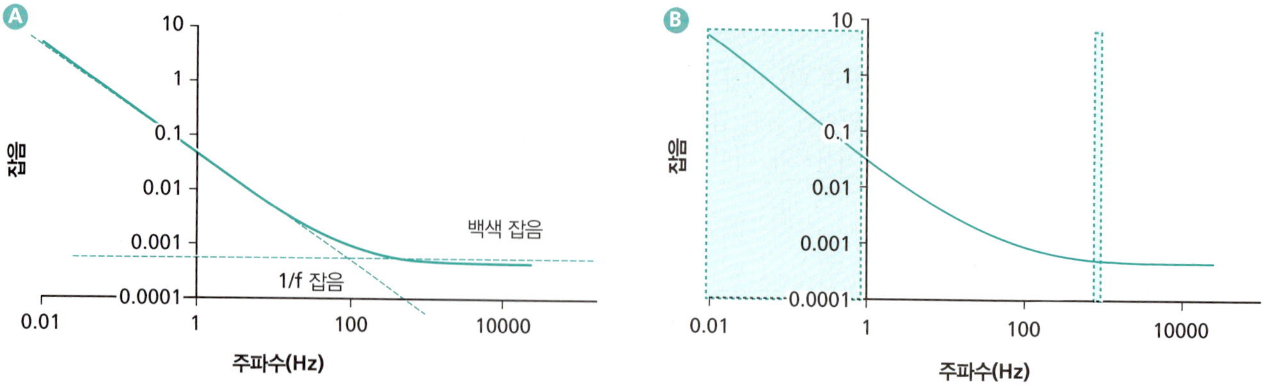

그림 2.3 주파수에 따른 전자장치에서의 잡음 전압.

전기적 잡음은 일반적으로 백색 잡음(열적 잡음과 산탄 잡음)과 분홍 잡음(*1/f* 잡음)의 구성 요소를 지닌다. 백색 잡음은 기본적으로 모든 주파수에 걸쳐 동등하게 발생한다. 백색 잡음과 분홍 잡음 사이에는 대략 100~1,000 Hz 범위에서 교차점이 존재한다. 전자장치에서의 주파수에 따른 잡음 전압의 예가 그림 2.3(A)에 제시되어 있다. 이때 축은 비선형 관계에 있음을 주목하라. 그림 2.3(B)은 각각 ~1 Hz의 띠너비를 지닌 두 주파수 범위를 보여준다. 각 주파수 범위에서의 전체 잡음은 각 범위에서의 선 아래의 면적에 해당한다. 백색 잡음이 *1/f* 잡음보다 우세한 높은 주파수 범위에서 측정을 수행하는 것이 명백히 유리함을 알 수 있다. 이러한 점은 더 낮은 *1/f* 잡음을 갖는 주파수 범위로 신호의 주파수를 증가시키는 응용 예들을 살펴볼 때 이 책에서 다시 사용될 것이다.

잡음은 전력선으로부터 관찰되는 60 Hz(미국 내에서, 그 외의 지역에서는 50 Hz)와 같은 환경적 원인으로도 발생한다. 전자장치 내에서 사용되는 전선은 사실 이러한 잡음과 다른 형태의 전자기 방사선을 받아들이는 안테나로 작용할 수 있다. Faraday 상자는 전기적으로 접지된 그물선 형태의 상자로 기기의 전기적 구성 요소에 전자기 방사선이 침투하는 것을 막는 데 사용된다. 간단한 형태의 Faraday 상자가 그림 2.4에 제시되어 있다. 매우 민감한 전자적 검출기를 지닌 많은 기기들이 기기의 설계 시 Faraday

그림 2.4 Faraday 상자의 차단 능력은 휴대폰을 알루미늄 호일로 감싸는 것이나 금속 철망 요리 도구 안에 넣는 것으로 간단히 확인해 볼 수 있다. 전화를 걸어 보면 벨이 울리지 않는 것을 알 수 있다. 핸드폰이 수신할 전파 신호는 금속 그물망 상자를 통과할 수 없다.

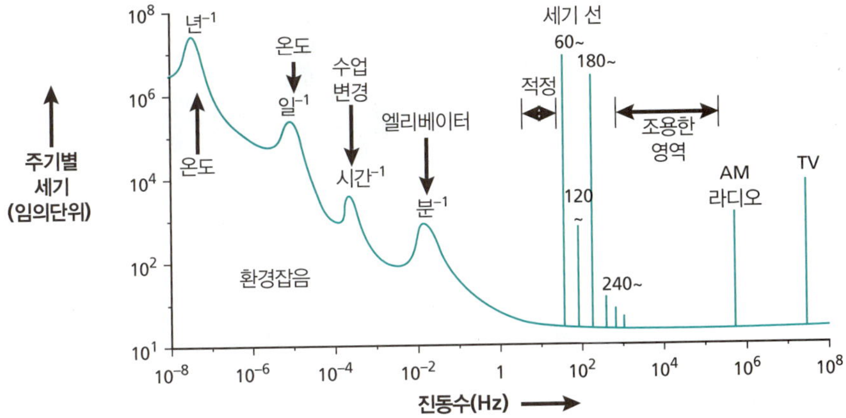

그림 2.5 흔한 환경적 잡음 스펙트럼. (출처 *J. Chem. Educ.* **1968**, *45 (7)*, A533.)

상자를 포함하고 있다. 이와 유사하게 기기로 연결되거나 기기에서 나오는 배선은 종종 전자기 방사선으로부터 차단되기도 한다. 즉, 배선들이 접지된 그물선에 싸여 있다.

이러한 60 Hz 신호의 배수 신호는 또한 120 Hz, 180 Hz, 240 Hz 등에서도 일어날 수 있다. 흔히 관찰되는 환경 잡음의 주파수 대역별 세기(power)가 그림 2.5에 제시되어 있다. 이런 유형의 그래프를 세기 스펙트럼(power spectrum)[2]이라 한다. 하루 중 발생하는 온도 변화도 측정에 영향을 미칠 수 있다. 건물 내에서 걸을 때 생기는 진동이나 엘리베이터의 운행조차도 검출기에 영향을 미친다면 잠재적인 잡음의 원인이 되기도 한다.

2.3 신호 대 잡음 비와 앙상블 평균

직류 전류 측정 세트의 질을 설명하는 핵심 특징은 *신호 대 잡음 비*(signal-to-noise ratio, S/N)이다. 이때, S는 신호이고, N은 잡음이다. 신호는 측정값의 평균($\bar{x}$)이고, 잡음은 측정값의 평균의 표준 편차(s)이다.

$$\frac{S}{N} = \frac{\text{평균}}{\text{표준 편차}} = \frac{\bar{x}}{s} \qquad \text{식 (2.6)}$$

데이터 세트를 비교할 때 S/N 비율이 더 크면 더 양질의 데이터임을 나타낸다. S/N 비율이 2나 3이면 일반적으로 신호를 감지할 수는 있지만 정량화할 수는 없는 데이터에 해당한다. 분석화학자는 보통 정확한 정량화를 위해서 최소 10의 S/N 비율을 요구한다.

백색 잡음의 경우에 S/N 비율을 증가시키는 가장 강력한 도구는 평균화이다. 백색 잡음은 영점을 기준으로 무작위로 분포된 양의 값과 음의 값을 둘 다 포함하기 때문에 측정하는 수를 증가시키면 잡음의 평균은 감소하고 S/N 비율은 증가한다. 단일 측정이나 단일 스캔(스펙트럼 측정을 위한), 단일 측정 세트(예제 2.3 참고)에 대한 S/N 비율은 $(S/N)_0$이다. 만약 n개 세트의 측정을 했다면 모든 n에 대한 S/N은 다음과 같다.

$$\left(\frac{S}{N}\right)_n = \sqrt{n}\left(\frac{S}{N}\right)_0 \qquad \text{식 (2.7)}$$

S/N을 두 배로 증가시키기 위해서는 측정 수를 4배로 늘려야 한다.

[2] 세기 스펙트럼은 주파수 스펙트럼과는 다소 다르다. 주파수가 신호의 다른 구성 요소의 진폭을 알려주는 반면 세기 스펙트럼은 신호의 다른 주파수 구성 요소의 세기를 알려 준다.

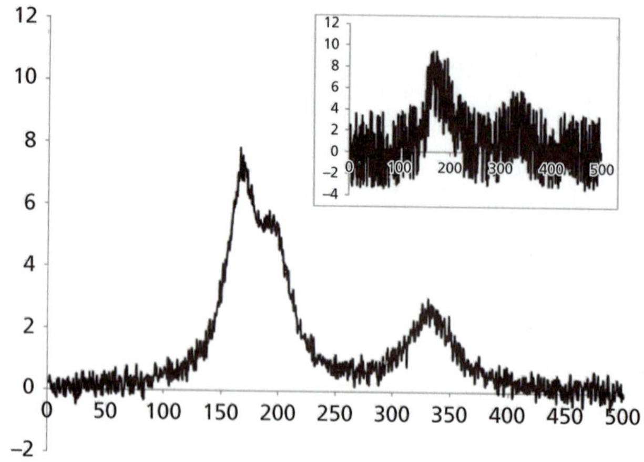

그림 2.6 잡음이 무작위적일 때 평균화는 S/N 비율을 증가시킨다. 삽입된 그림은 한 번의 측정 결과인데 반하여 중심 그림은 50번 측정 결과를 평균화한 결과이다.

» 예제 2.3

그림 2.6에 나타난 실험에 대해 x = 330에서 신호 강도를 같은 실험 조건에서 반복적으로 측정을 하였다. 데이터는 아래 표에 제시되어 있다. 데이터의 변이는 무작위라 가정한다.

(a) S/N 비율은 무엇인가?

(b) 이 측정 데이터를 10세트 얻는다면 S/N은 어떻게 변화하는가?

x = 330에서 반복적으로 얻은 측정값
4.4
2.6
3.7
4.6
3.8
2.5
4.1
3.5

풀이 ›

(a) 이 측정의 평균은 3.65이고, 표준 편차는 0.77이다. 따라서 S/N은 4.74이다.

(b) $$\left(\frac{S}{N}\right)_{10} = \sqrt{10}\left(\frac{S}{N}\right)_0 = \sqrt{10}(4.75) = 15.0$$

S/N은 3배 이상 증가하였다.

그림 2.6에 나타난 바와 같이 무작위 잡음이 존재할 때에는 초기 잡음이 많은 스펙트럼을 50회 반복 측정하여 평균을 얻음으로써 S/N 비율을 증가시킬 수 있다. 평균화되지 않은 신호를 보여주는 삽입된 그림의 스펙트럼과는 달리, 평균화된 스펙트럼에서는 대략 x = 200에서 세 번째 피크가 확연히 구별된다. 데이터의 여러 배열을 평균화한

이와 같은 평균화 유형을 *앙상블 평균화*(ensemble averaging)이라 한다. 평균화 과정은 측정 시간을 증가시킨다. 평균화 과정을 진행할 때에는 각 측정치에 대해 잡음 수준이 지속적으로 일정하다고 가정한다. 만약 잡음 수준이 한 개 세트의 측정 동안 지속적으로 느리게 증가하거나 감소하는 경우(표류, drift) 평균화 접근법은 그리 유용하지 않게 된다. 이러한 경우 편향된 잡음의 원인을 파악하고 이를 제거해야 한다.

» 예제 2.4 – 신호 대 잡음 비율을 빠르게 평가하는 방법

통계에 따르면, 실제 무작위 잡음의 경우 모든 데이터 포인트의 99.7%가 평균에서 ±3 표준 편차 이내에 있다. 따라서 잡음에 대한 합리적인 추정치(잡음은 데이터의 표준 편차로 정의한 것을 상기하라)를 피크 대 피크 기준선 폭을 표준 편차의 6배로 어림잡아 계산할 수 있다. 다음의 그래프에서 데이터에 대한 S/N 비율을 결정하기 위하여 이러한 근사법을 사용하라.

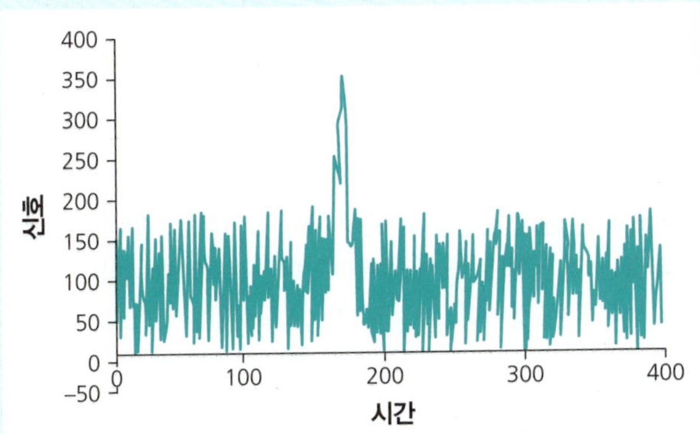

풀이 ›

그래프에서 피크 대 피크 잡음은 150단위(unit)이다. 따라서 대략적으로 예측한 표준 편차(s)는 6s = 150, 즉 $s \approx \dfrac{150}{6} \approx 25.$

이 경우 신호는 대략 350단위(unit)이므로 $\dfrac{S}{N} \approx \dfrac{350}{25} \approx 14.$

문제 2.6 다음 표에서 A, B, C는 동일한 분석물에 대해 세 가지의 다소 다른 조건에서 반복 측정한 결과이다. 각 측정 세트에서의 변이는 무작위라고 가정하고, 각 데이터 세트에 대한 S/N 비율을 계산하라. 어떤 데이터 세트가 최대 표준 편차를 갖는가? 어떤 데이터 세트가 최대 S/N 비율을 갖는가?

A (mV)	B (mV)	C (mV)
12.1	3.3	023
12.4	2.6	0.25
12.3	3.1	0.22
12.9	2.8	0.24
12.5	2.9	0.25
12.2	2.6	0.24

문제 2.7 아래 그림의 가장 뾰족한 피크에 대한 S/N 비율(99.7% 기준 사용)을 구하라. 이때 잡음은 무작위라 가정한다.

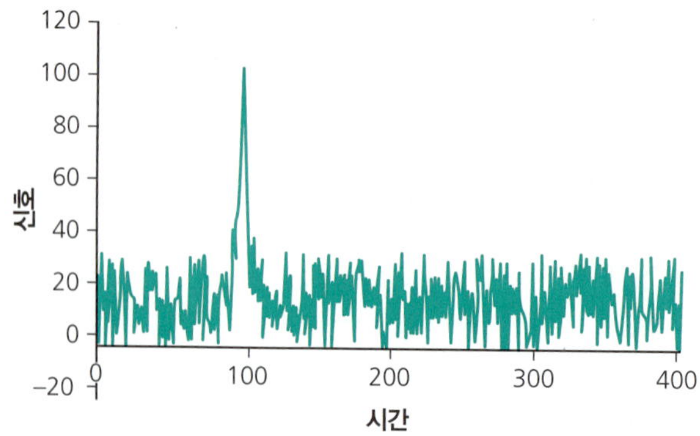

2.4 하드웨어와 소프트웨어를 이용한 신호 처리

신호 처리는 일반적으로 아날로그 또는 디지털 처리로 분류된다. 일반적인 아날로그 처리는 *아날로그 필터*(analog filter)를 통한 처리이다. 이러한 필터들은 저항, 커패시터, 작동 앰프(op amp)와 같은 전자장치적 구성 요소로 이루어진다. 아날로그 필터의 필터링 특성을 변경하려면 필터 회로를 재설계하거나 재구축해야 한다. 예를 들어, 다른 커패시터나 저항을 선택하는 것이다. 아날로그 필터는 일반적으로 전자기적 신호의 위상을 변경한다. 디지털 신호 처리는 소프트웨어나 수학적 처리를 활용하여 신호를 변경하는 컴퓨터나 마이크로프로세서를 포함한다. 디지털 처리는 실험 이후나 실험 시 실시간으로 수행할 수 있다. 데이터 처리는 주의를 기울여야 한다. 이는 데이터 처리를 통해 실험 데이터에 새로운 무의미한 신호를 만들어 낼 수 있고, 실제 신호를 왜곡하거나 모호하게 할 수 있기 때문이다. 따라서 처리된 데이터에서 부정확한 결론을 이끌어내지 않도록 어떻게 신호 처리가 데이터를 변화시키는지를 이해하는 것이 중요하다.

◆ 아날로그 처리

아날로그 필터의 예로는 로우-패스(low-pass), 하이-패스(high-pass), 밴드-패스(band-pass), 그리고 밴드-스톱 패시브(band-stop passive) 필터들이 있다. 로우-패스 필터는 낮은 주파수의 전압을 통과시키고 높은 주파수의 전압은 차단한다. 반면에 하이-패스 필터는 낮은 주파수의 전압은 차단시키고 높은 주파수의 전압을 통과시킨다. 밴드-패스 필터는 좁은 주파수 영역을 통과시키고, 밴드-스톱 필터는 좁은 주파수 영역을 차단시킨다. 주파수에 따라 신호 전압 입력(V_{in}) 대 필터 출력 전압(V_{out})의 이상적인 비율 스케치가 각 필터 유형에 따라 그림 2.7(A)에 나타나 있다. 이러한 필터들은 수동적인 패시브 필터이기 때문에 입력 대 출력 비율의 최대치는 1이다. 높은 주파수 잡음을 지닌 신호와 이를 로우-패스 필터링한 후의 결과에 대한 예가 그림 2.7(B)에 나타나 있다. 로우-패스 필터링 후 신호가 훨씬 부드러워진 것을 주목하라.

아날로그 처리의 또 다른 예인 **계측 증폭기**(instrumentation amplifier)는 **공통 잡음**(common noise)을 갖지만 하나에서만 측정하고자 하는 신호를 갖는 두 전압 신호를 추출하는 데 사용한다. 계측 증폭기의 출력 전압은 두 입력 사이의 *차이*를 나타낸다. 출력된 전압에는 공통 잡음 신호가 거의 없다는 의미이다. 계측 증폭기는 작동 앰프(op amp)와 다른 요소의 특정 구성을 이룬다. 작동 앰프는 전압 입력 신호에 수학 연산(덧셈,

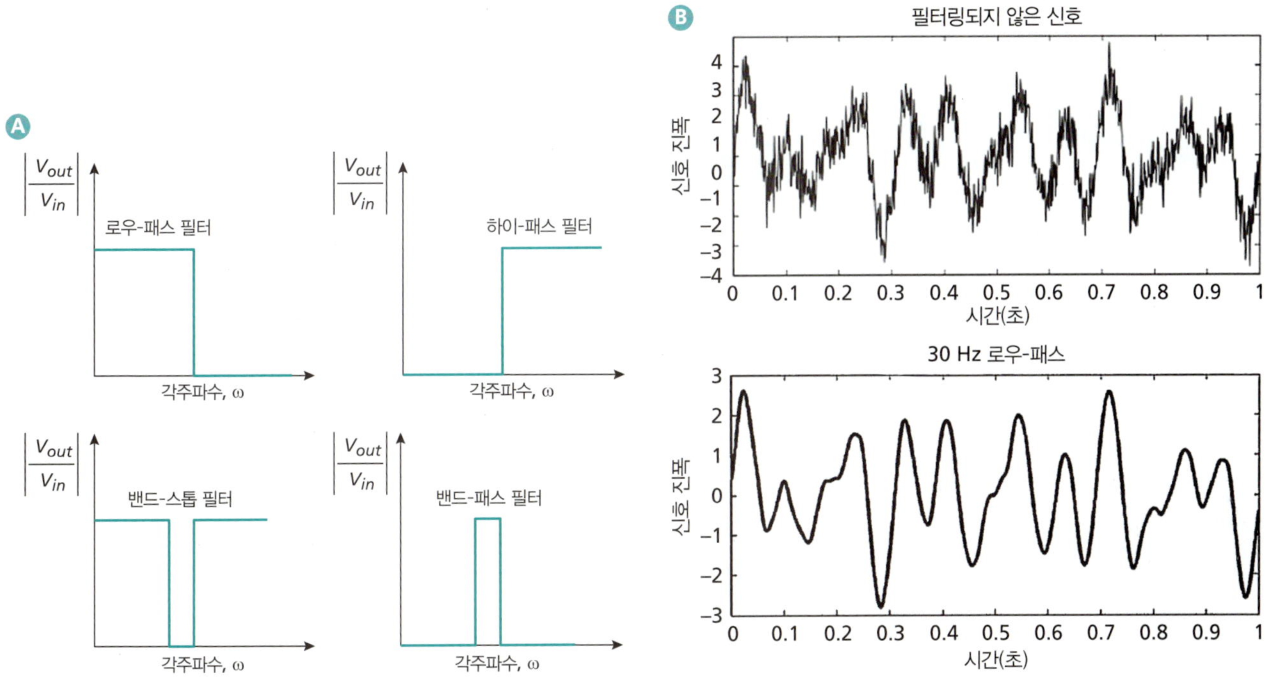

그림 2.7 패널 (A)는 패시브 필터 네 가지 유형에 따른 V_{out}/V_{in} 비율이다. 패널 (B)는 필터 되지 않은 신호와 30 Hz 로우-패스 필터링 후의 신호이다.

미분 등)을 적용하는 데 사용될 수 있다. 그림 2.8에는 계측 증폭기에 들어오는 두 입력 신호들과 이에 따른 출력 신호가 개념적으로 제시되어 있으며, 여기에는 중심 피크와 잡음이 많은 데이터 세트가 나타나 있다. 여느 때처럼, 우리는 S/N 비율이 증가하는 것을 바란다. 두 입력 신호들의 차이인 계측 증폭기의 출력 신호가 확실히 작은 잡음을 나타내는 것을 확인할 수 있다. 계측 증폭기는 신호를 증가시킬 수 있는 자체 전력 공급을 갖고 있기 때문에 액티브 필터의 예가 된다.

문제 2.8 그림 2.8의 입력 신호와 잡음이 추출된 신호의 S/N 비율을 비교하라.

◈ 하드웨어를 이용한 박스카 평균

박스카 평균기(boxcar averager) 또는 *적분기*(integrator)는 또 다른 아날로그 처리 장비이다. 박스카 평균은 여러 기간에 걸쳐 특정 부분(시간)의 신호를 선택하여 평균하는데, 사인파 모양일 필요는 없지만 주기적으로 시간에 따라 변화하는 신호에 특히 유용하다. 사용자가 정하는 시간 범위에서의 평균을 구하기 위해 박스카 평균은 개폐 적분기[gated integrator, 또는 종종 간단히 *박스카 평균*(boxcar average)]라고 불리는 기기를 통해 얻을 수 있다. 박스카 평균의 개념은 관련 하드웨어 그림과 함께 그림 2.9에 나타나 있다. 그림에서 신호는 급속하게 증가한 후 감소한다. 기기에서 트리거 지연(trigger delay)은 게이트가 제 시간에 배치되는 위치를 제어한다. 게이트 폭은 신호가 평균화되는 시간 폭을 정의한다. 박스카 평균기의 이러한 설정은 게이트를 위한 추적과 함께 오실로스코프에 나타난 신호를 바탕으로 선택된다. 평균할 샘플의 수도 기기에 설정된다. 이런 접근의 유용성은 필요한 시간 범위(time window) 동안에만 신호가 저장되고 다른 시간에의 잡음은 제거된다는 것이다. 이 예시에서 게이트 폭은 피크의 가장 큰 부분과 겹쳐지도록 설정되었다.

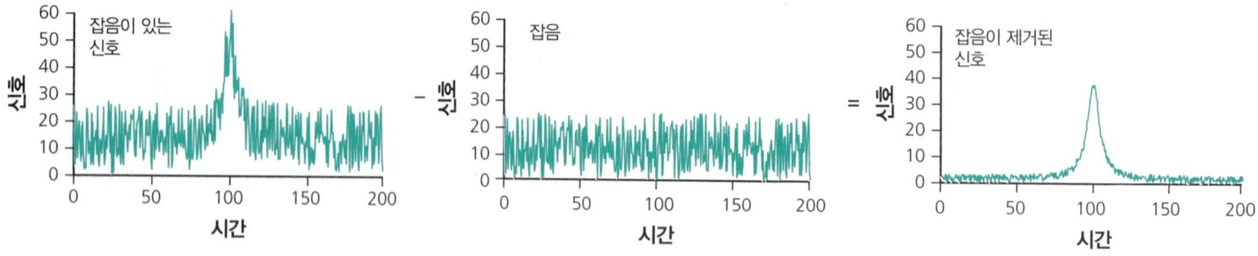

그림 2.8 계측 증폭기에서의 잡음 제거 개념.

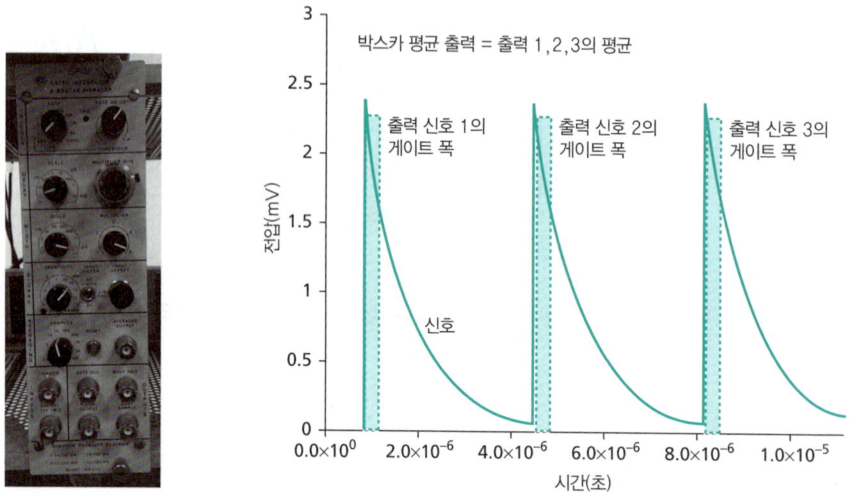

그림 2.9 시간에 따라 주기적으로 변하는 신호와 박스카 게이트, 그리고 게이트 적분기/박스카 평균. (하드웨어, Stanford Research Systems.)

문제 2.9 60 Hz 전력 선 신호의 형태로 환경 잡음이 발생하여 70 Hz에서의 측정에 문제를 일으키는 것을 발견하였다. 이 문제를 해결하는 데 어떠한 형태(혹은 형태들)의 필터가(로우-패스, 하이-패스, 밴드-패스, 밴드-스톱) 적절한가? 이유를 설명하라.

문제 2.10 상당한 열 잡음을 포함한 대략 100 kHz의 신호를 측정하고자 한다. 또한, 200 Hz까지의 주파수 영역에서는 $1/f$ 잡음도 문제가 된다고 한다. 이 두 종류의 잡음 문제를 해결하는 데 어떠한 형태(혹은 형태들)의 필터가(로우-패스, 하이-패스, 밴드-패스, 밴드-스톱) 적절한가? 각 잡음($1/f$ 잡음과 열 잡음)에 대해 어떠한 필터 선택이 효율적인지 논하라.

문제 2.11 50 kHz의 주파수를 갖는 신호의 진폭은 어떤 산업 과정에서의 오염원 양에 대응한다고 한다. 그 진폭은 잡음에 비하여 매우 작다. 당신의 시스템은 약 100 Hz의 주파수 영역까지 상당한 $1/f$ 잡음이 있고 열 잡음도 있다고 한다. 데이터의 잡음에 대한 신호를 증가시킬 방법을 제안해 보라.

◆ 변조와 Lock-in 증폭기

매우 낮은 주파수의 신호(직류 전류 측정 포함)의 S/N 비율을 증가시키는 한 가지 방법은 낮은 주파수의 신호를 더 높은 주파수로 인위적으로 변화시키거나 변조(modulate)시키는 것이다. 변조 기술은 3장에서 다루어지는 원자 흡수 분광계 같은 여러 기기에서 S/N 비율을 증가시키 위해 사용된다. 이것은 형광, 레이저 흡광, 라만 분광법을 포함한 다른 광학 기법들에 효과적으로 사용될 수 있다. 분광학 기법의 경우 광원의 주파수를 $1/f$ 잡음이 높은 주파수에서 $1/f$ 잡음이 훨씬 낮은 주파수로 변조하여 S/N 비율을 증가시킬 수 있다(그림 2.3 참조). 백색 잡음도 실제 주파수와는 무관하게 더 좁은 띠너비 측정을 통해 줄일 수 있다. 밴드-패스 필터도 잡음을 더 줄이는 데 사용될 수 있다. 직류 전류 신호가 광학 입력(예, 레이저, 램프)과 연관되어 있거나 기인할 경우 신호는 기계적 토막틀(chopper)로 교류 전류로 전환될 수 있다. 토막틀은 슬릿(slit) 구멍을 지닌 검정 바퀴로 광원의 광학적 경로상에 위치하여 돌아간다. 토막틀의 속도는 모터로 제어하는데, 이를 통해 검출기에 도달하는 광원의 주파수를 제어할 수 있다.[3] 다른 크기의 토막틀 날개는 다른 펄스 폭을 만들 수 있다. 전자장치는 또한 직류 전압을 변조하는 데 사용될 수 있다.

변조기(modulator)는 S/N 비율을 더 증가시키기 위해 *lock-in 증폭기*(lock-in amplifier)와 결합할 수 있다. Lock-in 증폭기는 큰 잡음 수준에서는 측정하기 어려운 나노 볼트(nanovolt) 수준의 아주 작은 신호도 측정하는 데 도움을 준다. 기기 내 lock-in 증폭기의 예는 그림 2.10(A)에 나와 있다. 이 경우는 레이저가 시료의 발광(형광)을 유발한다. 레이저는 토막틀을 통과하여 지나가고 시료의 변조된 발광은 검출기에 감지된다. 검출기 출력은 발광 강도와 연관되어 있다. 광학 변조기의 주파수 출력은 lock-in 증폭기에 대한 *기준 주파수*(reference frequency)로 사용된다. Lock-in 증폭기는 다른 주파수에서의 모든 신호는 무시하고 기준 주파수에서의 신호를 *고정*(lock-in)하기 때문에 그 이름이 유래되었다. Lock-in 증폭기로부터의 신호 출력은 검출기의 신호에 비하면 아주 낮은 수준의 잡음을 지닌 증폭된 직류 전압이다.

중요한 점은 lock-in 증폭기가 기준 신호와 검출기로부터의 신호 입력을 효율적으로 *배가*(multiply)시킨다는 것이다. 이것은 그림 2.10(B)에 나타나 있다. 이의 효용이 당장 분명해 보이지는 않지만 그 결과를 기술해 보면 그 유용성은 분명해진다. 신호 출력 선에서는 기준 선(reference line)과 "배가(multiplication)" 전에 약간의 증폭이 종종 존재한다.

변조기의 기준 입력[reference input, $V_r(t)$]과 검출기의 신호 입력[$V_s(t)$]은 다음과 같이 쓸 수 있다.

$$V_r(t) = V_r \sin(\omega_r t + \phi_r)$$

$$V_s(t) = V_s \sin(\omega_s t + \phi_s) \qquad \text{식 (2.8)}$$

Lock-in 증폭기는 이러한 입력들을 효율적으로 증가시키기 때문에, 이 입력들의 곱은

$$\begin{aligned} V_r(t)V_s(t) &= V_r \sin(\omega_r t + \phi_r) V_s \sin(\omega_s t + \phi_s) \\ &= \frac{1}{2} V_r V_s \cos((\omega_r - \omega_s)t + \phi_r - \phi_s) - \frac{1}{2} V_r V_s \cos((\omega_r + \omega_s)t + \phi_r + \phi_s) \end{aligned} \qquad \text{식 (2.9)}$$

[3] 토막틀은 불꽃 원자 흡수 분광기(flame atomic absorption spectrometers, 그림 3.13 참조)와 많은 자외선-가시선 분광기(ultraviolet-visible spectrometer)의 일반적인 구성 요소이다.

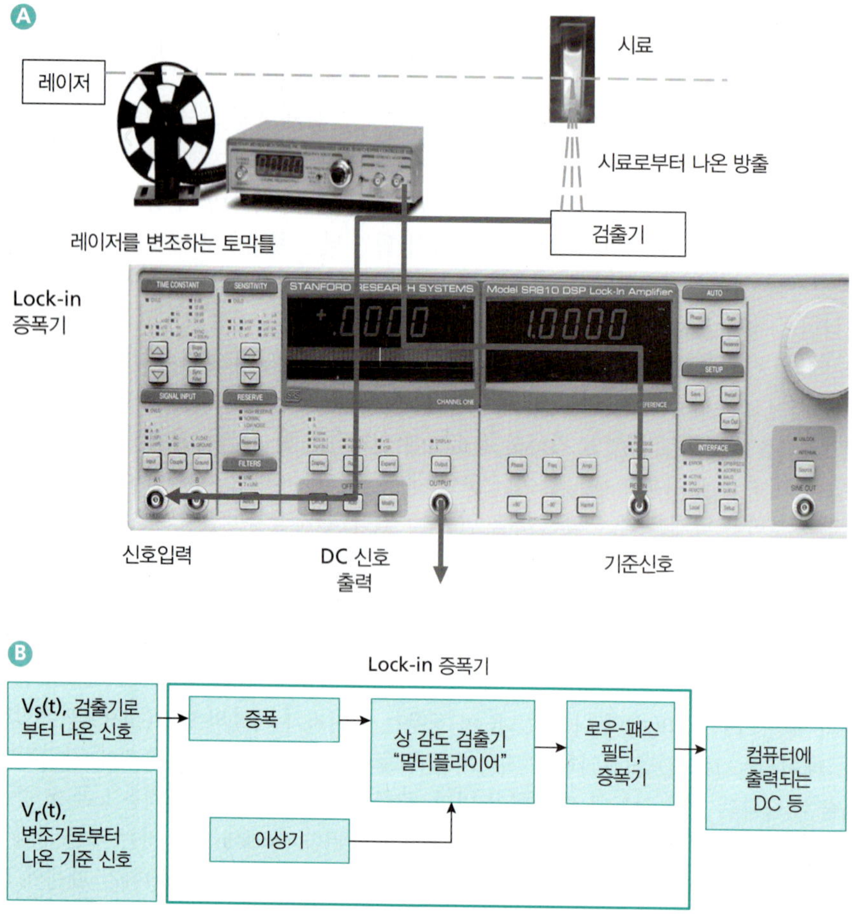

그림 2.10 (A) 변조기와 lock-in 증폭기를 사용하기 위한 기본적인 광학 셋업. (B) lock-in 증폭기의 블록 도식(두 기기 모두 Stanford Research System사). 이것은 위상 감지 검출기의[믹서(mixer)라고도 함] 출력이다.

이때, 두 항의 합으로 곱을 쓰기 위해 삼각 측량(trigonometric identity)[4]을 사용했다. 기준 주파수와 신호 주파수가 같을 때($\omega_r = \omega_s$), 이 관계식은 다음과 같이 단순화된다.

$$V_r(t)V_s(t) = \frac{1}{2}V_rV_s\cos(\phi_r - \phi_s) - \frac{1}{2}V_rV_s\cos(2\omega_st + \phi_r + \phi_s) \qquad \text{식 (2.10)}$$

그림 2.10의 위상 변환기(phase shifter)는 첫 번째 코사인(cosine) 항을 최대화하기 위하여 기준 전압의 위상을 $\phi_r - \phi_s$를 0으로 설정할 수 있도록 한다. 두 입력 사이의 위상이 시간에 따라 일정하게 유지되기 때문에 첫 번째 항은 DC이다. 두 번째 항은 입력 주파수의 두 배인 사인파(sinusoidal)이다. 그림 2.9에서 보는 바와 같이, lock-in 증폭기는 두 번째 항을 제거하여 DC 성분만 남겨두기 위하여 로우-패스 필터를 적용한다. 그 로우-패스 필터는 다른 잡음 요소도 제거한다. 특히, 두 주파수가 기준과 잡음에 연관되어 서로 동일하지 않을 때, 두 항은 모두 사인파이며 필터링은 두 항을 제거하여 DC 성분만 $\omega_r = \omega_s$인 신호에 비례하게 된다. 필터를 통과하는 이 DC 성분은 증폭되며 lock-in

[4] 삼각 측량:

$$\sin(A)\sin(B) = \frac{1}{2}\cos(A-B) - \frac{1}{2}\cos(A+B)$$

증폭기의 신호 출력이 된다. 그 효과는 0.01 Hz 정도의 매우 작은 띠너비를 갖는 기준의 홀 주파수를 증폭하게 된다.[5]

문제 2.12 lock-in 증폭기를 사용한 두 측정에 대한 백색 잡음의 영향을 비교하라. 한 측정에서는 lock-in과 연관된 밴드 폭이 0.1 Hz이고, 다른 측정에서는 0.5 Hz이다. 측정에서의 다른 모든 사항들은 동일하다고 가정하라.

◈ 디지털 신호 처리

디지털 신호 처리(digital signal processing)에는 다양한 수학적 접근법이 사용된다. 몇몇 데이터 매끄럼질(smoothing) 기법들이 있는데, 이들은 인접한 데이터(시간, 파장 또는 일부 다른 파라미터) 포인트들의 일정 범위를 취해 수학적으로 결합하여 하나의 데이터 포인트를 생성한다. 연속적으로 인접한 포인트들에 이러한 작업을 수행하면 초기 데이터 세트에 비해 매끄럼질된 출력이 얻어진다. 이러한 기법들의 가장 직접적인 것은 여러 데이터 포인트들의 그룹을 하나의 포인트로 평균화하는 롤링(rolling average) 혹은 런닝(running average) 평균이다. 이것은 셋 데이터 포인트, 다섯 데이터 포인트, 혹은 그 이상의 데이터 포인트들로 수행할 수 있다. 셋-포인트 혹은 다섯-포인트 롤링 평균은 다음과 같이 계산할 수 있다.

$$Y_{rolling} = \frac{y_{-1} + y_0 + y_1}{3}$$

$$Y_{rolling} = \frac{y_{-2} + y_{-1} + y_0 + y_1 + y_2}{5} \qquad \text{식 (2.11)}$$

평균은 $Y_{rolling}$이고, 다섯-포인트 지점 평균인 경우 y_{-2}는 첫 번째 데이터 포인트를 지칭하고, y_{-1}는 두 번째 데이터 포인트 등을 지칭한다. 계산 결과는 y_0 포인트와 연관된 x 값을 갖는 Y이다.

인접한 데이터 세트 가운데는 겹침이 발생하는데, 이 때문에 평균은 "롤링(rolling)"이다. 이는 표 2.1에 나타난다. 여기서 셋-포인트 롤링 평균이 수행되었고 음영 처리된 상자로 표시되었다. 검은색 선은 각 시간 클러스터에 대해 평균화된 값을 보여준다. 표 2.1에서 4초에서의 셋-포인트 평균 데이터는 0초, 4초, 8초에 얻어진 원 데이터(raw data)의 평균값이다. 한 위치를 아래로 이동하면 4초, 8초, 12초에 얻어진 원 데이터의

표 2.1 ▸ 롤링 평균과 박스카 평균 사이 차이를 설명하기 위한 데이터 예시

시간(초)	강도(arb.)	셋-포인트 롤링 평균	강도(arb.)	박스카 평균
0	0.193		0.193	
4	0.525	0.432	0.525	0.432
8	0.578	0.534	0.578	
12	0.500	0.450	0.500	
16	0.272	0.349	0.272	0.349
20	0.276	0.281	0.276	
24	0.295	0.299	0.295	
28	0.327	0.308	0.327	0.308
32	0.303		0.303	

[5] Lock-in 증폭기에 대한 Stanford Research Systems의 응용 문헌, 응용 문헌 #3, http:// www.thinksrs.com/ downloads/ PDFs/ ApplicationNotes/ AboutLIAs.pdf.

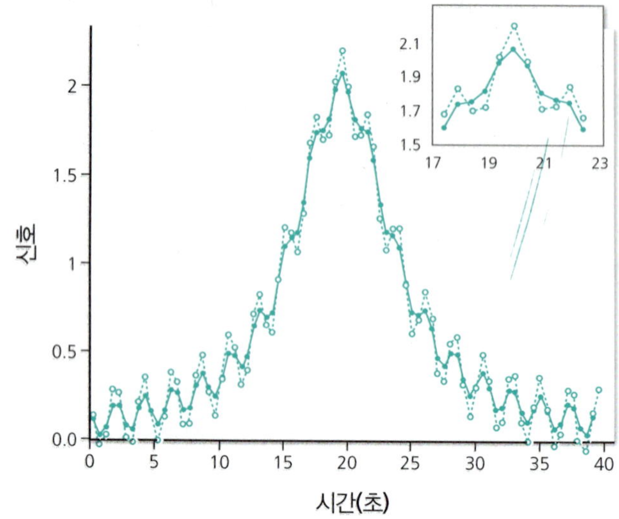

그림 2.11 측정값(실선)과 셋-포인트 롤링 평균값(점선); 삽입 그림은 데이터 피크 부분을 확대한 그림이다.

평균값이 8초에 나타나 있다. 잡음이 데이터의 실제 피크 위나 아래로 무작위로 분산되어 있다고 가정하면, 몇 데이터 포인트들의 평균은 백색 잡음의 결과로 발생하는 높은 값들과 낮은 값들을 평균하여 제거한다고 여길 수 있다. 이 가정은 평평한 기준선에는 유효하지만, 피크의 정점 근처에서의 디지털 필터 적용 결과는 피크를 아래로 당겨 평평해지게 된다. 셋-포인트 디지털 필터는 첫 번째와 마지막 데이터 포인트를 손실하게 만든다는 것도 주목할 점이다. 다섯-포인트 롤링 평균은 처음 두 포인트와 마지막 두 포인트를 손실로 이어지게 된다.

셋-포인트를 사용한 롤링 평균 매끄럼질과 예시 데이터 그림이 그림 2.11에 제시되어 있다. 삽입 그림은 데이터의 피크 부분을 확대하여 보여준다. 분석 시 주목하는 피크 부분의 시간대가 제시되어 있다.

롤링 평균은 박스카 평균과 유사하다. 박스카 평균은 시간 또는 파장의 좁은 범위에 대해 변환기의 전압과 같은, 데이터 세트를 취하고 평균을 구한다. 롤링 평균과는 다른 점은, 박스카 평균법에는 겹치는 값이 없다. 이것은 롤링 평균 설명을 위한 예시 데이터를 동일하게 사용하여 표 2.1에 나타나 있다. 일반적으로 데이터 포인트 사이에 작은 증감만이 존재하는 매우 큰 데이터 포인트 세트라면 박스카 평균만 고려하면 된다. 데이터 세트 내에 존재하는 포인트의 수가 적고 *x*축에서의 포인트 사이 증감이 클수록, 더 크게 왜곡된 박스카 평균이 나타난다.

» 예제 2.5

다음의 실험에서 신호 강도는 파장의 함수로 측정되었다. 데이터를 매끄럽질하기 위해 셋-포인트와 다섯-포인트 롤링 평균을 구하라.

fx =(G2+G3+G4)/3

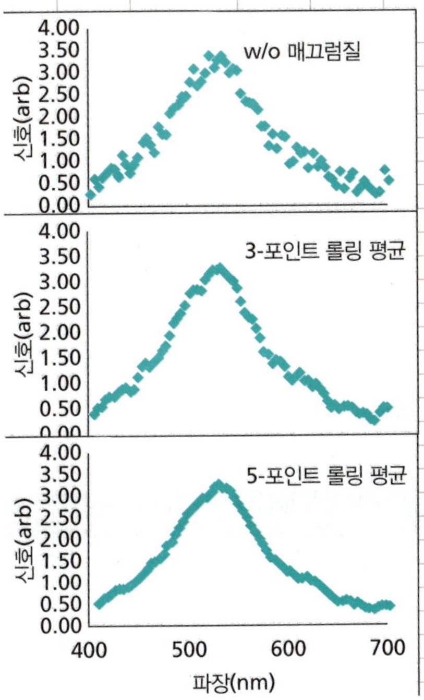

F	G	H	I
파장(nm)	신호(arb)	롤링 평균 3-포인트	롤링 평균 5-포인트
400	0.28		
404	0.64	0.46	
408	0.47	0.59	0.57
412	0.68	0.64	0.68
416	0.77	0.77	0.72
420	0.86	0.82	0.77
424	0.84	0.80	0.87
428	0.69	0.90	0.91
432	1.18	0.95	0.89
436	0.97	0.97	0.91
440	0.78	0.90	1.00
444	0.95	0.95	1.06
448	1.12	1.18	1.17
452	1.47	1.38	1.30
456	1.55	1.47	1.36
460	1.41	1.40	1.49
464	1.23	1.48	1.53
468	1.81	1.56	1.55
472	1.64	1.70	1.69
476	1.65	1.80	1.89
480	2.12	2.00	1.99
484	2.22	2.22	2.16
488	2.32	2.34	2.32
492	2.48	2.42	2.46
496	2.48	2.59	2.64
500	2.82	2.80	2.72
504	3.11	2.88	2.79
508	3.71	3.88	3.90

풀이 ›

엑셀 스프레드시트의 H5 칸과 I5 칸에 식 (2.11)이 입력되었다. 스프레드시트 값과 식 (2.11)을 비교해 보면, 0.28 값은 y_{-2}이고, 0.64 값은 y_{-1} 등이다. 408 nm 포인트의 다섯-포인트 롤링 평균은

$$Y_{rolling} = \frac{y_{-2} + y_{-1} + y_0 + y_1 + y_2}{5} = \frac{(0.28)+(0.64)+(0.47)+(0.68)+(0.77)}{5}$$
$$= 0.57$$

404 nm 포인트의 셋-포인트 롤링 평균은

$$Y_{rolling} = \frac{y_{-1} + y_0 + y_1}{3} = \frac{(0.28)+(0.64)+(0.47)}{3}$$
$$= 0.46$$

다섯-포인트 롤링 평균 그래프가 셋-포인트 롤링 평균의 경우보다 더 매끄럼질한 결과를 나타내는 것을 주목하라. 다만 이에는 아쉬운 점이 있는데, 피크가 넓어지는 경향이 있고 롤링 평균을 구할 때 사용하는 데이터 포인트가 늘어날수록 분해능(resolution)은 감소한다.

문제 2.13 500 nm에서 시작하여 610 nm에서 정점을 나타내는 넓은 피크를 찾고자 어떤 화합물을 분석하고 있다. 다시 말해, 아래 데이터에서 피크의 꼬리 부분인 610 nm는 나타나 있지 않지만, 상승하는 경향을 찾고 있다. 610 nm에서의 피크는 관심 대상인 화합물이 합성되었다는 증거가 된다. 시스템의 광학 문제로 610 nm 파장 부분은 측정할 수 없다. 매끄럼질 기법을 선택하여 데이터가 610 nm 피크의 존재 여부를 정량적으로 설명하라.

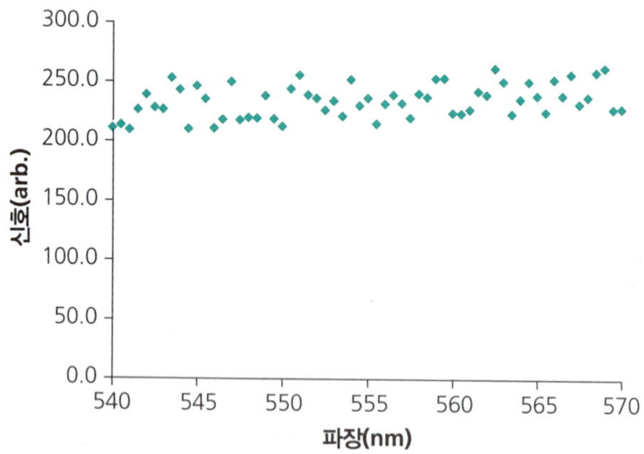

파장(nm)	신호(arb.)	파장(nm)	신호(arb.)	파장(nm)	신호(arb.)
540	213.0	550.5	245.9	561	228.9
540.5	215.5	551	257.5	561.5	244.3
541	211.4	551.5	240.9	562	241.4
541.5	228.3	552	238.1	562.5	263.7
542	240.9	552.5	238.2	563	252.6
542.5	230.1	553	236.0	563.5	225.4
543	228.6	553.5	223.2	564	237.7
543.5	255.0	554	253.9	564.5	252.5
544	245.2	554.5	232.0	565	240.7
544.5	212.2	555	238.4	565.5	227.0
545	248.2	555.5	216.8	566	254.4
545.5	237.3	556	233.6	566.5	240.8
546	212.8	556.5	241.1	567	258.7
546.5	220.3	557	234.1	567.5	233.8
547	251.9	557.5	221.9	568	239.7
547.5	219.9	558	242.2	568.5	260.5
548	221.8	558.5	239.3	569	264.2
548.5	221.3	559	255.0	569.5	229.5
549	240.1	559.5	255.2	570	230.0
549.5	220.7	560	226.1		
550	214.5	560.5	225.6		

◆ Savitzky-Golay 매끄럼질

데이터 집단의 단순 롤링 평균 이외에도 데이터를 매끄럼질하는 수학적으로 더 정교한 방법들이 있다. 예를 들어, 단순한 셋-포인트 평균을 사용한 매끄럼질 대신에, 인접한 데이터 포인트들의 범위에서 최소 자승 다항식 적합화(least squares polynomial fit)

표 2.2 ▸ 다섯-포인트, 일곱-포인트, 아홉-포인트들에 대한 4차 매끄럼질을 사용한 다항식 적합화 매개변수

SAVITZKY-GOLAY 필터에서 포인트 수			
	아홉	일곱	다섯
포인트 위치 가중인자			
−4	−21		
−3	14	−2	
−2	39	3	−3
−1	54	6	12
0	59	7	17
1	54	6	12
2	39	6	−3
3	14	−2	
4	−21		

를 수행할 수 있고, 해당 범위의 중간에서 적합화를 통해 얻은 값은 그 데이터 포인트의 "가중 평균된(weighted averaged)" 값으로 제시된다. 롤링 평균에 비해 이 접근 방식의 장점은 높은 주파수의 신호들이 뭉툭해질 여지가 적다는 것이다. 이 방식은 화학자 Abraham Savitzky와 Marcel J. E. Golay의 업적이다.[6] 이들은 다항식 매끄럼질(polynomial least sqaures smoothing)에 사용되는 가중 인자(weighting factor) 세트를 형성하는 포개넣기 정수(convolution integer) 세트를 개발했다. 이 방법은 그들의 이름을 사용하여 Savitzky-Golay 매끄럼질이라고 명명되었다. 다른 차수의 다항식들이 이 방법에 사용될 수 있다(예, 2차, 4차).

이 기법은 데이터에서의 큰 편차에는 가중치를 적게 하여, 선형 롤링 평균보다 피크 높이 근사치를 더 잘 계산할 수 있다. 일반적으로 롤링 평균과 Savitzky-Golay 매끄럼질 두 기법 모두 상업적 기기에 동반하는 소프트웨어에 포함되어 있다. 예제 2.5에서 설명한 것처럼 선형 롤링 평균 필터는 높은 주파수 잡음을 줄이는 데 가장 효과적이고, Savitzky-Golay 필터도 마찬가지이다. 이런 형태의 필터는 로우-패스 필터로 여겨질 수 있다. 사용되는 다항식의 차수가 높을수록(예, 4차), 높은 주파수의 잡음이 매끄럼질된 출력의 일부가 더 된다.

다섯-포인트 2차 Savitzky-Golay 매끄럼질을 위해 다음 식을 가지고 다섯 데이터 포인트들에 가중치를 부여하고 단일 값을 계산한다.

$$Y^{quadratic}_{S-G} = \frac{-3y_{-2} + 12y_{-1} + 17y_0 + 12y_1 - 3y_2}{35} \quad \text{식 (2.12)}$$

이때, −3, 12 등의 정수는 표 2.2에서 나온다. 인자 35는 가중 인자들의 합이다. y_{-2}는 첫 번째 데이터 포인트, y_{-1}는 두 번째 데이터 포인트를 지칭한다. 계산의 결과 Y는 y_0 포인트와 연관 있는 x 값을 갖는다. 다시 말해, y_0는 가중치가 발생하는 포인트이다. 일곱-포인트 매끄럼질을 위해서는 다음 식을 이용하여 일곱 데이터 포인트들을 하나의 중심 포인트로 전환하게 된다.

$$Y^{quadratic}_{S-G} = \frac{-2y_{-3} + 3y_{-2} + 6y_{-1} + 7y_0 + 6y_1 + 3y_2 - 2y_3}{21} \quad \text{식 (2.13)}$$

이때, −2, 3 등의 정수는 역시 표 2.2에서 나온다.

[6] Savitzky, A.; Golay, M. J. E. Smoothing and Differentiation of Data by Simplified Least Squares Procedures. *Anal. Chem.* **1964**, 36, 1627–1639.

» 예제 2.6

다음의 측정에서 피크 강도는 분석의 중요한 부분인데 데이터에 잡음이 있다. 이 데이터에 대해 일곱-포인트 2차 Savitzky-Golay 매끄럼질을 수행하고, 피크 신호 값을 결정하라.

풀이 ›

아래 스프레드시트에서 H5 칸에 식 (2.13)이 입력되어 있다. 스프레드시트 값과 식 (2.13)을 비교할 때, 데이터 포인트 0.28은 y_{-3}이고, 데이터 포인트 0.64은 y_{-2} 등을 알 수 있다.

$$
\begin{aligned}
Y^{quadratic}_{S\text{-}G} &= \frac{-2y_{-3}+3y_{-2}+6y_{-1}+7y_0+6y_1+3y_2-2y_3}{21}\\
&= \frac{-2(0.28)+3(0.64)+6(0.47)+7(0.68)+6(0.77)+3(0.86)-2(0.84)}{21}\\
&= 0.69
\end{aligned}
$$

파장 412 nm은 0.69의 Y 값을 갖는다. 아래 그림은 첫 일곱 데이터를 기반으로 Y-매끄럼질 포인트 값을 계산하는 데 사용된 식을 보여준다. 데이터 세트의 나머지 부분에 H5 칸에서 H6 칸으로 식을 복사하는 자동 채움 기능을 사용한다면, 이 절차는 파장 404 nm부터 시작하여 다음 그룹으로 각각 연속적인 일곱 데이터 포인트에 대해 반복된다.

fx =(-2*G2+3*G3+6*G4+7*G5+6*G6+3*G7-2*G8)/21

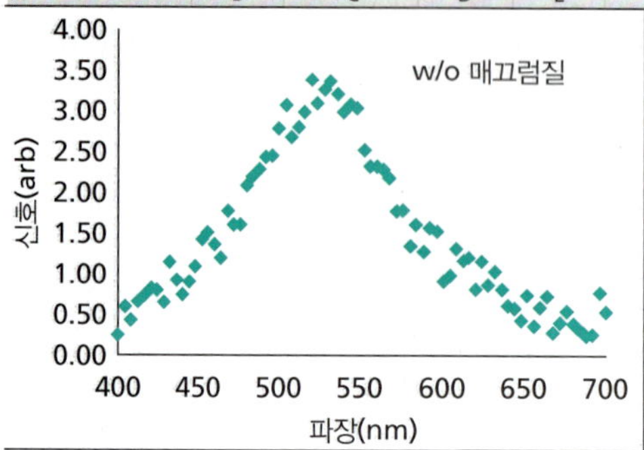

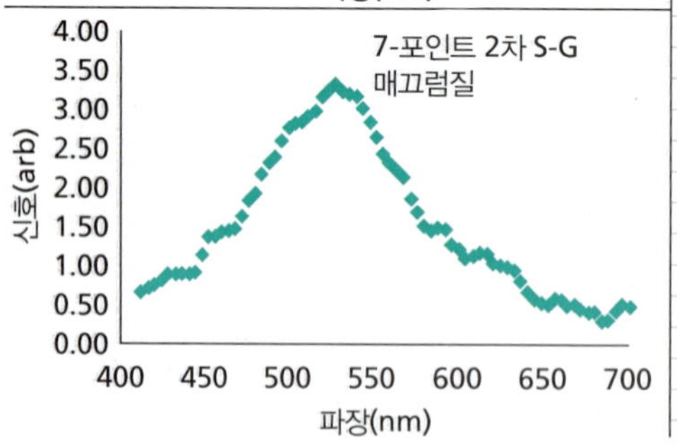

파장(nm)	신호(arb)	7-포인트 2차 S-G 매끄럼질
400	0.28	
404	0.64	
408	0.47	
412	0.68	0.69
416	0.77	0.76
420	0.86	0.79
424	0.84	0.85
428	0.69	0.92
432	1.18	0.92
436	0.97	0.93
440	0.78	0.93
444	0.95	0.95
448	1.12	1.17
452	1.47	1.40
456	1.55	1.41
460	1.41	1.47
464	1.23	1.49
468	1.81	1.51
472	1.64	1.67
476	1.65	1.86
480	2.12	1.97
484	2.22	2.20
488	2.32	2.35
492	2.48	2.42
496	2.48	2.64
500	3.83	3.78

우리는 셋-포인트 롤링 평균, 다섯-포인트 롤링 평균, 다섯-포인트 Savitzky-Golay 필터, 그리고 일곱-포인트 Savitzky-Golay 필터의 매끄럼질 특성을 비교할 수 있는데, 이는 그림 2.12에서 같은 원 데이터 세트에 대해 각각 나타나 있다. 다섯-포인트 롤링 평균이 가장 매끄럼질된 데이터를 만들어냄을 알 수 있다. 다른 측면으로는, Savitzky-Golay 필터가 데이터를 더 낮은 수준으로 왜곡하고 "더 부드러운" 매끄럼질 방법을 제공한다.

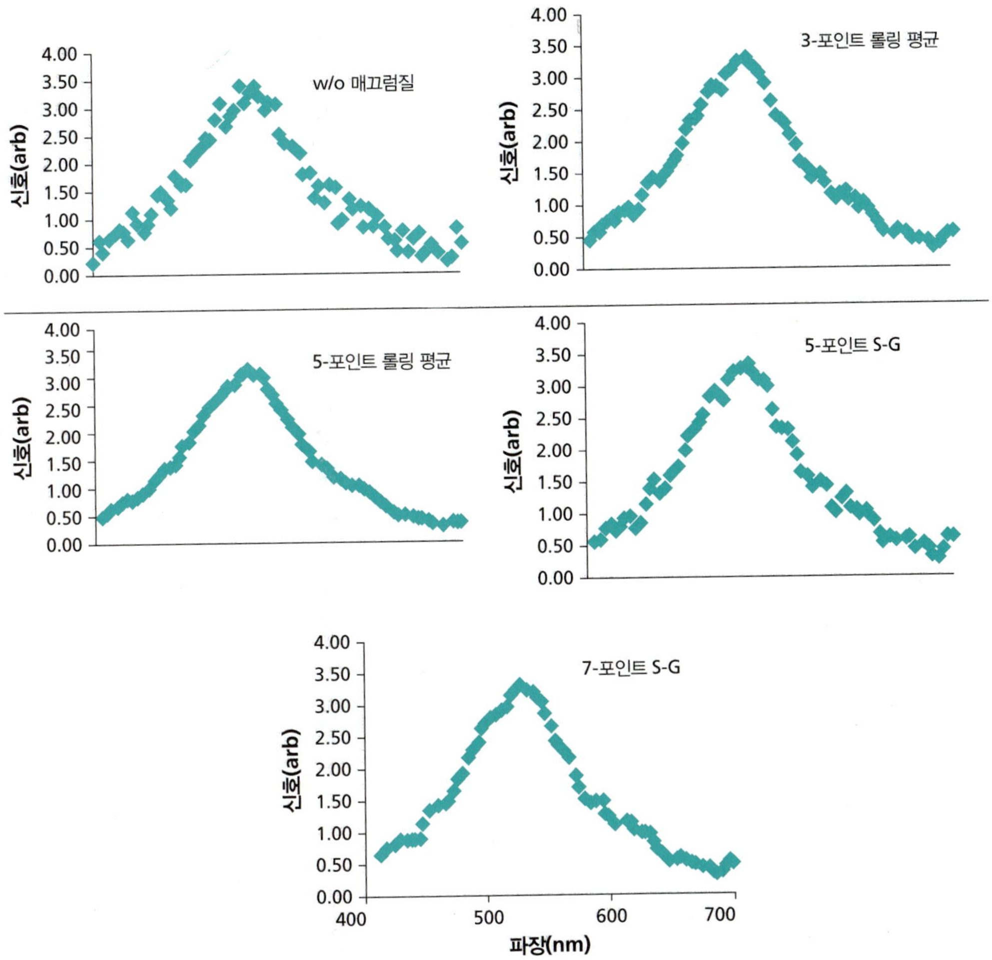

그림 2.12 매끄럼질 기법들의 비교.

Fourier 필터링

Fourier 변환은 프랑스의 수학자 Joseph Fourier를 따라 이름 붙여진 수학적 작업으로 시간 영역에서 주파수 영역으로 신호를 변환하는 작업이다. 역 Fourier 변환은 주파수 영역에서 시간 영역으로 신호를 변환하게 된다. 앞으로 이 책을 통해 적외선, 라만(Raman), 핵자기 공명 및 질량 분석법을 포함하는 여러 기기분석 방법들에 사용된 Fourier 변환을 확인하게 될 것이다. 이러한 Fourier 변환은 신호에서 불필요한 AC 주파수 성분을 제거할 수 있는 강력한 기술인 *Fourier 필터링*(Fourier filtering)을 수행하는 데 사용할 수도 있다. 여기서는 Fourier 변환을 계산하는 과정을 설명하는 수학적 세부 사항을 다루지는 않을 것이다.[7] Excel, Matlab, Labview와 같은 소프트웨어 프로그램들이 이런 수학적 세부 사항 없이도 Fourier 변환을 쉽게 사용할 수 있도록 해 준다. 많은 오실로스코프(oscilloscope)도 전압 측정 시 실시간으로 Fourier 변환을 수행할 수 있고, 다양한 Fourier 변환 "앱(app)"도 휴대폰용으로 구입할 수 있다. Arduino 같은 마이크로제어기(microcontroller)도 입력 전압에 Fourier 변환을 하도록 프로그램될 수 있다.

그림 2.13(A)에서 시간 대 진폭으로 표시된 신호는 여러 AC 요소들로 구성되어 있

[7] 예를 들어, 다음 참고문헌을 참조하라. Kreyszig, E. *Advanced Engineering Mathematics*, 10th ed.; Wiley, **2011**, or Chesick, J. P. Fourier Analysis and Structure Determination. Part I. Fourier Transforms. *J. Chem. Ed.* **1989**, 66, 128–132.

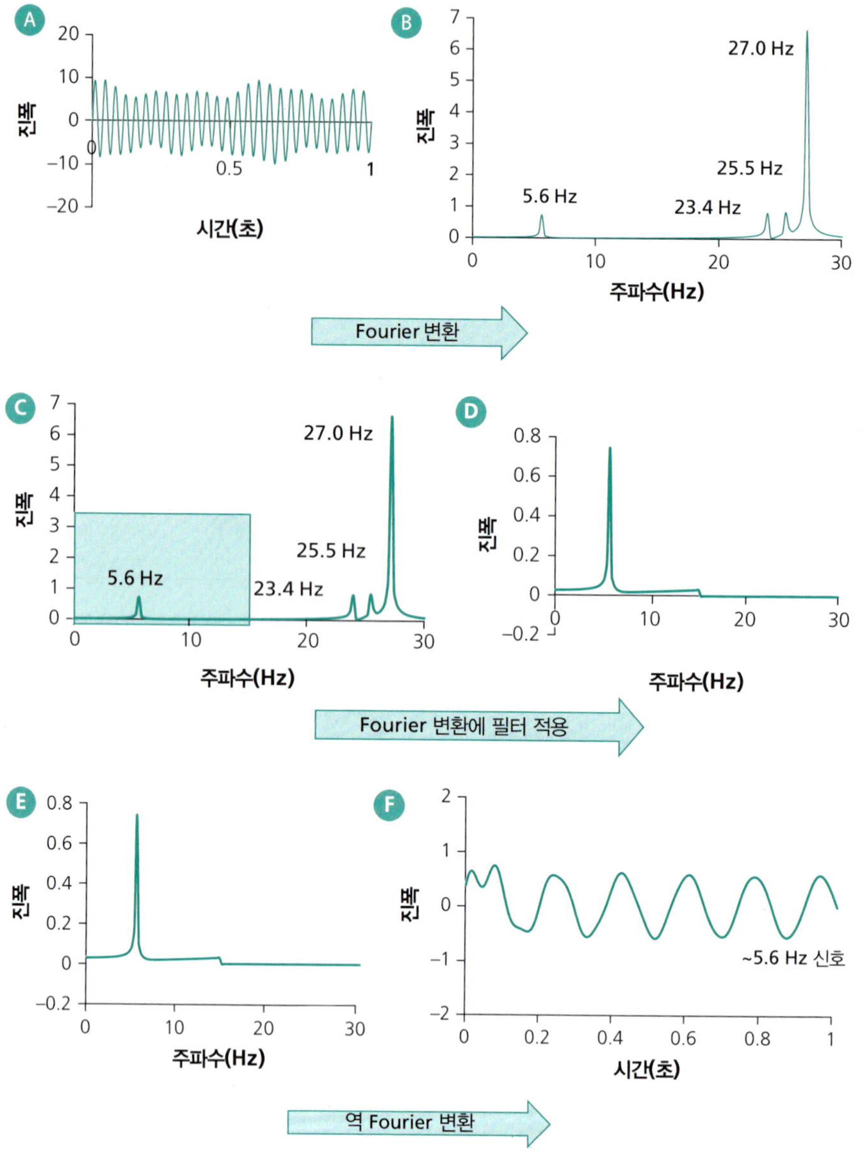

그림 2.13 (A) 시간 변화 신호와 그것의 (B) 주파수 요소의 Fourier 변환; (C, D) 로우-패스 필터는 15 Hz 미만의 주파수를 통과시킴; (E, F) 필터링된 데이터를 취하여 역 Fourier 변환을 취한 후 데이터는 시간의 함수로 변환된다.

다. Fourier 필터링의 첫 번째 단계는 시간 영역 데이터의 Fourier 변환을 택하는 것이다. 그 결과 그림 2.13(B)에 나타난 바와 같이 주파수 대 진폭으로 표시된 주파수 영역의 데이터가 얻어진다. Fourier 변환은 시간 영역 데이터에서 네 개의 개별 주파수를 식별한다. 이 단계에서 필터는 원하지 않는 주파수 요소를 제거하는 데 적용될 수 있다. 로우-패스 필터, 하이-패스 필터, 밴드-패스 혹은 밴드-스톱 필터들이 사용될 수 있다. 일단 원하지 않는 주파수 요소들을 제거한 이후에는 (원하지 않는 주파수들이 제거된) 시간 영역 신호를 다시 만들기 위해 역 Fourier 변환을 적용한다.

그림 2.13의 데이터에서 원하는 신호가 15 Hz 미만이라고 하면, Fourier 변환 데이터에 로우-패스 필터를 적용하게 된다. 이 데이터의 경우, 높은 주파수를 0으로 줄이고 신호의 어떤 손실도 없이 낮은 주파수는 통과시키는 완벽한 로우-패스 필터를 적용했다. 표시된 결과는 기본적으로 하나의 주파수 성분을 지니고 있다. 5.6 Hz 신호 진폭이

첫 번째 데이터 세트에서의 최대 신호 값보다 훨씬 적다는 것을 주목하자. 일단 데이터가 필터링 되면, 역 Fourier 변환이결과는 신호 데이터를 시간 영역 신호로 되돌리기 위해 적용된다. 그 결과는 ~5.6 Hz에서의 유사한 사인파 신호이다.

문제 2.14 아래에 나타난 시간 영역 신호는 두 개의 AC 요소와 한 개의 DC 요소로 구성되어 있다. 주파수 영역 신호를 대략적으로 그려 보라.

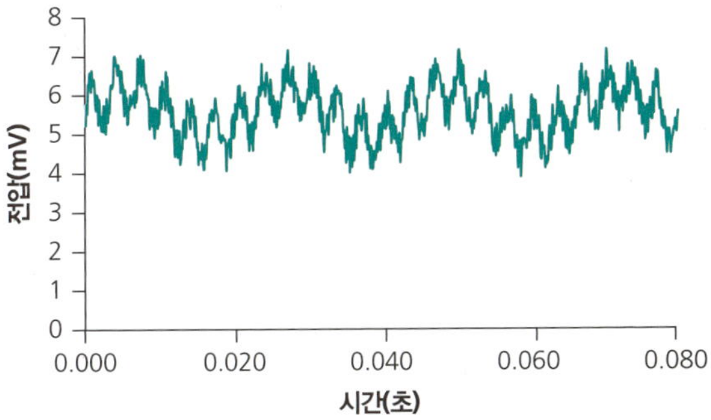

문제 2.15 주파수 대 전압 진폭의 주파수 영역 신호가 아래와 같다. 시간 영역 신호를 대략적으로 그려 보라.

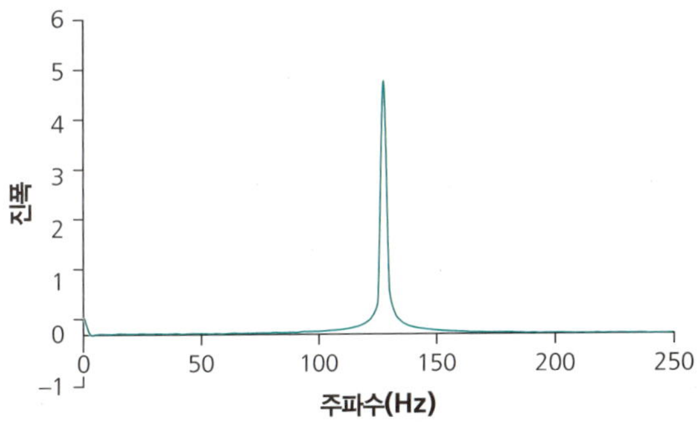

문제 2.16 50 Hz, 100 Hz, 250 Hz, 1,000 Hz에서 좁은 주파수 성분을 나타내는 데이터 세트에 대한 Fourier 변환을 사용했다. 측정 시 분석 물질의 측면과 일치하지 않는 성분을 제거하는 아날로그 필터를 사용하고자 한다.

(a) 측정하고자 하는 요소가 1,000 Hz 신호라면 어떤 유형의 필터를 사용해야 하는가?

(b) 측정하고자 하는 요소가 250 Hz 신호라면 어떤 유형의 필터를 사용해야 하는가?

(c) 측정하고자 하는 요소가 100 Hz 신호라면 어떤 유형의 필터를 사용해야 하는가?

2.5 표본추출 속도, Nyquist 주파수, 위신호

신호를 측정할 때, 주어진 AC 신호에 적절한 표본추출(sampling) 주파수를 선택하는 것이 중요하다. 표본추출 주파수는 초 당 취해진 데이터 값들의 수로 대략적으로 생각할 수 있다. 빠르게 변화하는 신호를 측정하기 위해서, 신호에서의 변화를 적절히 설명할 수 있는 충분한 양의 데이터 포인트를 확보하는 것이 필요하다. AC 신호를 정확하게 측정하기 위해서는 표본추출 주파수는 *Nyquist 조건*(Nyquist condition)을 충족해야 한다. *Nyquist 조건(또는 기준)은 표본추출 속도는 적어도 신호에 포함된 가장* **높은** *주파수의 두 배가 되어야 한다*고 명시하고 있다. Nyquist 주파수(Nyquist frequency)는 신호 주파수의 두 배로 정의된다. 만약 Nyquist 조건을 충족하지 못하면, 측정 신호의 주파수는 부정확할 것이다. 이것은 분석에 있어 문제가 된다. 이 효과의 직관적 의미를 알기 위해 헬리콥터의 날개는 흥미로운 예가 된다. 헬리콥터 영상을 보면 날개가 때때로 매우 느리거나 심지어 방향을 변화하는 것처럼 보일 때가 있다. 헬리콥터 날은 매우 빠르게 움직이고 있고 카메라와 눈으로 정의된 표본추출 속도는 너무 느린 경우이다. 날개의 속도를 적절히 보여 줄 충분한 데이터를 얻을 수 없는 것이다.

신호 주파수, 표본추출 속도, Nyquist 조건 사이의 관계가 그림 2.14에 설명되어 있다. 가장 왼쪽에 있는 그림이 단일 주파수인 4 Hz 사인파(데이터가 연속 함수처럼 보이도록 나타낸 그림)를 보여준다. 이것은 4 Hz의 주파수(0.25초 주기)를 갖는 "참" 신호이다. 기기는 각 측정 사이의 제어된 시간에 따라 신호를 얻거나 표본추출을 한다. 만약 측정이 매 0.005초마다 이루어진다면 표본추출 속도는 f = 1/0.005초 또는 200 Hz이다. 중간의 위쪽 도시(plot)는 200 Hz로 표본추출된 데이터를 보여준다. 표본추출 속도는 신호 주파수의 50배이므로 Nyquist 조건을 충족한다. 표본추출 속도가 큰 이러한 데이터에서는 도시(plot)에서 신호의 주파수를 결정하기가 매우 쉽고, 200 Hz로 표본추출된 데이터는 위 4 Hz의 신호에 대응된다.

가운데 그림의 두 번째 도시(plot)는 8 Hz로 표본추출된 데이터를 보여주는데, 이는 신호의 주파수를 정확하게 측정하기 위한 Nyquist 조건을 따르는 최저 표본추출 속도이다. 이 도시(plot)의 오른쪽은 데이터에 대응하는 사인파이다. 이 사인파는 신호와 같은 4 Hz 주파수를 갖는다. 가운데 그림의 세 번째 도시(plot)는 Nyquist 조건에서 요구되는 주파수 보다 낮은 5 Hz로 표본추출된 데이터를 보여준다. 이 경우 기기에서 생성된 사인파와는 4 Hz의 참 신호와 같은 주파수를 갖지 않음을 확실히 확인할 수 있다. 5 Hz로

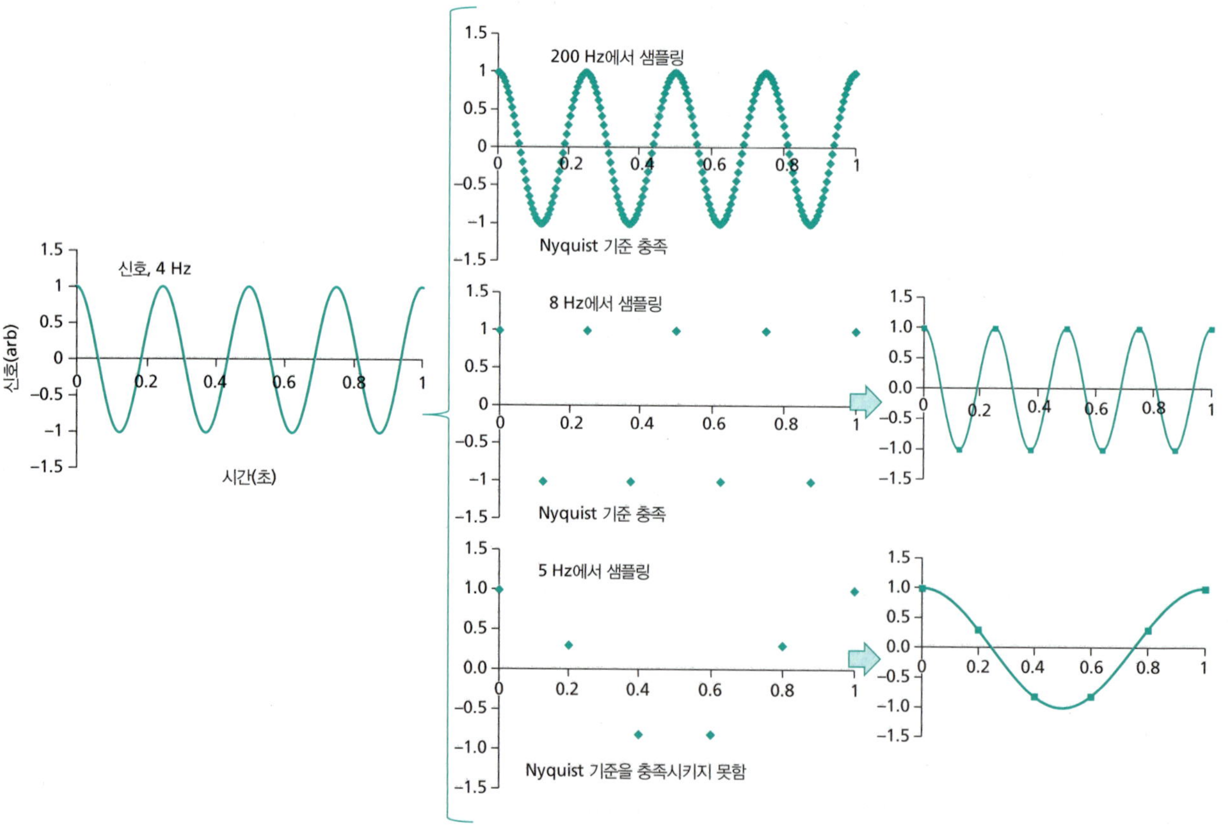

그림 2.14 Nyquist 주파수와 위신호. 왼쪽 그림은 4 Hz의 신호를 보여준다. 가운데 그림은 세 개의 다른 표본추출 속도(200 Hz, 8 Hz, 5 Hz)의 신호를 보여준다. 오른쪽 그림은 표본추출된 데이터로 만들어진 사인파를 나타낸다.

표본추출된 데이터의 오른쪽에는 5 Hz의 표본추출 속도를 사용하여 생성되는 사인파가 표시되어 있다. 산출 데이터의 주파수는 1 Hz로 틀린 것이다. Nyquist 조건을 충족하지 않으면, 산출 데이터에서 "유령(ghost)" 주파수를 얻게 되는 것이다. 이 효과를 위신호(aliasing)라고 한다.

문제 2.17 아래의 시간 영역 신호는 두 개의 AC 요소와 하나의 DC 요소로 구성되어 있다. Nyquist 조건을 만족하기 위해 필요한 표본추출 속도를 계산하라.

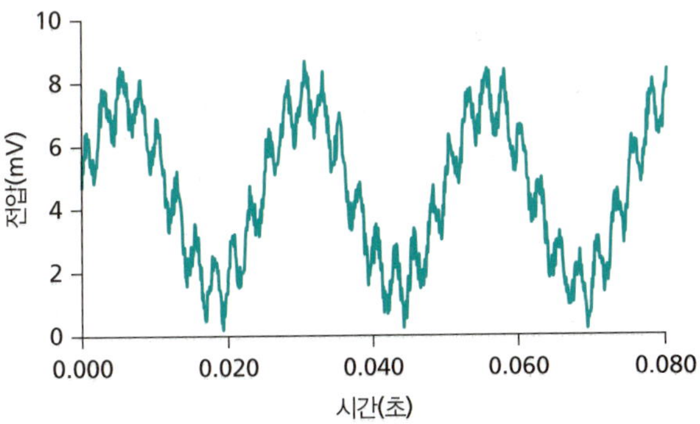

2.6 아날로그-디지털 변환

신호는 아날로그이거나 디지털이다. 디지털 신호는 일정 범위 내의 특정 값 또는 단계들만 취할 수 있는 반면에, 아날로그 신호는 어떠한 값도 취할 수 있다. 이러한 개념은 10 kHz로 시간에 따라 변화하는 세 가지 사인파형 신호가 표시된 그림 2.15에 설명되어 있다. 하나는 아날로그(정확히 사인파처럼 보임) 신호이고, 다른 두 개는 디지털(덜 사인파처럼 보이고 일련의 단계들로 보임) 신호이다. 이러한 신호들은 세 개의 다른 미디어[한 개의 아날로그 신호(클래식 바이닐 레코드), 두 개의 디지털 신호(CD, DVD)]에서 나오는 오디오 소리에 해당한다. 아날로그 사인파는 부드럽고 사인 함수와 정확하게 일치한다. 디지털 신호는 사인 함수의 근사치인데, 이는 아날로그 신호처럼 사인파의 모든 값을 취할 수는 없기 때문이다. 두 디지털 신호 중 DVD 출력은 CD보다 더 아날로그 신호에 일치하고, CD보다 "허용되는 단계(allowed steps)"가 더 많음을 주목하라. 디지털 출력에서 단계의 수는 2^n이며, 여기서 n은 아날로그-디지털 변환의 비트(bit) 수이다. CD는 출력 수준이 65,536(2^{16})인 16비트 장치이고, 반면에 DVD는 출력 수준이 16,777,216(2^{16})인 24비트 장치이다. 더 높은 비트 수 때문에 DVD 오디오 소리는 더 많은 값을 취할 수 있어 아날로그 신호에 더 일치하게 되고, CD보다 더 좋은 소리를 낸다.

아날로그-디지털 변환기(analog-to-digital conversion, ADC)를 위한 전압 빈(bin) 크기는

$$\text{전압 빈(bin) 크기} = \frac{V_{range}}{2^n} \qquad \text{식 (2.14)}$$

이때, V_{range}는 아날로그 입력의 범위이고 n은 ADC를 위한 비트 수이다. 따라서 고유한 양자화(quantization) 오차의 최대값은 단일 빈에 의한 전압 범위의 반값이다. 여기서 핵심적인 사항은 너무 낮은 비트 수는 작은 변화를 적절하게 측정할 수 있는 기기의 능력을 제한할 수 있다는 것이다.

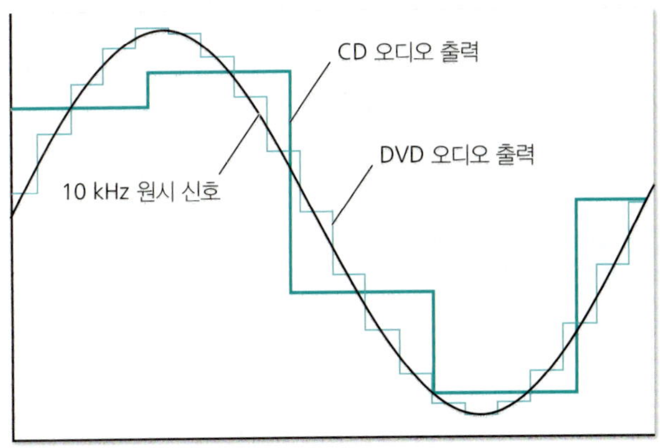

그림 2.15 분해능(resolution)이 다른 두 개의 디지털 신호(CD, DVD)와 10 kHz의 아날로그 신호의 비교.

전자장치는 아날로그 신호를 디지털 신호로 변환하고, 디지털 신호는 아날로그 신호로 변환하는 데 사용된다.

» 예제 2.7

ADC의 비트 수가 8이고, −5 V에서 5 V 범위의 신호를 측정하는 데 사용하고자 한다. 전압 신호는 0.05 V 내에서 측정할 수 있어야 한다. 이 비트가 적절할지 판단하라. 만일 그렇지 않다면 적당한 비트 수를 제시하라.

$$\text{전압 빈(bin) 크기} = \frac{V_{range}}{2^n} = \frac{10}{2^8} = 0.039\text{V}$$

문제 2.18 −10 V에서 10 V의 전압 범위를 갖는 신호를 위해 12비트의 ADC를 사용하는 경우 최대 양자화 오차는 얼마인가?

문제 2.19 분석기기를 만들고자 ADC를 선택해야 한다. 신호 전압 범위는 −1 V에서 1 V이고, 기기는 분석물질을 적절하게 측정하기 위해 0.01 V의 전압 변화를 측정해야 한다. 10비트 ADC가 적절한가? 만일 그렇다면 계산으로 설명해 보라. 만일 그렇지 않다면, 적절한 비트 수를 제시하라.

2.7 심화자료

Books

Horowitz, P.; Hill, W. *The Art of Electronics*, 3rd ed.; Cambridge University Press: New York, **2015**.

Journals

Blitz, J. P.; Klarup, D. G. Signal-to-Noise Ratio, Signal Processing, and Spectral Information in the Instrumental Analysis Laboratory. *J. Chem. Ed.* **2002**, *79* (*11*), 1358– 1360.

Fountain III, A. Exploring Digital Signals and Noise in Instrumental Analysis: SignalsNoise.mcd. *J. Chem. Ed.* **2001**, *78*, 271.

Hoffmann, M. M. An Interactive Spreadsheet for Demonstration of Basic NMR and Fourier Transform Concepts. *J. Chem. Ed.* **2009**, *86*, 399.

O'Haver, T. C. An Introduction to Signal Processing in Chemical Measurement. *J. Chem. Ed.* **1991**, *68*, A147–A150.

Overway, K. FT Digital Filtering: Simulating Fourier Transform Apodization via Excel. *J. Chem. Ed.* **2008**, *85*, 1151.

Sengupta, S. K.; Farnham, J. M.; Whitten, J. E. A Simple Low-Cost Lock- In Amplifier for the Laboratory. *J. Chem. Ed.* **2005**, *82*, 1399–1401.

Vogt, F. Data Filtering in Instrumental Analyses with Applications to Optical Spectroscopy and Chemical Imaging. *J. Chem. Ed.* **2011**, *88*, 1672–1683.

Online Resources

O'Haver, T. Interactive Computer Models for Analytical Chemistry Instruction; Professor O'Haver has created an excellent set of simulation tools to understand various topics in instrumental analysis, including several tools for understand gratings. http:// terpconnect.umd.edu/~toh/models/ index.html (accessed Aug, 2015).

2.8 연습 문제

2.1 *1/f* 잡음으로 가장 문제가 될 신호는 무엇인가? 열 잡음으로 가장 문제가 될 신호는 무엇인가?

(a) 1 Hz (b) 10 Hz
(c) 100 Hz (d) 1 kHz

2.2 50회 측정한 세트의 S/N 비율이 10이다. S/N 비율이 5일 때의 측정 횟수는 얼마인가? S/N 비율이 30일 때의 측정 횟수는 얼마인가? 각 측정이 3초가 걸린다면 S/N 비율 = 5, S/N 비율 = 30 측정의 경우 각각 얼마의 시간이 필요한가?

2.3 한 세트 측정의 S/N 비율이 7이다. 만일 10배의 데이터 측정을 더 한다면 S/N 비율은 얼마인가? 만일 100배의 데이터 측정을 더 한다면 S/N 비율은 얼마인가?

2.4 통계적으로 모든 측정의 99%는 평균의 ±2.5 표준 편차 내에 있어야 한다. 예제 2.4를 보고 이 기준으로 그 예제에서 S/N 비율 계산을 반복해 보라. 계산된 S/N 비율에서 어떤 차이점이 있는지 설명하라.

2.5 초고속 오실로스코프의 띠너비는 80 GHz이다. 기본적인 오실로스코프의 띠너비는 200 MHz이다. 저가의 오실로스코프는 띠너비는 50 MHz이다. 각 오실로스코프의 오름 시간(rise time)을 계산하라.

2.6 400 Hz, 1,250 Hz, 혹은 2,000 Hz에서의 좁은 주파수 요소를 나타내는 한 데이터 세트의 Fourier 변환을 수행했다. 측정 시 분석 물질의 특성과 일치하지 않는 성분을 아날로그 필터를 사용하여 제거하려고 한다.

(a) 만일 관심 성분이 400 Hz 신호라면, 어떤 종류의 필터를 사용해야 하는가?

(b) 만일 관심 성분이 1,250 Hz 신호라면, 어떤 종류의 필터를 사용해야 하는가?

(c) 만일 관심 성분이 2,000 Hz 신호라면, 어떤 종류의 필터를 사용해야 하는가?

(d) 만일 두 1,250 Hz와 2,000 Hz의 신호에 관심이 있다고 하면, 어떤 종류의 필터를 사용해야 하는가?

2.7 시간 대 진폭의 도시가 제시되어 있다. 이 신호는 AC 요소만 갖는가? 이 신호의 주파수 영역 버전을 간략하게 그려보라.

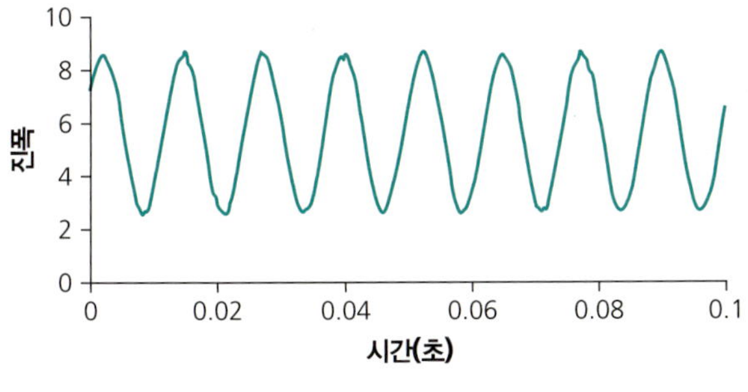

2.8 신호가 15 kHz인 기기로 작업을 하고 있다. 일반적인 *1/f* 잡음과 백색 잡음이 발생한다. 15 kHz에 중심이 맞추어진 밴드-패스 필터가 이 회로에 사용된다. 밴드-패스 필터의 띠너비가 *1/f* 잡음 그리고/또는 열 잡음에 어떻게 영향을 미치는지 정성적으로 설명해 보라.

2.9 광학 검출기에서 측정한 시간에 의존하는 전압 신호는 다음과 같다. 신호의 높은 주파수 요소는 잡음이라고 여겨진다. 이 잡음의 진폭과 주파수를 계산해보라.

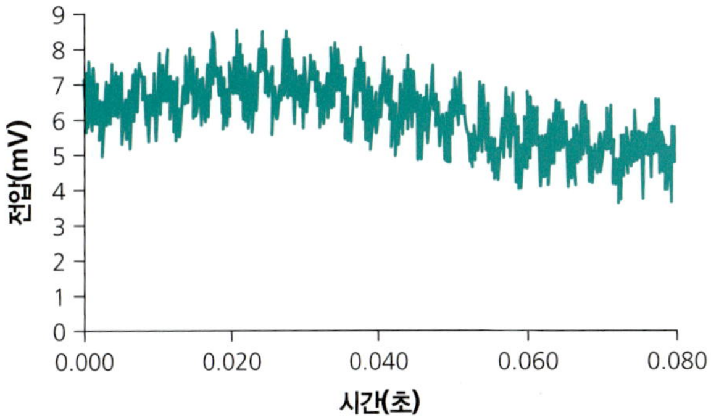

고급 연습 문제

2.10 이 질문은 수동형 필터(passive filter) 개념을 사용한다. 주어진 조건과 측정 시스템에서 *1/f* 잡음과 백색 잡음으로 인한 교차 주파수(crossover frequency)는 150 Hz에 있다. 이러한 낮은 주파수를 차단하고 150 Hz에서 10%의 V_{out}/V_{in}을 갖는 할 수동형 필터를 디자인하라.

2.11 이 질문은 수동형 필터(passive filter) 개념을 사용한다. 100 kHz와 105 kHz 사이 주파수의 좁은 띠를 통과하는 필터를 디자인하라.

그레인저의

핵심 기기분석

INSTRUMENTAL ANALYSIS

제 3 장

원자 흡수 분광법

Atomic Absorption Spectroscopy

▶ 개념 _Concepts

▶ 특집 _Features

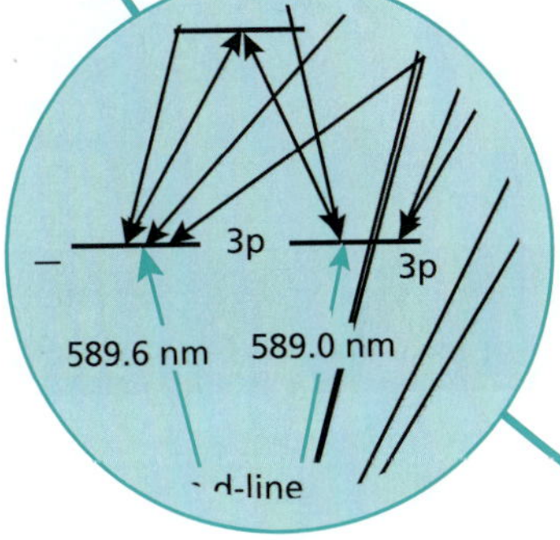

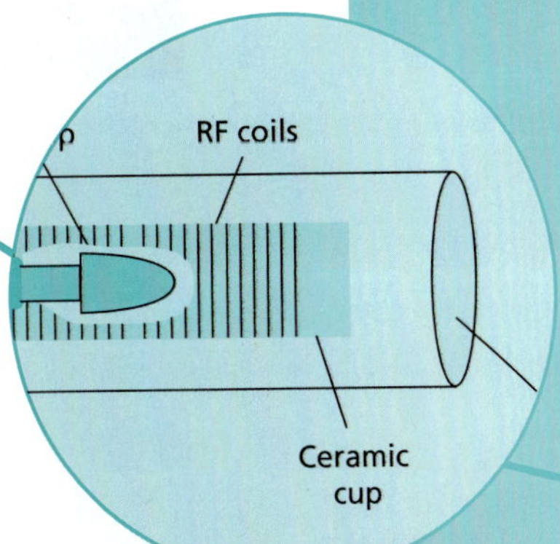

▶ 프로파일 _Profile

원자 흡수 분광법의 탄생

1859년, **Robert Bunsen**과 **Gustav Kirchhoff**는 가열된 원소의 방출 스펙트럼에 관한 공동연구를 시작했으며, **스펙트럼 분석**(spectrum analysis)이라는 용어를 만들어 냈다. 이 기기의 최신 유형은 4장의 "원자 방출 분광법(AES)"에서 평가할 것이다. 1860년에 그들은 알칼리 및 알칼리 토금속의 정성 분석을 한 논문을 발표했으며 개발한 기기에 대해서도 언급했다. 이 논문의 번역본의 인용문은 각주에서 확인할 수 있다.* 이 과정에서, Bunsen과 Kirchhoff는 현대 AAS를 뒷받침하는 많은 기본 원리들을 발전시켰다.† 같은 해, 그들은 또한 그들의 "분광기"를 사용하여 두 개의 새로운 원소인 루비듐과 세슘을 발견했다. 그 시대에 분광기의 사용은 빠른 속도로 많은 원소가 알려지게 될 것임을 예고했다.

종종 발명의 어머니는 필요성이라고 한다. 방출 현상을 관측하는 과정에서 Bunsen과 Kirchhoff는 들뜬 상태의 원자를 생성하기 위해서는 시료를 매우 뜨겁게 해야 한다는 사실을 깨달았다. 따라서 Bunsen은 기화기가 있는 천연 가스 버너를 개발했다. 그러나 아쉽게도 Bunsen은 분광법의 새로운 형태를 개발한 것과 두 가지 새로운 원소를 발견한 것보다 그가 설계한 가열기(Bunsen 버너)로 더 잘 알려져 있다.

100년도 넘게 원자 분광법은 Techtron Pty 회사가 1960년대 중반에 상업적으로 이용 가능한 최초의 원자 흡수 분광기를 생산할 때까지 고등 연구 실험실에서만 사용되는 불확실한 도구로 남아 있었다. 시작품은 **Alan Walsh경**‡에 의해 개발되었다. Walsh가 개척한 혁신적 발명은 원자 증기의 방출 스펙트럼이 아닌 원자 증기의 흡수 스펙트럼을 측정한 것이었다. 바닥 상태에서 원자 증기를 만드는 것보다 들뜬 상태의 원자 증기를 만드는 데 더 많은 에너지가 필요하다. Walsh는 원자 방출보다는 원자 흡수를 측정하여 원자 분광 기술로 분석할 수 있는 원소의 수를 크게 늘릴 수 있었다.

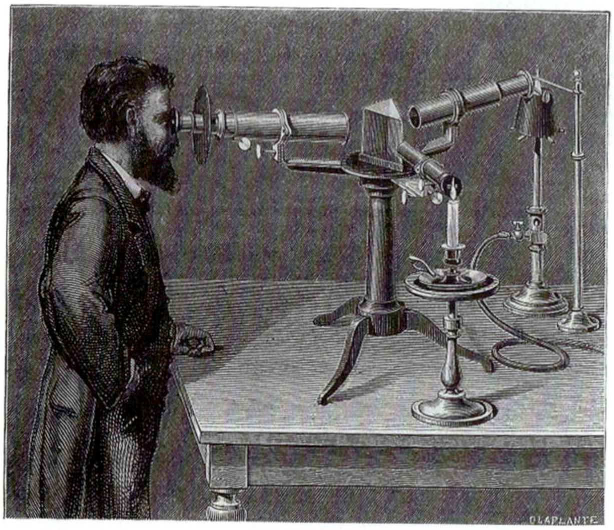

주석: Gustav Kirchhoff는 Kirchhoff의 전압 법칙을 처음 개발했다. 또한 Kirchhoff는 Josiah Gibbs의 획기적인 업적(Gibbs 자유 에너지)에 기반이 된 Kirchhoff의 열화학 법칙을 정립했다. Kirchhoff는 가열된 고체로부터의 방출을 연구하고 **흑체 복사**(black body radiation)[§]라는 용어를 만들었다. 흑체 복사를 연구하는 동안 Max Planck는 에너지의 양자성(1918년 노벨 물리학상)을 발견하였고, 이는 Erwin Schrodinger의 양자 역학(1933년 노벨 물리학상)의 개발로 이어졌다.

* *Kirchhoff, G.; Bunsen, R.; Chemical Analysis by Observation of Spectra. Annalen der Physik und der Chemie, 1860, 110, 161–189.*

† *Bunsen, R. W. Journal of the American Chemical Society, 2007, 23, 89–107.*

‡ *Hannaford, P., Walsh, Sir Alan. (December 19, 1916.) Biographical Memoirs of Fellows of the Royal Society, 2000, 46, 534–564.*

§ *While studying black body radiation, Max Planck discovered the quantized nature of energy.*

3.1 서론

원자 흡수 분광법(AAS)는 **원소 분석**(element analysis) 기술이다. 즉, 시료에 존재하는 원소들을 식별하고 정량화하는 데 사용된다. 만일 생선에 축적된 수은이나 물속에 잔류하는 비소의 농도를 분석하기 원한다면, AAS를 선택하는 것이 합리적이다.[1] 이 책의 뒷부분에서는 세 가지 다른 원소 분석 기술, 즉 원자 방출 분광법, X선 형광 분광법 및 유도 결합 플라스마 질량 분광법에 대해 학습할 것이다. (10장의 끝 부분에서 이 기술들을 비교 및 대조할 것이다.) 6장에서 논의한 자외선-가시선(UV-vis) 분광기와 마찬가지로 AAS는 근본적으로 자외선-가시선 흡수 분광법의 한 형태이다. 분자 UV-vis과는 달리 AAS는 분석하기 전에 분석물을 먼저 원자 증기로 전환해야 한다. 결과적으로 모든 **분자**(molecular) 정보가 **손실**(lost)된다. 이는 **원자**(atomic) AAS가 **분자**(molecular) UV-vis보다 좋지 않다는 의미가 아니라, AAS는 자외선-가시선 분광법으로 답하는 문제와는 다른 문제에 답하는 데 사용되는 도구이다. AAS는 순수 분석물의 분자 특성을 조사하는 데 사용되지 않고 표본 매트릭스의 원소 함량을 정량화하는 데 사용된다. 이것은 중요한 차이점이다.

AAS는 70개 이상의 원소의 정량 및 정성 분석에 사용될 수 있다(그림 3.1). 이 기술의 유용성은 매트릭스에서 분석물을 *분리(정화)할 필요 없이* 토양, 물, 석유, 플라스틱, 페인트 및 식물 및 동물 조직과 같은 복잡한 매트릭스 내에서 원소를 분석할 수 있다는 데 있다. 앞에서 이미 언급하였듯이 AAS의 기본 원리는 분자 자외선-가시선 분광법과 비슷하고, AAS의 기본 구역도는 자외선-가시선 분광계의 기본 구역도와 매우 유사하다. 그림 3.2는 원자 흡수 분광계의 구역도이며 그림 6.1은 자외선-가시선 분광계의

[1] (a) Konieczka, P; et al. Determination of Total Mercury in Fish and Cormorant Using Cold Vapor Atomic Absorption Spectrometry. *Polish J. of Environ. Stud.* **2010**, *19(5)*, 931 – 936; (b) Behari, J. R.; et al. Determination of Total Arsenic Content in Water by Atomic Absorption Spectroscopy (AAS) Using Vapor Generation Assembly (VGA), *Chemosphere* **2006**, *63(1)*, 17 – 21; (c) Marcow, P. G. Determining the Lead Content of Paint Chips: An Introduction to AAS. *J. Chem. Educ.*, **1996**, *73(2)*, 178.

원소의 AAS 분석

AAS에 의해 측정 가능한 원소

AAS에 의해 측정 불가능한 원소

IA (1)	IIA (2)	IIIB (3)	IVB (4)	VB (5)	IVB (6)	VIIB (7)	VIIIB (8)	(9)	(10)	IB (11)	IIB (12)	IIIA (13)	IVA (14)	VA (15)	VIA (16)	VIIA (17)	VIIIA (18)
1 H 1.008																	2 He 4.003
3 Li 6.941	4 Be 9.013											5 B 10.811	6 C 12.011	7 N 14.067	8 O 15.999	9 F 18.998	10 Ne 20.180
11 Na 22.990	12 Mg 24.305											13 Al 26.982	14 Si 28.086	15 P 30.974	16 S 32.065	17 Cl 35.453	18 Ar 39.948
19 K 39.098	20 Ca 40.078	21 Sc 44.956	22 Ti 47.867	23 V 50.942	24 Cr 51.996	25 Mn 54.938	26 Fe 55.845	27 Co 58.933	28 Ni 58.693	29 Cu 63.546	30 Zn 65.390	31 Ga 69.723	32 Ge 72.590	33 As 74.922	34 Se 78.960	35 Br 79.904	36 Kr 83.789
37 Rb 85.469	38 Sr 87.620	39 Y 88.906	40 Zr 91.224	41 Nb 92.906	42 Mo 95.95	43 Tc (98)	44 Ru 101.07	45 Rh 102.91	46 Pd 106.42	47 Ag 107.87	48 Cd 112.4	49 In 114.82	50 Sn 118.701	51 Sb 121.760	52 Te 127.60	53 I 126.904	54 Xe 131.293
55 Cs 132.91	56 Ba 137.33	71 Lu 174.97	72 Hf 178.5	73 Ta 180.95	74 W 183.85	75 Re 186.21	76 Os 190.2	77 Ir 192.22	78 Pt 195.078	79 Au 196.967	80 Hg 200.59	81 Tl 204.38	82 Pb 207.2	83 BI 208.980	84 Po (209)	85 At (210)	86 Rn (222)
87 Fr (223)	88 Ra (226)	103 Lr (262)	104 Rf (267)	105 Db (268)	106 Sg (271)	107 Bh (272)	108 Hs (270)	109 Mt (276)	110 Ds (281)	111 Rg (280)	112 Cn (285)	113 Nh (286)	114 Fl (289)	115 Mc (290)	116 Lv (293)	117 Ts (294)	118 Og (294)

란탄족	57 La 138.906	58 Ce 140.116	59 Pr 140.908	60 Nd 144.240	61 Pm (145)	62 Sm 150.36	63 Eu 151.964	64 Gd 157.25	65 Tb 158.925	66 Dy 162.501	67 Ho 164.930	68 Er 167.259	69 Tm 168.934	70 Yb 173.054
악티늄족	89 Ac (227)	90 Th 232.038	91 Pa 231.036	92 U 238.029	93 Np (237)	94 Pu (244)	95 Am (243)	96 Cm (247)	97 Bk (247)	98 Cf (251)	99 Es (252)	100 Fm (257)	101 Md (258)	102 No (259)

그림 3.1 AAS에 의해 측정 가능한 원소. 어둡게 표시된 원소들은 AAS를 이용해서 측정되기가 쉽지 않다.

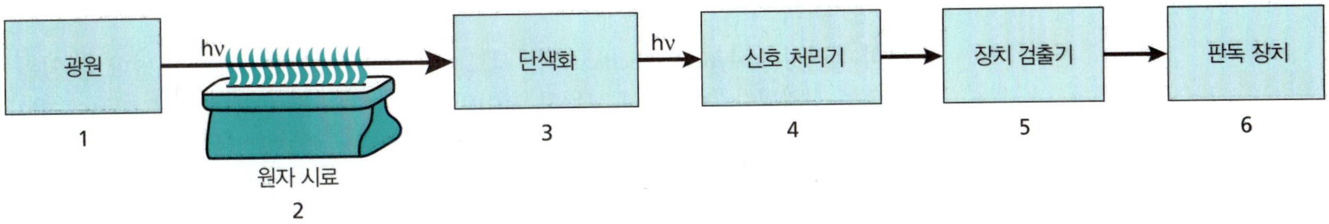

그림 3.2 *불꽃* 원자 흡수 분광계의 구역도.

구역도이다. 가장 자주 사용되는 단색화장치는 Czerny-Turner 기본형이며, 검출기는 단일 광전자 증배관이다. 잠시 그림 3.2와 그림 6.1을 비교하라. AAS의 또 다른 장점은 기존에 사용되던 습식-화학적 정성 분석법을 사용하지 않아도 된다는 것이다.

3.2 분자 흡수 대 원자 흡수

분자 분광법과 원자 분광법은 비슷한 점이 있긴 하지만, 근본적으로 물리적 차이점이 있다. 6장 2절에서 **진동**(vibronic) **전이**에 대한 개념이 소개되었다. 분자는 결합을 형성하고 결합된 원자는 진동을 하므로 분자가 광자를 흡수할 때, 전자 양자 상태는 중첩된 진동 상태를 포함하고 있다. 그림 3.3(A)는 n = 1과 n = 2 사이의 전이에 대해 3가지 가능한 시작 및 종료 진동 양자 상태(ν = 1, 2 또는 3)를 보여주며, n = 1과 n = 2 사이에서 9개의 다른 에너지로 나타낼 수 있다. 확실하게 3가지 이상의 진동 상태가 존재하며 결과적으로 상대적으로 넓은 스펙트럼 띠너비를 갖는 전체적인 전이가 발생한다. 이와 같은 분자 자외선-가시선 흡수 분광법의 넓은 스펙트럼 띠너비는 다른 분광 기술에 비해 상대적으로 낮은 분해능에 기인한다. 분자 자외선-가시선 분광법으로 분석물을 정량화하기 위해서는 먼저 분석물을 정제하고 분리해야 한다. 그러나 단일 원자는 결합이 없으므로 진동 양자 상태가 없다. 따라서 원자가 광자를 흡수하면[그림 3.3(B)], 불연속 전자 양자 상태사이에서 전이가 발생한다. 결과적으로 해당 전이에 대한 좁은 스펙트럼 띠너비와 상대적으로 높은 분석 특이성을 나타낸다.

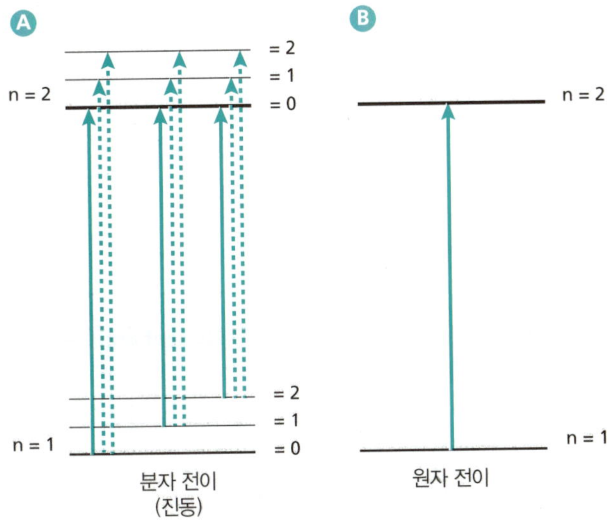

그림 3.3 (A) 분자(진동) 전이; n = 주 양자수, ν = 진동 양자수. (B) 원자 전이; n = 주 양자수.

◆ 분석 특이성

분석 특이성(analytical specificity)은 서로 비슷한 두 개의 분석물을 구별할 수 있는 능력으로 정의된다. AAS에서는 원자 전이의 좁은 띠너비로 인해 분석 특이성이 얻어진다. 분석자는 좁은 띠너비를 통해 특정 원소의 흡수 스펙트럼의 파장을 선택할 수 있고 매트릭스 내의 다른 불순물과의 흡수의 겹침이 없다고 확신할 수 있다. AAS에서 다른 원소들의 흡수띠와 겹치는 경우는 드물다. 이번 장의 뒷부분에서 광원에 관해 논의할 때 분석 특이성에 대해 다시 살펴볼 것이다. UV-vis 흡수와 비교했을 때, AAS는 매우 높은 분석 특이성을 가지며 매트릭스로부터 원소를 분리하지 않고 복잡한 매트릭스 내의 단일 원소를 정량할 수 있다.

다른 한편으로, 분자 흡수 분광법과 비교하여 AAS의 근본적인 결함은 분석물의 **화학종**(chemical speciation)[2]의 정보를 잃는 것이다. 즉, AAS는 시료에 3 ppm의 카드뮴이 존재한다고 말할 수 있지만 카드뮴의 산화 상태를 알 수 없으며, 카드뮴이 이온성 염이나 큰 생체 분자의 일부로 존재한다고 말할 수 없다. 화학종에 관한 정보는 AAS 외의 다른 기술에 의해 결정되어야 한다.

문제 3.1 분자 흡수 분광법의 특징이 AAS의 특징보다 더 광범위한 이유를 설명하라.

3.3 스펙트럼 띠너비

그림 3.3에서 알 수 있듯이 원자 전이는 원자 내의 두 개의 떨어진 에너지 상태 사이의 하나의 명확한 에너지 전이로 결론 내릴 수 있다(때때로 "무한히 좁음"으로 간주되기도 함). 실제로, 10^{-2}피코미터에서 수십 피코미터 범위의 선 너비를 갖는다(그림 3.4 참조). 이 띠너비에 관한 몇 가지 방식을 알기 위하여, 가시선 스펙트럼은 300 nm 너비(400~700 nm)이므로 10^{-2} pm은 전체 가시선 스펙트럼의 약 30 ppb에 해당하고, 수 피코미터의 선너비는 약 7000 ppb(7 ppm)에 해당한다는 점을 상기하라. 우리는 10^{-2} 피코미터 띠너비(30 ppb)가 좁다는 것과 품질이 낮은 단색화 장치의 스펙트럼 분해능을 훨씬 초과한다는 것을 직관적으로 규정할 수 있다. 그러나 10피코미터(30,000 ppb)의 스펙트럼 띠너비는 "무한히" 좁은 전이에 비해 상당히 큰 것처럼 보인다. 다음의 몇 가지 요인이 원자 전이의 띠너비에 영향을 미친다.

1. 수명 폭 넓어짐
2. 자기장 넓어짐
3. 압력 넓어짐
4. 도플러 넓어짐

그림 3.4 칼슘 방출 스펙트럼.

◆ 수명 폭 넓어짐

본질적인 띠너비에 영향을 미치는 첫 번째 요인은 **Heisenberg 불확실성 원리**(Heisenberg uncertainty principle)에 의해 설명되는데, 이 원칙은 전자 전이와 관련된 형태로 들뜬 상태의 에너지와 수명을 동시에 알 수 있는 정확도는 다음의 식과 같이 한계를 가지고 있다.

$$\Delta E \Delta t \geq \frac{\hbar}{2} \qquad \text{식 (3.1)}$$

[2] **화학종**(chemical speciation)은 분석 매트릭스에서 원소의 분자 또는 이온 형태를 말한다.

$\hbar = \dfrac{h}{2\pi}$

ΔE = 전자 전이의 띠너비

Δt = 전자 전이의 수명

식 (3.1)은 전이 수명이 짧을수록 띠너비가 증가한다는 것을 보여준다. 또한, Heisenberg 불확실성에 의해 띠너비 $E = hc/\lambda$는 *파장에 의존*(wavelength dependent)한다는 것을 알아야 한다. 예제 3.1을 참조하라.

» 예제 3.1

Heisenberg 불확실성 원리를 사용하여 수명이 10 ns인 경우 중심이 500 nm인 전자 전이의 최소 이론 띠너비를 계산하라.

전략 ›

ΔE에 대해 식 (3.1)을 풀고 다음과 같을 때 이론적인 최소 띠너비가 된다.

$$\Delta E \Delta t = \frac{\hbar}{2}$$

풀이 ›

ΔE에 대해 풀면:

$$\Delta E = \frac{\hbar}{2\Delta t} = \frac{1.0546\times10^{-34}\ \mathrm{J\cdot s}}{2\left(1\times10^{-8}\ \mathrm{s}\right)} = 5.3\times10^{-27}\ \mathrm{J}$$

$E = \dfrac{hc}{\lambda}$를 상기하고, 이를 미분하면,

$$\frac{dE}{d\lambda} = \frac{hc}{\lambda^2} \text{ and } \therefore \Delta E = \Delta\lambda \frac{hc}{\lambda^2}$$

띠너비($\Delta\lambda$)에 대해 정리하면

$$\Delta\lambda = \Delta E\frac{\lambda^2}{hc} = 5.3\times10^{-27}\ \mathrm{J}\frac{\left(500\times10^{-9}\ \mathrm{m}\right)^2}{\left(6.626\times10^{-34}\ \mathrm{J\cdot s}\right)\left(2.99\times10^{8}\ \mathrm{m/s}\right)} = 6.7\times10^{-15}\ \mathrm{m} = 6.7\ \mathrm{fm}$$

문제 3.2 예제 3.1을 참고하여, 각 전이의 수명이 10 ns라고 가정할 때 200 nm, 400 nm, 700 nm에서 최소 이론 띠너비를 계산하여 수명 폭 넓어짐이 파장에 따라 달라짐을 증명하라. 예제 3.1에 대한 답을 비교하라.

문제 3.3 예제 3.1을 참고하여, 모두 500 nm에 중심이 있으며 수명이 10 μs, 10 ns, 10 fs인 3가지 다른 전이에 대한 최소 이론 띠너비를 계산하여 수명 폭 넓어짐이 파장에 따라 달라짐을 증명하라.

▸ 프로파일 _Profile
항 기호 복습

가벼운 원자들(Z < Kr)에서, 원자가 껍질에 있는 전자들의 총 스핀(s)이 결합하여 총 스핀(S)을 형성한다. 이와 유사하게, 오비탈의 각 운동량(l)이 결합하여 총 각 운동량(L)을 형성하고, S와 L은 결합하여 총 각 운동량(S + L = J)을 형성한다.

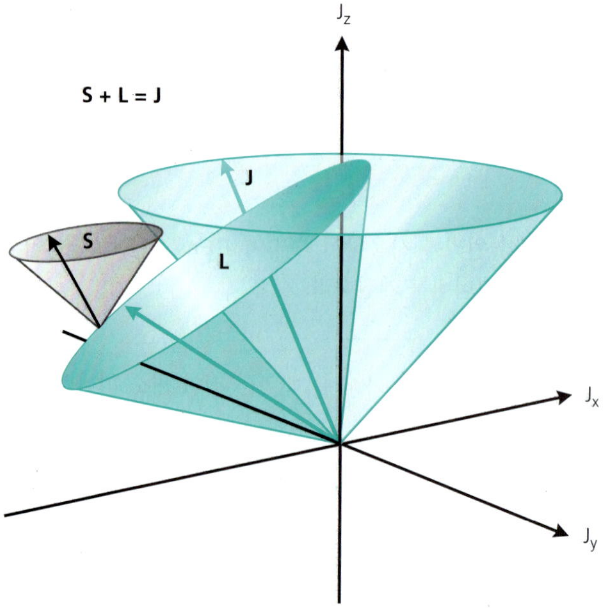

항 기호(term symbol)는 다중 전자 원자에서 각운동량 양자수를 지정하는 데 사용된다. 각 에너지 레벨에는 고유한 항 기호가 있다. 항 기호를 지정하기 위한 규칙은 $^{2S+1}L_J$이다.

$S = 2s + 1$

L = 방위 양자수(L = 0, 1, 2, 3 ... → S, P, D, F ...)

예를 들어*, 소듐의 바닥 상태 전자 배치는 Na:[Ne]$3s^1$이다. 따라서 2s + 1 = 2, L = 0(S), J = 2 + 0이므로 항은 $^2S_2$가 된다.

* *주의!* 소듐의 전자 배치에 있는 항 "s"는 소듐의 단일 원자가 전자가 s-오비탈에 있다는 것을 나타낸다. 불행히도 우리는 식 2s + 1에서 "s"를 사용하고 있다. 후자의 기호 "s"는 원자가 전자의 스핀 양자수 합계이다. 이 경우 단순히 +1/2이다.

◆ 자기장 넓어짐

이러한 유형의 넓어짐[**자기장 효과**(magnetic field effect) 또는 **스핀오비탈**(spin-orbital effect) 효과라고도 함]은 원자 전이의 띠너비에 기여하는 두 번째 요소이다.[3] *자기장 효과*는 다전자 원소에서 발생하며 오비탈 자체가 각운동량을 가지고 따라서 채워진 오비탈의 회전이 자기장을 형성한다는 사실에 기반한다. 전자 전이를 통해 촉진된 전자의 스핀에 의해 생성된 자기장은 오비탈 자체의 각운동량에 의해 생성된 자기장과 평

[3] Griem, H. R. Spectral Line Broadening by Plasmas. *Pure and Applied Physics*, **1974**, 39, 421.

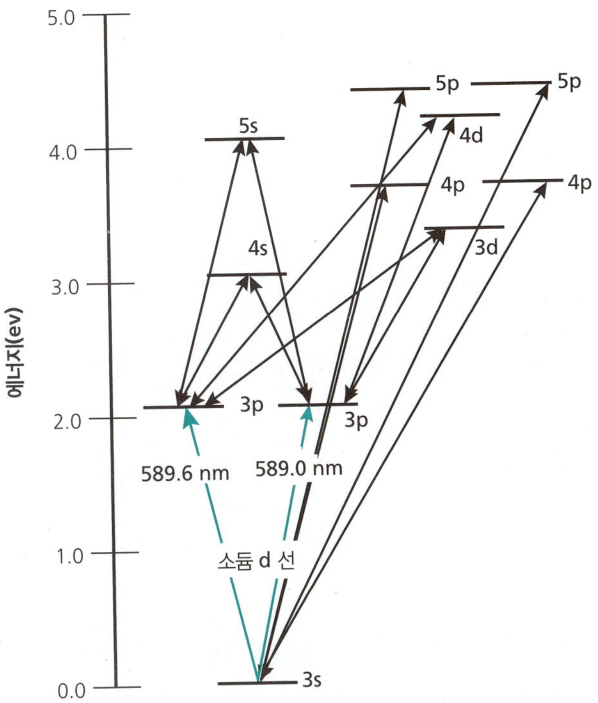

그림 3.5 p 오비탈의 미분화를 보여주는 소듐의 Jablonski 도표.

행 또는 반평행이 될 수 있다. 이 결과로 약간 다른 에너지를 가진 전이를 유발한다. 예를 들어, 소듐 3s 전자의 3p 오비탈로의 들뜸은 3p 오비탈의 자기 모멘트와 평행 또는 반평행으로 일어날 수 있고 이는 3.3×10^{-16} 줄의 에너지 차이를 생성하며 0.6 nm의 차이로 파장이 분리된다. (그림 3.5의 소듐 d 선 참조.) 시판되는 분광계는 더 큰 원소에 대해 0.6 nm의 분해능을 갖고 있지만 자기장 효과로 인해 매우 가까운 전이도 많이 존재한다. 자기장 효과는 기술적 측면에서 내재된 띠 넓어짐이 아니라 단색화 장치의 분해능의 한계의 결과로 나타나는 것이다. 자기장 효과는 원자의 물리적인 특성으로 나타나기 때문에, 분석자가 실험 변수를 조절하여 교정할 수 없으며, 위와 같이 매우 가까이 붙어 있는 원자들을 분리할 수 없는 기기를 사용할 때는 어쩔 수 없이 어느 정도 띠너비는 나타나게 된다.

문제 3.4 위에서 우리는 소듐 3s 전자의 3p 오비탈로의 전이가 3p 오비탈(J = S + L 또는 J = S − L)의 각운동량과 평행 또는 반 평행하게 일어날 수 있다고 언급했다. 가능한 두 가지 들뜬 상태에 대한 항 기호를 유도하라.

문제 3.5 포타슘 4s → 4p 전이에서도 소듐과 나타난 것과 유사한 4p 오비탈의 분리가 나타난다.[4] 4s → $4p_{1/2}$ 전이는 3.89×10^{14} Hz의 진동수에서 나타나고 4s → $4p_{3/2}$ 전이는 3.91×10^{14} Hz에서 발생한다. 이 두 전이에 대하여 줄 단위의 에너지 차이와 나노미터 단위의 파장 차이를 계산하라.

[4] Sansonetti, J. E. Wavelengths, Transition Probabilities, and Energy Levels for the Spectra of Potassium. *Journal of Physical and Chemical Reference Data*, **2008**, 37(1), 796.

▶ **프로파일** _Profile

바닷물 위의 번개

당신은 바다 위의 번개 폭풍을 본 적이 있는가? 만약 그렇다면, 당신은 아마 벼락이 땅에서 관찰되는 흰색 대신 노란-주황색이라는 것을 알았을 것이다. 노란-주황색은 "염이 존재하는 공기" 중의 소듐 원자로 인한 것이다. 벼락은 소듐 원자를 들뜬 상태로 만들고 여러분은 d 선들로부터 나오는 형광을 보게 될 것이다. 그림 3.5를 참조하라.

◆ 압력 넓어짐

압력 넓어짐은 원자 전이의 띠너비에 영향을 주는 세 번째 요인이다. 또한, 이는 **충돌 에너지 전이**(collision energy transfer) 혹은 압력 효과라고도 불려진다.[5] 분석 원자와 불꽃 안의 다른 입자들 사이의 충돌은 분석물 전자의 바닥 상태 에너지에서 작은 충돌을 만들고 이것은 전자 전이의 넓어짐을 야기시킨다. 그 압력 넓어짐으로 인한 띠너비 ($\Delta\nu_{압력}$)는 다음과 같이 계산될 수 있다.

$$\Delta\nu_p = \sigma N_p \frac{\sqrt{\left[2\pi RT\left(\frac{1}{M_1}+\frac{1}{M_2}\right)\right]}}{\pi} \qquad \text{식 (3.2)}$$

여기서

σ = 입자의 충돌 단면적(cm^2)

N = 입방 센티미터당 섭동 입자의 수밀도(cm^{-3})

R = 기체 상수

T = Kelvin 온도

M_1과 M_2 = 분석물과 섭동 입자의 몰질량(g/mol)

수식 (3.2)로부터 계산된 $\Delta\nu_{압력}$의 수치는 1~10 pm까지의 범위이고, 종종 AAS에서 선 넓어짐의 주된 근본 원인이다.[6]

[5] Baranger, M. Simplified Quantum-Mechanical Theory of Pressure Broadening. *Phys. Rev.*, **1958**, *111*, 481.

[6] Lindon, J. C. (ed.) *Encyclopedia of Spectroscopy and Spectrometry*, 2nd ed., Academic Press: New York, **2010**.

비록 시료로부터 발생하는 충돌 에너지 전이를 막을 수 있는 방법이 많지는 않지만, 광원에서 충돌 에너지 전이를 어느 정도 조절할 수 있다. 광원 램프의 구조에 대해 학습할 때 이 내용에 대해 더 탐구할 것이다.

> **노트**
>
> IUPAC는 압력 넓어짐을 묘사하는 데 사용되는 용어들에 대하여 다음과 같이 구별하였다. 만약 비슷하지도 않고 전하를 띠지 않은 입자들 사이에서 충돌이 일어난다면, *외부 가스 넓어짐*(foreign gas broadening) 혹은 *van der Waals 넓어짐*(van der Waals broadening)으로 한다. 만약, 부딪히는 입자가 같은 종류의 원자이면 *공명 넓어짐*(resonance broadening)이라 한다. IUPAC는 현재 *Lorentz 넓어짐*(Lorentz broadening)이라는 용어의 사용을 권고하고 있지 않지만, 이 용어는 여전히 널리 사용되고 있다.* AAS의 경우에 관찰되는 것은 van der Waals 넓어짐이라 하는 것이 적절하다.
>
> * *IUPAC. Compendium of Chemical Terminology (the "Gold Book"), 2nd ed. Compiled by A. D. McNaught and A. Wilkinson. Blackwell Scientific Publications: Oxford, UK, 1997.*

◆ Doppler 넓어짐

Doppler 넓어짐은 분석물 원자의 열적 움직임으로부터 나타난다.[7] AAS와 같은 특정 불꽃 온도에서 분석물 원자는 대략 ≈1000 m/s로 움직인다. 특정 전이에 의한 에너지 차이는 $E = h\nu = \frac{hc}{\lambda}$과 같은 에너지를 가지나, 실제 분석물 원자에 의해 흡수된 빛의 파장은 Doppler 이동이 일어난다. 이는 파장이 일정한 광원뿐만 아니라 광원으로부터 나오는 광자 속도와 관련된 열적 움직임으로 인한 것이다.

$$E = \frac{h(c+u)}{\lambda_t} \quad \text{(광원으로 향하는 움직임)} \qquad \text{식 (3.3a)}$$

$$E = \frac{h(c-u)}{\lambda_a} \quad \text{(광원으로부터 멀어지는 움직임)} \qquad \text{식 (3.3b)}$$

여기서,

u = 광원과 관련 있는 분석물의 속도
λ_t = 광원으로부터 멀어지는 분석물에 의해 흡수된 광자
λ_a = 광원을 향하여 움직이는 분석물에 의해 흡수된 광자

수식 (3.3a)에서 알 수 있듯이 광원을 향해 움직이는 분석물 원자는 정지 상태 원자의 에너지 차이와 일치되기 위해 더 긴 파장의 광자(낮은 에너지)를 흡수하며, 마찬가지로 식 (3.3b)로부터 광원으로부터 멀어지는 분석물 원자는 흡수가 일어나는 동안 전이의 에너지 차이와 일치되기 위해 더 짧은 파장의 광자(높은 에너지)를 흡수함을 알 수 있다. 이 효과는 불꽃 원자의 운동에너지와 비례하며 따라서 불꽃의 온도가 증가함에 따라 뚜렷하게 나타나게 된다. 이러한 현상은 자동차가 접근함에 따라 들리는 압축된 소리파와도 비슷하다. 만약 차가 빠르게 움직인다면, 소리파의 Doppler 이동이 더 크게 일어나며, 결과적으로 더 높은 음으로 들리게 된다.

문제 3.6 Doppler 넓어짐은 원자 분광법에서 선 넓어짐의 주요 요소이다. 불꽃에서 분석물 원자의 최대 속도가 2000 m/s일 때, 식 (3.3)을 이용하여 이용해 500 nm의 전이에 대한 선폭 넓어짐($\Delta\lambda$)을 구하라. 답은 나노미터 단위로 기술하라.

문제 3.7 200 nm, 420 nm, 680 nm에 해당하는 전이에 대하여 연습 문제 3.6을 이용하여 Doppler 넓어짐이 파장에 따라 달라짐을 증명하라.

불꽃-AAS(FAAS)의 불꽃 온도는 분석물의 원자화를 최대로 시키기 위하여 선택된다.[8] 하지만 과도하게 높은 불꽃 온도는 불필요한 Doppler 넓어짐을 증가시켜, 분석적 선택성의 감소를 초래한다.

[7] Rautian, S. G.; Sobel'man, I. I. The Effects of Collisions on the Doppler Broadening of Spectral Lines. *Sov. Phys. Usp.* **1967**, *9*, 701.

[8] The same considerations regarding operating temperatures should be made in graphite furnace–AAS.

문제 3.8 원자 전이의 Doppler 넓어짐은 온도에 따라 달라지고, 속도가 없는 원자와 비교하면 띠너비($\Delta\lambda$)에 대한 효과는 $\frac{\Delta\lambda}{\lambda} = \frac{v}{c}$이다. 여기서 v는 원자의 속도이고, c는 빛의 속도이다. 원자 속도와 온도 사이의 관계는 수식 $v = \sqrt{\frac{8kT}{\pi m}}$이며, 여기서 k는 Boltzmann 상수, T는 온도(Kelvin), m은 원자의 질량(킬로그램 단위)이다. 1800°C의 아세틸렌 불꽃에서 422.7 nm의 칼슘 선의 띠너비에 미치는 Doppler 넓어짐 효과를 계산하라.

문제 3.9 원자 전이에서 관찰되는 전자 띠너비에 기여하는 요소를 모두 나열하고 설명하라.

비록 시료에서 어느 정도 Doppler 넓어짐이 관찰되더라도, 광원의 Doppler 넓어짐을 최소화하여 분석적 선택성을 강화시킬 수 있다.

3.4 원자 흡수 분광법의 광원

AAS에서 복사선 광원을 선택할 때에는 분자 분광법과는 달리 다소 어려움이 있다. 분자 분광법에서는 원하는 흡수 영역에서 충분한 세기를 가지는 연속적인 광원이 존재한다. 하지만 AAS에서는 분석물의 흡수 띠너비가 보통 피코미터 너비로 나타나서, 만약 분석자가 연속적인 광원을 사용한다면, 대다수의 복사선 광원들은 쓸모가 없게 된다. UV-vis 분광계는 그러한 전형적인 예시이다. 연속적인 광원은 약 510 nm(510,000 picometer)의 전체적인 띠너비로 190~700 nm의 파장 영역에 걸쳐 있을 것이다. 만약, 원자 전이를 위한 전형적인 흡수 띠너비가 단지 5 picometer의 폭밖에 되지 않는다면, 에너지의 99.991%는 소실되거나 버려질 것이다(오직 ≈ 0.00091%의 복사선 에너지만 분석물을 검출하는 데 사용됨[9]).

$$\frac{5\,pm}{550{,}000\,pm} \times 100\% = 0.00091\% \qquad \text{식 (3.4)}$$

광원으로 100-watt의 전구를 사용하면, 분석 표적 물질을 검출하는 데 겨우 0.91 miliwatts의 전력을 사용할 것이다. 분석자의 단색화 장치가 99.9991%의 복사선 광원이 검출기에 도달하는 것을 적절하게 방지할 수 있다고 가정하면, 검출기에 도달하는 복사 전력의 0.91 miliwatts에 해당하는 작은 변화에도 반응하는 매우 민감한 검출기가 있어야 한다. 그리고 만약 분석자가 1000-watt의 전구를 광원으로 이용한다면, 모든 추가적인 입사 에너지로부터 검출기를 가리기는 매우 힘들어진다.

◆ 속빈 음극 램프

AAS의 광원은 원소마다 다른 선광원이며 그림 3.6에 개략도가 나타나 있다. 이렇게 디자인된 램프를 **속빈 음극 램프**(hollow-cathode lamp, HCL)라 한다. 음극은 원통형의 컵 혹은 공동으로 이루어져 있으며, 분석될 물질(표적 원소)로 코팅되어 만들어져 있다. 표적 원소의 들뜸화로 인하여 원소에 따른 고유 선광원이 생성된다. HCL은 표적 원소의 스펙트럼과 겹쳐지지 않도록 주의하여 선택된 충진 가스의 보통 30 torr 미만의 작은 압력으로 되어 있다. 전자가 음극으로부터 흐를 때, 전자는 충진 가스 원자와 충돌하게 되어 충진 가스 원자가 들뜨게 되고 이는 충진 가스의 양이온을 생성한다. 이러한 양이온은 음극을 향해 가속되어, 음극 표면에 있는 표적 원소와 충돌하게 된다. 충진 가

[9] 이 책은 전반적으로 복사선 세기는 광원의 전체 띠너비에 걸쳐 일정하다는 가정을 하고 있다.

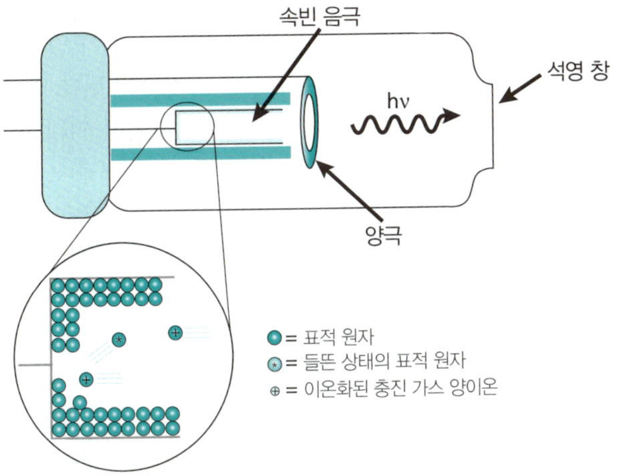

그림 3.6 속빈 음극 램프의 개략도.

스 이온과 표적 원소의 충돌로 들뜬 상태의 표적 원자가 가스 상태로 튕겨지게 된다. 가스 상태의 들뜬 표적 원자들이 이완하면 그 원소의 특징적인 선 스펙트럼을 방출하게 된다. 속빈 음극을 이렇게 디자인한 목적은 작은 공간(공동 면적)에 튕겨진 표적 원자들을 잡아두어, 좁은 방출선을 강화하는 데 있다. 또한, 컵 안에 튕겨진 원자들을 잡아둠으로써, 그 원자들이 음극에 다시 붙게 되어 램프의 수명을 연장할 수 있게 한다.

HCL의 디자인은 다음과 같은 분석적 목표를 두고 있다.

- 첫째, 분석물의 고유한 선 스펙트럼을 발생시키는 광원을 사용하여, 더 이상 광원 복사선의 대부분을 버리지 않게 된다. 이것은 분석 기술의 선택성을 대단히 향상시키며, 낮은 품질(즉, 저렴한 가격)의 단색화 장치와 검출기를 사용할 수 있게 해 준다.
- 둘째, HCL은 불꽃보다 낮은 압력과 낮은 온도에서 작동하기 때문에, 불꽃에서 분석물의 흡수 스펙트럼보다 압력 넓어짐과 Dopper 넓어짐이 적게 된다. 다시 말하면, 광원의 방출 띠너비는 분석물 원자의 흡수 띠너비보다 훨씬 좁다. 결과적으로 분석물 원자에 의한 광원 복사선의 흡수는 광원 방출선의 좁은 띠너비 안에서만 *일어날 수 있다*. 그래서 분광기에서는 불꽃의 압력 넓어짐과 Dopper 넓어짐으로 증가되는 원자들의 흡수 띠너비로 인하여 발생되는 흡수현상이 나타나지 않게 된다. 요약하자면, HCL에 의해 생성되는 좁은 띠너비는 AAS의 분석적 선택성을 보존한다.

▶프로파일 _Profile

모유의 영양 성분

모유가 아기들의 주 영양 공급원이기 때문에 모유의 영양 성분을 모니터링하는 것은 국가 발전에 중요한 일이다. 2010년에 중국 과학자들은 다원소 속빈 음극 램프를 개발하여, AAS 분석으로 모유의 Ca, Cu, Fe, Mg, Mn, Zn을 0.01~10 ppm의 선형 분석 영역과 ppb 수준의 검출 한계를 나타내는 분석법을 보고하였다.

Fu, W., et al. *J. Agric. Food Chem.* *2010*, *58*, 9396.

광원의 좁은 띠너비 역시 흡수 대 농도에 대해서 Beer의 법칙이 선형으로 나타나게 한다.

HCL의 세기는 양극과 음극 사이의 전압 차에 비례한다. 전압이 증가됨에 따라 더 많은 전하를 띤 충진 가스 이온이 생성되고, 튕겨지는 표적 원자가 많아지게 된다. 하지만 표적 원자와 충진 가스 사이의 충돌 에너지 또한 증가하게 된다. 불꽃의 높은 온도와 HCL의 높은 전압은 서로 대등할 수 있으며, 양극과 음극 사이의 전압이 증가함에 따라 Doppler 넓어짐이 증가하게 된다. 최적의 전압 차이는 흡수하는 분석물의 띠너비를 초과하지 않는 매우 밝은 광원을 제공한다. 특정 분석법에 쓰이는 특정 램프의 이상적인 전압은 실험적으로 결정된다. 대부분의 시판되는 AAS 기기와 함께 제공되는 소프트웨어에는 기기의 각 램프의 전압값이 미리 설정되어 있다. 이렇게 미리 설정된 전압은 대략적으로 각 램프에 대한 최적의 전압으로 "일반적인" 조건 하에 사용한다. 하지만 기기 사용자는 특별한 경우에 램프의 전압을 낮춤으로써 스펙트럼 품질을 향상시킬 수 있다는 것을 이해해야 한다. 이 상충된 관계는 더 약한 광원과 좋지 않은 검출 한계로 나타날 것이다. 특정 조건에서는 이는 받아들일 수 있는 상충관계이다. 반대로, 기기 사용자가 특정 분석을 위해서 램프의 전압차를 증가시킴으로써 검출 한계를 향상시킬 수 있지만, 이는 램프의 수명을 확실하게 감소시킬 것이며, 이에 따라 스펙트럼 품질의 감소와 낮은 분석 선택성의 결과를 가져온다. 마찬가지로 특정 조건에서 이는 받아들일 수 있는 상충관계이다.

대부분의 경우 각각의 램프는 하나의 원소에 대한 특정한 선을 방출하기 때문에, 하나의 실험에서 다른 종을 측정할 때 램프를 교환해야 한다. 현대의 많은 기기들은 램프들이 배열되어 있거나 교환 장치가 있어 여러 램프를 하나의 기기에 설치할 수 있으며 실험 도중 적절한 램프를 컴퓨터를 통해 선택할 수 있다. 뿐만 아니라 하나의 원소 대신 여러 원소의 합금을 나란히 배열한 컵이 있는 다원소 HCL도 존재한다. 다원소 램프에 사용되는 이러한 성분들은 주의하여 선택되어야 하며, 그렇게 해야 원소 방출 사이의 겹침이 없다. 또한 컵의 내부에 위치한 단위 면적당 주어진 원소의 양은 하나의 원소 램프에 비해 적으므로, 비슷한 방출 세기를 나타내기 위해서는 전압을 훨씬 더 증가시켜야 하고, 이는 수명의 감소로 이어진다.

◆ 무전극 방전등

일부 금속은 상대적으로 휘발성이어서 HCL의 높은 온도로 인해 램프의 수명은 다소 짧다. 또한 HCL은 전기 방전 원리로 작동하기 때문에 전기 전도도가 낮은 금속에는 적합하지 않다. 이러한 범주에 해당하는 금속의 경우 AAS에 사용되는 또 다른 유형의 광원 램프인 **무전극 방전등**(electrodeless discharge lamp, EDL)이 있다(그림 3.7 참조). EDL은 불활성 가스가 담긴 석영실과 라디오파 코일로 둘러싸인 세라믹관으로 구성되어 있다. 세라믹관은 또한 표적 원소 또는 표적 원소를 함유하는 염을 포함하고 있다. 불활성 기체 이온은 라디오파 복사선에 의해 에너지가 공급되며, 표적 원자에 충돌하여 표적 원소의 특징적인 선 스펙트럼을 방출한다.

EDL은 HCL과 비교하였을 때 여러 장점이 있다.

- 첫째, 낮은 온도로 인해서 EDL은 HCL보다 더 오래 지속된다.
- 둘째, 방출이 겹치지 않는 표적 원소를 선택함으로써 EDL은 수명의 감소 없이 하나 이상의 표적 원소로 제작할 수 있으며, 이는 석영 전구 안에 표적 원소가 갇혀 있고 HCL의 경우와 같이 분산될 수 없기 때문이다. 그러므로 사용자는 여러 원소 분석에 동일한 램프를 사용할 수 있다.[10]

[10] Patel, B. M.; Browner, R. F.; Winefordner J. D. Design and Operation of Temperature-controlled Multiple Element Electrodeless Discharge Lamps for Atomic Fluorescence Spectrometry. *Anal. Chem., 44 (14)*, 2272–2277, **1972**.

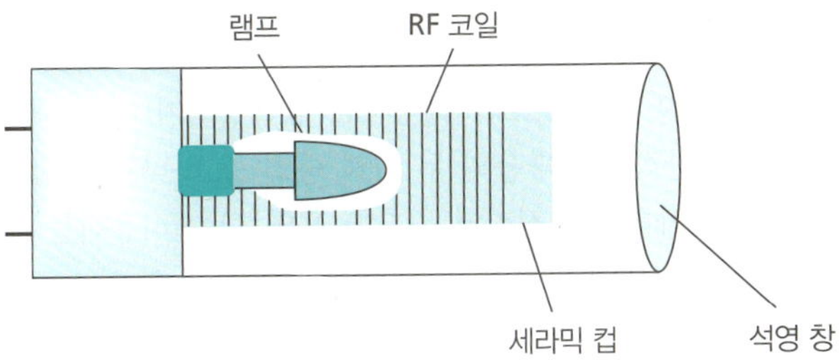

그림 3.7 EDL의 개략도. EDL은 전도성이 적은 물질이나, 높은 휘발성을 가진 금속에 사용된다.

- 셋째, EDL은 HCL보다 더 밝으며(10~100배), 결과적으로 낮은 검출 한계를 나타낸다. 이러한 특징은 아마도 분석적 관점에서 중요하게 고려해야 할 사항이다.

EDL은 또한 HCL과 비교하여 여러 단점이 있다.

- 첫째, EDL은 상대적으로 비싸다. 하지만 이 단점은 EDL이 HCL보다 더 오래 지속되고, 빠른 소모 없이 한 가지 원소 이상의 분석에 사용될 수 있다는 점에서 상쇄될 수 있다.
- 둘째, EDL에 의해 방출되는 빛의 세기는 일정하지 않다. 그 결과, 분석자는 같은 신뢰 간격을 위해서는 더 많은 데이터로부터 평균을 구해야 한다. 분석자가 단일 시료를 측정할 때에는 큰 문제가 없지만, 여러 시료의 대량 분석을 필요로 하는 상업적인 실험실에서는 분석 시간이 추가되면 상당한 비용이 발생할 수 있다.

문제 3.10 AAS에서 연속 광원대신 원소별 광원을 사용하는 것이 바람직한 이유는 무엇인가?

문제 3.11 AAS의 분석 선택성을 향상시키려면 HCL을 어떻게 사용해야 하는지 설명하라.

문제 3.12 어떻게 HCL을 만들어야 램프의 수명을 연장시킬 수 있는가를 설명하라.

실습활동 _Activity

토양 분석

2006년 논문*에서 학부 연구원은 지역 과수원과 포도원의 토양과 잎 꼭지(줄기)의 미량 영양소 "건강"에 대해 보고했다. 그녀는 토양과 잎 꼭지의 영양 농도를 비교함으로써 미량 영양소의 총 유효성과 생체 이용률(섭취량)을 측정할 수 있었다. 구리와 아연은 포도원과 과수원의 개발과 성장에 필수적인 미량 영양소이다. 구리는 과일의 색깔과 풍미에 기여하는 중요한 효소 성분이다. 아연은 효소를 조절하고 식물 호르몬에 영향을 미치며 전분 형성을 촉진한다. 환경에 구리 또는 아연 결핍이 있을 때, 과일은 종종 자라지 않으며 나뭇잎에 스트레스 증상이 나타나기 시작한다. 이 논문은 왜 원자 흡광 광도법(AAS)이 많이 사용되는 (특히 창의적인 연구를 수행하고자하는 학부생에게) 이유를 잘 보여 주고 있다. AAS를 사용하여 이와 비슷한 실험을 가까운 농장에서 쉽게 할 수 있다. 또한, 과거에는 비소살충제가 사과 과수원에서 흔히 사용되었다. 학생 연구원은 상업 용지의 토양에서 비소, 납, 수은과 같은 미량의 독소를 연구하기 위해 이 논문의 기술을 변경하여 쉽게 사용할 수 있다.

* Wilson, K. M.; Granger, R. M. Analysis of the Micronutrients Copper and Zinc in a Commercial Orchard and Vineyard by Atomic Absorption Spectroscopy. *Chem. Educator, 2006*, 11, 1–3.

3.5 시료 도입

이름에서 암시하듯이 AAS 기기에 도입되는 시료는 측정되기 전에 원자로 변환(원자화)되어야 한다. 이는 일반적으로 다음의 두 가지 방법 중 하나로 수행된다. 시료를 포함하는 안개를 불꽃에 분사하거나 전기열 원자화(흑연로)를 사용하는 것이다. 많은 시판되는 기기에는 광학 경로 안으로 혹은 경로 밖으로 이동할 수 있는 교체 가능한 불꽃과 로가 장착되어 있다.

◆ 불꽃 원자 흡수 분광법

불꽃 원자 흡수 분광법(flame atomic absorption spectroscopy, FAAS)에서는 시료 매트릭스가 에어로졸 형태로 변환되어 *분사*되는데, 안개화된 시료는 연료(예, 아세틸렌)와 섞여 불꽃을 향해 분사된다. 이 불꽃에서는 용액이 빠르게 증발되고 시료는 열에 의해 분해되어 원자 기체가 된다. 분무 단계의 재현성은 기술의 정밀도와 정량 수준을 결정한다. 그림 3.8은 Perkin Elmer에서 제조한 기압식 분무기를 층흐름(laminar-flow) 버너 헤드와 함께 보여준다. 층흐름 버너에 의해 생성된 불꽃은 사용된 산화제의 종류에 따라 길이가 5 또는 10 cm인 선으로 나타난다. 일반적으로 압축 공기를 10 cm 불꽃의 산화제로 사용한다. 그러나 일부 실험법에서는 순수한 산소 또는 아산화 질소를 5 cm의 불꽃과 함께 사용한다. 분무실 내에서 압축 공기는 시료 모세관의 끝을 직각으로 통과하여 시료 용액을 분무실로 흡인시킨다. 시료가 포함된 안개는 연료와 섞이고, 큰 방울

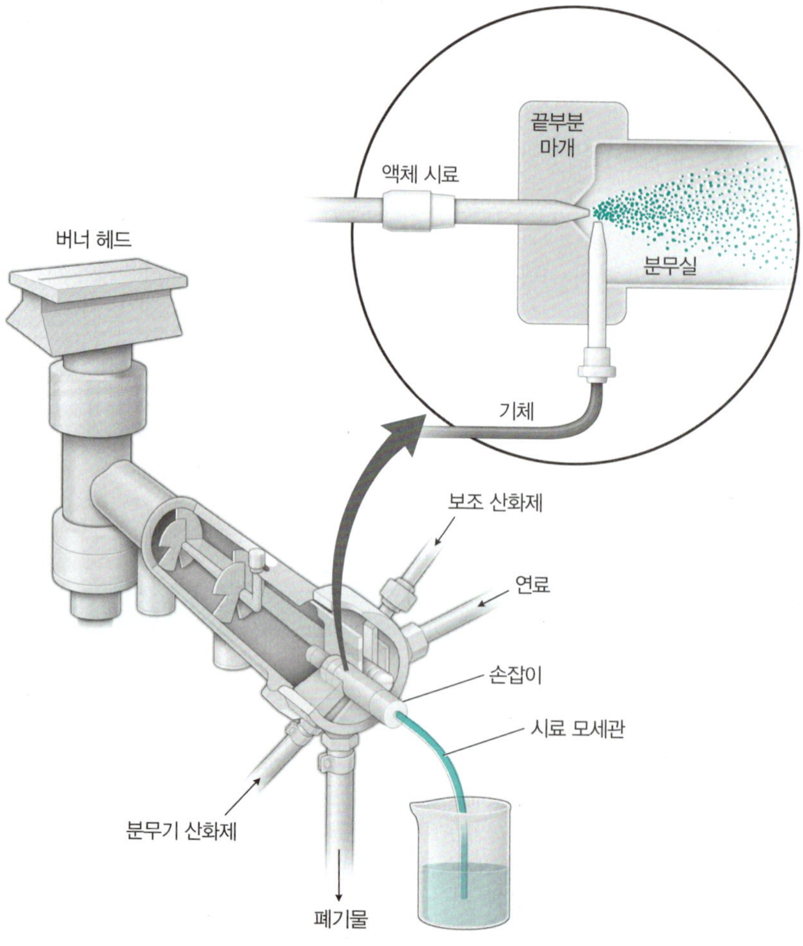

그림 3.8 Perkin Elmer AAS의 층흐름 버너와 기압식 분무기.

들은 확장실에 들어가서 방해판과 부딪혀 제거된다. 남아 있는 에어로졸은 불꽃에서 시료가 원자화되는 버너 헤드로 들어가게 된다. 분광계의 광선은 경로 길이를 최대화하여 흡수를 최대화하기 위해 버너 헤드의 가장 긴 축 쪽으로 정렬된다.

기압식 분무기는 FAAS에서 가장 일반적으로 사용되는 유형이다. 그러나 이것은 다른 기술과 마찬가지로 이온 강도가 높은 시료나 점도가 높은 시료에는 효과가 없다. 이러한 유형의 시료에는 Babington 분무기가 더 적합하다. Babington 분무기에서 시료는 구의 표면을 따라 흐르도록 되어 있다. 산화제 가스는 시료를 미세한 안개로 분사하는 구체의 구멍을 통해 강제로 배출된다(그림 3.9 참조). Babington 분무기는 점성이 있는 액체에 더 적합하며 전혈, 소변, 해수, 농축 우유, 토마토 소스와 같은 시료에 성공적으로 사용된다.[11]

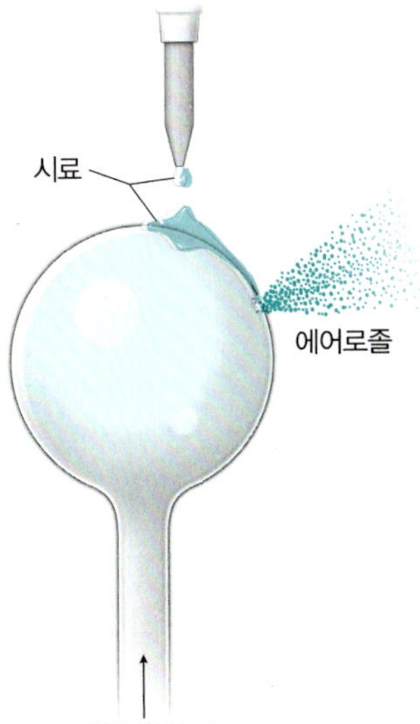

그림 3.9 Babington 분무기.

문제 3.13 분무 기술을 선택함에 있어 고려해야 할 사항을 서술하라.

문제 3.14 분무화 과정이 AAS에서 정량 분석의 하한선을 결정하는 근본적인 원인이 되는 이유를 서술하라.

불꽃 불꽃 AAS 실험을 수행할 때 분석자의 목표는 분광계의 빛 경로에 바닥 상태의 분석물 원자의 양을 최대화하는 것이다. 그러므로 불꽃에서 발생하는 다양한 현상과 각각 분광계의 빛 경로에서 분석물의 농도에 어떻게 영향을 미치는지에 대해 시간을 내어 생각해 보는 것이 현명하다. 시료 매트릭스가 불꽃에 들어갈 때, 분자 매트릭스의 일부분은 원자 증기로 변환되지만 시료 매트릭스의 불완전한 원자화는 언제나 발생한다. 시료의 몇 퍼센트가 분무화되느냐가 광학 경로에서 분석물의 농도를 결정하는 유일한 변수라면, 불꽃 AAS에서 우리의 목표가 가능한 고온의 불꽃을 생성하는 것이라고 잘못 판단할 수 있다. 그러나 불꽃 내의 분자가 파괴됨에 따라, 생성된 원자는 (1) 바닥 상태 원자 기체, (2) 들뜬 상태의 원자 기체, (3) 원자 기체 이온 중 하나의 상태로 생성될 수 있다. 원자 흡수 실험에서는 바닥 상태의 기체 원자만이 바람직하다. 들뜬 상태의 가스 원자는 바닥 상태의 원자가 흡수하는 동일한 파장을 방출하여, 낮은 흡수 값을 갖게 된다. 원자 기체 이온은 서로 다른 선 스펙트럼을 가질 것이다.

불꽃에는 분석자가 통제하는 두 가지 중요한 요소가 있다. 첫 번째는 불꽃의 전반적인 온도이다. 두 번째는 버너 헤드 위의 광학 경로의 높이이다. 우리는 이 변수들에 대해 개별적으로 알아볼 것이다.

불꽃의 온도는 바닥 상태의 원자 수, 들뜬 상태 원자 및 원자 이온의 수뿐만 아니라 시료 매트릭스의 분무화 비율에 직접적인 영향을 미친다. 연료와 산화제의 종류, 연료의 유속, 산화제에 대한 연료의 비율 또는 시료를 흡착하는 속도를 변화시킴으로써 분석자는 불꽃의 온도를 제어할 수 있다. 흡인 속도는 빛 경로의 분석물의 양에 확실히 영향을 미친다. 그러나 너무 높은 속도로 흡인하면 불꽃을 다소 냉각시킬 수 있다. 최적의 흡인률은 분석하는 원소의 표준 용액을 흡인하면서 실험적으로 결정된다.

실제적으로 기기는 대부분 오직 한 종류의 연료와 하나의 산화제 공급원으로 구성되어 있지만, 대부분 시판되는 장비는 연료나 산화제를 바꿀 수 있다는 것을 아는 것이 중요하다. 대부분의 시료 매트릭스의 경우, 아세틸렌/공기 불꽃은 매트릭스를 원자화하

[11] (a) Bings, N. H.; Bogaerts, A.; Broekaert, J. A. C. Atomic Absorption Spectroscopy: A Review. *Anal. Chem.*, **2010**, *82*, 4653–4681. (b) Saba, C. S.; Rhine, W. E.; Eisentraut, K. J. Efficiencies of sample introduction systems for the transport of metallic particles in plasma emission and atomic absorption spectrometry. *Anal. Chem.*, **1981**, *53*(7), 1099–1103. (c) Fry, C. R.; Denton, M. B. High Solids Sample Introduction for Flame Atomic Absorption Analysis. *Anal. Chem.*, **1977**, *49*(9), 1413–1417.

표 3.1 ▸ 불꽃 온도

	공기	산화질소	산소
아세틸렌	2,100 – 2,500°C	2,500 – 2,800°C	3,000 – 3,400°C
천연가스	1,700 – 1,960°C		2,650 – 2,850°C

기에 충분하다. 하지만, 많은 금속 산화물은 원자화되기 어렵고, 원하는 감도를 얻기 위해서는 아세틸렌/산소 불꽃이 필요할 것이다. 표 3.1은 다양한 연료/산화제 혼합물의 온도 범위를 나타낸다. 우리는 또한 연료/산화제의 비율을 조절함으로써 연료와 산화제의 흐름속도를 조절할 수 있다. 연료가 많은 불꽃은 산화제가 많은 불꽃보다 온도가 더 낮고 더 환원적인 환경이다.

이전에 언급했듯이 더 뜨거운 불꽃이 항상 더 좋은 선택이라고 가정하는 것은 옳지 않다. 불꽃의 온도는 분광계의 빛 경로에서 얻어지는 분석물 원자의 바닥 상태와 들뜬 상태의 양에 직접적인 영향을 미친다. 들뜬 상태와 바닥 상태의 원자의 비율은 Boltzmann 분포[식 (3.5)]를 사용하여 측정할 수 있다.

$$\frac{N_e}{N_g} = \frac{g_e}{g_g} e^{\left(-\frac{\Delta E}{k_B T}\right)} \qquad \text{식 (3.5)}$$

여기서

$\frac{N_e}{N_g}$ = 들뜬 상태 대 바닥 상태 원자의 비율

ΔE = 바닥 상태와 들뜬 상태 사이의 에너지 차이

T = 절대 온도

$\frac{g_e}{g_g}$ = 들뜬 상태와 바닥 상태에서의 미분화 상태의 비율

kB = Boltzmann 상수

온도의 증가는 바닥 상태의 원자에 대한 들뜬 상태의 원자가 증가한다는 것을 식 (3.5)를 통하여 알 수 있다. 하지만, 그 온도는 들뜬 상태의 분석물 원자의 생성으로 인해 상당한 신호 손실이 일어나기 전에 매우 뜨거워야 한다.

» 예제 3.2

산소/아세틸렌 불꽃에서 소듐 원자의 바닥 상태 대 들뜬 상태 원자의 비율은 얼마인가? 불꽃 온도를 3,400°C로 $\frac{g_e}{g_g}$ = 1로 가정한다.

전략 ›

그림 3.5를 사용하여 3s → 3p 전이에 대한 ΔE을 구하고 식 (3.5)를 사용하여 비율을 구하라.

답 ›

그림 3.5에서 우리는 해당 전이가 589 nm의 흡수 파장을 가지고 있음을 알 수 있다. 그러므로

$$\Delta E = \frac{hc}{\lambda} = \frac{(6.626\times10^{-34}\ \text{J}\cdot\text{s})(2.99\times10^{8})}{5.89\times10^{-7}\ \text{m}} = 3.36\times10^{-19}\ \text{J}$$

수식 (3.5)를 풀면 다음과 같은 관계식을 얻을 수 있다.

$$\frac{N_e}{N_g}=\frac{g_e}{g_g}e^{\left(-\frac{\Delta E}{kT}\right)}=(1)e^{-\frac{3.36\times10^{-19}\,\mathrm{J}}{(1.38\times10^{-23}\,\mathrm{J\cdot K^{-1}})(3673\mathrm{K})}}=0.0013$$

따라서 오직 0.13%의 원자만이 들뜬다.

우리는 대다수의 시료 매트릭스를 원자화시킬 수 있을 만큼 충분히 뜨거운 불꽃을 원한다. 또한, 우리는 불꽃이 산화물의 형성을 막을 수 있을 만큼 뜨겁지만 분석물이 들뜬 상태의 원자나 이온으로 생성될 수 있을 만큼 너무 뜨겁지 않은 온도를 원한다.

문제 3.15 예제 3.2를 이용하여 들뜬 상태에 원자 50%가 있는 기체 소듐 원자를 생성하는 데 필요한 온도를 계산하라. 3,400°C는 실제 온도인가?

불꽃의 높이 불꽃의 온도뿐만 아니라 분광기의 불꽃을 지나가는 광원 빔의 높이도 AAS 측정의 감도를 결정하는 핵심 변수이다. AAS 측정을 위해 원소가 선택되었을 때, 분석자가 해야 할 첫 번째 일 중 하나는 빛 경로에 맞춰 불꽃의 높이를 조절하는 것이다. 이 과정은 분석 원소를 포함하는 표준 용액을 흡인하고 그 신호를 모니터링하면서 수행된다. 분석자의 목표는 최대 흡수값을 나타내는 불꽃의 높이를 찾는 것이다. 그림 3.10은 1차 연소 구역, 중간 구역 및 2차 연소 구역을 보여주는 전형적인 탄화수소 불꽃을 나타낸다. 그림은 불꽃의 좁은 가장자리의 횡단면을 나타내며, 눈의 위치는 감지하기 좋은 지점에 있고, 불꽃 중간의 원은 HCL 또는 EDL 광원을 나타낸다. 대부분의 시료들은 바닥 상태 원자로 변환되지만 불꽃에서 생성된 일부 원자는 들뜬 상태가 되고, 또 다른 원자는 이온화되기도 한다. 또한 원자가 불꽃에서 상승함에 따라 일부는 산소와 결합하여 불꽃에 안정한 산화물 또는 다른 종을 형성한다. 분석할 원자를 포함하는 분자 종의 형성은 바람직하지 않으며 분석 기술의 감도를 실질적으로 감소시킨다. 이상적으로는, 원자화된 *바닥 상태*(ground state)의 원자가 가장 많은 영역을 통과하게 광원을 비추는 것이다. 가장 높은 농도의 분석물 원자가 있는 불꽃의 높이는 원소에 따라 상당히 다르다. 예를 들어, 원소가 산화되기 어려운 경우에는 흡광도가 1차 연소 구역의 밑에서부터 2차 연소 구역의 가장자리까지 점차적으로 증가한다는 것을 알 수 있다. 이것은 시료가 불꽃에서 더 많은 시간을 보내며 더 많은 기체 상태의 원자를 생성하는 직접적인 결과이다. 다른 한편으로, 어떤 원소들은 1차 연소 구역의 꼭대기에서 최대 흡수를 나타낸다. 이러한 유형의 현상은 안정한 산화물을 쉽게 형성하는 원소에서 볼 수 있다. 산화물이 생성되면, 불꽃에서 더 높게 이동할 때 흡수가 감소한다. 여러분이 추측할 수 있듯이 대부분의 원소들은 이 두 경우 사이에서 거동이 나타나며, 최대 흡수는 일반적으로 중간 영역에서 볼 수 있다.

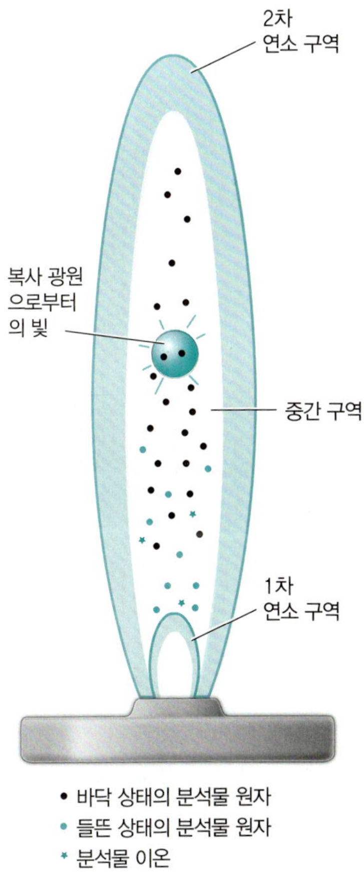

그림 3.10 전형적인 아세틸렌/공기 불꽃의 개요도.

문제 3.16 최대 감도, 불꽃온도, 불꽃 높이 간의 관계를 간략히 설명하라.

◈ 전열 원자 흡수 분광법/흑연로 원자 흡수 분광법

전열 AAS(흑연로–AAS 혹은 GFAAS)에서 기압 분무기와 버너 헤드는 흑연로로 대체된다. 흑연로는 매우 작은 흑연관이 분광기의 빛 경로에 정렬되어 있다(그림 3.11). 시료는 튜브 옆의 작은 구멍을 통해 도입된다. 액체 시료(1~5 μL)는 일반적으로 재현성을 높이기 위해 기계식 마이크로 피펫을 이용하여 도입된다. 고체 시료도 흑연로를 이용하여 분석될 수 있다.

시료 원자화는 다음과 같은 네 단계로 일어난다.

- 첫째, 전류를 흑연관을 통과시켜 대략 800°C까지 온도를 증가시킨다. 이 단계는 시료를 건조시켜서 시료 안의 수분을 빠르게 증발시킴으로써 원자화 단계에서 증기 추출로 인한 시료 손실을 야기하지 않는다.
- 둘째, 전류를 증가시켜 온도를 1,200~1,400°C 사이의 범위로 올린다. 이 단계는 시료를 재로 만들며, 탄소를 함유한 물질이 분해된다.
- 셋째, 다시 한 번 전류를 증가시켜 전기로의 온도를 2,000°C 이상으로 올린다. 그 결과, 버섯구름 모양의 기체 원자들이 빛 경로에 모여 있게 되며, 이때, 흡광도를 읽는다.
- 네 번째, 흡광도를 읽은 뒤에 전류를 다시 증가시켜, 흑연로의 온도를 3,000°C 이상으로 올려 준다. 이 시점에서, 흑연로는 백색으로 뜨거워지고, 남아 있는 시료 매트릭스는 흑연로로부터 깨끗하게 사라진다. 일단 흑연로가 식으면 다른 시료를 분석할 준비가 된 것이다.

흑연로는 흑연이 산화되는 것을 방지하기 위해 아르곤 가스로 둘러싸여 있으며, 가열 단계 동안에는 시료에 의해 발생되는 기체를 제거하고, 작동하는 사이에는 흑연관을 식히게 된다.

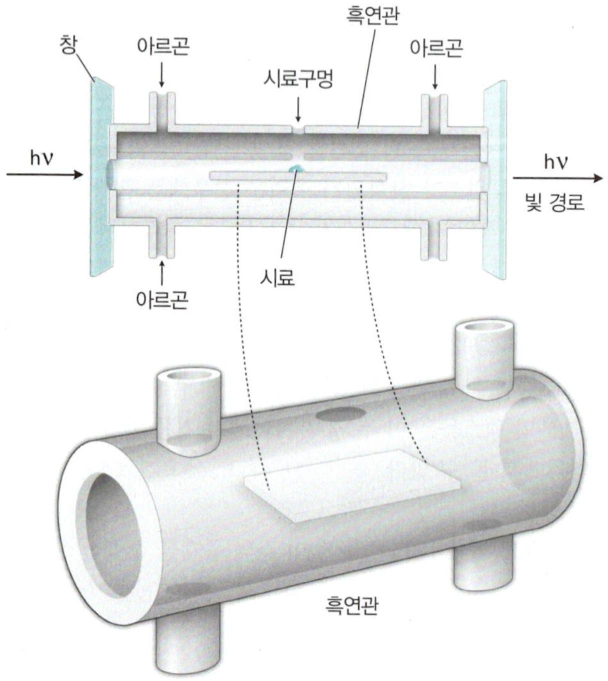

그림 3.11 흑연로의 개략도.

▶ 프로파일 _Profile

기름의 원자 흡수 분광법

석유정제 산업에서 과학자들은 원유의 바나듐(V)과 니켈(Ni)의 함유량을 관찰한다. 이 두 금속은 정제 과정에서 사용되는 촉매에 역으로 영향을 미친다. 2010년의 논문*은 비휘발성의 니켈과 바나듐 및 전체적인 니켈과 바나듐을 동시에 측정하는 원자 흡수 분광법의 과정을 서술했다. 이것은 원유가 물리적 화학적 공정에 상관없이 V/Ni의 비율이 일정한 비율을 유지하기 때문에 가치 있는 발전이다. 따라서 V/Ni 비율을 평가하는 것은 원유의 원산지를 결정할 수 있게 해준다.

* *Quadros, P. C. et al. Evaluation of Brazilian and Venezuelan Crude Oil Samples by Means of the Simultaneous Determination of Ni and V as Their Total and Non-volatile Fractions Using High-Resolution Continuum Source Graphite Furnace Atomic Absorption Spectrometry. Energy Fuels, 2010, 24, 5907–5911.*

원자화 단계에서 흑연관 안에 원자 버섯구름을 가두는 것은 빛 경로에 분석물 농도를 더 높게 만든다. 그러므로 결과적으로 더 나은 검출 한계를 나타낸다. 종종 FAAS와 비교할 때 GFAAS를 사용하면 검출 한계가 3배 이상 좋아진다.

◆ 불꽃 대 전열 원자 흡수 분광법

GFAAS는 FAAS와 비교하여 몇 가지 뚜렷한 장점이 있다.

- 첫 번째, FAAS보다 상대적으로 훨씬 적은 시료를 사용한다. GFAAS를 사용한 일반적인 측정에서 한 번 측정할 때 5~25 μL의 시료를 소비하는 반면, FAAS는 9~15 mL의 시료를 사용한다.[12]
- 두 번째, FAAS보다 GFAAS[13]의 검출 한계가 상당히 좋다. 보통 천 배 정도 더 좋다.

그러나 FAAS는 GFAAS에 비해 몇 가지 뚜렷한 장점을 가지고 있으며, 분석 기법을 선택할 때 모든 변수를 고려해야 한다(표 3.2).

- 첫 번째, FAAS는 GFAAS보다 시료 처리량이 훨씬 많고 처리 속도가 빠르다. 일반적인 FAAS 측정은 시료 당 약 30초가 소요된다. GFAAS의 열순환 과정(건조, 재 만들기, 원자화, 청소, 냉각) 때문에 일반적인 GFAAS 측정은 시료당 5분이 소요될 수 있다.
- 두 번째로, 시료간의 상대 오차는 불꽃 원자화(일반적으로 <1~2%)보다 전열 원자화(일반적으로 5~20%)를 사용하는 것이 더 크다. 이는 전기 열 분무를 사용하

표 3.2 ▸ **불꽃 원자 흡수 분광법(FAAS)와 흑연로 원자 흡수 분광법(GFAAS)의 비교**

	시료 소비량	검출 한계	측정 시간	상대 오차
FAAS	~ 10 – 15 mL	~1 – 2 ppm	~20 – 30 s	~ 1 – 2%
GFAAS	~ 5 – 15 μL	~ 1 – 2 ppb	~ 5 – 8 min	~ 5 – 20%

[12] 각 시료에 대하여 전열모드에서는 5번 반복 측정과 불꽃모드에서는 3번 반복 측정을 가정한다.

[13] Mickadeit, F. K.; Berniolles, S.; Kemp, H. R.; Tong, W. G. Sub-Parts-Per-Quadrillion-Level Graphite Furnace Atomic Absorption Spectrophotometry Based on Laser Wave Mixing. *Anal. Chem.*, **2004**, *76(6)*, 1788–1792.

여 주어진 신뢰 한계에 대해 더 많은 시료가 필요하다는 것을 의미한다. GFAAS를 사용하여 동일한 신뢰 구간에 대해 더 많은 분석을 반복 수행해야 하고, 이러한 반복 수행은 GFAAS를 사용하는 데 더 많은 시간이 필요하기 때문에 GFAAS가 FAAS보다 상당히 느리다는 것을 알 수 있다.

많은 AAS 기기에는 두 가지 모드(불꽃 및 전열)를 위한 자동 시료 공급 장치가 있으며, 한 묶음의 시료를 점심시간 또는 밤 시간 동안에 분석하면, GFAAS의 느린 특성이 중요하지 않을 수 있다. 그러나 FAAS의 검출 한계가 원하는 분석에 있어 충분하고 그리고 충분한 양의 시료를 가지고 있다면, FAAS는 빠른 처리가 필요할 때 우수한 기술이다.

FAAS의 검출 한계는 일반적으로 mg/L (ppm) 범위이며, 원소 및 특정 기술에 따라 μg/L (ppb) 이하 범위의 검출 한계를 얻을 수 있다. GFAAS의 검출 한계는 일반적으로 μg/L (ppb) 범위이다.

문제 3.17 어떠한 분석 상황에서 FAAS가 GFAAS보다 더 적합한 기법인가? 또, 어떠한 분석 상황에서 GFAAS가 FAAS보다 더 적합한 기법이가?

문제 3.18 여러분이 수질 분석 실험실을 소유하고 있고, 우물에서 마그네슘과 칼슘을 측정하는 것이 서비스 중 하나라고 가정하자. 간접비(예, 전기 수도료, 임대료, 급여, 화학 약품, 소모품)는 약 $1,200/주이다. 자동 시료 공급 장치를 사용하면 불꽃모드에서 400개의 시료를 처리하고 흑연로 모드를 사용하면 하루 150개의 시료를 처리할 수 있다. 최대 용량으로 작동할 때,

(a) 모든 시료를 불꽃 모드로 가동한 경우, 측정당 “손익분기점” 가격은 얼마인가?

(b) 모든 시료를 흑연로 모드로 가동한 경우, 측정당 “손익분기점” 가격은 얼마인가?

◆ 수소화물 원자 흡수 분광법

안티몬(Sb), 비소(As), 비스무트(Bi), 납(Pb), 주석(Sn), 셀렌(Se)와 같은 일부 원소는 불꽃에서 원자 증기를 생성하지 않는다. 특히 이러한 원소들이 매트릭스 안에서 높은 산화 상태로 존재할 경우에는 더욱더 그렇다. 이 원소들 각각이 건강 및 환경에 심각한 영향을 미칠 수 있다는 사실을 감안할 때 신뢰할 수 있는 검출 및 정량화 방법이 필요하다. 다행스럽게도 **수소화물 생성**(hydride generation) **AAS**라는 기술을 사용하여 이러한 원소들의 검출 한계를 최대 1,000배까지 높일 수 있다. 매트릭스는 먼저 산성 매질에서 분해한 다음, 3% 수소화 붕소소듐 및 1% 수산화 소듐의 용액에 도입된다. 금속 분석물은 환원되어 수소화물로 전환된다. 결과적으로 생성된 수소화물 증기는 아르곤의 흐름에 의해 버너 헤드 위에 놓인 석영 튜브 내로 휩쓸려 들어가며, 여기서 수소화물은 충분한 온도로 가열하여 분석 물의 원자 증기를 생성한다(그림 3.12 참조).

일반적인 반응은 다음과 같다.

$$4H_3SbO_4(aq)+3H^+(aq)+3BH_4^-(aq) \rightarrow 4SbH_3(g)+3H_3BO_3(aq)+3H_2O(l)$$

수소화물 기술의 최근 발달로 안티몬, 비소, 비스무트, 세레늄의 동시 측정이 가능해졌다.[14]

[14] (a) Bings, N. H.; Bogaerts, A.; Broekaert, J. A. C. Atomic Absorption Spectroscopy: A Review. *Anal. Chem.*, **2010**, *82*(12) 4653–4681. (b) Elsayed, M.; Björn, E.; Frech, W. Optimisation of operating parameters for simultaneous multi-element determination of antimony, arsenic, bismuth and selenium by hydride generation, graphite atomizer sequestration atomic absorption spectrometry. *J. Anal. At. Spectrom.*, **2000**, *15*, 697–703.

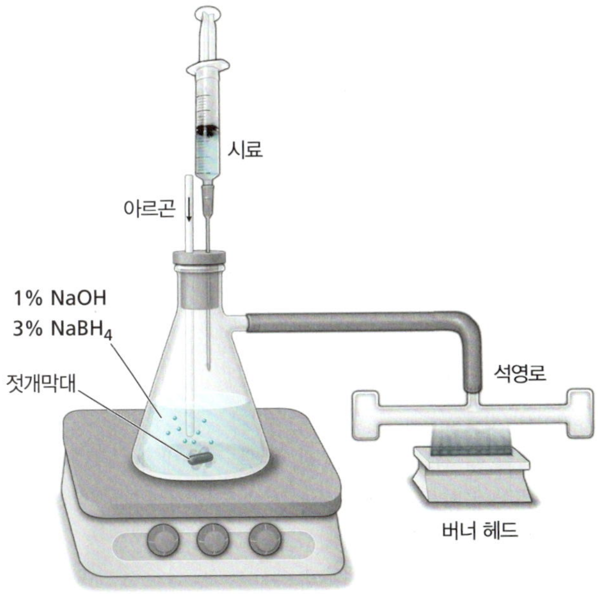

그림 3.12 AAS를 위한 수소화물 발생기의 개략도. 산성 분해된 분석물을 수소화 붕소 용액에 도입하면 금속 수소화물 가스가 생성된다. 가스는 석영 셀로 들어가서 원자 증기로 가열된다.

비교 및 대조_*Compare and Contrast*

검출 한계 범위

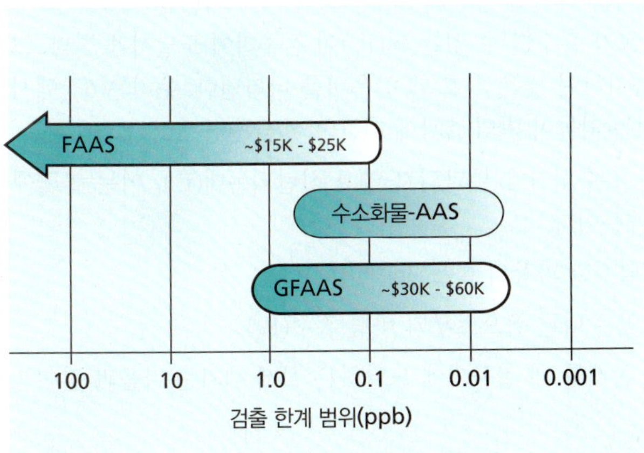

◈ 차가운 증기 원자 흡수 분광법

다른 매우 독성이 강한 금속은 수은이며, 이것은 낮은 농도에서도 매우 독성이 있다. 하지만 수은은 상온에서 상당한 증기 압력이 존재하는 유일한 금속으로, 차가운 증기 AAS라고 불리는 훨씬 더 민감한 방법이 수은의 측정을 위해 개발되었다. AAS를 이용하여 수은을 측정하기 위한 시료도입법은 앞서 언급된 수소화 기술과 매우 유사하지만, 환원 용액은 염화주석($SnCl_2$)을 사용하여 수은은 원자 증기가 되며, 따라서 불꽃이 필요치 않다.[15] 그림 3.12에서 $NaBH_4$를 $SnCl_2$로 대체하고 불꽃을 끄면 수은 측정을 위한 차가운 증기 시스템이 만들어 진다. 수은 측정을 위한 대체 방법 또한 연구되고 있다.[16]

3.6 원자 흡수 측정

분자분광법을 위한 흡수 과정은 Beer 법칙을 통해 6장에서 알아볼 것이다[수식 (3.6), (6.5) 참조].

$$A = -\log(T) = -\log\frac{P}{P_o} = \varepsilon bc \qquad \text{식 (6.6)}$$

여기서

A = 흡광도

T = 투과도

P = 분석물이 존재할 때 검출기에 도달하는 복사선 세기

P_0 = 분석물이 존재하지 않는 경우에 검출기에 도달하는 복사선 세기

ε = 분석물의 흡광 계수

b = 시료 경로의 길이

c = 시료의 농도

이번 장에서 우리는 HCL과 EDL 광원의 사용에 대해 논의하였다. 특히, 우리는 이러한 광원이 특별한 분석적 목적으로 어떻게 사용되는지에 대해 언급하였다. HCL과 EDL 광원의 두 번째 장점은 광원의 띠너비가 흡수 띠너비보다 좁게 유지된다는 것에 기반하며, AAS는 Beer 법칙을 따른다. 하지만 AAS에 적용되어야 하는 몇몇 실험적인 보정 사항이 있다.

우리가 읽는 흡광도에 대한 에러의 원인을 고려할 때 쉽게 검출기에 도달하는 복사선 세기(P_{net})를 생각할 수 있으며, 다음과 같은 오차의 원인을 규명할 수 있다.

1. 단색화 장치의 띠너비는 복사선 광원의 띠너비보다 더 크다(흘러나오는 빛 혹은 떠돌이 빛). 이는 시료가 흡수할 수 없는 빛(P_L)이 검출기에 도달하게 한다. 그 결과로 바탕 신호가 증가하여 낮은 신호-대-잡음비를 나타낸다. 우리는 6장에서 신호-대-잡음비에 미치는 떠돌이 빛의 효과에 대하여 설명했다[수식 (6.10) 참조].
2. 일부 복사선 세기는 흡수되거나 투과되지 않고 산란되는데(P_s), 이는 불꽃에 있는 많은 수의 입자 때문이다.
3. 불꽃은 광원으로서 일정한 파장의 빛을 방출한다(P_F).
4. 매트릭스나 불꽃에 있는 다른 종으로부터 바탕 흡수(P_B).

따라서 분석물 원자가 존재할 때 검출기에 도달하는 실제 세기는 다음과 같이 나타낼 수 있다.

$$P_{net} = P_o - P + P_L - P_s + P_F - P_B \qquad \text{식 (3.7)}$$

믿을 수 있는 데이터를 얻기 위해 우리는 검출기의 에러가 있는 세기 판독 값을 제거하고 조절해야 하며 혹은 간과해야 하다.

---

[15] 다른 원소들에 대한 차가운 증기 검출법은 연구 중에 있음. See (a) Molloy, J. L.; Holcombe, J. A. Detection of Palladium by Cold Atom Solution Atomic Absorption. *Anal. Chem.*, **2006**, *78(18)*, 6634–6639. (b) Panichev, N.; Sturgeon, R. E. Atomic Absorption by Free Atoms in Solution Following Chemical Reduction from the Ionic State. *Anal. Chem.*, **1998**, *70(9)*, 1670–1676. (c) Guo, X.; Sturgeon, R. E.; Mester, Z. N.; Gardner, G. J. UV Vapor Generation for Determination of Selenium by Heated Quartz Tube Atomic Absorption Spectrometry. *Anal. Chem.*, **2003**, *75*, 2092–2099.

[16] Gil, S.; Lavilla, I.; Bendicho, C. Ultrasound-Promoted Cold Vapor Generation in the Presence of Formic Acid for Determination of Mercury by Atomic Absorption Spectrometry. *Anal. Chem.*, **2006**, *78(17)*, 6260–6264.

◆ 바탕보정

$\mathbf{P_L}$ 항은 단색화 장치에 의해 조정되며, 단색화 장치의 슬릿 너비는 분석자가 단색화 장치의 통과 띠를 조절하여 바꿀 수 있는 변수이다. 단색화 장치의 슬릿 너비는 대부분의 시판용 AAS기기와 함께 제공되는 소프트웨어에 의해 자동으로 설정되고 불꽃의 알려진 간섭 및 광원의 방출선의 띠너비에 따라 결정된다. 분석자가 수동으로 슬릿 너비를 설정할 수 있지만(그리고 보장되는 경우), 단색화 장치를 통과하는 떠돌이 빛은 보통 검출 한계나 분석적 선택성을 제한하는 요소는 아니다. 슬릿 너비의 선택은 한계가 있으며, 기기의 설계 관점에서 결정된다. 슬릿은 주로 0.1~0.7 nm 사이의 스펙트럼 분해능을 얻도록 설정된다.

$\mathbf{P_s}$ 항(산란)은 광학 경로에 있는 미립자 물질(연기)에서 발생한다, GFAAS에서 연기는 일반적으로 분석물을 측정하기 전에 몰아낸다. FAAS에서 연기를 줄이는 것은 시료의 준비 단계에서 매트릭스를 조절하거나 불꽃의 온도를 조절함으로써 제어할 수 있다. 또한, 시료를 준비하는 동안 매트릭스를 조절하거나 흑연로의 열 주기를 조절함으로써 연기를 줄일 수 있다. 산란의 영향도 *Zeeman 바탕보정*(Zeeman background correction)이라고 불리는 기술을 통해 최소화할 수 있다(프로파일 참조).

▶ 프로파일 _Profile

Zeeman 효과에 대한 수수께끼 풀기

화학과에는 일반화학실험에서 선 스펙트럼을 보여 주는 데 사용되는 가스방전 튜브 및 회절발이 있다. 그리고 물리학과에는 강력한 자석 공급장치를 가지고 있다. 양과 음의 두 자석을 방전관에 맞추고 선 스펙트럼을 관찰하라. 자기장이 있는 경우 각 전이에 대한 띠너비가 증가함을 알 수 있다. 자석이 강하면 스펙트럼 선의 분할도 관찰할 수 있다. 자석을 제 위치에 놓고 빛 경로에 편광 필름을 삽입해 보라. Zeeman 효과의 관점에서 관찰한 것을 설명하라. 편광 필름이 없는 경우 선글라스 편광 렌즈로도 충분하다.

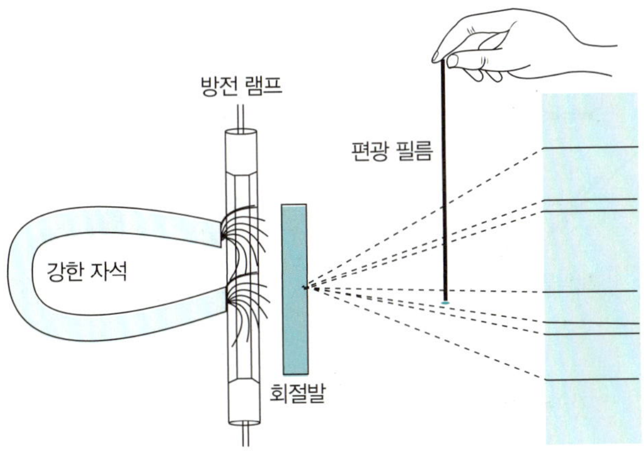

P_F 항은 불꽃의 방출로부터 나타나며, 이는 사실상 DC의 경향으로 나타난다.[17] 이를 보정하기 위해 광원복사선은 슬릿(토막틀)이 있는 회전 휠을 사용함으로써 변조될 수 있다. 다른 방법으로, 만약 광원이 EDL이라면, 변조는 EDL 램프의 전압을 펄스시킴으로써 얻어질 수 있다. 이 두 가지 경우 광원복사선에 대한 검출기의 감응으로 생성되는 전류는 AC 전류가 될 것이다. 검출기에 **고주파 통과 필터**(high-pass filter)를 적용하여 불꽃의 DC 신호를 감쇠시킬 수 있다(그림 3.13 참조). 우리는 2장에서 신호변조와 고주파 통과 필터에 대해서 처음 논의하였다.

P_B 항(바탕)은 분석물이 아닌 다른 종에 의한 광원복사의 흡수로부터 나타난다. 이는 불꽃 그 자체로부터 혹은 불꽃의 분자 화합물의 형성으로부터 나타날 수 있다. 불꽃 자체의 광원복사선의 흡수는 바탕 용액을 주입하고 흡광도 값을 0으로 조정함으로써 쉽게 보정할 수 있다. 불꽃의 분자 화합물로부터의 광원복사선의 흡수에 대한 보정은 꽤 어렵다. 불꽃에서 형성되는 분석물과 다른 분자 종은 넓은 진동 흡수띠를 야기한다. 이러한 유형의 방해는 매트릭스가 높은 농도의 염을 가지고 있을 때 더 흔하게 일어난다. 불꽃의 분자 흡수에 의한 바탕보정은 HCL에 의해 생성되는 좁은 광선과 함께 연속 광원을 함께 통과시킴으로 이루어진다. 이 연속 광원은 주로 중수소등이다. HCL과 중수소등은 180도 위상차로 변조된다. 중수소 광원과 HCL 광원을 교대로 불꽃에 비춰준다. 중수소 광원에 노출되는 동안 바탕흡수의 판독이 이루어지고, HCL에 노출되는 동안에는 분석물 + 바탕흡수의 판독이 이루어진다. 고정 위상 증폭기를 사용하여 이 두 판독 값의 차이를 읽는다. 우리는 2장에서 처음으로 고정 위상 증폭기에 대해 알아보았다. 앞서 보았듯이 원자 흡수의 띠너비는 연속광원의 띠너비와 비교하였을 때 좁다[식 (3.4) 참조]. 따라서 분석물종이 중수소등을 비추는 동안에 나타나는 흡수는 무시할 수 있다(그림 3.13 참조).

문제 3.19 Beer의 법칙을 이용하여 GFAAS가 FAAS보다 낮은 검출 한계를 가지는 이유를 설명하라.

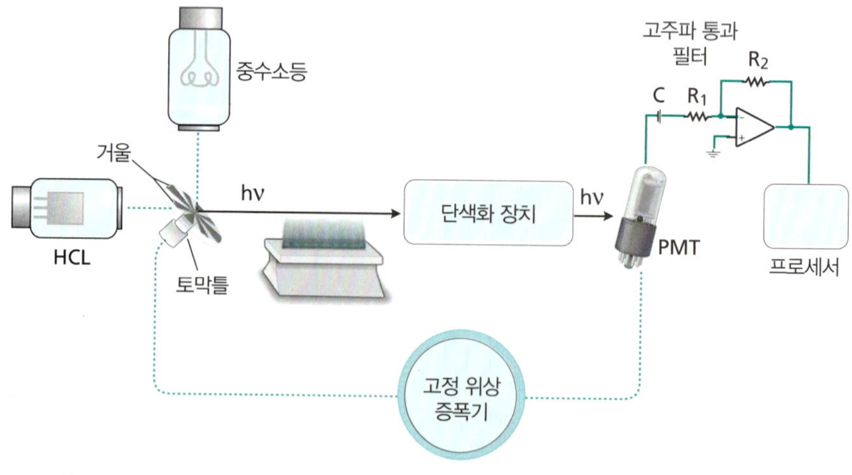

그림 3.13 바탕보정을 사용하는 AAS의 개략도. 고주파 통과필터와 연결된 광원복사선의 변조는 불꽃의 방출선을 약하게 한다. 선 광원과 180도 위상차로 연속광원을 사용하여 고정 위상 증폭기로 불꽃의 분자종으로 인한 흡수를 제거한다.

[17] Bower, N. W.; Ingle, J. D. Jr. Precision of Flame Atomic Absorption Measurements of Copper. *Anal. Chem.*, **1976** *48(4)*, 686–692.

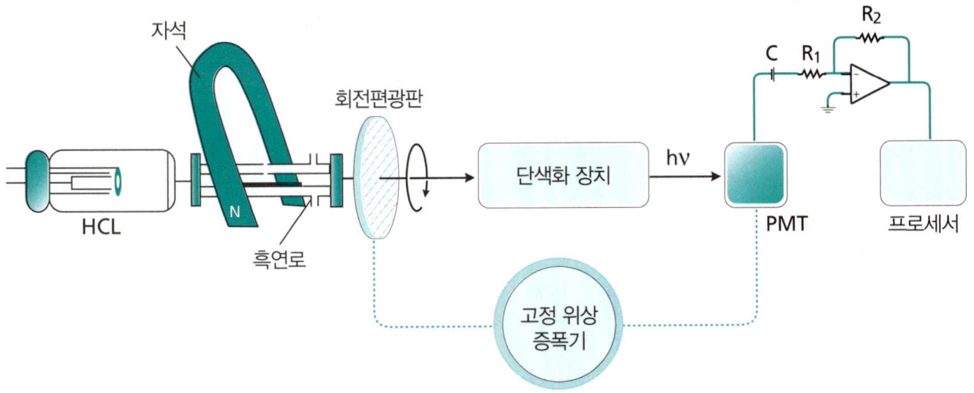

그림 3.14 Zeeman-보정 AAS. 자기장 하에서 분석물의 전이는 분리되고 편광된다. 회전편광판을 이용하여 분석물 신호와 바탕 흡수를 각각 측정한다. 게다가 분석물 신호와 고주파 통과필터를 변조시키는 회전편광판은 검출기의 DC 세기를 약화시킨다.

Zeeman 바탕보정

전자 전이는 가끔 미분화 상태로부터 파생된다. 즉, 실제로는 같은 에너지를 가지고 있는 많은 다른 전이 상태가 존재한다. 각각의 전이가 같은 에너지를 가지기 때문에, 그들의 스펙트럼 선들이 같다. 강한 자기장의 존재 하에, 미분화는 각각 오비탈의 자기 성분의 상호작용에 의해 깨어지며, 하나의 스펙트럼 선은 매우 가깝게 떨어져 있는 여러 개의 선으로 된다. 자기장에 의해 미분화 전자 상태가 분리되는 것을 **Zeeman 효과**(Zeeman effect)라 부른다.[18] 대부분의 전이 금속에서 Zeeman 효과는 하나의 선이 세 개의 편광화된 선으로 쪼개지게 하며, 중심선은 원래의 위치를 유지하고, 다른 두 선은 중심선에서 90도만큼 편광되어 원래 선의 양쪽에 대칭적으로 수 피코미터만큼 이동한다. Zeeman 바탕 보정에서 회전편광판을 광학 경로에 놓는다. 원자 흡수는 편광판이 분석물 원자의 전이 상태와 평행으로 놓여 있을 때 측정되고, 바탕 흡수(그리고 산란)는 편광판이 분석물의 전이 상태와 수직으로 놓여 있을 때 측정된다. 고정 위상 증폭기는 두 신호의 차를 측정하기 위해 사용된다. Zeeman 보정은 불꽃 혹은 전열 AAS 모두에서 사용될 수 있지만, 일반적으로 전열 AAS에서 사용된다(그림 3.14 참조). 더욱이, 분석물 신호로부터의 바탕 신호를 제거하는 것은 물론이고, 회전편광판은 분석물 신호를 변조시켜 준다. 고주파 통과 필터를 사용하여 검출기의 직류 전류(P_E)를 감소시킨다.

Smith-Hieftje 바탕보정

Smith-Hieftje 바탕보정 방법은 일반적이지 않으며, 주로 휘발성이 높은 원소를 분석하기 위해 이용된다. 이 방법은 분석물 원자의 파장에 가까운 선 스펙트럼을 가지고 있는 방해 원소들의 흡수를 제거하는 데 매우 유용하다. 이 방법은 하나의 HCL 램프를 이용하며 분석물 흡수의 측정은 통상적 작동 전류(3~10 mA)를 사용하며, 그리고 바탕흡수의 측정은 매우 높은 전류(500+ mA)에서 이루어진다. HCL은 높은 전류를 사용할 때, 선 너비가 충돌 에너지 전이와 Doppler 넓어짐으로 인하여 상당히 넓어진다. 더욱이 분

[18] (a) Atkins, P. W. *Physical Chemistry*, 3rd ed. Oxford University Press: New York, **1986**. (b) Condon, E. U.; Shortley, G. H. *The Theory of Atomic Spectra* (Chapter 16). Cambridge University Press: New York, **1935**. (c) G. Schlemmer G.; Radziuk, B. *Analytical Graphite Furnace Atomic Absorption Spectrometry: A Laboratory Guide* (Chapter 4). Springer/Birkhäuser Verlag: New York, **1999**.

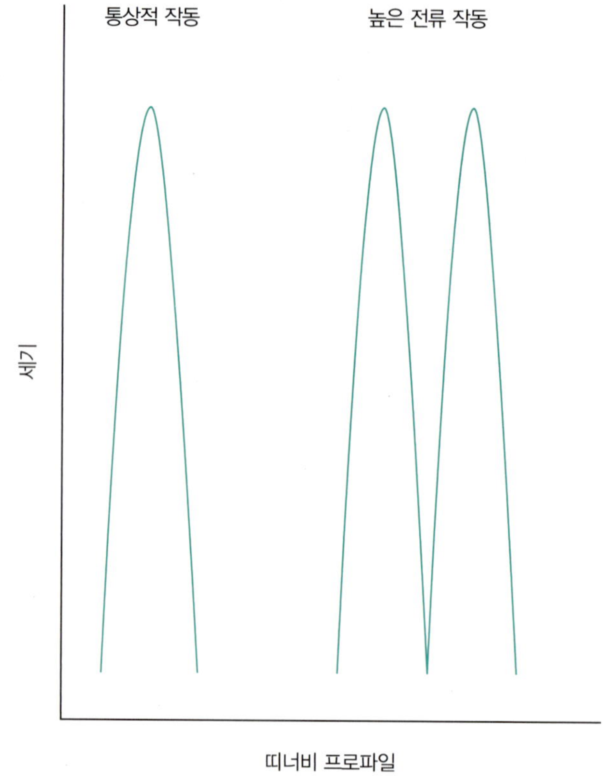

그림 3.15 일반적인 작동 조건하에서와 높은 전류 작동 하에서의 HCL의 띠너비 프로파일.

석물 원자의 연기 기둥은 속빈 음극의 중심에서 발생된다. 분석물 원자의 연기 기둥은 통상적 작동 중에 나타나는 좁은 특성의 방출선을 흡수하게 되며, 그래서 좁은 띠너비 특성의 선은 사라지고, 넓어진 선의 확장된 주파수만 남게 된다(그림 3.15 참조). 높은 전류 상태에서는 HCL 램프는 여전히 방해 원자들을 들뜨게 할 수 있지만 분석물 원자들을 들뜨게 할 수 없다. 통상적 작동시의 흡광도 값에서 높은 전류 작동 시의 흡광도를 빼주어, 방해종으로부터 나타나는 근접한 선 스펙트럼으로 인한 흡수를 보정해 준다. Smith-Hieftje 바탕 보정을 사용하는 데 있어 주목할 만한(그리고 비용이 드는) 단점은 높은 전류가 속빈 음극 램프의 수명을 현저히 짧게 만든다는 사실이다.

화학적 방해

보통 램프의 방출 스펙트럼 중에서 가장 높은 세기를 가진 선을 사용하여 원자 흡수를 측정한다. AAS로 분석되는 대다수의 시료에서는 매트릭스의 다른 원소로부터 방해받는 스펙트럼 선은 없을 것이다. 하지만 만약 방해종이 있다고 의심한다면, 사용하는 램프의 방출선을 다른 선으로 바꾸는 것을 신중하게 고려해야 하며, 비슷한 결과를 얻는지를 확인해야 한다. 대표적인 예는 AAS를 이용한 알루미늄의 측정에서 볼 수 있다. 알루미늄을 분석할 때, 강한 세기를 나타내는 308.215 nm 선 대신에 309.27 nm 선으로 분석하는 것이 더 좋다. 왜냐하면 308.215 nm에서는 바나듐에 의한 방해 흡수가 나타나기 때문이다. 표 3.3에 여러 원소들에 대해 가장 일반적으로 사용되는 흡수선을 정리하였다.

스펙트럼 방해는 또한 불꽃에서 형성되는 분자종에 의해 발생되는 넓은 띠흡수의 결과로 나타날 수 있다. 이미 우리가 언급한 것처럼 이러한 종류의 넓은 띠흡수는 주로 바탕 신호를 제거하여 처리된다. 하지만 바탕 용액의 조성이 시료 매트릭스와 현저히 다른 경우, 바탕 신호 제거만으로는 만족할 만한 결과를 얻을 수 없다. 매트릭스의 분자 종에서 발생하는 간섭 흡수가 의심되는 경우, 간섭이 데이터에 미치는 영향을 완화하기 위해 취할 수 있는 몇 가지 방안이 있다.

1. 매트릭스의 화학적 변형. 대부분의 시판되는 AAS 기기와 함께 제공되는 사용설명서에는 매트릭스의 화학적 간섭을 처리하는 데 도움이 되는 화학적 변형 지침이 포함되어 있다. 또한, 이 주제에 관한 여러 지침서들이 있다.[19] 예를 들면, 자연수에서 칼슘을 측정하는 것은 종종 인산염에 의해 방해받는다. 인산칼슘은 매우 높은 격자 에너지를 나타내므로 성분 원자로 분해되기 어렵다. 이 문제를 해결하기 위해 보통 스트론튬 또는 란타늄을 과량으로 첨가하여 인산염과 우선적으로 결합시켜 칼슘이 불꽃에서 더 많이 원자화되도록 한다. 스트론튬(또는 란탄)은 **방출제**(releasing agent)라고 생각한다. 다른 방법으로 분석물(이 경우 Ca^{2+})에 우선적으로 결합하는 리간드, 즉 **보호제**(protecting agent)를 과량으로 첨가하여 불꽃에서 쉽게 분해되는 휘발성 복합체를 형성할 수 있다. 가장 많이 사용되는 보호제는 에틸렌 다이아민테트라아세트산(EDTA)이다. 마지막으로, 분석물의 이온화를 최소화하기 위해 **이온화 완충액**(ionization buffer), 즉 분석물보다 낮은 이온화 준위를 나타내는 원소를 과량으로 첨가할 수 있다. 일반적인 이온화 완충제는 주기율표의 4, 5, 6행의 알칼리 금속을 포함한다.
2. 불꽃의 온도를 높여라. 분자종이 심각한 흡수를 일으키는 것으로 의심되는 경우 때때로 불꽃의 온도를 높여 분자 종을 제거할 수 있다. 그러나 위에서 언급했듯이 불꽃을 얼마나 뜨겁게 할 수 있는지는 한계가 있다.
3. 일련의 스파이크된 매트릭스 시료를 만들어라. 표준물 첨가법으로 알려진 기술은 매트릭스에 알려진 농도의 분석 물질을 의도적으로 추가(스파이크)하고 흡광도를 측정한다. 추가 흡수는 알려진 양의 분석 물질만의 결과이며, 간섭 종에서는 나타나지 않는다. 따라서 일련의 스파이크된 시료에 대하여 분석물에만 감응하는 기울기를 도시할 수 있다. x축에 외삽법을 사용하여 선을 그으면, 원래 시료 매트릭스에서 스파이크하기 전의 분석물 농도를 구할 수 있다(예제 3.3 참조).

표준물 첨가법의 또 다른 장점은 검정 곡선이 필요치 않기 때문에, 일련의 표준 용액을 만들 필요가 없어지게 된다. 하나의 시료를 스파이크시키는 데 걸리는 시간은 일련의 표준 용액을 만드는 데 걸리는 시간과 거의 같다. 따라서 표준물 첨가법은 하나의 시료만(혹은 몇 개만)을 분석하는 경우 특히 유용하다. 표준물 첨가법은 정량 한계에서 또는 그 근방에서 측정을 할 때도 유용하다. 예를 들어, 바륨 측정을 위하여 토양 시료의 흡광도를 측정하고, 0.0003 A의 판독 값을 얻었다면, 기기 성능의 한계(낮은 신호 대 잡음비)에서 흡광도를 측정하기 때문에 이 판독 값에 대한 확신이 거의 없다. 그러나 시료를 바륨으로 스파이킹하면, 판독 값을 더 높은 흡광도 범위로 옮기게 되므로, 더 큰 신뢰감을 가지고 판독값을 취할 수 있다(연습 문제 3.20 참조).

표 3.3 ▸ **선택된 원소들에 대한 일반적인 AAS 흡수 파장(nm)**

원소	파장(nm)
Ir	208.9
Zn	213.9
Te	214.3
Pb	217.0
Sb	217.6
Bi	223.1
Cu	224.8
Cd	228.8
Ni	232.0
Co	240.7
Au	242.8
Pb	247.6
Fe	248.3
Pt	265.9
Tl	276.8
Mn	279.5
Mg	285.2
Ga	287.4
In	325.6
Ag	328.1
Rh	343.5
Ru	349.9
Cr	357.9

[19] *Atomic Absorption Spectroscopy: Webster's Timeline History, 1950 – 2007*, Icon Group International. San Diego, CA, **2009**; Van Loon, J. C. *Analytical Atomic Absorption Spectroscopy: Select Methods*. Academic Press: Durham, NC, **1980**.

» 예제 3.3

토양 샘플에서 납 분석을 한다고 가정하고, 토양의 간섭 종으로부터 잘못된 양의 흡광도 값을 얻고 있다고 의심된다. 토양 시료 100 g에 1000 ppm의 납 표준물질 0.100 mL를 더하면 토양에 1.00 ppm이 스파이크된다. 새로 흡광도를 읽고, 매번 1 ppm씩 토양 시료를 스파이크하면서 이 과정을 반복하라. 이제 스프레드시트를 사용하여 흡수 대 스파이크 된 값을 도시하고, *x*축에 선의 기울기를 따라 외삽하라. *x*축의 값은 −1.00이며, 원래 시료에 납이 1.00 ppm 포함되어 있음을 나타낸다.

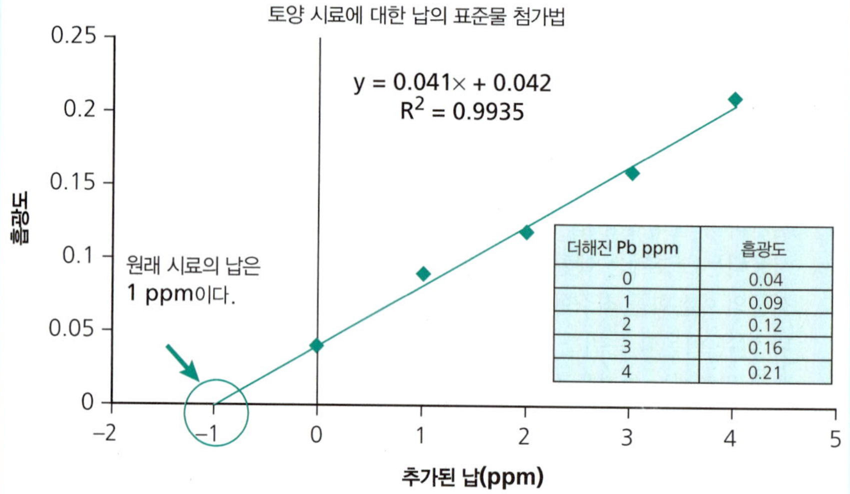

더해진 Pb ppm	흡광도
0	0.04
1	0.09
2	0.12
3	0.16
4	0.21

문제 3.20 토양 100 g에 1000 ppm 표준 용액 0.1 mL를 첨가 시 1 ppm의 스파이크를 나타내는 화학량론을 설명하라. 수용액에서의 ppm의 정의를 기억해 보면,

$$\text{ppm} = \frac{mg}{L}$$

그리고 고체 매트릭스의 ppm 정의는

$$\text{ppm} = \left(\frac{grams\ of\ analyte}{grams\ of\ matrix}\right) \times 10^6.$$

문제 3.21 토양의 바륨 측정을 위해 표준물 첨가법을 수행하여 다음의 데이터를 얻었다고 가정하라. 스프레드시트를 이용하여 데이터를 도시하고, 토양 시료 안의 바륨의 원래 농도를 결정하라.

추가한 BA ppm	흡광도
0	0.0003
5	0.0046
10	0.0087
15	0.0123
20	0.016

3.7 시료 준비

전열 원자화기에 고체를 도입할 수 있지만, 대부분의 AAS 분석물 시료는 액체로 도입된다. 만약 원래의 시료 매트릭스가 액체가 아니라면, 그 시료는 우선 "삭임(digestion)" 과정을 거쳐 액체 상태로 바뀌어야 한다.

◈ 산 삭임

AAS 시료와 연관된 일반적인 매트릭스는 토양, 페인트, 나무, 옷감, 동물조직, 식물조직, 플라스틱이 있다. 게다가 AAS는 금속 광석의 품질과 금속 합금의 성분을 분석하는 데 자주 이용된다.[20,21] 원자 흡수 분광기에 이러한 종류의 고체 시료를 도입하는 가장 일반적인 방법은 산 삭임 방법이다. 무기 시료에 대하여 가장 널리 알려진 산 삭임 용액은 왕수(royal water)라고 한다. 왕수는 3:1(v/v)의 염화수소와 질산으로 구성되며, 대부분의 금속에 대해 매우 효과적인 산화제이고, 빠르게 금속 원자나 금속 광석을 녹인다. 이와 같은 극단의 방법이 필요치 않을 때는 다른 산을 이용한다. 예를 들어, 유기 시료의 산 삭임 방법은 황산을 포함한 용액을 사용한다. 환경보호청은 일반적인 매트릭스 물질에 대한 삭임 지침서를 마련하고 있다.[22] 게다가 AAS 기기 회사들은 다양한 매트릭스 안에 있는 다양한 분석물을 위한 시료 준비 방법을 기술한 핸드북을 발행한다.[23]

일반적인 시료 준비 방법은 삭임통에 건조한 매트릭스 물질 약 0.5 g을 넣고, 농축된 산 삭임 용액을 50 mL 첨가한다. 매트릭스 안에 물이 존재하면 매트릭스를 완전히 삭히는 산 용액의 성능이 감소된다. 이러한 이유로 매트릭스가 일정량의 물을 포함한다고 의심되면, 시료의 무게를 측정하고 산 삭임하기 전에 오븐에서 시료를 건조시키는 것이 매우 중요하다. 건조 단계는 가능한 한 일정해야 한다. 다음 단계는 대략 1시간 동안 삭임 용액을 가열하는 것이다. 산 삭임을 수행하는 일반적인 실험실 기구는 **핫블록**(Hot Block)으로 알려져 있지만(그림 3.16 참조), 삭임은 가열기 위의 비커나 시계접시를 가지고 수행한다.

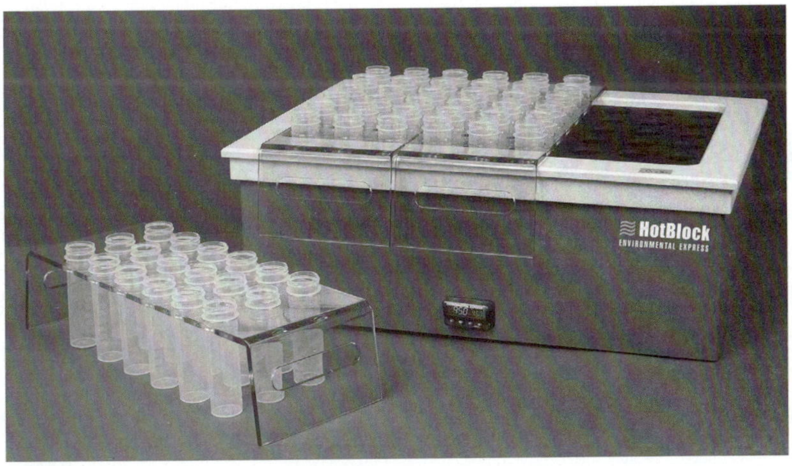

그림 3.16 Environmental Express사의 54개 장소를 가진 핫블록.

[20] Barrett, P.; Copeland, T. R. *Monitoring Toxic Substances* (Chapter 7–Trace Metal Monitoring by Atomic Absorption Spectrometry). *ACS Symposium Series*, **1979**, *94*, 101–111.

[21] Verstuyft, A. W. *Analytical Techniques in Occupational Health Chemistry* (Chapter 14–Atomic Absorption Spectroscopy in the Occupational Health Laboratory). *ACS Symposium Series*, **1980**, *120*, 241–265.

[22] Search for "Atomic Absorption Acid Digestion" on the Environmental Protection Agency's website (www.epa.gov).

[23] Analytical Methods for Atomic Absorption Spectroscopy, Perkin Elmer, Part No. 0303–0152, **2000**.

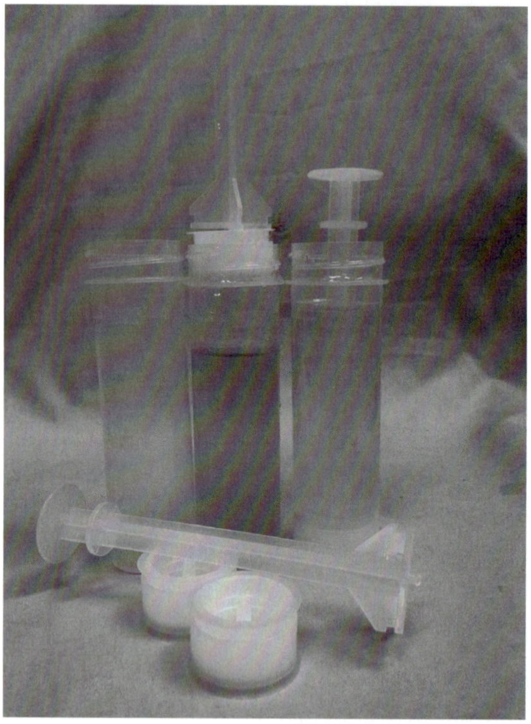

그림 3.17 삭임통의 필터 카트리지. 필터는 삭임통에 꼭 맞게 디자인되었다. 필터는 플런저로부터 분리되어 통의 바닥에 있다.

삭임이 끝난 후에 시료 용액은 차가워지고 일반적으로 물과 함께 1:1 비율로 희석되어 걸러진다(그림 3.17 참조). 이 희석과정은 다음과 같은 이유에서 반드시 필요하다. (1) 만약 농축된 상태로 도입된다면 분무기를 손상시킬 수 있으며, (2) 물을 첨가하는 것은 용액의 점성과 이온 세기를 낮추어 적절한 흡인과 시료분무를 할 수 있게 해준다. 다른 방법으로는 삭임 단계 이후에 시료를 증발 건조시켜 다시 희석된 질산이나 염산을 이용하여 다시 용해시킨다.

3.8 원자 흡수 분광 분석의 실행

만약 당신이 표준물 첨가법(스파이크)을 첫 번째로 사용하지 않았다면, AAS 측정을 수행할 때 첫째로 필요한 것은 검정 곡선을 그려야 한다. 이는 알려진 농도의 한 세트의 분석물 용액을 분석함으로써 수행된다. 분석물 표준 용액은 보통 1000-ppm의 저장 용액을 구매한다. 저장 용액에서 시작하여 일련의 희석된 표준 용액을 만들어야 한다.

예제 3.4

1000 ppm의 저장 용액을 사용하여, 5 ppm, 10 ppm, 40 ppm, 100 ppm의 표준 용액을 어떻게 만드는지 설명하라. 당신의 실험실에는 10 mL, 25 mL, 100 mL의 부피플라스크를 사용할 수 있다.

전략

식 (3.7)은 일련의 희석된 표준 용액을 계산하는 데 사용된다.

$$C_1V_1=C_2V_2 \qquad \text{식 (3.8)}$$

여기서

C_1 = 저장 용액의 처음 농도

V_1 = 희석된 표준 용액을 만드는 데 사용할 저장 용액의 부피

C_2 = 희석된 표준 용액의 농도

V_2 = 희석된 표준 용액의 부피

이 경우 C_1은 1000 ppm의 저장 용액이다. C_2의 값은 우리가 만들고자 하는 표준 용액의 농도이다. V_2는 사용할 부피 측정용 유리 기구의 용량 부피이며, V_1은 희석 플라스크에 옮길 저장 용액의 부피이다. 식 (3.8)을 풀어 우리는 V_1 값을 얻을 수 있다.

$$V_1 = \frac{C_2 V_2}{C_1} \qquad \text{식 (3.9)}$$

답 ›

5 ppm 표준 용액

$$V_1 = \frac{C_2 V_2}{C_1} = \frac{(5\,\text{ppm})(100\,\text{mL})}{1000\,\text{ppm}} = 0.50\text{ mL의 저장 용액}$$

1000 ppm의 저장 용액으로부터 5 ppm의 표준 용액을 만들기 위해서는, 0.5 mL의 저장 용액을 취해서 100 mL에 희석시킨다. (**각주 24 참조**[24])

10 ppm 표준 용액

$$V_1 = \frac{C_2 V_2}{C_1} = \frac{(10\,\text{ppm})(100\,\text{mL})}{1000\,\text{ppm}} = 1.00\text{ mL의 저장 용액}$$

1000 ppm의 저장 용액으로부터 10 ppm의 표준 용액을 만들기 위해서는, 1.0 mL의 저장 용액을 취해서 100 mL에 희석시킨다.

40 ppm 표준 용액(사용할 기구가 있다면, 40 ppm 표준 용액을 만드는 데는 두 가지 방법이 있음)

시나리오 1

$$V_1 = \frac{C_2 V_2}{C_1} = \frac{(40\,\text{ppm})(100\,\text{mL})}{1000\,\text{ppm}} = 4.00\text{ mL의 저장 용액}$$

1000 ppm의 저장 용액으로부터 40 ppm의 표준 용액을 만들기 위해서는, 4.0 mL의 저장 용액을 취해서 100 mL에 희석시킨다. 그러나 검정 곡선을 그리기 위해서는 오직 5 mL의 표준 용액을 사용하며, 95 mL는 버리게 된다(그림 3.18).

시나리오 2: 희석시키기 위해 작은 부피플라스크를 이용하라.

$$V_1 = \frac{C_2 V_2}{C_1} = \frac{(40\,\text{ppm})(25\,\text{mL})}{1000\,\text{ppm}} = 1.00\text{ mL의 저장 용액}$$

1000 ppm의 저장 용액으로부터 40 ppm의 표준 용액을 만들기 위해서는, 1.0 mL의 저장 용액을 취해서 25 mL에 희석시킨다. 시나리오 2는 적은 저장 용액을 사용하고, 적은 양의 폐기물을 생성한다.

[24] 그림 3.18에 나타낸 유압식 피펫은 공기 압력을 사용한다. 그러므로 사용하기 전에 초순수 물로 분석 저울을 이용하여 검정을 해야 한다. 또한 유리피펫도 검정하는 것이 좋다. 그러나 유리피펫을 자주 검정하는 것은 필요치 않다.

융통성을 발휘하라.

학생들은 일련의 표준 용액을 만드는 과정에서 종종 어려움을 느낀다. 이 어려움의 첫 번째 이유는 고정된 사고이다. 예를 들면 일련의 원하는 희석 용액을 만들기 위해 필요한 부피를 계산할 수 있으나, 실험실에 사용할 수 있는 딱 맞는 부피 플라스크 또는 피펫이 없을 수 있다. 이때 융통성을 발휘하라! 예제 3.4를 생각해 보면, 정확히 5.00 ppm, 10 ppm, 40 ppm, 100 ppm 표준 용액을 만들 필요는 없다는 것을 알아야 한다. 중요한 것은 적절한 농도 범위에 해당하는 4가지 표준 용액을 만들고, 그 농도가 얼마인지를 알아야 한다는 것이다. 그러므로 가지고 있는 유리 기구를 사용하여 적절한 범위의 표준 용액을 만들어라. 표준 용액의 농도가 얼마인지 알면, 그 표준 용액을 사용하여 4.8 ppm, 9.7 ppm, 54.0 ppm, 93.8 ppm의 농도를 가진 4가지 표준 용액을 만드는 것을 완벽하게 할 수 있다.

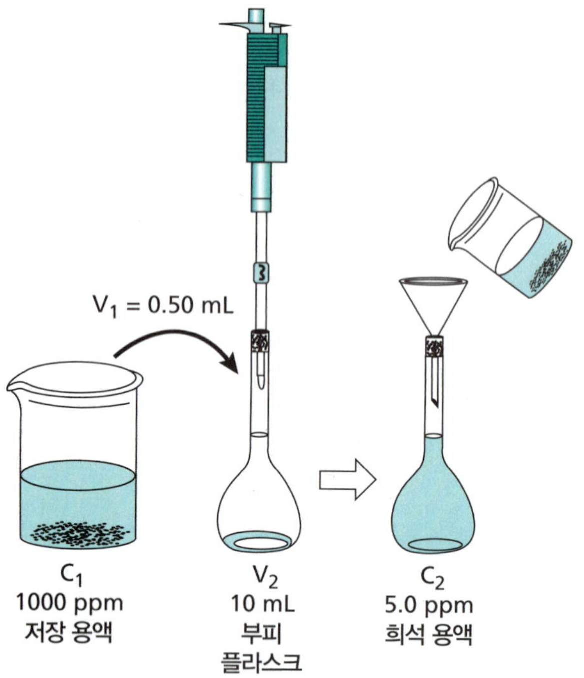

그림 3.18 표준 희석법.

100 ppm 표준(사용할 기구가 있다면, 100 ppm 표준 용액을 만드는 데는 세 가지 방법이 있음)

시나리오 1 : 10 mL의 저장 용액을 취하여 100 mL로 희석할 수 있다.

시나리오 2 : 4 mL의 저장 용액을 취하여 25 mL로 희석할 수 있다.

시나리오 3 : 1 mL를 저장 용액을 취하여 10 mL로 희석할 수 있다.

$$V1 = \frac{C_2V_2}{C_1} = \frac{(100\,\text{ppm})(10\,\text{mL})}{1000\,\text{ppm}} = 1.00\ \text{mL의 저장 용액}$$

노트: 시나리오 3은 가장 적은 양의 폐기물을 생성하고 비싼 저장 용액을 최소한으로 소비하기 때문에 선호되는 방법이다.

3.9 심화자료

Books

Hollas, J. M. *Modern Spectroscopy* 4th Ed., John Wiley & Sons: Chichester, UK, **2004**.

Meharg, A. A.; Zhao, F.-J., *Arsenic & Rice*, Springer: Dordrecht, Heidelberg, London, New York **2014**.

Stuart, B. H. *Forensic Analytical Techniques* (Chapter 5.2), John Wiley & Sons: Chichester, UK, **2013**.

Journals

Bings, N. H.; Bogaerts, A.; Broekaert, J. A. C. Atomic Spectroscopy: A Review. *Anal. Chem.* **2010**, *82(12)*, 4653–4681.

Burden, S. L.; Petzold, C. J. Antacids Revisited with Modern Chemical Instruments: GCMS, AAS, and CCT. *J. Chem. Educ.*, **1999**, *76(11)*, 1544.

Kratzer, J.; Boušek, J.; Sturgeon, R. E.; Mester, Z.; Dědina, J. Determination of Bismuth by Dielectric Barrier Discharge Atomic Absorption Spectrometry Coupled with Hydride Generation: Method Optimization and Evaluation of Analytical Performance. *Anal. Chem.*, **2014**, *86(19)*, 9620–9625.

Kristian, K. E.; Friedbauer, S.; Kabashi, D.; Ferencz, K. M.; Barajas, J. C.; O'Brien, K. A. Simplified Digestion Protocol for the Analysis of Hg in Fish by Cold Vapor Atomic

Absorption Spectroscopy. *J. Chem. Educ.*, **2015**, *92(4)*, 698–702.

Legrand, M; Passos, C. J. S.; Mergler, D.; Chan, H. M. Bio-monitoring of Mercury Exposure with Single Human Hair Strand. *Environ. Sci. Technol.*, **2005**, *39(12)*, 4594–4598.

Lisboa, M. T.; Clasen, C. D.; Oreste, E. Q.; Ribeiro, A. S.; Vieira, M. A. Comparison between Vapor Generation Methods Coupled to Atomic Absorption Spectrometry for Determination of Hg in Glycerin Samples. *Energy Fuels*, **2015**, *29(3)*, 1635–1640.

Markow, P. G. Determining the Lead Content of Paint Chips: An Introduction to AAS. *J. Chem. Educ.*, **1996**, *73(2)*, 178.

Pollock, E. N. Trace Elements in Fuel, Chapter 2 (Trace Impurities in Coal by Wet Chemical Methods). *Advances in Chemistry*, **1975**, *141*, 23–34.

Wilson, K. M.; Granger, R. M. Analysis of the Micronutrients Copper and Zinc in a Commercial Orchard and Vineyard by Atomic Absorption Spectroscopy: A Modern AAS Laboratory Exercise. *Chem. Educator* **2006**, *11*, 1–3.

3.10 연습 문제

3.1 다음과 같은 조건 하에서 1부터 100 ppm 범위의 일련의 4가지 표준 용액을 어떻게 만드는지 보여라. 저장 용액은 1000 ppm이다. 2 mL, 3 mL, 5 mL의 피펫과 10 mL, 25 mL, 50 mL, 100 mL의 부피 플라스크를 사용할 수 있다. 앞서 나온 보조 설명 "융통성을 발휘하라"를 참조하라.

3.2 표 3.4는 분유에서 발견된 칼슘의 AAS 분석 자료를 나타낸다. 데이터 표에는 5~90 ppm 범위의 4 가지 표준 용액에 대한 흡광도 값이 포함되어 있으며, 3가지 다른 브랜드의 분유(M1~M3)에 대한 흡광도 값(5회 반복)이 나타나 있다. AAS 분석을 위한 분유 시료를 준비하는 절차는 50 mL의 산성 용액에 분유 0.05 g을 삭임시킨 후 최종적으로 물로 희석하여 100 mL의 부피로 만들었다.

표 3.4 ▸ **우유 속의 칼슘 분석**

시료 이름	흡광도
5-ppm 표준 용액	0.03
15-ppm 표준 용액	0.10
45-ppm 표준 용액	0.26
90-ppm 표준 용액	0.57
M1—시료 #1	0.37
M1—시료 #2	0.33
M1—시료 #3	0.35
M1—시료#4	0.35
M1—시료 #5	0.36
M2—시료 #1	0.27
M2—시료 #2	0.25
M2—시료 #3	0.25
M2—시료 #4	0.26
M2—시료 #5	0.27
M3—시료 #1	0.18
M3—시료 #2	0.19
M3—시료 #3	0.18
M3—시료 #4	0.17
M3—시료 #5	0.18

(a) 4가지 표준 용액의 데이터를 사용하여 검정 곡선을 그리기 위해 스프레드시트를 사용하라. 검정선(최소 제곱 회귀 분석선)을 그리고 선의 기울기에 대한 방정식을 결정하라.

(b) (a)의 검정선에 대한 방정식을 사용하여 각 분유 시료의 평균 ppm 칼슘 농도를 결정하고 90% 신뢰 한계를 나타내라.

(c) (b)의 데이터와 실험 과정에 대한 지식을 사용하여 각 분유 시료(건조된)에서 칼슘의 질량 백분율을 계산하라.

3.3 왜 불꽃에서는 FAAS의 분석적 선택성이 Doppler 넓어짐과 충돌 에너지 전달에 의해 영향을 받지 않는가?

3.4 다음에서 시료와 시료 사이에 나타나는 일반적인 상대 오차가 무엇인가?

(a) FAAS

(b) GFAAS

3.5 AAS에서 불꽃 방출로 인한 바탕 잡음이 어떻게 하면 감소되는지 설명하라.

3.6 AAS에서 HCL을 어떻게 사용하여 높은 스펙트럼 순도의 단색화 장치에 대한 필요성을 줄이는지에 대해 설명하라. 다시 말해 HCL이 어떻게 작동되어 저렴한 단색화 장치를 사용할 수 있는지 설명하라.

3.7 AAS의 빛의 경로와 동일 선상에서 D_2 램프를 사용하는 목적은 무엇인가?

3.8 Na의 3s → 3p 전이는 약 589 nm이다. 동일한 Mg^+ 전이는 약 280 nm이다. Boltzmann 방정식[식 (3.5)]을 사용하여 2,000°C에서 각 분석물에 대한 들뜬 상태의 원자 또는 이온의 분율을 계산하라.

3.9 다음과 같은 중심 파장에서 각각 10 ms, 10 ns, 10 fs의 수명을 가지는 세 가지 다른 전이에 대한 이론적 최소 띠너비를 계산하여, 수명이 Heisenberg 넓어짐에 따라 달라짐을 설명하라.

(a) 200 nm (b) 400 nm (c) 700 nm (d) 900 nm

3.10 다음 원소 각각에 대한 바닥 상태 및 첫 번째 들뜬 상태 항 기호를 결정하라.

(a) Ca (b) Mg (c) Ti (d) K

3.11 방정식 (3.2)를 사용하여 불꽃 AAS 실험에서 소듐 분석물 원자의 압력 넓어짐을 결정하라. 1기압의 압력, 2300°C의 불꽃 온도 및 불꽃에서 섭동 입자의 평균 질량을 15 g/mol로 가정한다. *힌트*: N_p를 계산할 때 이상 기체 법칙을 사용해야 한다.

3.12 흑연로 AAS 실험에서 원자화 온도를 1,400°C로 가정할 때, 소듐 원자에서 d-선과 연관된 선 넓어짐($\Delta\lambda$)을 결정하라. 나노미터로 답변하라. *힌트*: 연습 문제 3.7 참조.

3.13 불꽃 온도를 2,000°C로 가정하고, 불꽃 AAS 실험에 대하여 연습 문제 3.12 문제를 풀어 보라. 두 가지 기술의 분해능을 비교하고, Doppler 넓어짐의 결과로 분해능에 미치는 원자화 온도의 영향에 대해 의견을 제시하라.

3.14 HCL 또는 EDL과 같은 특정 원소별 광원을 사용하면 연습 문제 3.13에 나타낸 우려가 발생하지 않는지 이유를 설명하라.

3.15 시료 매트릭스를 분석물 원자로 변환하는 단계에 대해 논의하라.

3.16 Smith-Hieftje 바탕 보정의 장점과 단점에 대해 논의하라.

제 4 장

원자 방출 분광법

Atomic Emission Spectroscopy

개념_Concepts

특집_Features

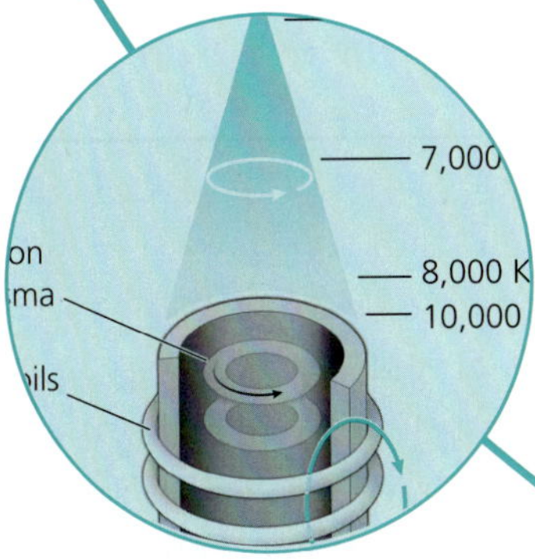

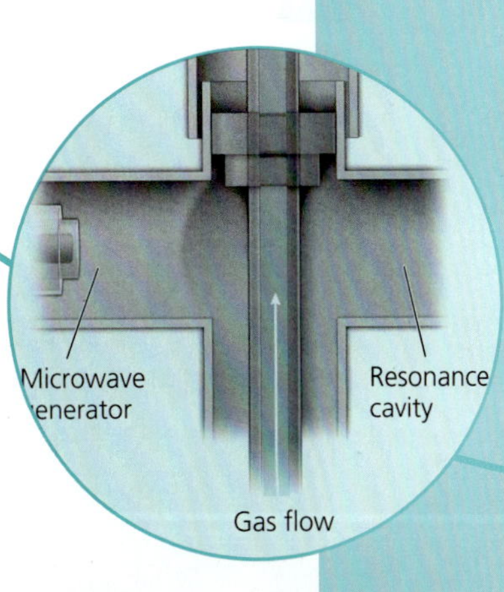

▶ 프로파일 _Profile

납을 제거하라

2000년 벨기에 병원으로 이송된 모로코 출신의 한 18개월 된 아이가 극도의 혼수상태와 과민 반응을 보였다. 아이는 급성 납 중독으로 진단 받았다.* 후속 조사에 따르면 18명의 다른 가족 구성원도 비슷하게 납에 중독되었지만, 납이 보통 예상되는 오염원(페인트, 먼지, 물)으로부터 유포된 것은 아니었다. 브뤼셀 여러 지역 연구소들은 주민 피해를 최소화하기 위해 신속하게 납의 출처를 찾아내야 할 책임이 있었다. 금속을 분석하기 위한 빠르고 효율적인 방법이 필요했으며, 실험실의 연구자들은 유도 결합 플라스마-원자 발광 분광법(ICP-AES)을 선택했다. 납의 출처는 가족이 매일 여러 번 사용하던 전통적인 금속 찻주전자로 밝혀졌다. 차를 끓이는 특수한 조건(높은 온도와 산도, 특히 레몬주스를 사용할 때)에서 금속이 차로 침출되고 그 후에 섭취된다. 유사한 주전자의 여러 견본을 북부 아프리카에서 제품을 판매하는 현지 판매 업체로부터 수거했으며 대부분 납, 니켈과 아연이 끓여진 차로 침출된다는 것이 확인되었다. 최소한의 시료 준비 및 ICP-AES의 다원소 분석 기능이 더 널리 퍼질 사건을 신속히 해결해 주었다. ■

* Bolle, F.; et al., Food Additives and Contaminants: Part A, 2011, 28(9), 1287 – 1293 and Petit, D.; et al. J. de. Physique IV (proceedings), 2003, 107, 1053 – 1056.

4.1 서론

앞의 세 장에서 논의된 기기 분석법은 이 장의 주제와 개념적으로 공통점을 가지고 있다. 이 책의 세 장(원자 흡수 분광법에 관한 3장, 분자 자외선-가시선 분광법에 관한 6장, 그리고 발광 분광법에 관한 7장)은 이 장과 함께 전자기 스펙트럼의 자외선-가시선(UV-vis) 영역을 이용하는 광학 분광법 기술을 설명하고 있다(그림 4.1 참조).

이러한 기술은 학습한 양자 현상(흡수 또는 방출)의 유형과 시료의 성질(원자 또는 분자)에 의해 구별될 수 있다. 예를 들어, 3장과 6장에서는 모든 흡수 분광법(분자와 원자)을 설명하며, 두 가지 기술의 근본적인 차이점은 원자 분광법에서는 오직 전자 전이만을 가지는 반면 분자 분광법에서는 진동 전이가 존재한다는 것이다. 4장과 7장은 방

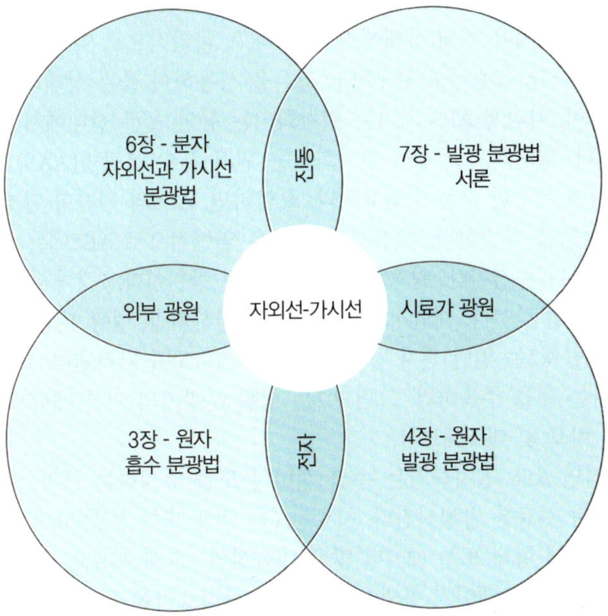

그림 4.1 분자와 원자 흡수 분광법 및 분자와 원자 발광 분광법 사이의 관계를 묘사한 수정된 Venn 도해. 많은 발광 분광법에서 **들뜸화**(excitation)를 위해 외부 광원을 사용하지만 방출에서와 마찬가지로, 시료는 **측정 신호**를 주는 광원이다(7장 참조).

출 분광법(분자와 원자)을 설명하며, 이 기술들의 근본적인 차이점은 순수 전자 전이 대 진동 전이에 있다. 또한 두 가지 기술은 분석물의 들뜬 상태를 생성하는 방법이 다르다. 따라서 이러한 기기를 만드는 데 사용된 물리적 구성 요소가 매우 유사하다는 것은 놀라운 일이 아니다. 즉, 네 가지 분광법적 기술 모두 비슷하게 설계된 단색화 장치, 검출기 및 판독 장치를 이용한다. 네 가지 기술의 유사성은 그림 4.1의 Venn 도해의 중앙 원으로 표현된다. 이 기술들의 차이점도 그룹화할 수 있다. 예를 들어, 두 원자 분광 기술은 분광기의 광학 경로에 안정한 원자 시료를 생성하는 것이 추가적으로 요구된다. 이것은 그림 4.1에서 아래 두 원의 중첩 영역으로 나타내고 있다. Venn 도해에는 다른 유사한 그룹도 있다.

문제 4.1 그림 4.1과 3장의 Boltzmann 분포에 대한 논의를 고려하라. 이 장을 계속하기 전에, 불꽃이 원자 흡수에 사용하기에는 우수한 원자화기이지만 원자 발광에 사용하기에는 좋지 않은 원자화기인 이유를 추측하라.

문제 4.2 양자 역학 현상과 분석기기를 고려하여, 분자 흡수와 분자 발광 분광법의 유사점과 차이점을 열거하라.

4.2 원자화기와 들뜸화원

분자 시료를 이용한 실험(흡수 또는 방출)을 수행할 때 우리는 일반적으로 응축상을 다루기 때문에, 시료를 담는 데 물리적인 용기(예, 큐벳)를 사용하는 것이 좋다. 7장의 발광 분광법에서 우리는 응축된 상태의 시료가 외부 광원에 의해 전자적으로 들뜨게 될 수 있고, 시료가 바닥 상태로 이완될 때 방출되는 빛을 분광기로 수집하고 측정할 수 있음을 알았다. 원자 발광 분광법(AES)은 분자 발광 분광법과 유사하며 들뜬 상태의 분석물에서 방출된 빛을 측정한다. 그러나 AES는 원자 분석법이며, 3장에서 보았듯이 원자 분석법은 시료가 자유 기체 상태에 있어야 하고, 물리적으로 억제가 쉽지 않은 고온 원자화기가 필요하다. 그럼에도 불구하고 고온을 사용하여 들뜬 상태의 원자를 생성하는 것이 가능하며, 따라서 AES 기기는 원자화되는 동안 들뜬 상태에서 분석물이 생성되도록 설계된다. 일반적으로 AES 원자화기는 원자 흡수 분광법(AAS)의 원자화기보다 훨씬 고온이며 특수한 부품이 필요하다. 요약하면, AES의 원자화 단계는 원자를 생성하고, 전자 들뜸을 유발한다. 핵심적인 장점은 일반적으로 AES에는 외부 들뜸화원이 사용되지 않는다는 점이다. 원자화기가 분광학적 광원이다. 7장에서는 분자 형광 분광법을 공부하게 될 것이다. 개념적으로 AES와 유사하지만, 형광 분광기는 들뜸화원을 필요로 한다. 그림 4.2는 일반 원자 방출 분광기의 개략도를 나타낸다. 그림 4.2에서 "들뜸화원"이 없다는 것을 주목하라. 그림 7.2는 형광 분광기의 기본 개략도이다. 잠시 그림 4.2와 7.2를 비교 및 대조해보자.

가장 보편적인 AES 원자화기는 수천 켈빈 온도를 유지하는 플라스마를 사용하여 들뜬 상태의 원자 시료를 발생시킨다. 시료는 (1) 액체 또는 분말 고체 시료의 경우 분무된 에어로솔 안개 형태 또는 (2) 더 많은 내화성의[1] 고체 시료의 경우 전열 장치(흑연로)[2], 전기 아크 또는 레이저 용발을 사용하여 플라스마에 도입된다. **플라스마**(plasma)는 높은 에너지 상태의 물질로 구성되어 있다. 이것은 아르곤 또는 헬륨과 같은 중성 종의 이온화로 인해 생성된 양이온과 자유 전자의 혼합물이다. 이러한 혼합물에서 보통의 조건하에 양이온과 전자는 재결합하여 중성 종을 재형성할 것이다. 이온 혼합물

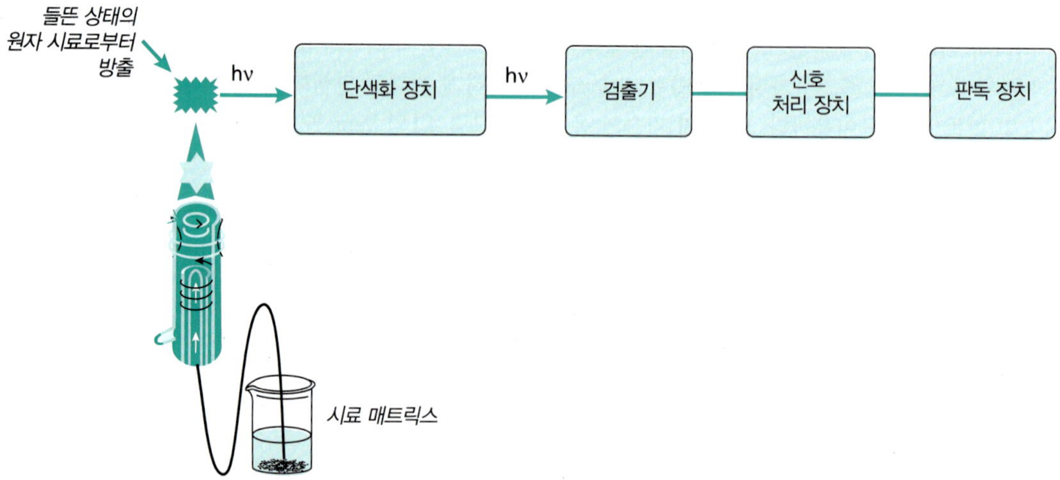

그림 4.2 일반적인 원자 방출 분광기의 개략도.

[1] 내화물은 고온에서 안정한 물질이다. 일반적으로 *내화물*이라는 용어는 일반적인 용매에 용해되기 어려운 물질을 기술하는 데 사용된다.

[2] 전열 원자화에 대한 검토는 3장 5절을 참조하라.

을 유지하기 위해, 플라스마는 외부로부터 에너지의 도입을 통하여 지속적으로 에너지를 공급받아야 한다. 네온사인은 아마도 가장 잘 알려진 인공 플라스마 장치일 것이며, 벼락과 관련된 빛 또한 플라스마의 결과이다. 사실, 두 가지 모두 본질적으로 실제적인 AES 실험이다. AES의 문제는 들뜬 상태의 원자를 생성하고 광학 경로에서 안정한 원자 흐름을 유지하는 데 필요한 고온 환경에 견딜 수 있는 견고한 원자화기를 설계하는 것이다. 자외선-가시선 광자를 평행화, 이동 및 검출하는 데 필요한 광학 부품들은 6장 및 7장에 자세히 설명되어 있다. 이 장의 나머지 부분에서는 AES에서 독특한 설계 측면을 살펴보고 들뜬 상태의 원자를 생성하는 문제를 성공적으로 해결하기 위해 주로 사용되는 4가지 플라스마 원자화기/에너지원에 대해 논의하고자 한다. 각각으로부터 수집된 신호는 본질적으로 동일하며, 이들 사이의 차이는 주로 플라스마를 유지하기 위해 적용되는 외부 에너지의 형태에 있다.

▶ 프로파일 _*Profile*

Colombia 우주 왕복선

2003년 2월 1일, Colombia 우주 왕복선은 낮은 궤도에서 성공적인 임무를 수행하고, 재진입 시에 붕괴되었다. 이륙하는 동안, 발사 도중 떨어져 나간 파편이 우주선 왼쪽 날개의 내열성 세라믹 타일을 손상시켰다. 재진입 시의 엄청난 온도로 대기 중(아마도 질소) 플라스마가 생성되어 날개 안으로 흘러들어가 기본 구조의 많은 부분을 녹였고, 이는 비극적인 실패를 초래했다. ■

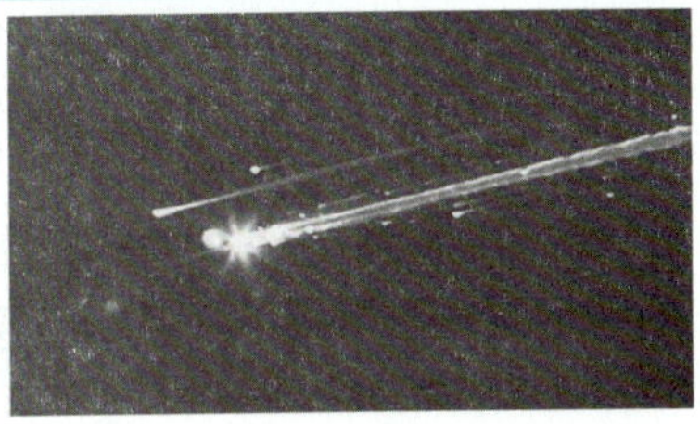

예제 4.1

Boltzmann 분포 방정식(3장에서 소개됨, 쉽게 참고할 수 있도록 아래에서 반복함)을 사용하여 2,250K에서 수소-공기 불꽃에서의 첫 번째 들뜬 상태에 있는 칼슘 원자의 비율을 계산하라. 해당 전이는 226.51 nm의 파장을 가진다.

전략 ›

Boltzmann 분포에 대한 방정식을 사용하라.

$$\frac{N_e}{N_g}=\frac{g_e}{g_g}e^{\left(-\frac{\Delta E}{k_B}\right)}$$

여기서

N_e와 N_g = 각각 들뜬 상태 및 바닥 상태의 원자 수

g_e와 g_g = 각각 들뜬 상태 및 바닥 상태의 미분화(마이크로 상태)

k_B = Boltzmann 상수

T = Kelvin 온도

G 값 찾기 ›

전자 배치에 가능한 마이크로 상태의 수는 다음 공식을 사용하여 구할 수 있다.

$$g=\frac{2\#o!}{\#e!(2\#o-\#e)!}$$

여기서 “2#o”는 해당 상태에 대한 사용 가능한 오비탈 수의 두 배이고, “#e”는 그 상태에서의 전자수이다. 따라서 칼슘은 “2#o” = 2 × 1 = 2이고, “#e” = 2이다.

$$g_g=\frac{2!}{2!(2-2)!}=1 \quad \text{그리고} \quad g_e=\frac{6!}{2!(6-2)!}=15$$

백분율은 단지 N_e/N_g의 비율에 100%를 곱한 값이다. 우리는 k_B와 T의 값을 알고 있다. 226.51 nm의 파장을 갖는 광자는 관심 있는 전자 전이로부터 기인하므로, 광자의 에너지는 바닥 상태와 들뜬 상태 사이의 에너지 차이인 ΔE와 같다.

풀이 ›

$$\Delta E=\frac{hc}{\lambda}=\frac{\left(6.62607\times10^{-34}\ \text{J}\cdot\text{s}\right)\left(2.9979\times10^{8}\ \text{m}\cdot\text{s}^{-1}\right)}{\left(226.51\times10^{-9}\ \text{m}\right)}=9.03\times10^{-19}\ \text{J}$$

$$\frac{N_e}{N_g}=\frac{g_e}{g_g}e^{\left(-\frac{\Delta E}{kT}\right)}=(15)e^{-\left[\frac{6.03\times10^{-19}\ \text{J}}{\left(1.38065\times10^{-23}\ \text{J}\cdot\text{K}^{-1}\right)\left(2250\ \text{K}\right)}\right]}=5.57\times10^{-9}$$

따라서 들뜬 상태에 있는 칼슘의 %비율은 다음과 같다.

$$\frac{N_e}{N_g}\times100\%=5.6185\times10^{-9}\times100\%=5.57\times10^{-7}\ \%$$

이는 2억 개의 원자들 중 약 1개이다.

문제 4.3 Boltzmann 분포 방정식을 사용하여 (a) 2,955 K에서의 공기–아세틸렌 불꽃과 (b) 6,955 K에서의 플라스마 조건 하에서 들뜬 상태(3s에서 3p로의 전자 전이, λ = 285.2 nm)에 있는 마그네슘 원자의 백분율을 계산하라. $g_e/g_g = 3$이라고 가정한다.

문제 4.4 특정 조건하에서 이온화될 기체상 원자(n_i)와 중성 원자의 수($n_0 = n_{total} - n_i$)의 비율은 Saha 이온화 방정식으로부터 추정할 수 있다. 원자화기에서 Mg 원자 분압을 10^{-5} 기압, $g_e/g_g = 3$, 불꽃 또는 플라스마의 부피를 2.0 cm^3로 가정하면, 문제 4.3에 주어진 두 원자화기 조건 하에서 이온화될 Mg 원자의 비율을 계산하라. 마그네슘의 첫 이온화 에너지는 737.7 kJ/mol이다.

$$\frac{n_i^2}{n_0} = \left(2.4\times10^{21}\ \text{m}^{-3}K^{-\frac{3}{2}}\right)T^{\frac{3}{2}}e^{\left(\frac{-E_i}{k_bT}\right)}$$

이것은 첫 번째 이온화에 대한 단순화된 Saha 방정식이다. 여기서 E_i는 줄 단위의 단일 원자 이온화 에너지이다.

문제 4.5 AES에서 너무 뜨거운 에너지원을 사용하는 것의 문제점 중 하나는 원자 대신에 원자 이온을 생성한다는 것이다. AES에 사용되는 플라스마원은 AAS에 사용되는 원자화기보다 훨씬 뜨겁지만, 우리는 시료 스펙트럼에서 원자 이온의 많은 양을 관찰하지 못한다. 이것이 사실인 이유를 추측하라[*힌트*: **플라스마**(plasma)의 정의와 물리적 구성을 생각해 보라].

◆ 유도 결합 플라스마 토치

유도 결합 플라스마(ICP) 토치(inductively coupled plasma torch)는 플라스마를 유지하는 데 사용되는 외부 에너지원으로 **유도**(induction)를 이용한다. 아마도 당신은 이미 유도 현상에 대해 잘 알고 있을 것이다. 예를 들어, 교류 전류가 와이어 코일을 통과할 때, 교류 자기장이 생성된다. 철과 같은 전도성 물질이 코일 내에 배치되면, 자기장 흐름은 그 물질 내에서 전압을 유도하여 도체 내에 전류를 생성할 것이다. 도체 내의 저항 때문에 이 과정에서 열이 발생한다. 이러한 종류의 가열을 **유도 가열**(inductive heating)이라고 한다(그림 4.3 참조).

그림 4.3 금속 막대의 유도 가열.

산란

이 장의 앞부분에서 우리는 AAS에서 사용된 원자화 방법에 대해 어느 정도 이야기했다. 특히, 우리는 불꽃 AAS 또는 흑연로 AAS에서 온도의 중요성에 대해 많은 시간을 할애하여 논의하였다. 연소가 불완전한 경우, 그을음(연기)이 복사선 광원의 산란을 초래할 수 있으며, 이로 인해 흡수 판독 값이 크게 감소한다. 또한, 불꽃(또는 용광로)이 충분히 뜨겁지 않으면, 일부 원소들은 불꽃에서 내화성 산화물을 쉽게 생성한다. 내화성 산화물은 빛을 매우 많이 산란시키며, 검출 한계를 나쁘게 한다.

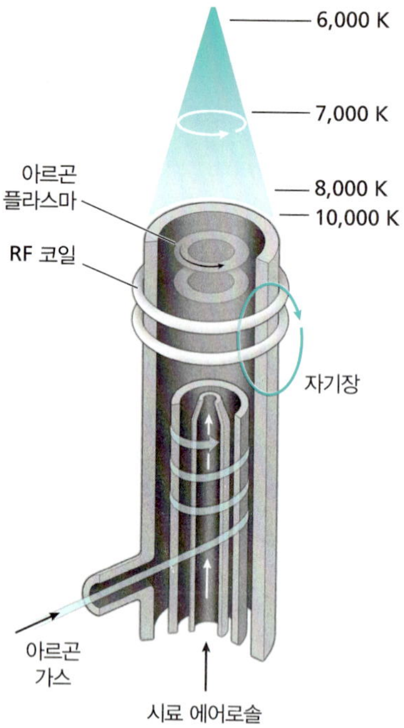

그림 4.4 ICP 토치.

ICP 토치에서 전도성 물질은 아르곤 이온의 집합체이다. 아르곤 가스는 세로 방향(중심을 통과하는)과 접선 방향(외부 튜브를 관통하는)으로 동심원의 석영관(그림 4.4 참조)을 통해 흐른다. 동심원 석영관의 상부는 금속 코일로 감싸여져 있으며, 이를 통하여 라디오파 전류가 통과된다. 이것은 교류 자기장 또는 자기장 흐름을 생성한다. 초기에 아르곤은 비전도성이지만, 테슬라 코일과 같은 고전압 스파크원은 흐르는 아르곤 원자의 일부를 이온화시키고 그 결과 코일 내부의 기체 부피 내에 아르곤 이온이 생성된다. 자기장 흐름은 가스 내의 아르곤 이온의 빠른 가속을 유발한다. 부분적으로 이온화된 아르곤은 급격한 유도 가열을 거치며, 중성 아르곤 원자와 아르곤 양이온의 충돌로 추가 아르곤 이온이 생성된다. 이러한 현상의 총체적인 결과로 자체적으로 유지되는 고온 아르곤 플라스마가 생성된다.

분석물 시료의 에어로솔 안개는 중심 관을 통과하는 아르곤 흐름에 의해 토치로 운반된다. 그림 4.4에서 보이는 가장 바깥쪽 관에도 운반 가스가 흘러서 두 가지 기능을 수행한다. 첫째, 플라스마용 매트릭스로 추가 아르곤을 공급한다. 둘째, 토치를 식히고 작동 중에 토치가 녹는 것을 방지한다. 가스의 유속은 플라스마가 토치의 상단에서 만들어지도록 충분해야 한다. 일반적인 ICP 토치는 6,000 K에서 10,000 K 사이에서 작동하며 분당 약 12리터의 고순도 아르곤 가스를 소모한다. 고온 영역은 시료를 완전히 원자화하는 데 유용하며, 아르곤으로부터의 비활성 환경은 불꽃 AAS 실험에서 종종 발견되는 내화 산화물 및 기타 분자 화합물의 형성을 최소화한다. ICP 토치는 AES에서 가장 많이 사용되는 플라스마원이며, 원소 질량 분석기에서도 사용된다.[3]

◈ 직류 플라스마원

자동차 프레임의 로봇 용접 사진이나 비디오를 본 적이 있다면 직류(DC) 플라스마를 본 것이다. 이러한 로봇 제작자들은 플라스마 아크 용접을 사용하여 금속 조각을 녹여 프레임을 연결한다.

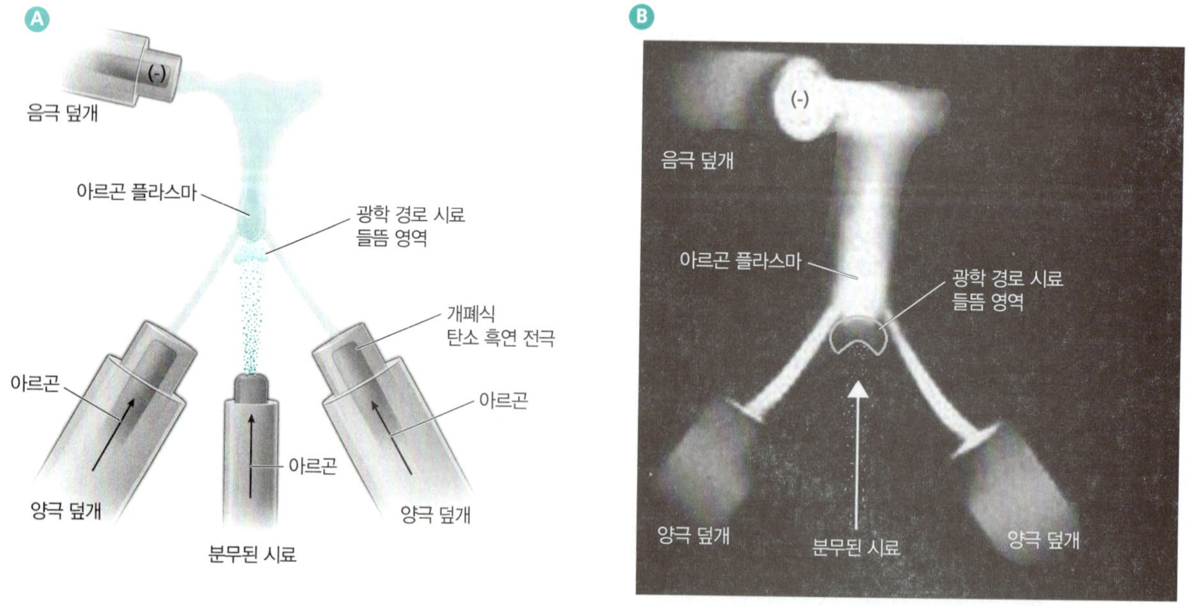

그림 4.5 패널 (A)는 DC 플라스마원의 개략도이고, 패널 (B)는 DC 플라스마원의 사진이다.

[3] 10장 2절 참조.

화학 분석 기기로서 시판된 최초의 **DC 플라스마(DCP) 원자화원**[DC plasma (DCP) atomizing source]은 1960년대 후반 Spectrametrics사에 의해 소개되었다. 원자화원의 기본 설계는 플라스마로부터의 떠돌이 빛이 광학 경로로 들어가는 것을 최소화하려는 시도에서 수년에 걸쳐 이루어졌다. 그림 4.5에는 최신 **DCP 원**(DCP source)의 개략도가 나와 있다.

▶ 프로파일 _Profile

플라스마 토치

많은 현대의 용접기는 비활성 가스를 통해 고전압 아크에 의해 생성된 플라스마를 사용하여 금속 조각을 녹여 용접 또는 절단 강을 만든다. 이 과정에서 용접공이 생성되는 기체상의 금속 증기에 노출되어 건강에 해를 끼친다. 흥미롭게도 ICP-AES는 이러한 유해 증기에 대한 노출 정도를 모니터링하기 위해 승인된 미국 연방 직업안전 · 보건국(OSHA) 방법 중 하나이다(OSHA 방법 ID-213).

이 시스템은 운반 가스와 시료의 흐름에 대해 90도에 위치한 텅스텐 음극으로 구성되어 있다. 2개의 탄소 양극은 가스 흐름 경로에 대하여 각각 30도로 배치되어 있다. 아르곤 또는 헬륨은 운반가스 및 플라스마 매트릭스로서 작용한다. 초기에 아르곤의 일정한 흐름 하에서, 2개의 탄소 양극은 텅스텐 음극에 근접시켜 이동하며, 전극을 통하여 고전압(일반적으로 킬로볼트 범위)을 흘려주어 스파크를 발생하여 아르곤 가스의 일부를 이온화한다. 그런 다음 양극을 고온 환경에서 산화되지 않도록 세라믹 덮개 안에 집어넣는다. 5~10 암페어에서 약 50 V의 일정한 전압을 전극 사이에 걸어 주면, 전자 흐름이 텅스텐 음극으로부터 생성되어 양극 쪽으로 가속되어 운반 가스의 높은 에너지 이온화가 연속적으로 이루어진다. 따라서 플라스마는 전극을 통해 전기 형태의 외부 에너지를 공급함으로써 유지된다. 하나의 음극과 함께 사용되는 두 개의 양극은 역 Y자 모양의 플라스마 구름기둥을 생성한다. 역 Y 디자인은 분광기의 광학 경로에서 들뜬 상태의 원자를 충분하게 만드는 온도(≈ 9,000 K)의 아르곤 플라스마로부터 방출이 비교적 적은 중심 영역을 형성한다. 시료는 분무된 안개 형태로 아르곤 흐름에 의해 역 Y의 중심 영역으로 운반된다. DCP 원는 ICP 토치보다 조금 복잡하며 안정된 플라스마를 유지하는 데 다소 어려움이 있지만 일반적으로 ICP 토치(약 5~8 L/분)보다 매우 비싼 고순도 아르곤을 더 적게 소비한다.

문제 4.6 당신이 거주하는 지역의 고순도 아르곤 탱크에 대한 부피당 비용을 알아보라. (a) ICP-AES와 (b) DCP-AES를 사용하는 분당 비용은 얼마인가?

문제 4.7 당신은 원자 발광법을 사용하여 환경 분석을 수행하는 분석 실험실의 재무관이다. 매 근무일마다 6시간 동안 기기를 계속 가동한다고 가정할 때, 매년 아르곤에 얼마나 많은 비용을 지출되겠는가(문제 4.6의 값 사용할 것)? 명확한 가정 하에 매년 근무 일수를 예측하라.

◈ 마이크로파-유도 플라스마원

안정적인 플라스마는 또한 마이크로파 발생기를 사용해서도 유지될 수 있다. 비록 ICP가 시판용 기기에서 널리 사용되는 플라스마원이지만, 아르곤 외에도 헬륨, 질소 또는 공기 중의 질소와 같은 덜 비싼 가스를 사용하여 유용한 들뜬 플라스마를 생성시킬 수 있기 때문에, **마이크로파-유도 동력(MIP) 원**(microwave-induced power source)은 지난 25년 동안 더 많이 사용되고 있다.[4] 헬륨 플라스마는 훨씬 더 뜨거운 온도에 도달할 수 있다. 예를 들어, Meubus와 Parent는 헬륨 플라스마의 최대 온도가 24,000 K임을 보고했다.[5] 진공 분광기와 함께 헬륨을 플라스마 연료로 사용하면 탄소와 염소와 같은 여러 가지 비금속도 분석할 수 있다. 이러한 원소들의 전이 에너지는 전자기 스펙트럼의 진공 UV 영역에서 발생하며 추가적인 에너지가 필요하다. 진공 분광기는 분광기 안의 광학 재료에 의한 자외선 방출의 흡수를 제거하는 것이 필요하다. MIP 원은 일반적으로 속빈 금속 공동[6] 내부의 석영관으로 만들어지며, 전자기 스펙트럼의 마이크로파 영역에 정류 전자기파를 유지하도록 조정된다. 마그네트론(마이크로파 발생기)은 마이크로파 에너지를 공급하며, 정류파는 공동 내에 생성된다. 유지 가스는 석영관을 통해 공급되며, 초기 스파크는 유지 가스에 이온을 생성한다. 마그네트론으로부터 생성된 마이크로파는 플라스마 유지 가스 내의 자유 전자를 진동시킨다. 진동하는 전자는 흐르는 유지 가스의 원자들과 충돌하여 고온 플라스마를 생성하고 유지된다. 분석물 원자는 ICP 및 DCP 원와 동일한 방식으로 MIP에 도입된다. 원자 발광 스펙트럼은 들뜬 원자가 마이크로파 공동을 빠져 나오면서 측정된다. 그림 4.6은 MIP 원의 개략도를 보여준다. MIP 원은 가스 크로마토그래피에 연결된 검출기 시스템의 일부로 자주 사용된다는 것에 주목하라.[7]

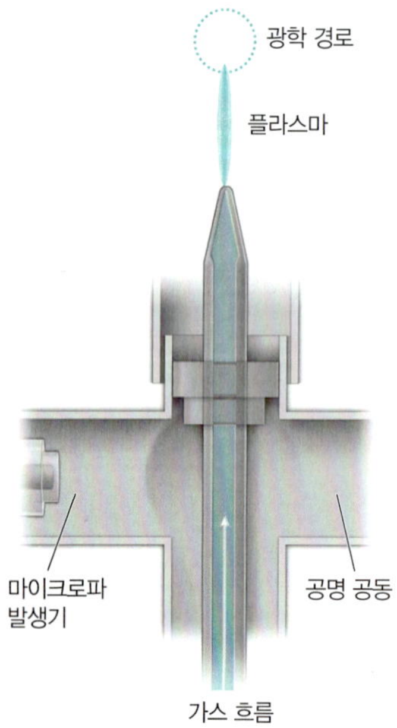

그림 4.6 MIP 원의 개략도.

[4] Long, G. L.; Motley, C. B.; Perkins, L. D. Helium High-Efficiency Microwave-Induced Plasma as an Element- Selective Detector for Packed-Column Supercritical-Fluid Chromatography, *ACS Symposium Series*, **2009**, *479*, 242.

[5] Meubus, P.; Parent, J. R. Temperature Distributions in a Helium Plasma. *Canadian Journal of Chemical Engineering*, **1969**, *47*(6), 536–542.

[6] 종종 **도파관**(waveguide)이라고도 한다.

[7] 13장 6절 참조.

2011년 애질런트 테크놀러지사는 질소원으로 공기를 사용하여 질소 플라스마를 작동하는 4100 마이크로파 플라스마 원자 발광 분광기를 소개하였다. 이 분광기는 2012년 *연구 개발 잡지*(Research and Development Magazine's)의 톱 100상을 수상했으며, "지난 1년간 시판된 100개의 기술적으로 가장 발전된 제품"으로 인정되었다. 그것은 값비싼 가스의 사용을 없애고, 압축된 가스를 처리하기 위한 기반 구조의 필요성이 없다는 장점이 있다. ■

▶ 프로파일 _Profile

대기압 마이크로파 유도 플라스마-원자 발광 분광법

문제 4.8 2.5 L/min의 유속을 가정하여, MIP 가동에 대한 (a) 가스 크로마토그래피에 사용하는 질소 및 (b) 가스 크로마토그래피에 사용하는 헬륨을 사용하는 것에 대한 분당 비용과 연간 비용을 결정하라(문제 4.6, 4.7 참조).

문제 4.9 Saha 방정식(문제 4.4)을 사용하여 (a) 2,945°C에서 아산화 질소-아세틸렌 불꽃, (b) 7,945°C에서 ICP 아르곤 플라스마, (c) 20,000°C에서 MIP 헬륨 플라스마하에서 이온화된 칼슘 원자의 %비율을 비교하라. 원자화기의 Ca 원자 분압은 10^{-5} 기압, $g_1/g_0 = 15$, 불꽃 또는 플라스마의 부피는 1.5 cm^3라고 가정한다. 칼슘의 1차 이온화 에너지는 584.8 kJ/mol이다.

◆ 레이저 유도 플라스마

레이저 유도 플라스마 AES는 일반적으로 **레이저 유도 파열 분광법**(laser-induced breakdown spectroscopy, LIBS)의 이름으로 사용된다. 플라스마의 *파열*(breakdown)이라는 단어로 대체하는 것은 약어 LIPS와 중복을 피하기 위해서이다. LIBS 실험에서 고출력 레이저 펄스는 목표 시료의 작은 부분을 증발시키는 데 사용되며, 기체 상태 원자에 대한 원자화기 및 들뜸화원 역할을 하는 플라스마 구름기둥을 생성하기에 충분한 에너지를 공급한다. 일반적인 레이저 출력은 100-MJ/펄스 범위에 있으며, 나노초 범위의 펄스 길이를 가지고 있다. 초점을 잘 맞춘 점 크기는 100 마이크론 범위이다. 펄스 중에 부여되는 단면적 에너지는 매우 커서 GW/cm^2 범위의 점 에너지가 일반적이다.

레이저 유도 파열 분광법-선택성

LIBS 실험에서 특정 들뜬 상태 원자의 상대적 존재비는 시간에 따라 매우 다르다. 판독값을 얻기 전에 지연 시간을 변경함으로써, 특정 분석물 실험에 대한 선택성에 영향을 줄 수 있다.

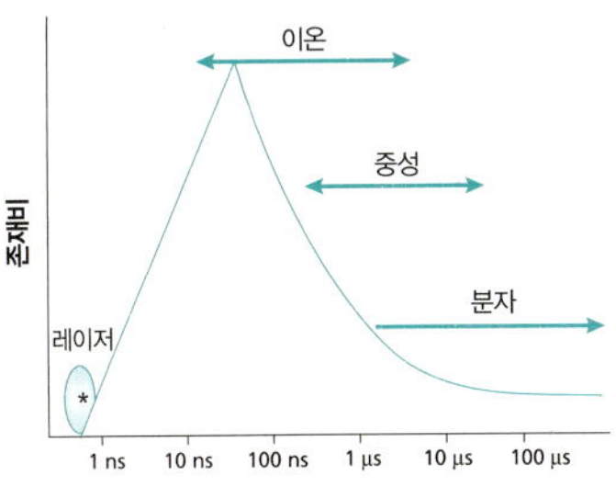

문제 4.10 에너지가 100 MJ/펄스인 레이저가 있다고 가정하자.

(a) 펄스폭이 5 ns인 경우 레이저 펄스의 에너지(와트)를 결정하라.

(b) 레이저 펄스가 100 μm의 점 크기에 초점을 맞추는 경우 단면적 에너지를 결정하라.

작은 면적에 초점을 맞춘 큰 에너지는 시료 표면의 물질을 용발시키고, 분석물의 구름기둥을 생성하며, 필요한 들뜸화 플라스마의 생성하는 데 충분하다(그림 4.7 참조). 사실 LIBS 플라스마 구름기둥 내의 온도는 일부 경우 100,000 K를 초과하는 것으로 추정되었으며, 이는 물질의 작은 부분을 용발시키고 들뜬 전자 상태의 구성 원소로 물질을 파열하는 데 충분하다. 플라스마는 급속히 냉각되고 10,000~20,000 K 범위의 온도에서 들뜬 상태의 원소들이 이완되어 특성 주파수의 빛을 방출한다.

레이저 유도 플라스마 AES는 이 장에서 배운 다른 플라스마 원자화기보다 두 가지 명확한 장점을 가지고 있다. 첫째, 시료 준비가 전혀 없이 응축상 시료를 사용할 수 있다. 시료를 플라스마에 도입하기 전에 시료를 에어로솔 할 필요가 없다. 둘째, 분광기로부터 20~30미터 떨어진 상당한 거리의 시료를 측정하는 데 사용할 수 있어 인체에 대한 위험성에 관계없이 사실상 모든 환경에서 실시간 측정이 가능하다.

▶ 프로파일 _Profile

우주에서 레이저 유도된 방전 현상 분광법

화성 탐사선 *Curiosity*는 레이저 유도 파열 분광법을 사용하여 행성 표면의 토양과 암석을 채취하고 분석했다. Curiosity는 2011년 11월에 발사되어 2012년 8월 화성에 성공적으로 상륙했다.

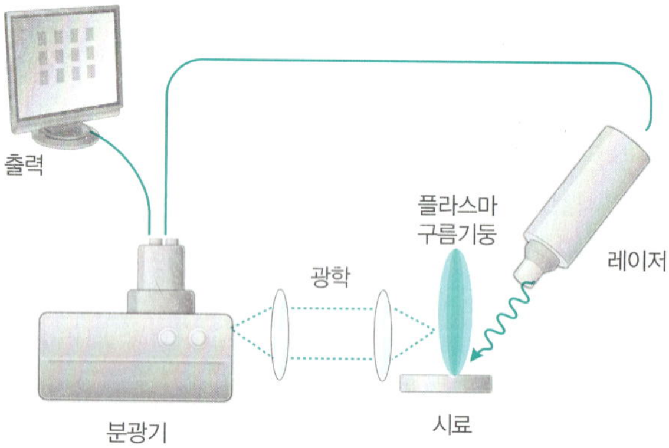

그림 4.7 LIBS 플라스마원의 개략도.

LIBS 실험을 수행하는 데 사용되는 물리적 하드웨어는 레이저 유도 형광 분광법 및 레이저 라만 분광법에서 사용되는 물리적 하드웨어와 매우 유사하다. 원소 분석에 이어서 진동 분자 정보를 얻을 수 있는 기기가 개발되었다.[8] 이 방법의 단점 중 하나는 본질적으로 표면 분석 기술이라는 것이다. 사용자가 시료의 전체적인 특성을 측정해야 하는 경우, 스펙트럼을 얻기 전에 철저하게 균질화해야 한다.

[8] Sharma, S. K.; Misra, A. K.; Acosta-Maeda, T. E.; Bates, D. E. A Combined Time-Resolved LIBS-Raman System for Surface Chemical Analysis at Standoff Distances. 11th International GeoRaman Conference, **2014**; Courreges- Lacoste, G. B.; Ahlers, B.; Perez, F. R. Combined Raman Spectrometer/Laser-Induced Breakdown Spectrometer for the Next ESA Mission to Mars. Spectrochimica Acta Part A: *Molecular and Biomolecular Spectroscopy*, **2007**, *68(4)*, 1023 – 028.

실습활동_Activity

플라스마 시각화

이는 강사 시범 또는 개인별 실험으로 수행할 수 있다.

필요한 재료

씨 없는 신선한 포도
큰 텀블러 유리잔 또는 하이볼 유리잔
전자레인지

실험 절차

신선하고 씨가 없는 포도를 짧은 축을 따라 반으로 조심스럽게 자른다. 절반을 잡고 깎은(껍질 없는) 면을 시작으로 자른다. 껍질까지 모두 자르지 않도록 주의하라. 두 개의 4등분된 조각 사이에 작은 껍질 연결 부분을 남겨둔다. 조심스럽게 절단된 면이 위를 향하게 하여 전자레인지의 밑판의 중심 근처에 준비된 포도를 올려놓는다(다른 접시는 사용하지 않는다). 포도 위에 큰 텀블러 유리잔 또는 하이볼 유리잔을 올려놓는다. 전자레인지를 닫고 20초에 시간을 맞춘 다음 가까이서 지켜보라. 보통 하나 혹은 두 개의 스파크가 발생한 후, 하나 이상의 백색광-방출 플라스마가 나타난다.

다음은 실험 과정과 결과를 보여주는 비디오 링크이다.

http://www.metacafe.com/watch/1011441/grape_plasma/
http://www.youtube.com/watch?v=qvSxVBalhFM

문제 4.11 ICP 토치가 AES의 주된 에너지원이 될 수 있는 특성은 무엇인가?

문제 4.12 각 원자화 방법(ICP, DCP, MIP, LIBS)이 어떻게 플라스마를 만드는지 요약하라.

문제 4.13 앞에서 설명한 4가지 원자화원 각각에 대해, 하나 이상의 다른 방법과 비교하여 나타나는 하나 또는 두 가지 장점을 설명하라.

4.3 시료 도입법

AES의 시료 도입법은 AAS의 시료 도입법과 유사하다.[9] 불꽃 AAS와 마찬가지로 AES의 시료도 에어로솔 안개로 도입될 수 있다. AES에서 플라스마는 매우 높은 온도에서 존재하며 결과적으로 용매는 매우 효율적으로 증발된다. 따라서 분석 결과는 AAS에서처럼 에어로솔 안개의 품질에 덜 의존적이다.

에어로솔 안개로 도입시키기 위해 고체 시료 매트릭스를 삭임하는 다양한 방법은 3장 5절에서 다루었으며 이러한 방법은 AES에도 동일하게 적용된다. 마찬가지로, 우리가 불꽃 AAS를 논의했을 때, 시료 매트릭스의 안정적이고 재생 가능한 에어로솔 안개를 생산하는 다양한 방법에 대해 논의했다. Hg 및 As의 분석을 위해 차가운 수증기 및 수소화물 생성에 대해서도 비슷하게 논의하였다. 시료 도입 분야의 최근 개발은 자동화의 효율적인 사용뿐만 아니라 밀리리터 미만/분석 범위[10]에서 작동하는 기압식 분무기를 포함한다.[11]

또한 AES는 고체 시료를 분석하는 데 적합하다. 플라스마원에 고체 시료를 도입하는 몇 가지 방법이 있다. 보다 일반적인 방법은 흑연로, 전기 아크 및 레이저 용발을 사용하는 전열 원자화기이다.[9] 이 세 기술은 모두 특정 물질의 구름기둥을 생성한 다음, 운반 가스에 의해 플라스마로 휩쓸려 들어간다. 전열 장치는 AAS에서 사용되는 흑연로와 설계 면에서 유사하며 흑연로가 원자 시료를 생산할 수 있지만 AES 분석의 목표는

[9] 3장 5절을 참조하라. 유형의 시료 도입법은 ICP, DCP, MIP에 적용되지만 일반적으로 LIBS에는 적용되지 않는다.

[10] Jankowski, K.; et al. Efficient Use of the NAR-1 Pneumatic Nebulizer in Plasma Spectrometry at Sub-milliliter Liquid Consumption Rates. *J. Anal. At. Spectrom.*, **2008**, 23, 1290-1293.

[11] Bings, N. H.; et al. Atomic Spectroscopy: A Review. *Anal. Chem.*, **2010**, 82(12), 4653-4681.

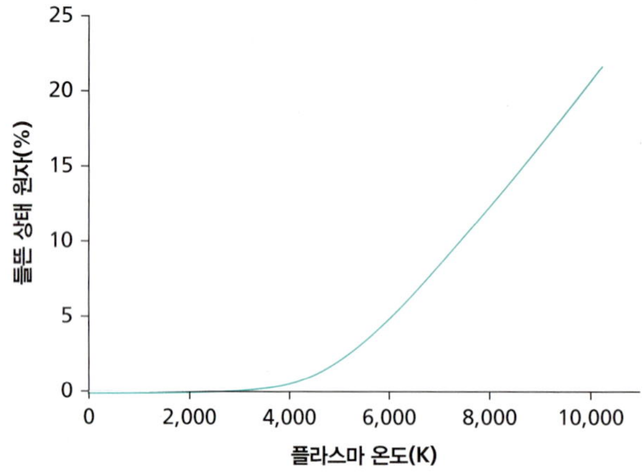

그림 4.8 온도의 함수에 대한 들뜬 상태(3s → 3p)에 있는 Na 원자의 백분율 도시.

아니다. 흑연로는 플라스마로 휩쓸려 들어가는 원자 구름기둥을 간단히 생성한다.

◈ 응용

주어진 온도 범위에서 바닥 상태의 원자에 대한 들뜬 상태의 원자 비율을 고려하면, 여러분의 도시는 아마도 그림 4.8과 같을 것이다. 전형적인 불꽃 온도에서 0.02%의 소듐 원자만이 들뜬 상태에 있을 것이고, 바닥 상태는 99.98%가 있다는 점을 주목하라. 가장 뜨거운 불꽃(약 3,400 K)에서조차도 큰 차이를 보이지 않는다. 또한, 들뜬 원자의 백분율이 증가하기 시작하면, 온도가 Boltzmann 방정식의 지수 항에 있기 때문에 예상한 대로 그 증가는 비선형적으로 증가한다.

6,000 K의 상대적으로 보통인 플라스마 온도에서, 들뜬 상태 원자의 백분율은 2,500 K에서 보다 250배 이상 증가하고, 플라스마 온도가 10,000 K에서는 1,200배 이상 향상된다. 불꽃은 측정하는 신호가 거의 100 %의 원자를 이용하기 때문에 원자 흡수 실험을 위한 우수한 원자화기이다. 반면에 불꽃은 많은 분석물 원자를 들뜨게 만들기에는 온도가 불충분하기 때문에 AES의 원자화기/에너지원으로 매우 좋지 않다. 반면 플라스마는 기체 상태의 원자에 대해 매우 좋은 들뜸화원이다.

◈ 에너지원: 원자 흡수 분광법 대 원자 발광 분광법

이전에 여러 번 언급했듯이 AAS 실험을 수행하기 위해서는 외부 전자기 복사선이 필요하다. 일반적으로 AAS 실험에서는 측정할 원소(속빈 음극 또는 무전극 방전)를 포함하는 고유한 램프를 각 측정 원소에 대해서 사용된다.

AES에서 플라스마 원자화기는 외부 들뜸화 광원을 필요치 않는 들뜸화원으로 두 가지 본질적인 역할을 한다. 플라스마는 시료의 모든 원소를 동시에 들뜨게 한다. 따라서 선택한 분석물에 의해 방출되는 파장을 안다면, AAS에서와 같이 램프를 교체하지 않고 "즉시" 측정할 수 있다.

◈ 시료 준비와 간섭

3장에서 불꽃 AAS 실험을 수행할 때 화학적 간섭을 최소화하기 위해 때때로 상당한 시료 준비를 해야 할 필요가 있음을 상기하라. 보호제 또는 방출제는 불꽃에서 화합물 형성을 방지하고, 이온화 완충제의 첨가는 낮은 이온화 에너지를 갖는 원소의 이온화를 현저하게 방지한다. 더욱이, 때로는 특히 자연 시료를 분석할 때 잘못된 판독을 일으키는

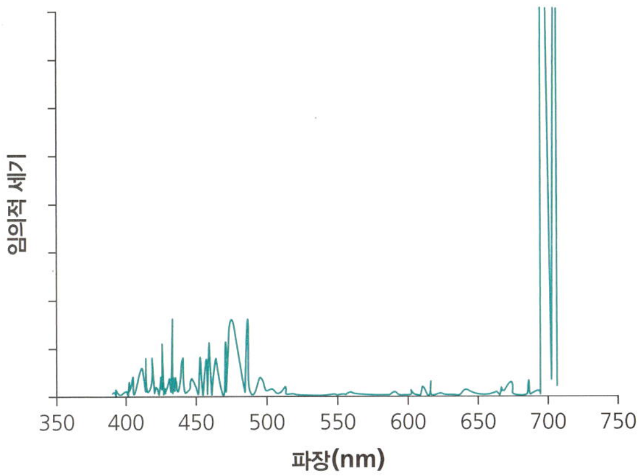

그림 4.9 아르곤 플라스마 바탕 방출 스펙트럼. 500 nm 이하에서 보이는 방출은 주로 Ar^+ 때문이다.

종이 도처에 존재한다. 이러한 방해 종은 적절한 측정이 이루어지기 전에 제거하거나 가려야 한다. 다른 한편으로, 불꽃 AAS에 가장 많이 사용되는 불꽃 부분은 스펙트럼 간섭을 거의 나타내지 않으며 대부분의 경우 바탕 측정을 통하여 간단히 제거될 수 있다.

대부분의 경우 플라스마에 의해 나타나는 극한의 온도는 시료 준비 과정을 크게 단순화시킨다. 극한의 환경에서는 화합물이 거의 존재할 수 없기 때문에 보호/방출제가 필요하지 않다. 또한 플라스마에 있는 원자의 상당 부분이 이온화되더라도, 이 비율은 플라스마 자체가 본질적으로 전자가 풍부한 매트릭스이기 때문에 온도에 따라 엄격하게 예측되는 것보다 훨씬 적게 나타난다. 그러나 플라스마는 불꽃보다 훨씬 많은 스펙트럼 간섭을 나타낸다. 그림 4.9는 390~710 nm의 아르곤 플라스마 방출 스펙트럼을 나타내고 있다. 방출선은 들뜬 아르곤 원자와 Ar^+ 이온에 의한 것이며 시료에 있는 다른 원소의 방출을 측정하려고 할 때 항상 나타난다. 또한 시료의 각 원소도 들뜬 원자와 이온으로부터 생성된 복잡한 일련의 방출을 나타낼 것이다. 원자 **흡수 분광법**(absorption spectroscopy)의 원소 특이성은 단일 원소 램프를 사용하여 얻어진다. 플라스마가 동시에 존재하는 모든 원소를 들뜨게 하기 때문에, 플라스마는 복잡한 스펙트럼을 나타내고, 플라스마 기기는 매우 고품질의 단색파 장치를 필요로 한다. 게다가, AES 기기는 ICP 토치에서 매우 안정한 플라스마를 유지하기 위해 매우 안정적인 전원 공급장치가 필요하다. 일반적인 불꽃 AAS 기기는 약 35,000달러에서 60,000달러 정도인 반면 일반적인 ICP-AES 기기는 60,000달러에서 100,000달러가 소요된다.

◈ Zeeman 바탕보정법

3장의 AAS에서 Zeeman 바탕보정이 소개되었으며 이 방법은 AES에서도 중요한 역할을 한다. 그러나 이 경우 우리는 흡수 현상보다는 방출 현상을 관찰하고 있다. 전자 전이는 종종 미분화 상태에서 파생된다는 것을 상기하자. 그러나 이러한 미분화 상태는 다른 자기 모멘트를 가진 오비탈에 머물게 된다. 그래서 강한 자기장이 존재할 때, 미분화가 파괴되고 미분화 오비탈로부터 나온 단일 스펙트럼선은 여러 개가 가까운 간격을 두게 된다.[12] 그림 3.14와 4.10을 비교하고 대조하라. 그림 3.14의 에너지원과 원자화기가

[12] (a) Atkins, P. W. *Physical Chemistry*, 3rd ed. Oxford University Press: Oxford, UK, **1986**. (b) Condon, E. U.; Shortley, G. H. *The Theory of Atomic Spectra* (Chapter 16). Cambridge University Press: Cambridge, UK, **1935**. (c) Schlemmer, G.; Radziuk, B., *Analytical Graphite Furnace Atomic Absorption Spectrometry: A Laboratory Guide* (Chapter 4). Birkhauser Verlag, **1999**

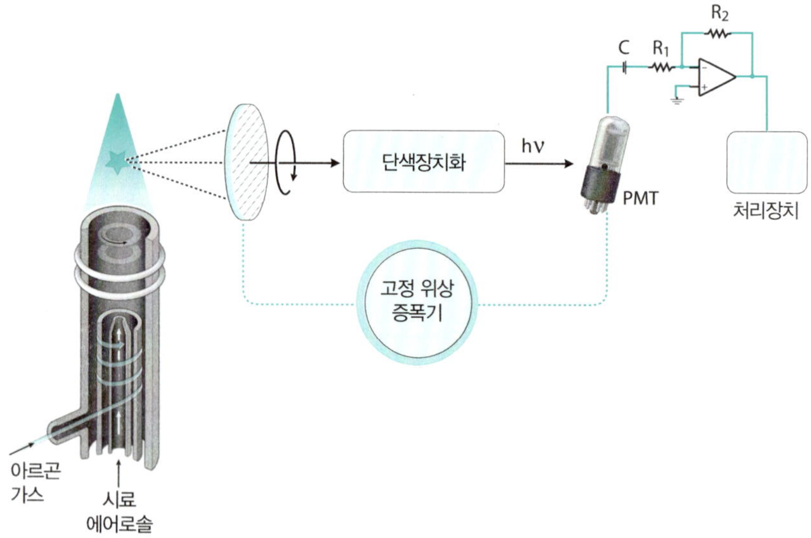

그림 4.10 Zeeman 보정 AES. 자기장의 존재 하에 분석물 전이는 분리되어 편극화된다. 회전하는 편광체로 바탕 흡수와 분석물 신호를 독립적으로 측정할 수 있다. 또한 회전하는 편광체는 분석물 신호를 변조하는 역할을 하며, 고주파 통과필터는 검출기에서 DC 신호를 감쇠시키는 데 사용된다.

ICP 토치로 교체되었다. 개략도의 나머지 부분은 동일하다. 잠시 시간을 내어 3.6절의 Zeeman 바탕보정에 대한 설명을 읽어보라. 원리는 AES와 동일하다.

문제 4.14 AES의 각 원자화원에 대해 알고 있는 대로 분석을 통해 시료당 운영비용이 가장 저렴한 것부터 가장 비싼 것까지 네 가지 에너지원의 순위를 매겨라. 당신의 답을 정당화하라.

4.4 원자 발광 측정

3장에서 우리는 전형적인 불꽃 AAS 기기가 하나의 광전자 증배관 검출기와 0.1~0.7 nm의 분해능을 가진 표준 Czerny-Turner 단색화 장치를 사용함을 알았다. 불꽃은 시료 구성 원소에 들뜸화와 이온화를 거의 시키지 않기 때문에 이러한 비교적 기본적인 시스템이면 충분하다. 위에서 언급한 바와 같이 플라스마로 관찰된 매우 복잡한 방출 스펙트럼은 바탕 및 시료 매트릭스 방출 중에서 원하는 분석물의 방출을 추출하기 위해 훨씬 더 높은 분해능이 필요하다. 값싼 플라스마 AES 기기조차도 적어도 0.1 nm의 분해능을 갖는 단색화 장치가 필요하다.

현재 많은 최신 기기는 전하결합장치 또는 전하주입장치를 검출기로 사용하여 **Echelle형 이중 분산 단색화 장치**(Echelle-type dual-dispersion monochromator, 그림 4.11)를 사용한다. Echelle 단색화 장치는 빛을 하나의 평면에 분산시키는 초기 분산 요소인 프리즘 또는 회절발을 가지고 있다. 그 다음, 분산된 빛은 다른 분산 요소, 이 예에서는 프리즘에 보내져서 다른 평면에 빛을 분산시켜 플라스마에 의해 생성된 모든 파장의 고분해능 2차원 이미지를 생성한다. 이러한 배열은 불꽃 AAS에서 사용된 것보다 실질적으로 더 비싸지만 주목할 만한 장점이 있다. 이중 분산은 ± 0.005 nm의 높은 분해능을 제공하므로 사용자는 분석물의 스펙트럼선을 바탕선과 쉽게 구별할 수 있다.

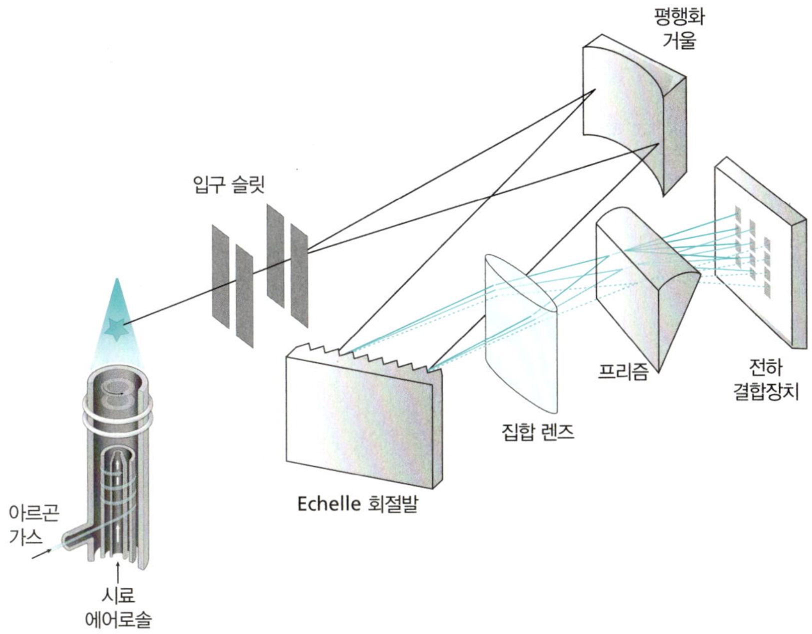

그림 4.11 Echelle형 단색파 장치의 스케치. 회절발은 파장에 따라 가깝게 인접한 파장들의 띠너비로 이루어져 있는 불연속 광선으로 빛을 분산시키는 데 사용된다. 회절발로부터 분산된 광선은 프리즘으로 이동하여 각 광선은 더 좁은 띠너비의 광선으로 더 분산되어 전하결합장치 검출기로 연결되며, 여기서 각 광선은 동시에 검출된다.

비교 및 대조_*Compare and Contrast*

불꽃 원자 흡수 분광법, 흑연로 원자 흡수 분광법, 유도 결합 플라스마-원자 발광 분광법

표 4.1 ▸ 원자 분광법의 실험적 세부 사항 비교

특집	FAAS	GFAAS	ICP-AES
원소 수*	68+	50+	73
검출한계†	0.15~75000 ppb	0.002~130 ppb	0.02~10 ppb
시료 처리량	원소당 10~15초	원소당 3~4분	분당 6~60 원소
분석 범위‡	10 ppb~1000 ppm	10 ppt~1 ppm	10 ppt~1000 ppm
정밀도(% RSD)	0.1~1.0%	0.5~5%	0.1~2%
스펙트럼 간섭	극소수	극소수	약간
화학적 방해	많음	많음	극소수
초기 비용	낮음	중간	높음
유지비	낮음	중간	높음
원소 분석당 비용	낮음	높음	중간

From Bart, J. C. J. *Additives in Polymers: Industrial Analysis and Applications.* John Wiley & Sons: West Sussex, UK, **2005**.

*이 방법을 적용할 수 있는 원소의 수이다.
†Perkin-Elmer Atomic Spectroscopy Guide, 2008-2011.
‡방법이 적용 가능한 것으로 알려진 농도의 범위.

3장과 4장에서 기본적으로 불꽃, 전열, 플라스마의 세 가지 원자화 방법에 대해 논의했다. 이러한 방법을 분석적인 면과 실제적인 면에서 비교하는 것이 좋다. 지금까지 불꽃 AAS는 초기 투자 및 유지 보수비용 측면에서 가장 값이 싼 옵션이었지만, 미량 수준 측정이 아닌 대부분의 일상적인 분석에는 충분하다. 불꽃 AAS를 이용한 검출 한계는 평균적으로 ppm 수준이지만 일부 원소의 경우 약 0.5 ppb부터 최대 1000 ppm까지의 범위를 가진다. 많은 양의 시료를 사용하면 처리량을 크게 감소시키지 않고 0.1% 상대 표준 편차(RSD)보다 우수한 정밀도를 얻을 수 있다. 세 가지 방법 중 전열 방법은 평균 0.25 ppb의 가장 좋은 검출 한계를 나타내고 범위는 약 2 ppt에서 최대 20 ppb에 이른다. 또한, 기기 비용이 불꽃 AAS보다 높지만 ICP-AES보다 훨씬 낮다. 그러나 처리량은 불꽃 AAS 또는 ICP-AES보다 훨씬 적으며, 정밀도는 매우 좋지 않고, 대개 RSD는 1~5%이지만, 최대 20%에 이른다. 위에서 언급한 바와 같이 ICP-AES는 세 가지 중에서 가장 비용이 많이 드는 옵션이며, 두 방법 사이의 검출 한계를 제공하지만 일반적으로 약 1 ppb, 범위는 0.5에서 약 20 ppb으로 전열 방법에 더 가깝다. 데이터 통합에 충분한 시간이 주어지면 불꽃 AAS 수준의 정밀도를 나타낸다. 그러나 이 장에서 언급된 추가적인 장점은 ICP-AES가 오늘날 사용되고 있는 가장 유용한 원자 방법 중 하나라는 것을 의미한다. 두 가지 추가적인 원자 방법에 대해서 논의하고자 한다. **엑스선 형광 분광법**(X-ray fluorescence spectroscopy) 및 **유도 결합 플라스마 질량 분석법**(inductively coupled plasma-mass spectrometry)이다. 우리는 5장과 10장에서 이것들을 다룰 것이다. 비교를 위해 ICP-MS 기기는 ICP-AES 기기보다 약 50~75% 더 비싸지만 불꽃 AAS 또는 ICP-AES보다 더 나은 검출 한계를 제공한다[심지어 일부 원소의 경우 20 ppq(parts per quadrillion) 정도로 낮음]. 또한 ICP-MS를 사용하면 다른 방법으로는 접근할 수 없는 많은 원소를 정량화할 수 있다. 극미량 분석을 일상적으로 수행하는 분석 실험실의 경우, ICP-MS가 좋은 선택 방법일 것이다.

문제 4.15 다 원소 분석을 수행할 때 AAS를 사용하는 것보다 AES를 사용하는 것이 더 쉬운 이유를 설명하라.

문제 4.16 AES는 고분해능 단색화 장치가 필요한 반면, AAS는 비교적 낮은 분해능에서 중간 정도의 분해능을 갖는 단색화 장치가 필요한 이유를 설명하라.

4.5 심화자료

Books

Cremers, D. A.; Radziemski, L. J. *Handbook of Laser-Induced Breakdown Spectroscopy*. John Wiley & Sons: Chichester, UK, **2006**.

Cullen, M. *Atomic Spectroscopy in Elemental Analysis*. Blackwell Publishing: Oxford, UK, **2003**.

Hollas, Michael J. *Modern Spectroscopy*, 4th ed. (Chapter 7). John Wiley & Sons: Chichester, UK, **2004**.

Metcalfe, E. *Atomic Absorption and Emission Spectroscopy*. Prichard, E. eds. John Wiley & Sons: Chichester, UK, **1987**.

Varma, A. CRC *Handbook of Inductively Coupled Plasma Atomic Emission Spectroscopy*. CRC Press: Boca Raton, FL, **1990**.

Journals

Tangen, G.; Wickstrom, T.; Lierhagen, S.; Vogt, R.; Lund, W. Fractionation and Determination of Aluminum and Iron in Soil Water Samples Using SPE Cartridges and ICP-AES. *Environ. Sci. Technol.*, **2002**, *36*, 5421–5425.

Uden, P. C., eds. *Element-Specific Chromatographic Detection by Atomic Emission Spectroscopy; ACS Symposium Series*, American Chemical Society: Washington, DC, **1992**.

Zhu, Z.; Chan, G. C. Y.; Ray, S. J.; Zhang, X.; Hieftje, G. M. Microplasma Source Based on a Dielectric Barrier Discharge for the Determination of Mercury by Atomic Emission Spectrometry. *Anal. Chem.*, **2008**, 80(22), 8622–8627.

4.6 연습 문제

4.1: 원자 발광 띠너비가 분자 형광 띠너비보다 훨씬 작은 이유는 무엇인가?

4.2: 그림 4.1을 참조하여, 분자 발광법과 원자 발광법은 어떤 기기적 특징이 같은가? 또한, 두 가지 방법의 주요 차이점은 무엇인가?

4.3: 양자 역학적 현상과 기기적 관점에서, 분자 흡수법와 분자 발광 분광법의 유사점과 차이점을 열거하라(그림 4.1 참조).

4.4: ICP 토치에 분석물을 도입하는 4가지 이상의 방법을 설명하라.

4.5: 원자 발광 분광법의 각 원자화원에 대해 이해한 바에 따라 다원소 분석에서 *원소*(element)당 필요한 시간이 가장 짧은 것부터 가장 길은 것까지 네 가지 원자원의 순위를 매겨라.

4.6: 원자 발광 분광법의 각 원자화원에 대해 이해한 바에 따라 다원소 분석에서 시료당 비용의 측면에서 가장 높은 것부터 가장 낮은 것까지 네 가지 소스의 순위를 매겨라.

4.7: 칼륨의 1차 흡수선 및 방출선은 766.5 nm에서 나타난다. Boltzmann 방정식(예제 4.1 및 문제 4.3)을 사용하여 (a) 2,945°C에서 아산화 질소–아세틸렌 불꽃과 (b) 7,945°C에서 ICP 플라스마를 사용하여 들뜬 상태의 칼륨 원자의 백분율을 계산하라.

4.8: 표준물 첨가법은 DCP-AES에 의해 물 시료 중의 철 함량을 측정하는 데 사용되었다. 수집된 데이터는 표에 나와 있으며, 분광계의 암전류는 2.9 μA이다.

첨가된 Fe(μg/L)	검출기 출력(mA)
0	5.9
5	11.0
10	16.1

(a) 스프레드시트를 사용하여 데이터를 통해 최소 제곱선을 그려라. 그래프에 x 절편을 표시하라. 또한 그래프에 대한 방정식 및 상관계수를 표시하라.

(b) 원래 시료에서 철의 농도를 결정하고 선의 표준 편차를 사용하여 95% 신뢰 한계를 결정하라.

(c) 만약 정답이 2.81 ppb이라면, 분석 기술의 상대 오차는 얼마인가? 오류가 체계적인 오류 혹은 실험적 오류인가? 여러분의 추론을 설명하라.

4.9: 금 함량에 대한 해수 분석에서 희석제로 4% HCl을 사용하여 일련의 검정 표준 용액을 준비한 다음, 순수한 4% HCl 용액의 감응값을 0으로 설정한 후 ICP-AES를 사용하여 측정했다. 해수 10.00 mL에 진한(36.0%) HCl 1.25 mL를 첨가하여 산성화한 다음 동일한 방법으로 측정하여 1,433(임의 단위)의 감응값을 얻었다.

검정 표준 용액 농도(ng/L)	검출기 감응값 (임의 단위)
5.0	1,325
10.0	2,547
15.0	3,988
20.0	5,546

(a) 처리된 해수 시료에서 HCl의 백분율은 얼마인가?

(b) 원래의 해수 시료에서 금의 농도를 계산하라.

(c) 계산된 농도의 표준 편차를 계산하라.

(d) 측정에서 95% 신뢰구간을 결정하라.

(e) 설명한 대로 이 방법에 잠재적인 문제가 있다고 생각하는가? 이를 설명하라. 여러분은 무엇을 다르게 할 것인가?

(f) 만약 사용된 방법이 불꽃 AAS라면 (e)에 대한 여러분의 대답은 다른가? 설명하라.

›고급 연습 문제

4.10: 크롬은 때때로 석유 제품(예, 가솔린, 오일, 타이어)에 존재하기 때문에 붐비는 도로 근처에서 비정상적인 농도가 측정된다.

경도	위도	LIBS 감응(mA)
N29.826°	W94.368°	24.25
N29.825°	W94.342°	21.57
N29.826°	W94.250°	18.11
N29.833°	W94.204°	22.93
N29.844°	W94.155°	27.89
N29.863°	W94.078°	37.65

텍사스의 73번 고속도로를 따라 길가의 토양을 채취하기 위해 트럭 뒤쪽에 LIBS 시스템이 설치되었다. 출발하기 전에 깨끗한 토양에 10.00 mg·kg^{-1}의 Cr이 함유된 표준 시료를 트럭 장착 시스템을 사용하여 채취하고, 10개의 판독값에 대해 평균 17.32 ± 0.13 mA의 판독값을 얻었다. 트럭은 고속도로를 따라 길가의 여섯 곳에서 토양을 채취했다. 표에 표시된 위치는

GPS 경도/위도이다. Google에서 "loc: N24.826° W94.368°"을 사용하여 지도에서 해당 위치를 찾을 수 있다.

(a) 각 위치에서 토양의 크롬 농도를 예측하라.

(b) 세 번째 위치(N24.826°, W94.250°)에 있는 토양의 Cr은 표준 시료보다 상당히(통계적으로 말하면) 높은가?

(c) 데이터에 표시되는 추세를 합리화하라.

(d) 데이터가 얼마나 정확한가? 계산된 농도에 몇 개의 유효 숫자가 있다고 생각하는가? 적절하게 설명하라.

(e) 길가의 토양에서 Cr의 농도를 보다 정확하게 측정하려면 어떻게 해야 하는가?

4.11 상태의 미분화가 1이라고 가정할 때, 8,000 K 플라스마에서 바닥 상태 원자 대 들뜬 상태 원자의 비율은 얼마인가? [*힌트*: 식 (4.15) 참조]

4.12: 국립표준기술연구소 웹사이트(http://www.nist.gov/pml/data/atomspec.cfm)를 방문하여 마그네슘과 칼슘의 선 스펙트럼을 찾아라. 칼슘과 마그네슘이 모두 토양의 일반적인 성분이라는 사실을 고려할 때, 여러분은 토양에서 마그네슘을 측정하기 위한 ICP-AES의 적절한 파장에 대해 어떤 추천을 할 수 있는가?

4.13: 원자 분광법이 분자 분광법에 비해 가지고 있는 장점 중 하나는 관찰된 전이의 매우 좁은 띠너비이다. 그러나 띠너비는 무한히 좁지 않다. 실제로 Heisenberg의 불확정성 원리는 $\Delta E \Delta t \geq \frac{h}{2\pi}$라고 기술한다. 전이 수명이 $(\Delta t) = 2$ ns인 수은 546.074 nm 선에 대한 이론적 최소 띠너비는 얼마인가?

노트: 이 계산에는 미분법이 필요하다. 스스로 이 문제를 해결해 보라. 하지만 어려움이 있으면 3장 3.3절을 참조하라.

제 5 장

엑스선 관련 기술들

X-ray–Related Techniques

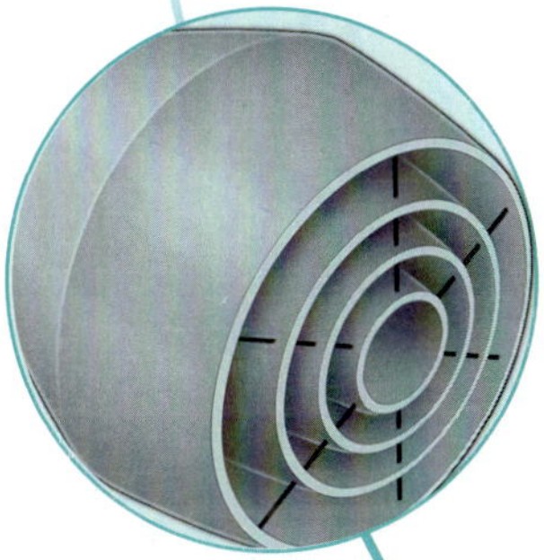

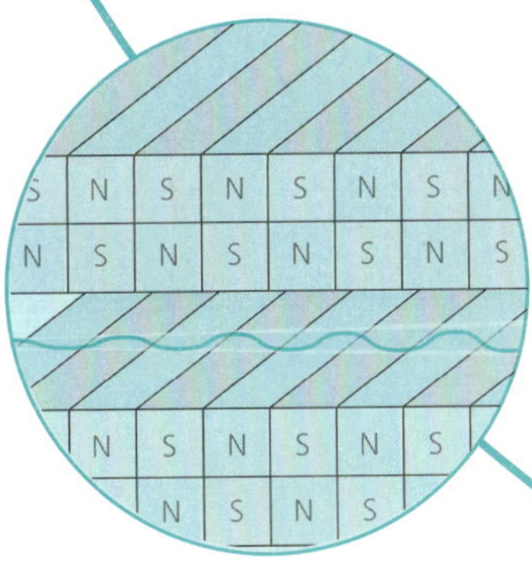

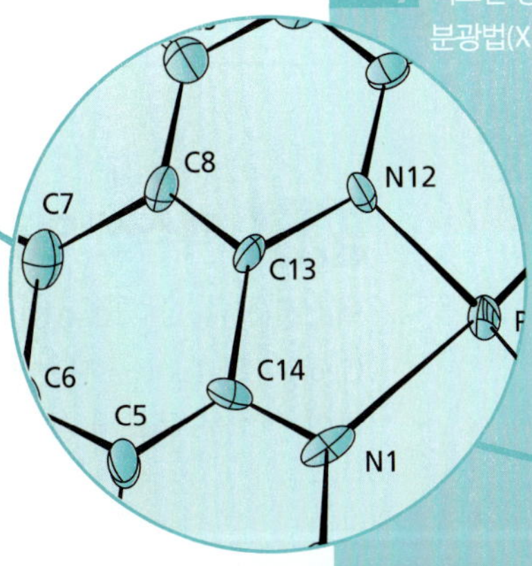

▶ 프로파일 _Profile

현대판 골드러시

2013년 4월 24일자 *Bloomberg Businessweek*지는 길거리 구석구석 보이는 "금 매입" 사업이 폭발적으로 증가했다고 보고했다. 금 가격이 2003년 온스당 300달러에서 2012년에는 온스당 1,800달러로 급상승하면서 중소기업 상인들은 그들이 찾을 수 있는 곳이라면 어디에서든 제련소에 공급할 금을 찾고 있었는데, 모두가 그 행동에 동참하는 것처럼 보였다. 여러분이 만약 할머니의 낡은 보석으로 가득 찬 서랍을 가지고 있다면, 당신은 말그대로 "금광" 위에 앉아 있을 수도 있다. 그렇다면 상점 주인은 여러분이 가져온 팔찌에 얼마나 많은 금이 있는지 어떻게 알 수 있을까? 그것이 24캐럿 또는 18캐럿의 금인가, 아니면 단순히 금도금만 되어 있는 건가? 대답은 휴대용 엑스선 형광(XRF) 분광계(금 "총"라고도 함)로 알 수 있다. 예를 들어, Bruker Instruments는 6가지 모델을 판매하면서, "휴대용 XRF 분광계: 마그네슘에서 우라늄까지 거의 모든 원소를 정량화하는 비파괴적 원소 분석 기술"이라고 광고한다. 이 회사에는 심지어 "귀금속 분석" 전용 웹사이트도 있다. Thermo Scientific는 특별히 귀금속 분석기로서 두 개의 XRF 분광계를 판매한다. 요즘에는 누구나 분광법자가 될 수 있는 것 같다.

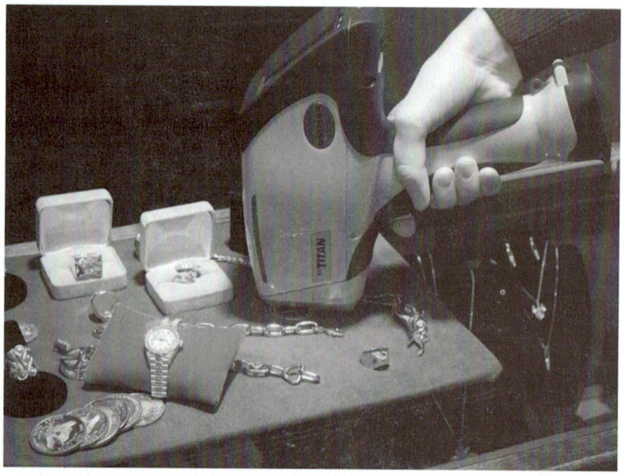

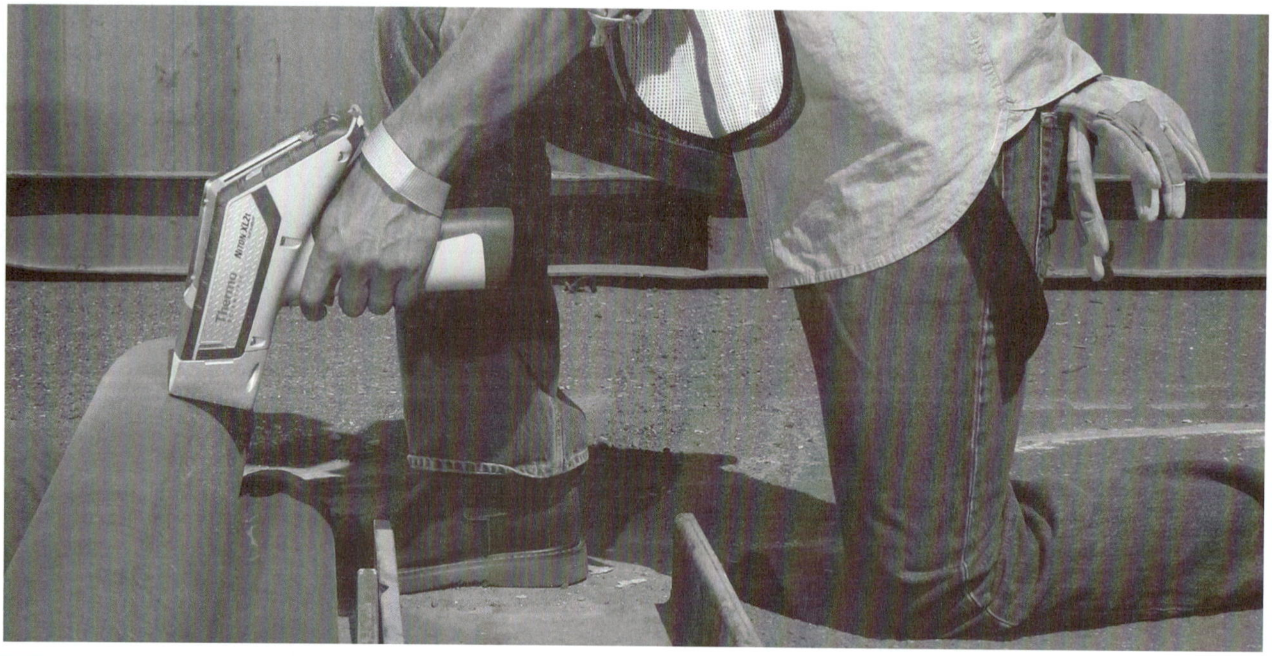

5.1 엑스선 형광 분광법의 원리

엑스선(X-ray)는 10~0.01 nm 범위의 파장을 갖는 고에너지 광자다. 엑스선 분광법은 Georg Charles von Hevesy부터 시작되었는데, 그는 1923년에 광원으로 엑스선을 사용하여 원소를 들뜨게 함으로써 시료에서 특정 엑스선이 방출되는 것을 보였다. 최초의

▶ 프로파일 _Profile

W. C. Röntgen

William Röntgen(1845~1923)은 1895년에 기체 방전관에서 나오는 광선 경로에 놓인 테트라사이아노백금(II)산 바륨($Ba[Pt(CN)_4]$)에서 형광을 관찰했다. 그 방전관은 검게 칠해진 상자로 덮여 있었다. 그는 상자를 통과할 수 있는, 이전까지 알려지지 않았던 형태의 복사선이 나오고 있다고 제대로 추측했으며, 이 복사선을 엑스선(알려지지 않은 것에 대해 x)이라고 불렀다. Röntgen은 2주 만에 아내 손뼈의 영상을 만들어 냈다. 엑스선을 발견한 지 2년 만에 전 세계적으로 의학 분야에 "엑스선"을 사용하는 것이 일반화되었다. 이후의 실험에서 Röntgen은 표적 양극에 음극선이 충격을 가함으로써 엑스선이 생성되었다고 추론할 수 있었다.* 이 장의 후반부에서 엑스선 광원에 대해 알아볼 때 이 개념을 다시 다루게 된다. 이러한 발견은 Max Von Laue가 엑스선의 회절을 보여줌으로써 엑스선이 전자기 복사의 한 형태이고 파동과 같은 성질을 가진다는 것을 보여 주기 거의 10년 전의 일이었다. 1901년에 Röntgen은 엑스선 발견으로 제1회 노벨 물리학상을 수상했다.

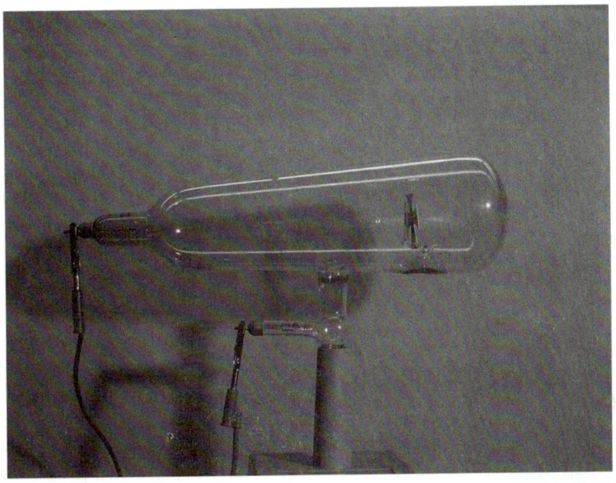

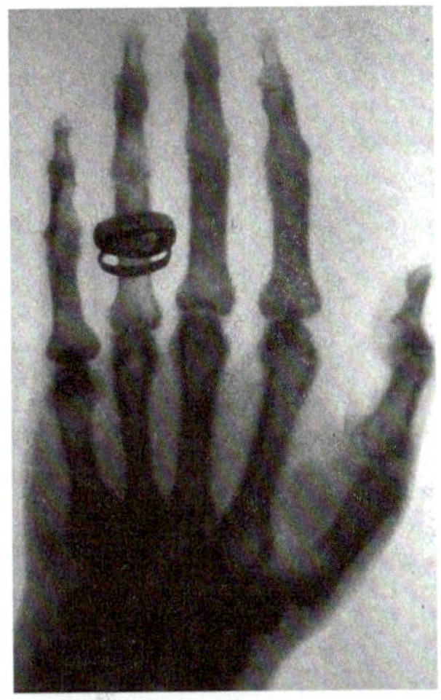

** J. J. Thompson은 나중에 음극선이 전자임을 확인했다.*
http://www.deutsches-museum.de/sammlungen/ausgewaehlte-objekte/meisterwerke-ii/roentgen

실용적인 엑스선 분광계는 1950년경에 개발되었다. 고성능 엑스선원[1]의 개발로 새로운 재료에 대한 탐색과 응용이 가능해진 1970년대 후반 전까지는 그 기능이 거의 발전하지 않았다.[2] **엑스선 형광**(X-ray fluorescence, XRF) 분광법은 모든 형태의 엑스선 분광법이 그랬듯이, 지난 10년 동안 광학 및 검출기 기술 분야에서 괄목할 만한 발전을 거듭했다.[3] 지난 10년간 엑스선의 발전에 대해 매년 여러 편의 우수한 총설과 책들이 출간되었는데, 앞으로 몇 십 년 동안에도 이 발전 속도가 지속될 가능성이 매우 높다.[2]

[1] 살선 싱크로트론(beam line synchrotron).

[2] Als-Nielsen, J.; McMorrow, D. *Elements of Modern X-ray Physics*, 2nd ed. John Wiley & Sons: NY, **2001**.

[3] Tsuji, K.; et al. X-ray Spectrometry. *Anal. Chem.* **2012**, *84*, 636 – 668; West, et al. *J. Anal. At. Spectrom*, **2011**, 26, 1919 – 1963; West, et al. Atomic Spectrometry Update-X-ray Fluorescence Spectrometry. *J. Anal. At. Spectrom*, **2010**, 25, 1503 – 1545; Tsuji, K.; Nakano, K.; Takahashi, Y.; Hayashi, K.; Ro, C. X-ray Spectrometry. *Anal. Chem.*, **2010**, *82*, 4950 – 4987; West, et al. Atomic Spectrometry Update. X-Ray Fluorescence Spectrometry *J. Anal. At. Spectrom*, **2009**, 24, 1289 – 1326; Tsuji, K.; Nakano, K.; Hayashi, H.; Hayashi, K.; Ro, C. X-ray Spectrometry. *Anal. Chem.*, **2008**, *80*, 4421 – 4454.; Erko, A.; Idir, M.; Krist, Th.; Michette, A. G. *Modern Developments in X-ray and Neutron Optics*. Springer: Berlin, Germany, **2008**; Szalóki, I; Osán, J; Van Grieken, R. E. X-ray Spectrometry. *Anal. Chem.*, **2006**, 78, 4069.

배경—엑스선 형광, 불꽃 및 흑연로 원자 흡수 분광법, 유도 결합 플라스마-질량 분석법

XRF 분광법을 원소 분석 기술로 분류하는 것이 타당하다. 그러나 다른 원소 분석 기술과 직접 비교해 보면 XRF의 주요 이점과 단점이 있다. 예를 들어, XRF는 재료 표면의 처음 몇 μm를 탐침하는 표면 분석 기술이다. 이는 분석 목표에 따라 장점 또는 단점으로 간주될 수 있다. XRF의 분명한 이점은 이 분석법이 비파괴 기술이라는 사실이다. 불꽃 AAS, 흑연로 AAS 및 ICP-MS와 비교할 때 XRF의 명백한 단점은 열등한 검출 한계이다.

XRF은 이미 매우 유용한 원소 분석 기술이지만, 아직 성숙한 분석 기술은 아니라고 말할 수 있어서 우리는 가까운 미래에 추가적인 발전을 기대해 볼 수 있다.

하드웨어의 향상과 함께, 엑스선 분광법은 소프트웨어 개발 및 데이터 분석의 발전에 힘입어 XRF를 훨씬 쉽게 사용할 수 있게 되었다. 결과적으로 XRF는 분석 실험실에서 벗어나 표면 영상화를 위한 2차원 및 3차원 기술 개발에서뿐만 아니라 의학(예, 컴퓨터-보조 단층촬영), 고고학, 인류학(예, 유물의 연대 결정 및 출처 확인), 범죄과학(예, 예술품 사기 식별[4]), 소재 분석(합금의 1차 금속 식별[5]) 등에 사용되고 있다. 이 장에서는 원소 분석에 적용되는 XRF의 응용과 기기장치법에 대해 논의하지만, 물질 및 표면 분석에서도 동일한 광원, 광학 장치 및 검출기가 많이 이용된다.

분석 도구로서 원자 흡수 분광법(atomic absorption spectroscopy, AAS), 원자 발광 분광법(atomic emission spectroscopy, AES), XRF 분광법을 *유도 결합 플라스마-질량 분석학*(inductively coupled plasma-mass spectrometry, ICP-MS)[6]과 함께 "도구 상자"의 같은 통에 넣는 것이 타당할 것이다. XRF 기술은 벌크 재료, 광물, 금속 합금 및 유물에 대한 일상적인 원소 분석에 사용된다. 비록 XRF가 형광 분광법(7장 참조)의 한 형태이지만, 기본이 되는 양자역학은 우리가 지금까지 학습한 모든 분광법적 방법들과 차이가 있다.

예외 없이, 우리가 이전에 학습한 모든 분광법적 방법은 관찰하는 원자의 원자가 껍질 혹은 분자의 결합성 오비탈에서 시작되거나 종결되는 양자 사건과 관련이 있다. 반면에, XRF에서 활용되는 양자 사건은 표본 *원자*의 *핵심부* 양자 껍질에서 시작되고 종결된다(그림 5.1 참조). 원자가 고에너지 엑스선(또는 감마선, 알파 입자, 양성자 또는 고에너지 전자)에 의해 충격을 받으면 분석물의 내부-핵심부 전자를 방출할 수 있다. 결과적으로 원자의 내부 전자 껍질 안에 전자 "정공(hole)"이 있는 들뜬 *상태*의 이온이 생성된다. 들뜬 상태 이온이 바닥 상태로 이완되면서 더 높은 궤도에 있는 전자는 정공 속으로 흘러간다. 결국 해당 원소에 특징적인 엑스선 광자의 형광(*특성 방출*이라고도 함)을 보인다.

형광 광자의 에너지는 두 개의 대응하는 오비탈 사이의 에너지 차이로, 그림 5.1은 그 과정을 개략적으로 보여준다. 그림 (A)에서 분석 대상 원자에 부딪치는, 광원으로부터 입사하는 엑스선 광자를 볼 수 있다. 입사된 광자는 전자의 외부 껍질을 관통하며, 결국 내부 껍질 전자와 충돌하여 그 내부 껍질 전자(방출된 *광전자*)를 방출하게 된다. 그림 (B)는 방출된 광전자에 의해 남겨진 빈자리로 상부 껍질 전자들이 흘러들어가는 것을 보여준다. 그림 (B)는 또한 두 가지 가능한 이완 사건을 나타낸다. K_α라고 표시된 것은 K-껍질 한 준위 위에서 떨어지는 전자에서 발생하며, K_β라고 표시된 사건은 K-껍질 두 준위 위에서 떨어지는 전자에서 일어난다.

◆ 엑스선 형광 전이: 용어

한 원자의 내부 껍질에 전자 정공이 만들어질 때 생성되는 엑스선 광자의 명칭은 방출된 전자의 양자 껍질에 의해 결정된다. 전자 정공이 n = 1 양자 껍질(1s 오비탈)에서 생성되면, 그 껍질로의 전이는 "K" 전이로 지정되고 떨어지는 전자가 시작된 껍질은 첨자 α, β, γ 등으로 표시한다. 예를 들어, n = 2에서 n = 1로의 전이는 K_α로 나타내며, 여기서 K는 전자 정공의 시작점을 나타내고 α는 전자가 전자 정공 하나 위의 껍질에서 떨

모든 "K" 전이는 n = 1 양자 껍질에서 종결된다.
모든 "L" 전이는 n = 2 양자 껍질에서 종결된다.

[4] Uffelman, E. S.; Court, E; Marciari, J; Miller, A.; Cox, L. Handheld XRF Analysis of Two Veronese Paintings. *ACS Symposium Series*, **2012**, *1103*, 51 – 73.

[5] dos Anjos, M. J.; Lopes, R. T.; de Jesus E. F. O.; Assis, J. T.; Cesareo, R.; Barradas, C. A. A. Quantitative Analysis of Metals in Soil using X-ray Fluorescence. *Spectrochimica Acta Part B: Atomic Spectroscopy* **2000**, *55*(7), 1189.

[6] ICP-MS는 10장에서 다룬다.

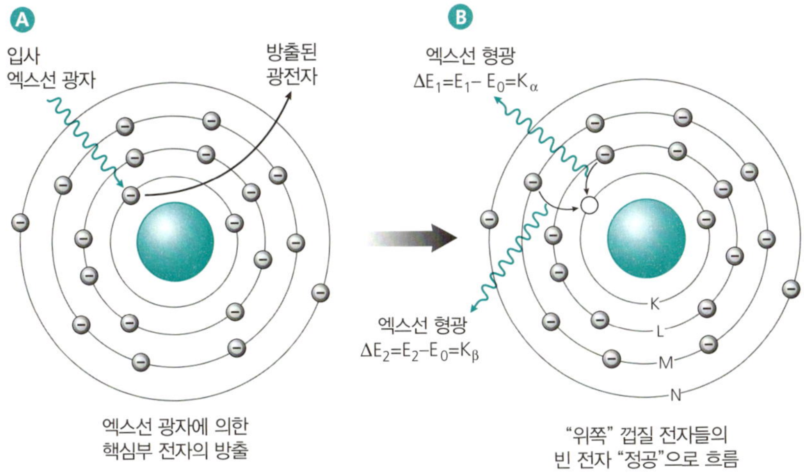

그림 5.1 핵심부 전자 방출로 인한 XRF. (A)에서는, n = 1 양자 껍질(K 껍질)에서 전자가 방출되었다. (B)에서는 두 가지 가능한 이완 사건을 보여준다. 첫 번째는 ΔE_1의 광자를 만드는 "L" 양자 상태로부터의 전이이다. 두 번째는 에너지 ΔE_2의 광자를 생성하는 "M" 양자 상태로부터의 전이이다. 이 광자들을 표시하기 위해 K_α와 K_β를 사용한다. XRF 광자 K-시리즈는 각각 n = 1 전자의 방출에서 기인하고, n = 2, n = 3, n = 4 전자의 방출은 L-, M-, N- 시리즈로 각각 표시한다.

어졌다는 것을 의미한다. 연속 단계 전이가 n = 3 → n = 1인 경우, K_β으로 표시한다. *모든 "K" 전이는 n = 1 양자 껍질에서 종결된다.* 원래의 전자 정공이 n = 2 양자 껍질에서 생성되었다면 그 껍질로의 전이는 "L" 전이로 지정되고, n = 3 → n = 2는 L_α로, n = 4 → n = 2는 L_β 등으로 표시한다. 주기율표의 처음 세 가지 주기의 원소에서는 "L" 전이가 없다. 매우 무거운 원소들 중 일부에서는 n = 3 양자 껍질에서 원래의 전자 정공이 생성된 "M" 전이를 볼 수 있다.

문제 5.1 일반적인 Jablonski 도표(예를 들어, 그림 7.3 혹은 비교 및 대조 "광 흡수 대 광전자 흡수" 참조)는 원자 또는 분자의 원자가 껍질에 대한 전자 전이를 보여준다. 그림 7.3의 양식을 참조하여, XRF K_α 방출에 대한 Jablonski 도표 양식의 에너지 도표을 만들어라. Jablonski 양식의 도표를 만들 때, 원자 대 분자 전이의 차이점을 고려해야 한다.

문제 5.2 마그네슘에 특징적인 L_β 방출을 관찰하는 것이 양자 역학적으로 불가능한 이유는 무엇인가? 그림 5.1과 유사한 도표가 이 질문의 대답에 도움이 될 수 있다.

◆ 광전자 흡수

XRF 분광법과 "광학" 분광법(자외선-가시선[UV-vis] 및 적외선[IR] 등) 사이의 또 다른 차이점은 광원 복사선이 광학 분광법에서 광자 흡수를 설명하는 전통적인 방식으로 흡수되지 않는다는 사실이다. UV-vis 및 IR에서 광자의 흡수는 입사 광자의 에너지가 분석물의 해당 양자 준위 사이의 에너지 차이와 일치할 때만 발생하는데, XRF 분광법의 경우는 그렇지 않다.

예를 들어, UV-vis 분광법에서 전자는 두 전자 양자 상태의 에너지 차이와 *정확하게 일치하는* 광자를 흡수하는 경우에만 한 양자 상태에서 다른 양자 상태로 이동한다. IR 분광법에서, 흡수된 IR 광자의 에너지는 두 개의 진동 양자 상태 사이의 에너지 차이와 *정확히 일치한다.* 실제로 UV-vis 및 IR 분광법에서는 광원 복사선의 에너지를 맞춤으로써 분석물의 양자 상태를 조사할 수 있다. 입사 복사선과 분석 대상 양자 상태의 에너지

맞춤은 XRF의 필요 사항이 아니다. XRF에서 광원의 입사 광자는 목표 원자의 핵심부 전자를 방출하기 위해 최소의 문턱 에너지 값을 가져야 한다. 그러나 입사 광자는 문턱 에너지를 초과하는 에너지를 가질 수 있다. 입사 엑스선 광자가 가지고 있는 여분의 에너지는 분석물 핵의 핵심부에서 방출되는 **광전자**(photoelectron)의 운동 에너지로 전환된다.[7](그림 5.1 참조).

문제 5.3 아래 그려진 오비탈 도표에서 방출된 전자 "정공"은 "⊕"로 표시되고, 화살표는 그 정공으로 흘러가는 더 높은 n-값을 가지는 전자를 나타낸다. 각 전이를 K_α, L_β 등과 같이 표시하라.

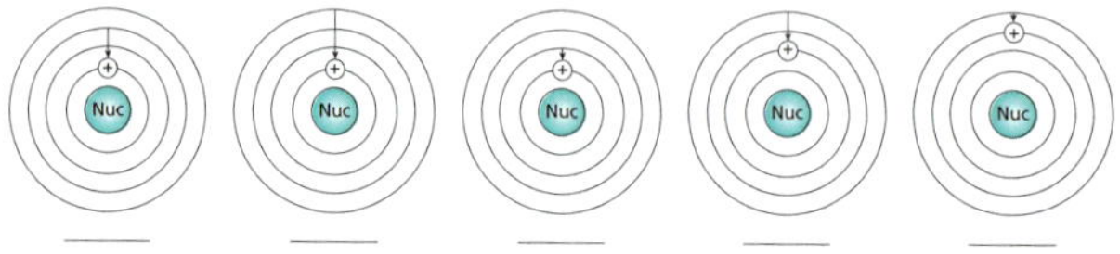

다음 페이지의 비교 및 대조 "광 흡수 대 광전자 흡수"에서는 분자 UV-vis 흡수를 나타내는 Jablonski 도표[8]와 광전자 흡수를 나타내는 그림 5.1의 수정된 형태가 나란히 배치되어있다.

이것은 **광전 효과**(photoelectric effect)[9]의 극한 형태이며, XRF와 관련하여 **광전자 흡수**(photoelectric absorption)라고 한다. 흥미롭게도, 전자를 방출할 확률은 입사 엑스선 광자의 에너지가 최소 문턱 방출 에너지일 때 최대가 된다.

실제로, 엑스선 광자의 에너지가 분석물 전자의 문턱 방출 에너지를 초과하면, 엑스선원의 효율은 감소한다. 최소 문턱 방출 에너지는 표 5.1에 나와 있다.

문제 5.4 광원 복사선의 광전자 흡수를 광원 복사선의 분자 UV-vis 및 IR 흡수와 비교 및 대조하라. 이들은 어떤 면에서 유사한가? 또 어떻게 다른가?

형광 광자의 *파장*은 원소에 특이적이기 때문에, 어떤 원소가 표본에 존재하는지를 결정할 수 있다(정성 분석). 형광 광자의 강도는 흡수 종의 수에 비례한다. 따라서 XRF 실험의 두 번째 목표는 각 파장에서 형광 광자의 강도를 측정하는 것이다. 이를 통해 표본에 존재하는 각 원소의 원자 수를 결정할 수 있다(정량 분석).

◆ 엑스선의 흡수

광분광법에 대한 Beer의 법칙과 유사한 방식으로, XRF에서 광원 엑스선의 흡수는 선형 흡광 계수를 갖는다. 우리는 6장에서 UV-vis 흡수에 대한 Beer의 법칙을 처음 소개했다.

$$A = \varepsilon bc$$

여기서

A = 흡광도(단위 없음)

ε = 몰 흡광도$\left(\frac{Liters}{(Mole)cm}\right)$

b = 경로 길이

c = 농도(몰농도)

---

[7] 엑스선 광전자의 운동 에너지를 측정하는 것은 광전자 분광법(photoelectron spectroscopy, XPS)이라는 기술의 기초이며, 오제 전자 분광법(auger electron spectroscopy, AES)이라는 추가 기술과 관련이 있다.

[8] Jablonski 도표는 6, 7장에서 소개되었다.

[9] 광전 효과는 일반적으로 바깥 껍질 전자가 관여하며, Heinrich Hertz가 가스 방전관의 음극에 자외선을 비추면서 처음 관찰되었다. Albert Einstein은 광전 효과에 대한 이론적 설명을 통해 1921년 노벨상을 수상하였다. 아인슈타인의 광전 효과에 대한 연구를 통해 광자(빛의 양자)라는 개념이 생겼다.

표 5.1 ▶ K_α 방출 에너지(eV)

원소		K_α	원소		K_α	원소		K_α	원소		K_α	원소		K_α
3	Li	54.3	21	Sc	4,090.6	39	Y	14,958.4	57	La	33,441.8	75	Re	61,140.3
4	Be	108.5	22	Ti	4,510.84	40	Zr	15,775.1	58	Ce	34,719.7	76	Os	63,000.5
5	B	183.3	23	V	4,952.20	41	Nb	16,615.1	59	Pr	36,026.3	77	Ir	64,895.6
6	C	277	24	Cr	5,414.72	42	Mo	17,479.34	60	Nd	37,361.0	78	Pt	66,832
7	N	392.4	25	Mn	5,898.75	43	Tc	18,367.1	61	Pm	38,724.7	79	Au	68,803.7
8	O	524.9	26	Fe	6,403.84	44	Ru	19,279.2	62	Sm	40,118.1	80	Hg	70,819
9	F	676.8	27	Co	6,930.32	45	Rh	20,216.1	63	Eu	41,542.2	81	Tl	72,871.5
10	Ne	848.6	28	Ni	7,478.15	46	Pd	21,177.1	64	Gd	42,996.2	82	Pb	74,969.4
11	Na	1,040.98	29	Cu	8,047.78	47	Ag	22,162.92	65	Tb	44,481.6	83	Bi	77,107.9
12	Mg	1,253.60	30	Zn	8,638.86	48	Cd	23,173.6	66	Dy	45,998.4	84	Po	79,290
13	Al	1,486.70	31	Ga	9,251.74	49	In	24,209.7	67	Ho	47,546.7	85	At	81,520
14	Si	1,739.98	32	Ge	9,886.42	50	Sn	25,271.3	68	Er	49,127.7	86	Rn	83,780
15	P	2,013.7	33	As	10,543.72	51	Sb	26,359.1	69	Tm	50,741.6	87	Fr	86,100
16	S	2,307.84	34	Se	11,222.4	52	Te	27,472.3	70	Yb	52,388.9	88	Ra	88,470
17	Cl	2,622.39	35	Br	11,924.2	53	I	28,612.0	71	Lu	54,069.8	89	Ac	90,884
18	Ar	2,957.70	36	Kr	12,649	54	Xe	29,779	72	Hf	55,790.2	90	Th	93,350
19	K	3,313.8	37	Rb	13,395.3	55	Cs	30,972.8	73	Ta	57,532	91	Pa	95,868
20	Ca	3,691.68	38	Sr	14,165	56	Ba	32,193.6	74	W	59,318.24	92	U	98,439

Lawrence Berkeley 국립 연구소의 엑스선 광학 및 고급 광원 센터.
추가 방출선들은 http://xdb.lbl.gov/을 참조.

비교 및 대조_Compare and Contrast

광 흡수 대 광전자 흡수

분자 UV-vis 흡수에 대한 Jablonski 도표: 결합 전자가 두 분자 오비탈 사이에서 전이될 때 UV-vis 광자의 흡수. 광자 에너지와 분자 오비탈 사이의 정확한 에너지 일치가 *필요하다*.

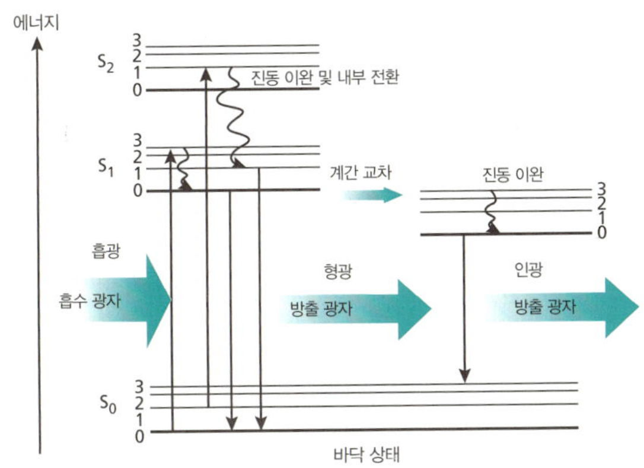

원자 광전자 흡수에 대한 오비탈 에너지 도표: 엑스선 광자의 "흡수"는 핵심부 전자의 방출을 초래한다. 입사 광자의 에너지는 핵심부 전자의 결합 에너지와 일치할 *필요가 없으며*, 여분의 에너지는 전자의 운동 에너지가 된다.

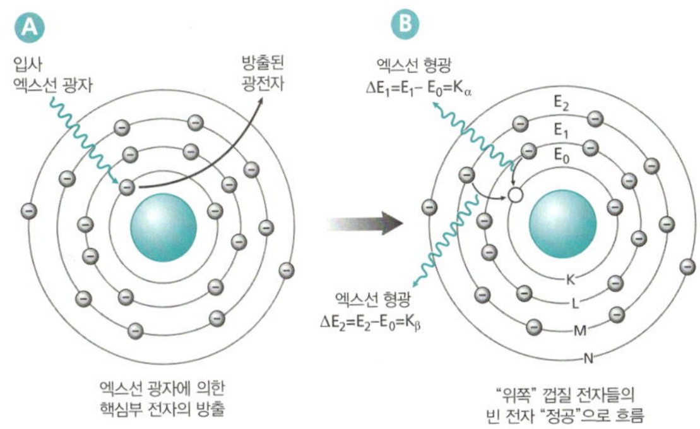

이 두 도표는 또한 UV-vis 형광 및 XRF의 또 다른 양자 역학적 차이점을 보여준다. UV-vis 형광에서 들뜬 상태의 전자는 원래의 에너지 상태로 "떨어진다." XRF에서 전자는 광방출된 전자에 의해 남겨진 빈자리에 "떨어진다."

흡수 종을 포함하는 시료의 특정 길이의 극소 부분을 통과하는 엑스선 살을 가정할 때 복사력 손실은 −dP가 되는데, 이것은 다음과 같이 표현 될 수 있다.

$$\frac{dp}{d\ell} = -\eta P \Rightarrow -\frac{dP}{p} = \eta(d\ell) \qquad \text{식 (5.1)}$$

여기서

η = 특정 화학종의 선형 흡광 계수

전체 경로 길이에 대해 적분하면, 복사력 손실은 다음과 같다.

$$\int_{P_o}^{p} \frac{dP}{P} = -\eta \int_{o}^{\ell} d\ell$$

여기서

P_o = x = 0(시료에 들어가기 전) 거리에서 복사력

그러면

$$ln\left(\frac{P}{P_o}\right) = -\eta\ell$$

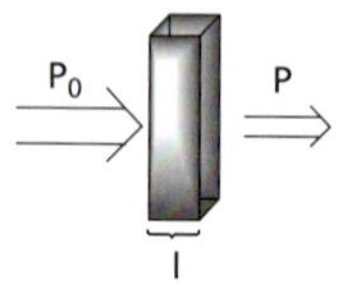

자연 로그(ln)를 상용로그로 변환하고 −1을 곱하면 다음과 같다.

$$-log\left(\frac{P}{P_o}\right) = 2.303\eta\ell \qquad \text{식 (5.2)}$$

2.303과 η의 곱은 다른 상수 "μ"로 나타낼 수 있다. 6장에서 Beer의 법칙을 유도할 때, 흡광도(A)는 $-log\left(\frac{P}{P_o}\right)$로 정의했으므로 식 (5.2)는 아래와 같이 된다.

$$A = \mu\ell \qquad \text{식 (5.3)}$$

Beer의 법칙에 대한 논의에서 우리는 각 분자에 대해 실험적으로 몰 흡광도를 결정해야 한다고 말했다. 엄밀히 말하면, 엑스선 흡광에서도 실험적으로 μ를 결정해야 한다. 그러나 엑스선 흡광에서 "흡수종"을 구성하는 것은 내부 핵심부 전자이며, 엑스선 광자의 흡광도는 존재하는 원소의 전자 밀도에 크게 의존한다. 원소 중심 전자의 전자 밀도는 원소의 원자 번호(Z)에 의존하는데, 실제로 선형 흡광 계수는 대략 Z^4에 비례한다.

$$\mu \propto Z^4$$

문제 5.5 식 (5.3)의 변수 μ는 식 (6.5)의 변수 ε과 어떤 면에서 유사한가? μ는 ε과 어떻게 다른가?

식 (5.3)과 Beer의 법칙이 유사한 것은 분명하지만, UV-vis/IR 분광법에서 측정값은 광원 복사선의 흡광도이고, Beer의 법칙은 측정을 정량화하는 데 사용된다는 점을 기억해야 한다. XRF 실험에서는 분석물을 정량화하는 수단으로 흡광을 측정하지 않는다. 대신에 XRF 실험에서 분석 측정은 두 가지 변수로 구성된다. 특성 엑스선 방출의 파장

과 특성 엑스선 방출의 세기이다. 파장은 어떤 원소가 존재하는지를 알려주고, 세기는 각 원소의 농도에 비례한다. 흡수 대신에 방출을 측정하기 때문에, 수식 (5.3)은 특정 시료에서 형광을 유도할 때 광원이 얼마나 효율적인지를 이해하는 데 도움이 되지만, 분석물 농도를 정량화하는 데는 사용되지 않는다.

5.2 엑스선원

XRF 분광법에서 사용되는 엑스선원은 세 가지 범주로 분류 할 수 있다. 첫 번째는 자연 붕괴 과정의 일부로 엑스선을 방출하는 **방사성 동위원소**(radioisotope)이다. 두 번째는 엑스선을 생성하기 위해 고에너지 전극을 사용하는 **엑스선관**(X-ray tube)이다. 세 번째는 엑스선 방출을 위해 **입자 가속기**[particle accelerator, 싱크로트론 복사(synchrotron radiation)]를 사용하는 것이다. 엑스선원을 선택하는 데 따른 장단점은 분명하다. 방사성 동위원소는 세 개의 엑스선원 중 가장 작고 휴대 가능하며 경제적이지만, 가장 세기가 낮다. 싱크로트론 엑스선원은 대개 정부의 자금 지원이 필요한 거대한 구조이다. 그러나 방사성 동위원소에 비해 세기 증가는 10^6배 정도 될 수 있다. 이 두 극단 사이에 있는 엑스선관이 대부분의 분석 실험실 장비에 사용된다.

◆ 방사성 동위원소

크기가 작고 전원 공급 장치가 없기 때문에 휴대용 XRF 분광계의 대부분은 방사성 동위원소 광원을 사용한다. 예를 들어, Thermo Scientific의 휴대용 Niton XL 시리즈 XRF 분광계는 **아메리슘-241**을 사용한다(그림 5.2 참조). 아메리슘-241은 알파 방출에 의해 붕괴하며 감마선을 부산물로 낸다. 아메리슘-241의 반감기는 432년이기 때문에 실질적으로 광원을 교체할 필요가 없다.[10] 결과적으로 야외에서 쓰기에 적합한 아주 튼튼한 휴대용 XRF 분광계이다. 이 장비들은 40개 원소의 1차 금속 식별(primary metal identification, PMI)을 수행할 수 있으며, 또한 지구화학 연구 및 유물 시장에서 널리 사용된다. XRF 광원으로 사용되는 기타 유용한 방사성 동위원소는 표 5.2에 나와 있다.

그림 5.2 통합 GPS 휴대용 XRF 분석기가 탑재된 Niton XL3t 950 GOLDD+는 아메리슘-241을 들뜸 광원으로 사용한다.

[10] 동위원소 ^{241}Am은 또한 대부분의 가정용 연기 검출기에 사용된다.

표 5.2 ▸ 엑스선 형광 분광법에 사용되는 방사성 동위원소

동위원소	^{241}Am	^{109}Cd	^{57}Co	^{244}Cm	^{55}Fe
에너지(keV)	60	23	122	18	6
K-선 들뜸	Ru-Er	Fe-Mo	Ba-U	Ti-Br	Al-V
L-선 들뜸		Yb-Pu		I-Pb	Br-I
붕괴	α와 γ	EC	EC	α와 SF	EC
반감기(년)	432	1.27	0.75	18.1	2.7

EC = 전자 포획(electron capture), SF = 자발적 핵분열(spontaneous fission).

◆ 엑스선관

1913년 General Electric은 처음으로 상업적으로 성공적인 엑스선관인 **Coolidge 관**(Coolidge tube)[11]을 생산했다. Coolidge 관에서는 텅스텐 필라멘트가 음극으로 사용되었다. 필라멘트는 텅스텐의 일함수(전자의 결합 전위) 이상으로 가열되었으며, 자유 전자는 표적 양극을 향한 퍼텐셜 기울기를 통해 가속되었다. 텅스텐 음극은 텅스텐의 잃어버린 전자를 보충하는 전압원에 연결되어 양극 쪽으로 일정한 전자 흐름을 만든다.

초기 엑스선관의 기술적 문제 중 하나는 일정한 전기 방전으로 인해 양극이 뜨거워졌으며, 방전관의 낮은 압력에서는 양극이 승화되어 수명이 크게 단축된다는 것이었다. 또한, 방출된 엑스선 파장의 양상이 양극의 온도가 변화함에 따라 변한다. Coolidge 관에서는 온도 상승 문제를 해결하기 위해 일정한 흐름의 수조를 사용하여 양극을 감쌌다. 양극을 냉각시키면 승화 과정이 느려지고 튜브의 수명이 연장되며, 오랜 시간 동안 보다 안정적인 출력이 가능하다. 양극을 냉각시키는 또 다른 장점은 양극을 과열시키지 않으면서 더 큰 전압을 걸 수 있다는 것이다. 그 결과 더 강렬한 엑스선살이 생성되었다. Coolidge 관의 도식 및 사진이 그림 5.3에 나와 있다.

Coolidge 관의 최신 제품은 **회전 양극**(spinning anode)을 사용한다. 양극을 회전시키면 "광원 과다 노출 지역(hot spots)"을 피하고 보다 안정적인 빛살을 제공한다. 그러나 회전하는 양극 엑스선관은 고진공 상태에서 관을 회전시키는 기술적 문제로 인해 더 비싸다.

전통적인 Coolidge관이든 혹은 회전 양극이 있는 Coolidge 관이든, 모든 엑스선관은 비슷한 원리로 작동한다. 음극으로부터 전자가 양극 쪽으로 가속되고, 양극에 닿으면 전자는 급격히 감속되어 전자의 운동 에너지를 엑스선 광자로 변환시킨다. 이러한

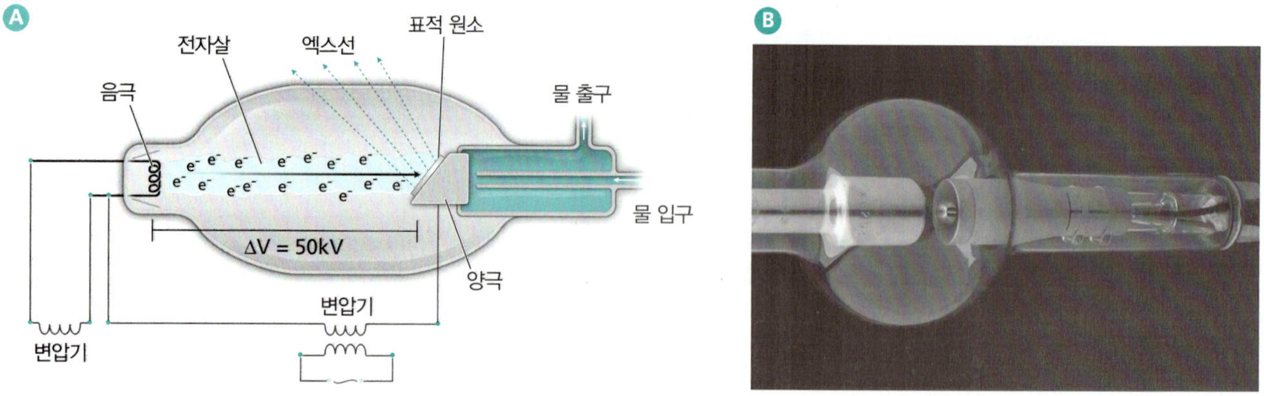

그림 5.3 Coolidge 관의 (A) 개략도와 (B) 음극과 양극을 보여주는 사진.

[11] General Electric 회사의 엑스선관을 개발한 전기 공학자가 W. D. Coolidge였다.

유형의 엑스선 방출은 **제동 복사**(bremsstrahlung)라고 불리는데, 독일어 *bremsen*(제동)과 *strahlung*(복사)에서 유래했다. 메커니즘은 그림 5.1에 묘사된 XRF의 원소 특이적 방출과는 근본적으로 다르다. 방출 스펙트럼의 제동 복사 부분은 연속체인데, 음극과 양극 사이의 전압 기울기가 증가함에 따라 짧은 파장(높은 에너지)으로 이동한다. 즉, 제동 복사 엑스선 광자의 최대 에너지는 양극에 충돌하는 전자의 최대 운동 에너지에 의해 제한된다. 전자의 최대 운동 에너지는 음극과 양극 사이의 전압 기울기에 의해 결정되기 때문에 우리는 엑스선관의 전압을 조정하여 광원의 스펙트럼 출력을 조정할 수 있다. 가장 높은 에너지 광자는 가속된 전자가 단일 충돌에서 모든 운동 에너지를 잃으면 생성된다. 낮은 에너지 광자는 가속 전자가 표적 내에서 일련의 충돌로 운동 에너지를 잃으면 생성된다. 전압 기울기와 제동 복사 광자의 최대 출력 에너지 사이의 관계는 *Duane-Hunt 법칙*[식 (5.4)]에 의해 주어진다. Duane-Hunt 법칙은 에너지, 파장 및 주파수 사이의 관계로부터 유도된다.

$$E_{max} = h\nu_{max} = \frac{hc}{\lambda_{min}} = eV \qquad \text{식 (5.4)}$$

여기서

h = eV 단위로 표현된 Planck 상수(4.136×10^{-15} eV·s)
c = 빛의 속도(2.99×10^{8} m/s)
ν_{max} = 제동 광자의 최대 주파수(s^{-1})
λ_{min} = 제동 광자의 최소 파장(m)
e = 전자의 전하(1.602×10^{-19} C)
V = 걸어준 전압(볼트)

λ_{min}에 대해 방정식 (5.4)를 풀어 상수 *h, c, e*를 결합하고 kV 단위로 전압을 표현하면, 제동 복사의 가장 짧은 파장을 피코미터(pm) 단위로 신속하게 결정할 수 있는 Duane-Hunt 법칙의 매우 유용한 형태를 얻을 수 있다.

$$\lambda_{min} = \frac{hc}{eV} = \frac{1240\,\text{pm}}{kV} \qquad \text{식 (5.5)}$$

위에서 언급했듯이 엑스선관에 의해 생성되는 제동 복사는 연속체이며, 양극에 충돌하는 전자가 충분한 에너지를 가지면 음극 물질로부터 특징적인 형광 방출을 유도할 수도 있다(그림 5.4 참조). 그림 5.1과 5.4를 비교해 보면, 그림 5.4의 몇 가지 주요 특징

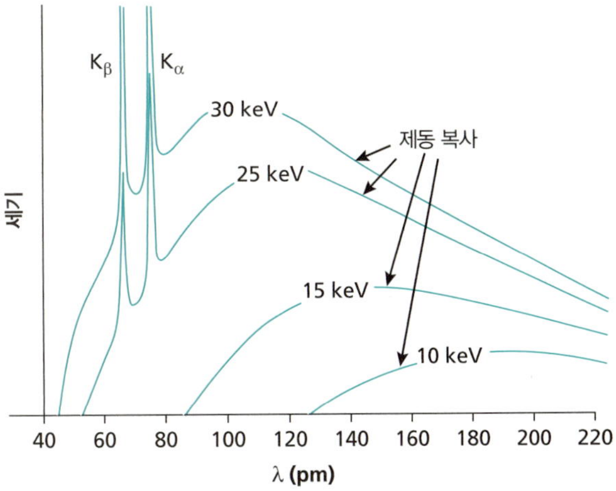

그림 5.4 몰리브덴 표적의 엑스선 스펙트럼. 제동 복사의 파장은 전압이 증가함에 따라 감소한다. 몰리브덴의 K_α 및 K_β 선들은 24 keV 이상의 에너지에서 나타난다.

을 파악할 수 있다. 첫째, 각 선에서 보이는 최대 광자 에너지(최단 파장)는 전극 전압이 증가함에 따라 증가한다. 둘째, 가속 전압이 충분히 높으면, 몰리브덴 양극에서 K_α와 K_β 선들을 볼 수 있다.

그림 5.4에서 보여지는 제동 복사선은 표적 금속과는 상관없이 관의 가속 전압 기울기에만 의존한다. 그러나 K_α 및 K_β 선들은 표적 물질의 조성과 직접 관련이 있으며, 표적 물질 특이적인 형광이 분석을 방해한다면 표적 물질을 재고해야 한다. 표적 양극 특이적 방출이 때로는 바람직한 경우도 있다. 특정 원자 번호 범위 내에서 선택도를 높이기 위해 일부 장비에서는 높은 제동 복사 출력을 내는 엑스선관을 사용하는데, 제동 복사 출력은 자신의 특징적인 선을 방출하는 이차 *표적*을 들뜨게 하는 데 사용된다. 시료는 이차 표적의 방출에 의해서만 들뜨게 된다(제동 복사선은 존재하지 않음). 이차 표적은 특정 원자 번호 범위의 원소를 효율적으로 들뜨게 할 수 있도록 선택된다. 예를 들어, 그림 5.4의 몰리브덴 K_α 선은 약 13~14.5 keV 범위이다. 이 선은 브롬(결합 에너지 = 13.5 keV)과 크립톤(결합 에너지 = 14.3 keV)으로부터는 높은 세기로, Br 이하의 원소에 대해서는 다소 낮은 세기로 K(1s) 전자를 방출하는 데 쓰일 수 있다. 일부 장비에서는 분석 중에 자동으로 이차 표적을 변경하여 시료 스펙트럼에서 낮은, 중간 및 높은 원자 번호 원자를 동일 실험 중에 분석할 수 있다.

» 예제 5.1 – Duane-Hunt 법칙 사용하기

(a) 75.00 kV 엑스선관에 의해 생성될 제동 복사선의 최소 파장을 결정하라.

(b) 이 복사선의 주기는 얼마인가?

(c) 이 복사선 단일 광자의 에너지는 얼마인가(J 단위)?

전략 ›

(a) 방정식 (5.5)를 사용하여 제동 복사선의 최소 파장을 결정한다.

(b) 식 (5.4)를 사용하여 파장을 주파수로 변환한다. c와 λ 사이의 단위를 일치시켜야 한다.

(c) 다음과 같은 관계식을 사용하여 제동 스트레인 방사선의 에너지를 구하기 위해 파장 또는 주파수 중 하나를 사용할 수 있다. $E = \frac{hc}{\lambda} = h\nu$, 여기서 h = J 단위로 표시되는 Planck 상수(6.626×10^{-34} J·s).

풀이 ›

(a) $\lambda_{min} = \frac{hc}{eV} = \frac{1240\,\text{pm}}{kV} = \frac{1240\,\text{pm}}{75.00\,kV} = 16.53\,\text{pm} = 16.53 \times 10^{-12}\,\text{m}$

(b) $\nu_{max} = \frac{c}{\lambda} = \frac{2.99 \times 10^8\,\text{m/s}}{16.5 \times 10^{-12}\,\text{m}} = 1.81 \times 10^{19}\,\text{Hz}$

(c) $E = h\nu = 6.626 \times 10^{-34}\,\text{J}\cdot\text{s} \times 1.81 \times 10^{19}\,\text{s}^{-1} = 1.20 \times 10^{-14}\,\text{J}$

문제 5.6 식 (5.5)와 예제 5.1을 사용하여 다음의 전압 기울기의 엑스선관에 의해 생성된 제동 복사의 최소 파장, 최대 주파수 및 에너지(J 단위)를 결정하라.

(a) 25 kV (b) 50 kV (c) 100 kV

예제 5.2

금 원자로부터 K_α 방출을 유도하는 데 필요한 제동 복사선의 최소 파장은 얼마인가? 이 복사선을 얻기 위해 엑스선관에 얼마만큼의 전압이 필요한가?

전략 ›

Duane-Hunt 법칙과 표 5.1의 데이터를 사용하라.

풀이 ›

표 5.1에서 금의 K_α 선 에너지는 68,803.7 eV이다.

$$\lambda_{min(excitation)} = \frac{hc}{eV} = \frac{(4.136\times10^{-15}\,\text{eV}\cdot\text{s})(2.99\times10^{3}\,\text{m/s})}{68{,}803.7\,\text{eV}} = 1.797\times10^{-12}\,\text{m} = 17.97\,\text{pm}$$

식 (5.5)에 대입하여 V에 대해 풀면

$$\lambda_{min} = \frac{hc}{eV} \quad \therefore \quad V = \frac{hc}{e\lambda_{min}} = \frac{(4.136\times10^{-15}\,\text{eV}\cdot\text{s})(2.99\times10^{8}\,\text{m/s})}{e(1.797\times10^{-12}\,\text{m})} = 688.18\,\text{kV}$$

문제 5.7 다음으로부터 K_α 방출을 유도하기 위해 XRF 분광계의 엑스선관에 얼마의 전압이 필요한가?

(a) Fe	(d) Ru	(g) Co
(b) Cu	(e) Zn	(h) Sn
(c) Ti	(f) Ni	(i) Ca

◈ 싱크로트론 복사

싱크로트론은 **입자 가속기**(particle accelerator)이다. 싱크로트론에서 만들어진 엑스선은 엑스선관에 의해 생성된 것보다 1조(10^{12})배 더 강한 세기를 낼 수 있다. 그림 5.5는 싱크로트론 입자 가속기의 개략도이다. 싱크로트론에서 엑스선을 생성하기 위해 전자는 매우 높은 에너지로 가속되는데, 보통 수십억 eV가 된다(그림 5.5의 안쪽 고리 참조).[12] 이렇게 가속된 고에너지 전자는 저장 고리로 보내진다(그림 5.5의 외부 고리 참조). 저장 고리는 초고진공 상태로 유지되며, 전자는 저장 고리 안에서 매우 강한 자석에 의해 원형 경로로 구부러진다. 강한 자기장에 의한 전자의 각 가속으로 인해 전자는 방향을 바꾸고 엑스선을 방출하게 한다. 엑스선은 집속되어 저장 고리에 접선 방향으로 정렬된 연구시설로 보내진다.

또한 엑스선 광자는 전자선을 교란시키는 삽입 장치를 통과시킴으로써 생성시킬 수 있다. 두 가지 가장 일반적인 장치는 *undulator*와 *wiggler*(그림 5.6 참조)인데, 둘 다 비슷한 원리로 작동된다. 장치를 통과하는 수직 전자살을 교란시키기 위해 상반된 극의 자석을 연이어 사용한다. 교류 자기장은 전자를 진동시켜 엑스선 광자를 방출한다. 삽입 장치는 단순한 굽은 자석보다 훨씬 강한 결맞은 복사선을 생성할 수 있다. 싱크로트론 복사선의 강한 세기로 인해, 싱크로트론 복사선을 사용하는 XRF 분광법은 일반적으로 낮은 ppb 범위의 검출 한계를 보인다. 하지만 연구비 사정이 좋은 몇 개의 연구실만이 XRF 분광법을 위해 싱크로트론 복사를 사용할 수 있다.[13]

---

12 전자는 거의 빛의 속도에 움직인다.

13 전세계적으로 약 50개의 싱크로트론 XRF 광원이 있다.

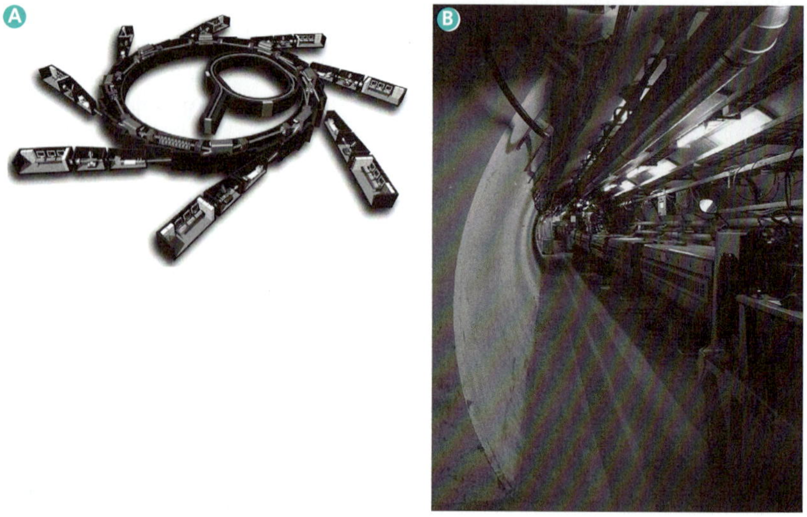

그림 5.5 (A) 싱크로트론 엑스선원 그림. 안쪽 고리는 입자 가속기이고, 바깥쪽 고리는 저장 고리이며, 접선 건물은 관련 실험실이다. (B) 대형 강입자 부딪치개(Hadron Collider) 사진.

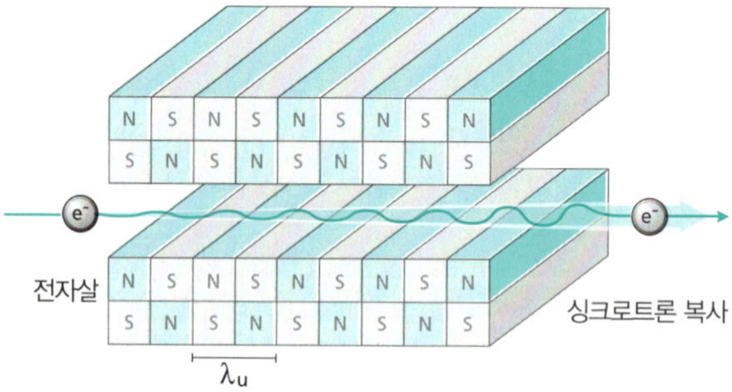

그림 5.6 Undulator 삽입 장치의 개략도. 전자가 undulator를 통과함에 따라 전자는 교차적으로 상반된 자기 극성에 노출된다. 결과적으로 전자는 진동하게 되고 결국 엑스선이 방출된다. 방출된 엑스선의 파장은 자기 극 사이의 거리(λ_u)와 관계되지만, 상대론적 그리고 도플러 효과에 의해 짧아진다. 일반적인 undulator 자기 극 사이의 거리는 cm 수준인데, 이로부터 옹스트롬(Å) 범위의 엑스선이 만들어진다.

5.3 엑스선 광학

빛살이 한 투명 매질에서 다른 매질을 통과할 때 광자의 속도가 변하며, 입사각이 90°가 아닌 다른 각도이면 빛살의 방향이 바뀐다. 이것이 **Snell의 법칙**(Snell's law)으로 기술되는 고전 광학의 기초이다. 가시선의 경우, 대부분 투명 매질의 **굴절률**(refractive index, *n*)은 1.1~2 범위이고, 주파수의 함수이다. 결과적으로 청색광은 적색광보다 더 많이 굴절되므로, 필요에 따라 다색 광원에서 특정 파장을 선택하거나 빛을 집중시켜 특정 방향으로 보낼 수 있다. 엑스선을 다룰 때는 몇 가지 중요한 차이점이 있다. 광자의 에너지가 원자 또는 분자 내의 전자 전이와 관련이 있을 때, 빛의 굴절은 공명을 나타낸다. 공명 에너지 아래에서 굴절률(*n*)은 주파수와 함께 증가하지만(일반 광학), 공명 에너지보다 높으면 *n*은 감소한다. 엑스선 광자의 에너지는 대부분 재료의 공명 에너지보다 높기 때문에, 광학 재료의 굴절률은 전자기 스펙트럼의 엑스선 영역에서 1보다 *작다* ($n < 1$). 그러므로 UV-vis/IR 광자와는 달리 엑스선을 조작할 때는 다른 접근법을 사용해야 한다. 엑스선은 일반적으로 굴절의 차이를 이용하는 대신 *반사*, *회절* 및/또는 *간섭*을 사용하여 조작한다.

◈ 반사 광학

반사 엑스선 광학의 경우 대부분 큰 *스침각*(grazing angle)[14]에서 엑스선 광자를 반사만 할 수 있다는 원칙으로 설계되는데, 그렇지 않으면 엑스선은 광학 재료를 통과하거나 재료에 흡수된다. Hans Wolter는 1951년에 광택 금속으로 겹친 원통형 거울을 설계했는데, 이 거울의 표면은 입사 광선에 대해 처음에는 포물선, 다음으로 쌍곡선(그림 5.7 참조)이어서 엑스선살이 스침각을 유지하면서 빛살의 초점을 맞출 수 있다.

▸ **프로파일** *_Profile*

잃어버린 비문

Journal of Synchrotron Radiation에 실린 논문*에서, 싱크로트론 XRF이 풍화된 그리스 및 라틴 유물에서 비문을 복구하는 데 사용되었다. 어떤 원소들은 비문 도구 자체에 의한 침전으로 혹은 처음 유물을 채색하는 데 사용되었을 수도 있는 안료에 의해 원래 비문 영역의 농도가 증가했다.

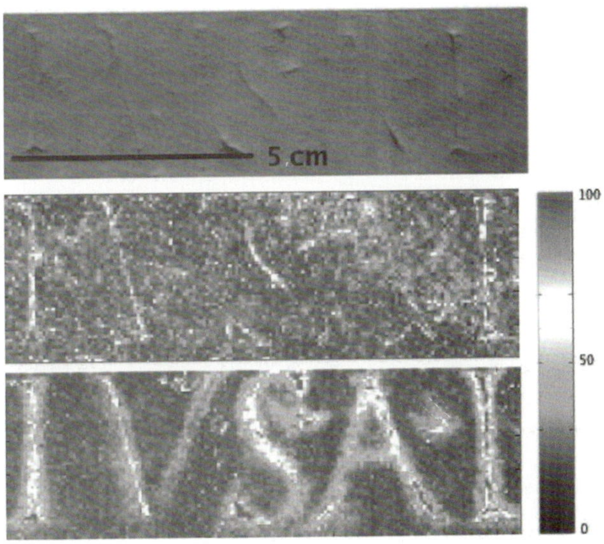

* *Smilgies, D. M.; Powers, J. A.; Bilderback, D. H.; Thorne, R. E. Dual-Detector X-Ray Fluorescence Imaging of Ancient Artifacts with Surface Relief. Synchrotron Rad.*, **2012**, 19, 547.

[14] 스침각은 입사하는 광선과 반사 표면 사이의 각도이다.

▶ **프로파일** _Profile

15세기 회화의 엑스선 형광 분석

아래 사진은 예수의 수난을 표현한 제단화이다. 작자 미상의 이 작품은 스페인 세비야 미술관에 보관되어 있으며 1415년경에 그려진 것으로 추정된다. 그림이 그려진 시기를 추정하기 위해 XRF 분광법을 사용하여 그림에 사용된 안료를 분석했다. 분석을 위해 30 kV 텅스텐 엑스선관과 140 eV의 에너지 분해능을 제공하는 실리콘 표류 검출기를 이용하는 휴대용 XRF를 사용했다. 예를 들어, 시대 특이적인 흰색 안료는 특징적인 납 피크를 보였는데 연백(鉛白, lead white)으로 확인되었고, 빨간색 안료는 특징적인 수은 피크를 나타냈는데 진사(辰砂, cinnabar)으로 확인되었으며, 파란색 안료는 구리를 함유하는 남동광(藍銅鑛, azurite)로 확인되었다. 이외에도 연구자들은 아연과 바륨과 같은 현대의 안료가 포함된 영역을 식별할 수 있었는데, 이는 리토폰(lithopone)으로 알려진 안료와 일치하는 것으로 보아 일부 복원 작업이 이 그림에서 수행되었음을 알 수 있다. 이 작업에 대한 자세한 내용은 각주의 참조를 확인하라.*

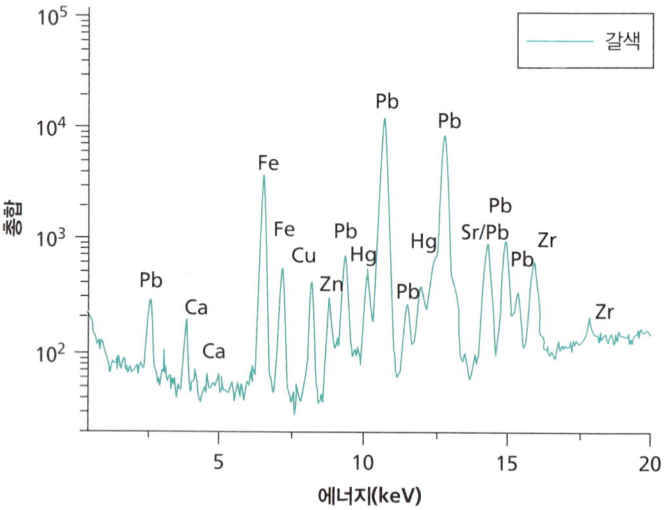

중앙 제단 십자가의 갈색 XPS 스펙트럼. 진사(수은)색을 가진 탄 황토(칼슘, 철).

* Križnar, A.; et al. Non-Destructive XRF Analysis of Pigments in a 15th Century Panel Painting. The 9th International Conference on NDT of Art, Jerusalem, Israel, May **2008**.

Wolter 광학(Wolter optics)의 원리는 또한 모세관을 사용하여 광원 복사선을 반사하고 전달함으로써 달성할 수 있다. 모세관 광학에서는 한 묶음의 모세관들이 모세관 다발을 포물선, 그런 다음 쌍곡선 단면으로 만들어주는 금형에 묶여 있다(그림 5.8 참조). 모세관 광학은 일상적으로 μm 수준의 초점 크기를 만들 수 있다. 새로운 XRF 분광계 중 많은 것은 모세관 광섬유를 사용한다.

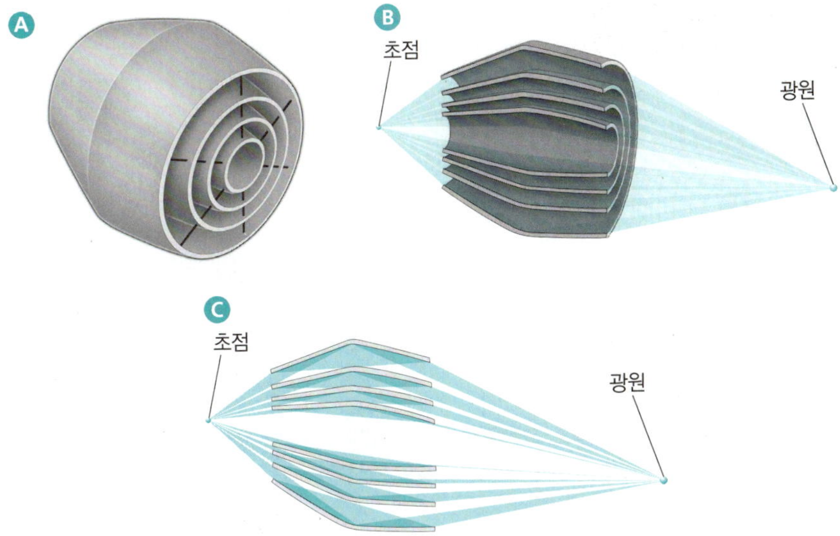

그림 5.7 (A) 포개진 거울 세트. (B) 광원에서 초점까지의 광선을 보여주는 Wolter 광학계의 단면. (C) Wolter 광학계에서 엑스선의 광학 경로.

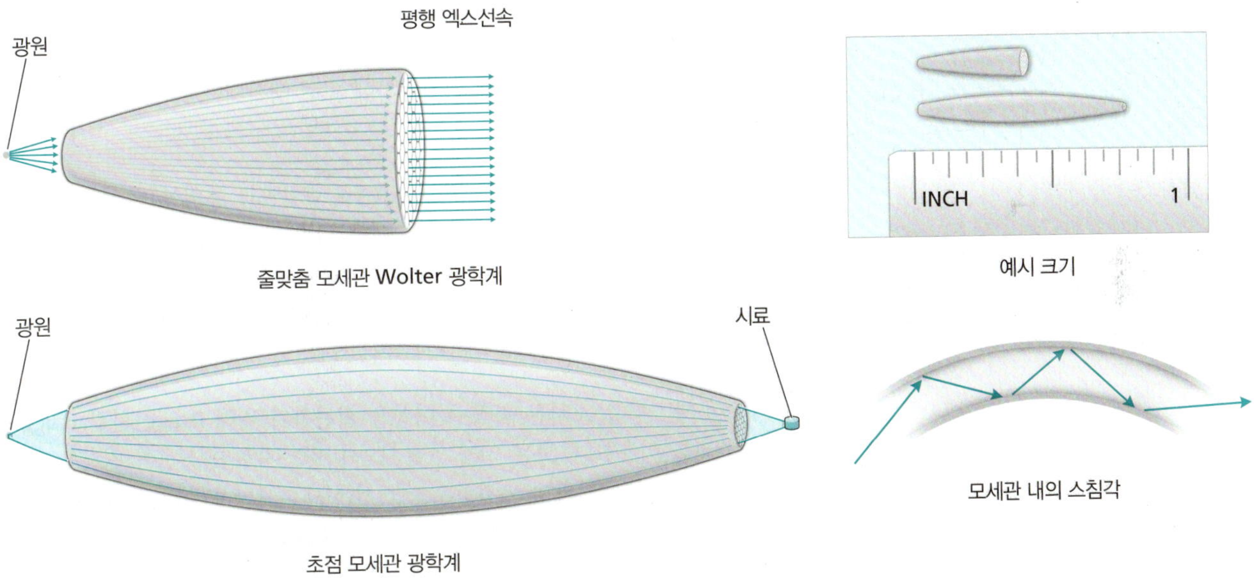

그림 5.8 모세관 광학계를 이용해 빛을 줄 맞추거나 초점 맞출 수 있다.

◆ 회절 광학

회절 엑스선 광학의 경우 다음과 같이 세 가지 공통된 설계가 있다. **프레넬 영역판**(Fresnel zone plate, FZP) **회절발**(grating), **단결정/다층 소자**(single crystal/multilayer device)이다.

프레넬 영역판 *영역판*은 불투명판과 투명판을 번갈아가며 배치한 동심원 고리 세트이다(그림 5.9 참조). 영역판에 부딪치는 엑스선은 불투명한 고리 주위로 회절되는데, 보강 간섭이 판에서 원하는 거리에서 일어나도록 영역들이 배치된다. UV-vis 광학에 비

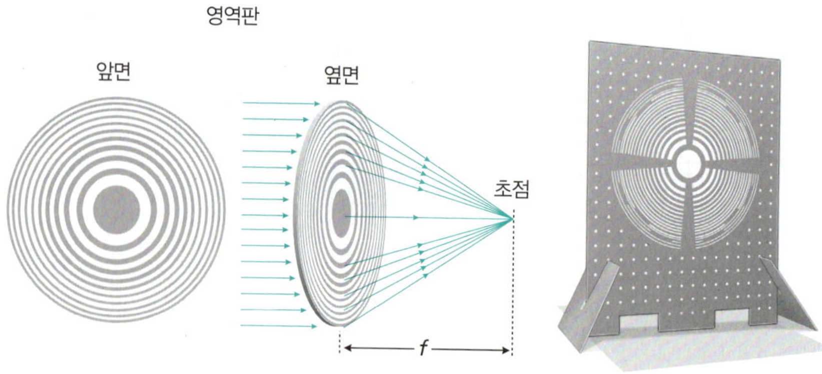

그림 5.9 프레넬 영역판의 개략도. 그림은 D. Attwood의 *"무른 엑스선 및 극한 UV 복사선: 원리 및 응용*(Cambridge University Press, Cambridge, **2000**)"에서 차용함.

교해 엑스선 FZP 구성의 중요한 차이점은 구성에 사용되는 재료다. 엑스선은 많은 물질을 투과할 수 있으므로 엑스선 FZP 광학 구조에서는 불투명한 물질의 원자 밀도가 높아야 한다.[15] 불투명한 물질로는 보통 금, 납, 은이 사용된다. 그러나 시간이 지남에 따라 납은 산화물을, 은은 황화물을 형성한다. 따라서 광학이 대기에 노출될 경우 금이 사용된다. 동심원 고리는 전자 또는 이온살 쓰기에 의해 처음 생성된 반도체성질의 구조화된 절연 도료[16](종종 Si_3N_4) 위에 전기증착에 의해 생성된다. 그림 5.9에 FZP의 개략도가 있다.

회절발 엑스선 광학에 사용되는 회절발은 UV-vis 회절발과 동일한 원리로 작동한다. 그러나 엑스선 파장은 UV-vis 광자의 파장에 비해 훨씬 작기 때문에 만들기가 쉽지 않다. 회절발은 무른 엑스선 영역(10~0.095 nm)에서 사용하기 위해 제작되었지만, 이러한 회절 격자는 5,000 선/mm[17]을 필요로 한다. 굳은 엑스선(95~8 pm)의 경우 회절은 일반적으로 단일 순수 결정 또는 제조된 나노-척도 다층 장치로 수행된다.

단결정/다층 소자 다층 소자는 파장 특이성을 획득하기 위해 **Bragg 회절**(Bragg diffraction)의 원리를 이용한다. 모든 전자기 복사와 마찬가지로 엑스선이 원자를 때리면 원자의 전자가 움직이고, 전자의 움직임은 엑스선을 재복사한다. 이것은 Rayleigh 산란으로 알려져 있다. 결정질 물질과 나노-척도 다층 소자에서 원자의 간격은 반복적이며(격자 배열), 엑스선의 Rayleigh 산란은 표면 또는 심지어 물질 내부 몇 개 원자 수준에서 발생할 수 있다. 그 결과 산란된 복사선의 경로 길이가 달라지기 때문에 결 맞는 그리고 결 어긋난 산란 방식이 생긴다(그림 5.10 참조). 이 효과는 광학 회절발에서 보이는 가시선의 파장 의존 회절과 매우 유사하다.

[15] Mote, R. G.; Yu, S. F.; Ng, B. K.; Zhou, W.; Lau, S. P. Near-field Focusing Properties of Zone Plates in Visible Regime—New Insights. *Optics Express*, **2008**, *16(13)*, 9554 – 9564.

[16] 절연 도료는 금이 원하지 않는 영역에 붙지 않도록 보호하는 데 사용되는 코팅이다.

[17] Heilmann, R. K.; Ahn, M.; Schattenburg, M. L. *Fabrication and Performance of Blazed Transmission Gratings for X-ray Astronomy*. Space Telescopes and Instrumentation, **2008;** Martin, E; Turner J. L.; Flanagan, K. A. *Ultraviolet to Gamma Ray*, Marseille, France: SPIE, **2008**. 701106-10. SPIE The International Society for Optical Engineering. http://dx.doi.org/10.1117/12.789176.

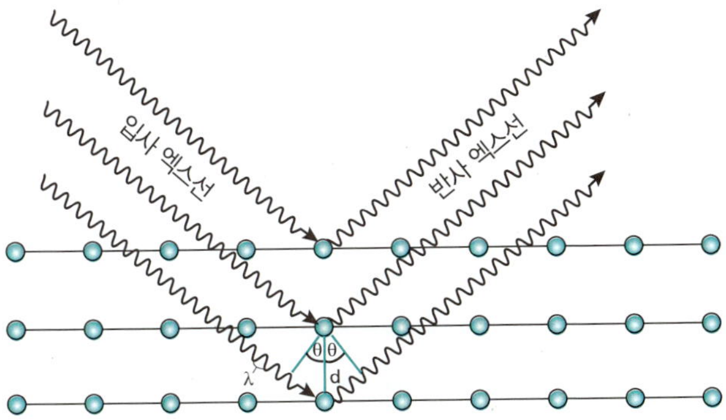

그림 5.10 단일 결정 내의 Bragg 회절.

단결정 엑스선 회절은 Bragg 법칙에 따라 체계적으로 정리된다. **Bragg의 법칙**(Bragg's law)은 식 (5.6)에서 주어졌다.

$$n\lambda = 2d\sin\theta \qquad \text{식 (5.6)}$$

여기서

n = 정수
λ = 입사 엑스선의 파장
d = 원자 격자에서 평면 사이의 거리
θ = 엑스선과 반사 평면 사이의 입사각

Bragg의 법칙[식 (5.6)]은 단결정 표면에서 반사되었을 때 엑스선 광자가 보강 간섭을 하는 각도가 파장에 의존함을 보여준다. 따라서 단결정 엑스선 회절에서는 입사각 θ를 변화시킴으로써, 엑스선 광자를 파장(λ)의 함수로 효율적으로 분산시킬 수 있다.

문제 5.8 d = 2.35Å의 결정 격자 거리가 주어질 때, Bragg의 법칙을 사용하여 λ = 1.54 Å 엑스선속의 보강 간섭(n = 1)에 필요한 각도를 계산하라.

문제 5.9 45° 각도로 결정면에 입사하여 보강 간섭을 하는 2.01 Å 엑스선속에 대해, 결정 격자 거리 "d"를 1차(n = 1) Bragg 회절을 가정하여 구하라.

우리는 엑스선 결정학을 논의하는 5.10절에서 Bragg의 법칙을 다시 살펴볼 것이다.

*나노-척도 다층 소자*는 단결정 회절과 동일한 원리로 작동한다. 단결정의 간격은 고유 원자 간격과 엑스선속에 대한 결정의 방향에 의해 결정된다. *다층 소자*는 기판 상에 증착된 일련의 교대 박막을 이용한다. 다층 장치에서의 간격은 그들의 제조에 사용되는 가공 기술에 의해 좌우된다. 박막은 증기 증착 금속막 또는 심지어 유기 중합체일 수 있다(그림 5.11 참조). 많은 다층 소자는 낮은 원자 번호 범위에서 단결정 회절 소자보다 우수한 성능을 보였으며, 가벼운 원소의 XRF 분석에 사용된다.[18]

[18] Lee, P. X-ray Diffraction in Multilayers. *Optics Communications*, **1981**, *37(3)*, 159 – 164; Jiang, L.; Verman, B; Kim, B; Platonov, Y; Al, Z. *The Rigaku Journal*, **2001**, *18(2)*, 13 – 22; Lloyd, S. J.; Molina-Aldareguia, J. M.; Clegg, W. J. Structural Characterization of TiN/NbN Multilayers. *Journal of Microscopy*, **2005**, *217(3)*, 241 – 258; Stepanov, S. A.; Kondrashkina, E. A.; Kohler, R.; Novikov, D. V.; Materlik, G; Durbin, S. M. *Physical Review B*, **1998**, *57(8)*, 4829 – 4841.

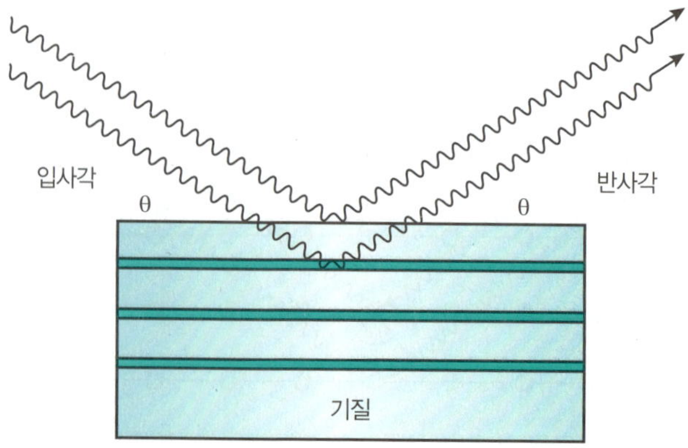

그림 5.11 나노-척도 소자 내의 Bragg 회절.

5.4 파장 분산형 분광계

◆ 순차 및 동시

XRF 분광계에는 두 가지 근본적으로 다른 유형(또는 배열)이 있다. 첫 번째 유형은 파장 분산형(wavelength-dispersive) XRF(WDXRF) 분광계다. 우리가 이전에 학습한 분광계에 비유한다면, WDXRF는 단색 장치를 사용하여 빛의 파장을 선택하는 UV-vis 분광계와 유사하다. 두 번째 유형은 에너지 분산형(energy-dispersive) XRF(EDXRF) 분광계다. 다른 분광계 유형과 직접적인 비유를 하기는 어렵지만, FT-IR 분광계와 같이 시간 영역 신호를 생성하는 분광계가 가장 유사하다고 할 수 있다. 그러나 EDXRF는 시간 의존 신호를 생성하기 위해 Fourier 변환을 사용하지 않는다. 이 장의 뒷부분에서 검출기 유형에 대해 논의할 때 이 주제를 다시 살펴보기로 한다. **순차**(sequential) 및 **동시**(simultaneous) WDXRF 분광 광도계의 개략도를 그림 5.12에 나타내었다.

WDXRF 분광계는 두 가지 기본 설계가 있다. 순차 및 동시 방식이다. 순차 방식에서는 광원으로부터의 좁은 주파수 대역폭이 단색파 장치에 의해 선택되어 시료로 보내진다. 스펙트럼을 얻으려면 단색파 장치가 주파수 범위를 스캔하여 각 주파수를 순차적으로 시료에 보내게 되는데, 이는 스캔 UV-vis 분광계와 정확히 일치한다. 순차 방식에서 광원으로부터의 엑스선은 입사살에 대한 각도가 정밀하게 조절되는 단결정에 집중된다. 이 결정은 엑스선 광자를 Bragg의 법칙에 따라 분산시키고, 회절된 엑스선의 선택된 대역폭은 출구 슬릿으로 향한다. 광원 복사선에 대한 결정의 각도를 변경하면 출구 슬릿에 도달하는 엑스선 파장을 변경할 수 있다. Bragg의 법칙에서 분해능은 d(결정 격자의 간격)의 함수이기도 하다. 따라서 순차 방식 분광계는 전자기 스펙트럼의 전체 엑스선 영역을 분석하기 위해 종종 다중 결정체(또는 다층 장치)를 사용한다.

다이오드 배열 UV-vis 분광계와 유사한 방식의 WDXRF 분광계[업계에서 **동시 방식**(simultaneous mode)라고 부름]도 있다. 회절 결정을 미세 조정하여 다른 엑스선 파장 영역을 스캔하는 순차 방식과 달리, 동시 방식 분광계에서는 결정을 움직이지 않고 시료로부터 회절된 원소 특유의 복사를 다양한 각도에서 받을 수 있도록 배치된 다중 검출기를 사용한다. 동시 방식 WDXRF 분광기는 보통 금속 합금 분석 또는 제조 과정 중 현장 품질 제어 분석과 같은 매우 특정한 일상 분석에 사용된다. 예를 들어 알루미

2008년, HASYLAB*의 연구자들은 van Gogh의 작품 *잔디밭*(Patch of Grass) 아래에 숨겨져 있는 것으로 보이는 그림을 영상화하기 위해 XRF 분광법으로 *잔디밭* 그림을 분석하였다. XRF는 2세대 싱크로트론 광원인 마이크로 형광 살선(beamline) L 복사를 사용했다. 스캔은 0.5 mm^2 화소 분해능으로 2일에 걸쳐 수행되었다. 바탕 염료의 성분을 분석하고 영상화 소프트웨어를 사용하여 여성의 얼굴을 영상화할 수 있었다. 여자의 얼굴 영상은 Van Gogh의 '**농민 여성**(Peasant Woman)' 그림 초안으로 여겨지고, 반 고흐(Van Gogh)는 *잔디밭*을 그렸을 때 단순히 캔버스를 "재활용"했다.

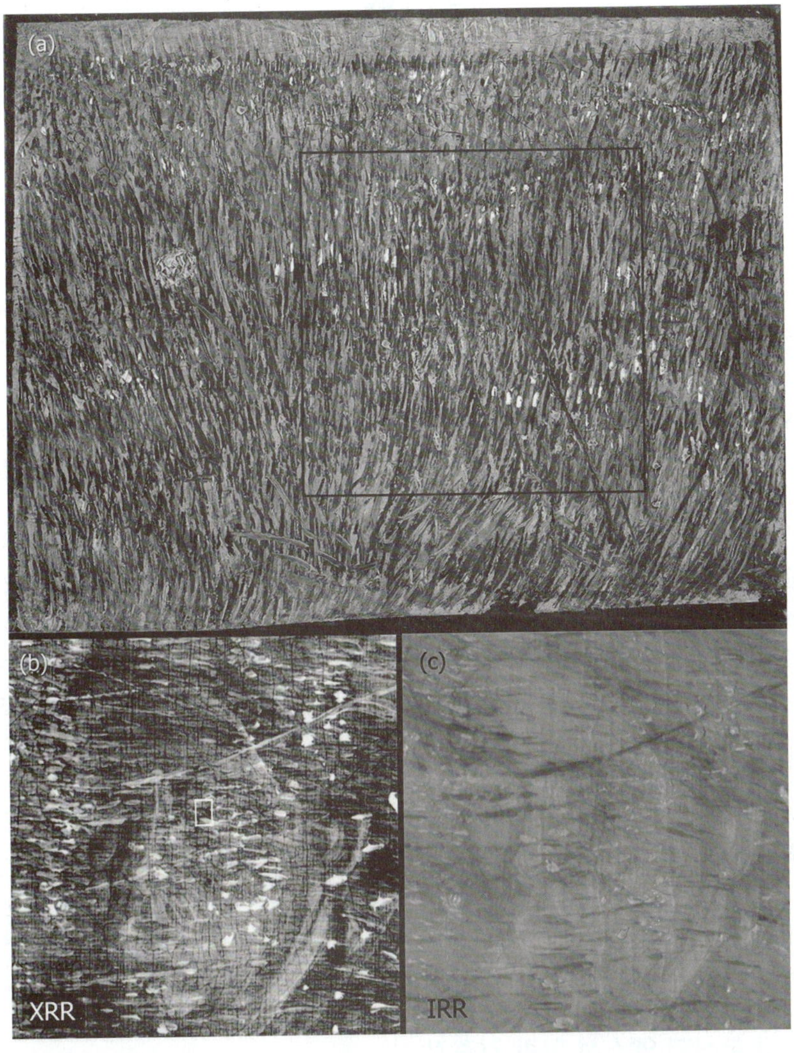

미국 화학회 (Dik, J.; Janssens, K.; van Der Snickt, G.; van der Loeff, L.; Rickers, K.; Cotte, M. Visualization of a Lost Painting by Vincent van Gogh Using Synchrotron Radiation Based X-ray Fluorescence Elemental Mapping. Anal. Chem., 2008 80(16), 6436 – 6442)의 승인하에 사용됨

▶ 프로파일 _Profile

Vincent van Gogh의 잃어버린 그림

* *Hamburg Synchrotron Radiation Laboratory.*

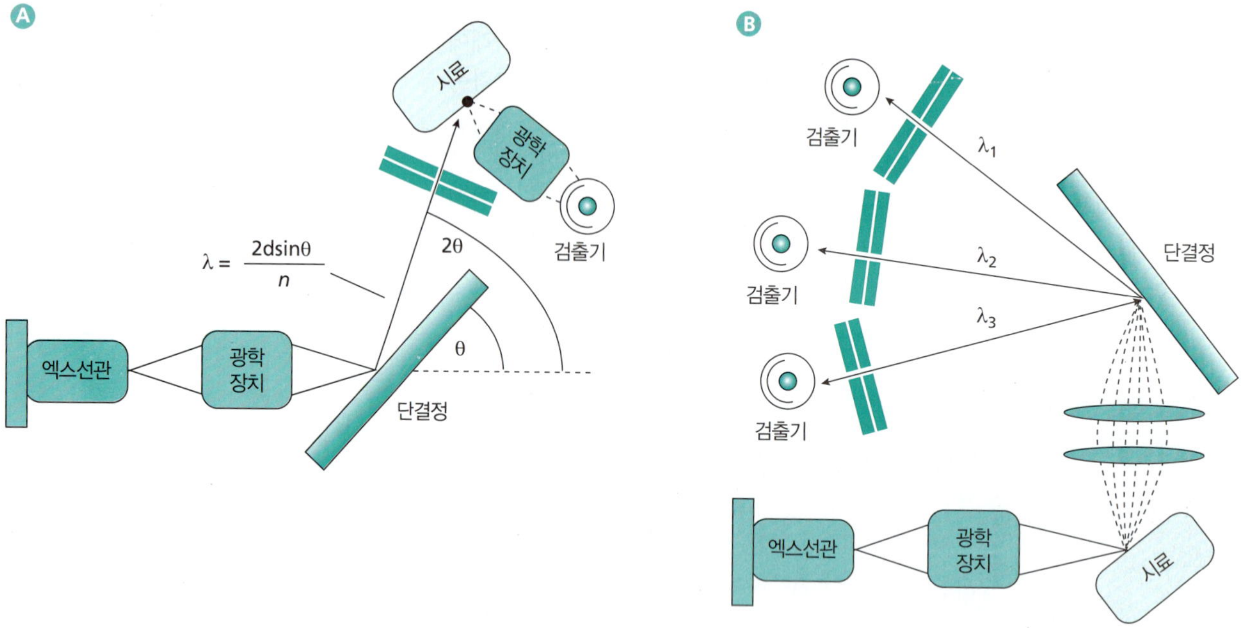

그림 5.12 (A) 순차적 WDXRF와 (B) 동시 WDXRF의 개략도.

늄 청동을 제조하는 회사의 품질 관리 기술자의 경우, 구리, 주석 및 알루미늄을 조사하기 위해 동시 WDXRF를 설치하여, 생산된 금속에 있는 각 원소의 농도를 확인할 수 있다.

순차 WDXRF 분광계는 동시 WDXRF 분광계에 비해 느리고 움직이는 부분이 많지만, 순차 방식 WDXRF 분광계는 사용자의 분석 유연성을 높이고 미지 시료의 원소 구성을 결정할 때 특히 유용하다. 동시 WDXRF 분광계는 매우 신속한 일상적인 분석이 가능하지만, 검출기와 신호 처리 전자 장치가 추가로 필요하기 때문에 순차 WDXRF 분광기보다 비싸다. 또한 장비 구성을 변경하기 위해서는 계측기를 재구성해야 하므로 동시 WDXRF 분광기가 가지는 속도의 장점 중 상당 부분이 감쇄된다. WDXRF 장비는 보통 5~20 eV 범위의 작동 해상도를 제공할 수 있다.

문제 5.10 XRF는 일반적으로 eV 단위로 나타낸다. 그러나 6장의 UV-vis 분광법에서는 흡수 파장을 nm 단위로 표시했다. 두 단위의 비교를 위해 5~20 eV의 범위를 nm 단위로 변환하라. 전자기 스펙트럼의 엑스선 및 UV-vis 영역의 대역폭과 관련하여 일반적인 XRF 분광기와 UV-vis 분광기의 분해능을 비교하라.

◈ 파장 분산형 엑스선 형광 검출기

엑스선을 검출할 수 있는 몇 가지 방법이 있는데, 검출기의 민감도/선택성, 운영 비용, 이동성, 내구성 등을 고려하여 선택한다. 가장 일반적인 세 가지 검출기 유형은 기체 탐지기, 섬광 광전자 증배관, 고체-상태 광다이오드이다.

기체 검출기 기체 검출기는 흐름 또는 밀폐 구성으로 구입할 수 있다. 기체 검출기는 더 긴 파장의 엑스선을 탐지하는 데 가장 적합하다. 두 가지 구성 모두에서 기체는 하

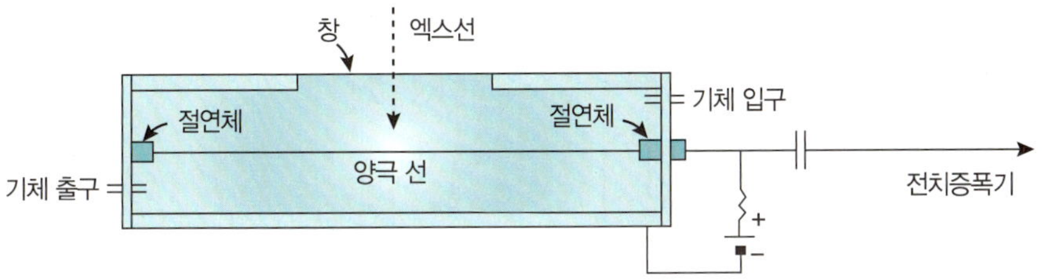

그림 5.13 가스 흐름 엑스선 검출기의 개략도.

전된 전극에 아주 가깝다. 검출기로 들어오는 엑스선은 기체를 이온화하고, 기체가 전극 사이에 전류를 전달한다. 이 전류는 엑스선 선속에 비례한다. **가스 흐름 검출기**(gas flow detector)는 보통 일차 운반체로 아르곤을 사용하는데, 아르곤 이온과 광분출된 전자의 재조합으로부터 나오는 형광을 소광시키기 위해 10% 메테인을 첨가한다(그림 5.13). 아르곤이 비싸기 때문에 가스 흐름 검출기를 이용하는 XRF 분광계는 운영 비용이 많이 든다. **밀폐 가스 검출기**(sealed gas detector)는 가스가 흐르지 않고 이온화 기체가 보통 크립톤 또는 제논이라는 점이 가스 흐름 검출기와 크게 다르다.

광전자 증배관 검출기 **섬광 광전자 증배관**(scintillating photomultiplier tube, PMT)은 6장에서 UV-vis 검출기를 논의할 때 처음 소개되었다. PMT는 진입하는 엑스선 광자가 형광 또는 인광 물질로 덮인 투명한 필름에 충돌하도록 설계되었다. 섬광 재료에 의해 방출되는 빛은 방출을 야기한 원래의 엑스선보다 훨씬 낮은 에너지이며, 이 방출 광자가 PMT의 일차 광음극을 때려 전자를 방출시킨다. 일차 방출된 전자는 이차 음극으로 가속된다. 전자가 이차 음극에 충돌함에 따라 다수의 전자가 방출된다. 이들 이차 전자들 각각은 삼차 음극 쪽으로 가속되고, 이 과정은 여러 단계를 거쳐 반복된다. 전류 증폭은 PMT의 주요 장점이며, 이로 인해 PMT XRF 분광계의 검출 한계를 크게 향상시킨다. 전자 폭포를 시작하기 위해 섬광체에서 이차 방출된 광자를 사용하는 이유는 전자 폭포에서 다음 단계로 방출된 전자를 가속시키기 위해서 각 다이노드와 처음 광음극 사이의 전압 내림을 정밀하게 제어해야 하기 때문이다. 섬광체에서의 방출은 일차 광전지에 충돌하는 모든 광자가 좁은 대역폭의 에너지 내에 있음을 보장하며, 결과적으로 광음극에서 방출된 초기 전자들은 좁은 범위의 운동 에너지 내에 있게 된다. 섬광 창을 만들어야 하기 때문에 PMT 검출기를 사용하는 XRF 분광계는 0.3 nm 이하의 파장을 연구하는 데 가장 적합하다. 그림 5.14는 섬광 PMT의 개략도를 보여준다.

고체-상태 검출기 WDXRF 검출기의 세 번째 종류는 고체-상태 검출기이다. 이들은 두 개의 하전된 전극 사이에 끼워진 반도체 물질로 구성되어 있다. 그림 5.15는 p/n 접합[19] 검출기를 나타낸다. 엑스선이 투명한 p형 반도체에 충돌함에 따라, 엑스선은 p/n 접합을 통과하고 경계를 가로질러 전자를 방출한다. p/n 접합은 한 방향으로만 전기를 전도할 수 있기 때문에 전자-정공 쌍이 재결합하기 위해서는 회로를 통해 이동해야 한다. 결과적으로 전기 펄스는 엑스선 선속에 비례한다. 고체-상태 검출기의 장점은 작고 견고하다는 것이다. 또한 PMT보다 전력 소비가 적기 때문에 운영 비용이 저렴하다.

[19] 다이오드 검출기의 회로도에 대해서는 그림 6.28을 참조하라.

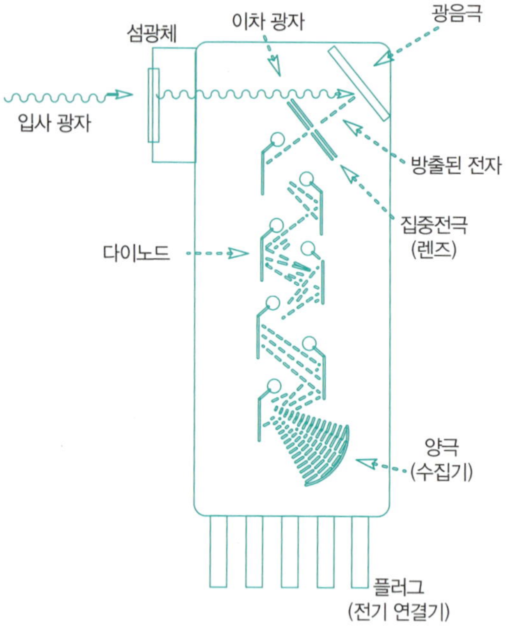

그림 5.14 8단 섬광 PMT의 개략도.

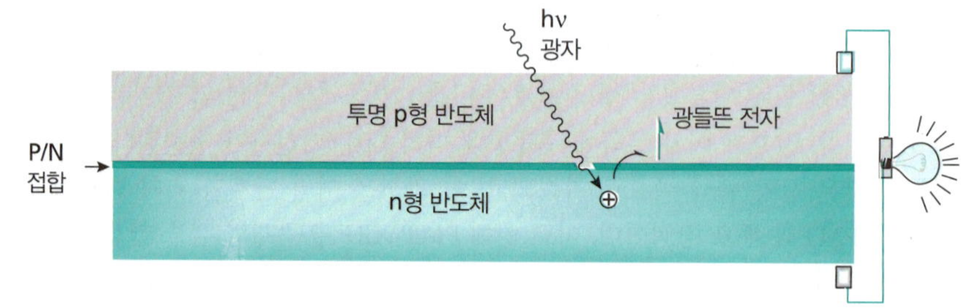

그림 5.15 광전지 p/n 접합의 개략도.

그러나 고체-상태 검출기의 응답 시간은 위에서 다룬 다른 유형의 검출기에 비해 느리다. 고체-상태 검출기의 기술이 빠르게 향상되고 있으며, 특히 휴대용 XRF 분광계에서의 사용이 증가하고 있다.

5.5 에너지 분산형 분광계

EDXRF는 WDXRF와 다른 원리로 작동한다. 일반적으로 EDXRF 분광계는 WDXRF 분광계보다 튼튼하고 휴대 가능하며 빠르다. EDXRF 분광계의 튼튼하고 견고한 특성으로 인해 산업 및 현장에서 광범위하게 사용할 수 있다. 그러나 WDXRF 대비 EDXRF의 주된 장점은 분석 속도이다. 예를 들어, 금속 합금 또는 광물의 원소 분석은 불과 몇 초만에 끝낼 수 있다. WDXRF 대비 EDXRF의 주요 단점은 분해능의 감소이다. 일반적인 EDXRF는 사용되는 검출기의 유형에 따라 100~300 eV 이상의 스펙트럼 분해능을 가지고 있다.

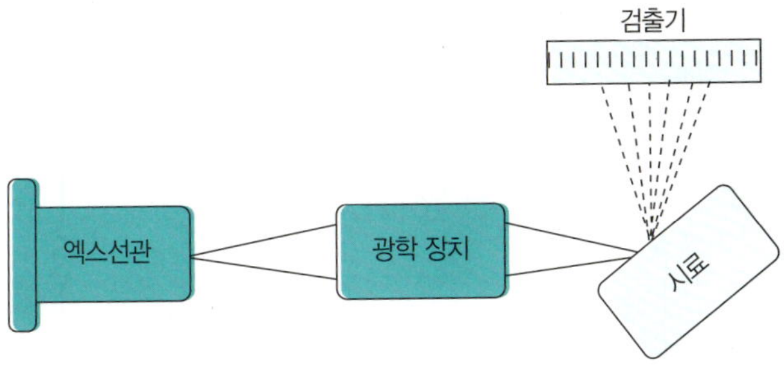

그림 5.16 EDXRF 분광기의 구역 도표.

그림 5.16는 EDXRF를 구역 도표로 보여주는데, EDXRF에서 광원의 엑스선이 시료에 충돌하고 시료의 모든 2차 형광 엑스선이 파장 차별 없이 검출기에 도달함을 보여준다. EDXRF는 충돌하는 엑스선 광자의 에너지 및 수를 결정할 수 있는 반도체 검출기의 사용을 필요로 하는데, 출력은 각 에너지에서 광자 에너지 대 광자 수의 막대그래프로 나타낸다. 형광 엑스선 광자의 에너지는 우리가 그것을 생성한 시료의 원소를 결정할 수 있게 하며(정성 분석), 형광 엑스선 광자의 수는 시료에 있는 각 원자 유형의 수를 결정할 수 있게 한다(정량 분석).

원칙적으로 EDXRF 계측기의 설계는 WDXRF 계측기보다 훨씬 간단하다. 시료와 검출기 사이에 필요한 광학장치가 없으며 회절 결정의 각도를 정확하게 조절할 필요가 없다. 실질적으로 움직이는 부품이 전혀 없다. 그러나 EDXRF 분광기는 매우 복잡한 검출기를 가지고 있으며 검출기 출력을 해석하기 위해 상당한 계산 능력이 필요하다.

문제 5.11 문제 5.10에서 우리는 WDXRF 분광기의 스펙트럼 분해능을 eV에서 nm로 변환했다. 비교를 위해 일반적인 EDXRF(100~300 eV)의 스펙트럼 범위를 nm로 변환하라.

◆ 에너지 분산형 엑스선 형광 검출기

위에서 언급했듯이 EDXRF 검출기는 광자 수를 측정하고, 검출기에서 전류를 생성한 광자의 에너지를 결정할 수 있어야 한다. 시장에는 여러 가지 설계가 있지만 모두 비슷한 원리로 작동한다. p형 반도체가 n형 반도체와 접촉하면 *p/n 접합부*(정류기라고도 함)가 생긴다.[20] 정류기는 한쪽 방향 전류 게이트 역할을 한다. EDXRF의 검출기는 PIN 검출기를 사용한다. PIN의 "P" 및 "N"은 각각 p형 및 n형 반도체를 나타내며 "I"는 고유 반도체를 나타낸다. 고유 반도체는 도핑되지 않거나 약간만 도핑된다. PIN 검출기의 경우 전도띠로의 이동은 광분해적으로 가능하다. 그림 5.17은 PIN 접합의 개략도이다. 그림 5.17의 PIN은 역바이어스(음극은 p형 반도체에, 양극은 n형에 연결)이다. p/n 접합이 역바이어스되어 있으면, p형 및 n형 반도체의 모든 전하 운반자는 고갈되고 장치를 통해 전류가 흐르지 않는다. 엑스선 광자가 고유 영역으로 들어오면 **전자-정공 쌍**(electron-hole pairs, e/h)을 생성한다. e/h 쌍을 생성하는 데 필요한 에너지($E_{e/h}$)는 사용되는 재료에 따라 다르다. 예를 들어, 실리콘 검출기의 경우, $E_{e/h}$ = 3.6 eV이다. 생성된 e/h 쌍의 수(N)는 검출기에 충돌하는 광자 에너지의 함수이다[식 (5.7)].

[20] 다이오드 검출기의 회로도에 대해서는 그림 6.28을 참조하라.

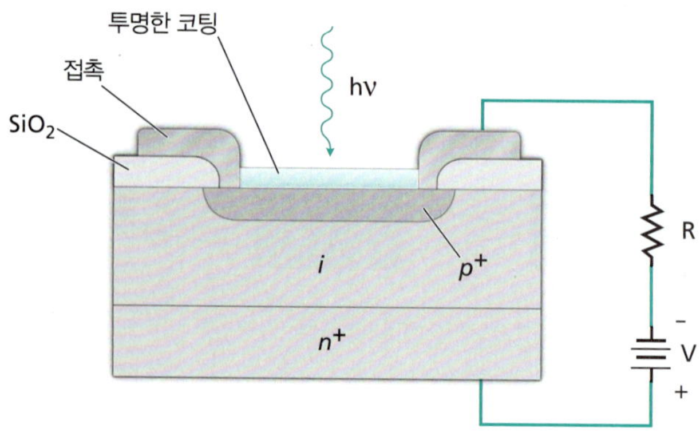

그림 5.17 PIN 엑스선 검출기의 개략도.

$$N \cong \frac{E_{photon}}{E_{e/h}} \qquad \text{식 (5.7)}$$

여기서

N = e/h 쌍의 수

E_{photon} = 입사 엑스선의 에너지

$E_{e/h}$ = 검출기에서 e/h 쌍을 만드는 데 필요한 최소 에너지

정공은 p형 반도체로 빠르게 이동하고, 전자는 n형 반도체로 "표류"한다. 다중 e/h 쌍은 전하의 축적을 초래하는데, 이것이 입사 광자의 에너지를 결정하기 위해 측정되는 알짜 전하(Q)이다.

$$Q = eN \qquad \text{식 (5.8)}$$

여기서

Q = N개의 e/h 쌍으로부터 검출기에서 생성된 총 전하

e = 기본 전하

$$Q \cong \frac{eE_{photon}}{E_{e/h}} \qquad \text{식 (5.9)}$$

식 (5.9)는 식 (5.7)과 (5.8)의 결합이며, 이는 계측기가 광자의 에너지를 결정하는 측정값을 나타낸다. N이 광자에 따라 조금씩 변하기 때문에 식 (5.7)[그리고 이 식을 사용한 식 (5.9)]은 근사 등식이라는 점에 유의해야 한다. 이 점이 EDXRF 장치가 WDXRF 장치보다 낮은 해상도를 나타내는 이유 중 하나이다.

Q의 측정은 시료에서 방출되는 엑스선의 에너지를 결정하는 방법을 제공함으로써 정성 분석을 가능하게 한다. 어떤 의미에서 검출기는 각 광자를 고유한 사건으로 취급하기 때문에, 계측기는 특정 기간 동안 주어진 전하(Q) 범위를 생성하는 광자의 수를 계산할 수 있고, 시료에 있는 각 원소의 양을 정량할 수 있다. 그러나 실질적으로 각 광자를 한 번에 하나씩 검출기에 "통과"시킬 수 없으므로, EDXRF에서는 검출기에 동시에 충돌하는 여러 가지 에너지의 광자에 의해 생성된 신호를 분석하는 정교한 소프트

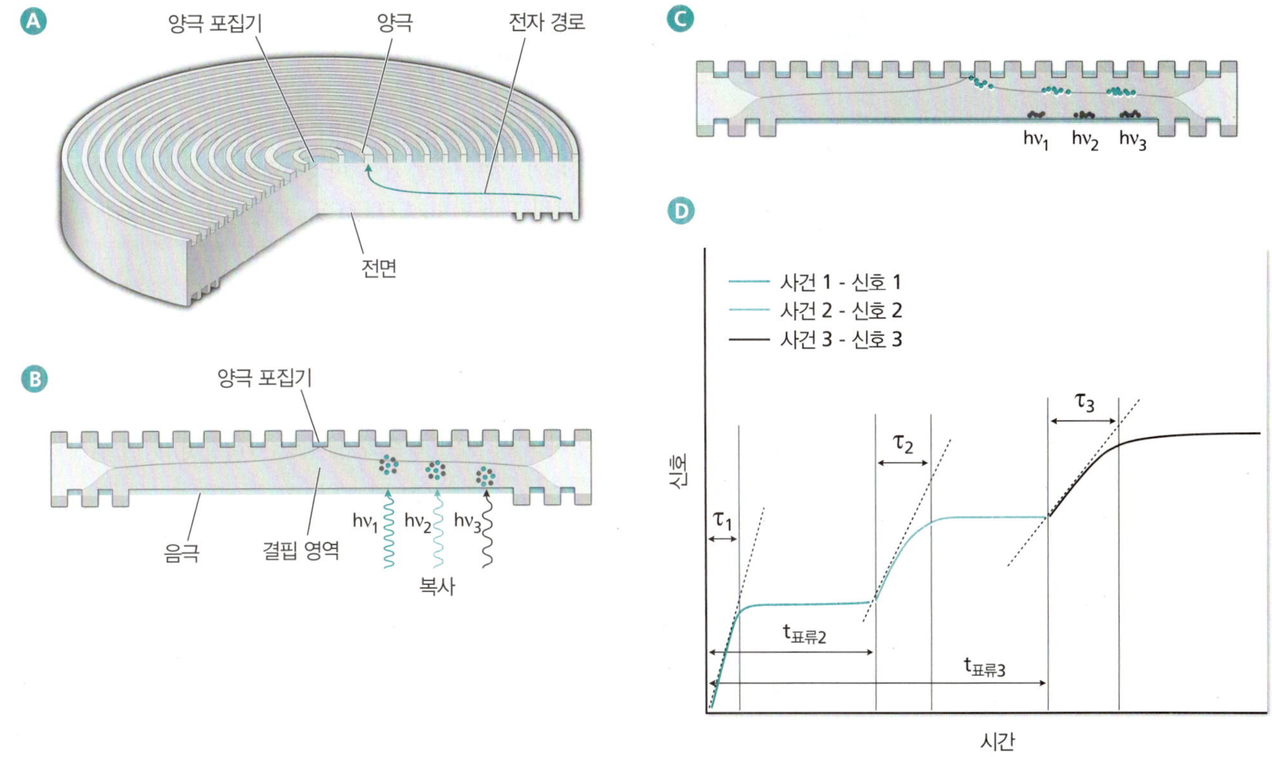

그림 5.18 SDD 검출기의 작동. (A) SDD 검출기의 절개된 개략도. (B)와 (C)는 바이어스 하에 이중층 영역의 확대도. (B)와 (C)에서 진한 회색 영역은 바이어스 하에서의 결핍 영역을 나타낸다. 파란 점과 검은 점은 엑스선 광자에 의해 생성된 e/h 쌍을 나타낸다. (B)에서 세 가지 다른 에너지 엑스선 광자가 SDD에 충돌한다. (C)에서 전자는 양극으로 "표류(drift)"한다. "표류"의 비율은 입사 엑스선 광자의 에너지에 비례한다. (D)는 각 엑스선 광자에 대한 신호 상승 시간의 그래프이다.

웨어가 필요하다. 변환 알고리즘은 복잡한 시간 영역 신호[21]를 광자 에너지와 광자 수로 변환한다. 스펙트럼은 에너지 스펙트럼을 분리된 저장소(discrete bin)로 분할한 후, 각 에너지 저장소 내에 등록된 펄스 수를 세서 만든다.

신형 연구용 EDXRF 분광계에서는 Peltier[22] 냉각 **실리콘 표류 검출기**(silicon drift detector, SDD)를 사용한다. 그림 5.18은 SDD의 개략도를 보여준다. 그림 5.18의 결핍 영역과 결핍 영역에서 보이는 가는 선은 결핍 영역 내 광자 에너지의 함수로서 전하 운반자 경계를 나타낸다. 이 선은 또한 전자가 양극 쪽으로 이동하는 표류 길이를 나타낸다. 엑스선 광자가 SDD에 충돌할 때 SDD 내에서 여러 e/h 쌍이 생성되고 전자와 정공은 외부 전기장 아래에서 분리된다. 이 과정이 그림 5.18(b), (c)에 묘사되어 있다.

전자 정공은 음극으로 빠르게 이동하고 전자는 양극으로 이동한다. 그림 5.18의 하단에서는 각각의 개별 광자 에너지에 대한 상승 시간 프로파일을 보여준다. 검출기 출력은 시간의 함수로서 전압이며, 각 개별 상승 시간을 겹쳐서 보여준다.[21]

[21] 우리는 8장에서 Fourier 변환에 대해 배울 때 시간 영역 신호를 자세히 살펴볼 것이다.

[22] Peltier 효과는 두 전도성 물질(p/n) 사이 접합부의 가열 혹은 냉각을 말한다. 일부 여행용 냉각기에서 사용되는 것과 동일한 효과다. 여행용 냉각기는 자동차의 12 V 콘센트에 연결되며, 팬은 차가운 전극을 가로질러 공기를 불어 넣어 여행용 냉각기로 보낸다.

5.6 직접 비교: 파장 분산형 엑스선 형광 분광법과 에너지 분산형 엑스선 형광 분광법

앞서 5.5절에서 언급했듯이 WDXRF 분광기는 EDXRF 분광기와 비교하여 우수한 분해능을 제공한다(그림 5.19 참조). 장비의 품질에 따라 WDXRF의 일반적인 스펙트럼 분해능은 ~5에서 ~20 eV까지 다양하며, EDXRF의 일반적인 스펙트럼 분해능은 150~300 eV 혹은 그 이상이다. WDXRF의 우수한 분해능으로 인해 스펙트럼 겹침이 더 적게 일어나므로 복잡한 분석물을 상세히 분석하는 데 유리하다. 또한 WDXRF의 향상된 스펙트럼 분해능(파장 구별)은 WDXRF 분광계에서 측정된 각 피크와 관련된 배경 잡음을 감소시킨다. 즉, EDXRF 분광기보다 WDXRF에서 더 높은 신호-대-잡음비를 얻을 수 있다. 이론상으로는 EDXRF에 비해 검출 한계가 낮다. 그러나 WDXRF에는 EDXRF에서 필요하지 않은 광학 구성 요소(평행화기, 집중 광학장치, 회절 결정)가 필요하다.

이들 광학 구성 요소 각각은 광원에서 오는 방사선을 감소시키는 요인이 된다. 실제로, WDXRF가 제공하는 낮은 검출 한계를 얻기 위해서는 훨씬 더 강렬한 광원을 사용해야 한다. EDXRF 분광계에 비해 보다 강렬한 광원과 추가 광학 장치를 사용함으로써 장비 비용 및 사용의 복잡성이 증가한다.

EDXRF 분광법의 주요 장점은 분석 속도, 사용 용이성 및 운영 비용이다. WDXRF에서는 전자기 스펙트럼의 엑스선 영역을 스캔하여 각 특성 형광을 일일이 순차적으로 수집하거나(시간 소모적), WDXRF를 동시 원소 검출을 위해 다중 검출기로 구성(고가)할 수 있다. EDXRF에서는 사실상 순간적으로 전체 스펙트럼이 얻어지며 주기율표의 많은 원소에 적용될 수 있다. 간단한 물질에 대한 일상적인 분석을 수행하는 경우 WDXRF의 우수한 분해능이 필요하지 않은 때가 종종 있다. 이 경우 신속하고 비교적 저렴한 EDXRF 분광계가 WDXRF보다 더 낫다. EDXRF 분광계의 두 가지 예가 그림 5.20과 5.21에 나와 있다.

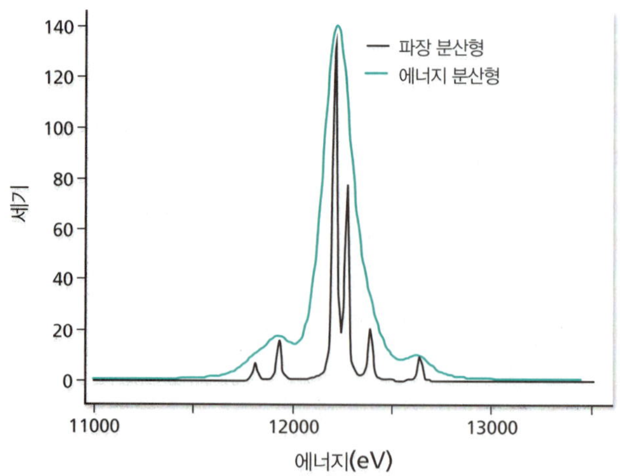

그림 5.19 WDXRF(검은색)와 EDXRF(파란색)의 스펙트럼 분해능 비교.

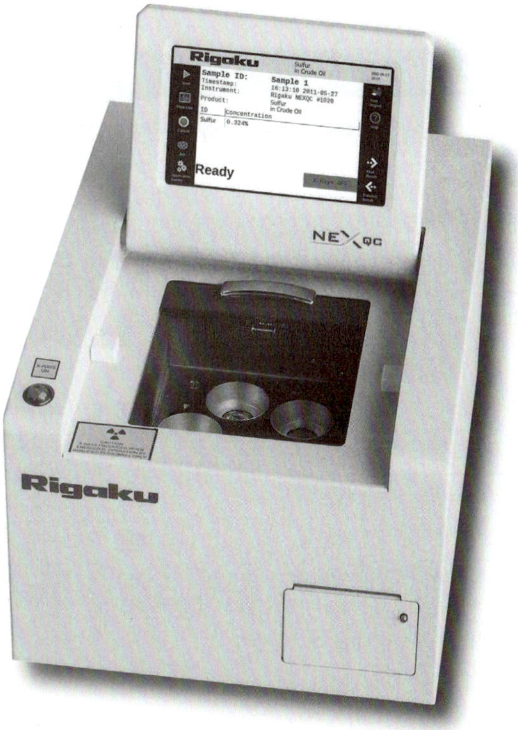

그림 5.20 Rigaku의 NEX QC는 50 kV 엑스선관을 광원으로 사용하는 EDXRF 분석계이다. 낮은 퍼센트 범위의 검출 한계로 최대 81개의 원소를 분석할 수 있다.

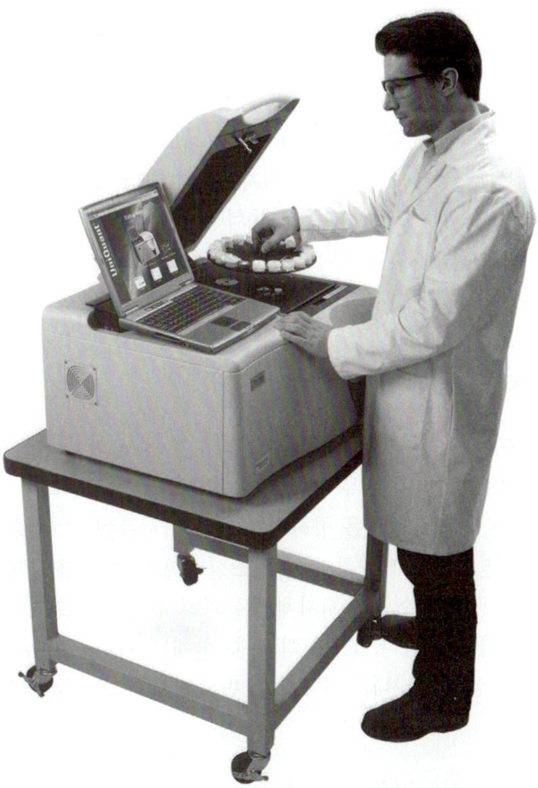

그림 5.21 다중 시료 회전대를 갖춘 Thermo Scientific의 ARL QUANT'X EDXRF 분광계.

비교 및 대조_Compare and Contrast

원자 흡수 분광법(AAS), 원자 발광 분광법(AES), 엑스선 형광 분광법(XRF)

XRF는 분석 화학자의 전체 "도구 상자" 중에서 어디쯤 위치할까? 3장에서 우리는 원자 흡광 광도법(AAS)을 다루었고, 4장에서는 원자 방출 분광법(AES)을 학습했다. 비슷한 방식으로, XRF는 분석 원소 분석 기술로서 널리 사용되지만 주목할 만한 차이가 있다. AAS와 AES에서, 우리는 먼저 시료를 원자화하여 분자 오비탈을 제거해야 원자가 껍질의 양자 현상을 탐색할 수 있다. 하지만 또한 이 단계에서 시료를 파괴한다. XRF는 원자가 껍질(즉, 결합 전자들)에서 발생하는 양자 사건과는 상관없이 핵심부 전자 껍질만이 관계되기 때문에, 형광 광자의 에너지는 시료의 분자 환경에 의해 영향을 받지 않는다. 따라서 원소 분석을 수행하기 전에 시료를 원자화할 필요가 없다. 즉, XRF를 사용하기 위해 시료 준비가 거의 필요하지 않으며 비파괴적인 기술이다. 이런 관점에서 XRF는 AAS 및 AES 기술보다 유리한데, 특히 보존하고자 하는 재료(예, 희귀한 그림)를 분석할 때 특히 유용하다. 반면에 XRF는 AAS 또는 AES의 낮은 검출 한계를 달성할 수 없다.

	비용($1000)	일반적인 감도	분석 속도	준비 시간	운영 유지 비용	시료 보존
화염 AAS*	10~20	ppm~ppb	≈ 60초/원소	상당함	중간	파괴적
흑연로 AAS†	70~80	ppm~ppb	3분/원소	상당함	높음	파괴적
AES‡	40~80	<1 ppb~10 ppb	30초/분석	상당함	높음	파괴적
XRF§	75~125	1 ppm~pph (%)	1~5초/분석	거의 없거나 없음	낮음	비파괴적

* Agilent는 약 2분/분석에서 최대 10개의 요소를 분석할 수 있는 순차 방식(10개 원소/분석)을 가지고 있다.
† 일반적으로 흑연로는 화염 AAS의 추가 기능이다. 독립형 흑연로 AAS는 비교적 저렴하다.
‡ AES와 XRF는 보통 다수의 원소를 분석한다.
§ 이 비교는 휴대용 등급의 장비가 아닌 연구용 장비에 대한 것이다.

5.7 시료 도입

시료를 있는 그대로 분석하기 때문에 XRF 분광법에서 시료 준비는 없다. 손으로 들 수 있는 휴대용 XRF 분광계를 가지고 있으면, 시료 위에 장비를 위치시켜 측정(조준하고 분석)한다. 마찬가지로 최신 연구 등급 XRF 분광계도 특별한 시료 준비를 필요로 하지 않지만, 시료실 내의 광원 경로에 시료를 위치시켜야 한다. 상업용 XRF 분광기 중 일부는 HPLC 또는 AAS 분광계에서와 같은 자동화된 시료 교환기가 있다. 예를 들어 Thermo Scientific의 ARL QUANT'X 에너지-분산형 엑스선 형광 분광계는 20개를 담을 수 있는 시료 회전대를 가지고 있다(그림 5.21 참조).

5.8 전반사 엑스선 형광

전반사 XRF(TXRF)는 재료 분석에서 사용되는 표면 분석 기술이다. TXRF가 WDXRF 및 EDXRF와 기기장치 측면에서 유사 때문에 여기에서 간단히 다룬다. 잘 조준된 엑스선속이 0.1도 미만의 각도로 표적을 향하면 표적의 반사율이 크게 증가한다. 따라서 지지체에 박막을 놓으면, 이로부터 2차 형광 엑스선과 함께 엑스선을 "반사"시킬 수 있다. 반사율이 너무 높아 광원 엑스선은 지지체를 통과하지 못하게 되고 지지체로부터 무시할 만한 2차 엑스선을 생성한다. TXRF의 검출 한계는 기존 XRF보다 다섯 차수 이상 뛰어나서 10~12 pg 정도로 낮다.[23] TXRF는 반도체 소재의 얇은 웨이퍼 특성을 알기

[23] Potts, Philip J.; et al. *Journal of Analytical Atomic Spectrometry,* **2001**, *16,* 1217 – 1237.

위해 반도체 업계에서 널리 사용되고 있다. 조성 분석 외에도 입사 엑스선원의 각도를 변경해서 막의 두께를 결정할 수도 있다.[24]

문제 5.12 다음과 같은 상황을 고려해 보자. 여러분은 영양소 Ca, Mg, Cu, Zn의 일상적인 토양 미량 분석을 실시하는 상업 연구소를 개설하기 위해 사업 계획서를 쓰고 있다. 이때 이 원소들을 ppm 범위에서 정량화할 수 있어야 한다. 여러분의 국가에서 이런 유형의 분석에 대한 통상 요금은 한 번 분석에 원소당 60달러이다. 당신의 예상 간접비는[25] 월당 $1500인데, 여기에는 장비에 대한 대출 지불이 포함되지 *않는다*. 인터넷을 이용하여 상업적으로 이용 가능한 XRF 분광계를 찾아보고 사업 계획을 완료하라. (여러분의 사업 계획서에) 당신이 왜 그 XRF 분광계를 선택했는지 정당화하고, 최종 사업 계획서에 당신의 XRF에 대한 5년 대출금 상환액(5% 연이율)을 포함하라. 당신의 급여를 포함하는 것도 잊지 말아야 한다. 사업 성공을 위해 일주일에 몇 번 분석을 수행해야 하는가? 여러분이 수행할 주당 분석 횟수를 가지고 그 XRF 분광계를 선택한 이유를 설명하라.

5.9 엑스선-유도 광전자 분광법과 Auger 전자 분광법

엑스선-유도 광전자 분광법(X-ray photoelectron spectroscopy, XPS)[26]과 Auger 전자 분광법(Auger electron spectroscopy, AS)[27]은 전자 분광법의 두 가지 형태이며 재료 표면 분석 분야에서 매우 중요하다.[28] XPS와 AS는 모두 고체 및 점성 기름의 표면 *조성* 조사에 보통 사용되는데, 존재하는 종분화(speciation)[29]뿐만 아니라 원소의 조성도 알 수 있다. 두 기술 모두 리튬에서 가장 무거운 원소까지 "볼" 수 있다.

XPS 및 AS는 유사한 유형의 정보를 제공하며, 기본 원리는 XRF 분광법의 원리와 비슷하다. XRF에서는 엑스선 광자와의 충돌로 인해 핵심부 전자가 방출된다. 고에너지 전자가 빈 정공으로 흘러들어감에 따라 엑스선 광자가 방출된다(그림 5.1, 5.22 참조).

◆ 엑스선-유도 광전자 분광법

Ernest Rutherford는 방출된 전자의 운동 에너지가 광원의 에너지와 전자의 결합 에너지 사이의 차이와 같다고 밝혔다.[30] 따라서 방출된 전자의 에너지는 배출된 물질에 대한 정보를 제공해준다. XPS에서는 방출된 *전자*의 에너지를 측정하는데, 방출된 광전자의 에너지를 이용하여 물질의 조성을 연구한다. 반면에 AS는 방출된 전자가 관여하는 다른 양자 사건을 이용한다. 두 가지 광방출되는 전자를 구별하기 위해 XPS에서 광방출된 전자를 **1차 광전자**(primary photoelectron)로, AS에서 광방출된 전자를 **2차 광전자**(secondary photoelectron)라 부르기로 한다.

---

[24] Klockenkämper, R. *Total Reflection X-ray Fluorescence Analysis*. **1997**, John Wiley & Sons.

[25] 간접비에는 사무실 임대료, 보험료, 공공요금, 차량에 청구되는 마일리지 등이 포함된다.

[26] XPS는 때때로 화학 분석을 위한 전자 분광법(electron spectroscopy for chemical analysis, ESCA)이라는 이름으로 사용된다.

[27] Auger는 프랑스 사람이었다. 이 용어는 부드러운 "j"의 *O-jay*로 발음된다.

[28] 많은 분석 화학자들은 Auger 전자 분광법에 약어 AES를 사용한다. 그러나 우리는 이미 AES를 원자 방출 분광법으로 사용하고 있으므로 이 책에서는 Auger 전자 분광법을 AS라고 나타낸다.

[29] 화학에서의 종분화(speciation)란 물질의 분자 조성을 말한다. 예를 들어, 원소 분석에서는 화합물이 규소를 포함하고 있다고 말할 수 있고, 종분화에서는 규소가 유기 규산염 보다는 이산화물로 존재함을 알 수 있다.

[30] Rutherford, E.; Robinson, H.; Rawlinson, W. F. *Philos. Mag.* **1914,** *18*, 281; Rutherford, E.; *Philos. Mag.* **1914**, *20*, 305.

비교 및 대조_Compare and Contrast

엑스선 형광 분광법(XRF), 엑스선 광전자 분광법(XPS), Auger 전자 분광법(AS)

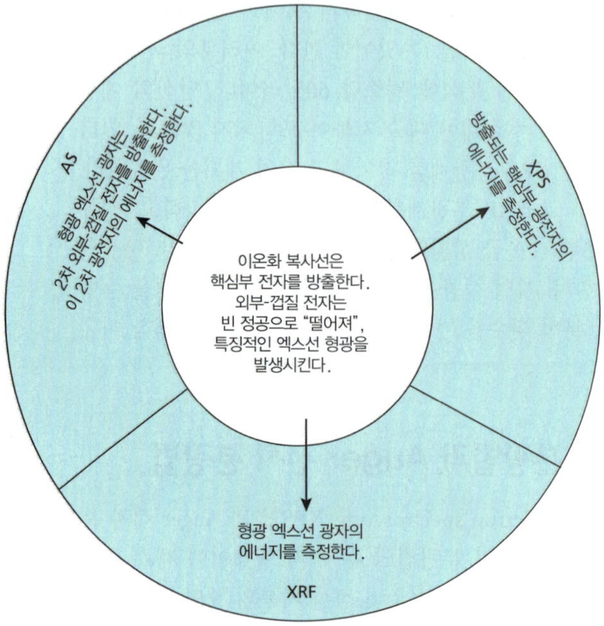

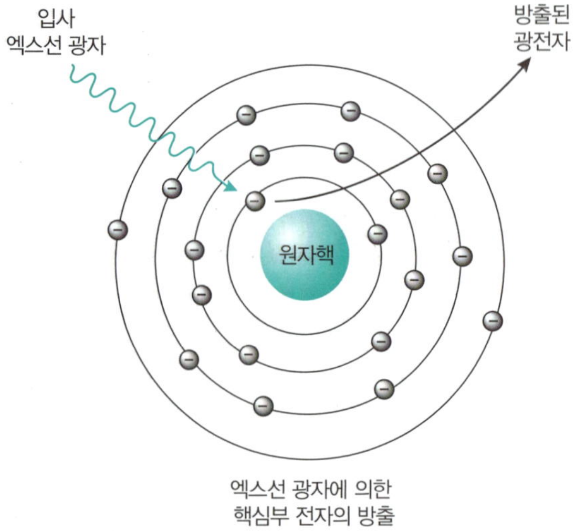

그림 5.22 핵심부 전자의 엑스선-유도 광방출.

$$KE_e = h\nu - BE_e \qquad \text{식 (5.10)}$$

여기서

KE_e = *1차 광전자*의 운동 에너지

$h\nu$ = 입사 엑스선 광자의 에너지

BE_e = *1차 광전자*의 결합 에너지

H. R. Robinson의 선구적인 연구가 있기 전까지는 XPS가 귀중한 분석 도구가 되지 못했다. 1930년에 Robinson은 원자의 화학적 환경에 의해 발생하는 1차 광전자 에너지의 에너지 이동(화학적 이동)을 해결할 수 있었고,[31] 오늘날 XPS는 많은 물질의 표면 조성을 ppt 수준의 검출 한계로 세밀히 분석하는 데 일상적으로 쓰인다. 일반적인 XPS 분석에서는 시료 표면에 광원(일반적으로 Mg-K_α 또는 Mo-K_β)의 엑스선을 쪼여서 일차 광전자의 운동 에너지를 측정한다.[32] 결합 에너지에 대해 식 (5.10)을 풀면 1차 광전자를 생성하는 원소를 확인할 수 있다. 광전자 스펙트럼은 표면 원자 내의 원자 수준의 결합 에너지를 나타낸다. 또한 약간의 결합 에너지 변화로부터 원소의 종분화를 수행할 수 있다. XPS는 재료 표면의 처음 몇 나노미터 내에 존재하는 원소들의 실험식, 화학적 상태 및 전자 상태를 유추하기 위한 도구로 폭넓게 사용된다.

◆ Auger 전자 분광법

프랑스의 물리학자인 **Pierre Victor Auger**는 엑스선-유도 광전자를 연구하면서 입사 엑스선 광자의 에너지에 관계없이 항상 동일한 에너지를 지닌 배경 "잡음"에 있는 광전자를 발견했다. 식 (5.10)에 따르면, 광전자의 에너지는 입사되는 엑스선 광자의 에너지에 비례해야 한다. Auger는 3년 동안 이 변칙 광전자를 연구하고 1926년 그의 박사 학위 논문에 이 현상에 대한 이론적 설명을 제시했다. Auger 효과(오늘날 그의 업적을 기려 이름 붙임)는 XRF 광자의 분자간 혹은 분자내 흡수로 인해 두 번째 전자 방출이 일어난 결과이다.

AS의 기본 원리는 XPS의 원리와 매우 유사하지만, *무엇이* 측정되는지의 측면에서는 현저한 차이가 있다. XRF, XPS와 동일한 방식으로, 시료는 핵심부 전자를 방출하기 위해 이온화시키는 에너지로 조사된다. 높은 준위 전자의 흐름으로 인해 생성되는 형광 엑스선은 때로는 이탈하는 대신 바깥 껍질 전자를 때린다. 방출된 바깥 껍질 전자는 *2차 광전자*라 불리며, AS에서 측정되는 것은 이 2차 광전자의 운동 에너지다. 이것은 XRF(측정되는 것이 형광된 특이적 엑스선 광자인 경우) 및 XPS(측정되는 것이 일차 광전자인 경우)와 분명히 다르다. 이차 광전자는 Auger의 업적을 존중하는 의미로 *Auger 전자*라고도 한다.

특징적 XRF 광자는 핵심부 전자의 흐름에서 비롯되고 원자의 화학적 환경에 영향을 받지 않기 때문에 XRF 광자는 동일한 에너지를 가지며, Auger 전자를 방출하는 것은 XRF 광자이기 때문에 Auger 전자의 에너지는 XRF 광자의 에너지의 함수이다. 그러나 Auger 전자는 원래 원자가 껍데기에 있었기 때문에 Auger 전자의 에너지는 또한 원자가 껍질의 화학적 환경에 의해 영향을 받는다. 특정 원소의 경우 Auger 전자는 상대적으로 좁은 띠에 포함된다. Auger 전자의 에너지 띠는 Auger 전자를 생성하는 원소를 식별할 수 있게 한다(그림 5.23 참조). 그러나 Auger 전자가 원자가 껍질에 있기 때문에, 그 에너지는 화학적 환경에 의해 약간 변한다. 에너지 밴드 내에서의 이러한 변화로부터 관찰된 원자 유형의 종분화를 할 수 있다. 또한 Auger 실험에서 피크 아래 면적은 주어진 부피의 원자 수에 비례하므로 원소 유형의 퍼센트 구성도 얻을 수 있다. Auger 효과는 시료를 이온화하기 위한 엑스선을 사용하여 처음 관찰되었지만, 대부분의 현대 Auger 분광계는 이온화원으로 전자총을 사용한다.

[31] Robinson, H. R. *Proc. R. Soc. A.* **1923**, *104*, 455; Robinson, H. R.; Young, C. R. *Philos. Mag.* **1930**, *10*, 71.

[32] XPS에서 광원 복사는 단색 파장이다.

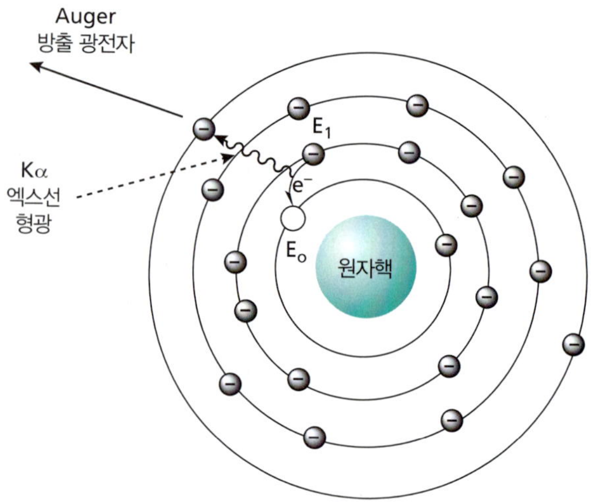

그림 5.23 "위쪽" 껍질 전자를 빈 전자 "구멍"으로 떨어뜨리면 XRF 광자가 생성된다. XRF 광자의 분자간 혹은 분자내 흡수는 Auger 전자의 방출을 초래한다.

◆ 엑스선-유도 광전자 분광법 및 Auger 전자 분광법 기기장치법

두 가지 기기 유형의 기본 구성 요소는 초고진공 스테인레스강 시료함(10^{-9} torr 이하의 압력), 전자 에너지 분석계/검출 시스템 및 광원이다. 어떤 형태의 이온화 에너지도 이론적으로 두 실험의 광원이 될 수 있다. 그러나 XPS에서 광원은 거의 항상 엑스선이며 AS에서는 광원이 일반적으로 전자총이다. 분석 전에 표면을 세척 또는 식각하는 데 사용되는 이온총과 같은 다른 장치가 XPS 및 AS 기기에 포함될 수도 있다. 에너지 분석계는 본질적으로 한 자기장 범위를 훑고, 특정 운동량을 가진 전자를 출구 슬릿으로 향하게 하는 질량 분석기(10장)이다(그림 5.24 참조). 시료 다음에 위치하는 광학 장치는 빛을 위한 것이 아니라 전자를 위한 것인데, 실제로 구별되는 것은 광전자의 운동량이다. 그러나 모든 전자가 동일한 질량을 갖기 때문에, 운동량은 운동 에너지에 비례한다.

문제 5.13 XRF, XPS, AS 기법과 관련된 물리적 양자 사건을 비교 및 대조하라. 이들은 어떤 점이 비슷하고 어떤 점이 다른가?

5.10 단결정 엑스선 회절분석법

단결정 **엑스선 회절분석법**(X-ray diffractometry)은 종종 **엑스선 결정학**(X-ray crystallography)이라고도 한다. 결정 구조를 알아내는 것은 아마도 고체 물질에 대해 수행할 수 있는 가장 정확한 분자 분석일 것이다. 그림 5.25는 다이클로로(1,10-페난트롤린-5,6-다이온)백금(II)의 **결정 구조**[33]이다. 결정 구조 도표를 보면 이 분자의 각 원자 주위에 타원형 영역이 있는데, 타원의 부피는 각 원자의 위치에 대한 95% 신뢰 한계를

[33] Granger, R. M. II; Davies, R; Wilson, K. A.; Kennedy, E. K.; Vogler, B.; Nguyen, Y.; Mowles, E.; Blackwood, R.; Ciric, A.; White, P. S. *Journal of Undergraduate Chemistry Research*, **2005**, 2, 47.

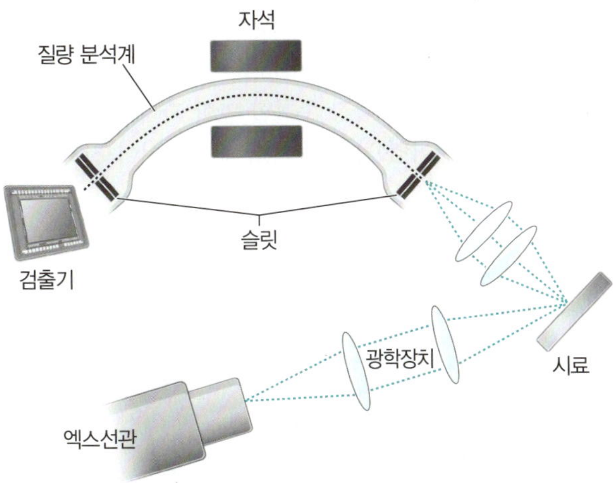

그림 5.24 XPS 분광계의 개략도.

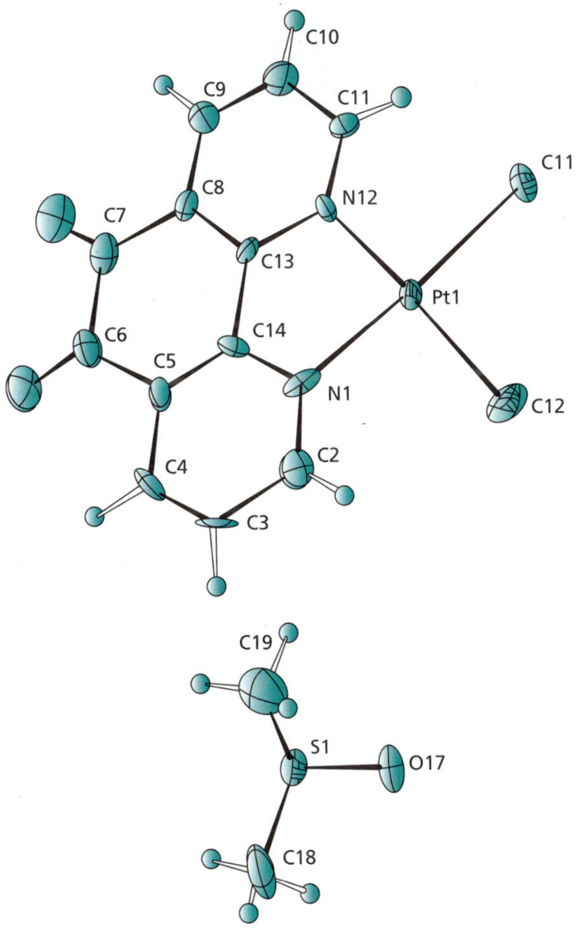

	결합각(도)
Cl_1-Pt_1-Cl_2	89.93
N_1-Pt_1-N_{12}	81.29
N_{12}-Pt_1-Cl_1	93.79
N_1-Pt_1-Cl_2	95.12
Cl_2-Pt_1-N_{12}	175.51
Cl_1-Pt_1-N_1	174.41
	결합 길이(Å)
Pt_1-Cl_1	2.290
Pt_1-Cl_2	2.291
Pt_1-N_{12}	2.009
Pt_1-N_1	2.049

그림 5.25 다이클로로(1,10-페난트롤린-5,6-다이온)백금(II)에 대한 95% 신뢰 한계 타원체를 보여주는 ORTEP 도표.

▶ 프로파일 _Profile
Max von Laue

1906년 Max von Laue(1879~1970)는 베를린의 이론 물리 연구소에서 강사로 일했다. Max Planck의 연구 조교였으며 Albert Einstein이 상대성 이론을 개발하는 데 도움을 준 것으로 알려져 있다. 그러나 그의 가장 주목할 만한 과학적 기여는 엑스선이 단결정에 의해 회절될 수 있다는 발견이었으며, 이를 통해 엑스선이 전자기 스펙트럼의 일부임을 입증하였다.

표시한다.[34] 우리가 공부한 다른 기술과는 달리, 결정 구조는 화합물 내 모든 원자의 공간 배열에 대한 자세한 정보를 제공한다. 예를 들어, 그림 5.25의 표는 이 결정 구조와 관련해 중요한 결합 길이와 결합각을 선택적으로 나타낸 것이다. 측정에 표시된 유효숫자를 확인해보면 이 기술이 얼마나 정밀한지 알 수 있다. 우리는 이 정보로부터 원자 연결성, 입체 형태, 결합 각도, 결합 거리를 미리 정의된 신뢰 한계 내에서 추정할 수 있다. 고체 상태의 물질 분석에서, 결정 구조는 원자 밀도, 고체 내의 삼차원 채움, 화학량론, 고체 내의 대칭을 추론할 수 있게 해준다. 이 기술은 엑스선원 및 Bragg 법칙을 사용하지만 그 기본 원리는 XRF, XPS, AES 분광법과 근본적으로 다르다.

결정학의 완전한 이해를 위해서는 대칭 및 그룹 이론에 대한 수업을 들어야 한다. 그러나 몇 가지 핵심 아이디어를 학습함으로써 결정학의 기초와 이 기술이 실험 분석 화학자의 도구 상자에서 가지는 위치를 알 수 있다. 이 장에서는 엑스선 회절의 일반적인 원리를 초보자에게 소개하고, 결정의 엑스선 회절을 이용하여 분자의 구조를 재구성하는 방법에 대해 설명하고자 한다.

◈ 산란

흡수 종의 입자 크기(직경)가 충돌 전자기 복사의 파장에 접근하면 전자기 복사를 산란할 확률이 증가하고 전자기 복사를 흡수할 확률이 감소하는데, 이것은 Rayleigh 산란의 또 다른 예이다. 엑스선(또는 어떤 형태의 전자기 방사선)이 원자와 충돌하면, 원자

[34] Oak Ridge Thermal Ellipsoid Plot(ORTEP)은 원하는 신뢰 한계를 보여주는 타원체로 결정 구조를 그려주는 컴퓨터 프로그램이다.

내의 전자가 움직이거나 진동하게 되고, 이는 엑스선을 재방사하는 *전자*의 진동이다. 이 절의 뒷부분에서 다시 살펴보겠지만, 전자기 복사와 상호 작용하는 것은 원자 내의 *전자*임을 인식하는 것이 중요하다. 엑스선을 산란시키기 위해서는 입자 크기가 단일 원자의 크기 정도여야 한다. 결정 내의 반복 단위는 1~3 Å(100~300 nm) 정도이기 때문에 엑스선을 산란시킬 수 있지만, 결정 내의 원자는 또한 정렬되어 있어서 회절도 일어난다.

◆ 엑스선 회절

이 장의 5.3절에서 우리는 광학 회절발와 유사한 방식으로 단결정을 이용하는 엑스선 단색화 장치의 구조에 대해 설명했다(그림 5.10 참조). **Christiaan Huygens**(1629~1695)는 빛의 파동이 한 지점에서 흩어지면, 그 점을 구형파의 새로운 근원으로 간주할 수 있다는 것을 처음 입증했다. 단일 광원의 빛이 공간에서 두 개 이상의 점으로 흩어져 있는 경우, 해당 점에서 흩어져 나오는 빛의 파동은 결 맞고(같은 위상), 보강 혹은 상쇄 간섭을 일으킬 때까지 해당 점에서 전파된다. 주기적인 배열에 의한 빛의 결 맞는 산란을 **회절**(diffraction)이라고 부른다. 단일 결정 내의 반복 단위는 정렬되어 있기 때문에 엑스선의 산란은 UV-vis/IR 단색화 장치에서 볼 수 있는 광학 회절발과 유사한 회절의 형태를 보인다. 그러나 결정의 경우 회절은 3차원에서 발생하고 산란을 생성한 원자에 대한 정보를 포함한다.

▶ 프로파일 _Profile

Christiaan Huygens

Christiaan Huygens는 빛 이론 개발의 선구자였다. 그는 1678년 파리 과학 아카데미에 처음으로 빛의 파동 특성을 제안했으며, 나중에 그의 이론은 1690년에 빛의 조약(Traité de la Lumière)로 출판되었다.

▸ 프로파일 _Profile

Henry Bragg와 Lawrence Bragg

William Henry Bragg와 William Lawrence Bragg는 단결정에 의한 엑스선 회절을 연구한 아버지와 아들 연구팀이었다. Max von Laue가 엑스선 회절을 처음 발견했지만, 결정의 분자 구조를 탐색하기 위한 분석 도구로서 엑스선 회절을 사용할 수 있는 이론을 개발한 사람은 Bragg 부자였다.

Bragg의 법칙

결정성 물질에 의한 엑스선의 회절은 1912년 **Max von Laue**[35]에 의해 처음 관찰되었고, 그 후 일 년 안에 아버지와 아들로 구성된 공동 연구자 **William Henry Bragg**과 **William Lawrence Bragg**[36]는 결정에 의한 엑스선 회절을 이해하기 위한 간단한 모델을 만들어냈다. 우리는 앞서 Bragg의 법칙을 엑스선 단색화 장치를 만드는 수단으로서 단결정의 사용을 설명할 때 소개했다[그림 5.26과 식 (5.6) 참조].

여기서는 Bragg의 법칙을 더 자세히 살핀다. Bragg의 법칙을 처음 설명했을 때, 우리는 반사 모델을 사용하여 전자 회절을 설명했다. 우리는 결정 내의 원자들이 **반사의 평면**(planes of reflection)을 정의한다고 가정했다. 비록 이런 가정은 기본적으로 부정확하지만, 간단한 2차원 *회절*을 이해하기 목적에는 반사 모형이 충분하다. 실제로 결정은 3차원이기 때문에, 반사면들은 서로의 위로 층층이 쌓인다.

반사 모형을 사용하여 Bragg의 법칙을 설명할 때 우리가 취한 가정의 한계를 이해하는 것은 중요하다. 엑스선 광자는 실제로 결정 내의 표면에서 반사되는 것이 아니라, 결정 분자 내의 *전자*에 의해 산란된다. **엑스선 결정학**(X-ray crystallography)은 이 사실에 기반하여 결정 내 *전자 밀도의 지도를 만든다*. 그러나 결정 격자의 반복적인 특성을 반사의 관점으로 생각하면 Bragg의 법칙을 적용할 수 있다. 우리는 Snell의 법칙으로부

[35] 단결정에 의한 엑스선 회절 발견한 공로로 노벨 물리학상(1914) 수상.

[36] Bragg의 회절 법칙을 유도하고 엑스선 결정학 분야에 기여한 공로로 노벨 물리학상(1915)을 공동 수상.

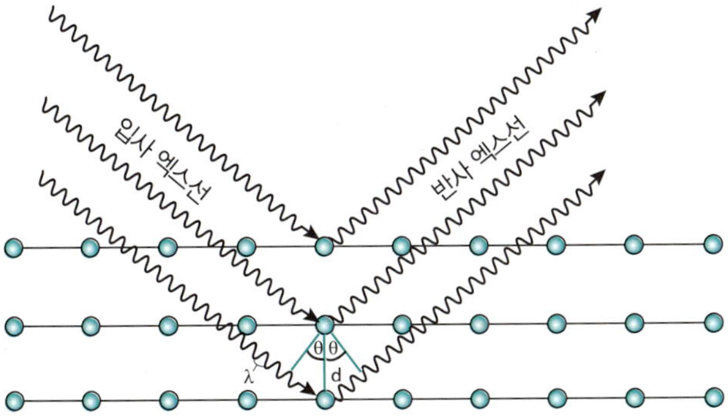

그림 5.26 단일 결정 내의 Bragg 회절.

터 입사각(θ)과 반사각이 같다는 사실을 알고, 단순한 삼각함수 계산을 이용하면 두 번째 평면으로부터 반사된 엑스선에 의해 이동된 여분의 거리가 평면 간의 거리(d)와 입사각(θ)의 함수이고, d(sinθ)로 계산됨을 알 수 있다.

두 번째 평면에서 반사된 엑스선은 첫 번째 평면에서 반사된 엑스선과 재결합하기 전에 거리 d(sinθ)를 두 번(한 번 들어가고 한 번 나오고) 이동해야 하기 때문에, 전체 거리 2d(sinθ)가 λ의 정수 배이면 언제나 보강 간섭을 일으킨다[식 (5.6)과 그림 5.26 참조].

우리는 앞서 결정에 의한 엑스선 회절과 회절발에 의한 UV-vis 광 회절의 유사성을 확인했다. 광학 회절발은 단지 1차원에서 주기성을 갖는 반면 결정의 격자는 3차원에서 주기성을 가지므로, 결과적으로 결정에 의한 엑스선의 회절은 3차원 회절 무늬(구면 무늬)가 된다.

구면 회절 구의 개념은 Paul Peter Ewald에 의해 처음 제안되었으며, 생성되는 3차원 회절 무늬를 집합적으로 **Ewald 구면**(Ewald sphere)이라고 한다. 회절된 엑스선의 보강 간섭이 발생하는 공간 지점은 또한 **역격자 혹은 역공간**(reciprocal lattice 혹은 reciprocal space)으로 알려진 격자를 형성한다. 예를 들어 결정에 면심 입방 대칭이 있는 경우(표 5.3 참조), 역격자는 체심 입방이 된다. 결정학자(crystallographer)는 관측된 역격자를 얻기 위해서는 결정에 어떤 대칭 평면이 존재해야 하는지를 정하기 위해 Ewald 구면 개념을 사용한다. 대칭 평면에 대해서는 다음 절에서 더 자세히 논의된다. 그림 5.27은 텅스텐 결정의 엑스선 회절에 대한 역격자의 2차원 투영을 보여준다.

결정학을 위한 국제표(International Table for Crystallography)로 알려진, 결정학의 유용한 응용, 실습 예제, 이론에 대한 논의가 포함된 8권 세트의 결정학 테이블이 있는데, 이것을 찾아서 학습하기를 권장한다.[37]

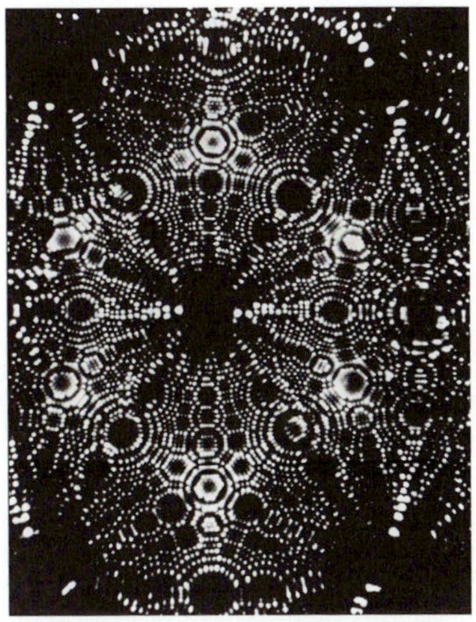

그림 5.27 텅스텐의 엑스선 회절.

문제 5.14 다음과 같은 회절 결정 격자점 사이의 격자 간 틈새 거리(d)가 주어질 때, 파장 10 Å의 엑스선에 대해 1차(n = 1) 보강 간섭을 얻는 데 필요한 Bragg 각(θ)을 결정하라.

(a) 12 Å
(b) 5.5 nm
(c) 32 Å
(d) 6×10^{-4} μm
(e) 6.8 Å
(f) 300 pm

[37] http://it.iucr.org/.

문제 5.15 다음과 같은 회절 결정 격자점 사이의 격자 간 틈새 거리(d)가 주어질 때, 200 eV 엑스선에 대해 1차(n = 1) 보강 간섭을 얻기 위해 필요한 Bragg 각(θ)을 결정하라.

(a) 12 Å　　(c) 6×10^{-4} μm　　(e) 6.8 Å
(b) 7.5 nm　　(d) 32 Å　　(f) 300 pm

문제 5.16 다음과 같은 회절 결정 격자점 사이의 격자 간 틈새 거리(d)가 주어질 때, 3×10^{18} Hz의 주파수를 가진 엑스선에 1차(n = 1) 보강 간섭을 얻기 위해 필요한 Bragg 각(θ)을 결정하라.

(a) 12 Å　　(c) 6.8 Å　　(e) 6×10^{-4} μm
(b) 7.5 nm　　(d) 300 pm　　(f) 32 Å

격자

우리는 엑스선 회절을 이해하기 위해 결정 구조 기본 사항을 먼저 논의해야 한다. 결정은 원자들(또는 분자들)의 특정 배열로 이루어져 있으며, 이들의 이웃과의 상대적 위치는 주기적으로 반복된다. 결과적으로 결정 내에서 매우 대칭인 무늬가 된다. 원자들의 가장 작은 반복적인 모임을 **단위 세포**(unit cell)라고 부르며, 전체 결정은 단위 세포의 3차원 쌓기로 생각할 수 있다. 그림 5.28(A)는 단위 격자를 쌓아 구성된 결정 격자를 보여준다. 음영 영역은 단일 단위 세포를 나타낸다. 그림 5.28(B)는 단위 세포를 묘사하고 표지하는데 사용되는 규칙을 보여준다. 단위 세포 내에서 직교 좌표를 설명할 때 결정학에서는 관례적으로 *x*, *y*, *z* 대신 *a*, *b*, *c*를 사용한다. 좌표 *b*와 *c*의 교차점에 의해 형성된 각도는 **α**로 표시되고, 좌표 *a*와 *c*의 교차점에 의해 형성된 각도는 **β**로 표시되며, *a*와 *b*의 교차점에 의해 형성된 각도는 γ로 표시된다. 단위 세포 길이와 축간 각을 사용하여 주어진 결정질 물질의 특성을 나타낸다.

표 5.3 ▸ **격자계**

	각과 축 길이	기하구조
입방정계	α = β = γ = 90° a = b = c	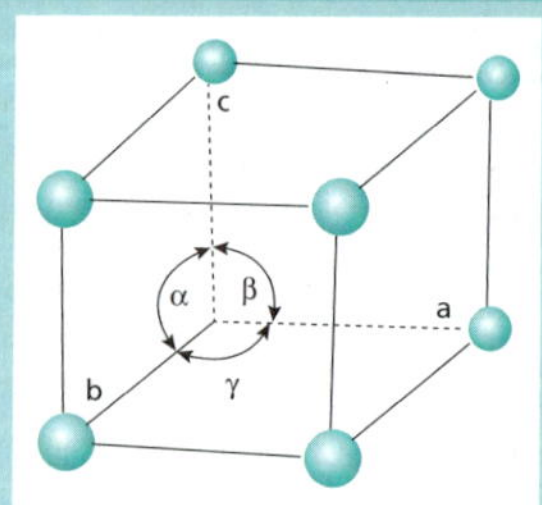
정방정계	α = β = γ = 90° a = b ≠ c	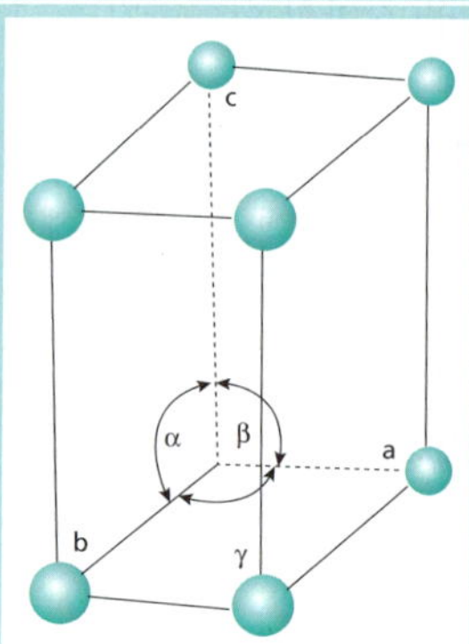

표 5.3 ▸ *(계속)*

	각과 축 길이	기하구조
사방정계	$\alpha = \beta = \gamma = 90°$ $a \neq b \neq c$	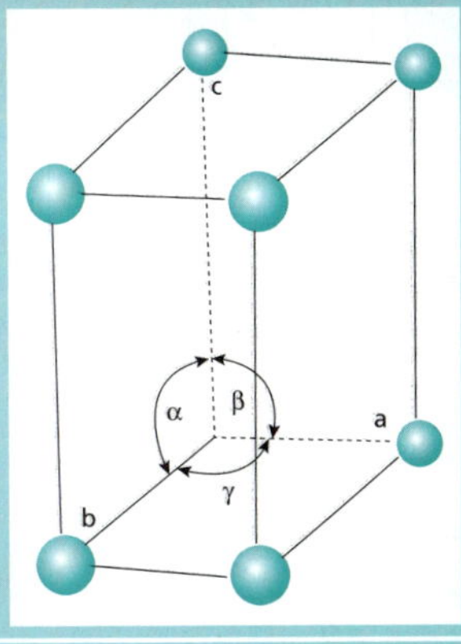
마름모계(삼방정계)	$\alpha = \beta = \gamma \neq 90°$ $a = b = c$	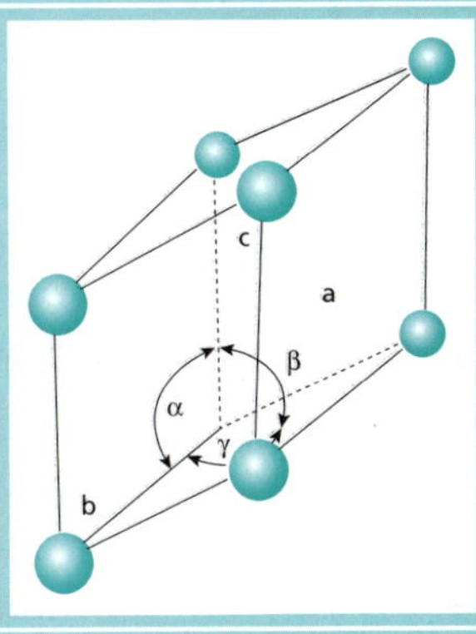
육방정계	$\alpha = \beta = 90°, \gamma = 120°$ $a = b \neq c$	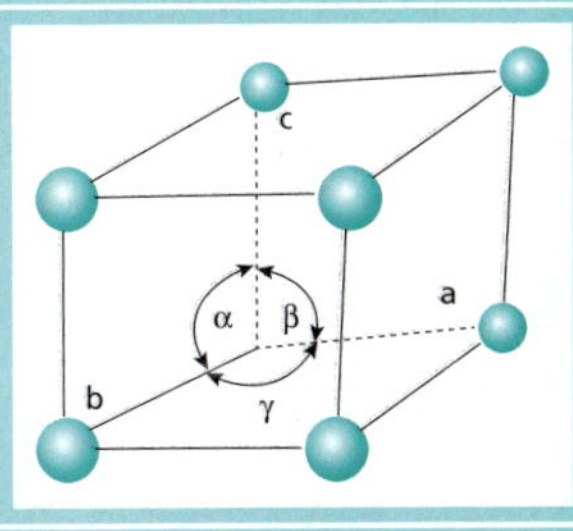
단사정계	$\alpha = \gamma = 90° \neq \beta$ $a \neq b \neq c$	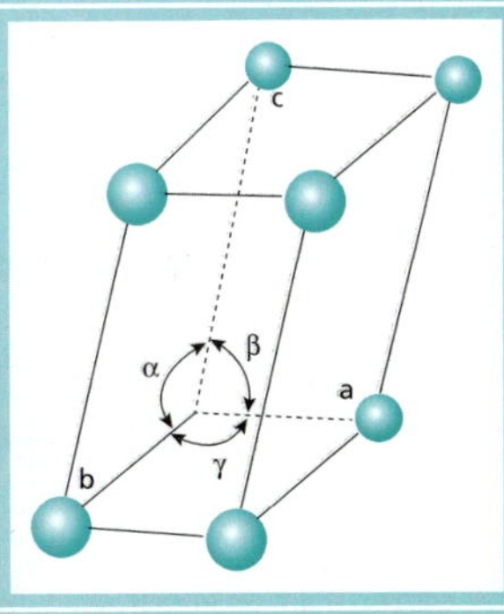
삼사정계	$\alpha \neq \beta \neq \gamma \neq 90°$ $a \neq b \neq c$	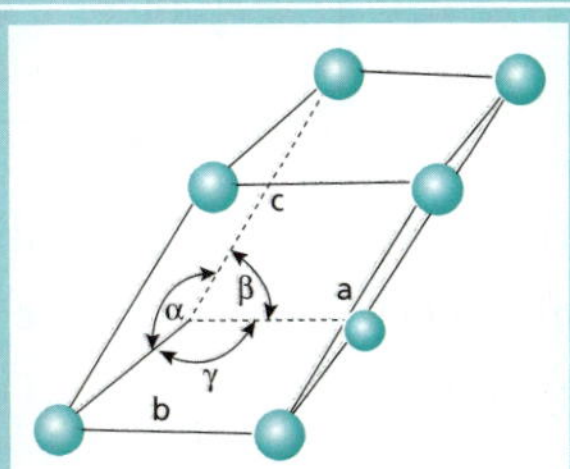

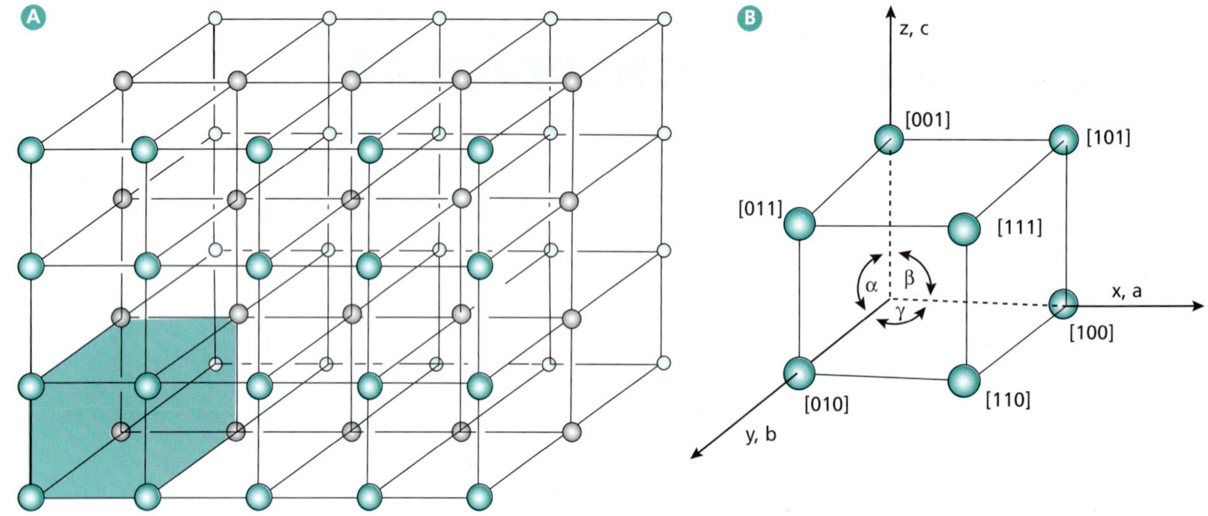

그림 5.28 (A) 단위 세포를 갖는 결정 격자. (B) 격자 내의 특정 지점을 나타내기 위해 Miller 지수를 사용하고, 관례적인 치수 단위로 표지된 단위 세포.

a, *b*, *c*의 상대적 길이와 α, β, γ의 상대각에 따라 7개의 서로 다른 결정학적 계가 있는데, 이것들을 세포 기하구조와 함께 표 5.3에 요약했다.[38]

그림 5.28 (B)는 **Miller 지수**(Miller indices)([110], [010] 등)의 사용법을 보여준다. Miller 지수는 원점을 기준으로 결정 내 특정 지점을 나타내는 데 사용된다. 이 경우 원점은 단위 세포의 뒤쪽, 왼쪽, 아래쪽 모서리이다. 어떤 점도 원점으로 지정할 수 있다. Miller 지수 [101]은 *a*축을 따라 하나의 단위를 이동하고, *b*축을 따라 제로 단위를, *c*축을 따라 하나의 단위를 이동하여 찾을 수 있는 원점으로부터의 점을 나타낸다.

문제 5.17 주어진 결정 격자 내에서 다음 Miller 지수 점을 각각 표지하라. 원점은 검은 점으로 표시되어 있다.

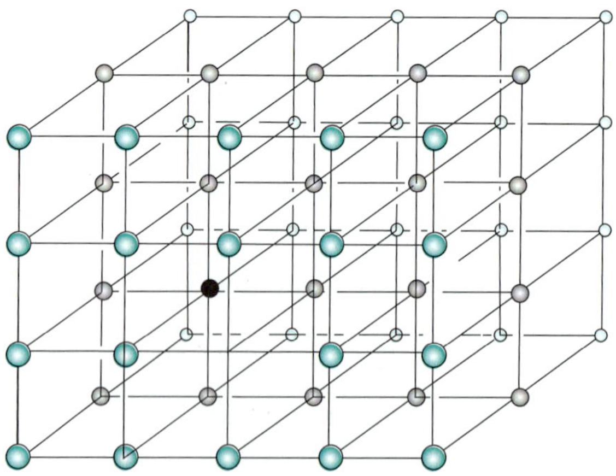

(a) [−1−10]	(d) [100]	(g) [212]
(b) [−111]	(e) [111]	(h) [0−12]
(c) [210]	(f) [302]	(i) [2−21]

[38] Cullity, B. D. *Elements of X-ray Diffraction*, 2nd ed.; Addison Wesley Publishing: CA, **1978**.

» 예제 5.3

다음 결정 격자의 원점은 검은색 점으로 나타내었다. Miller 지수 [312]로 표시된 점에 표시하라.

전략 ›

원점에서 시작하여 *a*축을 따라 세 개의 격자점을 센 다음, *b*축을 따라 하나의 격자점을 세고, *c*축을 따라 두 개의 격자점을 센다. 축 표기 *a, b, c*는 그림 5.28에 정의되어 있다.

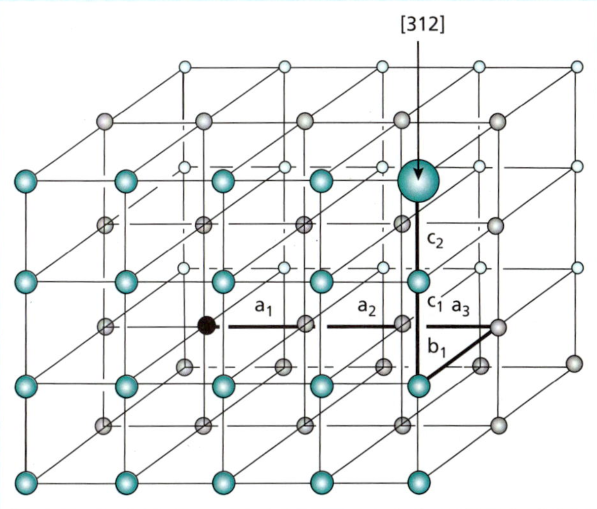

문제 5.18 주어진 결정 격자의 9개 점에 번호가 있다. 이 각 점을 적절한 Miller 지수로 나타내라. 원점은 검은 점으로 표시되었다.

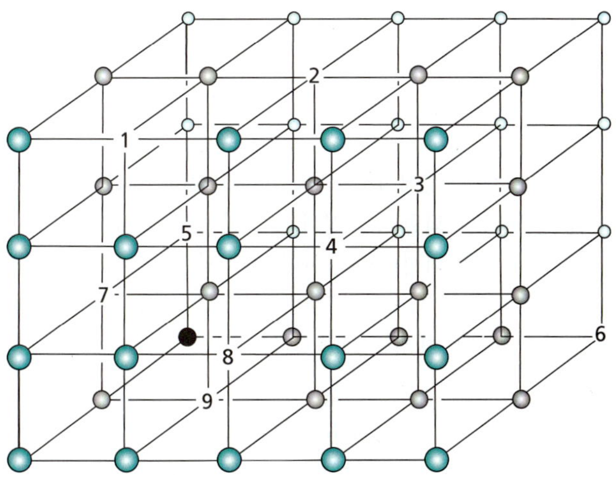

Bragg 회절을 설명할 때, 우리는 비유적으로 반사 평면을 사용했다. 이런 맥락에서 생각해보면 격자 평면의 개념이 결정학자들에게 중요하다는 것은 놀라운 일이 아니다. 어느 특정 결정 내에서 격자 내 특정 원자 유형을 정하고 격자 평면을 생성할 수 있는

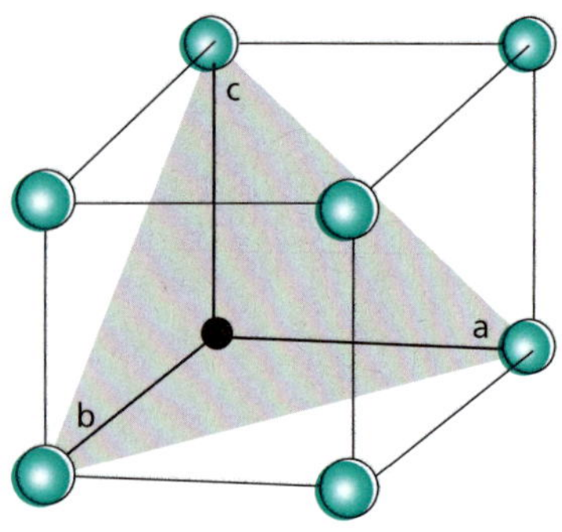

그림 5.29 단위 세포의 (111) 평면. 점을 나타내는 대괄호 대신 평면을 지정하기 위해 소괄호를 사용한다. 원점은 검은색 원으로 표시되었다.

데, *Miller 지수 체계*(Miller index system)는 또한 결정 내의 *격자면*을 나타내기 위해 사용된다. 평면을 나타낼 때는 Miller 지수를 소괄호로 묶고, 점을 나타낼 때는 대괄호로 묶는 것을 규칙으로 한다. 평면을 정의하는 데 세 점이 필요하다. 따라서 a를 따라 하나의 단위, b를 따라 하나의 단위인 점, c를 따라 하나의 단위로 형성된 평면은 (111)으로 나타낸다. 그림 5.29는 단위 세포 내의 (111) 평면에 대한 Miller 지수를 보여준다. 회절은 "*적층된 면들*"로부터의 결과이기 때문에, 결정학자는 흔히 원점을 기준으로 평행한 면의 집단을 표현한다. 평면의 집단은 Miller 지수를 중괄호로 묶어 표시하므로, (111) 평면과 평행한 모든 평면을 나타내려면 {111}이라고 쓴다.

문제 5.19 그림 5.29에서 묘사된 것과 비슷한 단위 세포를 그리고, 다음 평면들을 음영으로 표시한 후 표지하라.

(a) (010) (b) (100) (c) (001)
(d) (110) (e) (101) (f) (011)

◆ 결정 구조 얻기

회절 양상은 결정 내 원자 위치의 결과이며, 회절된 엑스선(신호)의 세기는 Bragg 각, θ 및 원자 내의 전자 수의 함수이다. Bragg 각의 함수로서 신호 세기 값은 원자 번호 Z에 따라 표로 만들어져 있다. 이러한 상관 곡선은 **원자 산란 인자**(atomic scatter factors) 또는 **원자 형태 인자**(atomic form factors)로 불려지고 기호 f로 주어진다.[39] 그림 5.30은 6개의 원자 유형에 대한 원자 산란 인자를 보여준다.

지금까지의 설명으로 보면, 회절 무늬를 바탕으로 결정 내의 원자 위치를 결정하고, 반사를 만든 원자 유형의 식별을 위해 θ의 함수로서 세기 데이터를 원자 산란 인자 곡선에 맞추어 보면, 결정 구조를 쉽게 알 수 있는 것처럼 보인다. 첫 번째 근사로서 이런 과정이 기본적으로 행해지지만, 실제로 결정 구조를 얻는 것은 좀 더 복잡하다. 실제 데이터에는 결정 내의 원자 운동으로 인한 불확실성이 포함되어 있으며, 열 진동 및 결정 채움의 경직성에 영향을 받는다. **실험적 형태 인자**(experimental form factor)는 다음 수식으로 더 잘 설명된다.

$$F = f_o e^{-B(\frac{\sin^2\theta}{\lambda})} \qquad \text{식 (5.11)}$$

여기서 $B = 8\pi^2\overline{\mu^2}$이며, 결정에 있는 원자 진동의 평균 제곱 진폭($\overline{\mu^2}$)과 관련이 있다. 또한 우리는 단일 원자의 회절을 측정하는 것이 아니라, 회절 무늬가 전체 구조에 의해 결정되는 원자들 모임의 회절을 측정한다. 따라서 우리가 θ 데이터의 함수로서 세기를 나타낼 때, 우리가 실제로 측정하는 것은 실험적인 **구조 산란 인자**(structure scatter factor, F)이다. 결국 관찰된 세기는 다음과 같다.

$$I_{obs} = K|F|^2 L_p A \qquad \text{식 (5.12)}$$

[39] 실제로 산란을 일으키는 것은 원자 내의 전자이지만, 원자의 전자 수는 원자 번호와 같기 때문에 신호 세기가 산란을 생성한 원자의 원자 번호에 비례한다고 말할 수 있다.

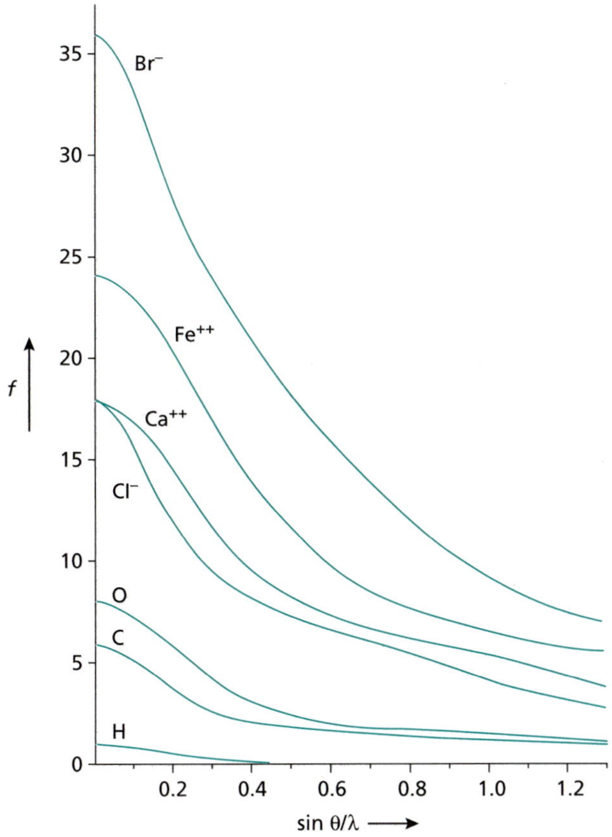

그림 5.30 $\frac{sin\theta}{\lambda}$의 함수로서 원자 산란 인자 곡선.

여기서

K = 축척 인자[40]
F = 구조 산란 인자
L_p = Lorentz 편광 보정 계수[41]
A = 흡광

하지만 처음에 우리는 구조를 모르기 때문에 실험을 해야 한다.

측정된 θ 데이터에 대한 강도는 신호를 생성한 원자 유형을 식별하는 데 사용되는 관찰된 구조 산란 인자(F_{obs})로 변환된다. 이후 결정 구조를 푸는 것은 다음과 같은 단계를 거치는 반복적인 과정이다.

1. 회절 무늬 *지수 달기*(indexing). 지수 달기에서는 결정학자가 결정 유형(표 5.3 참조)에 대한 가정을 하고, 소프트웨어를 이용해 Miller 지수 번호를 지정한다. 그런 다음 단위 세포의 크기와 모양을 계산한다.[42]

[40] 관측된 구조 계수와 계산된 구조 계수를 동일한 값으로 만드는 경험적으로 결정된 축척 계수.

[41] 광원 방사선이 결정으로부터의 반사에 의해 단색으로 만들어지면, 부분적으로 편광되고, 회절된 살의 세기는 전기 벡터가 반사 평면에 대해 평행 혹은 수직인지에 따라 달라진다.

[42] 오늘날의 컴퓨터가 개발되기 전에는, 수작업으로 2~3개의 결정 구조를 풀면 박사 학위를 취득할 수 있었다.

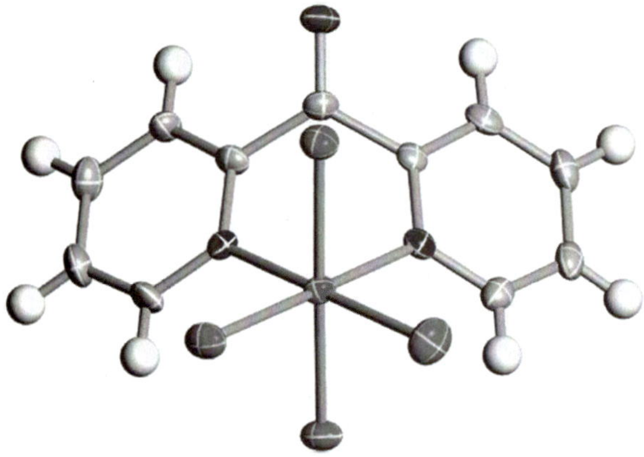

그림 5.31 $[Pt(dpk)Cl_4]$의 결정 구조. 타원체는 각 원자의 위치에 대한 신뢰 구간을 나타내며 결정 내에서의 움직임을 나타낸다. 선택된 결합각: N (14)-Pt-N(8) 88.62°; C(3)-C(2)-C(9) 120.00°. 선택된 결합 길이: C(2)-O(1) 1.225 Å.

2. 일반적으로 결정학자는 결정 밀도를 측정하고, 단위 세포 크기로부터 단위 세포당 총 원자 수를 계산할 수 있다. 이를 통해 정확한 분자식을 결정할 수 있다.
3. 단위 세포에 있는 각 원자의 위치와 유형이 F_{obs}에 의해 추론되고, 실험 데이터 세트가 생성된다.
4. 이론적인 데이터 세트가 실험 데이터 세트와 일치하면 완료된다. 그렇지 않은 경우, 1 단계로 돌아가서 수정된 가정으로 다시 시작한다.

마지막 단계는 일반적으로 가장 어렵고, 처음 두 단계에서 만들어진 가정이 맞아야 좋은 결과를 얻을 수 있다. 올바른 가정을 위해 결정학자는 이용 가능한 모든 정보를 이용할 것이다. 예를 들어, 결정을 만든 화학자는 생성물을 상당히 잘 추정할 것이다. 화학자는 사용된 시약을 알고 있으므로 가능한 원자 유형을 알고 있으며, 핵자기 공명, IR 및 가능하면 원소 분석까지 이용하여 생성물을 연구한다. 그림 5.31은 $[Pt(dpk)Cl_4]$의 *ORTEP* 도표를 나타내며 분자의 "결정 구조 도표"라고도 한다.

◆ 회절 분석계

엑스선 회절 장치는 엑스선원, 시료 집게 및 엑스선 검출기의 세 가지 기본 구성 요소로 구성된다. 초기 회절 분석계는 회절 무늬를 찍기 위해 사진 필름을 사용했다. 오늘날 회절 분석계는 이동 가능한 컴퓨터-제어 엑스선 검출기를 가지고 있다. 엑스선원은 5.2절에 자세히 설명되어 있으며, 엑스선 회절계로 직접 연결된다. 시료 집게는 일반적으로 3축 측각기[43]인데, 모든 3축을 따라 물체의 정확한 방향을 결정한다. 그림 5.32(a)는 단결정 회절 분석계의 개략도이다. 시료는 에폭시 또는 시아노아크릴레이트 접착제로 얇은 유리 섬유에 장착되고, 섬유는 측각기 머리에 연결된 황동 핀에 부착된다. 측각기 고리들을 이용하여 *x*, *y*, *z* 축의 방향을 조정하면 엑스선살을 결정에 집중시킬 수 있다. 회절된 광선은 검출기에 의해 기록되고, 입사된 살에 대한 각각의 회절된 "점적" 위치는 세기 데이터와 함께 컴퓨터에 기록된다. 현대의 단결정 회절 분석계는 다수의 점적을 동시에 수집할 수 있는 전하 결합 소자 배열 검출기를 사용한다.

[43] **측각기**(goniometry)라는 단어는 두 개의 그리스어 *gōnia*(각도)와 *metron*(측정)으로부터 생겼다. 측각기는 물체를 원하는 각도 위치로 회전시키는 데 사용된다.

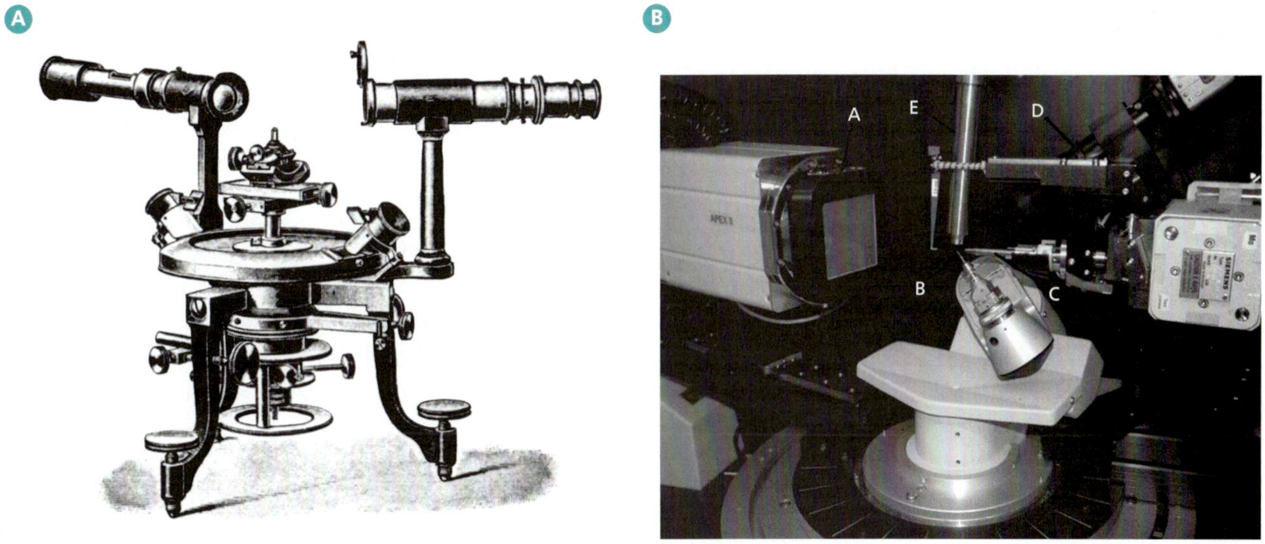

그림 5.32 (A) 측각기: 각도를 측정하거나 물체가 정확한 각도 위치로 회전할 수 있게 해주는 기구. (B) 네덜란드 Utrecht 대학에 있는 국립 단결정 엑스선 설비에 설치된 Bruker Kappa Apex II 회절 장치의 사진: A = CCD 배열 검출기, B = 시료, C = 엑스선원, D = 결정의 배향 관찰용 디지털 카메라, E = 불활성 기체로 시료를 덮거나 차가운 질소 기체로 시료를 냉각시키는 관.

5.11 심화자료

Books

Buhrke, V. E.; Jenkins, R.; Smith, D. K. *A Practical Guide for the Preparation of Specimens for X-ray Fluorescence and X-ray Diffraction Analysis.* John Wiley & Sons: New York, **1998**.

Glusker, J. P.: Trueblood, K. N. *Crystal Structure Analysis: A Primer,* 3rd ed. Oxford University Press: Oxford, UK, **2010**.

Hebbar K. R. *Basics of X-Ray Diffraction and its Applications.* I. K. International Publishing House: New Delhi, India, **2007**.

Hofmann S. *Auger and X-ray Photoelectron Spectroscopy in Materials Science: A User-Oriented Guide.* (Springer Series in Surface Sciences, Book 49). Springer: Heidelberg, Germany, **2013**.

Jenkins, R. *Introduction to X-ray Powder Diffractometry.* John Wiley & Sons: New York, **1996**.

Jenkins, R.; Gould, R. W.; Gedcke, D. *Quantitative X-ray Spectrometry.* 2nd ed. Marcel Dekker: New York **1996**.

Massa W. (translated by Gould R. O.). *Crystal Structure Determination.* Springer: Berlin, Germany, **2002**.

Pecharsky, V.; Zavalij, P. Y. *Fundamentals of Powder Diffraction and Structural Characterization of Materials.* Kluwer Academic Publishers: Norwell, MA, **2003**.

Spectro X-Lab Pro Manual, circa **2000**. Spectro Analytical Instruments, Inc.

van Der Heide, P. *X-ray Photoelectron Spectroscopy.* John Wiley & Sons: Hoboken, NJ, **2012**.

Yoshio, W.; Matsubara, E.; Shindoa, K. *X-ray Diffraction Crystallography.* Springer-Verlag: Berlin, Germany, **2011**.

Journals

Ferrero, J. L.; et al. Analysis of pigments from Spanish works of art using a portable EDXRF spectrometer. *X-ray Spectrometry,* **2002**, 31, 441–447.

Jenkins, R.; Gould, R. W.; Gedcke, D. Applications of X-ray Spectrometry. *Applied Spectroscopy Reviews,* **2004**, 35(1,2), 129–150.

Knoll, G. F. Radiation detectors for X-ray and gamma-ray spectroscopy. *Journal of Radioanalytical and Nuclear Chemistry,* **2000**, 243(1), 125–131.

Revenko, A. G. X-ray fluorescence analysis of rocks, soil and sediments. *X-ray Spectrometry,* **2002**, 31, 264–273.

Sieber, J. R. X-rays in research and development at the National Institute of Standards and Technology. *X-ray Spectrometry,* **2000**, **29**, 327–338.

Szalóki, I.; Osán, J.; van Grieken, R. E. X-ray Spectrometry. *Anal. Chem.*, **2006**, *78*, 4069.

Tsuji, K.; Nakano, K.; Takahashi, Y.; Hayashi, K.; Ro, C. X-ray Spectrometry. *Anal. Chem.*, **2008**, *80*, 4421–4454.

Tsuji, K.; Nakano, K.; Takahashi, Y.; Hayashi, K.; Ro, C. X-ray Spectrometry. *Anal. Chem.*, **2010**, *82*, 4950–4987.

Tsuji, K.; Nakano, K.; Takahashi, Y.; Hayashi, K.; Ro, C. X-ray Spectrometry. *Anal. Chem.*, **2012**, *84*, 636–668.

5.12 연습 문제

5.1 다음의 용어를 정의하라.
a. 특성 방출
b. K_β-방출
c. L_α-방출
d. PMI 분석
e. 광전 효과
f. 광전자 흡수
g. Coolidge관
h. 스침각
i. Wolter 광학
j. Presnel 영역판
k. 모세관 광학
l. 제동 복사
m. Duane-Hunt 법칙
n. 싱크로트론 복사
o. 회절
p. Bragg 회절
q. 나노-척도 다층 소자
r. WDXRF
s. EDXRF
t. TXRF
u. 섬광체
v. 기체 검출기
w. PIN 검출기
x. SDD
y. Miller 지수
z. 형태 인자

5.2 XRF 분광법을 "탄생"시킨 것으로 간주되는 사람은 누구인가?

5.3 Coolidge관의 개략도를 그려보라.

5.4 Coolidge관의 개발은 초기 엑스선관의 두 가지 중요한 기술적 어려움을 해결했다. 이 두 가지 기술적인 어려움은 무엇이었는가?

5.5 이 장에서 우리는 엑스선 발생을 위한 두 가지 메커니즘을 설명했다. 첫 번째는 원소 고유의 *특성 방출*이고 두 번째는 *제동 복사 방출*이다. 두 가지 메커니즘을 설명하고 그 차이점을 설명하라.

5.6 문제 5.3의 그림을 참조하여 다음의 각 전이에 대한 오비탈 도표를 그려라.

(a) K_β (d) L_β (g) K_γ
(b) N_α (e) M_α (h) L_β
(c) M_β (f) N_β (i) M_γ

5.7 식 (5.4)를 사용하여 다음의 전압 기울기를 가진 Coolidge관에 의해 생성된 제동 복사의 최소 파장을 결정하라.

(a) 35 keV (b) 65 keV (c) 150 keV

5.8 식 (5.5)와 예제 5.1을 사용하여 다음의 전압 기울기를 가지고 엑스선관에 의해 생성된 제동 복사의 최소 파장, 최대 주파수 및 줄 단위 에너지를 계산하라.

(a) 75 kV (b) 60 kV (c) 125 kV

5.9 다음 원소로부터 K_α 방출을 유도하기 위해 XRF 분광계의 엑스선관에 걸어야 하는 전압은 얼마인가?

(a) Mg (d) Pb (g) Ca
(b) Ti (e) As (h) Rb
(c) Mn (f) Bi (i) Cd

5.10 다음 원소로부터 K_α 방출을 유도하기 위해 XRF 분광계의 엑스선관에 걸어야 하는 전압은 얼마인가?

(a) Os (d) I (g) Mo
(b) Ir (e) Hg (h) Ni
(c) Sb (f) Tc (i) Ba

5.11 엑스선을 집중시키기 위해 굴절 광학을 사용하는 것이 비현실적인 이유는 무엇인가?

5.12 Wolter 엑스선 광학 및 모세관 엑스선 광학의 기본 원리를 설명하라.

5.13 d = 2.25 Å의 결정 격자 거리가 주어질 때, Bragg의 법칙을 사용하여 다음 엑스선살의 보강 간섭(n = 1)에 필요한 각도를 계산하라.

(a) λ = 8.44 Å (b) λ = 7.24 Å (c) λ = 2.04 Å

5.14 결정 격자 거리가 d = 2.05 Å이라면, Bragg 법칙을 사용하여 λ = 1.54 Å 엑스선살의 보강 간섭(n = 1)에 필요한 각도를 계산하라.

5.15 1.89 Å의 엑스선살이 37°의 각도로 결정 표면에 입사할 때, 1차(n = 1) Bragg 회절을 얻기 위해 필요한 결정 격자 거리 "d"는 얼마인가?

5.16 단결정 및 나노-척도 다층 소자는 모두 엑스선 단색화 장치에 사용된다. 단결정보다 나노-척도 다층 소자가 더 선호되는 응용 분야는 무엇인가?

5.17 그림 5.20에 나와 있는 분광기의 경우, 광원에서 생성되는 최소 파장(λ_{min})은 얼마인가? 표 5.1의 데이터를 사용하여 이론적으로 이 장비에 들어 있는 엑스선관으로 측정할 수 있는 원소 목록을 작성하라.

5.18 XPS의 원자적 원리를 다음의 주제들을 포함하여 설명하라.

(a) 기술의 바탕이 되는 원자적 원리

(b) 기본 측정 장치

(c) 광방출된 전자의 운동 에너지와 전자의 에너지를 나타내는 방정식의 의미

(d) XPS 측정에서 얻을 수 있는 정보

5.19 AES의 원자적 원리를 다음의 주제들을 포함하여 설명하라.

(a) 기술의 바탕이 되는 원자적 원리

(b) 기본 측정 장치

(c) 광방출된 전자의 운동 에너지와 전자의 에너지를 나타내는 방정식의 의미

(d) AES 측정에서 얻을 수 있는 정보

5.20 XRF와 XPS는 어떻게 관련되어 있는가?

5.21 다음 각 기술에서 측정되는 것은 무엇인가? 가능한 한 구체적으로 설명하라.

(a) XRF (b) XPS (c) AES

5.22 주어진 결정 격자 내에서 다음 Miller 지수 점에 각각 표지하라. 원점은 검은색 점으로 표시되어 있다.

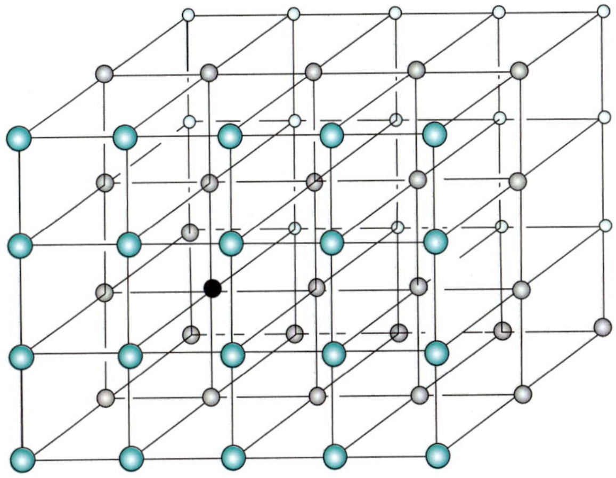

(a) [3-10]	(d) [101]	(g) [2-12]
(b) [311]	(e) [10-1]	(h) [01-1]
(c) [30-1]	(f) [1-10]	(i) [2-1-1]

5.23 [111], (111), {111}의 차이를 설명하라.

고급 연습 문제

5.24 엑스선관에 걸리는 전압의 함수로서 ν_{max}를 계산할 수 있는 Duane-Hunt 법칙을 "사용자에게 친숙한" 형태로 만들기 위해, ν_{max}에 대해 수식 (5.4)를 풀고 상수를 결합하라. 수식 (5.5)를 참고하라.

5.25 다이아몬드 단결정 단색화 장치를 사용하여 광원에서 엑스선의 띠너비를 선택한다고 가정한다. 다이아몬드 결정 평면 사이의 틈새 거리(d)는 3.567 Å이다.

(a) 1차 회절을 만들기 위해서 엑스선살(λ = 30 pm)은 어떤 각으로 입사해야 하는가? [수식 (5.6) 참조]

(b) 출구 슬릿이 다이아몬드 결정으로부터 8 cm의 거리에 있고 5 μm의 폭을 갖는 경우, 이 결정을 사용하여 제조된 단색화 장치의 스펙트럼 분해능(즉, 띠너비)을 결정하라.

그레인저의

핵심 기기분석

INSTRUMENTAL ANALYSIS

제 6 장

분자 자외선 및 가시선 분광법

Molecular Ultraviolet and Visible Spectroscopy

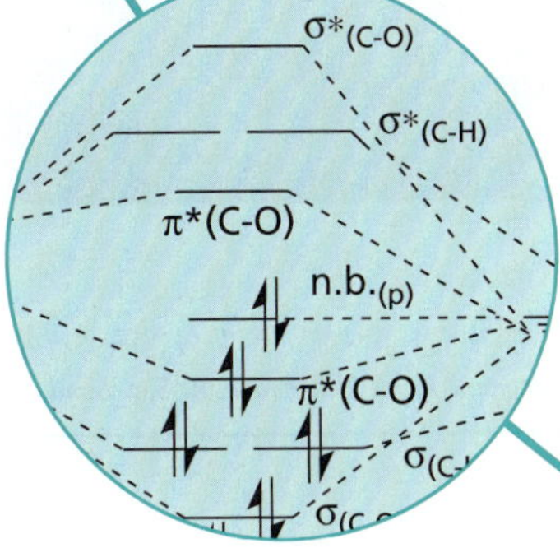

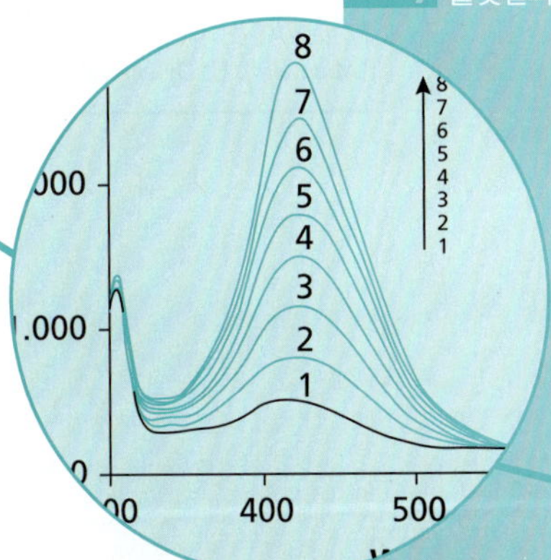

개념 _Concepts

특집 _Features

▶ 프로파일 _Profile

James Clerk Maxwell

소믈리에*가 가장 먼저 하는 일은 와인의 점성도를 평가하기 위해 잔에 자신의 와인을 소용돌이치게 하는 것이다. 소믈리에가 두 번째로 하는 일은 와인의 색깔을 검사하는 것이다. 분석적 관점에서 볼 때, 색상을 기반으로 한 시료의 평가는 역사적으로 비색법으로 알려진 가장 오래된 분석 기술 중 하나이다. 빛, 에너지, 색에 대한 우리의 현대적인 이해는 현대 물리학의 아버지라고 불리는 James Clerk Maxwell에 의해 확립되었다. 1864년 Maxwell은 빛을 서로 수직으로 진동하는 전기장과 자기장으로 묘사한 획기적인 논문 "Dynamical Theory of the Electromagnetic Field"†를 출판했다. Maxwell은 그의 논문에서 "우리는 복사열과 다른 복사선(만약 있다면)을 포함한 빛 그 자체가 전자기 법칙에 따라 전자기장을 통해 전파되는 파장 형태의 전자파 방해라는 결론을 내릴 강력한 이유가 있다"고 선언했다. 이 논문에서 개략적으로 제시된 방정식은 이제 우리가 Maxwell 방정식이라고 부르는 것이 되었다. Ivan Tolstoy는 Maxwell의 자서전에서 다음과 같이 선언했다. "과학적 사고의 역사에서 Maxwell의 중요성은 Einstein (그가 영감을 얻은 사람)과 Newton (영향력을 축소한 사람)에 견줄 만하다."

James Clerk Maxwell(1831~1879)

Maxwell은 빛에 대한 우리의 이해를 전자기파로 공식화했다. 그는 역사상 가장 영향력 있는 세 명의 물리학자 중 한 명으로 여겨진다.

*소믈리에는 숙련된 와인 관리사로 품질을 위해 와인을 검사하고 특정 와인과 특별한 요리를 조합한다.

† Maxwell, J. C. Dynamical Teory of the Electromagnetic Field. Phil. Trans. R. Soc. Lond., 1866, 155.

6.1 서론

빛에 대한 Maxwell의 설명이 있기 이전에, 고대 그리스인들은 불, 공기, 물, 땅, 이 네 가지 요소에 기초하여 빛의 본성에 대한 그들만의 이론을 발전시켰다. 그들은 빛이 양초나 등불에서 나오는 것과 거의 같은 방식으로 눈에서 나온다고 믿었고, 우리가 보는 색은 기본적인 요소와 오묘한 빛이 상호작용한 결과라고 믿었다. 그리스 철학자 Empedocles는 인식된 모든 색이 네 가지 기본 색(네 가지 기본적인 요소에서 파생된)을 혼합한 결과라고 믿으며 이 아이디어를 확장했다. Empedocles의 제자인 Democritus는 특정한 색의 특성이 색을 생성하는 원자의 특성에서 비롯된다고 가정하면서 이 이론을 발전시켰다. 분석 결과는 물질의 색상을 검사함으로써 물질의 원소 조성을 추론할 수 있다는 것이다.[1] 이 철학자들이 색에 대한 현재 우리의 이해에 얼마나 근접했는지를 생각해 보면 그들의 논리는 인상적인 위대한 업적이다. 그럼에도 불구하고 색상을 기반으로 한 물질 분석은 가장 오래된 분석 기법 중 하나이다. **비색 기법**(colorimetric technique)은 가시적인 색의 분석에 의존한다. 비록 기본 과학에 대한 우리의 이해는 Democritus 시대 이후로 진화했지만, 색의 분석은 여전히 우리의 주요한 분석 기술 중 하나로 남아 있다. 이 장에서는 현대적인 비색법을 설명하며, 자외선-가시선(UV-vis)은 우리가 공부해야 할 광학기기 기술의 첫 번째가 된다. 현대의 UV-vis 분광 광도계에서, 우리는 전자기 스펙트럼(EMS)의 가시적 부분을 넘어서서 전자기 스펙트럼의 자외선(≈ 195 nm)과 적외선 영역(≈ 900 nm)까지 우리가 "인식"할 수 있는 능력을 확장했다. 그러나 역사적인 관점에서 볼 때, 자외선-가시선 분광법을 진화된 비색법의 형태라고 생각하는 것은 여전히 옳은 생각이다.

분자의 UV-vis 스펙트럼은 분자 내에 존재하는 양자 상태에서 비롯된다. 그러므로 자외선-가시선 분광법은 분자의 전자 구조에 대한 정성적인 통찰력을 제공할 수 있다. 그러나 UV-vis 분광 광도계는 유기 분자(원자가 아니라)와 전이 금속 배위 화합물의 *정량* 분석에 가장 널리 사용되는 분석기기 중 하나라고 해도 무방하다. 그 유용성은 분석 중인 종의 농도와 측정된 신호 사이의 직접적인 정량적 관계에서부터 기인한다. 분석물에 흡수된 광자의 양은 시료 중의 흡수종의 수에 비례한다. 더욱 나아가 UV-vis 분광 광도계는 액체 크로마토그래피 및 모세관 전기이동과 같은 다른 기법에서 검출기로 자주 사용된다(각각 12장, 14장 참조).

UV-vis 분광 광도계의 기본 개략도는 그림 6.1에 나타나 있다. 블록 1은 빛을 제공하는 광원을 나타낸다. 광원은 관심 영역(자외선 및/또는 가시선) 내의 파장 범위에서 빛을 방출한다. 블록 2는 단색파 장치를 나타내며, 그 기능은 광원에서 오는 빛의 특정 주파수(또는 파장)를 선택하거나 분리하는 것이다. 블록 3은 분석물 시료를 나타낸다.

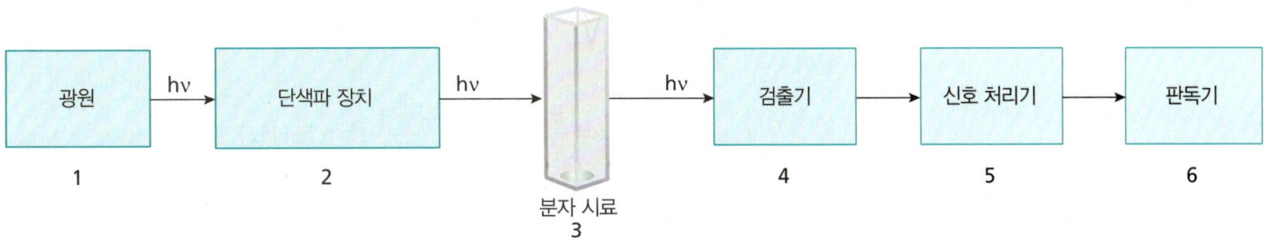

그림 6.1 UV-vis 분광 광도계의 기본 개략도.

[1] Benson, J. L. *Greek Color Theory and the Four Elements: A Cosmological Interpretation*, University of Massachusetts Amherst Libraries, Amherst, MA, **2000**.

단색파 장치에 의해 선택된 파장만이 블록 3에 도달하고 측정된다. 블록 3에서 시료의 분자적 성질을 강조함을 주목하라. 우리는 이미 3장에서 원자 시료를 다루는 유사한 분광법을 논의했다. 블록 4는 광 신호의 복사 세기를 측정하는 검출기를 나타낸다. 그림에서 입사광(화살표 hν로 표시)은 광원에서 방출되어 단색파 장치에 의해 선택되고 샘플을 통과하여 검출기로 간다. 일부 기기 설계에서는 검출기가 단색파 장치로부터 걸러져 나온 신호를 직접 판독하므로, 어떤 분광 광도계에서는 블록 2와 3의 순서가 바뀐다. 검출기는 입사광 신호를 처리된 전기적 전파로 변환하여(블록 5로 표시됨), 블록 6으로 나타낸 판독기(일반적으로 컴퓨터)로 보낸다.

UV-vis 스펙트럼을 찍을 때, 우리는 시료를 통과하는 빛에 대한 파장(또는 빛의 에너지)의 함수로서 물질을 통과하는 빛의 투과도를 측정한다. 즉, UV-vis 스펙트럼은 우리에게 파장의 함수로서 투과되는 빛의 양의 윤곽을 나타내 준다.

분광 분석에서 EMS에 대해 잘 이해하는 것은 매우 중요하다. EMS의 광범위한 영역에서 에너지 유형을 신속하게 파악하고, 그 에너지 형태가 물질과 상호 작용하는 방식을 논의할 수 있어야 한다. EMS의 가시선 범위는 보라색(약 400 nm)에서 적색(약 700 nm)까지이다. 분광학적 측면에서 자외선 스펙트럼은 약 195 nm에서 시작하여 400 nm에서 끝난다. 195 nm 이하로 영역이 확장되더라도, 공기(산소, 질소, 수분)가 복사광을 흡수하기 시작하므로 일반적인 UV-vis 분광계에서 바탕 간섭이 제한 요소가 된다.

예제 6.1

3.81×10^{-19} J의 에너지를 가진 광자의 파장(nm)과 진동수는 얼마인가? 이 광자는 EMS의 어느 영역에 속해 있는가?

전략

광자에 대한 에너지, 파장 및 진동수 사이의 관계식은 다음과 같으며, ν와 λ에 대한 방정식을 풀어라.

$$E = h\nu = \frac{hc}{\lambda}$$

여기에서,

h = Planck 상수(6.626×10^{-34} J·s)
ν = 진동수(s^{-1})
c = 빛의 속도(2.99×10^8 m/s)
λ = 파장(m)

풀이

$$\nu = \frac{E}{h} = \frac{3.81 \times 10^{-19}\ \mathrm{J}}{6.626 \times 10^{-34}\ \mathrm{J \cdot s}} = 6.75(\mathrm{Hz})$$

$$\lambda = \frac{hc}{E} = \frac{(6.626 \times 10^{-34}\ \mathrm{J \cdot s})(2.88 \times 10^8\ \mathrm{m/s})}{3.81 \times 10^{-19}\ \mathrm{J}} = 6.009 \times 10^{-7}\ \mathrm{m} \approx 601\ \mathrm{nm}$$

광자는 EMS의 가시선 영역의 청록색 부분에 속해 있다.

문제 6.1 다음과 같은 파장을 가진 광자의 진동수와 에너지는 얼마인가?

(a) 650 nm (c) 1,700 μm (e) 195 nm (g) 0.5 μm
(b) 50 nm (d) 0.65 μm (f) 700 nm (h) 500 nm

문제 6.2 그림 6.2를 참조하라. EMS의 어떤 부분에 다음과 같은 진동수를 가진 광자가 속하는가?

(a) 2.99×10^{7} Hz (c) 3.21×10^{20} Hz (e) 6.31×10^{18} Hz (g) 4.29×10^{14} Hz
(b) 10.00 Hz (d) 1.54×10^{15} Hz (f) 7.50×10^{14} Hz (h) 3.33×10^{14} Hz

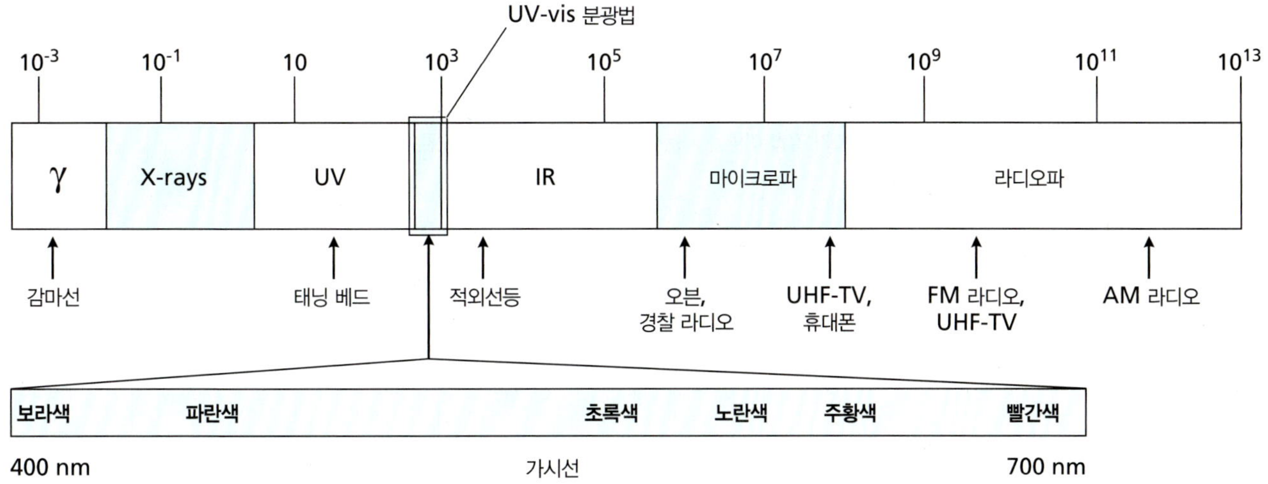

그림 6.2 전자기 스펙트럼의 개요.

195 nm 이하에서 분광법을 수행할 수는 있지만, 진공 상태에서 측정하거나 또는 헬륨이나 기타 비흡수 기체로 채워진 기기에서 측정해야 한다. 이러한 기기는 또한 특수 광학장치(예, CaF_2로 만든 렌즈)가 필요하다. 이 영역에서의 기기가 존재하기는 하지만 [*원자외선 분광기*(far-ultraviolet spectrometer)라고 함] 일반적인 것은 아니므로 이 장에서 강조하지 않을 것이다. 따라서 자외선 영역은 *약* 195~400 nm 범위로 제한될 것이다. 마찬가지로, 가시선 영역에서 최신의 UV-vis 분광기는 가시선 영역 바깥의 파장, 즉 900 nm 이상의 더 긴 파장의 복사선을 이용할 수 있다. 기술적으로 700 nm에서 900 nm 범위의 빛은 EMS의 **근-적외선**(near-infrared) 영역으로 분류되며, 육안으로 이 복사선을 볼 수는 없지만 UV-vis 분광 광도계에 대해 이야기할 때 약 195 nm에서 약 900 nm에 이르는 모든 범위의 파장에 대해 이야기한다.

문제 6.3 UV-vis 분광 광도계의 일반적인 범위가 195~900 nm라고 언급되었다. 이 범위는 헤르츠 단위로 무엇인가?

6.2 전자 들뜸과 분자 구조

분자 내의 전자는 특정 에너지 상태에서만 존재할 수 있다. 분자가 광자 형태의 에너지를 흡수할 때, 낮은 에너지 상태(바닥 상태)에서 높은 에너지 상태(들뜬 상태)로 전자를 들뜨게 한다. 분자가 광자를 흡수하려면 광자의 에너지가 두 전자 상태의 에너지 차

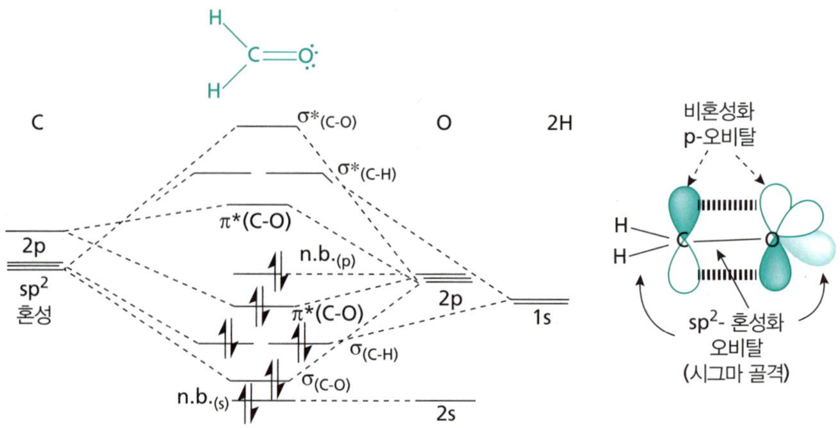

그림 6.3 폼알데하이드의 MO 다이어그램. MO는 탄소 원자에 혼성 오비탈을 사용하여 구성되었음을 알 수 있다. HOMO는 산소 원자에서 유래하는 비결합 전자쌍이다. LUMO는 π* 분자 궤도(왼쪽)이다. 원자가 결합 이론을 사용한 폼알데하이드의 표현(오른쪽).

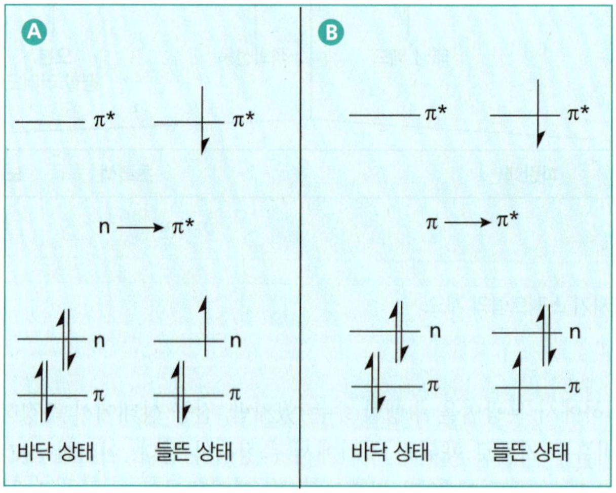

그림 6.4 폼알데하이드에서 두 가지 가능한 전이. 여기에서는 그림 6.3에 제시된 MO 다이어그램의 윗부분만 보여주고 있다. MO 다이어그램의 낮은 에너지(시그마) 부분은 생략되었다. 그림 (A)는 n → π* 전이를 보여준다. 그림 (B)는 π → π* 전이를 보여준다.

이와 일치해야 한다.[2] 또한 이러한 전자 상태의 에너지는 분자 구조에 의해 지배받는다. 흡수된 빛의 에너지(또는 파장)는 흡수종의 **분자 구조**(molecular structure)에 의해 결정된다. 한 사례 연구로서 폼알데하이드의 전자 구조를 살펴볼 것이다(그림 6.3과 6.4 참조).

폼알데하이드에 대한 루이스 구조는 그림 6.3의 분자 궤도함수(MO) 다이어그램의 왼쪽 윗부분에 나와 있다. 이 루이스 구조에는 분광학의 관심사인 두 가지 특징이 있다. 산소 원자에 존재하는 고립 전자쌍[분광학자는 고립 전자쌍을 **n-전자**(n-electron)[3]

[2] **선택 규칙**(selection rule)이라는 범주에 속하는 추가 요구 사항이 있다. 이 장의 뒷부분에서 이에 대해 설명할 것이다.

[3] 고립 전자쌍을 *n* 전자라고 한다. 이 용어는 분자 궤도함수 이론에서 가져온 것이며 비결합 전자들을 의미한다.

라고 부름]의 존재와 탄소 원자와 산소 원자 사이의 이중 결합의 존재이다. 우리는 원자가 결합 이론에서 이중 결합에 있는 두 개의 결합 중 하나가 σ-결합이고 다른 하나가 π-결합인 것을 알고 있다. π-결합에서 p-오비탈의 겹침이 상대적으로 약하기 때문에 $\pi \rightarrow \pi^*$ 오비탈 간의 에너지 차이는 $\sigma \rightarrow \sigma^*$ 오비탈 간의 차이만큼 크지 않다는 것도 알고 있다.

많은 $\pi \rightarrow \pi^*$ 전이에 대한 에너지 차이는 EMS의 UV-vis 범위 내에 존재한다. 마찬가지로, n-전자의 에너지는 $\pi \rightarrow \pi^*$ 에너지 차이 사이에 있으므로 UV-vis 범위에서 $n \rightarrow \pi^*$ 전이 또한 일어날 수 있다(그림 6.4 참조). 분광학적으로 우리는 n 전자 또는 π 전자에서 높은 에너지의 비어 있는 오비탈로의 전자 전이에 의한 에너지 흡수를 관찰할 것으로 예상할 수 있다. 화학자들은 이러한 특성을 **발색단**(chromophore)이라고 부른다.[4] **발색단**(chromophore)은 관찰 가능한 흡수를 일으키는 특징적 구조(또는 작용기)이다. 발색단이라는 단어는 색을 의미하는 그리스어 "chrom"과 생산을 의미하는 "phora"에서 유래되었다. 그러나 폼알데하이드의 경우에서 볼 수 있듯이 흡수는 가시선 범위 밖인 자외선에서도 일어날 수 있다. 발색단은 특정 화합물의 색(예, 엽록소의 녹색)을 담당하지만, 인간의 눈의 관점에서 볼 때 모든 발색단이 가시적으로 색을 띠는 화합물을 생성하는 것은 아니다.

그림 6.4는 폼알데하이드의 첫 번째 및 두 번째로 높은 최고 점유 분자 오비탈(HOMO)과 최저 비점유 분자 오비탈(LUMO)을 나타내고 있다. 바닥 상태는 그림 6.4의 각 열의 왼쪽에 표시되어 있으며, π 및 비결합성 오비탈(n)에 채워진 상태를 보여준다. 그림 6.4(a)는 n-전자가 π* 오비탈로 들뜨는 $n \rightarrow \pi^*$ 전이를 보여준다. 그림 6.4(b)는 $\pi \rightarrow \pi^*$ 전이를 보여준다. $\pi \rightarrow \pi^*$ 전이의 에너지는 195 nm 이하의 λ_{max}를 가지므로 높은 에너지를 가진 광자에 해당하며, 이는 UV-vis 영역 밖이며 대부분의 실험실 기기의 파장대를 벗어난다.[5]

문제 6.4 그림 6.3을 참고하여 에틸렌(에텐)에 대한 MO 도표를 그려라. 그린 MO 도표는 폼알데하이드의 MO 도표와 어떻게 유사한가? 그린 MO 도표는 폼알데하이드의 MO 도표와 어떻게 다른가? 당신의 MO 도표를 사용하여 에틸렌의 UV-vis 흡수 특성을 예측하라.

◆ 구조와 "색"

분자의 구조를 보고 UV-vis 흡수 특성과 반대로 UV-vis 스펙트럼을 보고 분자의 구조적 특징을 예측할 수 있는 능력을 개발하는 것이 중요하다. 먼저 우리는 유기 분자에 대해 알아볼 것이다. 그림 6.3에서 MO 도표를 자세히 살펴보면 $\sigma \rightarrow \sigma^*$ 전이가 $\pi \rightarrow \pi^*$ 또는 $n \rightarrow \pi^*$ 전이보다 훨씬 더 많은 에너지를 필요로 한다는 것을 알 수 있다. 포화된 탄화수소는 $\sigma \rightarrow \sigma^*$ 전이만을 가지므로 일반적으로 포화 탄화수소의 전자 전이는 원자외선에서 발생하며 일반적인 UV-vis 분광기의 범위를 벗어난다. 우리는 이미 폼알데하이드의 실험에서 π-결합의 존재가 $\sigma \rightarrow \sigma^*$ 전이보다 훨씬 낮은 에너지의 $\pi \rightarrow \pi^*$ 전이를 일으킨다는 것을 알았으며, *불포화 탄화수소가 UV-vis 분광 광도계로 측정될 수 있는 흡수에 의한 전자 전이를 할 것이라는 것을 알 수 있다.* 즉, 하나 이상의 불포화 결합(이중 결합 또는 삼중 결합)을 가진 유기 물질은 분광학적인 의미로 색을 띠기 쉽다. 비공유 전자쌍과 이중 결합을 가진 유기 작용기들은 폼알데하이드에서 보았듯이 발색단이다.

Pi-콘쥬게이션은 또한 분자의 색에 중요한 역할을 한다. 분자가 콘쥬게이션이 되면,

되부르기
적색 광자를 흡수하는 발색단은 물질을 청색으로 보이게 하고, 반대로 청색 광자를 흡수하는 발색단은 물질을 적색으로 나타낸다.

[4] 독일 화학자 O.N.Witt에 의해 만들어진 용어(1876).

[5] Turro, N. J. *Modern Molecular Photochemistry*. University Science Books: Sausalito, CA, **1991**.

π-시스템은 많은 원자 중심으로 비편재화된 하나의 큰 오비탈로 볼 수 있다. π* 오비탈로 들뜬 전자는 정확하게 **상자 속의 입자**(particle in a box)로 생각할 수 있다. 양자역학에서 1차원 상자에 있는 입자의 에너지 준위는 다음과 같이 표현할 수 있다.

$$E_n = \frac{h^2 n^2}{8ma^2} \qquad \text{식 (6.1)}$$

여기서

h = 플랑크 상수
n = 양의 정수이고 양자 상태를 나타냄
m = 질량
a = "상자"의 길이

식 (6.1)에서 알아야 할 중요한 점은 상자의 길이 "*a*"가 분모에 있다는 사실이다. 그리고 이 경우 "박스"는 콘쥬게이션된 π-시스템이다. 콘쥬게이션의 정도가 증가함에 따라 상자의 길이는 더 커지고 π → π*의 에너지 차이는 더 작아진다. π → π*의 차이가 작아지면 흡수된 광자는 자외선(고에너지)에서 EMS의 가시영역(저에너지)으로 이동한다. 다시 말해, 콘쥬게이션의 정도가 증가함에 따라 λ_{max}가 더 긴 파장으로 이동하는 것을 볼 수 있다[적색 이동(red shift)이라고도 함]. 더 긴 파장으로의 이동에 대한 분광학적 용어는 **장파장쪽 이동**(bathochromic shift)이라고 한다.

상자 속 입자의 개념의 예로서 그림 6.5는 안트라센과 테트라센의 UV-vis 스펙트럼을 보여준다. 콘쥬게이션된 π-시스템의 길이가 길어질수록 각 흡수에 대한 λ_{max}가 더 긴 파장(적색 이동)으로 이동한다는 것을 확실하게 알 수 있다. 여러분은 실제로 눈으로 π-콘쥬게이션의 효과를 볼 수 있다. 구조 중 가장 작은 나프탈렌은 무색이며, 이는 흡수된 광자의 파장이 가시영역 범위 밖에서 일어난다는 것을 의미한다. 이 경우에는 자외선에서 일어난다. 이것은 상대적으로 작은 π-콘쥬게이션 시스템 "상자"의 결과이므로 흡수가 일어나려면 높은 에너지가 필요하다. 약간 더 큰 안트라센은 옅은 노란색의 색을 띠며, 이는 가시선 스펙트럼에 거의 도달하는 근 자외선 흡수를 의미한다. 안트라센보다 더 큰 테트라센은 주황색을 띠며, 이 경우 테트라센은 EMS의 가시선의 끝에 있는 "청색" 파장대를 흡수한다. 마지막으로 가장 큰 구조인 펜타센은 훨씬 낮은 에너지를 흡수하기 때문에

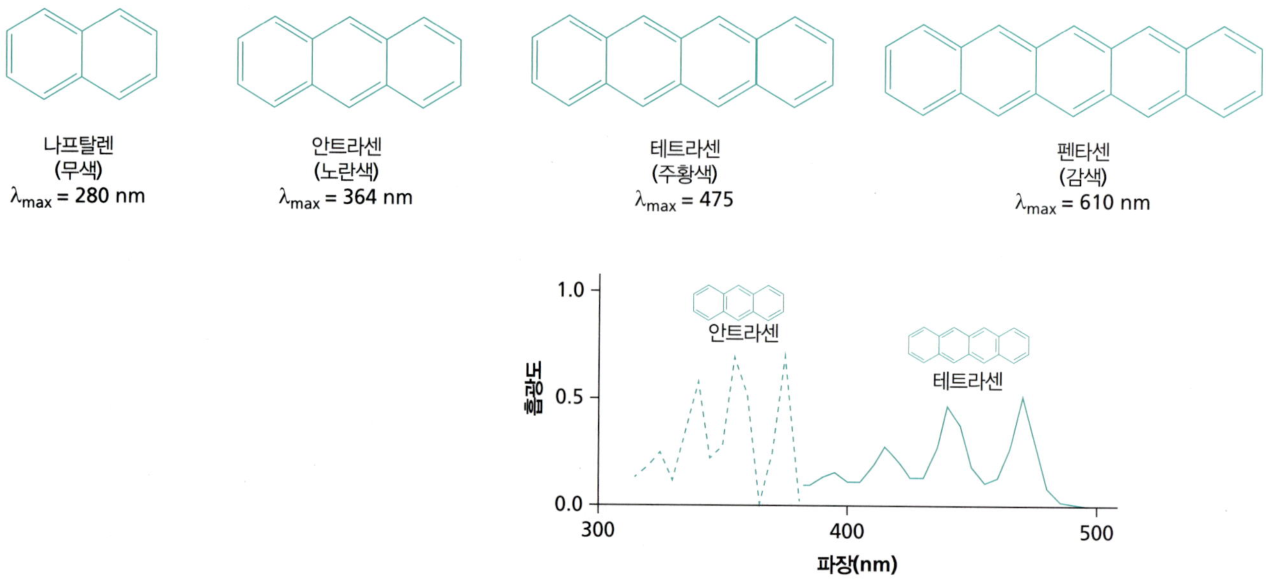

그림 6.5 안트라센과 테트라센의 UV-vis 스펙트라.

가시영역 스펙트럼의 다른 끝인 적색 파장대에서 흡수가 일어나고 파란색을 띤다.[6]

◆ 헤테로 원자

유기 분자에 헤테로 원자(탄소와 수소 이외의 원자)가 존재하는 것은 UV-vis 스펙트럼에 큰 영향을 미칠 수 있다. 특히 시스템에 비공유 전자쌍을 가져오는 경우 더욱 큰 영향을 가질 수 있다. 그림 6.3의 MO 다이어그램을 다시 생각해 보자. 폼알데하이드의 MO 다이어그램은 실제로 HOMO가 비결합성 "n" 전자 중 하나임을 보여준다. 사실 폼알데하이드의 가장 낮은 에너지 전이는 n → π*이다. 물질의 흡수 특성에 대한 비공유 전자쌍의 영향은 분자의 전체 구조에 따라 크게 달라진다. 폼알데하이드의 경우 비공유 전자쌍은 산소 원자에 있고, 또한 산소 원자는 π-시스템에 속해 있다. 이것이 바로 키포인트(key point)이다. n → π* 전이의 강도는 n-오비탈과와 π*-오비탈 사이에 얼마나 많이 겹침이 존재하는지와 관련이 있다(그림 6.6 참조). 비공유 전자쌍의 오비탈이 π*-오비탈과 공간적으로 큰 겹침을 가지고 있다면 상대적으로 강한 흡수가 일어날 것을 예상할 수 있다. 반대로, 비공유 전자쌍의 오비탈이 π* 오비탈과 거의 겹치지 않거나 겹침이 없다면 매우 약한 흡수를 보거나 전혀 흡수가 일어나지 않을 것으로 예상할 수 있다. 이것은 전자 전이가 분자 진동과 비교하여 너무 빠르게 일어나기 때문에 핵의 위치가 전이중에도 변하지 않는다는 **Franck-Condon 법칙**(Franck-Condon principle)이 직접적으로 적용된다. 전이가 일어나기 위해서는 바닥 상태와 들뜬 상태가 반드시 연결되어 있어야 하거나 보다 정확하게는 *진동-전자 전이의 강도는 두 가지 상태의 진동파 함수 간의 겹침의 합의 제곱에 비례한다.*[7] 구조적으로 비공유 전자쌍을 지닌 헤테로 원자가 UV-vis 스펙트럼에 큰 영향을 끼치기 위해서는 π-시스템에 물리적으로 결합되어야 한다. 원칙적으로 n → π* 전이는 π → π*보다 에너지가 낮을 것이다. 왜냐하면 비결합성 상태는 π와 π* 상태 사이에 있으므로 π와 π* 사이의 에너지 차이를 분할하기 때문이다(그림 6.3 참조). 그러나 π → π* 전이는 두 개의 상태가 더 큰 공간적 겹침을 공유하기 때문에 더욱 강해질 것이다.

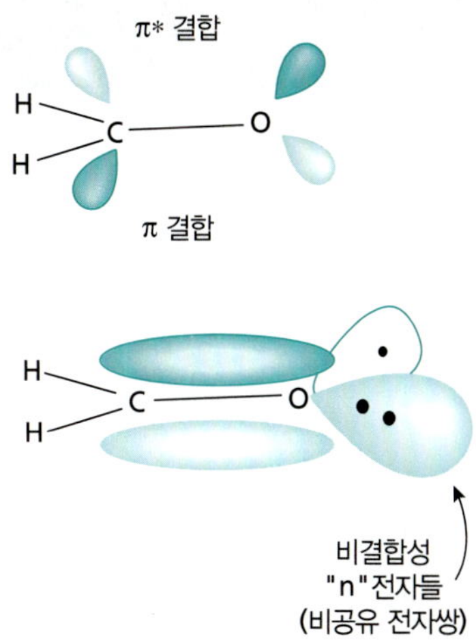

그림 6.6 폼알데하이드의 π, π* 및 n-오비탈의 공간적인 방향.

문제 6.5 벤조페논은 DPK와 매우 유사한 구조를 가지고 있다. DPK에 대한 연구사례를 참고하여 벤조페논의 UV-vis 스펙트럼이 DPK와 어떻게 유사하고 어떻게 다른지에 대해 일반적으로 논의해 보라. 그런 다음 벤조페논의 UV-vis 스펙트럼을 예측하여 그려 보라(다음 페이지의 DPK 사례 연구 참조).

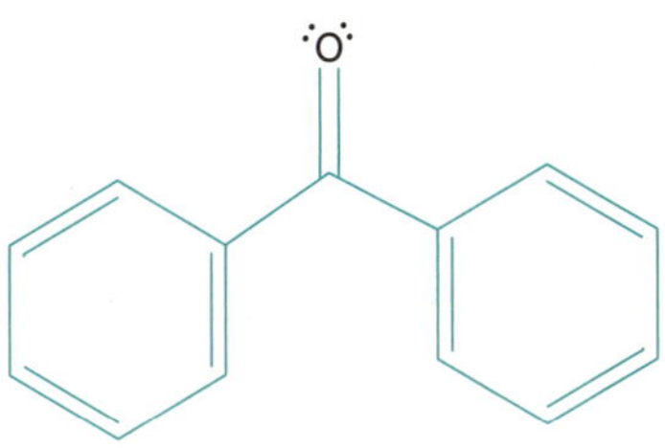

◆ 진동-전자 전이

그림 6.7에서 DPK의 흡수 스펙트럼의 피크는 흡수된 전자기 복사선의 결과로서 DPK 분자 내 전자 전이를 나타낸다. 전자 전이가 띄엄띄엄 떨어진 파장에서 일어나야 한다고 가정할 수 있고, 이 가정은 근본적으로 원자종의 전자 들뜸에 대해 올바른 가정이다.

[6] λ_{max} 값은 가장 작은 에너지 전이에 해당한다.
[7] IUPAC Compendium of Chemical Terminology, 2nd ed., **1997**.

DPK: 사례 연구

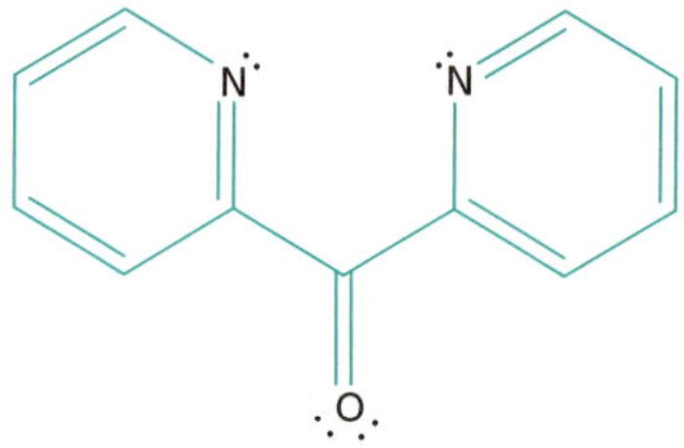

분광학자들은 UV-vis 스펙트럼의 특징을 연구 중인 분자의 구조적 특징과 연관시킬 수 있어야 한다. 그림 6.7은 건조한 아세토나이트릴 중 두 가지 농도에서 di-2-Pyridyl ketone (DPK)의 대표적인 UV-vis 스펙트럼을 보여준다. 2개의 강한 밴드가 238 및 270 nm에서 관찰되고, 매우 약한 세 번째 밴드가 356 nm에서 관찰된다. 분광 분석자가 관심을 갖는 DPK의 구조적 특징은 무엇일까? 첫째, 우리는 두 개의 피리딘 고리에 주목해야 한다. 피리딘 고리는 질소 원자 상에 고립 전자쌍을 갖는 콘쥬게이션된(방향족) π-시스템을 가진다. 피리딘 고리의 MO 다이어그램은 그림 6.4와 비슷한 결과를 보여주며, 두 개의 가장 낮은 에너지 전이는 n → π* 및 π → π*이다. 우리는 피리딘 발색단으로부터 n → π*와 π → π* 전이를 볼 것으로 기대할 수 있다. 우리는 또한 폼알데하이드에서 볼 수 있는 것과 유사한 방식으로 카보닐 π 시스템에서 발생하는 n → π* 및 π → π* 전이를 볼 것으로 기대한다.

우리가 발색단의 수와 종류를 이해한다면 우리는 예상되는 상대적 에너지와 강도를 예상할 수 있다. 피리딘 π-시스템은 콘쥬게이션되어 있다. 따라서 우리는 콘쥬게이션된 피리딘 시스템이 훨씬 크기 때문에 피리딘의 발색단의 π → π* 전이 에너지가 카보닐의 발색단으로부터의 π → π* 전이 에너지보다 낮을 것으로 기대한다(상자 속 입자). 마찬가지로 π → π* 에너지 차이가 피리딘 발색단의 경우 카보닐 발색단보다 작기 때문에(에너지가 낮음) 피리딘의 발색단의 n → π* 전이가 카보닐의 발색단의 n → π* 전이보다 에너지차이는 낮을 것으로 기대해야 한다.

가능한 전이의 상대적 에너지를 배치 할 수 있으므로 가능한 전이의 상대적인 강도를 예측할 수 있기를 원한다. 이러한 전이에 관여하는 궤도함수의 공간적 중첩을 고려한다면 각기 다른 전이의 상대적인 강도에 대한 충분한 정보를 예측할 수 있다. π → π* 전이에 관여하는 궤도는 n → π* 전이에 관여하는 오비탈과 비교하여 많은 공간적 중첩이 존재하기 때문에 우리는 π → π* 전이가 더 강해질 것으로 기대한다. 앞서 논의한 바와 같이 이것은 Franck-Condon 원리의 예이다.

지금까지 논의한 것을 바탕으로 *그림 6.7에 관찰된 피크를 해석할 수 있다.* 상대적 강도를 고려해 보았을 때 ~238과 ~270에서 보이는 두 피크는 π → π* 전이로 ~356에서 보이는 피크는 n → π* 전이로 정할 수 있다. ~238 nm에서의 피크는 ~270에서의 피크보다 에너지가 높은데, 이는 상자 속 입자 원리를 사용하면 238 nm 피크를 카보닐의 발색단의 π → π* 전이로 정할 수 있으며, 270 nm 피크를 피리딘의 발색단의 π → π* 전이로 할당할 수 있다. 우리는 n → π* 전이의 에너지가 낮을 것으로 예상하기 때문에 피리딘 발색단으로부터 발생한 n → π* 전이에 ~354 nm의 피크를 할당할 수 있다.

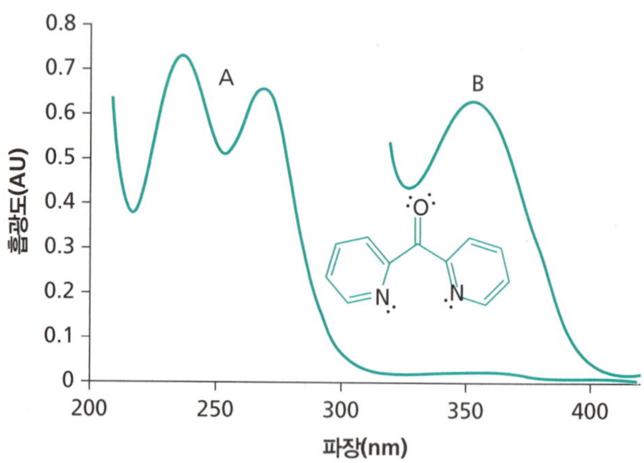

그림 6.7 건조 아세토나이트릴 중 DPK의 UV-vis 스펙트럼. DPK의 농도는 0.0828 mM (A) 및 4.17 mM이다. K.D. Sienerth, R.M. Granger, et al.; *Inorg. Chem.* **2004**, 72-78.

그러나 한 분자에서 관찰된 전이는 결합 전자(σ → σ*, π → π*, d → d* 및/또는 n → π*)에서 일어난다. 이것들은 모두 결합 상태 사이에서 일어나며, 분자의 *진동*은 결합 오비탈 에너지의 변화를 일으킨다. 또한 전자 준위에 중첩된 결합의 진동 준위도 있다. 더욱이 진동 준위에 중첩된 회전 준위도 있다. 임의의 주어진 분자에 대해 전자 전이는 중첩된 진동 및 회전 준위로부터 일어날 수 있으며, 이렇게 일어날 확률은 Boltzmann 상태 분포를 따른다. 마찬가지로, 전자 들뜸 상태 또한 진동 상태와 회전 상태와 겹쳐서, 전이는 이들 중첩된 상태에서 끝나게 될 수 있다. *분자* UV-vis 분광법의 결과는 *원자* UV-vis 분광법과 비교하여 상대적으로 넓은 피크를 가진다. 이러한 모든 중첩된 전이 때문에, 분자에서 일어나는 흡수 파장을 말할 때, 피크의 최대 흡수 파장(λ_{max})으로 표시한다. 분자 내의 전자 전이는 **진동 전이**(vibronic transition)라고 하며, 진동 준위와 전자 준위로부터 생성된다. 단일 원자는 결합이 없고, 따라서 결합 진동이 없기 때문에 원자 UV-vis 분광법에서는 우리는 전자 흡수 현상과 관련된 매우 좁은 띠너비를 볼 수 있다. 우리는 3장에서 원자 흡수 분광법을 공부할 때, 전자 전이와 진동 전이의 차이점을 논의하였다.

표 6.1 ▸ 다양한 용매에서 DPK의 흡수 최대(λ_{max})

용매	극성 지수*	λ_{max}(nm)		
		$\pi \rightarrow \pi^*$	$\pi \rightarrow \pi^*$	$n \rightarrow \pi^*$
Cyclohexane	0.2	236	268	358
Methyl *tert*-butyl ether (MTBE)	2.5	236	268	358
Acetonitrile	6.8	238	270	354
Dimethyl sulfoxide (DMSO)†	7.2	—	272	354
Water	9.0	242	276	342

* *HPLC Solvent Guide*, Wiley Interscience: New York, 2002의 극성 지수.
† DMSO의 자외선 차단파장은 260 nm이다.

◆ 용매 극성

기체상의 분석물 또는 순수한 물질(일부 표면 기술과 같은)을 분석하는 분석 기술은 용매로부터의 바탕 간섭이 없기 때문에 여러 가지 장점이 있다. 반대로, UV-vis 분광분석법에서는 분석물은 거의 모두 용액에 있으며, 용매가 발색단에서 영향을 받은 오비탈의 에너지 준위를 교란시키는 것을 고려해야 한다. 비공유 전자쌍의 오비탈의 형태가 용매로 튀어나와 있음을 인지한다면 비공유 전자쌍이 극성 용매와 강한 상호 작용을 한다고 생각하는 것이 합리적이다. 용매 분자의 쌍극자는 비공유 전자쌍에 배위하고 비공유 전자쌍의 오비탈의 에너지를 낮추는 것을 돕는다. n-오비탈의 에너지가 낮아지면 $n \rightarrow \pi^*$ 에너지 차이가 벌어져서 두 상태 사이의 전이에는 더 많은 에너지가 필요하게 되고, 극성 용매에서 흡수 피크는 낮은 λ_{max}로 이동하는 것이 관찰된다["**청색이동**(blue shift)으로 알려진 **단파장쪽 이동**(hypsochromic shift)]. 유사하게 π 궤도는 용매 분자(그림 6.6 참조)와의 약한 상호 작용이 일어나는 기하학적 형태를 가지고 있기 때문에 극성 용매는 π^* 궤도의 에너지를 약간 낮출 수 있다. π^*의 에너지가 낮아지면 $\pi \rightarrow \pi^*$ 에너지 차이가 작아지고, 두 상태 사이의 전이는 에너지가 덜 필요하여 극성 용매의 흡수 피크의 경우 더 높은 λ_{max}로 이동하는 것이 관찰된다[**장파장쪽 이동**(bathochromic shift)]. 극성이 다른 용매에서 UV-vis 스펙트럼을 얻고 다양한 피크에 대한 λ_{max}의 변화를 관찰함으로써 여러 가지 전이에 포함된 오비탈들의 특성에 대한 통찰력을 얻을 수 있다. 흡수 스펙트럼에 대한 용매 극성의 영향의 예로서 표 6.1은 다양한 용매에서 DPK의 λ_{max} 값을 보여준다.[8] ~238 nm 및 ~270 nm에서의 띠들은 극성 용매에서 **장파장쪽 이동**(적색)이 나타났으며 $\pi \rightarrow \pi^*$ 전이와 일치하고 있고, ~354 nm에서의 피크는 극성 용매에서 **단파장쪽 이동**(청색)이 나타났으며 $n \rightarrow \pi^*$ 전이와 일치한다.

◆ 전이 금속 배위 화합물

많은 전이금속 착물들은 색을 띤다. 분광학적 관점에서 볼 때 이것은 전이금속 착물들이 400~700 nm 또는 가시 범위의 복사선을 흡수한다는 것을 의미한다. 순수 유기 화합물($\sigma \rightarrow \sigma^*$, $\pi \rightarrow \pi^*$ 또는 $n \rightarrow \pi^*$)의 흡수와 달리 전이금속 착물들에서 관측되는 색은 일반적으로 $d \rightarrow d^*$ 들뜸의 결과이다(그림 6.8 참조). 그러나 리간드 그 자체는 본질적으로 유기물이기 때문에 리간드 기반의 $\sigma \rightarrow \sigma^*$, $\pi \rightarrow \pi^*$ 또는 $n \rightarrow \pi^*$ 들뜸이 여전히

[8] Sienerth, K. D.; Granger, R. M., et al.; *Inorg. Chem.* **2004**, 43, 72 – 78.

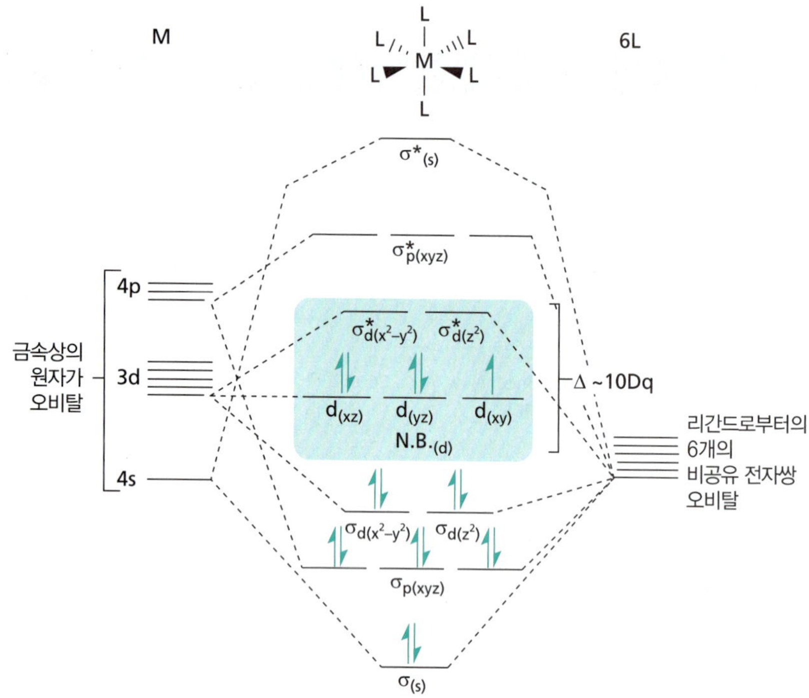

그림 6.8 일반적인 d^5 ML_6 화합물의 대표적인 MO 다이어그램. 음영 처리된 파란색 영역은 HOMO-LUMO의 간격을 보여준다. "M"은 전이금속을 나타내고 "6L"은 6개의 리간드를 나타낸다.

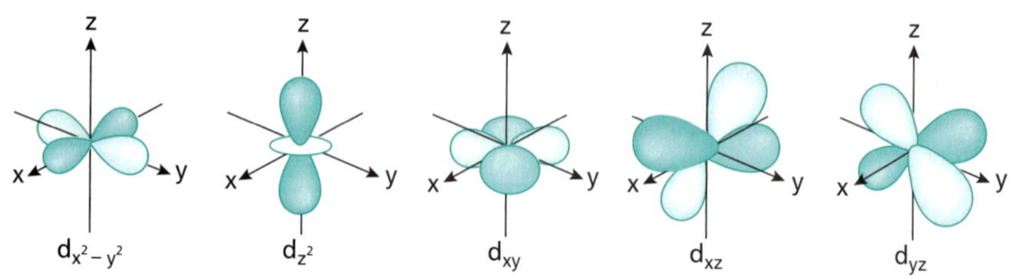

그림 6.9 d-오비탈의 배향. 리간드의 비공유 전자쌍은 *x*, *y*, *z* 좌표를 따라 금속 중심에 접근하여 오비탈의 에너지를 높인다. d_{xz}, d_{yz}, d_{xy} 궤도의 방향은 리간드의 비공유 전자쌍의 오비탈과 겹침이 일어나지 않는다.

일어날 수 있음을 알아야 한다.[9] 금속에 대한 리간드의 결합은 d-오비탈의 에너지 분할을 야기하고, 보통 EMS의 가시 범위에서 피크를 생성하는 저에너지의 HOMO-LUMO 차이를 생성한다. 그림 6.8은 일반적인 **동종리간드**(homoleptic)가 팔면체로 배위된 전이금속 착물인 ML_6에 대한 MO 다이어그램을 보여준다.[10] d_{xz}, d_{yz}, d_{xy} 오비탈들은 공간에서의 배향으로 인해 직교 좌표(*x*-*y*-*z*)를 따라 σ-겹침을 할 수 없기 때문에 리간드와 결합을 형성할 수 없다(그림 6.9 참조). 이것은 비결합성 d-오비탈로부터 유도된 HOMO와 d* 오비탈로부터 유도된 LUMO를 야기하며 이는 리간드의 비공유 전자쌍

[9] 리간드는 금속과의 *배위 결합*(dative bond)을 형성하는 이온 또는 분자이다. 배위결합은 하나 또는 하나 이상의 리간드의 비공유 전자쌍의 기여를 통해 형성된다. 루이스 산으로 작용하는 전이 금속에 부착된 루이스 염기 부분으로 *리간드*를 생각하는 것도 정확하다.

[10] *동종리간드*(homoleptic)이라는 용어는 모든 리간드가 동일한 배위 화합물을 나타내는 데 사용된다.

오비탈을 가진 $d_{x^2-y^2}$ 및 d_{z^2} 오비탈과 σ-중첩으로 발생된다. 그림 6.8은 동종리간드 ML_6 착물에 대한 매우 전형적인 MO 다이어그램이다.[11]

HOMO-LUMO 에너지 차이는 그림 6.8의 음영 영역으로 표시했다. HOMO-LUMO 에너지 차이의 크기는 리간드의 비공유 전자쌍과 금속의 d-오비탈의 상호 작용의 결과이다. 경험적으로 확인된 리간드의 세기 순위는 **분광학적 시리즈**(spectroscopic series)에서 찾을 수 있다. 분광학적 시리즈의 약어는 옆 여백에 나타냈다.

> **분광학적 시리즈**
>
> CN^-, CO > NO_2^- > dipy, phen >en > HN_3 > py > H_2O > OH^- > F^- > Cl^- > Br^- > I^-

분광학적 시리즈의 맨 왼쪽에 있는 리간드는 HOMO-LUMO 에너지 차이를 더 크게 만들고 따라서 착물들은 보다 큰 에너지의 광자(더 푸른 광자)를 흡수하여 전이금속 착물이 더 붉은 색으로 보이게 만든다. 반대로, 분광학 시리즈의 맨 오른쪽에 있는 리간드는 더 작은 HOMO-LUMO 에너지 차이를 만들고 착물들은 덜 에너지가 낮은 광자(가시선 스펙트럼의 빨간색에 가까운 광자)를 흡수하여 착물을 더 푸른색을 띠게 만든다. 전이금속 착물의 흡수 특성에 대한 완전한 이해는 **리간드 장 이론**(ligand field theory)과 **Tanabe Sugano 다이어그램**의 도움으로 이루어진다.[12]

6.3 정량적 측정

선택 규칙

전자 전이가 일어나려면 몇 가지 규칙들을 충족해야 한다. 이러한 규칙들을 선택 규칙(selection rules)이라고 한다. UV-vis 분광법의 선택 규칙은 다음과 같다.

1. **에너지 선택 규칙.** 흡수된 광자의 에너지가 전이의 에너지 차이와 반드시 일치해야 한다.
2. **스핀 선택 규칙.** 전자 전이가 분자의 순 스핀 다중도를 변화시킬 수 없다.
3. **LaPorte 선택 규칙**. 대칭 중심 분자의 경우 같은 동격(대칭) 오비탈 간의 전이가 금지된다.
4. **Franck-Condon 선택 규칙**. 바닥 상태와 들뜸 상태의 대칭성이 반드시 겹쳐야 한다.

선택 규칙 중 첫 번째로 광자의 에너지가 전이의 에너지 차이와 일치해야 한다는 조건은 이미 논의하였다. 광자의 에너지와 파동의 특성[식 (6.2) 참조] 사이의 관계를 생각해 보라.

$$E = h\nu = \frac{hc}{\lambda} \qquad \text{식 (6.2)}$$

여기서

E = 광자의 에너지(joule, J)
h = 플랑크 상수 = 6.626×10^{-34} J·s
n = 주파수(초당 사이클 수, s^{-1}, Hz, 헤르츠)
c = 광속 = 2.99×10^8(m/s)
λ = 파장(m)

[11] 이 MO 다이어그램의 일반적인 모양이 "일반"이지만 MO 다이어그램에 있는 전자의 수는 착물로 선택된 금속에 따라 달라진다.

[12] 리간드 장 이론 및 Tanabe Sugano 다이어그램에 대한 더 자세한 내용은 Huheey, J. *Inorganic Chemistry: Principles of Structure and Reactivity*; Cotton, F. A. *Advanced Inorganic Chemistry*, 6th ed.; and Douglas, B.; McDaniel, D.;Alexander, J. *Concepts and Models of Inorganic Chemistry*를 참고하라.

문제 6.6 DPK(그림 6.7)의 UV-vis 스펙트럼에는 238 nm, 270 nm, 354 nm의 λ_{max} 값을 갖는 세 개의 피크가 있다. 식 (6.2)를 사용하여

(a) 각각의 전이와 관련된 에너지 차이(줄 단위)를 계산하라.

(b) 이러한 전이에 있어서 흡수된 광자의 진동수(헤르츠 단위)를 계산하라.

*스핀 선택 규칙*은 전자 전이가 분자의 순 스핀다중도를 변화시킬 수 없다는 것을 나타낸다. 양자역학을 상기해 보면, 전체 스핀 다중도는 다음과 같다.

$$M = 2S + 1 \qquad \text{식 (6.3)}$$

여기서

M = 전체 스핀 다중도

S = 분자 내의 전자에 대한 전자 양자 수의 합(±½)

스핀 물리학에 대한 완전한 논의가 흥미로울 수 있지만 UV-vis 분광법을 이해하고자 하는 우리의 목적에는 불필요하다. 스핀 물리학에 대해 더 알고 싶다면 이 장의 마지막 부분에 제공하는 추천 문헌을 참고하도록 한다. 스핀 선택 규칙을 UV-vis 분광법에 적용하면 전자 전이가 *허용*(allowed)되기 위해서는 짝지은 스핀 및/또는 홀스핀 전자의 총 수가 변하지 않는다. 반면에 *금지된*(forbidden) 스핀 전이에서는 그 전이가 짝지은 스핀 및/또는 홀스핀 전자의 수를 변화시킨다. 금지된 스핀 전이는 때때로 관찰되지만 허용된 스핀 전이와 비교할 때 항상 매우 약하다.

그림 6.10을 보자. 패널 (A)는 짝지은 스핀 전자의 총 수가 바닥 상태와 들뜬 상태에서 동일하게 유지되므로 허용된 스핀 전이를 보여준다. 모든 +½ 전자의 경우에 −½ 전자가 있고 바닥 상태와 들뜬 상태의 총 스핀 다중도는 다음 식을 이용하여 구할 수 있다.

$$M = 2S + 1 = 2(0) + 1 = 1$$

총 스핀 다중도가 1인 계를 단일항(singlet) 상태라고 부른다.

그림 6.10의 패널 (B)는 금지된 스핀 전이를 보여준다. 들뜬 상태가 **Pauli 배타 원리**(Pauli exclusion principle)를 충족시키기 위해서는 들뜬 상태의 전자에 스핀 반전이 있

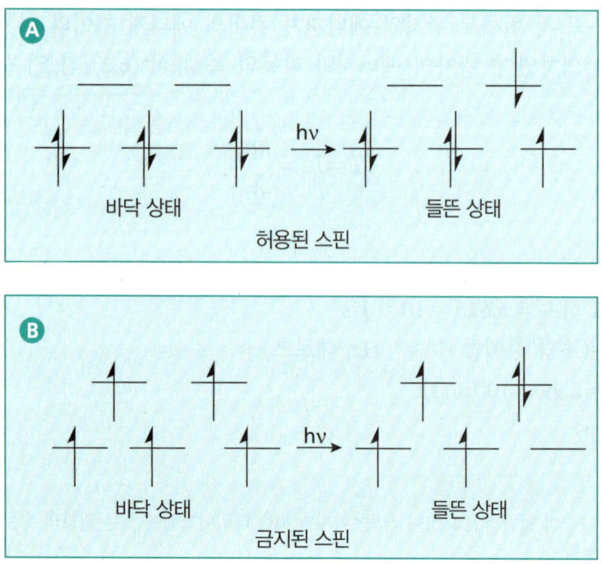

그림 6.10 ML_6 전이 금속 착물에 대한 d → d* 에너지 차이. 패널 (A)는 허용된 스핀 전이를 나타내며, 패널 (B)는 금지된 스핀 전이를 나타낸다.

어야 한다. 스핀 반전이 생김으로써 스핀의 다중도가 다음과 같이 변경된다.

$$M = 2(M = 2(5/2) + 1 = 6\text{에서} \qquad M = 2(3/2) + 1 = 4\text{로}$$

문제 6.7 그림 6.4를 다시 참조하여 패널 (A) 및 (B)의 바닥 상태와 들뜬 상태의 총 스핀 다중도를 구하라. 전이가 허용된 스핀 전이인지 또는 금지된 스핀 전이인지 설명하라.

세 번째 선택 규칙은 **LaPorte 규칙**이라고 불리는데, 이는 **대칭중심**(centrosymmetric) 분자의 경우 같은 동격(대칭) 오비탈 간의 전이가 금지되는 것을 의미한다. 대칭중심은 단순히 분자의 중심점에 대해 대칭이라는 것을 의미한다. 즉, 반전 중심을 가지는 것을 의미한다(그림 6.11 참조).

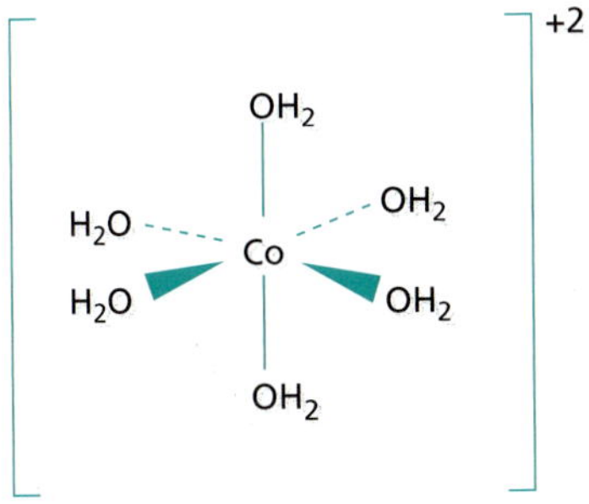

그림 6.11 대칭중심 분자의 예.

LaPorte 규칙에 대한 완전한 논의는 분자 대칭과 군론의 응용에 대한 완전한 이해로부터 가능하다.[13] 그러나 우리는 UV-vis 전이를 이해하기 위해 다음과 같이 말할 수 있다. 중심점에 대해 대칭인 분자는 동일 유형의 오비탈간의 전이는 금지된다. 예를 들어, *d-d** 전이는 대칭 중심 분자에서는 *금지*된다. 그러나 여전히 d-d* 전이는 관찰되며, 이는 다음 단락에서 설명할 것이다.

전이 금속 분광법에서 전이가 관측되는지 여부를 결정할 때 스핀 선택 규칙이 LaPorte 선택 규칙보다 중요한 역할을 한다. LaPorte 금지된 전이가 관찰되는 두 가지 이유가 있다. 첫 번째 이유는 대부분의 분자가 완벽한 대칭 중심을 가지지 않고 완전한 대칭 중심을 가진다 해도 분자의 진동은 순간적으로 대칭을 왜곡하고 일시적으로 반전의 중심을 제거하기 때문이다. 이 대칭의 일시적인 왜곡은 *전이 금속 착물에서 d 부껍질들 사이의 전이를 "일시적으로" 허용하게 한다*. 두 번째 이유는 원자가 결합 이론의 개념을 이용하여 이해할 수 있다. 원자가 결합 이론은 원자 오비탈이 결합하여 MO를 형성할 때 서로 혼성화하여 새로운 궤도를 형성한다는 개념이다. 예를 들어, 탄소 원자가 수소 원자와 4개의 σ-결합을 형성하여 메테인을 형성할 때 우리는 sp^3 혼성화로 4개의 MO를 기술한다. 이 새로운 궤도는 순수한 s와 p가 아니다. 혼성 오비탈은 *s*-성질보다 *p*-성질이 더 많다. ML_6 전이 금속 착물에서 금속 중심에 대한 혼성화 오비탈은 sp^3d^2 혼성화 오비탈로 가장 잘 묘사될 수 있다. 이 경우 *d-d** 전이는 오비탈이 순수하게 *d* 성질이 아니기 때문에 "부분적으로" 허용된다. 실제로 UV-vis 스펙트럼을 해석하는 데 LaPorte 규칙을 적용하면 전이가 일어나는지를 알아내는 것보다 전이가 얼마나 강렬한지를 예측할 수 있다. LaPorte 금지된 전이나 대부분의 금지된 전이는 약하지만, LaPorte는 더욱 강렬한 전이를 가능하게 한다. 예를 들어 hexaaquocobalt(II), $[Co(H_2O)6^{2+}]$는 8면체로 조합되고 중심 대칭이다(그림 6.11 참조). 이 화합물의 d-d 전이는 Laporte 금지된 전이이며, 약 5 L/mol·cm의 몰 흡수도를 나타낸다. 대칭 중심을 갖지 않는 사면체인 $CoCl_4^{2-}$ 착물은 LaPorte 허용된 d-d 전이를 할 수 있으며, 이 전이는 500 L/mol·cm 이상의 몰 흡수도를 갖는다.

문제 6.8 LaPorte 선택 규칙의 관점에서 그림 6.4에서 나타낸 두 가지 전이에 대해 토론하라. LaPorte 선택 규칙이 피크 강도에 어떻게 영향을 미치는지 토론하라.

우리는 formaldehyde와 DPK의 UV-vis 스펙트럼을 평가할 때 n → π* 전이가 π → π* 전이보다 훨씬 약한 이유를 설명하면서 *Franck-Condon* 선택 규칙을 미리 알아보았다. *Franck-Condon* 선택 규칙은 전자 전이는 분자 진동의 시간과 비교하여 순간적인 시간 동안에 발생한다는 Franck-Condon 원리에서 비롯되었다.

[13] Tsukerbla, B. S. *Group Theory in Chemistry and Spectroscopy: A Simple Guide to Advanced Usage* and Cotton, F. A. *Chemical Applications of Group Theory*, 3rd ed.

결과적으로 바닥 상태와 들뜬 상태의 대칭성이 반드시 겹쳐져야 한다.[14] UV-vis 스펙트럼을 이해하기 위해 두 개의 서로 다른 MO 사이의 전이가 발생하려면 그들은 대칭적으로 겹칠 수 있어야 한다라고 Franck-Condon 원리를 단순화할 수 있다. 전이의 강도는 오비탈의 겹친 정도에 비례한다(그림 6.6 및 6.7 참조).

문제 6.9 피리딘의 MO 다이어그램을 그리고 두 개의 가장 낮은 에너지 전이의 상대적 에너지와 상대 강도를 예측하라.

◆ Beer의 법칙

1729년에 프랑스 과학자 J. Bouguer는 물질에 흡수된 빛의 비율이 물질의 두께에 직접적으로 정비례한다는 논문을 발표하였다. 불행하게도, Bouguer의 연구는 1760년에 스위스 과학자 J. H. Lambert에 의해 독립적으로 재발견될 때까지 대부분 잊혀져 있었다. 1852년에 J. Beer는 빛의 흡수에 관한 훨씬 더 완벽한 연구 결과를 발표했는데,[15] 그의 논문에서 그는 물질을 통과한 빛의 투과도와 빛이 물질을 통과하는 거리 사이에 대수관계가 있다는 것을 알아냈다. 오늘날 이 관계는 Beer의 법칙으로 요약된다. 이 법칙은 또한 Beer-Lambert의 법칙으로도 하며, 일부 교과서는 심지어 Beer-Lambert-Bouguer의 법칙이라고 부른다.

가장 간단한 방법으로 UV-vis 분광광도계는 시료가 존재하지 않을 때 검출기에 도달하는 광원의 복사선 세기(P_0)와 시료를 통과한 빛이 검출기에 도달하는 광원의 복사선 세기(P)의 *차이*를 측정한다. 이 복사선 세기의 비율을 **투과도**(transmittance, T)이라고 하며, 0~1의 범위 또는 0~100%의 범위를 가질 수 있다.

$$T = \frac{P}{P_o} \qquad \text{식 (6.4)}$$

*흡광도*는 투과도의 음의 로그로 정의된다.

$$A = -\log T = -\log\frac{P}{P_o} = \varepsilon bc \qquad \text{식 (6.5)}$$

여기서

A = 흡광도(단위 없음)
T = 투과도(단위 없음)
P_o = 검출기에 도달하는 초기 복사선 세기
P = 시료를 통과한 후 검출기에 도달하는 복사선 세기
ε = 몰 흡광계수(L/mole·cm)
b = 시료의 경로 길이(cm)
c = 농도(M)

식 (6.5)를 간단히 하면, **Beer의 법칙**은 다음과 같다.

$$A = \varepsilon bc \qquad \text{식 (6.6)}$$

여기서 ε는 $cm^{-1}\cdot M^{-1}$의 단위를 가지고, *b*는 cm의 단위, *c*는 몰농도(M)의 단위를 갖는다.[16]

Beer의 법칙 유도

식 (6.5)는 다음과 같이 식 (6.4)로부터 얻을 수 있다. 복사선은 농도 "c"를 갖는 흡수종을 함유한 시료 용기의 무한히 작은 부분을 통과하여 경로 길이가 db이고, 복사선 세기의 손실이 −dP로 될 것이다. 이것은 다음과 같이 표현될 수 있다.

$$-\frac{dP}{P} = kc(db)$$

여기서 k = 흡수종의 특정 비례 상수이다.
전체 경로 길이에 대해 적분하면 복사선 세기 손실은 다음과 같다.

$$\int_{P_o}^{P}\frac{dP}{P} = -k\int_{o}^{b} cdb$$

이 식으로 다음 식을 얻을 수 있다.

$$ln\left(\frac{P}{P_o}\right) = -kbc$$

자연 로그(ln)를 log_{10}으로 변환하면 다음 식을 얻을 수 있다.

$$log\left(\frac{P}{P_o}\right) = -2.303kbc$$

2.303과 k의 곱은 다른 상수, "ε"로 쓸 수 있다. 만일 경로의 길이가 센티미터이고, 농도가 몰농도라면 다음 식이 성립한다.

$$log\left(\frac{P}{P_o}\right) = -A = -\varepsilon bc$$

그리고 −1을 곱하면 식 (6.5)가 된다.

[14] Franck-Condon 원칙에 대한 추가 정보는 Turro, N. J. *Modern Molecular Photochemistry,* University Science Books: Sausalito, CA, **1991**.를 참고하라.

[15] Beer, J. *Annalen der Physik und Chemie,* **1852**, *86,* 78-88.

[16] 몰 흡광계수 ε($cm^{-1}\cdot M^{-1}$)는 특정 단위를 가지고 있으며, 따라서 농도를 몰농도로 경로 길이를 cm 단위로 사용해야 한다. 만일 다른 단위의 농도 또는 길이를 사용하면 **Beer의 법칙**은 A = abc라는 더 일반적인 형식으로 표현된다. 여기서 a는 b, c와 관련된 단위를 가진 *흡광계수*(absorptivity)이다.

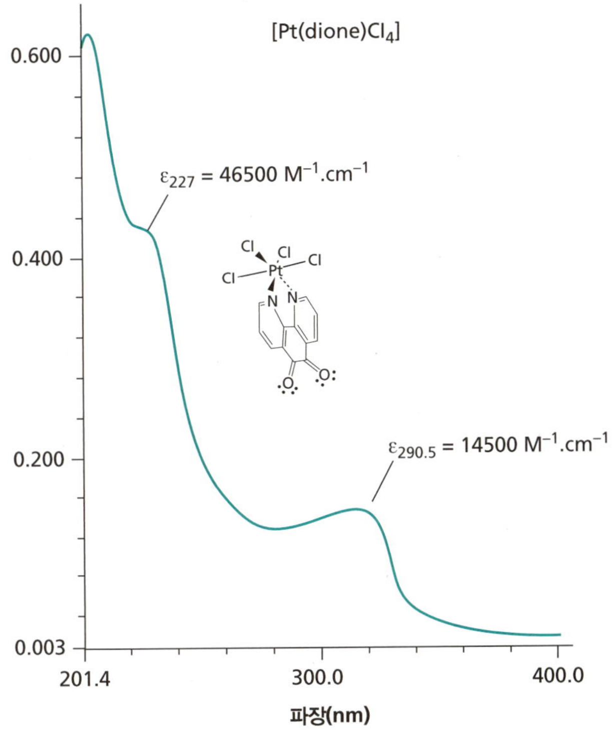

그림 6.12 건조된 아세토나이트릴(acetonitrile)에서 1-10-phenanthroline-5,6-dione platinum(IV) chloride $[Pt(dione)Cl_4]$의 UV-vis 스펙트럼.

현대 분광광도계는 수학적으로 투과도를 흡광도로 변환할 수 있다. 스위치(전환스위치 또는 다른 계기판 장치)를 움직여서 출력 신호(투과 또는 흡수 백분율)를 제어한다.

몰흡광 계수(ε)는 흡광도와 농도가 관련된 비례상수이다. 몰흡광 계수는 파장에 따라 다르며, 스펙트럼의 각 피크에 대한 ε를 반드시 알아야 한다. 예를 들어, 그림 6.12는 건조된 아세토나이트릴(acetonitrile)에서 1-10-phenanthroline-5,6-dione platinum(IV) chloride의 UV-vis 스펙트럼을 나타내고 있다.[17] 또한 λ_{max} = 290.5 nm 및 λ_{max} = 227 nm에서의 몰흡광 계수를 보여준다.

» 예제 6.2

그림 6.12에 제시된 데이터를 사용하여 테스트 시료에서 $[Pt(dione)Cl_4]$의 농도를 결정하라.

전략 ›

먼저 "c"에 대하여 식 (6.6)을 풀고 A, b 및 $\varepsilon_{290.6}$의 값을 대입하라. 그리고 단위를 확인하라!

풀이 ›

$$C = \frac{A}{b\varepsilon_{290.5}} = \frac{0.145}{(1\text{cm})(14500)} = 10\,\mu\text{M}$$

[17] Granger, R. M.; Davies, R.; White, P. S.; et al. *JUCR* **2005**, 2, 47.

문제 6.10 그림 6.12를 사용하여 [Pt (dione) Cl_4]에 대한 ε_{205}를 결정하라(추가 자료는 예제 6.2 참조).

문제 6.11 λ_{max} = 290.5 nm에서 0.05의 흡광도를 얻었을 때, 그림 6.12의 용액의 농도를 구하라.

Beer의 법칙 편차

식 (6.6)에 따라 흡광도(A) 대 농도(c)의 도시는 기울기가 εb인 직선이어야 한다. 실제적으로, A 대 c의 기울기는 총 흡광도가 1 아래로 유지되면 일반적으로 직선이다. 흡광도가 1을 초과하면 선의 기울기가 종종 아래쪽으로 휘고 평평해진다. 흡광도는 −log(T)이므로 1의 흡광도에서 복사선의 10%만이 검출기에 도달한다는 것을 기억하라. 이러한 이유로 정량 분석을 수행할 때 흡광도 값을 1 미만으로 유지하는 것이 실제적으로 가장 좋을 것이라고 생각된다. 정량 분석을 할 때 우리는 그림 6.13에 검은 선으로 표시한 Beer의 법칙 곡선의 직선 부분 내에 있는지 확인해야 한다.

여러 가지 이유로 Beer의 법칙 도시가 비선형 영역을 갖고 있다. 여기서 우리는 일반적인 이유 중 몇 가지를 살펴볼 것이다. 그러나 비선형 시스템을 이용하여 정량적 UV-vis 분석을 하는 것은 여전히 가능하다. 필요한 것은 이미 알려진 농도의 시료를 사용하여 검정곡선을 작성하는 것이다. 다음은 Beer의 법칙에서 어긋나는 세 가지 일반적인 원인에 대한 설명이다.

내부 가림 각각의 흡수종은 광원과 검출기에 "가시적"이라고 가정한다. 그러나 농도가 높을수록 흡수종은 다른 흡수종에 가려질 가능성이 있다. 그림 6.14는 **내부 가림**(internal screening)을 묘사한 것이다. 파란색 쐐기는 각 흡수종이 만든 "그림자"를 의미한다.[18] 그

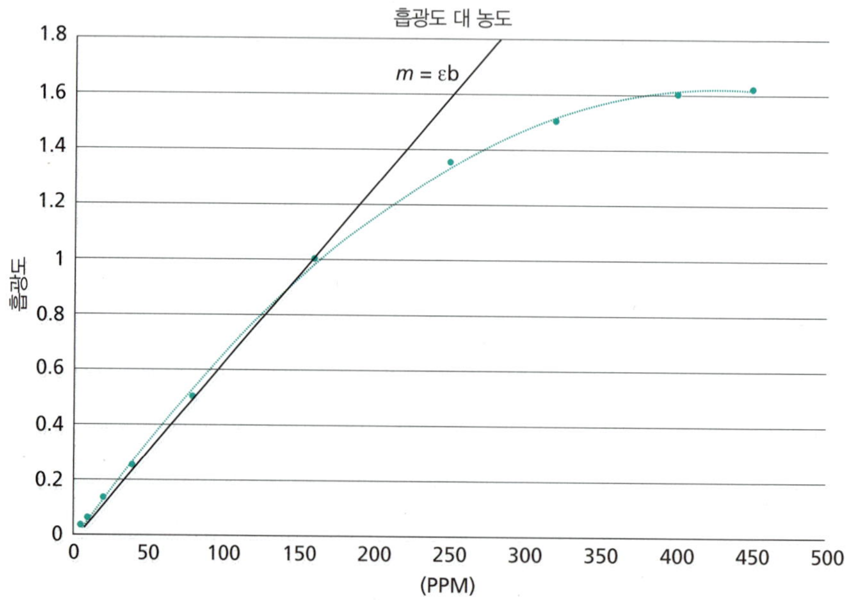

그림 6.13 농도의 함수로서 Beer의 법칙의 직선성. Beer의 법칙은 일반적으로 흡광도가 1 이하일 때 직선이 나타난다. 1 이상의 흡광도에서는 흡광도 대 농도 선의 기울기가 일반적으로 0 쪽으로 휘어진다.

[18] "그림자"는 부정확하게 유추한 것이다. 흡수종은 관습적이 의미에서는 빛을 가리지 않는다.

림 6.14에서 농도는 매우 높아서 흡수종의 일부가 다른 흡수종의 "그림자"에 놓이며, 따라서 광원으로부터 가려지게 된다. 이 시나리오는 Beer의 법칙으로부터 음의 편차를 나타나게 된다(농도를 올리면 검정 곡선이 아래로 휘어짐).

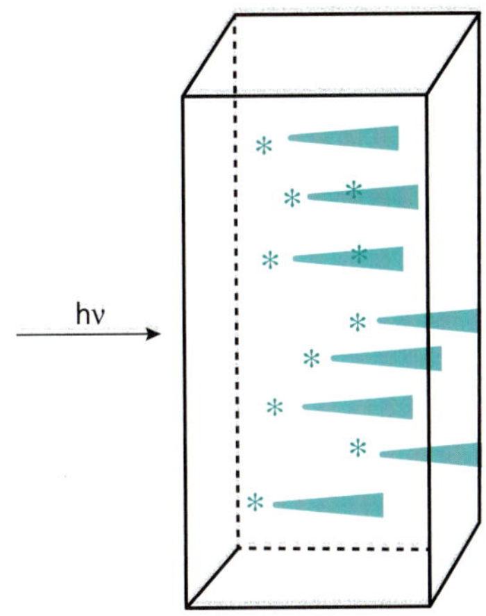

그림 6.14 내부 가림 묘사.

굴절률의 변화 Beer의 법칙을 벗어나는 다른 이유는 용액의 굴절률과 용질의 몰 흡수율이 시료의 전체 농도 범위에 걸쳐 일정하다는 가정에서 비롯된다. 보통 P_o는 용매만을 함유한 시료 용기로 측정된다. Beer의 법칙은 투과도의 변화가 오직 분석종의 농도 변화에 의한 것이라고 가정한다. 이것은 그럴듯한 가정이다. 그러나 용매와 강한 상호작용을 하는 용질에 대해 용질의 농도가 증가함에 따라 이 가정은 어긋나게 된다. 이러한 상황에서 용액의 굴절률은 용질의 농도가 변화함에 따라 상당히 변화한다. 예를 들어, 용질이 수소 결합이 가능하고, 용매가 물을 사용한다면 비선형적인 A 대 c 그래프를 예상할 수 있다. 마찬가지로 분석물 자체에 강한 분자간의 힘이 존재하거나 용질의 오비탈(예, 염)을 편극시킬 수 있는 다른 화학종이 용액에 있는 경우 ε가 농도에 따라 달라질 수 있다. 0.01 M 이하에서는 용질 분자 사이의 분자간 거리가 충분히 떨어져 있어서 용질–용질 상호작용을 배제하는 것이 일반적으로 인정된다. 이러한 이유로 정량 분석을 수행할 때 분석물의 농도를 0.01 M 이하로 유지하는 것이 실제적으로 가장 좋은 것이다. 마찬가지로 바탕시료의 이온 강도가 시료의 이온 강도와 유사해야 한다.

띠너비 분리능 단색화 장치의 띠너비 분리능이 충분치 않으면 또한 Beer의 법칙에서 편차를 유발할 수 있다.[19] 이를 이해하기 위해 띠너비의 개념을 단순화하고 두 개의 근접한 파장의 빛을 고려해 보자. 단색화 장치가 시료를 통과하는 두 가지 다른 파장의 빛(λ 및 λ′)을 통과시키고 빛의 각 파장이 두 파장에서 서로 다른 몰 흡광도(ε_λ 및 $\varepsilon_\lambda{}'$)를 갖는 경우 시료 용기를 통과하는 빛의 총 흡수도는 아래와 같을 것이다.

$$A_{total} = -\log\frac{P}{P_o} - \log\frac{P'}{P_o'} = \varepsilon_\lambda bc + \varepsilon_{\lambda'} bc \qquad \text{식 (6.7)}$$

P와 P′에 대해 풀면 식 (6.8)이 된다.

$$P = P_o 10^{-\varepsilon_\lambda bc}$$

$$P' = P_o' 10^{-\varepsilon_{\lambda'} bc}$$

$$A_{total} = log\frac{(P_o + P_o')}{(P_o 10^{-\varepsilon_\lambda bc} + P_o' 10^{-\varepsilon_{\lambda'} bc})} \qquad \text{식 (6.8)}$$

방정식 (6.8)을 스프레드시트로 프로그래밍하고 A와 c를 도시하면 $\varepsilon_\lambda = \varepsilon_\lambda{}'$인 경우에만 직선을 얻는다. 모든 단색화 장치는 정해진 띠너비를 가지므로 이 문제를 피할 수 없다. 정량 분석에서 이 오류를 최소화하려면 Δε 대 λ가 가장 작은 스펙트럼 영역을 선택해

[19] Christian, O'Reilly. *Instrumental Analysis,* 2nd ed. Allyn and Bacon: Boston, **1986;** Skoog, Holler, Crouch. *Principles of Instrumental Analysis,* 6th ed. Thomson, Brooks/Cole: Belmont, CA, **2007**. http://www.chem.uoa.gr/applets/appletbeerlaw/appl_beer2.html (accessed June 2015).

야 한다. 예를 들어, 그림 6.15을 생각해보자.[20] 이 스펙트럼의 λ_{max}는 524 nm이다. 6 nm 띠너비 분리능을 가진 매우 낮은 품질의 단색화 장치가 있다고 가정해 보자.

만일 λ_{max}에서 흡광도를 판독하여 얻고 ±3 nm의 정밀도를 갖는다면, 흡광도 값이 오차를 무시할 수 있을 것이다. 다시 말하자면, λ_{max}에서 피크의 꼭대기는 상대적으로 평평하고 $\varepsilon_\lambda = \varepsilon_\lambda'$이다. 그러나 우리가 524 nm 대신 560 nm에서 흡광도를 판독하여 얻는다면 ±3 nm 정밀도는 $\Delta A = (A_{max} - A_{min}) = (4.5 \times 10^{-3} - 2.3 \times 10^{-3}) = 2.2 \times 10^{-3}$ A로 계산되며, 이는 대략 ±16%의 오차를 가지게 된다. 피크의 꼭대기에서 $\varepsilon_\lambda \neq \varepsilon_\lambda'$이고, Beer의 법칙은 선형적이지 않다. 더욱이 계측 기술의 시스템에 작은 오류가 있다면 ε 값이 급격하게 변화하는 피크 영역에서 흡광도 판독값을 읽는다는 것은 오류를 증폭하게 된다. 여기서 얻을 수 있는 교훈은 정량 측정을 수행할 때 λ_{max} 값에서 흡광도 값을 얻는 것이 실제적으로 가장 좋다는 것이다.

문제 6.12 정량분석을 수행할 때 총 흡광도를 1 미만으로 유지하는 것이 실질적으로 가장 좋은 것이라고 여겨지는지 이유를 설명하라.

문제 6.13 염이 관심 주파수에서 빛을 흡수하지 않더라도, 바탕시료의 이온 강도가 시료의 이온 강도와 비슷해야 하는 것이 중요한 이유를 설명하라.

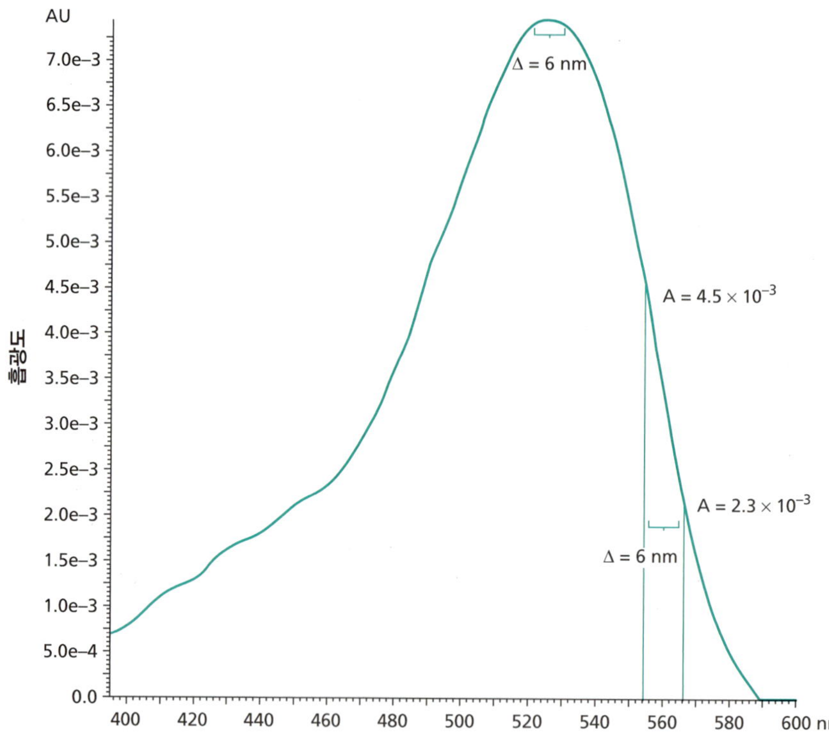

그림 6.15 Mavidin 3-O-glucoside의 UV-vis 스펙트럼. λ_{max}에서 $\Delta\lambda$ = 6 nm의 띠너비는 거의 동일한 흡수값을 제공하지만(피크의 꼭대기는 거의 평평함), 560 nm에서 $\Delta\lambda$ = 6 nm의 띠너비는 $\Delta A = (4.5 \times 10^{-3} - 2.3 \times 10^{-3}) = 2.2 \times 10^{-3}$ Abs를 나타낸다.

[20] Modified from http://commons.wikimedia.org/wiki/File:Spectre_UV_vis_malvidine3Oglc.PNG.

실습활동_Activity

흡광도 대 농도

몰흡광 계수(ε_λ 및 ε_λ') 및 초기 복사선 세기(P_o 및 P_o')의 변수를 조작하여 총 A 대 c의 관계에 미치는 영향을 탐구해 보라. 다음 컬럼의 제목으로 엑셀 스프레드시트를 만들고, 농도를 0.003에서 0.05 M까지 변화시켜라. 단위가 지정되지 않았기 때문에 P_o 및 P_o'에 대해 입력한 값은 임의적 값이다. 처음에는 각각에 대해 1의 값을 사용하라. ε_λ와 ε_λ'의 초기 값을 입력하라. 스프레드시트가 완성되면 A와 c를 플롯하고 A와 c의 관계에 대한 영향을 관찰하기 위해 입력 값을 변경하라.

P_o	P_o'	ε_λ	ε_λ'	b	c	$A_{total} = log\dfrac{(P_o + P_o')}{(P_o 10^{-\varepsilon_\lambda bc} + P_o' 10^{-\varepsilon_{\lambda'} bc})}$
				1	0.003	
					0.005	
					0.007	
					etc.	

6.4 기기 설계

세 가지 일반적인 UV-vis 분광 광도계 설계법이 있다. 이들은 고정 분광 광도계, 스캔 분광 광도계 및 배열 분광 광도계이다. 대부분의 경우 고정 분광 광도계는 저렴하며 특정한 용도로 사용되는 기기이고, 엄밀히 말하면 가시선 분광 광도계이다. 많은 저가형 분광 광도계는 사용되는 광원 및 광학 부품으로 인하여 자외선 영역의 분석에는 사용하지 못한다. 고정 분광 광도계는 단일 광원과 단일 시료 홀더를 가지고 있으며 한 번에 하나의 파장만을 측정하며, 컴퓨터로 제어하여 스캔할 수 없다. 스캔 분광 광도계는 고정 분광 광도계와 설계가 유사하지만, 기기가 스캔 범위 전체의 흡광도를 측정하는 동안 어떤 파장 범위를 스캔하도록 명령할 수 있다. 스캔 분광 광도계는 홑빛살 또는 겹빛살로 분류할 수 있다. 홑빛살과 겹빛살의 차이에 대하여 간단하게 알아볼 것이다. 세 번째 기기 종류는 배열 분광 광도계이다. 배열 분광 광도계에서 얻은 출력 데이터는 스캔 분광 광도계에서 얻은 출력 데이터와 비슷하지만 배열 분광 광도계는 *스캔하지 않는다*는 점에서 이전의 두 기기와 개념적으로 다르다. 대신에 배열 분광 광도계는 측정된 광의 각 띠너비에 대해 파장의 함수로서 방출광을 분산시키고 다중 검출기를 사용하여 동시에 여러 파장의 흡광도를 측정한다.

◆ 고정 파장 분광기

시장에 가장 널리 보급된 고정 분광 광도계는 Spectronic 20("Spec 20"이라고도 함)이였다. Spec 20은 1953년 Bausch and Lomb에 의해 처음 설계되고 판매되었다(그림 6.16 참조). 이 광도계의 60만 개 이상이 수년간에 팔려 나갔고, 오랜 시간 동안 시장을 점유하는 동안에 아날로그 계기판은 결국 디지털 계기판으로 바뀌었으며, 부드러운 터치패드로 대체되었다. 그러나 60년 이상 동안 이 기본 디자인은 동일하게 유지되었다.

전자 장치가 복잡해지고 전산화 비용이 감소함에 따라 과거 Spec 20가 지배적이었던 저가형 광도계 시장에도 현재 전체 스펙트럼을 스캔하고 저장할 수 있는 분광 광도계가 나타나기 시작했다. 예를 들어, 2010년에 Thermo-Fisher Scientific은 Spectronic 20가 사라지고, 교실 환경에 적합하고, 전체 스펙트럼을 스캔할 수 있으며, 컴퓨터와 쉽게 연결할 수 있는 새로운 Spectronic 200(또는 "Spec 200")으로 대체된다고 발표하였다. 2014년에는 Spectronic 200을 1,500$ 미만으로 구매할 수 있었다. 저가형 분광 광도계의 가격이 떨어지면서 실험실에서의 고정 광도계의 유용성은 점점 더 한계를 나타내고 있다. 그러나 특히 현장 키트 및 수질검사 키트와 연관된 소수의 영역에서는 아직도 고정 분광기가 중요한 역할을 수행하고 있다.

▸프로파일_Profile
HACH DR3900

HACH DR3900은 단일 분석 분광기의 한 예이다. 또한 이 분광기는 단일 빔, 고정 파장 분광 광도계이다. 주로 수질 분석에 사용된다. 이 분광계는 HACH가 판매하는 특정 현장 키트에 대해 미리 프로그래밍되어 제공된다. 사용자는 현장 키트의 지침을 따르기만 하면 된다. 수행 중인 분석의 이름을 입력하고, 시료를 분광계에 넣으면 원하는 데이터가 표시된다. 이 시스템은 사용자에게 편리하게 설계되어 있으며, 작동하기 위해 최소한의 기술 교육이 필요하다. HACH DR3900은 혼탁도, pH, 염분, 용존 산소, 총 질소, 총 인 등을 측정하는 데 사용할 수 있다. ■

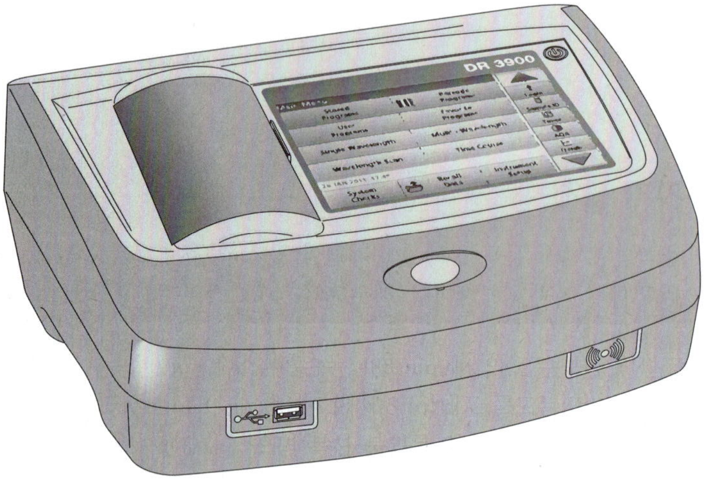

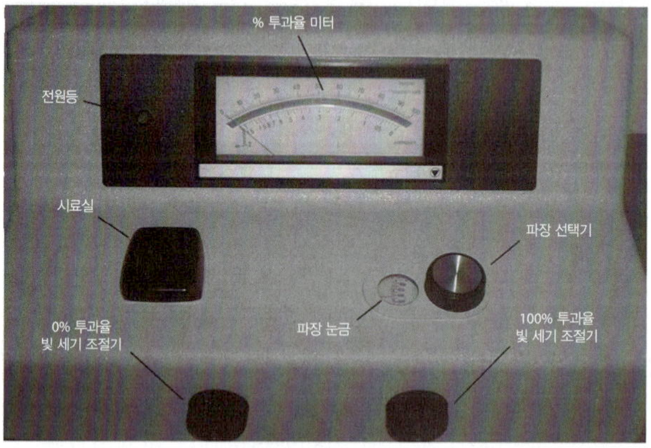

그림 6.16 기본적인 Spec 20 분광 광도계의 사진.

Spec 20이 옛날의 광도계이지만, UV-vis 분광 광도계의 기본 내부 설계는 근본적으로 많이 바뀌지 않았으며, 여전히 공부할 만한 가치가 있다. 그림 6.17은 Spec 20의 내부 개략도를 나타내며, 그림 6.18은 Spec 20의 내부 구성품의 사진을 보여 주고 있다. 그림 6.18은 1970년에 구입한 Bausch and Lomb Spec 20의 내부 사진이다. 광원은 어린이용 야간 조명으로 사용되는 5 W 전구와 별로 다르지 않은 단순한 텅스텐 할로겐 전구이다. 광원에서 방출된 빛은 두 개의 렌즈를 사용하여 평행하게 된다. 평행화 과정에 차단관이 포함되어 있어, 평행 렌즈 이후에 존재하는 산란된 빛 혹은 비선형 광을

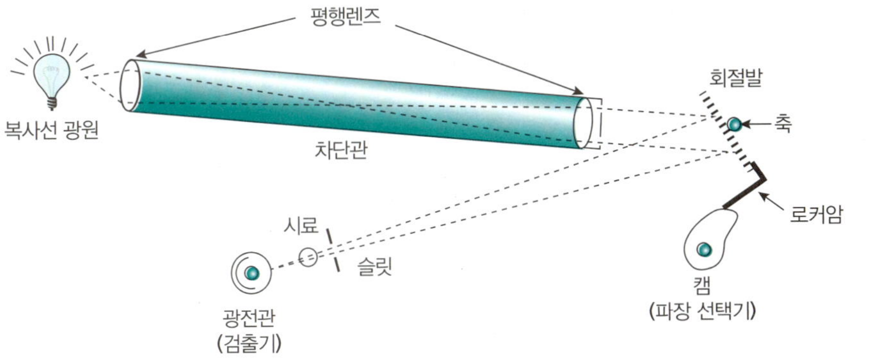

그림 6.17 기본적인 Spec 20 분광광도계의 개략도.

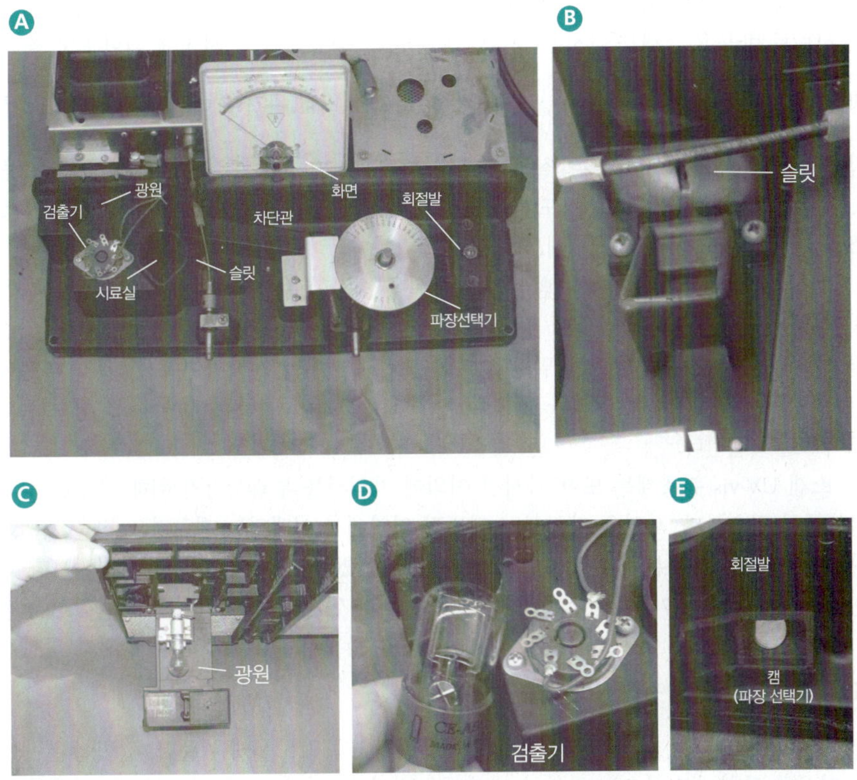

그림 6.18 Spec 20 분광광도계 내부 모습.

흡수한다. 그런 다음 평행 광은 회절발로 전달되어 파장에 따라 분산된다. 회절발은 스프링이 부착된 축에 장착되며, 시료 슬릿에 대한 각도는 캠에 부착된 로커암으로 조절된다. 캠 및 로커암은 그림 6.18의 하단 오른쪽 사진에서 볼 수 있다. 캠을 돌리면 회절발과 시료 슬릿의 상대적인 각도가 변한다. 입사 평행 광이 회절발에 충돌하는 각도를 변경하여 시료 슬릿에 도달하는 빛의 파장을 선택한다. 그런 다음 빛은 시료를 통과하여 검출기로 전달된다. 광전관에 닿은 빛은 전류를 생성하고 전류가 저항을 통과하여 전압을 생성한다. 전류(또는 전압)는 분광계로 측정된 실제 신호이다. 화면은 단순한 전압계라는 것을 기억하라. 단순한 전압계가 오래되어 보이지만 이 전압계가 제공하는 데이터는 최신 디지털 화면과 마찬가지로 신뢰할 만하다(그리고 고장이 적을 수도 있음).

◈ 스캔 분광계

스캔 분광계의 기본 설계는 Spec 20 고정 광도계의 설계와 유사하다. 그러나 광원, 광학 부품의 품질, 검출기의 정교함, 컴퓨터 조절 단색화 장치(파장 선택)의 사용 등과 같은 몇 가지 중요한 차이점이 있다. 스캔 분광계는 홑빛살과 겹빛살의 두 가지 범주 중 하나로 분류된다.

홑빛살 스캔 분광계 홑빛살 UV-vis 분광 광도계는 개념적으로 Spec 20과 동일하다. 근본적인 차이점은 기기에 사용된 자동화 장치이다. 스캔 분광계에서는 컴퓨터로 파장 선택을 조절하고 판독된 값을 파장의 함수로 검출기에 저장한다. 사용자는 바탕시료를 분광 광도계에 넣고 두 개의 지정된 파장 사이를 스캔하도록 컴퓨터에 지시한다. 그런 다음 컴퓨터는 스캔 범위의 각 파장에 대해 P_o 값을 저장한다. 사용자는 바탕시료를 실제 시료로 바꾸고 스캔을 다시 실행하여, 이번에는 컴퓨터가 각 파장에 대한 P 값을 저장한다. $A = -log\frac{P}{P_o}$이기 때문에, 컴퓨터는 출력 데이터로 파장에 대한 흡광도의 도시를 만들 수 있다. 그림 6.19는 홑빛살 스캔 UV-vis 분광계의 개략도이다. 그림 6.19와 그림 6.1을 비교해 보라. Spec 20 광도계와 홑빛살 분광계는 개념적으로 유사하지만 홑빛살 스캔 분광계는 고정 파장 광도계보다 훨씬 복잡하다.

우선, 광원은 200~900 nm 범위의 복사선을 제공할 수 있어야 한다. 이 장의 다음 절에서는 광원의 선택에 대해여 설명할 것이다. 광원은 더 넓은 스펙트럼 범위를 가질 필요가 있을 뿐만 아니라 고 정밀도의 분석을 위해 매우 안정적이어야 한다(각 파장에서 일정한 세기를 제공). 이러한 이유로, 광원에 전원을 공급하는 전원 공급 장치는 피드백으로 조절된다.

스캔 UV-vis 분광계는 또한 가시선 이외에 자외선을 투과시키기 위해 우수한 광학 부분품이 필요하다. 석영은 자외선 스펙트럼 영역에서 선택되는 재료라는 점을 기억하자. 마지막으로 대부분의 분광계의 검출기는 Spec 20 광도계에 사용한 광전관보다 더 민감하다. 우리는 6.7절에서 검출기 선택을 논의할 것이다. 그러나 가장 일반적인 검출기는 광전관과 매우 유사하다. 이것은 다단계의 광전관으로 구성되며 **광전자 증배관**(photomultiplier tube, PMT)이라고 부른다.

겹빛살 스캔 분광계 그림 6.20은 겹빛살 분광계의 개략도를 보여준다. 겹빛살 분광계는 단색화 장치에서 나오는 복사선 에너지를 받아 두 개의 빔으로 분리한다. 하나의 빔은 시료 용기를 통과시키고 다른 빔은 용매 또는 적절한 바탕시료만이 담겨 있는 기준 용기를 통과시킨다. 이러한 방식으로, P와 P_o의 차이는 실시간으로 직접 측정되며, 흡광도는 두 검출기에서 나오는 출력 비의 –log로 계산된다.

겹빛살 분광계를 이용하여 분석을 수행하기 이전에 먼저 장비를 "영점조절"을 해야 한다. 동일한 조건 하에서 두 검출기의 전류 출력이 동일하다는 것을 확인하는 것이 필요하기 때문이다. 이것은 먼저 바탕시료를 시료 용기와 기준 용기에 넣어 수행한다. 두 검출기가 동일한 전류 출력을 가질 때까지 가변 저항[21]으로 검출기의 출력 전압을 조절한다. 겹빛살 분광계는 확실히 홑빛살 분광계보다 복잡하다. 컴퓨터로 데이터를 처리

[21] 가변저항은 빛의 밝기를 조절하는 데 사용되는 조광 스위치이다.

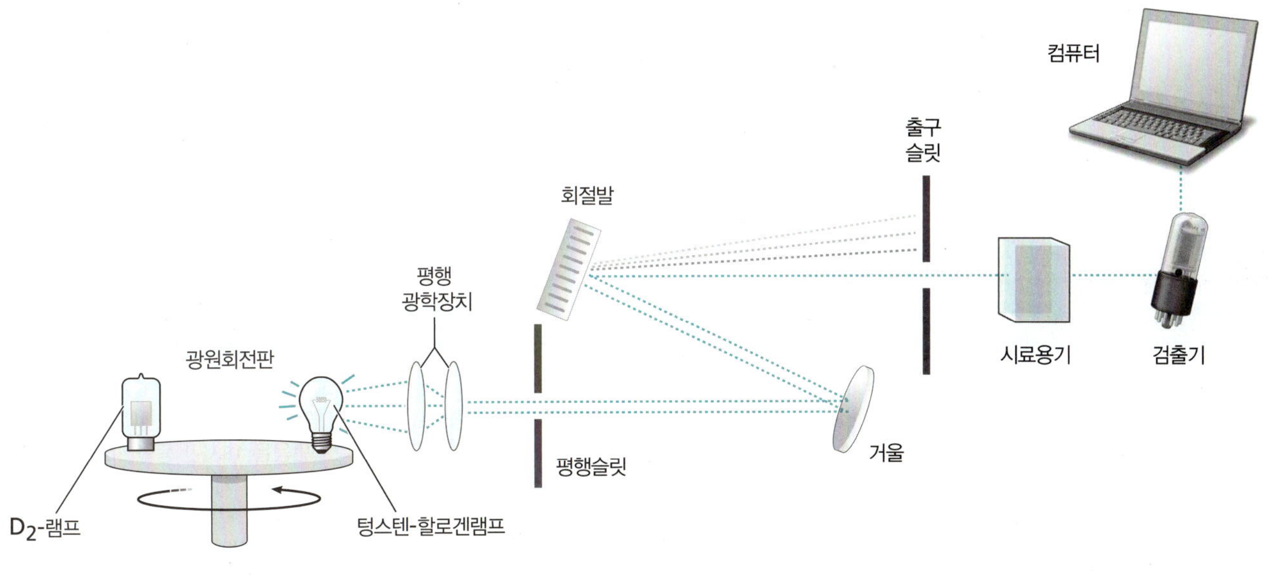

그림 6.19 홑빛살 스캔 UV-vis 분광기의 개략도. 광원회전판은 텅스텐-할로겐 램프(가시선)와 D_2 램프(자외선) 중에서 광원을 선택하는 데 사용된다.

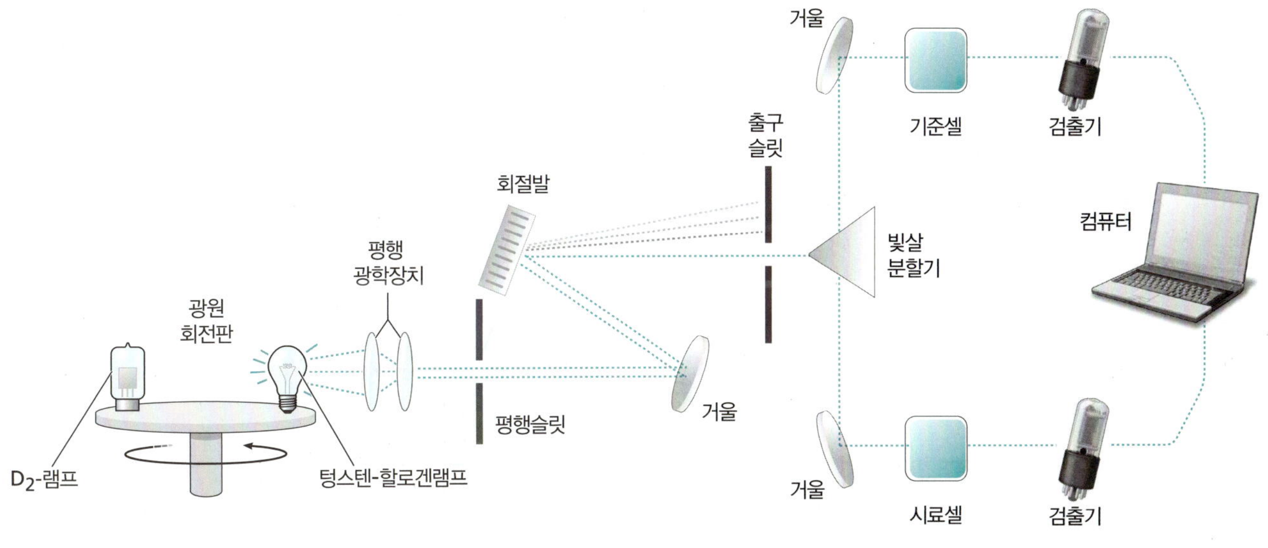

그림 6.20 겹빛살 분광계의 개략도. 광원에서 빛살 분할기까지 겹빛살 분광계는 개념적으로 홑빛살 분광기와 동일하다.

하기 위해서는 추가적인 광학 장치, 두 번째 검출기, 두 번째 검출기와 관련된 추가적인 전자 장치, 두 검출기 간의 출력 균형을 유지하는 데 필요한 전자 장치 및 두 번째 검출기에서 나오는 신호를 처리하기 위해 필요한 추가적인 전자 장치가 필요하다. 그렇다면 왜 이렇게 복잡한 분광 광도계가 필요할까?

겹빛살 분광계는 $1/f$ 잡음(떠돌음)에 크게 영향을 받지 않는다.[22] 시료와 기준 모두 광원의 출력에 따라서 동시에 변동되므로, $1/f$잡음에 대한 보정이 실시간으로 이루어지게 된다. 또한 겹빛살 분광계에서는 홑빛살 분광계에서 중요시했던 광원에 대한 전원 공급 장치의 피드백 조절이 중요치 않다.

비교 및 대조_Compare and Contrast

홑빛살과 겹빛살

홑빛살 또는 겹빛살 분광계는 간단하고 빠른 스캔을 수행하는 경우 만족스러운 데이터를 제공한다. 홑빛살 분광계는 비용 면에서 유리하고, 기기가 작기 때문에 실험실 공간이 작을 때에 중요한 사항이다. 그러나 일정 시간 동안 동일한 바탕에 대해 여러 번의 스캔을 수행할 경우 $1/f$ 잡음(플리커 잡음)이 심각한 문제가 된다. 기기의 안정성에 따라 $1/f$ 잡음을 보정하기 위해 10분마다 바탕을 다시 스캔해야 할 수도 있다. 이 경우에 홑빛살 분광계는 데이터를 얻는 데 훨씬 많은 시간과 노력이 소모되는 방법이 된다. 겹빛살 분광계는 반응이 수 분 정도 걸리는 반응의 속도를 모니터링하는 데 매우 적합하다. 그림 6.21은 천연 잎 추출물을 성장 주형으로 사용하여 금 나노 입자의 성장에 관한 UV-vis 반응 속도 연구를 보여주고 있다.* 반응은 18시간 동안 560 nm에서 흡광도를 관찰하여 모니터링되었다. 겹빛살 기기는 이와 같은 실험에 홑빛살 기기보다 훨씬 적합하다. 사용자는 시료 용기에 반응 용액을 두고 기준 용기에 바탕 용매를 놓고 매 3시간마다 스캔하면 된다. 홑빛살 장비에서는 사용자가 스캔하는 시간 사이마다 바탕검사를 다시 실행해야 한다.

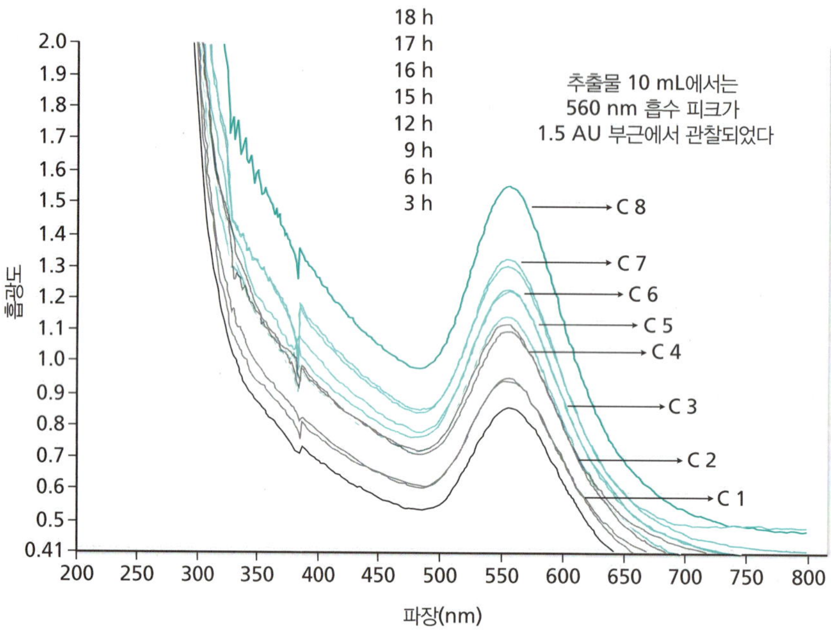

그림 6.21 금 나노 입자의 성장에 관한 반응 속도 연구.

*Elavazhagan, T.; Arunachalam, K. D. *Inter. J. Nanomed.* **2011**, 6, 1265 – 1278.

[22] 잡음원에 대한 복습은 2장을 참조하라.

배열 분광계

배열 분광계는 근본적으로 홑빛살 또는 겹빛살 스캔 분광계와 다르다. 가장 큰 차이점은 배열 분광계는 일정한 영역의 파장 범위를 스캔하지 않는다는 것이다. 그 대신에 배열 분광계는 좁은 띠너비의 파장을 선택하기 위해 단색화 장치를 사용하는 대신에 광원의 전체 복사선 스펙트럼을 시료에 조사한다. 그런 다음 빛은 파장에 따라서 분산되며, 각각 나누어진 띠너비의 빛은 개별 검출기로 이동한다. 배열 분광계는 수년간 존재해왔지만 다중 검출기 부품에 대한 필요성 때문에 대부분의 응용 분야에서 많은 비용이 들어 사용되지 않았다. 다행히도 작고 견고하고 저렴한 감광성 다이오드의 개발로 배열 검출기를 만드는 비용이 급격히 감소했으며, 현재 **다이오드 배열 분광계**(diode array spectrophotometer)가 시장을 장악하고 있다. 다이오드 배열은 검출기 역할을 하는 일련의 감광성 다이오드[23]로 구성되어 있다.

이 기술은 태양 전지판 기술과 비슷하지만 수 평방 센티미터를 차지하는 단일 "칩"에 수천 개의 병렬 다이오드를 배치할 수 있다. 각 다이오드는 좁은 띠너비의 빛을 모니터링하며 각 다이오드의 출력은 별도로 기록된다. 그림 6.22는 다이오드 배열 분광계를 나타내며 그림 6.23은 다이오드 배열 칩의 사진을 보여준다. 다이오드 배열 검출기 외에도 다른 일반적인 배열 분광기는 전하결합소자(CCD) 검출기 및 전하 주입 장치를 사용한다. 대략적으로 이들 분광계들은 사용된 검출기 유형을 제외하고는 동일하다. 우리는 6.7절에서 다른 검출기를 자세히 살펴볼 것이다. 배열 분광계의 가장 큰 장점은 속도이다. 문자 그대로 셔터를 열고 닫는 데 걸리는 시간 동안에 스펙트럼을 얻을 수 있다. 분석을 실행하기 위해, 제로 광량 판독값이 컴퓨터의 메모리에 저장된다. 이것은 빛이 없는 상태에서 다이오드에 의해 방출되는 "암(dark)"전류이다. 그런 다음 분석자는 분광계에 용매만이 들어 있는 바탕용액을 놓고 셔터를 열어 각 다이오드의 세기를 측정한 다음, 컴퓨터로 바탕전류에서 암전류를 빼고 이를 각 다이오드에 (P_o)로 저장한다. 그런 다음 분석자는 바탕시료를 분석 시료로 교체하고 같은 방식으로 (P) 판독값을 읽는다. 이미 언급했듯이 다이오드 배열 분광계의 주요 장점은 분석 속도와 장비의 작은

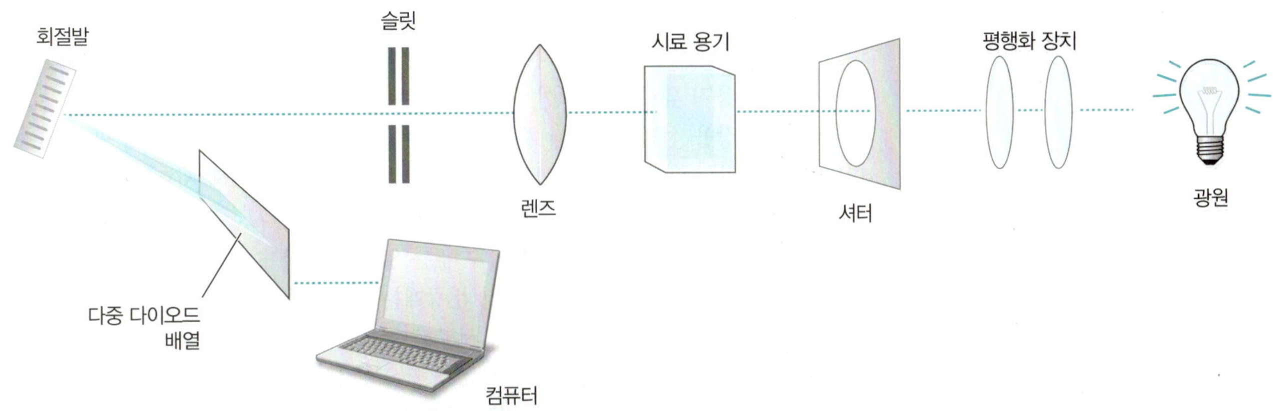

그림 6.22 다이오드 배열 분광계의 개략도.

[23] 이 장의 뒷부분에서 광기전성 전지기에 대한 자세한 내용을 참조하라.

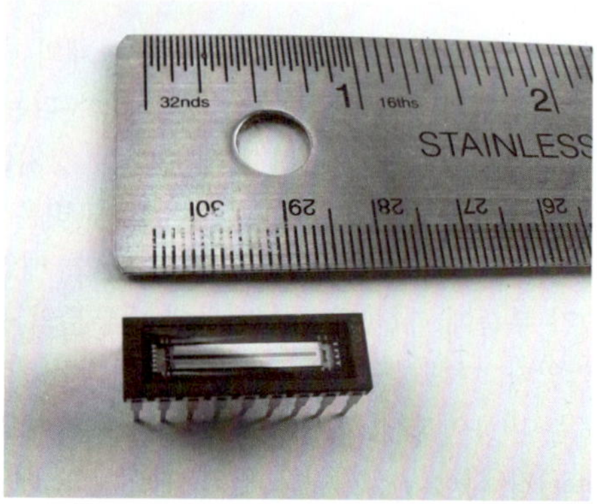

그림 6.23 다원소 다이오드 배열 검출기 "칩"의 사진.

크기이다. 그러나 다이오드 배열 기기는 상당히 많은 계산이 필요하다는 것을 알아야 한다. 다이오드 배열 검출기의 각 채널은 별도로 모니터링되며, 다이오드 배열 검출기는 보통 1,500개 이상의 채널을 갖추고 있다. 지난 수십 년 동안에, 배열 검출기를 모니터링하는 데 필요한 배열 검출기와 컴퓨터 계산의 가격은 배열 분광계가 스캔 분광계와 비용 면에서 비슷한 수준이 되게 만들었다.

6.5 단색화 장치: 프리즘, 회절발, 파장 분산 부품의 위치

프리즘과 회절발 단색화 장치를 비교하면, 프리즘 단색화 장치가 덜 비싸지만 띠너비(분해능)는 파장에 따라 달라진다. 역사적으로, 충분한 분해능을 가진 고품질 회절발은 프리즘 단색화 장치보다 상당히 비싸다. 컴퓨터 보조 레이저 식각의 발전으로 고품질 회절발의 비용은 고품질 프리즘의 비용과 비슷하게 되었다. 오늘날 시판되는 거의 모든 분광계는 회절발 단색화 장치를 사용하고 있으며, 프리즘 단색화 장치를 거의 사용하지 않고 있다.

그림 6.22에서 회절발(파장 분산)은 시료 용기 *뒤에* 오는 반면에 그림 6.19와 6.20에서는 시료 용기 *앞에* 회절발이 오게 됨을 주목하라. 광원의 복사선이 시료를 통과시키기 전에 파장을 선택함으로써 주어진 시간에 시료를 통과하는 복사선의 양을 최소화한다. 대부분의 스캔 분광계는 시료가 가열되는 것을 줄이기 위해 시료 용기 앞에 단색화 장치가 있다. 스캔 분광계는 상대적으로 느리기 때문에, 모든 광원의 복사선을 시료에 통과시키면 실험 과정에서 허용할 수 없는 열이 발생하게 된다. 반면에 배열 분광계의 장점은 빠른 속도이기 때문에 배열 분광계는 광원으로부터 나오는 모든 파장의 흡수를 동시에 측정한다. 따라서 반드시 시료를 통과한 이후에 파장 분산이 일어난다. 다행히도 셔터가 열리고 닫히는 동안 시료가 짧은 순간에 광원의 복사선에 노출되기 때문에 여기서 시료가 가열되는 것은 일반적으로 문제가 되지 않는다.

실습활동 _Activity

단색화 장치 만들기

무언가가 어떻게 작동하는지 확실히 이해하는 한 가지 방법은 그것을 만들어 보는 것이다. 이 실습활동에서는 일반적으로 사용 가능한 부품 및 재료로 기능성 단색화 장치를 조립하는 방법에 대해 설명한다.

재료 - 네 개의 면도날, 신발상자, 검정 스프레이 페인트 한 통, 확대 렌즈 또는 판지통, 사용하지 않은 CD 또는 회절발(광학용품점을 통해 구입 가능), 광원[표준 야간 조명 또는 백색 발광 다이오드(LED) 전구로도 충분함], 검은색 전기 테이프, 흰색 판지 작은 조각, 점토 또는 고무 시멘트, 아이스캔디 막대기 또는 펜 또는 연필 또는 PVC 파이프의 얇은 조각.

조립 – 신발상자 단색화 장치의 두 가지 가능한 개략도가 아래에 제시되어 있다. 여러분이 해야 할 첫 번째 일은 검은색 스프레이 페인트로 신발상자 안쪽에 페인트를 분무하는 것이다. 이것은 산란 빛을 흡수하는 역할을 한다. 신발 상자의 짧은 면 중 하나에 입구 슬릿(약 1 cm × 1 cm)을 잘라서 만든다.
검은색 전기 테이프를 사용하여 입구 슬릿의 양쪽 면에 두 개의 면도날을 고정시킨다. 가능한 한 면도날의 모서리를 평행하게 만들어야 한다. 마지막으로 출구 슬릿을 잘라서 만든다.

조준 - 다음으로, 광원의 복사선을 회절발에 초점을 맞출지 또는 차단관을 사용하여 회절발 경로와 동일 선상에 있지 않은 광선을 없앨지 결정해야 한다. 이상적으로는 렌즈와 차단관을 같이 사용할 수 있다. 차단관은 방으로부터 입구 슬릿에 들어오는 모든 산란광을 없애는 데 도움이 된다. 만일, 광원의 복사선이 충분히 밝다면, 차단관만으로도 충분하다. 초점 렌즈를 사용하는 경우에는 신발 상자의 반대쪽 벽에 있는 동전 크기의 지점에 광원 복사선이 초점이 맞춰지도록 신발 상자에서 렌즈 위치를 찾아야 한다. 이 위치가 정해지면 렌즈를 그 자리에 붙이거나 점토로 고정한다. 차단관을 사용하기로 결정한 경우, 화장지 심에서 판지 통을 잘라내어 출구 슬릿까지의 빛살 경로를 막지 않게 신발장 상자에 설치한다. 약 8인치의 길이면 충분하다. 차단관을 사용하는 경우, 안쪽과 바깥쪽에 검은 페인트를 뿌린 다음 접착제를 이용하여 제자리에 붙이거나 점토로 고정한다.

회절발 - 대부분의 화학과에는 오래되고 고장난 Spec 20 분광 광도계가 선반에 놓여 있다. 따라서 고장난 Spec 20에서 회절발을 떼어내 재사용할 수 있는지 물어보라. 만일 중고 회절발을 구할 수 없는 경우에는 몇 백 달러 정도로 회절발을 구입할 수 있다. 예산을 줄이려면 사용하지 않은 CD로 적절한 회절발을 만들 수 있다. 가장자리 근처에서 1 cm × 6 cm 정도의 CD를 잘라낸다. 면도날을 사용하여 CD의 층을 나누고 상단 덮개 플라스틱을 제거한다. 이 단계는 선택 사항이지만 회절발이 더 잘 작동한다. 회절발 또는 CD 조각을 연필, 펜 또는 PVC 파이프 조각에 붙이고 그림과 같이 신발 상자의 바닥에 연필을 찔러 설치한다. 회절발이 연필에 붙어 있고 연필이 신발 상자 바닥에 꽂혀진 상태에서 뚜껑을 신발상자 위에 놓고 연필로 뚜껑에 꽂는다. 뚜껑을 제거하고 회절발에 광원을 비추면서, 벽에 투영되는 이미지의 위치를 찾아서 출구 슬릿을 만든다. 검은색 테이프를 사용하여 출구 슬릿의 양쪽 면에 면도날을 고정시키고 가장자리가 평행하고 직선이 되도록 좁은(2 mm) 슬릿을 만든다. 신발 상자에 뚜껑을 덮고 회절발이 붙어 있는 연필이 신발 상자의 상단과 하단을 통과하는지 확인한다. 검은색 테이프로 신발 상자의 가장자리로 빛이 들어오지 않도록 막는다. 흰색 판지를 사용하여 나타나는 복사선에 대한 관찰 화면을 만든다. 단색화 장치가 완성되었으므로 연필을 돌려서 출구 슬릿에 다른 색상의 빛을 향하게 할 수 있다.

이 신발상자 단색화 장치를 작동하는 분광계로 변환하기 위해 해야 할 일은 시료를 도입하는 방법을 고안하고[그림 6.17(Spec 20의 개략도) 참조], 빛의 세기에 민감한 검출기를 연결하는 것이다("노출계"에 대한 인터넷 검색을 해보라).

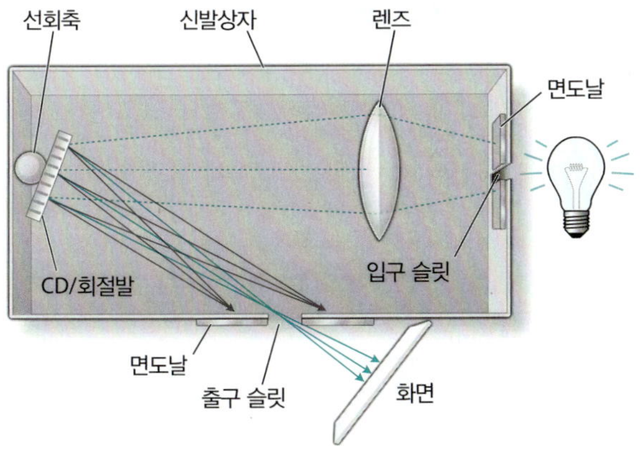

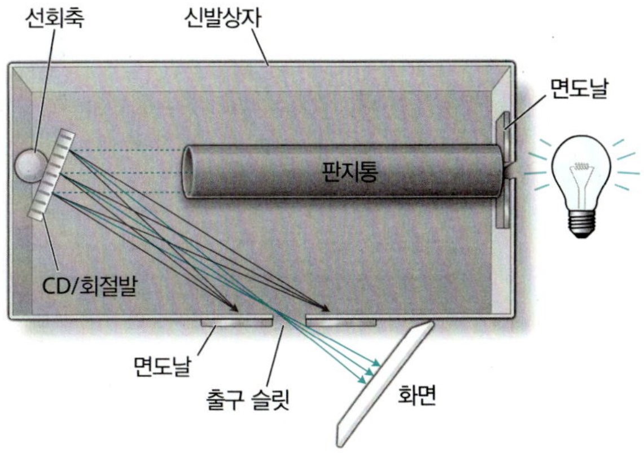

6.6 광원

◆ 중수소 아크/텅스텐 할로겐 전구

UV-vis 분광 분석법에 사용할 수 있는 여러 가지 광원이 있다. 실제로 시판되는 기기에서 가장 많이 사용되는 광원은 중수소 방전 램프와 텅스텐-할로겐 전구의 조합이다. 광원 복사선의 자외선 영역은 중수소 방전 램프에 의해 제공되고 가시선 및 근적외선 영역의 복사선은 텅스텐-할로겐 전구에 의해 제공된다. 중수소 아크 램프는 저압에서 작동하며 약 165~460 nm의 연속적인 복사선을 생성한다. 그림 6.24는 중수소 램프의 방출 스펙트럼을 보여준다.[24] 이 전구는 200 nm 이하의 복사선도 생성하지만, 분광계를 통해 복사선을 유도하는 데 사용되는 광학 재료(주로 용융 실리카 또는 석영)는 저파장 범위가 약 200 nm로 제한되어 있다.

중수소 방전 램프는 니켈로 만들어진 직사각형 방전실을 가지고 있다(그림 6.25 참조). 2개의 텅스텐 전극 사이의 전기방전은 중수소 분자를 들뜨게 하는 역할을 한다. 중수소 분자에 전해진 에너지는 광자의 형태로 수반되는 에너지를 방출하면서 구성 원자들로 해리시키기에 충분하다[식 (6.9) 참조]. D_2 분자가 단순히 바닥 상태로 이완되면 방출된 에너지는 양자화되고 선 스펙트럼을 관찰할 것으로 기대할 수 있다. 그러나 운동 에너지는 양자화되지 않으며, D_2 분자에 의해 초기에 흡수된 전체 에너지는 결과적으로 D 원자 및 방출된 광자의 운동 에너지로 분산된다. 따라서 빛은 선 스펙트럼보다는 연속적으로 방출하게 된다.

$$D_2 \xrightarrow{arc} D_2^* \longrightarrow D'_{KE_1} + D''_{KE_2} + h\nu \qquad \text{식 (6.9)}$$

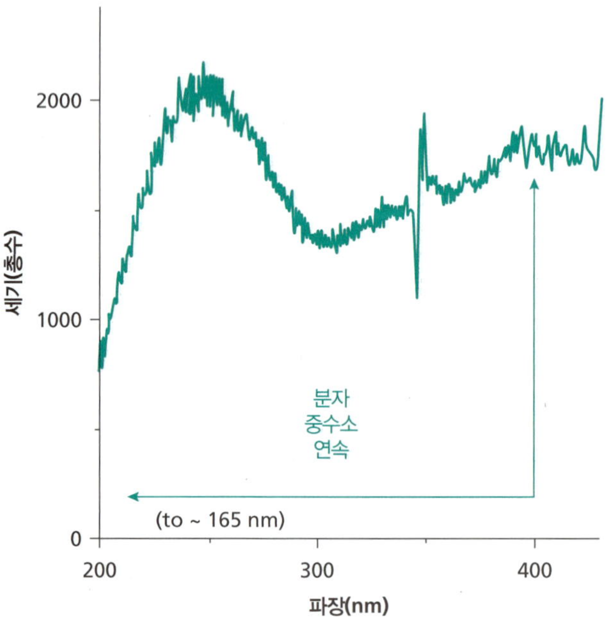

그림 6.24 D_2 방전 램프의 방출 스펙트럼.

[24] 이 이미지는 GNU 무료 문서 라이선스 협약에 따라 사용되고 있다.

여기서

D_2 = 바닥 상태의 중수소 분자

D_2^* = 들뜬 상태의 중수소 분자

arc = 전기 방전

D'_{KE1} & D''_{KE2} = 서로 다른 운동 에너지를 갖는 중수소 원자

$h\nu$ = 방출된 광자

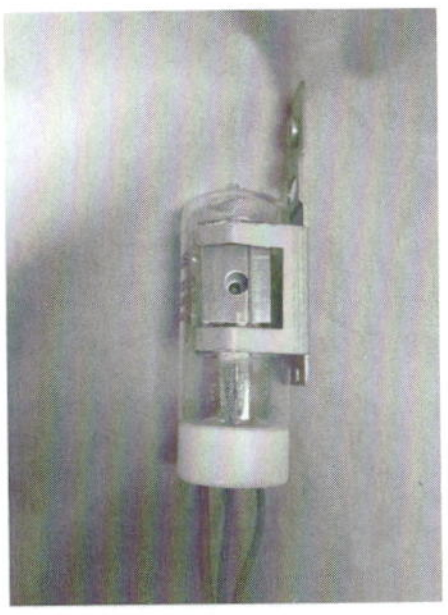

그림 6.25 D_2 방전 램프.

450 nm 이상에서는 중수소의 날카로운 원자 방출선이 나타나며, 이 날카로운 선 근처에서 파장 선택에서 약간의 오차는 큰 세기 변화를 초래한다. 이러한 이유로 450 nm 이상에서는 중수소 램프를 텅스텐 전구로 바꾸어 사용한다. 일부 분광계에서는 분광계에서 램프가 교체되는 것을 실제로 관찰하거나 들을 수 있다. 스캔 분광 광도계를 사용하는 경우 400 nm 부근에서 스캔 과정이 일시 중지되고 광원이 교체되면 기기 내부에서 "클릭" 소리가 난다.

텅스텐 전구는 흑체 복사선을 방출하며 이 방출은 텅스텐 필라멘트에 가해진 전압과 직접 연관되어 있다. 텅스텐 전구가 400 nm 이하의 파장으로 빛을 방출하는 것과 적외선에 도달하는 것은 어렵지 않다. 그러나 불행하게도 UV-vis 범위에 대해 충분히 강한 복사선을 얻기 위해 필요한 전압은 텅스텐 필라멘트의 수명을 상당히 단축시킨다. 소량의 아이오딘을 램프에 첨가하면 램프의 수명이 연장되고 더 높은 전압에서 램프를 작동시킬 수 있다. 이러한 유형의 램프를 총칭하여 할로겐 램프라고 한다. 대부분의 자동차 헤드램프에는 이와 같은 기술을 사용한다. 높은 전압에서 텅스텐 램프의 수명이 단축되는 이유는 필라멘트가 승화되기 때문이다. 아이오딘이 존재하면, 승화된 텅스텐 원자는 반응하여 기체상태의 텅스텐-아이오딘(W-I) 화합물을 형성한다. W-I 화합물이 고온 필라멘트와 충돌하면 분해되어 텅스텐 원자는 필라멘트 상에 다시 붙게 된다.

◆ 제논 아크 램프

일반적이지 않지만, 일부 시판되는 장비 및 많은 연구용 장비는 제논 아크 램프를 광원으로 사용한다. 이 광원은 매우 높은 압력 하에서 제논 가스를 함유한 석영 전구로 이

그림 6.26 제논 아크 램프.

루어져 있다. 전기 아크는 제논 가스를 들뜨게 하는 데 사용되며,[25] 높은 압력은 상당한 압력 넓힘을 야기시켜 약 250~700 nm에서 강한 연속 복사를 발생시킨다(그림 6.26 참조).

◆ 발광 다이오드

지난 15년 동안 발광 다이오드(LED)의 가격, 신뢰성 및 가용성이 크게 향상되었다. LED는 정방향으로 연결된 p/n 접합체이다. 좀 더 있는 그대로 설명하자면, LED는 p/n 접합부의 띠 간격보다 높은 외부 전압을 가하여 역방향으로 작동시키는 태양 전지판으로 생각할 수 있다. 빛을 흡수하여 전기를 생산하는 대신에 LED는 전기를 흡수하여 빛을 생성한다.

LED는 매우 좁은 영역(50 nm 또는 그 이하)의 λ_{max} 출력을 나타낸다. 하나의 LED는 넓은 파장 범위를 스캔해야하는 UV-vis 분광 광도계에 유용한 광원이 되지 못한다. 그러나 개별 LED는 특정 분석에 필요한 작업만을 수행하는 비색 탐침에 있어 유용한 광원으로 사용될 수 있다. 더 나아가, 현재 넓은 범위의 가시선 영역을 망라하는 "백색" LED가 시판되고 있다. 사실상 백색 LED라는 명칭은 잘못된 표현인데, 왜냐하면 백색광은 자극된 인에 의한 이차적인 방출에 의해 발생되기 때문이다. LED의 덮개는 인으로 덮여 있으며, LED 복사선으로 인이 발광하게 된다. LED는 전력 소모량이 매우 적고 λ_{max}에 대해 매우 높은 출력을 가지며 오랜 시간 동안 지속된다. 이와 같은 장점으로 인해 휴대용 비색 탐침계의 우수한 광원으로 사용될 수 있다.

문제 6.14 일반적으로 UV-vis 분광 광도계에 사용되는 두 가지 광원은 무엇인가?

문제 6.15 일반적으로 UV-vis 분광 광도계에서 두 가지 다른 광원을 사용하는 이유는 무엇인가?

문제 6.16 때때로 아이오딘이 텅스텐 램프에 첨가되는 이유는 무엇인가?

6.7 검출기

◆ 광전자 증배관

검출기의 기본적인 기능은 전자기적 에너지(광자)를 전기적 에너지로 변환하는 것이다. 시중에 판매되는 기기에 사용되는 전통적인 검출기는 **광전자 증배관**(photomultiplier tube, PMT)이며, PMT는 매우 낮은 빛 세기를 측정해야 할 때 사용되는 검출기이다. PMT는 다단계의 광전관으로 생각할 수 있다. 광전관의 기능은 광전 효과를 기반으로 한다.[26] 단순한 광전관은 충돌 광자가 마이너스로 연결된 음극을 타격하여 전자를 제거한다. 전자는 양극을 향해 가속화되고, 그 곳에서 수집된다. 이와 같은 회로에서 생성된 전류는 음극에 충돌하는 광자 선속을 통해 측정된다.

PMT는 이와 유사한 방법으로 작동한다. PMT에서 입사 광자는 인광성 물질로 덮인 투명한 필름을 때린다. 이 유형의 장치는 섬광 계측기라고 불린다.[27] 섬광 계측기로부터 방출된 광자는 광음극에 충돌하여 전자를 몰아내지만, 첫 번째 단계에서는 전자가 수집되지 않고, 이차 음극(다이노드라고 불림)을 향해 가속된다. 전자가 2차 전

[25] 또한 이 효과는 충돌에너지전달(collision energy transfer)이라 부르고, 3장에 설명되어 있다.
[26] Einstein은 광전효과를 설명한 업적으로 1921년에 노벨 물리학상을 수상하였다.
[27] 안트라센은 섬광장치의 일반적인 인광체이다.

▶ 프로파일 _Profile

Ocean Optics사의 Jaz 기기

Ocean Optics사의 Jaz 가시선 분광계는 상호 교환 가능한 구성 요소를 갖춘 휴대용 장치이다. 이 장치는 광원을 교체할 수 있는 옵션을 포함하여 광범위한 실험 변수를 변화할 수 있다. LED 광원은 365 nm, 405 nm, 470 nm, 590 nm, 640 nm 및 백색 LED을 선택할 수 있다.

청색 LED와 같이 일반적인 LED도 좁은 띠너비를 가지며, 470 nm에서 센 출력이 나오는 것에 주목하라. 백색 LED의 방출 선단면도는 연속선으로 나타난다. 백색 LED는 자외선 또는 근적외선에서 출력이 매우 약하지만 EMS의 가시선 범위에서는 충분한 세기로 나타난다.

A

B

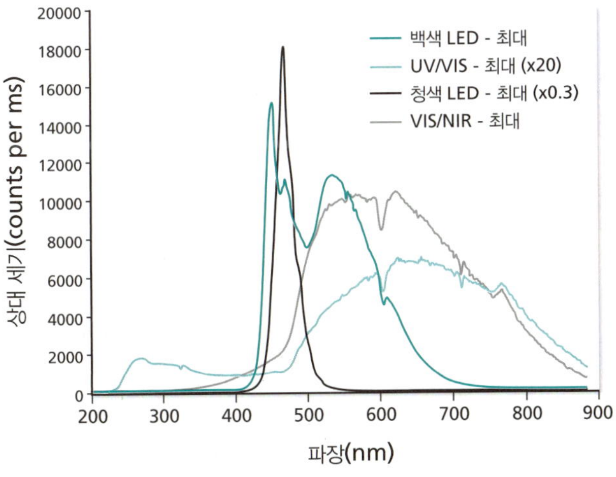

극에 충돌함에 따라 다수의 전자가 제거되어 나온다. 각각의 2차 전자들은 3차 전극을 향해 가속되며, 그 과정은 여러 단계를 거쳐 반복된다. 시판되고 있는 PMT는 10^8 배의 전류 증폭이 가능하다.[28] 연속 단계에서 제거되어 나온 전자를 다음 단계로 가속시키기 위해서는 각 다이노드와 초기 광 음극 사이의 전압 강하를 정밀하게 조

[28] *The Photomultiplier Handbook*. RCA Company, **1980**.

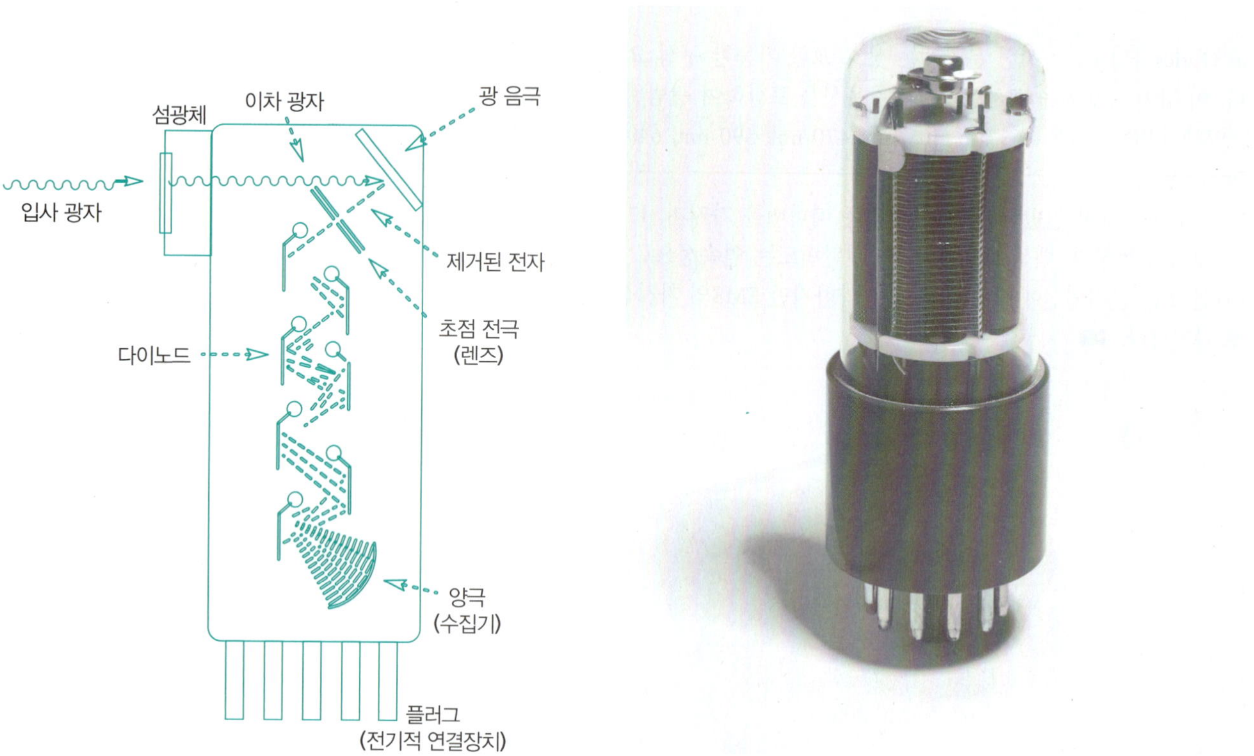

그림 6.27 (*왼쪽*) 8단계 PMT의 개략도, (*오른쪽*) PMT의 사진. 입사 광자는 섬광체에서 전자를 제거하고, 튕겨져 나온 전자가 수집기를 향해 진행할 때 연속 폭포 단계를 시작하게 된다.

절해야 한다. 섬광체의 형광으로 일차 광 음극에 충돌하는 모든 광자가 균일한 에너지 띠 너비 내에 있음을 확신할 수 있으며, 결과적으로 광 음극에서 방출된 초기 전자는 좁은 범위의 운동 에너지를 가지게 된다. 그림 6.27은 PMT의 개략도와 사진이다.

◆ 광기전성 전지

광기전성 기술은 반도체 중 하나는 투명한(일반적으로 p형 반도체) 다이오드(p/n 접합)를 사용한다. 광자가 p형 반도체를 통과하여 n형으로 가게 되어, 전자는 n형으로부터 p형 반도체로 가속된다. p/n 접합은 한 방향 전류 게이트이기 때문에, 들뜬 전자는 와이어를 통과하여 회로를 구성하게 된다. 그림 6.28은 광기전성 p/n 접합에 대한 개략도를 보여준다. 하나의 p/n 접합은 UV-vis 분광기에서 일반적으로 검출기에 도달하는 낮은 수준의 빛을 감지하는 데 필요한 전류를 주고 있지 않지만, 하나의 칩에 여러 개의 p/n 접합을 쌓을 수 있다.[29] 이러한 유형의 장치를 연속 폭포식 광기전성 장치라고 하며, 최대 100의 전류 이득을 쉽게 얻을 수 있다. 광기전성 전지의 감도는 PMT의 감도보다 떨어지지만 이 장치는 여전히 널리 사용되고 있다. 다이오드 배열 분광기는 아마도 가장 주목할 만한 예일 것이다. 다이오드 검출기는 또한 매우 작고 견고하다는 장점이 있다. 휴대용 분광기 및 비색 측정기는 다이오드 검출기를 사용한다.

[29] (left) Landis, G. A. Technology assessment of thin-film cascade photovoltaic modules. *Solar Cells,* **1988** *(25)3,* 203. (right) Yang, R. Q.; Tian, R.; Klem, J. F.; Mishima, T. D.; Santos, M. B.; Johnson, M. B. Interband cascade photovoltaic devices. *Appl. Phys. Lett.,* **2010**, *96,* 063504.

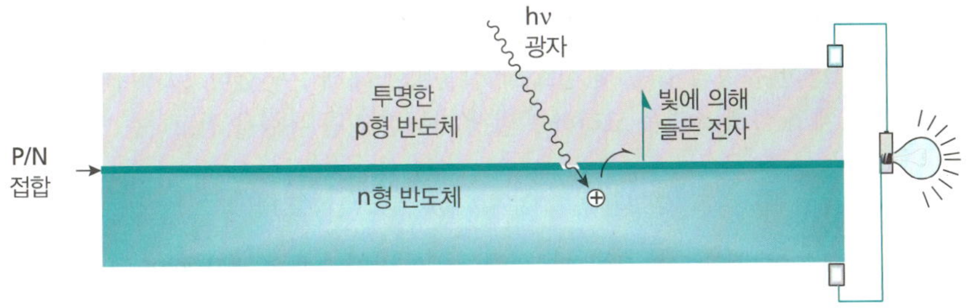

그림 6.28 CCD 검출기에 사용되는 MOS 반도체.

◈ 전하 결합 장치

전하 결합 장치(charge coupled device, CCD) 검출기는 광기전성 전지 검출기와 밀접한 관련이 있다. CCD는 금속 산화물 반도체(MOS) 구조를 기반으로 한다. 가장 일반적인 MOS의 구조는 순수한 규소 층(기질)과 다결정 규소 층 사이에 끼워진 이산화규소 층으로 구성된다. 결과적으로 이 구조는 전기장에서 분극화된다(즉, 유전체). 그림 6.29에 나타낸 바와 같이 CCD 검출기는 세 개의 전극으로 구성되어 있다. 빛이 양극의 MOS를 타격하여 전자를 전위 "우물"로 "밀어넣는다". 축적된 전자는 3개의 전극상의 스위치를 전환하여 연산 증폭기가 있는 회로로 이동된다. CCD 검출기는 디지털 카메라에서 널리 사용될 뿐만 아니라 영상 분광기 및 미량 빛의 감지가 필수적인 기술에도 유용하게 사용된다.[30]

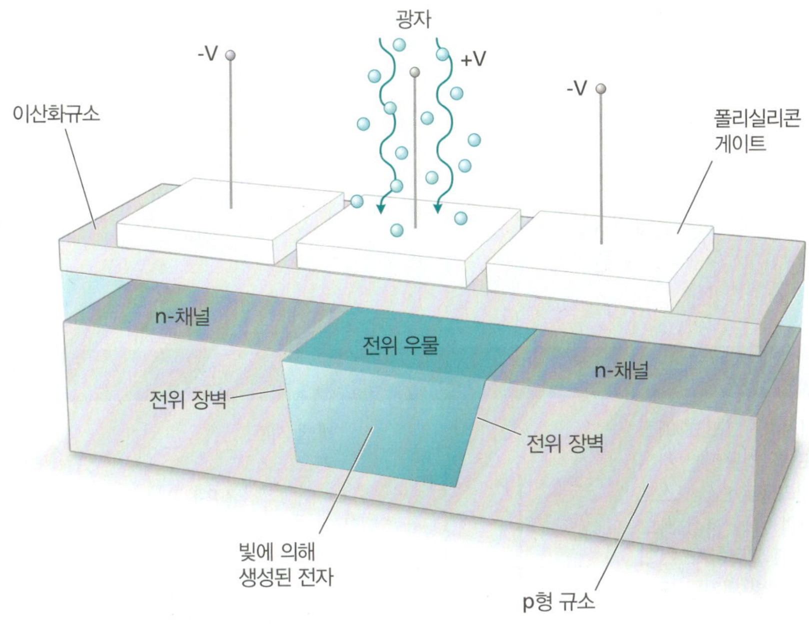

그림 6.29 CCD 검출기에 사용된 MOS 반도체.

[30] CCD에 관한 추가적인 정보는 다음을 참조하라. (a) Matlina E. G.; Nakhleh M. B. How Students Use Scientific Instruments to Create Understanding: CCD Spectrophotometers. *J. Chem. Educ.*, **2003**, *80*(6), 691. (b) Giles J. H.; Ridder T. D.; Williams, R. H.; Jones D. A.; Denton M. B. *Anal. Chem.*, **1998**, *70(19)*, 663A – 668A. (c) Photometrics High-efficiency CCD. *Anal. Chem.*, **1995**, *67(17)*, 564A – 564A.

6.8 잡음

2장에서는 다양한 유형의 잡음 및 신호 대 잡음비에 대해 논의했다. 그러나 자외선-가시선 분광 광도계의 설계 측면을 고려하여 발생 가능한 잡음 유형을 검토하는 것이 좋다.

떠돌이빛

흡광도는 투과도의 음의 로그값이고, 투과도는 흡광 시료가 존재할 때와 존재하지 않을 때의 빛의 세기의 비율이다. 떠돌이빛은 시료의 흡광 특성에 관계없이 검출기에 도달하기 때문에 이는 흡광도의 손실로 나타난다. 이는 식 (6.10)으로 나타낼 수 있다.

$$A_{흡광} = -log\frac{(P+P_s)}{(P_o+P_s)} \qquad \text{식 (6.10)}$$

$A_{흡광}$ = 관찰된 흡광도
P_s = 떠돌이빛의 세기

흡광도는 log 값이기 때문에, 신호 대 잡음비에 떠돌이빛이 영향을 미칠 수 있다. 떠돌이빛이 P 또는 P_0에 크게 영향을 끼친다면, log 값(흡광도)는 0으로 가까워진다. 따라서 떠돌이빛을 없애는 것은 분광 광도계의 설계에 있어서 핵심 요소이다.

검출기 잡음

주변에 어떠한 빛도 존재하지 않는다면, 검출기의 출력 전류는 0의 값을 가질 것이다. 하지만 실제로 이런 일은 존재하지 않는다. 진공관 검출기에는 *암전류*(dark current)가 발생한다. 이러한 유형의 검출기의 스펙트럼 범위의 중간에서 암전류는 정상 작동 조건에서의 검출기의 출력 전류와 비교하면 보통 매우 작은 값을 가진다. 그러나 기기의 스펙트럼 범위 끝에서 작동할 때에는 광원의 출력이 약해서, 암전류가 존재하면 흡광도가 감소한다.

$$A_{흡광} = -log\frac{(P+P_D)}{(P_o+P_D)} \qquad \text{식 (6.11)}$$

$A_{흡광}$ = 관찰된 흡광도
P_D = 암전류의 출력 값

실습활동_Activity

흡광도와 떠돌이빛

초기 복사선의 세기(P_0), 시료를 통과한 복사선 세기(P), 그리고 떠돌이빛 복사선 세기(P_s)의 변수를 조작하여 총 흡광도 대 떠돌이빛 사이의 관계식에 미치는 영향을 조사하라. 다음의 열 머리글로 Excel 스프레드시트를 구성하고 검출기에 도달하는 떠돌이빛의 양을 변경해 보라. 먼저 (P_0) 값은 1, (P)의 값은 0.5, (P_s) 값은 0.0으로 입력하라. Ps의 값을 0.0에서 1.0으로 변경하고, 전체 흡광도 대 떠돌이빛 세기를 도시하라.

엑셀 시트

P_o	P	P_s	$A_{흡광} = -log\frac{(P+P_D)}{(P_o+P_D)}$
1	0.5	0.0	$A_{흡광} = -log\frac{(0.5+0.0)}{(1.0+0.0)} = 0.3$
1	0.5		
1	0.5		
1	0.5		
1	0.5		
1	0.5		

산탄 잡음(Shot noise)은 Walter Hermann Schottky(1886~1976)의 이름을 따서 지어졌으며, 그를 존중하여 종종 스콧 잡음(Schott noise)이라고 한다. Schottky 자신은 **Schrot 효과**(Schrot effect)라는 용어를 사용했는데 이 단어는 독일어로 "작은 산탄 효과"라는 뜻이다.

▸ 프로파일 _Profile

Walter Hermann Schottky

식 (6.10)과 (6.11)의 유사성에 주목하라.

검출기 잡음의 두 번째 유형은 *산탄 잡음*(shot noise)이다.

PMT와 다이오드 검출기에서 신호는 접합부를 가로지르는 전자에 의해 생성되는데, 이는 끊어진 양자적 소동이며,[31] 따라서 통계적인 변동이 나타난다. 전류 운반체(전자)의 양자화된 특성에 의해 생성된 출력 전류의 변동은 다음의 식으로 설명될 수 있다.

$$i_{rms} = \sqrt{2Ie\Delta f} \qquad \text{식 (6.12)}$$

i_{rms} = 현재 변동의 평균 제곱근
I = 평균 출력 전류
e = 전자의 전하
Δf = 신호의 띠너비

식 (6.12)는 *산탄 잡음*은 신호의 띠너비를 줄여 최소화될 수 있음을 보여준다.[32] 그러나 기기 감응(시간 상수 t_c)은 다음 식과 같이 기기의 띠너비와 관련되어 있다.

$$t_c = \frac{1}{3\Delta f}$$

이 등식에서 중요한 것은 빠른 소동을 측정할 수 있는 능력과 검출기에 도달하는 빛의 띠너비는 반비례하다는 것이다. 따라서 빠른 속도의 소동을 측정하려는 경우 자외-가시선 분광계를 사용하면, S/N과 기기 속도 사이에는 절충점이 있다는 것을 받아들여야 한다.

[31] Horowitz, P.; Hill, W. *The Art of Electronics*, 2nd ed., Cambridge University Press: New York, 431, **1989**.
[32] RC 시간 상수에 관한 논의는 2장과 식 (2.2)을 참조하라.

◆ 광원 잡음

광원에서 발생하는 가장 일반적인 유형의 잡음은 **열잡음**(thermal noise)[**존슨 잡음**(Johnson noise) 또는 **나이퀴스트 잡음**(Nyquist noise)이라고도 함[33]]이다. 열잡음은 전기 전도체의 전자의 무작위 운동에 의해 생성된다. 이 운동은 사용된 전압이 없는 경우에도 존재한다. 열잡음은 **백색 잡음**(white noise)으로 간주되므로 신호 평균화를 통해 줄일 수 있다. 열잡음을 나타내는 방정식은 다음과 같다.

$$i_{rms}^2 = \frac{4k_B T \Delta f}{R} \qquad \text{식 (6.13)}$$

k_B = Boltzmann 상수
T = 켈빈 온도
Δf = 기기의 띠너비
R = 장치의 저항(단위: 옴)

산탄 잡음과 마찬가지로 열잡음은 측정하는 띠너비를 줄여 제거할 수 있다. 이는 RC 시간 상수를 증가시키거나 단색화 장치의 슬릿 너비를 좁힘으로써 달성될 수 있다. RC 시간 상수를 늘리면 속도론적 측정을 하는 데 기기를 이용하기 어려우며, 슬릿 너비를 줄이면 검출기에 도달하는 빛의 세기(감도)가 감소한다. 이 두 가지 요인을 고려하여 절충안을 선택해야 한다.

문제 6.17 지금까지 기술된 각 유형의 잡음에 대해,[34] 잡음이 있으면 출력 데이터에 어떻게 영향을 미치는지, 그리고 무엇이 잡음을 유발하는지 방정식을 써서(해당하는 경우) 물리적으로 설명하라. 또한 잡음을 최소화할 수 있는 방법을 논의하라.

6.9 속도론적 자외선-가시선 기술

정량 분석 및 정성 분석 이외에도 자외선-가시선 분광법의 원리를 이용하여 화학 반응 속도에 대해 연구할 수 있다. 속도론적 연구에서 흡광도는 시간의 함수로 측정된다. 반응 시약, 생성물 또는 들뜬 상태의 중간체가 모니터링될 수 있다. 반응 시약 또는 들뜬 상태의 중간체를 모니터링하는 경우 시간의 함수로 흡광도의 감소를 기록한다. 그림 6.21은 시간의 함수로서 금 나노 입자의 성장을 속도론적으로 연구한 결과를 보여주며, 그림 6.30은 실리카 입자를 에탄올에 넣은 뒤 에틸 옥타노에이트와 에틸 데카노에이트의 배출을 시간에 따라서 모니터링한 연구의 자외선-가시선 데이터를 보여준다.[35]

두 개 이상 반응물 사이의 반응 속도를 모니터링하는 경우, 생성물과 반응물의 스펙트럼이 겹치지 않는 것이 중요하다. 또한 모니터링되는 반응의 시간 척도도 고려해야 한다. 그림 6.21에서 데이터 점들은 몇 시간으로 분리되어 있으며, 그림 6.30에서 데이터는 40분에 걸쳐 수집되었다. 이 정도의 시간에 일어나는 실험은 일반적인 실험실에

[33] Johnson, J. B. Thermal Agitation of Electricity in Conductors, *Phys. Rev.*, **1928**, *32*, 97; Nyquist, H, Thermal Agitation of Electric Charge in Conductors, *Phys. Rev.*, **1928**, *32*, 110. See Chapter 5 and Equation 5.4 for a discussion of thermal noise.

[34] 잡음의 원인에 대해 복습하고 싶다면 2.2절을 보라.

[35] Restricted diffusion and release of aroma molecules from sol-gel-made porous silica particles. Veith, S. R.; Hughes, E.; Pratsinis, S. E.; *J. Controlled Release*, **2004**, *99(2)*, 315 – 327.

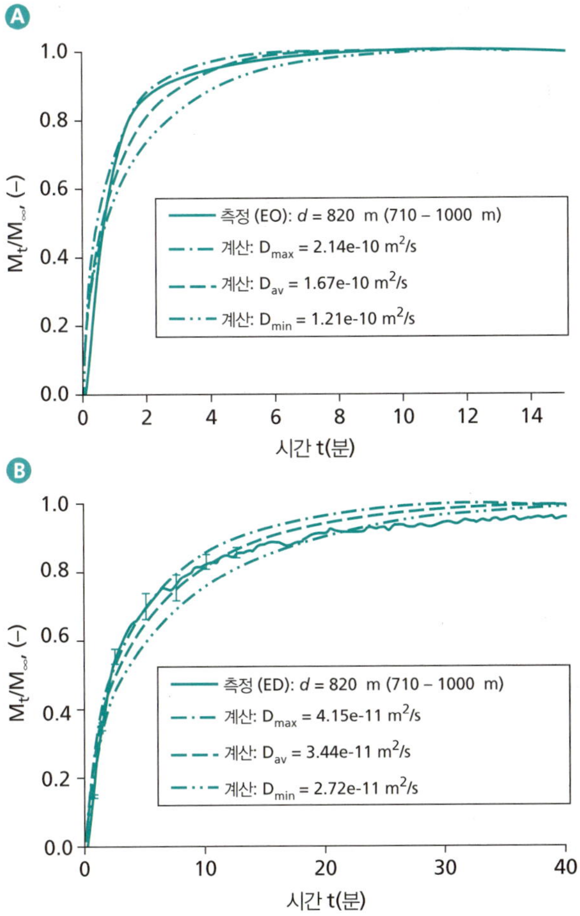

그림 6.30 에탄올에서 실리카 입자로부터의 (A) 에틸 옥타노에이트(EO) 및 (B) 에틸 데카노에이트(ED)의 측정된 방출 속도(자외선-가시선).

서 사용하는 자외선-가시선 분광 광도계를 이용하여 수행될 수 있다. 단순히 반응시약을 혼합하고 시료실로 신속하게 옮겨 시간에 따른 일련의 스펙트럼을 얻으면 된다. 그러나 반응이 빨리 일어나는 경우 특수한 장비가 필요하다. 따라서 이번 장에서는 빠른 반응 연구를 위한 두 가지 기기적 방법에 대해 논의할 것이다.

◆ 정지 흐름 자외선-가시선 연구

반응이 끝나는 데 단지 몇 초가 걸리는 반응의 경우 자외선-가시선 속도론적 연구는 **정지 흐름**(stop flow)이라고 불리는 기술을 통해 분석된다. 이 시스템에서는 반응시약을 일련의 주사기 펌프를 사용하여 신속하게 혼합실로 보낸 다음 자외선-가시선 분광계의 시료 용기에 전달된다. 그림 6.31은 정지 흐름 UV-vis 시스템의 기본 개략도이다. 반응물 A와 B 사이의 반응 속도를 연구하기 위해서는 하나의 주사기에 A 시약을 다른 주사기에 B시약을 넣어야 한다. 주사기 펌프는 동시에 눌러져 두 반응물은 빠르게 혼합된 후 시료 용기에 채워진다. 이 단계는 수 밀리 초 내에 이루어진다. 그런 다음 분광계는 시간에 따라 흡광도를 측정한다. 정지 주사기는 전달될 반응 용액의 부피를 설정할 수

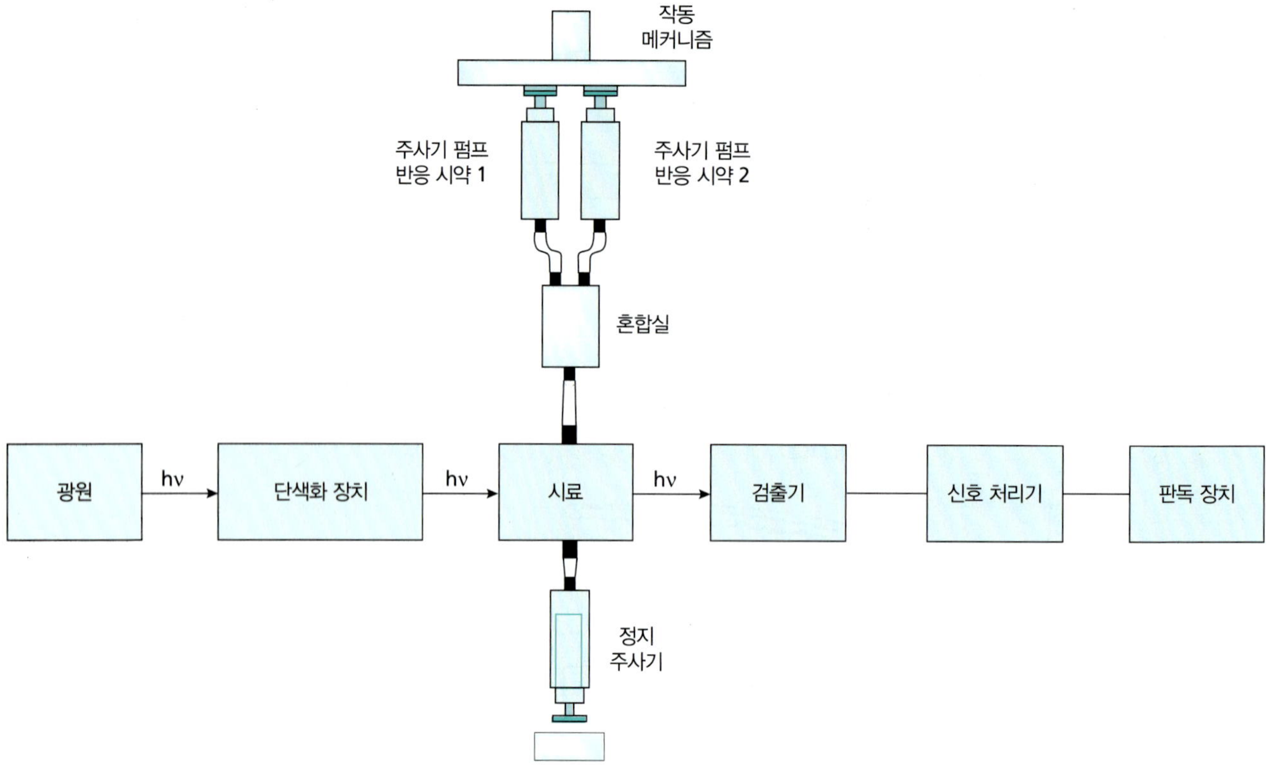

그림 6.31 반응 속도 연구에 사용되는 정지 흐름 자외선-가시선 시스템의 개략도.

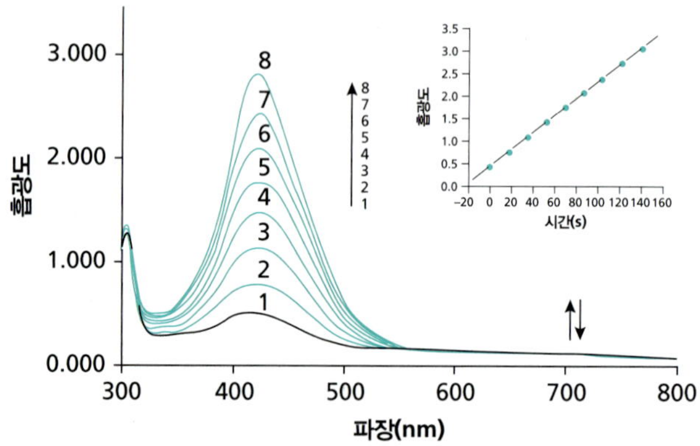

그림 6.32 Hb 촉매 하의 OPDA와 H_2O_2 반응에 대한 빠른-스캔 정지 흐름 스펙트럼. 연속 스캔의 시간 간격은 18초이다. 삽입된 그림은 425 nm에서 모니터링된 반응의 속도론적 곡선(A~t)이다. [Hb] = 1.0×10^{-6} mol/L, [H_2O_2] = 2.0×10^{-3} mol/L, [OPDA] = 4.0×10^{-3} mol/L, 48°C.

있다. 그림 6.32는 과산화물의 빠른 촉매화 반응을 측정한 데이터를 나타내고 있다.[36] 정지 흐름 자외선-가시선 부속품은 상용화되어 있으며 여러 공급 업체를 통해 구입가 능하다.[37]

[36] Zhang, K; Mao, L.; Cai, R. Stopped-flow spectrophotometric determination of hydrogen peroxide with hemoglobin as catalyst. *Talanta*, **2000**, *51(1)*, 179.

[37] OLIS, Bogart, GA 30622. Applied Photophysics Ltd., Leatherhead Surrey KT22 7BA United Kingdom. Spectro Biotek Instruments, Laxmi Nagar, Delhi-110092, India.

▶ 프로파일 _Profile

시토크롬 cd1-CO의 순간 광분해

예를 들어, 연구자들은 시토크롬 cd1에 일산화탄소(CO)가 결합하는 속도를 연구하기 위해 순간 광분해(flash photolysis)를 사용했다. 시토크롬 cd1-CO 착물 시료에 460 nm 펄스의 빛을 조사했을 때 자외선-가시선 스펙트럼에 급격한 변화(< 50 ns)가 관찰되었다. 이 흡광도 변화는 시토크롬으로부터 CO의 해리 때문이다. UV-vis 스펙트럼이 원래의 형태로 되돌아가는 속도를 측정하여 시토크롬 cd1과 CO의 결합에 대한 속도 상수는 $k = 12\ s^{-1}$로 결정되었다.

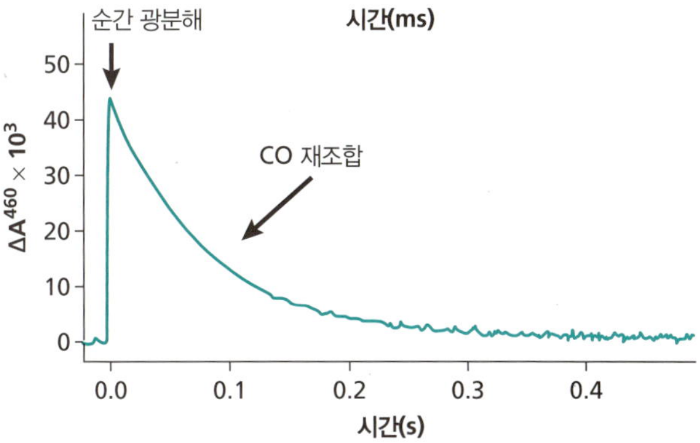

Sjögren, T.; Svensson-Ek, M.; Hajdu, J.; Brzezinski, P. Biochemistry 2000, 39, 10967. © *(2000) American Chemical Society*의 허락 하에 사용됨.

◆ 순간 광분해

이 기술은 빠른 광 물리적 또는 광화학적 공정을 연구하는 데 이상적으로 사용된다. 그러나 화학적 공정에서는 두 가지 기준을 충족해야 한다. 첫 번째로, 특정 중간체로 이어지는 광반응은 붕괴 반응보다 짧은 시간에 일어나야 하고, 광분해 과정에서는 화학적 균질성이 얻어져야 한다. 두 번째로, 소멸 과정은 분광학적으로 관찰할 수 있는 변화여야 한다. 다른 말로 이야기하면, 매우 짧은 시간의 빛 조사로도 분석물을 광들뜸화시킬 수 있어야 하며, 그 반응 지속 시간은 들뜬 상태의 소멸 속도보다 짧아야 한다. 또한 들뜬 상태 UV-vis 스펙트럼은 바닥 상태와 측정할 수 있는 차이가 있어야 한다.

예를 들어, 들뜬 상태 분자가 360 nm에서 매우 강한 흡광도를 가지고 있고, 바닥 상태 분자는 그렇지 않은 경우 소멸 과정보다 빠르게 들뜸화시킬 수 있다고 가정하면, 360 nm에서 시간의 함수로 흡광도를 모니터링할 수 있다. 다른 방법으로, 바닥 상태 분자가 재발생하는 것을 모니터링하여 순간 광분해 분석을 할 수 있다.

순간 광분해는 Norrish와 Porter에 의해 1948년에 처음 소개되었다.[38] 초기의 순간 광분해 시스템은 제논 아크 램프 또는 제논-수은 아크 램프를 들뜸화 광원으로 사용했다. 시료에 도달하는 빛은 들뜸화 광원을 기계적으로 차단하는 토막기 또는 셔터에 의해 짧은 펄스로 조절되었다.

[38] Norrish, R. G. W.; Porter, G. *Nature* **1949**, *164*, 658; *Porter, G. Proc. R. Soc., Sec. A.*, **1950**, *200*, 284.

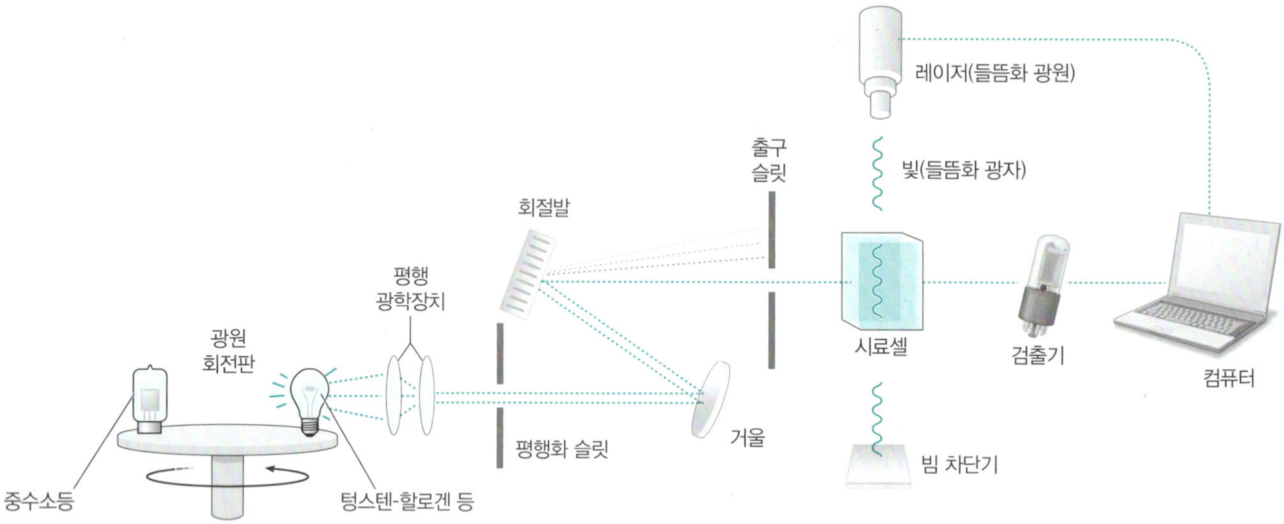

그림 6.33 레이저 순간 광분해 분광광도계의 구역도. 레이저는 UV-vis 분광 광도계에 수직 방향으로 짧은 들뜸화 펄스를 제공한다. 레이저의 섬광은 시간 = 0으로 설정되고 흡광도의 변화율은 시간에 따라 모니터링된다.

짧은 파열로 빛을 발산하는 펄스 레이저가 나타남에 따라 토막기의 필요성이 없어지고 들뜸화 시간이 매우 짧아졌다. 예를 들어, Nd-YAG 레이저는 6 ns 미만의 지속 시간을 가지는 펄스를 생성할 수 있으므로 빠른 반응에 대한 연구에 적용될 수 있다. 좁은 들뜸화 펄스를 이용하면 더 넓은 펄스를 이용했을 때 불분명했던 더 빠른 반응에 대한 연구를 가능하게 한다.

현재 10^{-15}초 시간대의 반응 연구를 수행할 수 있는 펨토초 펄스 레이저도 상용화되어있다. 그러나 기기 설계 관점에서 매우 빠른 반응을 측정하는 능력은 검출기의 반응 시간에 의해 결정된다. 오늘날, 일반적으로 레이저 순간 광분해 시스템은 마이크로초 단위의 시간 상수를 갖는 검출기를 갖추고 있으며 나노초 미만 범위를 갖은 연구용 기기도 개발되었다. 그림 6.33은 레이저 순간 광분해 분광 광도계의 개략도이다. 수평 광학 열은 기본적으로 모든 UV-vis 분광 광도계와 같다. 수직 광학 열은 광 반응을 위한 들뜸화 광원 역할을 한다.

그림 6.34는 순간 광분해를 사용하여 수집할 수 있는 데이터 유형을 나타낸다.[39] 시간이 0일 때 레이저가 점화되어 바닥 상태와 다른 흡광도를 갖는 들뜸 상태의 종을 생성한다. 그리고나서 시간에 따라 흡광도의 감소를 관찰한다. 대략 25 μs 이후 시료는 바닥 상태로 돌아간다. 일반적으로 분석자는 반응의 동역학(즉, 메커니즘)을 이해하는 것이 목표이므로 다음 단계는 흡광도 대 시간 데이터를 운동 속도법 방정식에 맞추어 보는 것이다.[40]

[39] *Laser Flash Photolysis: Photochemistry and Kinetic Studies of Palladium(I), Platinum(I), Tungsten(I) and Ruthenium(0) Binuclear Complexes*. R. M. Granger. PhD thesis: Purdue University, Lafayette IN, June **1993**에서 인쇄되었음.

[40] 화학동역학의 복습은 Atkins, P. W. *Physical Chemistry*, 3rd ed. Oxford University Press: New York, **1986**를 참조하라.

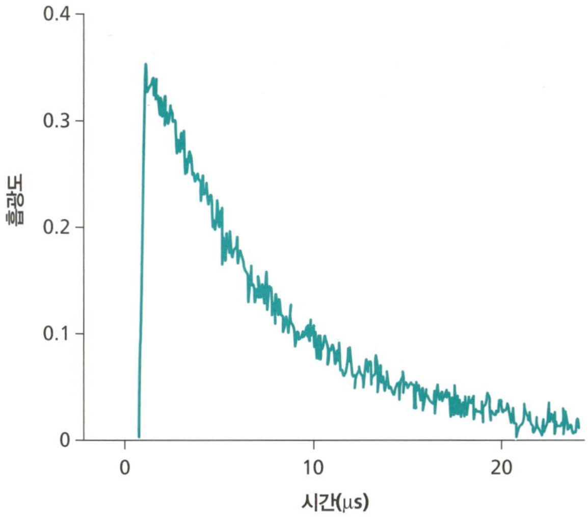

그림 6.34 들뜬 상태 화학종의 순간적인 흡광도 감소.

6.10 유용한 데이터

표 6.2와 6.3에는 학습자들에게 유용한 데이터가 포함되어 있다.

표 6.2 ▸ **차단 파장이 증가하는 순서로 배열한 일반적인 UV-vis 용매**

용매	λ 차단[*] nm	극성도[†]	유전 상수[*,‡]
Acetonitrile	190	6.8	37.5
Heptane	200	0.0	1.92
Water	200	9.0	78.54 (25)
Cyclohexane	210	0.2	2.023
Ethanol	210	6.2	24.30 (25)
Hexane	210	0.0	1.890
Isopropyl alcohol (rubbing alcohol)	210	3.9	19.92
Methanol	210	6.1	32.63
Methyl *tert*-butyl ether (MTBE)	210	2.5	2.6
Pentane	210	0.0	1.844
Diethyl ether	218	2.8	4.335
Tetrahydrofuran (THF)	220	4.0	7.6
Ethyl acetate	225	4.4	6.02 (25)
Dichloromethane (methylene chloride)	235	3.1	9.08[§]
Chloroform	245	4.1	4.806
Carbon tetrachloride	265	1.6	2.238
Dimethylsulfoxide (DMSO)	265	7.2	4.7
Dimethyl formamide (DMF)	270	6.4	36.7
Benzene	280	2.7	2.284
Toluene	286	2.4	2.379 (25)
Acetone	330	6.1	20.7 (25)

[*] *CRC Handbook of Basic Tables for Chemical Analysis 2nd Ed.* 2000에서 가져옴.

[†] *The HPLC Solvent Guide*, Wiley Interscience: New York, 2002의 극성 지수.

[‡] 유전 상수는 다른 언급이 없으면 20°C에서 측정됨

[§] *CRC Handbook of Chemistry and Physics*, 47th ed. p E-54.

표 6.3 ▸ 선택 규칙 효과 및 상대 흡광도

전이 유형	상대 세기	전형적인 엡실론(ε) 값(M^{-1} cm^{-1})
금지된 스핀 LaPorte 금지	매우 약함	< 0.1
허용된 스핀(Oh 대칭) LaPorte 금지	약함	1~10
허용된 스핀 LaPorte 금지(오비탈-혼합)	보통	50~200
허용된 스핀 LaPorte 허용	매우 강함	1000~1,000,000

6.11 심화자료

Books

Harris, D. C.; Bertolucci, M. D. *Symmetry and Spectroscopy: An Introduction to Vibrational and Electronic Spectroscopy*. Oxford University Press: New York, 1978 (Dover Publications: Mineola, NY, **1989**).

Hollas, J. M. *Modern Spectroscopy*, 4th ed. John Wiley & Sons: Chichester, UK, **2004**.

Milton, H. H.; Jaffe, O. *Theory and Applications of Ultraviolet Spectroscopy*; John Wiley & Sons: New York, **1966**.

Owen, A. J. *The Diode-Array Advantage*, 1st ed. Hewlett-Packard: Palo Alto, CA, **1988**.

Pavia, D. L.; Lampman, G. M.; Kriz, G. S.; VyVyan J. A. *Introduction to Spectroscopy*, 5th ed. Cengage Learning: Stamford, CT, **2015**.

Thomas M. J. K.; Ando D. J. *Ultraviolet and Visible Spectroscopy: Analytical Chemistry by Open Learning*. John Wiley & Sons, Chichester, UK, **1996**.

Journals

Strelow, F. W. E.; Weinert, C. H. S. W.; Deviation from Beer's Law Caused by Change in Bathochromic Shift of Absorption Maximum. *Anal. Chem.*, **1975**, *47* (*13*), 2292–2293.

6.12 연습 문제

6.1 일반적인 자외선-가시선 분광 광도계의 파장 범위는 얼마인가? 일반적인 자외선-가시선 분광계에서 파장 범위를 제한하는 물리적 제약 조건에 대해 간략하게 논의하라.

6.2 *n-전자*(n-electron)는 무엇을 의미하는가? *n-전자*의 분광학적 중요성은 무엇인가?

6.3 분자의 자외선-가시선 분광 피크가 원자보다 상대적으로 넓은 이유는 무엇인가?

6.4 분자의 자외선-가시선 흡수 데이터에서 최대 파장의 중요성에 대해 논의하라. 분광학자가 전이에서 단지 파장이 아닌 최대 파장에 대해 고려하는 이유는 무엇인가?

6.5 흡광도가 다음의 값일 때 퍼센트 투과도를 구하라.

(a) 0.5　(c) 1.0　(e) 2.5
(b) 0.05　(d) 0.001　(f) 0.8

6.6 퍼센트 투과도가 다음의 값일 때 흡광도를 구하라.

(a) 3%　(c) 30%　(e) 90%
(b) 0.5%　(d) 10%　(f) 50%

6.7 화합물의 몰 흡광계수가 3500 M^{-1} cm^{-1}인 경우 연습 문제 6.5에서 각 용액의 농도를 계산하라.

6.8 분광 광도계의 PMT의 암전류가 0.03 mA였고, 바탕 용액이 4.45 mA의 전류를 생성할 때, PMT의 판독값이 3.75 mA인 경우 시료의 흡광도는 얼마인가?

6.9 광전 효과에 대해 조사하고 현대 분광 광도계의 설계에 있어서의 중요성에 대해 설명하라. 또한 PMT 검출기가 적외선 분광법에서 사용되지 않는 이유를 설명하라.

6.10 나트륨에서 3s → 3p 전이는 5893 Å에서 관측된다. 이 파장은 나노미터로 얼마인가? 흡수된 광자의 진동수는 얼마인가? 또한 흡수된 광자의 에너지는 얼마인가?

6.11 $[Fe(phen)3]^{2+}$ 착물의 λ_{max}은 510 nm이다. 몰 흡광계수가 $1.89 \times 10^4\ M^{-1}\ cm^{-1}$일 때, 1 cm 셀에서 흡광도가 0.03이라면, $[Fe(phen)3]^{2+}$ 용액의 농도는 얼마인가?

6.12 홑빛살과 겹빛살 분광 광도계의 광학적 구성부품을 비교, 대조하라.

6.13 홑빛살과 다이오드 배열 분광 광도계의 광학적 구성부품을 비교, 대조하라.

6.14 배열 분광 광도계가 자외선-가시선 분광계 시장의 판로를 장악하게 된 요인은 무엇인가?

6.15 다음의 분자들을 $\pi \rightarrow \pi^*$ 전이의 λ_{max} 값이 가장 높은 것부터 낮은 순으로 나타내라.

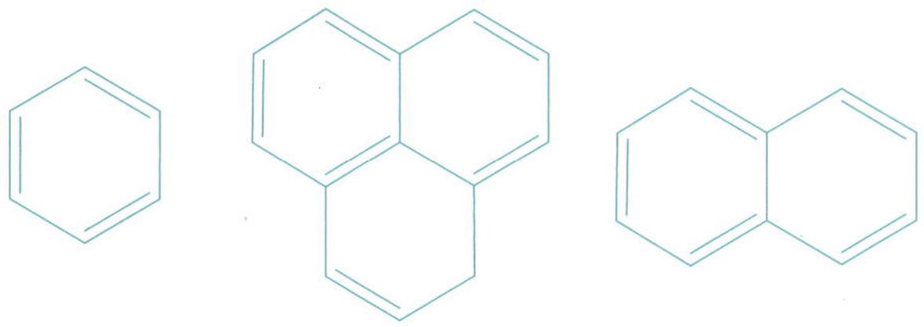

6.16 이 장에서 *가장 좋은 실행*(best practice)라는 용어가 세 차례 사용되었다. 가장 좋은 실행을 각각 나열하고, 목적을 설명하라.

6.17 겹빛살 분광 광도계는 홑빛살 분광 광도계보다 광원의 조절이 덜 중요한 이유는 무엇인가?

6.18 이 장에서 단색화 장치의 두 가지 종류인 프리즘과 회절발에 대해 논의했다. 각각의 단색화 장치의 장단점에 대해 설명하라.

6.19 일반적으로 λ_{max}에서 흡광도를 얻는 것이 *가장 좋은 실행*(best practice)이라고 여겨진다. 이를 정당화하기 위한 두 가지 이유는 무엇인가?

고급 연습 문제

6.20 한 식물의 추출물을 자외선-가시선 분광법으로 분석하여 다음과 같은 데이터를 얻었다.

농도(M)	흡광도
5×10^{-5}	0.051
10×10^{-5}	0.098
15×10^{-5}	0.157

발색단의 몰 흡광계수는 얼마인가?

6.21 다이아몬드의 굴절률은 2.42이다. 다이아몬드를 통과할 때 622 nm 파장을 가진 광자의 주파수와 파장은 얼마인가?

6.22 벤조 페논의 340 nm 피크는 극성 용매일 때 더 긴 파장으로 이동한다. 이 피크에 해당하는 전이의 유형에 대해 어떤 예측을 할 수 있겠는가?

6.23 스펙트럼 해상도를 결정하는 회절발 단색화 장치의 물리적 특성은 무엇인가?

6.24 단색화 장치의 회절발의 초점 길이가 50 nm이고, 밀리미터당 1,100개의 홈이 있다면 4 nm의 스펙트럼 해상도를 얻기 위해서는 어떤 슬릿 폭이 필요한가? 회절발에 대한 입사각이 0도이고 파장은 400 nm (m = 1)라고 가정한다.

6.25 밀리미터당 1,500개의 홈이 있는 회절발과 출구 슬릿 사이의 길이가 0.3 m이고, 출구 슬릿이 0.5 m인 경우 선형 역분산은 얼마인가? 단색화 장치의 유효 띠너비는 얼마인가?

6.26 텅스텐-할로겐 램프의 빛이 밀리미터당 1,500개의 홈이 있는 회절발에 0도로 입사할 때 35도에서 40도에서 회절되는 빛의 파장은 얼마인가?

6.27 아세토 니트릴에서 DPK의 경우 $\varepsilon(\lambda_{238}) = 8{,}760$이다. 2 M DPK에서 1 mL를 취하여 1 L로 희석하면 예상되는 흡광도는 얼마인가?

6.28 나이퀴스트 이론(존슨 잡음)의 물리적 기초는 무엇인가?[41]

6.29 자외선-가시선 분광 광도계를 구매하려고 하는 현지 페인트 및 염료 회사의 외부 컨설턴트로 고용되었다고 상상해보라. 분광 광도계는 품질 관리 실험실에서 공급 업체의 다른 묶음 사이의 염료 색상을 테스트하는 데 사용된다. 선택할 수 있는 다양한 광원 및 검출기의 장단점을 요약하고, 여러분의 추천을 정당화해 보라.

[41] Nyquist, H. *Phys. Rev.* **1928**, *32*, 110.

6.30 다음은 1,10-phenanthroline-5,6-dione의 자외선-가시선 스펙트럼이다.

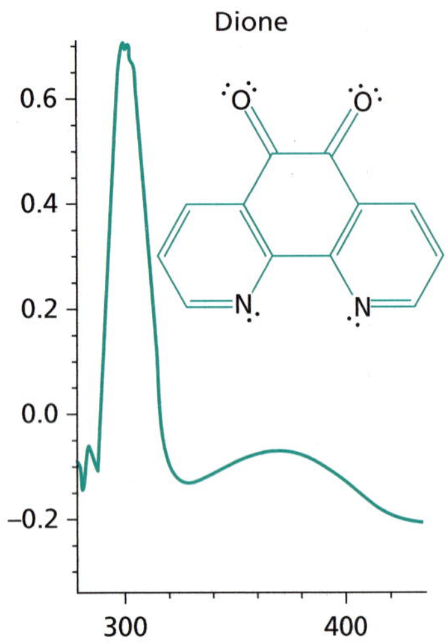

다양한 용매에서의 유리 1,10-phenanthroline-5,6-dione의 최대 흡광도[a]

용매	극성도[b]	λ_{max} (nm)	λ_{max} (nm)	λ_{max} (nm)
Cyclohexane	0.2	254	282(sh)	—
Ethanol	6.0	—	300	358(sh)
Acetonitrile	6.8	—	300	370
Dimethyl sulfoxide (DMSO)	7.2	262	294(sh)	—
Water	9.0	—	298	364(sh)

[a]결과 출처: R. M. Granger, et al. JUCR 2005, 2, 47.

[b]극성지수 출처: *The HPLC Solvent Guide*, Wiley Interscience: New York, 2002.

표의 데이터를 사용하여 다음의 피크를 지정하라.

$n_{ox} \rightarrow \pi^*$, $\pi \rightarrow \pi^*$(카보닐), $n_N \rightarrow \pi^*$, 또는 $\pi \rightarrow \pi^*$(방향족).

제 7 장

발광 분광법

Luminescence Spectroscopy

▸ 개념_*Concepts*

▸ 특집_*Features*

프로파일

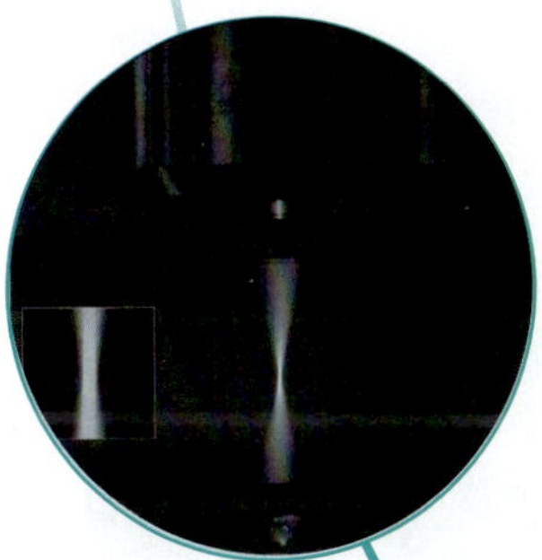

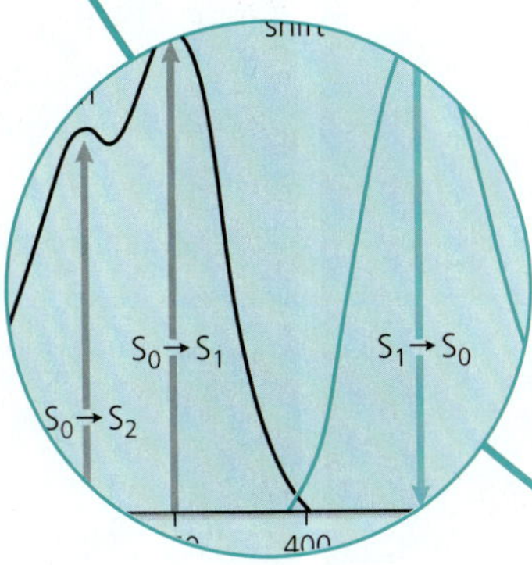

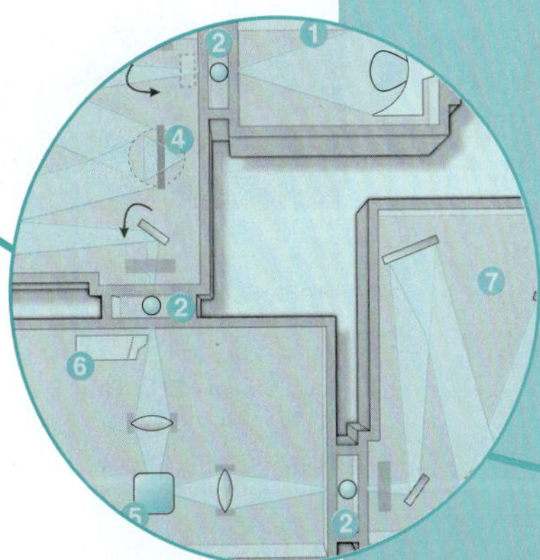

7.1 서론

발광 분광법은 식품 과학, 수질, 의약품, 나노 기술 및 생화학을 포함하는 광범위한 응용 분야에서 사용되는 중요한 기술이다. 이 기술은 아주 민감하여, 기체, 고체 및 액체 분석물을 펨토몰 농도에서 측정할 수 있다.[1] 발광은 두 가지 유형의 광 방출인 인광 및 형광을 포괄하는 넓은 의미의 용어다. 이 장의 다음 부에서 인광과 형광의 차이점을 설명할 것이고, 이 두 가지 유형의 양자 사건을 측정하는 데 사용되는 기기장치법이 본질적으로 동일하기 때문에 함께 다룬다.

발광을 이용하는 분광 기술은 매우 높은 신호 대 잡음비가 장점이다. 이론적으로 전체 잡음은 고유의 검출기 잡음(예, 산탄 잡음) 정도로 낮아질 수 있다. 전자기 복사를 방출하는(즉, 발광하는) 종의 경우, 발광은 기본적으로 잡음이 더 적기 때문에 UV-vis 흡수보다 일반적으로 더 감도가 좋다(신호 처리에 관한 2장 참조).

가장 기본적인 수준의 발광은 들뜬 상태로 전자 전이를 일으킬 수 있는 파장의 빛으로 시료를 조사한 후, 전자가 낮은 에너지 상태로 이완될 때 시료에서 방출되는 다른 파장의 빛을 측정하는 과정이다. 그림 7.1은 발광하는 네 가지 물체의 사진이다. (A) 자외선(366 nm)으로 들뜨는 탄산수에 있는 퀴닌(quinine)과 (B) CdTe 나노 입자의 사진(크기의 변화에 따라 다른 발광을 나타냄)이다.[2] 이러한 나노 입자들은 반응 시간을 30분에서 180분까지 길게 하면 발광색이 점차적으로 녹색(550 nm)에서 주황색(700 nm)으로 변한다. 아래 사진은 여러 점들로 이루어진 다이아몬드(C)와 생체 발광을 하는 해파리

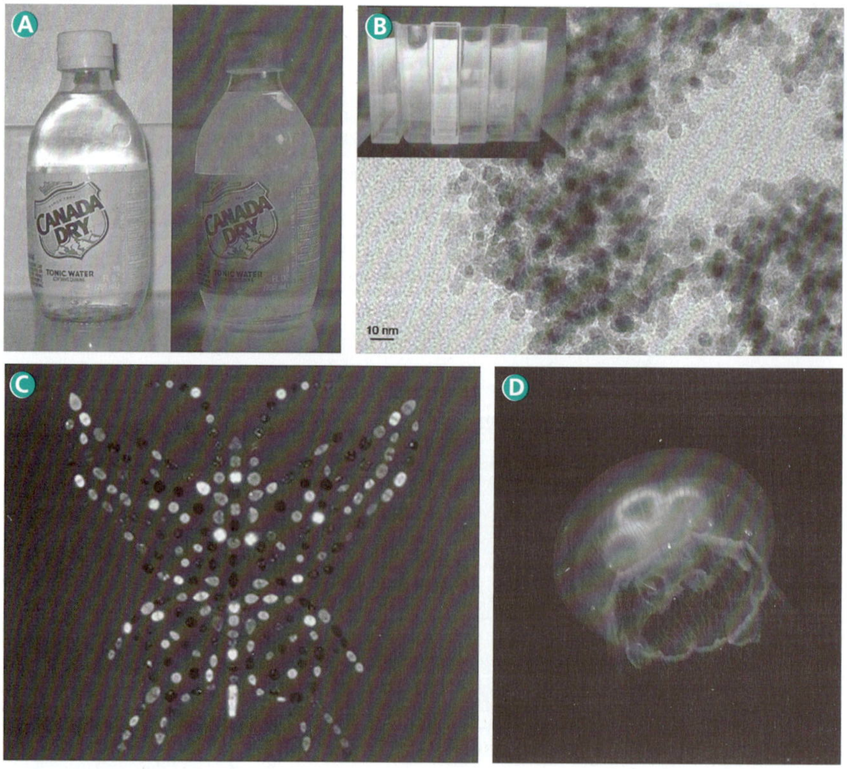

그림 7.1 (A) 퀴닌으로부터의 형광(자외선 366 nm로 들뜸), (B) CdTe 나노 입자로부터의 발광(자외선 366 nm로 들뜸)과 입자 사진. 나노 입자는 반응 시간에 따라 녹색에서 주황색의 색깔을 나타낸다. (C) 여러 점들로 이루어진 다이아몬드의 발광(자외선 366 nm로 들뜸), (D) 해파리에서의 생체 발광.

[1] 이 장 뒷부분의 "형광의 검출 한계를 낮춘다. 펨토몰 수준 및 단일 분자 검출"을 참조하라.

[2] Jin, D; Seo, M.H.; Huy, B.T.; Pham, Q.; Conte, M.L.; Thangadurai, D.; Lee, Y.I. Biosens. Bioelectron. 2016, 77, 359.

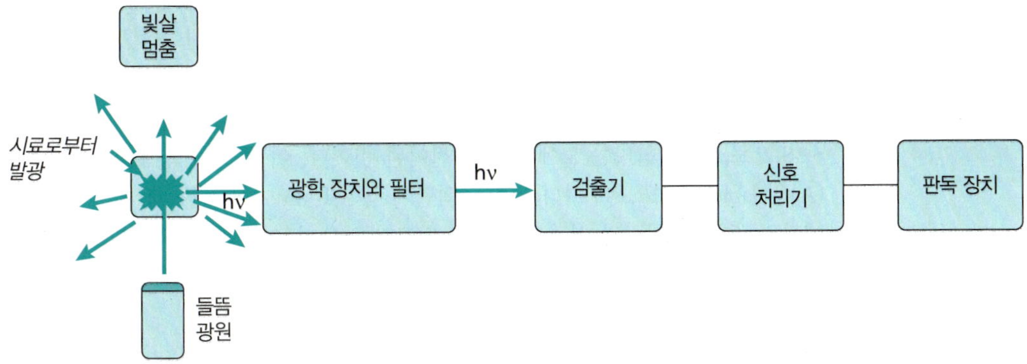

그림 7.2 발광 측정을 위한 기본 구성.

(D)이다. 생체 발광(또는 화학 발광)은 들뜬 전자 상태에 있는 생성물을 만드는 화학 반응으로 인한 빛의 방출이다. 기기장치의 관점에서 생물 발광의 주된 차이는 들뜬 상태가 빛 쪼임의 결과가 아니라 화학 반응의 결과라는 사실이다. 그림 7.1의 예들에서 발광은 우리 눈을 검출기로 사용할 수 있을 정도로 충분히 밝다. 그림 7.2는 발광 분광계의 매우 기본적인 개략도를 보여준다. 이 장의 후반부에서 발광 계기의 구성 요소와 설계에 대한 보다 자세한 논의가 이루어질 것이다.

모든 분자가 발광하지는 않는다는 사실을 인지하는 게 중요하다. 비록 이것이 기술의 단점이지만, 관심 종에 선택적으로 결합하여 강하게 방출하는 분자(예, 형광 염료 및 양자점)를 찾을 수 있다. 예를 들어 DNA는 발광하지 않지만, DNA의 여러 위치에 결합하는 다양한 형광 염료가 있을 수 있다.

많은 분자가 발광하지 않는다는 사실은 단점일 뿐인 것처럼 보이지만 실제로는 이점이 있다. 여러분이 발광하는 분자를 연구한다고 가정하면, 시료에 있는 다른 유형의 분자에서 나오는 배경 형광이 거의 없을 것이다. 이 낮은 배경으로 인하여 형광 분자에 대해 더 나은 검출 한계를 제공한다. 발광은 단독으로도 사용될 수 있지만, 액체 크로마토그래피(12장) 또는 모세관 전기 영동(14장)과 같은 분리 기술과 연계된 검출 방법으로도 자주 사용된다.

7.2 이론

발광과 관련된 다양한 복사 및 비복사 과정은 에너지 준위 도표인 **Jablonski 도표**(Jablonski diagram)를 이용하여 잘 설명될 수 있다. 그림 7.3(A)는 Jablonski 도표로서, 흡수, 형광, 인광, 진동 완화, 내부 전환 및 계간 교차 과정을 보여준다. 그림 7.3(B)는 퀴닌의 흡수 및 방출 스펙트럼을 보여준다. S_0는 전자 바닥 상태를 나타내고 S_1, S_2 등은 전자 들뜬 **단일항 상태**(singlet state)를 나타낸다. T_1은 들뜬 **삼중항 상태**(triplet state)를 나타낸다. 각 수평선은 진동 에너지 준위를 나타낸다.

형광(fluorescence)은 전자가 들뜬 단일항 상태에서 낮은 에너지 단일항 상태로 이완될 때 발생하는 빛의 방출이다.[3] 이것은 양자 역학적으로 허용되고, 전이가 나노 초에서 마이크로 초 정도에서 일어난다. **인광**(phosphorescence)은 전자가 들뜬 삼중항 상태

[3] 분광학 항기호(term symbol)에 대한 복습을 위해서는 Douglas, B.; McDaniel, D.; Alexander, J. *Concepts and Models of Inorganic Chemistry*, pp 32-41, 442-443. John Wiley & Sons : NY, **1994** 참조.

에서 낮은 에너지 단일항 상태로 이완될 때 생기는 빛의 방출인데, 양자 역학적으로 금지되어(들뜬 상태 전자의 스핀 젖혀짐이 필요하기 때문에) 이완이 형광보다 더 오래 걸리며 보통 밀리 초에서 수 분 사이에서 일어난다.

그림 7.3(B)의 퀴닌에 대한 흡수 스펙트럼에는 두 개의 피크가 있는데, 하나는 S_0에서 S_1으로, 다른 하나는 S_0에서 S_2로 전이된 것이다. 이 두 전이와 관련된 흡수를 그림 (A)의 Jablonski 도표에 나타내었다. 퀴닌이 약 350 nm에서 들뜰 때, 시료는 약 450 nm에서 방출한다. 형광과 연관된 하나의 피크가 있으며, 인광과 관련된 피크는 없다. 형광과 관련한 전이는 Jablonski 도표에 표시되어 있다. 대략 410 nm보다 긴 파장에서 시료를 들뜨게 해도 방출은 일어나지 않는다.

그림 7.3에서 흡수 및 형광 스펙트럼은 함께 그려져 있는데, 이로부터 모든 흡수된 광자에 대해 상응하는 형광 광자가 있다고 생각할 수 있다. 하지만 흡수된 광자를 높은 비율로 방출 광자로 변환하는 아주 특별한 분자를 제외하고는 그렇지 않다. 일반적으로 S_1의 많은 들뜬 전자들은 비복사적으로 이완된다. 그림에서 내부 변환은 S_1에서 S_0까지의 비복사 경로이다. 심지어 효율적으로 형광을 내는 분자에 대해서도, 기기장치 요소(예, 수집 광학 장치가 모든 형광 광자를 수집하지 않음)가 측정된 흡수 광자 수를 측정

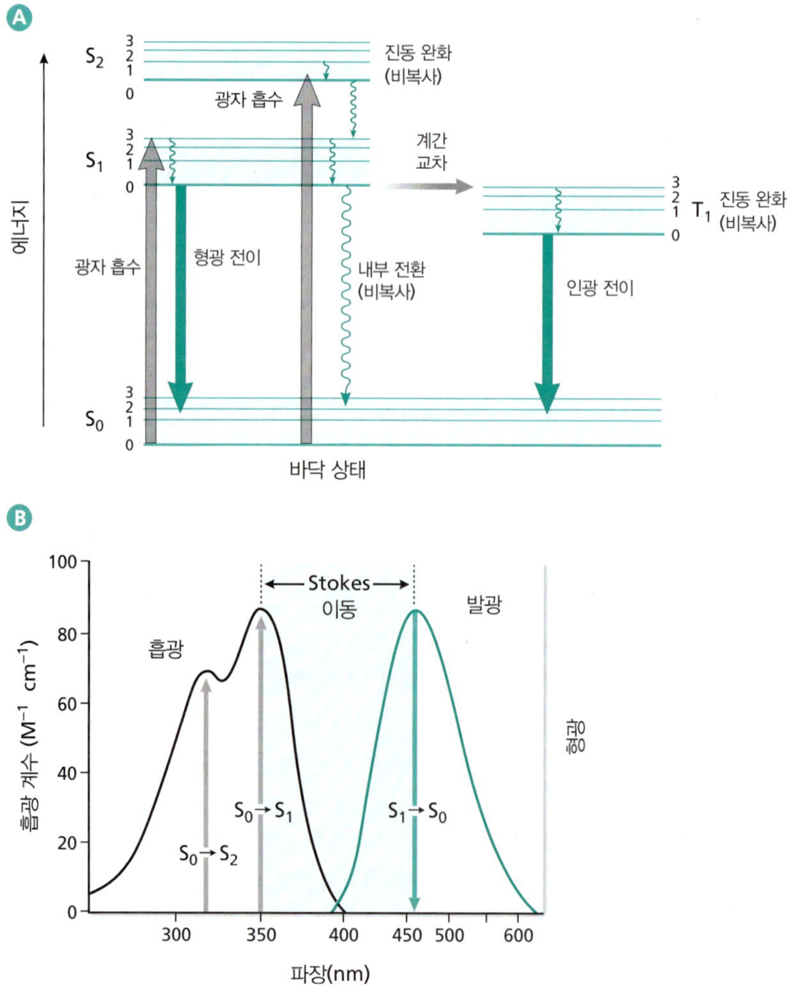

그림 7.3 (A) 분자 분광법의 Jablonski 도표와 (B) 퀴닌으로부터의 흡수 및 방출 스펙트럼.

된 방출 광자 수보다 크게 만들 수 있다. 일반적으로 동일한 도표에 흡수 스펙트럼과 형광 스펙트럼을 모두 나타내는 경우, 두 스펙트럼은 동일한 척도로 그려지지 않는다. 그림 7.3(B)에서 흡수 스펙트럼은 파장 대 분석물 흡광 계수의 함수로 표시되며, 방출 스펙트럼은 형광 세기로 표시된다.

언뜻 생각하면, 주어진 전이에 대한 방출 에너지 봉우리가 흡수 에너지 봉우리와 일치하는 것처럼 보일 수 있다. 그러나 실제로 S_0에서 S_1로의 *흡수* 피크에서 S_1에서 S_0로의 *방출* 피크까지의 에너지(또는 파장)에는 차이가 있다. 이 에너지 차이는 **Stokes 이동**(Stokes shift)로 알려져 있는데, 퀴닌의 Stokes 이동은 그림 7.3(B)에 표시되어 있다. Stokes 이동은 S_1의 들뜬 진동 상태로의 전이가 S_0로 이완되기 전에, S_1의 바닥 *진동* 상태로 이완되기 때문에 발생한다. 다시 말해 모든 이완 사건은 S_1의 ***가장 낮은*** 진동 상태에서 S_0의 바닥 진동 상태 또는 S_0의 들뜬 진동 상태로 일어난다. S_1의 들뜬 *진동* 상태의 완화는 $S_1 \rightarrow S_0$ 완화 전에 발생하는데, S_1의 들뜬 진동 상태의 수명(~10^{-12}초)이 들뜬 전자 상태 S_1의 수명(~10^{-9}초)에 비해 매우 짧기 때문이다. 우리는 그림 7.3에서 S_1의 바닥 진동 상태에서 S_0로의 전이와 관련된 방출을 볼 수 있다.

S_1의 진동 상태들과 S_0의 진동 상태들 사이의 전이들, 또 이와 관련된 흡수 및 형광 스펙트럼에 대해 보다 자세히 알아보자. 그림 7.4는 각 상태와 관련된 파동 함수뿐만 아니라 두 전자 상태 사이의 위치 에너지 도표를 진동 상태와 함께 보여준다. 그림 7.3에서 보았듯이 흡광에 대한 전이는 주로 S_0의 가장 낮은 진동 상태에서 시작된다. 그 이유는 열적 에너지로 인해 S_0의 바닥 진동 상태에 비해 들뜬 진동 상태의 입자수가 극히 적기 때문이다. 또한 S_0의 들뜬 진동 상태에서 전이가 끝나는 경향이 있는데, 이는 방출 파장이 흡수 파장보다 길다는 것을 의미하며 이를 통해 대부분의 Stokes 이동이 설명된다.

두 전자 상태 S_1과 S_0 사이 전이의 확률(또는 형광의 세기)은 **Franck-Condon 인자**(Franck-Condon factor)에 의해 기술된다. Franck-Condon 인자에 따르면, 전이 확률은 두 상태 사이의 진동 파 함수의 곱에 비례한다. 예를 들어 S_1의 진동 바닥 상태에서 S_0의 다양한 진동 상태로의 전이 확률은, S_1의 진동 상태 파동 함수와 S_0의 여러 진동 상태에 해당되는 다른 진동 파동 함수의 겹침에 따라 달라진다. 가장 강한 형광은 S_1의 바닥 상태 진동 파동 함수와 S_0의 진동 상태 파동 함수와의 곱이 최대[4]가 되는 S_0의 진동 상태로 이동할 수 있을 때 발생한다. 즉, 두 상태는 공간에서 동일한 부피를 차지해야 한다(겹침).

그림 7.4에서 파동 함수들 간의 곱이 최대가 되는 두 가지 파동 함수와 연관된 방출 전이가 그림 (B)의 스펙트럼에서 가장 강렬한 부분임을 알 수 있다. Franck-Condon 겹침으로 인해 0에서 2(흡수와 관련됨) 및 2에서 0(형광과 연관됨)로의 전이들이 가장 세기가 세다. 0의 바닥 진동 상태(전자 바닥 상태)에서 1의 들뜬 진동 상태(들뜬 전자 상태)로의 전이 에너지는 바닥 진동 상태(들뜬 전자 상태)에서 바닥 진동 상태(바닥 전자 상태)로의 전이 에너지와 같지 않다(q_{01}).

그림 7.4의 방출 및 흡수 스펙트럼이 특정 파장 또는 에너지에 대해 대칭임을 알 수 있다. 이것은 거울상 규칙의 한 예다. 거울상 규칙은 들떠서 S_1이 되는 분자(S_2, S_3 등이 아니라)에서 흡수 스펙트럼이 방출 스펙트럼의 거울상이라는 것을 나타낸다.

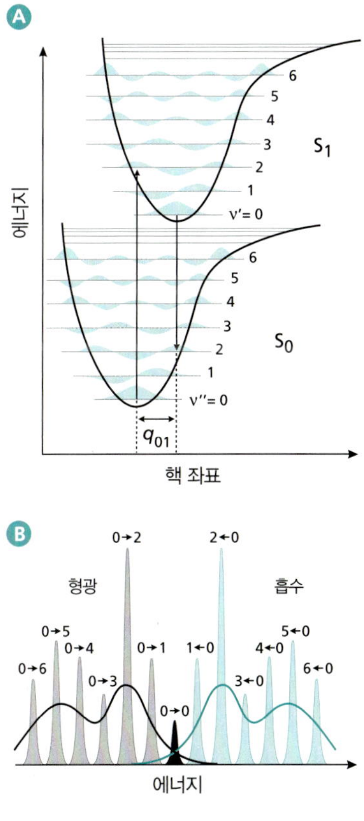

그림 7.4 (A) 진동 상태(v) 및 두 가지 전자 상태, 바닥 상태 S_0 및 들뜬 상태 S_1을 보여주는 위치 에너지 도표. (B) 관련 흡수 및 형광 스펙트럼.

[4] Franck-Condon 인자는 두 가지 다른 진동 파동 함수의 곱의 부피 적분이다$\left|\int \psi^*_{vib,f}\,\psi_{vib,i}\,dV\right|^2$.

» 예제 7.1

주어진 분자의 형광 스펙트럼에서, 490 nm에서의 방출 피크는 $S_1(v_0)$에서 $S_0(v_0)$로의 전이다. 흡수 스펙트럼에서 피크는 395 nm 근처에 있다.

(a) 방출과 관련된 S_1과 S_0 상태 사이의 에너지 차이를 계산하라. 이 에너지를 줄 단위로 결정하라.

$$\Delta E = \frac{hc}{\lambda} = \frac{1.99\times10^{-25}\ \mathrm{Jm}}{490\times10^{-9}\ \mathrm{m}} = 4.06\times10^{-19}\ \mathrm{J}$$

우리는 또한 이 하나의 광자의 에너지를 이러한 같은 광자 1몰의 에너지로 표현할 수 있다.

$$(4.06\times10^{-22}\ \frac{kJ}{광자})(6.02\times10^{23}\ \frac{광자}{몰}) = 244.4\frac{kJ}{몰}$$

참고로, 결합 에너지 또는 결합 엔탈피(기체의 경우)가 수십에서 수백 kJ/mole 정도이다.

(b) 흡수에서 방출되는 과정의 결과로 분자에 가해진 열 에너지를 계산하라. 열 에너지는 395 nm에서 흡수된 광자와 490 nm에서 방출된 광자 사이의 에너지 차이이다.

$$E_{abs} - E_{emission} = hc\left(\frac{1}{\lambda_{abs}} - \frac{1}{\lambda_{emission}}\right) = 1.99\times10^{-25}\ \mathrm{Jm}\left(\frac{1}{395\times10^{-9}\ \mathrm{m}} - \frac{1}{490\times10^{-9}\ \mathrm{m}}\right)$$
$$= 9.77\times10^{-20}\ \mathrm{J}$$

우리가 파장과 에너지에 관한 방정식을 어떻게 미묘하게 다르게 이용했는지 주목할 필요가 있다. 문제 (a)에서는 전이와 관련된 파장으로부터 두 에너지 상태 사이의 에너지 차이를 발견했다. 문제 (b)에서는 두 에너지의 차이를 각각의 에너지와 관련된 파장으로부터 구했다.

문제 7.1 한 분자가 550 nm의 단일 피크 파장에서 인광을 내고, 단일 형광 피크는 500 nm에 있다. 그리고 흡수 피크는 425 nm이다. 이 정보를 바탕으로 Jablonski 도표를 대략적으로 그려 전이들을 표시하고 nm 단위로 각 에너지 상태 차이를 계산하라.

문제 7.2 생화학 실험실에서 중요한 한 분자에 대한 발광 측정에 대한 보고서가 있다. 이 보고서는 675 nm에서 형광 피크, 455 nm에서 흡수 피크, 그리고 560 nm에서 인광 피크를 갖는다고 설명한다. 이 정보에 어떤 문제가 있는가?

문제 7.3 퀴닌의 흡수 스펙트럼과 방출 스펙트럼이 그림 7.3에 나와 있다. 퀴닌이 거울상 규칙에 부합하는가? 당신의 답변을 바탕으로, S_1 이상 상태로의 흡수가 있는지에 대해 어떤 결론을 내릴 수 있는가?

문제 7.4 그림 7.5의 안트라센(anthracene) 흡수 및 방출 스펙트럼을 사용하여, 그림 7.3과 같이 결합된 Jablonski 도표/흡수/방출 스펙트럼을 그리고 모든 전이에 표시하라. 거울상 규칙이 모든 전이에 적용되는가?

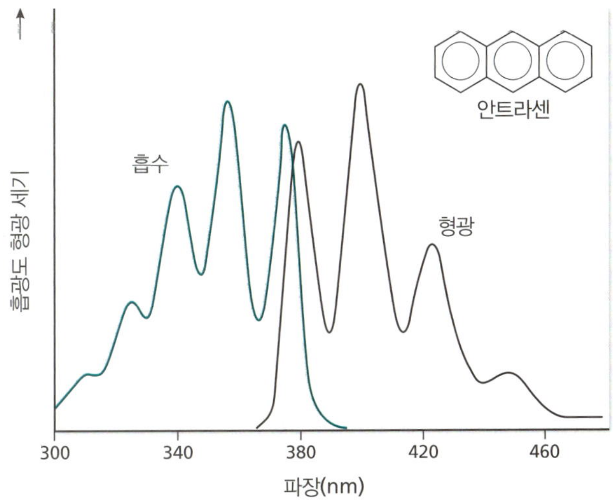

그림 7.5 안트라센의 형광과 흡수.

문제 7.5 그림 6.5는 안트라센과 테트라센(tetracene)의 흡수 스펙트럼을 보여준다. 거울상 규칙을 적용하여 테트라센의 흡수 및 방출 스펙트럼을 그려라. 그리고 그림 7.4와 같이 결합된 Jablonski 도표/흡수/방출 스펙트럼을 그려라. 모든 전이를 표시하고 전이 에너지를 cm^{-1}로 계산하라.

문제 7.6 한 분자가 550 nm의 단일 피크 파장에서 인광을 낸다. 단일 형광 피크는 500 nm이고, 흡수 피크는 425 nm이다. 이 정보를 바탕으로 Jablonski 도표를 대략적으로 그린 후 전이들을 표시하고, 각 에너지 상태의 차이를 nm 및 cm^{-1}로 계산하라.

형광 양자 효율 및 시간 감쇠

형광의 세기는 복사 및 비복사 감쇠 경로들의 상대적인 비율에 의해 결정된다. 양자 수득률(ϕ)은 들뜬 상태에 있는 분자의 수에 대한 형광을 내는 분자 수의 비율이다. 비율이 1이면 전자가 들뜬 상태에 있을 때마다 형광을 내고, 비율이 0이면 들뜬 상태의 어떤 전자도 형광을 내지 않는다. 양자 수득률은 복사 감쇠와 비복사 감쇠 간의 경쟁에 대해 알려준다. 몇몇 분자에 대한 양자 수득률은 표 7.1에 나와 있는데, 이 종들은 모두 형광성이 높다. 양자 수득율은 일관되게 측정하기가 매우 어렵다.

양자 수득률은 다음과 같이 쓸 수 있다.

$$\phi = \frac{k_f}{k_f + k_{nr}} \quad \text{식 (7.1)}$$

여기서 k_f는 형광에 대한 속도 상수이고, k_{nr}은 다양한 비복사 감쇠 통로[5] 속도 상수이다. 만약 $k_{nr} = 0$이면 양자 수율은 1이다. 몇 가지 비복사 감쇠 통로가 있을 수 있다(예, 내부 변환, 외부 변환, 계간 교차).

표 7.1 ▸ **형광체 양자 수득률**

형광체	양자 수득률, ϕ
황화 퀴닌 (Quinine sulfate)	0.59
로다민 6G (Rhodamine 6G)	0.91
플루오레신 (Fluorescein)	0.89
안트라센 (Anthracene)	0.28
옥사진 1 (Oxazine 1)	0.15

출처: Wurth, C.; et al. Relative and Absolute Determination of Fluorescence Quantum Yields of Transparent Samples. *Nature Protocols*, 2013, 8, 1535-1550.

[5] 다른 비활성화 사건들이 양자 수득률 계산에 고려될 수 있지만, 여기서는 가장 일반적인 것만을 선택했다.

비복사 과정들은 형광 연구의 중요한 부분이 될 수 있는데, 이러한 과정들은 용매와의 상호 작용을 포함한 조사 중인 종의 분자 환경에 대한 정보를 제공해주기 때문이다. 나중에 이 장의 후반부에서 이들의 실제 적용에 대해 논의할 것이다. 일반적으로 형광에 대한 양자 수득률은 온도가 낮을수록 증가하는데, 낮은 온도에서 용매 분자가 더 천천히 움직이고 들뜬 분자로부터 에너지를 빼앗기 어렵기 때문이다. 마찬가지로 용매의 점도는 형광에 대한 양자 수득률에 중요한 역할을 하는데, 용매의 점성이 높을수록 형광에 대한 양자 수득률이 높아진다.

형광의 수명 또는 감쇠 시간(τ)은 형광 속도와 비복사 감쇠 속도와 관련이 있다.

$$\tau = \frac{1}{k_f + k_{nr}} \qquad 식\ (7.2)$$

들뜸 후 시간의 함수로서 형광 세기(I)를 측정함으로써, 1차 속도 방정식을 가정하여 감쇠 시간을 결정할 수 있다.

$$I = I_0 e^{-t/\tau} \qquad 식\ (7.3)$$

여기서 I_0는 t = 0에서 형광 세기이다. 이 단일 지수 감쇠의 그래프를 그림 7.6에 나타내었다. 이 그래프에서는 들뜸 펄스가 시료에 입사할 때 보이는 형광 세기의 초기 증가를 나타내지 않았다. 분석 대상이 여러 유형의 들뜬 형광체를 포함할 경우 다중 지수 함수가 이용된다.

이 장의 뒷부분에서 시간 분해 형광 연구를 다룰 때, 형광 수명의 중요성에 대해 다시 논의할 예정이다. 우리는 또한 프로파일 "당신의 100달러짜리 지폐가 진짜일까? 시간 분해 형광으로 알아내기"에서 시간 분해 형광의 예를 볼 것이다. 먼저 수명을 결정하는 방법을 알아야한다. 식 (7.3)의 양측에 자연 로그를 취하면 다음을 얻을 수 있다.

$$\ln(I_t) = -\frac{1}{\tau}t + \ln(I_o) \qquad 식\ (7.4)$$

시간 대 ln(I)의 그래프는 $-\frac{1}{\tau}$의 기울기를 생성한다. 그림 7.6에서 τ = ~10 ns라고 추정된다. 수명을 예측하는 또 다른 방법은 반감기(세기가 반감되는 시간)를 찾아 이 시간을 ln(2)로 나누는 것이다. 예상할 수 있듯이 마이크로 초 단위의 수명 측정에는 피코 초 단위의 수명 측정보다 덜 정교한 측정기가 필요하다.

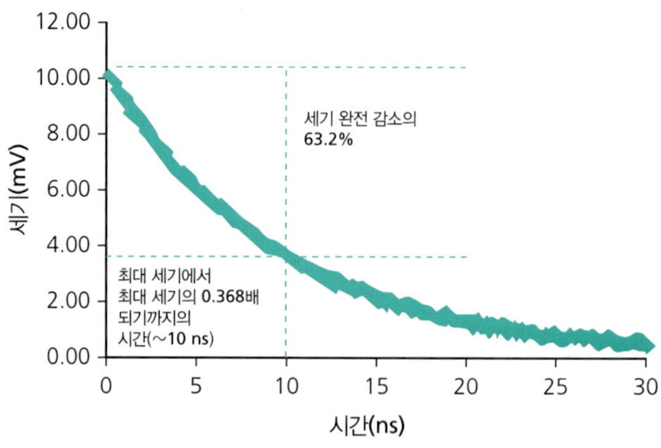

그림 7.6 시간 분해 형광 측정 및 형광 수명의 설명.

» 예제 7.2

그림 7.6의 데이터에 대한 형광 수명을 계산하라. 컴퓨터의 연산 프로그램을 사용하여 각 세기 값의 자연 로그(ln)를 계산할 수 있고, 이는 식 (7.4)와 관련이 있다. 시간에 대한 ln(*I*)의 그래프와 이 데이터 값을 직선식에 맞춘 결과를 아래 그림에서 보여준다. 맞춘 직선의 기울기는 $-1/\tau$인데, 이 기울기로부터 $\tau = 10.3$ ns가 계산된다. 아래 그래프에서 *y* 절편은 약 ln(10)인 2.2781이며, 이는 $\ln(I_0)$이다.

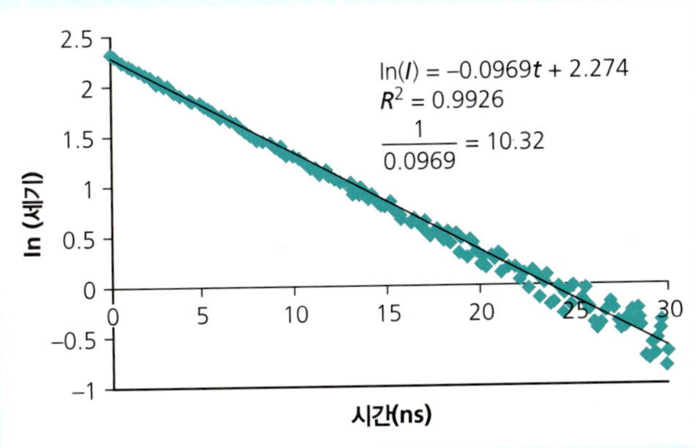

◆» 형광 세기를 결정하는 요인

방출량(방출력, *F*)은 양자 효율(ϕ), 들뜸 광원의 세기[I_0, 식 (7.3)에서 정의된 것과 같지 않음], 몰 흡수계수[혹은 몰 흡광계수, ε (단위 L mole^{-1} cm^{-1})], 시료의 경로 길이(b) 및 형광 화학종의 몰농도, c(단위 mole L^{-1})에 의해 결정된다.

$$F = S\phi I_0(1-10^{-\varepsilon bc}) \qquad \text{식 (7.5)}$$

상수 S는 기기 인자이며, 방출된 광자와 비교하여 측정된 광자의 분율이다. 우리는 일반적으로 S의 값을 알 필요가 없으며, 형광 강도를 때로는 임의의 단위로 혹은 검출기의 전압으로 나타낸다. 우리가 측정하는 형광 양은 전체 형광의 일부에 불과한데, 그 이유는 형광이 모든 방사상 각도에서 발생하지만 검출은 수집 광학 장치(렌즈 크기, 단색화 장치의 슬릿 너비 등)에 의해 정의되는 좁은 각도에서만 이루어지기 때문이다. 위의 양 *F*는 일률의 단위를 가지지만, 기기 인자 S를 결정하기 어려워 형광의 진정한 일률 측정이 도전적이기 때문에 어떤 경우에는 단순히 방출 세기로 표현된다. 이 때문에 실제 일률 대신 *I*로서(특히 동역학에서) 세기를 지칭하는 것이 일반적이다. 흡광도 A의 값($A = \varepsilon bc$)이 약 0.05 미만인 경우, 테일러 급수(테일러 급수 및 세부 사항에 대해서는 예제 7.4 참조)를 이용하여 A^2 및 그 이상 차수의 항이 무시할 만하다고 가정할 수 있어서 형광의 양을 나타내는 식 (7.5)를 다음과 같이 근사할 수 있다.

$$F \approx 2.303 S\phi I_0 \varepsilon bc \qquad \text{식 (7.6)}$$

▶ 프로파일 _Profile

당신의 100달러짜리 지폐가 진짜일까? 시간 분해 형광으로 알아내기

형광 분광법을 이용하여 미국 통화의 진위 여부를 판단할 수 있다. $5 이상 지폐 단위의 경우 형광 띠가 지폐에 있으며, 각 단위의 형광 띠는 자외선에 노출되면 다른 파장을 방출한다.*

종이에 대한 분광법은 또한 진위 여부를 결정하는 데 유용할 수 있다. 시간 분해 형광 분광법†은 실제 화폐로 사용되는 종이(종이는 면과 아마포 섬유의 혼합물)를 특징짓는 데 도움이 되는 것으로 알려졌다. 실제 화폐 용지와 여러 유형의 위조 화폐는 2가지 성분의 형광 붕괴로 잘 표현된다.

$$I(t) = I_{01}e^{-t/\tau_1} + I_{02}e^{-t/\tau_2}$$

진짜 통화에서 보이는 형광의 시간 감쇠를 아래 그림에 나타내었다. 청색 데이터 점들은 진짜 종이에서 얻어지는 방출의 시간 감쇠에 해당하고, 검정 데이터는 들뜸 펄스에 대한 기기 장치 반응에 대응한다. 청색 선은 위의 두 가지 성분 방정식을 사용하여 방출 데이터에 대해 맞춘 그래프이다. Chia와 Levene는 진짜 지폐와 위조 지폐가 똑같은 짧은 감쇠 시간(τ_1~160 ps)을 공유하지만, 두 성분 맞춤 그래프의 긴 감쇠 시간은 진짜 지폐(τ_2~2000 ps)와 위조지폐(표백한 위조지폐 τ_2 = 1552 ps 및 전통적인 위조 지폐 τ_2 = 1725 ps)가 다름을 발견했다. 막대그래프는 여러 지폐 유형에 대한 긴 감쇠 시간을 오차 막대와 함께 보여준다. 위조지폐 감쇠 시간은 다른 정상 지폐 유형과 통계적으로 다르다. ■

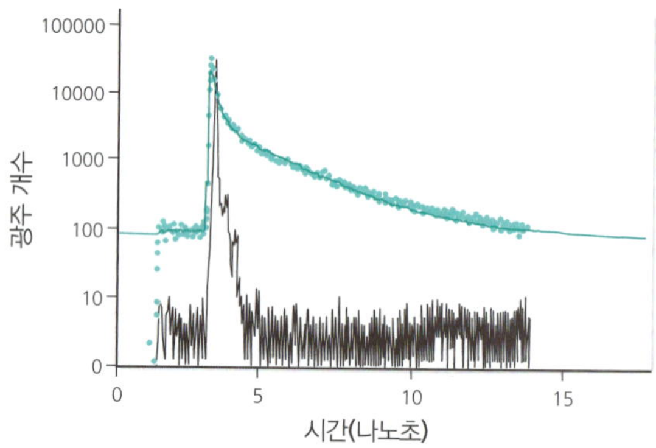

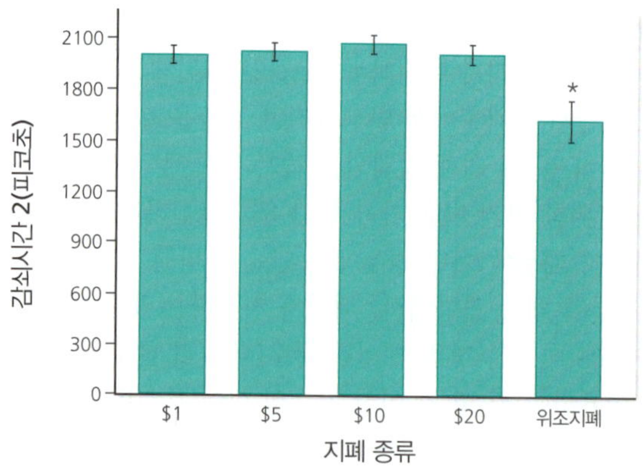

* *http://www.secretservice.gov/data/KnowYourMoneyApril08.pdf.*

† *Chia, T.; Levene, M. Detection of Counterfeit U.S. Paper Money Using Intrinsic Fluorescence Lifetime, Opt. Express, 2009, 17, 22054–22061.*

문제 7.7 A와 B의 두 시료에 대해 시간 분해 형광 측정을 수행한 후 얻어진 데이터가 표에 표시되어 있다. 시간 대 ln(세기)의 그래프를 만들고 가장 적합한 맞춤 선을 찾아, 각 시료에 대한 형광 수명(τ)을 구하라.

시간(ns)	세기 A(mV)	세기 B(mV)
0	10.01	4.03
1	6.76	2.86
2	4.55	2.01
3	3.06	1.47
4	2.04	1.04
5	1.38	0.75
6	0.98	0.53
7	0.64	0.37
8	0.47	0.30
9	0.29	0.21
10	0.23	0.16

식 (7.5)의 형광과 흡수 분광법 사이에는 중요한 차이가 있다. 흡수 분광법에서 광원의 세기는 광원 잡음을 고려하지 않으면 흡광도에 영향을 미치지 않지만, 형광은 이와 근본적으로 다르다. 형광의 세기는 입사 들뜸 일률에 직접적으로 관련되어 있다. 형광 신호가 약한 경우 들뜸 광원의 일률을 증가시켜 신호를 크게 증가시킬 수 있다. 흡수 및 방출 분광법의 또 다른 중요한 차이는 흡수되는 광자의 분율은 농도에 $10^{-\epsilon bc}$[2장, 식 (2.5) 참조]의 함수로 의존하는 반면, 발광의 방출 세기는 농도에 선형적으로 의존한다는 점이다[식 (7.6)].

형광 분광법을 사용하여 정량 분석을 수행할 수 있다. 이를 위해서는 형광체의 농도에 따른 형광 세기의 검정 곡선을 만들어야 한다. 그림 7.7은 플루오레신으로부터의 형광을 농도의 함수로서 나타내었다. 이 방법은 형광 신호가 사용되는 기기에 따라 달라서 데이터를 다른 기기에 직접 적용할 수 없다는 단점이 있다.

Stern-Volmer 소광

형광의 **소광**(quenching)은 분자의 주변 환경을 연구하기 위한 매우 유용한 도구이다. 들뜬 상태의 분자가 움직이면, 하나의 형광체는 다른 유형의 분자(소광) 또는 동일한 유형의 다른 분자(자체 소광)에게 에너지를 전달할 수 있다. Otto Stern과 Max Volmer는 처음으로 형광 사건의 속도(또는 세기)와 소광 종의 농도 사이의 관계를 밝혔다. 용매로 인한 소광은 **외부 변환**(external conversion)의 예이며, **동적 또는 충돌 소광**(dynamic or collisional quenching)이라고도 한다. 산소(O_2)는 삼중항 바닥 상태와 O_2의

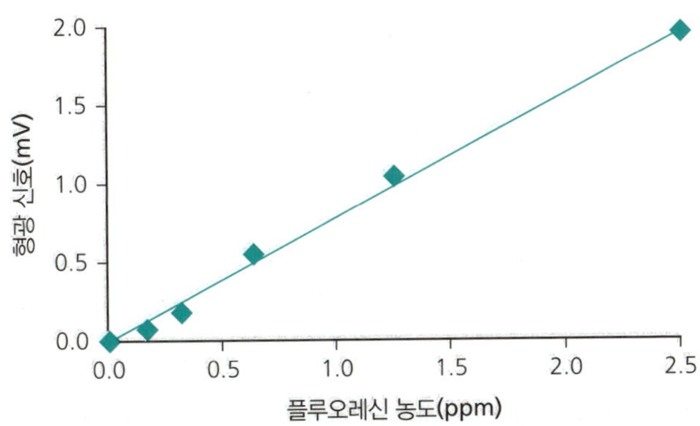

그림 7.7 플루오레신 농도와 형광 신호 사이의 검정 곡선.

» 예제 7.3

시료 A는 532 nm에서 흡광도가 0.02이고, 양자 수득률이 0.8이다. 시료 B는 532 nm에서의 흡광도가 0.03이고, 양자 수득률은 0.60이다. 시료들이 동일한 기기에 놓이고 동일한 시료 크기를 갖는다고 가정하면, 어느 것이 더 강한 방출을 할 것으로 예상되는가?

$F = 2.303 S\phi I_0 \varepsilon bc = 2.303 S\phi I_0 A$를 사용하고 두 상황 모두 동일한 I_0(동일한 들뜸 광원)와 k(동일한 기기 및 시료 크기 사용)가 있다고 가정하면, 형광 강도의 비율은 다음과 같다.

$$\frac{F_A}{F_B} = \frac{\phi_A A_A}{\phi_B A_B} = \frac{(0.7)(0.02)}{(0.6)(0.03)} = 0.77 \quad \text{또는} \quad F_B = 1.3 F_A$$

분자 B가 더 높은 형광 강도 F를 보일 것을 확인할 수 있다.

전자 구조로 인해 소광제(quencher)[6]로 일반적으로 사용된다. 삼중항 바닥 상태 산소와 들뜬 형광 물질이 충돌하면, 많은 경우 형광 물질이 산소 분자로 에너지를 전달하여 바닥 상태의 형광체와 들뜬 단일항 산소 분자를 생성한다. 이로 인해 많은 형광 기반 방법에서는 용액의 산소를 철저히 제거해야 한다. 산소 소광은 식 (7.2)에 추가될 수 있는 비복사 감쇠 메커니즘이며, 형광체와 충돌하는 소광 분자의 농도에 의존한다. 에너지가 들뜬 상태의 분자로부터 다른 곳으로 전달되면, 그 분자는 더 이상 들뜬 상태가 아니므로 빛을 방출할 수 없다. Stern-Volmer 모델은 종종 산소 소광을 설명하기 위해 사용된다. 이 모델에서 소광 화학종 [Q]는 들뜬 분자로부터 에너지를 빼앗아 형광을 차단함으로써 시료의 형광 세기를 감소시킨다. 소광 조건 하에서 형광의 양은 소광 화학종(Q)의 양이 증가함에 따라 감소하는데, 이는 분석물 Q의 농도 측정을 위한 정량적 방법의 기본이 된다.

정량적으로 소광을 설명하기 위해 형광 양자 수득률에 대한 처음의 방정식[식 (7.1)]을 다시 생각한다. 소광하지 않는 양자 수득률은 다음과 같이 쓸 수 있다.

$$\phi_{withoutquench} = \frac{k_f}{k_f + k_{isc} + k_{ic}} \qquad \text{식 (7.7)}$$

여기서 k_{isc}는 계간 교차 속도 상수이고, k_{ic}는 내부 전환율 속도 상수이다. 비복사 과정(k_{nr})으로 소광을 추가하면 양자 수득률은 다음과 같이 나타낼 수 있다.

$$\phi_{withquenching} = \frac{k_f}{k_f + k_{isc} + k_{ic} + k_{quench}[Q]} \qquad \text{식 (7.8)}$$

두 양자 수득률의 비율을 취하면 다음과 같다.

$$\frac{\phi_{withoutquench}}{\phi_{withquenching}} = 1 + \frac{k_{quench}}{k_f + k_{isc} + k_{ic}} = 1 + K_q[Q] \qquad \text{식 (7.9)}$$

[6] Gouterman, M. Oxygen Quenching of Luminescence of Pressure Sensitive Paint for Wind Tunnel Research. *J. Chem. Ed.*, **1997**, *74(6)*, 697.

여기서 Stern-Volmer 상수라고 불리는 양 $\frac{k_{quench}}{k_f + k_{isc} + k_{ic}}$을 K_q로 대체하였고, [Q]는 소광 분자의 농도이다. Stern-Volmer 상수는 또한 $\tau_0 k_{quench}$와 같은데, 여기서 τ_0는 소광이 없을 때 형광체의 수명이다. 이 양자 수득률의 비율은 소광이 없는(F_0) 형광에 대한 소광이 있는 형광(F)의 양 또는 세기의 비율과 실질적으로 동일한데, 이것이 Stern-Volmer 방정식이다.

$$\frac{F_0}{F} = 1 + K_q[Q] \qquad \text{식 (7.10)}$$

위 식으로부터 K_q에 의해 정해지는 형광체와 소광체의 주어진 상호 작용에 대해, [Q]가 증가함에 따라 형광 F의 양이 감소한다는 것을 알 수 있다.

또한 소광체 농도가 형광 수명을 어떻게 바꿀 수 있는지 살펴볼 수 있다. 식 (7.2)를 보면, 감쇠 시간(τ)은 형광의 속도 상수와 비복사 속도 상수들의 합계로 나타낼 수 있다. 소광이 포함되면 비복사 속도 상수들의 기여도가 증가하여 분모가 증가하므로 형광 수명이 단축된다. 충돌 냉각의 경우, 비율 F_0/F는 또한 τ_0/τ와 동등하다.

» 예제 7.4

충돌 소광을 통해 안트라센 방출을 소광시키는 분자인 CCl_4의 농도를 0으로 하고, 안트라센 형광의 세기를 측정했다. 그 후 용액에 CCl_4를 첨가하면서, 각각의 CCl_4 농도마다 형광 세기를 측정했다. 안트라센 농도는 모든 용액에서 일정하게 유지되었다. 아래 그래프(Stern-Volmer 도시라고도 함)[7]는 소광체 농도의 함수로 F_0/F를 나타낸 것이다. 이 데이터로부터 K_q를 추정하라. 이 그래프는 식 (7.10)을 따른다. *y*축은 소광이 있는 형광 세기에 대한 소광이 없는 형광 세기의 비이고, *x*축은 CCl_4 [Q]의 농도이다. 이 데이터에 대한 맞춤 선은 약 14.1 리터/몰의 기울기를 나타내는데, 이 값이 K_q와 동일하다.

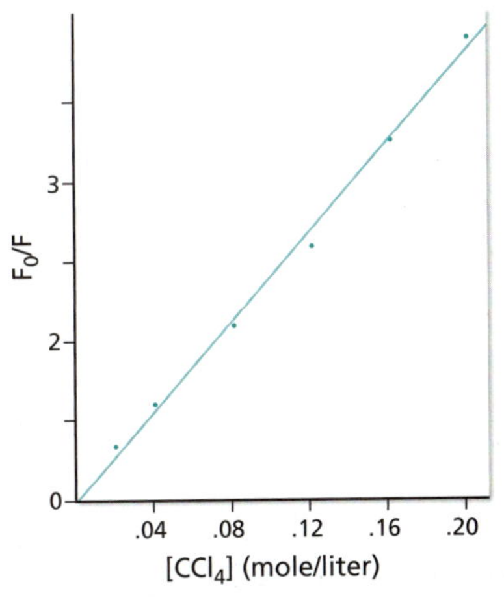

[7] Legenza, M. W.; Marzzacco, C. The Rate Constant for Fluorescence Quenching. *J. Chem. Ed.*, **1977**, 54(3), 183.

시료에 있는 Q의 양을 조절할 수 있다면, [Q]의 함수로 형광 세기를 측정하여 교정 곡선을 만들 수 있다. 이 교정 곡선을 사용하면 미지 농도의 소광 분자의 양 [Q]을 결정할 수 있다.

우리는 동적 소광에서 들뜬 분자의 에너지가 소광체로 옮겨져 형광을 내지 못할 수 있다는 것을 보았다. 어떤 경우에는 형광 분자가 소광체로 인해 들뜬 상태가 되지 않는데, 이를 **정적 소광**(static quenching)이라고 한다. 정적 소광의 경우, 소광체는 형광체가 들뜸 빛을 흡수하지 못하도록 해서 소광으로 인한 수명 변화는 없다. [Q] 대 F_0/F의 그래프가 선형이 아니라 포물선으로 그려지면, 이는 정적 소광과 동적 소광이 동시에 존재한다는 증거가 된다.

자체 소광(self-quenching)이란 소광체가 분석 대상 물질과 동일한 유형의 형광 분자인 상황을 설명하기 위해 사용되는 용어이다. 자체 소광은 식 (7.6)에서 보여지는 형광 세기와 형광체 농도 사이의 선형 관계를 벗어나게 하는 원인이 된다. 이 경우, 형광 세기는 형광체 농도에 따라 어느 지점까지 증가하다가 감소한다.

문제 7.8 소광체가 없는 형광 분자(농도 1.0×10^{-5} M) 용액의 방출 세기가 검출기에서 4.6 mV로 측정되었다. 미지의 양의 소광체가 용액에 첨가된 후 형광 세기는 2.5 mV가 되었다. K_q = 17.0 리터/몰의 값을 사용하여 소광체의 농도를 결정하라.

문제 7.9 옆 데이터 표는 아크릴 아마이드 소광체 농도의 함수로서 트립토판에 대한 F_0/F를 보여준다. 동적 및 정적 소광에 대해 어떤 결론을 내릴 수 있을까?

농도(mmol/L)	F_0/F
0	1
50	1.7
100	2
150	3
200	4.1
250	5.6

형광과 분자 구조의 관계

화학 분석을 수행하는 사람으로서, 형광 및/또는 인광을 유도하는 분자적 특성에 대한 이해를 하는 것은 중요하다. 형광을 내는 분자들에 대해 대략적으로 검토해보면 그 경향성을 알 수 있다. 높은 형광 수율을 보이는 유기 분자들은 고정된 다중 콘쥬게이션 π-계 및 방향족 잔기를 가진다. 유기 분자에 콘쥬게이션이 있으면 낮은 에너지 π* 상태를 만든다. π* 상태는 π → π* 또는 n → π* 전이로 발생하며, π* 단일항 상태가 된다.[8] 들뜬 상태의 이완은 형광 또는 비복사 감쇠(충돌 에너지 전달)를 통해 일어난다. 비복사 메커니즘은 분석 분자가 단단한 매트릭스(유리 매트릭스)에 있거나 분자 자체가 구조적으로 고정된 경우 억제될 수 있다. 예를 들어, 페놀프탈레인은 비형광성이지만, 보다 고정된 형태를 가진 플루오레신은 형광성이 높다(양자 수득률 = 0.89). 각 분자는 그림 7.8에 나와 있다.

플루오레신의 또 다른 중요한 구조적 특징은 콘쥬게이션 고리계에 탄소 이외의 산소 원자가 존재한다는 점이다. 탄소 이외의 다른 원자로 인해 낮은 에너지 n → π* 전이가

[8] n → π* 및 π → π* 전이들에 대한 검토는 그림 6.3을 참조하라.

▸프로파일 _Profile

형광 소광을 이용한 공기 역학 연구

산소는 일반적인 형광 소광 물질이다. 이 점을 이용하여 형광을 산소를 감지하는 수단으로 사용할 수 있는데, 이는 여러 분야에서 중요하다. 예를 들어, 연구자*들은 압력에 민감한 페인트를 만들기 위해 페인트에 형광체(파이렌 및 루테늄 착물)를 넣는다. 측정 장치로 인한 방해 없이 공기 흐름을 정성적/정량적으로 이해하기 위한 수단으로서 페인트를 풍동에서 연구하는 구조물에 칠한다. 자외선 램프로 페인트를 비추면, 비행기나 차 같은 모형들은 압력과 연관된 국소 산소 함량에 따라 형광을 낸다. 아래 그림에 파이렌 및 루테늄 착물에 대한 Stern-Volmer 교정 곡선이 제시되어 있다. 소광체의 농도 [Q] 대신에, *x*축은 압력 p이다. 검출은 여러 개의 전하 결합 소자 카메라를 이용한다. 선형 적합성이 파이렌의 경우 훨씬 더 좋기 때문에, 이 직선식이 보다 정확한 압력 측정을 가능하게 한다.

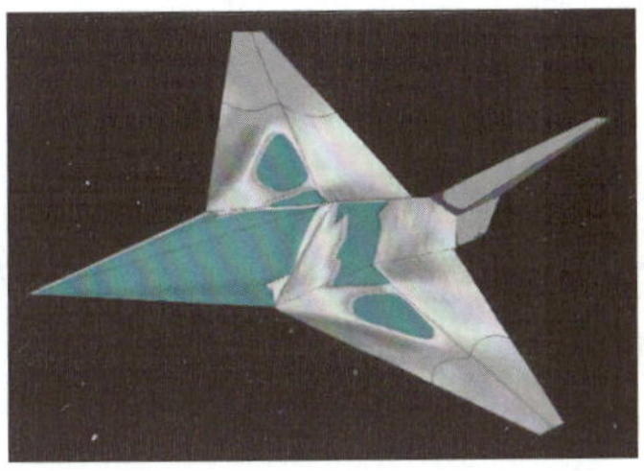

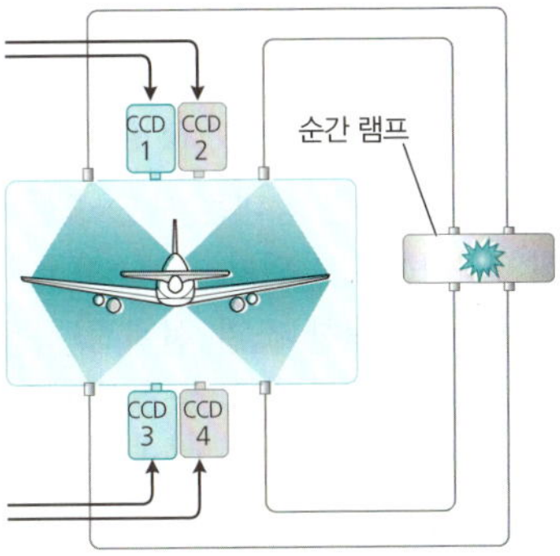

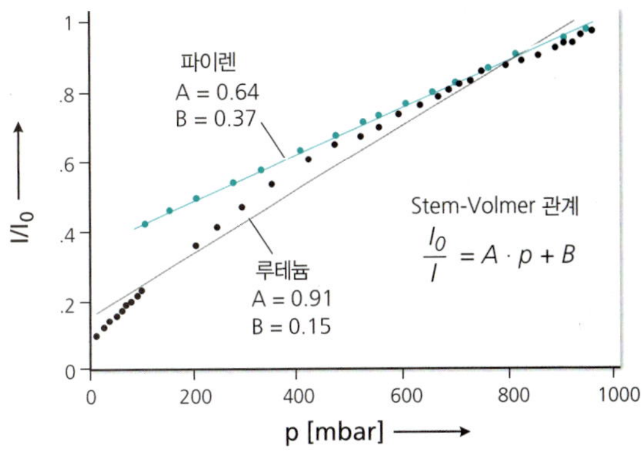

* Engler, R. H.; Klein, C.; Trinks, O. Pressure-Sensitive Paint Systems for Pressure Distribution Measurements in Wind Tunnels and Turbomachines. *Measurement Science and Technology,* **2000**, 11(7), 1077–1085.

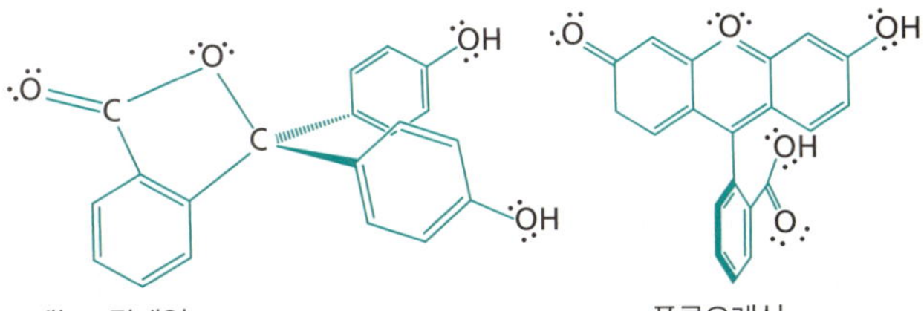

그림 7.8 페놀프탈레인과 플루오레신의 분자 구조.

생긴다. 그러나 고리 내에 탄소 이외의 다른 원자를 함유한 단일 고리계의 경우 형광은 일반적으로 관찰되지 않는데, n → π* 들뜬 상태의 전자는 삼중항 상태로 빠르게 전환되어 형광보다는 인광 또는 비복사 붕괴를 통한 비활성화가 일어난다고 보고 있다. 예를 들어 피리딘은 형광을 나타내지 않지만 퀴놀린과 아이소퀴놀린은 모두 형광을 내는데, 각 분자는 그림 7.9에서 볼 수 있다. 우리는 다시 한 번 융합된 고리계가 형광을 볼 수 있는 가능성을 증가시킨다는 것을 알 수 있다.

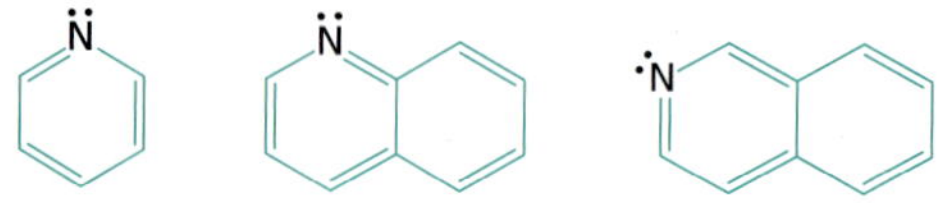

피리딘 퀴놀린 아이소퀴놀린

그림 7.9 피리딘, 퀴놀린 및 아이소퀴놀린의 분자 구조.

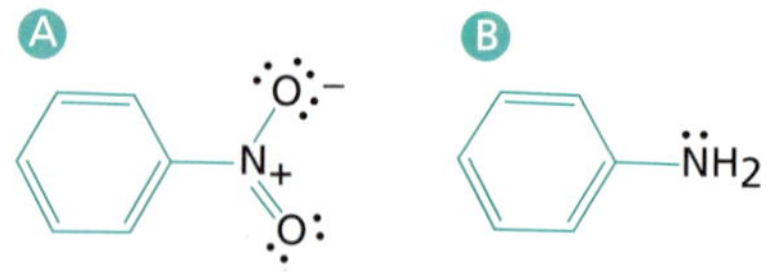

그림 7.10 (A) 나이트로 벤젠과 (B) 아닐린의 분자 구조.

항기호(Term Symbols)에 대한 간단한 설명

단일항(singlet)과 **삼중항**(triplet)이라는 용어는 식 (7.11)에서 나왔다. 모든 전자가 짝진-스핀(±½)이면, 식 (7.11)의 "S" 항은 0이 되고, 2(0) + 1 = 1(단일항)이다. 전자가 스핀 상태를 바꾸면(젖혀짐) 계의 전체 스핀은 S = (½ + ½) = 1, 그리고 2(1) + 1 = 3(삼중항)이 된다. 짝이 없는 전자가 없다면 단일항 상태이다. 두 개의 짝이 없는 전자가 있다면 삼중항 상태가 된다. 3개의 짝이 없는 전자가 있다면 사중항(quadruplet) 상태이다.

고리계에 있는 치환체 또한 형광의 관찰에 영향을 미친다. 예를 들어 나이트로벤젠은 상당한 형광을 가지지만 아닐린은 그렇지 않다. 그림 7.10에 표시된 구조를 대략 살펴보면 알 수 있다.

나이트로벤젠의 질산기는 세 개의 매우 전기음성도가 큰 원자들을 포함하는데, 이들의 유도를 통해 페닐 고리에 있는 최고 점유 π-오비탈의 에너지가 낮아지게 되고, 이는 페닐 고리에서의 π → π* 전이 에너지가 높아지는 결과를 만든다. 이제 최고 점유 분자 오비탈-최저 비점유 분자 오비탈 사이의 에너지 차이는 N=O 이중 결합에서 생기는 n → π*이 된다. n → π* 들뜬 상태는 보통 충돌 에너지 전달이나 다른 비복사 붕괴 메커니즘에 의해 비활성화(소광) 된다.

6장에서 전자 전이에 대한 스핀 선택 규칙을 소개했다. 스핀 **선택 규칙**(selection rule)이란 전자 전이에 대해 분자의 총 스핀 다중도의 변화가 0이 됨을 의미한다. 바꾸어 말하면 전자 스핀의 방향은 전이 동안 바뀔 수 없다. 양자 역학에서 총 스핀 다중도(M)는 다음과 같다.

$$M = 2S + 1 \qquad \text{식 (7.11)}$$

여기서 S는 전체 스핀을 의미한다. 인광은 스핀 젖혀짐(삼중항에서 단일항으로)을 포함하므로 스핀 선택 규칙을 위반한다. 그러나 선택 규칙은 오비탈의 대칭에 대한 가정을 한다. 이러한 가정은 엄격하게 정확하지 않아서 계간 교차 확률은 0이 아니다. Jablonski 도표(그림 7.3)을 다시 보면, 인광은 전자가 들뜬 단일항 상태에서 삼중항 상태로 이동될 때 전자 젖혀짐으로부터 발생한다는 것을 알 수 있다. 그렇다면 인광을 발생시키는 분자의 특징은 무엇일까? 당연히 전자가 들뜬 단일항 상태로부터 들뜬 삼중항 상태로 이동하기 위해서는 삼중항 상태가 존재해야 하며, 그 에너지가 단일항 상태와 유사해야 한다. 인광은 분자에 무거운 원자(인 또는 아이오딘과 같은)가 포함되어 있는 경우 관찰될 가능성이 훨씬 크다. 높은 원자 번호를 갖는 원자는 작은 공간을 차지하는 더 많은 원자 오비탈들을 가지며, 이는 삼중항 상태 존재의 확률을 향상시킨다. 또한 우리가 오비탈 혼성화를 떠올리면 상태의 혼합을 예상해 볼 수 있다. 상태의 혼합은 일반 화학에서 공부한 오비탈 혼성화(예, sp^3 혼성 오비탈)와 유사하다고 생각할 수 있다. 상태의 혼합은 더 이상 순수 단일항 또는 삼중항 상태가 아니기 때문에 선택 규칙이 완화된다. 충돌 에너지 전달과 비복사 붕괴를 통한 들뜬 삼중항의 불활성화도 가능하다. 결국 우리는 또한 들뜬 상태에 대해 엄격한 환경을 제공하면 향상된 인광을 볼 수 있다. 유리 매트릭스에서 시료를 동결하는 것은 분석물의 인광을 크게 향상시킨다.

문제 7.10 벤젠과 나프탈렌을 고려하여 이 문제에 답하라.

(a) 어떤 분자가 더 큰 양자 수득률을 가질 것이라고 예상하는가?

(b) 형광에 대해 더 짧은 피크 파장을 가질 것으로 예상되는 분자는 어느 것인가?

7.3 형광 분광계

형광 분광계 또는 형광 측정기의 필수 구성 요소는 UV-vis 분광계(6장)에서 볼 수 있는 구성 요소와 유사하다(그림 6.1과 그림 7.2를 비교). 상업 형광 분광계의 비용은 수억 원에 달하고 다양한 기능을 갖추고 있지만, 기본 장치는 십만 원[9] 정도로 만들 수 있다.

형광 분광계는 들뜸 광원, 광 검출기, 들뜸 파장을 선택하는 파장 분별기, 발광 파장을 선택하는 파장 분별기, 들뜸 빛이 발광 신호를 오염시키지 않도록 하는 필터 및 빛을 집중시키고 모으는 광학 장치로 구성되어 있다. 상업적 형광 분광계를 그림 7.11에 나타내었으며, 우리는 이것을 기본형으로 해서 계측기의 각 부분들을 살펴볼 것이다. 이 장비로 시간 분해 형광 측정, 정상 상태(steady-state) 측정 및 시간 분해 인광 측정을 선택할 수 있다. 분광계를 살펴보기 전에 발광계에 공통적인 요소(들뜸 광원, 파장 분별기 및 검출기)를 설명한다. 다른 분광 기술과 마찬가지로, 상업적으로 구입 가능한 장치와 보다 전문화된 연구용 장비가 있다.

◆ 정상 상태 발광 및 시간 분해 발광 측정

정상 상태 방식에서 많은 경우, 들뜸은 연속적인 광원으로 하고 발광 검출기는 단순히 세기를 설정 시간 동안 측정하여 평균한다. 펄스 광원을 사용해서도 정상 상태 측정을 할 수 있는데, 이 경우 방출 세기는 발광의 수명에 걸쳐 적분되어 실질적인 정상 상태 측정이 가능하다. 광원 및 검출기 유형은 시간 분해와 정상 상태 방식 사이에서 다를 수 있다.

시간 분해 형광 방식에서 짧은 펄스는 시료를 들뜨게 하고, 이 들뜸 광원이 사라진 후 시간의 함수로서 방출을 측정한다. 시간 분해 측정을 위한 또 다른 기술은, 사인 함수로 세기가 변하는 광원을 사용하여 얻어지는 사인 함수로 변하는 형광의 특징을 들

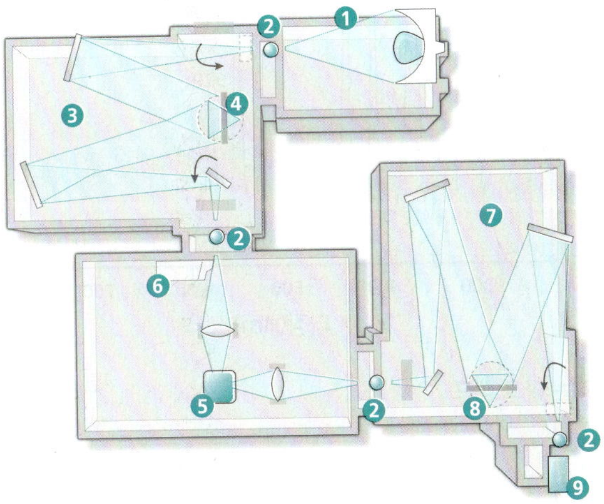

1. 제논등
2. 조절 가능한 슬릿
3. 들뜸 단색화 장치
4. 들뜸 회절발
5. 시료 놓는 곳
6. 들뜸 보정
7. 방출 단색화 장치
8. 발광 회절발
9. 검출기

그림 7.11 광학 배치를 보여주는 상업용 형광 및 인광 계측 장비(시간 분해 및 정상 상태 발광 모두 측정 가능).

[9] Wigton, B. T.; et al. A Portable, Low-Cost, LED Fluorimeter for Middle School, High School, and Undergraduate Chemistry Labs. *J. Chem. Ed.*, **2011** *88(8)*, 1182 – 1187.

뜸 광원과 비교하여 수학적으로 붕괴 수명을 결정한다. 이 접근법은 짧은 펄스 레이저 광원을 필요로 하지 않는다. 가변 연속파 램프가 시간 분해 연구에서 들뜸을 위해 사용될 수 있기 때문에, 들뜸 파장의 선택에서 단일 파장, 짧은 펄스 광원에 비해 선택성이 더 크다.

형광 측정기에서는 공통적으로 들뜸 빛의 경로가 검출기로의 발광 경로에 직각이 되도록 설계되는데, 그림 7.2와 7.11에서 이를 확인할 수 있다. 이를 직각 광학이라고 하는데, 검출기로 들어갈 수 있는 들뜸 빛의 양을 최소화하기 위함이다. 이 배경 신호를 검출기에서 줄이면 장비의 검출 한계가 향상된다.

◆ 들뜸 광원

정상 상태 형광 측정의 경우 들뜸 광원은 흔히 연속파 광원인 제논(Xe) 아크 램프를 이용한다(램프 기능에 대한 자세한 내용은 6장 참조).

Xe 아크 램프는 300~1,000 nm의 광대역 출력을 제공하는데, 이것의 일반적인 방출 스펙트럼은 그림 7.12에서 볼 수 있다. Xe 램프는 또한 적외선에서 강한 좁은 방출선들을 보여준다. 발광에 사용되는 Xe 아크 램프는 100 W 이상의 출력으로 사용된다. 수은 아크 램프 또한 발광 장치에 사용된다. 수은 방출선들은 Xe 램프에서 사용 가능한 가시선 파장보다 훨씬 강하지만, 스펙트럼은 Xe 램프만큼 연속적이지는 않다.

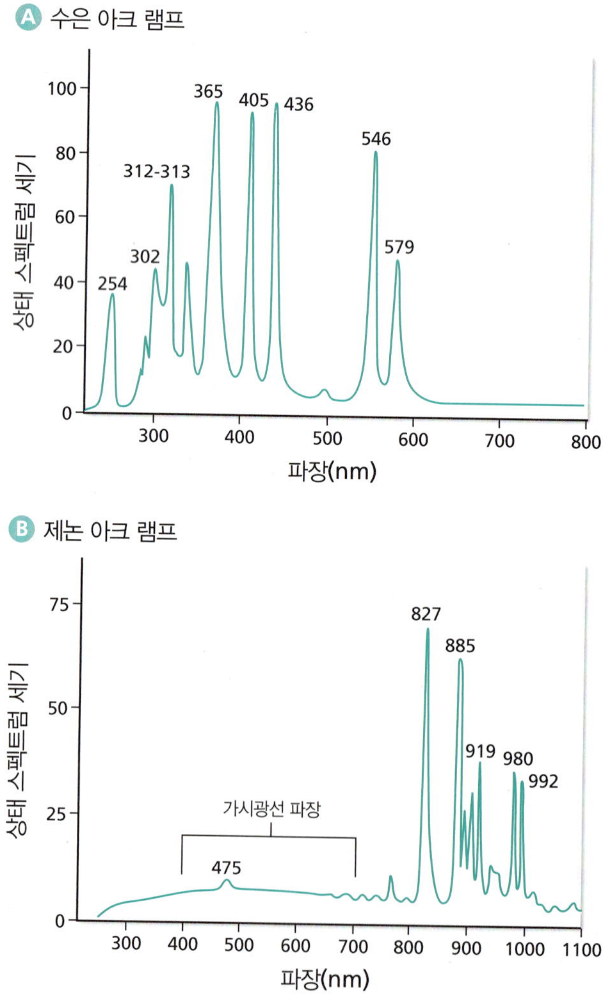

그림 7.12 수은 램프 및 제논 램프의 스펙트럼 프로파일.

표 7.2 ▸ 시료 들뜸 광원

들뜸 광원	파장(s)	펄스 폭
Q-스위칭 Nd:YAG 레이저	1,064 nm (532 nm, 355 nm, 266 nm, 비선형 광학 이용시)	~ 5 ns
모드-고정 Ti:Sapphire 레이저	700–1,000 nm 조절 가능	~ 100 fs
Xe 섬광 램프	광범위, 200–1,000 nm	~ ms
레이저 다이오드	다양, ~266 nm 이상	< 100 ps
발광 다이오드	가시선 ~250–350 nm에서 다양	< ns

시간 분해 형광에서 분석물은 종종 짧은 펄스 레이저, Xe 섬광 램프, 발광 다이오드(LED) 또는 다른 종류의 펄스 램프를 사용하여 들뜨게 된다. 10 fs만큼 짧은 펄스가 레이저에서는 가능하다. 사용 가능한 파장과 펄스 폭을 가진 펄스형 들뜸 광원의 종류는 표 7.2에 나와 있다.

◆ 파장 분별 및 기기 분해능

램프가 들뜸 광원으로 사용될 때 두 개의 파장 분별기가 필요하다. 하나의 파장 선택기는 들뜸 광원(분석물의 들뜸을 좁은 범위의 에너지로 제한하기 위해)에 필요하며, 또 다른 하나는 발광의 파장 선택에 필요하다. 들뜸을 위한 파장은 일반적으로 회절발 단색화 장치(종종 Czerny-Turner 유형)의 슬릿에 들뜸 광원을 집중시켜서 분별한다. 회절발의 위치는 컴퓨터로 제어되어 출력 파장을 쉽게 조절할 수 있다. 발광에 대한 파장 분별을 위해서는 일반적으로 회절발 단색화 장치를 사용한다.

적외선 흡수 분광법(8장)과 라만 분광법(9장)과 같은 다른 기술과 비교하여, 형광 기기장비는 대부분 방출이 넓기 때문에 아주 높은 분해능을 일반적으로 요구하지 않는다. 즉 연구 중인 분자에 따라 형광 측정기에 대한 분해능이 중요해질 수도 있다. 광학에서 기기장치의 분해능은 회절발 선의 수/길이와 회절발로부터 검출기까지의 거리(분광계의 초점 거리)에 의해 제한된다는 것을 알 수 있다. 주어진 초점 길이에 대해 회절발 선의 수/길이가 길수록 해상도가 높아진다. 분광계의 초점 길이가 길수록, 분산 요소가 검출기 상의 개별 파장의 공간적 분리를 제공하기 위한 경로 길이가 더 길어진다. 주어진 측정에서 필요한 파장 분해능은 조사중인 분석물에 따라 달라진다.

회절발 단색화 장치는 관심 있는 한 파장만을 선택하는데 완벽하지 않다. 회절발의 2차 회절은 시료의 방출로 인해 발생하지 않는 피크를 형광 스펙트럼에서 유발할 수 있다. 우리는 대개 파장 λ에 대해 $m = 1$인, 1차 회절만을 고려하지만 2차 회절($m = 2$)은 $\lambda/2$에 대한 회절 조건을 만족시킨다. 이것은, 비록 훨씬 낮은 효율이긴 하지만, 절반의 파장의 빛이 λ와 동일한 각도로 반사된다는 것을 의미한다. 들뜸 광원으로부터의 2차 회절 피크는 종종 형광 스펙트럼에서 들뜸 광원 파장의 2배에 나타날 수 있다. 들뜸 단색화 장치의 2차 회절도 문제를 일으킬 수 있다. 단색화 장치로 설정한 파장에서뿐만 아니라 그 파장의 반에서의 광원 복사 둘 모두가 시료를 들뜨게 할 수 있다. 보통 광원에서 검출기에 도달하는 $m = 2$ 복사선을 감쇠시키는 데 광학 필터를 사용된다. 또한 광학 필터는 단색화 장치 대신에 저비용 또는 단일 목적 장치(예, 뒤의 프로파일에서 볼 수 있는 바와 같이 DNA, RNA 및 단백질 분석용)에 일반적으로 사용된다. 필터는 일반적으로 회절발보다 저렴하지만, 파장 대역폭 제어 측면에서는 단색화 장치보다 훨씬 불리하다.

» 예제 7.5 – 광학 재검토: 분해능과 회절발

여러분이 형광을 측정하기 위한 특수 장비를 설계하고 있는데, 방출을 위한 파장 분별기로 사용하기 위해 회절발을 구입해야 하지만 빠듯한 예산이라고 가정한다. 길이가 각각 6 cm이고 7,000줄, 9,000줄, 11,000줄을 가진 세 가지 회절발이 있다. 줄이 많을수록 회절발이 비싸기 때문에 이 예제에서 다루는 작업에서 필요한 것보다 많은 줄을 가진 격자를 구입해서는 안 된다. 여러분은 또한 장비를 소형화하기 위해 노력하고 있어서, 선택된 회절발과 검출기 배열로부터 0.09 m의 경로 길이만 있다. 빛은 회절발에 45도로 입사되고, 검출기에 최소 12×10^{-6} m (12 μm)의 거리로 450 nm 및 450.5 nm의 파장을 투영해야 한다.

위 세 가지 다른 회절발에 대해 고랑 거리 d(고랑 사이의 거리)는 다음과 같다.

$$d_1 = \frac{6.0\times10^{-2}\,\text{m}}{7{,}000} = 8.57\times10^{-6}\,\text{m}$$

$$d_2 = \frac{6.0\times10^{-2}\,\text{m}}{9{,}000} = 6.66\times10^{-6}\,\text{m}$$

$$d_3 = \frac{6.0\times10^{-2}\,\text{m}}{11{,}000} = 5.45\times10^{-6}\,\text{m}$$

투사된 파장 사이의 거리는

$$\begin{aligned}\Delta x_{\text{between wavelengths}} &= L(\tan\beta_{\lambda_1} - \tan\beta_{\lambda_2})\\ &= L\left\{\tan(\sin^{-1}(\frac{m\lambda_1}{d} - \sin\alpha)) - \tan(\sin^{-1}(\frac{m\lambda_2}{d} - \sin\alpha))\right\}\end{aligned}$$

$$\begin{aligned}\Delta x_{\text{between wavelengths}} = 0.01m\Bigg\{&\tan\left[\sin^{-1}\left[\frac{(1)(450.5\times10^{-9}\,\text{m})}{d} - \sin(\frac{\pi}{4})\right]\right]\\ &-\tan\left[\sin^{-1}\left[\frac{(1)(450.0\times10^{-9}\,\text{m})}{d} - \sin(\frac{\pi}{4}))\right]\right]\Bigg\}\end{aligned}$$

세 가지 고랑 간격(d)에 대해 이 계산을 하면 다음과 같다.

회절발 1: 검출기상의 파장 450~450.5 nm 사이의 거리 = 12 μm

회절발 2: 검출기상의 파장 450~450.5 nm 사이의 거리 = 15 μm

회절발 3: 검출기상의 파장 450~450.5 nm 사이의 거리 = 17 μm

회절발 1은 7,000줄로 우리가 필요로 하는 최소 거리를 제공한다. 비용이 가장 중요한 문제인 경우 7,000줄 회절 격자를 선택해야 한다.

회절발 단색화 장치의 전면에 있는 슬릿의 크기도 분해능에 영향을 미치도록 조절할 수 있다. 슬릿 크기를 늘리면 단색화 장치에 더 많은 빛이 들어가므로 더 많은 빛이 탐지기에 도달하여 신호가 증가한다. 그러나 이 신호 증가에는 단점도 있다. 슬릿 크기를 늘리면 측정의 파장 분해능이 감소하므로 다양한 입사각의 빛이 장치로 들어올 수 있다.

문제 7.11 355 nm에서 들뜨게 하는 고출력 Nd:YAG 레이저를 사용하여 형광 측정을 설정하는데, 관심 있는 파장 범위는 430~730 nm이다. 회절발 단색화 장치를 사용하여 파장 범위를 광전자 증배관에 스캔할 때, 2차 회절 피크의 가능성에 대해 염려해야 하는지 설명하라.

발광 검출기

발광 검출기의 선택은 관심 있는 파장 범위, 발광 신호의 강도 및 (시간 분해 방식에서는) 형광의 시간 감응에 따라 달라진다. 일반적인 검출기는 광전자 증배관(photomultiplier tube, PMT), 전하 결합 소자(charge coupled device, CCD) 및 광다이오드이다.

PMT는 정상 상태 및 시간 분해 형광 장치에 공동으로 쓰이는 일반적인 검출기이다. 몇 가지 유형의 PMT 감도(양자 효율)가 파장의 함수로서 그림 7.13에 나와 있다. 시간 분해 형광 측정의 경우, 검출기는 입사 광자에 감응하고 시간 진화 형광을 제대로 나타내는 전기 신호를 생성하기 위해 충분히 짧은 시간 상수[식 (2.3) 참조]가 있어야

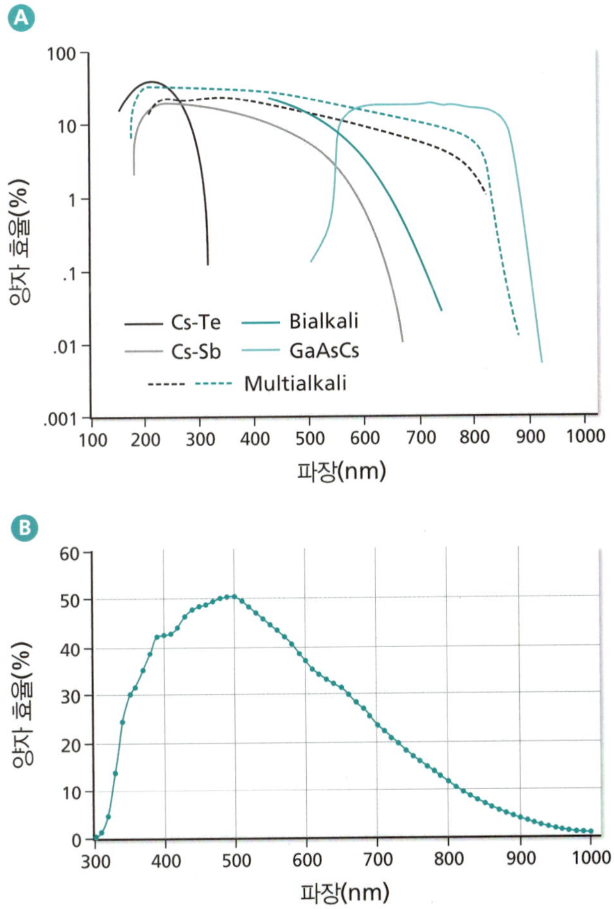

그림 7.13 (A) 여러 종류의 PMT 광음극 재료와 (B) Si CCD에 대한 파장의 함수로서 양자 효율.

한다. PMT(그리고 걸리는 전압)의 유형에 크게 좌우되지만, PMT는 1 ns 미만 수명의 형광을 연구하는 데 보통 사용된다.

CCD 검출기는 본질적으로 작은 광다이오드 "화소"의 배열로, 형광 영상화 응용 분야에 일반적으로 사용된다. CCD 검출기는 PMT에 비해 감응 시간이 느리기 때문에 시간 분해 응용 분야에서는 일반적으로 사용되지 않는다. UV-vis 분광법에 관한 6장에서 보았듯이, 배열 검출기는 단일 파장 PMT 검출기와 비교하여 전체 스펙트럼의 측정을 훨씬 빠르게 수행할 수 있는 장점이 있다. 실리콘 CCD 배열기는 그림 7.13과 같이 약 1 μm 파장까지의 전자기 복사에 민감하다. CCD를 냉각하면 신호/잡음이 증가한다[식 (2.4) 참조].

실리콘 광다이오드는 계기 감응 보정(7.4절 참조)을 위한 다양한 장비 및 단일 목적 기기에서 검출기로 사용된다.

PMT와 사태(avalanche) 광다이오드는 두 가지 방식으로 작동할 수 있다. 아날로그(지금까지 논의한 것)와 **광자 세기**(photon counting)이다. 광자 세기 방식은 빛의 입자 성질을 이용하며 극도로 낮은 광도의 응용 분야에 사용된다. 광자 세기는 아날로그 검출보다 구축 비용이 더 많이 들지만 신호-대-잡음비는 더 높다. 이 비율이 높아지는 한 가지 이유는 광자 세기에 사용되는 분별 때문인데, 이것이 PMT에서 발생하는 낮은 수준의 잡음 펄스를 광자 세기 신호로부터 제거한다.

◆ 정리: 발광 측정 장치 단계별 보기

지금까지 발광 측정 장치에 사용되는 공통 구성 요소 각각에 대해 논의했으므로, 이제 장비를 단계별로 검토할 수 있다. 그림 7.11에서 연속 Xe 아크 램프(번호 1)가 들뜸 광원으로 사용된다. Xe 램프의 빛은 들뜸 단색화 장치(번호 3)를 통해 보내져 특정 들뜸 파장을 선택한다. 들뜸 단색화 장치를 나간 빛은 렌즈에 의해 시료(번호 5)에 초점이 맞춰진다. 발광은 렌즈로 수집되어 방출 단색화 장치(번호 7)의 슬릿으로 발광을 집중시킨다. 방출 단색화 장치의 출구 슬릿은 방출을 검출기(번호 9) 위로 집중시킨다.

◆ 들뜬 상태 스펙트럼: 추가 측정 방식

들뜬 상태 스펙트럼을 기록하기 위해 검출기는 방출 파장의 매우 좁은 범위를 측정하도록 설정된다. 이 파장은 일반적으로 시료가 가장 강한 형광을 갖는 곳에서 선택된다. 그 다음 들뜸 파장이 분석 대상의 흡수 스펙트럼의 범위에 걸쳐 (회절발에 연결된 모터를 통해) 스캔되고, 발광이 들뜸 파장의 함수로 검출된다. 데이터는 사용된 들뜸 파장에 대해 좁은 범위 파장에서의 방출 강도로 도시된다. 시료 들뜬 상태 스펙트럼은 그림

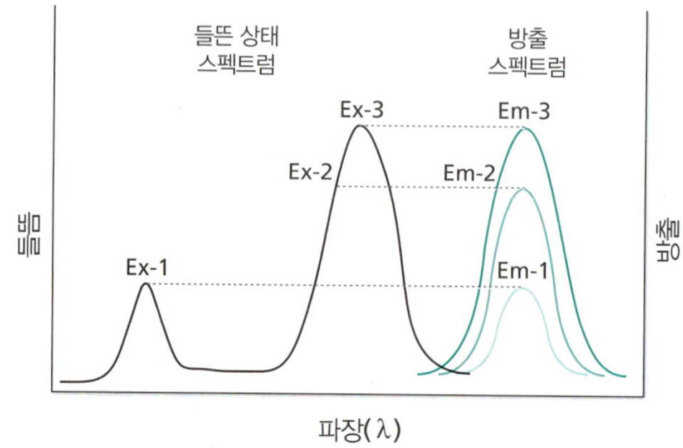

그림 7.14 들뜬 상태 스펙트럼(검은색) 및 Ex-1, Ex-2, Ex-3에서 들뜸으로 인한 관련 방출 스펙트럼.

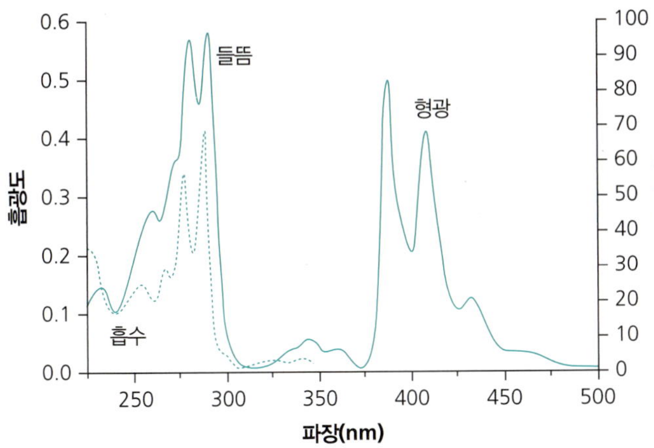

그림 7.15 벤조[a]안트라센의 흡광, 들뜬 상태 및 형광 스펙트럼(들뜬 상태 스펙트럼은 피크 형광 파장에서 생성).

7.14에 나와 있다. 검은색 선은 들뜬 상태 스펙트럼에 해당하고, 파란색 선의 다른 음영은 세 가지 다른 들뜸 파장으로 생성된 형광 스펙트럼에 해당한다. Ex-1에서의 들뜸은 Em-1에서 피크를 갖는 가장 많은 양의 형광을 유발하지만, 들뜬 상태 스펙트럼상의 모든 파장에서의 들뜸은 동일한 피크 파장을 갖는 방출 스펙트럼을 만든다.

또 다른 들뜬 상태 스펙트럼이 그림 7.15에 나와 있다. 이 그림은 잠재적인 부정적 환경 영향으로 인해 관심의 대상인 여러 고리 방향족 탄화수소인 벤조[a]안트라센의 흡수 스펙트럼, 들뜬 상태 스펙트럼 및 형광 스펙트럼을 보여준다. 들뜬 상태 스펙트럼은 약 387 nm에서의 형광 피크 세기를 측정하여 얻어진다. 그림에는 흡수 스펙트럼과 들뜬 상태 스펙트럼 사이의 강한 상관 관계를 보여주는 덧그려진 흡수 스펙트럼이 있다. 이러한 흡수 스펙트럼과 들뜬 상태 스펙트럼 사이의 관계는 거울상 규칙이 성립할 때 나타난다. 들뜬 상태 스펙트럼은 정성적인 목적으로 사용될 수 있지만, 새로운 유형의 분석물에 최적의 들뜸 파장을 결정하기 위해 자주 사용된다.

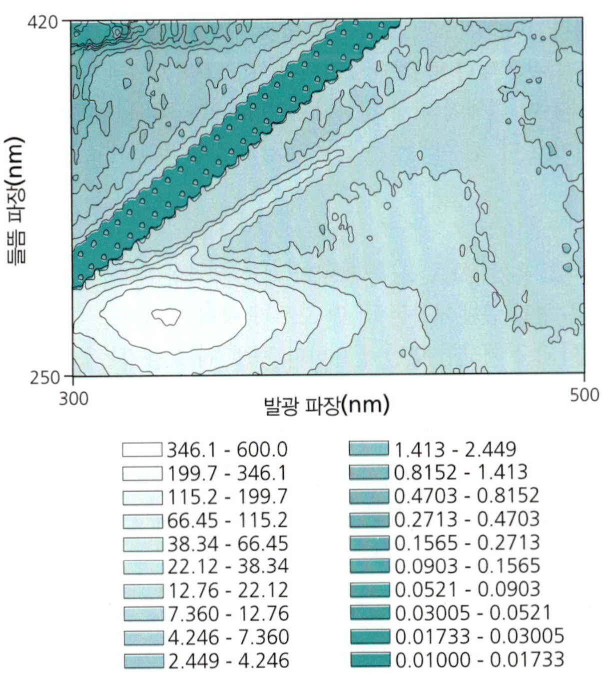

그림 7.16 농장 폐수의 총발광 스펙트럼.

» 예제 7.6

분자 플루오레신의 흡수 스펙트럼이 488 nm에서 들뜰 때의 형광 스펙트럼과 함께 그림 (A)에 표시되었다. 같은 시료를 488 nm 광원과 동일한 세기로 440 nm 광원으로 들뜨게 하면 형광 스펙트럼은 어떻게 변할까? 440 nm에서 들뜨게 될 때 두 형광 스펙트럼을 겹쳐서 대략적으로 그려라.

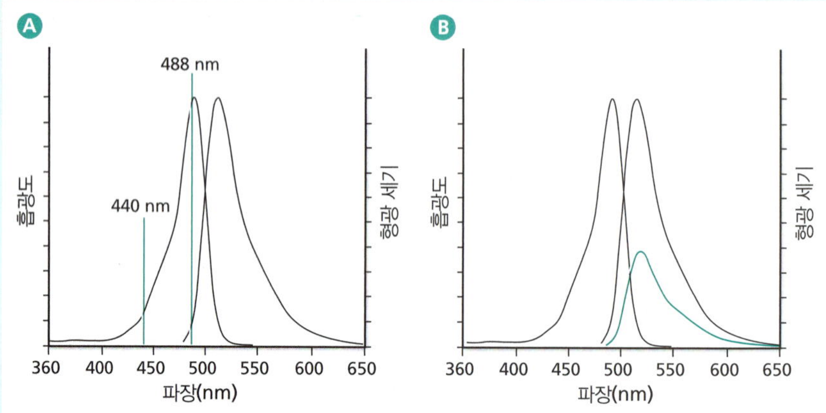

그림 (A)에서 440 nm에서의 흡수는 488 nm에서의 흡수보다 훨씬 적다. 이것은 488 nm와 비교하여 440 nm에서 S_0에서 S_1 상태로 들뜨는 전자가 더 적음을 의미한다. 상태 S_1에서 전자가 적으면 복사 붕괴를 일으킬 수 있는 전자가 적어 488 nm와 비교하여 방출이 적다. 따라서 형광 스펙트럼의 전체 모양은 동일하지만 전체적인 세기가 감소할 것으로 예상할 수 있는데, 440 nm에서 들뜨게 한 방출은 그림 (B)의 파란색 선으로 표시된다.

여기서 한 발 더 나아가 *y*축에 들뜸 파장, *x*축에 방출 파장, *z*축에 방출 세기(또는 세기를 나타내기 위해 음영을 사용)로 3차원 그래프를 그릴 수 있는데, 이것을 총발광 스펙트럼이라고 한다. 총발광 스펙트럼(들뜸 방출 행렬이라고도 함)의 예로서 동물 쓰레기로 오염된 물 시료에 대한 총발광 스펙트럼[10]이 그림 7.16에 나와 있다. 파란색 음영은 세기를 나타내는데 흰색이 가장 강하다. 330 nm 부근의 넓은 방출은 타이로신과 트립토판과 관련되어 있다. 검은색 선은 들뜸 파장과 방출 파장이 같은 위치를 표시한다.

◆ 시료 도입

형광 분광계의 시료 용기는 UV-vis 분광계의 시료 용기와 매우 유사하다. 단, 사각 큐벳을 사용하는 경우 형광 큐벳에서는 네 면 모두가 광택 처리되고 투명하지만, UV-vis 큐벳은 두 개의 연마되고 깨끗한 면만 필요하다. 큐벳 시료 용기는 그림 7.17의 상용 시스템에 나와 있다.

그림 7.17에서는 또한 발광을 수집하고 집중하는 데 사용되는 렌즈를 볼 수 있다. 더불어 이 기기 설계에서는 세 가지 다른 광원을 사용할 수 있음을 알 수 있다. 들뜸 빛은 상단으로부터 들어오고, 시간 분해 형광은 왼쪽 슬릿에서 측정되며, 정상 상태 형광과 인광은 오른쪽 슬릿에서 측정된다.

[10] Baker, A. Fluorescence Properties of Some Farm Wastes: Implications for Water Quality Monitoring. *Water Research*, **2002**, *36*, 189 – 195.

그림 7.17 상업용 형광 측정기 및 시료 놓는 곳. Varian의 Cary Eclipse 형광 분광 광도계.

7.4 형광 분광법이 해결해야 할 과제들

이상적으로는 모든 광학 장치, 광원 및 검출기는 파장에 따라 변하지 않아야 하지만, 현실은 그렇지 않다. 형광 스펙트럼과 들뜬 상태 스펙트럼 모두에서, 기기 장치 감응에 대한 보정을 하는 게 중요하다.

◈ 검출기 보정

그림 7.13에서 검출기는 파장의 함수로서 일정한 양자 효율을 가지지 않는다는 것을 알 수 있었다. 방출 스펙트럼의 한 파장에서 측정된 강도(F_{meas})는 대략적으로 검출기의 양자 효율과 실제 세기의 곱과 같다. F_{meas}를 양자 효율로 나눈 값은 이 효과를 보정한다. 보정은 교정된 광원을 이용하여 측정된 스펙트럼을 알려진 교정된 스펙트럼과 비교함으로써 실험적으로 이루어질 수 있다. 많은 기기 장치에는 사용 중인 특정 탐지기를 기반으로 한 교정 파일이 있다.

문제 7.12 연구실에서 제작한 분광기로 정상 상태 형광을 연구하기 위해 Si CCD 검출기를 사용한다고 가정한다. 검출기 교정 없이 700 nm와 800 nm에서 대략 동일한 세기를 갖는 방출 피크를 측정했다. 사용된 검출기 유형을 기반으로 두 피크 세기의 실제 비율을 대략적으로 추정하라.

◈ 광원 세기 보정

들뜬 상태 스펙트럼에 대해서는 추가 보정이 필요하다. Xe 아크 램프의 방출 스펙트럼을 그림 7.8에서 보았듯이, 기기 장치가 들뜸 파장의 범위를 스캔하기 때문에 광원은 일정한 세기를 갖지 않는다. 들뜬 상태 스펙트럼에서 특정 파장이 가장 많은 방출을 일으키는 것처럼 보이게 할 수 있지만, 이것은 광원이 다른 파장에 비해 한 파장에서 더 높은 세기를 갖고 있기 때문일 것이다. 들뜸 파장 의존성을 보정하기 위해 들뜸 빛의 일부분을 빛살 분할기를 사용하여 광다이오드로 보낸다. 광다이오드는 컴퓨터가 파장 효과를 보정하기 위해 사용할 수 있는 세기 데이터를 기록한다(비록 광다이오드에도 파장 의존성 응답이 있지만). 그림 7.11의 상용 장비에서, 광다이오드(번호 6)는 들뜸 단색화 장치 직후에 배치되고, 광원 보정을 위해 파장의 함수로 광원 세기를 기록한다. 상업용 기기 장치에서는 광원 세기 변화를 보정하는 많은 작업이 소프트웨어에 의해 수행된다.

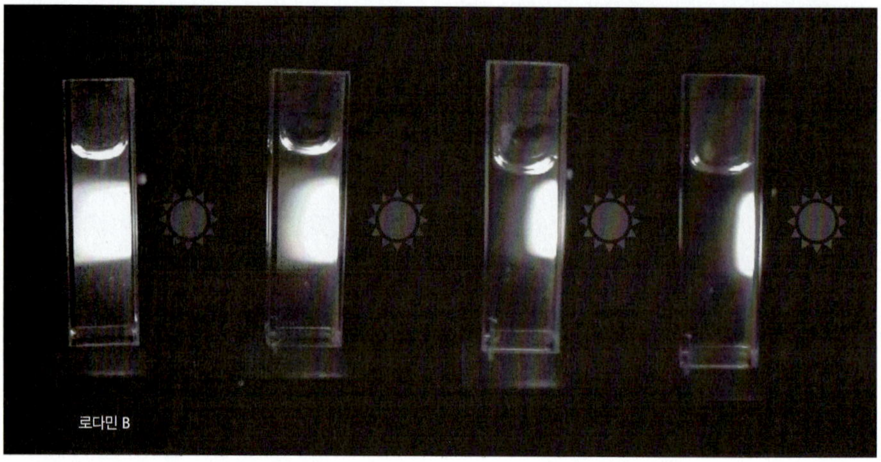

그림 7.18 로다민 B의 농도에 따른 내부 거름 효과.

◈ 높은 흡광도와 관련된 과제들

형광 데이터를 해석하는 것은 몰 흡광도가 높은 시료에 대해 더 복잡해질 수 있다. 일반적으로 시료는 큐벳 중앙에서 방출이 검출되도록 장비에 설치되는데, 이는 흡광도가 낮은 시료에 적합하다. 그러나 흡광도가 증가함에 따라 들뜸 빛이 들어오는 큐벳의 전면에서 더 많은 방출이 생긴다. 그 결과 **내부 거름**(inner filter) 효과가 발생하며, 이는 그림 7.18에 보여진다. 문제는 모여지는 빛이 큐벳의 정면에서가 아니라 큐벳 중앙에서 최대화하도록 수집 광학 장치가 배열되어 있다는 것이다. 이로 인해 측정된 결과가 실제보다 방출이 적은 것처럼 나타난다. 엄밀히 말해 내부 거름 효과는 실험 장치 설계에 따른 오차로, 들뜬 분자의 에너지가 전달돼 없어지는 소광 때문이 아니다. 몇 가지 보정 방법이 개발되었는데,[11] 그 중 한 가지 방법은 측정된 형광($F_{measured}$)을 다음 식을 이용하여 보정하는 것이다.

$$F_{corrected} = F_{measured} 10^{\frac{A_{EX}+A_{EM}}{2}} \qquad \text{식 (7.12)}$$

여기서, A_{EX} 및 A_{EM}은 들뜸 및 방출 파장에서의 흡광도이고, $F_{corrected}$는 보정된 형광이다.

◈ 떠돌이빛 오염

들뜸 빛이 형광 스펙트럼을 오염시키지 않도록 필터가 사용된다. 검출기로 들어가는 들뜸 빛을 줄이는 것은 또한 과도한 광복사에 의해 검출기가 손상될 가능성을 감소시킨다. 비슷한 이유로 들뜸 파장을 통과하여 방출 단색화 장치를 스캔하지 않는 것이 특히 중요하다. 다양한 파장 차단 범위의 필터를 구입할 수 있다.

◈ 광표백

우리는 지금까지 형광 실험에서 시료의 조사가 시료를 변화시키지 않는다고 가정했지만, 조사가 시료를 변형시키는 경우가 있다. 특히 광표백이 일어나면 복사선은 형광체가 형광을 잃게 한다. 예를 들어 광표백은 형광 염료에서 볼 수 있는데 손상은 비가역적일 수 있다.[12] 광표백을 실제 실험에서 일어나지 않게 하기 위해서는 염료가 조사되는

[11] Puchalski, M. M.; Morra, M. J.; von Wandruskzka, F. R. Assessment of Inner Filter Effect Corrections in Fluorimetry. *Anal. Chem.*, **1991**, *34*, 341 – 344.

[12] Eggeling, C.; et al. Molecular Photobleaching Kinetics of Rhodamine 6G by One- and Two-Photon Induced Confocal Fluorescence Microscopy. *ChemPhysChem*, **2005**, *6*, 791 – 804.

▶ 프로파일 _Profile

형광의 검출 한계를 낮춘다: 펨토몰 수준 및 단일 분자 검출

화학에서 시료에 특정 분자종이 존재하는지 또는 없는지 결정하는 것은 중요하다. 극미량의 낮은 농도로 존재하는 형광 분자(형광체*)를 측정하는 화학의 능력은 지난 50년 동안 눈부시게 향상되었으며, 이제는 기질에 결합된 단일 분자를 검출할 수 있게 되었다. 위쪽 그림은 두 개의 들뜸 레이저(532 nm와 780 nm)를 사용하여 두 가지 형광 분자[Cy3와 로다민그린(IRD 800)]가 결합된 올리고뉴클에오티드의 단일 분자 형광을 측정하는 데 사용된 현미경 실험 장치를 보여준다. 아래쪽 그림은 올리고뉴클에오티드가 효소(APE1)에 의해 나누어지는 것을 두 개의 다른 파장(560 nm와 810 nm) 채널에서 측정하여 효소의 작용을 고성능 현미경 단분자 검출법을 사용하여 모세관으로 흐르는 시료를 실시간으로 관찰하는 시스템을 나타내고 있다. 광학 장치가 이 장에서 논의된 일반적인 발광 장치보다 다소 복잡하지만 개념은 동일하다. 이 장비에는 들뜸 광원, SPAD(single-photon avalanche diode) 검출 장치 및 빛을 모으고 집중시키기 위한 현미경 광학 장치가 사용되고 있다. 이러한 시스템은 효소의 작용을 억제하는 신약개발을 연구하는 데 매우 효과적으로 사용되고 있다. 일반적인 상업용 형광 장치의 검출 한계 또한 계속 낮아지고 있으며, 기기장치 제조업체†는 플루오레신(많이 이용되고 강한 형광을 내는) 50 펨토몰(펨토 = 1×10^{-15}) 농도의 형광 신호를 측정할 수 있는 형광 장치를 시판하고 있다.

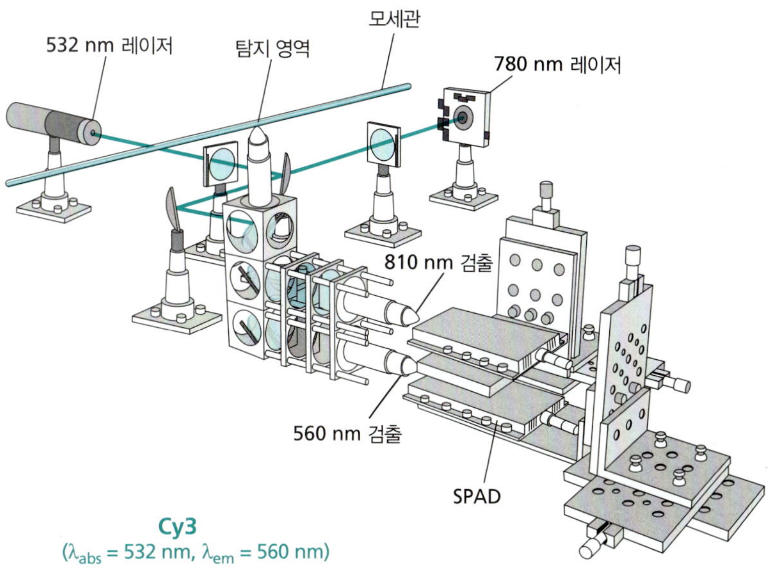

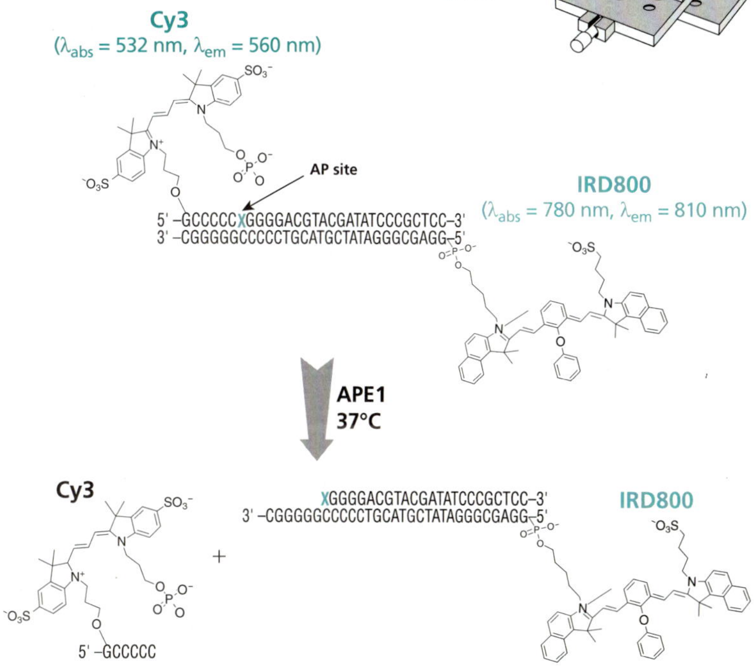

* 형광체(fluorophore)와 형광색소(fluorochrome) 둘 모두 형광을 내는 분자이다.

그림은 Lee, W.; Lee, Y.I.; Lee, J.; David, L.M.; Deininger, P.; Soper, S.A. Anal. Chem. 2010, 82, 1401에서 허락하에 가져옴.

†*예를 들어 Horiba FluoroLog 및 PTI QuantaMaster 30.*

시간(또는 사용되는 들뜸 빛의 세기)이 광표백 임계값보다 낮게 유지시켜야 한다. 높은 세기 레이저를 들뜸에 사용하는 경우 광표백이 더 심각한 문제가 된다.

문제 7.13 UV-vis 흡수 분광법(6장)을 논의할 때는 검출기의 스펙트럼 응답을 보정하는 것에 관해 논의하지 않았다. 이러한 검출기 보정이 형광 측정기로 들뜬 상태 스펙트럼을 측정할 때는 필요하지만, UV-vis 흡수를 측정할 때는 필요하지 않은 이유는 무엇인가?

▶ 프로파일 _Profile

형광을 이용한 DNA와 RNA의 농도 측정

강한 형광을 내는 다양한 염료를 특정 분자에 선택적으로 결합시킬 수 있다. 염료가 어느 분자에 결합하는지 알면, 그 특정 분자의 양을 측정하는 수단으로 염료의 형광 세기를 사용할 수 있다. 이 접근법은 DNA, RNA 및 단백질의 양을 결정하는 데 널리 사용되고 있다. 이러한 목적으로 사용되는 소형 특수 장비의 예가 여기에 소개되어 있다. 형광 측정기에는 들뜸 광원으로 사용하기 위한 470 nm LED와 635 nm LED, 검출기로 사용되는 광다이오드, 그리고 파장 분별을 위한 필터가 들어 있다. ■

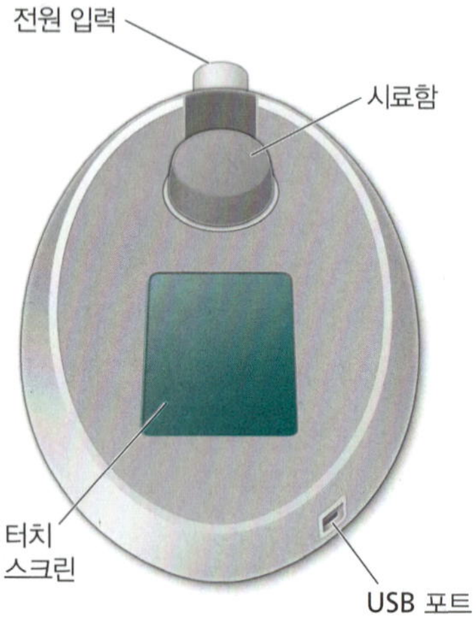

7.5 추가 형광 기반 기술들

형광 분광법에는 여러 가지 변형이 있으며 새로운 기법이 항상 등장한다. 극히 소량(단일 분자)의 형광을 조사하는 것에서 매우 짧은 시간 단위(펨토초)로 형광을 연구하는 것까지 형광 분광법의 한계를 넓히는 노력이 계속되고 있다. 또한 형광 신호를 이용하는 많은 전문 기술들이 있다.

◆ 화학 발광

화학 발광(chemiluminescence)에서, 분석물의 전자를 들뜨게 하고 발광을 발생시키는 에너지는 광원이 아니라 화학 반응에서 온다. 글로우 막대[13]에서의 빛 방출은 화학 발광의 일반적인 예인데, 막대의 두 용기(한 쪽은 형광 물질을 포함하고 다른 한 쪽은 시약 포함) 사이의 경계를 끊으면 내용물이 혼합되고 그 결과로 생기는 화학 반응이 발광을 낸다. 일반적으로 이 기술은 특정 시료를 화학 발광을 발생하는 데 필요한 화학 반응을 일으키는 다른 물질과 결합시켜야 한다. PMT와 광다이오드는 발광 측정기(luminometer, 화학 발광의 측정에 사용되는 기구에 붙이는 이름)의 일반적인 검출기로 쓰인다. 화학 발광은 들뜸 광원을 필요로 하지 않는 이점이 있지만, 상대적으로 많지 않은 화학 반응만이 화학 발광을 유발할 수 있다는 단점이 있다. 이러한 단점은 시판 시약이 있는 경우에 극복될 수 있다. 예를 들어 화학 발광에 의한 ATP의 정량 분석

[13] Kuntzleman, T. S.; Rohrer, K.; Schultz, E. The Chemistry of Lightsticks: Demonstrations to Illustrate Chemical Processes. *J. Chem. Ed.*, **2012**, *89(7)*, 910–916.

은 식품 산업에서 청결도 확인을 위해 표면상 유기 물질의 양을 측정하는 데 사용된다. Luminol(3-아미노프탈하이드라지드)은 많은 다른 화합물뿐만 아니라 heme 화합물의 존재를 결정하는 데 사용되는 일반적인 화합물이다.[14]

◈ 형광 편광

편광 기반 형광(형광 편광이라고도 함)에서는 편광된 들뜸 광원을 사용하거나, 특정 편광원을 선택하기 위해 편광되지 않은 들뜸 광원 앞에 편광기를 배치한다. 전이 이중 극자 모멘트가 입사광의 편광 방향과 평행한 분자는 들뜸 빛을 흡수하여 형광을 낼 수 있다. 전이 이중 극자 모멘트가 입사광의 편광에 수직인 분자는 들뜸 빛을 흡수하지 않으며 형광을 내지 않을 것이다. 따라서 관찰된 모든 형광은 광원의 편광과 평행하게 편광되어 있다. 흡수와 방출 사이에는 일정한 시간이 있고 이 시간 동안 분자가 회전하고 있기 때문에, 일부 형광은 들뜸 광원과 다른 편광을 갖는 회전된 분자에 의해 방출된다.

분자가 회전한 양은 분자의 크기 및 형태(즉, 유체 역학적 부피), 용액의 점도 및 온도의 함수로 주어지는데, 들뜸 편광에 비해 방출 편광이 어느 정도 회전하는지를 가지고 이러한 변수의 특성을 파악하기도 한다. 회전할 수 있는 편광판을 사용하여 모든 편광에서 형광 양을 측정할 수 있는데, 이를 이용하여 편광도(P)를 결정한다. 편광도(P)는 다음과 같이 계산된다.

$$P = \frac{F_{\parallel} - F_{\perp}}{F_{\parallel} + F_{\perp}} \qquad \text{식 (7.13)}$$

여기서, $F_{\parallel}$는 들뜸 광원에 평행하게 편광된 형광의 세기이고, $F_{\perp}$는 들뜸 광원에 수직으로 편광된 형광의 세기이다. 이 기술은 단백질-리간드 상호 작용 연구에 매우 유용하다.[15]

문제 7.14 가능한 편광도(P) 값의 극한 범위는 얼마인가? P의 가장 낮은 값과 가장 높은 값에서 발생하는 현상을 설명하라.

◈ 공명 에너지 전달 분광법

공명 에너지 전달(resonance energy transfer, RET 혹은 FRET이라고도 불리는데, 여기서 F는 fluorescence 또는 Forster를 의미함)는 다양한 분자 시스템, 특히 단백질을 연구하는 데 사용되는 또 다른 중요한 형광 기술이다. 기기 장치의 관점에서 RET는 기존의 형광 측정기를 변경하지 않고도 수행할 수 있다. 그러나 RET는 특정 두 분자가 매우 근접한 위치를 보여주는 영상을 만들어내는 현미경 형태로 대부분 수행된다. 예를 들어 RET 영상은 살아있는 세포의 생화학적 과정을 보여주는 데 사용되었다.[16] RET는 특정 분자 사이의 거리에 대한 중요한 정보를 10~100 Å 수준에서 제공할 수 있다. 이 거리 감지 능력으로 인해 RET는 분광학적 또는 분자 나노자(nanoruler)[17]고 불린다.

---

[14] Wu, Z. J.; Wang, C.; Ju, H.; Yan, F. Chemiluminescence Imaging Immunoassay of Multiple Tumor Markers for Cancer Screening. *Anal. Chem.,* **2012,** *84(5),* 2410–2415.

[15] Rossi, A. M.; Taylor, C. W. Analysis of Protein-Ligand Interactions by Fluorescence Polarization. *Nature Protocols,* **2011,** *6,* 365–387.

[16] Sekar R. B.; Periasamy, A. Fluorescence Resonance Energy Transfer (FRET) Microscopy Imaging of Live Cell Protein Localizations. *Journal of Cell Biology,* **2003,** *160(5),* 629–633.

[17] Sahoo, H. Förster resonance energy transfer—A Spectroscopic Nanoruler: Principle and Applications. *Journal of Photochemistry and Photobiology C: Photochemistry Reviews,* **2011,** *12(1),* 20–30.

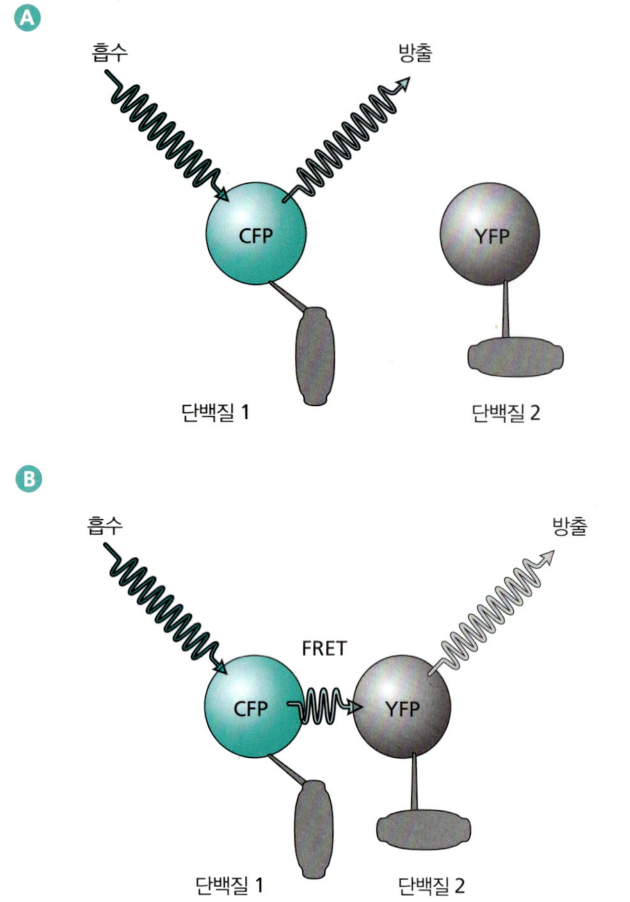

그림 7.19 (A) YFP가 너무 멀리 떨어져 있기 때문에 FRET이 없는 CFP의 흡수 및 방출, (B) CFP로부터의 흡수와 CFP와의 근접으로 인한 YFP로의 공명 에너지 전달 및 YFP로부터의 방출.

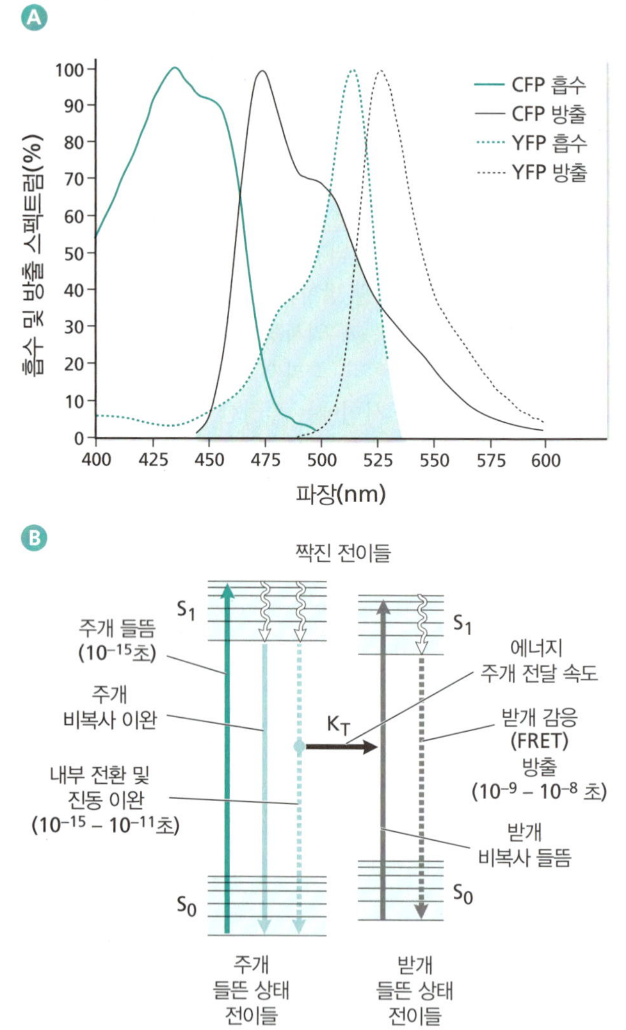

그림 7.20 (A) CFP 및 YFP의 흡수 및 방출 스펙트럼(CFP 방출 및 YFP 흡수의 중첩 주목), (B) RET 과정의 Jablonski 도표.

그림 7.19은 RET 과정을 도식적으로 나타낸 것이다. 이 기술에서는 염료 분자[18](주개, 청색 형광 단백질, 즉 그림에서 CFP)가 관심 있는 관련 분자(단백질 1)에 선택적으로 결합하도록 선택된다. 주개는 빛을 흡수하여 들뜬 상태로 전이되며 형광을 낼 수 있다. 근처에 있지만 다른 유형의 염료 분자(받개, 황색 형광 단백질, 즉 그림에서 YFP)가 충분히 가까이 있으면, 들뜬 염료 분자(주개)가 이 받개에 비복사적으로 에너지를 전달할 수 있다. 두 번째 염료인 YFP는 관심 있는 다른 분자(단백질 2)에 선택적으로 결합하도록 선택된다. 공명 에너지 전달로 인해, 이제 들뜬 상태에 있는 받개가 형광을 낼 수 있다. 받개 염료는 주개를 들뜨게하는 초기 들뜸 파장이 받개를 들뜨게 할 수 없으며, 받개 염료가 주개와 다른 파장에서 형광을 갖도록 선택된다.

RET에서는 주개의 들뜬 상태로부터 받개의 들뜬 상태로 공명 에너지가 전달되어야 하기 때문에, 그림 7.20에 표시된 것처럼 주개의 방출 스펙트럼이 받개의 흡수 스펙트럼과 스펙트럼상에서 겹치는 것이 중요하다. RET 과정에 대한 Jablonski 도표도 그림 7.20에 나와 있다.

18 양자점은 RET를 위해 사용될 수 있다.

주개와 받개 사이의 거리(즉, 단백질 1과 2 사이의 거리)는 받개가 빛을 발산할 가능성을 결정하는 데 중요한 역할을 하는데, 이것이 기술의 핵심이다. 받개로부터의 형광의 양은 $1/r^6$의 함수로 변하는데, 여기서 r은 주개 및 받개 분자 사이의 거리이다. RET에서 주개에서 받개로의 에너지 이동에 대한 속도 상수(K_T)는 다음과 같다.

$$K_T(r) = \frac{1}{\tau_D}\left(\frac{R_0}{r}\right)^6 \qquad \text{식 (7.14)}$$

여기서, τ_D는 주개의 수명(받개가 없는 경우)이고, R_0는 Forster 거리(주개와 받개 사이의 스펙트럼 중첩과 형광체의 방향을 포함한 여러 요소와 관련)이다. R_0는 우리가 FRET로 조사할 수 있는 최대 거리라고 생각할 수 있다. 이 기술로 측정할 수 있는 거리는 생물학적 거대 분자들과 관련된 거리 정도이다. 본질적으로 이 기법은 주개로부터 가장 작은 거리(일반적으로 10 nm 미만)에 있는 받게 분자에서의 형광을 측정한다.

RET에서 주개로부터 받개로의 비복사 에너지 전달은 일종의 소광이지만, 이 장의 앞부분에서 논의한 동적 소광과는 다르다. RET에서 주개와 받개는 주개의 방출 스펙트럼과 받개의 흡수 스펙트럼 사이에 스펙트럼 겹침이 있어야 한다. 반면에 동적 소광에서는 에너지 전달이 충돌로 인한 것이기 때문에 스펙트럼 겹침이 필요하지 않다.

◆ 다광자 들뜸

지금까지 우리는 하나의 광자가 흡수와 관련 있다고 가정했다. 즉, 하나의 광자 에너지는 바닥 상태와 들뜬 상태의 차이에 해당된다. 고출력 레이저원이 들뜸 광원으로서 사용될 때, 두 개의 광자(또는 그 이상)가 바닥 상태로부터 더 높은 에너지로의 흡수를 유발할 수 있다. 이 때 두 상태 사이의 에너지 차이는 두 개 광자의 에너지의 합이다. 예를 들어, 532 nm 고출력 레이저가 532 nm에서 흡수하지 않지만 266 nm에서 흡수하는 시료에 입사하는 경우 이광자 흡수가 가능하다. 일광자 흡수와 이광자 흡수를 보여주는 Jablonski 도표가 그림 7.21에 나와 있다. 일단 두 개의 광자가 흡수되면, 붕괴 과정은 이전에 논의한 것과 다르지 않다.

이광자 유도 형광은 방출을 유도하는 점적 크기(spot size)를 통제하려고 할 때 가치가 있어서, 작은 구조를 연구할 때 중요하다. 이광자 흡수는 가장 강한 세기에서만 발생하기 때문에 방출이 일어나는 부피가 일광자 흡수에 비해 훨씬 작은데, 이 효과는 그림 7.21에서 볼 수 있다.

문제 7.15 RET 분광법에서 어느 한 주개 CFP와 특정 받개 GFP는 Foster 거리가 4.8 nm이다. CFP의 형광 수명은 GFP 단백질 없이 2.1 ns이다. 6 nm의 주개-받개 거리에 대한 속도 상수를 계산하라.

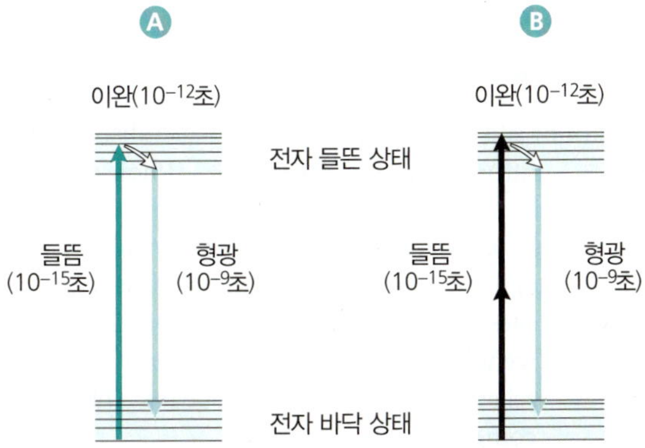

그림 7.21 (A) 일광자 흡수와 (B) 이광자 흡수의 구별을 보여주는 Jablonski 도표.

초점면 이외에서의 형광 Ⓐ　　초점에서만의 형광 Ⓑ

그림 7.22 (A) 한 개와 (B) 두 개의 광자에 의한 형광. 그림 (B)의 화살표는 이광자 흡수 및 형광으로 인한 매우 작고 희미한 점을 가리킨다.

문제 7.16 다광자 흡수의 한 가지 이점은 특정 유형의 시료(예, 살아있는 생물 시스템)에 더 깊이 침투할 수 있는 능력이다. 특정 시스템에서 300 nm 광자는 일광자 흡수에 의해 흡수된다. 어떤 파장의 광자가 이광자 과정으로 동일한 전이를 발생시킬 수 있을까? 삼광자 과정으로 같은 전이를 일으킬 수 있는 광자의 파장은 얼마인가? Jablonski 도표에 각 과정을 대략적으로 나타내라.

7.6 심화자료

Books

Lakowicz, J. R. *Principles of Fluorescence Spectroscopy*, 3rd ed., Springer: NY, **2006**.

Turro, N. J. *Modern Molecular Photochemistry*, University Science Books: Sausalito, CA: **1991**.

Journals

Adhikary, R.; Mukherjee, P.; Krishnamoorthy, G.; Kunkle, R. A.; Casey, T. A.; Rasmussen, M. A.; Petrich, J. W. Fluorescence Spectroscopy of the Retina for Diagnosis of Transmissible Spongiform Encephalopathies. *Anal. Chem.*, **2010**, *82(10)*, 4097–4101.

Brouwer, A. M. Standards for Photoluminescence Quantum Yield Measurements in Solution (IUPAC Technical Report). *Pure Appl. Chem.*, **2011**, *83(12)*, 2213–2228.

Flores, R. V.; Solá, H. M.; Torres, J. C.; Torres, R. E.; Guzmán, E. E. Effect of pH on the Heat-Induced Denaturation and Renaturation of Green Fluorescent Protein: A Laboratory Experiment. *J. Chem. Ed.*, **2013**, *90(2)*, 248–251.

Jenkins, J. L.; Welch, L. E. A Mechanistic Study of Terbium Phosphorescence Quenching, *J. Chem. Ed.*, **2009**, *86(5)*, 613.

Koenig, M. H.; Yi, E. P.; Sandridge, M. J.; Mathew, A. S.; Demas, J. N. "Open-Box" Approach to Measuring Fluorescence Quenching Using an iPad Screen and Digital SLR Camera. *J. Chem. Ed.*, **2015**, *92(2)*, 310–316.

MacCormac, A.; O'Brien, E.; O'Kennedy, R. Classroom Activity Connections: Lessons from Fluorescence. *J. Chem. Ed.*, **2010**, *87(7)*, 685–686.

Rusak, D. A.; James W. H. III, Ferzola, M. J.; Stefanski, M. J. Investigation of Fluorescence Lifetime Quenching of Ru(bpy)32+ by Oxygen Using a Pulsed Light-Emitting Diode. *J. Chem. Ed.*, **2006**, *83(12)*, 1857.

Schlamadinger, D. E.; Kats, D. I.; Kim J. E. Quenching of Tryptophan Fluorescence in Unfolded Cytochrome c: A Biophysics Experiment for Physical Chemistry Students. *J. Chem. Ed.*, **2010**, *87(9)*, 961–964.

Schwarz F. P.; Wasik, S. P. Fluorescence measurements of benzene, naphthalene, anthracene, pyrene, fluoranthene, and benzo[e]pyrene in water, *Anal. Chem.* **1976** *48*(3), 524–528.

Seetohul, L. N.; Islam, M.; O'Hare; W. T.; Ali, Z. Discrimination of teas based on total luminescence spectroscopy and pattern recognition. *Journal of Science of Food and Agriculture*, **2006**, *86(13)*, 2092–2098.

Wilczek-Vera G.; Dunbar, E.; Salin, E. D. Understanding Fluorescence Measurements through a Guided-Inquiry and Discovery Experiment in Advanced Analytical Laboratory. *J. Chem. Ed.*, **2011**, *88*(2), 216–219.

Online Resources

For a list of common emission and absorption spectra, go to http://omlc.ogi.edu/spectra/PhotochemCAD/index.html

Many equipment manufacturers provide excellent resources on applications of their instruments; see, for example, the websites of Horiba (http://www.horiba.com), Bruker (https://www.bruker.com), Thermo Scientific (http://www.thermoscientific.com/), and Picoquant (https://www.picoquant.com/).

7.7 연습 문제

7.1 2장에서 위치 에너지적으로 채워진 들뜬 상태에서 열 에너지가 하는 역할에 대해 논의하면서 Boltzmann 분포를 소개했다.

(a) 그림 7.5의 안트라센 형광 스펙트럼을 사용하여 S_0의 진동 바닥 상태와 S_0의 첫 번째 들뜬 진동 상태 사이의 에너지 상태 차이를 추정하라.

(b) Boltzmann 분포와 (a)의 결과를 사용하여 273K(상온)와 350K에서 S_1의 바닥 진동 상태에 대한 S_0의 첫 번째 들뜬 진동 상태의 입자수 비율을 계산하라. $g_2 = g_1 = 1$이라고 가정한다.

7.2 강력한 펄스 레이저, $\lambda = 266$ nm가 시료를 들뜨게 하기 위해 사용되고 있다. 방출 스펙트럼에서 두 개의 피크를 발견할 수 있는데, 하나는 505 nm이고 다른 하나는 532 nm이다. 문헌 검색에 의해 505 nm 피크는 예상되었지만, 532 nm 피크는 어떤 논문에서도 보고되지 않았다. 그 원인은 무엇일까? 여러분의 가설을 어떻게 시험할 수 있을까?

7.3 형광 편광 실험을 수행 중이며 상온에서 시료의 편광도가 0.5라고 결정되었다. 더 높은 온도에서 편광 측정을 한 경우 이 값이 증가, 감소 또는 동일하게 유지될 것으로 예상되는지 설명하라.

7.4 형광의 강도인 F에 영향을 주는 요인에 대한 논의에서 우리는 모든 세부 사항을 생략했지만, 10^{-x}에 대해 Taylor 전개를 사용하여 식 (7.5)에서 (7.6)을 만들었다. 10^{-x}에 대한 Taylor 전개는 다음과 같다.

$$10^{-x} = 1 - [\log(10)]x + \frac{1}{2}[\log(10)]^2 x^2 - \frac{1}{6}[\log(10)]^3 x^3 + \frac{1}{24}[\log(10)]^4 x^4 + \ldots$$

Taylor 전개를 사용하여 식 (7.6)을 유도하라.

7.5 어떤 소광 실험에서 소광이 있는 형광에 대한 소광이 없는 형광의 비율이 소광체 농도에 따라 선형적으로 증가한다는 것을 발견했다. 소광 농도가 증가함에도 소광하지 않은 수명에 대한 소광하는 수명의 비율은 변하지 않았다. 이 경우 어떤 유형의 소광이 발생하고 있는가?

7.6 소광 용액의 한 형광체가 8 L/M의 K_q를 갖는다. 형광 세기는 소광체가 없는 경우 35 mV이다. 0~0.5 M/L 농도에 대해 [Q]의 함수로 형광 세기를 그려라.

7.7 흡광도가 높은 시료에 대한 일련의 형광 데이터가 있을 때, 내부 거름 효과가 측정된 세기에서 20% 이상의 오차를 초래하는지 판단하라. 들뜸 파장에서의 광학 밀도(OD)는 0.1이고, 방출 파장에서의 OD는 0.15이다.

7.8 6장 9절에서 순간 광분해를 복습한 후, 순간 광분해와 시간 분해 형광 분광법을 기기 장치 구성 요소의 유사점과 차이점, 신호 획득의 유사점과 차이점 등을 고려하여 서로 비교하고, 대비하라.

7.9 형광 사건의 전형적인 수명 범위는 얼마인가? 또한 인광 사건의 전형적인 수명 범위는 얼마인가?

7.10 안트라센과 테트라센을 고려하여 이 질문에 답하라.

(a) 어떤 분자의 양자 수득률이 더 클 것으로 예상되는가?

(b) 형광에 대해 더 짧은 피크 파장을 가질 것으로 예상되는 분자는 어느 것인가?

7.11 한 분자가 700 nm의 파장에서 단일 인광 피크를 나타내고, 590 nm에서 단일 형광 피크를 보인다. 흡수 피크는 490 nm이다. 이 정보를 바탕으로 Jablonski 도표를 대략적으로 그려 각 전이를 표시하고, 이들 에너지 상태의 차이를 nm 및 cm^{-1}로 계산하라.

그레인저의

핵심 기기분석

INSTRUMENTAL ANALYSIS

제 8 장

적외선 분광법

Infrared Spectroscopy

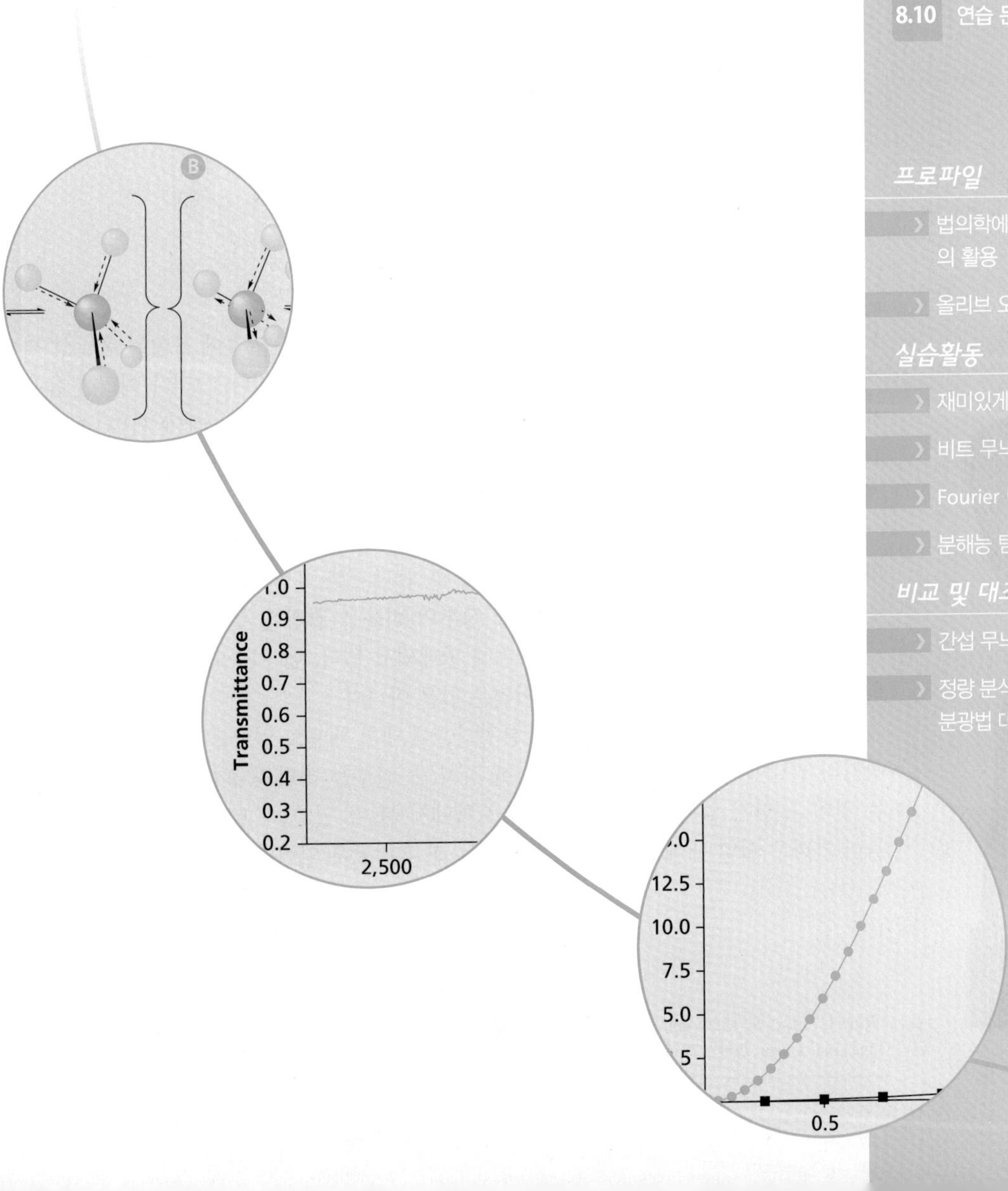

개념 _Concepts

특집 _Features

▸ 프로파일 _Profile

법의학에서의 Fourier 변환 적외선 분광법의 활용

우리는 모두 범죄 현장에서 발견되는 독특한 지문 패턴, 즉 피부 표면의 일부인 기름에 남겨진 패턴을 통해 범죄자를 알아내는 TV 쇼를 시청한 적이 있다. 연구원들은 지문 오일에 대한 추가 분석을 수행할 것이다. 지문 자체는 몇 마이크로그램의 기름으로 이루어져 있으며 석유의 화학 성분 분석을 통해 카페인, 폭발성 물질 또는 수사관에게 가해자의 신원에 대한 단서를 제공할 수 있는 수많은 화학 물질의 존재를 밝혀낼 수 있다. *Analytical Chemistry*에 실린 2007년 논문에서 Sergei Kazarian과 동료들*은 Fourier 변환 적외선 분광기(FTIR)을 사용하여 잠재 지문의 화학 성분을 직접 조사했다. 이제 수사관들은 젤라틴 테이프를 사용하여 범죄 현장에서 지문을 "들어 올리거나" FTIR 분광기를 사용하여 지문 오일의 화학 성분을 조사할 수 있다.

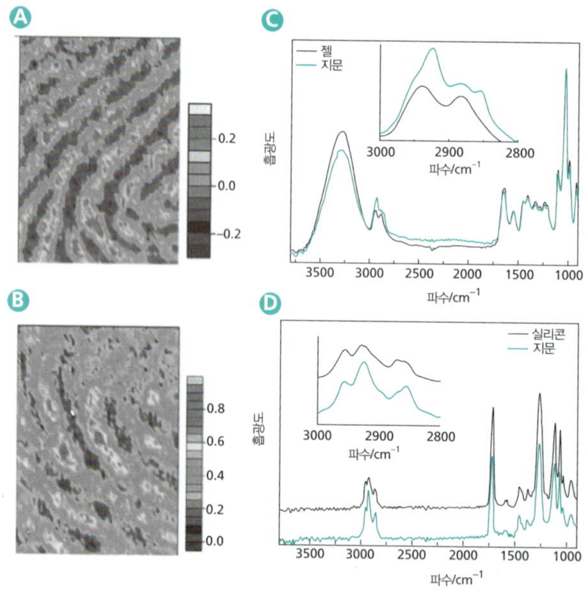

문손잡이에서 들어 올려진 잠재지문의 ATR FTIR 분광 이미지

FTIR 분광법의 추가적인 발전을 통해, 법의학 조사관들은 지문에 포함된 폭발성 찌꺼기 또는 특정 오일, 향수 등의 화학 성분에 대해 조사할 수 있다. 그러나 이러한 응용을 현장에서 바로 사용할 수 있게 하려면 기기 자체의 휴대가 가능해야 한다. Agilent Technologies는 2014년 3월 Agilent 4300 휴대용 FTIR 분광기를 출시하여 "사용자가 적외선 분석 기능을 실험실에서 현장으로 가져올 수 있도록 하였다."

Agilent 4300은 기계 가공된 금속 부품의 산화 검출, 금속 표면에 오염물이 없음을 확인하는 것, 폴리머 구성 요소의 신뢰성을 확인하는 것, 표면 코팅의 두께와 균일성을 측정하는 것 그리고 화학 물질 내 주요 성분의 비율을 결정할 수 있는 것을 포함하여 품질 관리 어플리케이션에 사용되기 위해 판매되고 있다. 이 기술의 발전이 일류 법의학 도구로 이어지는 것은 상상하기 어려운 일은 아니다.

우리는 다음 장에서 다른 휴대용 분광기들에 대한 내용도 알아볼 것이다. 휴대용 분광기의 발달에서의 다음 단계란 이러한 장치 중 일부를 하나의 휴대용 장치에 결합하는 것이다. 인기 있는 TV 시리즈 *스타 트랙*에서 볼 수 있었던 "트라이코더"와 같은 것들이 가까운 시일 내에 현실이 될 수 있다는 건 흥미로운 일이다. ■

* *Ricci, C.; Bleay, S.; Kazarian, S. G. Spectroscopic Imaging of Latent Fingermarks Collected with the Aid of a Gelatin Tape. Anal. Chem., 2007, 79, 5771-5776.*

8.1 화학 구조와 분자 진동

1장에서 우리는 적외선(IR) 분광기가 분자 진동 모드를 연구하는 데 사용된다고 언급했으며, 이것은 우리에게 분석 물질의 분자 구조에 대한 실질적인 정보를 제공한다. *진동 방식*은 진동에 관련된 모든 원자가 사인 곡선 운동을 하는 분자 내에서의 고유한 진동을 말하며, 모든 원자의 운동은 같은 위상을 공유한다. 이 시점에서 우리가 명백히 밝혀야 할 부분이 있다. *그것은 바로 분자의 두 원자 사이에 진동을 가지려면 원자 사이에 결합을 가져야 한다는 것이다.* IR 분광법의 중요한 용도 중 하나는 분자 내에 존재하는 결합 유형을 결정짓는 것이다.

*IR 스펙트럼*은 다음과 같이 *근적외선*(14,000~4,000 cm^{-1}), *중적외선*(4,000~400 cm^{-1}), *원적외선*(400~10 cm^{-1}), 이 세 가지로 나눌 수 있다. 이는 인간의 눈이 700 nm (~14,286 cm^{-1}) 정도의 낮은 검출 한계를 갖기 때문에 이에 대한 인간 중심적인 관계에 기초하여 명명되었다. 이 장에서 설명하는 분광법은 중적외선 영역을 사용한다. 중적외선 복사는 분자 내의 결합과 관련된 주요 진동 방식을 조사하는 데 사용되므로 사용자는 분자에 있는 작용기에 대한 중요한 정보를 얻을 수 있다. 또한 이 장에서는 IR 분광법이 분석자에게 어떠한 방법으로 분자의 전반적인 대칭에 대한 중요한 정보를 제공할 수 있는지에 대해 논의할 것이다.

분자의 결합을 스프링으로 묶인 두 개의 질량, 즉 고전 조화 진동자로 모델링할 수 있으며, 고전 조화 진동자는 *진동 주파수*를 다음과 같이 정의한다.

$$\omega_{(\text{진동})} = \sqrt{\frac{k}{\mu}} \qquad \text{식 (8.1)}$$

여기서 k는 *유효 스프링 상수*(분자의 두 원자 사이의 화학 결합의 경직도와 관련됨)이며 μ는 계의 환산 질량이다. *환산 질량*은 다음과 같이 구할 수 있다.

$$\mu = \frac{m_1 m_2}{m_1 + m_2} \qquad \text{식 (8.2)}$$

여기서 m_1과 m_2는 화학 결합에 참여하는 원자의 질량이다. 실제로 수식 (8.1)의 구성요소에 대해 생각해보자. 식 (8.1)의 k는 분자의 진동(단일, 이중, 삼중)과 관련된 결합 유형을 나타내며, 값 m은 결합에 참여하는 원자의 질량에 관여 한다(C–C 대 C–O, 대 C–H, 그 밖의 것들도).

두 원자 사이 각각의 독립적인 결합은 고유한 진동수로 진동한다. 우리는 카보닐 작용기를 볼 때에 이러한 독립성을 확인해 볼 수 있다.

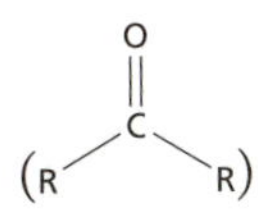

모든 카보닐 결합은 약 5×10^{13} Hz의 주파수로 진동한다. 그러나 정확한 진동 주파수는 국소적인 분자 환경(즉, 분자의 나머지)에 의해 영향을 받기 때문에, 특정 분자에서의 나타난 특징적인 카보닐 결합의 진동은 고유하다고 볼 수 있다. 이는 상대적으로 5×10^{13} Hz에 가까울 수 있지만 특정 분자의 특징적인 주파수 성질에 맞춰질 것이다. 분자 di-2-pyridyl ketone (DPK)을 예로 들어 설명하겠다. 금속 중심에 결합할 때 DPK의 케톤 그룹의 주파수와 DPK 분자 자체의 케톤 그룹의 주파수를 비교함으로써 국소적인 분자 환경 효과를 설명할 수 있다. DPK의 케톤 진동은 자유 분자에 대해 5.09×10^{13} Hz로 나타나지만 전이 금속 착물에서 백금 중심에 결합하게 되면 주파수가 5.14×10^{13} Hz로 이동한다. 케톤 피크는 5×10^{13} Hz 근처에 남아 있지만, 정확한 주파수는 케톤 그룹 포함하고 있는 분자에 고유하게 된다. 그림 8.1은 백금 중심에 결합된 DPK의 IR 스펙트럼을 보여준다.

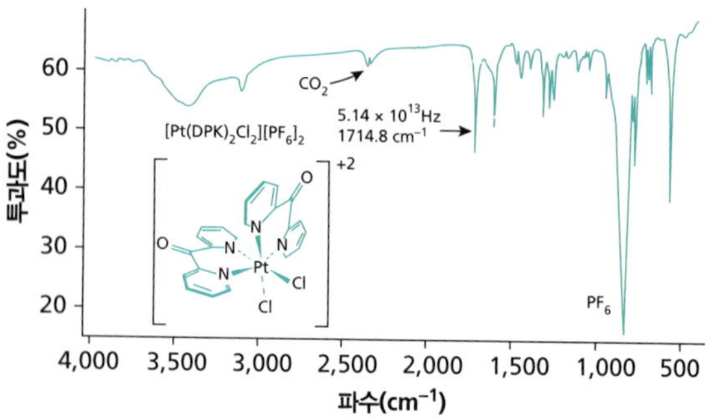

그림 8.1 KBr 펠렛을 사용한 $[Pt(DPK)_2Cl_2][PF_6]_2$의 IR 스펙트럼.

$[Pt(DPK)_2Cl_2][PF_6]_2$는 고체인 포타슘 브로마이드(KBr 펠렛)에서 현탁액으로 취하였으며, 케톤의 신축 운동은 5.14×10^{13} Hz에서 명확하게 확인할 수 있다.

◆ 파수와 적외선 스펙트럼 영역

그림 8.1의 x축은 헤르츠 대신 파수라는 단위를 사용한다는 것에 주의하자. 역 센티미터(cm^{-1})의 단위는 파수(wave number)라 불리며, 기호 ν를 사용하는 헤르츠 단위에서의 주파수와 구별하기 위해 $\bar{\nu}$를 사용한다. 진동의 주파수는 파장의 역수에 비례하므로 파수는 본질적으로 주파수 단위라 할 수 있다. 그러나 주파수 대신 파수를 사용해 과학적 표기법의 필요성을 피함으로써, IR 스펙트럼을 표시할 때 가로축이 지나치게 복잡해지는 것을 방지할 수 있다.

광자의 에너지와 그것의 주파수 또는 파장 사이의 관계를 다시 한 번 살펴보면 다음과 같다.

$$E = h\nu = \frac{hc}{\lambda} \qquad \text{식 (8.3)}$$

여기서

- E = 광자의 에너지(줄)
- h = 플랑크 상수(6.626×10^{-34} J·s)
- ν = 주파수(헤르츠, s^{-1})
- c = 빛의 속도(3.00×108 m/s)
- λ = 파장(미터)

문제 8.1 다음의 각 주파수를 파수로 변환하라.

(a) 4.98×10^{13} Hz (c) 1.2×10^{13} Hz (e) 9.0×10^{13} Hz
(b) 6.24×10^{13} Hz (d) 1.2×10^{14} Hz (f) 2.4×10^{13} Hz

문제 8.2 각 원자 쌍에 대해 환산 질량을 결정하라.

(a) HCl (c) HBr (e) CN
(b) DCl (d) CO (f) CH

문제 8.3 다음의 각각의 파수를 (1) 파장(μm), (2) 파장(nm 단위), (3) 주파수(헤르츠, s^{-1}), (4) 에너지(J)로 변환하라.

(a) 3,000 cm^{-1} (c) 1,710 cm^{-1} (e) 800 cm^{-1}
(b) 4,000 cm^{-1} (d) 2,100 cm^{-1} (f) 1,500 cm^{-1}

문제 8.4 다음 주어진 파장을 파수로 변환하라.

(a) 3.3 mm (c) 5.85 mm (e) 12.5 mm
(b) 2.5 mm (d) 4.76 mm (f) 6.7 mm

그룹 진동수

위에서 보인 것처럼, 1,690~1,790 cm^{-1} 영역의 IR 스펙트럼에서 카보닐 피크[1]를 발견할 것으로 예상할 수 있다. 이렇듯 특정 결합 유형과 관련된 파수의 범위 또는 띠를 그룹 *주파수*라 한다.

그룹 주파수를 나타낸 표는 유기화학 교과서와 웹페이지에서 쉽게 찾을 수 있다. 그룹 주파수의 가장 포괄적인 목록 중 하나는 CRC 안내서에서 찾을 수 있다.[2] 표 8.1는 몇 가지 기본적인 작용기 및 결합 유형의 그룹 주파수를 나타내고 있다.

표 8.1 ▸ **기본적인 특정 그룹 주파수(cm^{-1})* 및 스펙트럼 예시**

결합 유형	$\bar{\nu}$	결합 유형	$\bar{\nu}$
RO-H (알코올 페놀)	3,200~36,500	R-C(=O)-OR (에스터, C=O)	1,735~1,750
R-C(=O)-O—H (카복실 산, O-H)	2,500~3,000	R-C(=O)-OH (카복실 산, C=O)	1,710~1,770
R_3C—H (알케인)	2,840~2,960	R-C(=O)-H; R-C(=O)-R (알데하이드와 케톤 C=O)	1,690~1,745
R_2C=CRH (알켄, C-H)	3,050~3,100	C=C (알켄)	1,620~1,680
RC≡C-H (알카인)	3,280~3,310	RC≡CR (알카인)	2,100~2,260
Ar-H (방향족 신축) (굽힘)	~3,300 680~860	RC≡N	2,220~2,260

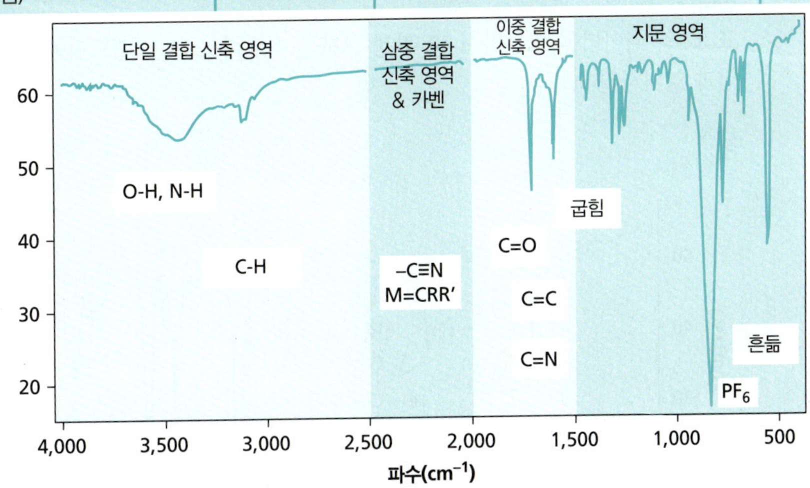

*그룹 주파수에 대한 확장된 목록은 표 8.2에 있음.

[1] 알데하이드, 케톤, 카복실 산 및 에스터.

[2] *Handbook of Chemistry and Physics*. Vol. 91, **9**, 110-114, **2011**.

IR 스펙트럼 분석 분야의 전문가가 많은 수의 그룹 주파수의 범위를 기억하는 데 상당한 노력을 기울일 때가 있었다. 그러나 대부분의 최신 IR 분광기는 분석자로 하여금 스펙트럼에서 관측된 피크의 작용기 영역을 식별할 수 있도록 프로그래밍된 알고리즘을 가지고 있다. 그렇지만 가장 일반적인 그룹 주파수에 대해선 익히는 것이 현명하다. 예를 들어 저널 논문이나 학술대회 강연처럼 분광계 소프트웨어에 없는 IR 스펙트럼을 해석해야 할 때가 있기 때문이다. 만일 IR을 효율적으로 사용하고 싶다면 공통 그룹 주파수를 기억해야 한다.

» 예제 8.1

아세트산의 스펙트럼은 다음과 같다. IR 활성 작용기를 결정하고 스펙트럼의 피크를 분자 부분에 할당하여 아세트산의 스펙트럼을 분석하라.

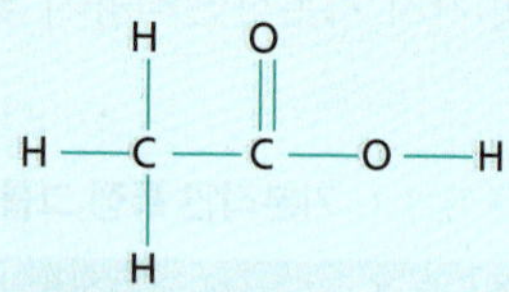

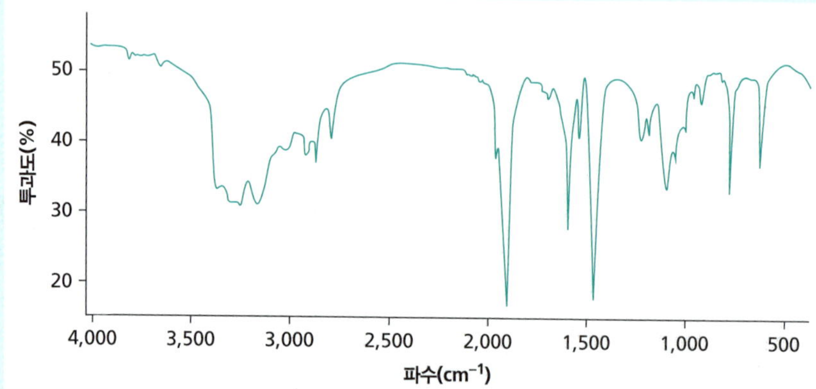

전략 ›

표 8.1의 데이터를 활용하여 IR 활성 그룹을 식별하고 IR 스펙트럼에서 관찰된 영역과 일치시킨다.

답 ›

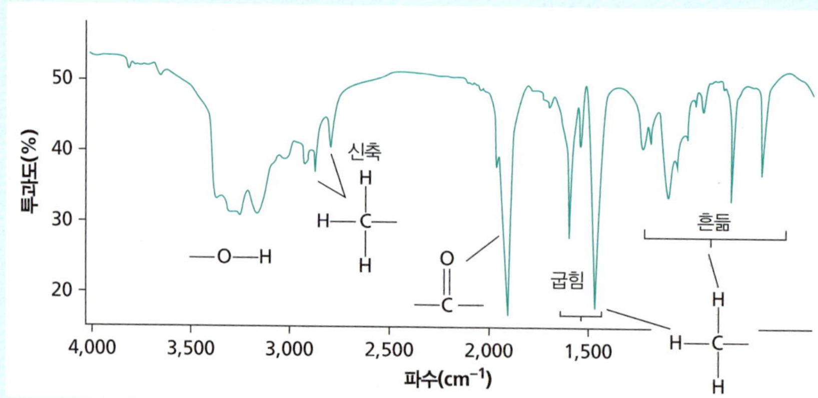

문제 8.5 표 8.1과 예제 8.1을 지침으로 사용하여 다음 스펙트럼을 분석하라.

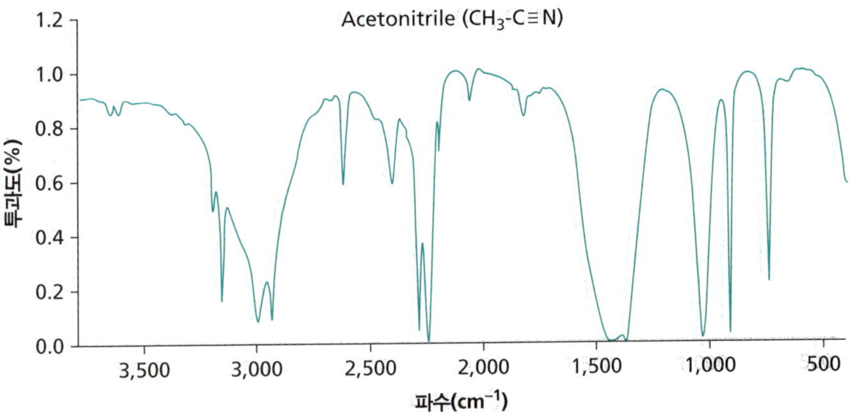

◆ 기준 방식

정기 방식(또는 *기준 방식*)은 분자가 나타낼 것으로 예상되는 고유한 진동의 수를 설명하는데 사용된다. 한 분자에서 진동 방식의 총 수를 계산하려면 분자의 총 자유도를 고려해야한다. 분자의 각 원자는 공간을 통해 이동하므로 분자의 각 원자는 3개의 자유도(x, y, z)를 갖는다. 따라서 N 원자를 갖는 분자는 3N의 자유도를 갖는다. 그러나 분자의 개별 원자는 서로 결합되어 있고 *전체* 분자는 공간(병진)을 통해 움직이기 때문에 3개의 자유도는 분자의 병진을 나타내는 데 사용된다. 마찬가지로 분자가 선형이 아니라면 각 축(x, y, z)을 중심으로 회전을 설명하는 데 3개의 자유도가 필요하다. 이 경우라면 회전을 설명하는 데 2개의 자유도만 있으면 된다. 평행 이동 및 회전에 사용되지 않는 자유도는 진동에 사용할 수 있으며 **기준 방식**(normal mode)(m이라 표현)이라 부른다. 일반적으로 비선형 분자는 3N – 6 기준 방식을 가지며 선형 분자는 3N – 5 기준 방식을 가진다.

$$m = 3N - 6 \qquad \textbf{식 (8.4a)(비선형)}$$

$$m = 3N - 5 \qquad \textbf{식 (8.4b)(선형)}$$

» 예제 8.2

메테인(CH_4) 분자의 기준 방식을 결정하라.

전략 ›
식 (8.4a)와 (8.4b)를 메테인 분자에 적용시킨다. 메테인이 비선형이라는 사실을 인지하고 우리는 m = 3N – 6 형식을 사용할 것이다.

풀이 ›
메테인 분자에는 5개의 원자가 있기 때문에 메테인 분자 내에 총 3N = 15의 자유도가 있게 된다. 그러나 전체 분자는 직교 좌표 x, y, z 내에서의 병진(공간을 통한 이동)을 거치므로 총 15의 자유도 중 3개를 병진에 할당할 수 있다.

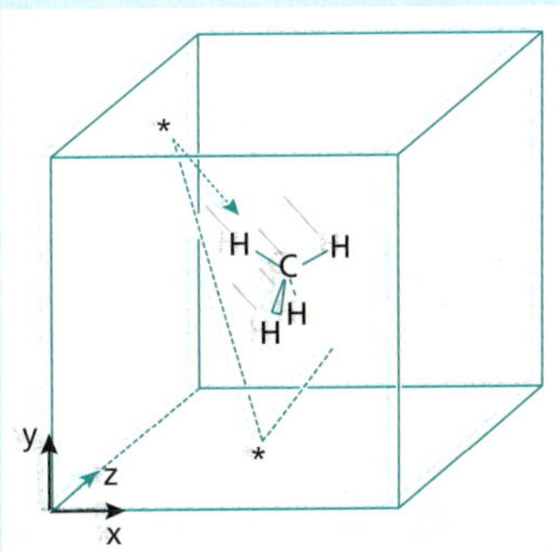

그림 8.2 3차원 공간에서 메테인의 병진.

(계속)

그림 8.2는 3차원 공간에서 메테인 분자의 병진을 나타낸다. 마찬가지로 메테인 분자는 *x*, *y*, *z* 축을 따라 회전하므로 메테인의 회전에도 3가지 자유도를 할당할 수 있다. 따라서 메테인의 자유도는 진동에 대해 원래의 15보다 작고 회전에 대해서는 3보다 적기 때문에 진동에 대해 9가지 자유도(15 − 3 − 3 = 9)를 갖게 된다.

문제 8.6 다음 분자 각각에 대하여 기준 방식의 수를 결정하라.

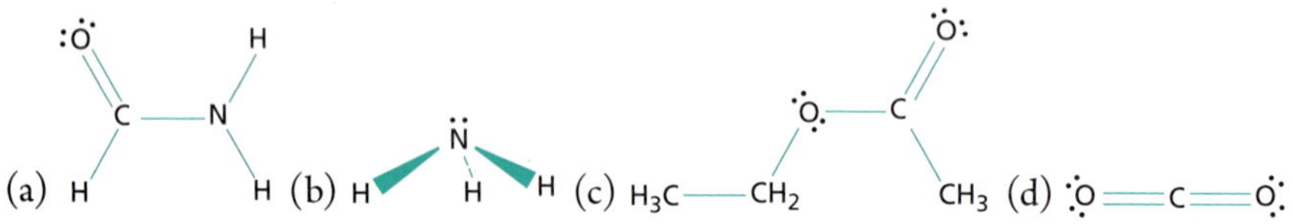

◆ 진동의 분류

일반적으로 진동은 구부러지거나 늘리는 것으로 설명된다. *신축*은 두 원자 사이의 축을 따라 발생한다. 신축은 평형 결합 거리에 대한 진동의 결과이다. *바꾸어 말하면, 결합은 평형 결합 길이 값을 중심으로 진동함에 따라 더 길어졌다가 짧아졌다가, 길어졌다가 짧아졌다가 한다. 굽힘은 평형 결합각*에 대한 진동의 결과이다. 이 경우, 각도는 더 작아졌다가 커졌다, 작아졌다, 커졌다 하게 되며 평행 값은 그 사이에 오게 된다.

진동은 꼬임, 가위질, 좌우 흔듦, 앞뒤 흔듦, 회전 등으로 더 세분화될 수 있다. 자세한 내용은 밑에서 더 다룰 예정이다. 결합을 스프링이라 생각하고 신축 진동을 생각해 보는 것이 이해하는 데 도움이 될 것이다. 스프링은 압축되었다가(짧아졌다가) 다시 늘어나며, 이는 주기적인 빈도로 반복해서 발생한다. 만일 굽힘 진동 운동을 시각화 하고 싶다면 주기적인 주파수로 열고 닫는 족집게로 두 개의 결합(세 개의 원자를 연결하는)을 상상해보자.

우선 우리는 메테인(CH_4) 분자의 진동 방식과 신축 방식을 살펴볼 것이다. 메테인은 세 가지의 독특한 신축 방식을 가진다. 첫 번째는 그림 8.3(A)에 나타난 *대칭 신축*이다. 4개의 C–H 결합은 모두 조화되어 함께 길어지고 짧아진다. 그림 8.3(B)에서는 하나의 C–H 결합이 짧아지고 다른 세 개는 길어지며 그 반대도 마찬가지로 발생되는 *비대칭 신축* 방식을 나타내고 있다. 그림 8.3(C)에서는 두 개의 C–H 결합은 길어지는 반면 나머지 두 개는 짧아지며 그 반대도 마찬가지인 또 다른 비대칭 신축 방식을 확인할 수 있다.[3]

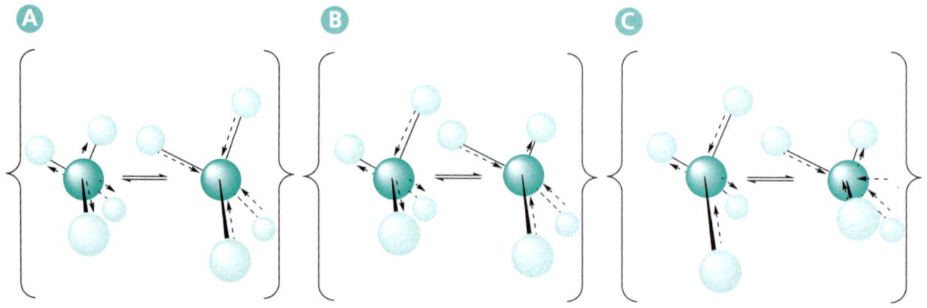

그림 8.3 메테인이 가질 수 있는 세 가지의 신축 방식.

[3] CH_4 신축 방식에 대한 영상은 http://www2.ess.ucla.edu/~schauble/MoleculeHTML/CH4_html/CH4_page.html 또는 http://www.youtube.com/watch v = zeep0q97Who를 참조하라.

▶ 프로파일 _Profile

올리브 오일

2010년, 전 세계에서 총 6.54×10^6톤의 올리브 오일이 생산된 것으로 알려져 있다. 올리브 오일 거래에 대한 규제 속에는 다양한 등급의 오일에 대한 엄격한 지침이 존재한다. 가격과 품질의 차이로 인해, 낮은 품질의 올리브를 더 높은 품질의 올리브로 둔갑시켜 경제적인 이득을 취한 경우도 있다. 적외선 분광기(FTIR)는 여러 등급의 올리브 오일을 구분하는 데 사용되어 왔다. Journal of Food Science에 발표된 연구에서는 FTIR을 사용하여 표준 세트의 시료 93.5%와 독립 검증 세트의 시료 100%를 정확하게 분류해 내었다.*

* *Lai Y. W.; et al. Potential of Fourier Transform Infrared Spectroscopy for the Authentication of Vegetable Oils. J. Agric. Food Chem.* ***1994****, 42, 1154~1159.*

예제 8.2에서 우리는 계산을 통해 메테인이 9개의 기준 방식(진동 유형)을 가지고 있다는 것을 알아내었다. 그림 8.3에 묘사되었던 3개의 신축은 이 9가지 모드에 포함되며 이에 따라 6개의 굽힘 운동이 있어야 한다. 메테인이 가진 6가지 굽힘 방식을 살펴보자. 그림 8.4는 메테인에 대해 가능한 굽힘 방식을 보여 주며, 이는 각각의 운동(앞뒤 흔듦, 비틀림, 회전, 좌우 흔듦, 가위질)으로 식별된다. 이를 3차원 동작으로 시각화한 것은 그림 8.4를 통해 확인할 수 있다. 중앙에 있는 탄소가 종이에 고정된 채로 있다고 상상해보자. 수소 중 두 개는 종이의 평면(쐐기 결합이 있는 부분)의 위에 있으며 나머지 두 개의 수소는 종이의 평면 아래(점선으로 되어있는 결합이 있는 부분)에 매달려 있다. 화살표는 두 수소와 탄소 사이에 형성된 각도가 동시적 또는 비동시적으로 증가 또는 감소함에 따른 운동 방향을 나타낸다.

그림 8.3과 8.4에 설명된 각각의 진동들은 메테인의 *기준 방식*에 포함된다. 이 각각의 운동들은 결합 세기(k)와 결합에 관련된 원자들의 환산 질량(μ)의 함수인 고유 진동수를 갖는다[식 (8.1) 참조].

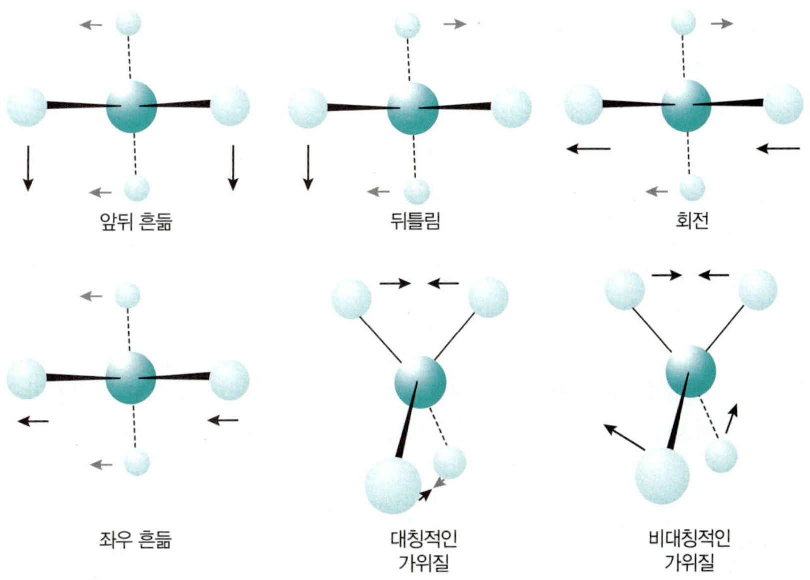

그림 8.4 메테인의 굽힘 방식.

결합 극성 및 쌍극자 모멘트에 대한 복습

극성 공유 결합은 결합 내의 원자의 전기 음성도의 차이로 인해 부분적으로 이온 결합하는 공유 결합을 말한다. 따라서 공유 결합은 결합에 관련된 원자가 다른 전기 음성도를 가질 때마다 극성을 띠게 된다. 극성 공유 결합에서 전하 분리의 크기는 쌍극자 모멘트라고 불리는 양에 의해 측정되며, 공식 $p = qd$로 나타낼 수 있는데 이때 p는 쌍극자 모멘트, q는 관련된 전하의 크기, d는 두 전하 사이의 거리를 말한다. 이는 극성 공유 결합이 진동함에 따라 분리된 전하들 사이의 거리가 변하고 쌍극자 모멘트가 시간의 함수(진동하는 쌍극자 모멘트)로 변하게 됨을 의미한다.

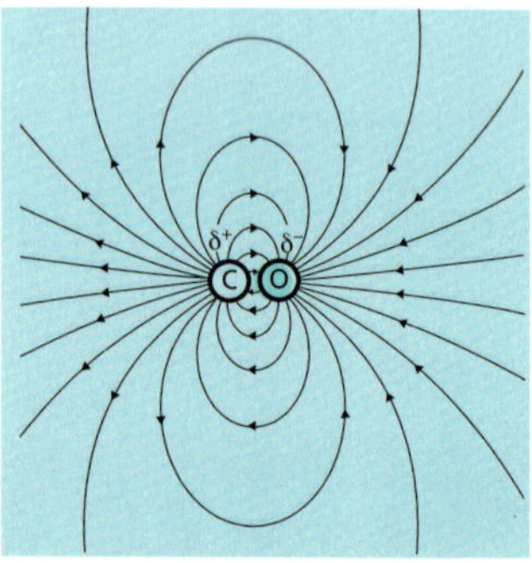

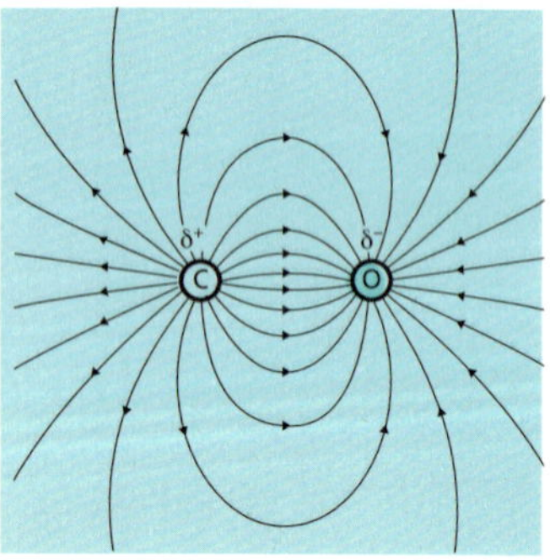

◈ 선택 규칙 및 분자 대칭

선택 규칙(selection rule)이라는 용어는 분자가 전자기 복사선을 흡수하기 위해 충족되어야 하는 조건을 설명하는 데 사용된다. 선택 규칙은 특정 전이에 대한 기본 양자 역학에서 파생되었다. 적외선 분광법에 대한 추가적인 선택 규칙을 통해 *IR 빛을 흡수하는 유일한 진동 모드는 시간에 따른 쌍극자 모멘트의 변화를 나타내는 모드라는 것을 명시하고 있다.* 이 선택 규칙에서는 **알짜**(net)이라는 단어를 사용한다. IR 스펙트럼에서는 오직 비대칭 진동만이 관찰된다. 이것은 다양한 움직임(신축 및 굽힘)이 모두 IR 스펙트럼에서 피크를 만들진 않는다는 것을 말해준다. 다르게 말하면, 모든 방식이 IR *활성*인 것은 아니다.

이전의 분광법 연구에서도 알 수 있듯이, 시료와 상호작용하는 전자기 에너지의 주파수가 에너지 전위를 유발하는 시료의 에너지 간격과 같다면 시료는 빛을 흡수하거나 방출할 수 있다. IR도 이와 비슷하다. 입사 전자기 에너지의 주파수가 변화하는 쌍극자 모멘트의 진동 주파수와 정확히 일치하면, 빛의 전기적 벡터가 진동의 쌍극자 모멘트와 결합하여 빛의 흡수가 일어난다. 그리고 분자는 진동의 진폭 증가 현상을 느끼게 된다. 그러나 IR 선택 규칙의 의미를 이해하고 통합하는 것은 중요하다. 특정 결합이 진동 쌍극자 모멘트를 갖는 것만으로는 충분하지 않다. 선택 규칙은 *전체 분자*의 *알짜 쌍극자*의 변화에서 얻어지는 진동 방식의 결과를 필요로 한다. 이것은 중요한 점이다. 분자에 대한 알짜 쌍극자 변화는 단일 진동 결합만이 아니라, 분자 전체의 대칭에 의해 영향을 받는다. 고도로 대칭인 분자에서, 한 극성 공유 결합에 의해 생성된 진동 쌍극자는 분자 상의 다른 결합에 의해 생성된 동일한 진동 쌍극자와 동일하지만 반대인 것을 종종 확인할 수 있다. 예를 들어, 이산화 탄소는 대칭적으로 서로 반대인 두 개의 C=O 결합을 가지고 있다. 두 개의 C=O 결합의 대칭 신축에 의해 생성된 진동 쌍극자는 서로 정확히 반대이므로 분자에서 *알짜 쌍극자 변화를 일으키지 않는다.* 예제 8.3을 살펴보자.

다시 말해, 분자 전체의 알짜 쌍극자를 생성하지 않는 진동 방식은 IR 스펙트럼에서 보이지 않는다는 사실이다.

예제 8.3은 분자의 대칭성이 IR 스펙트럼에서 중요한 역할을 한다는 것을 보여주었다. CO_2는 선형이기 때문에 대칭 신축은 쌍극자 변화를 일으키지 않으므로 IR 흡수가 없다. 다음 장(9장)에서는 **라만 분광법**(Raman spectroscopy)이라는 보완적인 기술을 살펴볼 것이다. 라만 분광법의 선택 규칙은 다르며 대칭 신축 방식은 라만 스펙트럼에서 확인할 수 있다. IR 스펙트럼과 라만 스펙트럼을 비교함으로써 우리는 분자 내 특정 결합의 대칭에 대한 추가 정보를 얻을 수 있다.

CO_2와 다른 단순한 3원자-분자, H_2O를 비교하면 구조와 IR 활성에 대한 몇 가지 중요한 차이점을 확인할 수 있다. 물은 구부러진 분자이며, 구부러진 기하 구조로 인해 반대 쌍극자 모멘트가 있는 대칭 신축이 없으므로 CO_2와 비교할 때 추가적인 IR 활성 신축 방식을 확인할 수 있다. 또한 H_2O는 인접한 H_2O 분자와 수소 결합을 일으켜 스펙트럼에 복잡성을 더한다.

일반적으로, 상대적으로 높은 수준의 대칭성(낮은 대칭성을 갖는 분자와 비교되는)을 갖는 분자에 대한 IR 스펙트럼의 피크는 더 적은 편인데, 이는 고도로 대칭인 분자의 경우 분자의 다른 부분에 진동 쌍극자가 동등하지만 반대인(대칭) 진동 결합에 의해 상쇄될 가능성이 더 크기 때문이다. 그 결과 신축 방식에 대한 *알짜* 쌍극자 변화가 없고 전반적으로 단순한 스펙트럼을 갖게 된다. 그림 8.5는 CO_2와 H_2O의 기체상 IR 스펙트럼을 보여준다.

진동 방식이 IR 활성이 되려면, 진동이 분자 내의 알짜 쌍극자 변화를 생성해야 한다.

» 예제 8.3

이산화 탄소에 대해 예측할 수 있는 기준 방식의 수를 결정하고 이들 모드 중 얼마나 많은 것이 IR 활성인지 예측하라.

전략 ›
식 (8.4)를 사용하여 기준 방식의 수를 결정하라. 그런 다음 쌍극자 모멘트의 변화에 대해 가능한 신축 및 굽힘 방식을 분석하라.

풀이 ›
CO_2는 선형 분자이기 때문에 진동에 사용할 수 있는 자유도는 $3N - 5 = (3 \times 3) - 5 = 4$이다. 네 가지의 가능한 진동이 각 진동의 해당 파동 수와 함께 아래와 같이 묘사될 수 있다.

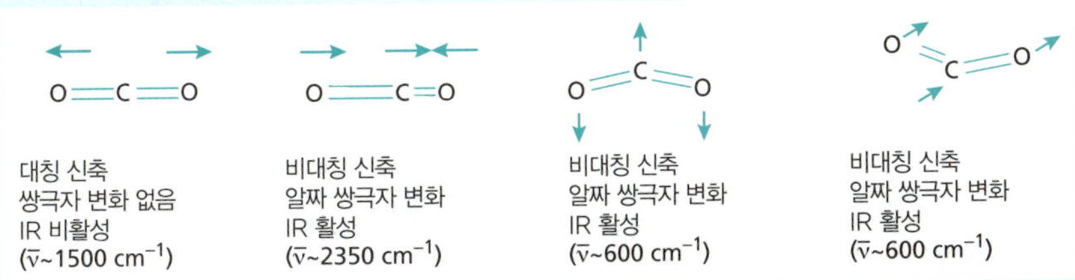

대칭 신축 방식에서는 두 개의 산소 원자가 탄소에서 다른 탄소 쪽으로 이동한다. 각각의 개별적인 C=O 결합에 대해 진동 쌍극자가 존재하지만, 결합 쌍극자는 서로 같으나 반대이다. 따라서 대칭 방식은 전반적인 분자에 대해 순수한 진동 쌍극자 모멘트를 생성하지 않으므로 CO_2의 대칭 방식은 IR 방사를 흡수하지 않는다. 비대칭 신축은 탄소 원자가 하나의 산소 원자 쪽으로 움직이는 동시에 다른 하나로부터 멀리 이동한다. 이 스트레칭 방식은 진동하는 쌍극자 모멘트를 생성하고 약 2,350 cm^{-1}에서 흡수를 유발한다. 나머지 두 진동은 평면 위 굽힘 또는 가위질로 볼 수 있는데, 이때 하나는 *x*, *z* 평면에 있고 다른 하나는 *y*, *z* 평면에 있게 된다.[4] 이 두 가지 방식은 동일한 에너지를 가지며 약 600 cm^{-1}에서 흡수된다. 그림 8.5는 CO_2의 기체상 IR 스펙트럼을 보여주고 있다.

실습활동_Activity

재미있게 이해하기!

사람의 몸이 메테인이라 상상해보자. 이때 사람의 두 다리는 C–H 결합 중 두 개를 나타내며, 사람의 두 팔은 다른 두 개의 C–H 결합을 나타낸다. 신축은 사람이 팔이나 다리를 폈다가 다시 수축할 때를 말한다. 대칭 신축을 입증하기 위해 사람은 두 다리를 수축시키고(다리를 아래로 내려) 두 팔을 몸에 붙여(모두 수축된) 당긴다. 이때 다리와 팔을 전부 함께 뻗어 보자(위로 서서, 팔을 밖으로 완전히 뻗음). 그리고 다시 반복해서 행해 보자. 두 비대칭 뻗기를 당신은 어떤 움직임으로 표현하겠는가?

[4] 관례상 가장 높은 대칭축은 *z*축(이 경우 CO_2 분자의 직선 축)으로 정의된다.

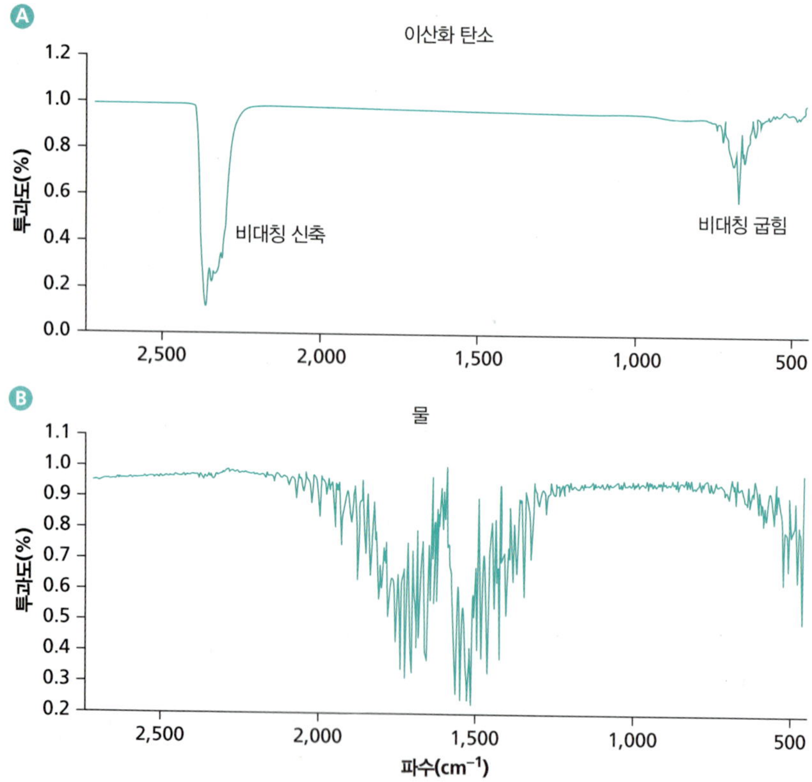

그림 8.5 (A) 이산화 탄소와 (B) 물의 기체상 IR 스펙트럼.

문제 8.7 예제 8.3에서 우리는 CO_2에서 2개의 C=O 결합의 방향 전환이 IR 스펙트럼에서 대칭 진동 방식을 비활성화시키는 것을 확인했다. 대칭성 논증에 기초하여, 아래의 각 분자 쌍 중 어느 것이 가장 많은 IR 활성 진동을 갖는지 결정하라. (가장 복잡한 IR 스펙트럼을 보이는 분자 쌍을 결정하라.)

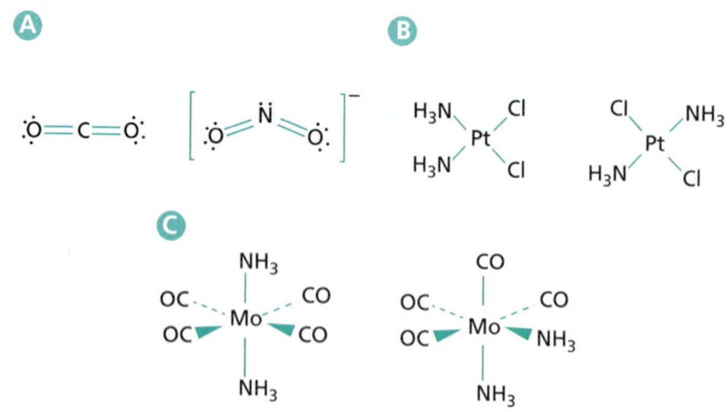

◆ 진동 전자 상호작용

그림 8.5는 CO_2의 IR 스펙트럼을 보여주며, 2,350 cm^{-1}의 비대칭 신축과 600 cm^{-1}의 비대칭 신축 신호들을 명확하게 볼 수 있다. 표 8.1에서 우리는 카보닐 신축이 1,690~

1,770 cm^{-1} 사이에서 발생하지만, CO_2 분자에서는 2,350 cm^{-1}에서 탄소-산소 이중 결합 신축을 가진다는 걸 볼 수 있다. CO_2에서 카보닐 신축의 진동 주파수 증가는 *진동 결합*의 한 예다. 진동 전자 상호작용은 두 개의 신축이 공통 원자를 공유할 때마다 발생하며 결합된 진동이 에너지가 비슷할 때 가장 두드러진다.[5]

여기서 우리는 분자 구조와 대칭에 대한 지식이 IR 스펙트럼을 해석하는 데 도움이 될 수 있음을 확인했다. 마찬가지로 IR 스펙트럼은 분자 구조와 대칭성을 결정하는 데 도움이 될 수 있다. 결론적으로 대칭은 분광법에서 *점대칭 그룹* 또는 *그룹 이론*이라고 불리는 고급 무기 과정 또는 대학원 수준 과정에서 다루는 주제들에 대해 효과적으로 설명할 수 있도록 해준다.[6]

8.2 시간 영역 대 주파수 영역 분광법 : Fourier 변환

우리가 지금까지 연구한 모든 분광 기술은 광원으로부터 빛을 분산시키기 위해 단색 장치를 사용했으며, 최종 출력은 강도 또는 강도 대 주파수 또는 파장 구성이었다. 이러한 유형의 분광기 디자인을 집합적으로 **분산형 분광기**(dispersive spectrometer)라고 칭하며, 분산형 분광기로 수행하는 분광법을 **주파수 영역 분광법**(frequency domain spectroscopy)이라고 한다. 대조적으로, Fourier 변환 IR (FTIR) 분광법을 수행할 때는, 광원으로부터 발생한 모든 빛은 시료를 통과하여 동시에 검출기에 도달하게 된다. FTIR 분광기의 검출기는 *시간*의 함수로서 총 복사 전력(모든 파장을 동시에)의 변화를 측정한다.

FTIR 기술은 **시간 영역 분광법**(time domain spectroscopy)이라고 한다. 시료를 통해 두 개의 주파수만 통과시키는 분광기를 상상해 보자. 이 두 주파수는 그림 8.6(A)에 ν_1과 ν_2의 주파수를 갖는 두 진동 사인파로 표시되어 있다. 그림 8.6(A)의 두 개의 사인파는 두 가지 다른 주파수의 빛을 나타낼 수 있다. 분광기를 통과하고 검출기를 도달하는 이 두 주파수의 빛을 상상해보자. 이 두 주파수의 위상차는 180도보다 작기때문에 시간에 따른 보강 그리고 상쇄 간섭되는 정도가 달라지게 된다. 그 결과 검출기에 도달하는 파워는 시간에 의존적인 변동의 특징을 나타낸다. 이 두 주파수에서 발생하는 시간 기반의 간섭 무늬는 그림 8.6(B)에 표시되어 있다. 간섭 무늬는 진폭을 증가시키고 감소시키는 자체적인 주기를 생성한다. 이러한 유형의 간섭 무늬를 흔히 **비트 무늬**(beat pattern)라고 하며, 비트 무늬는 시간 대 신호 세기의 척도로 시간 영역 형식이라고도 한다.

Fourier 변환(Fourier transform)은 프랑스의 수학자 Joseph Fourier의 이름을 따서 명명되었다. 이것은 관찰된 비트 무늬를 발생시키는 개별 주파수를 분리하는 데 사용된다. 그림 8.6(B)의 비트 무늬를 Fourier 변환하면 그림 8.7과 같은 주파수 영역 형식이 생성된다. 그림 8.7은 그림 8.6(A)의 두 사인파를 나타내지만 시간이 아닌 주파수의 함수를 표현하고 있다.

초기 적외선 분광기는 분산형 자외선 가시선 분광계와 설계적으로 유사하였다. 그러나 거의 모든 최신 IR 분광기는 Fourier 변환 유형이다. 분산형 적외선 분광법에서 FTIR 분광법으로 옮겨진 이유는 다음과 같다.

- 빠른 자료 수집 시간. 일반적인 FTIR 스펙트럼은 1초 이내에 얻을 수 있다. 적외

[5] See Harris, D. C.; Bertolucci, M. D. *Symmetry and Spectroscopy*; Oxford University Press: New York, **1978**. Reprinted by Dover **1989**. Also, see Cotton, F. A. *Chemical Applications of Group Theory*, 3rd ed.; John Wiley & Sons: NY, **1990**.

[6] See Cotton, F. A. *Chemical Applications of Group Theory*, 3rd ed.; John Wiley & Sons: NY, **1990**. Also, see Tsukerblat, B. S. *Group Theory in Chemistry and Spectroscopy: A Simple Guide to Advanced Usage*. Dover Publications: Mineola, NY, **2006**.

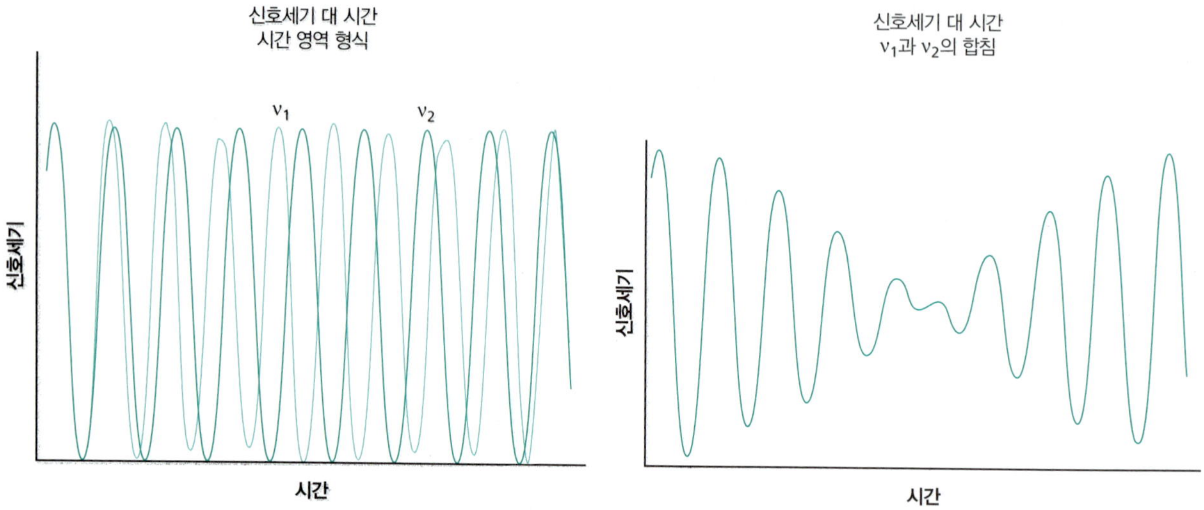

그림 8.6 (A) 두 개(v_1, v_2)의 서로 다른 주파수의 빛의 시간 영역 그림. 두 주파수는 진폭은 동일하지만 위상에 차이가 있다. (B) v_1과 v_2를 합침으로써 얻어지는 간섭 무늬의 시간 영역 형식.

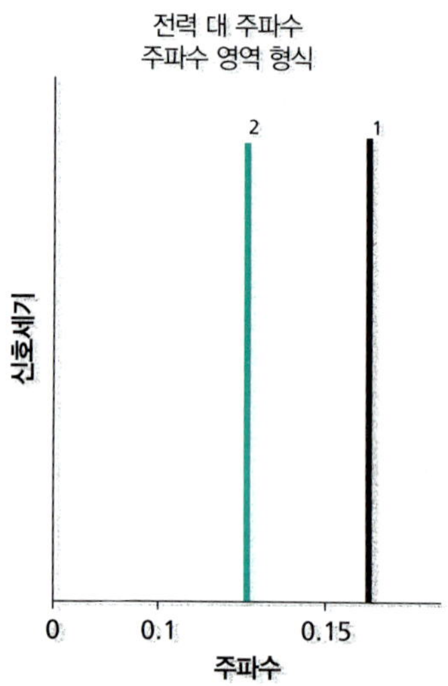

그림 8.7 v_1과 v_2의 주파수 영역 형식.

선 분광기 스캐닝 속도가 느리며 한 번 스캔할 때 최대 15분이 걸릴 수 있다.[7]

- 높은 신호 대 잡음(S/N) 비율(*멀티 플렉스 우위* 또는 *펠트의 이점*[8]으로도 알려져 있음). 신호 대 잡음 비율에 대한 식은 다음과 같이 나타낼 수 있다.

$$\left(\frac{S}{N}\right)_n = \sqrt{n}\left(\frac{S}{N}\right)_i \qquad \text{식 (8.5)}$$

여기서 $\left(\frac{S}{N}\right)_i$은 단일 측정의 S/N 비율이고, n은 평균 측정의 횟수이다. Fourier 변환을 이용하면 데이터를 빠르게 얻을 수 있기 때문에, 비교적 짧은 시간에 많은 스펙트럼을 수집하여 컴퓨터에 저장하고 결과를 평균 신호로 보낼 수 있다. 평균 스펙트럼 수가 무한대에 가까워짐에 따라 "백색" 노이즈의 평균값은 0에 가까워진다. 실제로 S/N 비는 스펙트럼 수(n)의 제곱근에 따라 증가한다. 예를 들어, 64개의 스펙트럼을 평균내면 8배 증가된 S/N를 얻을 수 있다.

- *고효율 처리량*(*Jaquinot의 장점*이라고도 함). 분산형 기기에서는 시료를 통과하는 광원으로부터의 총 에너지 중 일부분만이 검출기에 도달한다. 반면, Fourier 변환 기기에서는 모든 빛의 신호가 검출기에 도달한다. 결과적으로 검출 한계가 향상되며 S/N 비가 향상된다.

- *분해능 향상*. 분산형 분광기의 분해능은 단색장치의 슬릿 폭과 관련이 있다. IR 빛의 에너지가 이미 상대적으로 약하다는 사실을 고려할 때, 좁은 슬릿 너비는 신호 감쇄를 초래한다. 신호를 증가시키려면 시료를 "보기" 위한 더 큰 슬릿 너비가 필요하다. 그러나 슬릿 폭이 클수록 분해능은 낮아진다. Fourier 변환 기기에

[7] FTIR 스펙트럼을 "스캔"이라고 부르는 것은 의미상 올바르지 않다.

[8] http://en.wikipedia.org/wiki/Fellgett's_advantage.

실습활동_Activity

비트 무늬 만들기

스프레드시트를 사용하여 서로 다른 주파수의 두 사인파 합침으로 생성된 간섭 무늬를 작성하고 도시화한다. 3, 4, 5개의 다른 주파수로 연습을 반복해보자. 새로운 주파수를 추가하거나 입력 주파수의 상대 위상을 변경할 때는 비트 무늬의 변화를 관찰해보자. 예를 들어 $(v_1 + v_2)$ 또는 $(v_1 + v_3)$ 또는 $(v_1 + v_2 + v_3 + v_4)$ 등의 비트 무늬를 그린다고 가정해보자. 두 개 이상의 사인파가 상호작용하는 방식을 관찰하게 되면 직관적인 지식을 많이 습득해 볼 수 있으므로 큰 도움이 될 것이다. 자료의 열 제목 및 셀 입력은 이곳에 표시된 스프레드시트와 유사할 수 있다.

G열 대 A열의 형식은 그림 8.6(B)와 비슷한 비트 무늬를 제공한다. 이 스프레드시트를 *비트 무늬*로 저장해 보자.

	A	B	C	D	E	F	G
1	시간	v_1	v_2	v_3	v_4	v_5	비트 무늬
2	1	=sin(A2)	=sin(0.9*A2)	=sin(0.8*A2)	=sin(0.7*A2)	=sin(0.2*A2)	=sum(B2:F2)
3	2	=sin(A3)	=sin(0.9*A3)	=sin(0.8*A3)	=sin(0.7*A3)	=sin(0.2*A3)	=sum(B3:F3)
4	3	=sin(A4)	=sin(0.9*A4)	=sin(0.8*A4)	=sin(0.7*A4)	=sin(0.2*A4)	=sum(B4:F4)
5	4	=sin(A5)	=sin(0.9*A5)	=sin(0.8*A5)	=sin(0.7*A5)	=sin(0.2*A5)	=sum(B5:F5)
6	↓	↓	↓	↓	↓	↓	↓
…	…	…	…	…	…	…	
257	256	=sin(A257)	=sin(0.9*A257)	=sin(0.8*A257)	=sin(0.7*A257)	=sin(0.2*A257)	=sum(B257:F257)

서 분해능은 이동 거울(8.3절 참조)이 움직인 거리에 따라 달라지므로 광원 빛의 손실 없이 필요에 따라 사용자가 조정할 수 있다.

실습활동_Activity

Fourier 변환 수행하기

이제 이전 활동에서 생성한 비트 무늬 데이터들에 대한 Fourier 변환과 주파수 영역 형식에 대해 알아보자. Microsoft Excel을 통해 다음을 수행할 수 있다. Fourier 변환을 수행하려면 먼저 *Analysis ToolPak*을 활성화해야 한다. Analysis ToolPak을 활성화하기 위한 정확한 순서는 Excel 버전에 따라 크게 다르다. 필요한 경우 도움말 기능을 사용하여 Analysis ToolPak을 활성화한다. Fourier 변환 스프레드시트를 설정한다.

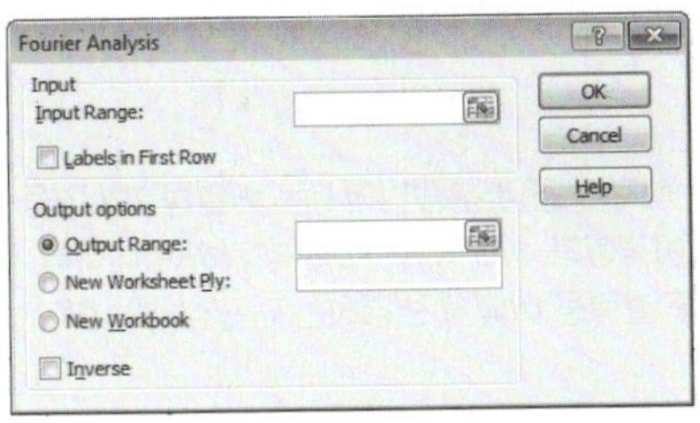

시간, 비트 데이터, Fourier 변환 빈도, Fourier 변환 크기 및 Fourier 변환 복소수를 사용하여 열 A → E에 레이블을 지정한다. 비트 무늬 스프레드시트에서 데이터를 가져온다. 비트 무늬 스프레드시트가 *실습활동: 비트 무늬 만들기*의 스프레드시트와 비슷한 경우, 비트 무늬 스프레드시트의 열 A와 G를 Fourier 변환 스프레드시트의 열 A와 B로 가져온다. "잘라 내기 및 붙여넣기" 기능을 사용하여 데이터를 가져오는 경우 A1 셀을 마우스 오른쪽 단추로 클릭한 다음 "붙여넣기 옵션"을 선택하고, 그렇지 않은 경우, Excel에서 실제 데이터 대신 비트 무늬를 생성한 방정식을 붙여 넣는다.

데이터 세트를 자른다. Fourier 변환 함수에서는 데이터 포인트의 수가 2:2^1 또는 2^2 또는 2^3 등(즉, 2, 4, 8, 16, 32, 64, 128 ...)이어야 한다. 100 개의 데이터 포인트가 있는 경우 64개의 데이터 포인트에서 데이터 세트를 잘라야 한다. 또는 데이터 세트를 128포인트* 이상으로 확장할 수 있지만, 배열의 전체 길이는 2의 제곱이어야 한다. 이 시점에서 스프레드시트는 그림 8.8과 비슷해야 한다.

(계속)

실습활동_Activity

Fourier 변환 수행하기 (계속)

G6 fx

	A	B	C	D	E
1	시간	자료	FT 주파수	FT 크기	FT 복소수
2	1	3.033855			
3	2	2.460373			
4	3	3.496381			
5	4	0.187216			
6	5	−0.74297			
7	6	−0.19814			
8	7	−1.01816			
9	8	1.724815			
10	9	0.499341			
11	10	0.371016			
12	11	0.637823			
13	12	−1.22593			
14	13	0.767298			
15	14	−0.61052			
16	15	−0.93716			
17	16	78267			

그림 8.8 Fourier 변환 분석을 위한 스프레드시트 설정.

Fourier 변환 복소수 생성(E열). 이전 버전의 Excel에서는 도구 → 데이터 분석 → Fourier 분석을 사용하고, 최신 버전의 Excel에서는 데이터 탭을 선택한 다음 데이터 분석 → Fourier 분석을 선택한다. Fourier 분석 창이 나타나면 입력 범위로 B열을 선택하고 출력 범위에 대해 열 E를 선택한 후 "확인"을 선택한다. 선택 항목의 길이가 2의 거듭제곱인지 확인한다.

Fourier 변환 크기를 결정한다. Fourier 분석 함수는 첫 번째 및 마지막 데이터 포인트를 제외하고 각 데이터 포인트에 대한 복소수를 반환한다. 실수 부분은 코사인 서브 컴포넌트의 진폭이며, 허수 부분은 사인 서브 컴포넌트의 진폭이다.

D2 fx =IMABS(E2)

	A	B	C	D	E
1	시간	자료	FT 주파수	FT 크기	FT 복소수
2	1	3.033855		=IMABS(E2)	12.4198135187154
3	2	2.460373			12.432192132067+9.49764738515725E-002i
4	3	3.496381	드래그하여 열을 채운다		12.4695545415813 + 0.190416775545029i
5	4	0.187216			12.5325917690344 + 0.286797591338799i
6	5	−0.74297			12.6224943133285 + 0.38462220903661i
7	6	−0.19814			12.7410143108805 + 0.484436140564125i
8	7	−1.01816			12.8905611462693 + 0.586845860263424i

우리는 결합된 구성 요소의 절대 크기만 관심을 가지면 된다. D2 셀에 커서를 놓고 수식 메뉴에서 "= IMABS(E2)"를 입력한다. IMABS 함수는 복소수의 절대값(모듈러스)을 반환한다. 이후 "드래그" 또는 "채우기" 기능을 사용하여 D열의 나머지 셀을 채운다.

Fourier 변환 주파수는 계측기의 샘플링 속도를 알려준다. 데이터는 스프레드시트에서 생성되었으므로 A열에 있는 시간 간격과 동일하지만 1과 0으로 시작한다. C열은 0에서 n까지 채운다.

Fourier 변환 크기에 대한 Fourier 변환 빈도의 x-y 산점도를 작성하여 주파수 및 도메인 스펙트럼을 도시화한다. 우리는 가장 먼저 스펙트럼이 잘못되진 않았는지 확인해야 한다(그림 8.9 참조). 이 예시에서는 10개의 피크가 존재하고 있으며 우리가 본래의 비트 무늬를 생성했을 때는 총 5개의 주파수로 시작하였다. 사실 그것은 형식을 반으로 접을 수 있는 것처럼 보이며 피크들은 정렬되는 양상을 띤다. 실제로 당신은 이것을 수행할 수 있다! 스프레드시트의 데이터를 면밀히 살펴보는 것을 통해, 우리는 Fourier 변환 크기 열의 중간에 데이터가 반복되기 시작한다는 것을 알아내야 한다. 데이터 세트의 후반부에는 새로운 데이터가 없으며, 그림 8.9에서 나타난 가짜 피크는 에일리어싱(Aliasing)으로 알려져 있다. 이러한 에일리어싱을 방지하기 위해서는 Fourier 변환 크기 열에서 첫 번째 데이터의 절반만을 사용해야 한다. 그림 8.9의 오른쪽은 Fourier 변환 크기 데이터의 절반만을 사용하는 주파수 영역 형식을 보여주고 있다.

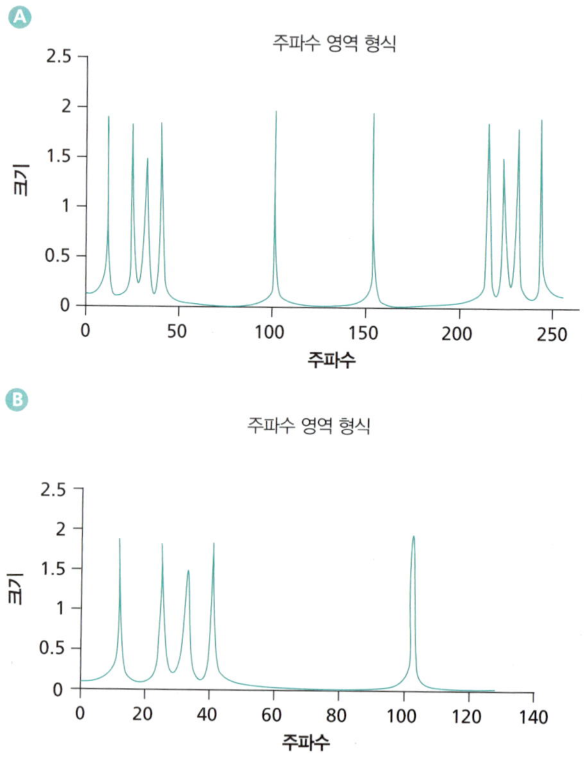

그림 8.9 주파수 영역 형식. 형식 (A)는 에일리어싱을 보여주고 있으며, 형식 (B)에는 에일리어싱이 존재하지 않는다.

Fourier 변환 핵자기 공명 분광법에서는 배열을 2의 거듭 제곱으로 "채우는" 것이 일반적이다. 마지막에는 0을 추가하여 데이터 세트를 확장하고 이것이 최종 출력을 어떻게 변경하는지 관찰해야 한다.

8.3 Fourier 변환 적외선과 파장 판별

◈ 마이컬슨 간섭계

1907년 앨버트 아브라함 마이컬슨(Albert Abraham Michelson)은 빛의 속도를 정확하게 측정하여 노벨상을 받았다.[9] 우리는 마이컬슨 간섭계라고 부르는 장치를 통해 정확한 측정이 가능하게 되었다. 그림 8.10은 마이컬슨 간섭계를 사용하는 FT-IR 분광기의 구성도를 보여준다. 광원(A)에서 나오는 빛은 반투명 빛살 분할기(B)로 이동한다. 입사된 방사선의 일부는 빛살 분할기를 통해 고정 거울(C)을 통과하고, 일부는 설정된 위치(D)를 중심으로 선형으로(앞뒤로) 이동하는 거울로 향한다. 이후 두 빛은 모두 빛살 분할기로 되돌아가 시료와 검출기(E)를 통과한다.

고정 거울과 파동 거울이 빛살 분할기에서 동일한 거리에 있으면 분리된 빛살은 정확히 같은 위상을 가지고 결합하게 된다. 그러나 거울들이 다른 거리에 있을 때는 두 개의 빛살의 재결합에 대해 어느 정도의 상쇄 간섭이 있을 것이다. 움직이는 거울의 위치는 시간의 함수이기 때문에 재결합된 빛살의 보강 및 상쇄 간섭의 정도는 시간에 따라 다르다. 그리고 빛의 주파수에도 영향을 받을 수 있다. 분할된 빛의 경로 길이 차이를 *지연*(δ)이라고 한다.

광원이 단색(하나의 주파수만 있는)인 경우, 빛살 분할기와 파동 거울 사이를 이동한 총 거리는 광원($\frac{\lambda}{2}$)의 1/4 파장이므로 지연이 광원의 파장의 $\frac{\lambda}{4}$일 때마다 상쇄 간섭이 발생하게 된다. 이것은 결합된 파로 하여금 정확히 180도 위상이 어긋나도록 만든다. 거울은 일정한 속도로 움직이고 있다. 따라서 빛살 분할기에서 재결합할 때 시간 의존 *간섭*이 발생하고, δ의 함수로서 검출기에 도달하는 빛의 세기의 형식은 코사인의 형태를 갖게 될 것이다. 이러한 유형의 시간 의존적인 빛의 세기 판독을 **간섭그림**(interferogram)이라고 한다. 그림 8.11은 단색의 에너지 빛살(λ)에 대한 지연(δ)과 빛의 세기(P)의 관계를 보여준다.

간섭계에 포함된 주파수와 간섭그림을 생성한 빛의 관계는 거울이 $\frac{\lambda}{2}$의 거리를 이동할 때마다 하나의 완전한 주기가 발생함을 확인할 수 있다(그림 8.10 참조). 거울은 일정한 속도(u)로 움직이기 때문에, 우리는 거울이 $\frac{\lambda}{2}$를 τ로 움직이는 데 걸리는 시간을 지정할 수 있다. 따라서 검출기에 감지된 (f) 주파수는 τ로 나누어지고, 이것은 거울의 속도와 입사광의 파장과 연관될 수 있다.

$$f = \frac{1}{\tau} = \frac{u}{\lambda/2} = \frac{2u}{\lambda} \qquad \text{식 (8.6)}$$

[9] 그는 노벨상을 수상한 최초의 미국 과학자였다.

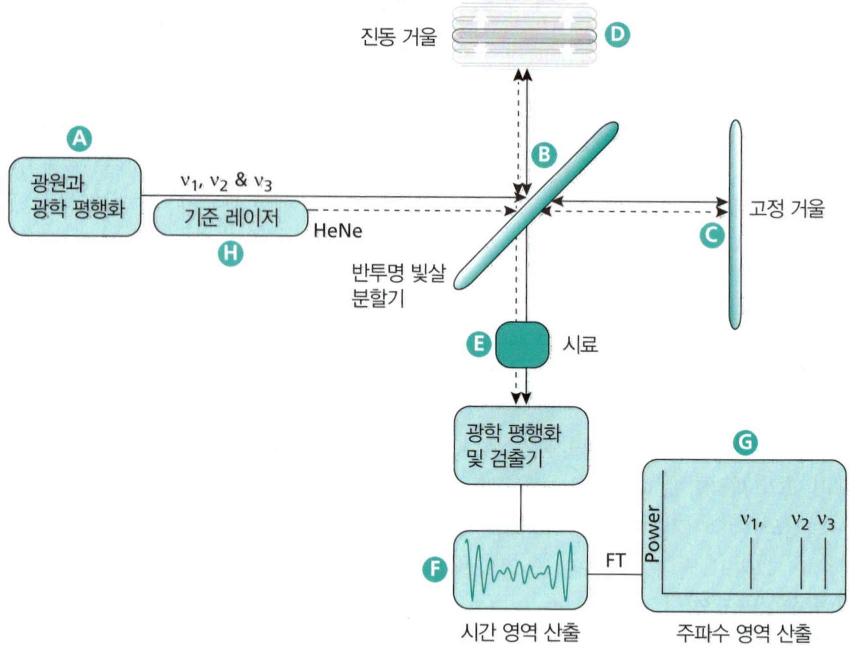

그림 8.10 마이컬슨 간섭계를 사용하는 FTIR의 개략도.

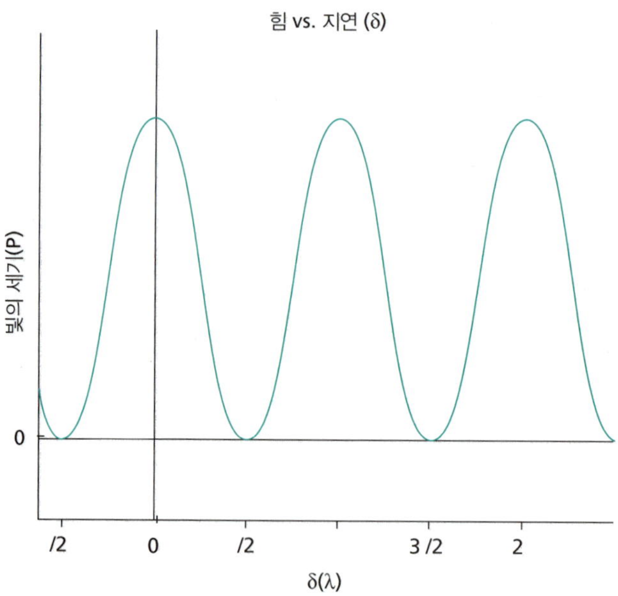

그림 8.11 지연에 따른 빛의 세기 변화 그림.

비교 및 대조 _Compare and Contrast

간섭 무늬와 비트 무늬

마이컬슨 간섭계에 의해 생성된 간섭그림은 앞서 8.2절에 설명한 "비트 무늬"와 개념적으로 유사하지만 완전히 동일하진 않다. 두 신호를 비교하고 대조해보자. 비트 무늬의 경우 검출기에서 시간에 따른 전력 판독 값은 동일한 순간에 검출기에 도달하는 상이한 주파수에 대한 광파의 중첩으로부터 발생하는 보강 및 상쇄 간섭의 결과이다. 시간이 지남에 따라 서로 다른 주파수 파동이 발생하고 위상이 서로 다르기 때문에 검출기에서는 시간에 따른 전력 변동이 발생한다. 간섭그림에서는 여전히 서로 다른 광 주파수의 중첩이 있으며 분할된 광선(파동 거울)의 경로 길이를 변경하면 보강 간섭 및 상쇄 간섭이 발생한다. 이것이 핵심이다! 기기 설계 관점에서는 Fourier 변환 적외선(FTIR) 방법이 효과적이다. 마이컬슨 간섭계를 사용하면 검출기의 주파수 반응을 훨씬 느린 응답 시간으로 변경할 수 있다. 즉, 비트 무늬의 주파수는 이제 *검출기의 반응 시간 내에 있게 된다.* FTIR 검출기는 일반적으로 밀리세컨드 범위의 RC 시간 상수를 가진다. 적외선 복사 패턴을 직접 측정하려고하면 펨토세컨드 범위의 RC 시간 상수를 가진 검출기가 필요할 것이다.

마찬가지로, $\nu = \frac{c}{\lambda}$의 관계를 사용하여 입사광의 광 주파수를 검출기의 주파수 반응에 연결하고 식 (8.6)에 적절한 대입을 할 수 있다.

$$f = \frac{\nu 2u}{c} \quad \text{또는} \quad \nu = \frac{fc}{2u} \qquad \text{식 (8.7)}$$

여기서

ν = 입사 방사선의 주파수
f = 검출기에 도달하는 간섭그림의 주파수
c = 빛의 속도
u = 파동 거울의 속도

그러나 궁극적으로 현대 FTIR 분광계의 경우 검출기에 도달하는 것은 수식 (8.7)이 제안하는 것보다 더 복잡하다. 광원에 사용되는 빛은 다색광이다. 따라서 자신의 간섭그림을 생성하는 빛의 주파수가 다수 존재하며, 이들이 서로 상호 작용하여 알짜 비트 무늬로 결합한다. 비트 무늬의 Fourier 변환 분석은 개개의 간섭그림 주파수를 나타내는 한 세트의 주파수를 생성한다. 수식 (8.7)을 간섭그림 주파수에 적용하면 광원으로부터의 입사광 주파수가 산출된다. 실제로는, 적어도 2개의 스펙트럼을 얻어야 한다. 바탕값 또는 바탕 스펙트럼은 각 파장에서 빛의 최대 출력을 측정하기 위해 시간 영역에서 취해지며, Fourier 변환 분석은 주파수 영역에서 바탕 신호 스펙트럼을 산출하기 위해 해당 스펙트럼에서 수행될 수 있다. 그런 다음 시료를 기기에 넣고 시료 스펙트럼을 얻은 다음 변환한 후 시료와 바탕 스펙트럼의 비율로 투과도를 계산하게 된다.

◈ 분해능

분해능은 두 개의 밀접한 간격을 가진 주파수를 분리하고 탐지하는 기능을 말한다. 앞에서 언급했듯이 분산형 장비에서 분해능을 결정하는 핵심 요소는 슬릿의 폭이다. 그러나 Fourier 변환 장치에서는 빛이 분산되는 부분이 없고 모든 파장이 동시에 감지된다. FTIR 분광법에서 분해능은 어떻게 결정되었는가? FTIR 분석에서 궁극적으로 검출기

실습활동_Activity

분해능 탐색하기

	A	B	C	D
1	시간	ν_1	ν_2	비트 무늬
2	1	=sin(A2)	=sin(0.9*A2)	=sum(B2:C2)
3	2	=sin(A3)	=sin(0.9*A3)	=sum(B3:C3)
4	3	=sin(A4)	=sin(0.9*A4)	=sum(B4:C4)
5	4	=sin(A5)	=sin(0.9*A5)	=sum(B5:C5)
6	↓	↓	↓	↓
…	…	…	…	
257	256	=sin(A257)	=sin(0.9*A257)	=sum(B257:C257)

옆에 작성한 스프레드시트를 사용하여 비트 무늬를 생성해보자. 이번에는 두 입력 사인파의 상대적 주파수를 변경해야 한다.

두 주파수의 차이를 변화시킬 때 전체 비트 무늬를 생성하는 데 걸리는 시간을 관찰해 보자. 여러분이 관찰해야 할 것은 두 개의 사인파가 빈번하게 가까워지면서 전체 비트 무늬를 생성하는 데 더 많은 시간이 걸린다는 것이다. Fourier 변환 적외선 분광기의 비트 무늬는 파동 거울의 산물이고 거울은 일정한 속도로 움직이기 때문에, 파동 거울이 근접한 두 개의 주파수에 대해 전체 비트 무늬를 포착하기 위해서는 더 멀리 움직여야 한다. 파동 거울이 이동하는 거리가 멀어지면 분해능이 높아진다.

에 도달하는 데이터는 모든 상호작용하는 파장의 간섭 관계에 의해 생성되는 비트 무늬이다. Fourier 변환 기술을 사용해 비트 무늬의 입력 주파수를 분해하기 위해서는 데이터 세트가 완전한 하나의 비트 무늬를 포함해야 한다. 그림 8.6의 비트 무늬를 다시 살펴보자. 그림 8.6(B)의 데이터 세트는 완전한 하나의 비트를 나타낸다. 특정 주파수의 빛에 대한 간섭그림은 파동 거울에 의해 생성되며, 마찬가지로 비트 무늬는 거울이 이동한 결과이다. *즉, 두 개의 주파수를 완전히 분해하기 위해서는 파동 거울이 두 주파수와 관련된 완전한 비트 무늬를 생성하기에 충분한 거리를 이동해야 한다.*

식 (8.8)은 마이컬슨 간섭계에서의 스펙트럼 분해능과 파동 거울이 이동한 거리 사이의 관계를 나타낸다. 델타(δ) 값은 지연(retardation)으로부터 정의되었으며 최대 δ 값은 거울이 이동하는 최대 거리 (d_{max})의 두 배이다. d 및/또는 δ를 센티미터 단위로 측정하면 분해능 ($\Delta\bar{\nu}$)은 cm^{-1} 단위로 결정할 수 있다.

$$\Delta\bar{\nu} = \frac{1}{\delta_{max}} = \frac{1}{2d_{max}} \qquad \text{식 (8.8)}$$

여기서

$\Delta\bar{\nu}$ = 스펙트럼 분해능, cm^{-1}

δ_{max} = 최대 지연, cm

d_{max} = 최대 거울 이동 거리, cm

그림 8.10을 다시 한 번 살펴보면 기기 회로도에 기준 레이저(H)가 표시되어 있다. 실제로 FTIR 분광기의 광학 경로에 종이조각을 놓으면 레이저 포인터와 비슷한 빨간색 점을 발견할 수 있다. FTIR 분광기는 광원의 빛과 동일 선상을 이룬 기준 광원(일반적으로 He-Ne 레이저)을 가지고 있다. He-Ne 레이저의 빛은 단색이다. 그러므로 He-Ne 레이저로부터 오는 간섭그림의 Fourier 변환은 내부 검량의 목적을 제공하고, 컴퓨터가 시간의 함수로서 거울의 상대 위치를 알 수 있게 한다. 레이저를 광원과 혼동하지 않는 것이 중요하다. He-Ne 레이저는 단순히 시간의 함수로서 거울 위치를 결정하기 위한 기준 주파수를 설정한다.

문제 8.8 마이컬슨 간섭계는 단파장 광원에 대한 비트 무늬를 생성한다. 그 결과 간섭그림의 주파수는 아래처럼 기록된다. 거울이 1 Hz의 주파수로 3 cm의 거리를 이동할 때 간섭그림을 생성한 입사 빛의 주파수를 결정하라.

(a) 2.40×10^4 Hz (c) 1.38×10^4 Hz (e) 7.20×10^3 Hz
(b) 3.60×10^3 Hz (d) 1.20×10^4 Hz (f) 1.08×10^3 Hz

문제 8.9 FTIR 장치의 He–Ne 레이저는 632.8 nm의 파장을 갖는 빛을 방출한다. 거울이 1 Hz의 주파수에서 3 cm의 거리를 이동한다고 가정할 때 레이저의 간섭그림의 예상 주파수는 얼마인가?

문제 8.10 FTIR 스펙트럼에서 1,000과 1,004 cm^{-1} 신호를 구분하기 위해 마이컬슨 간섭계의 이동 거울이 이동해야 하는 최대 거리는 얼마인가? 1,000과 999.5 cm^{-1}의 신호를 구분하기 위해서는?

문제 8.11 마이컬슨 간섭계의 거울이 총 7.5 mm를 이동하면 스펙트럼의 분해능은 어떻게 될지 예측하라.

8.4 광원

이상적인 FTIR 광원은 결합 진동 주파수의 전체 범위에 걸쳐 강하게 방출되는 흑체 방출기이다. 이론적으로 어떤 물질도 적절한 온도로 유지시켜주면 특정 파장의 빛을 방출할 수 있다. 그러나 고려해야 할 특성이 있다. 예를 들어 텅스텐 전구의 필라멘트는 엄청난 양의 적외선을 방출한다. 그러나 텅스텐 필라멘트의 경우 텅스텐은 공기와의 접촉을 통한 텅스텐의 산화를 방지하기 위해 유리 또는 석영 벌브에 배치되어야 하며 유리 벌브는 대부분의 적외선 복사를 흡수한다. 따라서 실제로는 사용 가능한 광학 물질의 투명 범위, 즉 IR의 파장을 흡수하지 않는 범위가 주요 제한 사항에 해당한다.

표 8.2는 IR 분광법에서 사용되는 몇 가지의 일반적인 광학 물질의 투명 범위를 보여준다. 브롬화 칼륨(KBr)은 4,000에서 400 cm^{-1}의 가장 넓은 투명한 범위 물질 중 하나이다. 중간적외선 FTIR 분광기의 이상적인 광원은 4,000~400 cm^{-1}(2,500~25,000 nm)의 연속체를 가진 흑체 방출기가 작동 온도로 가열될 때 대기 중에서 안정적으로 보일 것이다. 이러한 이유로 대부분의 상용 IR 분광기는 반도체 세라믹 광원을 사용한다. 일부 IR 분광기는 IR 광원으로 니크롬 와이어(NiCr) 필라멘트를 사용한다.

빈의 변위 법칙(Wien's displacement law)[10]에 의하면 흑체 방출기의 최대 방출 파장은 다음과 같다.

$$\lambda_{max}T = b \qquad \text{식 (8.9)}$$

여기서

λ_{max} = 피크 파장
T = 켈빈 온도
b = 빈의 변위 상수(2.898×10^{-9} μ·K)

[10] http://en.wikipedia.org/wiki/Wien%27s_displacement_law and http://hyperphysics.phy-astr.gsu.edu/hbase/wien.html.

표 8.2 ▸ 확장된 특정 작용기의 주파수(cm^{-1})

결합 종류	$\bar{\nu}$	결합 종류	$\bar{\nu}$
RO-H(알코올과 페놀)	32,00~36,500	R-C(=O)-OR (에스터)	1,735~1,750
R-C(=O)-O-H (카복실 산)	2,500~3,300 (신축) 1,395~1,445 (굽힘)	R-C(=O)-OH (카복실 산)	1,710~1,770
R-C(=O)-O-H (카복실 산)	1,208~1,322	R-C(=O)-H ; R-C(=O)-R (알데하이드와 케톤)	1,690~1,745
R-C(=O)-O-C(=O)-R (산 무수물)	1,800~1,850 1,740~1,790 (두 개의 띠)	R-C(=O)-O-C(=O)-R (산 무수물)	890~1280
R-C(=O)-Cl (산 염화물)	1,790~1,850	R_2N-H (아민)	3,300~3,500 (한 개의 띠)
R-C(=O)-N(H)-R (아마이드)	3,300~3,500 (두 개의 띠) 1,560~1,650 (굽힘)	R-C(=O)-N(H)-R (아마이드)	1,800~1,850 1,730~1,790
R_3C—H (알케인)	2,840~2,960 (신축)	R—CH(H)-R (알케인)	1,463~1,467 (굽힘)
R—CH_2(H) (알케인)	1,373~1,377 (굽힘)	R-(CH(H))$_n$-R (알케인)	718~722 (굽힘) n>4
R_2C=C(H)R (알켄)	3,010~3,100 (신축) 1,290~1,435 (굽힘)	>C=C< (알케인)	1,635~1,695 (분리된) 1,610~1,640 (복합의)
R—$N^{\oplus}$(=O)$O^{\ominus}$; R—$N^{\oplus}$(=O)$O^{\ominus}$ (나이트로 지방족)	1,300~1,390 1,530~1,610	Ar—$N^{\oplus}$(=O)$O^{\ominus}$; Ar—$N^{\oplus}$(=O)$O^{\ominus}$ (나이트로 지방족)	1,315~1,360 1,490~1,550
R_3C-X (알킬 할로젠족) X=F X=Cl X=Br X=I	1,000~1,400 538~785 508~650 480~600	R_2P-H	2,268~2,322 (신축) 810~1,090 (굽힘)
RC≡C-H (알카인)	3,280~3,310	RC≡CR (알카인)	2,100~2,260
RN=C=O (아이소사이아네이트)	2,268~2,272	RC≡N (나이트릴)	2,220~2,260
Ar – H (방향족) (신축) (굽힘)	~3,300 680~860	 (호흡)	1,450~1,600 (두 개 혹은 세 개의 띠)

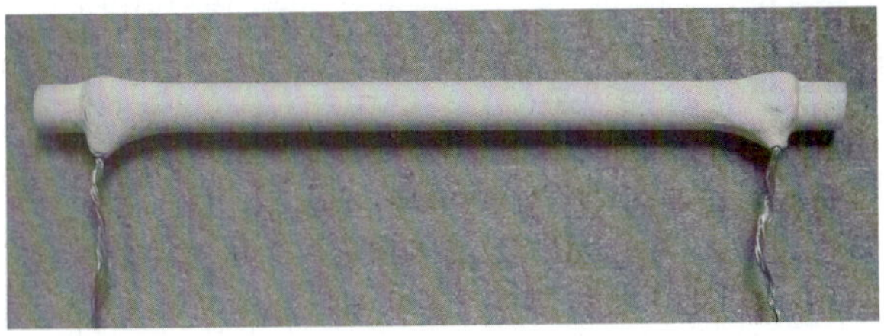

그림 8.12 네른스트 광원.

광원의 정확한 구성에 관계없이 광원을 조절하는 원칙은 유사하다. 우리는 다음 본문에서보다 전통적인 IR 광원에 대해 다뤄볼 것이다.

◆ 네른스트 광원

초기 IR 분광기는 **네른스트 광원**(Nernst glower, 그림 8.12 참조)이라 불리는 광원을 사용했는데, 이 광원은 주로 ZrO_2와 산란하는 성질을 가진 Y_2O_3 및 Er_2O_3으로 구성된 막대로 구성된다. 네른스트 광원은 막대 모양이고 단색 장치의 입구 슬릿을 효율적으로 조명할 수 있도록 설계되었기 때문에 분산형 IR 분광기에서 널리 사용되었다. 네른스트 광원은 산화에 민감하지 않기 때문에 외부 코팅 물질을 필요로 하지 않는다. 25,000 cm^{-1}에서 500 cm^{-1} (0.4~20 μM)의 스펙트럼 출력 범위를 가진 매우 튼튼한 광원이다. 초기 인기와 견고함 때문에 네른스트 광원은 많은 IR 분광기에서 여전히 발견될 수 있어 아예 사라진 것은 아니다. 그러나 새로운 분광기에서는 대부분 다른 IR 광원으로 대체되었다.

네른스트 광원의 이상한 점 중 하나는 음의 온도계수를 가지며 전기 전도에 대한 저항이 온도가 증가함에 따라 감소한다는 사실이다. 또한 실온에서 절연체이다. 따라서 제대로 작동하려면 네른스트 광원을 미리 예열해야 한다. 일단 가열되면 광원의 전기 전도에 대한 저항은 흑체 방출에 필요한 고온을 유지한다. 온도에 따라 광원의 저항이 감소하기 때문에 온도가 올라감에 따라 광원을 통과하는 전류가 증가해 전류 제어 전자 회로는 광원 설계에 통합되어야 한다. 네른스트 광원의 전력 요구량은 일반적으로 107 V 및 50~60 A이며 작동 온도는 1,800K (2,073°C)에 가깝다.[11]

◆ 글로바

글로바(globar)는 실리콘 카바이드로 만들어지며 전기적으로 가열된다. 글로바는 양의 온도계수를 가지므로 예열 단계가 필요하지 않다. 일부 FTIR 설계에서 글로바는 열교환 장치로 흐르는 수냉식 재킷에 보관되지만, 더 현대적인 장비는 우주 왕복선에 사용되는 열 차폐 타일과 유사한 재질로 절연된 케이스에 단순히 보관하기도 한다. 네른스트 광원과 마찬가지로 글로바는 외부 외피 재료를 필요로 하지 않으며, 10,000~250 cm^{-1} (1.0~40 μM)의 스펙트럼 출력 범위를 가진 매우 튼튼한 광원이다. *네른스트 광원*의 스펙트럼 범위(Δcm^{-1} = 24,500)와 *글로바*(Δcm^{-1} = 9,750)를 비교할 때 네른스트 광원이 더 넓은 스펙트럼 범위를 갖기 때문에 네른스트 광원이 더 우수하다고 판단할 수 있다. 실제로 FTIR 분광법은 분광기를 통해 방사선을 유도하는 데 사용되는 광학의 결과로 일반적으로 4,000~400 cm^{-1}의 범위로 제한된다. IR 광학은 8.7절에서 다시 논의할 것이다. 또한 글로바는 동일한 에너지 소비에 대해 1,700 cm^{-1} 이하의 네른스트 광원보다 더 큰 광자 출력 또는 방사율을 제공한다. 1,700 cm^{-1} 이하

[11] LaRocca, A. *Handbook of Optics* (Chapter 11). McGraw-Hill: NY, **2004**.

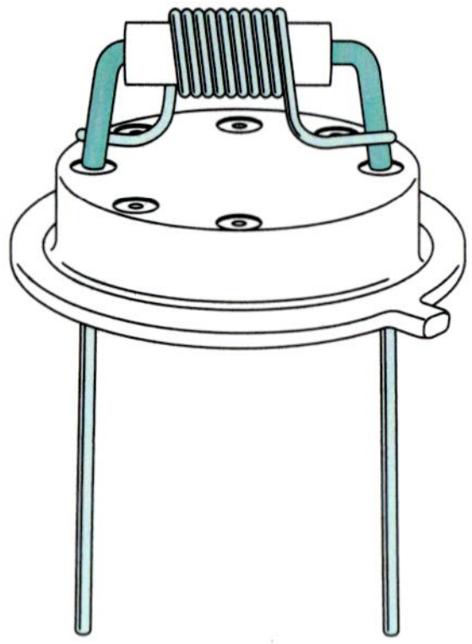

그림 8.13 코일 전선 광원.

의 영역은 매우 중요하기 때문에 IR 스펙트럼의 지문 영역이라고도 불리며, 미지의 분석 대상 물질을 확실하게 식별하기 위해 데이터베이스에서 광범위하게 사용된다.

◆ 코일 전선 광원

최초의 코일 전선 IR 광원 중 하나는 니크롬 전선 광원이었다. *니크롬*은 10%와 20% 사이의 크롬과 0%와 25% 사이의 철을 함유한 니켈 합금이다. 니크롬은 ~950°C에서 흑체 방출기가 된다. 여전히 휴대용 우주 히터는 IR 방사(열)를 발생시키는 이 방법을 사용한다. 니크롬 전선 광원은 다른 광원보다 방사율이 낮고 고급 연구용 분광기에서는 보편적이지 않다. 그러나 상대적으로 저렴하고 민감도가 큰 문제가 아닌 산업계와 교육계에서는 잘 사용되고 있다. 활용도가 높은 또 다른 코일 전선 광원은 Kanthal 전선 광원이다. *Kanthal 전선 광원*은 니크롬 광원과 동일한 원리로 작동된다. 그러나 이 경우의 합금은 20~30%의 크롬 및 4~7.5%의 알루미늄을 함유하는 철 합금이다. 합금은 전선 표면상에 알루미늄 산화물 코팅의 형성으로 인해 산화에 대해 열적으로 안정하다. Kanthal의 일부 조성은 1,400°C까지 가열할 수 있다. Kanthal 전선은 값싸고 대규모 온라인 쇼핑 웹 사이트를 비롯한 많은 업체에서 광범위하게 구할 수 있다. 몇몇 회사는 FTIR 분광기에 사용하기 위해 독점 합금 전선을 판매하기도 한다. 예를 들어, Interspectrum은 FTIR 분광기에 사용하기 위해 여러 애프터마켓 IR 광원을 제공한다. 최신 합금은 1,200°C까지 가열할 수 있으며, 네른스트 광원과 글로바만큼 밝은 방사율을 자랑한다(그림 8.13 참조).

◆ 고체 상태 광원

IR 분광법에 사용되는 몇 가지 전매 특허의 고체 상태 광원이 있다. 그러나 대부분은 여전히 흑체 방출의 원칙에 따라 작동한다. 예를 들어, Axetris는 전자 장치에 쉽게 통합할 수 있도록 미세 가공된 실리콘 구조 위에 매달려 있는 얇은 절연막에 통합된 독점 저항 가열 소자(세라믹)를 사용하는 기체 시료의 IR 검출에 사용되는 광원을 판매한다.[12] 이들의 광원은 네른스트 광원 또는 글로바보다 훨씬 작지만 견고함이 유사하며 공간과 에너지를 훨씬 적게 소비한다. 5,000~714 cm^{-1}의 스펙트럼 범위에서 출력은 네른스트 광원 및 글로바와 같이 IR에까지 깊이 확장되지는 않는다. 이러한 유형의 장치는 특수 목적 및 휴대용 분광계에서 사용된다. 그림 8.14는 Axetris에서 제조한 여러 고체 상태 검출기의 사진이다.

그림 8.14 Axetris사의 고체 상태 IR 광원.

[12] 유전체 막은 전기장에서 편극될 수 있는 절연체를 말한다.

8.5 검출기

IR 검출기는 IR 빛을 흡수 시 온도 변화를 감지하는 열 감지기형과 IR 방사선의 흡수 시 전류를 생성하는 초전도 및 양자 우물 탐지기형, 이 두 가지 범주 중 하나에 속한다.

◆ 열 검출기

열 검출기는 흡수체의 온도 변화를 측정한다. 신호는 팽창하는 기체(공압식 감지기)의 압력 변화, 전도성 금속(볼로미터)의 저항 변화, 반도체(더미스터)의 저항 변화 또는 전압의 생성 형태 일 수 있다(열전대). 이러한 검출기 설계는 초기 분산형(스캐닝) IR 분광기에서 일반적이었다. 하지만 그들은 모두 현대 FTIR 분광기에 비해 너무 느린 반응 시간을 가지고 있다. 마이컬슨 간섭계의 파동 거울은 약 1Hz에서 작동하므로 밀리세컨드 범위의 반응 시간을 갖는 검출기가 필요하다.

◆ 초전기성 검출기

FTIR에서 가장 일반적인 검출기 종류 중 하나는 초전기성 검출기이다. 특정 결정질 물질은 결정 격자 내에 고유 분극으로 제조될 수 있으며, IR 광자의 흡수는 결정 내의 원자의 위치를 교란시킴으로써 결정 내의 분극을 변화시킨다. 분극의 변화는 유용한 신호로 증폭될 수 있는 전압 변동을 생성한다. FTIR에 사용되는 가장 일반적인 초전도물질은 중수소화 트리글라이신 황산염, $LiTaO_3$ 및 압전 세라믹이다. 모든 경우에 있어서 상기 초전도 물질은 IR 흡수성 페인트(검은색 페인트)로 코팅된 2개의 전극 사이에 접합된 상태로 존재한다.

전극은 시간의 함수로서 전압 변동을 측정한다. 초전도성 검출기가 가진 상대적으로 빠른 반응 시간은 이를 FTIR 기기에 사용하기에 적합하게 만들어준다.

중수소 트리글라이신 황산염 검출기 중수소화 트리글라이신 황산염(DTGS) 검출기에서 글라이신 잔기의 구조는 양성자화 글라이신$[(N^+H_3CH_2COOH)]^+$에 의해 분리된 $[(N^+H_3CH_2COOH)]_2[SO_4]$를 포함하는 적층된 이온쌍으로 구성된다. 알짜 분자식은 $(NH_2CH_2COOH)_3 \cdot D_2SO_4$이다. 결정은 물의 존재에 의해 방해받을 수 있는 수소 결합으로 유지된다. 그 결과, DTGS 검출기는 흡습성이 매우 높으며 불활성 가스 환경에 보관해야 한다. 그림 8.15는 적층된 트리글라이신 황산염(TGS) 결정의 개략도를 보여준다. DTGS 검출기의 스펙트럼 범위는 검출기를 감싸는 광학 물질의 종류에 의해 제한된다. 이 검출기의 초기 버전은 단순히 TGS를 사용했지만, 중수소화된 TGS는 상승된 온도에서 훨씬 더 큰 안정성을 보였으므로 DTGS 검출기는 1980년대 초에 TGS 검출기의 뒤를 이어 사용되었다.

$LiTaO_3$ 검출기 열전기적 $LiTaO_3$ 검출기는 DTGS 검출기보다 훨씬 낮은 감도를 가지며 동일한 원리로 작동한다. $LiTaO_3$ 검출기는 물에 불용성인 장점을 가지고 있지만, 습기가 흡수되는 성질로 인해 내습성에는 약한 특징을 가지고 있다. $LiTaO_3$ 검출기의 또 다른 단점은 높은 수준의 산탄 잡음때문에 낮은 S/N 비를 갖는다는 점이다.[13] 따라서 DTGS 검출기의 S/N이 $LiTaO_3$ 검출기의 S/N보다 일반적으로 네 배 더 큰 특징을 가진다. 위에 언급한 바와 같이, 주사 적외선 분광기와 비교하여 FTIR의 주요 이점은 스펙트럼을 신속하게 수집하고 스펙트럼을 평균내어 S/N을 향상시키는 능력이다.

[13] Hamamatsu 기술 정보 SD-12. *적외선 검출기의 특성과 용도.*

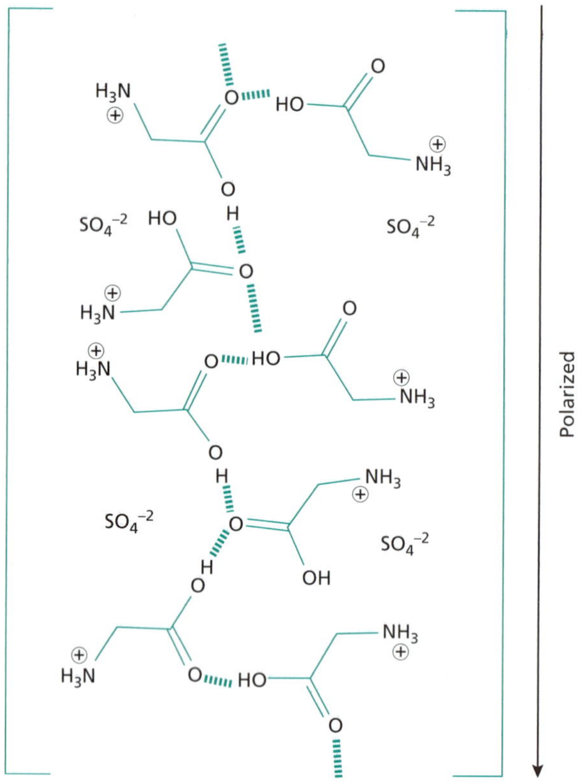

그림 8.15 결정성 중수소화 트리글라이신 황산염의 개략도.

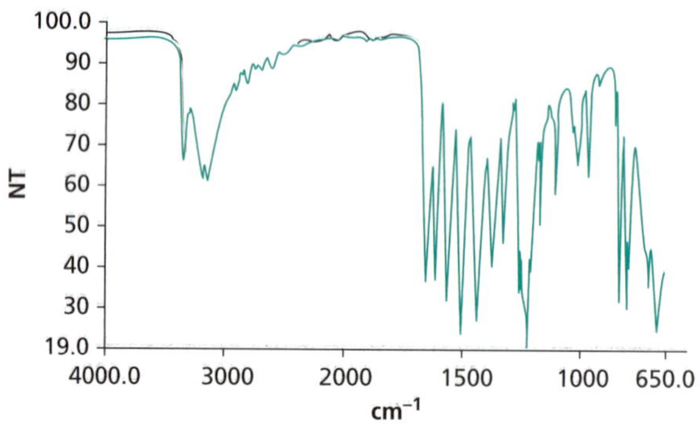

그림 8.16 페나세틴의 FTIR 스펙트럼. 검은색 선은 DTGS 검출기를 사용한 1회 스캔한 것이다. 파란색 선은 $LiTaO_3$ 검출기(파란색)를 사용하여 평균 16회 스캔한 것이다.

그러나 신호 평균화에는 실질적인 제한이 있다. 식 (8.2)에서 볼 수 있듯이 S/N 비는 시료 세트의 제곱근에 따라 향상되므로 $LiTaO_3$ 검출기의 S/N 비를 4배로 개선하려면 평균 16배 더 많은 신호($4^2 = 16$)를 보내야 한다. 그림 8.16은 Perkin Elmer Spectrum 100 FTIR에서 측정한 두 개의 FTIR 스펙트럼을 보여준다. 그림 8.16의 검은색 선은 DTGS 검출기를 사용한 단일 스캔의 스펙트럼이며 그림 8.16의 파란색 선은 $LiTaO_3$ 검출기를 사용하여 16번 스캔한 평균 스펙트럼을 나타낸다. 보다시피 두 스펙트럼의 S/N은 거의 동일하다. 이 책에서 여러 번 말했듯이, 대부분의 분석에 대한 결정은 절충안이며 DTGS 검출기에 비해 $LiTaO_3$ 검출기로 동일한 S/N 비를 얻는 데 약 16배의 스캔이 소요되지만, FTIR은 많은 제조사들이 $LiTaO_3$ 검출기로 견고하고 내구성 있는 분광기를 제공하는 경우도 많다.

납/Pb 지르코늄 티탄산염 검출기 *PZT*는 납(Pb) 지르코늄 티탄산염을 의미하는 약자이며, 이러한 종류의 세라믹은 (Pb $[Zr_{(x)}\ Ti_{(1-x)}]\ O_3$)의 분자식을 갖는다. 단위 셀은 Pb^{+2} 및 O^{-2} 이온의 격자에서 Zr^{+4} 또는 Ti^{+4}로 구성된다. 결정은 쌍극자 또는 마름모 대칭을 가지므로 쌍극자 모멘트를 발생시킨다. PZT 장치의 전압 강하는 온도에 따라 이러한 특징으로 인해 IR 검출기로 사용할 수 있다. PZT 장치는 견고하고 물에 용해되지 않는다. PZT 검출기의 응답 및 민감도는 $LiTaO_3$ 검출기의 응답 및 민감도와 유사하다.

납/Pb 지르코늄 티탄산염 세라믹

납/Pb 지르코늄 티탄산염(PZT) 세라믹의 또 다른 흥미로운 특징은 고압을 받을 때 두 면에서 전압 강하를 일으킬 수 있다는 사실이다. 결과적으로, PZT 세라믹 웨이퍼는 자동차의 범퍼에 사용되어 충돌을 감지한다. PZT 장치의 전압 강하는 자동차의 에어백이 펴지게끔 만들어 준다.

◆ 광전도 검출기

IR 감광성 광전자 검출기로서 기능할 수 있는 물질이 많이 있지만, 스펙트럼의 중간 IR 영역(4,000~400 cm^{-1})의 전체 범위를 커버하는 검출기는 오직 한 종류만이 있다. FTIR 분광법의 경우 광전도 검출기는 수은 카드뮴 및 텔루라이드[14](MCT) 검출기만이 널리 사용된다. 우리는 6장의 광전지 p/n 접합부를 볼 때 유사한 종류의 탐지기를 이미 공부했었다(그림 6.28 참조). MCT는 p/n 접합 광전지 소자와 유사한 원리로 작동한다. CdTe 결정에서의 원자가띠와 전도 띠 사이의 띠 간격은 12,098 cm^{-1}이고, HgTe의 밴드 갭은 0.0 cm^{-1}이다. 두 물질이 함께 결정화되므로 두 물질의 비율을 조정하여 MCT 검출기에서 띠 간격을 조정할 수 있다. MCT 검출기는 실제로 IR 스펙트럼의 중적외선 및 원적외선 영역 모두에 광범위하게 사용된다. 중적외선 분광법의 경우 MCT 혼합은 일반적으로 70% HgTe 및 30% CdTe에 가깝다. 원적외선 검출을 위해 MCT 검출기는 80% HgTe 및 20% CdTe로 구성된다. MCT 검출기 장점 중 하나는 산탄 잡음을 줄이기 위해 냉각을 할 수 있다는 사실이다. MCT 검출기는 −50°C에서 작동할 수 있지만, 이로 인해 기류 잡음에 취약하다. MCT 검출기의 민감도는 검출기의 구성과 검출기의 작동 온도와 관련이 있다. 일반적으로 온도가 증가함에 따라 감도는 감소하고 반응은 더 짧은 파장으로 이동한다. 실온에서 MCT 검출기의 감도는 DTGS 및 $LiTaO_3$ 검출기와 유사하며 검출 소자를 냉각하면 최대 2배의 감도 이득을 기대할 수 있다.[15]

수은 카드뮴 및 텔루르 화합물 검출기

미군은 야간 투시경, 항공기(모두), 열추적 미사일 및 공중 폭탄에 대한 수은 카드뮴 및 텔루르 화합물 또는 MCT 탐지기를 사용한다.

◆ 양자 우물 검출기

고체 상태의 양자 우물 검출기는 빠른 응답 시간과 높은 감도로 인해 현대 FTIR 분광기들 중에서도 많은 인기를 얻고 있다.[16] 양자 우물 검출기는 큰 띠 간격의 반도체가 함께 결합되어 하나의 물질의 전도 띠가 두 번째 물질의 원자가 띠와 비교해 낮아지는 국부적인 "우물(wells)"을 생성하는 특수 광전지이다.[17] 이 물질의 조립은 고도로 제어되며, 층은 나노 미터 정도의 두께를 갖는다. 이러한 차원에서 양자 효과는 더욱 중요해진다. 어떤 물질의 원자가 띠와 다른 물질의 전도 띠 사이의 계면에는 양자 장벽이 존재한다. 물질 2의 전도 띠가 물질 1의 원자가 띠 에너지 간격 내에 있더라도 전자는 IR 광자

[14] CMT 검출기 또는 MerCad 텔루라이드 검출기라 불리는 유형의 검출기는 일반적이라 볼 수 있다.

[15] Hamamatsu 기술 정보 SD-12. 적외선 검출기의 특성과 용도.

[16] Karunasiri, R. P. G. *Applied Physics Letters*, **1991**, *59(20)*, 2588; Levine, B. F. *Applied Physics Letters*, **1988**, *53(4)*, 296.

[17] 벌크 물질의 전도 띠를 축퇴된 반 결합 궤도의 집합으로 간주하여 띠 간격 이론과 분자 궤도 이론의 개념으로 연관시킬 수 있다. 유사하게, 원자가 띠는 축퇴된 결합 궤도의 모음이다.

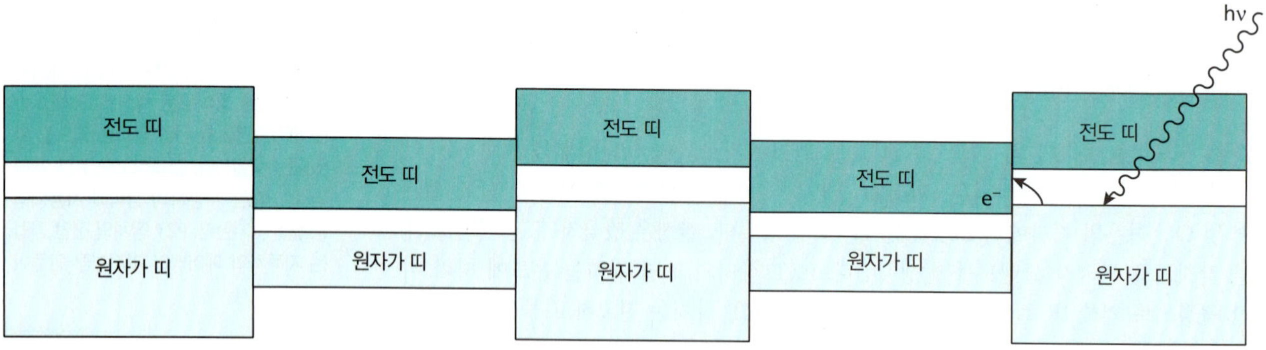

그림 8.17 양자 우물 검출기의 개략도. 나노 미터 척도에서 양자 효과는 물질 1의 원자가 띠에서 금지된 물질 2의 전도 띠로의 전자 이동을 만든다. IR 광자는 두 레벨 사이에서 전자를 움직일 수 있다.

에 의해 촉진되지 않으면 움직이지 않는다. 이 검출기는 높은 전류 이득을 생성하는 연속 단계 방식으로 생성될 수 있다(그림 8.17 참조).

8.6 스펙트럼 출력

◆ 투과도 대 흡광도

자외선 가시선 분광법과는 대조적으로, 흡광도 대신 투과도 백분율 또는 투과도를 사용하여 IR 스펙트럼을 보고하는 것은 매우 일반적이라 할 수 있다.

$$T = \frac{P_s}{P_o} \qquad \text{식 (8.10)}$$

여기서

T = 투과도

P_s = 시료를 통과한 후 검출기에 도달하는 입사 방사선

P_o = 광 경로에서 바탕 값으로 검출기에 도달하는 입사 방사선

그러나 정량적 연구를 수행하고 Beer의 법칙을 적용하고자 하는 경우에 현대의 FTIR 분광기는 흡광도 방식으로 스펙트럼을 표시할 수 있다(그림 8.18 참조).

문제 8.12 흡광도를 사용하여 자외선 가시선 스펙트럼을 보고하는 것이 더 일반적인 이유를 추측하고, 반면 투과도를 사용하여 IR 스펙트럼을 보고하는 것이 더 일반적인 이유를 추측하라[흡광도 = $-\log(T)$를 기억하자].

◆ Beer의 법칙에 따른 정량 분석과 편차

6장에서는 분광계의 대역폭 분해능이 Beer의 법칙에 어떻게 영향을 미치는지, 정량적 작업을 수행할 때 λ_{max}에서 측정하는 것이 중요한 이유에 대해 논의했었다[식 (6.7) 참조]. IR 분광법의 피크는 자외선 가시선 분광법의 피크보다 훨씬 좁기 때문에 IR 분광

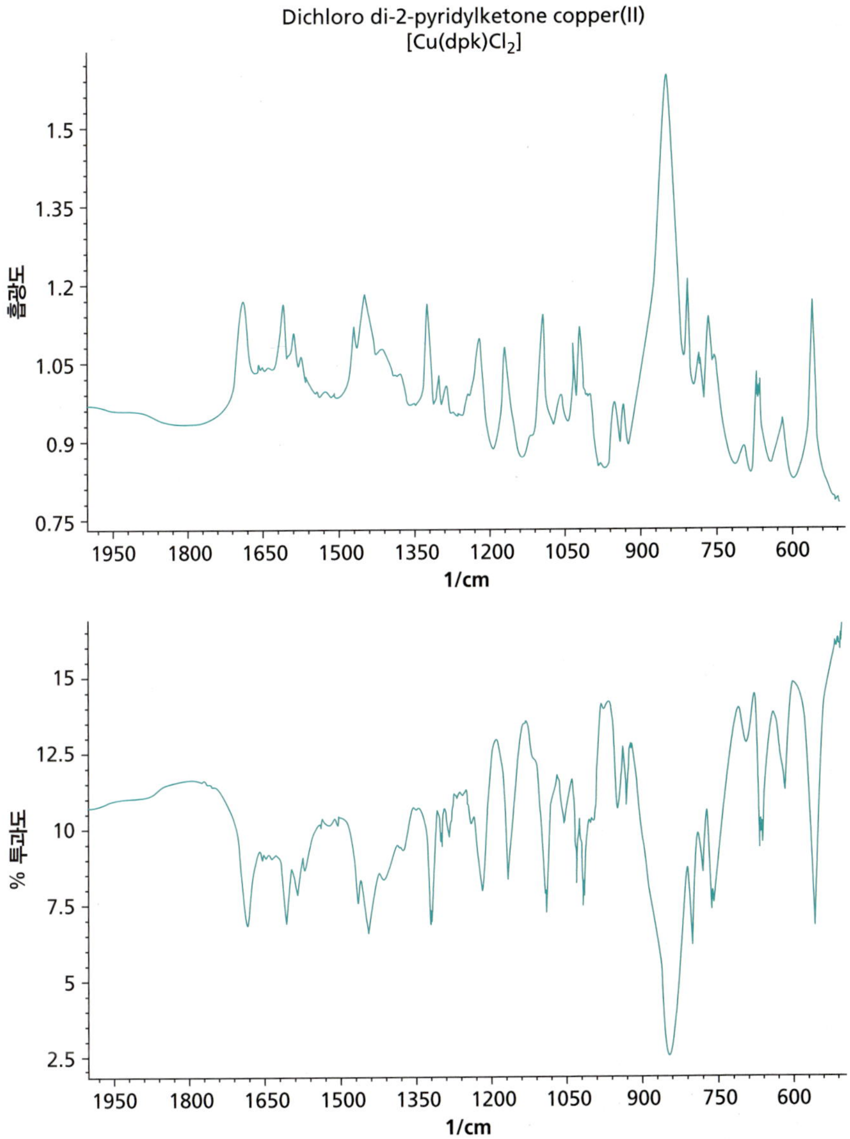

그림 8.18 $[Cu(dpk)Cl_2]$의 FTIR 스펙트럼은 *흡광도*(위) 및 *투과도*(아래)로 표시된다.

법에서 Beer의 법칙을 벗어나는 것은 일반적인 일이며 선형 검량 곡선은 대체적으로 얻지 않는다. 정량적인 FTIR 분광법을 수행할 때 경험적 데이터를 비선형 검량 곡선에 맞추어야 할 때가 있다.

문제 8.13 그림 8.18의 투과도 스펙트럼에서 1,220 cm^{-1}에서 피크를 사용하면서, 분광계의 정밀도가 $\pm 2\ cm^{-1}$일 경우 백분율 오차를 퍼센트로 구하라.

8.7 개발: 2차원 적외선 분광법

2차원 **적외선 분광법**은 분자 내의 진동이 서로 어떻게 결합하는지를 확인할 수 있는 새로운 기술 중 하나이다.[18,19] 이 기법은 하나의 진동 방식을 끌어올리고 인접한 진동(펌프 및 탐침)에 끼치는 효과를 포함한다. 2차원 적외선 분광적 정보를 측정할 수 있는 상업용 장비는 기술이 발전함에 따라 향후 일반적으로 제공될 예정이다. 2차원 적외선 실험에서는 1차원 IR 스펙트럼에서 명확하지 않은 구조적 및 운동적 상관관계를 나타낼 수 있는 두 축(펌프 및 탐침)에 대한 진동 스펙트럼을 그릴 수 있다. 펨토초 범위의 펄스 폭을 생성할 수 있는 고속 적외선 레이저의 개발로, 연구원들은 매우 많은 2차원 적외선 기술을 개발하기 시작했다. 일반적인 2차원 실험에서 첫 번째 축은 들뜸 축이고 두 번째 축은 반응 축이다. 즉, 도표는 특정 진동의 들뜸 축이 특정 탐지 창 내에서 다른 모든 진동에 어떻게 영향을 미치는지 보여주는 상관관계를 나타낸다.

들뜸 펄스는 특정 진동 주파수 범위를 들뜨게 만들도록 선택된 좁은 대역폭의 조절 가능한 IR 레이저에 의해 발생된다. 들뜸 펄스의 지속 시간은 대개 τ_1로 지정된다. 예를 들어, 5×10^{13} Hz (1,700 cm^{-1})의 주파수를 갖는 레이저는 분자 내의 카보닐 기를 들뜨게 하는 데 사용될 수 있다. 탐침 펄스는 레이저에 의해 생성되지만 진동 주파수의 범위를 포괄하는 더 큰 대역폭의 펄스가 생성된다. 탐침 펄스는 주파수 대역의 흡수를 측정하는 데 사용된다. 예를 들어, 탐침 펄스는 4.0×10^{13} ~ 4.5×10^{13} Hz (1,334~1,501 cm^{-1})의 주파수 대역폭을 포함할 수 있으며, 이는 IR 스펙트럼의 "지문"(굽힘) 영역을 탐색한다. 펌프 주파수를 변경하고 시료를 다시 프로빙하여 실험을 계속한다. 펌프와 탐침 사이의 모든 동역학을 종합하면 2차원 스펙트럼이 구성된다. 이와 같은 실험을 통해 연구원에게 많은 것들을 알려줄 수 있다. 첫째, 진동 방식의 결합은 이들의 근접성에 크게 의존하기 때문에 이와 같은 실험을 통해 연구원은 분자 내의 결합과 공간적인 관계에 대해 파악할 수 있다. 둘째, 들뜸 펄스와 탐침 펄스 사이의 지연을 변화시킴으로써 연구자들은 분자 내 이완 역학을 이해할 수 있다. 그림 8.19는 2차원 IR 스펙트럼의 예시다. 그림 8.19(A)에서는 전통적인 1차원 FTIR 스펙트럼을 볼 수 있다. 1차원 스펙트럼에서 우리는 3개의 피크를 관찰할 수 있다. 이 3개의 피크가 데이터베이스에서 발견된 피크와 강한 상관관계를 가지고 있어 시료의 순도를 확신할 수 있다면 이 스펙트럼만으로도 분자를 확인할 수 있다. 동일한 분자의 2차원 스펙트럼은 그림 8.19(B)에 제시되어 있다. 대각선을 따라 존재하는 등고선 피크는 1차원 스펙트럼에서 볼 수 있는 피크와 일치한다. 교차 피크(대각선에서 벗어남)는 분자 내의 결합 상태 간의 에너지 전달에서 발생한다. 우리는 2차원 스펙트럼에서 B와 C의 피크가 "서로 상관관계가 있다"는 것을 알 수 있다. 즉, 이 두 진동 모드 사이에는 에너지가 흐르고 있다. 그들은 결합 되어 있고 아마도 같은 분자에서 서로 인접해 있을 것이다. 또한, 우리는 피크 A가 B 또는 C에 결합 되어 있지 않음을 확인할 수 있다. 그림 8.19의 스펙트럼은 실제로 2개의 화합물 $W(CO)_6$과 로듐 디카보닐 화합물의 혼합물이다. 연구자들은 혼합물을 쉽게 확인하는 것 외에도 펌프와 탐침 펄스(τ_2) 사이의 시간 지연을 변경하여 결합된 상태 사이의 에너지 흐름 속도를 파악할 수 있다. 이런 종류의 정보는 큰 생체 분자에서 단백질 접힘과 접촉 에너지 소멸을 검사하는 데 유용하다.

[18] Baiz, C. R.; Reppert, M. E.; Tokmakoff,A. *An Introduction to Protein 2D IR Spectroscopy: Ultrafast Infrared Vibrational Spectroscopy*, edited by M. D. Fayer, CRC Press: Boca Raton, FL, **2013**.

[19] Khalil, M.; Demirdoven, N.; Tokmakoff, A. Coherent 2D IR Spectroscopy: Molecular Structure and Dynamics in Solution. *J. Phys. Chem. A*, **2003**, *107*, 5258 – 5279.

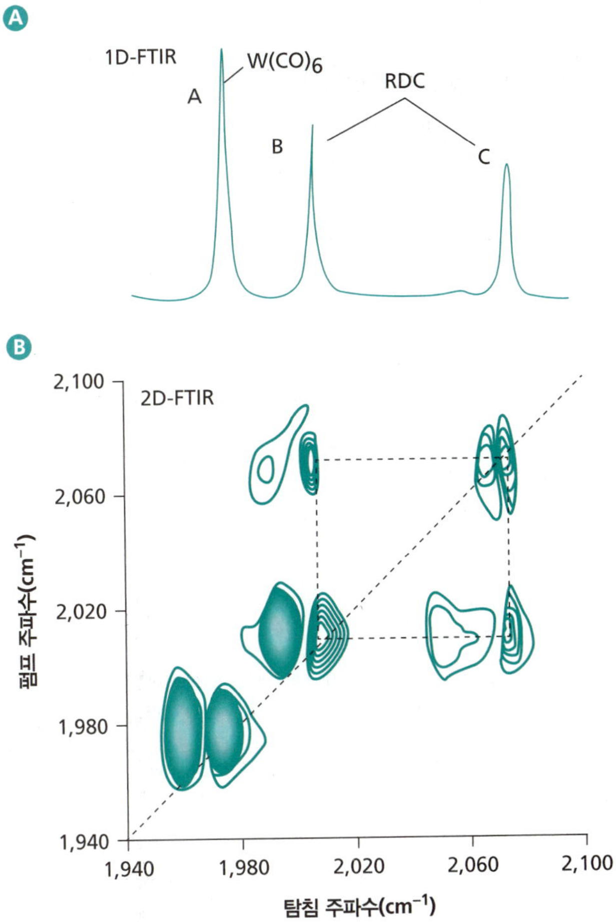

그림 8.19 $W(CO)_6$과 로듐 디카보닐의 혼합물에 대한 1차원 FTIR(A) 및 2차원 IR(B) 스펙트럼. 2차원 IR 스펙트럼의 교차 피크는 피크 B와 C 사이의 결합을 보여준다.

8.8 시료 준비

자외선 가시선 분광계에 시료를 도입하는 일반적인 방법은 용융 실리카 또는 석영 큐벳에 희석된 용액 형태로 넣는 것이다. 하지만 많은 용매들은 IR 영역의 빛을 강하게 흡수한다. 마찬가지로 석영과 용융 실리카도 상당 부분의 IR 영역의 빛을 흡수한다. 그 결과, IR 분광법을 위한 새로운 시료 도입 방법이 개발되었다.

광학 물질

시료를 보유하고 분광계를 통해 IR 복사를 유도하는 데 사용되는 물질은 스펙트럼의 IR 영역에서 투명해야 한다. 또는 최소한 분석에 관심 있는 IR 스펙트럼의 영역에서는 투명해야 한다. IR에 투명한 것 이외에, 물질은 분석 시료와 호환 가능한 물리적 및 화학적 특성을 가져야 한다. 상업용 기기에 가장 일반적으로 사용되는 IR 투명 광학 소재는 브롬화칼륨(KBr)이며, 몇 가지 적합한 물질이 있다(표 8.3 참조).

비교 및 대조 _Compare and Contrast

정량 분석과 정성 분석에서의 자외선-가시선 분광법 대 Fourier 변환 적외선 분광법

화학자들의 경험에 따르면 자외선 가시선 분광법은 정성 분석에는 적합하지 않으며, 반면에 정량 분석에서는 우수하지만 적외선(IR) 분광법에서는 이와 반대이다. 1장에서 우리는 자외선 가시선 스펙트럼이 매우 적고 매우 넓은 피크를 나타내는 반면, IR 스펙트럼은 분석물의 화학적 성질에 대한 풍부한 정보를 제공하는 많고 좁은 피크를 나타내는 경우에 대해 다뤘었다.

그렇다면 자외선 가시선 분광법의 어떤 점이 정량분석에 있어 IR보다 더 우수하게끔 만드는 것일까? 여기에는 두 가지의 이유가 있다. (1) 광역 피크는 측정 오차를 낮추고, (2) 일반적으로 자외선 가시선 피크는 정량 측정에서 훨씬 더 높은 감도를 제공한다. 이 토의에서 우리는 이 두 가지 현상에 대해 더 자세히 알아볼 것이다.

그림 8.20(A)는 1,800 cm^{-1}(5,556 nm)에 중심을 둔 IR 흡수 띠를 보여주며, 일반적인 바탕선 너비는 공칭 피크 위치의 약 4%이다. 기기의 파수 측정에서 가로 좌표(점선)의 오차가 0.5%로 작으면 신호 강도의 실험 오차는 거의 6%이며 파장의 1.0% 오차는 측정된 신호(진회색 선)의 20% 오차를 나타낸다. 그림 8.20(B)는 공칭 피크 위치(140 nm)의 35%의 일반적인 너비를 갖는 400 nm 중심의 가상 자외선 가시선 피크를 보여준다. 우리 기기의 파장(점선)을 측정할 때 0.5%의 오차가 있을 경우, 신호 측정의 오차는 0.08%에 불과하다. 파장 측정에서 1% 오차는 신호(진회색 선)에서 0.33% 오차만을 나타낸다. 그림 8.21은 넓은 자외선 가시선 피크에 비해 좁은 IR 피크의 오차 비교를 보여준다.

자외선 가시선 분광법이 정량 분석에서 IR보다 뛰어난 또 다른 이유는 상대적 피크 강도 때문이다. 6장에서 Beer의 법칙을 기억해 보자.

$$A = \varepsilon bc$$

여기서 A는 측정된 흡광도(단위 없음), ε는 몰 흡광도($cm^{-1} \cdot M^{-1}$), b는 셀을 통과하는 입사광의 경로 길이(cm), c는 몰농도이다. 정량 분석 실험에서, 우리는 알려진 농도의 표준 용액 흡광도를 측정한 후 흡광도 대 농도를 구하여 보정 도표를 설정한다. 그 시점부터 우리는 간단히 미지 농도의 모든 용액의 흡광도를 측정하고 도표(또는 선형 회귀)를 사용하여 농도를 결정할 수 있다. 이 시나리오에서 흡광도 대 농도의 기울기는 감도라고 하며, 그림 8.22에서와 같이 높은 감도(급경사)가 바람직하다. 검은색 선은 8,400 $cm^{-1} \cdot M^{-1}$의 몰 흡수율을 갖는 디-2-피리딜 케톤(DPK)의 자외선 가시선 스펙트럼에서 272 nm 피크에 대한 흡광도 대 농도 도표를 나타낸다. 파란색 선은 DPK의 적외선 스펙트럼에서 1,690 cm^{-1} 피크의 흡광도 대 농도 도표를 나타내며, ε = 380 $cm^{-1} \cdot M^{-1}$이다. 자외선 가시선 피크에서 볼 수 있는 높은 몰 흡광도는 높은 감도를 제공한다. 즉, 농도의 작은 변화는 신호에선 상대적으로 높은 변화를 가져오므로 두 가지 유사한 농도를 더 잘 구분할 수 있다. 예를 들어, 0.10과 0.16 mM DPK의 농도를 갖는 두 가지 용액은 IR 스펙트럼에서 0.011의 흡광도 차이를 나타내지만 자외선 가시선 스펙트럼에서 0.25의 차이(2,000% 큰!)를 나타낸다. 자외선 가시선 스펙트럼에서 0.011AU 신호 변화의 경우 0.10 M 솔루션과 0.1025 M 솔루션을 구분할 수 있다(2.5 μM 차이). DPK는 고유하지 않다. 자외선-가시선 피크와 관련된 몰 흡광도는 10^2에서 10^6 사이인 반면, IR 피크에서의 흡광도는 훨씬 작고, 일반적으로 10에서 10^3까지의 범위에 존재한다.

기체

전형적인 FT-IR 용기는 그림 8.23에 묘사되어 있다. 시료 용기는 시료 기체로 퍼징되거나 비워질 수 있으며, Schlenk 기술을 사용하여 시료 용기를 채울 수도 있다.[20] 시료 용기는 종종 진공 상태가 되기 때문에 튼튼한 용기 창이 필요하다. 일반적으로 기체 시료 용기 창은 CaF_2이나, 용기를 채우기 위해 진공이 필요하지 않은 경우 NaCl 창을 자주 사용한다. 광학 창은 유리 챔버 위에 나사로 고정된 고깔에 의해 제자리에 고정되며 광학 창은 O링을 사용하여 대기로부터 봉인된다. 일반적으로 시료 용기는 5~20 cm를 사용하지만 기체의 밀도가 낮으면 몰농도가 낮아지므로 일반적인 경로 길이를 사용하면 흡광도가 낮아질 수 있어 시료 용기 길이는 조절하여 사용한다.

[20] http://en.wikipedia.org/wiki/Wilhelm_Schlenk를 참조하라.

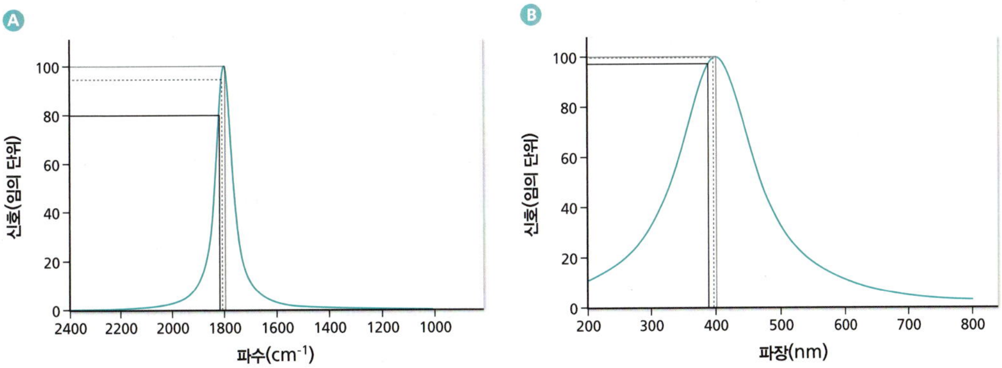

그림 8.20 (A) 너비 4% (72cm^{-1}) 인 1,800 cm^{-1}에서의 가상 IR 피크. (B) 35% (140 nm)의 폭으로 400 nm 중심의 가상 자외선 가시선 피크. 밝은 회색 선은 λ_{max}를 나타낸다. 점선은 파수/파장 선택에서 0.5% 오류가 있는 신호 위치를 나타낸다. 검은색 선은 파수/파장 선택에서 1.0% 오류가 있는 신호 위치를 나타낸다.

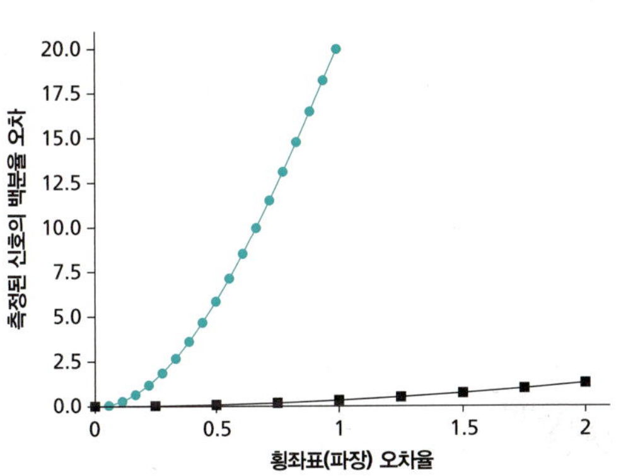

그림 8.21 파장 오차로 인해 측정된 신호의 백분율 오차 도표. 파란색 원과 선은 좁은 적외선 피크를 나타내고 검은색 사각형과 선은 넓은 자외선 가시선 피크를 나타낸다.

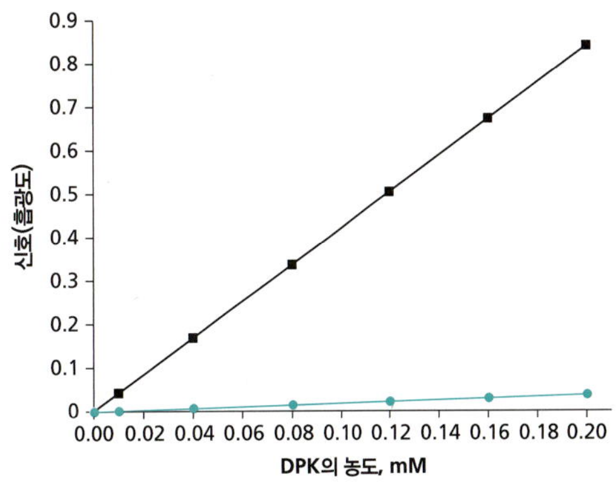

그림 8.22 자외선 가시선 분광법과 FTIR 감도의 차이를 보여주는 분석물 농도 대 가상 신호의 도표. 검은색 원과 선은 자외선 가시선 피크를 나타낸다. 파란색 사각형과 선은 적외선 피크를 나타낸다.

용액 적외선 분광법

정량적인 자외선 가시선 분광법을 수행하는 것보다 정량적인 FTIR 분광법을 수행하는 것이 더 어렵고 긴 시간이 걸린다. 그러나 반응 속도를 모니터하고자 할 때 FTIR은 가치가 있다. 정량 분광법을 수행하려면 시료의 농도를 알아야 하며, 액체 FTIR 시료 용기를 사용하면 쉽게 수행할 수 있다. 전형적인 액체 FTIR 시료 용기는 기체 시료 용기보다 설계가 복잡하다. 액체 FTIR 셀의 개략도는 그림 8.24에 묘사되어 있다. 광학 창은 테플론 스페이서로 분리되어 있다. 스페이서의 너비는 시료 용기의 경로 길이를 결정한다. 일반적인 경로 길이는 mm의 1/100~1/10이다. 광학 창은 관통 볼트와 함께 고정된 두 개의 스테인레스 강판 사이에 광학 물질을 끼워 넣어 고정된다. 시료는 주사기를 포트에 고정시킬 수 있는 루어 락을 포함한 스테인레스강 포트를 통해 도입된다. 마개의 구멍은 시료 포트와 정렬되고 광학 창 중 하나의 구멍에도 정렬된다. 용매화된 시료는 시료 포트를 통해 주입되고, 두 개의 창 사이의 공간이 넘치게 되며, 초과분은 두

표 8.3 ▸ 일반적인 적외선 광학 재료

물질명	적외선 투과 범위(cm^{-1})	특성
KBr	40,000~400	부드러움, 경제적임, 물에 잘 녹음, 증기가 있음.
AgBr	22,000~286	부드러움, 경제적임, 물에 잘 녹음, 증기가 있음. 자외선 노출 시에는 어두워짐.
AgCl	10,000~360	증기가 없음.
CaF2	77,000~1,110	딱딱하고, 비교적 비쌈, 물에 녹지 않음, 산성 및 염기성이며, 안개가 없고, 고압을 견딤.
NaCl	40,000~625	부드러움, 경제적임, 물에 잘 녹음, 증기가 있음.
다이아몬드	25,000~33	비쌈, 물에 녹지 않음, 구조적으로 강함.
KRS-S(thallium bromide-iodide)	25,000~250	부드럽고 좋은 ATR 물질, 산에 녹지 않음, 염기에 잘 녹음, 독성을 가짐.

Advanced Light Source (Berkley Labs)에서 발췌, 저작권 © 2012 ALS 적외선 빔라인 허가.

*대부분의 IR 분광기의 광학대는 공기에 노출되어 있기 때문에 사용되는 광학 물질의 범위가 더 넓더라도 대부분 분광기의 실제 범위는 4,000~300 cm^{-1}로 제한된다.

그림 8.23 FTIR 분광법을 위한 기체 시료 용기. 광학 창은 고깔에 의해 제자리에 고정되고 O링으로 밀봉된다.

번째 시료 포트를 빠져나가게 된다. 광학 경로 길이를 변경하려면 전체 시료 용기를 분해해야 하고 테플론 스페이서를 변경해야 한다. 모든 부품을 정렬하려면 특별한 주의를 기울여야 하며, 받침판을 너무 세게 조이지 않아야 한다. 그렇지 않으면 광학 물질이 부서져 파손될 수 있다.

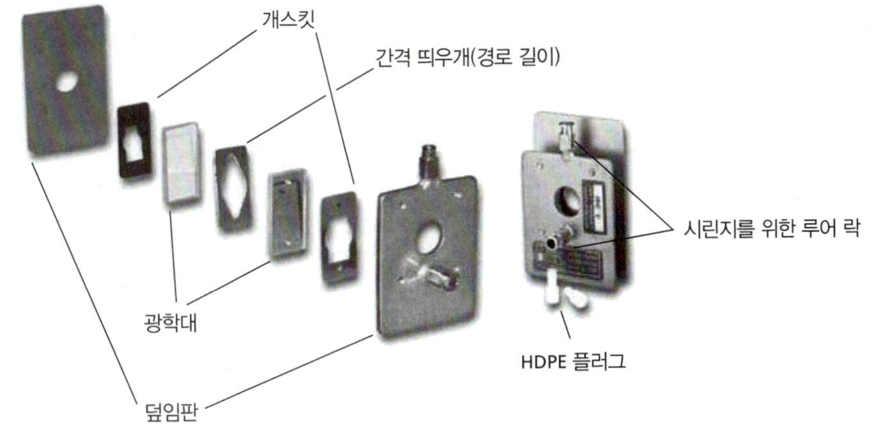

그림 8.24 FTIR 분광법을 위한 액체 시료 용기.

광학 물질은 전형적으로 NaCl 또는 KBr을 사용한다. 이 물질들은 모두 수용성이기 때문에 사용된 모든 용제는 먼저 엄격하게 건조되어야 한다. 이것은 사용하기 전에 적합한 건조제[21] 위에 용매를 증류하는 것을 포함한다.

또한 용매를 선택할 시에는 고려할 것들이 있다. 대부분의 용매는 전자기 스펙트럼의 적외선 영역에서 흡수되기 때문에 용매는 관심 영역에 강한 흡수 띠가 없도록 선택해야 한다. 또한 용매가 IR 복사를 흡수하기 때문에 경로 길이는 매우 작게 유지된다. 분석물에 대해 수용 가능한 흡수를 얻기 위해서는 분석물이 용매에 매우 잘 용해되어 있어야 한다. 표 8.4는 다양한 IR 용제의 활용 범위를 보여준다.

정성적인 분광법 결과만 필요하다면, 적절한 두 이온성 판 사이에 시료의 용액을 놓고 빛살 경로에 "샌드위치"를 장착하기만 하면 된다. 그러나 이러한 용도에서는 용매에 대한 스펙트럼 특성을 고려해야 한다.

◆ 무용매 액체

액체가 충분히 점성이 있고 증기압이 낮은 경우 분석 대상 물질의 얇은 층을 NaCl 또는 KBr 창에 스며들게만 하면 분광계의 광 경로에 창을 놓는 방법으로 IR 스펙트럼을 얻을 수 있다. 이 방법은 쉽진 않으나 매우 효과적이다. 시료가 상당한 양의 물을 함유하지 않도록 주의해야 한다. 그렇지 않으면 이온성 창이 분해될 수 있다. 비교적 높은 증기압을 갖는 시료는 샌드위치 용기를 사용하거나 또는 폴리에틸렌(예, 플라스틱 랩)의 시트 상에 액체 방울을 놓고 시료를 플라스틱으로 감싸도록 한다. 다른 창 및 용매와 마찬가지로 폴리에틸렌에서 발생하는 적외선 띠를 인식해야 한다.

◆ 고체

고체의 IR 스펙트럼을 얻는 방법은 여러 가지가 있다. 전통적인 방법은 누졸(Nujol)[22]에서 분석물의 분말을 부유시키고 매우 두꺼운 현탁액이 얻어질 때까지 막자사발을 통해 분쇄하는 것인데, 이를 *누졸 반죽*이라 한다. 그런 다음 반죽을 NaCl 또는 KBr 창 또는 폴리에틸렌 판에 묻힌 후 분광계의 광학 경로에 놓는다. 누졸 반죽을 사용하여 일상적인 IR 스펙트럼을 얻는다면 누졸의 피크를 무시하는 법을 빨리 배우게 될 것이다.

[21] 호환되는 건조제 목록은 Gordon A.; Ford H. The Chemist's Companion: *A Handbook of Practical Data, Techniques and References*, Wiley Interscience : NY, **1972**, 445을 참고하라.

[22] 누졸(Nujol)은 Plough 사의 IR 등급 미네랄 오일, CAS 번호 8012-95-1에 해당한다.

표 8.4 ▸ 적외선 분광법에 유용한 용매*,†

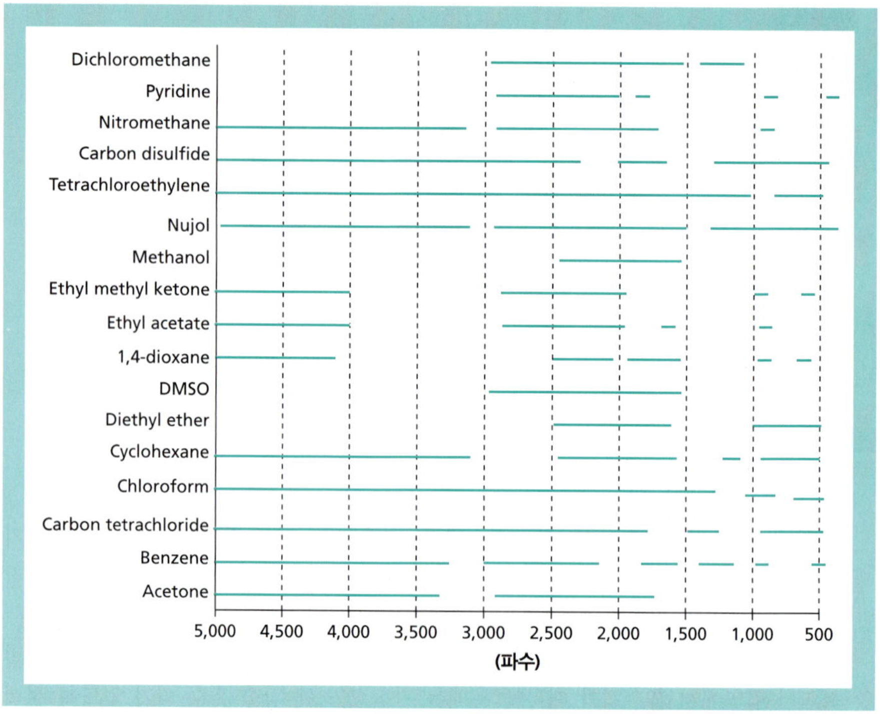

*각각의 용매에 대한 IR 전체 영역의 스펙트럼은 Gordon A.; Ford H. The Chemist's Companion: A Handbook of Practical Data, Techniques and References, Wiley Interscience: New York, 1972, 170-176을 확인하라.

†수평선은 용매에 의한 흡수가 적은 영역을 나타낸다.

*KBr 펠렛*을 만드는 방법은 IR 스펙트럼 측정을 위한 좋은 방법이지만 많은 시간이 소요되는 방법이다. 브롬화 칼륨은 4,000~400 cm^{-1}에서 투명하며 IR 분광법을 위한 매우 우수한 광학 물질이다. KBr에는 또 다른 고유한 특성이 있다. 이는 바로 고압을 받게 되면 비정형 고체상(유리)이 형성된다는 것이다. KBr 펠렛을 형성하기 위해 KBr 및 고체 분석물(10:1~100:1)을 막자사발에 놓는다. 이어서, 혼합물을 균질하도록 분말로 갈아준다. KBr 창이 형성될 때까지 분말을 압력기에 넣고 때때로 기계 펌프로 안을 비우면서 고압을 가한다(그림 8.25 참조). 그 다음 KBr 펠렛을 FTIR 분광기의 광학 경로에 놓는다. 그림 8.1은 KBr 펠렛으로부터 얻어졌다. 보다시피 결과는 매우 깨끗한 스펙트럼이다. 누좀 반죽이나 KBr 펠렛은 경로 길이를 제어하기가 어렵기 때문에 허용 가능한 정량 결과를 산출하지 못한다(Beer의 법칙에서 "b").

◆ 감쇠전반사

전통적으로, FTIR 스펙트럼을 얻는 데 있어 가장 큰 문제점은 분광계의 광 경로에 시료를 올바르게 준비하는 것이다. 그러나 FTIR 분광기 제조사들은 IR 분광법을 수행하는 데 필요한 시료 준비 과정을 크게 줄일 수 있는 ATR 액세서리를 마케팅하기 시작했다.[23] 간섭계로부터 온 IR 방사선은 ATR을 통해 고 굴절률의 결정으로 들어간다. 액체

[23] Harrick, N. J. (1967). *Internal Reflection Spectroscopy*. John Wiley & Sons: NY, 1967; Perkin-Elmer. Technical Notes: FTIR Spectroscopy, http://shop.perkinelmer.com/content/technicalinfo/tch_ftiratr.pdf (accessed Aug, 2015).

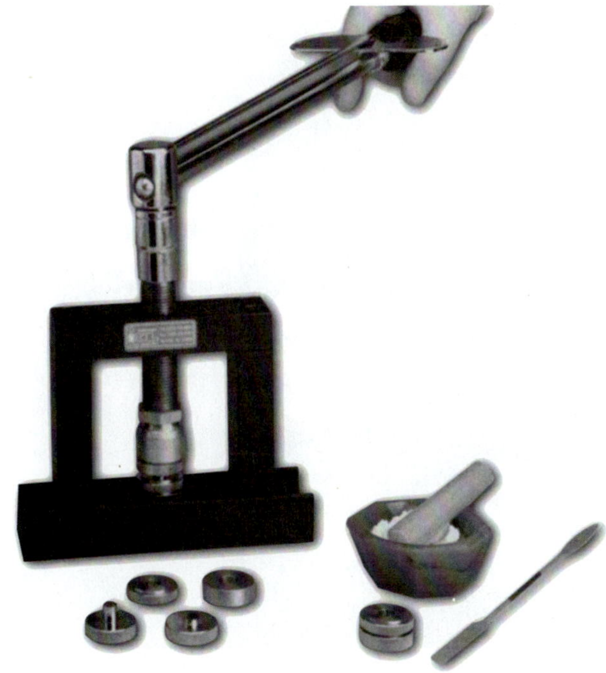

그림 8.25 KBr 펠렛을 제조하기 위한 장치.

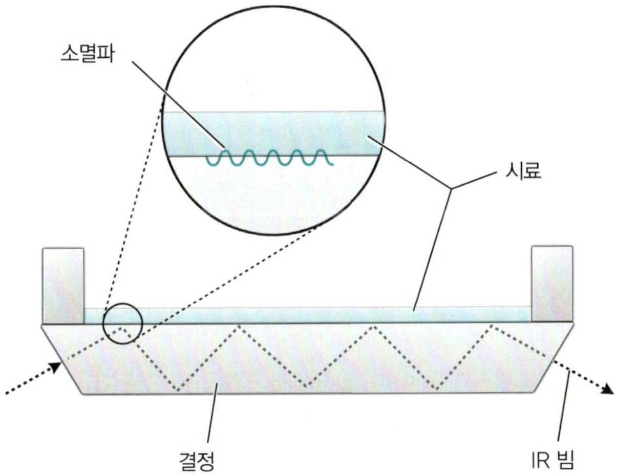

그림 8.26 ATR. 원형 단면 그림은 시료에 대한 소멸파의 침투를 보여준다.

또는 고체 시료를 결정 표면에 올려놓는다. 결정과 시료 사이의 굴절률 차이가 크기 때문에 반사각과 굴절각은 동일하다. 따라서 빛은 내부 전반사를 겪게 된다(그림 8.26 참조). 시료와 결정 사이의 경계에서 시료로 확장되는 진폭의 일부를 가진 소멸파가 생성된다.

소멸파는 시료와 수 마이크로 이내에서만 상호 작용하기 때문에 시료가 결정과 기계적인 접촉을 유지하는 것이 중요하다. 적외선은 여러 번 앞뒤로 튀어나올 수 있어 시료 내 적외선 복사 경로가 길어지게 된다. ATR을 사용할 때의 단점은 고밀도인 ATR 물질이 전체 IR 빔을 감쇠시키므로 검출기에서 신호가 적고 알짜 S/N 비가 감소한다는

그림 8.27 ATR 액세서리의 사진. 시료(고체 또는 액체)를 결정면에 놓고 캘리퍼스 피스톤으로 압력을 가한다.

것이다. 그림 8.27은 Pike 사에서 제조한 ATR 액세서리 사진이다. 결정면은 그림 8.27에서 볼 수 있는 스테인레스강 고리 중앙에 보이는 작은 점이다. 공압식 프레스는 스펙트럼이 얻어지는 동안 결정면(이 경우 다이아몬드)에 샘플을 견고하게 고정시킨다. ATR 액세서리의 등장으로 FTIR 분광법을 위한 시료 준비는 크게 단순화되었다. 결정의 표면에 시료(액체 또는 고체)를 간단히 놓고 공압식 프레스를 내리면 간단히 스펙트럼을 얻을 수 있다.

문제 8.14 용어 *소멸파*를 정의하라.

문제 8.15 ATR 액세서리는 어떤 조건에서 적합하지 않은가? 즉, 전통적인 시료 주입 방식(KBr pellet 또는 Nujol mull) 중 어떤 조건에서 더 나은 데이터를 얻을 수 있는가?

8.9 심화자료

Books

Cotton, F. A. *Chemical Applications of Group Theory*, 3rd ed. John Wiley & Sons: NY, **1990**.

Hamm, P.; Zanni, M. *Concepts and Methods of 2D Infrared Spectroscopy*. Cambridge University Press: New York, **2011**.

Harris, D. C.; Bertolucci, M. D. *Symmetry and Spectroscopy: An Introduction to Vibrational and Electronic Spectroscopy*. Dover: Mineola, NY, **1978**.

Larkin P. *Infrared and Raman Spectroscopy; Principles and Spectral Interpretation*. Elsevier: Waltham, MA, **2011**.

Smith B. C. *Fundamentals of Fourier Transform Infrared Spectroscopy*, 2nd ed. CRC Press/Taylor & Francis: Brooklyn, NY, **2011**.

Tsukerblat, B. S. *Group Theory in Chemistry and Spectroscopy: A Simple Guide to Advanced Usage*. Dover: Mineola, NY, **2006**.

Journals

Gillie, J. K.; Hochlowski J.; Arbuckle-Keil, G. A. Infrared Spectroscopy. *Anal. Chem.*, **2000**, 72(12), 71~80.

Koenig, J. L.; Wang, S-Q.; Bhargava, R. FTIR Images: A New Technique Produces Images Worth a Thousand Spectra. *Anal.* **Chem.**, **2001**, 73(13), 360A~369A.

Nesbitt, D. J. High-resolution Infrared Spectroscopy of Weakly Bound Molecular Complexes. *Chem. Rev., 88(6)*, **1988**, 843~870.

8.10 연습 문제

8.1 다음 각 분자에 대한 진동 방식의 수를 결정하라.

(a) 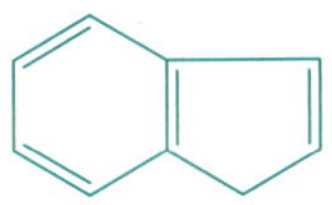

(b) 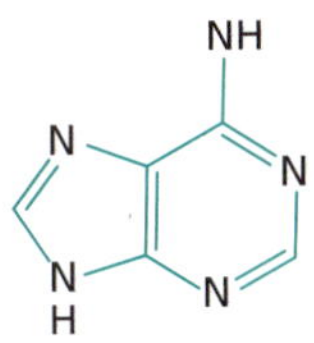

(c) 

(d) 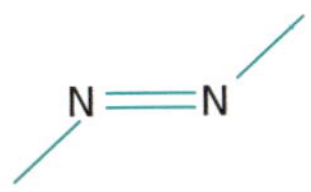

8.2 다음 각 주파수를 파수로 변환하라.

(a) 5.01×10^{13} Hz
(b) 6.7×10^{13} Hz
(c) 1.5×10^{13} Hz
(d) 1.5×10^{14} Hz
(e) 8.97×10^{13} Hz
(f) 3.1×10^{13} Hz

8.3 다음 파수를 각각 헤르츠(s^{-1}) 단위로 변환한 다음 마이크로미터 단위의 파장으로 변환하라.

(a) 2,970 cm^{-1}
(b) 43,810 cm^{-1}
(c) 1,699 cm^{-1}
(d) 2,120 cm^{-1}
(e) 756 cm^{-1}
(f) 1,597 cm^{-1}

8.4 다음의 각 파장을 파수로 변환하라.

(a) 3.12 μm
(b) 2.97 μm
(c) 6.85 μm
(d) 3.76 μm
(e) 11.99 μm
(f) 5.71 μm

8.5 IR 분광법이 자외선 가시선 분광법보다 Beer의 법칙에서 벗어나는 이유는 무엇인가?

8.6 다음 각 분자에서 진동 방식의 수를 결정하라.

(a) SO_2
(b) NO_2^+
(c) NO_2^-
(d) SO_3^{-2}
(e) HCN
(f) CO
(g) H_2O
(h) CO_2
(i) NO_3^-

8.7 FTIR 분광법을 위한 적절한 소스를 선택할 때 고려해야 할 사항을 토론하라.

8.8 마이컬슨 간섭계의 사용과 FTIR 분광기에서 검출기의 시간 상수 사이의 관계를 설명하라.

8.9 열 검출기가 FTIR 장비에 사용하기에 적합하지 않은 이유를 설명하라.

8.10 초전기성 검출기는 광전 증폭관보다 훨씬 덜 민감하다(6장). FTIR 장비에서 PMT가 아닌 초전성 검출기를 사용하는 이유는 무엇인가?

8.11 초전기성 검출기가 어떻게 작동하는지 설명하라.

8.12 FTIR 분광법에서 시료 준비와 관련된 몇 가지 문제점과 고려사항에 대해 토론하라.

고급 연습 문제

8.13 초전기성 검출기에 적합한 회로도를 설계하라. 출력 판독 장치를 구동할 수 있는 수단을 포함시켜야 한다.

8.14 여기에 나타난 스펙트럼은 KBr 펠렛으로 얻어졌으며 화학식 C_2H_6O를 갖는 화합물이다.[24] 이 화합물은 무엇인지 말하라.

[24] 출처: 유기 화합물 스펙트럼 데이터베이스(Spectral Database;SDBS).

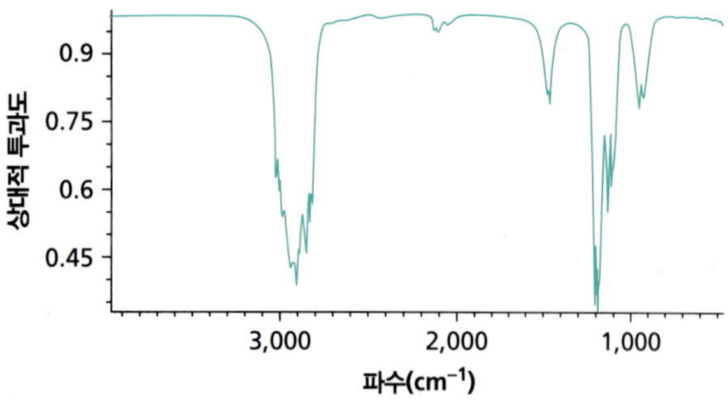

8.15 사용된 용매가 엄격히 건조되지 않으면 화합물 [Pt(DPK)$_2$Cl$_2$][PF$_6$]$_2$의 케톤기가 안정한 enol로 가수 분해된다(그림 8.1 참조).[25] IR 분광법을 사용하여 이 가수 분해 반응의 동역학을 연구한다고 가정해 보자. 이때 이 연구에 적합한 용매를 제안하고, 시료를 분광계에 도입하는 방법을 논의해 보자. 또 제안에 대해 구체적인 근거를 제시하라.

8.16 연습 문제 8.5에 대한 답을 검토하고, 적외선 분광법보다 정량적 연구에서 자외선 가시선 분광기를 사용하는 것이 더 일반적인 이유에 대해 의견을 나누어 보라. 당신은 감도에 대한 정의를 다시 복습해 볼 수도 있다. 그림 8.22를 참고하라.

8.17 다음의 각 분자에서 IR 활성 진동 방식의 수를 결정하라. 노트: 대칭성 논증을 사용하여 어떤 진동이 분자 쌍극자 모멘트에서 알짜 변화를 일으키는지 결정해야 한다.

(a) SO_2 (d) SO_3^{-2} (g) H_2O

(b) NO_2^+ (e) HCN (h) CO_2

(c) NO_2^- (f) CO (i) NO_3^-

8.18 스프레드시트를 프로그래밍하고 문제 8.2에서 각 주파수의 합으로부터 생성된 비트 무늬를 도표화하라.

8.19 연습 문제 8.18에 의해 생성된 데이터 세트에 대해 스프레드시트를 프로그래밍하고 Fourier 변환을 수행하라.

8.20 그림 8.1의 케톤 피크는 1,714.8 cm^{-1}을 중심으로 한다. C=O 결합에 대한 힘 상수는 얼마인가? 탄소 원자가 ^{14}C 동위원소이고 산소 원자가 ^{17}O 동위 원소인 경우 카보닐 피크의 파수를 예측하라.

8.21 힘 상수가 4.89×10^2 N/m임을 가정할 때, C–H 결합에 대한 파수에서 이론적인 흡수 주파수를 계산하라. 중수소로 수소를 대체한다면 주파수는 어떻게 변하는가?

8.22 TXRF와 ATR-IR을 비교하고 대조하라(5.8절 참조). 두 기술 모두 어떤 광학 원리를 이용하는가?

8.23 표 8.1 및 예제 8.1를 참고하여 다음 스펙트럼을 분석하라.

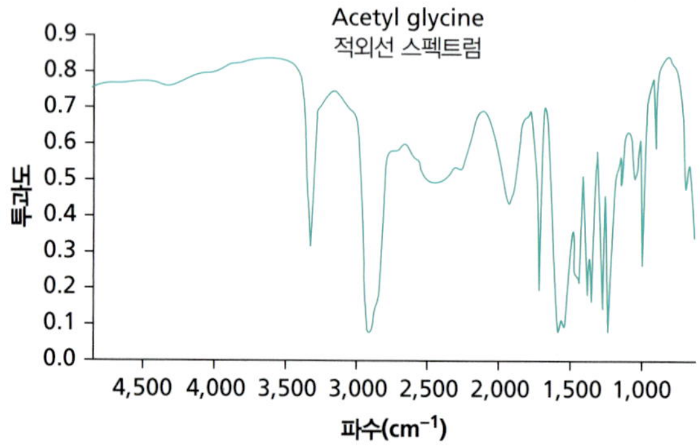

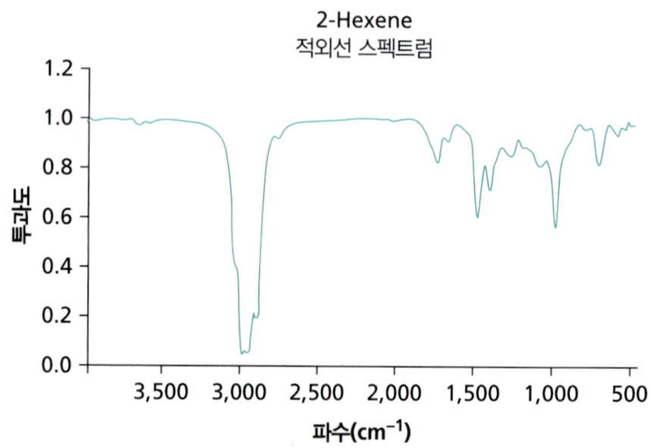

[25] Sienerth K. D.; Granger R. M.; et al. Synthesis of Pt(dpk)Cl$_4$ and the Reversible Hydration to Pt(dpk-O-OH)Cl^3·H-phenCl: X-ray, Spectroscopic, and Electrochemical Characterization. *Inorg. Chem.*, **2004**, 43, 72-78.

제 9 장

라만 분광법

Raman Spectroscopy

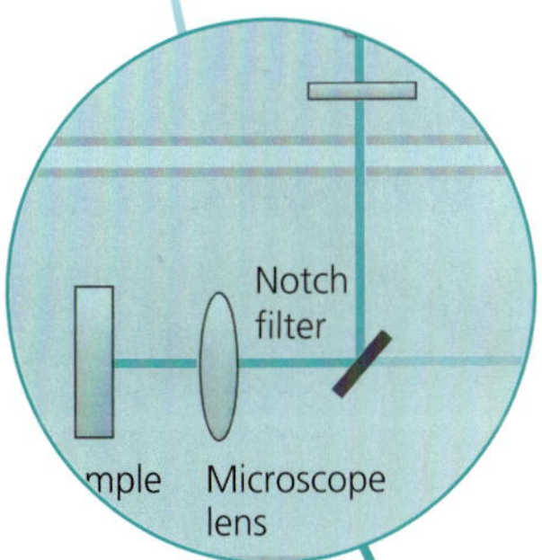

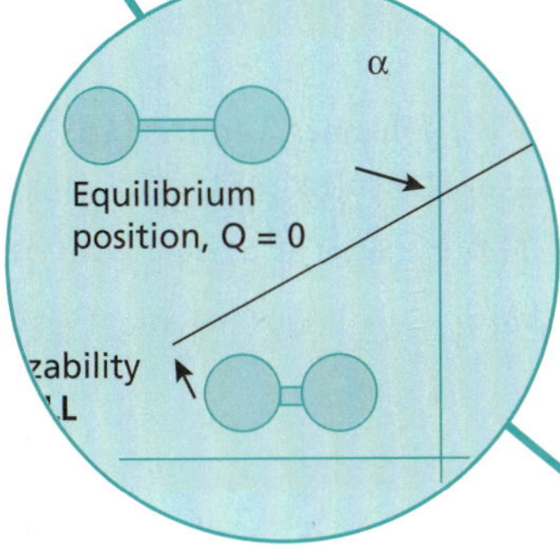

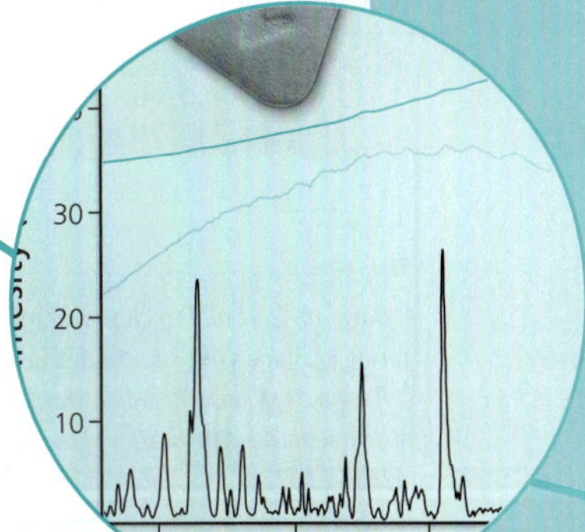

개념 _Concepts

특집 _Features

▶ 프로파일 _Profile

예술과 의학 분야에서 라만의 응용

매사추세츠 공과 대학(Massachusetts Institute of Technology)의 연구원들은 혈액을 채취하지 않고도 혈당치를 모니터링할 수 있는 혈당 탐침을 개발하였다. 혈액을 채취하는 것은 고통스러울 수 있어 바늘을 사용하지 않고 분광계로 혈당을 모니터링하는 것은 환자에게 큰 이점이다. 사용자는 간단히 탐침의 끝을 피부에 올려놓으면 된다. 광섬유 다발은 피부에 레이저 빛을 가하게 되고, 두 번째 광섬유 다발은 라만 산란광을 분광계(왼쪽 사진)로 향하게 만든다.*

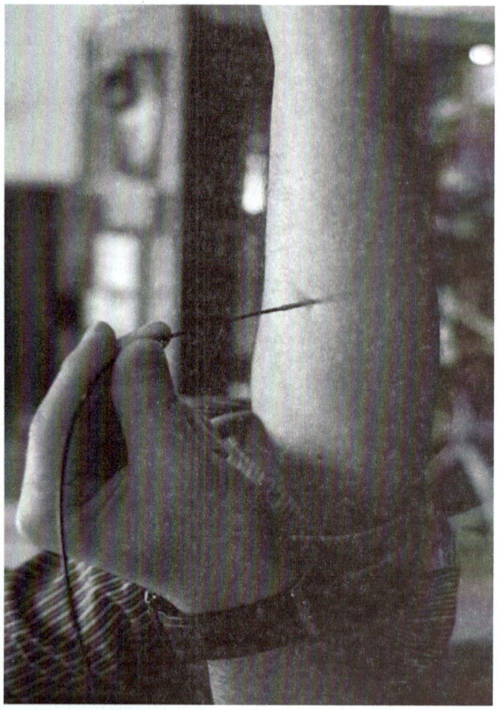

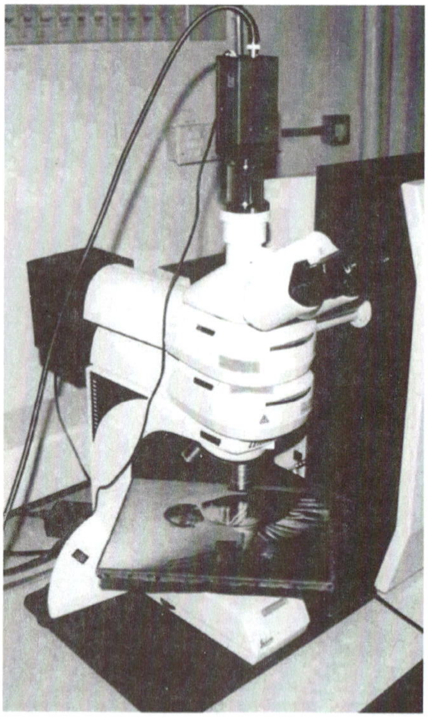

라만 분광법은 예술 작품이 위조품인지 아닌지 판단하는 데 중요한 도구가 될 수 있다. 분석자는 화가들이 사용한다고 알려진 안료 또는 특정 지역에서 특정 기간 동안 사용되었던 것으로 알려진 색소의 분광 신호를 비교할 수 있다. 페인트 안료의 라만 신호는 분석자가 예상했던 예술 작품의 안료와 실제 안료가 일치하는지를 판단할 수 있게 한다.

오른쪽 사진은 네덜란드의 바로크 화가 Johannes Vermeer(1632~1675)의 그림으로 알려져 있다. 이 그림은 이 장의 뒷부분에서 설명할 라만 현미경†에서 확인해볼 수 있다. 이 작품에 대해 몇몇 위조품이 존재한다고 알려져 있으나. 라만 분광법을 통해 진짜 Vermeer 작품을 찾아낼 수 있었다. 분석이 끝난 2009년에 이 그림은 3천만 달러에 판매되었다.

* Barman, I.; et al. *Development of Robust Calibration Models Using Support Vector Machines for Spectroscopic Monitoring of Blood Glucose. Anal. Chem.,* **2010,** *82(14), 6104–6114.*

† Burgio, L.; Clark, R. J. H.; Sheldon, L.; Smith, G. D. *Pigment Identification by Spectroscopic Means: Evidence Consistent with the Attribution of the Painting Young Woman Seated at a Virginal to Vermeer. Anal. Chem.,* **2005,** *77(5), 1261–1267.*

9.1 입문

라만 분광법(Raman spectroscopy)은 진동 분광법의 한 형태이며 적외선(IR) 분광법과 매우 유사한 분석 장비 중 하나이다. 라만 분광법은 유기, 무기 및 생물학적 시료를 확인하는 데 매우 유용한 분석 기술이다. 이 방법은 비파괴적이고 비교적 빠른 방법으로 시료를 분석하는 것이 가능하며, 종종 시료 전처리를 필요로 하지 않는다. 라만 스펙트럼은 일반적으로 고체, 액체 및 기체뿐만 아니라 박막 및 분말에서 측정할 수 있다. 라만 분광법은 한때 연구 실험실에서만 사용되는 기술로 간주되었지만, 새로운 저비용 기반의 라만 기술은 Fourier 변환 적외선 분석기술에 견줄만한 기술로 평가받고 있다. 예를 들어 저가의 소형 라만 분광기는 화약 잔류물을 분석하고 폭발물과 약물을 식별하기 위해 법 집행 기관의 실험실 외부에서 사용된다. 해당 시료를 채취하여 연구실로 돌아가면, 연구용 장비를 통해 사용된 탄약의 구경에 따라 화약 잔류물을 구별할 수 있다.[1] 라만 분광법은 법 집행에서 사용되는 것 외에도 안료, 도자기, 안경, 미네랄, 보석, 미술품, 유물[2]을 검사하는 데 사용될 뿐만 아니라 다른 화학 시스템도 분석할 수 있다. 연구용 벤치 탑 장비는 훨씬 강력하며, 경우에 따라 미세마이크로미터 공간 분해능을 사용하여 시료 표면의 화학 성분을 분석할 수 있는 이미징 시스템(라만 이미징)과 결합할 수 있다. 인간 골육종(골암) 세포에 대한 라만 이미지[3]가 그림 9.1에 나와 있다. 라만 이미징을 사용하면 결정 실리콘, 압축된 실리콘 및 비정질 실리콘[4]을 매핑하는 실리콘 집적 회로와 같이 기기 또는 시료의 또 다른 기능을 파악할 수 있다. 라만 스펙트럼 데이터베이스는 이제 15,000개 이상의 화합물을 가진다.

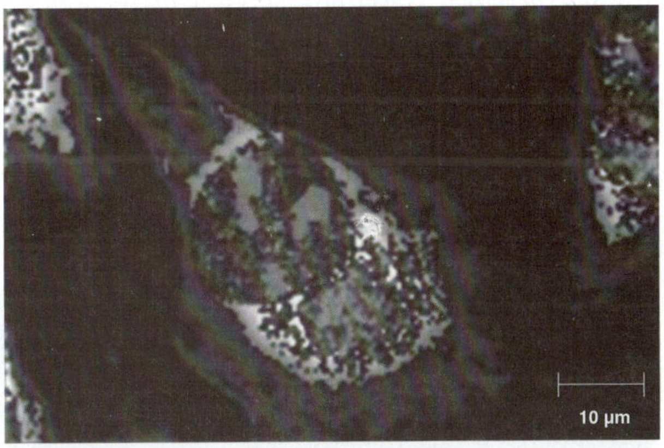

그림 9.1 핵, 핵소체, 막과 결합한 세포기관 및 셀 본체를 보여주는 인간의 골육종(osteosarcoma) 세포의 라만 이미지.

[1] Bueno, J.; Sikirzhytski, V.; Lednev, I. K. Raman Spectroscopic Analysis of Gunshot Residue Offering Great Potential for Caliber Differentiation. *Anal. Chem.*, **2012**, *84*, 4334–4339.

[2] Vandenabeele, P.; Edwards, H. G. M.; Moens, L. A Decade of Raman Spectroscopy in Art and Archaeology. *Chem. Rev.*, **2006**, *107*(3), 675–686.

[3] Ling, J.; Weitman, S. D.; Miller, M. A.; Moore, R. V.; Bovik, A. C. Direct Raman Imaging Techniques for Studying the Subcellular Distribution of a Drug. *Applied Optics*, **2002**, *41*(28), 6006–6017.

[4] 예시를 확인 시 http://www.horiba.com/의 이미지 갤러리를 참조하라.

그림 9.2 C. V. Raman 경.

C. V. Raman 경(그림 9.2)은 1928년에 **라만 효과**(Raman effect)를 발견했다.[5] 강력한 수은 램프[6]에서 벤젠으로 빛을 보내자 라만은 시료를 빠져나가는 산란광이 새로운 파장, 즉 수은 광원과 다른 파장을 포함한다는 것을 알아냈다. 이 보이지 않는 흩어진 스펙트럼은 현재 라만 스펙트럼으로 알려져 있다. 라만은 분광기(눈이 검출기 역할을 하는 분광계)와 산란된 빛의 파장이 수은 광원의 파장과 다르다는 것을 확인하기 위해 수은 광원을 차단하는 필터를 사용했다. 라만은 그 효과가 더 많은 분자에서 일어났다는 것을 보여주기 위해 계속 실험을 수행했다. 그는 들뜬 광원의 파장을 변화시켰을 때 들뜬 광원과 새로운 빛의 주파수 차이가 주어진 분자에서 동일하게 유지된다는 것을 발견했다. 또한 들뜬 광원과 방출된 새로운 빛 사이의 주파수 차이가 조사 중인 각 분자마다 독특하다는 점을 발견했다. 이것은 이전에는 볼 수 없었던 새로운 유형의 산란이었고, 1930년에 "*빛의 산란과 그의 이름을 딴 효과의 발견에 대한 그의 연구*"로 노벨 물리학상을 수상했다.[7] 라만 산란은 분자의 진동 에너지양이 산란된 광자에서 손실되거나, 산란된 광자에 의해 얻어지는 분자의 진동 방식과 광자 사이의 충돌로써 생각할 수 있다.

Rayleigh 산란

빛의 산란 중 좋은 예는 레이저 쇼 콘서트에서 볼 수 있다. 공기 중에 안개나 연기가 없다면 광자는 보통 표면에서 반사되기 때문에 눈에 들어올 때까지 레이저 광선은 보이지 않을 것이다. 그러나 안개를 통해 산란하면 공연 중에 빔이 보인다. 레이저 광선이 청중을 겨냥하지 않는다는 사실에도 불구하고 그림 9.3에서 보는 것처럼 레이저 광선이 보이게 된다. 당신이 보는 광자는 공중에 있는 입자들에 의해 흩어져 있으며 탐지된 광자들은 이제 당신의 눈 쪽으로 향하게 된다. 광자는 *모든 방향으로* 흩어져 있다. 이 예시에서 광원(레이저)의 파장과 산란된 빛의 파장은 *동일하다*. 이것을 **Rayleigh 산란**(Rayleigh scattering)이라고 한다. Rayleigh 산란에서는 입사하는 레이저 광과 산란광의 파장의 차가 0이다. 이것은 실제 라만 산란과는 다른데, 여기에서는 라만 산란광의 파장과 광원의 파장(주파수와 에너지)이 *다르지만* 실제로는 두 개의 파장이 일반적으로 매우 가깝다는 것을 알 수 있다.

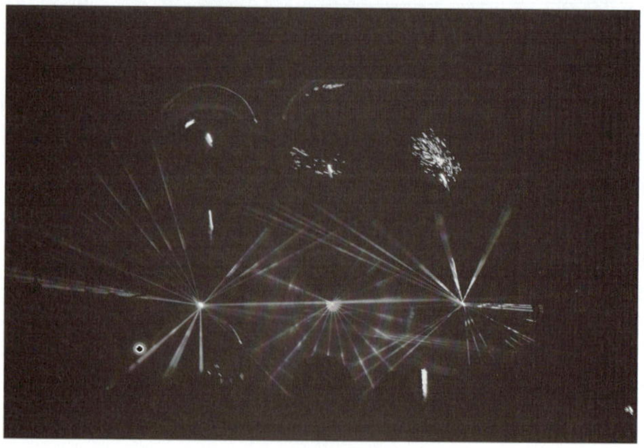

그림 9.3 레이저 광선의 Rayleigh 산란. 빛이 입자에서 떨어져 나가는 것을 볼 수 있으며 이는 우리의 눈에 보이게 된다.

[5] Raman, C. V.; Krishnan, K. S. A New Type of Secondary Radiation. *Nature*, **1928**, 121, 501 – 502.
[6] 라만에 여과된 햇빛을 사용하였다.
[7] Raman이 노벨상을 수여하는 시상식 연설 참고. http://www.nobelprize.org/nobel_prizes/physics/laureates/1930/press.html.

9.2 라만 산란에 대한 이론

Rayleigh[8]와 라만 산란은 *에너지 보존 측면*에서 논의될 수 있다. Rayleigh 산란에서 입사광은 물질과 상호작용하고, 산란된 빛은 상호작용 이전과 같은 양의 에너지, 즉 동일한 파장으로 물질을 벗어나게 된다. Rayleigh 산란은 신축된 광자와 동일한 입사 광자의 에너지이기 때문에 *탄성 과정*이라 볼 수 있다. 라만 산란에서, 입사광은 물질과 상호작용하며, 이 입사 광자는 분자 내에서 진동 에너지 수준의 변화로 인해 분자로 *에너지를 전달*하거나 *에너지를 얻는다.* 라만 산란은 산란 광자의 에너지가 입사 광자와 같지 않기 때문에 *비탄성 과정*이다. 입사 광자인 Rayleigh가 산란하는 확률은 입사된 라만 광자가 산란할 확률보다 훨씬 높다. 광자가 물질에 에너지를 잃으면 **Stokes 라만 산란**(Stoke's Raman scattering)이라고 한다.[9] 광자가 물질에서 에너지를 얻으면 이를 **반 Stokes 라만 산란**(anti-Stoke's Raman scattering)이라고 한다. 스톡스(Stokes) 및 *반 스톡스*(anti-Stokes)이라는 용어는 들뜸 광원의 아래 또는 위 수준의 에너지에서 발생하는 방출을 나타내는 형광 분광법에서도 사용된다.

Rayleigh와 라만 산란을 설명하기 위해,[10] 양자 역학과 분광학, 그리고 발광 분광학에서 다루는 빛과 물질 사이의 상호작용에 대해 생각해 보자. 그림 9.4의 왼쪽에는 Rayleigh, Stokes 라만 및 반 Stokes 라만의 전이가 있는 분자에 대한 일반 에너지 수준 다이어그램이 있다. Rayleigh와 Stokes 라만의 초기 상태는 분자의 바닥 진동 상태이다. 반 Stokes 라만의 초기 상태는 분자의 들뜬 진동 상태이다. 상온에서의 열 에너지가 첫 번째 들뜸 상태를 채우기에 충분하지 않기 때문에 이러한 들뜬 진동 상태는 실온에서 낮은 입자 수를 가진다.

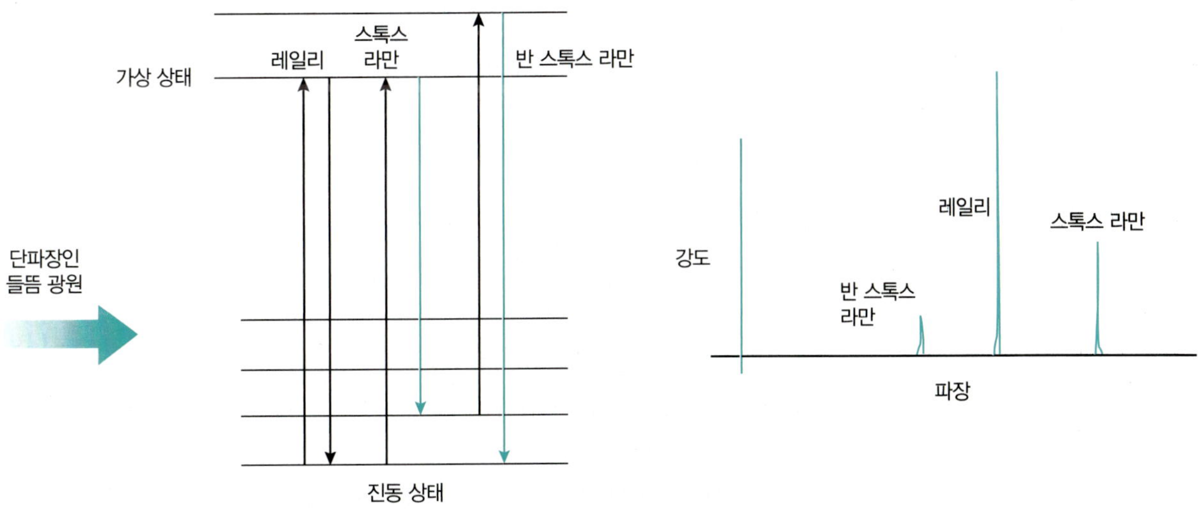

그림 9.4 왼쪽 그림에는 Rayleigh와 라만 산란(Stokes와 반 Stokes 라만 산란)이 에너지 레벨 다이어그램으로 주어져 있다. 관련된 스펙트럼은 오른쪽에 나타나 있다. 라만선의 강도는 Rayleigh 선에 비해 크게 과장되어 있음에 유의하자.

[8] Rayleigh 산란은 1904년 아르곤 격리를 성공시켜 노벨 물리학상 수상한 물리학자인, Lord John Rayleigh (1849~1919)의 이름에서 명명되었다.

[9] 수학자이자 물리학자인 George Stokes(1819~1903)의 이름에서 명명되었다.

[10] 이론에 관심이 있다면 Long, D. A. *The Raman Effect: A Unified Treatment of the Theory of Raman Scattering by Molecules*을 참고하라. John Wiley & Sons, **2002.**

Rayleigh 산란된 광자는 입사 광자와 동일한 에너지(동일한 주파수)를 가지므로 Rayleigh 산란에 대한 그림 9.4의 화살표 길이는 산란된 광자의 방출로써 아래로 향하는 것과 같다(입사 광자의 흡수와 관련됨). 이것은 Stokes 및 반 Stokes 라만 선의 경우에는 해당되지 않는다. Stokes 라만 산란 광자의 에너지는 입사 광자보다 작다. 이 경우 입사된 광자는 분자로 에너지를 전달하여 높은 진동 에너지 상태로 남겨두고 덜 활발한 광자(짧은 화살표)를 방출시킨다. 반 Stokes 라만 산란 광자의 에너지는 입사 산란 광자보다 많다. 이 경우 입사된 광자는 분자에서 에너지를 얻고, 이를 바닥 진동 에너지 상태로 남겨두고, 더 높은 에너지의 광자가(더 긴 화살표) 방출된다.

산란된 빛의 강도 대 파장에 대한 내용은 그림 9.4의 오른쪽에 나와 있다. 이 그림은 반 Stokes 라만 산란 광자가 가장 높은 에너지 광자(가장 짧은 파장)이며, Rayleigh 산란광보다 높은 에너지로 이동한다는 것을 보여준다. Stokes 라만 선은 Rayleigh 산란광에 비해 더 긴 파장(낮은 에너지)으로 이동한다. 그림에서 라만 선의 강도(피크 높이)는 Rayleigh 선과 비교하여 과장되어 있다. 라만 선은 Rayleigh 산란광과 비교할 때 극히 약하다.

우리는 라만 스펙트럼에 대해 보다 쉽게 설명하기 위해 산란된 광자의 파장 관점으로 스펙트럼을 나타내었다. 하지만 실제로 분광학자들은 적외선 분광법과 단위를 일치시키기 위해 라만 이동 대비 강도 비율로 파장을 나타내곤 한다. 8장에서 설명한 것처럼 파장의 역수를 cm 단위로 취하여 파장에서 파수로 변환할 수 있다. *라만 이동*은 입사 광원의 파수와 라만 산란파의 파수 사이의 차이다. 이때 라만 이동은 분자 내의 진동방식인 주파수와 일치한다. 예를 들어, IR 분광법에서 카보닐 신축은 1,700 cm^{-1}에서 적외선을 흡수할 수 있다. 동일한 카보닐 결합에 대한 라만 이동도 1,700 cm^{-1}이 된다. 이것은 에너지 E_0를 갖는 입사광이 그 진동 방식에 결합함으로써 보다 높은(반 Stokes) 또는 보다 낮은 에너지(Stokes)로 산란되어 E_0 + 1,700 cm^{-1}(반 Stokes) 또는 E_0 − 1,700 cm^{-1}(Stokes)로 나타난다. 입사 광자 에너지(E_0)의 값에 관계없이 라만 이동은 1,700 cm^{-1}이 된다. 즉, 라만 스펙트럼이 산란된 광자의 라만 이동(파수)과 반대로 산란된 광자의 파장으로 그려지는 경우가 존재하게 된다.

때론 나노미터 단위의 파장을 파수인 라만 이동으로 변환하는 일이 필요하다. 이것은 다음 수식을 사용하여 나타낼 수 있다.

$$\Delta\tilde{\upsilon}=\left(\frac{1}{\lambda_0[nm]}-\frac{1}{\lambda_1[nm]}\right)\times 10^7\,\text{nm cm}^{-1} \qquad \text{식 (9.1)}$$

여기서 $\Delta\tilde{\nu}$ cm는 cm^{-1}에서의 라만 이동, λ_0는 초기 들뜸 상태(nm 단위), λ_1은 라만 산란된 파장의 파장(nm 단위)이다. 10^7은 나노미터에서 센티미터로의 변환 계수이다. 라만 스펙트럼에서, 파수에서 라만 이동으로 *x*축을 도시화하면 Rayleigh 산란광은 입사 레이저 파장에 대해 파수가 이동하기 때문에 0 (이동 없음)으로 나타나게 된다.

식 (9.2)는 또 다른 유용한 변환 식이다. 라만 이동(파수)과 들뜸 파장(나노미터 단위의 λ_0)을 알고 있다면 다음을 사용하여 라만 신호의 파장(나노미터 단위의 λ_1)을 계산할 수 있다.

$$\lambda_1=\frac{1}{\dfrac{1}{\lambda_0}-\Delta\tilde{\upsilon}\times 10^{-7}} \qquad \text{식 (9.2)}$$

» 예제 9.1

785 nm에서 방출되는 다이오드 레이저를 광원으로 사용해 가솔린 시료의 Stokes 라만 신호가 $\lambda = 833.5$ nm에서 측정되었다. 만약 다른 실험실에 있는 아르곤 이온 레이저($\lambda = 488$ nm)를 이용할 경우, 어떤 파장에서 Stokes 라만 신호가 측정될 것인가?

전략 〉
라만 이동은 들뜸 파장에 관계없이 동일하다. 다이오드 레이저를 사용하여 라만 이동을 측정한 후, λ_1에 대한 식 (9.1)을 풀면 아르곤 이온 레이저를 사용하여 라만 산란 광자의 파장을 결정할 수 있다.

풀이 〉
라만 이동은 다음과 같다.

$$\Delta\tilde{\upsilon} = \left(\frac{1}{\lambda_0[nm]} - \frac{1}{\lambda_1[nm]}\right)\times 10^7\ \text{nm cm}^{-1} = \left(\frac{1}{785\,\text{nm}} - \frac{1}{833.5\,\text{nm}}\right)\times 10^7\ \text{nm cm}^{-1}$$
$$= 741\,\text{cm}^{-1}$$

우리는 이제 라만 이동과 새로운 레이저 파장을 알기 때문에 식 (9.2)를 사용하여 λ_1을 풀 수 있다.

$$\lambda_1 = \frac{1}{\frac{1}{\lambda_0} - \Delta\tilde{\upsilon}\times 10^{-7}} = \frac{1}{\frac{1}{488\,\text{nm}} - (741\,\text{cm}^{-1}\times 10^{-7}\frac{1}{\text{cm}^{-1}\text{nm}})} = 506.3\,\text{nm}$$

따라서 λ_1은 506.3 nm이다. 이것은 Stokes 라만 신호가 아르곤 이온 레이저를 사용했을 때 나타나게 되는 파장이다.

문제 9.1: 예제 9.1에서 설명한 실험을 시작으로 다른 라만 장비로 이동하여 785 nm 대신 532 nm의 들뜸 파장을 사용하여 동일한 Stokes 라만 신호를 측정한다고 가정해보자. 이 때 Stokes 라만 산란 광자의 파장과 반 Stokes 라만 산란 광자의 파장을 결정하라.

우리는 그림 9.4의 라만 에너지 준위 다이어그램과 이전 장에서 살펴 본 다른 에너지 준위 다이어그램 사이의 차이점을 파악해야 한다. 이 에너지 준위 다이어그램에 있는 들뜸 "상태"는 *가상 상태*이다. 이 시점에서 가상 상태는 우리가 공부한 다른 양자 상태와 구별되는 것으로 이해하면 된다. 왜냐하면 가상 상태는 종래의 양자 상태 사이의 어떤 에너지에서도 존재할 수 있기 때문이다. 이러한 가상 상태는 10^{-13}초 정도의 매우 짧은 시간 동안 존재하는데, 이는 일반적인 전자 들뜸 상태의 수명보다 10^4~10^5배 짧다. *모든 에너지*에 존재할 수 있는 상태에 대한 개념은 이론상 우려가 될 수 있음을 우린 이해할 수 있다. 결국, 분광법은 원자와 분자의 다양한 양자 상태를 탐지하고 전이를 위해 발생해야 하는 공명 상태를 강조한다고 말할 수 있다. *모든 에너지* 수준에서 상태의 존재를 생각해보기 전에 (1) 이러한 가상 상태는 강한 전자기장(레이저)이 존재하고 진동 상태와 가상 상태 사이의 전환이 매우 낮은 확률로 발생하기 때문에 존재한다는 것을 깨달아야 한다(경험적으로 백만 개의 광자 중 하나의 광자만이 라만 산란을 나타낼 수 있음). 그리고 (2) 빛과 물질 사이의 상호 작용은 거의 순간적으로 일어난다는 것 또한 깨달아야 한다(그러므로 우리는 그것을 기술하기 위해 "흡수"와 "방출"보다는 "산란"이라는 용어를 사용함).

그림 9.4에서 라만 산란이 오직 진동 상태와 관련되어 있음을 나타내었지만, 정확하게는 그렇지 않다. 라만 산란은 분자의 회전 상태와도 관련이 있지만 회전 상태의 에너지가 진동 상태의 에너지보다 훨씬 작은 에너지 차이로 분리되어 있어, 일반적인 라만 분광법에서는 논의되지 않는다.

라만 산란은 입사광과 방출광이 모두 포함되어 있기 때문에 형광과 비슷한 관점으로 설명할 수 있지만, 두 과정의 명확한 차이를 이해해야 한다. 두 가지 기술을 구별하는 것은 중요한 실제적인 의미를 가지고 있다. 형광 분광법에서 들뜸 광원 빛은 분자 내의 두 전자 에너지 수준 차이와 일치해야 한다. 반면 라만 산란에서는, 사용된 입사광이 분자 내의 특정 진동 에너지 수준과 일치할 필요가 없다. 분자가 라만 활성인 경우(분광학자는 *라만 활성*이라는 용어를 사용하여 특정 진동이 라만 산란을 야기함을 표현함) 라만 산란은 모든 들뜸 광원 파장에 대해 발생된다. 이는 들뜸 광원의 파장을 선택

» 예제 9.2

일반적으로 금속-산소 진동 방식은 특정 분자에 따라 150~450 cm^{-1} 사이에서 발생한다. 현재 우리가 살펴보려는 분자의 진동은 250 cm^{-1} 부근에서 발생한다. FTIR 분석을 위해 이 진동과 관련된 흡수 파장을 계산하라. 전자기 스펙트럼이 어디에서 발생하는가? 광학 재료의 투명도 범위를 참조하여 KBr 광학 물질이 FTIR 측정을 위해 이 파장에서 사용될 수 있는지 판단하라. 이 같은 분자의 라만 실험을 위해 532 nm의 들뜸 광원을 사용한다면, 이 진동과 관련된 라만 선은 전자기 스펙트럼 중 어디에 위치하게 되는가?

풀이 ›

우리는 250 cm^{-1}을 나노미터 단위의 파장으로 변환해야 한다.

$$\lambda = \frac{1}{250\,\text{cm}^{-1}}\left(1\times10^{7}\,\frac{\text{nm}}{\text{cm}}\right) = 40{,}000\ \text{nm}$$

250 cm^{-1}에서의 IR 흡수는 40,000 nm에 해당한다. 이것은 근적외선과 원적외선의 경계에 있다. 실제적으로, 전형적인 FTIR의 유용한 범위는 4,000~400 cm^{-1}이다. 따라서 KBr 광학물질은 사용하지 않아야 한다. 532 nm 들뜸 광원이 있는 라만 선과 관련된 파장은 다음과 같다.

$$\lambda_1 = \frac{1}{\dfrac{1}{\lambda_0} - \Delta\tilde{\upsilon}\times10^{-7}} = \frac{1}{\dfrac{1}{532\,\text{nm}} - \left(250\,\text{cm}^{-1}\right)\times10^{-7}\,\dfrac{1}{\text{cm}^{-1}\text{nm}}} = 539.2\ \text{nm}$$

라만 선은 전자기 스펙트럼의 가시선 영역에서 발생한다. 여기에 사용될 수 있는 매우 다른 성질의 두 스펙트럼 영역에 주목해보자. 라만 실험은 파동 수의 "이동"을 측정하기 때문에 라만 실험에서 임의의 파수의 레이저 광원을 사용할 수 있다. 우리가 파장이 짧은 광원을 사용하는 한 라만은 자외선 영역에 해당하는 선을 이동시키므로, 간단히 석영 광학을 사용하여 산란된 광자를 수집하고 측정할 수 있다.

하는 것이 중요한 형광과는 완전히 다르다. 광자 에너지가 두 양자 상태의 에너지 차이와 일치하지 않는다면 전이는 일어나지 않을 것이다. 라만 분광법과 형광은 서로 다른 과정이지만, 여전히 실험자가 조사 대상 시료에 따라 라만 분광법에서 들뜸 광원을 신중하게 선택하는 것은 중요하다. 형광 실험과는 달리 라만 분광 분석자는 실제로 전자 흡수가 있을 수 있는 모든 파장*으로부터* 시료를 들뜨게 해야 하는데, 그 이유는 함께 흡수될 수 있는 훨씬 더 강한 형광이 라만 신호를 압도할 수 있기 때문이다.

라만 분광법은 정성 및 정량적 방법이다. 일반적인 정성적 접근법은 소프트웨어를 통해 라만 장비와 라만 스펙트럼(피크의 라만 이동 빈도 및 상대적 피크 크기)을 알려진 분자의 광범위한 라만 스펙트럼과 비교한다. 분석자는 데이터베이스의 스펙트럼과 일치하는 것을 확인함으로써 어떤 분자인지 결정할 수 있다. 이러한 정성 기술을 핑거프린팅이라 한다. 분석자는 라만 띠의 위치를 나열한 표[11]를 통해 측정된 라만 피크 주파수를 간단히 비교할 수도 있다. 8장에서 논의되었던 IR 흡수에 대한 작용기 주파수는 라만 분광법으로 조사된 동일한 진동(및 진동 주파수)이기 때문에 표 8.1의 데이터를 사용하여 구조를 파악할 수 있다. 라만 기법은 정량적일 수도 있다. 라만 신호 세기는 라만 활성 분자의 농도에 비례하기 때문에 라만 신호와 검량선[12]을 비교하여 라만 활성 분자의 농도를 결정할 수 있다.

◆ 선택 규칙

이전 장에서 보았듯 특정 전이가 발생할 수 있는지 여부를 결정하는 분광 규칙이 있다. 대략적으로 말하자면, 라만 전이에 대한 *주요한 선택 규칙*[13]은 *분자가 진동하는 동안 분자 편극이 비대칭적으로 변화하여 편극이 큰 쪽에서 작은 쪽 또는 작은 쪽에서 큰 쪽으로 바뀌어야 한다*는 것이다. 이것은 복잡한 규칙이므로 조각으로 나누어 편극화가 가능한지부터 알아보자. 분자의 *편극성* α는 외부에서 적용된 전기장이 원자나 분자의 전자 구름을(결합 전자) 바꾸거나 변형시키는 것이 얼마나 어렵거나 쉬운지를 나타낸다. 외부 전기장의 적용에 의해 야기되는 변형(분자 내 양전하 및 음전하의 공간 분리, 즉 유도된 전기 쌍극자 모멘트)이 클수록 분자의 편극성은 커진다. 일정한 전기장이 존재할 때의 이원자 분자 형태는 그림 9.5에서 확인할 수 있다. 이 그림은 전자구름이 분자 및 적용된 부분의 다른 방향으로 어떻게 이동하는지를 보여준다. 회색 부분은 전기장이 없는 전자구름을 나타내고, 파란색 부분은 전기장이 적용된 전자구름을 보여준다. 우리는 유도된 쌍극자 모멘트 μ를 외부 전기장 E와 편극화 α에 다음과 같이 연관시킬 수 있다.

$$\mu_{induced} = \alpha E \qquad \text{식 (9.3)}$$

편극[14] α는 분자의 특성이며 부피 단위를 가지고 있다.

일반적으로 더 많은 수의 전자를 갖는 분자는 더 적은 전자를 갖는 분자에 비해 더 큰 편극을 가질 것이다. 또한 큰 분자는 작은 분자에 비해 더 큰 편극을 갖는 경향이 있다.

---

[11] Socrates, G. *Infrared and Raman Characteristic Group Frequencies: Tables and Charts,* 3rd ed. John Wiley & Sons: UK, **2004**.

[12] Sanford, C. L.; Mantooth, B. A.; Jones, B. T. Determination of Ethanol in Alcohol Samples Using a Modular Raman Spectrometer J. *Chem. Ed.* **2001**, 78(9), 1221.

[13] 우리가 논의하고 있는 선택 규칙은 총 선택 규칙이라고도 한다. 이것은 고전적인(즉, 비양자 역학적) 주장이라 할 수 있다.

[14] 전기장과 쌍극자 모멘트는 둘 다 벡터 양이다. 비등방성 분자의 경우 편극은 텐서이다.

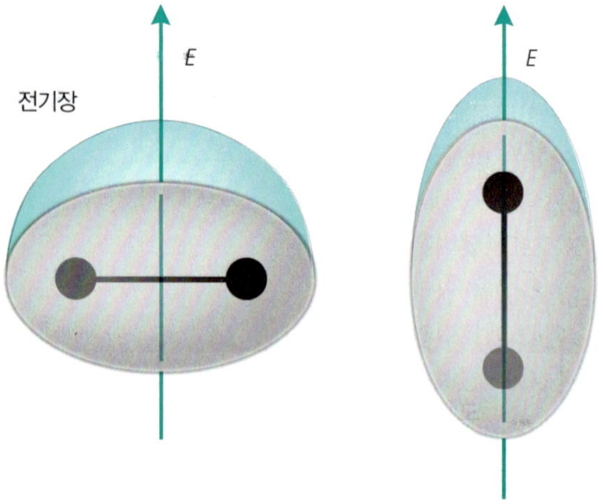

그림 9.5 이원자 분자의 전자구름 모식도 그리고 분자와 필드의 다른 방향에 대해 외부에서 적용된 전기장의 영향.

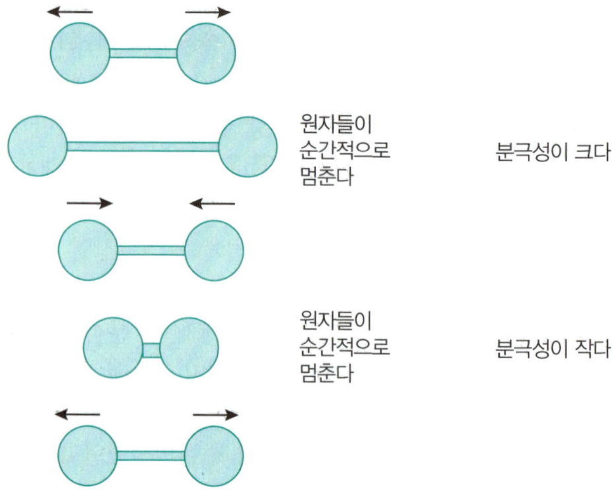

그림 9.6 진동 위치에 따른 이원자 분자의 편극화 과정.

지금까지 논의했던 외부 전기장은 일정했다. 그러나 라만 분광법에서는 외부 전기장의 작용은 광원에서 발생되기 때문에, 전기장은 사인 곡선으로 변화하게 된다. 사인파 전기장은 분자 진동을 유도한다. 이 맥락에서 편극화 가능성은 두 가지 성분의 합으로 생각할 수 있다. 하나의 성분은 완화된 평형 배열에서 분자의 편극화 가능성을 설명한다(이것은 지금까지 논의한 바임). 두 번째 성분은 외부 전기장으로 인해 *진동하는 분자의 변화하는 배열에 의한* 편극화 가능성을 고려하게 된다.[15] 이전에 언급한 선택규칙으로부터 알 수 있듯이 편극성의 두번째 성분이 중요하다.

우리는 이제 *진동이 발생하는 동안* 편극화가 변화한다는 것을 보다 자세하게 설명할 것이다. 그림 9.6에서 우리는 진동하는 일반적인 이원자 분자를 보았다. 원자는 방향이 바뀌기 직전에 두 가지 형태로 멈춘다. 우리는 더 큰 분자가 더 큰 편극 가능성을 가지고 있다는 것을 알고 있기 때문에 편극이 분자가 완전히 펴졌을 때 가장 크고, 분자가 완전히 압축되었을 때 가장 작다는 것을 파악할 수 있다. 분자가 진동할 때, 분자는 평형 상태(평형 결합 길이에 의해 특징을 분석할 수 있음)를 통해 움직인다. 분자가 평형 상태에서 벗어나는 것을 나타내는 좌표로 진동을 생각할 수 있다. 이 좌표는 원자 간의 거리에서 평형 거리를 뺀 것이다. 이 양을 진동 좌표라고도 한다.

그림 9.7에 나타난 것처럼 편극 대 진동 좌표의 도표는 편극이 진동 좌표와 함께 어떻게 변하는지를 보여준다. 이 경우 편극은 진동 중에 비대칭적으로 변화한다. 즉, 편극 가능성이 큰 것에서 작은 것으로 바뀌게 된다(또는 원하는 경우 작은 것에서 큰 것까지도 변화할 수 있다). 이산화탄소 사례 연구는 이 개념을 보다 완벽하게 보여준다. 이를 설명할 수 있는 모든 규칙들을 합치면, 편극화가 진동 중에 비대칭으로 변하기 때문에 그림 9.6의 진동은 *라만 활성*[16](라만 산란이 선택 규칙에서 허용됨)이라고 말할 수 있다.

이 시점에서 우리는 FTIR과 라만 분석법이 종종 상호보완적인 진동 기법으로 간주된다는 것을 알아야 한다. 두 경우 모두 분자의 진동 방식을 측정한다. 우리는 라만 분

[15] 유도된 쌍극자 모멘트와 편극에 대한 보다 엄격한 수학적 처리는 이 장의 마지막에 설명서 형식의 문제로 제시되어 있다.

[16] 몇 가지 분자에 대한 진동 좌표와 함께 편극이 어떻게 변하는지 보여주는 영상은 http://www.doitpoms.ac.uk/tlplib/raman/active_modes.php에서 확인할 수 있다.

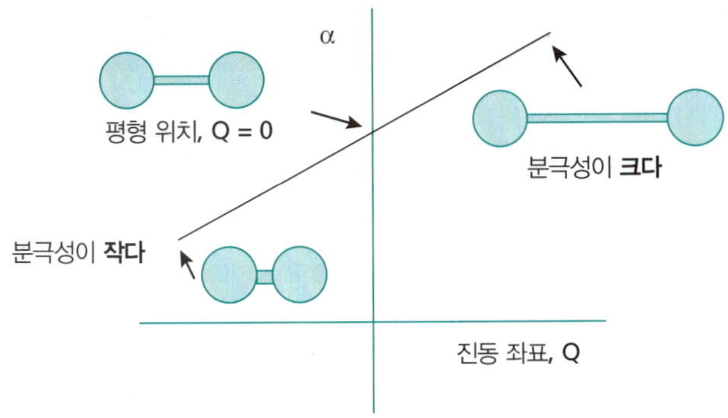

그림 9.7 진동하는 동안 편극의 비대칭 변화를 보여주는 이원자 분자 진동에 대한 편극 대 진동 좌표.

광법에 대한 선택 규칙을 확인했다. 8장에서 IR 흡수에 대한 선택 규칙을 보았다. 진동이 IR 활성을 가지기 위해서는 진동하는 동안 분자의 쌍극자 모멘트가 변해야 한다. 이 시점에서, 편극의 변화와 쌍극자 모멘트의 변화 사이의 차이는 설명이 필요하다. 우리는 그림 9.5의 이원자 분자에 대해 다시 다루어야 한다. 동종핵 이원자 분자(예, F_2, O_2 또는 N_2)의 경우, 진동하는 동안 모든 지점에서 쌍극자 모멘트가 0이므로 쌍극자 모멘트가 변하지 않는다. 이러한 이유로, 동종핵 이원자 분자의 진동은 IR 활성이 아니다. 이핵종 이원자 분자(예, HCl 또는 CO)가 진동하는 동안 쌍극자 모멘트가 변화한다. 따라서 이러한 진동은 IR 활성이다.

IR 및 라만 분광기 전이에 대한 다른 선택 규칙이 주어지면 IR 활성이면서 동시에 라만 활성인 진동, IR 활성이지만 라만 활성이 아닌 진동이 있을 수 있다. 중간의 경우는 라만과 IR이 모두 특정 진동을 나타내는 곳에서 발생한다. 이러한 구분은 분광학자가 IR과 라만 스펙트럼을 비교하여 다른 진동의 특성을 결정하는 데 도움이 될 수 있다.

문제 9.2: HF의 진동이 라만 활성인가?

CO_2를 면밀히 살펴보면 라만 활성 및 IR 활성에 대한 선택 규칙을 이해하는 데 도움이 된다.

라만 및 적외선 분광법과 관련하여 우리가 만들 수 있는 몇 가지 유용한 일반적 원칙들이 있다.

1. *대칭 진동*은 상대적으로 강한 라만 신호를 나타내지만 IR 신호를 유발하지 않는다.
2. *비대칭 진동*은 훨씬 약한 라만 신호를 유발하지만 종종 강한 IR 신호를 나타낸다.
3. *굽힘 진동 방식*은 훨씬 약한 라만 신호를 유발하지만 종종 강한 IR 신호를 나타낸다.
4. 라만 신호가 강한 경우 해당 IR 피크가 약하거나, 반대의 경우도 있지만 분자는 동일한 주파수에서 IR 및 라만 신호를 모두 가질 수 있다.

중심 대칭성(중심 원자 또는 점에 대해 대칭)인 분자의 경우 4번 항목에서 다루는 것처럼 동일한 주파수에서 IR 및 라만 신호를 가질 수 없게 된다. 주어진 진동 방식이 라만 활성 또는 IR 활성이라 생각할 수도 있지만, 사실 둘 다 아니다. 예를 들어, 이산화탄소(중심 대칭 분자)는 약 1,300 cm^{-1}에서 라만 스펙트럼을 나타내며 2,350 및 670 cm^{-1}에서 두 개의 적외선 피크를 갖는다. 하지만 이 피크 중 어느 것도 라만 스펙트럼

선형 분자 이산화탄소(CO_2)의 진동: 사례 연구

많은 작은 분자와 마찬가지로, CO_2는 대칭 및 비대칭의 두 가지 신축 방식을 가지고 있다. 또한 CO_2는 2개의 직교 비대칭 굽힘 방식을 갖는다. 각각이 라만 활성인지 또는 라만 비활성인지를 결정할 수 있도록 각각에 대해 논의할 것이다. 대칭 및 비대칭 신축과 CO_2의 굽힘 방식이 그림 9.8에 나와 있다. 이러한 신축 방식은 8장의 예제 8.3에서 처음 설명되었다.

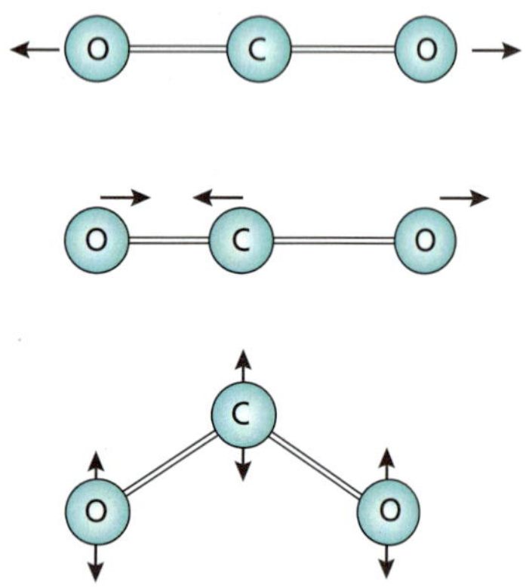

그림 9.8 CO_2의 대칭, 비대칭 및 굽힘 방식. 대칭 방식은 라만 활성이며, 비대칭 방식 및 굽힘 방식은 라만 활성이 아니다.

대칭 신축을 고려할 때, 우리는 방향을 바꿀 때 원자가 멈출 때 분자의 편극이 다른 두 분자 구성에 따라 다른지를 결정해야 한다. 대칭 진동의 경우 산소 원자가 탄소에서 가장 멀리 떨어져 있는 지점에서(그리고 순간적으로 멈추면) 편극이 커진다. 원자가 멈추는 다른 지점에서 산소 원자가 탄소에 가장 가까울 때 편극은 작다. 우리는 이전에 했던 것처럼 이것을 그림으로 표현할 수 있다. 편극은 진동 중에 비대칭으로 변화하기 때문에, 이러한 진동은 라만 활성이다.

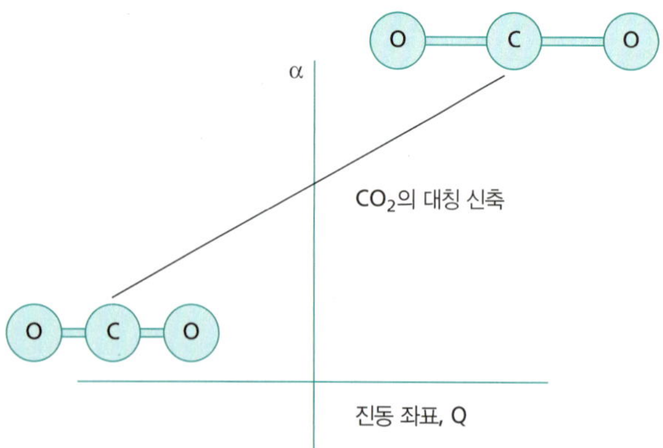

비대칭 이산화탄소의 신축을 고려할 때, 우리는 진동 중에 분자가 멈추는 두 지점에 대해 생각할 수 있으며, 편극과 진동 좌표는 동일한 형태를 생성한다. 결합이 완전히 뻗어 있고 완전히 압축된 두 지점에서 원자 간의 상대 거리가 모두 같기 때문에 편극은 동일하다. 그러므로 라만의 선택 법칙을 사용하면, 이산화탄소에서의 비대칭 방식은 라만 활성이 아니라는 것을 알 수 있다.

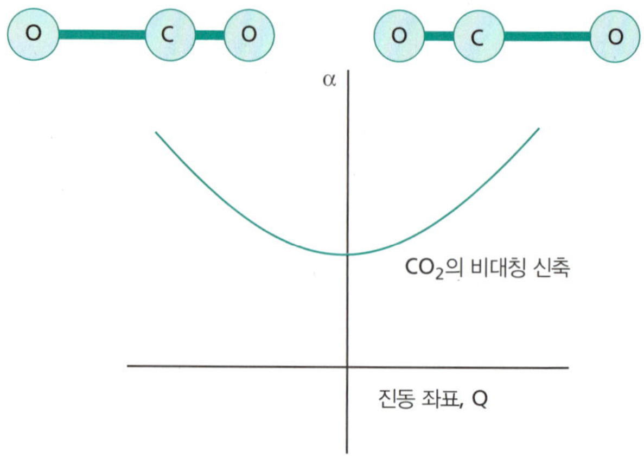

이산화탄소의 굽힘 방식을 고려할 때, 우리는 구부리는 동안 분자 내의 원자 사이의 상대적 거리에 관한 논증을 이야기할 수 있다. 이 방식에서는 비대칭 방식과 마찬가지로 분자가 멈추는 두 지점에서 상대 거리가 같다. 진동 좌표 변화에 따른 편극의 형태는 편극의 변화가 대칭임을 보여준다. 이 방식은 라만 활성이 아니다.

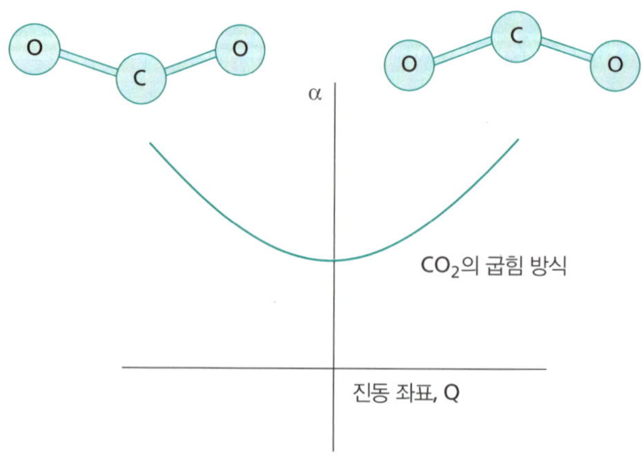

필요하다면 군론과 작용기 표를 사용하여 이론적 편극을 확인할 수 있다.* 군론의 화학적 응용에 대한 완전한 논의는 일반적으로 고급 무기

* *Cotton, F. A. Chemical Applications of Group Theory, 3rd ed.; John Wiley & Sons: NY,* **1990**.

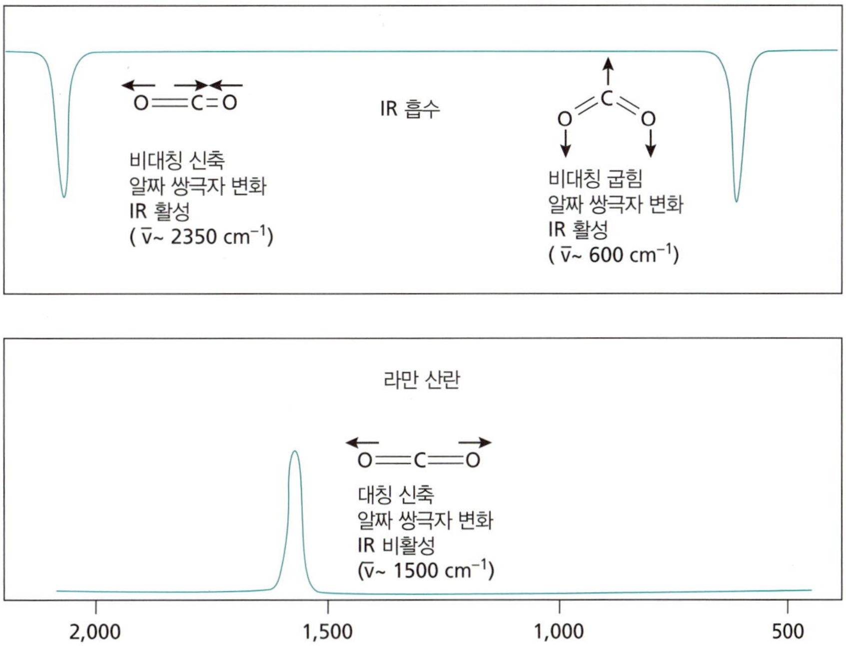

그림 9.9 CO_2에 대한 IR 및 라만 스펙트럼과 이와 연관된 진동 방식.

화학 과정에서 다룬다. 편극 변화를 결정하는 경험적 방법은 진동 방식이 라만 활성이거나 그렇지 않은 이유에 대한 개념적 감각을 제공한다. 그러나 이 기술은 대부분의 경우 구현하기가 매우 어렵다.

8장에서 언급했듯이 IR 활성 전이에는 전이 동안 분자의 쌍극자 모멘트가 변경되어야 한다. 대칭 신축의 CO_2는 쌍극자 모멘트의 변화를 초래하지 않으므로 능동적인 IR 진동이 아니다. IR 흡수와 라만 스펙트럼을 비교한 형태가 그림 9.9에 나와 있다. 분자의 쌍극자 모멘트가 진동 중에 변화하기 때문에 CO_2의 비대칭 신축은 IR 활성이다.

과 IR 스펙트럼에서 볼 수 없다. 이것은 *상호 배제의 규칙*으로 알려져 있다. 중심 대칭 분자는 반전된 중심을 가지며, 각 중심은 대칭을 가지는 분자의 중심에 있는 점을 말한다.[17] 예를 들자면, 벤젠과 이산화탄소는 중심 대칭 분자이다. 라만 활성에 대한 일반적인 규칙을 물, 사염화탄소 및 헥사카보닐 몰리브덴의 세 가지 다른 분자에 적용해 보자.

문제 9.3: CCl_4의 진동 방식은(표 9.1) 진동 중에 편극성이 어떻게 변하는지 설명함으로써 모두 라만 활성을 보이는지 논의하라.

지금까지 우리는 라만 활성과 IR 활성에 대한 기본 개념에 대해 알아보았다. 라만 스펙트럼에 대한 통찰력을 얻기 위해 분자 진동을 다음과 같이 나타낼 수 있다. 함께 결합된 두 개의 원자는 분자 결합을 나타내는 스프링으로 연결된 두 개의 질량으로 나타낼 수 있다. 이 원자들은 더 큰 분자의 일부일지 모르지만, 분자의 다른 부분으로부터 오는 영향은 포함하지 않을 것이다.

[17] 반전 대칭에 대한의 영상은 http://symmetry.otterbein.edu/tutorial/inversion html#에서 확인할 수 있다.

» 예제 9.3

방금 언급한 네 가지 일반적 원칙들을 물의 IR 및 라만 스펙트럼에 대한 정성적 설명에 적용하라.

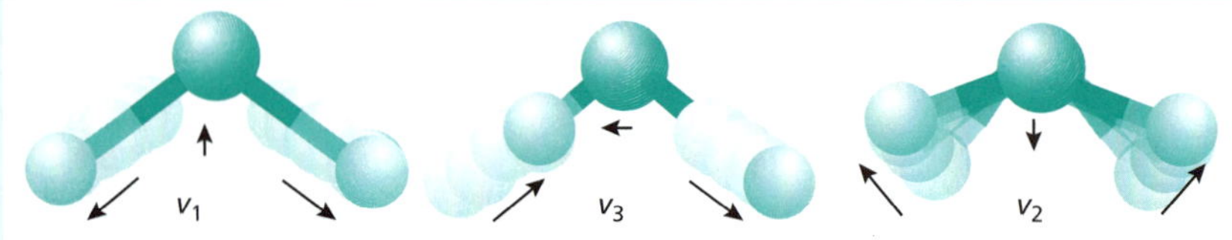

전략 ›

각 일반적 원칙의 적용을 생각하며 물의 분자 구조를 고려하라.

풀이 ›

H_2O는 굽힘 구조(즉, 중심 대칭 분자가 아니다)를 가지며,

- 일반적 원칙 1: 물에 대한 대칭 신축 ν_1은 라만 활성이다. 또한 대칭 신축도 IR 활성이다.
- 일반적 원칙 2: 물의 비대칭 진동 방식 ν_3은 강력한 적외선 흡수를 유도한다. 이러한 동일한 방식은 약한 라만 산란을 유발한다.
- 일반적 원칙 3: 물의 굽힘 방식 ν_2는 강력한 IR 흡수 및 약한 라만 산란을 생성한다.
- 일반적 원칙 4: 물은 중심 대칭이 아니다. 그러므로 상호 배제의 원칙은 적용되지 않는다. 적외선 스펙트럼의 강한 피크는 라만 스펙트럼의 약한 피크로 간주되어야 하며, 반대의 경우도 마찬가지다.

표 9.1 ▸ 사염화탄소(CCl_4)의 진동 데이터

진동 방식	주파수(CM^{-1})	라만 활성인가?	IR 활성인가?
가위질	218	Yes	No
좌우 흔들	314	Yes	Yes
대칭 신축	459	Yes	No
비대칭 신축	762	Yes	Yes

2장의 양자 역학 및 분광학에서 질량 μ 및 탄성 계수 k, 두 개의 환산 질량 $\omega_{진동자}$에 대한 진동의 각 주파수는 다음을 사용하여 구할 수 있다.

$$\omega_{진동자} = \sqrt{\frac{k}{\mu}} \quad 또는 \quad \nu_{진동자} = \frac{1}{2\pi}\sqrt{\frac{k}{\mu}}$$

$$또는\ 파수에서는 \quad \tilde{\nu}_{진동자} = \frac{1}{2\pi c}\sqrt{\frac{k}{\mu}} \qquad 식\ (9.4)$$

사면체 분자 사염화탄소(CCl_4)의 라만 분광법 : 사례 연구

이제 우리는 CCl_4의 IR 및 라만 스펙트럼에 대해 논의하려 한다. CCl_4에는 한 분자에 다섯 개의 원자가 있으므로, 분자의 기준 방식 수를 결정하기 위해 8장의 식 (8.4)를 사용하면 $m = 3N - 6 = 3(5) - 6 = 9$개 기준 방식이 있다는 것을 확인할 수 있다. 네 개의 공통적인 Cl 원자 때문에 단지 네 가지 기준 방식 진동 주파수만 있다. 따라서 모든 기준 방식이 부분적으로는 라만 활성임을 알 수 있다. CCl_4에 대한 라만 스펙트럼의 표현은 그림 9.10과 같다.

- 일반적 원칙 1: 중심 탄소 원자가 고정되어 있으며 4개의 외부 염소 원자가 들어가고 나가는 모든 대칭 신축은 강한 라만 활성을 띨 가능성이 있다. 일반적 원칙에 따르면, 진동하는 동안 쌍극자 모멘트는 변하지 않기 때문에 대칭 진동은 IR 활성이 아니다.
- 일반적 원칙 2: 비대칭 신축, 최소 대칭성을 갖는 진동은 대칭 신축보다 낮은 강도의 라만 신호를 갖는다. 비대칭 신축은 강한 IR 신호를 가진다.
- 일반적 원칙 3: 가위질 및 좌우 흔듦 방식은 CCl_4에서 약한 라만 신호와 IR에 강한 신호를 갖는다.
- 일반적 원칙 4: CCl_4는 중심 대칭이 아니므로, IR 활성 띠가 라만 활성이 될 수 있다.

이때 비대칭적 신축으로 인한 문제가 추가된다. 이러한 복잡성은 복합띠를 가진 진동 띠 사이의 중첩에 대한 양자 역학 효과로 인해 나온다. 이 두 가지 문제는 내용의 범위를 벗어나지만 간략하게 설명해 보자면, 복합띠는 2개의 들뜬 진동이 결합할 때 발생하며, 결과적으로 라만 선은 2개의 진동 합에서 나오게 된다. 예를 들어, CCl_4에서 313.5 cm^{-1}과 458.7 cm^{-1}의 진동은 합쳐져 772.2 cm^{-1}의 선을 산출한다. 비대칭 신축 진동은 776 cm^{-1}에 가깝다. 진동 방식 근처에 있는 결합 띠의 조합 효과는 소위 **페르미 공명**(Fermi resonance)을 일으킨다. 이 양자 역학 효과의 최종 결과는 2개의 띠가 나타나고, 따라서 761.7 cm^{-1} 및 790.4 cm^{-1} 선의 이동 빈도가 증가하게 된다.

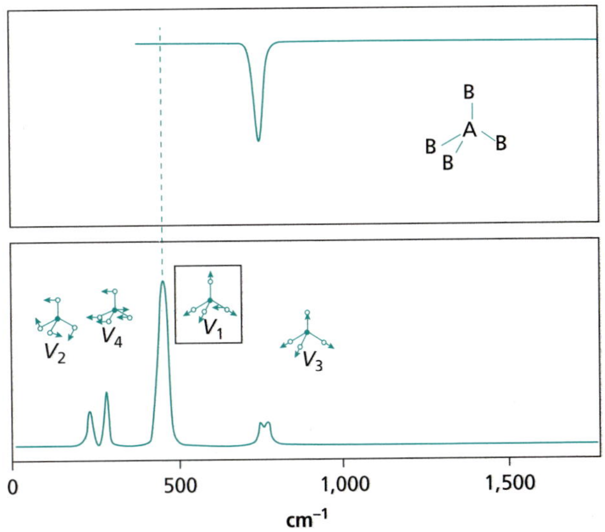

그림 9.10 CCl_4의 IR(*위*) 및 라만(*아래*) 스펙트럼.

CCl_4는 메테인(CH_4)과 같은 사면체 대칭성을 갖는다. 따라서 우리는 그림 8.3과 8.4를 사용할 수 있다. 이 그림은 신축 방식과 굽힘 방식을 보여줌으로써 메테인의 신축 방식과 굽힘 방식을 결정하고 있다.

$\nu_{진동자}$의 양은 진동수(Hz), $\tilde{\nu}_{진동자}$는 파수에서 진동의 주파수, c는 빛의 속도이다. 스프링 상수는 스프링의 강도를 나타낸다. 더 뻣뻣한 스프링(더 큰 스프링 상수)은 두 원자 사이의 강한 결합과 관련이 있다. 결합 강도를 고려하면 접합 강도가 강할수록 진동 빈도가 높다는 결론을 얻을 수 있다. 원자의 질량을 고려할 때 질량이 큰 원자(질량이 더 많이 감소됨)가 주파수 진동이 낮아진다는 것을 알 수 있다. 예제 9.5는 라만 스펙트럼 분석에서 이러한 예시들이 어떻게 활용되는지를 보여준다.

문제 9.4: 메테인 CH_4는 CCl_4와 같은 사면체 분자다. CCl_4을 기준으로 보았을 때, 몇 개의 라만 선을 확인할 수 있겠는가? 얼마나 많은 IR 선이 있겠는가? 어떤 종류의 진동이 가장 강한 라만 선을 가질 수 있는가?

문제 9.5: $^{13}C^{16}O_2$의 대칭 신축 진동은 라만 활성이며(NIST Chemistry WebBook of gas phase), 1,388.15 cm^{-1}에서 발생한다. $^{12}C^{16}O_2$에 대한 라만 이동을 예측하라.

예제 9.4

몰리브덴 헥사 카보닐은 그림 9.11과 같은 대칭 M–CO 신축 방식을 가지고 있다. 이 진동이 IR 활성, 라만 활성 또는 둘 다 활성 중 어느 것에 해당하겠는가?

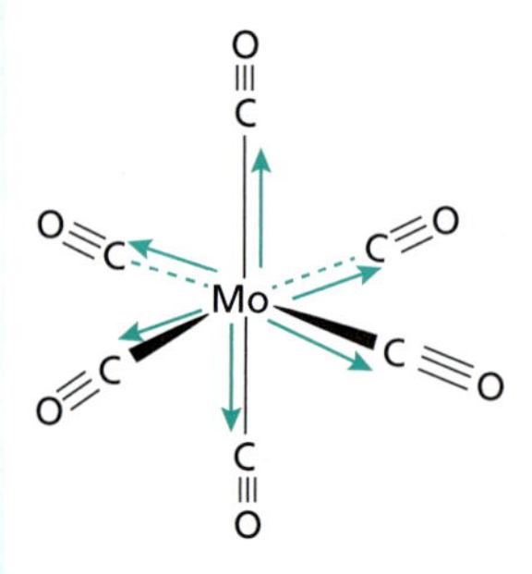

그림 9.11 Mo–CO의 대칭 신축 방식.

전략 ›

선택 규칙과 4가지 일반적 원칙을 진동 방식에 적용하라.

풀이 ›

대칭 진동은 알짜 진동 쌍극자를 생성하지 않는다. 따라서 IR 활성이 아니다. 그러나 대칭 신축은 진동의 두 극단에서 다른 분자의 편극에 변화를 일으키므로 이 진동 방식은 라만 활성이다. CO 작용기가 금속 중심을 향하여 이동함에 따라, 그들은 큰 편극(금속으로부터 멀리 떨어진) 점으로부터 평형점을 거쳐 편극이 낮은 점(금속 중심에 더 가깝게) 등으로 이동한다. 따라서 편극은 진동 방식에서 비대칭적으로 변화한다. 일반적 원칙 1을 통해 우리는 진동방식이 라만에 강할 것이라고 예측할 수 있다. IR 선택 규칙 외에도 일반적 원칙 4와 상호 배제 규칙은 이 진동 방식이 IR 활성이 아님을 보여준다.

예제 9.5

클로로폼 $CHCl_3$에서, C–H 신축과 관련된 진동은 3,019 cm^{-1}의 라만 이동에서 발생한다. 중수소화 클로로폼 $CDCl_3$에서 C–D 라만 신축 이동이 C–H의 신축 이동과 어떻게 다를지 비교해 보라. (중수소화 클로로폼은 핵자기 공명 용매로 사용된다.)

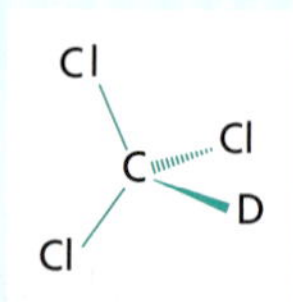

우리는 C–H 신축을 스프링으로 연결된 두 개의 물체로 표현할 수 있다(그러나 분자의 나머지 부분에는 연결되어 있지 않음). 진동 주파수는 다음과 같다.

$$\tilde{\nu}_{\text{진동자}} = \frac{1}{2\pi c}\sqrt{\frac{k}{\mu}}$$

여기서 k는 스프링 상수이고 μ는 환산 질량이다.

중수소의 존재는 C–H 또는 C–D 간의 상호 작용을 설명하는 스프링 상수를 변경하지 않으며 환산 질량에만 영향을 미친다고 가정한다. 이 두 가지 경우의 주파수 비율을 계산할 수 있다.

$$\frac{\tilde{\nu}_{\text{진동자},C-H}}{\tilde{\nu}_{\text{진동자},C-D}} = \frac{\frac{1}{2\pi c}\sqrt{\frac{k}{\mu_{C-H}}}}{\frac{1}{2\pi c}\sqrt{\frac{k}{\mu_{C-D}}}} = \frac{\sqrt{\frac{1}{\frac{m_C m_H}{m_C+m_H}}}}{\sqrt{\frac{1}{\frac{m_C m_D}{m_C+m_D}}}} = \sqrt{\frac{\frac{m_D}{m_C+m_D}}{\frac{m_H}{m_C+m_H}}} = \sqrt{\frac{\frac{2u}{14u}}{\frac{1u}{13u}}} = 1.36$$

C–H 신축이 3,019 cm^{-1}에서 발생하기 때문에, 우리는 C–D 신축이 다음에서 발생한다고 예측할 것이다.

$$\tilde{\nu}_{\text{진동자},C-D} = \frac{\tilde{\nu}_{\text{진동자},C-H}}{1.36} = \frac{3019\,cm^{-1}}{1.36} = 2219\,cm^{-1}$$

문헌[18]에서 클로로폼과 중수소 클로로폼의 라만 스펙트럼을 나타내었다. 원으로 표시된 부분은 C–H(스펙트럼 A) 및 C–D 주파수(스펙트럼 B)를 가리킨다. 계산된 주파수의 정보와 측정된 라만 이동 정보와 잘 일치한다.

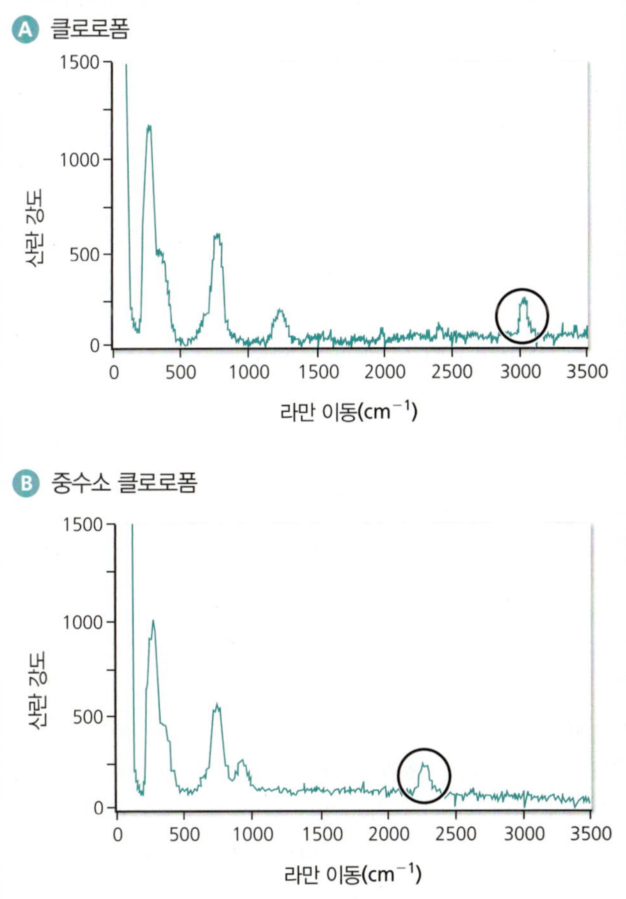

[18] DeGraff, B. A.; Hennip, M.; Jones, J. M.; Salter, C.; Schaertel, S. A. An Inexpensive Laser Raman Spectrometer Based on CCD Detection. *Chem. Educator*, **2002**, 7, 15 – 18.

문제 9.6: 탄소–탄소 단일 결합, 이중 결합 또는 삼중 결합 중 어느 것이 가장 큰 라만 주파수를 갖겠는가?

이 절에서는 라만 분광법 선택 규칙에서 분자 편극의 중요성에 대해 논의하였다. 이를 통해 우리는 라만 활성을 띄는 진동의 조건에 대해 개념적으로 이해할 수 있다. 이 개념적 이해는 분자 구조와 분광 활동에 대한 직감을 발전시킬 때 중요하다. 실제로 상업용 라만 장비는 라만 스펙트럼을 많은 일반적인 화합물과 일치시킬 수 있는 소프트웨어 라이브러리를 제공한다. *NIST Chemistry WebBook*[19,20]과 같은 다양한 자원을 사용하여 화합물들의 라만 스펙트럼 정보를 비교할 수 있다.

9.3 라만 분광기

◆ 장비의 기초

분산형 라만 분광기의 기본 구성 요소는 그림 9.12와 같이 광원, 파장 선택기, 필터, 검출기이다. 실제로 분광학자들이 라만 분광기를 만들때 선택하는 부분은 레이저의 파장과 파워, 파장 선택기, 필터, 검출기의 유형이다(필요한 경우 냉각 유형). 이러한 선택들은 효율적인 연구가 가능한 분자 시스템의 종류를 결정하는 데 큰 영향을 줄 수 있다.

우리는 그림 9.12에 나타난 전체 구성을 살펴본 후, 보다 세부적인 요소들을 살펴볼 것이다. 레이저 들뜸은 라인 필터를 통해 이동한다. 라인 필터는 필터의 좁은 대역폭으로 외부의 레이저 광량을 줄여준다. 이 필터는 레이저의 추가 방출을 “제거”한다. 레이저 빛은 이분법적 노치 필터(노치 필터로 이미지에 표시됨)로 향하게 된다. 레이저 광은 시료에 빛을 집중시키기 위해 렌즈에 입사된다. 라만 광(및 산란된 레이저 광)은 시료에서 벗어나, 렌즈(이 경우에는 시료에 레이저 광을 집중시키는 데 사용된 동일한 렌즈)에 의해 수집된다. 노치 필터에 투과된 라만 신호에는 탄성 산란된 레이저 빛의 세기가 극적으로 감소되기 때문에 라만 신호만이 선택적으로 감지될 수 있다. 그 후 라만 신호는 분광기 내부의 거울과 하나 이상의 회절발로 보내진다. 회절발은 다양한 빛의 파장을 공간적으로 분리하고, 분리된 빛들을 배열된 검출기로 보낸다.

분광기/검출기는 일반적으로 레이저 차단 필터가 있더라도 검출기로 들어오는 레이저 광선의 양 때문에 레이저와 일렬로 배치되지 않는다. 이는 분석자가 수행할 라만 분광 작업에 따라 다양하게 선택할 수 있다. 이제 라만 시스템의 각 부분과 관련된 세부사항을 논의해보자.

◆ 광원

레이저 소스는 상대적으로 약한 라만 산란을 생성하는 데 필요한 높은 광원 강도 때문에 사용된다. 일반적인 레이저 광원으로는 *아르곤 이온 레이저*(파장 488 nm 또는 514 nm), *다이오드 레이저*(785 nm 또는 830 nm), *Nd : YAG 레이저*(532 nm 또는 1064 nm), *이중 주파수 아르곤 이온 레이저*(244 nm), *네온-구리 레이저*(248 nm)가 사용된다. 레이저 광원은 분석하려는 시료의 유형에 따라 어느 정도 달라질 수 있다. 일반적으로 Raman 선의 세기는 시료의 전자 흡수 띠가 레이저 에너지에 가까운 에너지로 변화

---

[19] *NIST Chemistry WebBook*은 http://webbook.nist.gov/chemistry/에서 구할 수 있다. 이 문헌은 방대한 양의 자료를 포함하고 있다.

[20] 분광학적 자료(Spectral Data Base, SDBS)는 http://riodb01.ibase.aist.go.jp/sdbs/cgi-bin/direct_frame_top.cgi에서 다운로드할 수 있다.

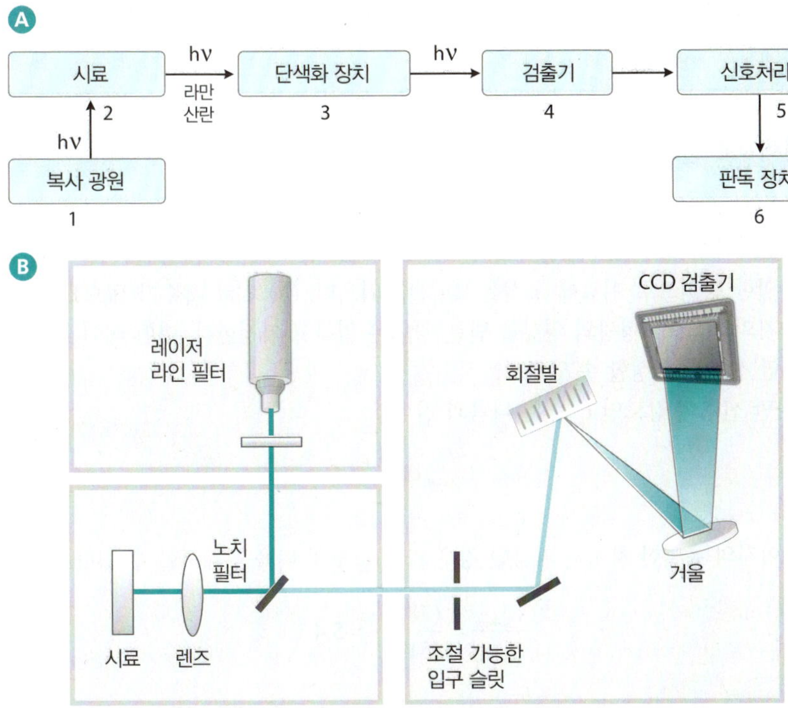

그림 9.12 (A) 라만 장비의 블록 다이어그램. (B) 라만 분광기-복사 광원(레이저), 파장 분별기(투과 회절발), 검출기(CCD)의 기본 구성 요소.

해도 바뀔 수 있지만 들뜬 힘에 선형적으로 의존한다.[21] 라만 신호의 강도인 I_{Raman}(라만 산란을 겪는 광자의 확률)은 다음에 따라 들뜸 광의 파장 λ_{exc}에 비례한다.

$$I_{Raman} \propto \frac{1}{\lambda_{exc}^4} \quad \text{식 (9.5)}$$

이 수식은 들뜬 광원의 파장이 짧을수록 더 큰 라만 신호를 유도한다는 것을 알 수 있다.

레이저 광원은 좁은 띠너비를 갖는 것이 중요하다. 즉, 레이저는 피크 부근에서 좁은 범위의 파장을 가져야 하므로 낮은 파수의(0에 가까운) 라만 신호가 Rayleigh 산란 광자에(더 강력한) 묻히지 않는다. 레이저 파장의 선택과 함께 레이저 출력도 이뤄진다. 물론 적절한 라만 신호를 제공하는 레이저 출력을 사용하는 것도 중요하다. 라만 신호 세기는 사용된 레이저 전력과 레이저 초점의 크기에 따라 달라진다. 다만 라만 분석 중에 시료가 손상될 수 있으니 조심해야 한다.

앞서 우리는 레이저가 시료 물질 내의 전자 전이 근처에서 방출 파장을 가져서는 안 된다고 설명했었다. 광자의 에너지가 가장 일반적인 유형의 분석 물질인 유기 분자의 전자 전이와 더 일치하기 때문에, 더 짧은 파장에서는 형광이 더 많이 발생하게 된다. 강한 형광을 일으키는 레이저 파장은 형광 신호가 라만 신호와 스펙트럼으로 겹치면 문제가 발생된다. 이 경우 형광은 비교적 약한 라만 신호에 비해 훨씬 더 큰 신호를 나타낼 것이다. 1,064 nm의 들뜸 파장을 이용한 경우, 가장 분해능이 좋은 라만 스펙트럼을 가진다는 것을 확인할 수 있다.

서로 다른 광원을 사용했을 경우 다른 특징을 가지는 라만 신호를 감지할 수 있다

[21] 이것은 전자 전이와 관련된 파장을 확인하기 위해 수행되는 분석물의 자외선 가시 스펙트럼을 통해 쉽게 얻어질 수 있다.

는 것을 인지해야 한다. 고에너지 광자(단파장 레이저)는 보다 강렬한 라만 산란을 줄 것이다.

» 예제 9.6

당신은 서로 다른 파장을 가진 두 개의 광원인 514 nm (아르곤 이온 레이저) 및 785 nm (다이오드 레이저)를 사용할 수 있다. (1) 두 광원 모두 동일한 전력을 갖고 동일한 방식으로 시료에 초점을 맞출 수 있으며, (2) 시료 흡수가 없으므로 이 두 가지의 파장 중 형광의 영향을 받는 광원은 없다고 가정한다. 어떤 레이저가 더 큰 라만 신호를 생성할 수 있는가?

라만 신호의 강도인 I_{Raman}은 다음과 같다.

$$I_{Raman} \alpha \frac{1}{\lambda_{exc}^4}$$

두 레이저의 유일한 차이가 파장인 경우 라만 강도의 비율을 계산할 수 있다.

$$\frac{I_{514nm}}{I_{785nm}} = \frac{(785)^4}{(514)^4} = 5.4$$

514 nm 레이저가 785 nm의 레이저보다 5.4배 강한 라만 신호를 나타낼 수 있다. 같은 세기의 라만 신호를 얻으려면 얼마나 강한 출력의 레이저를 사용해야 하는가? 785 nm 광원이 514 nm 광원보다 5.4배 강한 출력을 가진다면, 두 파장으로부터 동일한 크기의 라만 신호를 얻을 수 있을 것이다.

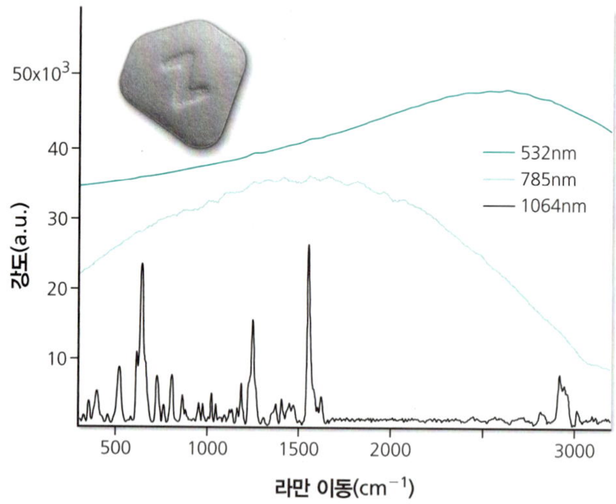

그림 9.13 다른 파장에 따른 의약품 Zantac의 라만 스펙트럼. 532 nm를 사용했을 때 강한 형광 신호가 검출됨(짙은 파란색 선). 1,064 nm를 사용했을 때 약한 형광 간섭을 갖는 라만 스펙트럼을 얻을 수 있음.

그러나 레이저 광원이 분석 물질의 흡수 띠에 가깝다면 라만 신호를 압도할 수 있는 형광이 발생할 수 있다. 이상적으로는 분석 물질에 전자 흡수를 일으키지 않고 가능한 한 짧은 파장을 사용해야 한다. 처음에는 반 직관적인 것처럼 보이지만, 260 nm 부근의 광원을 사용하는 자외선(UV) 유도 라만은 실제로 형광이 있는 중첩 라만 선의 문제를 완화하는 데 도움이 될 수 있다. 자외선 들뜸은 형광을 유발할 가능성이 있지만, 형광은 스펙트럼에서 UV 광원 파장에 매우 근접한 라만 신호에 비해 훨씬 더 긴 파장에 있게 된다. 자외선 라만은 공명 효과로 인해 더 높은 신호를 보이지만[22], 이 주제는 이 책의 범위를 벗어나기 때문에 다루지 않을 것이다.

문제 9.7: 600 nm 이하의 파장에서 형광 현상을 보이는 시료가 있다. 514 nm와 785 nm 의 파장을 가지는 두 레이저 광원을 동일한 파워에서 사용할 수 있다고 가정하자. 각 각의 광원을 사용하였을 때의 이점에 대해 논의해보자.

◆ 파장 분별 및 라만 분광계 분해능

라만 분광법에서 파장 분별은 일반적으로 회절발을 사용하여 수행된다. 고해상도 라만 장비는 수 cm^{-1} 이하의 분해능을 얻기 위해 여러 회절발을 사용할 것이다. 분석하고자 하는 시료의 특성에 따라 필요한 분해능 유형이 결정된다.

회절발 사이의 간격과 분광기의 초점 거리가 파장 분해에 중요한 역할을 한다는 것을 생각해보자. 실험에 사용된 특정 파장은 또한 주어진 회절발과 초점 길이가 생성하는 해상도에 영향을 미칠 것이다. 라만 분광기의 회절발의 홈 간격은 약 1,200 라인/mm에서(표준 장비) 6,000 라인/mm까지(고해상도 장비) 다양하게 사용될 수 있다. 두 가지 종류의 회절발이 사용되는데, 즉 일반적인 반사 회절발과 볼륨상 홀로그래피 회절발이다. 이러한 투과 회절발이 사용되는 이유는 검출기에 도달하는 떠돌이 빛의 세기가 약하기 때문이다. 라만 신호는 매우 약하기 때문에 검출기에 감지되는 떠돌이 빛의 세기를 줄이는 것이 중요하며, 이는 아주 적은 비율의 들뜸 빛도 라만 신호를 압도할 수 있다는 것을 의미한다.

장비의 분해능은 회절 격자의 수/길이 및 회절 격자에서 검출기까지의 거리(분광계의 초점 거리)에 의해 제한된다. 주어진 초점 길이에 대해 회절 격자의 길이당 선이 많을수록 해상도가 높아진다. 분광기의 초점 길이가 길수록 경로 길이가 길어지는데, 이는 검출기의 개별 파장의 공간적 분리를 제공하는데 중요한 역할을 한다. 소형 휴대용 분광기(예, 실험실 외부로 운반될 수 있는 분광기)의 경우, 긴 초점 거리로 분광기를 설계하는 것이 어렵다. 따라서 더 높은 분해능의 격자가 필요하다.

파장 분해능은 모든 분광기에 대한 중요한 고려사항 중 하나이다. 그림 9.14는 라만 분광법에서 파장 분해능의 역할을 보여준다. CCl_4의 대칭 신축에 대한 라만 피크는 459 cm^{-1}에 나타난다. 하단의 스펙트럼은 1 cm^{-1}의 분해능을 가지는 장비를 사용한 경우이며, 상단의 스펙트럼은 4 cm^{-1}의 분해능을 가지는 장비를 사용한 경우이다. 우리는 더 높은 분해능을 갖춘 장비에서 460 cm^{-1}의 피크가 3개의 피크를(아마도 4개의 피크) 나타낸다는 걸 볼 수 있다.

◆ 필터

필터는 Rayleigh 산란 레이저의 들뜸을 차단하기 위해 일반적으로 단색화 장치 앞에 배치된다. 이러한 필터는 레이저 광을 흡수하거나 반사시키는 것과 동시에, 레이저 광 주파수에 근접한 라만 신호가 분광기로 통과할 수 있도록 해준다. 이를 위해선 일반적으로 *노치 필터* 또는 *엣지 필터*가 사용된다(그림 9.15). 노치 필터는 좁은 파장 범위에서 강하게 흡수되지만 엣지 필터는 엣지 파장 이하의 파장에서 강하게 흡수된다. 노치 필터 및 엣지 필터는 다양한 파장 차단 범위에서 활용될 수 있다.

[22] 해당 광원의 파장이 전자 전이 근처에 있을 때 이 기술을 공명 라만 분광법이라고 한다. 이에 대한 예시는 Strommen, D. P.; Nakamoto, K. Resonance Raman Spectroscopy. *J. Chem. Ed.*, **1977**, *54(8)*, 474에 기재되어 있다.

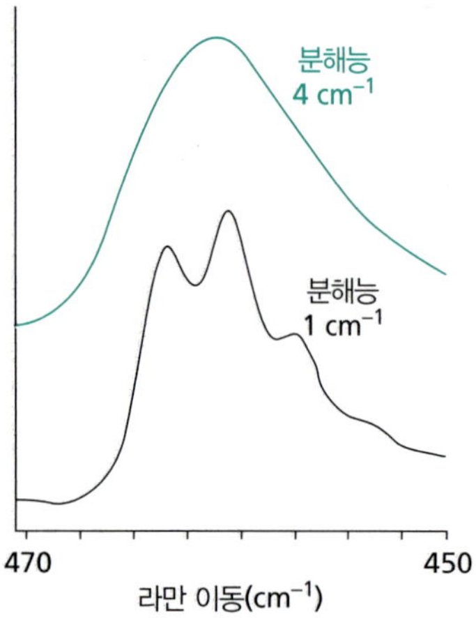

그림 9.14 분광기 분해능에 따른 CCl_4 분자의 라만 스펙트럼: 4 cm^{-1}의 기기 분해능(*위*)과 1 cm^{-1}의 기기 분해능(*아래*).

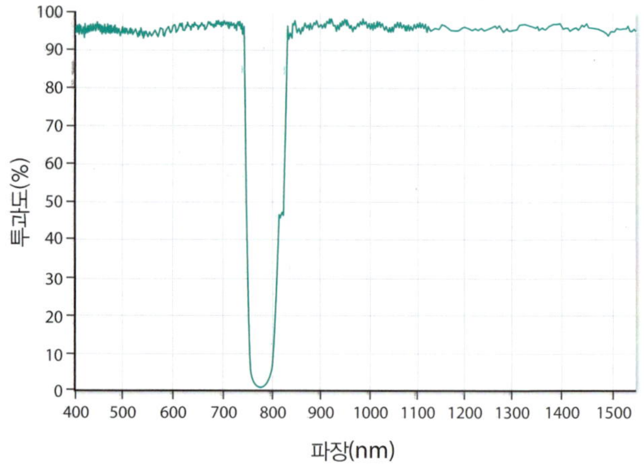

그림 9.15 이색 노치 필터의 투과 스펙트럼. 785 nm에서의 반사율은 ~98%이다.

그림 9.12에서 보았듯이 이색 노치 필터는 라만 시스템에서도 사용된다. 이색 노치 필터의 투과 스펙트럼은 그림 9.16에도 나와 있다. 이 필터의 경우, 785 nm에서의 반사율이 약 98%이므로 785 nm에서의 빛의 거울이 된다. 이 노치 필터는 785 nm 레이저 빛을 시료로 반사하는 데 사용되며 400~720 nm 및 830~1600 nm 사이의 파장을 통과시킨다.

문제 9.8: 그림 9.16은 이색 노치 필터의 투과 스펙트럼을 나타내고 있다. 당신은 이 데이터를 실험실에서 발견하였고, 이 광학 소자가 그림 9.12와 같이 구성된 라만 시스템에 적합한지 확인하려 한다. 이 광학 소자에 사용될 수 있는 파장 범위를 nm 단위로 나타내어라.

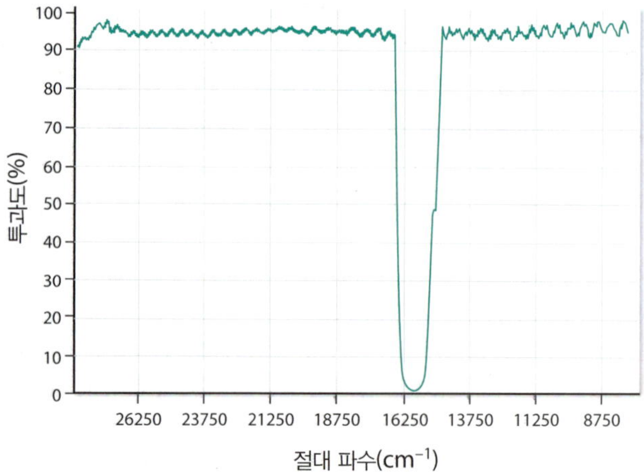

그림 9.16 이색 노치 필터의 투과 스펙트럼.

◆ 검출기

초기의 라만 분광기는 전동식 단색화 장치를 이용한 스캔 방식으로 구동되었으며, 출구

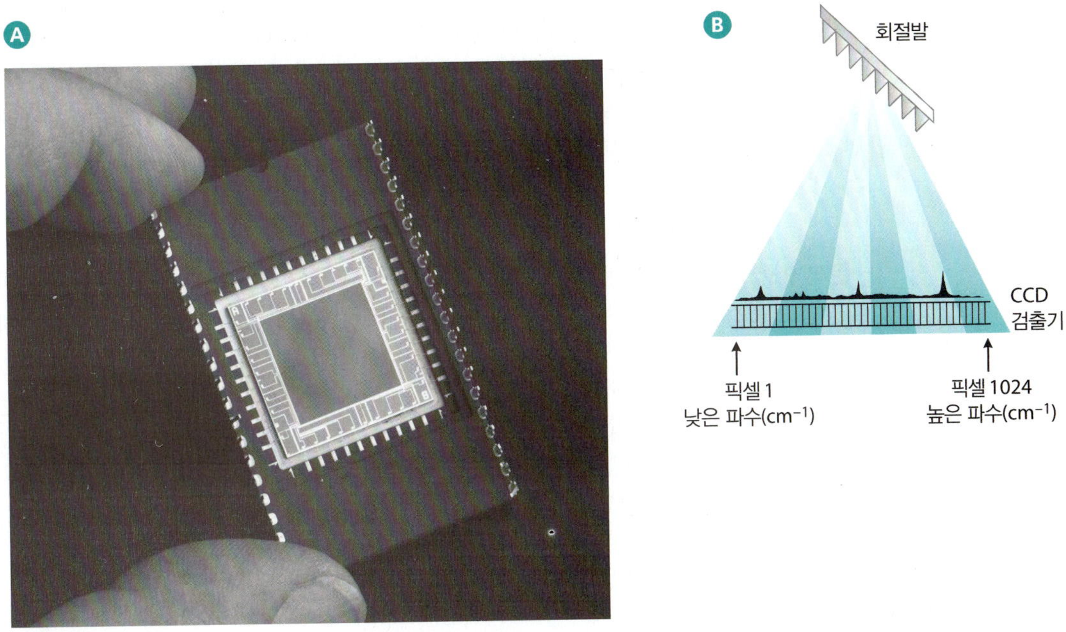

그림 9.17 (A) Si CCD 검출기 배열의 사진. (B) CCD 검출기 및 반사 회절의 그림.

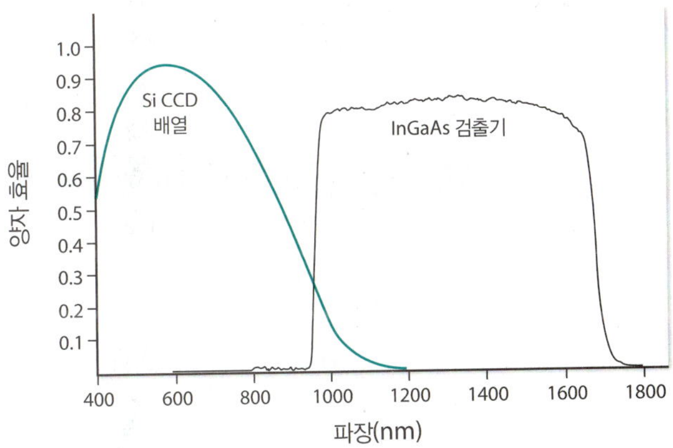

그림 9.18 InGaAs 검출기에 비해 높은 실리콘 CCD 어레이의 파장 함수로서의 양자 효율.

슬릿에서 선택된 띠너비의 빛이 분리되는 방식이었다. 검출기는 일반적으로 *광전자 증배관*(PMT) 검출기가 사용되었으나, 현대 라만 분광기에는 *배열 검출기*가 일반적으로 사용된다. 배열 검출기에 대한 내용은 자외선-가시선 분광법(6장)에서 이미 논의하였다. 회절발에서 공간적으로 분리된 빛은 배열 검출기로 보내지며, 각각의 파장들이 동시다발적으로 감지된다. 단일 파장을 감지하는 스캔 방식의 PMT 검출기 대비 배열 검출기의 장점은 전체 스펙트럼 측정을 단 몇 초만에 측정할 수 있다는 점이다.

현대 라만 분광기에 사용되는 가장 일반적인 검출기는 실리콘 *전하 결합 소자(CCD) 검출기*이다. CCD 검출기는 그림 9.17에 나와 있다. 그림 (B)는 회절발로부터 분리되어 CCD 검출기의 다른 픽셀에 입사하는 빛을 묘사한 것이다. CCD 검출기는 다른 수의 픽셀과 픽셀 크기로 선택할 수 있다. 실리콘 CCD 배열 검출기는 400 nm ~ 1,000 nm 사이의 파장을 가진 빛에 민감하다. 파장의 함수로 나타낸 두 종류의 검출기의 감도(여기서는 양자 효율에 의해 설명됨)가 그림 9.18에 나와 있다. CCD를 냉각하면 검출기의 열잡음이 감소되어 신호 대 잡음비가 증가한다(*열잡음*에 대한 내용은 2장 참조). CCD 검출기에 대한 더 자세한 설명은 6장을 참조하라.

~1,000 nm와 1,650 nm 사이의 응용 분야에서 InGaAs 배열 검출기가 사용된다. InGaAs 검출기가 950 nm ~ 1,60 nm 사이의 영역에서 큰 양자 효율을 갖는다는 것을 확인할 수 있다(그림 9.18). InGaAs 또는 Ge 광다이오드는 9.4절에서 논의할 주제인 Fourier 변환 라만 분광법에도 사용된다. 라만 신호는 광원에서 파장의 이동으로 측정되기 때문에 광원에 따라 검출기의 종류도 달라지게 된다.

문제 9.9: 여러분은 법의학자로서 화약 잔여물을 분석하게 되었다. 당신은 라만 분광법의 들뜸 광원으로 1,064 nm Nd:YAG 레이저를 사용할 수 있다. 분석하고자 하는 라만 이동(1,287 cm^{-1})은 추진제와 관련된 NO_2의 대칭 신축 방식과 연관되어 있다. 당신은 실험을 위해 두 개의 검출기, 실리콘 CCD 검출기 및 InGaAs 검출기를 사용할 수 있다. 해당 분석을 위해서 두 가지 검출기 중 어떤 검출기를 사용하면 가장 좋겠는가?

비교 및 대조_Compare and Contrast

Fourier 변환 적외선 분광법과 라만 분광법의 비교

종종 라만 분광법은 FTIR과 상호보완적인 기술로 사용된다. 각 기술에는 장점과 단점이 있다. 아래 표 9.2를 통해 각각의 기술에 대한 장점과 단점을 알아보자.

표 9.2 ▸ Fourier 변환 적외선 분광법과 라만 분광법의 비교

라만	FTIR
대칭 신축이 강하다. 비대칭 신축과 굽힘은 약하다.	비대칭 신축과 굽힘이 강하다. 대칭 신축은 감지되지 않는다.
표준 시료 홀더(예, 유리, 플라스틱 등)를 사용할 수 있다.	IR 투명한 물질(염)은 일반적으로 시료 홀더에 사용된다. 그러나 ATR은 대부분 시료 홀더를 필요로 하지 않는다.
시료는 물에 있을 수 있으며, 물이 용매일 수 있다.	물 속에서의 FTIR은 IR 흡수로 인해 어려우며, 일부 IR 광학 요소는 수용성이다.
본질적으로 시료 준비 과정이 필요하지 않다.	시료 준비가 어려울 수 있다. 그러나 ATR-FTIR 및 확산 반사 적외선 FTIR 분광법(DRIFTS)과 같은 IR 변형은 시료 준비를 거의 또는 전혀 할 수 없다.
광학 소자로 유리 또는 석영을 사용할 수 있다.	분석자의 판단에 따라 사용되는 광학 소자가 달라질 수 있다 KBr이 가장 일반적으로 사용된다. KBr은 흡습성이므로 건조한 환경에서 보관해야 한다.
마이크로 라만(micro-Raman)으로 소규모 구조물을 이미지화하는 데 사용할 수 있다.	Tunable ATR-FTIR은 깊이의 함수로서 시료의 조성을 분석할 수 있다.
동종 핵종(예, N_2, O_2, C_{60}, P_4)의 진동을 측정할 수 있다.	분자 이성질체(즉, 시스 대 트랜스)의 판단을 위한 군 이론의 적용에 용이하다.
레이저 광원이 필요하다.	광대역 IR 광원 필요하다.
라만 선택 규칙은 편극을 변경해야 한다.	IR 선택 규칙은 쌍극자 모멘트의 변화가 있어야 한다.
고감도 UV-vis 검출기를 사용할 수 있다.	열 또는 압전 IR 검출기를 사용한다.
파장 판별은 회절발 사용하여 수행된다.	파장 판별은 Michelson 간섭계를 사용하여 수행된다.

ATR = attenuated total reflection; FTIR = Fourier transform infrared; IR = infrared; UV-vis = ultraviolet-visible.

◆ 휴대용 라만 분석기

몇몇 회사는 현재 몇몇 회사들은 배터리로 구동되는 휴대용 라만 분광기를 개발하고 있다. 그림 9.19는 두 가지 예를 보여준다. 이 장치는 다양한 상황에서 정성 분석을 수행할 수 있다는 가능성을 보여주었다. 휴대용 라만 기기는 실험실 외부에서 분석을 수행해야 할 때 특히 유용하다(예, 폭발물 감지).[23] 이러한 휴대용 장비는 알려지지 않은 화합물을 식별하는 데 활용할 수 있으며 고체(분말 포함)와 액체 시료에 사용할 수 있다. 측정된 라만 스펙트럼을 내재되어 있는 소프트웨어로 분석하고 시료 라이브러리와 비교한다. 결과는 액정 화면에 표시된다. 휴대용 라만 분석기의 예로 Ocean Optics 제품은 무게가 3파운드 밖에 되지 않으며, 785 nm 다이오드 레이저를 들뜸 광원으로 사용하고, 라만 이동을 200 cm^{-1}에서 2,400 cm^{-1}까지 측정할 수 있으며, 약 10 cm^{-1}의 스펙트럼 분해능을 가진다.

그림 9.19 휴대용 라만 분석기(IDRaman mini 및 FirstGuard).

◆ 광섬유 탐침

자외선 가시선 분광기와 같은 분석 기술의 경우, 일반적으로 시료를 시료 용기에 넣고 측정하게 된다. 시료의 유연성이 높은 경우 분석가는 보다 다양한 기기적 옵션을 선택할 수 있다. 라만 분광법을 위한 광섬유 탐침의 개발은 라만 실험을 수행하기 위해 보다 편리한 시료준비 과정의 옵션을 제공하였다(일반적으로 큐벳을 사용). 그림 9.21에서는 유리병 내의 용제를 분석하는 데 사용되는 탐침의 예시를 볼 수 있다. 이 경우 분석자는 라만 측정을 하기 위해 시료를 밖으로 꺼낼 필요가 없다.

[23] Moore, D. S.; Scharff, R. J. Review: Portable Raman Explosives Detection. *Anal. Chem.*, **2009**, 393(6–7), 1571–1578.

▶ 프로파일 _Profile

소형 라만 기기를 사용한 약물 검출

시험용 시료에서 불법 약물 구성요소를 식별하는 것은 휴대용 라만 장비의 중요한 응용 분야 중 하나이다. 일련의 흰색 가루들을 발견한 사법 당국자들은 휴대용 라만 분광기를 사용하여 그 분말이 헤로인인지 코카인인지 아니면 다른 물질인지를 판단할 수 있다. 그림 9.20은 헤로인, 메탐페타민, 두 가지 형태의 코카인 시료들의 라만 스펙트럼을 나타낸다. 휴대용 라만 분광기는 이 4가지 화합물을 명확하게 구별할 수 있다. ■

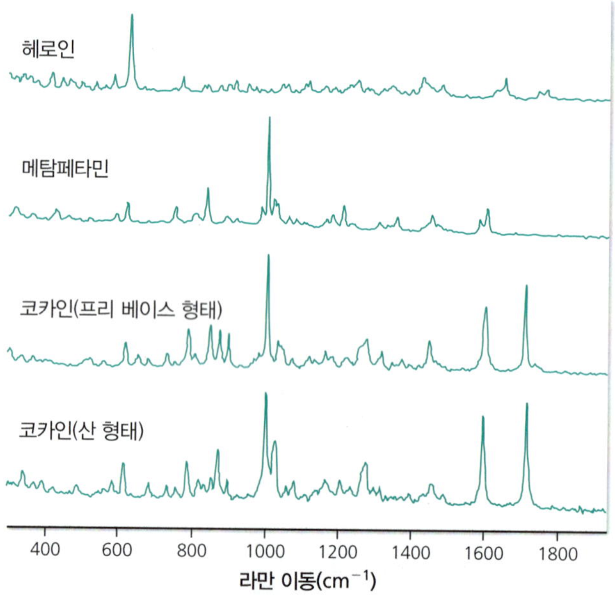

그림 9.20 헤로인, 메탐페타민, 두 종류의 코카인의 차이를 보여 주는 라만 스펙트럼.

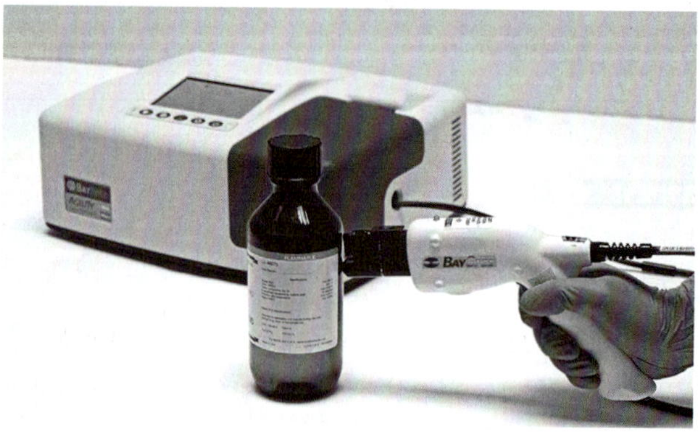

그림 9.21 라만 분광법을 위한 광섬유 탐침. 탐침은 라만 시스템의 일부로 사용되어 용기의 간섭 신호 없이 용기 안의 용액 식별이 가능하다.

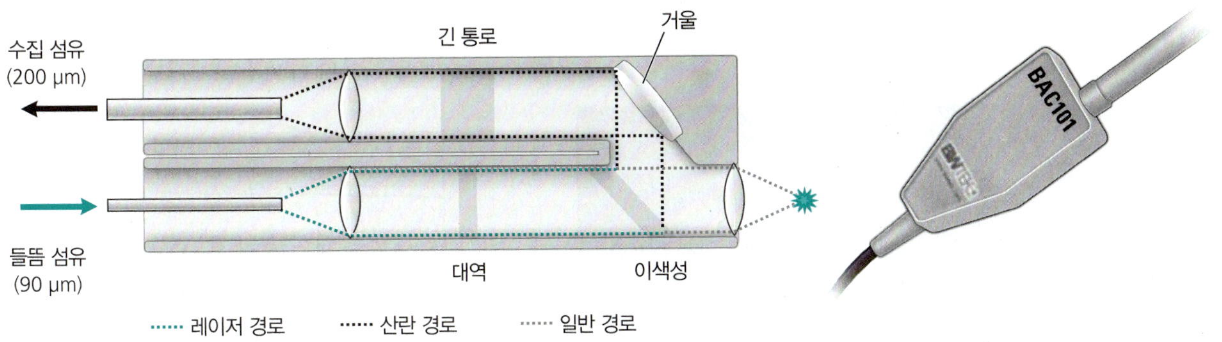

그림 9.22 라만 분광법을 위한 광섬유 탐침.

라만 분광법을 위한 광섬유 탐침의 내부 구성 요소는 그림 9.22에 나와 있다. 광섬유 묶음 내에서 하나의 광섬유가 레이저 들뜸 광원에 연결된다. 이 케이블은 분석되는 시료에 레이저 빛을 향하게 해준다. 탐침의 두 번째 광섬유는 산란된 빛을 분석을 위해 분광기로 되돌려준다. 들뜬 레이저 광원은 광섬유를 통과하여 평행화 광학장치로 이동한다. 그런 다음 레이저 빛은 대역 필터를 통과한다. 들뜸 경로의 대역 필터는 레이저 광원의 파장 범위를 피크 레이저 파장 주변의 매우 좁은 띠로 줄여준다. 들뜸 경로 상의 이색성 빛살 분할기는 샘플에 초점을 맞추기 위해 들뜸 파장을 렌즈로 통과시키지만 샘플에서 산란된 라만 신호 파장은 반사시킨다. 두 번째 거울은 라만 신호를 롱 패스 필터로 보낸다. 수집 측면의 롱 패스 필터는 들뜸 레이저가 라만 신호를 오염시키는 것을 차단한다. 평행화 광학장치는 라만 신호를 수집해 광섬유에 집중시킨다. 그 후, 라만 신호는 선택적인 파장 분별기로 보내지고 그 다음에 검출기로 보내진다.

9.4 추가적인 라만 기반 기술들

표준 Raman 분광법이 분석자에게 매우 유용한 도구임에도 불구하고, 분석자에게 더 많은 이익을 줄 수 있는 추가적인 Raman 기반 기술들이 있다. 예를 들어, 매우 강한 대칭 진동을 확인하고자 한다면 편광 라만 분광법을 사용할 수 있다. 아주 작은 샘플 영역에서 다른 분자 구조를 확인해야 하는 경우는 *라만 이미징*을 사용할 수 있다. 측정하기에 너무 약한 라만 신호를 조사해야 하는 경우 **표면 증강 라만 분광법**(surface-enhanced Raman spectroscopy, SERS)을 사용할 수 있다. 라만 기반의 추가적인 기술들에 대한 내용은 아래에 더 나와 있으나, 그 밖에도 다양한 기술들이 존재할 수 있다.

라만 이미징

라만 이미징 시스템은 초점을 맞출 수 있는 광학 부품들과 시료를 고정시킬 수 있는 기판을 이용하며, 이를 통해 사용자가 시료 위치에 따른 라만 스펙트럼을 축정할 수 있도록 한다(라만 현미경이라고도 함). 이 장의 도입부에서 라만 현미경이 위조의 흔적을 찾기 위해 예술품과 예술품에 사용된 색소를 분석하는 데 사용되었다는 것을 확인할 수 있다. 라만 이미징 시스템은 수 마이크로미터부터 수십 나노미터까지의 공간 분해능을 가질 수 있다. 라만 이미징은 표면과 표면 아래를 조사할 수 있다. 이 기술은 생물학적 세포를 조사하고 고체 기질에서 화학종의 분포를 파악하는 데 사용되었다. 비 암성 유방 조직과 암 유방 조직을 비교한 라만 영상의 예가 그림 9.23에 제시되어 있다. 회색 스케일의 이미지에서는 보기 어렵지만, 일반적으로 라만 스펙트럼은 컬러 이미지로 표현할 수 있으며 이를 통해 세포 내 특정 영역의 화학적 구성성분을 파악할 수 있다.

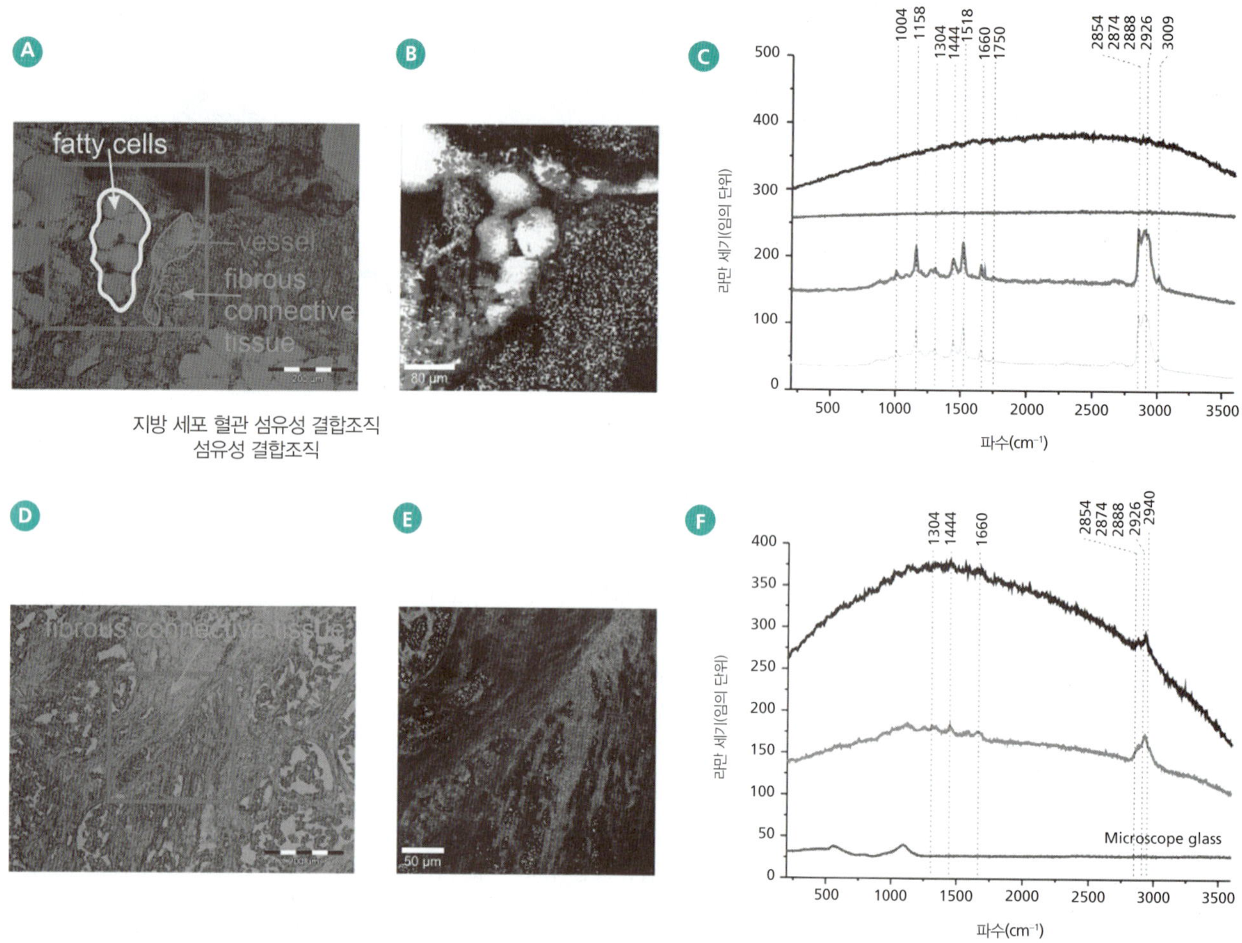

그림 9.23 유방암 조직과 일반 조직의 라만 이미지와 스펙트럼. 일반적으로 이미지와 스펙트럼은 여러 가지 색깔을 통해 표시되며, 이를 통해 분석자가 세포 내의 특정 부위의 화학적 성분을 식별할 수 있게 된다. 암이 아닌 일반 유방 조직의 (A) 현미경 이미지, (B) 라만 이미지[400 × 400 μm, (A)에 표시된 부분], (C) 라만 스펙트럼. 유방암 조직의 (D) 현미경 이미지, (E) 라만 이미지[300 × 300 μm, (D)에 표시된 부분], (F) 라만 스펙트럼.

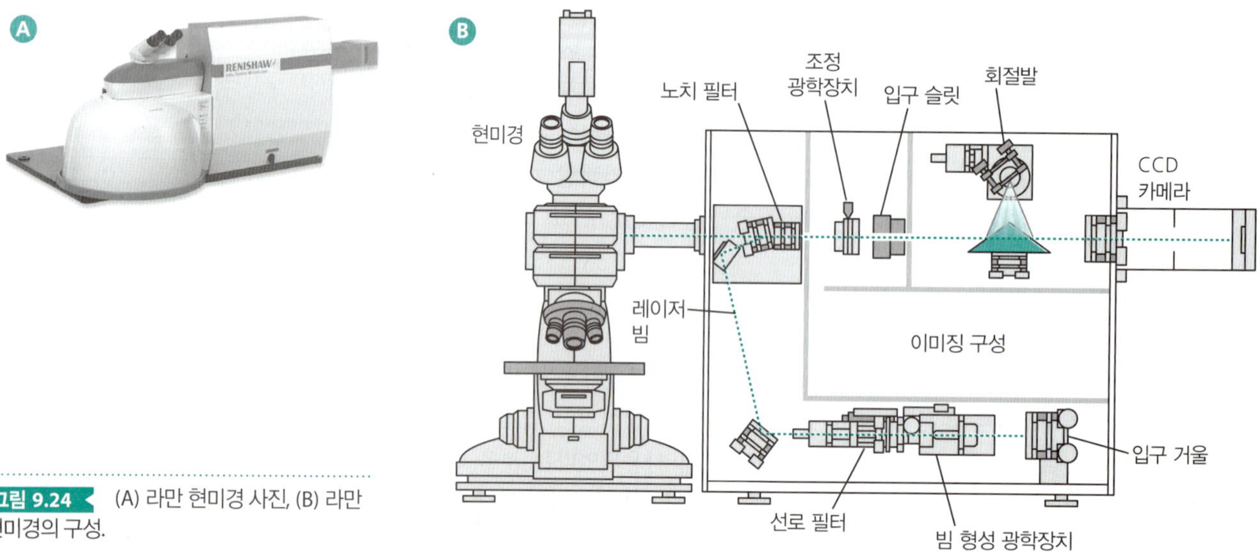

그림 9.24 (A) 라만 현미경 사진, (B) 라만 현미경의 구성.

상업용 라만 현미경이 그림 9.24에 나와 있다. 들뜸 레이저 빛은 오른쪽 아래에 있는 입구 거울에 의해 빛 형성 광학장치 및 선로 필터로 유도된다. 추가적인 거울에 의해 레이저 빛은 노치 필터를 통과한 후 현미경으로 유도되게 된다. 현미경은 레이저 빛이 샘플에 초점을 맞추도록 해준다. 분석자는 표본 영역을 선택하기 위해 시료를 고정하고 있는 기판을 단계적으로 조절할 수 있다. 라만 신호는 현미경과 노치 필터를 통과한 다음 초점 광학 장치와 입구 슬릿을 통과한다. 빛은 파장 선택을 위해 회절발로 보내지고 샘플의 이미지가 생성되는 CCD 카메라로 전송된다.

◈ 편광 라만 분광법

*편광 라만 분광기*는 분광학자로 하여금 특정 라만 신호가 고도로 대칭적인 진동에 상응하는지를 판단하게 해준다. 가장 단순한 형태의 편광 라만 산란광의 개략도가 그림 9.25에 나와 있다. 일반적인 라만과 편광 라만 산란광의 차이점은 라만 신호가 편광기를 통해 보내진다는 것이며, 편광기는 라만 신호의 세기가 편광 함수로서 모니터될 수 있도록 회전한다. 편광판은 특정 방향의 전기장 빛만 투과될 수 있도록 만들어주는 장치이다. 편광기의 각도를 변화시키면 측정되는 라만 산란광의 특정 편광 상태를 바꿀 수 있게 된다. 이 효과는 들뜸 광원에 수직으로 편광된 라만 산란광의 강도($I_\perp$)와 들뜸 광원에 평행하게 편광된 라만 산란광의 강도($I_\parallel$)의 비율인 탈편극 비율 ρ으로 설명된다.

$$\rho = \frac{I_\perp}{I_\parallel}$$

완전히 대칭적인 진동으로부터의 라만 산란은 거의 0의 탈편극 비율을 갖는다. 0의 탈편극 비율은 라만 신호가 레이저 광원에 수직으로 편광되지 않는다는 것을 의미한다. 이 효과는 그림 9.26에 표시된 ClO_4^- 이온의 라만 스펙트럼에서 확인할 수 있으며 (A)는 입력 편광자와 동일한 방향으로 설정된 출력 편광자를 갖는 스펙트럼을 나타내며, (B)는 90°의 출력 편광자를 나타낸다. ClO_4^-의 완전히 대칭인 진동 방식은 $I_\perp$가 본질적으로 0이기 때문에 0에 가까운 탈편극 비율을 가진다. 이는 900 cm^{-1}의 신호가 높은 대칭적인 진동으로부터 발생되었다는 것을 의미한다. 탈분극 비율은 다양한 용도와 해석을 통해 활용할 수 있다.[24]

편광된 라만 산란광의 구현 과정은 첫 번째 그림보다 좀 더 복잡하다. 편광 라만 분광기 모듈의 도식이 그림 9.27에 나와 있다. 이러한 편광 모듈은 일반적인 라만 시스템에 선택적으로 추가될 수 있다. 입사 레이저 빛은 탈편극제를 통해 전송된다. 탈편극제는 선형 편광된 입력 광(대부분의 레이저 광원은 편광됨)을 취하고 편광되지 않은 빛은 투과시킨다. 탈편극이라는 것은 모든 방향에서 빛과 관련된 전기장의 구성 요소가 있음을 의미한다. 이러한 탈분극된 빛은 선형 편광판으로 보내지며, 임의의 선형 편광된 빛을 선택할 수 있다. 탈편극제가 없는 경우, 선형 편광체를 변경하면 초기 레이저

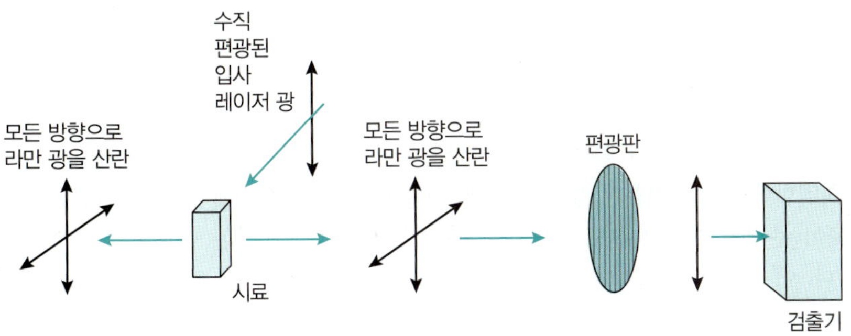

그림 9.25 편광 라만 분광법의 개략도.

[24] Strommen, D. P. Specific Values of the Depolarization Ratio in Raman Spectroscopy: Their Origins and Significance. *J. Chem. Ed.*, **1992**, *69(10)*, 803.

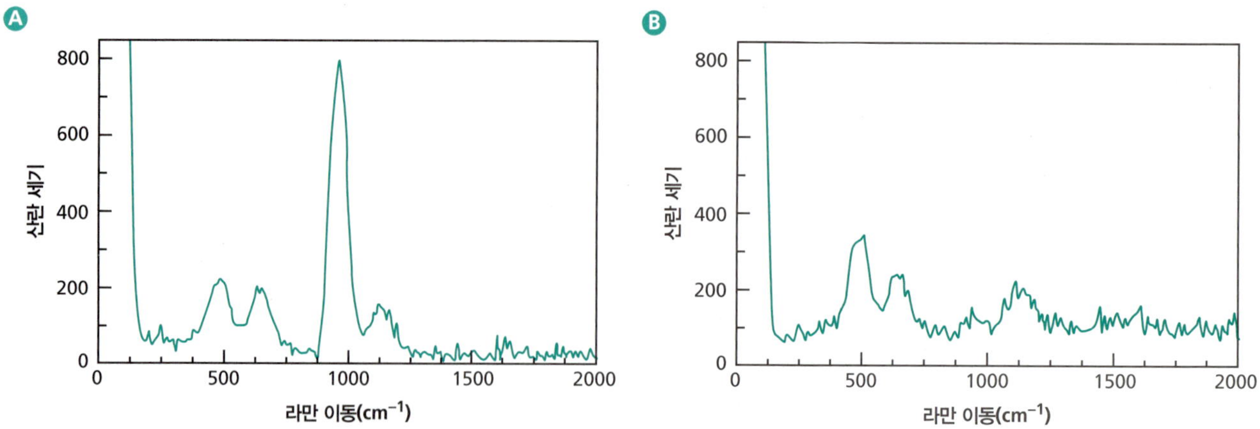

그림 9.26 다른 들뜸 편극을 가진 ClO_4^- 이온($NaClO_4$의 포화 용액)의 라만 스펙트럼: (A) 수직 방향의 라만 검출 및 $I_{\parallel}$, (B) 수직 방향으로 라만 검출하는 $I_{\perp}$와 수평 들뜸 편광.

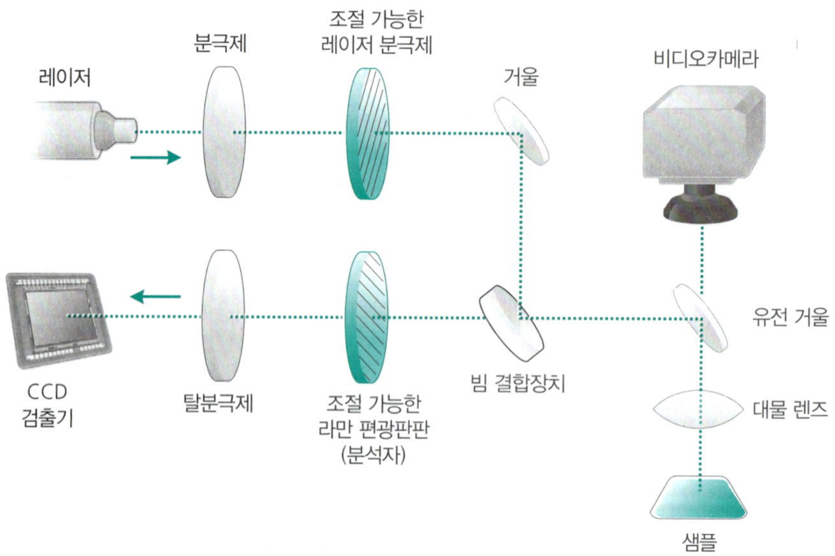

그림 9.27 편광 라만 장비의 개략도.

편광과는 달리 편광의 강도가 크게 감소한다. 들뜸 광은 빛살 분할기에서 반사되어 시료에 집중된다. 그 후 라만 산란 광은 초점 렌즈에 의해 수집되고, 빛살 분할기와 조정 가능한 선형 편광기에 차례대로 전송되어 산란된 라만 편광의 특정 배향을 선택하게 된다. 편광판을 지난 후, 라만 신호광은 검출기에서 편광 의존 효과를 감소시키기 위해 탈편극제를 통해 이동한다. 파장에 따른 빛을 분리하기 위해 반사형 회절발이 사용될 경우, 회절발에서의 반사율은 빛의 편광에 의존한다. 이는 회절발에 의해 변경된 탈분극 비율이 문제를 일으킬 수도 있다는 것을 내포한다. 탈편극제는 이러한 문제를 완화시켜준다. 이 모듈은 실험자가 입력 들뜸 편광 및 라만 산란광의 편광을 조정할 수 있게 한다.

만약 탈편극제가 라만 신호에 사용되지 않는다면, 다른 접근법은 들뜸 광원의 초기 편광을 회전시키는 광학 요소, 즉 반파장판을 사용하는 것이다. 이 방법으로 시료는 두 개의 다른 편광으로 들뜰 수 있지만(반파장판을 사용한 것과 사용하지는 않은 것), 이 때 편광에 의존할 수 있는 반사율이 문제되지 않도록 동일한 편광 상태로 측정된다.

문제 9.10 CCl_4의 진동 방식 중 라만 탈분극 비율이 0에 가까운 진동 방식이 존재하는가? 그렇다면 이 때의 진동 방식은 어떠한 방식들이겠는가? 표 9.1은 CCl_4의 진동 모드를 설명하고 있다.

◆ Fourier 변환 라만 분광법

Fourier 변환 *라만* 시스템은 전통적인 라만 산란광을 측정하지만, 파장 분해능은 5장에서 논의된 FTIR 장비에서 사용된 것과 동일한 유형의 마이켈슨 간섭계 시스템으로 수행된다. 상업용 시스템은 FTIR 및 Fourier 변환 라만 기법을 결합하여 사용할 수 있다.

그림 9.28은 Fourier 변환-라만 시스템의 개략도이다. 들뜸 광원이 시료에 입사하고 라만 산란광이 시료를 떠나 마이켈슨 간섭계로 들어간다. FTIR에서와 같이 이동 거울은 장비의 파장 분해능을 제공해준다. Fourier 변환 방식의 분광기에는 회절발이 사용되지 않는다. 상업용 Fourier 변환-라만 시스템은 일반적으로 1,064 nm의 들뜸 파장을 사용함으로써 형광의 간섭을 최소화시킬 수 있다. 주어진 분해능을 얻기 위해 거울이 움직여야 하는 거리는 측정되는 파장에 비례하기 때문에 긴 파장이 사용되게 된다. 이것은 자외선 광원에 필요한 거울의 거리 조절이 근적외선 빛에 필요한 거울의 거리 조절보다 훨신 적다는 것을 의미한다. 거울을 자외선에 필요할 정도의 수준으로 조절하는 것은 매우 어렵다. 더 긴 들뜸 파장(1,064 nm)의 빛을 사용하는 것은 라만 신호와 들뜸 파장 사이의 관계 때문에 더 짧은 파장을 사용하는 것에 비해 단점이 될 수 있다. Fourier 변환-라만 들뜸 광원은 분산 라만보다 높은 전력에서 작동하는 경향이 있으므로 시료 손상이 발생할 수 있다. 분산형 장비와 비교해보았을 때 Fourier 변환-라만의 또 다른 이점은 간섭계 사용에 따른 높은 스펙트럼 분해능을 가질 수 있다는 것이다.

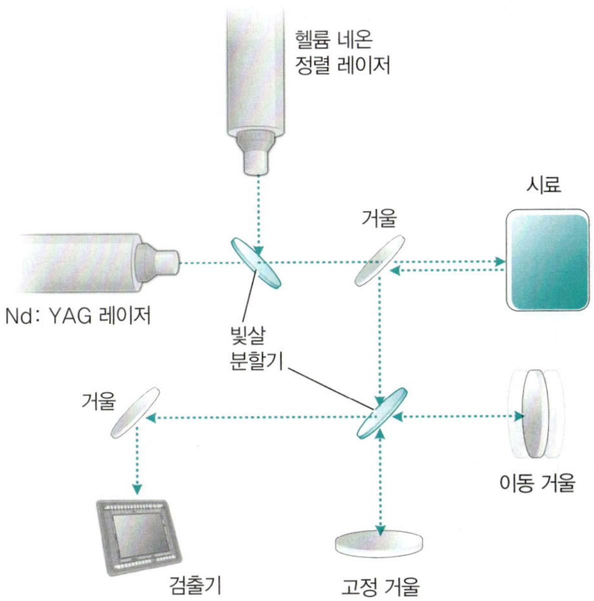

그림 9.28 Fourier 변환-라만 분광기의 개략도.

▶ 프로파일 _Profile

라만 분광법으로 멀리 있는 화합물 분석하기

지금까지 논의한 기술은 라만 스펙트럼을 측정하기 위해 사용자가 검출기와 광원 근처에 시료를 배치시켜야만 했다. 연구자들은 분석 물질이 검출기와 들뜸 광원으로부터 수 미터 떨어져 있어도 라만 스펙트럼을 측정할 수 있는 기술을 개발해왔다. 특히 시료 용기의 영향을 제거할 수 있다면 더 큰 의미를 가질 수 있을 것이다. 이것은 도로상의 얼음을 감지하도록 설계된 자동차 또는 공항 보안대에서 탐침에서 유체를 확인하는 데 유용할 수 있다. 이를 위해 연구자들은 독립형 공간 상쇄 라만 분광법을 개발하고 있다. 보다 자세한 실험적 기법은 그림 9.30에 설명되어 있다. 시료로부터 12미터 떨어진 위치에 짧은 펄스(4.4 ns) 레이저 광원이 시료에서 산란된 빛을 수집하는 망원경과 공간적으로 분리되어 있다.* 또한 이 시스템은 레이저 펄스와 데이터 수집 사이의 조정 가능한 시간 지연을 허용하는 게이트 탐지 기술을 사용했다. 즉, 레이저 펄스를 가하는 중이거나 혹은 레이저 펄스를 가한 이후에 형광 또는 기타 잡음 신호가 있을 때 빛의 세기를 측정하는 것이 아닌, 라만 신호가 발생하는 시간 간격 동안에만 감지기가 데이터를 측정한다.

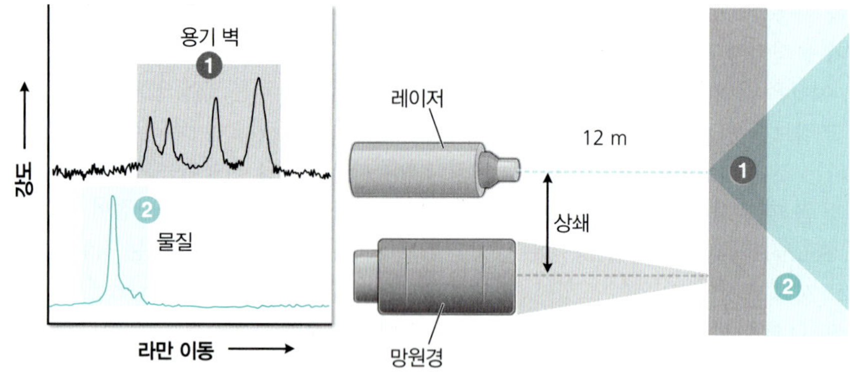

그림 9.30 독립형 공간 상쇄 라만 분광법의 실험 기법

연구진은 이 기술이 시료가 1.5 mm 두께의 불투명한 플라스틱 병에 놓여 있어도 시료 분석이 가능하다는 것을 입증하였다. 이 기술의 주요 이점은 레이저와 망원경(및 탐지기) 사이의 공간 상쇄로 인해 라만 신호를 간섭하는 형광신호와 시료용기의 신호가 측정되지 않는다는 것이다. 망원경은 시료 용기의 산란 또는 방출된 빛이(라만, 레일리 또는 형광) 발생하는 지점으로부터 떨어진 곳에서 시료의 신호를 수집한다. 용기로부터의 입사 레이저 광과 레일리 산란이 확산되고, 이 레일리 산란 광은 용기 내부에서 라만으로 산란될 수 있다. 그림과 같이 용기 내부의 라만 신호가 측정된다. 상쇄되는 길이가 레이저에 가까운 거리에서 먼 거리로 이동함에 따라 망원경은 용기 내부에서 더 깊이 시료를 분석하게 된다.

* *Zachhuber, B.; Gasser, C.; Chrysostom, T. H. E.; Lendl, B. Stand-Off Spatial Offset Raman Spectroscopy for the Detection of Concealed Content in Distant Objects. Anal. Chem.*, **2011**, *83*, 9438–9442.

◆ 표면 증강 라만 분광법

SERS를 사용하면 분석자는 라만 신호 세기를 높일 수 있게 된다. SERS는 적은 양의 액체 시료를 금속 표면, 일반적으로 은 또는 금 기판에 놓음으로써 수행된다. SERS를 위해 금속이 표면에 코팅되어 있는 현미경 슬라이드를 구입할 수 있다. 나노 범위의 거친 금속 표면과 분자 사이의 상호 작용은 라만 신호를 향상시킨다. SERS 기판과 샘플은 그림 9.29에 나와 있다. 아직까지 전기장 증강과 편극성 증강에 대한 메커니즘은 완전히 이해되지 않고 있지만, SERS 기법을 사용하면 일반적인 라만 신호의 10^{14}배까지 라만 신호를 획기적으로 증가시킬 수 있다.[25] SERS는 환경 감지[26] 및 폭발물 감지와 같은 다양한 응용 분야에 대한 가능성을 보여준다.[27]

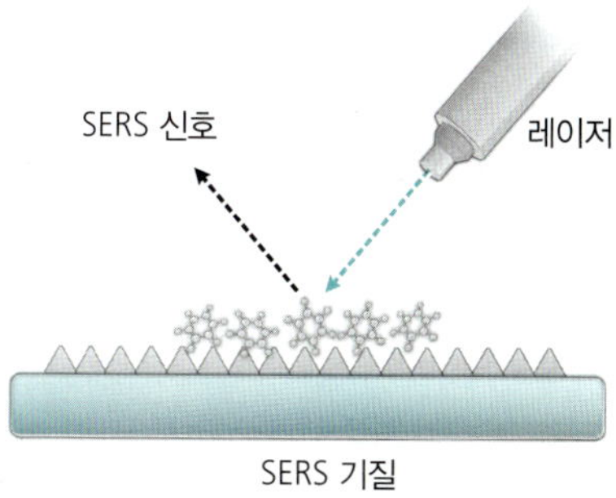

그림 9.29 나노 크기의 금속 기판과 들뜸 레이저 및 표면 증강 라만 신호로 조사 중인 기질.

라만 분광법은 다양한 분야에 활용될 수 있는 중요한 분석 기술 중 하나로 여겨진다. 라만 분광법 기반의 새로운 기술들은 계속 개발되고 있다. 예를 들어, 최근 SERS와 간섭성 반 Stokes 라만 분광법(coherent anti-Stokes Raman spectroscopy, CARS)보다 훨씬 더 라만 신호를 극적으로 향상시켜주는 간섭성 반 Stockes 라만 분광법에 대한 연구가 진행되고 있다.[28] 라만 산란은 약한 효과를 가지므로, 이러한 연구는 약한 라만 산란의 효과를 개선시키면서 보다 라만 분광법이 다양한 분야에 응용될 수 있도록 할 것이다. 현재 상업적으로 이용 가능한 라만 기반의 새로운 장비는 표면 구조와 모양 그리고 화학 성분에 대한 정보를 제공할 수 있는 라만 이미징과 원자 현미경을 결합한 장비이다.

9.5 심화자료

Books

Garland, C. W.; Nibler, J. W.; Shoemaker, D. P. *Experiments in Physical Chemistry*, 7th ed, McGraw-Hill: New York, **2003.**

Hollas, J. M. *Modern Spectroscopy*, 4th ed. John Wiley & Sons: Chichester, UK, **2004.**

McCreery, R. L. *Photometric Standards for Raman Spectroscopy: Handbook of Vibrational Spectroscopy*. Chalmers, J. M., Griffiths, P. R., eds. John Wiley & Sons: Chichester, UK, **2002.**

McCreery, R. L., *Raman Spectroscopy for Chemical Analysis.* Winefordner, J., ed., John Wiley & Sons: New York, **2000.**

Smith, E.; Dent, G. *Modern Raman Spectroscopy—A Practical Approach*, 1st ed. John Wiley & Sons: Chichester, UK, **2005.**

Vandenabeele, P. *Practical Raman Spectroscopy—An Introduction*, John Wiley & Sons: Chichester, UK, **2013.**

Journals

Hudspeth, E. D.; et al. Teaching Raman Spectroscopy in Both the Undergraduate Classroom and the Laboratory with a Portable Raman Instrument. *Spectroscopy Letters*, **2006**, *39*, 99–115.

Mogilevsky, G.; Borland, L.; Brickhouse, M.; Fountain, A. W. III. Raman Spectroscopy for Homeland Security Applications. *International Journal of Spectroscopy*, **2012**, Article ID 808079, doi:10.1155/2012/808079.

Pavel, I. E.; et al. Estimating the Analytical and Surface Enhancement Factors in Surface-Enhanced Raman Scattering (SERS): A Novel Physical Chemistry and Nanotechnology Laboratory Experiment, *J. Chem. Ed.*, **2012**, *89(2)*, 286–290.

Wang, L.; Mizaikoff, B.; Kranz, C. Quantification of Sugar Mixtures with Near-Infrared Raman Spectroscopy and Multivariate Data Analysis. A Quantitative Analysis Laboratory Experiment, *J. Chem. Ed.*, **2009**, *86(11)*, 1322.

[25] Kneipp, K.; Kneipp, H.; Manoharan, R.; Hanlon, E. B.; Itzkan, I.; Dasari, R. R.; Feld, M. S. Extremely Large Enhancement Factors in Surface-Enhanced Raman Scattering for Molecules on Colloidal Gold Clusters. *Appl. Spectrosc.*, **1998**, *52*, 1493–1497.

[26] Halvorson, R. A.; Vikesland, P. J. Surface-Enhanced Raman Spectroscopy (SERS) for Environmental Analyses. *Environmental Science & Technology*, **2010**, *44(20)*, 7749–7755.

[27] Xu, Z.; Hao, J.; Braida, W.; Strickland, D.; Li, F.; Meng, X. Surface-Enhanced Raman Scattering Spectroscopy of Explosive 2,4-Dinitroanisole Using Modified Silver Nanoparticles. *Langmuir*, **2011**, *27(22)*, 13773–13779.

[28] Steuwe, C.; Kaminski, C. F.; Baumberg, J. J.; Mahajan, S. Surface Enhanced Coherent Anti-Stokes Raman Scattering on Nanostructured Gold Surfaces. *Nano Letters*, **2011**, *11(12)*, 5339–5343.

9.6 연습 문제

9.1 라만 스톡스 신호가 Rayleigh 산란선으로부터 5 cm^{-1} 떨어진 곳에서 측정되었다. 또한 532 nm에서 작동하는 Nd:YAG 레이저의 두 번째 고조파를 사용하고 있다. 이때 Stokes 이동된 빛의 파장(nm 단위)은 얼마인가?

9.2 일반적으로 C−C 진동은 약 800 cm^{-1}에서 발생한다. 라만 실험을 위해 1,064 nm 들뜸 광원을 사용한다면 C−C 진동과 관련된 라만 선의 파장을 나노미터 단위로 계산하라.

9.3 아세틸렌 분자(C_2H_2)의 구조는 아래와 같다.

$$H—C\equiv C—H$$

(a) 아세틸렌(C_2H_2)은 중심 대칭인가?

(b) 아세틸렌은 여러 가지 진동 방식을 가지고 있다. 그 중 하나의 진동 방식은 아래와 같다.

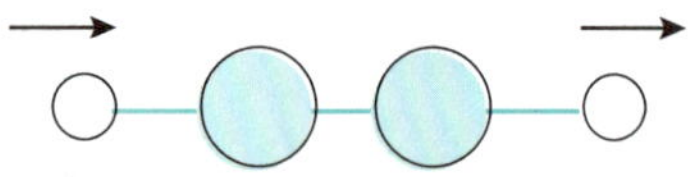

이 진동 방식은 라만 활성, IR 활성 또는 두 방식 모두 활성인가?

9.4 벤젠(C_6H_6)에 대한 두 가지 표준 모드는 다음과 같다. 첫 번째는 3,061 cm^{-1}(수소와 탄소가 반대 방향으로 움직이는 C−H 신축)에서 발생하고 두 번째는 992 cm^{-1}에서 발생한다(고리 신축이라고도 함. 수소와 탄소가 같은 방향으로 움직이는 것을 말함). 이 진동이 라만 활성이라고 생각하는가? 혹은 IR 활성이라고 생각하는가?

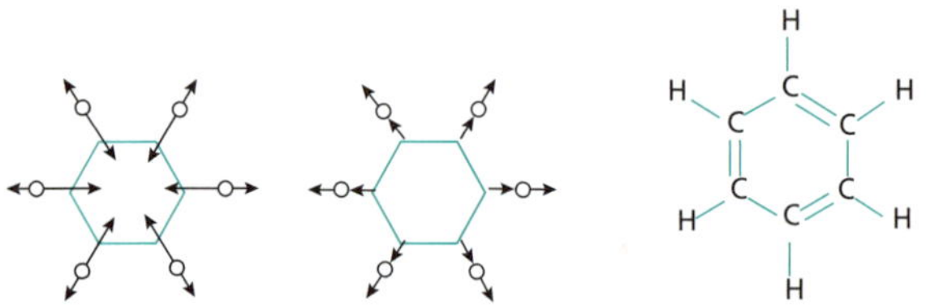

9.5 Stokes 라만 신호와 반 Stockes 라만 신호의 비율을 나타낸 이론식은 아래와 같다.

$$\frac{I_{Stokes}}{I_{anti-Stokes}} = \left(\frac{\upsilon_0 + \upsilon_i}{\upsilon_0 - \upsilon_i}\right)^4 e^{-\frac{h\upsilon_i}{k_B T}}$$

여기서 ν_0는 Rayleigh 산란 주파수이고, ν_i는 라만 광의 주파수이며, T는 분자의 켈빈 온도이다. 이 관계를 사용하여 Stokes와 반 Stokes의 비가 1.8인 시스템의 온도를 계산하라. 들뜸 광원은 532 nm이고, Stokes 방출은 506.3 nm에서 발생한다.

9.6 라만 활성 진동을 갖는 분자의 경우, 모든 Stokes 선은 상응하는 반 Stokes 선을 가질 것인가? Stokes는 보이지만 반 Stokes 라만 산란은 나타나지 않는 특정 유형의 분자가 있는가?

9.7 특허 심사관으로 일하면서 가스 연료 및 배기 가스 센서를 제안한 특허 출원을 접했다. 이 기술은 H_2, N_2, O_2에 빠르고 민감하다. 이 기술은 이러한 분자의 적외선 흡수를 이용한다. 이 기술의 문제점은 무엇인가?

9.8 라만 스펙트럼 측정을 위해 532 nm 들뜸 광원과 785 nm 들뜸 광원을 사용할 수 있다. 532 nm 광원의 전력은 50 mW이고, 785 nm 광원의 전력은 350 mW이다. 레이저 빛이 샘플에 흡수되지 않는다고 가정할 때, 어떤 광원이 시료로부터 가장 큰 라만 세기 신호를 나타내겠는가?

›고급 연습 문제

9.9 당신은 사이클로 헥산(C_6H_{12})을 사용하여 온도 변화에 따른 Stokes 라만과 반 Stockes 라만 신호의 비율 변화에 대한 경향을 조사하고 있다. 당신이 연구하는 라만 이동은 2,852.9 cm^{-1}이고, 들뜸 광원으로 532 nm의 Nd:YAG 레이저를 사용하고 있다. 온도 함수에 따른 두 라만 산란 신호의 비율을 작성하라.

$$\frac{I_{Stokes}}{I_{anti-Stokes}} = \left(\frac{\upsilon_0 + \upsilon_i}{\upsilon_0 - \upsilon_i}\right)^4 e^{-\frac{h\upsilon_i}{k_B T}}$$

여기서 ν_0는 Rayleigh 산란 주파수이고, ν_i는 라만 광의 주파수이며, T는 분자의 켈빈 온도이다.

9.10 CO_2의 진동 방식은 다음과 같다.

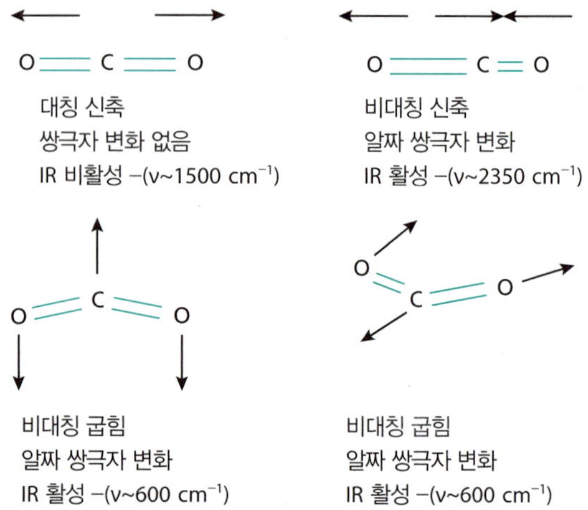

어떤 진동 방식이 0에 가까운 탈분극 비율을 가지겠는가?

9.11 기체 시료는 3,373.7 cm^{-1} 및 1,973.8 cm^{-1}에서 강한 라만 선을 갖는다. 온라인 *NIST Chemistry WebBook*을 사용하여 측정 가능한 가스를 선별하라. "진동 에너지 값"으로 검색하라.

9.12 이 장에서 논의되지 않은 두 가지 추가적인 라만 기반 분광 기술은 CARS 및 공명 라만 분광법이다. 두 기술 모두 중요한 라만 분광법의 예시이다. 이러한 기술들과 일반적인 라만 분광법 사이의 공통점과 차이점에 대해 설명하라.

9.13 Raman 들뜸 광원으로서 1,064 nm 레이저에 비해 785 nm 다이오드 레이저가 갖는 장점이 있는가?

9.14 Rhodamine 110에 대한 들뜸(검은색) 및 방출(파란색) 스펙트럼이 나타나 있다. 필요한 경우 7장에서 들뜸 및 방출 스펙트럼의 개념을 검토하라. 488 nm에서 작동하는 아르곤 이온 레이저와 라만 계측기로 532 nm에서 작동하는 Nd:YAG 레이저를 사용할 수 있다. Rhodamine 110에 어떤 레이저를 사용하는 것이 좋겠는가?

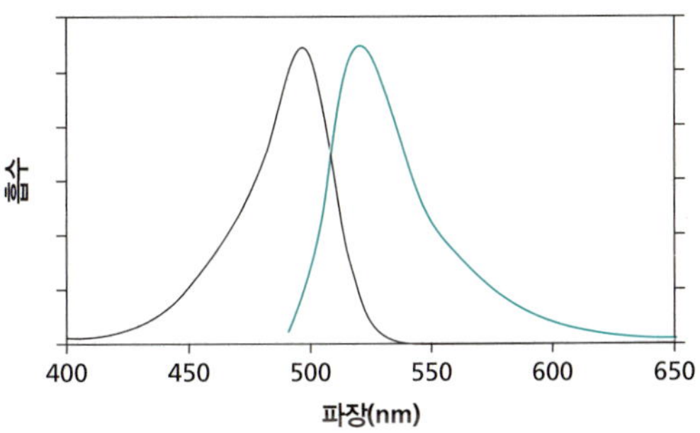

9.15 532 nm 레이저 기반의 라만 시스템에 적용 가능한 이색성 노치 필터를 구입하려고 한다. 이 시스템은 그림 9.12와 비슷하게 설계되었다. 이색성 노치 필터의 투과 스펙트럼은 아래에 나타나 있다. 이러한 특징이 본 시스템에 적합한 것인가? 데이터 및 이미지는 Semrock.com에서 제공되었다.

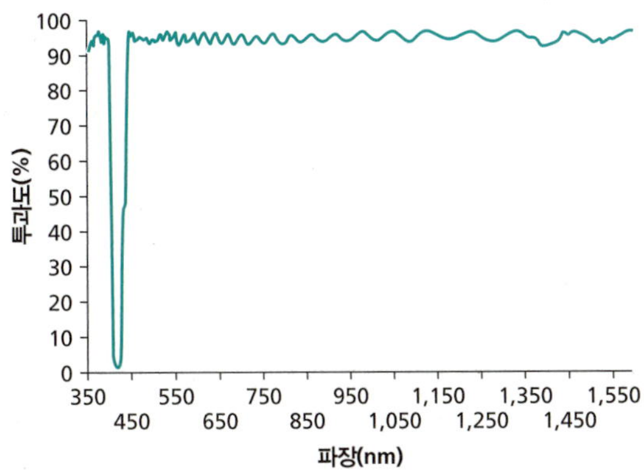

9.16 라만 분광법은 순수 원소의 다른 동소체를 확인하는 데 사용할 수 있다. 예를 들어 순수한 탄소는 C_{60}(버키볼), 탄소 나노튜브, 결정질 및 비정질 흑연 및 다이아몬드와 같은 다양한 구조를 형성할 수 있다. 탄소의 한 형태이지만 미지 물질의 라만 신호가 186 cm^{-1}, 1,567 cm^{-1}, 1,591 cm^{-1}에서 감지되었다고 생각해보자. 과학 문헌이나 라만 라이브러리/데이터베이스를 사용하여 보유하고 있는 탄소의 형태를 결정하라. 또한 결론을 내릴 때 사용한 광원에 대해 말해보라.

9.17 그림 9.4의 에너지 준위 다이어그램에서 우리는 Stokes 라만과 반 Stokes 라만의 초기 상태는 동일하지 않다는 것을 알 수 있다. Boltzmann 분포를 기반으로, 두 초기 상태 모두의 미분화가 동일하다고 가정한다.

9.18 아래 그림은 라만 분광법에서 사용되는 노치 필터의 투과 스펙트럼을 보여주고 있다. 532 nm 레이저를 사용하는 경우 측정할 수 있는 가장 낮은 라만 이동의 수치를 결정하여라. 이 필터가 Stokes 및 반 Stokes 라만 스펙트럼을 측정하는 데 적합하겠는가?

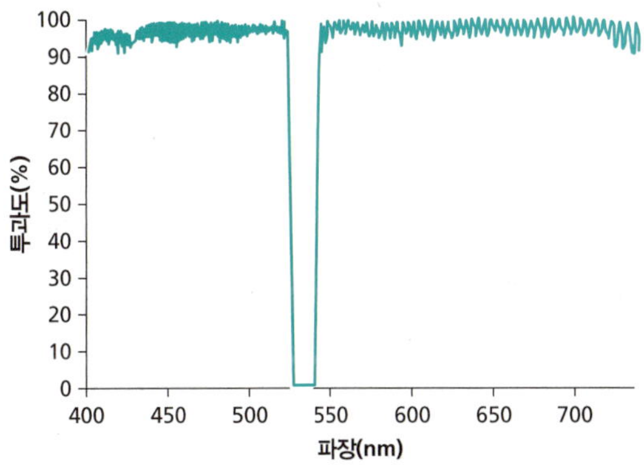

9.19 아래 그림은 라만 분광법에 사용된 엣지 필터의 투과 스펙트럼을 보여주고 있다. 532 nm 레이저를 사용하는 경우 측정할 수 있는 가장 낮은 라만 이동의 수치를 결정하라. 이 필터는 Stokes 및 반 stokes 라만 스펙트럼을 측정하는 데 적합하겠는가?

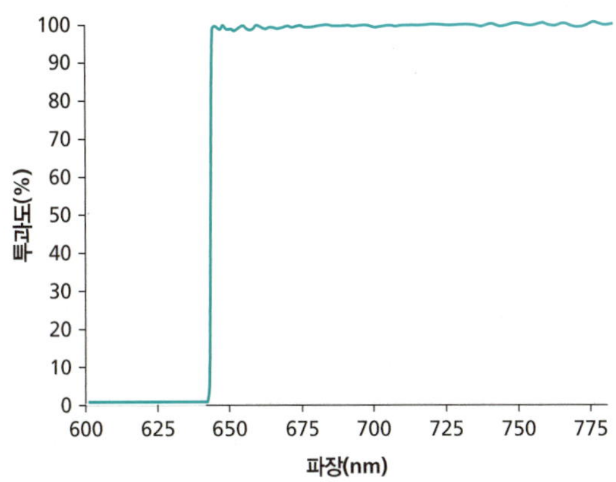

9.20 이 장에서 우리는 라만 활성에 대한 규칙 중 편극이 분자가 진동하는 동안에 비대칭으로 변해야 한다는 것을 확인하였다. 따라서 다음을 생각해보아야 한다. 다음에 이뤄질 설명이 지나치게 일반적이지 않도록 우리는 이원자 분자를 예시로 들 것이다. 이 장에서 유도된 쌍극자 모멘트는 다음과 같이 편극과 외부 전기장의 관점에서 기술할 수 있다.

$$\mu_{\text{유도된}} = \alpha E$$

이 문제의 여러 단계를 거치면 유도된 쌍극자 모멘트가 다른 산란 과정과 그와 관련된 주파수에 대한 정보를 제공할 수 있다는 것을 알 수 있다. 우리는 Taylor 확장의 관점에서 편극 가능성에 대해 설명할 것이다. 일반적으로 함수 $f(x)$는 다음과 같이 쓸 수 있다.

$$f(x) = f(x_0) + \frac{df}{dx}\bigg|(x - x_0) + \frac{1}{2!}\frac{d^2 f}{2!dx^2}\bigg|(x - x_0)^2 + \ldots$$

Taylor 서열의 경우, 파생 함수에 대해 안다면 해당 함수의 근사값으로 사용할 수 있다. Taylor 서열을 사용할 때는 x_0에 대한 값을 선택해야 한다. 이 값은 우리가 서열을 형성하는 지점이다. 예를 들자면, 우리는 x_0 = 0에 대한 Taylor 서열을 작성할 수 있다.

$$e^x \approx e^0 + e^0\bigg|_0 (x - 0) + \frac{1}{2!}e^0\bigg|_0 (x - 0)^2 \approx 1 + x + \frac{x^2}{2}$$

이 방정식은 0에 가까운 값이자, e^x에 대한 좋은 근사값이다 ($e^{0.1}$를 계산기로 계산해보고 방정식을 확인하면 효과가 있다!). Taylor 서열을 사용하여 다음과 같이 진동 좌표 Q의 함수로 편극을 작성해야 한다.

$$\alpha(Q) = \alpha(Q = 0) + \frac{d\alpha}{dQ}\bigg|_{Q=0} Q + \frac{1}{2!}\frac{d^2\alpha}{dQ^2}\bigg|_{Q=0} Q^2 + \ldots$$

여기서 $Q = r - r_0$, r_0은 평형 결합 길이다. Q는 이원자 분자가 이완된 상태 이상으로 늘어나거나 압축된 양을 말한다. 우리는 분자의 진동을 간단한 조화 진동자로 모델링할 수 있다.이 진동자는 ω_0와 진폭 A의 고유 진동수(분자와 관련됨)를 가지고 있다.

$$Q = A\cos(\omega_0 t)$$

이제 우리는 라만 선택 규칙에 대해 정리할 수 있다.

(a) Taylor 서열의 처음 두 조건만 유지하면서 Q_0 = 0에 대한 편극 $\alpha(Q)$를 작성하라.

(b) 레이저 광 들뜸과 관련된 외부 전기장은 다음과 같이 쓸 수 있다.

$$E = E_0\cos(\omega_{exc} t)$$

여기서 ω_{exc}는 레이저 광원의 각 주파수를 말하며, E_0는 전기장의 진폭에 해당한다. 이 관계를 사용하여 유도된 쌍극자 모멘트를 전기장과 Taylor 서열의 처음 두 조건을 통해 얻은 결과를 사용하여 작성하라.

(c) 파트 (b)에 대한 답을 작성한 후에는 다음 나오는 수식을 유도해야 한다.

$$\mu_{\text{유도된}} = \alpha E \approx \alpha(Q_0)E_0\cos(\omega_{exc} t) + \frac{d\alpha}{dQ}\bigg|_{Q_0} AE_0\cos(\omega_0 t)\cos(\omega_{exc} t)$$

유도 쌍극자의 첫 번째 항에는 ω_{exc}의 각 주파수가 있다. 이 용어는 Rayleigh 산란과 관련이 있다. 두 번째 항은 주파수가 다른 두 개의 코사인 함수의 곱을 가지기 때문에 해석하기가 더 어렵다. 두 번째 항을 다시 사용하려면 다음 삼각함수 항등식을 사용하라.

$$\cos u \cos v = \frac{1}{2}\left[\cos(u - v) + \cos(u + v)\right]$$

(d) 이제 당신은 다음과 같은 유도 쌍극자 모멘트에 대한 방정식을 얻을 수 있다.

$$\mu_{\text{유도된}} = \alpha E \approx \alpha(Q_0)E_0\cos(\omega_{exc} t) + \frac{d\alpha}{dQ}\bigg|_{Q_0}\frac{AE_0}{2}\cos(\{\omega_{exc} - \omega_0\}t) + \frac{d\alpha}{dQ}\bigg|_{Q_0}\frac{AE_0}{2}\cos(\{\omega_{exc} + \omega_0\}t)$$

다시, 시간에 따라 변하는 쌍극자 모멘트가 산란을 일으키게 된다. 마지막 두 항에 대한 주파수 의존성을 살펴보라. 이들은 라만 산란에 해당한다. 어느 항이 Stokes에 해당하고, 어느 항이 반 Stokes 라만 산란에 해당하는가?

(e) 유도된 두 개의 전기 쌍극자 모멘트의 항 앞에, 우리는 평형 위치에서 평가된 Q에 대한 편극의 미분값을 확인할 수 있다. 편극 대 진동 좌표의 내용으로 돌아가면, 이것은 평형점에서 평가되었던 그림의 기울기에 해당된다. 그림을 다시 그려본 후, 허용된 라만 진동을 확인하고, 그렇지 않은 부분을 지적하라. 기울기가 0일 때 미분은 0이고 두 개의 라만 항 또한 0이라는 것을 확인할 수 있다. 이제 우린 선택 규칙의 기초를 마련하였다고 볼 수 있다!

제 10 장

질량 분석법

Mass Spectrometry

개념 _Concepts

특집 _Features

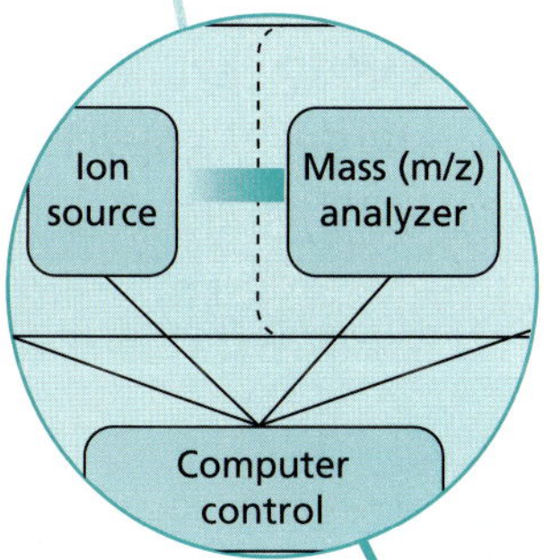

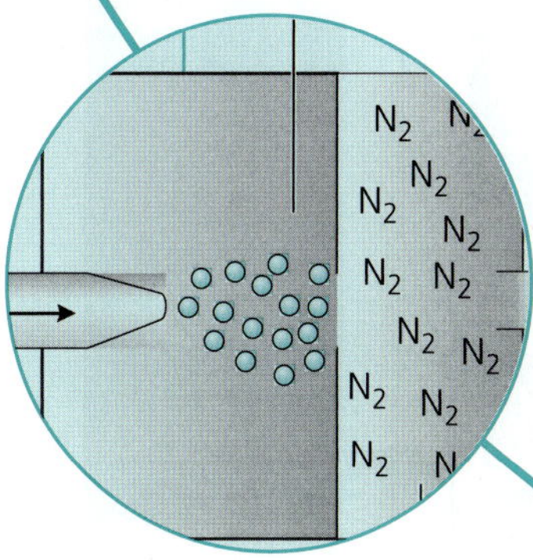

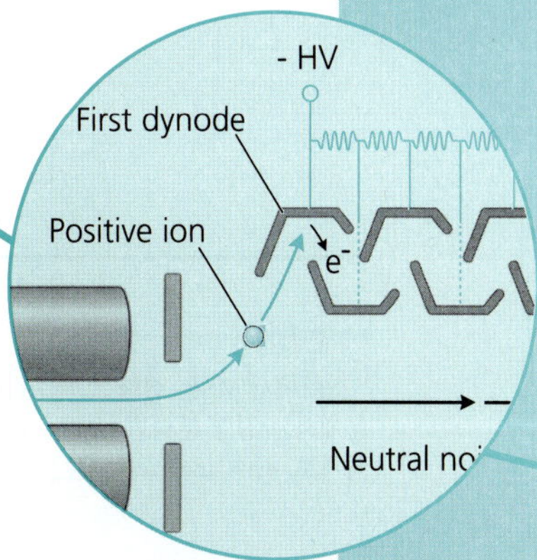

10.1 기본 원리와 광학 분광 광도계와의 비교

질량 분석기에서 얻어지는 질량 스펙트럼은 분석 분자의 구조와 직접적으로 관련된 정보를 주고, 분자 내 결합 세기와 특정 작용기의 존재에 대한 추론을 가능하게 한다. 동일한 실험 조건 하에서 각각의 분자는 그 분자만의 독특한 질량 스펙트럼을 나타낸다. 따라서 질량 분석법(MS)[1]은 분자를 확인하는 가장 중요한 도구 중 하나가 되었고, 시료의 미지 구성 요소를 식별하는 분자 "지문 채취(fingerprinting)" 기술로 사용된다.

앞 장의 분광학적 방법들에서 보았던 스펙트럼에서는 파장 혹은 파수(waver number)가 x축에, 신호나 출력 에너지가 y축에 있었다. 그 이유는 분석물질이 흡수 또는 방출하는 광자의 에너지를 바탕으로 분석물질의 물리화학적 특성을 이해하고자 했기 때문이다. 질량 분석법에서 분석물질은 이온화되어 분석물질(그리고 종종 분석물질의 조각 이온들)의 *질량 대 전하 비율*(mass-to-charge ratio)이 측정된다. 즉, 질량 분석법에서는 분광법에서 보았던 에너지 스펙트럼이 아닌 질량 스펙트럼을 얻게 되는데, 여기서 스펙트럼이라는 용어는 시료에 있는 분석물질로부터 질량 분석기에 의해 생성된 이온

▶ 프로파일_*Profile*
훅 불기(puffer) 질량 분석기

차세대 공항보안 심사 장비는 질량 분석 기술을 기반으로 한다. 이온 스캔 센티넬 II(Ionscan Sentinel II™)라는 이 시스템은 여행자가 밀폐된 실내에 잠깐 서 있을 때 공기를 불어 넣어서 옷, 피부 및 머리카락에서 시료를 수집한다. 이렇게 포집된 공기는 소형 사중 극자 질량 분석기에 주입되는데, 10억분의 1(ppb, parts-per-billion) 수준에서 16개의 다른 폭발성 화합물을 식별하여 탐지한다. 2000년대 초반에 배치된 초기 "훅 불기" 장치는 다른 분광법을 사용했는데, 일상적으로 사용하기에는 신뢰도가 부족하였다. 국립과학아카데미는 질량 분석 기술이 "아주 중요한 분석을 해결하기 위한 최고 기준"이라고 밝혔다.[1]

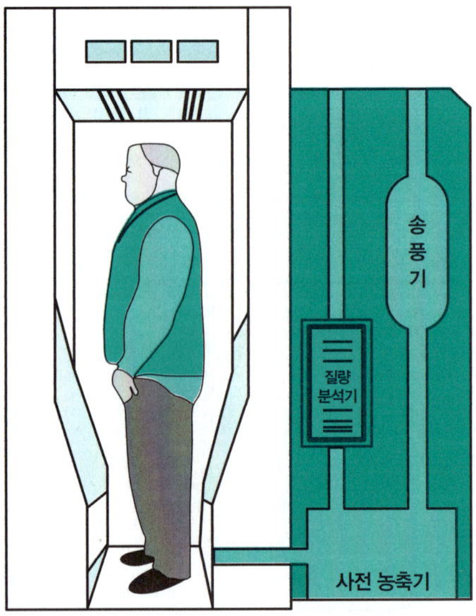

[1] 화학에서 MS는 질량 스펙트럼(mass spectrum), 질량 분석기(mass spectrometer)의 약어로도 쓰이지만, 본문에서는 질량 분석법(mass spectrometry)의 약어로만 사용한다. 또한, 본문의 mass spectrometer는 질량 분석기로, mass analyzer는 질량 분석계로 번역하였다.

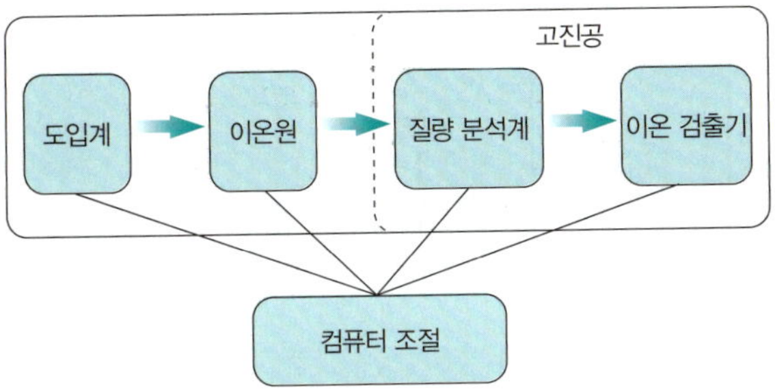

그림 10.1 일반적인 질량 분석기의 구역 도표. 질량 분석계와 이온 검출기는 고진공 하에 있다. 도입계와 이온원은 때로 고진공 하에 있지만, 대기압 상태일 수도 있다.

의 질량 대 전하 비율을 말하며, 전자기 복사는 일반적으로 신호를 생성하는 데 관여하지 않는다.

질량 분석기는 현대 기기장치 중 가장 오래된 것 중의 하나로서, 20세기 초에 화학자가 자연 발생 동위 원소 비율을 결정하는 데 도움을 주었다.

질량 분석 스펙트럼을 얻기 위해서는 시료가 휘발되고 이온화되어야 한다. 시료는 일반적으로 도입부에서 기체 상태로 도입되거나 또는 열, 빛, 혹은 전기 등의 에너지에 의해 휘발된 후, 이온원에서 이온화된다. 그러나 단지 휘발성이 높은 시료만 질량 분석할 수 있는 것은 아니다. 고체는 튕김(sputtering) 또는 열 탈착을 통해 질량 분석기에 직접 도입될 수 있고, 커다란 비휘발성 분자(예, 단백질 및 기타 생체 분자)를 질량 분석기에 도입하기 위한 몇 가지 독창적인 방법이 지난 수십 년 동안 개발되었다. 종종 시료 도입부가 다른 장비(예, 크로마토그래피 장치)와 연관되어 있거나, 시료 도입부와 이온원을 서로 구별할 수 없는 경우도 있다. 이 장에서는 질량 분석기의 이온원, 질량 분석기 및 검출기를 독립적인 기기로 설명하고자 한다.

이름에서 알 수 있듯이 이온원은 분석 분자 또는 원자로부터 이온을 생성하며, 이온화 단계의 에너지가 충분히 높으면 분자 이온이 깨져 조각날 수 있다. 조각나기 이전 분자 자체의 이온은 **선구 이온**(precursor ion) 또는 **분자 이온**(molecular ion)이라고 불리며, 물질의 분자량을 측정하는 데 유용하다. 이온 조각은 **조각 이온**(fragment ion) 또는 **생성 이온**(product ion)이라고 불리며, 원래 분자의 구조와 상대적인 결합 강도를 식별하는 데 유용하다. 이온화 과정은 보통 선구 이온과 함께 생성 이온들의 조합으로 특정한 양식(pattern)을 만드는데, 이는 동일한 기기 실험 조건 하에서 매우 높은 재현성을 보인다. 위와 같이 얻어진 질량 스펙트럼은 재현성이 있고 분석물의 고유한 특성을 나타내기 때문에, 이온 **지문**(fingerprint)으로 생각할 수 있다. 또한, 질량 스펙트럼은 형성된 이온의 양식을 결정할 뿐만 아니라, 형성되는 각 이온의 **상대적 수**(relative number)를 명확하게 결정할 수 있다. 이온화 과정을 통해 생성된 이온들의 질량 정보와 양적 정보를 모두 보여주는 이 양식이 질량 스펙트럼이라고 할 수 있다.

질량 분석장치에서 **질량 분석계**(mass analyzer)는 분광 광도계의 단색파 장치에 해당한다. 엄밀히 말해서 질량 분석계는 잘못된 용어이다. 원심 분리와 같은 크기 구별법을 사용하지 않으면 기체 분자는 크기에 따라 쉽게 구별되지 않는다. 그러나 기체 상태 이온은 m/z 비율에 의해 구별될 수 있는데, 이는 질량 분석계의 기초가 된다. 우리는 10.3절에서 몇 가지 유형의 질량 분석계에 대해 논의할 예정이지만, 질량 분석계는 기본적으로 이온화된 분자와 조각 이온에 적당한 운동 에너지를 부여한 다음, 전기장 및/또는 자기장에서의 이동도 차이에 따라 분리한다. 이온들이 분리될 때 검출기는 기본적으로 각 m/z 이온 수를 세어 m/z 대 상대 강도 스펙트럼을 만든다(그림 10.2). 대부분

선구 이온(precursor ion) = 원래 분석물의 분자 이온
생성 이온(product ion) = 선구 이온이 깨져 생성되는 이온
주 피크(base peak) = 질량 스펙트럼에서 가장 큰 신호 피크

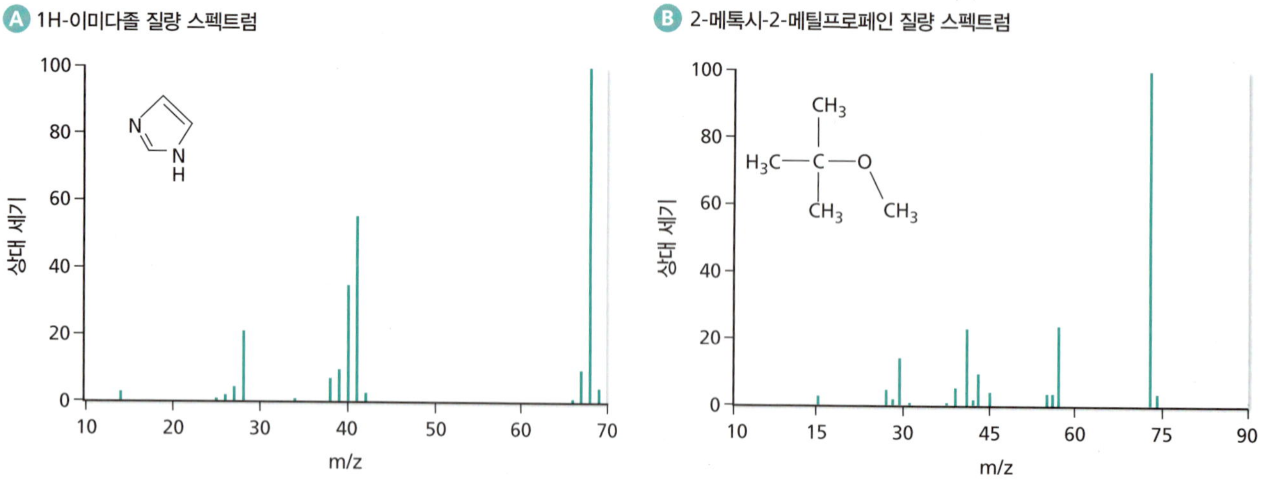

그림 10.2 전자 충격 이온화를 사용하여 얻은 화합물의 질량 스펙트럼: (a) 선구 이온 신호 피크를 명확히 보여주는 이미다졸($C_3H_4N_2$, 68.08 g/mol). (B) 선구 이온 신호가 관찰되지 않는 메틸 *tert*-부틸 에터(MTBE, $C_5H_{12}O$, 88.15 g/mol).

의 이온은 1가(z = +1)가 되지만, 질량 분석계에서는 이온이 m/z를 기반으로 구별된다는 점을 아는 것이 중요하다. 예를 들어, 질량 분석계는 CH_3^+ 이온과 $C_2H_6^{2+}$ 이온을 구분할 수 없다.

질량 분석기의 특정 부분은 고진공을 유지시키는 것이 중요하다. 질량 분석계 및 검출기는 항상 10^{-5} torr 미만의 압력으로 유지되며, 일부 시스템에서는 이온원도 저압으로 만든다. 그 이유는 분석물 이온은 에너지가 매우 높은 상태에 있고, 이들 이온들 사이 혹은 대기 기체(산소, 질소, 물)와의 충돌을 통해 전구체 분자와 관련이 없는 조각 이온을 생성할 수 있기 때문이다.

더구나, 질량 분석계 내에서 다른 m/z를 가지는 입자를 분리시키는 물리학적 원리는 다른 입자와의 충돌 가능성이 낮은 진공 상태에서의 이동도를 기반으로 한다. 어떤 경우에는 입구에서 검출기까지 전체 시스템이 고진공 상태이지만, 대부분의 질량 분석 장비는 입구와 이온원(또는 이온원과 질량 분석계) 사이에 연결 장치를 사용하여 용매, 운반 기체, 대기 기체를 제거함으로써 분석종을 부분적으로 분리한다.

문제 10.1 질량 분석기로 아래 두 분자(분자 X와 분자 Y)를 분석하는 경우에 두 분자 모두 세 가지 조각 이온을 각각 만들 수 있다. 조각 A는 분자 질량이 10 amu이고, 조각 B는 질량이 15 amu, 조각 C는 질량이 20 amu이다. (1) 생성된 조각 이온의 전하가 +1 또는 +2이고, (2) 조각 이온을 만들 때마다 단 하나의 결합만 분해된다고 가정한다. 이때 생성될 수 있는 가능한 모든 이온을 나열하고, 이 조각 이온들 중 어느 것이 다른 조각 이온들과 뚜렷이 구별되고, 어느 것이 다른 이온과 비슷한 m/z를 갖는지 결정하라.

분자 X: A–B–B–C

분자 Y: C–A–C–B

10.2 이온원

이온원에는 두 가지 기본 유형이 있다. **센 이온원**(hard ion source)과 **부드러운 이원온**(soft ion source)이다. 센 이온원은 일반적으로 분자 종의 상당한 조각내기(fragmentation)를 유발한다. 센 이온원은 알려지지 않은 물질의 구조를 결정할 때 유용한데, 그 이유는 (1) 분자를 구성하는 작용기에 대한 많은 정보를 제공하고, (2) 질량 스펙트럼

라이브러리와 비교할 수 있는 "지문" 스펙트럼을 만들어주어, 확실한 분자 확인이 가능하기 때문이다. 그러나 센 이온원은 해석하기 어렵고 때로는 측정 가능한 선구 이온 피크가 없는 복잡한 스펙트럼을 생성하는 단점이 있다.

그림 10.2(A)에서 1H-이미다졸의 선구 이온 피크는 m/z = 68에서 명확하게 볼 수 있지만, 그림 10.2(B)에서 MTBE의 선구 이온 피크(m/z = 88에 해당)는 센 이온원 조건 하에서 쉽게 끊어지는 MTBE 내부의 CH_3–O 결합으로 인해 볼 수 없다. 센 이온원으로 얻어진 스펙트럼에서, 주 피크가 선구 이온이 아닌 다른 이온인 경우는 드문 일이 아니다. 그림 10.2(A)에서 주 피크 이온은 실제로 전구 이온(m/z = 68)으로부터 생성되었지만, 그림 10.2(B)에서 주 피크는 m/z = 73에서 발견된다. 우리는 분자량(M) 88에서 15만큼 감소되어 이 주 피크 이온(M – 15 = 73)이 형성된 것으로 추정할 수 있다. 다시 말해, MTBE에서 상대적으로 약한 CH_3–O 결합은 센 이온원 조건 하에서 끊어져 *tert*-부틸 옥시 조각 이온을 주 피크로 만든다.

부드러운 이온원은 조각 이온을 훨씬 적게 생성하여 스펙트럼은 화학 정보를 덜 제공하지만, 보통 강한 선구 이온 피크를 생성하므로 본래 화합물의 분자량을 보다 명확하게 결정할 수 있다. 그림 10.3은 두 가지 이온원에서 얻어진 메틸 데카노에이트(methyl decanoate)의 질량 스펙트럼을 보여준다. 부드러운 이온원(화학 이온화)로 얻은 그림 10.3(B)에서 선구 이온 피크는 분명히 보이고 훨씬 적은 조각 이온이 관측된다. 그림 10.3(A)는 센 이온원(전자 이온화)에서 얻은 같은 물질의 질량 분석 결과를 보여주는데, m/z = 186에서의 선구 이온 피크가 거의 보이지 않고 상당량의 조각 이온들이 보인다. 부드러운 이온화를 사용하여 얻은 스펙트럼에서 주 피크는 선구 이온인 경우가 가장 많다. 그림 10.3(A)에서 주 피크는 이온(CH_2–C(=O)–O–CH_3)$^+$을 나타내는 m/z = 73이고, 그림 10.3(B)에서는 주 피크가 m/z = 187인데, 이는 선구 이온의 질량보다 1단위 큰 질량을 갖는 $(M + 1)^+$ 이온이다.[2]

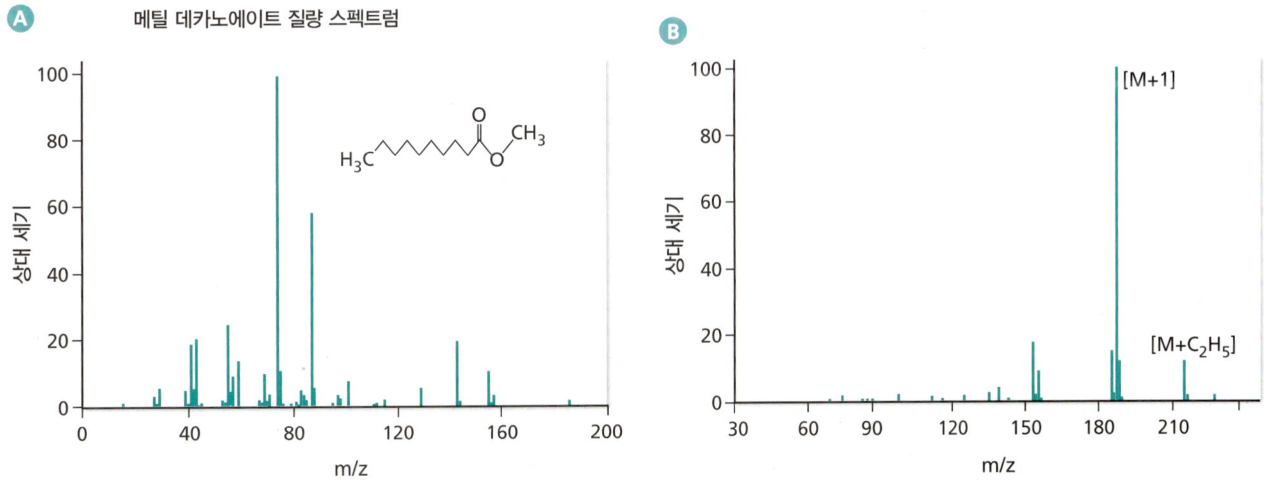

그림 10.3 (a) 전자 이온화(센 이온원) 및 (B) 화학 이온화(부드러운 이온원)를 사용하여 얻은 메틸 데카노에이트($C_{11}H_{22}O_2$, 186.3 g/mol)의 질량 스펙트럼.

[2] 그림 10.3(B)는 아래에 설명될 화학 이온화를 사용하여 얻은 것이다. 선구 이온은 시약 기체(reagent gas)에서 양성자(H^+)가 모 분자(parent molecule)로 이동함으로써 이온화되었기 때문에 (M + 1)의 질량을 가지고 있다.

문제 10.2 분석 화학자는 종종 정성적 또는 정량적 결정을 내려야만 한다. 지금까지 이 장에서 논의한 내용을 토대로 정성 분석을 위해 선택하는 이온원(센 또는 부드러운)의 유형과 정량 분석을 위해 선택할 수 있는 이온원의 유형은 무엇인지 정하고 설명하라.

◆ 전자 이온화

실험실의 실험대 위에 사용되는(기체 크로마토그래프용 검출기로 사용되는 것과 같은) 질량 분석 장비에 가장 보편적으로 사용되는 이온원은 **전자 이온화**(electron ionization 혹은 electron impact, EI)이다. 이름에서 알 수 있듯이, 이온화는 고 에너지 전자와 분석 분자와의 상호작용으로 발생한다. 그림 10.4는 일반적인 전자 이온화함을 보여준다. 필라멘트는 전기적으로 가열되어 적색으로 빛을 내는 텅스텐 또는 레늄과 같은 높은 녹는점을 갖는 금속으로, 70 V의 전위차가 필라멘트와 표적 전극(덫이라고도 함) 사이에 가해진다. 필라멘트에서 열이온 방출[3]에 의해 생성된 전자는 표적을 향해 가속되어 70 eV의 평균 운동 에너지(70 eV는 약 6.7 MJ/mole 또는 1.6 Mcal/mol에 해당)의 전자 흐름을 생성한다. 고속 전자의 움직임은 그림 10.4에서 필라멘트와 표적 사이의 아래쪽 화살표로 표시되었다. 기체 분석 시료인 M(g)은 이온화함으로 유입되어 필라멘트와 표적 사이의 이온화 영역으로 흘러 들어간다.

대부분의 유기 화합물의 이온화 퍼텐셜은 15 eV보다 낮고 무기 물질의 이온화 퍼텐셜은 일반적으로 25 eV 미만이다. 그러므로 70 eV 전자의 충돌은 높은 분자 오비탈로부터 전자를 떼어내고(선구 분자로부터 양이온 생성) 뒤이어 조각화를 일으킬 정도로 큰 내부 에너지를 전달하기에 충분하다. 고에너지 전자에 의한 충격으로 인해 조각화가 상당히 일어나기 때문에 EI는 센 이온화원으로 간주된다.

전자 충돌을 통해 생성된 양이온은 질량 분석기로 보내지기 전에 가속된다. 반발판은 상대적 양의 전위로 유지되는 전극으로, 생성된 전구 및 조각 양이온은 출구 슬릿이

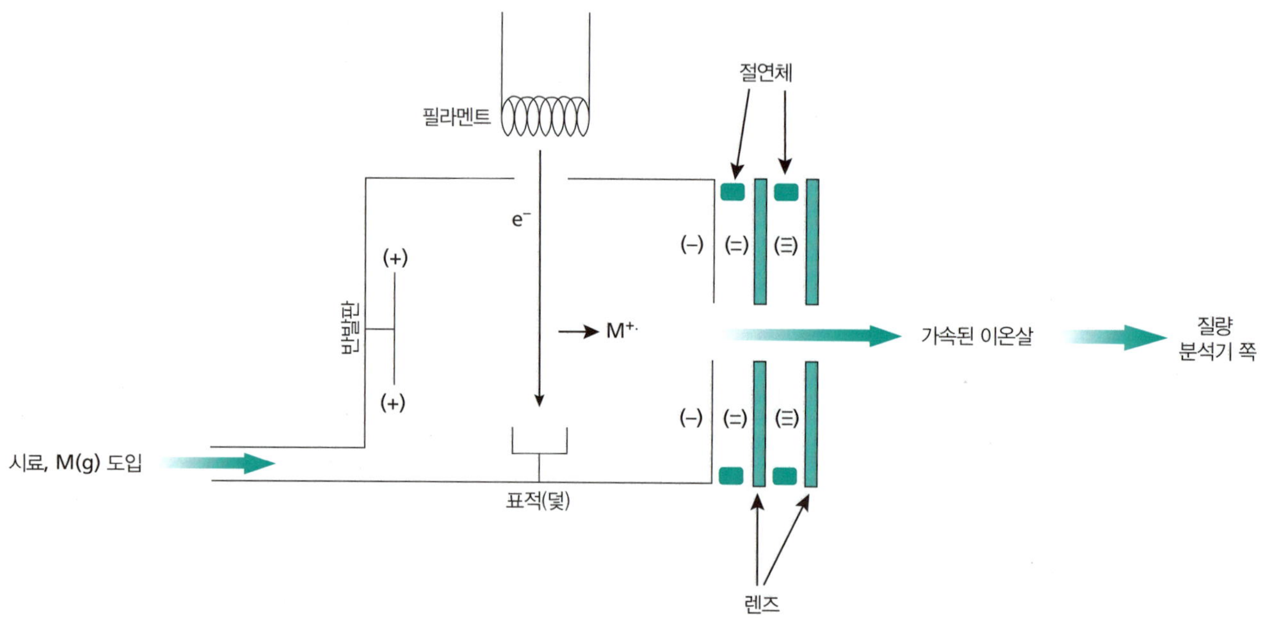

그림 10.4 전기 이온화함의 개략도.

[3] 열이온 방출은 전자가 표적 전극에 대해 높은 음의 전위로 유지되는 가열된 필라멘트에서 방출되는 현상이다.

▶ 프로파일 _Profile

J. J. Thomson

J. J. Thomson(1856~1940)은 영국 물리학자로서, 전자를 발견한 공로로 노벨 물리학상(1906년)을 수상한 것으로 유명하다. 그러나 화학 분석 분야에서 그의 가장 큰 공헌은 질량 분석기의 발명이었다. Thomson은 그의 질량 분석기를 사용하여 동위 원소의 존재를 밝혔다. 그는 또한 위대한 스승이기도 했는데, 그의 주목할 만한 학생들 중에는 Niels Bohr(1922년 노벨 물리학상), Ernest Rutherford(1908년 노벨 화학상), J. Robert Oppenheimer 등이 있다. ■

First World War.com. 위키미디어 공용을 통해 공공 영역에서의 사용허가를 받았음. https://commons.wikimedia.org/wiki/File:JJ_Thomson.jpg#/media/File:JJ_Thomson.jpg

있는 이온화함의 반대쪽으로 이동한다(그림 10.4). 슬릿을 통과하는 이온은 *렌즈*에 걸린 연속적인 더 높은 음의 전위로 인해 가속되는데, 렌즈는 그 중심에 슬릿(원형 또는 직사각형)이 있는 금속판을 말한다. 렌즈에 걸리는 전위는 이온살을 집중시키고 일직선으로 줄 맞추도록 변화시킬 수 있다. 가속된 이온살은 질량 분석기로 전달된다.

이 과정에서 몇 개의 음이온이 생성되지만, 열방출로 나온 전자의 에너지가 너무 높아서 분자에 의한 전자의 효율적인 포획이 쉽지 않다. 생성된 모든 음이온은 양전하를 띤 표적 이온이나 반발판 전극에 의해 끌려 사라지므로, 질량 분석기에 들어가지 못한다.

가속된 각 이온의 운동 에너지는 최종 렌즈(음의 극성)와 반발판(양의 극성) 사이의 전위차인 가속 전압(V)에 직접 비례한다. 이온의 운동 에너지는 또한 이온의 전하(보통 +1)에 비례한다. 이온은 렌즈의 가속 영역을 통과할 때 특정 운동 에너지(kinetic energy, KE)를 가진다.

$$\mathrm{KE} = \mathrm{z} \cdot \mathrm{e} \cdot \mathrm{V} \qquad \text{식 (10.1)}$$

여기서, z는 이온의 정수 전하, e는 전자의 기본 전하(1.602×10^{-9} C), V는 가속 전압이다. 또한, 운동 에너지는 식 (10.2)로 주어진다.

$$\mathrm{KE} = \frac{1}{2}\,\mathrm{m} \cdot v^2 \qquad \text{식 (10.2)}$$

여기서, m은 이온의 질량(kg)이고 v는 속도(m/s)이다. 식 (10.1)과 (10.2)를 결합한 다음 재배치하면 주어진 이온의 속도가 식 (10.3)에 의해 주어진다.

$$v = \sqrt{\frac{2 \cdot \mathrm{z} \cdot \mathrm{e} \cdot \mathrm{V}}{\mathrm{m}}} \qquad \text{식 (10.3)}$$

이 방정식은 가장 일반적인 질량 분석계의 기능을 이해하는 데 있어 기본이 된다.

사실 이온화함으로 유입되는 분석 분자의 일부분만 질량 분석계로 들어간다. 즉, 정확한 궤적을 가진 양이온만이 출구 슬릿과 렌즈 슬릿을 통과한다. 일단 이온들이 렌즈 슬릿을 통과하면, 질량 분석계로 이동하여 서로 다른 m/z의 이온들이 분리되고 정량된다. 그럼 실질적으로 이온화함에 도입된 물질의 대부분을 차지하지만 질량 분석계로 들어가지 못한 나머지 물질들은 어떻게 될까? 일부는 펌프질에 의해 제거되지만 대부분은 반발판, 표적 전극 및 렌즈에 붙어서 남게 된다. 따라서 원활한 기기 작동을 위해서는 주기적으로 이온원 부품을 분리하여 철저히 청소해야 한다.

방금 설명한 시나리오가 EI 이온원에 가장 일반적이지만, 때로는 분석 분자의 성격에 따라 음이온 생성이 보다 효율적일 수 있다. 많은 현대 EI 기기는 사용자가 **음이온 방식**(negative ion mode)를 선택할 수 있도록 되어 있다. 이러한 경우, 반발판과 렌즈에 적용된 전위가 반대로 되고, 필라멘트와 표적 사이의 전위차는 극성이 바뀌지는 않지만, 분석 분자에서 포획 될 수 있는 훨씬 낮은 에너지의 전자를 생성하기 위해 감소된다. 물론, 음이온 방식이 효율적으로 작동하려면 분석 분자에 적어도 하나의 큰 전기음성도를 갖는 원자가 있는게 바람직하다. 보통 음이온 EI의 민감도는 양이온 EI에 비해 훨씬 낮지만, 전자를 쉽게 포획하지 못해 음이온 형성이 어려운 분자들을 분석에서 제외시킬 수 있는 장점이 있다. 음이온 EI를 사용하면 질량 분석기에 도입된 분자 중 더 많은 비율이 이온원 구성 요소에 남게 되므로, 이온원을 더 자주 청소해야 하는 단점이 있다.

» 예제 10.1 – 속도와 가속 전압

1.0 kV의 가속 전압으로 얻어지는 탄소 양이온의 속도를 계산하라.

전략 ›

먼저 볼트(V), 줄(J) 및 쿨롱(C) 간의 단위 변환과 줄의 SI 단위 정의를 기억해야 한다.

$$V = \frac{J}{C} \quad \text{그리고} \quad J = \frac{kg \cdot m^2}{s^2}$$

둘째, 식 (10.2)와 (10.3)의 질량은 이온의 몰질량이 아닌 kg 단위의 개별 이온의 질량이다.

따라서 C^+ 이온은 12.011 g/mol의 몰질량을 가지며 이를 kg/이온으로 변환해야 한다.

$$\text{kg으로 } C^+ \text{ 이온 하나의 질량} = 12.011 \frac{g}{mol} \times \frac{1 kg}{1000 g} \times \frac{1 mol \text{ 이온}}{6.022 \times 10^{23} \text{ 이온}}$$

$$= 1.9945 \times 10^{-26} \text{ kg}$$

풀이 ›

이제 속도를 풀기 위해 식 (10.3)을 적용할 수 있다.

$$v = \sqrt{\frac{2 \cdot z \cdot e \cdot V}{m}} = \sqrt{\frac{(2)(1.602 \times 10^{-19} \text{ C})(1.0 \times 10^3 \text{ V})\left(\frac{J \cdot C^{-1}}{V}\right)\left(\frac{kg \cdot m^2 \cdot s^{-2}}{J}\right)}{1.9945 \times 10^{-26} \text{ kg}}}$$

$$= 1.27 \times 10^5 \text{ m/s}$$

문제 10.3 5.0×10^2 V의 전압으로 가속되면 메틸 이온(CH_3^+)의 속도는 어떻게 되는가?

문제 10.4 *tert*-부틸 2가 양이온($C_4H_9^{2+}$)을 1.0×10^6 m/s의 속도로 가속시키기 위해 필요한 전압은 얼마인가?

지금까지 이온화함에 일어나는 일에 대해 자세히 다뤘기 때문에, 이제 고진공이 성공적인 질량 분석 실험을 위해 왜 필요한지 생각해본다. 우리가 EI에서 원하는 결과는 분석물이 다른 분자 또는 이온과의 충돌에 의해서가 아니라, 이온화함에서 전자와의 충돌에 의해 얻어진 에너지에 의해서만 조각나게 하는 것이다. 전자와의 충돌에 의해 과도한 내부 에너지가 주어져 생성된 조각 이온은 선구 이온 내부 결합의 상대적 강도에 대한 정보를 준다. 이러한 결합 에너지는 양자화되어 있어서 다른 조각 이온 사이의 상대 강도를 나타내는 질량 스펙트럼 양식이 주어진 분석물에 대해 아주 재현성이 높을 것으로 예상할 수 있다. 즉, MS가 유용한 정성 분석 도구가 되는 이유는 조각 이온 강도가 재현성이 있기 때문이다. 그러나 조각 이온이 다른 종과 충돌하게 되면 이 충돌은 숫자와 배향[4] 모두에서 무작위적이며, 조각화 강도 양식에 두 가지 변화를 유발한다.

1. 질량 스펙트럼에서 조각 이온의 크기와 개수가 높은 재현성을 나타내지 않는다.
2. 서로 다른 조각 이온들 간의 충돌로 인해 원래 전구체 분자의 실제 결합 구조를 나타내지 않는 새로운 조각 이온이 생성될 수 있다.

다이에틸 에터, CH_3–CH_2–O–CH_2–CH_3의 EI 스펙트럼인 그림 10.5에서 위에서 언급한 문제점 2의 예를 확인할 수 있다. 주 이온은 m/z = 31인데, 이는 선구 분자에서 정상적으로 생성되는 조각 이온이라 할 수 없다. 오히려 유일한 납득할만한 해석은 CH_3O^+이겠지만, 다이에틸 에터에서 산소에 결합된 CH_3 그룹은 없다. 가장 논리적인 설명은 CH_2O^+ 조각 이온이 자유 수소 원자 혹은 수소 원자를 전달해 줄 수 있는 다른 분자 또는 조각과 충돌해서 CH_3O^+ 이온을 만드는 것이다. 원하지 않는 충돌을 완전히

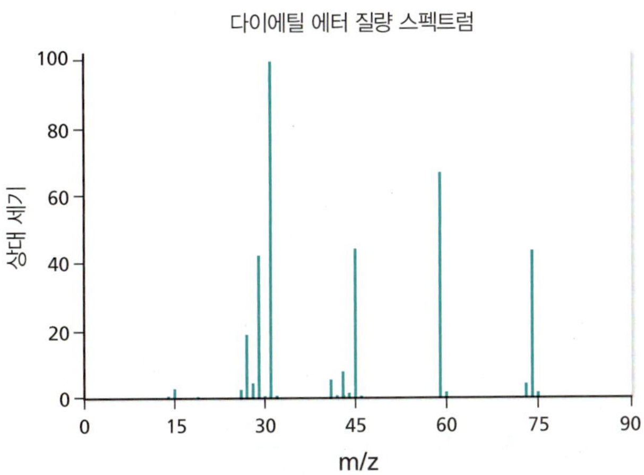

그림 10.5 다이에틸 에터(diethyl ether) 기체의 EI 질량 스펙트럼.

[4] 일반 화학에서 동력학 단원에서 다루었던, 화학 반응과 연관된 분자 배향의 개념을 되살리면 된다. 예를 들어, 일산화탄소 분자는 탄소 원자, 산소 원자 또는 임의의 다른 축 이탈(off-axis) 배향을 통해 다른 반응물과 충돌할 수 있다. 각 배향은 서로 다른 생성물을 만들 가능성이 있다.

피할 수는 없지만, EI 질량 분석에서 가능한 한 그것을 최소화하려고 시도하는 것이 중요하다. 원하지 않는 충돌을 최소화할 수 있도록 우리가 직접 제어할 수 있는 변수는 압력이다. 질량 분석기의 압력을 감소시키면, 충돌할 수 있는 분자 및 이온의 수가 줄게 된다.

원하는 결과를 얻기 위해서는 얼마나 낮은 압력이 필요할까? 만일 유일한 형태의 이온화가 EI라면, 대답은 "우리에게 여전히 측정 가능한 신호를 줄 수 있는 가장 낮은 압력"이 될 것이다. 그러나 다음 절에서 다루게 될 화학 이온화와 같은 일부 기술은 충돌이 *발생해야 한다.* 특정 수준의 충돌에 필요한 진공 수준을 추정하기 위해서는 **평균 자유 행로**(mean free path)라는 개념을 고려해야 하는데, 이 개념은 입자가 다른 입자와 충돌하기 전에 이동하는 선형 거리를 의미한다. 예상할 수 있듯이 평균 자유 행로 λ는 식 (10.4)와 같이 계의 압력에 반비례한다.

$$\lambda = \frac{kT}{Pd^2\pi\sqrt{2}} \qquad \text{식 (10.4)}$$

여기서, k는 Boltzmann 상수이다. T는 절대 온도, P는 파스칼 단위의 압력이다. d는 미터 단위의 입자 직경이며, 종종 계에서 입자의 평균 예상 직경으로 잡는다.

» 예제 10.2 – 평균 자유 행로로부터의 압력 계산

25°C에서 5.0 Å의 직경을 갖는 적당한 크기의 유기 분자에 대해 1.0 m의 평균 자유 행로에 필요한 압력을 Torr 및 대기압으로 추정하라. 분자가 EI 원에서 이온화되는 경우 최대 압력은 얼마인가? 1 nm = 10 Å임을 상기하자.

전략 ›

우리는 요구된 압력을 찾기 위해 본문에 지정된 단위로 식 (10.4)를 사용한다. 우리는 아래 연습을 통해 각 단위가 제대로 작동하는지 확인할 수 있다.

$$\lambda = \frac{kT}{Pd^2\pi\sqrt{2}}$$

$$1.0\,\text{m} = \frac{\left(1.38\times10^{-23}\,\text{J/K}\right)\left(298.15\,\text{K}\right)}{P\left(5.0\times10^{-10}\,\text{m}\right)^2\pi\sqrt{2}}$$

$$P_{Pa} = 0.0037\,\text{Pa}$$

$$P_{atm} = 0.0037\,\text{Pa}\times\frac{1\,\text{atm}}{101325\,\text{Pa}} = 0.0037\times10^{-8}\,\text{atm}$$

$$P_{Torr} = 3.7\times10^{-8}\,\text{atm}\times\frac{760\ \text{torr}}{\text{atm}} = 2.8\times10^{-5}\,\text{torr}$$

분자가 전극이 70 V 전위로 가깝게 배치되어 있는 EI 원에서 이온화되는 경우, 전극을 가로지르는 아크를 방지하기 위해 압력을 더 낮추어야 한다(2배).

$$P_{Torr} = \frac{2.8\times10^{-5}\,\text{torr}}{2} = 1.4\times10^{-5}\,\text{torr}$$

우리는 평균 자유 행로 방정식을 사용하여 장비의 최대 압력을 추정할 수 있다. 대략적으로, 1 m의 평균 자유 경로가 질량 분석기에 필요한 압력을 추정하는 데 사용된다. 계가(EI 이온원의 필라멘트 및 반발판의 경우처럼) 상대적으로 근접한 전극에 높은 전위를 포함하는 경우, 두 전극 사이에서 아크가 발생하지 않도록 압력을 최소 2배 이상 줄여야 한다.

앞서 질량 분석기의 이온화계의 압력은 10^{-5} torr 미만이어야 한다고 언급했었다. 예제 10.2는 평균 자유 경로가 1 μm(5 Å 입자의 경우)인 경우 30 μtorr 이하의 압력을 유지해야 하며, 필라멘트와 반발판 사이 아크를 방지하기 위해서는 압력을 15 μtorr 이하로 더 낮추어야 한다는 것을 보여준다.

문제 10.5 식 (10.4)의 단위가 적절하게 상쇄된다는 것을 증명하라.

문제 10.6 λ를 몰농도의 입자 농도와 연관시켜 식 (10.4)를 다시 작성하라.

문제 10.7 표준 온도와 압력에서 물 분자(직경 2.8 Å)의 평균 자유 행로를 계산하라.

문제 10.8 문제 10.7의 물 분자가 약 610 m/s에서 움직이고 있다고 가정하면, 초당 얼마나 많은 충돌이 일어나고 있는가?

◆ 화학 이온화

화학 이온화(chemical ionization, CI)는 부드러운 이온화원 중 가장 오래되고 가장 일반적인 방법이다. CI의 이온화는 이온화함으로 도입되는 시약 기체의 이온과 분석 분자의 충돌로 발생한다. CI에서는 시약 기체가 EI에 의해 이온화되어야 하는데, 많은 최신 EI 기기는 시약 기체가 이온원 쪽으로 누출되는 것을 방지하는 약간의 변형을 통해 CI에 사용될 수 있도록 설계되어 있다(그림 10.6).

실험 중에 메테인, 암모니아 또는 아이소뷰테인과 같은 시약 기체가 약 750 mtorr의 압력으로 EI 함에 도입되고, 시약 기체는 EI에 의해 이온화된다. 이 압력은 여전히 상대적으로 낮은 편이지만(<1 torr), 분석 분자의 분압보다는 3~4 자릿수 더 높다. 일반적인 EI 에너지(70 eV)를 갖는 전자는 시약 기체에 침투하기 어려우므로, 필라멘트와 표적 전극 사이의 전위차를 약 200 V로 증가시킨다. 이러한 변형으로 생기는 결과는 다음

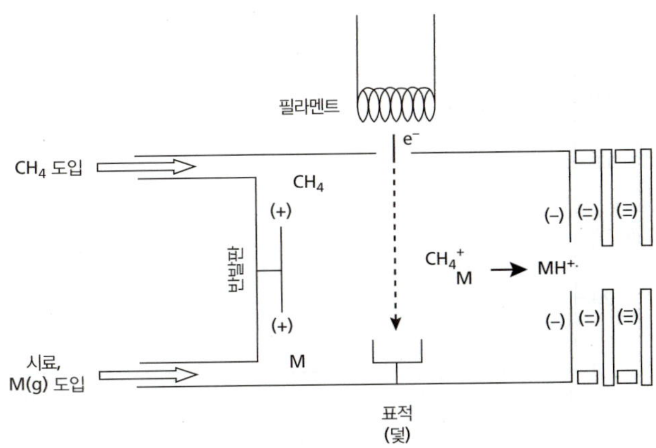

그림 10.6 CI 함의 개략도.

두 가지이다. (1) 주어진 분석 분자가 전자에 의해 충돌될 확률이 시약 기체 대비 분석물의 상대적인 비에 의해 감소하고, (2) 분석 분자와 시약 기체 이온 간의 충돌 확률은 매우 높다(즉, 이온화함을 가로 지르는 분석 분자의 평균 자유 행로가 크게 준다). 일반적인 CI실험에서 평균 자유 경로 길이는 약 10^{-4} m이다. 전체 이온화계가 상대적으로 낮은 압력과 적당한 온도이고, 충돌은 자주 발생하지만 상대적으로 에너지가 낮기 때문에, 시약 기체 이온은 분석 분자의 이온화를 유발할 수 있지만 EI에서의 전자보다 더 적은 내부 에너지를 분석 분자에 전달한다. 따라서 전반적으로 CI는 EI와 비교하여 조각화가 적게 일어난다.

문제 10.9 CI에서 물 분자(2.8 Å 직경)의 평균 자유 행로가 0.10 mm가 되도록 하려면 25°C에서 시약 기체를 도입하기 위해 어느 정도의 압력이 필요한가?

문제 10.10 문제 10.9에서 찾은 압력을 사용하여 예제 10.2에서 설명한 이론적인 유기 분자의 평균 자유 행로 길이를 계산하라.

시약 기체로 메테인이 사용되는 경우(전형적인 실험실 CI 질량 분석기에 대해 가장 가능성 있는 상황)를 가정한다. 이 경우, 메테인은 50~100 Pa의 압력으로 도입되어 EI를 통해 이온화될 것이다. 그림 10.7은 약 10^{-3} torr 압력인 메테인 기체의 EI 질량 스펙트럼을 보여준다. 예상되는 CH_4^+ 이온에 대한 신호뿐만 아니라 CH_3^+, CH_2^+, CH^+ 및 심지어 C^+에 대한 신호도 관찰된다. 또한, 우리는 m/z = 17에서 작은 신호를 관찰할 수 있는데, 이는 짧은 수명의 CH_5^+ 이온에 해당한다. 메테인 압력이 증가함에 따라 CH_5^+의 강도가 증가한다. 실험이 진행되는 동안 이온함에는 다양한 양이온과 전자의 혼합물이 동시에 존재하는데, 우리는 4장에서 이것을 플라스마라 정의했다. 따라서 시약 기체가 일반적인 플라스마의 온도보다 훨씬 낮은 온도에 존재하기는 하지만 **시약 기체 플라스마**(reagent gas plasma)라고도 종종 불린다. 메테인 압력이 증가함에 따라, 시약 기체 분자와 이온 사이의 충돌은 $C_2H_5^+$ 이합체 및 $C_3H_5^+$ 삼합체와 같은 추가 화학종을 생성하기 시작한다.

$$CH_5^+ + M \leftrightarrows CH_4 + MH^+ \qquad \text{식 (10.5)}$$

$$C_2H_5^+ + M \leftrightarrows C_2H_4 + MH^+ \qquad \text{식 (10.6)}$$

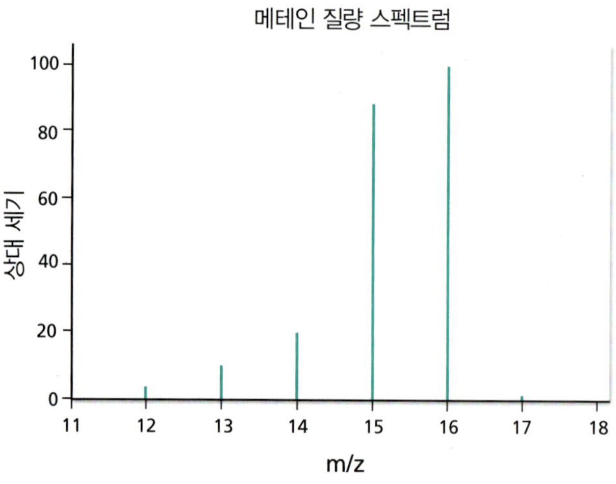

그림 10.7 메테인 기체의 EI 질량 스펙트럼.

이제 시약 기체 플라스마에 분석 분자(M)이 도입되는 상황을 상상한다. 다양한 반응이 일어날 수 있지만 여기서는 주된 반응만을 고려한다. 이온화 반응의 가장 일반적인 유형은 식 (10.5) 및 (10.6)에서 볼 수 있는 **양성자 전달**(proton transfer) 반응인데, 두 반응 모두 선구 분자의 양이온을 생성하지만 질량은 M + 1이 된다. 만일 분석 분자가 상대적으로 높은 친핵성 핵심부를 가지면, 시료 기체 이온이 상대적인 루이스(Lewis) 산으로 작용하여 **수소화물 제거**(hydride elimination) 반응[식 (10.7)] 또는 단순 **전하 이동**(charge transfer) 반응[식 (10.8)]에서 분석물로부터 수소화물 이온을 추출할 수 있게 한다. 이량체와 삼량체가 우세한 더 높은 메테인 압력에서는 첨가 생성 이온이 만들어져[그림 10.3(B)에서 볼 수 있듯이] 질량이 29 또는 41 질량 단위로 증가한[각각 식 (10.9)와 식 (10.10)] 생성물을 만든다.

식 (10.7)과 (10.8)에서 "–"는 결합이 아니라, H^- 손실을 나타내는 빼기 기호이다. 따라서 $[M-H]^+$라는 용어는 선구 분자가 CH_3^+에 수소화물을 잃은 후에 형성된 이온을 나타낸다. 식 (10.9)와 (10.10)에서 선구 분자는 반응성 있는 이온과의 충돌로 결합을 형성하여 새로운 이온을 만든다.

$$CH_3^+ + M \leftrightarrows CH_4 + [M-H]^+ \qquad \text{식 (10.7)}$$

$$C_2H_5^+ + M \leftrightarrows C_2H_6 + [M-H]^+ \qquad \text{식 (10.8)}$$

$$C_2H_5^+ + M \leftrightarrows [M+C_2H_5]^+ \qquad \text{식 (10.9)}$$

$$C_3H_7^+ + M \leftrightarrows [M{:}C_3H_7]^+ \qquad \text{식 (10.10)}$$

EI와 달리 음이온 CI(negative ion chemical ionization, NICI 또는 NCI)는 실제적으로 엄격하게 화학 이온화는 아니지만, 비교적 일반적으로 쓰인다. 즉, 일반적으로 시약 기체와의 화학 반응의 결과로써 분석물 분자의 이온화가 일어나지 않는다. 오히려, 시약 기체는 완충 매체로서 작용하며, 선속(flux) 내의 전자를 열 에너지 정도로 느리게 함으로써 분석 분자에 의해 쉽게 포획될 수 있게 한다. 앞서 설명한 것처럼, 전자 포획 과정은 전기 음성도가 큰 원자를 포함하는 분자에 대해 향상되기 때문에, NCI는 주로 할로겐 화합물(예, 살충제 및 특정 플라스틱 산업 공정의 유출물)의 분석에 사용된다. NCI에서 가장 일반적인 두 가지 이온화 반응은 분자 이온, M^-을 만드는 공명 전자 포획[식 (10.11)]과 조각 이온 $[M-x]^-$를 형성하는 해리 전자 포획[식 (10.12)]이다.

$$M + e^- \rightarrow M^- \qquad \text{식 (10.11)}$$

$$M + e^- \rightarrow \text{생성 이온} \qquad \text{식 (10.12)}$$

문제 10.11 일반적인 살충제 DDT($C_{14}H_9Cl_5$)의 질량 분석 스펙트럼에서 주 피크는 m/z = 352이고, 다른 주요 피크로는 m/z = 317, 235, 165가 있다. 이 질량 분석의 이온화 종류(EI 또는 CI), 이온화 방식(음극 또는 양극 방식), 주 피크와 m/z = 317 피크를 생성하는 이온화 반응에 대해 논리적으로 설명하라.

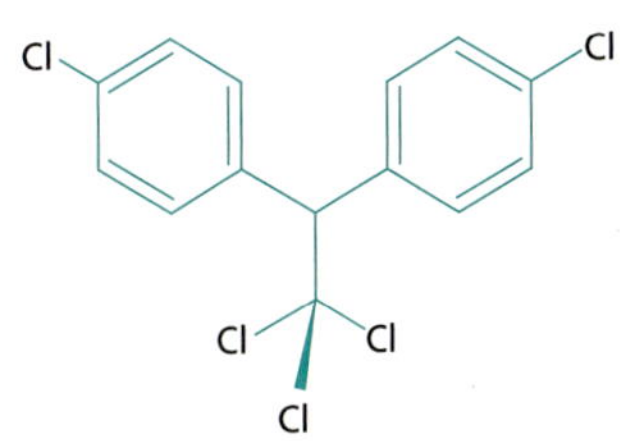

문제 10.12 질량 분석계에서 1.3 kV의 가속 전압을 사용하면 문제 10.11에서 m/z = 235 이온의 최종 속도는 얼마인가?

▶ 프로파일 _Profile
John Fenn

John Fenn(1917~2010)은 질량 분석학을 위한 전기 분무 이온화원에 관한 연구로 2002년 노벨 화학상을 공동 수여했다. Fenn은 Berea College에서 학사 학위를 받았으며 University of Iowa 및 Purdue University에서 몇 가지 화학 수업을 받았다. 그는 예일 대학에서 박사 학위를 받았다. Fenn 박사는 Virginia Commonwealth University의 교수직을 맡기 전에 Monsanto에서 근무했다.

◈ 전기 분무 이온화

CI 및 EI에 의해 다가 이온 생성이 가능하지만, 생성된 수는 1가 이온의 수에 비해 아주 소량이다. **전기 분무 이온화**(electrospray ionization, ESI)는 측정 가능한 수의 다가 이온을 생성할 수 있는 부드러운 이온화원이다. 경우에 따라 다가 이온의 생성은 매우 중요한데, 그 이유는 질량 분석계가 질량이 아닌 m/z에 반응하기 때문이다. 대부분의 질량 분석계에서 몰질량이 24,000 Da인 1가 이온(따라서 m/z = 24,000)을 측정할 수 없었다. 만약 같은 이온에 +8의 전하가 있으면 m/z는 3,000이 되어, 일반적인 질량 분석계의 범위 내에서 측정할 수 있게 된다.

전기 분무 이온화가 만들어지기 전에 MS 분야는 두 가지 한계에 직면했다. (1) 분석 분자를 이온화 전에 기체상으로 전환해야 했지만, 많은 물질들이 쉽게 휘발되지 않았고, (2) 질량 분석계는 매우 큰 이온과 함께 사용될 수 없었다. 우리는 10.3절에서 질량 분석계의 한계를 논의할 것이다. 이 두 가지 한계로 인해 대형 유기 또는 생화학 물질은 질량 분석을 할 수 없었는데, 이런 물질들은 일반적으로 휘발되기 전에 열분해(pyrolysis)[5] 되거나, 종종 매우 높은 몰질량을 가지기 때문이다. 크로마토그래피 검출기로서 질량 분석기는 기체 크로마토그래피[6]와만 함께 사용할 수 있었다. 큰 분자가 튕김 또는 탈착 공정에 의해 휘발될 수 있다고 해도, 두 번째 제약 사항은 여전히 단백질이나 핵산과 같은 보다 큰 생화학 분자의 질량 분석을 불가능하게 했다. ESI의 출현은 이러한 한계를 극복하여 매우 큰 비휘발성 분자의 분석을 가능하게 하였다.

또한 ESI의 특성은 액체 기반 분리 방법[예, 고성능 액체 크로마토그래피(HPLC, 12장) 및 모세관 전기 영동(CE, 14장)]과 질량 분석기 검출기 사이의 이온원 연결을 손쉽게 만들었다. ESI는 생화학 분석에 막대한 영향을 끼쳤기 때문에, 그 개발자인 John

[5] 열분해는 열화학적 분해에 대한 기술적 용어이다. 이 과정은 비가역적이고 새로운 화합물을 만든다.
[6] 기체 크로마토그래피에 대해서는 13장에 자세히 설명되어 있다.

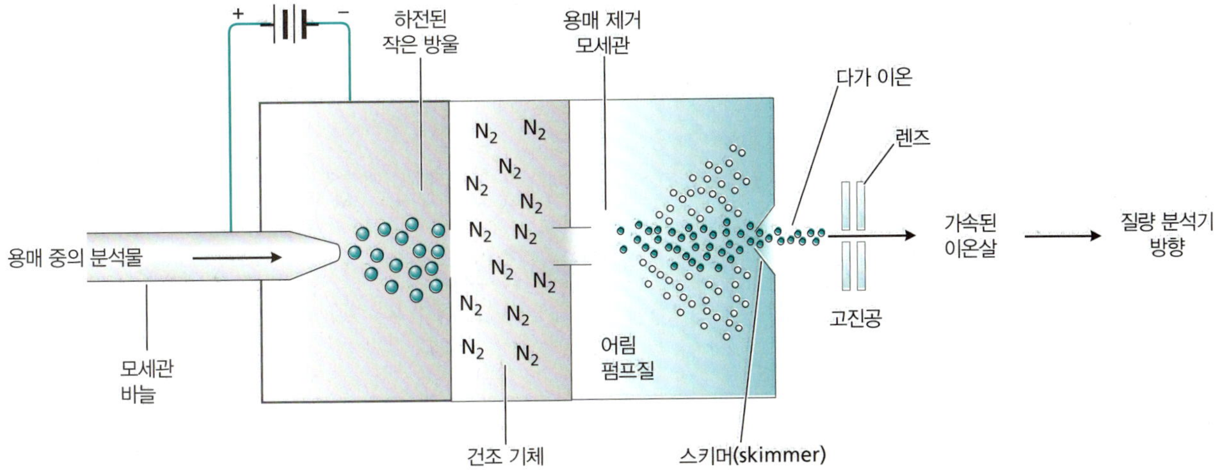

그림 10.8 ESI 계의 개략도.

Fenn은 2002년 노벨 화학상을 수상했다.

그림 10.8은 ESI 원의 개략도이다. 일반적인 HPLC나 CE에서와 같이 분석 대상 물질은 휘발성 용매에 저농도로 용해되며, ESI계 입구에서는 용액이 보통 1~5 kV(그러나 때로는 최대 10 kV)의 고전압이 가해진 금속 모세관을 통과한다. 그 결과 적은 양의 분석 분자가 포함된 크게 하전된 용매의 작은 방울이 만들어진다. 하전된 작은 방울을 생성하는 과정을 돕기 위해, 이동상은 일반적으로 아세트산과 같은 휘발성 유기산을 포함하는데, 이는 보다 쉽게 전하를 받아들이고 후속 단계에서 용매와 함께 증발한다. 작은 방울의 용매는 건조 기체(예, 탈수된 N_2)의 사용, 데우기, 그리고 계 압력을 감소시키기 위한 어림 펌프질에 의해 제거된다. 용매가 증발함에 따라 작은 방울의 크기가 감소하여 표면 장력뿐만 아니라 전하 밀도가 증가한다. 어떤 시점(Rayleigh 한계라고 함)에서 전하 밀도가 너무 높고, 작은 방울이 너무 작아 증가된 표면 장력을 이기지 못하게 되면, 작은 방울에서 **쿨롱 폭발**(columbic explosion)이 일어난다. 그 결과 (기체 상태의) 개별 분석물 이온이 생성된다(그림 10.9). 이 시점에서 생성된 대부분의 분석 물질 이온은 1가이지만, 다가 이온도 상당히 만들어진다는 사실을 이해하는 것이 중요하다. ESI에서 일반적인 휘발은 필요하지 않다. 즉, 시료가 가열에 의해 휘발되지 않기 때문에 열분해될 위험이 없다. 기체 상태 이온은 다른 보다 부드러운 과정을 통해 생성된다. 따라서 분석 분자의 조각화가 거의 없으며, 이런 이유로 ESI는 대형 생체 분자에 적합한 *부드러운 이온화* 방법이다. 또한, 다중 전하의 존재는 m/z 비를 감소시키고, 기존 질량 분석계를 사용할 수 있게 한다. 예를 들어, 질량 분석계가 m/z = 3,000 Da의 상한선을 가진다고 가정하면, ESI를 통해 +20의 전하량을 가질 수 있는 60,000 Da 질량의 단백질을 측정할 수 있다.

개별 분석 분자가 획득할 전하의 수를 엄격하게 제어하는 것은 불가능하기 때문에, ESI를 사용하여 얻은 스펙트럼은 상당히 복잡할 수 있다. 그림 10.10은 분자 질량이 29,000 Da인 탄산 탈수 효소 II(carbonic anhydrase II, CA2)의 ESI 질량 스펙트럼을 최대 2,000 m/z의 이온을 분석할 수 있는 사중 극자 질량 분석계에서 분석한 결과이다. CA2 분자는 조각화되지 않았지만 +41에서 +19에 이르는 광범위한 양전하를 보여준다.

이러한 복잡성은 직렬 MS(MS-MS 또는 MS-MS-MS라고도 함)를 사용함으로써 부분적으로 해결될 수 있는데, 여기서는 기체 상태의 다가 이온이 각각의 MS 측정 간에 제어된 조각화 반응을 겪는다. 직렬 MS를 통해 ESI-MS는 정성적 기술뿐만 아니라 정량

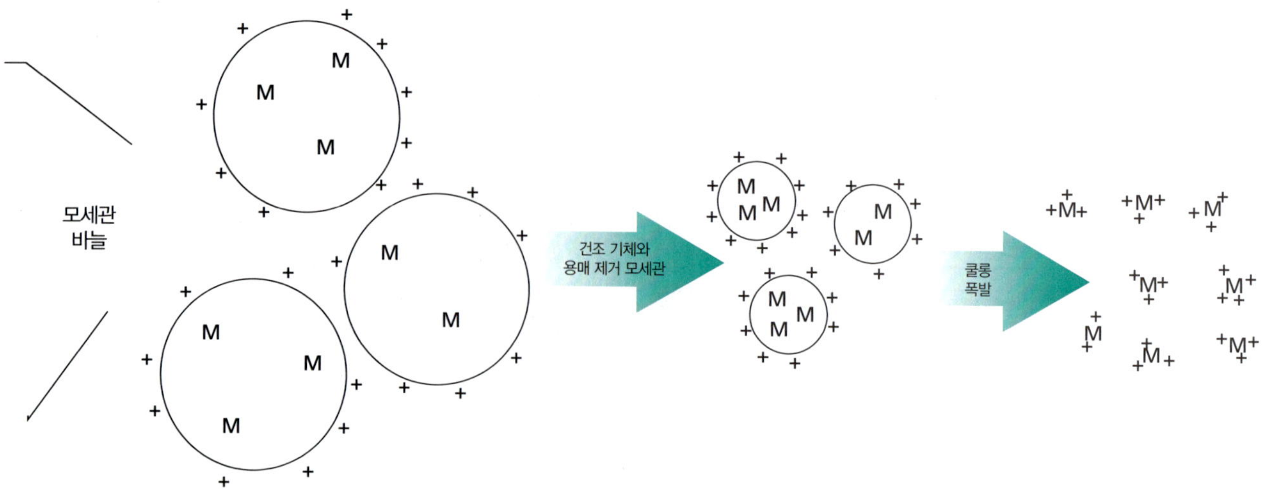

그림 10.9 ESI에 의한 다가 분자 이온 생성의 묘사.

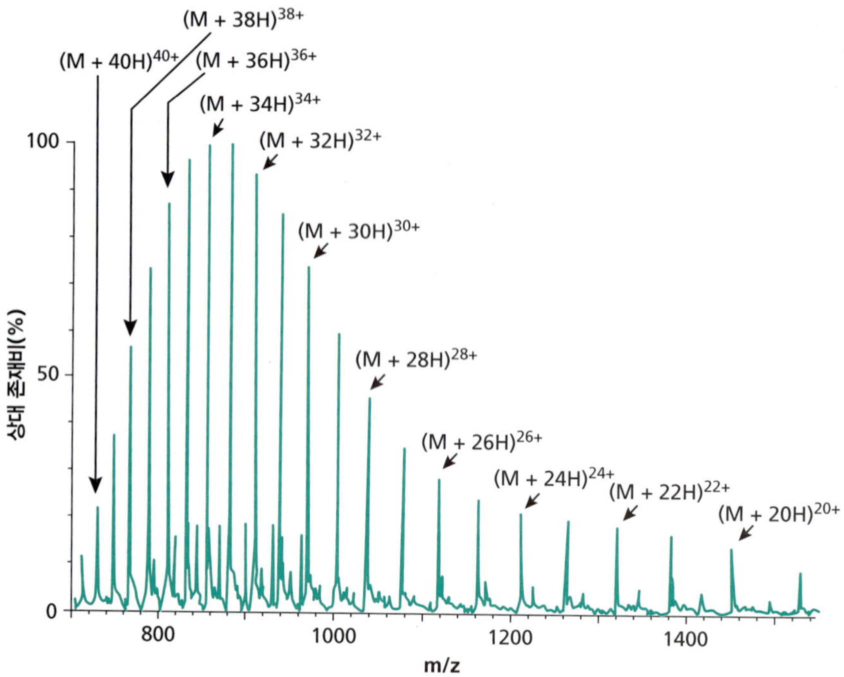

그림 10.10 탄산 탈수 효소 II(29 kDa)의 ESI 질량 스펙트럼.

기술로도 확대 활용될 수 있다. 우리는 10.5절에서 몇 가지 일반적인 직렬 MS 방식을 논의할 것이다.

◆ 매트릭스 보조 레이저 탈착 이온화

매트릭스 보조 레이저 탈착 이온화(matrix-assisted laser desorption ionization, MALDI)는 높은 끓는점을 가진 물질을 휘발시키는 데 사용할 수 있는 또 다른 *부드러운 이온화 방법*이다. MALDI는 일반적으로 다가 이온 생성하지 않기 때문에, 그 활용은 질량 분석계가 측정할 수 있는 범위 내에서 기본 질량을 갖는 분자로 제한되며, 표준 질량 분석계의 경우 보통 1,000~2,000 Da이다. MALDI 질량 스펙트럼은 다른 이온화원에 비해 훨씬 덜 복잡하기 때문에 선구 이온 피크를 쉽게 관측할 수 있다. 대형 생체 분자 분석에서는 MALDI 비행시간, 또는 MALDI-TOF[7] 장비가 ESI 시장의 일부분을 차지했다.

그림 10.11에서 묘사된 MALDI 기본 과정에는 결정-형성 화합물을 함유한 용액에 표적 분석물을 용해시키는 것이 포함된다. 용액의 작은 방울은 금속판에 증착되고 용매는 증발되어 분석 대상이 결정질 매트릭스에 포획된다. 레이저는 결정성 혼합물에 조사되는데, 매트릭스는 레이저로부터 에너지를 흡수하여 매트릭스 및 분석물의 탈착을 초래한다. 이 과정에서 매트릭스도 (보통 양성자 첨가에 의해) 이온화되며, CI와 비슷한 기체 상태 충돌 반응에 의해 양성자가 분석물로 이동한다.

일반적인 결정 매트릭스 형성 물질에는 2,5-dihydroxybenzoic acid, sinapinic acid, α-cyano-4-hydroxycinnamic acid가 포함된다. 이온화에 유리한 매트릭스 화합물은 보통 산성(양성자를 쉽게 분석물에 전달할 수 있기 때문에)이고, 콘쥬게이션 이중 결합(레이저에서 에너지를 효율적으로 흡수할 수 있도록)을 포함하며, 수용액 또는 아세토나이트릴 수용액에 용해된다.

위에서 언급했듯이 MALDI 스펙트럼은 ESI-MS에서 볼 수 있는 스펙트럼보다 훨씬 간단하다. 그림 10.12는 여러 단백질의 혼합물에 대해 얻어진 MALDI 스펙트럼이다. 각 단백질은 단지 2개의 피크에 의해 표현되며, 그 중 기본 피크는 1가 선구 이온이다.

2차 이온화

지금까지 논의된 표준 이온화 방법은 분리될 수 있고, 대부분의 경우 적절한 용매에 용해된 분석물에만 적용할 수 있다. 그러나 시료 표면의 화학적 성질을 이해할 필요가 있을 때와 같이 있는 그대로 시료를 연구하는 것이 더 유리한 경우가 있다. 1960년 프랑스 회사 CAMECA는 연구자들이 표면에서 튕겨진 물질에 대해 질량 분석할 수 있는

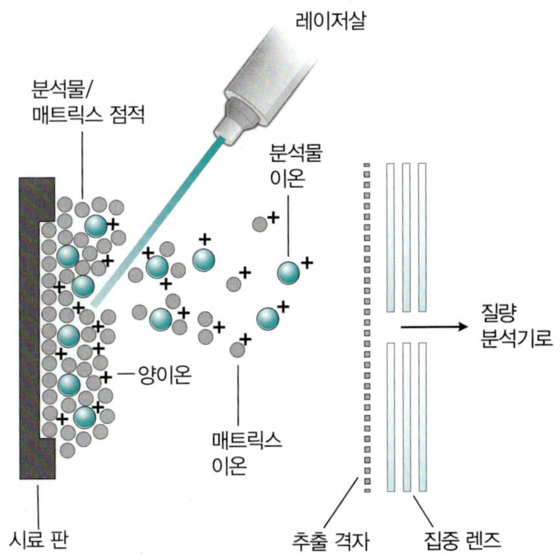

그림 10.11 MALDI 이온화.

[7] TOF는 "비행 시간(time-of-flight)"의 약자로, 질량이 매우 큰 이온과 함께 사용할 수 있는 질량 분석계이다. TOF는 10.3절에서 논의될 것이다.

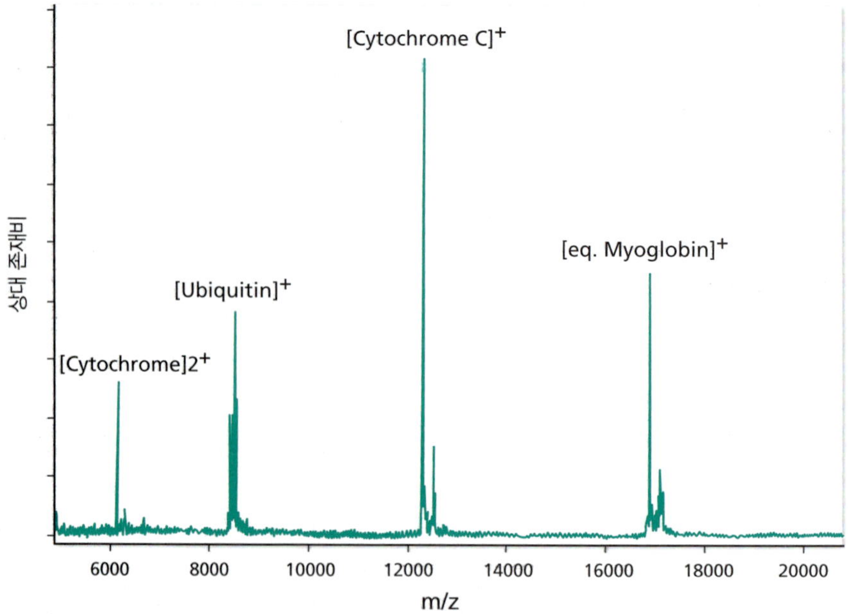

그림 10.12 세 가지 단백질 혼합물의 MALDI-TOF 질량 스펙트럼.

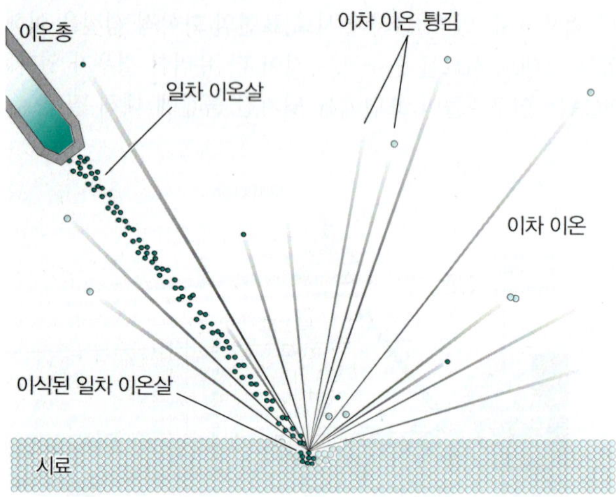

그림 10.13 분석을 위한 이차 이온의 SIMS 튕김.

방법을 개발했다. 이 방법, *이차 이온 질량 분석법*(secondary ion mass spectrometry, SIMS)은 표면 분석을 위한 가장 민감한 기술이 되었고, ppb 범위까지 검출 한계를 가진다.

SIMS에서 이온들(예, Cs^+, Ar^+, O_2^+)은 표적 표면을 향한 살(beam)로서 가속된다(그림 10.13). 1차 이온이라고 불리는 살에 있는 이온은 표면에 충돌하여 박히며, 그 과정에서 표면 분자로 구성된 2차 이온은 튕겨져 질량 분석계 쪽으로 가속된다. 이 2차 이온에는 단일 분자뿐만 아니라 분자 뭉치도 포함된다. 따라서 표면 재료의 조성에 대한 추가 정보를 수집할 수 있다. 튕겨진 이온의 이온화 단면도를 제어하기 어렵기 때문에, SIMS는 일반적으로 정량보다는 정성적인 기술로 간주된다.

◆ 열이온화

열이온화 질량 분석(thermal ionization mass spectrometry, TIMS)은 이온원 중 가장 간단하고 비용이 적게 들지만, 비교적 제한적인 용도로 사용된다. 그러나 TIMS는 지구 연대학, 지구 화학 및 우주 화학 분야에서 아주 중요하게 활용된다. 시료를 필라멘트 위에 증착시켜 기기 안으로 넣은 후, 기기를 밀봉하고 초고진공(보통 ~10^{-8}–10^{-9} torr) 상태로 만든다. 전류가 필라멘트를 통과하면 최대 2,500°C의 온도를 얻는데, 필라멘트에서 일부 시료가 튕겨져 이온화된다. 이렇게 생성된 이온은 질량 분석계 쪽으로 가속된다.

TIMS는 가장 보편적으로 지질 표본의 연대 측정을 위한 동위 원소 비율을 결정하는 데 사용된다. 예를 들어, 광물 지르콘은 결정화 과정 중 구조 내에 우라늄 또는 토륨 원자를 포함하지만, 납 원자는 들어가지 못한다. 지질 시간 척도의 반감기를 가지는 우라늄에서 납으로의 두 가지 붕괴 과정($^{238}U \rightarrow {}^{206}Pb$, $^{235}U \rightarrow {}^{207}Pb$)이 알려져 있다. 주어진 지질체(geologic body)가 형성되는 동안 우라늄만이 지르콘 내에서 결정화되었고, 존재하는 납은 온전히 원래의 우라늄이 붕괴해서 만들어진다고 가정한다. 따라서 결정화 이후 경과한 시간은 초기 우라늄 농도가 현재 우라늄 농도와 현재 납 농도를 합친 것으로 가정하여 표준 동역학식으로 계산할 수 있다.

문제 10.13 ^{238}U에서 ^{206}Pb로의 붕괴 과정 반감기가 44억 7000만 년이라는 것을 감안하여, 현재 ^{238}U, ^{206}Pb 농도가 각각 3.97 ppb, 2.24 ppb일 때, 얼마나 오래 전에 지르콘 결정이 형성되었는가? (*힌트*: 방사성 붕괴는 일차 반응을 따른다.)[8]

◆ 유도 결합 플라스마 이온화

우리는 4장에서 원자 방출 분광법(AES)을 위한 유도 결합 플라스마(Inductively Coupled Plasma, ICP) 횃불(torch) 사용에 대해 논의했는데, 여기에서 우리는 비교적 큰 자유 전자의 흐름에도 불구하고, 분석 원자의 상당 부분이 고에너지 플라스마에서도 이온화된다는 것을 알았다. 우리는 ICP-AES를 들뜬 상태의 원자들(혹은 이온들)이 바닥 상태로 붕괴될 때 방출되는 전자기 복사를 측정하는 방법으로 공부했지만, 과학자들은 플라스마에서 생성된 이온들을 이용하는 추가적인 방법을 찾았다. 그 이온들을 질량 분석기로 보내 정량 및 정성 분석을 한다. MS은 시료에 존재하는 모든 원소를 거의 즉각적으로 보여주는 동시에, 매우 감도 좋은 정량 원소 분석을 제공한다. 사실, *ICP-MS*는 대부분의 원소에 대해 ng/L에서 pg/L 범위까지의 검출 한계를 제공하는 가장 감도 좋은 원자 분석법이다.

시료 채취 효율을 극대화하기 위해, ICP 횃불을 수평 위치로 회전시키고 질량 분석기의 시료 채취 원뿔과 직접 접촉시켜 놓는다(그림 10.14).[9] 시료 채취 원뿔은 플라스마 핵심부를 통해 흐르는 이온을 받아들이는데, 그 이유는 이 위치가 가장 높은 농도의 분석물 이온을 포함하기 때문이다. 횃불은 대기압 상태에서 생성된다. 따라서 시료를 고진공 하에 유지되는 질량 분석계로 옮기기 위해서는 일련의 단계를 거쳐야 한다. 시료 채취 원뿔로부터 이온들은 어림 기계 펌프를 사용하여 10^{-2} torr 정도의 압력이 유지되는 짧은 함으로 이동한다.

---

[8] $\ln(A)_t = -kt + \ln(A)_o$ 그리고 $kt_{1/2} = 0.693$.

[9] ICP 횃불이 어떻게 생성되는지 다시 생각해 볼 필요가 있으면, 4장을 참조한다.

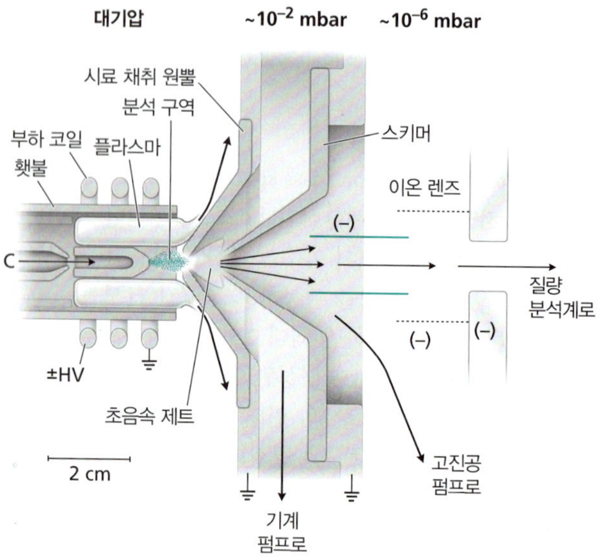

그림 10.14 ICP-MS 연결장치.

횃불로부터 온 물질이 시료 원뿔 구멍(약 1 mm 직경)에서 분산되어 스키머 원뿔의 다른 구멍(약 0.4 mm 직경)로 향한다. 최초의 플라스마 물질의 작은 일부분만이 스키머 구멍을 지나 고진공 영역으로 넘어간다. 이온살은 다른 이온원과 마찬가지로 가속되고 평행화되어, 질량 분석계 쪽으로 향하게 된다.

질량 분석기에서 사용되는 이온 검출기(10.4절에서 논의)가 자외선-가시선에 민감하기 때문에 ICP를 이온원으로 사용하면 몇 가지 특별한 문제를 야기한다. ICP를 사용하면, 질량 분석계가 검출기와 정렬된 표준 사중 극자(가장 일반적인 유형의 질량 분석계)인 경우 플라스마 횃불에서 방출되는 강한 빛으로 인해 상당한 배경 잡음을 발생한다. 대부분의 질량 분석 장비(즉, 다른 이온원을 가지는)에서는 이온원에서 이온만이 생성되고 광자가 거의 만들어지지 않기 때문에, 광 감도가 문제가 되지 않는다. 또한, 활성화된 중성 분자와 고체 입자를 이온살 경로에서 제거하는 것이 중요한데, 왜냐하면 이들이 검출기까지 다다르면 배경 잡음을 만들고 가짜 신호를 생성하기 때문이다.

이러한 배경 잡음을 ICP-MS에서 제거하기 위해 두 가지 일반적인 방법이 사용된다. 가장 간단한 방법은 스키머 원뿔 구멍 뒤쪽 수 mm 떨어진 곳에 살 차단기(살 마개라고도 함)를 배치하는 것이다. 살 차단기는 양의 전압이 가해진 작은 금속 원판이다. 광자와 중성 입자는 원판에 의해 막히지만, 양이온은 반발력에 의해 우회되어 살 차단기 뒤의 정전기 렌즈에 의해 평행광으로 다시 초점이 맞춰진다. 또 다른 방법은 이온 유도장치를 사용하는 것인데, 정전기를 이용해 간접적인 경로로 이온을 유도하여 광자와 중성자가 직선 경로로 간섭 없이 이동할 수 있게 만든다. 이온 유도장치의 한 가지 예는 Perkin Elmer사의 사중 극자 이온 편향기(deflector)이다(그림 10.15). ICP 횃불은 그림의 오른쪽 하단에 위치하며 시료 채취 및 스키머 원뿔들도 그림에서 확인할 수 있다. 편향기(그림 10.15)에서는 오른쪽 극들에 양전압이 걸리고 왼쪽 극들에 음전압이 가해진다. 양이온만 오른쪽으로부터 반발되고 왼쪽으로 끌리면서 질량 분석계(이 경우에는 사중 극자 질량 분석계)를 향해 이온살이 초점 맞춰진다.

그림 10.15는 또한 ICP-MS에서 생기는 다른 문제들을 최소화하는 방법을 보여준다. 활성화된 플라스마에서는 ArO^+, CNH^+, Ar_2^+와 같은 다양한 다중 원소 이온이 형성

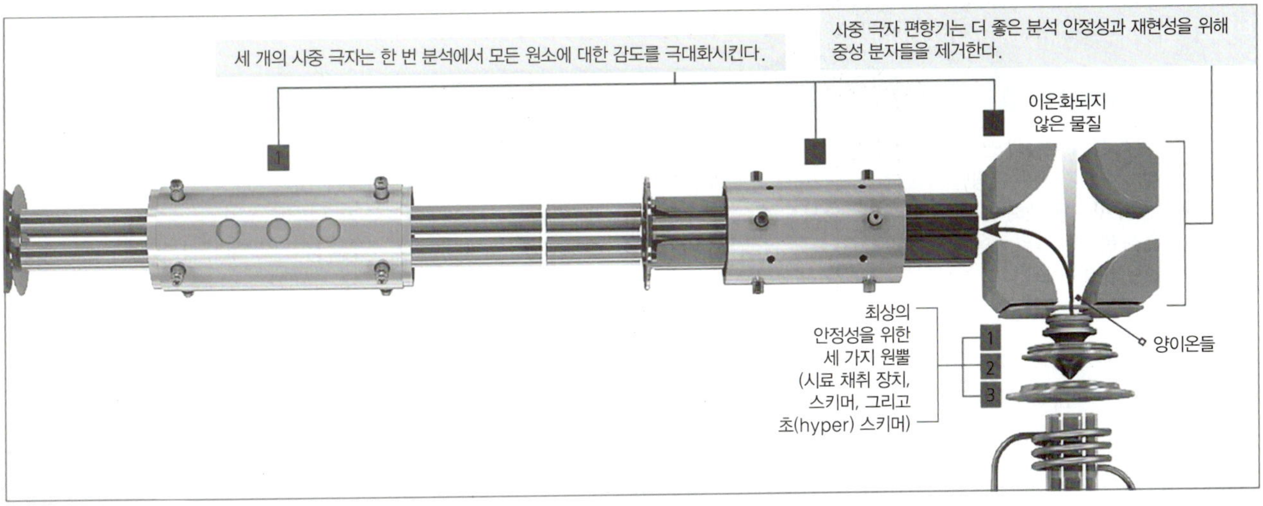

그림 10.15 사중 극자 이온 편향기가 있는 Perkin Elmer ICP-MS 장치.

된다. 이러한 이온은 관심 대상 분석물을 간섭할 수 있다. ArO^+의 질량은 일반적으로 많이 분석되는 $^{56}Fe^+$의 질량과 동일하다. 다른 동위 원소를 사용하여 철분을 분석하는 것은 가능하지만, 존재비의 차이(^{54}Fe는 5.8%, ^{56}Fe는 92% 존재)로 인해 분석 감도의 차수가 줄어들게 된다. 문제는 ^{27}Al로 100% 존재하는 알루미늄의 경우 더욱 심각해진다. 이온 CHN^+는 $^{27}Al^+$와 같은 m/z를 갖는다. 이러한 간섭을 최소화하기 위해 두 가지 방법이 사용되는데, 그림 10.15에 묘사된 **범용 용기**(universal cell)는 아래 설명처럼 **충돌 용기**(collision cell) 또는 **반응 용기**(reaction cell)로 사용될 수 있다.

*충돌 용기*를 이온 렌즈와 질량 분석계 사이에 배치할 수 있다. 이 방법에서는 헬륨과 같은 비활성 가스가 용기에 주입된다. 분자 이온들(ArO^+, CHN^+, Ar_2^+)은 단일 원자 이온보다 더 큰 단면도를 가지기 때문에, 헬륨 원자와 더 자주 충돌하는 경향이 있다. 각 충돌은 양이온의 운동 에너지를 감소시킨다. 충돌 용기를 통과하면서, 분자 이온은 분석물 원자 이온과 비교해 운동 에너지가 현저하게 감소한다. 그런 다음 이온은 다른 렌즈 영역으로 전달되는데, 이 경우 두 번째 렌즈는 첫 번째 렌즈보다 약간 더 양의 전위를 띠고 있다. 충분한 운동 에너지를 가진 이온(원자 이온)은 그 장벽을 통과할 수 있지만, 낮은 운동 에너지를 가진 이온(분자 이온)은 통과하지 못하고 걸러진다. 충돌 용기는 전반적인 분석 감도를 감소시키지만 일반적으로 대체 동위 원소로 측정하는 것보다는 적은 수준이다.

다른 방법으로 *반응 용기*를 초기 이온 렌즈와 질량 분석계 사이에 배치할 수도 있다. 여기서는 암모니아와 같은 반응성 기체가 용기에 주입된다. 분자 이온은 반응 가스와 보다 쉽게 반응하는 경향이 있는 반면, 원자 이온은 반응하기가 쉽지 않다. 분자 이온과 기체의 반응은 관심 있는 분석물과 간섭되지 않는 질량을 가지는 중성 분자 또는 이온을 생성한다. 반응 용기는 충돌 용기보다 분석 감도 감소가 덜하지만 적용 가능성은 더 작다. 충돌 용기는 모든 분자 이온에 영향을 미치지만, 반응 용기는 반응성 기체와의 반응성이 큰 경우에만 영향을 미친다.

문제 10.14 ICP 이온원에서 형성된 공통 이온은 Ar_2^+이다. 이 아르곤 이온 이합체는 어떤 원자 이온의 분석을 방해할 수 있을까?

문제 10.15 폐수 분석에서 분자 이온 $ArCl^+$와 $ClOH^+$는 자주 관측된다. 이 분자 이온은 어떤 원자 이온의 분석을 방해할 수 있을까?

비교 및 대조 _Compare and Contrast

원소 분석법

ICP-MS는 원소 분석 기술의 전체 "도구 상자" 중 어느 위치에 놓일 수 있을까? 3장에서 원자 흡수 분광법(AAS)에 대해 살펴보고, 4장에서 원자 방출 분광법(AES)에 대해 살펴보았다. 이 두 가지 방법 모두 다양한 분석물의 원소 분석에 널리 사용된다. 5장에서는 X-선 형광(XRF) 분광법을 서술했는데, 이는 표면의 원소 조성을 조사하는 데 매우 유용하다.

ICP-MS에서 얻은 정보는 AAS 또는 AES의 정보와 유사하다. AES에서처럼 ICP-MS를 사용하면 동시에 여러 원소를 동시에 분석할 수 있는데, ICP-MS는 AES보다 우수하다고 할 수 있다. 더욱이, ICP-MS의 검출 한계는 일반적으로 3~6차수 정도 더 작다. 그러나 ICP-MS 장비는 AAS 또는 AES 장비보다 상당히 비싸다.

	비용($1000)	일반적 감도	분석 속도	준비 시간	운영/유지비용	시료 보존
불꽃 AAS*	10~20	ppm~ppb	≈ 60초/원소*	상당한	중간	파괴적
흑연로 AAS†	70~80	0.001~10 ppb	3분/원소	상당한	높음	파괴적
AES‡	40~80	<1~10 ppb	30초/분석‡	상당한	높음	파괴적
XRF‡	75~125§	~ppm	1~5초/분석	거의(혹은 전혀) 없음	낮음	비파괴적
ICP-MS	120~180	pptr~ppb	1~5분/분석‖	상당한	높음	파괴적

* 애질런트는 순차 모드(10원소/분석)를 가지고 있는데, 약 2분/분석 속도로 최대 10개의 원소를 분석한다.
† 일반적으로 흑연로는 불꽃 AAS의 추가 기능이다. 독립형 흑연로는 비용이 적게 든다.
‡ AES 및 XRF는 보통 분석당 여러 원소를 분석한다.
§ 이 비교는 휴대용 등급 장비가 아닌 연구용 장비에 대한 것이다.
‖ ICP-MS는 물질에 존재하는 모든 원소를 동시에 효과적으로 검출할 수 있다.

10.3 질량 분석계

10.1절에서 언급했듯이 질량 분석계의 기능은 분석 대상 이온을 상대적인 m/z 비율에 따라 분리하거나 분산하는 것이다. 질량 분석기에서 질량 분석계는 광학 기기에 사용되는 단색 장치와 유사하다. 이온의 분리는 기본적으로 제어된 자기장 또는 전기장에서 다양한 m/z 비를 가지는 이온들의 이동도와 관련이 있다.

질량 분석계에는 기본적으로 두 가지 기본 유형이 있다: 단일 이온 집중 분석계와 동시 분석계. **단일 이온 집중**(single ion focusing)[혹은 **스캔**(scanning)] 분석계는 주어진 시간에 단일 m/z만 측정하는 반면, **동시**(simultaneous) 분석기는 동시에 여러 m/z를 측정한다.

단일 이온 집중 분석계에서는 분석계에 사용된 전압 및/또는 장을 스캔하여 단시간에 검출기에 일정 m/z 이온 범위를 집중시켜 스펙트럼을 생성한다. 이는 하나의 출구 슬릿과 하나의 검출기만 사용되는 스캔 단색 장치와 유사하며, 여기서 광학 장치는 분산된 광학 스펙트럼을 스캔하는 데 사용된다. 동시 질량 분석계는 분광법에서 배열된 다이오드(diode array) 또는 전하 결합 장치(charge coupled device) 검출기를 사용하는 것과 유사하게 한 번에 광범위한 m/z 이온을 검출할 수 있다. 이러한 분석계는 이온을 공간(부채꼴 분석계) 혹은 시간(비행 시간형 분석계)에 따라 분산시키거나, 들뜬 이온을 시간에 따라 붕괴(Fourier 변환 이온 사이클로트론 공명, FT-ICR)하게 해 그 결과로 자유 유도 감쇠 신호를 만든다.

▶ 프로파일 _Profile
R. Graham Cooks

R. Graham Cooks는 Purdue 대학 화학과의 석좌 교수이며, 그의 학문적 계보는 J. J. Thomson까지 연결된다. Cooks 교수는 남아프리카공화국 Natal 대학에서 학사(1961)와 박사 학위(1965)를 수여받았으며, 영국 케임브리지 대학에서 두 번째 박사 학위(1967)를 받았다. 그는 950여 편의 연구 논문을 저술했으며, 질량 분석 분야에서 가장 많이 인용된 살아있는 연구자 중 한 명으로 간주된다. 그는 사중 극자 이온덫 질량 분석기, 원통형 이온덫 질량 분석기, 소형/휴대용 질량 분석기, 2차 이온 MS, 탈착 전기 분무 이온화 및 레이저 탈착 이온법의 개발에 크게 기여했다. Cooks 교수에 대한 더 자세한 내용은 http://aston.chem.purdue.edu/에서 확인할 수 있다.

◈ 분해능

식 (10.13)을 사용하여 질량 분석계의 분해능(resolving power) 또는 분별능(resolution, R)을 계산할 수 있다.

$$R = \frac{\bar{m}}{\Delta m} \qquad \text{식 (10.13)}$$

여기서 $\bar{m}$은 두 개의 구별 가능한 m/z 값의 평균이고, Δm은 두 값의 차이이다.

식 (10.13)과 예제 10.3을 자세히 살펴보면, 주어진 질량 분석계의 분해능은 일반적으로 다른 m/z 값에 따라 다를 수 있음을 알 수 있다. 아래 예제 10.4에서 이 점을 다시 고려할 것이지만, 먼저 질량 분석계가 어떻게 작동하는지 조금 이해해야 한다.

대부분의 경우 질량 분석계의 분해능을 변경할 수 없지만, FT-IR 분광계(8장)와 유사한 FT-ICR에서는 더 긴 시간 동안 자유 유도 감쇄 신호를 측정하여 더 높은 분해능을 얻을 수 있다. 스캔 장비의 경우, 스캔 매개 변수를 조절하면 m/z의 함수로 분해능을 어느 정도 유연하게 조정할 수 있어서, 예제 10.3에서 설명하는 한계를 피할 수 있다.

문제 10.16 몰질량이 1,058.0 g/mol과 1,058.5 g/mol인 두 개의 1가 이온 피크들을 분해하기 위해 필요한 분해능은 얼마인가?

» 예제 10.3 – 질량 분석기 분해능, 1부

질량 분석계는 m/z = 58.0 및 m/z = 58.5에서 두 개의 분해된 피크를 나타내는 스펙트럼을 생성한다. 이 m/z 범위에서 장비의 분해능은 얼마인가? 분해능이 질량 스펙트럼에 대해 일정하게 유지된다면 평균 질량이 m/z = 1,058일 때 이 분석계에서 분해 가능한 m/z 값의 차이는 무엇인가?

전략 ›

두 경우 모두 식 (10.13)을 사용한다.

풀이 ›

질문의 첫 번째 부분에 대해

$$R = \frac{\bar{m}}{\Delta m} = \frac{(58.0 + 58.5)/2}{(58.5 - 58.0)} = 116.5 = 117$$

그리고 두 번째 부분에서는 분석계의 분해능이 고정 값이라고 가정한다.

$$R = \frac{\bar{m}}{\Delta m} = \frac{(1058)}{\Delta m} = 116.5 \qquad \Delta m = 9.08$$

질문으로 돌아가서, m/z = 1,058에서 분해된 m/z 값은 무엇인가? 계산된 Δm = 9.08을 적용하면, 기껏해야 장비가 m/z = 1,053 (1,058 − 9.08/2)에서 m/z = 1,062 (1,058 + 9.08/2)를 분해한다는 것을 의미한다. 이 예를 통해 분해능이 고정되었을 때 넓은 범위에 걸쳐 m/z를 분해하기가 어렵다는 사실을 알 수 있다.

문제 10.17 문제 10.16에서 고려한 질량 분석계의 분해능이 질량 스펙트럼에 대해 고정되어 있다고 가정하면 평균 m/z = 111에 대해 분해할 수 있는 두 m/z 값은 무엇인가?

❖ 부채꼴 및 이중-집중 질량 분석계

부채꼴 질량 분석계(sector mass analyzer)는 Eugen Goldstein이 1886년에 가스 방전관에서 생성된 양극선의 경로를 편향시키는 데 이용한 원리(프로파일 "Eugen Goldstein" 참조)와 동일하게 작동한다. 다양한 디자인이 제안되고 사용되었지만, 여기서는 가장 일반적인 배치인 자기 부채꼴 단일 이온 초점 분석계에 집중한다. 실제로 부채꼴 질량 분석계는 다른 분석계보다 비싸고 점유 면적이 크기 때문에 널리 사용되지 않는다. 그러나 아직도 상품화되고 있으며, 특히 고분해능을 필요로 하는 방법(예, 10.5절의 IRMS 및 AMS)에 이용되고, 다른 질량분석기의 측정에 대한 귀한 표준으로 간주된다.

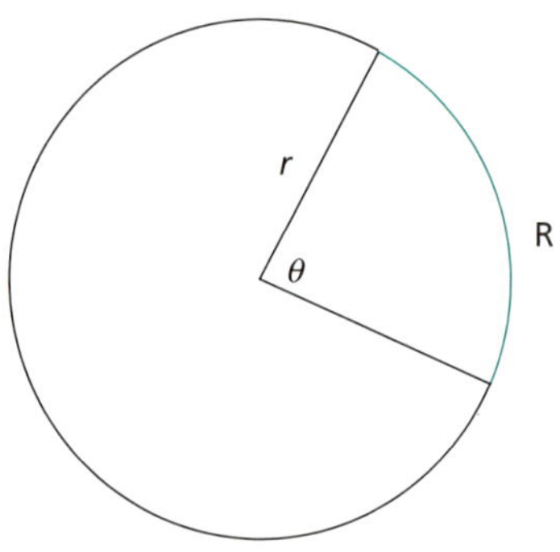

원호의 길이 R은 라디안 단위의 θ에 대해 R = θr로 구할 수 있다.

그림 10.16은 가속 전압 V를 갖는 전자 이온화원을 나타낸다. 이온들은 질량의 제곱근에 반비례하는 속도[식 (10.3)]로 이온원을 떠난다. 단일 이온 초점 자기 부채꼴 분석계는 단일 m/z의 이온만이 출구 슬릿을 통해 검출기로 도착하도록 설계되었다.

자기장(B, 테슬라 단위)은 곡선 경로에 직각으로 걸려서 양이온을 검출기 슬릿 쪽으로 휘게 한다. 주어진 이온이 부채꼴을 통과하기 위해서는 자기장에 의해 경로가 올바른 원호(R, 미터 단위)로 구부려져야 한다. 그러므로 자기장[F_B, 뉴턴 단위, 식 (10.14)]에 의해 걸리는 힘은 이온의 경로를 곡선화하는 데 필요한 구심력[F_C, 뉴턴 단위, 식 (10.15)]과 정확히 같아야 한다. 이 두 힘을 서로 같게 설정하고 속도를 치환하기

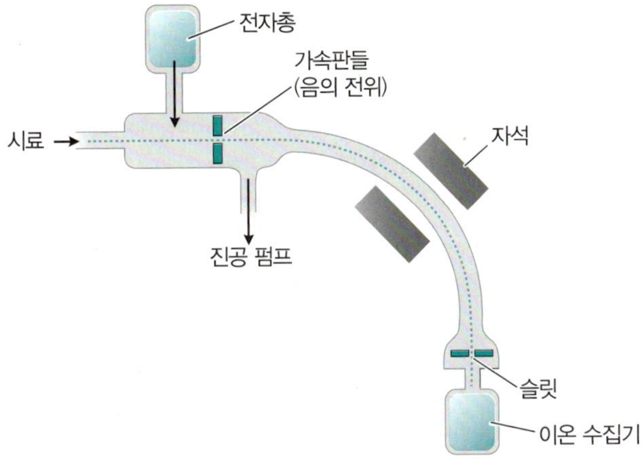

그림 10.16 자기 부채꼴 질량 분석계.

위해 식 (10.3)을 이용하면, 주어진 m/z 이온이 원호를 통과할 수 있게 하는 실험 매개변수를 알 수 있다.

$$F_B = B \cdot z \cdot e \cdot v \qquad \text{식 (10.14)}$$

$$F_C = \frac{m \cdot v^2}{r} \qquad \text{식 (10.15)}$$

$$\frac{m}{z} = \frac{B^2 \cdot e \cdot r^2}{2V} \qquad \text{식 (10.16)}$$

식 (10.16)은 (1) 고정 자기장에 대해서 가속 전위를 변화시켜 특정 m/z 이온을 선택할 수 있고, (2) 고정된 가속 전위에 대해서는 자기장을 변화시킴(고체 상태 자석이 아니고 전자석이 사용된다고 가정)으로써 다양한 m/z 이온을 선택할 수 있다는 것을 보여준다. 주어진 V와 B에 대해서, 특정 m/z 이온만이 부채꼴의 중앙을 통과한다. 더 높은 질량을 가진 이온들은 경로의 곡률이 작아 부채꼴의 외벽과 충돌하는 반면, 더 낮은 질량의 이온은 너무 큰 곡률로 인해 내벽에서 손실될 것이다.

문제 10.18 한 질량 분석기에 2.95 kV의 고정 가속 전압과 0.233 m의 반경을 갖는 자기 부채꼴 질량 분석계가 이용된다. 이산화탄소 이온(CO_2^+)을 검출기에 집중시키기 위해 어느 정도의 자기장(테슬라 단위)을 사용해야 하는가?

문제 10.19 문제 10.18에서 설명한 것과 같은 질량 분석계를 사용하고 가속 전압을 일정하게 유지하면 비스-이미다졸륨 2가 양이온($(C_7H_8N_4)^{2+}$)을 측정하기 위해 어느 정도의 자기장이 필요한가?

질량 스펙트럼을 얻기 위해, V 또는 B(또는 둘 다)는 매우 짧은 시간 내에 특정 범위에 걸쳐 스캔되고, 이온들은 각각의 대응하는 m/z 값에서 측정된다. 상당히 높은 분해능으로 단 몇 초 만에 전체 스펙트럼(약 40~4,000 Da)을 얻을 수 있다. 이온들은 실험 시간 동안 본질적으로 동일한 속도로 이온원에서 생성된다고 가정하는데, 대부분의 경우 합리적인 가정이 된다. 주어진 이온을 정량화할 때 감도를 높이기 위해 **선택 이온**

▶ 프로파일 _Profile
Eugen Goldstein

Eugen Goldstein(1850~1930)은 가스 방전관에 대한 광범위한 연구를 수행한 독일의 물리학자이다. 그의 연구는 첫 번째 질량 분석기를 만든 J. J. Thompson이 전자를 발견하는 데 영향을 끼쳤다. Goldstein은 또한 양극선(anode ray)을 발견했는데, 나중에 이것이 양성자임을 Ernest Rutherford가 확인했다.

방식(selected ion mode)이 사용된다. 즉, V와 B를 특정 값으로 고정시키면 단일 m/z가 검출기에 집중되어 신호를 시간에 대해 적분할 수 있다.

문제 10.20 문제 10.18에 설명된 것과 같은 매개 변수를 가정하면 40~4,000 Da의 m/z 범위를 측정하기 위해 어떤 자기장 범위를 주사해야 하는가?

예제 10.4 - 질량 분석계의 분해능, 2부

문제 10.18에 설명된 것과 동일한 매개 변수를 가정하면 m/z = 58.0 Da와 58.5 Da를 분리하는 데 필요한 자기장의 백분율 변화는 얼마인가? m/z = 1,058.0 Da 및 1,058.5 Da에 대해 이 계산을 반복하라.

전략 ›
식 (10.16)을 사용하여 각 m/z에 대한 자기장(B)을 계산한 다음 각 쌍의 두 m/z 값 중 낮은 값을 기준으로 백분율 차이를 계산한다. 질량은 몰당이 아닌 이온당 kg이어야 하며, $V = J/C$ 그리고 $J = kg \cdot m^2/s^2$이다. 또한 테슬라는 1 kg/C·s이다.

풀이 ›
m/z = 58.0 Da의 경우, 이온의 질량은 다음과 같다.

$$m = 58.0\frac{g}{mol} \times \frac{1\,mol}{6.022 \times 10^{23}\,ions} \times \frac{1\,kg}{1000\,g} = 9.63 \times 10^{-26}\,kg$$

$$\frac{m}{z} = \frac{B^2 \cdot e \cdot r^2}{2V}$$

그래서

$$B = \sqrt{\frac{m \cdot 2 \cdot V}{z \cdot e \cdot r^2}} = \sqrt{\frac{\left(9.63 \times 10^{-26}\,kg\right)(2)\left(2950\frac{kg \cdot m^2}{C \cdot s^2}\right)}{(1)\left(1.602 \times 10^{-19}\,C\right)\left(0.233\,m\right)^2}} = 0.2556\,T$$

마찬가지로 m/z = 58.5 이온의 경우 B = 0.2567이므로, 백분율의 차이는 다음과 같다.

$$\%diff = \frac{\left|B_{58.0} - B_{58.5}\right|}{B_{58.0}} \times 100 = 0.43\%$$

위와 같은 방법으로 m/z = 1,058.0과 m/z = 1,058.5를 구별하기 위해서는 자기장에서 0.025%의 변화가 필요하다.

예제 10.4로부터 m/z = 1,058.0과 1,058.5를 분해하려면 m/z = 58.0과 58.5를 해결하는 것보다 훨씬 정밀하게 자기장을 제어해야 한다는 것을 알 수 있다. 즉, m/z의 특정 변화를 얻기 위한 자기장의 변화는 m/z 값의 제곱근에 비례해 감소한다[식 (10.16)]. 낮은 질량의 이온보다 높은 질량의 이온을 분해하는 것이 훨씬 어렵다. 따라서 (부채꼴 및 사중 극자 질량 분석계와 같이) 이온의 경로를 변경하는 질량 분석계는 높은 질량 분해능 측면에서 제한적이다(이 절의 끝 부분에 있는 표 10.1 참조).

상업 기기의 경우 단일 부채꼴 질량 분석계는 일반적으로 이 절에서 설명한 바와 같이 자기(B) 유형이지만, 이온은 또한 전기장에 의해 편향될 수 있기 때문에 부채꼴 질량 분석계는 정전기(E) 유형일 수도 있다.

부채꼴 질량 분석계의 더 일반적인 유형은 이중 집중(때로는 E-B 유형이라고도 함) 기기이다(그림 10.17). 이론적으로 식 (10.1) KE = z·e·V에 따르면, 동일한 전하(z)의 모든 이온은 동일한 운동 에너지로 가속기를 빠져나가야 한다. 그러나 현실적으로는 각 전하의 이온이 작지만 일정 범위의 운동 에너지를 가지고 이온원을 빠져 나오기 때문에, 각 m/z 피크의 넓어짐이 발생하고 분해능은 감소하게 된다. 이 점을 E-B 유형 기기를 사용하여 다소 교정할 수 있다.

E-B 장비에서 자기 구역의 이온은 정전기 분석계로 전달된다. 우리는 자기장[식 (10.14)~(10.16)]과 비슷한 방식으로 정전기장에서 이온 이동도를 다룰 수 있다. 이온은 이온원에서 동일하게 취급되기 때문에 식 (10.1)~(10.3)은 여전히 유효하며, 이온 경로를 곡선화하는 데 필요한 힘[식 (10.14)]도 동일하다.

$$F_E = z \cdot e \cdot E \qquad \text{식 (10.17)}$$

$$r = \frac{2V}{E} \qquad \text{식 (10.18)}$$

$$r = \frac{2(KE)}{zE} \qquad \text{식 (10.19)}$$

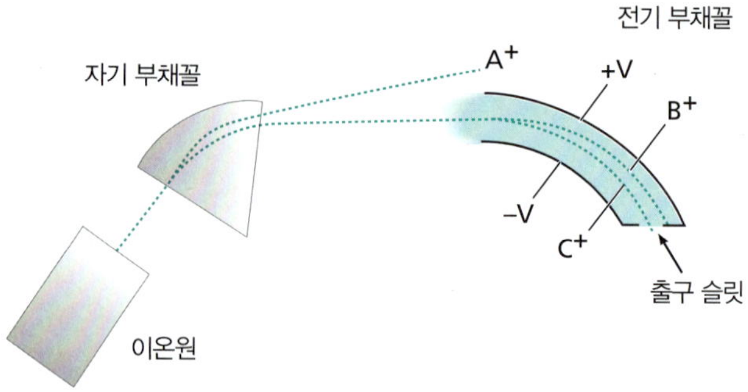

그림 10.17 이중 집중(E-B)형 질량 분석계. V^+ 및 V^-는 정전기 구역에 걸린 전기장의 극을 나타낸다. A^+는 자기 부채꼴이 정전 부채꼴의 입구 슬릿에 이온들을 집중시킬 수 없는 m/z가 충분히 높은 이온을 나타낸다. B^+는 정전기 부채꼴이 출구 슬릿 상에 초점을 맞추기에 너무 높은 m/z를 갖는 이온을 나타낸다. C^+는 적절한 m/z를 갖는 이온을 나타내며 기구의 출구 슬릿 쪽으로 집중된다.

그러나 이 곡률을 만드는 데 필요한 정전기력(F_E, 뉴턴 단위)은 식 (10.17)에 의해 주어지며, 여기서 E는 V/m 단위로 걸린 전기장이다. 이전과 같은 계산을 하면 이온의 곡률 반경(r)은 질량 및 전하와 관계가 없다는 것을 알 수 있다[식 (10.18)]. 즉, 주어진 전기장(E)에서 모든 m/z의 이온은 주어진 가속 전압(V)에 대해 동일한 경로를 따르게 된다. 또한, 식 (10.1)을 식 (10.18)에 치환하면 부채꼴 전기장 분석계가 질량보다는 운동 에너지로 이온을 집중시키는 장치라는 것을 알 수 있다[식 (10.19)]. 따라서 자기 부채꼴로부터 이온을 부채꼴 전기장을 통과시킴으로써, 이온원에 의해 초기에 부여된 운동 에너지의 분포는 이온이 검출기를 통과시키기 전에 감소된다. 그 결과 피크 폭이 감소하고 분해능은 증가한다. 이 이중 집결 효과는 부채꼴 전기장이 자기 부채꼴 앞에 오든, 뒤에 오든 관계없이 작동한다.

문제 10.21 2.33 kV의 고정 가속 전압으로 0.233 m의 곡률(r)을 만드는 데 필요한 정전기 장(E, V/m 단위)의 크기는 얼마인가?

문제 10.22 문제 10.21에 설명된 질량 분석계에서 1가 이온의 운동 에너지를 계산하라.

◆ 사중 극자 질량 분석계

사중 극자 질량 분석계(quadrupole mass analyzer)는 아마도 현대 화학 실험실에서 볼 수 있는 가장 일반적인 유형의 질량 분석계이다. 크기가 작기 때문에, 실험실의 큰 공간을 차지하지 않고 기체 크로마토그래피 장비에 쉽게 연결할 수 있다. 실험대 위의 매우 작은 공간 점유와 빠른 분석의 장점을 제공하지만, 중간에서 낮은 정도의 분해능을 보이고 최대 질량 범위(m/z_{max})가 3,000 정도이다.

그림 10.18은 일반적인 실험대 위에 놓이는 사중 극자 질량 분석계의 개략도이다. 전극으로 쓰이는 금속 막대는 정사각형 모양으로 배치되고 원형 또는 반구 모양이다. 대각선으로 마주보는 두 쌍의 전극 중 한 쌍에는 양의 직류(direct current, DC) 전위를, 다른 한 쌍에는 음의 DC 전위를 걸어준다. 여기에 **고주파**(radio-frequency) 교류(alternating current, AC)를 중첩시키는데, 두 쌍의 전극에 걸리는 AC 전위의 위상 차가 180°가 되도록 한다. 이 상황에서 이온들이 사중 극자에 들어가게 되면, 양이온들이 처음에는 음으로 하전된 전극 쌍 쪽으로 끌리고, 양으로 하전된 전극 쌍 쪽에서는 멀어지게 된다.

고주파 전압의 특성으로 인해 AC 주기의 절반이 지나면 사중 극자 두 쌍에 걸린 전압의 극성이 반대로 되는데, 이번에는 양이온들이 AC 처음 절반 주기에서와는 반대 방향 전극으로 움직인다. 이온들이 사중 극자를 통과하기까지 이 과정이 계속된다. 특정 m/z의 이온만 주어진 고주파와 완벽한 공명을 유지하며 사중 극자를 안전하게 통과한 후 검출기로 이동한다. 이보다 더 작은 m/z의 이온은 처음에 음극에 너무 강하게 끌려가서 빠르게 전극과 충돌한다. 더 큰 m/z의 이온은 고주파로 인한 극성 변화를 따라갈 만큼 빠르게 곡률 경로를 수정할 수 없으며 결국 전극과 충돌한다. 단일 이온 모니터링의 경우, 단일 라디오 주파수가 적용되어 선택된 이온 신호를 시간에 대해 적분할 수 있다. 스펙트럼을 얻기 위해 V_{DC}/V_{AC} 비율을 일정하게 유지하면서 DC 및 AC 전압을 시간에 따라 선형적으로 변화시킴으로써 검출기로 보낼 m/z 이온의 범위를 선택한다. 부채꼴 분석계와 유사하게, 보통 1초 또는 그 미만의 짧은 시간 내에 스펙트럼을 얻을 수 있다. 사중 극자의 질량 정확도는 작거나 중간 정도의 m/z 값에 대해서는 신뢰할 만하지만, m/z가 1,000 amu 이상으로 높아짐에 따라 급격히 감소한다.

하나의 사중 극자는 다른 질량 분석계(주로 분해능 및 질량 범위 측면에서)와 비교하여 몇 가지 단점을 가지지만, 저비용이고 소규모 공간만 차지하기 때문에 많이 사용되고 있다. 또한, 10.5절에서 볼 수 있듯이 여러 개의 사중 극자를 직렬로 사용하면 몇 가지 특색 있는 이점을 활용할 수 있다.

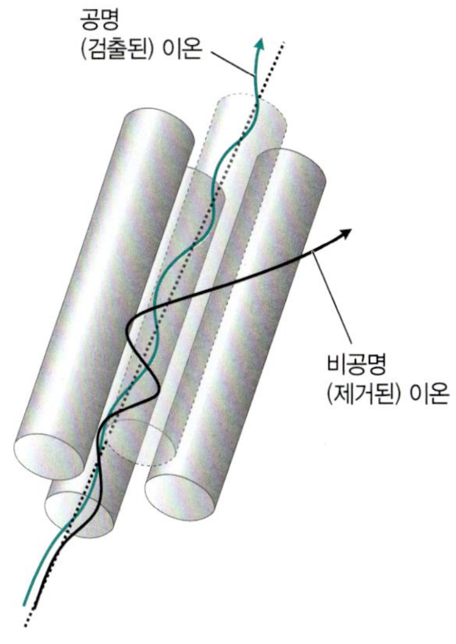

그림 10.18 사중 극자 질량 분석계.

◆ 비행 시간 질량 분석계

비행 시간(time-of-flight, TOF) 질량 분석계는 자기장이나 전기장이 적용되지 않는 공간 영역(*장 없는 영역*, field-free region)을 가로 지르는 데 걸리는 시간을 측정한다. 이온은 이온원에서 가속화된 다음, 공통된 출발 시간(t_0)을 가지고 장 없는 영역으로 표류한다. 낮은 m/z의 이온은 높은 m/z의 이온보다 빠르게 이동하기 때문에, 질량 스펙트럼은 t_0 이후에 이온이 검출기에 도달하는 시간을 측정하여 얻어진다.

TOF 분석계가 다른 질량 분석계에 비해 질량 범위에 이론상의 상한선이 없고, 매우 높은 분해능(때로는 20,000 이상)을 얻을 수 있는 장점이 있다. 그러나 분석계보다는 검출기로 인해 질량 범위에 실질적인 제한이 있다. 일반적으로 MS 검출기는 m/z가 증가함에 따라 감도가 감소하는 경향이 있어서 상한은 약 10^6 Da이다. TOF 분석계는 4중 극자 질량 분석계보다 비용이 많이 들지만 부채꼴 질량 분석계보다 훨씬 저렴하다. TOF 분석계는 또한 적절한 유지 보수를 위해 다소 전문적인 지식이 필요하다.

다른 분석계와 마찬가지로 가속 전압이 이온화된 분석물에 가해진다. 그러므로 식 (10.1) KE = z·e·V를 여전히 적용할 수 있다. 또한, 식 (10.20)은 이온이 장 없는 표류관 길이를 가로 지르는 데 필요한 시간(TOF)을 나타내는데, 여기서 *v*는 이온 속도이고, L은 이온원에서 검출기까지의 경로 길이를 뜻한다. TOF가 m/z의 제곱근에 비례하고 이온원에 사용된 가속 전압(V)의 제곱근에 반비례한다는 것을 보여주는 질량-관련 TOF 방정식[식 (10.21)]을 식 (10.3)과 (10.20)을 결합하여 유도할 수 있다. 또한, 주어진 이온에 대한 평균 TOF(신호 피크의 중심)를 t'로 하고, Δt를 피크 최대 높이의 절반에 해당하는 점에서의 피크 전체 너비라 하면, 분해능을 질량이 아닌 비행시간으로 재정의할 수 있다[식 (10.22)].

$$\mathrm{tof} = \frac{L}{v} \qquad \text{식 (10.20)}$$

$$\mathrm{tof} = L\cdot\sqrt{\frac{m}{z}\cdot\frac{1}{2V}} \qquad \text{식 (10.21)}$$

$$R = \frac{t'}{2\Delta t} \qquad \text{식 (10.22)}$$

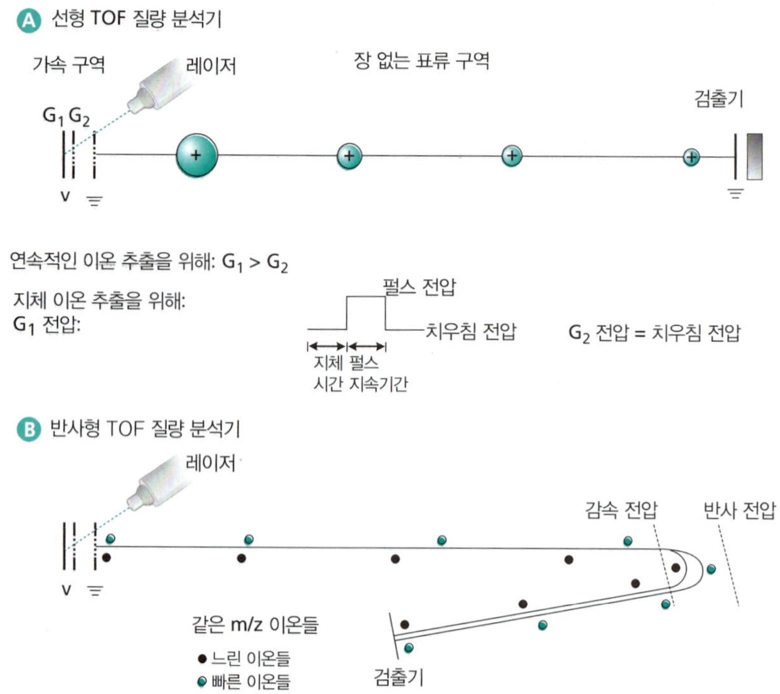

그림 10.19 두 가지 유형의 TOF 질량 분석계: (a) 선형 및 (B) 반사형.

식 (10.21)과 (10.22)로부터 분해능은 표류 경로 길이가 증가하고 표류관에서 보낸 총 시간이 증가함에 따라 향상되는 것을 알 수 있다.

그림 10.19는 원래의 선형 TOF와 보다 현대적인(그리고 현재 일반적으로 사용되는) 반사형 TOF 질량 분석계를 보여준다. 처음에는 선형을 사용하여 TOF 분석의 개념을 이해하는 것이 더 간단하므로, 이것부터 알아본다. 그림 10.19(A)에서 G_1은 EI 이온원(그림 10.4)에서 설명된 반발판과 같이 생각할 수 있고, 접지된 전극은 이온원의 가속 영역에서 최종 렌즈가 된다. 앞서 설명했듯이, 이온은 이온원에서 얻은 가속 전압으로 얻게 되는 속도에 의해 구별된다. 식 (10.3)에서 주어진 이온의 속도는 질량의 제곱근에 반비례하므로, 이온들이 장 없는 표류 영역에 도입된 후 검출기에 도달하는 시간에 따라 스펙트럼이 만들어진다.

특정 m/z 결정은 비행시간의 측정에 의존하기 때문에, 특정 이온들의 "꾸러미"에 대한 시작 시간을 아주 정확하게 알아야 한다. 이것은 일반적으로 아래 두 가지 방법 중 하나로 할 수 있다.

방법 1 표준 방식으로 이온들이 생성되면(예, EI, MALDI 또는 CI 이온원을 사용하여), 이온들은 특정 공간 부피(이온화원 함의 부피)에 걸쳐 형성되는데, 전자 충격과 조각화 후에 얼마나 많은 에너지가 남아 있는가에 따라 서로 다른 운동 에너지를 가진다. 동일한 m/z를 갖는 이온들에 대한 TOF 피크는 이들 이온들의 초기 위치에 따라 넓어지게 될 것이다. 반발판 부근에 있는 이온들은 가속 전압 영역에서 더 많은 시간을 보내고, 출구 렌즈 근처의 이온들보다 더 빠른 속도를 갖게 된다. 따라서 동일한 m/z 이온 묶음은 서로 다른 초기 운동 에너지와 속도로 인해 일정 시간에 걸쳐 검출기에 도착한다(따라서 피크가 넓어짐). 그림 10.19(A) 및 그림 10.20에서와 같이 이러한 초기 에너지의 분포는 **지체 펄스 추출**(delayed pulsed extraction) 또는 **지연된 이온 추출**(delayed ion extraction)을 사용하여 줄일 수 있다.

그림 10.20(A)는 일반적인 이온원을 보여준다(연속 추출). 검은색과 파란색 점은 같

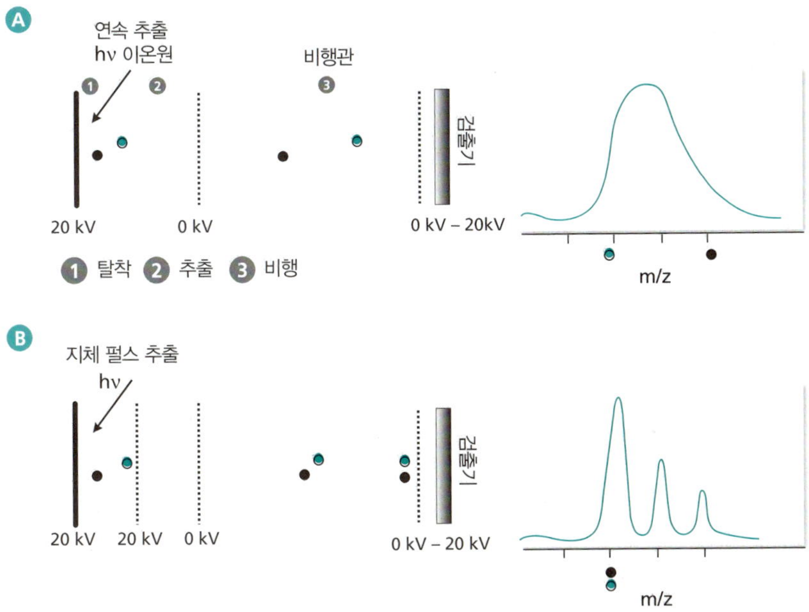

그림 10.20 지체 이온 추출의 묘사: TOF-MS.

은 m/z를 갖는 두 개의 다른 이온을 나타낸다. 이 이온들은 서로 약간 다른 조건에서 생성되고 가속되었기 때문에, 시간 간격을 두고 검출기에 도착하고 질량 분석계는 작은 m/z 값의 차이로 읽는다(넓은 피크). 그림 10.20(B)에 보이는 지체 펄스 추출에서는 추가 렌즈가 반발판에 상대적으로 가깝게 위치하는데, 이 렌즈에는 처음에 똑같은 양(positive)의 전압(여기서는 20 kV)이 잠시 동안 유지된다. 이 상황은 그림 10.19(A)에 그려진 렌즈 G_2에 걸리는 펄스 프로그램에서도 확인할 수 있다. 지체 펄스 추출법은 기본적으로 이온원에서 생성된 이온들의 속도와 위치의 상관관계를 이용해 질량 분해능을 향상시킨다. 같은 m/z를 가지는 두 이온 중에서 초기 운동 에너지가 상대적으로 더 큰 이온(파란색 점)은 작은 이온(검은색 점)에 비해 더 빠른 속도로 추가 렌즈 쪽으로 움직인다. 지체 시간이 지나 추가 렌즈의 전위가 제거되었을 때, 빠른 이온(파란색 점)은 느린 이온(검은색 점)에 비해 추가 렌즈에 더 가깝게 위치하게 되고, 반발판(20 kV)과 가속 렌즈(0 V) 사이의 전위차에 의해 가속될 때 더 적은 운동 에너지를 얻게 된다. 즉, 지체 시간 후 가속 구역 내의 상대적 위치에 따라 이온들이 받는 운동 에너지 양이 차이를 보이는데, 이온이 반발판에 가까이 위치할수록 더 큰 운동 에너지를 얻게 되어 빠른 속도로 움직인다. 따라서, 상대적으로 큰 초기 운동 에너지를 가졌던 이온(파란색 점)은 가속 지역에서 상대적으로 적은 운동 에너지를 얻게 되면서, 장 없는 표류 지역에서 작은 초기 운동 에너지를 가졌던 이온(검은색 점)보다 느린 속도로 움직인다. 이 때, 적절한 지체 시간을 사용하면 두 이온이 동시에 검출기에 도달하게 할 수 있다. 그림 10.20(B)에 그려진 질량 스펙트럼은 이 방법을 사용하여 분해능이 향상된 것을 보여준다.

방법 2 TOF 분해능을 향상시키는 또 다른 방법은 그림 10.19(B)에서 보이는 것처럼, 질량 분석계의 한쪽 끝에 반사 장을 만드는 것이다. 반사 영역으로 이온이 침투되면서 분해능 향상이 가능해진다. 다시 한 번 동일한 m/z를 갖는 두 개의 이온을 고려한다. 그림 10.19(B)의 파란색 점으로 표시된 이온은 다른 이온(검은색 점)보다 약간 더 높은 초기 운동 에너지(속도)를 가지고 있다. 두 이온은 표류관을 지나가면서, 더 높은 에너지의 이온은 낮은 에너지의 이온을 훨씬 앞서게 된다. 이 상태로 두면, 이온 검출 시 넓은 피크가 생긴다. 그러나 두 이온은 반사 장을 만난다. 에너지가 더 큰 파란색 점은 반사 장에 조금 더 깊숙이 침투하여 검은색 점보다 반사 영역에서 더 많은 시간을 보내고 검은색 점(낮은 에너지)은 파란색 점에 근접한다. 두 이온 모두 반사된 후에는, 더 높은 에너지 이온은 뒤처진 거리를 따라잡으며 거의 동시에 검출기에 다다른다.

위에서 언급했듯이 에너지의 분산을 최소화함으로써 분해능은 향상되며, 이는 TOF를 펄스 형식으로 시작함으로써 이룰 수 있음을 확인했다. 한 가지 방법은 위에서 논의했다(그림 10.20). 또 다른 방법은 모든 분석 이온이 동시에 펄스 형태로 생성되도록 하는 것이다. 예를 들어, 펄스 레이저를 사용하여 이온을 생성할 수 있는 경우 TOF의 시작 시간을 레이저 펄스와 동기화할 수 있다. 이러한 이유로 MALDI 이온화와 TOF 질량 분석은 대부분의 MALDI 장비에서 자연스럽게 결합된다.

문제 10.23 6.5 kV로 가속시킨 후, 2 m의 길이를 표류하는 800 m/z 이온에 대한 비행 시간을 구하라.

문제 10.24 문제 10.23에 설명된 바와 같이 800 m/z 이온을 측정하는 데 사용된 장비가 15,000의 분해능을 갖는다면, 그 이온의 예상 피크 폭은 얼마인가?

◆ Fourier 변환 이온 사이클로트론 공명

Fourier 변환 이온 사이클로트론 공명(Fourier transform ion cyclotron resonance, FT-ICR) MS는 일반적인 질량 분석계로 잘 사용되지 않는 방법 중 하나이지만, 기본적으로 임의의 질량 범위의 이온을 뛰어난 분해능으로 측정할 수 있는 능력 때문에 인기를 얻고 있다. FT-ICR은 일반적인 검출 방법을 사용하지 않는다. 따라서 보통의 이온 검출기가 높은 질량의 이온에 대해 나타내는 저감도 문제가 없어 높은 질량 범위에도 쓰일 수 있다. 그러나 이러한 특성을 활용하기 위해서는 높은 비용과 넓은 실험실 공간이 필요하다. FT-ICR은 고자기장 초전도 자석을 이용하기 때문에, $200,000 이상의 비용이 소요되며 최소한 14 m^2의 공간이 필요하다. 질량 스펙트럼의 측정은 11장에서 배우게 될 펄스화 FT-핵자기 공명(FT-NMR)과 많은 유사점이 있다.

이온은 표준 이온원을 사용하여 생성되고, 10^{-10} torr 미만의 압력과 4K의 온도가 될 때까지 연속적으로 낮아지는 압력 및 온도 영역을 통과한다. 이 과정을 통해 남은 이온들은 3~14 T의 초전도 자석에 의해 생성된 영구 자기장(B)에 놓여 있는 이온 사이클로트론 용기에 펄스로 주입된다(그림 10.21). 양이온은 B축 주위로 궤도를 돌게(세차운동) 하는 Lorentz 힘을 받는다. 궤도 반지름과 세차 주파수는 이온의 m/z 비에 의존한다. 이러한 값들은 식 (10.23) 및 (10.24)에 의해 설명되는데, 여기서 r_C는 이온 싸이클로트론 공명 궤도 반경(미터 단위)이며, v_{xy}는 (B가 걸린 z축에 수직인) x-y 평면 내의 이온 속도(m/s 단위), f_C는 세차 운동 주파수(Hz 단위)이다.

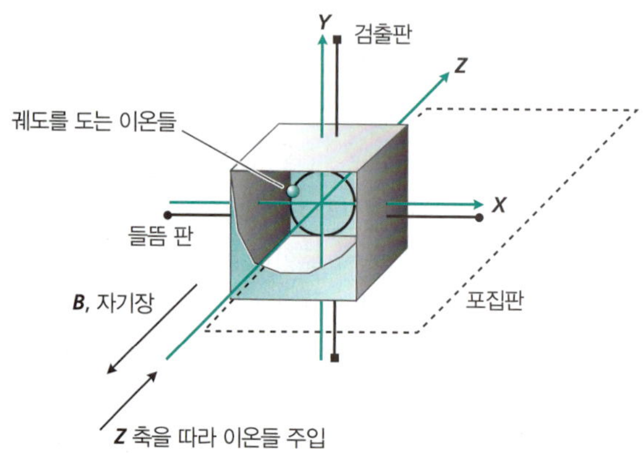

그림 10.21 이온 사이클로트론 용기에서의 이온 포집.

$$r_C = \frac{m}{z} \cdot \frac{v_{xy}}{B}$$ 식 (10.23)

$$f_C = \frac{z}{m} \cdot \frac{B}{2\pi}$$ 식 (10.24)

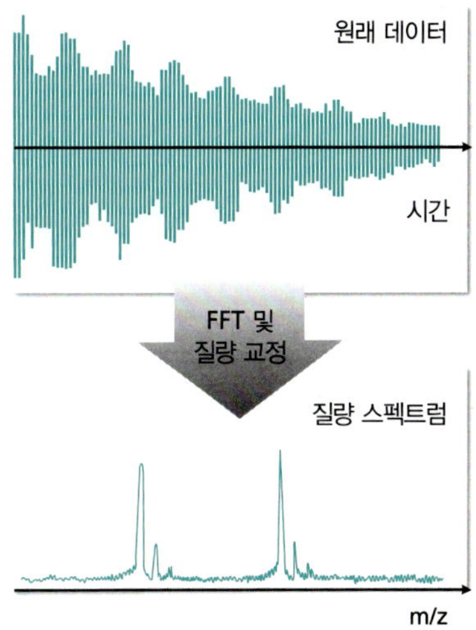

그림 10.22 이온 사이클로트론 FID와 질량 스펙트럼으로의 후속 Fourier 변환.

문제 10.25 식 (10.23)과 (10.24)의 단위가 서로 상쇄되는 것을 보여라.

문제 10.26 7.035 T 자기장에서 v_{xy}가 3.0×10^4 m/s인 CH_3^+의 공명 궤도 반경은 얼마인가? 또, 세차 운동 주파수는 얼마인가?

일단 이온들이 ICR 용기(때때로 이온덫이라고도 함)에 갇히고 세차 운동이 평형을 이루면, 광대역 고주파 신호를 용기의 마주보는 판에 적용됨으로써 들뜸 신호가 전달된다. 만일 단일 고주파가 적용되면 공명 주파수가 해당 주파수와 일치하는 이온만 들뜨게 된다. 만일 광대역 신호가 적용되면 광범위한 이온이 들뜬다. 들뜬 이온은 고주파 신호의 진폭($V_{p\text{-}p}$) 및 고주파 펄스 시간(t_{excite})에 의존하여 공명 반경[식 (10.25)에서 r_{excite}]을 증가시킨다[식 (10.25), 여기서 d는 들뜸판 사이의 거리(기본적으로 ICR 용기의 너비)].

$$r_{excited} = \frac{V_{p-p} \cdot t_{excite}}{2 \cdot d \cdot B}$$ 식 (10.25)

식 (10.25)에서 들뜬 상태의 반경은 m/z와는 무관하다. 또한, 주어진 m/z의 이온들은 고주파 펄스와 같은 위상으로 함께 뭉쳐진다. 일단 들뜸 펄스가 멈추면, 검출판의 회로는 닫히면서 함에서 이온들이 들뜬 상태로부터 바닥 상태로 돌아가면서 생성하는 신호를 관측할 수 있다.

원형 경로로 움직이는 전하를 띤 입자는 검출 회로 내에서 진동 전류를 만들고, FT-NMR(11장 참조)에서 논의되는 자유 유도 감쇠(free induction decay, FID) 신호와 정확히 같은 방식으로 FID로 된 비트(beat) 양식을 생성한다. FTIR 간섭그림(8장) 및 FT-NMR FID(11장)와 마찬가지로, ICR FID는 Fourier 변환을 이용해 주파수 영역으로 변환하면 용기 내의 세차 운동 주파수를 산출할 수 있으며, 이는 다시 질량 스펙트럼으로 번역된다(그림 10.22). 분해능은 FID를 더 오랜 기간 측정하여 실험적으로 증가시킬 수 있으며, 들뜸-감쇠 과정을 여러 번 반복한 후 신호 평균화를 수행하면 신호-대-잡음비를 증가시킬 수 있다. FT-ICR은 개별 화합물의 확인에 유용할 뿐만 아니라 뛰어난 분해능으로 인해 복잡한 혼합물의 구성 성분을 식별할 수 있다.

예제 10.5 - FT-ICR 분석에서의 들뜸 반경

2 V 광대역 고주파 신호가 1 ms 동안 2 cm ICR 용기에 적용되고, 이온이 약 7.035 T 자기장에서 선회하는 경우 들뜸 운동 궤도(cm 단위)는 얼마인가?

전략 〉

1 T = 1 V·s/m²를 기억하면서 식 (10.25)를 적용한다.

풀이 〉

$$r_{excited} = \frac{V_{p-p} \cdot t_{excite}}{2 \cdot d \cdot B} = \frac{(2\,V)(1\times10^{-3}\,s)}{(2)(0.02\,m)\left(7.035\frac{V \cdot s}{m^2}\right)} = 0.0071\,m = 0.71\,cm$$

따라서 m/z와 관계없이 모든 이온은 0.71 cm의 들뜸 상태 반경을 갖는다.

문제 10.27 용기 벽과의 충돌을 피하기 위해, 7.035 T 자기장에서 2 cm 용기에 사용될 수 있는 2 V 들뜸 신호의 최대 펄스 폭은 얼마인가?

◈ 사중 극자 이온덫 질량 분석기

사중 극자 이온덫(quadrupole ion trap, QIT) 질량 분석계(그림 10.23)는 사중 극자 분석계와 유사하게 작용된다. 그러나 서로 마주보는 막대 전극 쌍 중에서 2개의 전극은 끝 뚜껑(end cap)이라고 불리는 쌍곡선 전극으로 대체되는데, 여기에는 보통 이온이 주입되고 방출되는 구경(aperture)들이 있다. QIT에서 서로 마주보는 막대 전극의 다른 한 쌍은 장치를 둘러싸는 고리(ring) 전극으로 대체된다. 따라서 사중 극자 분석처럼 세로 *z*축을 따라 특정 m/z 비율의 이온을 집중시키기보다는 고리 전극이 *z*축을 차단한다. 고주파와 DC를 조합한 전압을 전극에 걸어주면, 이온 싸이클로트론과 다소 유사한 방식으로 장치 내의 이온들을 포획할 수 있는 3차원 전기장을 발생시킨다. 걸어준 고주파 및 DC 전위가 일정하게 유지되는 한 이온은 QIT 내의 안정된 궤도에 갇힌 상태로 남아 있다. 그러나 고주파수를 변경하면 일정 범위의 m/z 비를 갖는 선택된 이온들이 불안정한 경로를 갖게 돼 끝 뚜껑 구멍 중 하나를 통해 방출된다. 여기에 사중 극자 분석계와 QIT 사이의 중요한 차이점이 있다. 사중 극자의 두 쌍의 마주 보는 전극들은 선택된 이온들에게 안정적인 경로를 부여하여 *z*축을 따라 검출기로 이동하게 한다. QIT는 검출하기 위해 고주파수를 변경하여 특정 m/z 이온이 불안정한 경로를 가질 때까지 안정 경로에서 이온들을 잡아둔다.

QIT는 사중 극자 질량 분석계와 많은 분석 특성을 공유한다. m/z에 대한 상한선은 약 4,000 Da로 유사하지만, 일부 응용 연구에서는 70 kDa 이상으로 확장되었다. 일반적으로 분해능은 비슷하지만, 실험 시간을 더 들여 이온 방출에 사용되는 고주파의 변화를 느리게 하면 QIT의 분해능을 크게 높일 수 있다.

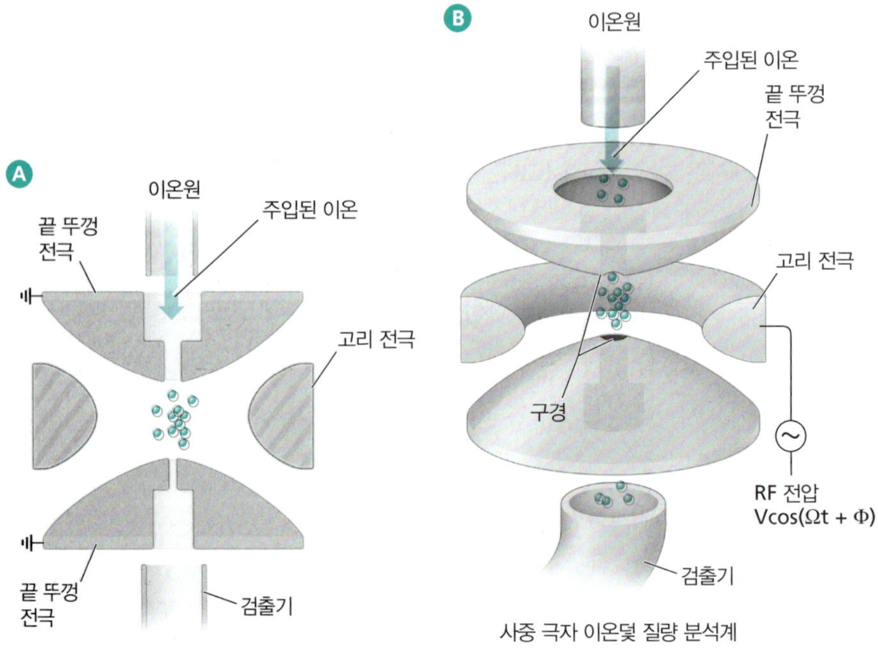

그림 10.23 QIT 질량 분석계, (A) 절개된 측면도 및 (B) 3차원 묘사.

◆ 요약: 질량 분석계의 특성

표 10.1은 지금까지 학습한 질량 분석계를 여러 가지 중요한 실용적인 특성들에 따라 간략하게 비교한 것이다.

표 10.1: 질량 분석계

특징	자기 부채꼴	사중 극자	TOF	반사형 TOF	FT-ICR	QIT
최대 m/z (Da)	10^4	10^3	10^6	10^6	$>10^6$	10^3
분해능	10^5	10^3	10^2~10^3	10^3~10^4	10^4~10^6 이상	10^3
질량 정확도	±5 ppm	±0.1%	±0.1%	±0.01%	<1 ppm	±0.1%*
선형 동적 범위	10^7	10^5	10^4	10^4	10^4	10^5
작동 압력(torr)	10^{-6}	10^{-5}	10^{-6}	10^{-6}	10^{-9}	10^{-5}
점유 공간	큼	작음	보통	보통	아주 큼	아주 작음
비용	높음	낮음	보통	높음	매우 높음	낮거나 보통

*특정 조건에서 ppm 범위의 질량 정확도를 달성할 수 있다.

10.4 검출기

이온 싸이클로트론 유형 이외의 장비의 경우, 이온원에서 생성되어 질량 분석계에서 분리된 이온 선속을 받아들일 수 있고, 또한 그것을 측정 가능한 신호(전압 또는 전류)로 전환시킬 수 있는 변환기가 필요하다. 대부분의 경우와 같이 기기가 이온을 홑살로 집중시키면, 하나의 검출기만 필요하다. 장비가 분산된 이온살을 생성하는 경우 배열된 다이오드 또는 전하 결합 장치와 유사한 방식으로 검출기를 배열해야 한다(6장 그림 6.17). 여기서는 현대 질량 분석기에 사용되는 가장 일반적인 두 가지 검출기에 대해 알아본다.

가장 일반적인 유형의 검출기는 원리상 광전자 증배관(6장 그림 6.27 참조)과 유사한 *이온 증배관*(ion multiplier)이다. 불연속 다이노드 이온 증배관에서는, 질량 분석계를 빠져 나가는 이온은 전자 증배관의 첫 번째 다이노드로 향하게 된다(일반적으로 중성 입자로부터의 간섭을 피하기 위해 축을 벗어난 방향으로). 다이노드는 활성 에너지를 가진 입자가 충돌하면 전자를 방출하는 Cu–Be와 같은 물질로 도포되어 있다. 이렇게 만들어진 전자들은 유사하게 도포된 두 번째 다이노드를 향해 정전기적으로 집중되고, 두 번째 타격 중에 더 많은 전자가 생성된다. 이 과정은 전자가 마지막 양극에서 수집될 때

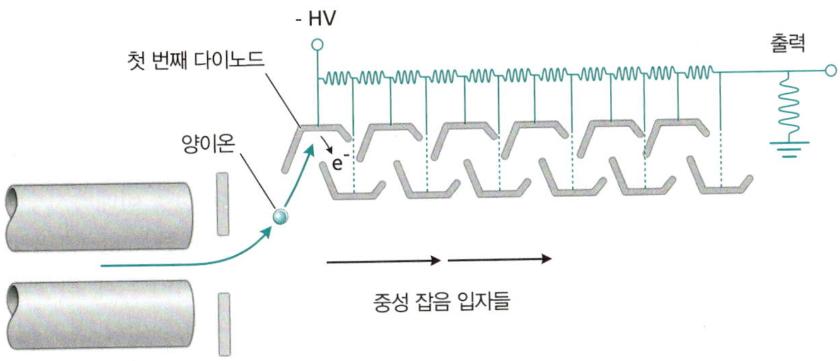

그림 10.24 불연속 다이노드 이온 증배관.

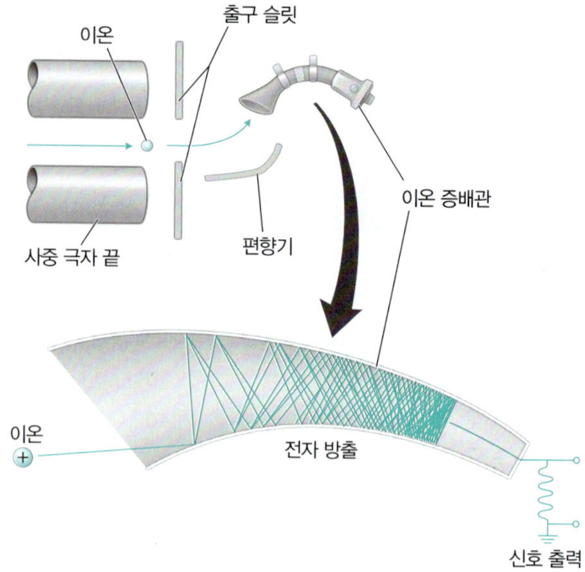

그림 10.25 연속 다이노드 이온 증배관.

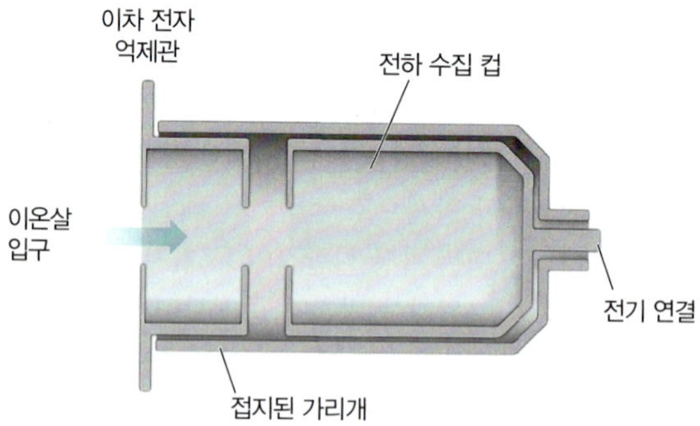

그림 10.26 패러데이 컵 검출기.

10^6~10^7의 증폭이 이루어지도록 12에서 24개의 다이노드에 걸쳐 일어난다(그림 10.24). 이온 증배관의 또 다른 구성은 연속 다이노드 증배관으로, 이것은 보통 곡선 호른의 모양을 가지고 있으며, 내부 벽은 입자가 부딪힐 때 전자를 방출하는 물질로 완전히 도포되어 있다(그림 10.25). 이온 증배관은 (1) 튼튼하고 신뢰할 수 있으며, (2) 본질적으로 약한 신호를 내부 증폭시킬 수 있어서 널리 사용된다. 입사 이온의 에너지와 질량에 의존하는 반응 신호를 생성하는 게 주요한 단점이다. 더 큰 이온과 더 큰 에너지를 가진 이온은 더 많은 초기 전자를 발생시켜 증폭된다. 즉, 증폭이 질량에 선형 비례하지 않는다.

비교적 일반적인 다른 유형의 MS 검출기는 *패러데이 컵*(Faraday cup, 그림 10.26)이다. 검출되는 이온은 컵에 들어가서 내벽에 부딪친다. 컵은 충격에 의해 생성되는 이온, 임의의 2차 이온 또는 전자의 탈출을 방지하는 형태를 띤다. 양전하를 띤 이온이 컵의 내벽에 모이고 접지된 가리개로부터 전자가 흘러 이들을 중성화시킴으로써, 컵에 들어간 양이온 수에 비례하는 측정 가능한 전류가 발생시킨다. 렌즈는 약간의 음의 극성을 가지고 컵의 입구에 위치하여 충돌 시 발생하는 2차 전자의 배출을 억제한다. 패러데이 컵은 간단하고 저렴하지만 내부 증폭이 없기 때문에 이온 증배관보다 훨씬 덜 민감하다.

10.5 부가적인 기술들

◈ 직렬 기법들

현대 화학자가 이용할 수 있는 보다 강력한 질량 분석 방법 중에는 여러 개의 질량 분석기를 순서대로 연결하여(tandem, 직렬) 정밀하게 조율된 결과를 얻을 수 있는 기능이 있다. 문헌에서 MS-MS 또는 MS-MS-MS(삼중-사중 극자) 기술이 언급되는 것은 아주 일반적이다. 두 가지 질량 분석계를 직렬로 사용하면 분해능을 향상시키고 특정 이온에 대한 더 많은 정보를 제공하며, 더 많은 화학 정보를 수집하기 위해 더 많은 조각화를 만들거나 특정 이온의 분리 및 분석을 향상시킬 수 있다. 물론 그 대가로 비용과 복잡성이 크게 증가하며, 이중 또는 삼중 MS 장비의 점유 공간이 증가한다.

두 개의 사중 극자 사이에 반응 용기를 연결하는 것이 가장 간단한 방법의 직렬 MS 이다(그림 10.27). 이온원에서 생성된 이온은 첫 번째 사중 극자(Quad 1)로 보내진다. 첫 번째 사중 극자를 떠난 이온은 반응 또는 충돌 용기로 이동한다. 일반적으로 아르곤과 같은 불활성 기체를 저압으로 주입하여 추가적인 조각화가 이루어지게 한다. 이렇게 만들어진 생성 이온은 최종 분석을 위해 두 번째 사중 극자(Quad 2)까지 가속된다. MS-MS가 **생성 이온 양식**(product ion mode)로 운영되면 Quad 1의 DC/고주파 전압이 일정하게 유지되어 하나의 m/z 이온만 통과시켜 조각화시키는데, Quad 2를 스캔하여 이 조각 이온들을 분석할 수 있다. **선구 이온 양식**(precursor ion mode)에서는 Quad 1이 스캔되는 동안 Quad 2는 일정하게 유지된다. 이것은 Quad 1에서 분리된 여러 이온들이 조각화되어 만드는 단 하나의 생성 이온을 Quad 2에서 분리할 수 있게 한다. **다중 반응 모니터링 양식**(multiple reaction monitoring mode)에서는 두 개의 사중 극자의 전압이 일정하게 유지되는데, 단일 이온이 Quad 1을 나와 조각화된 후, 단일 이온이 Quad 2에서 분리되어 최종 이온을 검출할 때 더 좋은 민감도를 보인다. 이 기술은 아주 복잡한 분자에서 특정 부분의 정체를 확정하는 매우 강력한 기술이다.

액체 크로마토그래피를 사용하여 분리된 분석물 분석을 위해 삼중 사중 극자(MS-MS-MS)를 이용한 방법이 더욱 보편화되고 있다. 이 접근법은 충돌 용기가 일반적으로 질량 분석계가 아닌 이온 안내기(ion guide)로 사용되는 사중 극자로 대체된다는 점을 제외하고는 그림 10.27에서 보여진 것과 유사하다. 일반 충돌 용기과 마찬가지로 불활성 가스가 중간 사중 극자에 유입될 수 있다. 불활성 기체와의 충돌에 의해 생성된 조각 이온은, 단순한 충돌 용기에서와 같은 무작위의 궤도 분포를 가지기 않고, 적절한 이온 살 경로로 신속하게 집중될 수 있기 때문에 훨씬 더 큰 분석 감도를 얻을 수 있다.

위에 설명된 방법은 모두 **공간상 직렬**(tandem-in-space) 기술들이다. **시간상 직렬**(tandem-in-time) 질량 분석 실험을 수행하는 것도 가능하다. 이 후자의 방법에서는 일반적으로 이온덫(FT-ICR 혹은 QIT) 형태의 질량 분석계가 사용된다. 처음 FT-MS 측정이 수행된 후 반응 또는 충돌 기체가 도입되고, 후속 FT-MS 측정이 수행되어 중간 충돌 단계의 결과를 분석한다. 위의 과정은 여러 번 행해질 수 있는데, 이를 MS^n 직렬 실험이라고 한다.

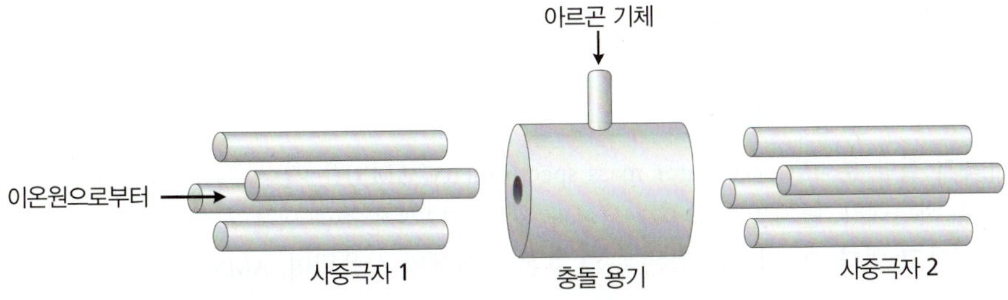

그림 10.27 이중 사중 극자(MS-MS) 직렬 MS.

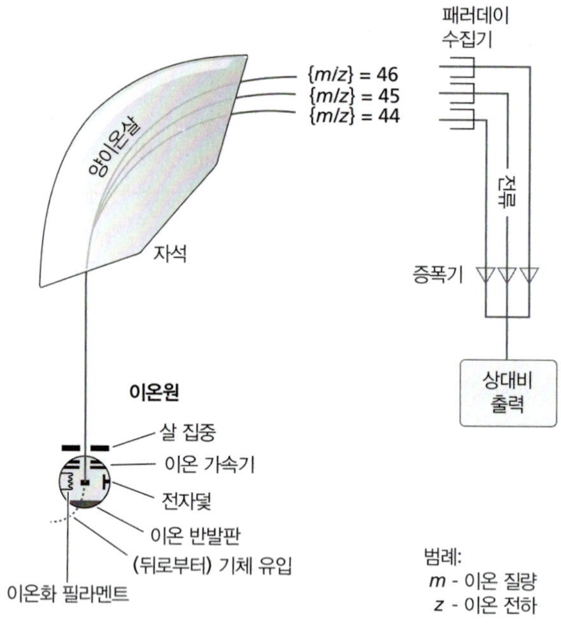

그림 10.28 IRMS 장비.

동위 원소 비율 질량 분석법

동위 원소 비율 질량 분석법(isotope ratio mass spectrometry, IRMS)은 환경, 지질 및 인류학적 화학에서 사용되는 가장 중요한 기술 중 하나이다. 일반 화학 과정에서, 존재하는 다양한 방사성 납 동위 원소 붕괴 생성물(^{208}Pb, ^{207}Pb, ^{206}Pb)의 양을 최초의 ^{204}Pb의 양과 비교하여 암석의 나이를 결정하기 위해, 간단한 형태의 동위 원소 비율 계산을 한다. 그러한 계산을 할 때, 여러분에게 각 동위 원소의 양이 주어졌을 것이다. 그러면 그 양은 어떻게 결정되었을까? 마찬가지로, 보존된 인간 육체의 탄소 동위 원소 비율은 선사 시대 공동체에서 중요한 식량원을 추론하기 위해 인류학자들에 의해 사용될 수 있다. 해양 생물을 위한 주요 탄소 공급원인 용해된 해양 탄산염의 ^{13}C의 양은 본질적으로 0인 반면, 육상 생물체를 위한 주요 탄소 공급원인 대기 CO_2에서 ^{13}C의 농도는 상당히 높다. 보존된 인간의 유물에서 육체 시료의 탄소 동위 원소 비율을 결정하면 인류학자들은 선사 시대 공동체에서 중요했던 음식 원천을 추론할 수 있다.

IRMS는 일반적으로 부채꼴 질량 분석계를 사용하지만, 자기장이나 가속 전압을 변화시키지 않고 이 두 값은 주어진 실험에서 고정되어 있다(그림 10.28). 그 대신, 여러 검출기가 부채꼴의 출구 쪽에 배치되어 선택된 질량을 측정할 수 있으며, 신호가 시간에 대해 적분되어 더 정확하게 측정할 수 있다. IRMS는 기체 또는 액체 크로마토그래피 장비의 검출기로 사용될 수 있지만, 대부분의 경우 화학적으로 시료가 휘발되어 이온화함으로 유입된다. 예를 들어, 콜라겐 시료에서의 탄소 동위 원소 비율을 결정하기 위해 시료는 산소로 연소되어 탄소가 CO_2로 전환되고, 부채꼴 분석계가 $^{12}CO_2$, $^{10}CO_2$, $^{14}CO_2$와 연관된 44에서 46 amu 범위를 우선적으로 분리할 수 있도록 조정한다.

가속기 질량 분석법

가속기 질량 분석법(accelerator mass spectrometry, AMS)은 가장 흔치 않은 질량 분석법 중 하나이다. 단지 미국의 9개 시설과 유럽의 12개가 조금 넘는 시설만이 AMS 장비를 갖추고 있다. 이 기술은 적은 수의 표본 유형에만 사용되며, AMS 시설을 시작하고

▶ 프로파일 _Profile

지질학적 시계로서의 동위 원소 ^{10}Be

베릴륨-10은 지질학적 시간 척도로는 상당히 짧은 138만 년의 적당한 반감기 때문에 지질 연대 측정에서 독특한 역할을 한다. 강우를 통해 수권에 ^{10}Be 퇴적물이 만들어진다. 이 퇴적물은 산성 빗물에 용해되지만 토양과 접촉하여 물이 더 알칼리성이 됨에 따라 침전된다. 일단 침전물 층이 덮여지면 ^{10}Be는 더 이상 토양층에 퇴적되지 않고, 안정한 동위 원소 ^{10}Be로 붕괴되기 시작한다.

AMS를 이용한 ^{9}Be 분석 결과, 과학자들은 에베레스트 남쪽의 빙하 진출이 북반구 빙상의 진출과 동시에 일어나지 않는다는 놀라운 발견을 했다. 이것은 히말라야 나머지 대부분 지역의 빙하 진출이 빙상의 진출과 동시에 일어나는 것과는 대조적이다. 이 증거는 에베레스트 산 남쪽 면이 히말라야 나머지 산맥에 대해 고유하게 고립된 열 구역에 존재하는 것을 나타낸다. ■

*Finkel, R. C.; et al. Beryllium-10 Dating of Mount Everest Moraines Indicates a Strong Monsoon Influence and Glacial Synchroneity Throughout the Himalaya. Geology, **2003**, 31, 561–564.*

유지 관리하는 비용이 엄청나게 든다. AMS는 틈새 기술이지만, 매우 중요한 틈새를 차지한다. AMS는 고고학적 시료를 가지고 매우 정확한 방사성 탄소 연대 측정을 수행하는 데 사용되며, ^{10}Be를 사용하여 수권에서의 지질 연대를 측정하는 데 사용되기 시작했다. 일부 연구자들은 폐경 후 여성의 약물에 의한 ^{41}Ca 섭취량 결정[10]과 같은 생의학 연구에 AMS를 사용하는 것을 모색하기 시작했다.

엄밀히 말하자면 AMS는 단일 질량 분석 방법이 아니지만, 전체 질량 분석 체계에서 고유한 단계를 수반한다. 우리는 그 기능을 이해하기 위해 방사성 탄소 연대 측정의 측면에서 AMS의 사용을 고려해 보자. 방사성 탄소 연대 측정에서는 시료에 남아 있는 ^{14}C 농도를 알아내는 것이 목표이다. 살아있는 물질에서 ^{14}C는 상층 대기의 우주 방사선에 의해 생성된 $^{14}CO_2$로부터의 지속적인 보충으로 인해 상대적으로 일정하게 유지된다. 그러나 ^{14}C는 방사성이다. 따라서 살아있는 생물체가 죽으면 더 이상 ^{14}C를 교환하지 않으며, 생물체에 있는 양은 5,730년의 반감기로 시간이 지남에 따라 붕괴하기 시작한다. 고고학 시료에서 ^{12}C와 ^{14}C의 비율을 결정하고 이를 현대 시료와 비교하면, 간단히 일차 붕괴 동역학을 이용하여 고고학적 시료의 나이를 결정할 수 있다. 그림 10.29는 AMS의

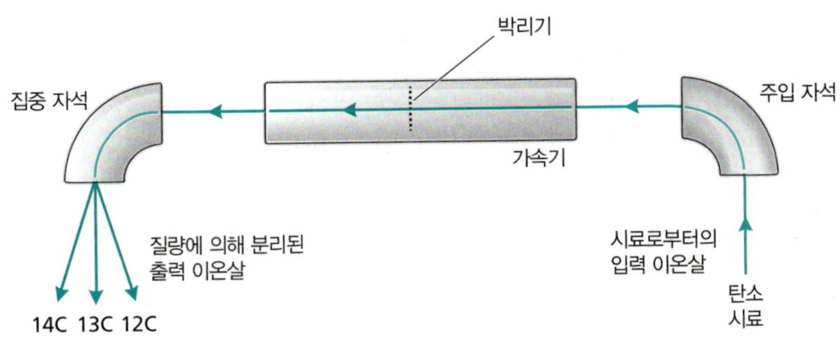

그림 10.29 AMS의 단순화된 도표.

[10] Cheong, J. M. K.; et al. J. *Clin. Endocrinol. Metab.*, **2007**, *92(2)*, 577 – 582.

▶ 프로파일 _Profile
사람의 냄새 지문

20세기 초반에 제안된 Locard의 교환 원칙은 "모든 접촉은 흔적을 남긴다"라고 기술한다. 이 원칙은 여전히 모든 경찰 업무 및 법의학 범죄학의 기초가 된다. 뺑소니 차는 손상된 차에 페인트를 남긴다. 도둑은 지문, 머리 및 발자국을 뒤에 남긴다. 이제 연구자들은 냄새와 같이 우리가 모르게 남기는 것을 연구하고 있다. 범죄 과학 저널(2010)* 의 논문에 설명된 기체 크로마토그래피-MS 탐지기 방법은 경찰견보다 뛰어났으며, 99.74%의 성공률로 개인을 식별할 수 있고, 심지어 수일간의 식사 변화도 설명할 수 있었다. 여기에 표시된 도표는 3일 동안 시료로 채취된 5개의 피험자의 "냄새 지문"을 그림으로 보여준다. 단순히 장갑을 낌으로써 정확한 신분 확인을 피할 수 있는 시대는 곧 지나갈 것이다.

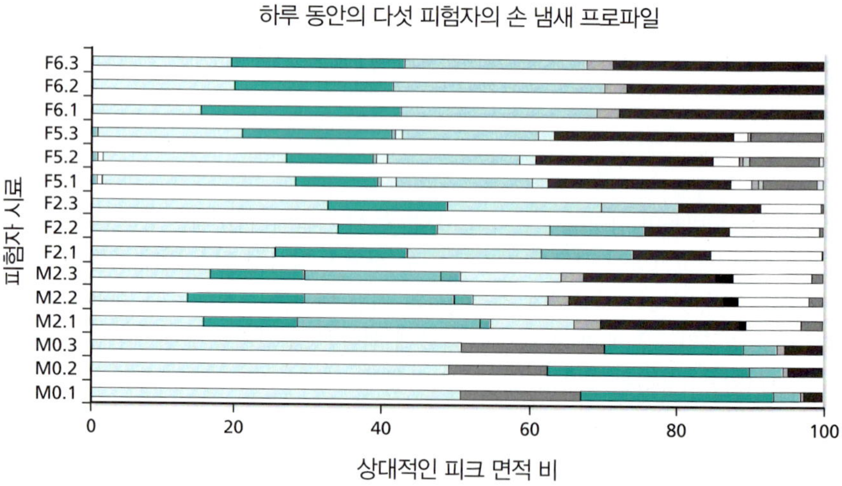

* Curran, A. M.; et al. *The Differentiation of the Volatile Organic Signatures of Individuals Through SPME-GC/MS of Characteristic Human Scent Compounds. J. Forensic Sci., 55,* **2010**, *50–57.*

단순화된 도표를 보여준다. 실제로, 탄소 시료가 장착되고, Cs^+ 이온으로 튕겨지면 시료와 관련된 다른 음이온뿐만 아니라 다양한 탄소 음이온(−1, −2, −3 전하)이 방출된다. AMS의 초기 단계에서 음이온을 사용하는 한 가지 장점은 음이온의 불안정성으로 인해 ^{14}N과 같은 동중원소가 제거된다는 것이다.[11] 이온들은 부채꼴 질량 이온 안내기를 통과하면서, 특정 탄소 시료들과 관련 있는 m/z를 가지는 이온들만 분리한다. 불행히도, $^{13}CH^-$ 와 $^{12}CH_2^-$ 와 같은 다원자 이온들은 $^{14}C^-$인 것처럼 보일 수 있다. 이 가짜 이온들은 다음 단계에서 제거된다. 이온들은 최대 1 MV의 가속 전압을 사용하는 가속기에 들어간다. 가속기의 중심에는 박리기함(stripper chamber)이 있는데, 여기에서 불활성 기체 원자는 이온들과 충돌하여 모든 다원자 종을 해리시키고 음이온에서 전자를 제거한다. 따라서 음이온은 박리기함에서 양이온으로 변환되고, 대부분 단일 원자 탄소 양이온만이 가속기 부분에서 생존한다. 양이온들은 또 다른 부채꼴 질량 분석기를 통과하고, 탄소의 세 가지 동위 원소들이 정량적으로 측정된다.

[11] 동중원소(isobar)는 같은 원소 질량을 가진 종이다. 예를 들어, ^{14}N은 ^{14}C에 대한 동중원소이다.

실습활동_Activity

선택된 이온 놀이: 질량 분석 원리의 신체적 시연

준비 – 놀이가 진행될 수업이나 실험 기간 이전에 강사 및/또는 학생들은 다음 항목을 모아야 한다.

1개의 편평한 나무판자, 길이가 약 1.8 m, 너비가 60 cm 이하

1열선 총, 헤어드라이어 또는 기타 일정한 공기 흐름 장치

"이온"을 나타내는 다양한 모양과 무게의 많은 공

목표 – 학생들은 선택된 이온이 검출기에 도달하도록 이온 경로의 곡률을 수정하기 위해 모둠을 만들어 일한다. 널빤지가 고정된 경사면에 놓여 있고 한 모둠은 그 이온(공)을 판자 아래로 보낸다. 널빤지를 따라 고정된 지점에서 공기총이 설치되어 널빤지를 가로질러 일정한 흐름을 불어 넣는다. 작은 양동이는 반대편의 공기총보다 판자 쪽으로 약 30 cm 아래에 배치된다.

각본 – 널빤지의 기울기는 이온원의 가속 전압을 나타낸다. 이것은 학생들이 통제할 수 있는 유일한 실험적 매개 변수이다. 공기총은 이온(공)의 경로에 곡률을 부여하기 위해 가해지는 힘을 나타낸다. 즉, 고정된 자기장 또는 정전기장을 나타낸다. 컵은 검출기를 대표하며, 당연히 공은 이온을 나타낸다. 공의 직경(실제로는 단면적)이 클수록 이온의 전하(z)가 커지며, 물론 공에 고정된 "이온" 질량이 있다. 놀이를 시작할 때 각 모둠은 무작위로 공 가방에서 "이온"을 꺼낸다. 모둠 구성원들은 각자 자신의 이온으로 세 번 이하만 시도할 수 있지만, 다른 이온을 가지고는 (시간 제한 내에) 계속 시도할 수 있다. 참가자들은 자신의 이온에 대한 가속 전위를 미세 조정하기 위해 다른 m/z 이온으로 실험할 수 있다.

10.6 심화자료

Books

Cole, R. B. *Electrospray and MALDI Mass Spectrometry: Fundamentals, Instrumentation, Practicalities, and Biological Applications*, 2nd ed. John Wiley & Sons: Hoboken, NJ, **2010**.

Dawson, P. H., editor. *Quadrupole Mass Spectrometry and Its Applications.* Elsevier/North-Holland: Amsterdam, **2013**.

de Hoffman, E.; Stroobant, A. *Mass Spectrometry: Principles and Applications*, 3rd ed. Wiley Interscience: Chichester, UK, **2007**.

Gross, J. H. *Mass Spectrometry: A Textbook.* Springer Science & Business Media: Heidelberg, Germany, **2011**.

March, R. E.; Todd, J. F. J., editors. *Practical Aspects of Trapped Ion Mass Spectrometry, Volume IV: Theory and Instrumentation.* CRC Press: Boca Raton, FL, **2010**.

Watson, J. T.; Sparkman, O. D. *Introduction to Mass Spectrometry: Instrumentation, Applications, and Strategies for Data Interpretation*, 4th ed. Wiley: Chichester: UK, **2007**.

Journals

Glish, G. L.; Vachet, R. W. The Basics of Mass Spectrometry in the Twenty-First Century. *Nature Reviews: Drug Discovery*, **2003**, *2*, 140–150.

Marshall, A. G.; Hendrickson, C. L. Fourier Transform Ion Cyclotron Resonance Detection: Principles and Experimental Configurations. *Int. J. Mass Spec.*, **2002**, *215*, 59–75.

Online Resources

NIST Chemistry WebBook. NIST Standard Reference Database Number 69, Eds. Linstrom, P. J.; Mallard, W. G. http://webbook.nist.gov/chemistry/.

10.7 연습 문제

10.1 그림 10.4에 묘사된 전자 이온화원을 고려한다. 필라멘트와 표적 사이의 전압을 줄이는 효과는 무엇이라고 생각하는가? 비가열 필라멘트를 사용하면 어떤 효과가 있는가?

10.2 22.3 kV의 전압에서 가속되는 경우 이미다졸륨 이온($C_3H_4N_2^+$)의 속도는 얼마인가?

10.3 이미다졸륨 이온($C_3H_4N_2^+$)을 4.2×10^5 m/s의 속도로 가속시키기 위해 필요한 전압은 얼마인가?

10.4 ^{235}U에서 ^{207}Pb로 붕괴할 때의 반감기가 7억 4천만 년이라고 가정할 때, 1.0 g의 결정에 4.32 ng의 ^{235}U와 1.92 ng의 ^{207}Pb가 포함되어 있다면 지르콘 결정체는 얼마 전 형성되었는가?

10.5 연습 문제 10.4에서 ^{235}U와 ^{207}P의 양을 서로 바뀌면, 지르콘 결정체의 나이가 어떻게 되는가?

10.6 그림 10.15에서 볼 수 있는 사중 극자 이온 편향기의 기능을 설명하라.

10.7 1,250 V의 전위에서 가속되어 5.5×10^5 m/s의 속도를 얻은 경우 1가 이온의 질량은 얼마인가?

10.8 다음 시료 각각에 대해 어느 이온화 방법을 제안할지 이유를 설명하라.

(a) 염소에 의한 종이 표백의 부산물인 다이옥신

(b) 서양고추냉이 과산화효소

(c) 강철 부스러기

10.9 다원자 탄화수소, 나프탈렌($C_{10}H_8$)을 화학 이온화와 사중 극자 질량 분석계를 사용하여 질량 분석했다. 주 피크는 m/z = 129에서 발생했으며, 스펙트럼에서 가장 큰 이온 질량은 m/z = 156에서 나타났다. 이와 같은 이온 생성에 대해 설명하라.

10.10 4.71 T 자기장이 적용되는 동안 2.3 cm 용기에서 2.5 V 고주파 신호가 500 μs 동안 가해지면, ICR 함에서 들뜬 상태의 이온은 얼마만큼의 반경으로 움직일까?

10.11 이온이 용기 벽에 충돌하는 것을 피하기 위해 연습 문제 10.10에 설명된 펄스를 적용할 수 있는 최대 시간은 얼마인가?

10.12 이온이 용기 벽에 충돌하는 것을 피하기 위해 연습 문제 10.10에 설명된 용기에서 500 μs 동안 적용할 수 있는 최대 전압은 얼마인가?

10.13 ICP-MS 분석계에서 1가 이온의 평균 질량이 약 120 Da 일 때 175의 분해능을 갖는다. 분자 이온 $Ar–Br^+$가 원소 이온의 분석을 방해하는지 이유를 설명하라.

10.14 몰질량이 1,000 g/mol 및 1,001 g/mol인 2가 이온들을 분리하기에 필요한 분해능은 어느 정도인가?

10.15 연습 문제 10.14에서 질량 분석기의 분해능이 질량 스펙트럼에 대해 일정하다고 가정하면, 평균 m/z = 2.5×10^3 주위에서 어떤 두 개의 m/z 값을 분리할 수 있는가?

10.16 그림 10.2(a)에서 보이는 스펙트럼을 얻기 위해 사용된 질량 분석계의 분해능을 추정하라.

10.17 25°C 및 1.0 torr에서 에탄올 분자(직경 0.44 nm)의 평균 자유 경로를 계산하라.

10.18 연습 문제 10.17의 에탄올 분자가 약 555 m/s로 이동한다고 가정하면 초당 충돌 횟수는 얼마인가?

10.19 CI 이온함에서 에탄올 분자의 평균 자유 경로가 0.098 mm가 되도록 하려면 함에서 어떤 압력이 필요한가?

› 고급 연습 문제

10.20 표시된 NMR과 질량 스펙트럼을 가지고, 화합물의 분자식과 구조를 결정하라.

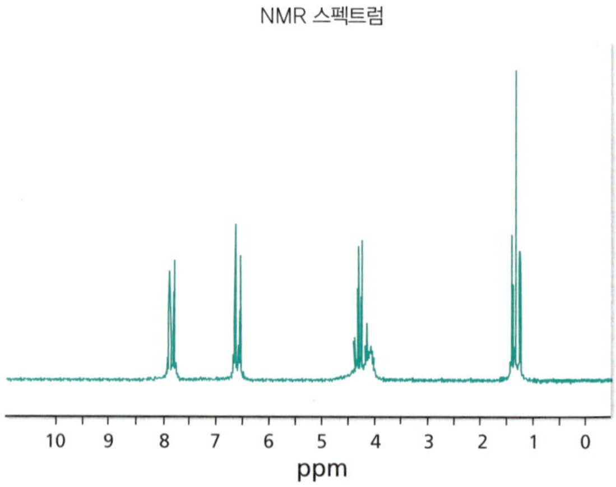

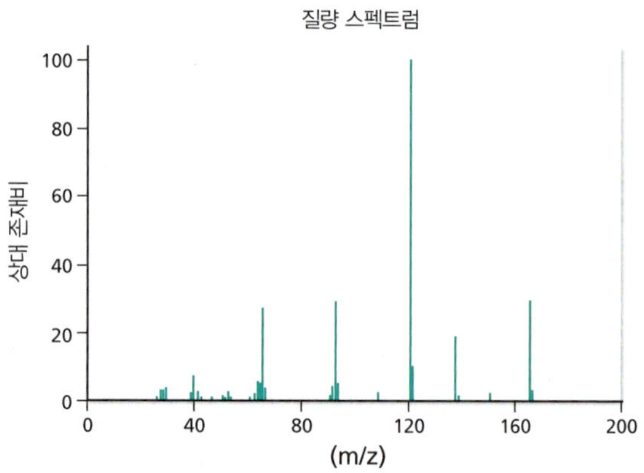

10.21 표시된 NMR과 질량 스펙트럼을 가지고, 화합물의 분자식과 구조를 결정하라.

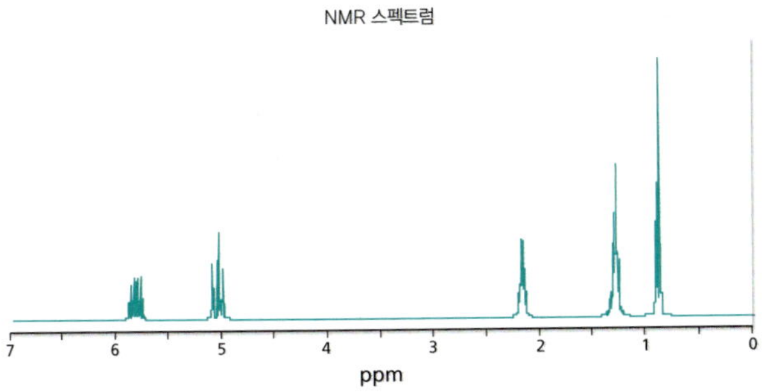

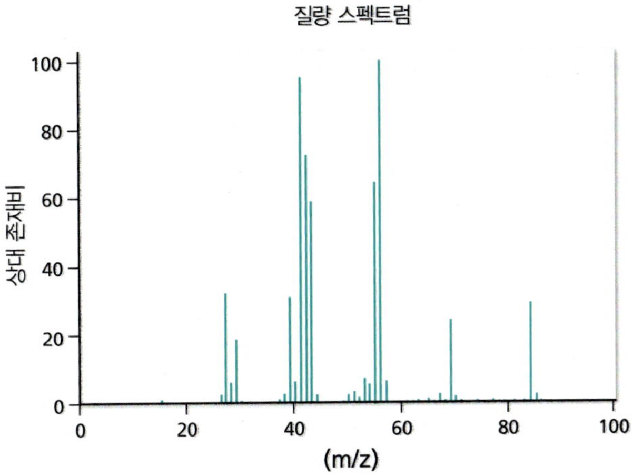

그레인저의

핵심 기기분석

INSTRUMENTAL ANALYSIS

제 11 장

핵자기공명 분광법

An Introduction to Nuclear Magnetic Resonance Spectroscopy

▸ 개념 _Concepts

▸ 특집 _Features

프로파일

비교 및 대조

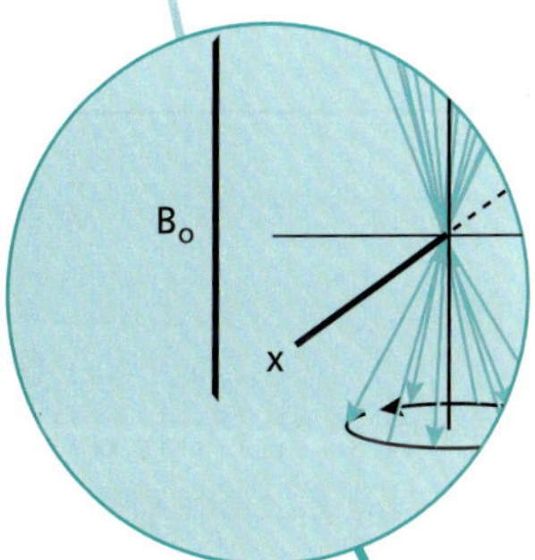

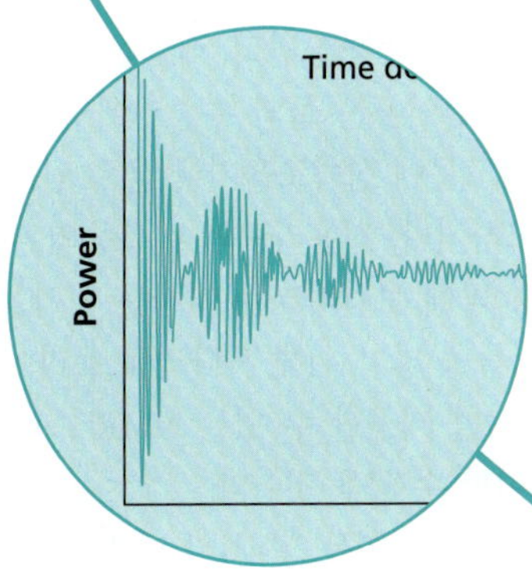

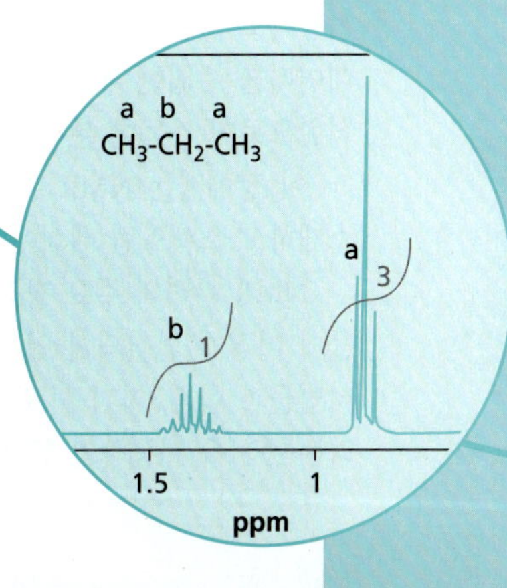

▶ **프로파일** _Profile

핵자기공명 대 에이즈 바이러스

HIV에 대항하는 백신을 찾기 위한 싸움의 어려움 중 하나는 바이러스가 빠르게 돌연변이를 만든다는 사실이다. 그러나 연구자들이 HIV 바이러스의 대부분의 유사 종류에서 흔한 단백질 서열을 발견할 수 있다면, 그들은 단백질 서열을 바탕으로 백신을 디자인하는 과정을 시작할 수 있을 것이다. 듀크 대학의 Leonard Spicer가 이끄는 연구팀은 핵자기공명 분광법을 이용하여 HIV-1의 근위부 외부 지역이라고 불리는 외부 단백질 쉘의 구조를 판별했다. 이 HIV-1 당단백질(GP 41)이 바이러스 숙주 세포막 융합에 관여한다.

Reardon, P. N.; Sage, H; Dennison, S. M.; Martin, J. W.; Donald, B. R.; Alam, S. M.; Haynes, B. F.; Spicer, L. D. Structure of an HIV-1-Neutralizing Antibody Target, the Lipid-Bound Gp41 Envelope Membrane Proximal Region Trimer. Proc. Natl. Acad. Sci., ***2014****, 111(4), 1391.*

11.1 소개

핵자기공명(NMR)은 분자구조를 결정하기 위한 중요한 기기분석법 중 하나이다. 당신은 아마도 유기화학 코스를 통해 NMR 분광기를 사용하고 핵자기공명 스펙트럼들을 해석해 본 경험이 있을 수 있다. NMR 분광기를 사용하는 과정을 기억해 보자. 가느다란 NMR 튜브에 시료를 준비하고, 이를 큰 자석에 넣은 후 컴퓨터 콘솔에서 실험의 여러 가지 파라미터들을 설정하기 위한 지침을 따른다. 만약 여러분이 대부분의 학생들과 같다면, 멋진 은색 통 안에 있는 큰 자석에 감명을 받고, 극저온 액체 질소가 밖으로 빠져나오면서 제트나 "구름"을 형성하는 얼어붙은 물의 수증기에도 감명을 받았을 것이다. 여러분은 NRM 방 밖에 게시된 경고문에 심박조율기나 금속 임플란트를 보유한 사람들에게 방에서 떨어져 있도록 충고하거나, 신용카드와 신분증의 마그네틱 스트립이 손상되지 않도록 지갑을 안전하게 방 밖에 보관하라는 지시를 기억할 수 있을 것이다. 사용하고 있는 NMR 기기에 따라 샘플을 넣기 위해 사다리를 올라야 했을 수도 있다! 데이터를 수집한 후, 구조 해석의 단서를 제공할 수 있는 NMR 스펙트럼의 패턴을 분석함으로써 가능한 분자구조들을 해석할 수 있을 것이다.

이 장에서는 NMR 분광기의 기능, 신호 획득 및 처리 방법에 대한 기본 원리들을 소개하고 스펙트럼 해석에 대한 내용을 다시 소개하고자 한다.

NMR 분석의 주요 장점은 분자에 대한 구조적 정보, 특히 분자 내에 존재하는 원자들이 어떻게 연결되어 있는지에 대한 정보를 제공한다는 점이다. NMR은 다른 기기분석법들과 함께, 미지 시료의 물질을 식별하거나, 연구 중인 화합물이 관심 분석 물질이라는 증거를 제공하기 위한 최종 해석을 제공할 수 있다. 만약 구조 결정을 우리가 풀어

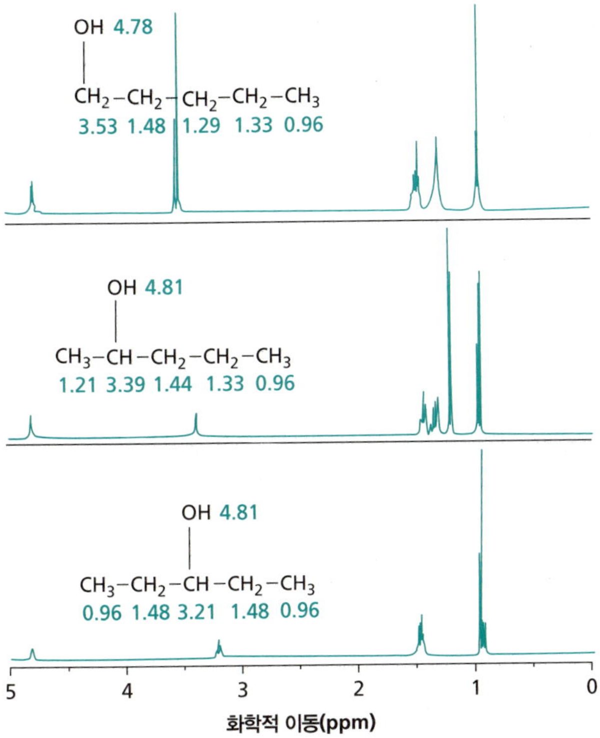

그림 11.1 펜탄올 이성질체의 구조와 수소 원자핵 NMR 스펙트럼(위에서부터 아래로): 1-pentanol, 2-pentanol, 3-pentanol.

야 할 퍼즐로 생각한다면 NMR 데이터는 질량 분석기(MS) 데이터와 적외선(IR) 분광법 데이터를 연결하는 삼각 측량 기능을 제공할 수 있을 것이다. 비록 질량분석기 데이터가 물질의 총 질량과 질량 파편화에 대한 정보를 말해주고, 적외선 분광법 데이터가 기능 그룹의 존재에 대한 정보를 제공하지만, NMR 스펙트럼은 분자의 뼈대를 형성하는 이러한 요소들이 어떻게 연결되어 있는지에 대한 정보를 제공한다. 예를 들어, 펜탄올의(그림 11.1) 각 이성질체들은 동일한 총 질량, 유사한 조각 패턴 및 적외선 지문 정보를 가진다. MS와 IR 데이터는 5개 탄소 구조를 가지는 알코올 기(R–OH)의 일반적인 특성을 보여준다. 그러나 데이터베이스 비교를 활용하지 않으면 IR과 MS 스펙트럼은 위 이성질체들의 명확한 식별을 할 수 없다. IR이나 MS 데이터는 분자의 연결성에 대한 결정적인 정보를 제공하지 않는다. 반면에 NMR은 각 핵스핀의 주변 환경을 상세히 기술하는 구체적인 정보를 제공한다. 이러한 화학적 주변 환경은 분자 내에 존재하는 각 핵스핀에 의해 느껴지는 전체 자기장을 변화시킬 수 있기 때문에, NMR 전이는 분자 내에 존재하는 각 NMR 활성 원자핵의 화학적 환경을 직접 연구할 수 있게 된다. 결국 분자 내에 존재하는 $-CH_3$, $-CH_2$, –CH 기의 수를 추론할 수 있게 된다. 이를 통해 예제 분자에서 –OH 기와 같은 작용기의 위치를 추론할 수 있다. 이렇듯 NMR은 펜탄올의 이성질체를 명확하게 구분할 수 있다.

또한 NMR을 *자기공명영상*(MRI)의 관점에서 익숙할 수도 있다. 의학에서 MRI는 인체의 조직을 영상화하는 선도적인 진단도구 중 하나이다. MRI는 NMR에 비해 훨씬 더 크고 사람 크기의 시료를 가지고 수행하지만, 기본적인 원리는 NMR과 동일하다. NMR을 측정하는 방법과 비슷하게, MRI에서는 영상화하고자 하는 시료를 강한 자기장 내에 배치한다. 조직의 밀도 지도를 만들기 위해 MRI에서 측정된 신호를 컴퓨터를 통해 처리한다. MRI에 대한 자세한 내용은 이번 장의 마지막에 다시 다루도록 하겠다.

▶ 프로파일 _Profile

스펙트럼 분석: 간단한 리뷰

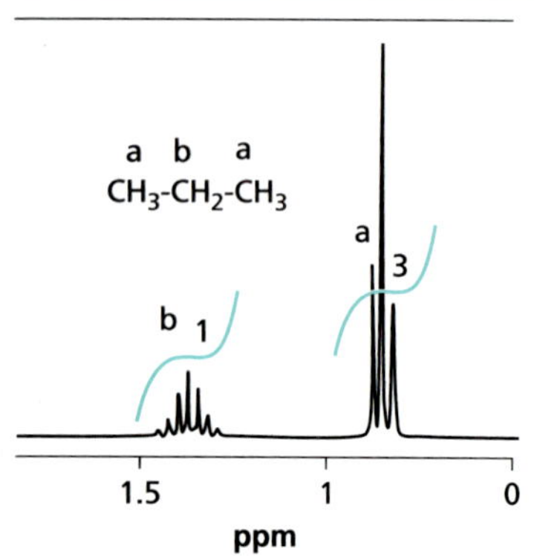

여기에 표시된 프로페인(CH_3–CH_2–CH_3)의 수소 핵자기공명 (NMR) 스펙트럼을 고려해보자. 이 스펙트럼에는 약 1.4 ppm의 7중항 신호와 약 0.8 ppm의 3중항 신호가 표시되어 있다. 유기화학에서 NMR의 원리가 소개되어 있는 것처럼 수소 원자의 신호는 인접한 탄소에 얼마나 많은 수의 수소 원자가 존재하는지에 따라 분할된다. 이러한 수소 신호의 분할은 인접한 탄소 원자의 수소 원자의 수 (n) + 1의 형태로 나타낸다(n + 1 규칙). 따라서 3중항 수소의 신호는 "a" 탄소에 결합되어 있는 수소의 신호라는 것을 추축할 수 있다(6개의 메틸 수소).

마찬가지로, 7중항 신호는 "b" 탄소에 결합되어 있는 수소 신호임을 나타낸다. 이들 수소 원자는 2개의 동등한 인접 탄소 원자를 가지고 있으며, 이는 각각 총 6개의 수소 원자들을 가지고 있다(6 + 1 = 7, "b" 수소들은 7중항으로 분할됨). 또한 각 신호들의 영역을 적분하게 되면 이 영역에 해당하는 수소 원자들의 수를 파악할 수 있다. 이러한 적분 값들은(회색으로 표시된 3중항의 3과 7중항의 1) 각 수소 원자들의 실험식 비율을 나타낸다(이 경우 3:1 비율). 이 분자 구조는 6개의 수소 원자(–CH_3 기)와 2개의 수소 원자(–CH_2 기)를 가지고 있어 6:2의 분자식 비율을 가진다(실험실 비율 3:1).

문제 11.1 질량분석 스펙트럼 및 원소 분석 데이터를 통해 석유 증류 과정에서 미지 시료의 실험식이 C_4H_8O로 확인이 되었다. 아래 표시된 구조가 다른 4개의 분자들은 모두 C_4H_8O의 실험식을 가진다.

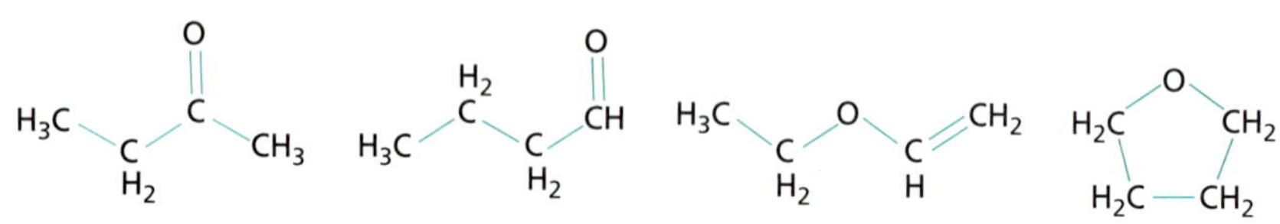

(a) IR 스펙트럼이 위의 이성질체를 구분하는데 어떻게 활용되는지 설명하라.

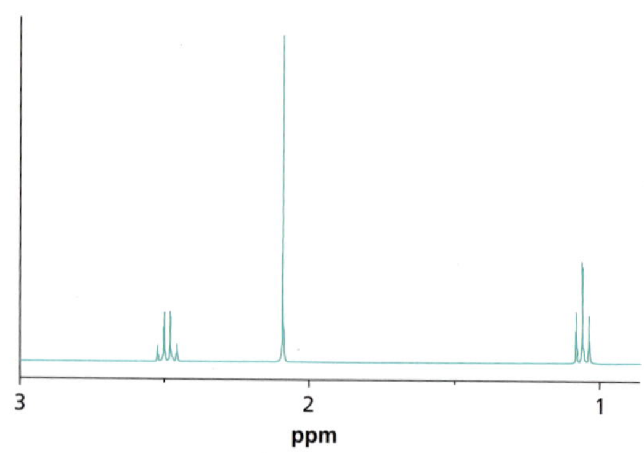

(b) 수소 NMR 스펙트럼을 통해 당신이 어떠한 이성질체를 가지고 있는지 결정하라.

11.2 핵자기공명 분광법: 원자핵의 모든 것

모든 분광법 기술들은 분자들의 다양한 성질들을 연구하기 위해 전자기 에너지를 사용한다. 당신은 에너지가 시료에 미치는 영향에 따라 특정한 분광법적 방법들을 선택하게 된다. 우리가 지금까지 연구한 분광법적 기술들은 전자의 양자 상태 사이의 에너지 변화를 이용해 왔다. 들뜬 전자들은 이완되고 양자 에너지 상태는 흡수 및/또는 발광을 통해 파악될 수 있다. 하지만 핵자기공명 분광법은 전자의 전이와 관련된 기술이 아니기 때문에 당신이 지금까지 연구했던 분광법들과는 차이가 있다. NMR에서는 (1) 최고 점유 분자 오비탈(HOMO) 또는 최저 비점유 분자 오비탈(LUMO) 사이의 전자 전이(분자 자외선-가시선 그리고 분자 발광), (2) 원자 양자 상태의 전자 전이(원자 흡수/방출 분광법), (3) 분자 진동의 양자 상태의 전이 현상(적외선 그리고 라만 분광법) 등을 관찰하지 *않는다*. **핵자기공명 분광법은 *원자핵*에 관한 기술이다.**

> **노트**
>
> 수소라는 용어를 *양성자*라는 용어로 대체할 수 있는 것 NMR 연구에서 공통적인 부분이다. 수소 중 가장 풍부한 동위원소는 중성자는 없고 단지 1개의 양성자만 가지고 있기 때문에, 수소핵은 기본적으로 양성자에 불과하다. 따라서 NMR 분광학자들이 수소 실험결과를 이야기할 때 ^{1}H-NMR로 줄여서 "양성자 NMR" 이라고 한다.

◆ 원자핵 양자수

원자 구조의 중심인 원자핵에 대해 논의해보자. 당신은 일반화학에서 다룬 것처럼 전자의 위치와 에너지를 전자의 양자 번호 세트로 설명할 수 있다는 것을 기억할 수 있을 것이다. 이러한 양자 번호들을 간단한 전자 배치로 표시할 수 있다(예, $1s^22s^22p^2$). 그리고 각 에너지 상태에 있는 전자들은 +½(스핀 업) 또는 −½(스핀 다운) 표시되는 스핀 자기 양자수(spin quantum number, s)로 표시된다. 전자와 마찬가지로 원자핵의 에너지 또한 양자수를 사용하여 설명할 수 있다. 이 장에서는 원자핵의 두 가지 양자적인 측면, 즉 *핵스핀*(nuclear spin, *I*)과 *자기 양자수*(magnetic or directional quantum number, m)에 대해 주로 논의하도록 하겠다.

양성자와 중성자의 수에 따른 핵스핀을 결정하는 규칙은 다음과 같다.

1. 양성자와 중성자가 모두 *짝수*인 경우: I = 0 (핵스핀이 없다.)
2. 양성자와 중성자의 숫자의 합이 *홀수*인 경우: I = 1/2, 3/2, 5/2, ...
3. 양성자와 중성자의 수가 모두 *홀수*인 경우: I = 1, 2, 3, ...

핵자기 양자수(m)는 핵스핀(I)으로부터 도출되며, 규칙은 다음과 같다.

$$m = I, I-1, \dots -I \qquad \text{식 (11.1)}$$

따라서 m은 (2I + 1)의 다른 에너지 값을 가질 수 있다. I = ½인 원자핵의 경우, m = +½와 m = −½의 두 가지 다른 에너지 값을 가진다. *이것이 분광법에서 이용되는 두 가지 상태의 에너지 차이에 해당하는 것이다.* 이러한 개념은 11.4절에서 다시 다루도록 하겠다.

NMR 신호는 이러한 두 상태 사이의 전이(흡수 및 이완)에서 파생되므로 I = ½, "스핀 ½ 핵"이 NMR에서 매우 중요하다. 수소는 지구상에서 가장 풍부한 핵종 중 하나이기 때문에 NMR의 유용성은 스핀 ½ 핵인 수소에 크게 의존한다.

> **노트**
>
> I = ½인 핵을 스핀 ½핵이라고 한다.

문제 11.2 다음 핵종들의 핵스핀이 0, 정수, 또는 ½의 배수인지 결정하라. (예제 11.1 참조)

(a) ^{2}H　　(b) ^{12}H　　(c) ^{15}C
(c) ^{3}C　　(e) ^{13}N　　(f) ^{31}P

» 예제 11.1

수소(^1H)의 스핀 양자 상태는 무엇인가?

전략 ›
핵스핀과 식 (11.1)을 결정하는 규칙에 대해 살펴보라.

답 ›
수소(^1H)는 가장 일반적인 동위원소이며 1개의 양성자와 0개의 중성자를 가지고 있다. 합계(1 + 0 = 1)가 홀수이다. 따라서 핵스핀 (I)를 결정하는 규칙에 따라 I = ½이다. I = ½이기 때문에 m에 대한 값은 m = + ½이고, m = −½이다.

문제 11.3 다음의 각 핵종별 핵자기 양자수(m)를 결정하라.

(a) ^2H　(b) ^{12}H　(c) ^{15}C
(d) ^3C　(e) ^{13}N　(f) ^{31}P

문제 11.4 문제 11.3에 표시된 핵종들이 NMR에 활성이 있는지 설명하라.

◈ 자기장 내부에서의 핵

I = ½인 원자핵이 *외부 자기장*(B_o 필드)의 영향에 놓이게 되면, 두 핵스핀 양자수(m)의 에너지 상태는 (m = +½, m = −½) 분할된다. m = +½ 상태에서 양성자의 자기장은 B_o 필드와 평행하게 정렬되고, m = −½ 상태에서 양성자의 자기장은 B_o 필드의 방향과 반대로 정렬된다. 이 부분에서 중요한 점은 *두 에너지 사이의 분할의 크기가 외부 자기장의 크기에 비례한다는 점이다.* 그림 11.2에 표시된 것처럼 외부 자기장인 B_o 필드가 0인 경우, 두 자기 상태의 에너지 차이가 없지만, 외부 자기장의 크기가 증가할수록 두 에너지 상태의 에너지 차이가 증가함을 볼 수 있다. 외부 자기장에 따른 에너지 분할을 *Zeeman 효과*라고 한다.

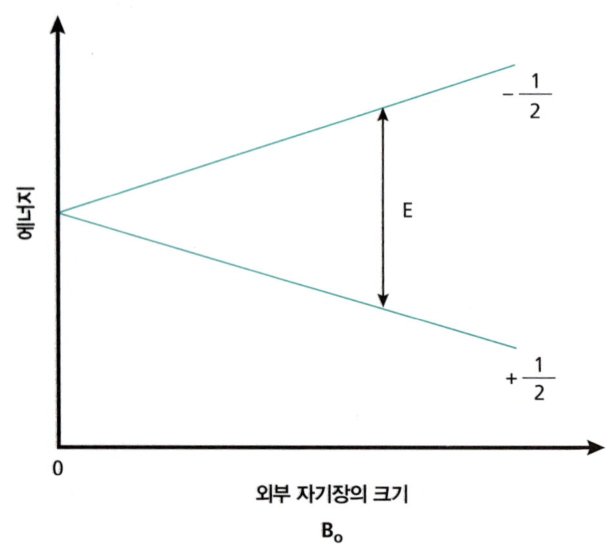

그림 11.2 외부 자기장의 크기에 따른 원자핵의 자기 회전 상태의 에너지 분할.

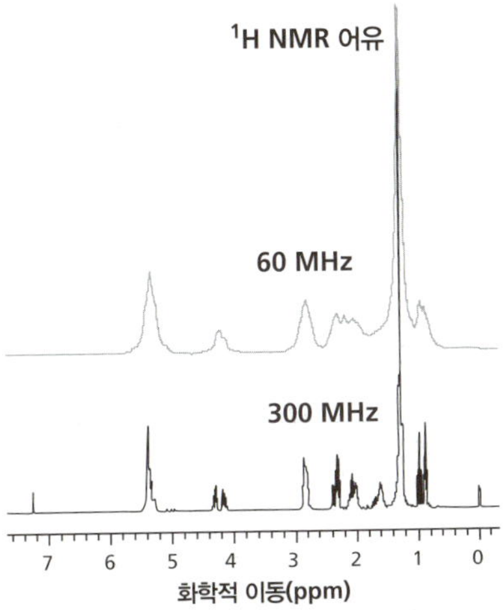

그림 11.3 외부 자기장의 크기가 스펙트럼 분해능에 미치는 영향. 60 MHz와 300 MHz의 두 외부 자기장의 영향에서 측정된 어유의 ^{1}H-NMR 스펙트럼 비교. 자기장의 크기는 메가헤르츠(MHz) 또는 테슬라(Tesla)로 표시한다.

그림 11.4 Bruker 사의 600 MHz(*왼쪽*)과 800 MHz(*오른쪽*) NMR 장비.

NMR과 MRI 실험은 두 스핀 상태 사이에 이러한 에너지 차이(ΔE)를 만들기 위해 시료를 강한 자기장에 넣는 방식으로 수행된다. B_o 필드가 강할수록 에너지 차이(ΔE)가 커지고, 에너지 차이가 클수록 신호 강도가 높아지고 에너지 분해능이 증가한다.[1] 스펙트럼의 분해능에 대한 내용을 11.5절에서 다루게 될 것이다. 따라서 대부분의 실험은 가능한 한 B_o 필드가 높은 장비에서 수행된다.

그림 11.3은 두 개의 외부 자기장의 세기가 다른 상황에서 측정된 어유 시료의 ^{1}H-NMR 스펙트럼을 보여준다.[2] 60 MHz로 표시된 낮은 B_o 필드에서 측정된 스펙트럼의 경우 전반적으로 수소 신호들이 중첩되어 넓은 형태로 나타낸 반면 300 MHz의 높은 B_o 필드에서 측정된 스펙트럼의 경우 각각의 수소 신호들이 분리되어 나타난 것을 확인할 수 있다. 또한 300 MHz 스펙트럼에서 볼 수 있는 7.25 ppm의 신호가 60 MHz 스펙트럼에서는 기준선에 묻혀 있다는 것도 알 수 있다.[3] 60 MHz의 낮은 B_o 필드에서는 신호는 너무 약해서 볼 수 없었던 것이다.

강한 자기장은 상온에서 전자석(일명 *연속파 자석*이라고도 함)에 의해 생성되며, 극저온 온도(고자장 자석이라고도 함)에서 초전도성 전자석에 의해 생성된다. 현재 상용화된 NMR 장비는 60~900 MHz의 B_o 필드를 가지며, 일반적으로 200~400 MHz의 장비가 가장 널리 이용되고 있다. 그림 11.4는 온타리오 암연구소에 설치되어 있는 두 개의 고자장 NMR 장비를 보여주고 있다.[4] 왼쪽은 Bruker 사의 600 MHz NMR 장비, 오른쪽은 Bruker 사의 800 MHz NMR 장비이다.

---

[1] 외부 자기장 강도(B_o)만이 신호 강도에 영향을 미치는 유일한 요소는 아니지만, 중요한 요인 중 하나이다.

[2] Process NMR Associates, 87A Sand Pit Road, Danbury, CT 06810; http://www.process-nmr.com.

[3] NMR 스펙트럼의 *x*축에 대한 설명과 ppm의 정의는 11.5절에 자세히 설명되어 있으며, 식 (11.6)에 ppm의 결정 방법이 설명되어 있다.

[4] http://nmr.uhnres.utoronto.ca/ikura/nmrsuite/nmrsuite.html.

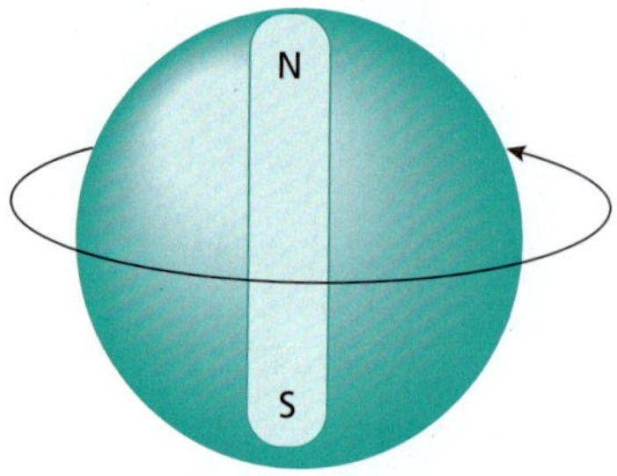

그림 11.5 핵을 자기 극이 있는 회전 전하의 구라고 생각할 수 있다.

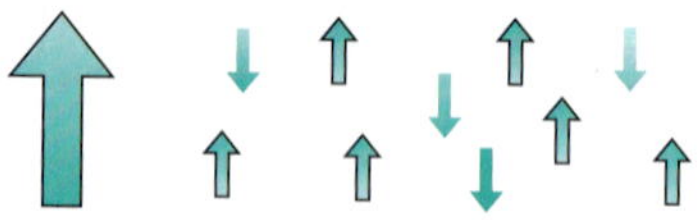

그림 11.6 적용된 외부 자기장 B_o(큰 화살표)을 기준으로 시료 내 핵자기 모멘트(작은 화살표)의 가능한 방향. 사실 핵자기 모멘트는 외부 자기장을 기준으로 매우 다양한 배향을 가질 수 있다. 그러나 핵들이 외부 자기장의 방향과 정렬되어 있다고 단순화되어 표현되었다.

회전하는 전하를 가지는 입자는 관련된 자기장을 가지고 있으므로, 핵은 북극과 남극을 가진 회전하는 막대자석으로 쉽게 모델링될 수 있다. 그림 11.5에 표현된 것처럼 시료 내에 존재하는 각각의 원자핵의 초기 배향은 시료 전체에 걸쳐 핵마다 매우 다양하다. 하지만 NMR에 진입하면 적용된 자기장의 영향 아래에서 핵은 새로운 배향을 갖기 시작한다. 이것은 모든 핵들이 즉각적으로 정렬된다는 것은 의미하는 것은 아니다. 오히려 핵들이 일정한 시간 동안 외부 자기장의 방향과 평형하게 정렬된다는 것을 의미한다. 이러한 내용을 Boltzmann 분포도 또는 순자화 과정이라고 한다.

이러한 내용은 두 개의 자석을 정렬할 수 있는 두 가지 안정적인 방법으로 표현할 수 있다. 매우 안정적인 남북 정렬(또는 *낮은 에너지* 상태)과 준안정성을 가진 북북 정렬(또는 높은 *에너지* 상태)이다. 이러한 준안정적 정렬 또한 물리적으로 잠정적인 안정된 상태를 나타낸다.

NMR의 자기장 안에 있는 원자의 경우, 이러한 상황은 안정성과 관련된 상황과 비슷하다. 핵은 외부 자기장에 대해 안정적이고(m = +½), 준안정적인(m = −½) 배향의 두 가지 자기 상태를 가진다. 그림 11.2에 나타낸 것처럼 −½ 상태는 높은 에너지로, 그리고 +½ 상태는 낮은 에너지로 표시되어 있음을 확인할 수 있다. 이러한 에너지는 양자역학에서 파생되었으며, 이 명명 규칙은 NMR 분광법에서 사용된다.

회전하는 핵의 자기장은 방향과 크기(즉, *자기 모멘트*)를 모두 가지고 있다. 자기 모멘트의 기호는 μ이며, 종종 화살표로 표시되는 경우도 있다. 이 기호를 사용하여 그림 11.6에서는 큰 화살표를 이용한 외부 B_o 필드의 방향을 나타내고 있으며, B_o 필드의 영향 아래 두 방향 중 하나로 정렬되는 핵(작은 화살표)을 나타낸다. NMR 문헌에서 일반적으로 B_o 필드(위 화살표)를 핵의 +½ 상태(낮은 에너지 상태)와 보다 안정적인 정렬로 표시하며, 그들이 "정렬"되어 있다고 말한다. 따라서 핵의 −½ 상태(높은 에너지 상태, 아래 화살표)는 B_o 필드와 반대되는 것처럼 보인다. 핵이 B_o 필드에 대해 방향을 바꾸게 되면, 이것을 *뒤집혔다*(flip)고 말한다.

또한 시스템이 평형 상태에 존재할 때 낮은 에너지 상태(위 화살표, B_o 필드와 정렬)에 *더 많은* 수의 핵이 존재하며 상대적으로 적은 수의 핵이 높은 에너지 상태(아래 화살표, B_o 필드와 역평형)에 존재하게 된다. B_o 필드에 따른 두 에너지 상태의 상대적인 분포도는 비교 및 대조 "일반적인 분광법적 분석법의 상태 분포도"를 참고하면 된다. 무작위적인 열효과의 영향에 의해 한 방향에서 다른 방향으로 핵 "플립"하는 매우 적은 수의 에너지 전이가 있을 수 있기 때문에, 두 에너지 상태에서 핵의 상대적 수는 정적인 상태가 아닌 평형 상태라고 생각할 수 있다.

핵의 "플립" 현상은 +½에서 −½ 방향으로 어느 방향으로든 발생할 수 있으며, 동일한 확률로 일어날 수 있다. 어떤 방향에서 그것을 흡수라고 부를 수 있으며, 반면에 다른 방향에서 그것을 방출이라고 부를 수 있다. 핵의 경우, 이러한 과정을 *핵자기공명*이라고 명명한다.[5]

외부 자기장은 Zeeman 분할 환경을 제공하기 때문에 NMR 장비의 핵심 구성 요소이며, NMR 샘플 전체에 걸쳐 균일하다. 균일한 외부 자기장을 얻는 방법은 11.6절에서 다시 다루도록 하겠다. 하지만 분자 내에서 각각의 원자핵들은 약간 다른 자기장 환경을 느끼게 된다. 이러한 현상은 핵의 관점에서 볼 때 각 원자핵의 국수적 환경이 외부 자기장의 일부를 차폐하고 있을 수 있기 때문이다. 이것은 전자와 주변 핵들이 존재하기 때문이다. 이 부분은 *화학적 이동*을 설명하는 11.5절에서 다시 다루도록 하겠다.

[5] NMR은 흡광도(일반적으로 연속파 NMR의 모드) 또는 방출(일반적으로 Fourier 변환 NMR의 모드) 형태로 측정할 수 있다.

11.3 핵자기공명 신호

NMR 신호를 얻기 위해서는 분석하고자 하는 시스템이 들뜬 상태로 전이되어야 한다. 일반적인 오해는 외부에서 적용된 자기장(B_o)이 원자핵들을 들뜬 상태로 만든다는 것이다. 하지만 이 부분은 사실이 아니다. B_o 필드는 원자핵들이 가지고 있는 에너지 준위를 분할하는 것뿐이다(+½와 −½). 두 에너지 상태 사이의 공명은 이 시스템에 라디오파(RF) 펄스의 형태로 에너지를 가함으로써 촉진된다. RF 펄스는 형광 분석기에서 형광을 자극하는 데 사용되는 플래시램프와 유사하다고 생각할 수 있다.[6]

다른 유형의 분광법에서 적용되었던 것처럼, 시스템의 들뜸 현상은 두 상태 사이의 양자 에너지 차이와 일치한다. 외부에서 가해진 에너지가 시스템의 에너지 차이와 동일할 때 두 상태 간 전이가 발생한다. 에너지는 시스템으로 흡수되고 더 높은 에너지 상태의 입자수는 증가하고, 들뜬 상태의 핵이 이완되면, 라디오파 에너지를 다시 방출한다. 이완 과정에서 라디오파 에너지의 주파수는 NMR 분광법에서 측정한다.[7] NMR에는 이러한 원리들을 따라 몇 가지 흥미로운 고려사항이 있으므로, 핵의 맥락에서 이것을 좀 더 자세히 살펴보도록 하자.

자기 모멘트는 회전하는 전하를 가지는 핵과 관련된 자기장의 방향과 크기를 나타내는 벡터로 편리하게 묘사할 수 있다. 단 하나의 핵을 보게 된다면, 전하 입자의 자기 모멘트가 *세차운동*(precession)의 행동을 나타낸다는 것을 알 수 있다. 이러한 형태의 물리적 현상은 자이로스코프나 팽이에서 볼 수 있다. 자이로스코프가 하나의 축을 중심으로 회전하는 동안 자이로스코프는 그 축을 기준으로 세차운동을 한다. 자이로스코프가 회전할 때, 그것은 중력을 나타내는 벡터에 대해 세차운동을 한다[그림 11.7(A)].

핵을 화살표 표기법으로 표현한 것처럼 핵이 비슷한 행동을 하는 것을 상상할 수 있다. 그림 11.7(B)에서도 회전하는 전하를 가지는 핵이 적용된 외부 필드(B_o)와 정렬되어 해당 축을 중심으로 회전하는 것을 볼 수 있다. 자기 모멘트(μ)는 자기회전 비율(γ)에 각운동량(J)을 곱한 것과 같다.

$$\mu = \gamma J \qquad \text{식 (11.2)}$$

자기회전 비율(γ)은 자이로스코프가 어떤 종류인지, 다시 말해서 어떤 원자핵인지를 나타낸다. 자기회전 비율은 각 원자핵들의 고유한 특성이며, *각운동량*(J)을 측정된 자기 모멘트로 스케일링하는 기능을 한다. 자기회전 비율은 광학 분광법에서 *몰 흡수계수*(molar absorptivity)와 유사하다고 생각하면 된다.

각운동량(J)은 적용된 B_o 필드의 함수이므로, 이 필드는 자기 모멘트의 방향뿐만 아니라 세차운동의 주파수(ω)에도 영향을 미친다.

$$\omega = -\gamma B_0 \qquad \text{식 (11.3)}$$

세차운동의 주파수(ω)는 *Larmor 주파수*(Larmor frequency)로 알려져 있다. 그리고 Larmor 주파수는 +½와 −½ 핵스핀 상태 사이의 에너지 차이(ΔE)와 관련이 있다. 따라서 11.2절에서 보았듯이, 두 공명 상태(+½ 및 −½) 사이의 전이 에너지 간격은 적용된 B_o 필드 크기의 함수이다.

각 핵종들은 고유의 자기 모멘텀을 가지고 있으므로 식 (11.3)에서 볼 수 있듯이 각 핵은 자체 Larmor 주파수를 가지고 있다. 식 (11.3)의 각주파수(ω in rad · sec^{-1})는 다

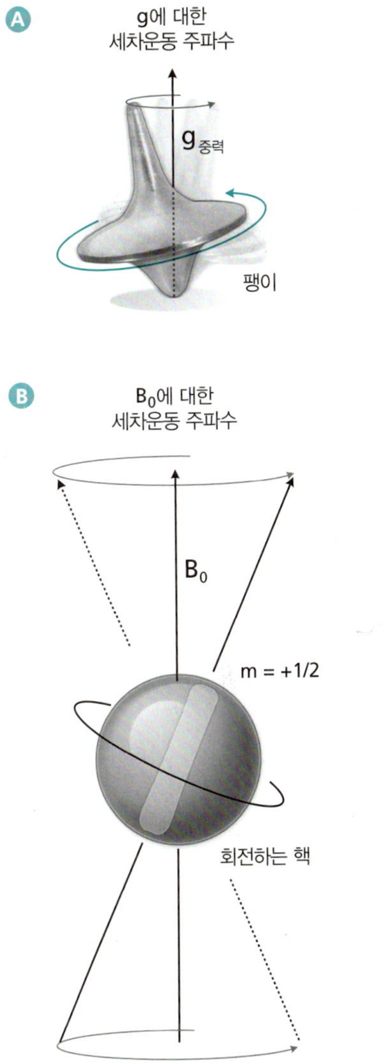

그림 11.7 (A) 중력 축을 중심으로 회전하는 팽이와 (B)외부 자기장을 중심으로 회전하는 핵.

노트

자기회전비율은 광학 분광법에서 몰 흡수계수(molar absorptivity)와 유사하다고 생각하면 된다.

---

[6] 형광 분석기의 설계에 대한 자세한 내용은 7장을 참조하라.

[7] NMR 공명은 흡광도(일반적으로 연속파 NMR) 또는 방출 또는 이완(일반적으로 Fourier 변환 NMR)으로 측정할 수 있다. 이 장에서는 Fourier 변환 NMR의 보다 현대적인 적용에 초점을 맞추고 NMR 이완 신호에 대해 설명되어 있다.

표 11.1 ▸ 몇 가지 흔한 핵종의 자기 데이터

원자핵	자연 존재비(%)	핵스핀(I)	자기 모멘트(μ)*	자기회전 비율(γ)†
^{1}H	99.984	½	2.793	26.75
^{13}C	1.108	½	0.7022	6.728
^{31}P	100	½	1.131	10.84
^{19}F	100	½	2.627	25.18

* μ의 단위는 핵마그네톤이다. 1 핵마그네톤 = 5.0508×10^{27} JT^{-1}

† γ의 단위는 10^{7} rad T^{-1} sec^{-1}.

음을 사용하여 라디오파로 ν(Hertz) 변환할 수 있다.

$$\nu = \omega/2\pi \qquad \text{식 (11.4)}$$

가장 일반적으로 연구된 핵스핀이 ½인 4개의 원자핵에 대한 자기 데이터는 표 11.1에 제시되어 있다.

두 스핀들의 에너지(+½ 및 −½)를 다음과 같이 결정할 수 있다.

$$E_I = h\nu$$
$$E_I = \hbar\omega, \text{(여기서, } \hbar = h/2\pi) \qquad \text{식 (11.5)}$$
$$E_I = \hbar(-m\gamma B_o), \text{(여기서, m은 +½ 또는 −½ 이다)}$$

따라서 에너지 준위의 차이 ΔE[−½(높은 에너지 상태) − +½(낮은 에너지 상태)]는 다음과 같다.

$$\Delta E = \hbar(- -½\,\gamma B_o) - \hbar(- +½\,\gamma B_o)$$
$$\Delta E = ½\,(\hbar\gamma B_o) + ½\,(\hbar\gamma B_o) \qquad \text{식 (11.6)}$$
$$\Delta E = \hbar(\gamma B_o)$$

이때 에너지 차이 ΔE는 자기회전 비율(γ)과 적용된 B_o 필드의 크기에 모두 비례한다는 것을 알 수 있다(그림 11.8 참조). 특정 핵의 방향(±½)은 적용된 에너지(라디오파 펄스)가 식 (11.6)에서 설명한 에너지 차이와 같을 때 "젖혀짐(flip)"된다. 11.2절에서 논의한 바와 같이 NMR은 양 방향, 낮은 에너지에서 높은 에너지 및 높은 에너지에서 낮은 에너지 모두에서 발생한다. 낮은 에너지 상태에서 높은 에너지 상태로 전환되는 것은 흡수의 형태인 반면, 높은 에너지 상태에서 낮은 에너지 상태로 전환되는 것은 방출의 형태이다.

특정 NMR 장비에 대해 "200MHz" 또는 "600MHz" 장비라고 말할 때 실제로 ^{1}H 핵에 대한 Larmor 주파수를 인용하게 된다. 자기장은 일반적으로 테슬라(tesla) 단위로 측정된다. 몇 가지 예제 계산을 통해 이러한 단위가 서로 어떻게 변환되는지 살펴보겠다.

그림 11.8은 B_o 필드 증가함에 따라 두 에너지 상태(−½와 +½) 사이의 에너지 차이(ΔE)가 증가하게 된다는 것을 보여주며, 이는 ^{1}H의 B_o 필드와 주파수(ν)의 관계를 보여준다[식 (11.4)]. ^{1}H-NMR이 가장 일반적으로 사용되는 기법이기 때문에 ^{1}H-NMR의 Larmor 주파수는 자기장의 명명 규칙으로 사용되기도 한다.

적용된 자기장이 다른 유형의 핵에 대해 다른 ΔE 및 세차운동 주파수를 생성한다는 점에 주목하는 것이 중요하다. 양성자는 100 MHz NMR 장비에서 ^{1}H-NMR을 수행할 때 Larmor 주파수 ≈ 100 MHz를 가지지만, ^{13}C 핵은 ^{13}C의 자기회전 비율에 따라 다른 Larmor 주파수를 가진다(그림 11.9 및 예제 11.3 참조).

자기장의 표현: Tesla(T)와 Megahertz(MHz)

테슬라는 자기장 세기의 SI 단위이며, 다음과 같이 정의된다. 1 coulomb의 전하가 있는 입자가 1 m/s의 속도로 1 T의 자기장을 수직으로 통과할 때 1 N의 힘을 경험한다. NMR 장비(또는 NMR의 라벨로 사용)와 함께 사용되는 MHz 주파수는 양성자가 특정 B_o 필드에서의 세차운동 주파수이다. 회전하는 핵의 Larmor 주파수도 자기회전비율의 함수이므로 각 핵종에 대한 변환이 필요하다. 예를 들어 ^{1}H 핵종에 대한 MHz에서 tesla로의 변환은 100 MHz = 2.35 T에서 유도될 수 있으며 1 T = 42.55 MHz의 변환을 산출한다.

B_0 = 2.35의 필드 세기 상수에서, 표 11.1에 열거한 4개의 핵에 대한 대략적 공명주파수는 그림 11.9에 나타냈다.

» 예제 11.2

100 MHz의 Larmor 주파수를 가지는 ^1H 핵의 B_o 필드를 (tesla 단위) 계산하라.

전략 ›
식 (11.5) 및 (11.6)을 사용해 rad · sec^{-1} 단위의 Larmor 주파수를 Hz 단위의 주파수와 연관시키고 물리적 상수에 대해 표 11.1의 데이터를 사용한다.

풀이 ›
$\Delta E = \hbar(gB_o)$, $\Delta E = h\nu$ 두 식을 이용하여 주파수에 대해 정렬하면,

$$\nu = \gamma B_o/2\pi$$

알고 있는 100 MHz = $(26.753 \times 10^7 \text{ rad T}^{-1} \text{ sec}^{-1})\ B_o/2\pi$ 수치를 대입하고 B_o에 대해 수식을 풀면

$$B_o = 2\pi(100 \times 10^6 \text{ rad sec}^{-1})/(26.753 \times 10^7 \text{ rad T}^{-1} \text{ sec}^{-1})$$
$$B_o = 2.35 \text{ T (그림 11.8 참조)}$$

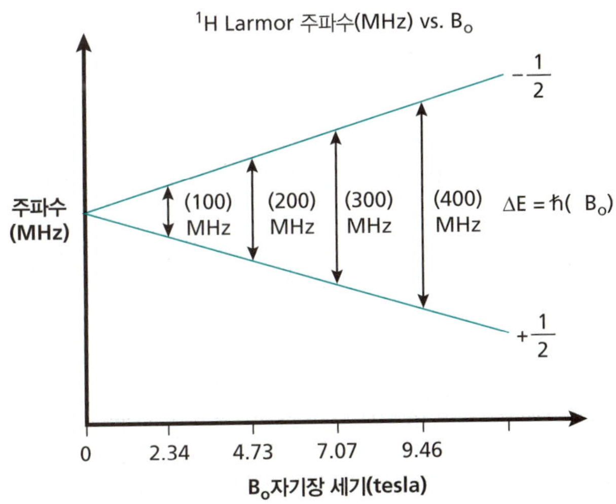

그림 11.8 외부 자기장의 세기에 따른 ^1H의 에너지 분할 다이어그램.

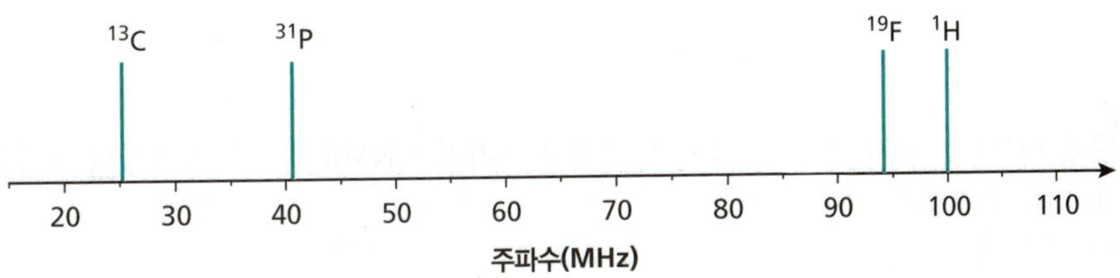

그림 11.9 2.35 T 자기장에서 핵스핀이 ½인 원자핵의 (^{13}C, ^{31}P, ^{19}F, ^1H) 공명 주파수.

» 예제 11.3

2.35 T의 자기장에서의 ^{13}C의 Larmor 주파수를 계산하라.

전략 ›

식 (11.4) 및 (11.5)를 사용해 rad · sec^{-1} 단위의 주파수를 MHz 단위의 주파수로 변환한다.

풀이 ›

$$\nu = \gamma B_o / 2\pi$$

$$\nu = (6.728 \times 10^{10}\ \text{rad T}^{-1}\ \text{sec}^{-1}) 2.35\ \text{T} / 2\pi$$

$$\nu = 1.58 \times 10^{11}\ \text{rad sec}^{-1} / 2\pi$$

$$\nu = 25.3 \times 10^{6}\ \text{sec}^{-1} = 25.3\ \text{MHz}$$

(그림 11.9 참조)

문제 11.5 아래의 각 핵종에 대해 식 (11.4), 식 (11.5) 및 표 11.1을 이용해 4.7 T 자기장에서의 Larmor 주파수를 계산하라.

(a) ^{1}H (b) ^{13}C (c) ^{31}P (d) ^{19}F

문제 11.6 아래의 각 핵종에 대해 식 (11.4), 식 (11.5) 및 표 11.1을 이용해 9.4 T 자기장에서의 Larmor 주파수를 계산하라.

(a) ^{1}H (b) ^{13}C (c) ^{31}P (d) ^{19}F

문제 11.7 식 (11.6)과 Boltzmann 분포도를 이용하여 아래 NMR 장비에서 실온에서 양성자에 대한 m = −½ 및 m = +½ 사이의 상대적인 입자수 분포도를 계산하라(미분화의 비율은 1이라고 가정, $g_2/g_1 = 1$).

(a) 60 MHz (b) 200 MHz (c) 300 MHz (d) 900 MHz

문제 11.8 문제 11.7에 사용된 분광기들의 상대적인 감도를 비교하라.

문제 11.9 표 11.1을 활용해서 megahertz-to-tesla 변환을 하라.

(a) ^{13}C (b) ^{31}P1 (c) ^{19}F

문제 11.10 Boltzmann 방정식은 온도를 조절함으로써 상태의 상대적 입자수 분포도에 영향을 미칠 수 있음을 나타낸다. 실내 온도와 비교하여 60 MHz NMR에서 200 MHz NMR로 전환할 때 동일한 크기의 신호를 얻으려면 몇 도에서 신호를 측정해야 하는가?

문제 11.11 900 MHz의 ^{1}H 공명 주파수를 가지는 NMR 장비의 자기장의 크기를 tesla 단위로 계산하라.

비교 및 대조_*Compare and Contrast*

일반적인 분광법적 방법에서의 입자 분포

*Boltzmann 방정식*은 온도에 따른 들뜬 상태와 바닥 상태의 입자들의 (분자, 원자, 원자핵) 분포에 대한 상대적인 비율을 설명한다.

$$\frac{N_2}{N_1} = \frac{g_2}{g_1} e^{-\left(\frac{\Delta E}{k_B T}\right)}$$

여기서 N_2는 들뜬 상태의 입자의 수이고, N_1은 바닥 상태의 입자의 수이고, ΔE는 이 두 상태의 에너지 차이이며, k_B는 Boltzmann 상수이고, T는 온도이다. g_2와 g_1은 두 상태의 미분화를 나타낸다. 자외선-가시선(UV-VIS), 적외선(FT-IR), 핵자기공명(NMR) 분광법에서의 N_2/N_1의 비율을 비교해보자. 좀 더 직접적인 비교를 위해 benzaldehyde의 카보닐 작용기의 UV-VIS, 적외선 스펙트럼과, 카보닐 작용기에 붙어 있는 양성자 신호의 NMR 스펙트럼을 사용할 것이다. 그리고 세 가지 실험 모두 $g_2 = g_1$ 및 상온(25°C)의 조건에서 수행되었다고 가정한다. NMR의 경우 300 MHz (7.05 T) 장비가 사용되었다.

UV-Visible

Benzaldehyde의 카보닐 결합은 250 nm에서 $\pi \rightarrow \pi^*$ 전이를 나타낸다. 따라서 ΔE를 추정할 수 있다.

$$\Delta E = \frac{hc}{\lambda} = \frac{(6.63\times10^{-34}\ \mathrm{J\cdot s})(3.00\times10^{8}\ \mathrm{m/s})}{250\times10^{-9}\ \mathrm{m}} = 7.956\times10^{-19}\ \mathrm{J}$$

N_2/N_1 값을 계산해보면:

$$\frac{N_2}{N_1} = \frac{g_2}{g_1} e^{-\left(\frac{\Delta E}{k_B T}\right)} = (1)_e - \left(\frac{(7.956\times10^{-19}\ \mathrm{J})}{(1.38\times10^{-23}\ \mathrm{J/K})(298.15\mathrm{K})}\right)$$

$$= 1.05\times10^{-84}$$

이 계산을 통해 바닥 상태의 입자의 수가 들뜬 상태의 입자수보다 대략 10^{84}배 정도 많다는 것을 나타낸다. 분광 분석에 대한 유일한 합리적인 접근법은 흡광도를 측정하는 것이다.

FTIR

Benzaldehyde의 카보닐 결합의 신축진동 신호는 1,725 cm^{-1}(5.8 μm)에서 발생한다. 따라서 ΔE = 3.429 × 10^{-20} J (21 kJ/mol) 및 N_2/N_1 = 2.4 × 10^{-4}인 것을 통해 바닥 상태의 입자수가 들뜬 상태의 입자수보다 약 4,000배 더 크다. 상온에서 분자의 약 0.025%만이 외부 자극 없이 들뜬 상태에서 존재할 것이지만 흡광도를 측정하는 것이 여전히 분광법적 측정에 대한 유일한 실용적인 접근법임이 분명하다.

NMR

식 (11.6)을 이용해 NMR 측정에서의 ΔE 계산에 대한 방법을 제시하였다. 300 MHz의 NMR 장비가 사용되었다고 가정한다면,

$$\Delta E = 1.99\times10^{-25}\ \mathrm{J}\ (0.00012\ \mathrm{kJ/mol}),$$
$$N_2/N_1 = 0.9999516$$

이 계산을 통해 두 에너지 상태 사이의 입자 분포도 차이가 거의 없음을 알 수 있다. 이 계산된 값에 역수를 취하고 10^6을 곱하게 되면 1,000,048이 계산된다. 즉, 모든 핵들 중에서 24개의 초과 핵스핀들이 바닥 상태에 존재할 뿐이다. 따라서 24 ppm의 초과 핵스핀만이 NMR 신호를 생성할 수 있다. 다른 많은 원자핵들의 전이 또한 다른 999,976개의 핵에 대해 흡광도와 방출의 확률은 동일하기 때문에 그들의 신호는 서로를 상쇄할 것이다. 현대의 분광기들은 바닥 상태에 있는 초과 원자핵을 들뜨게 만들고 그들이 평형의 바닥 상태로 돌아오는 과정에서 발생하는 신호를 측정하는 형식으로 구동된다.

문제 11.12 다음의 각 핵종에 대한 핵스핀(I)과 자기 양자수(m)를 결정하라. NMR에 활성이 있는 핵종을 선별하라.

(a) ^{19}F (b) ^{119}Sn (c) ^{16}O (d) ^{27}Al (e) ^{23}Na

문제 11.13 800 MHz의 ^1H Larmor 주파수를 가지는 NMR 장비의 B_o 필드의 크기를 tesla 단위로 계산하라.

▶ 프로파일 _Profile

Felix Bloch

Felix Bloch은 스위스 물리학자였다(1905~1983). 1933년부터 독일에 있는 Leipzig 대학에서 강사로 재직하였으며, 1934년에 미국으로 이주하여 Stanford 대학으로 자리를 옮겼다. 2차 세계대전 동안 그는 핵발전과 미국의 레이더 프로젝트에 참여하였다. 1946년에 그는 현재 Bloch 방정식이라고 알려진 식을 개발했다. 이 방정식은 분광법적인 관점에서 보는 전이들의 특징들을 설명할 수 있는 시간에 따른 자기공명 신호의 변화를 설명한다. Bloch 방정식은 핵자기공명법과 자기공명영상 기술의 모든 기본적인 이론을 설명한다. Bloch은 "핵자기 정밀 측정을 위한 새로운 방법과 그와 관련된 발견"이라는 공로를 인정받아 1952년에 Edward Purcell과 함께 노벨 물리학상을 공동수상하게 된다. Purcell은 그 당시 Harvard 대학에서 근무하는 과학자였다. Bloch와 Purcell의 연구는 오스트리아 태생의 미국 물리학자이자 1944년 노벨 물리학상 수상자인 Isidor Isaac Rabi의 초기 발견에서 비롯되었으며, 그는 핵의 라디오파에 의한 자기 공명 현상을 처음으로 보여준 사람이었다. ■

www.nobelprize.org

문제 11.14 500 MHz의 ^{1}H Larmor 주파수를 가지는 NMR 장비의 B_0 필드의 크기를 tesla 단위로 계산하라.

문제 11.15 그림 11.8을 이용하여 2.34 T, 4.73 T, 7.07 T, 9.46 T 자기장에서의 ^{13}C의 에너지 분할 다이어그램(MHz 단위 사용)을 작성하라.

문제 11.16 ^{13}C-NMR의 신호 강도가 자기장의 세기에 상관없이 ^{1}H-NMR의 신호 강도보다 훨씬 약한 두 가지 근본적인 이유가 있다. 이러한 두 가지 이유에 대해 설명하라. (*힌트*: 표 11.1 및 문제 11.15의 결과 참조)

11.4 라디오파 펄스: 핵자기공명 유도

11.3절에서 설명하였듯이 신호를 생성하려면 *RF 펄스*라고 하는 라디오파 에너지를 시스템에 (시료) 조사해야 한다. RF 에너지의 주파수가 핵의 Larmor 주파수와 동일할 때 핵은 공명을 받게 된다.

RF 펄스를 이해하기 위해 외부 자기장의 영향 아래 세차운동을 하는 자기 모멘트에 대해 생각해보자. 평형 상태 및 상온에서 B_0 필드의 방향과 평행하게 정렬된 안정한 상태의 핵의 수는 다른 방향의 배향을 가지는 핵의 수보다 약간 더 많게 된다. 측정된 신호는 +½와 −½ 두 스핀 상태 사이의 전체 자기화 불균형 회전의 결과이다. NMR 신호가 생성되는 과정을 이해하기 위해서는 초과된 입자수를 시료의 전체 자기화라고 간주하는 것이 유용하다.

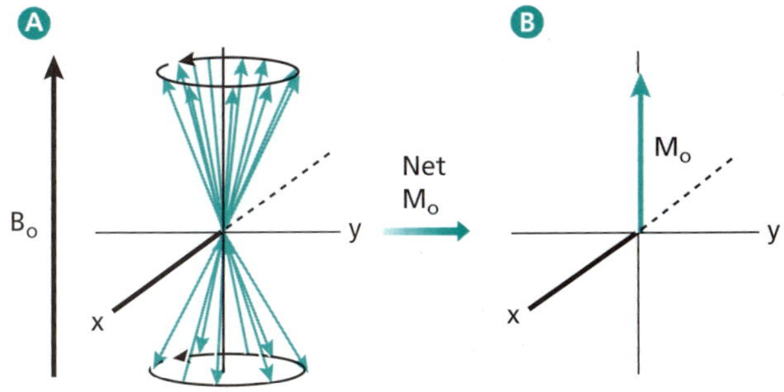

그림 11.10 (A) B_o 필드에서의 세차운동을 하는 원자핵 분포의 불균형. (B) B_o 필드에서의 세차운동을 하는 원자핵의 전체 자기화. M_o는 좌표 프레임에서 +*z*축을 따라 정렬됨.

그림 11.10은 11.2절에 제시된 개념과 결합해서 생각할 수 있다. 시료에서 핵의 자기 모멘트는 그림 11.10의 패널 A에 있는 밝은 파란색 화살표로 나타나며, 이는 핵의 B_o 필드에 대한 세차운동을 나타내고, B_o 필드에 정렬된 입자수가 다른 방향들로 배향된 입자수보다 약간 더 많다는 입자수 불균형을 설명한다. 모든 자기 벡터를 합하면 시료의 전체 자기화 불균형을 나타내는 하나의 *전체 자기 모멘트가*(M_o) 남게 된다. 그림 11.10의 패널 B에 B_o 필드에 정렬된 전체 자기 모멘트(M_o)를 단일 화살표로 표시하였다. RF 펄스의 영향에 대해 이야기할 때 전체 자기 모멘트(M_o)를 사용할 것이며 이 부분은 매우 중요하다. 더 높은 외부 자기장 환경(더 높은 B_o 필드)에서는 입자수 불균형이 더욱 뚜렷해지고 신호 강도가 더욱 증가하게 된다.

시료 근처의 NMR 분광기의 자석 내부에는 RF 에너지의 펄스를 전송하고 B_o 필드에 수직인 RF 코일이 있다. 이 RF 펄스를 B_1이라고 한다. 핵자기공명 전이 에너지와 같은 크기의 RF 펄스가 시료에 가해지면, 핵의 전체 자기화는 뒤집히게 된다. 그림 11.11은 RF 펄스(B_1)가 +*x*축을 따라 적용될 때 전체 자기화의 방향이 −*z*축을 따라 재배치되는 과정을 나타낸다. 이를 *180° 펄스*(또는 *π 펄스*)라고 하며 적용된 에너지가 원래 방향에서 180°의 전체 자기화 방향을 변경하기에 충분함을 나타낸다.

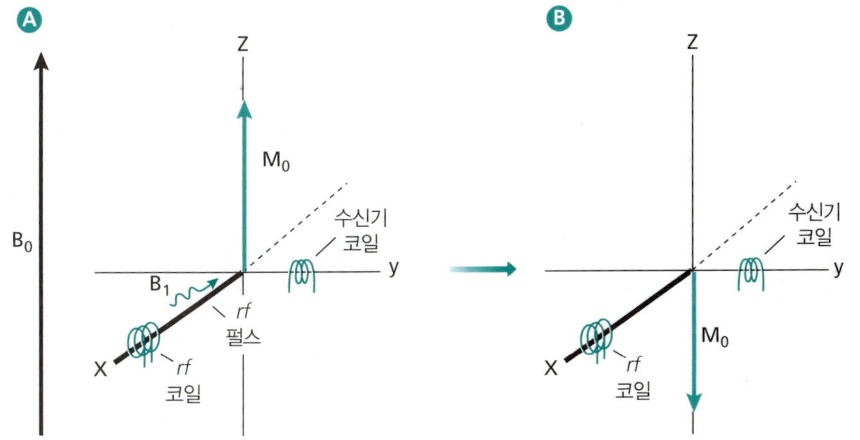

그림 11.11 (A) B_o 필드에 정렬된 전체 자기화 도식도. 이는 전체 자기화의 평형 상태를 나타낸다. 이 평형 상태에서 전체 자기화는 좌표 프레임의 +*z*축을 따라 정렬된다. (B) RF 펄스(B_1)가 +*x*축을 따라 적용될 때 전체 자기화의 방향이 −*z*축을 따라 재배치되는 과정. 이를 180° 펄스 또는 *π* 펄스라고 한다.

이 RF 펄스는 짧은 시간동안(마이크로초 단위) 강하게 가해지며, 180° 펄스를 통해 신호가 평형 위치에서 벗어날 수 있도록 만들 수 있다. *펄스 배열*(pulse sequence)이라고 알려진 일련의 펄스 및 시간 지연을 통해 분광학자들은 분자 구조와 환경에 대한 정보를 제공하는 *이완*(relaxation)과 *결합*(coupling)이라는 두 가지 현상을 활용할 수 있다. 이미 n + 1 이웃 규칙을 통해 결합하는 이론에 대해 어느 정도 알 수 있을 것이다. 이 규칙은 가장 가까운 이웃의 수를 기준으로 NMR 피크를 분할하는 방법을 설명하고 이미 11.1절에서 검토했다. 마찬가지로, *이완*이라는 용어는 다른 형태의 분광법으로부터 개념적으로 다루었었다. 이완 과정은 시스템이 평형 상태로 돌아갈 때 들뜬 상태의 에너지가 소멸되는 과정을 말한다.

다음 단계로 이동하기 전에 그림 11.11에 표시된 것처럼 수신기는 +*y*축을 따라 배치되어 있다. 핵자기 벡터가 RF 펄스에 의해 평형 상태가 깨지게 되면, 핵자기 모멘트의 세차운동은 수신기 코일 세트(감지기)에 의해 *x*-*y* 평면에서 감지된다. RF 펄스가 시스템을 방해한 후, NMR의 신호 강도는 전체 자기화 벡터의 형태로 측정되고 그 후에 +*z*축을 따라 평형 위치로 돌아오게 된다. 검출기 코일은 시간 영역 신호라는 시간 함수로 RF 에너지를 측정한다. 분자 내에 존재하는 각 양성자는 직접적인 화학적 환경에서 전달된 자기장의 미세한 차이로 인해 화학적으로 이동된 세차운동 주파수를 가진다. 따라서 검출기에 도달하는 신호는 시간에 따른 보강 간접과 상쇄 간섭된 주파수의 비트 무늬로 검출된다. 이 비트 무늬는 적외선 분광법에서 논의했던 것(8.2절)과 매우 동일한 종류의 신호이다.

◈ Fourier 변환—핵자기공명: 시간 영역 대 주파수 영역 스펙트럼 및 Fourier 변환

1세대 연속파[8] NMR 분광기는 스캐닝 모드에서 작동했다. 그러나 오늘날 모든 현대식 고자기장 NMR 분광기는 주파수 영역 스펙트럼을 생성하기 위해 Fourier 변환을 활용하는 시간 영역 분광기이다. 8장에는 비트 무늬를 주파수 영역 주파수로 전환할 수 있는 몇 가지 연습 문제들이 있다.[9]

FT-NMR 계측기는 관심 핵의 Larmor 주파수를 포함하는 *주파수 범위*가 포함된 들뜸 펄스를 사용한다. RF 펄스는 관심의 모든 핵을 동시에 공명시킬 수 있는 넓은 영역의 주파수를 포함한다. 들뜬 상태의 핵이 이완하면서 방출하는 RF 에너지를 *시간 영역*에서 측정한다. 예를 들어, ^{1}H-NMR 실험을 수행하는 경우 모든 ^{1}H에 대해 가능한 주파수 범위를 포함하는 RF 펄스를 프로그래밍할 수 있다. RF 펄스가 꺼진 후 공명 현상은 지속되며, ^{1}H 핵이 $m = -½ \rightarrow m = +½$ 상태로 변환되며, $\Delta E_{\pm½}$의 RF 에너지가 검출된다. 검출기는 전력 대 시간 신호를 측정한다(그림 11.12 참조). 얻어진 시간 영역 신호는 시료에 존재하는 모든 ^{1}H 핵의 Larmor 주파수로 구성된 비트 무늬이다. FT-IR에서 논의했던 것처럼, Fourier 변환 알고리즘은 FT-NMR로 얻은 시간 영역 신호(비트 무늬)를 주파수 영역 스펙트럼으로 변환한다(그림 11.10 및 11.11 참조). 광학 분광법과 FT-NMR 분광법 사이에 유사성을 찾는 것이 유용하다고 생각되면, FT-NMR은 전자기파 방출 영역이 라디오파 영역인 FT-방출 기술로 생각할 수 있다.

---

[8] 연속파라는 용어는 B_0 필드를 일정하게 유지하면서 B_1 필드를 변화시키는 초기 NMR 분광기를 설명하는 데 사용된다. 이러한 유형의 실험에서 공명 신호는 방출 또는 이완이 아닌 들뜸(흡수)으로 측정되었다. 연속파 분광기는 대부분 FT-NMR로 대체되었기 때문에 이 장에서는 연속파 계측기에 대한 세부 사항은 다루지 않을 것이다.

[9] 8장의 실습활동 "비트 무늬 만들기" 및 "Fourier 변환 수행하기"를 참조하라.

거센 돌풍이 풍경에 부딪히는 것은 핵자기공명에서 RF 펄스가 분자를 들뜨게 만드는 현상과 유사하다. 바람은 모든 풍경이 동시에 울리게 만들고 각각의 개별 파이프는 자체 주파수로 울린다. 모든 시간에 맞춰 링이 동시에 울릴 때 차임벨을 들을 수 있다. 만약 시간에 따른 신호의 변화를 Fourier 변환을 수행한다면 각각의 피치를 원래 주파수로 수학적으로 풀어낼 수 있을 것이다.* 이를 스캐닝 모드와 비교하기 위해 바람 차임벨 세트의 각 파이프를 차례로 두드려 주파수(예, 저주파에서 고주파까지)의 함수로 측정할 수 있다. Fourier 변환이 없으면 각 파이프 피치를 순차적으로 측정해야 한다. 완벽한 음조를 가진 어떤 사람들은 음악적 화음을 들을 수 있고 그 현의 모든 음을 구분해 낼 수 있다. 다시 말해 이러한 사람들은 마음속으로 Fourier 변환을 할 수 있는 능력을 가진 사람들이다. ■

▶ 프로파일 _Profile

풍경과 Fourier 변환

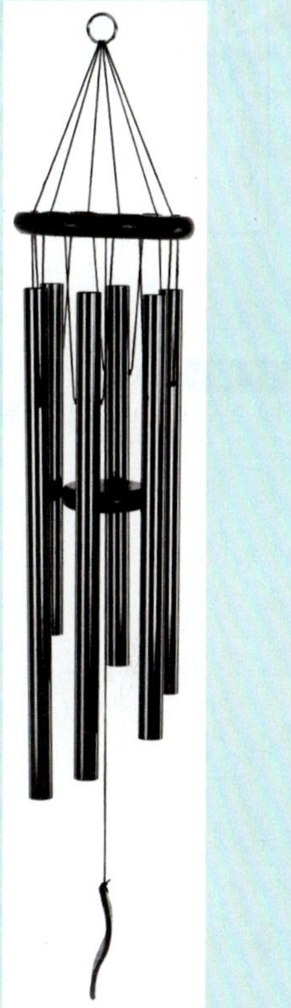

* *일부분의 오실로스코프 장치는 이러한 기능을 가지고 있다.*

◆ 자유 유도 감쇠: Fourier 변환–핵자기공명 "비트 무늬"

NMR 실험에서 얻어지는 비트 무늬는 FT-IR 실험에서 얻어지는 비트 무늬와 유사한 특징을 가지고 있다. 그러나 NMR의 경우 신호가 약간 다르게 보인다. 핵마다 다른 세차운동 주파수와 감쇠 속도로 $m = -½$에서 $m = +½$ 바닥 상태로 돌아오기 때문에 RF 에너지의 세기는 시간에 따라 전형적으로 감소한다. 따라서 지수 함수형 감쇠의 비트 무늬로 나타나게 된다. 이러한 유형의 비트 무늬를 *자유 유도 감쇠*(free induction decay, FID)라고 한다(그림 11.12 참조). 또한 FT-IR과는 다르게 FT-NMR은 방출 형태의 기술이다. FT-NMR 실험에서는 시간에 따른 세차운동하는 핵이 *이완*됨에 따라 신호가 바뀌게 된다.

이 장의 앞부분(비교 및 대조 "일반적인 분광법적 방법에서의 입자 분포")에서 설명하였듯이 NMR 실험에서 Boltzmann 분포는 다른 분광 기법에 비해 상대적으로 작았다. 그 의미는 NMR 신호가 본질적으로 약하다는 것이다. 하지만 신호의 세기를 높이는 여러 가지 방법들이 있다. 3장에서 Heisenberg 불확정성의 원칙이 원자 흡수 스펙트럼의 선폭 넓어짐에 어떻게 기여하는지 논의하였다.

$$\Delta E \Delta t \geq \frac{\hbar}{2} \qquad \text{식 (11.7)}$$

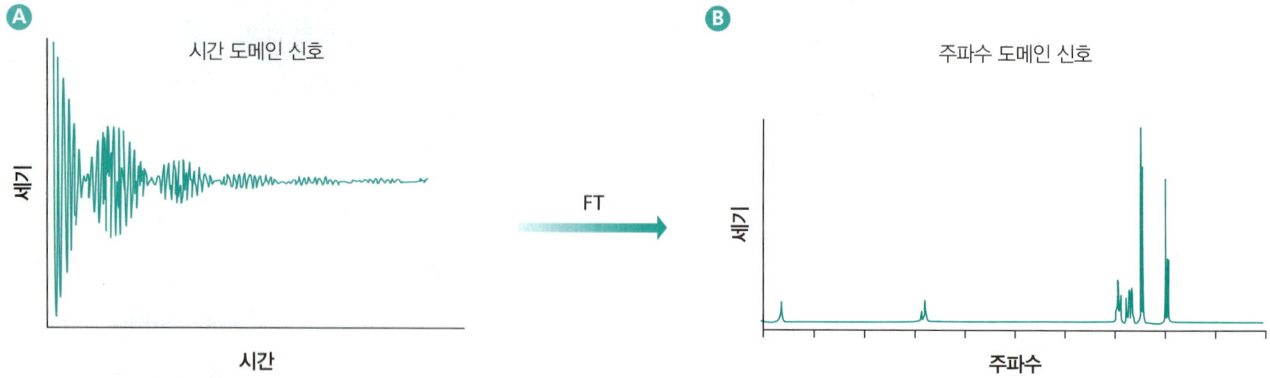

그림 11.12 (A) 여러 개의 개별 주파수로 구성된 FID 신호. 결과적인 "비트 무늬"는 시스템이 평형 상태로 돌아가면서 시간이 지나면서 감소한다. (B) FID 신호는 Fourier 변환 알고리즘을 사용하여 주파수 영역 신호로 변환할 수 있다.

여기서

$$\hbar = \frac{h}{2\pi}$$

ΔE = 전자 전이의 선폭

Δt = 전자 전이의 수명

식 (11.7)은 Δt가 커지면 ΔE가 작아진다는 것을 보여준다. RF 펄스에 의해 유도된 NMR 신호는 매우 느리게 이완하는 경향이 있으며 이러한 긴 시간 영역의 신호는 매우 분명한 주파수 영역 신호를 초래한다. 또한 FT-NMR은 *신호 평균화* 및 *Fourier 필터링*을 활용할 수 있다.[10] 매우 뚜렷한 피크, 신호 평균화 및 Fourier 필터링의 조합은 높은 신호 대 잡음비를 가지는 NMR 스펙트럼을 얻을 수 있도록 한다.

11.5 화학적 이동과 분해능

지금까지 NMR 스펙트럼이 얻어지는 과정을 다루었으니 그림 11.13에 나온 것과 같이 프로페인 시료의 단순한 NMR 스펙트럼에 대해 생각해 보자(프로파일 "스펙트럼 분석: 간단한 리뷰"의 시작 부분 참조). 스펙트럼의 a와 b로 표시된 두 신호는 모두 공명 현상을 보이는 ^{1}H 원자핵을 나타낸다. 이 부분에서는 신호들마다 다른 공명 주파수를 가지고 *x*축을 따라 넓게 분리되어 있는 이유에 대해 설명하고자 한다.

예를 들어 2.34 T라고 하는 특정한 자기장의 영향 하에서는 모든 ^{1}H 핵들이 100 MHz의 *동일한* 주파수로 공명한다고 생각할 수 있다. 그러나 특정 핵의 공명 주파수는 특정 핵의 화학적 환경에 의해 조금씩 이동한다는 것을 기억해야 한다. 즉, 적용된 필드는 회전하는 핵(내부)의 로컬 자기 환경($B_{내부}$)에 의해 조정될 수 있다. 식 (11.8)을 참조하라.

$$\vec{B}_{전체} = \vec{B}_0 + \vec{B}_{내부} \qquad \text{식 (11.8)}$$

이러한 *화학적 이동*은 국소적 환경의 다른 원자 입자들에 의해 생성되는 작은 자기장의 결과로 나타날 수 있다. 예를 들어, 핵은 전자로 둘러싸여 있고, 전자는 그들 자신의 스핀을 가지고 있기 때문에 그들 자신과 관련된 자기장을 가지고 있다. 전자에 의해 생성된 자기장은 B_o 필드에 반대하며 "가림 효과(shielding effect)"를 제공하고 핵이 B_o 필

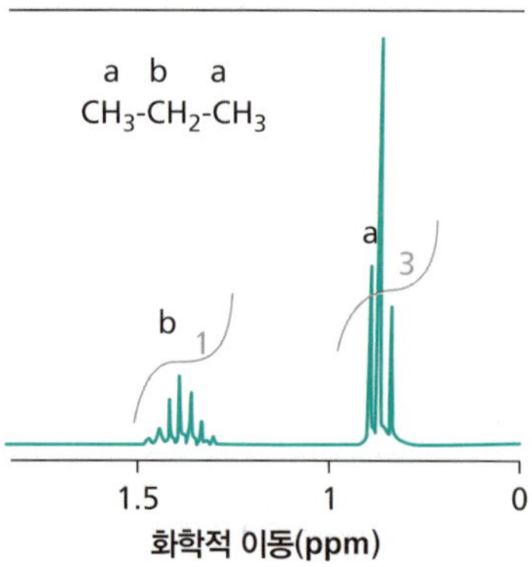

그림 11.13 프로페인 분자의 ^{1}H-NMR 스펙트럼.

10 2장의 신호처리 참조

Richard R. Ernst는 핵자기공명 기술 발전에 기여한 공로를 인정받아 1991년에 노벨 화학상을 수상하였다. Ernst의 NMR 분광법에 대한 연구는 핵을 짧은 라디오파 에너지 폭발로 들뜬 상태로 전이시킨 후 그 후에 이어지는 시간 영역 신호를 감지하는 데 중점을 두었다. 그 후에 그는 Fourier 변환을 적용한 주파수 영역 스펙트럼을 연구를 재정립하였다. Fourier 변환 NMR 기술의 개발로 인해 NMR의 약한 신호를 신호 평균화를 통해 극복할 수 있었다. Ernst는 2차원, 3차원 및 고차원의 NMR 기술의 핵심인 "펄스 조합"을 개발했다.

▶ 프로파일 _Profile

Richard R. Ernst

드를 완전히 겪지 못하게 만든다. 특정 핵에 대한 전자 밀도는 결합되는 원자가 무엇이고, 어떤 종류의 결합이 관련되는지, 인접한 원자의 전기음성도, 분자에 있는 원자의 3차원 구조 위치와 같은 고려사항에 의해 영향을 받는다.

또한 일반적으로 양성자가 다른 양성자와 근접하여 존재하고, 근접한 양성자는 각각 자기장을 생성한다. 이러한 국부적 변동에 의해 생성된 화학적 변화는 NMR 실험에서 화학 구조를 설명하는데 이용할 수 있다. 따라서 각각의 고유한 ^{1}H 핵은 구조적 영향으로 인해 다른 ^{1}H 핵과 약간 다른 실제 공명 주파수를 가진다. 예를 들어 그림 11.13에서 볼 수 있듯이 스펙트럼의 $-CH_3$에 결합한 ^{1}H(a로 표시)와 $-CH_2$에 결합한 ^{1}H(b로 표시)를 구분할 수 있는 것이다. ^{13}C-NMR 스펙트럼도 마찬가지로 ^{13}C 핵이 처해 있는 화학적 환경에 대한 정보를 제공할 수 있다. 각각의 핵은 그들이 처해 있는 환경에 기초해 화학적으로 이동되는 공명 주파수를 가지는 것이다.

유기화학에서 NMR 분광법을 공부했다면, 아마 스펙트럼 해석에 집중했을 것이다. 스펙트럼 해석은 분명히 중요하지만 이 장의 초점은 아니다. 11.9절에 NMR 스펙트럼 분석에 대한 내용이 추가되어 있다.

◈ 화학적 이동(ppm)

NMR에 대해 논의할 때 분석 물질에 두 가지 다른 자기장적인 영향이 있다는 점을 유념하는 것이 중요하다. 첫째는 B_o 필드이며, 이는 m = +½와 m = −½ 사이의 양자 상태의 에너지 분할에 영향을 준다(그림 11.8 참조). 두 번째 영향은 m = +½와 m = −½ 상태 사이의 에너지 전이를 유발하는 RF 펄스이다. NMR 장비의 검출기로 측정하는 것은 RF 펄스의 스펙트럼 범위 내의 에너지 전이(일반적으로 MHz 단위로 측정)의 실제 RF 주파수이다. m = +½와 m = −½ 상태 사이의 공명 주파수도 B_o 필드의 함수이므로, 특정 핵의 공명 주파수는 B_o 필드가 다른 장비 간에 서로 다를 수 있다. NMR 스펙트럼을 MHz의 단위로 표현한 경우 서로 다른 장비에서 취한 스펙트럼을 직접적으로 비교하기는 매우 어려울 것이다. NMR 스펙트럼의 *x*축을 일반화하기 위해 핵 공명 주파수를 B_o 필드의 100만 분의 1(ppm) 단위로 보고하는 것이 일반적이다. 예를 들어 특정 양성자의 공명 주파수가 B_o = 500 MHz인 자석에서 500.000500 MHz일 경우,[11] 이 공명 주파수는 1 ppm *화학적 이동*에 해당된다.

$$\left(\frac{\nu - \nu_0}{\nu_0}\right) \times 10^6 = 1\,\text{ppm}$$

$$\left(\frac{500.000500\ \text{MHz} - 500\,\text{MHz}}{500\,\text{MHz}}\right) \times 10^6 = 1\ \text{ppm} \qquad \text{식 (11.9)}$$

또한, B_o = 400 MHz 영향 아래, 동일한 핵이 400.000400 MHz에서 공명하며(1 ppm), B_o = 200 MHz에서는 200.000200 MHz(여전히 1 ppm)에서 공명한다는 사실이다. ppm 단위로 표시된 화학적 이동의 값은 자기장의 세기에 따라 변하기 않으며, NMR 스펙트럼의 *x*축을 MHz와 ppm으로 전환하기 쉽다. 실제로, 대부분의 고자기장 NMR 분광기의 콘솔은 Hz와 ppm 사이의 토글 함수를 가지고 있는데, 이 함수를 통해 *x*축의 단위를 자유롭게 변환시킬 수 있다.

» 예제 11.4

100 MHz NMR 장비에서 측정된 ^{1}H-NMR 스펙트럼의 두 피크 사이의 공명 주파수 차이(1.5 ppm과 3.5 ppm)를 계산하라.

전략 ›

100 MHz의 자기장에서 1 ppm이 100 Hz와 동일하다는 것을 알 수 있다. 따라서 비례적으로 적용하면 1.5 ppm은 150 Hz와 같다. 비례적 추론을 통해 문제를 해결하라.

풀이 ›

$$3.5 - 1.5 = 2\ \text{ppm 차이}$$

100 MHz NMR 장비의 경우 100 Hz는 1 ppm이다. 따라서 비율에 따라 2 ppm × 100 Hz / 1 ppm = 200 Hz 차이를 나타낸다. 100 MHz 필드에서 관심 있는 두 신호의 주파수는 200 Hz의 차이가 있다.

문제 11.17 예제 11.4의 풀이를 참고하여 아래와 같은 B_o 필드에서 3.5 ppm과 1.5 ppm의 ^{1}H 공명신호의 차이를 Hertz 단위로 계산하라.

(a) 200 MHz (b) 400 MHz (c) 900 MHz

[11] MHz 단위를 사용하여 자기장 세기를 나타내는 것이 엄격히 올바른 것은 아니지만, "NMR-speak"에서는 일반적인 표현이다. 500 MHz는 실제로 11.75 T의 자기장에서 ^{1}H 핵의 Larmor 주파수이다. 이 용어의 구어적 사용은 이 장비를 500 MHz-NMR로 부르는 것이다.

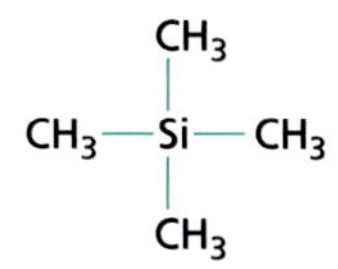

그림 11.14 TMS의 화학적 구조. TMS에 있는 12개의 수소 원자는 모두 동일한 화학적 환경을 나타내기 때문에 단일항의 ^{1}H-NMR 신호를 나타낸다.

◆ 화학적 이동값 보정

자유 수소 원자의 공명 주파수를 얻는 것은 불가능하기 때문에 화학적 이동값은 기준 화합물의 신호에 대비해서 보고된다. ^{1}H 및 ^{13}C-NMR 실험 모두에서 Tetramethylsilane(TMS, 그림 11.14 참조)을 기준 화합물로 사용하고 있다. TMS ^{1}H의 단일항 화학적 이동값은 0.0 ppm으로 지정되며, 분석 물질 화학적 이동값을 이 기준에 대비해서 표현할 수 있다. 실리콘의 전기적인 특성 때문에 ^{1}H-NMR 스펙트럼에서 보이는 대부분의 분석 물질 신호의 TMS의 공명 주파수보다 더 높은 주파수로 나타난다(downfield). TMS는 또한 ^{13}C-NMR 및 ^{29}Si-NMR에 대해 허용되는 기준 화합물이며, 따라서 모든 화학적 이동값은 이 기준 화합물과 비교하여 측정된다. 오늘날의 대부분의 장비들은 중수소로 치환된 용매의 신호를 기준 신호로 사용함으로서("lock") TMS 시료를 사용할 필요가 없도록 만들어졌다.

◆ 분해능

NMR 장비의 자기장의 세기가 스펙트럼의 분해능에 어떠한 영향을 미칠까? 이전 장에서 분해능이라는 용어가 *x*축 전체에서 신호 피크가 얼마나 잘 분리되어 있는지 설명한 것을 기억할 것이다. *x*축은 분광법에 따라 파장, 시간, 주파수 또는 에너지를 나타낼 수 있다. 고 분해능은 피크가 거의 또는 전혀 겹치지 않는다는 것을 의미하며 분해능이 낮으면 여러 개의 피크가 겹치게 된다. 예제 11.5에서 가상의 두 개의 피크를 고려해보자. 하나는 1.0 ppm에 해당하는 공명 주파수를 가지고 있고 다른 하나는 1.1 ppm에 해당

» 예제 11.5

100 MHz NMR 및 400 MHz NMR에서 1.0 ppm 신호와 1.1 ppm 신호의 스펙트럼 분리는 얼마인가? Hertz 단위로 나타내라.

전략 ›

식 (11.9)를 재정렬하여 원하는 신호의 공명 주파수를 계산하라.

풀이 ›

식 (11.9)를 재배치하고 각 신호의 공명 주파수를 계산하라.

100 MHz NMR에서

$$\frac{1.0\,\text{ppm}\times 100\,\text{MHz}}{1\times 10^6}=100\,\text{Hz} \qquad \frac{1.1\,\text{ppm}\times 100\,\text{MHz}}{1\times 10^6}=110\,\text{Hz}$$

400 MHz NMR에서

$$\frac{1.0\,\text{ppm}\times 400\,\text{MHz}}{1\times 10^6}=400\,\text{Hz} \qquad \frac{1.1\,\text{ppm}\times 400\,\text{MHz}}{1\times 10^6}=440\,\text{Hz}$$

따라서 1.0 ppm 신호와 1.1 ppm 신호는 100 MHz NMR에서 10 Hz(110 − 100 Hz)로 분리되고 400 MHz NMR에서는 40 Hz(440 − 400 Hz)로 분리된다. 검출기의 기준 스펙트럼 분해능이 20 Hz인 경우 100 MHz NMR에서 1.0 ppm 신호와 1.1 ppm 신호가 50%(10 Hz/20 Hz)만큼 겹친다. 그러나 400 MHz NMR에서는 40 Hz로 분리된 동일한 두 개의 피크가 완전히 분해되고 20 Hz로 분리된다.

하는 공명 주파수를 가지고 있다. 두 개의 신호가 잘 분리될 수 있을까? 이 질문에 대한 대답은 검출기의 민감도와 외부 자기장의 세기(B_o)에 따라 달라질 수 있다.

문제 11.18 20 Hz의 기준 스펙트럼 분해능을 가진 검출기가 있다고 가정해 보자. B_o가 아래와 같은 분광기에 대한 기준 분해능을 가지려면 두 피크가 얼마나 떨어져 있어야 하나? ppm 단위로 계산하라.

(a) 60 MHz? (b) 200 MHz? (c) 300 MHz? (d) 900 MHz?

11.6 NMR 장비

고자기장 NMR 장비는 앞 장에서 분광기를 구성하는 요소에 대해 다루었던 것처럼 모두 동일한 장치를 갖추고 있다. 예를 들어 NMR 분광기에는 광원, 표본실 및 검출기가 있다. 그림 11.15에는 NMR 분광기의 간단한 도식이 표시되어 있다. 광학적 분광기와 달리 *NMR 분광기의 광원은 RF 코일*을 통해 RF 에너지의 펄스를 방출한다. 마찬가지로 NMR의 *검출기*는 RF 코일 수신기로 구성되어 있다. 일부 NMR 설계에서는 송신기 및 수신기가 물리적으로 같은 코일의 세트로 구성되어 있는 반면, 다른 설계에서는 두 개의 코일이 물리적으로 분리되어 있다. 그림 11.16은 Doty Scientific 사의 RF NMR 탐침의 사진이다. 이 탐침에는 두 세트의 코일이 장착되어 있다. 내부에 있는 코일의 경우 높은 감도를 가지고 있으며 일반적으로 검출기 코일의 역할을 한다. 외부 코일의 경우 특정 Larmor 주파수("소프트 펄스")만을 포화 상태로 만드는 고급 실험에 사용된다.

또한 NMR의 외부 자석은 샘플을 배치할 수 있는 고유한 환경을 제공한다. 고자장 극저온 초전도 자석은 현대식 NMR 기기의 두드러진 특징이며, *매우* 낮은 온도를 필요로 한다. 이 자석의 중심부는 4.2 K의 비등점을 가지는 액체 헬륨으로 냉각된다. 액체 헬륨 부분은 액체 질소의 절연 용기인 듀어 병(dewar flask) 안에 들어가 있다. 듀어 병은 그림 11.17에 표시된 NMR 장비실의 눈에 띄는 특징이며, 사진 왼쪽의 빛나는 은색 병이다. 질소는 비등점이 77 K이며, 액체 헬륨은 비싸기 때문에 액체 질소는 헬륨의 증

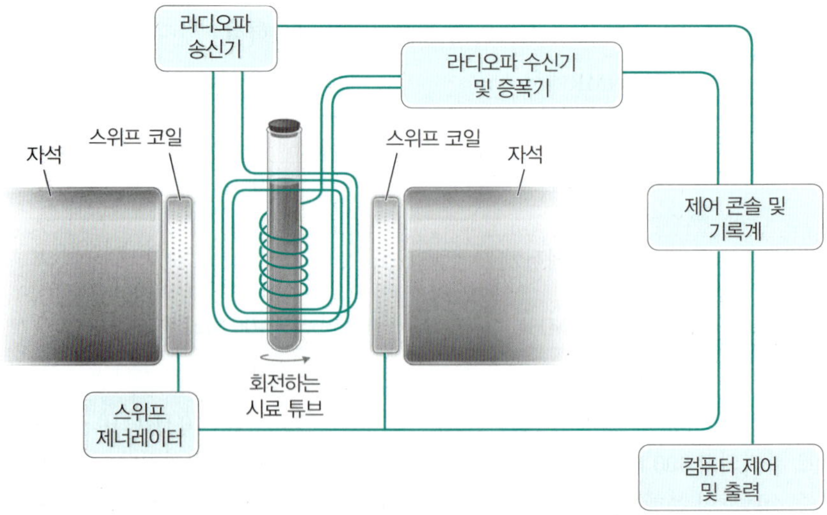

그림 11.15 NMR 분광기의 기본 개략도. NMR 장비에 따라 송신기 코일 및 수신기 코일이 물리적으로 결합되어 있거나 분리되어 있다.

발로 인한 손실을 최소화하는 데 도움을 준다.

초전도 자석의 상태를 온전하게 유지하기 위해 액체 질소와 액체 헬륨은 필요에 따라 주기적으로 채워진다. NMR 분광기의 유지관리 비용은 상당하다. 따라서 연구기관과 대학교에서는 NMR 장비를 관리하는 센터를 구축하고, 여러 연구그룹에서 이 유지 비용을 공동으로 부담하는 방식이 일반적이다. 액체 질소를 간헐적으로 채워야 하기 때문에 액체 질소용 듀어 플라스크를 구비하고 있는 경우가 많으며, 보관용 듀어 플라스크는 그림 11.17에 오른쪽에 표시되어 있다.

그림 11.16 Doty Scientific사의 RF NMR 탐침.

◆ 보정

위치에 따른 균일한 자기장의 세기를 제공하는 것은 신호 강도를 극대화하고 스펙트럼 내 노이즈 및 신호 분산을[12] 최소화하는 데 영향을 줄 수 있다. NMR 실험에서는 외부 자기장 변화가 10ppb 이하인 균일한 자기장이 제공되어야 한다. 이러한 전자기장의 균질성을 만들어주는 과정을 **보정**(shimming)이라고 한다. 샘플 주변에 추가적인 코일을 이용하여 보정 과정이 수행되며, 전체 자기장을 조정하기 위해 shim 코일 내에 RF 전압에 대한 작은 조정이 적용된다. 보정 과정은 대부분 컴퓨터 알고리즘으로 수행되지만, 숙련된 NMR 분광법자는 자동 보정 과정에서 누락될 수 있는 추가적인 기능을 수동 보정 과정을 통해 매우 균일하게 자기장의 세기를 조절할 수 있다.

◆ 시료 주입

NMR 장비의 시료가 주입(loading)되는 부분은 초전도 자석 내부에 위치하고 있다. 따라서 샘플을 가압된 공기 흐름에 의해 초전도 자석으로 내부로 주입하고 다시 들어올려야 한다. 샘플을 장비에 주입하는 과정 동안 분석자는 분광기의 강한 자기장에 근접하게 된다. 고자기장 NMR 실험실의 경우 2~12 T의 자기장을 가지는 장비가 설치되어 있다. 따라서 심박조율기를 가진 사람들은 자기장으로부터 항상 안전한 거리를 유지해야 한다. 또한, 고자기장 자석이 신용카드나 키카드와 같은 자기 카드 스트립을 손상시킬 수 있으므로 자석에 접근하기 전에 분석자의 상태를 점검해야 한다.

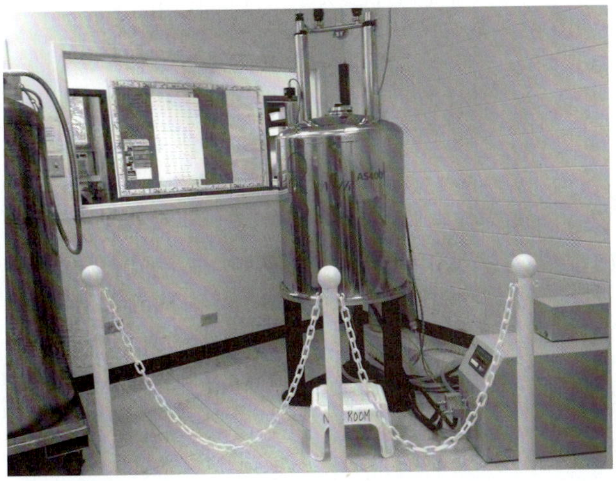

그림 11.17 Sweet Briar 대학에 설치되어 있는 Jeol사의 400 MHz NMR 장비. 오른쪽에 있는 듀어에는 초전도 자석과 시료가 들어 있으며, 왼쪽에 있는 듀어는 보조 액체 질소 저장장치이다.

12 이는 기본적으로 변동 노이즈이며, 신호 평균화를 수행할 때 전체적인 분해능에서 중요한 요소이다. 변동 신호를 평균하는 경우 분해능이 낮아질 수 있다.

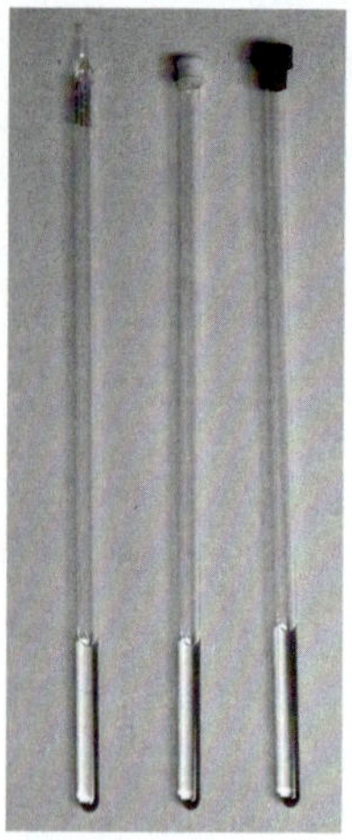

그림 11.18 일반적인 NMR 튜브.

액체 시료의 NMR 측정을 위해서는 시료를 특수한 샘플 홀더인 NMR 튜브에 준비해야 한다(그림 11.18 참조). NMR 튜브는 붕규산염 유리로 만들어지며, 보통 5 mm의 직경과 17~20 cm의 (7~8 inch) 길이를 가진다.

NMR 튜브는 *스피너*(spinner)라고 하는 플라스틱 뚜껑에 넣어지게 되고, 가압된 공기의 흐름을 사용하여 자석 내부로 들어가게 된다. 또한 NMR 내부의 스피너를 회전시키는 데 공기 분사기가 사용되며, 튜브를 약 15~60 Hz 속도로 회전시킨다. 따라서 NMR 튜브는 완전히 직선의 모양을 가져야 하고 균형이 잘 맞아야 하며, 스피너는 먼지나 다른 작은 입자가 묻어 있지 않은 깨끗한 상태를 유지해야 한다. NMR 튜브가 자석 내부에서 흔들릴 경우 자기장의 비균일성을 일으켜 피크가 선폭 넓어짐(line broadening) 현상을 겪게 된다. NMR 튜브를 회전시키면 x-y 평면에서 모든 필드의 비균일성을 평균화하는 효과가 있으며, 이를 통해 피크 선폭 넓어짐 현상을 최소화하고 스펙트럼 분해능을 높일 수 있다.

11.7 신호 처리

NMR 신호의 두 가지 특징에 대해 다시 한 번 다뤄보자. 첫째, NMR 신호는 시간 영역에서 FID의 형태로 측정되며, 8장에서 다루었듯이 시간 영역의 신호는 주파수 영역으로 변환할 수 있다. 둘째, +½와 −½ 스핀 상태 사이의 Boltzmann 분포가 매우 작다. 이러한 전이를 일으키는 주파수는 라디오파 영역에 있으므로 에너지가 매우 낮다. 따라서 NMR 신호는 본질적으로 약하다. 이 부에서는 NMR 신호 획득하고 처리하는 방법의 어려움과 이러한 문제점을 해결할 수 있는 방법에 대해 설명하고자 한다.

신호 강도는 시료내의 NMR-활성 핵의 농도에 비례한다. 즉, 시료내의 ^{1}H 또는 ^{13}C의 농도가 증가할수록 NMR 신호도 증가하게 된다. 유기 분자의 경우, 98.89%의 많은 ^{1}H 동위원소를 가지고 있다. ^{13}C의 경우 ^{1}H에 비해 적을 뿐만 아니라 NMR에 활성을 가지는 ^{13}C 동위원소의 비율은 1.108%에 불과하다. 탄소 원자의 대부분을 차지하는 ^{12}C는 스핀 특성을 가지고 있지 않아 NMR 활성 핵종이 아니다(표 11.1 참조, 핵스핀이 ½인 원소의 동위원소 비율).

예제 11.6의 계산은 ^{1}H의 높은 NMR 활성 핵스핀의 비율 때문에 ^{1}H-NMR 신호가 ^{13}C-NMR 신호보다 약 294배 강하다는 것을 나타낸다. 이 비율은 ^{1}H의 높은 자기회전 비율로 인해 추가적으로 증가할 수 있다.

» 예제 11.6

에탄올(C_2H_6O) 분자의 NMR에 활성을 가지는 ^{1}H와 ^{13}C의 핵스핀 비율을 계산하라.

전략 ›

에탄올의 수소 원자와 탄소 원자의 비율은 6:2(또는 3:1)이다. 에탄올에 있는 각 원자의 비율을 스핀-활성 동위원소의 상대적 농도와 곱한다.

해답 ›

$$\frac{\#H \times \text{상대적 농도}}{\#C \times \text{상대적 농도}} = \frac{6 \times 98.89\%}{2 \times 1.0108\%} = \frac{593.34}{2.0216} = 293.5$$

문제 11.19 다음 분자들에 존재하는 ^{1}H와 ^{13}C의 핵스핀 비율을 계산하라.

(a) Benzene (C_6H_6) (b) Hexane (C_6H_{14}) (c) Chloro(methyl)amine (CH_3NHCl)

» 예제 11.7

문제 11.19(c)에서 계산한 바와 같이, chloromethylamine 분자의 ^{1}H 신호는 ^{13}C의 신호보다 약 400배 더 강하다(NMR에 활성이 있는 핵스핀의 비율만 고려할 시, 자기회전비율에 따른 신호 차이는 고려하지 않음). ^{13}C-NMR에서 ^{1}H-NMR과 동일한 신호 대 잡음비(*S/N* ratio)를 가지는 스펙트럼을 얻기 위해 얼마나 많은 수의 신호 평균 실험(signal averaging)을 수행해야 하는가(^{1}H 및 ^{13}C-NMR의 노이즈가 동일하다고 가정)?

전략 ›
신호 평균화는 2장의 식 (2.7)을 참고하라.

답 ›
식 (2.7)을 재배열하여 N에 대하여 이 방정식을 풀어라.

$$\frac{S}{N}=\sqrt{n}\left(\frac{S}{N}\right)_o$$

$$400=\sqrt{n}(1)$$

$$n = 160{,}000 \text{ 실험 수}$$

신호 평균을 사용하여 ^{13}C-NMR 실험에서 1H-NMR 실험과 동일한 *S/N* 비율을 얻으려면 실험의 스캔수를 16만 배 늘려야 한다.

문제 11.20 일반적인 ^{1}H-NMR 실험은 n = 16 데이터 세트를 이용하여 단일 신호 평균 실험을 진행한다. 예제 11.7을 기반으로 ^{13}C-NMR에서 ^{1}H-NMR과 동일한 신호 대 잡음비를 가지는 스펙트럼을 얻기 위해 얼마나 많은 수의 신호 평균 실험(signal averaging)을 수행해야 하는가(노이즈가 같다고 가정)?

◈ 신호 대 잡음비 증가

예제 11.7에서 볼 수 있듯이 신호 평균화 과정은 NMR 신호 처리의 기본적인 방법이다. 하지만 이를 통해 신호 평균화의 본질적인 한계를 나타낸다. 가장 짧은 실제 실험 시간에서도[13] 신호 평균화에 대한 접근방식은 실험을 완료하는 데 며칠이 걸릴 수 있다. 이러한 이유로, ^{13}C-NMR을 수행할 때는 최대한 농도가 높은 시료를 준비해야 한다.

신호 평균화만이 높은 수준의 데이터를 얻기 위해 사용하는 유일한 방법만은 아니다. Fourier 변환 필터, 하이패스 및 로우패스 필터링 및 대역-패스 필터링 등의 방법도 있다. 현대 NMR 장비들은 소프트웨어를 이용한 유사한 방법도 활용할 수 있다. FID 데이터에 수학적 처리를 적용함으로써 Lorentzian 형태의 NMR 신호를 곡선 맞춤 응용법을 활용하여 신호의 형태를 변형시킬 수도 있다.

---

13 시료의 T_1 이완 시간은 수초에서 수분까지 다양하다. 한 실험당 30초의 시간이 소요되고 16만 개의 데이터 세트를 얻으려면 실험이 끝날 때까지 약 56일이 걸린다. 만약 시료의 T_1 이완 시간이 1초라고 가정한다면, 같은 실험을 완료하는 데 약 2일이 걸릴 것이다.

▶ 프로파일 _Profile
Angela Gronenborn

Angela Gronenborn은 생물학적으로 중요한 분자의 구조를 결정하는 방법을 개발하는 데 있어 세계적인 리더이다. Gronenborn은 독일에서 화학과 물리학을 공부하면서 Cologne 대학에서 교육을 받았다. 그녀는 국립 의학 연구소에서 박사 후 연구원으로 연구하기 위해 1979년에 런던으로 이주했다. 그곳에서 그녀는 효소 구조의 연구에 비교적 새로운 분석 도구인 핵자기공명(NMR)을 적용하기 시작했다. 그녀는 단백질이 여러 가지 안정된 구조를 가질 수 있다는 것을 발견했다. Gronenborn의 결과는 단백질 역학에 대한 이해를 크게 증진시켰고, 또한 오직 원자 위치 정보 이상을 제공할 수 있는 강력한 도구로서 NMR을 확립했다. 1988년에 Gronenborn은 미국국립보건원에서 새롭게 연구를 시작하였으며, 그 곳에서 그녀는 HIV에 대한 기초적인 연구와, 3차원/4차원 등의 다차원 NMR 기술을 이용해 단백질과 같은 거대분자의 구조를 규명하는 연구를 수행하였다. 이러한 연구 결과들은 추후에 분자 수준에서 HIV 감염이 일어나는 과정을 이해하는 데 도움이 되었다. 2005년에 Gronenborn은 NIH를 떠나 피츠버그 의과대학의 구조 생물학 연구소에 재직하였으며, 그곳에서 그녀는 학제 간 연구팀을 이끌면서 의학에서 중요한 문제를 해결하는 데 힘썼다. 특히 그들은 HIV 백신을 찾아내기 위해 가장 큰 단백질 구조인 HIV-1의 캡시드 구조를 해결하는 데 NMR을 적용하였다.

http://www.pitt.edu/research

더욱이 스펙트럼 분석가가 하는 일은 대부분 신호를 분리하고 신호 아래의 영역을 결정하는 것이기(integration) 때문에 "피크 선택"이라고 알려진 과정에서 종종 신호 폭과 신호 면적을 고려한다. 그림 11.19에서 볼 수 있듯이 Lorentzian 신호는 유사한 형태의 Gaussian 신호보다 일반적으로 더 광범위한 기준선을 가지고 있기 때문에 신호의 영역을 결정하는 데 도움이 될 수 있다.

다른 실험적인 그리고 신호처리적인 세부 사항 또한 가능한 우수한 스펙트럼을 얻는 데 도움이 될 수 있다. 몇 가지 예를 들면, 모든 수소(^{1}H)를 중수소(^{2}H)로 치환된 용매를 사용하면 배경 노이즈가 감소한다. 중수소(^{2}H)는 일반적으로 관측된 ^{1}H 주파수 범위를 벗어나는 기본 Larmor 주파수를 가지기 때문에 따라서 용매의 신호는 스펙트럼에서 "보이지 않는다". 중수소 용매의 사용은 치환 반응을 할 수 있는 수소의 구조를 연구하는 게 활용될 수도 있다. −OH, −NH, −SH와 같은 작용 기의 수소가 용매에 존재하는 중소소와 치환 반응을 할 때 그들의 신호는 스펙트럼 내에서 검출되지 않는다. 구형의 NMR 장비에서는 시료의 주파수를 표준물질인 TMS 주파수로 기준하여 나타내었다. 중수소 치환 용매 내 중수소 함량이 매우 높기 때문에 현대의 NMR 장비에서는 중수소의 신호를 기준으로 분석 시료의 신호를 분석하는 방법으로 되어 있다. 스펙트럼의 측정 범위는 시료의 모든 공명 주파수를 포함할 수 있도록 선택되며 특정 "오프셋"

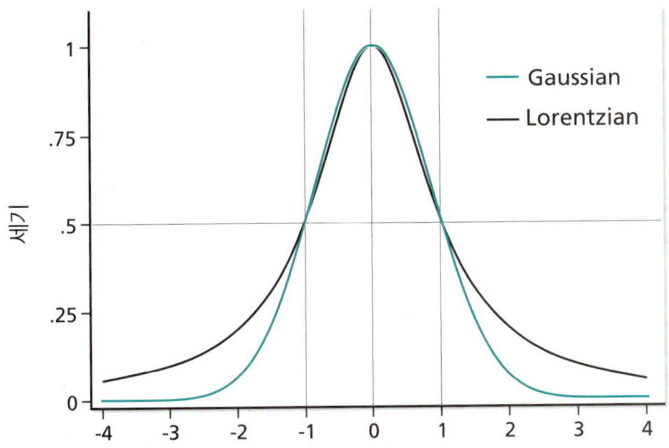

그림 11.19 Gaussian 신호와 Lorentzian 신호 사이의 차이는 주로 곡선의 기준선 폭에 나타난다.

을 중심으로 설정하게 된다. 필드 고정(lock)이 제대로 설정되지 않았거나 스펙트럼 측정 범위가 너무 좁으면 이 범위 밖의 공명 신호들이 예상하지 못한 위치에 나타나게 되며 이러한 현상을 "접힘(folding)"이라고 한다. 이 부분은 8장의 Fourier 변환의 "둘러겹침(aliasing)"에서 다시 논하도록 하겠다. 이러한 둘러겹침 신호는 필드 고정 밖으로 떨어져 나가며, 마치 화면 끝에서 떨어져 나간 것처럼 다음 화면의 반대쪽으로 다시 "접힌" 상태로 표시된다. 필드 고정은 신호가 공명에서 벗어날 때마다(예를 들어 온도 차이로 인해) 전자적으로 필드 보정을 적용하여 필드 주파수를 안정적으로 만든다. 이러한 필드 고정은 신호가 넓어지거나 손실되는 현상을 막아준다.

11.8 자기공명영상

NMR의 기초적인 원리들은 MRI의 원리들과 매우 유사하다. 비록 NMR이 실험실에서 다루는 시료들을 분석하는 장비이지만 MRI는 *사람*들을 대상으로 하는 분석 장비이다. 그러나 기본적으로 이 두 가지 기법은 동일한 물리적 현상으로부터 파생되었으며, 상호 기술 개발로 이익을 얻었다.

NMR 연구자들은 적용된 B_o 필드의 균질성을 얻기 위해 노력했던 반면에, Lauterbur(프로파일 "자기공명영상의 놀라운 뒷이야기" 참조)는 자기장의 차이나 변화(gradient)가 공간 분포 정보를 인코딩 할 수 있다는 것을 밝혀냈다. 즉 3차원 공간 안에 존재하는 ^1H 원자핵들을 공간적으로 표지할 수 있다는 것이다. Mansfield는 데이터 획득 및 처리 기술을 개발하여 MRI 스캔 시간을 몇 시간에서 몇 초로 단축했다. 1970년대 중반 Richard Ernst(1991년 노벨화학상 수상)가 개척한 NMR과 MRI 애플리케이션 모두에 FT 이미징 원칙을 적용함으로써, Lauterbur의 스캐닝 방법론이 매우 T_1, T_2 이완시간을 이용한 효율적인 펄스 기술로 대체됨에 따라 앞선 기술을 더욱 발전시켰다.

임상시료를 분석하는 데 있어 핵자기공명영상(NMRI)은 핵이라는 용어의 부정적인 내용을 함축할 수 있기 때문에, 1970년대에 이 방법이 개발됨에 따라 좀 더 완곡한 용어인 자기공명영상(MRI)이라는 용어에 사용하면서 임상연구에 채택되었다. 시간이 지나면서, 다양한 종류의 핵 의약품이 확립되면서, MRI는 컴퓨터 단층 촬영(CT), 양성자 단층 촬영(PET), 유방조영제, 방사선 치료, 초음파, 및 방사선 촬영 등의 영상 기술을 구성하는 전문 기술들 사이에서 자리를 잡았다.

▶ 프로파일 _Profile

자기공명영상과 뇌진탕

스포츠 부상과 전투 부상과 관련된 뇌진탕에 대한 연구는 국제적인 관심을 끌었고, 전국 미식축구 리그뿐만 아니라 인근의 레크리에이션 리그의 축구 규정에도 제도적인 변화를 가져왔다. 모든 뇌진탕의 물리적 행동과 증상이 쉽게 볼 수 있거나 보이지 않을 수 있기 때문에, 이것이 자기공명영상(MRI)이 유용한 진단 도구가 될 수 있는 이유이다. 외상 후 뇌 손상을 촬영하는 것은 상처의 위치와 정도를 확인하는 데 사용될 수 있다. 게다가, 의과학자들은 뇌 부상이 국지적이고 즉각적인 신체적 외상뿐만 아니라 단기 및 장기간의 뇌의 신경 기능과 과정에 영향을 미치는 더 미묘한 부상에 의해서도 특징지어진다는 것을 배우고 있다. 기능성 MRI(fMRI)라고 불리는 새로운 접근법은 대사체학

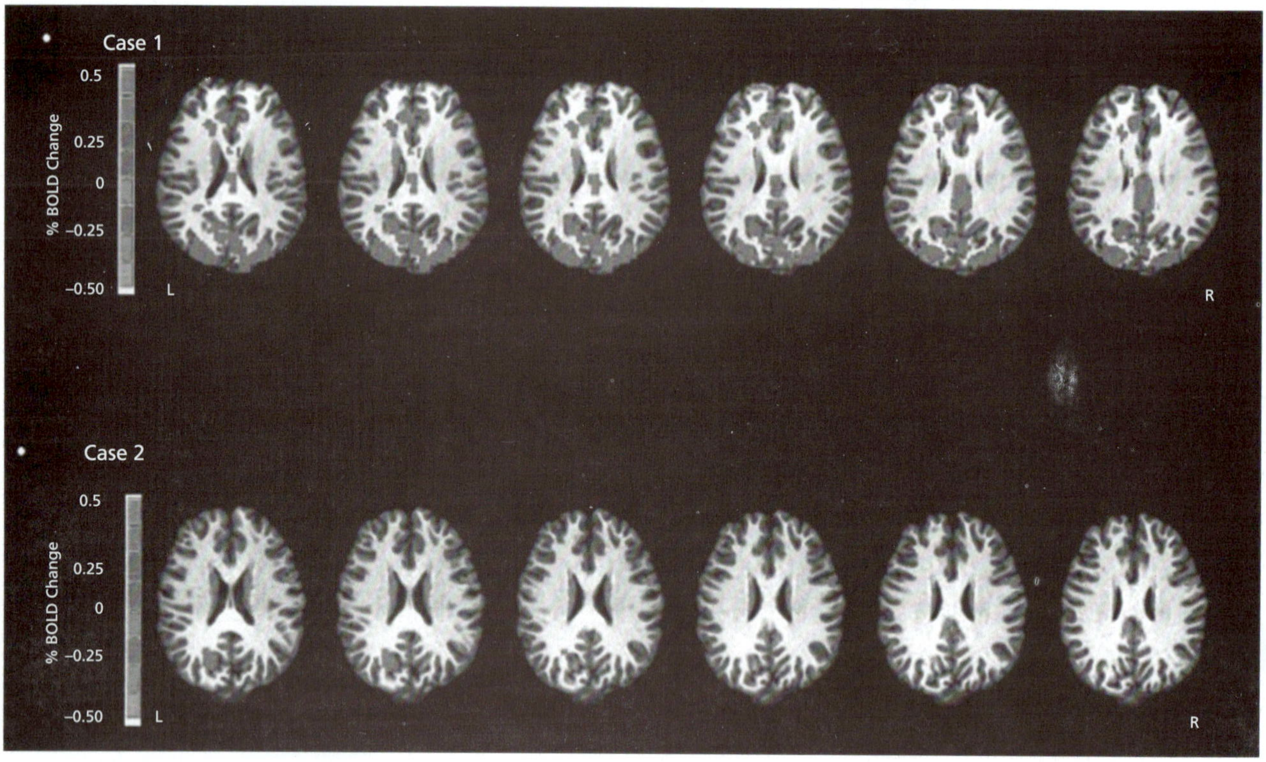

에 의한 뇌의 기능과 관련된 중요한 정보를 제공할 수 있다. 신진대사를 통해 과학자들은 살아있는 조직에서 보통 일어나는 대사 화학 과정을 연구하고 있다. 연구자들은 이러한 정상적인 기능에 문제를 일으키는 원인과 이와 관련된 질병을 확인하고 진단한다. fMRI는 중요한 대사과정 중간체의 농도 변화를 밝히기 위해 조직을 감시하는 데 사용될 수 있다. 이 미세 조정된 MRI 기술은 주요 화합물의 변화율을 모니터링하여 이전에 확인되지 않은 부상을 확인하고 회복 상태를 추적하는 데 도움이 된다. MRI는 머리 부상 환자의 신진대사의 변화를 식별하기 위해 축구 선수들에게 성공적으로 사용되었으며, 더 많은 외적인 부상의 징후가 명백하지 않더라도 그러한 부상에 대한 적절한 치료를 보장했다.*

*Henry, L. C.; Tremblay, S.; Leclerc, S.; Khiat, A.; Boulanger, Y.; Ellemberg, D.; Lassonde, M. Metabolic Changes in Concussed American Football Players During the Acute and Chronic Post-injury Phases. BMC Neurol., **2011**, 11, 105.

자기공명영상은 종양들이 다른 핵공명을 나타낸다는 것을 발견한 뉴욕 브루클린의 다운스테이트 메디컬 센터(뉴욕 주립대학교)의 의사인 Raymond Damadian가 사이언스지에 발표한 1971년 논문에서 처음 제안되었다. 그는 양성 및 악성 수술 표본의 빠른 구별을 위해 자기 이완 방법을 사용될 수 있다는 가능성을 제시하였으며, 그의 연구는 과학계에 큰 관심을 불러일으켰다.

Peter Lauterbur(NMR 분광학과, 뉴욕주립대학 교수)는 1971년에 Donald Hollis와 Leon Saryan이 수행한 실험에서 Damadian의 결과가 정상조직과 악성종양을 구분할 수 있다는 것을 관찰했다. Lauterbur는 생체 내 생물체에 NMR을 적용하는 비침습적인 방법을 찾기 위해 자신의 연구를 시작했다. 1973년에 그는 NMR을 이용한 생체 이미지 구현을 위한 방법을 제안했고 중수소 층으로 둘러싸인 물의 유리 모세관으로부터 이미지를 만들어 냄으로써 이 방법의 가능성을 증명했다.

이 분야는 지속적으로 확장되었고, Damadian는 최초의 전신 스캐너("Indomitable"이라고 불렀음)를 만들었으며, 현재 Smithsonian 연구소에 전시되어 있다(그림 11.20 참조).

Paul Lauterbur와 Peter Mansfield는 2003년 MRI를 생체 내 영상기술로 개발한 공로를 인정받아 노벨 의학상을 수상했으며, 측정 속도와 해상도를 높여 진단장치의 성능을 향상시키는 데 힘썼다. 1970년대에 Lauterbur and Peter Mansfield의 주요 개발 내용은 자기장 변화(gradient magnetic field)를 이용한 것이었다.

그림 11.20 Damadian(왼쪽)과 그의 연구팀.

▶ 프로파일 _Profile

자기공명영상의 놀라운 뒷이야기

NMR처럼 MRI 장비는 환자의 수소 원자에 핵 스핀 전이를 유도하기 위해 RF 에너지를 사용한다. 몸에 풍부한 원소인 수소는 생물학적 조직의 두 주요 성분인 물과 지질에서 발견된다. 외부 고자기장(B_0)의 영향으로 핵의 Larmor 주파수의 NMR은 수소 원자가 전이 후의 이완을 측정하는 방식으로 진행된다. 시간에 따른 이완율(T_1과 T_2 모두)을 측정하고, 이완율은 조직의 밀도와 관련되므로 컴퓨터 분석을 통해 조직밀도 지도를 생성한다. MRI의 이미지는 ^1H 신호의 주파수 정보와 ^1H 신호의 위치 정보를 조합한 것이다.

영상 데이터는 측정을 수행하는 조직의 2차원 슬라이스 또는 단면으로 획득된다. 2차원 영상을 *단층 촬영*이라고 하며, 일련의 2차원 영상이 결합되어 3차원 영상을 생성한다. 2차원에서는 데이터가 픽셀(pixel)이라는 단위로 수집되며, 픽셀의 3차원적 단위는 부피 픽셀의 복합어인 복셀(voxel) 단위이다. MRI에서는 자기장의 변화를 특정 조직 부분에 적용하여 슬라이스를 선택한다. 자기장의 영향 하에서, 표본 또한 조직 내에 있는 ^1H 핵은 RF 에너지의 영향 아래 자기공명 현상을 느끼게 된다. Fourier 변환을 통해 조직의 복셀에 대해 데이터가 수집되고(시각 필드라고도 함), 주파수 및 위치 정보로 변환되며, 이 정보는 이미지를 생성하는 데 사용된다. 그림 11.21에는 다양한 영상 기술의 복합적인 특성이 나와 있다. MRI를 사용하여 특정 유형의 이미지를 얻는 데 화학 조영제를 사용할 수 있다. 조영제는 일반적으로 신체의 특정 조직으로 이동하고 조직 유형 간의 신호 차이를 강화하는 금속 복합체이다. 가돌리늄과 철을 바탕으로 한 복합물이 일반적으로 사용되는 조영제이며, 조직의 국소 자기장을 왜곡함으로써 작용한다. 그러나 이러한 화합물의 사용은 독성 문제로 인해 내재된 위험이 있다.

MRI에서 이미지를 개선하는 또 다른 방법은 *화학적 이동 이미지*(chemical shift imaging)이다. 이는 물(지방 억제) 또는 지방(물 억제)에서만 발생된 이미지를 생성하기 위해 물이나 지방 중 하나에서 신호를 강조(또는 억제)할 수 있는 방법론이다.

MRI 장비의 구조는 NMR 장비와 매우 유사하다. 그림 11.21에는 기본 블록 다이어그램과 샘플(환자), 외부 자석, RF 코일의 상대적 위치(NMR과 마찬가지로 송신기와 수신기로도 사용 가능) 및 컴퓨터 컨트롤러가 모두 함께 작동하도록 되어 있다. 또한 영상에 필요한 자기장을 변화시키는 변화 코일(gradient coil)이 추가되는 것을 볼 수 있다.

MRI의 외부 자기장은 NMR과 마찬가지로 극저온 물질로 냉각되는 초전도 전자석으로 제공된다(그림 11.22 참조). 식품의약품안전청은 성인 및 아동의 경우 인체 노출을 8 T의 자기장으로 제한하고 RF 및 소음 노출의 한계를 설정하였다. MRI 장비는 자석과의 거리에 따라 자기장 강도가 급격히 떨어지도록 설계되어 있으므로 의료 서비스 제공자들의 자기장에 의한 노출이 최소화될 수 있기에 MRI 센터를 의료 시설 중심에 배치할 수 있다. 하지만 NMR과 마찬가지로, 심박조율기 및 임플란트를 포함한 마그네틱 카드와 기타 금속 물체는 MRI의 자기장에 강하게 영향을 받을 수 있으므로 환자 또는 의료 서비스 제공자들이 부상을 당하지 않도록 매우 주의해야 한다.

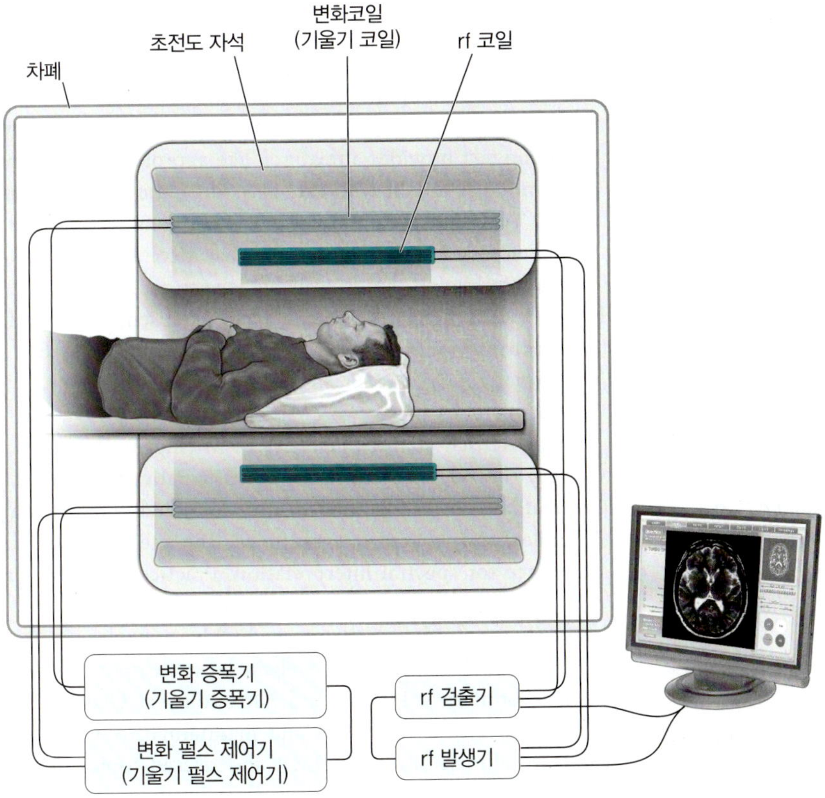

그림 11.21 MRI 장비의 개략도.

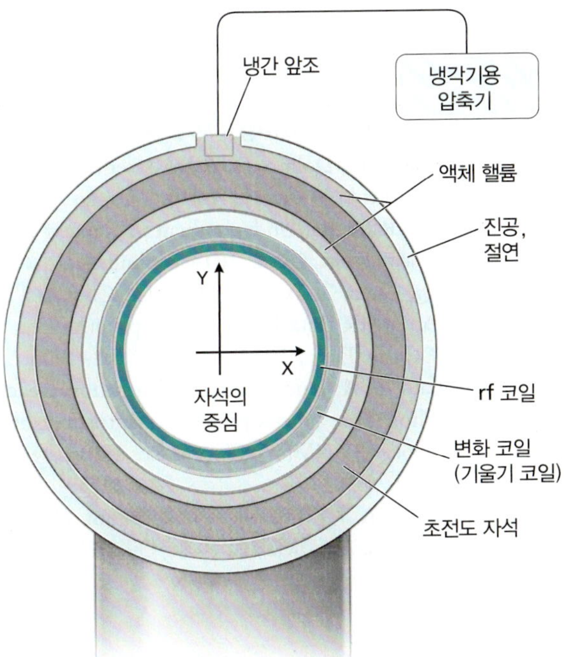

그림 11.22 MRI 장비의 자기장 코일과 극저온 구조의 단면도.

11.9 심화자료

Books

Berger, S.; Braun, S. *200 and More NMR Experiments.* Wiley-VCH: Weinheim, Germany, **2004**.

Dawson, M. J. *Paul Lauterbur and the Invention of MRI.* MIT Press: Cambridge, MA, **2013.**

Friebolin, H. *Basic One- and Two-Dimensional NMR Spectroscopy.* Wiley-VCH: Weinheim, Germany, **2010**.

Gunther, H., *NMR Spectroscopy: Basic Principles, Concepts and Applications in Chemistry*, 3rd ed., Wiley-VCH: Weinheim, Germany, **2013**.

Jacobsen, N. E. *NMR Data Interpretation Explained: Understanding 1D and 2D NMR Spectra of Organic Compounds and Natural Products.* Wiley: Hoboken, NJ, **2016**.

Jacobsen, N. E. *NMR Spectroscopy Explained: Simplified Theory, Applications and Examples for Organic Chemistry and Structural Biology.* Wiley-Interscience: Hoboken, NJ, **2007**.

Keeler, J. *Understanding NMR Spectroscopy*, 2nd ed., Wiley: Hoboken, NJ, **2010**.

Levitt, M. H. *Spin Dynamics: Basics of Nuclear Magnetic Resonance,* 2nd ed., Wiley: Hoboken, NJ, **2008**.

Linington, R. G.; Williams, P. G.; MacMillan, J. B. *Problems in Organic Structure Determination: A Practical Approach to NMR Spectroscopy.* CRC Press: Boca Raton, FL, **2015**.

Silverstein, R. M.; Webster, F. X.; Kiemie, D. *Spectrometric Identification of Organic Compounds*, 7th ed., Wiley: Hoboken, NJ, **2005.**

Westbrook, C.; Roth, C. K.; Talbot, J. *MRI in Practice,* 4th ed., Wiley-Blackwell: Chichester, UK, **2011**.

Online Resources

http://phet.colorado.edu/en/simulation/mri. A JAVA-based simulation sponsored by the University of Colorado, this is an excellent online simulation to introduce the student to concepts in NMR and MRI. It allows the user to change experimental parameters and to monitor resulting changes in the system and in various outputs.

https://www.youtube.com/watch?v=nM7jQFhrvR0. Dr. James Keeler's lectures on NMR are available on YouTube, presented by the University of Queensland and other sponsors and produced by the Australia and New Zealand Society for Magnetic Resonance (ANZMAG). The videos are divided into a series of lectures. This link is for the introduction to the series. Lecture 2 is on the vector model, and Lecture 3 is on the Fourier Transform; these lectures may be of interest to the reader.

http://chemwiki.ucdavis.edu/Physical_Chemistry/Spectroscopy/Magnetic_Resonance_Spectroscopies/Nuclear_Magnetic_Resonance. Sponsored by the National Science Foundation and the University of California, Davis, this wiki-style online text provides a textbook-like approach to NMR but in modular format with extensive illustrations, animations, and hyperlinks. Many pages are under construction, and therefore the treatment is somewhat incomplete. However, the information that is available is very accessible.

http://www2.chemistry.msu.edu/faculty/reusch/VirtTxtJml/Spectrpy/nmr/nmr1.htm /nmr/nmr2.htm. The *Virtual Textbook of Organic Chemistry* is an excellent resource that includes these two chapters on NMR by Dr. William Reusch at the University of Michigan. The site has very thorough descriptions, a mathematically rigorous treatment of background topics, animated graphics, data tables, and worked-out examples. The site is a good reference for spectral interpretation. Practice problems on spectral interpretation are interactive.

http://hyperphysics.phy-astr.gsu.edu/hbase/nuclear/nmr.html. The Hyperphysics website is sponsored by the Department of Physics and Astronomy at Georgia State University and is written and maintained by Carl (Rod) Nave. The sections on NMR and related topics provide extensive links for background work, including definitions, equations, useful constants, and diagrams.

http://www.cis.rit.edu/htbooks/nmr/inside.htm. An excellent online textbook, *The Basics of NMR,* is by Dr. Joseph P. Hornak, Professor of Chemistry and Imaging Science at the Rochester Institute of Technology (RIT) and Director of the Magnetic Resonance Laboratory at RIT. The interactive text is presented in 11 chapters, from fundamentals to more advanced topics, and it includes references, images, figures, spectra, examples, definitions, and animations.

Some Interesting Laboratory Experiments

Gonzalez, E.; Dolino, D.; Schwartzenburg, D.; Steiger, M. A. Dipeptide Structural Analysis Using Two-Dimensional NMR for the Undergraduate Advanced Laboratory. *J. Chem. Educ.***,** Oct 2, **2014** (online).

Li, Q.; Chen, Z. Yan, Z.; Wang, C.; Chen, Z. Touch NMR: An NMR Data Processing Application for the iPad, *J. Chem. Educ.*, **2014,** *91(11)*, 2002–2004.

Sibbald, P. A. Nucleophilic Substitution Reactions Using Phosphine Nucleophiles: An Introduction to Phos−phorus-31 NMR. *J. Chem. Educ.*, November 12, **2014** (on-line).

Simpson, A. J.; Mitchell, P. J.; Masoom, H.; Mobarhan, Y. L.; Adamo, A.; Dicks, A. P. An Oil Spill in a Tube: An Acces-

sible Approach for Teaching Environmental NMR Spectroscopy. *J. Chem. Educ.*, October 23, **2014** (online).
Williams, K. R.; King, R. W. (a series of labs):
The Fourier Transform in Chemistry. Part 1. Nuclear Magnetic Resonance: Introduction. *J. Chem. Educ.*, 1989, *66*, A213.
The Fourier Transform in Chemistry. Part 2. Nuclear Magnetic Resonance: The Single Pulse Experiment. *J. Chem. Educ.* 1989, *66*, A243.
The Fourier Transform in Chemistry—NMR: Part 3. Multiple-Pulse Experiments. *J. Chem. Educ.*, 1990, *67*, A93.
The Fourier Transform in Chemistry—NMR: Part 4. Two-Dimensional Methods. *J. Chem. Educ.*, 1990, *67*, A125;
The Fourier Transform in Chemistry—NMR: A Glossary of NMR Terms. *J. Chem. Educ.*, 1990, *67*, A100.

11.10 연습 문제

11.1 11.1절에서 검토한 n + 1 규칙을 이용하여, ethyl crotonate 화합물의 피크가 분할되는 형태를 예측하라. trans-ethyl crotonate (ethyl trans-2-butenoate)의 구조는 NMR 스펙트럼 옆에 표시되어 있다.

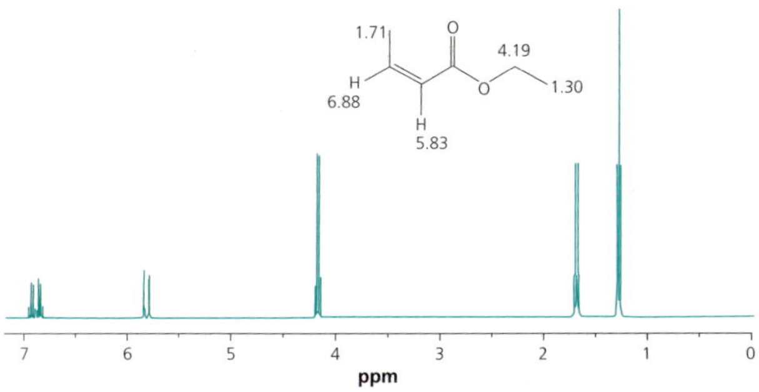

11.2 질량분석 스펙트럼 및 원소 분석 데이터에서, 미지 시료의 화학식이 석유 증류 생성물인 $C_3H_6O_2$라는 것을 확인했다. 이 화학식을 통해 아래 4가지 다른 구조가 가능하다.

A: Glycidol B: Methoxyacetaldehyde C: Propionic acid D: Methyl acetate

(a) IR 스펙트럼이 분자식을 구분하는 데 어떠한 도움을 줄 수 있는가?

(b) 아래 표시된 ^1H NMR 스펙트럼을 통해 4가지 구조 중 올바른 구조식은 어떤 것인가?

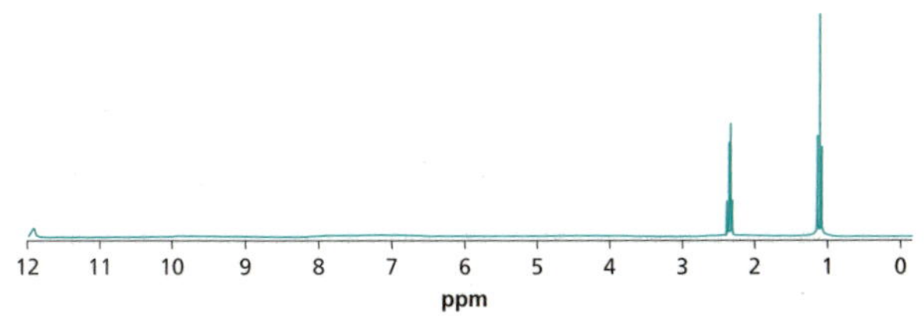

11.3 7.07 T의 자기장에서 ^{13}C의 Larmor 주파수는 얼마인가?

11.4 19 T의 자기장에서 ^{13}C의 Larmor 주파수는 얼마인가?

11.5 각 원자핵들의 11.14 T 자기장에서의 Larmor 주파수를 구하라.

(a) ^1H (b) ^{13}C (c) ^{31}P (d) ^{19}F

11.6 각 원자핵들의 21.21 T 자기장에서의 Larmor 주파수를 구하라.

(a) ^1H (b) ^{13}C (c) ^{31}P (d) ^{19}F

11.7 600 MHz NMR 장비의 자기장의 세기는 얼마인가(tesla 단위)?

11.8 700 MHz NMR 장비의 자기장의 세기는 얼마인가(tesla 단위)?

11.9 그림 11.9를 모델로 사용하여 2.34 T, 4.73 T, 7.07 T, 9.46 T 자기장에서의 ^{31}P의 필드 분할(ΔE) 다이어그램을 작성하라.

11.10 그림 11.9를 모델로 사용하여 2.34 T, 4.73 T, 7.07 T, 9.46 T 자기장에서의 ^{19}P의 필드 분할(ΔE) 다이어그램을 작성하라.

11.11 같은 자기장의 세기를 가지는 NMR 장비에서 ^{13}C-NMR의 신호 감도가 ^1H-NMR의 신호 감도보다 훨씬 약한 두 가지 근본적인 이유가 있다. 이러한 두 가지 이유를 설명하라. (*힌트*: 표 11.1 및 문제 11.15의 결과 참조)

11.12 300 MHz NMR 장비에서 얻어진 스펙트럼의 두 공명 주파수 차이를 결정하라. 2개의 ^1H 신호가 2.4 ppm 및 3.0 ppm이면 두 피크 사이의 주파수 차이는 얼마인가?

11.13 500 MHz NMR 장비에서 얻어진 스펙트럼의 두 공명 주파수 차이를 결정하라. 2개의 ^1H 신호가 7.75 ppm 및 7.90 ppm이면 두 피크 사이의 주파수 차이는 얼마인가?

11.14 B_o 필드 세기가 다음과 같은 NMR 장비에서 측정된 ^1H 신호가 2.20 ppm과 2.30 ppm일 때 두 신호 사이의 공명 주파수 차이를 계산하라(hertz 단위).

(a) 300 MHz (b) 600 MHz (c) 900 MHz

11.15 B_o 필드 세기가 다음과 같은 NMR 장비에서 측정된 ^1H 신호가 4.45 ppm과 4.60 ppm일 때 두 신호 사이의 공명 주파수 차이를 계산하라(hertz 단위).

(a) 100 MHz (b) 500 MHz (c) 900 MHz

11.16 15 Hz의 기준선 스펙트럼 분해능이 있는 검출기를 가지고 있다고 가정하고, 문제 11.17의 각 필드 세기(a~c)에서의 피크 분해능에 대해 설명하라.

11.17 10 Hz의 기준선 스펙트럼 분해능이 있는 검출기를 가지고 있다고 가정하고, 문제 11.17의 각 필드 세기(a~c)에서의 피크 분해능에 대해 설명하라.

11.18 다음 NMR 장비에서 양성자에 대한 실온에서의 m = − ½와 m = +½ 사이의 상대적 입자수 분포도를 결정하라.

(a) 90 MHz (b) 400 MHz (c) 600 MHz (d) 800 MHz

11.19 다음 NMR 장비에서 양성자에 대한 280 K 온도에서의 m = − ½와 m = +½ 사이의 상대적 입자수 분포도를 결정하라.

(a) 90 Hz (b) 400 MHz (c) 600 MHz (d) 800 MHz

11.20 다음 NMR 장비에서 양성자에 대한 310 K 온도에서의 m = − ½와 m = +½ 사이의 상대적 입자수 분포도를 결정하라.

11.21 다음 각 분자에서 스핀-활성 ^1H와 ^{13}C 핵의 비율을 결정하라.

(a) Pentane (C_5H_{12})
(b) Ethylene diamine ($C_2H_4(NH_2)_2$)
(c) Acetaldehyde (C_2H_4O)

11.22 다음 각 분자에서 스핀-활성 ^1H와 ^{13}C 핵의 비율을 결정하라.

(a) Glycerol ($C_3H_8O_3$) (b) Heptane (C_7H_{16})
(c) Lysine ($C_6H_{14}N_2O_2$)

11.23 ^1H-NMR 실험에서 n = 16 데이터 세트 대비 n = 64 데이터 세트는 얼마나 높은 *S*/*N* 비율 증가를 얻을 수 있는가?

11.24 ^1H-NMR 실험에서 n = 64 데이터 세트 대비 n = 128 데이터 세트는 얼마나 높은 *S*/*N* 비율 증가를 얻을 수 있는가?

11.25 ^{13}C-NMR에 대하여 예제 11.23과 11.24를 다시 계산하라. ^1H와 ^{13}C 사이의 신호 증가는 어떻게 되겠는가?

11.26 MRI에서 ^1H, ^{13}C 이외의 핵을 관찰하는 데 관심이 있다면, 다음 중 어떤 생물학적인 원자핵이 관찰이 가능한가?

(a) Oxygen (b) Calcium (c) Selenium

11.27 MRI에서 ^1H, ^{13}C 이외의 핵을 관찰하는 데 관심이 있다면, 다음 중 어떤 생물학적인 원자핵이 관찰이 가능한가?

(a) Iron (b) Sulfur (c) Nitrogen

11.28 MRI 측정할 때는 환자가 자기장의 중앙 부위에 위치하게 되며, 환자의 몸은 *z*축을 따라 자기장(B_o)과 정렬된다. 그리고 자기장은 머리에서 발끝까지 흐른다. MRI 측정 시 환자의 위치는 NMR 내부의 NMR 튜브와 상대적으로 동일한 위치에 있는가? 다이어그램을 이용해 설명하고, 변화 코일(gradient coil)과 그 기능에 대해 답하라.

11.29 MRI 기기에는 외부 자기장을 변화시키는 변화 코일을 이용해 필드의 자기장의 세기를 변화시킨다. 이러한 자기장 변화는 시상, 가로 또는 관상 평면을 따라 신체의 영상 부분으로 설정할 수 있다. 인터넷을 사용하여 이러한 섹션을 나타내는 조직의 MRI 이미지를 찾고 조직의 이미지에 대해 설명하라. 플로리다 주립대학의 국립 고자기장 연구소에서 논문을 참조하라(http://www.magnet.fsu.edu/education/tutorials/magnetacademy/mri/fullarticle.html).

제 12 장

액체 크로마토그래피

Liquid Chromatography

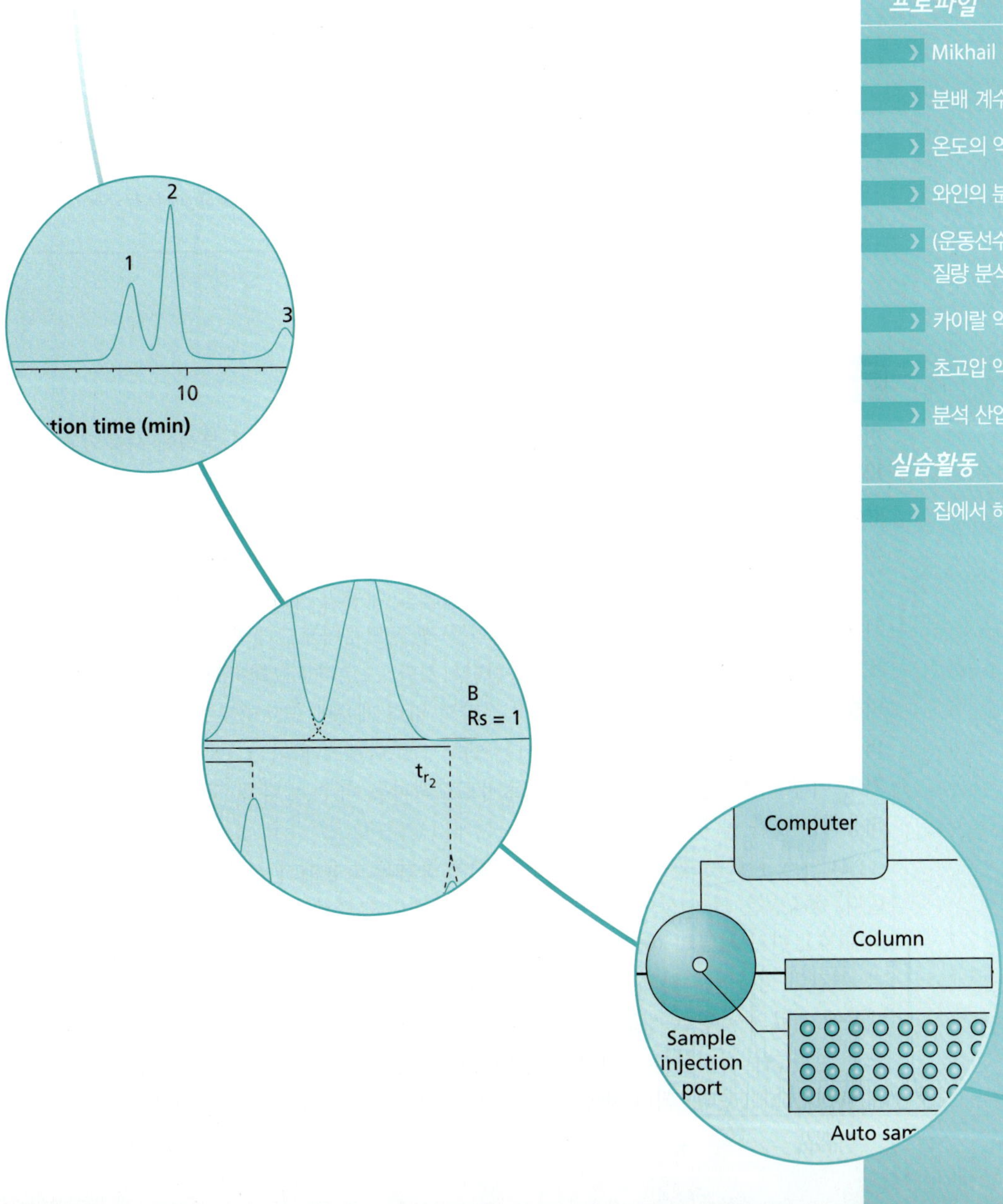

▶ 개념 _*Concepts*

▶ 특집 _*Features*

프로파일

실습활동

▶ 프로파일 _Profile

Mikhail S. Tswett

1903년에 열린 바르샤바 자연과학회에서, Mikhail Tswett라는 이름의 31세의 과학자는 식물 색소의 현탁 고체 매질에 대한 차등 흡착을 이용한 방법으로 용해된 식물 색소를 분리하는 기법에 대하여 세미나 강의를 진행하였다.[*] 우리가 현재 컬럼 크로마토그래피라고 부르는 기법이 발명된 것이다. 이 강의에 참석한 사람들이 Tswett의 강연의 중요성을 충분히 인식했었는지는 의문의 여지가 있지만, 그의 발명이 생물학, 생화학, 유전학, 석유 화학, 핵과학 등의 분야에서 괄목할 만한 진전을 이룩하게 해 준 것만은 분명할 것이다. 또한 Tswett의 차등 흡착에 관한 연구는 현대의 분배 계수에 대한 이해의 초석이 되기도 하였다. Tswett는 자연주의자로 교육받았고, 1896년에 24세의 나이로 Geneva 대학교에서 "세포의 생리학에 관한 연구: 원형질 세포, 원형질 막 및 엽록체의 이동에 대한 지식을 제공하는 자료"[†]라는 논문으로 첫 번째 박사학위를 받았다. 이후 그는 러시아로 이동하여 연구를 계속하였고, 1910년에 38세의 나이로 "식물과 동물 내의 엽록소"라는 논문으로 두 번째 박사학위를 취득하였다. 크로마토그래피라는 용어는 그리스어 단어의 *graphein*(쓰다)과 *chroma*(색깔)의 결합으로서, 문자 그대로의 의미로는 색깔쓰기라는 뜻이 된다. Tswett의 액체 크로마토그래피의 첫 응용 분야가 식물 색소의 분리였다는 사실은 이러한 *크로마토그래피*의 어원을 부분적으로 설명해 준다. ■

* *Tsvet, M. S. Warsaw. Obshch. Estestvoisp. Otd. Biol. (Transl. Proceedings of the Warsaw Society of Naturalists), 1903, 14, 20-39.*

† *For additional articles on Mikhail Tswett, see Berezkin, V. G. Chem Rev., 1989, 89, 279-285; Strain, H. H.; Sherma, J. J. Chem. Ed. 1967, 44(4), 235-237; Williams, K. R. J. Chem. Ed. 2002, 79(8), 922-923.*

12.1 서론

현대 크로마토그래피는 복잡한 화합물의 다양한 성분에 대한 분리 분석에 사용되고 있다. 크로마토그래피는 분석 실험실, 형사수사 실험실, 병원, 환경 실험실 등에서 널리 이용되고 있다. 크로마토그래피는 미량 물질의 확인(정성 분석) 및 시료 내의 특정 성분의 양을 결정하는(정량 분석) 데에 강력한 도구이다. 또한 크로마토그래피 시스템은 제조 공정의 일부로서 생산품을 정제하는 목적으로 대량의 재료를 다룰 수 있도록 발전하였다. 이와 같은 유형의 크로마토그래피를 *제조* 크로마토그래피라고 부른다. 크로마토그래피 분리의 기본 개념은 상당히 간단하지만, 크로마토그래피와 관련되어 개발된 기술은 상당히 복잡하다. 그 정성적 및 정량적 위력 때문에 크로마토그래피는 분석화학의 주력 기법 중 하나이다. 이 장에서는 액체 크로마토그래피(LC)에 대하여 알아보고 기초 이론을 소개할 것이다. 기체 크로마토그래피를 다루는 다음 장에서 같은 개념이 적용되는 것을 볼 것이다.

LC에서 시료는 용매(*이동상*이라 불림)에 용해되고 용매가 시료를 정지상으로 운반한다. *정지상*은 그 이름이 의미하는 것처럼 움직이지 않는다. 이동상이 정지상을 통과하여 흐르면서 시료의 다양한 성분들이 고정된 정지상과 흐르는 이동상 사이에 분배된다. 시간이 지나면서 각 분석물의 정지상과 이동상 사이의 서로 다른 유형의 상호 작용 때문에 시료의 다양한 성분들이 분리된다. 정지상에 결합되어 더 오랜 시간 동안 머무르는 성분들은 정지상을 통과하여 흘러나오는 데 더 오랜 시간이 걸리게 되고 보다 늦게 빠져나오게(*용리*) 되며, 반면 정지상에 결합되어 더 짧게 머무르는 성분들은 정지상을 통과하여 흘러나오는 데 더 짧은 시간이 걸리게 되고 보다 빨리 용리된다. 이러한 *차등 이동*의 개념은 성공적인 분리의 주요 특징이 된다. 차등 이동이 없이는 분리는 일어나지 않는다.

이 장에서 다루게 되는 것은 다음과 같다.

- 분리의 이론적 배경
- 현대 LC의 고성능, 고분별능, 자동화와 관련된 기기 관점에서의 고려
- LC 분리를 달성하는 방법 및 다양한 물리적 및 화학적 특성을 이용하여 각각의 성분을 판별하는 방법
- 분리의 필요성 및 LC가 어떻게 다른 분석을 보조할 수 있는지
- 현재 주요 관심사가 되고 있는 LC의 응용법

12.2 이론

분포 평형

LC의 원리는 평형에 기초하고 있다. LC에서 중요한 평형은 *분포 평형 상수*(distribution equilibrium constant)로 기술된다. 분포 평형 상수는 분석물이 이동상(용매)과 정지상(고체) 사이에 분배(혹은 분포)되는 분석물의 성질을 기술한다. 익숙한 기법인 증류를 이용하여 평형의 개념에 대하여 보다 일반적으로 검토해 보면서 설명을 시작하겠다.

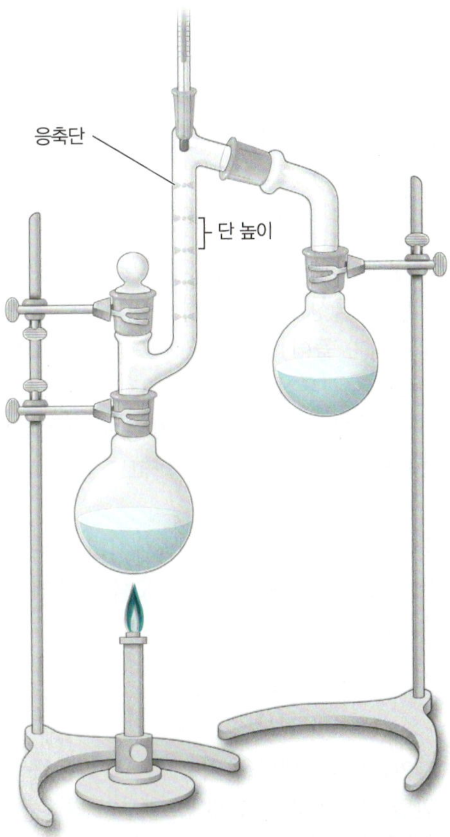

그림 12.1 증류 장치의 개략도.

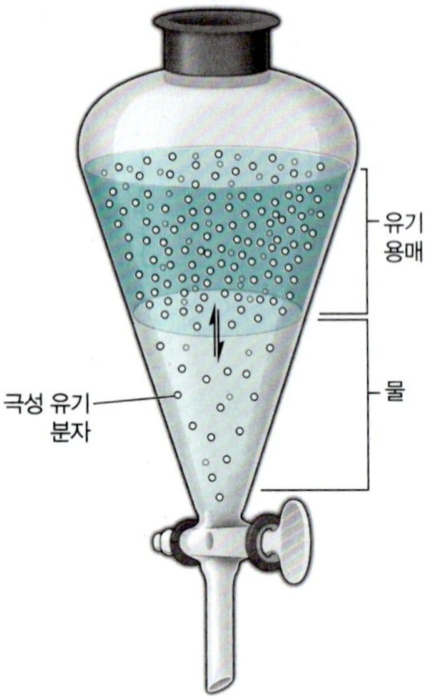

그림 12.2 수용액으로부터의 유기 분자의 추출.

증류에서는 용액 내의 각 성분의 *상 평형*(phase equilibria)의 차이를 이용한다. 증류 과정에서 용액이 가열되고 냉각됨에 따라 각 성분은 서로 다른 상(액체 및 기체) 사이를 번갈아 이동하게 된다. 증류 컬럼 내의 각 응축점마다 액체상과 고체상 사이의 상 평형이 생긴다. 석유 산업에서 정유소에는 많은 증류탑들이 있고, 그 안의 응축단에서 서로 다른 성분들을 포집한다. 그림 12.1은 유기 화학 실험실에서 흔히 사용되는 증류 컬럼의 개략도이다. 용액이 가열되면 증기가 컬럼을 따라 올라가게 되고, 온도가 낮아지면 증기가 응축단과 접촉할 때 증기 중 휘발성이 낮은 성분이 선택적으로 응축된다. 이제 응축된 성분은 용액으로 다시 떨어져 내려오는 반면 휘발성이 높은 성분의 증기는 컬럼을 따라서 계속해서 올라가게 된다. 매 응축단마다 증기와 액체 상 사이에 상 평형이 이루어지며, 증기는 컬럼을 따라 계속해서 올라가고 액체는 컬럼 안에서 떨어져 내려오므로, 매 응축단에서의 차등 평형에 의해 혼합물의 성분의 분리가 일어난다. 끓는점이 낮은 성분일수록 끓는점이 높은 성분에 비해 더 높이까지 올라가게 된다. 비슷한 끓는점을 지닌 화합물들을 보다 효율적으로 분리할 수 있는 증류 컬럼을 만들기 위해서는 컬럼 내의 응축점의 개수를 늘리거나 컬럼의 길이를 늘려 주어야 한다. 밀접하게 연관된 두 개의 화합물을 분리해 내는 능력은 컬럼의 *분리능*(resolving power)으로서 정량적으로 평가되는데, 이 개념에 대해서는 이 장의 뒷부분에서 좀 더 자세히 논의할 것이다. 다른 말로 하면, 증류 컬럼의 분별능은 컬럼 내의 응축단의 수 및 *단 높이*(plate height, 판 사이의 간격)의 함수이다.

증류와 크로마토그래피 사이의 유추는 사실 완벽한 것은 아니다. 증류에서와 달리 LC에서는 분석물의 액체와 증기 상 사이의 평형이 관여하지 않는다. 대신에 LC에서는 분석물이 두 개의 서로 다른 기존의 매질 사이에 이동하는 과정에서의 동적 평형이 관여한다. 이런 관점에서 보면 크로마토그래피는 수용액 매질과 유기물 매질 사이의 분포/분배 평형을 기본 원리로 하고 있다는 점에서 추출과도 유사하다고 볼 수 있을 것이다.

분배 평형은 실험실에서 분별 깔때기를 이용하여 액체–액체 추출을 행하는 과정에서 접하였을 것이다. 분별 깔때기에서 분석물은 서로 섞이지 않는 두 용매 사이에 분포된다[식 (12.1) 및 그림 12.2 참조).

$$C_{aq} \rightleftharpoons C_{org} \qquad \text{식 (12.1)}$$

일반적으로 두 용매는 수용액층과 유기층으로 분리 된다. 극성이 높은 분석물은 수용액층에 선택적으로 분배되며, 비극성 분석물 또한 마찬가지로 유기층에 선택적으로 분배된다. 그림 12.2는 용질 분자가 들어 있는 수용액을 유기 용매를 이용하여 액체–액체 추출을 행하는 모습을 보여준다. 용질 분자는 두 용매 사이를 끊임없이 왕복하기는 하지만 유기 용매에 대한 친화력이 더 높으므로 유기 용매 쪽으로 농축될 것이다. 계가 평형에 도달하게 되면 평형 상수 K_D(분배 계수 K_p라고도 불림)로써 용질의 두 층 사이의 분포 상태를 나타낼 수 있다.

분포 상수는 분석물의 두 상 사이의 평형 상태에서의 농도비이다. 추출에서는 관례적으로 식 (12.2)에서처럼 유기 용매층에서의 농도를 수용액층에서의 농도의 함수로 K_D를 나타낸다.

$$K_D = \frac{[C_{org}]}{[C_{aq}]} \qquad \text{식 (12.2)}$$

예를 들면, 카페인의 다이클로로메테인(유기층)과 물(수용액층) 사이의 분배에 대한 평형 상수는 4.6이다. 만일 그림 12.2가 수용액으로부터 다이클로로메테인으로 카페인을 추출하는 것을 나타낸다면 다이클로로메테인과 물의 부피가 같을 경우 평형에서 다이클로로메테인 속의 카페인의 양은 물속의 카페인의 양의 4.6배로 많을 것이다.

» 예제 12.1

250 mL의 클로로폼(유기 용매)으로 100 mL 컵의 커피(수용액)로부터 카페인을 추출하고자 할 경우, 평형 상태에서 클로로폼 층에는 얼마나 많은 카페인이 있을까? 처음에 커피 안에 포함되어 있던 카페인은 1.00 mg이라고 가정한다. 실온에서 카페인의 분포 상수 K_D는 8.8이다.

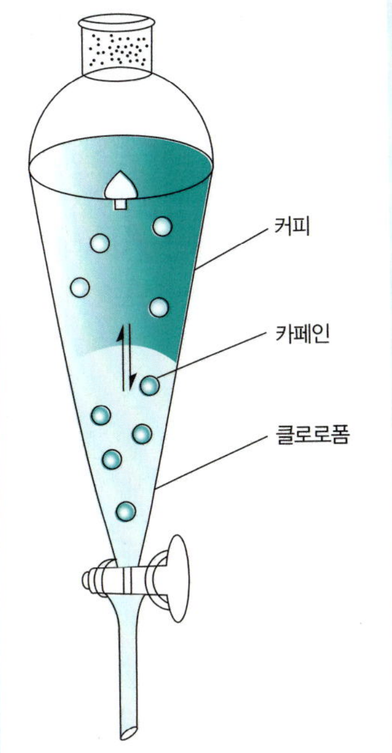

전략 ›

평형 표를 만들고 식 (12.2)의 각 미지 변수에 대하여 대수적 항으로 표시해 본다. 적절한 대입을 통하여 수식을 풀면 된다.

풀이 ›

1단계: 평형 표 만들기

	카페인 (수용액층)	⇌	카페인 (유기층)
초기 질량(mg)	1.00		0.00
변화(mg)	− x		+ x
평형 질량(mg)	(1.00 − x)		x

2단계: 각 용매 내의 카페인의 농도를 mL당 밀리그램으로 표시하고 식 (12.2)에 이들 농도를 대입한다.

유기층에서 카페인$_{(유기층)}$은 250 mL 용매 내에 (x) mg이 있다.

수용액층에서 카페인$_{(수용액층)}$은 100 mL 용매 내에 (1.00 − x) mg이 있다.

$$8.8 = \frac{\left(\dfrac{x}{250}\right)_{org}}{\left(\dfrac{1.00-x}{100}\right)_{aq}}$$

3단계: 위 식을 "x"에 대하여 풀면 된다. "x"는 유기 용매 내의 카페인의 양을 mg 단위로 나타낸 값이다.

"x"에 대하여 위 식을 풀면 0.956 mg이 나온다. 클로로폼 상에는 0.96 mg의 카페인이 있고 수용액 상에는 0.04 mg의 카페인이 있다. 평형에서 카페인은 96%가 유기층으로 분배되고 4%가 수용액층으로 분배된다.

문제 12.1: 알부테롤(천식 치료제의 일종)의 지질 : 물 K_{OW} 값은 0.019이다(프로파일 "분배 계수의 또 다른 응용법" 참조). 처음에 0.001 g의 알부테롤을 포함하는 100 mL의 수용액이 100 mL의 옥탄올과 평형을 이루게 될 경우 수용액 상에는 몇 그램의 알부테롤이 남아 있게 되는가?

▶ **프로파일** _Profile

분배 계수의 또 다른 응용법

생물학적 관심사 가운데, 제약 회사들은 신약의 지방 용해도를 연구할 때 옥탄올을 지질의 대표제로서 종종 사용한다. 옥탄올 : 물 분포 상수($K_D = K_{OW}$)는 약물의 상대적인 지방 용해도의 척도로서 쓰인다. 약물이 신체 내의 지질층으로 제대로 들어갈 것인가 아니면 수용성 체액 내에 머무를 것인가? 이것은 약물이 얼마나 빨리 신체에서 제거될 것인가에 대한 지표를 제공하므로 중요한 결정이 된다. 지용성이 높은 약물은 수용성이 높은 약물에 비하여 신체에서 보다 느리게 제거되는 경향을 보인다. 옥탄올 : 물 분배 계수*는 또한 환경과학에서 사용되며 환경 격리(생물 농축), 환경에서의 운송 모드 및 독성학에 대한 정보를 제공하기도 한다. ■

옥탄올 : 물 분배 계수에 대한 더 많은 정보를 보려면 이 장 끝 부분의 심화자료에 제시한 Sangster의 저술을 참고하라.

문제 12.2

(a) 문제 12.1을 다시 풀어보되, 알부테롤을 추출할 때 100 mL의 옥탄올로 추출하는 대신에 20 mL씩의 옥탄올로 다섯 번에 걸쳐 연속적으로 추출하라. 각 단계마다 이전 단계의 수용액 상에 남아 있는 알부테롤의 양이 그 다음 단계의 초기 양이 된다. (노트: 두 가지 추출 방법에서 옥탄올의 전체 부피는 서로 같다.)

(b) 수용액 내의 알부테롤의 최종 농도를 문제 12.1의 결과와 비교하라. 한꺼번에 한 번에 추출할 때에 비해서 보다 적은 양으로 다섯 번에 걸쳐서 추출할 때 추출 결과가 어떻게 달라지는지를 토의하라. 문제 12.1에서처럼 한 번에 큰 부피로 추출하는 방법에 비하여 본 문제에서처럼 작은 부피로 여러 번에 나누어 추출하는 방법의 단점으로는 어떤 것이 있을까?

예제 12.1에서 이상(two-phase) 추출의 효율은 K_D 값과 두 상의 상대적인 부피에 달려 있음을 볼 수 있다. 이상 추출에서의 분리 효율은 **용량 인자**(capacity factor, K_{cf})라는 항으로 정량적으로 기술된다.

$$K_{cf} = K_D \frac{V_{org}}{V_{aq}} \qquad \text{식 (12.3)}$$

이후 우리는 K_{cf}와 LC의 동적 환경에서의 관계에 대해 알아볼 것이다.

◆ 크로마토그래피의 원리

크로마토그래피의 원리는 분별 깔때기에서 이루어지는 이상 추출과 유사하다. 그러나 크로마토그래피에서는 두 구성 요소 중 하나는 고체 지지체에 고정되어 있다. 앞에서 언급한 대로, 고정된 요소는 정지상이라고 불리며, 나머지 요소(이동상)가 정지상을 통하여 흘러 지나가게 된다. 크로마토그래피는 동적, 다단계 방식의 추출로 보는 것이 적합할 것이다(문제 12.2 참조).

시료 (혼합물) 내의 각 성분들은 이동상과 정지상 사이에서 각각 다르게 분배가 일어나고 이 때문에 이들 성분의 분리가 일어나게 된다. 액체-액체 추출의 맥락에서 이미 논의했듯 분배 현상은 시료 내의 각 분석물 성분에 대하여 각각의 분포 상수로 기술된다. 식 (12.4)는 정지상과 이동상으로써 K_D를 기술한다. 식 (12.2)와 식 (12.4)를 직접 비교해 보자.

$$K_D = \frac{C_s}{C_M} \qquad \text{식 (12.4)}$$

C_s는 정지상에서의 분석물의 농도이고 C_M은 이동상에서의 분석물의 농도이다. 크로마토그래피 분리에서 K_D는 일반적으로 정지상에서의 분석물의 농도를 이동상에서의 분석물의 농도로 나눈 값으로 표시하는 것에 주의하라. 따라서 K_D 값이 큰 성분들은 K_D 값이 작은 성분들에 비하여 컬럼에서 더 오랜 시간을 보내게 된다. *이것이 핵심이다!* 각 성분이 크로마토그래피 시스템을 통과하여 이동하는 데 걸리는 시간은 해당 성분의 K_D 값에 비례한다. 분석물의 정지상에 대한 친화도를 기술하는 용어는 **머무름**(retention)이며, 분석물이 컬럼에서 용리되는 데 걸리는 시간을 해당 분석물의 **머무름 시간**(retention time)이라고 부르고 t_r로 나타낸다.

관심 대상이 되는 화합물들이 이동상의 강물에서 마치 카약과 같이 정지상을 지나쳐 지나가는 모형으로 생각해 볼 수도 있을 것이다. 어떤 카약은 강물에 오래 머무르고 따라서 빨리 지나가는 반면, 또 어떤 카약은 강둑을 탐험하기로 할 수도 있다. 강둑을 가장 많이 탐험하기로 한 카약들은 더 오래 정박해 있게 되고 따라서 더 천천히 지나가게 될 것이다.

문제 12.3 알부테롤의 지질 물의 K_{OW} 값은 0.019이다. 극성 용매(예, 메탄올)와 비극성 정지상을 사용하여 크로마토그래피 분리를 하고자 할 경우, 알부테롤은 이동상과 정지상 중 어느 쪽에 더 많이 분배될 것인가? 그 이유를 설명하라.

문제 12.4 카페인의 지질 물의 K_{OW} 값은 0.79이다. 알부테롤과 카페인의 혼합물을 극성 용매(예, 메탄올)와 비극성 정지상을 사용하여 분리하고자 할 경우, 어떤 성분이 먼저 용리되어 나올 것인가(즉 어떤 성분이 머무름 시간이 더 짧겠는가)? 두 성분이 용리되어 나올 때 서로 근접해서 붙어 나올 것인가, 아니면 멀리 떨어져서 나올 것인가? 그 이유를 설명하라.

화합물의 K_D 값은 양 극단일 경우도 있고, 이 경우에는 머무름이 전혀 없거나 완전한 머무름을 보이게 될 것이다. 그러나 잘 설계된 프로토콜에서 대부분의 화합물은 두 상 사이에 의미 있는 비율로 분포되고 적절한 시간 내에 용출된다. 같은 형태의 분자들에 대한 분배 계수는 모두 같으므로, 한 가지 유형의 분자들은 하나의 띠로서 함께 정지상을 통과하게 되고, 이 때문에 각 화합물은 고유의 머무름 시간을 보이게 된다. 그림 12.3은 두 분석물 A, B가 LC 시스템을 통과하는 모습을 나타낸 것이다. 분석물 A는 이동상에 대한 친화도가 더 높고 따라서 B에 비하여 훨씬 빠르게 정지상을 통과하여 지나가게 된다.

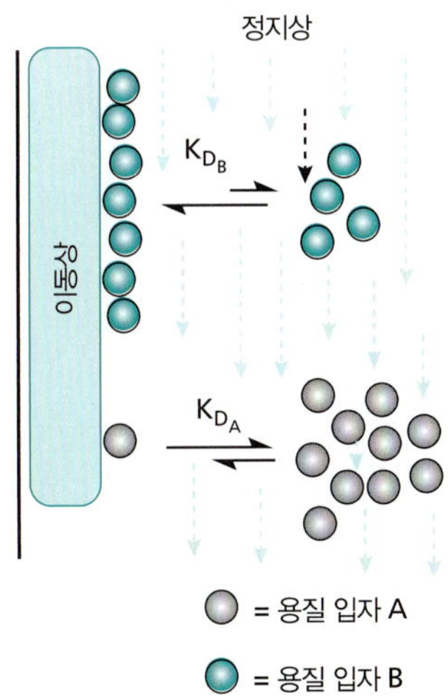

그림 12.3 성분 A와 B가 정지상과 이동상 사이에 분배되는 모습. B는 정지상 쪽에 더 많이 분포되고, 반면에 A는 이동상 쪽에 더 많이 분포된다.

그림 12.4는 이상적인 시료의 크로마토그램을 나타낸다. 근사적으로 봉우리는 정규분포를 나타내며, 봉우리의 중심은 평균 머무름 시간[1]이 되고 봉우리의 너비는 표준편차(σ)의 함수로서 표현된다.

이동상이 컬럼을 통과하는 게 걸리는 시간을 t_m으로 표시하고 **틈새 시간**(void time)이라 부르기도 한다. t_m 동안에 컬럼을 흘러가는 이동상의 양을 **틈새 부피**(void volume)라고 한다. 분석물이 틈새 부피 이내에 용리되는 경우 분석물은 정지상에 전혀 분배되

[1] 머무름 시간은 흐름 속도를 곱하여 머무름 부피로 변환할 수 있다.

실습활동 _Activity

집에서 해 보는 크로마토그래피

검은색 잉크는 일반적으로 여러 다른 색소의 혼합물이다. 얇은 층 크로마토그래피를 사용하여 검은색 잉크를 각 성분으로 분리할 수 있다. 얇은 층 크로마토그래피는 분명히 유기 화학에서 수행해 보았을 것이다. 하지만 일반적인 가정용 생활용품을 이용해서도 간단한 크로마토그래피 분리를 수행할 수 있다.

재료

커피 필터

물 및 아이소프로판올(소독용 알코올)

검은색 사인펜 또는 검은색 볼펜

방법 – 커피 필터 하단 1인치 지점에 펜으로 잉크선을 긋는다. 잔에 물을 약 3/4인치 높이로 채운다. 커피 필터의 하단을 물에 담그되, 잉크선의 아래쪽만 적시도록 주의한다. 모세관 작용에 의해 물이 필터 종이를 따라 올라가고 물이 이동상으로 작용하게 된다. 필터 종이의 셀룰로스는 정지상(정상상)으로 작용한다. 시간이 지남에 따라 검은색 잉크가 각 성분으로 분리되는 것을 볼 수 있을 것이다.

실험 조건을 변화시켜 보자. 예를 들면 소량의 소독용 알코올을 물에 섞게 되면 극성이 낮은 안료 성분의 이동 속도를 보다 빠르게 할 수 있다. 또는 다른 재질의 종이를 사용하는 것으로 정지상을 변화시켜 볼 수도 있다. 또한 다른 제조사 또는 브랜드의 검은색 펜을 비교 사용해 보거나 검은색 이외의 다른 색깔의 펜을 사용해 볼 수도 있을 것이다. (녹색 펜을 전개하면 어떤 색깔이 나올까?) 같은 "색깔"의 잉크라고 해서 모두 같은 안료로 만들어지는 것은 아니라는 것을 발견하게 될 것이다.

지 않는 것이고 따라서 머무름이 전혀 없는 것이다. 틈새 부피[2]에 대한 머무름 시간은 이동상의 흐름 속도 및 컬럼 내 정지상의 부피에 관계된다. 그림 12.4에서 틈새 부피는 크로마토그램에서 첫 번째 피크로 나타난다.

(자외선-가시선 [UV-vis] 분광기와 같은) 광학 검출기를 사용할 경우 검출기 반응은 이동상과 분석물의 흡광도 차이가 된다. 분석물을 녹이고 싣기 위해 사용한 용매의 조성이 이동상과 다르다면 틈새 시간에서 피크가 보일 것이다. 흡광도의 차이에 따라 틈새 부피에서의 피크는 양 또는 음의 어느 쪽으로도 나올 수 있다. 틈새 부피에서 그림 12.4에서는 양의 피크가 나왔고, 예제 12.3에서는 음의 피크가 나왔다.

문제 12.5 때로는 분석물의 머무름(R)을 분석물의 관찰된 머무름 시간(t_r)과 틈새 시간(t_m)의 차이로 나타내는 것이 편리할 수도 있다. 그림 12.4의 크로마토그램을 이용하여 화합물 A와 B의 머무름(R)을 구하라.

[2] 이동상(mobile phase)이 컬럼을 통과하는 데 걸리는 시간이므로 t_m으로 나타내는 것이다.

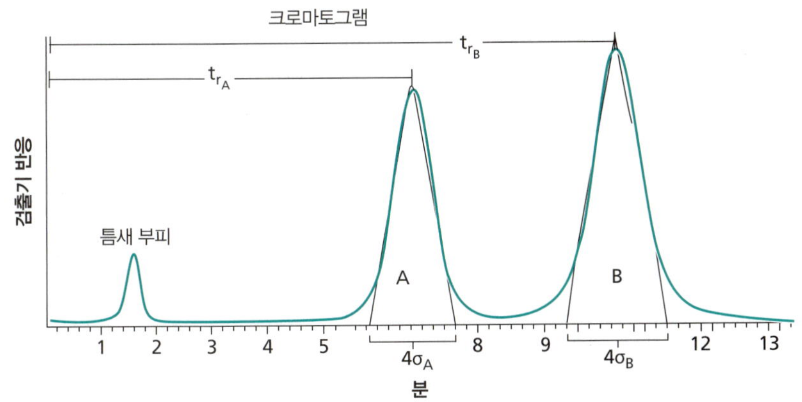

그림 12.4 두 성분 A, B의 분리를 보여주는 이상화된 크로마토그램의 모습. A와 B에 대한 고유의 머무름 시간을 t_r(A)와 t_r(B)로 표시하였다.

문제 12.6 때로 시료를 용리시키는 데 드는 시간 대신에 시료를 용리시키는 데 필요한 이동상의 부피로 크로마토그래피 봉우리를 나타내는 것을 볼 수 있을 것이다. 그림 12.4에 나온 머무름 시간을 이용하여, 흐름 속도가 1 mL/분일 때 화합물 A와 B의 머무름 부피를 계산하라. 흐름 속도 0.7 mL/분에 대하여 다시 계산하라.

◈ 머무름 인자

예제 12.1과 위의 식 (12.3)으로부터 이상 추출의 효율은 K_D 및 두 상의 상대 부피 모두의 함수임을 보았다. 서로 다른 두 분석물 화학종을 컬럼에서 분리해 내는 능력은 마찬가지 방법으로 머무름 인자(k_r)로 정량화된다.

$$k_r = K_D \frac{V_s}{V_m} = K_D V_r \qquad \text{식 (12.5)}$$

V_r = 정지상과 이동상의 부피 비(상 부피 비).

식 (12.3)과 식 (12.5)를 직접 비교해 보자. 크로마토그래피는 이상 추출의 동적 형태이므로 엄격하게 크로마토그래피 분리로만 말한다면 관습적으로는 **용량 인자**(capacity factor)보다는 *머무름 인자*(retention factor)를 더 많이 사용한다. 하지만 두 용어는 사실상 동일어로서 혼용되고 있다. 특정 분석물의 특정 형태의 정지상/이동상에서의 머무름은 머무름 인자(retention factor)로서 정량화된다. 문서화된 크로마토그래피 프로토콜에는 흔히 각 분석물에 대한 머무름 인자들이 표시된다. 머무름 인자는 같은 정지상과 이동상을 사용하는 시스템에 대하여 상수로 취급되며 k_r로 나타낼 것이다. 따라서 문서화된 머무름 인자를 통하여 관심 대상이 되는 두 성분이 특정 크로마토그래피 시스템에 적합한지를 예측할 수 있다. 특정 분석물에 대한 머무름 인자는 흐름 속도나 컬럼 길이와는 무관하다.

> **노트**
> 좋은 프로토콜에서 머무름 인자의 값은 1과 5 사이가 적절한 것으로 본다.

상-부피 비는 보통 알 수 없는 경우가 많으므로, 머무름 인자는 식 (12.6)을 통하여 크로마토그램으로부터 실험적으로도 구할 수 있다.

$$k_r = \frac{t_r \cdot t_m}{t_m} \qquad \text{식 (12.6)}$$

머무름 인자

$$k_r = \frac{t_r - t_m}{t_m}$$

선택 인자

$$\alpha = \frac{k_r'}{k_r''} = \frac{t_r' - t_m}{t_r'' - t_m}$$

일반적으로, 좋은 프로토콜에서 머무름 인자의 값은 1과 5 사이가 적절한 것으로 본다. k_r의 값이 크면 분석 시간이 길어지고, k_r 값이 작은 경우에는 너무 빨리 나오게 되어 유효한 분배가 일어나지 않는다.

문제 12.7 그림 12.4에서의 분석물 A와 B에 대하여 머무름 인자(k_r 값)을 구하라.

서로 다른 두 분석물에 대한 머무름 인자 값을 비교하면 특정 이동상과 정지상의 조합에 대하여 이들 분석물을 분리해 내는 것이 얼마나 어려울지를 계산할 수 있다. **선택 인자**(selectivity factor)를 계산함으로써 비교를 쉽게 할 수 있다. 선택 인자(α)는 머무름 인자의 비율로서 계산된다.

$$\alpha = \frac{k_r'}{k_r''} \qquad \text{식 (12.7)}$$

여기서

k_r' = 머무름이 더한 분석물의 머무름 인자
k_r'' = 머무름이 덜한 분석물의 머무름 인자

식 (12.5)를 식 (12.7)에 대입하면,

$$\alpha = \frac{k_r'}{k_r''} = \frac{K_D' V_r'}{K_D'' V_r''} = \frac{K_D'}{K_D''} \qquad \text{식 (12.8)}$$

상대 머무름 시간을 이용해서 선택 인자를 구할 수도 있다. 식 (12.6)을 식 (12.7)에 대입하면,

예제 12.2

다음 분리에 대하여 선택 인자(α)를 구하라.

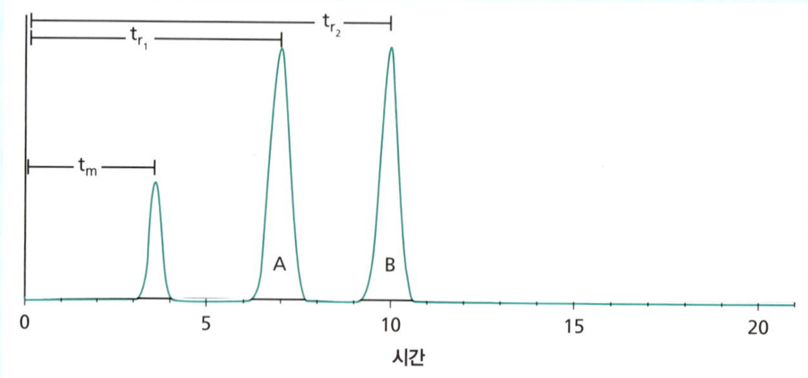

전략 ›
식 (12.9)에 t_m 및 t_r의 적절한 값을 대입한다.

풀이 ›

$$\alpha = \frac{k_r'}{k_r''} = \frac{t_r' - t_m}{t_r'' - t_m} = \frac{10 - 3.5}{7 - 3.5} = \frac{6.5}{3.5} = 1.86 = 1.9$$

$$\alpha = \frac{k_r'}{k_r''} = \frac{\left(\dfrac{t_r' - t_m}{t_m}\right)}{\left(\dfrac{t_r'' - t_m}{t_m}\right)} = \frac{t_r' - t_m}{t_r'' - t_m} \qquad \text{식 (12.9)}$$

정의에 의하여 선택 인자는 반드시 1보다 커야 한다. 그렇지 않으면 분리가 일어나지 않게 된다. 분석자들은 시료 내의 여러 성분의 분리를 최적화하기 위하여 여러 작업 경로 중 적합한 방법을 선택하고자 할 때 선택 인자를 유용하게 활용한다. 예를 들어 α가 1에 가까울 경우 두 분석물은 거의 같은 K_D 값을 갖게 되고, 이론단 수를 늘리는 것만으로는 충분한 분리가 일어나지 않게 된다. 달리 말하면 흐름 속도나 컬럼의 길이를 변화시켜도 분리를 향상시키는 데는 그다지 도움이 되지 않는다는 것이다. 이런 경우 분석자들은 분석물의 k_r(또는 K_D) 값을 조절하여 선택 인자를 변화시키게 된다. 이동상이나 정지상을 바꾸거나, 온도 변화, 또는 시료 매트릭스에 화학적 변형을 가함으로써 선택 인자를 변화시킬 수 있다.

문제 12.8 예제 12.3의 크로마토그래프의 각 피크에 대하여 머무름 인자를 계산하고 보고서 형식의 결과 표를 만들어 보라.

◆ 분별능 및 이론단

분별능(resolution)은 분리 성능을 정량화하는 용어이다. 분별능에 영향을 미치는 인자는 열역학 변수와 속도론적 변수의 조합이다. 열역학 인자는 분석물의 K_D 값의 차이에 해당한다. 속도론적 인자는 분석물이 두 상 사이에서 얼마나 빨리 이동할 수 있는가에 해당한다. 분배 과정이 충분히 빠른 속도로 일어난다면 비슷한 K_D 값을 갖는 분석물이라도 서로 분별해 낼 수 있다. 그러나 두 분석물이 두 상 사이에 이동하는 속도가 매우 느린 경우에는 두 분석물의 K_D 값의 차이가 크더라도 분별이 제대로 되지 않을 수 있다.

» 예제 12.3

다음의 크로마토그램은 단백질 및 펩타이드 분리에 최적화된 C18 컬럼을 사용하여 얻은 것이다. 분리 조건은 흐름 속도 1.0 mL/분이다. Gly-Tyr 다이펩타이드에 대하여 컬럼의 틈새 부피와 머무름 부피를 구하라. 흐름 속도 0.7 mL/분에 대하여 두 값을 다시 구하라.

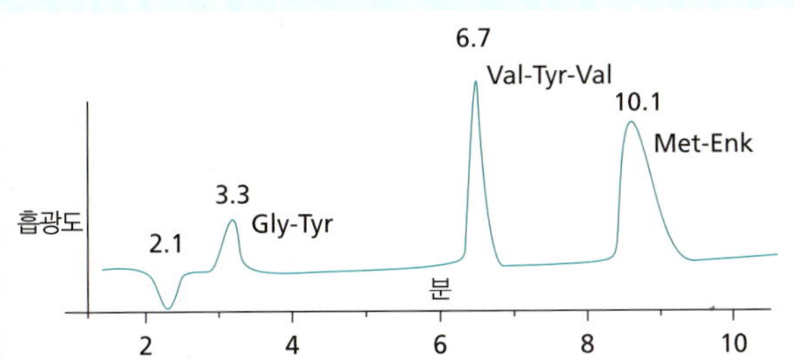

풀이 ›

이 크로마토그램에서의 틈새 부피의 피크는 2.1분에서의 음의 피크이다. 틈새 부피는 흐름 속도를 고려하여 계산한다. 1 mL/분에 2.1분을 곱하면 틈새 부피는 2.1 mL가 된다. 마찬가지로 Gly-Tyr 피크의 머무름 시간(t_r)은 3.3분에서 나타난다. 1 mL/분의 흐름 속도에서 Gly-Tyr 피크의 머무름 부피는 3.3 mL이다.

문제 12.9 예제 12.3의 크로마토그램으로부터 시료의 각 피크에 대하여 머무름 시간과 머무름 부피를 구하고 보고서 형식의 결과표를 만들어 보라.

분별능(resolution)은 두 피크의 머무름 시간 및 바탕선에서의 두 피크의 평균 너비로부터 계산한다[식 (12.10) 참조]. 그림 12.4는 피크의 바탕선에서의 너비를 재는 방법을 도시하고 있다. 바탕선에서의 피크 전체의 너비가 아니라 피크 양 끝의 외삽선에서의 너비를 재는 것임에 유의하라.

$$R_s = \frac{t_{r_2} - t_{r_1}}{(W_{b_2} + W_{b_1})/2} \qquad \text{식 (12.10)}$$

여기서

t_{r1}, W_{b1} 첫 번째 용리되는 피크의 머무름 시간 및 바탕선 너비

t_{r2}, W_{b2} 두 번째 용리되는 피크의 머무름 시간 및 바탕선 너비

R_s는 단위가 없음에 유의하라.

각 피크가 t_r 값을 중심으로 정규분포를 이룬다고 가정하면, 통계학 이론으로부터 표준 편차는 반높이 선너비(W_h)의 0.424배 또는 바탕선 너비(W_b)의 0.250배가 된다는 것이 알려져 있다. 식 (12.11)과 그림 12.5를 참조하라.

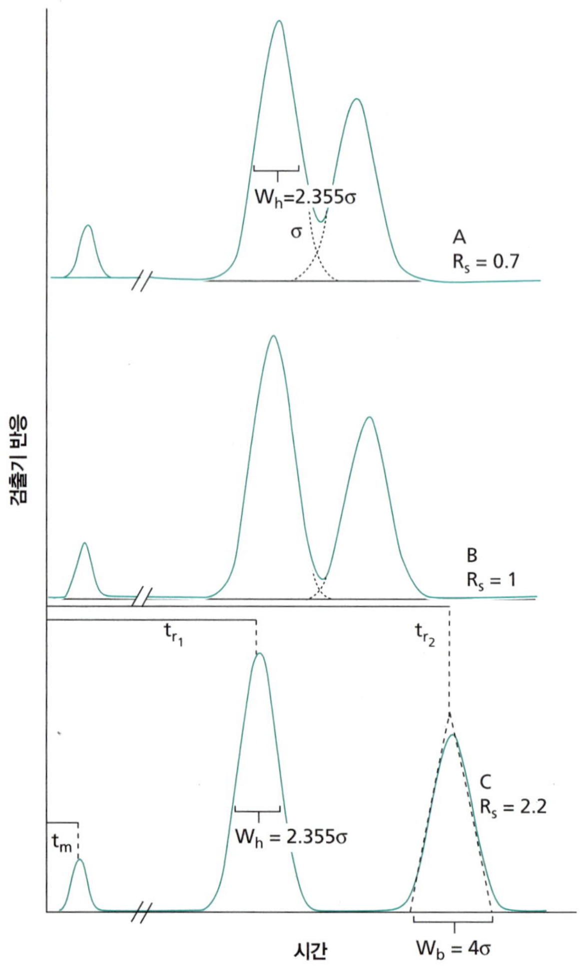

그림 12.5 (A) 0.7, (B) 1.0, (C) 2.2의 분별능을 도시한 크로마토그램.

$$W_b = 4\sigma \qquad \text{식 (12.11)}$$

분별능이 떨어지고 바탕선 너비의 추정이 어려울 경우, 반높이 너비(W_h)를 사용하는 것이 바람직한 경우가 많다. 예를 들면 그림 12.5(A)에서 두 피크는 잘 구분되지 않고 있어 복잡한 통계학적 모델링을 통해서만 바탕선 너비를 산출할 수 있다. 하지만 반높이에서는 두 피크는 깔끔하게 구분되며, 따라서 식 (12.12)를 통하여 σ를 구할 수 있다. 표준 편차와 반높이 너비 사이의 관계식은 다음과 같다.

$$W_h = 2.355\sigma \qquad \text{식 (12.12)}$$

크로마토그래피 실험의 목적 중 하나는 복잡한 매트릭스로부터 개별 분석물을 분리해 내는 것이다. 분리 **효율**(efficiency)은 분석물 사이의 분별능에 관계된다. 두 분석물이 완전히 구분되려면 서로 다른 머무름 시간과 함께 피크가 서로 겹치지 않도록 피크의 너비가 충분히 좁아야 한다. 그림 12.5에서는 두 분석물에 대하여 서로 다른 분별능의 경우를 순차적으로 도시하였다. 그림 12.5의 패널 (A)는 분별능이 0.7인 경우이다. 두 피크는 쉽게 확인할 수 있지만 서로가 상당히 겹치는 것을 볼 수 있다. 화합물

» 예제 12.4

아래 세 개의 크로마토그램은 서로 다른 실험 조건에서 수행된 이성분계 분리 결과를 나타낸 것이다. 패널 (A)에서의 분별능을 구하라.

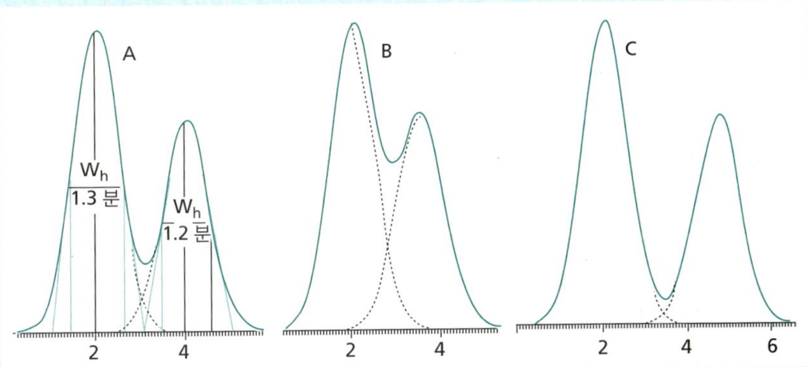

전략 ›
두 피크의 바탕선 너비를 추정해야 하므로 (1) 식 (12.12)로부터 σ를 구한 후, (2 σ와 식 (12.11)로부터 W_b를 추정하는 것이 좋겠다. 각 피크에 대하여 머무름 시간 (t_r) 및 바탕선 너비(W_b)를 구하고, 이들 값을 식 (12.10)에 대입한다.

풀이 ›
크로마토그램 A의 W_h 값으로부터, 첫 번째 및 두 번째 피크에 대한 σ 값은 각각 0.55 및 0.51이 됨을 알 수 있다. 식 (12.11)에 이들 값을 대입하면 두 피크에 대하여 각각 2.2 및 2.0의 W_b 값을 얻는다. 식 (12.10)에 대입하면,

$$R_s = \frac{(t_{r_2} - t_{r_1})}{(W_{b_1} + W_{b_2})/2} = \frac{(4.14-2)}{(2.2+2.0)/2} = 1.02$$

의 확인을 위해서는 0.7의 분별능으로도 충분하겠으나, 두 화합물을 정제 및 분리하는 것이 목적인 경우에는 0.7의 분별능으로는 부족하다. 그림 12.5의 패널 (B)는 분별능이 1.00인 경우의 크로마토그램이다. 정제 목적에서는 겹치는 부분의 용리액을 따라 버리는 경우라면 보통 1.00의 분별능으로도 충분하다고 여겨진다. 이 경우에는 시료의 손실 때문에 *회수율*이 저하된다. 그림 12.5의 패널 (C)의 크로마토그램에서는 두 분석물의 피크가 완벽하게 구분된다[흔히 **바탕선 분별능**(baseline resolution)이라고 함]. 하지만 두 번째 성분의 용리까지 기다려야 하는 추가 시간이 있다. 경험적으로 1.5의 분별능이면 과도한 시간 손실 없이 바탕선 분별능을 달성하는 데 적합하다고 본다.

문제 12.10 예제 12.4의 패널 (B) 및 (C)의 크로마토그램으로부터 각 조건에서의 이성분계에 대한 분별능을 추정하라. 패널 (B)에서 σ를 추정하는 데 겪을 수 있는 어려움에는 어떤 것이 있는가? 분리의 가치 측면에서 분석 속도(처리량), 정량 분석 및 정성 분석과 관련하여 패널 (A), (B), (C)에서의 분별능의 의미를 논하라.

문제 12.11 한 크로마토그래피 실험에서 두 성분이 각각 11.52분과 12.76분의 머무름 시간에서 용리되었다. 피크의 반높이 너비는 각각 0.37분과 0.42분이었다. 가우스 분포(정규 분포) 형태의 피크 모양을 가정하고, 두 피크 사이의 분별능을 추정하라.

컬럼 효율(column efficiency)은 컬럼이 주어진 시간 또는 이동상 부피 하에서 여러 성분을 분리해 낼 수 있는 능력을 기술하는 용어이다. 컬럼 효율은 분별능과 직결되지만 또한 피크의 바탕선 너비와도 관련이 있다. 띠넓어짐이 심각한 경우 주어진 시간 내에 혼합물로부터 분리할 수 있는 성분의 수가 줄어들게 될 것이다. 반면에 띠가 좁게 유지된다면 주어진 시간 내에 훨씬 많은 물질이 잘 구분될 것이다. 따라서 띠넓어짐이 크다는 것은 컬럼 효율이 떨어짐을 의미한다.

그림 12.1의 증류 컬럼을 다른 관점에서 살펴보자. 증류 컬럼의 분리능은 응축판의 수 및 판 사이의 거리, 즉 판높이의 함수이다. 판 사이의 간격이 조밀할수록 컬럼은 비슷한 끓는점을 가진 두 성분을 더 효율적으로 분리할 수 있게 된다. 크로마토그래피에서는 서로 다른 크로마토그래피 시스템 사이의 분리능을 비교할 때 이 개념을 빌려 온 것이다. 하지만 실제의 크로마토그래피 컬럼에서는 별개의 물리적 판에서 분배가 일어나는 것이 아니다. 따라서 **이론단**(theoretical plate, N_t) 및 **이론단 해당 높이**(height equivalent of a theoretical plate, H)라는 용어를 사용하는 것이다. 이론단 수가 증가할수록 분별능이 향상된다. 이론단 수는 크로마토그래피 시스템이 분석물을 다른 비슷한 화합물들로부터 얼마나 효율적으로 분리할 수 있는지를 이해하는 정량적인 방법이다. N_t 값이 클수록 분리 효율이 향상된다. 하지만 특정 크로마토그래피 시스템에서의 특정 분석물에 대한 N_t 값은 많은 변수에 의존한다. 이런 변수에는 컬럼의 길이, 이동상의 흐름 속도, 이동상/정지상의 상대적 부피 및 온도 등이 있다.

정의에 의하여 이론단 수는 다음과 같다.

$$N_t = \frac{L}{H} \qquad \text{식 (12.13)}$$

여기서

N_t = 총 이론단 수
L = 컬럼의 길이
H = 이론단 해당 높이

하지만 이론단 해당 높이를 알 수는 없으므로, 실제로는 식 (12.14)를 이용하여 크로마토그램으로부터 직접 N_t를 구한다.

$$N_t = \frac{t_r^2}{\sigma^2} \qquad \text{식 (12.14)}$$

여기서

t_r = 분석물의 머무름 시간
σ = 피크의 표준 편차
σ^2 = 분산

식 (12.11)을 식 (12.14)에 대입하면 매우 유용한 형태의 식을 얻는다.

$$N_t = \left(\frac{4t_r}{W_b}\right)^2 = 16\left(\frac{t_r}{W_b}\right)^2 \qquad \text{식 (12.15)}$$

하지만 W_b를 구하는 것이 어려울 경우, 반높이 너비(W_h)를 사용하여 곡선의 표준 편차를 추정하는 것이 더 쉬운 경우가 많다. 식 (12.12)를 식 (12.14)에 대입하면 다음의 식을 얻는다.

$$N_t = \left(\frac{2.354t_r}{W_h}\right)^2 = 5.54\left(\frac{t_r}{W_h}\right)^2 \qquad \text{식 (12.16)}$$

문제 12.12 식 (12.15)를 이용하여 예제 12.4의 패널 (C)에 도시된 크로마토그램의 각 피크에 대한 N_t 값을 구하라.

문제 12.13 식 (12.16)을 이용하여 예제 12.4의 패널 (A)에 도시된 크로마토그램의 각 피크에 대한 N_t 값을 구하라.

LC를 사용하여 제품의 반복적이고 정형화된 품질 관리 분석을 모니터링하는 상용 실험실에서는 잘 특성화된 표준 물질을 포함하는 시료의 시험 주사를 분석하여 컬럼의 "건강"을 정기적으로 확인하는 것이 표준 작동 절차로 되어 있다. 특정 시험 시료에 대하여 N_t 값이 심하게 변하게 되면 컬럼을 교체하게 된다. 이론단의 개념은 LC 컬럼의 분리 효율을 증류 컬럼의 분리 효율과 관련시키려는 노력의 일환이다. 그러나 LC 컬럼에서는 분리 메커니즘은 K_D 값의 차이에 기인한다. 이론단은 컬럼 내에서 이동상과 정지상 사이에 분배가 일어나는 지점으로 생각할 수 있다.

문제 12.14 문제 12.2에서 기술된 다단계 추출 과정과 이론단의 개념을 연관시켜 보라.

분리능을 높이기 위하여 단수를 늘리는 것이 목적이라면, 컬럼의 길이(L)를 늘리거나 이론단 높이(H)를 줄일 수 있다. 컬럼의 길이를 늘리는 것은 분석 시간이 길어지는 등 실용적으로나 기계적으로 불리한 측면이 있다. 따라서 단높이를 이론적 구조체로 보고 어떻게 하면 H를 작게 할 수 있는지를 고려해 보자.

이론단 해당 높이는 **van Deemter 식**으로 기술되며, 이 식은 피크의 넓어짐에 관여하는 다양한 물리적 매개 변수에 대한 모델을 제공한다. 식 (12.17)에 이 식의 한 형태를 기술하였다. 흥미로운 사실로서 van Deemter는 1956년에 본래 기체 크로마토그래피 분석의 맥락에서 띠넓어짐에 관여하는 요인에 대하여 관찰하였으나,[3] 이 결과는 곧 LC 이론에도 곧바로 적용되게 된다. 띠넓어짐에 관여하는 요인은 5개가 있으며 각각이 모두 이론단 높이 H에 영향을 미친다.

$$H = A + B/v + (Cv) \qquad \text{식 (12.17)}$$

여기서

H = 이론단 해당 높이
A = 소용돌이 확산 계수
B = 세로 확산 계수
v = 이동상의 흐름 선속도
C = 물질 이동에 대한 속도 상수

식 (12.17)은 이론적 서술처럼 보이지만 실제로는 주로 모델링 목적으로 사용된다. 실제로는 N_t는 식 (12.15) 또는 식 (12.16)으로부터 실험적으로 구한 후, 식 (12.13)의 대수적 재배열을 통하여 H를 계산한다. Van Deemter 식의 나머지 항들을 앞으로 논의할 것이다.

띠넓어짐

이 절에서 고려할 띠넓어짐에 관여하는 요인은 5개가 있다. 소용돌이 확산, 세로 확산 및 3가지 형태의 물질 이동(이동상 물질 이동, 정지상 물질 이동, 정체 이동상 물질 이동)이 바로 그것이다.

소용돌이 확산[eddy diffusion, 식 (12.17)의 A항]은 분석물 성분이 여러 다른 경로를 통하여 정지상을 통과함으로써 생기는 띠넓어짐을 일으키는 과정이다. 소용돌이 확산을 최소화하려면 작고 균일한 크기의 입자로 컬럼을 균일하게 충전하면 된다. 입자의 크기가 작아지면 분석물의 컬럼 통과 경로에 대한 길이 차이가 최소화된다. 균일/고품질의 컬럼은 흔히 초음파 진동을 사용하여 충전함으로써 만들어진다. 소용돌이 확산은 흐름 속도와 무관하다는 점에 주의하라. 흐름 속도가 빠르든 느리든 소용돌이 확산은 띠넓어짐을 일으킨다. 띠넓어짐에서 소용돌이 확산에 관계된 성분은 H에 정비례한다. 정지상 입자가 작아지면 충전의 일관성이 높아지므로 소용돌이 확산이 감소하며, A 값이 줄어들면 H 값 또한 줄어들게 되므로 분별능이 향상된다. 하지만 정지상 물질을 더 작은 입자로 더 조밀하게 충전하게 되면 용매가 컬럼을 통과할 때 더 높은 압력이 필요하게 된다. 고압 기법이 고분별능에 필요한 이유를 이해할 수 있을 것이다.

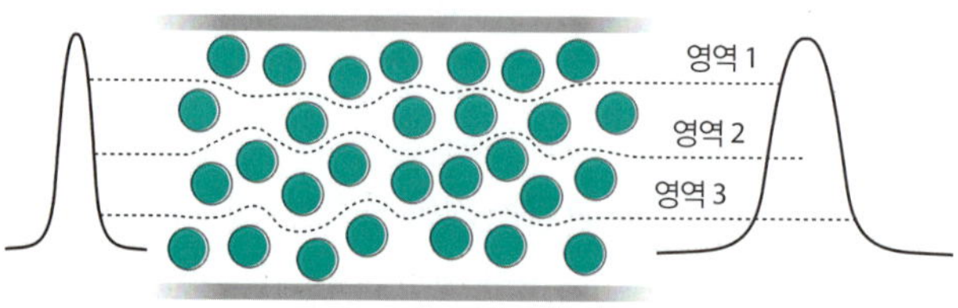

그림 12.6 소용돌이 확산에 의한 띠넓어짐의 도시.

[3] van Deemter, J. J.; Zuiderweg, F. J.; Klinkenberg, A. Longitudinal Diffusion and Resistance to Mass Transfer as Causes of Nonideality in Chromatography. Chem. Eng. Sci., **1956**, 5, 271-289.

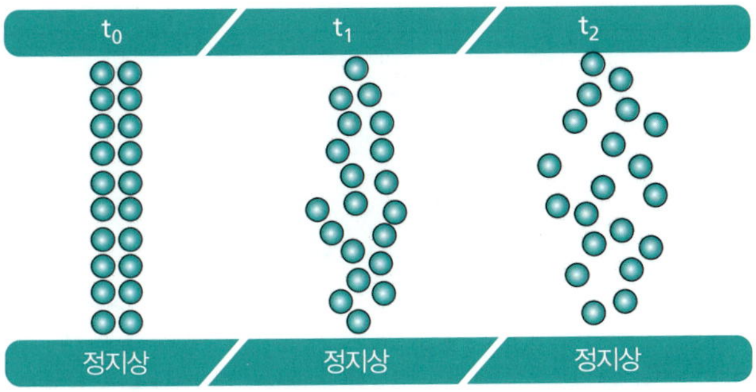

그림 12.7 시간 t_0에서 t_2까지에 걸친 세로 확산의 도시.

세로 확산[longitudinal diffusion, 식 (12.17)의 B항]은 분석물이 용액 내 분자 운동에 의해 자연스럽게 움직이려는 경향이다. 이와 같은 형태의 움직임은 흐름 속도가 0일 때에도 일어난다. 농도가 높은 영역에서 농도가 낮은 영역으로 확산이 일어난다는 사실은 이미 알고 있을 것이다. 따라서 시료는 자연적으로 띠로부터 벗어나려는 경향을 보이고 이 때문에 띠넓어짐이 일어나게 된다. 확산은 유체의 본성이며 크로마토그래피 시스템 내에서 분석물이 머무르는 시간을 줄임으로써 최소화할 수 있다. 세로 확산은 **시간 넓어짐**(time broadening)이라고도 불리며, 그림 12.7에서 시간이 0에서 t = 2까지 변할 때의 경우를 도시하였다. 세로 확산에 관여하는 매개 변수에는 분석 시간 및 이동상에서의 시료의 확산 계수(D_m)가 있다. 분석자는 컬럼의 길이 및 이동상의 흐름 속도를 조절함으로써 분석 시간을 제어할 수 있다. 확산 계수는 각 분석물의 고유한 성질이다. 이동상 내에서 확산이 잘 되는 분석물(D_m 값이 큰 것)에서는 세로 확산이 증가하게 된다(따라서 H의 증가에 의해 분별능이 나빠짐). 반면에 이동상 내에서 확산이 느린 분석물(D_m 값이 작은 것)에서는 세로 확산 특성이 개선된다(따라서 H 값의 감소에 의해 분별능이 좋아짐). 이동상의 조성은 분포 평형의 다른 측면에도 영향을 미치므로 세로 확산에 미치는 역할은 이동상의 조성을 선택할 때 최우선적이 고려 대상은 아니다. 하지만 크로마토그래피에서 분석 시간은 손쉽게 조절 가능하고 세로 확산을 최소화하기 위해 최적화될 수 있다. 단, 취사선택의 여지가 있는 부분이 있다는 사실에 유의해야 한다. 분석 시간이 짧아지면 세로 확산에 의한 넓어짐은 줄일 수 있겠지만, 이동상의 흐름 속도 증가 및 컬럼 길이 단축은 실험 과정에서 분석물의 분배 회수를 감소시키게 되고 따라서 이론단 수(N_t)가 감소하게 되어 분별능이 떨어지게 된다. 식 (12.18)은 식 (12.17)(van Deemter 식)의 축약된 형태로서 이 같은 취사선택 사항을 보여주고 있다. 이론단 높이는 van Deemter 식의 B에 비례하고 흐름 선속도(ν)에 반비례한다.

$$H \propto B/\nu \qquad \text{식 (12.18)}$$

물질 이동[mass transfer, 식 (12.17)의 C항] 또한 띠넓어짐을 일으키는 일련의 과정이다. 물질 이동의 문제는 입자의 무리가 움직일 때의 불균일성으로 생각해 볼 수 있다. 강에서의 카약의 비유로 돌아가 보면, 물질 이동은 각 카약들이 강둑을 탐험하는 다양한 방법에 비유할 수도 있고(몇몇은 대충 훑고 지나가는 반면, 몇몇은 보다 자세하게 탐험할 것임), 혹은 일부 카약의 경우 강물이 빠르지 않은 곳(정체 지역)에서 느려지는 경우에 비유할 수도 있을 것이다. 이러한 차이들에 의해 전체 여행객 그룹의 분배(강 또는 강둑에 대한 취향)가 같다고 하더라도 각 카약들의 탐험 시간이 약간씩 달라지게 될 것이다. 크로마토그래피에서 물질 이동은 다음의 세 가지 **이동상 물질 이동**(mobile phase mass transfer), **정체 이동상 물질 이동**(stagnant mobile phase mass transfer) 및 **정지상 물질 이동**(stationary phase mass transfer)로 나누어 생각한다.

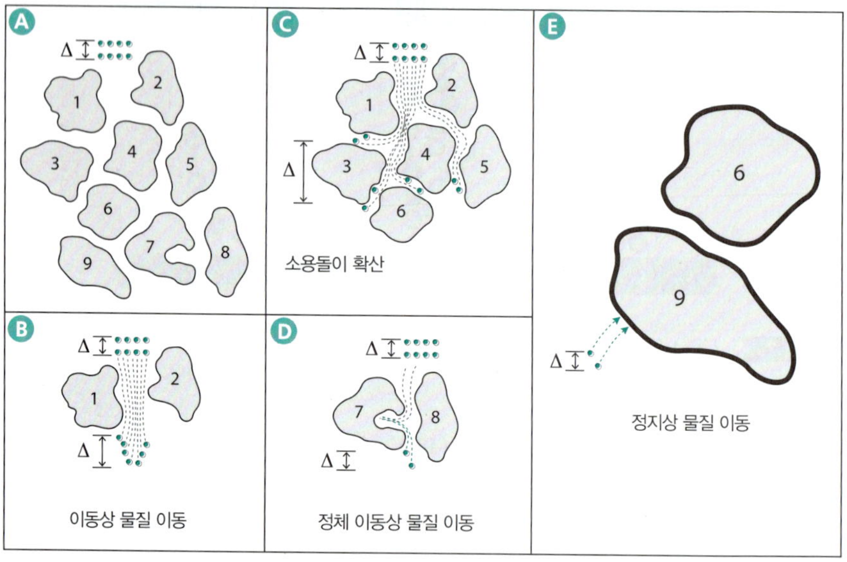

그림 12.8 띠넓어짐에 관여하는 요인들에 대한 도시. 패널 (A)는 컬럼 최선단의 분석물 입자의 뭉치를 나타낸다. 패널 (B)는 *이동상 물질 이동*에 의한 띠넓어짐을 나타낸다. 패널 (C)는 *소용돌이 확산*에 의한 띠넓어짐을 나타낸다. 패널 (D)는 *정체 이동상 물질 이동*에 의한 띠넓어짐을 나타낸다. 패널 (E)는 *정지상 물질 이동*에 의한 띠넓어짐을 나타낸다.

그림 12.8은 띠넓어짐에 관여하는 요인들을 van Deemter 식에서 실험 변수의 함수로서 도시한 것이다. 각 요인의 상대적인 기여도를 Δ로 표시하였다. 1번부터 9번까지의 회색 도형들은 정지상 내의 입자를 나타낸다. 12.8(A), (B), (C)의 상단에서 8개의 작은 공은 주입된 분석물 뭉치를 나타낸다. 그림 12.8(A)에서 분석물은 컬럼 상단에 주입된 상태이고, 이 지점에서의 고유 띠너비는 그대로 분석물 뭉치의 너비가 된다. 그림 12.8(B)는 **이동상 물질 이동**(mobile phase mass transfer)에 의한 띠넓어짐을 나타낸다. 부착 및 마찰 때문에 통로 가장자리의 이동상은 통로 중앙부의 이동상에 비하여 느리게 움직인다. 그림 12.8(C)는 소용돌이 확산에 의한 띠넓어짐을 나타낸다. 소용돌이 확산은 정지상을 통과하는 서로 다른 통로의 경로 길이가 서로 다르다는 사실 때문에 발생한다. 그림 12.8(D)는 **정체 이동상 물질 이동**(stagnant mobile phase mass transfer)에 의한 띠넓어짐을 나타낸다. 분석물이 정체된 이동상으로 이동하게 되면 이동 중인 이동상에서 분석물이 보내는 시간들은 가로 확산에 의해 서로 달라지게 된다. 패널 (E)는 **정지상 물질 이동**(stationary phase mass transfer)에 의한 띠넓어짐을 나타낸다. 정지상 물질 이동은 정체 이동상 물질 이동과 비슷하다. 정지상의 코팅의 두께가 너무 두껍다면 정지상으로의 서로 다른 확산에 의해 정지상에서 보내는 시간들이 서로 달라지게 된다.

물질 이동의 속도 상수[식 (12.17)의 C항]는 흐름 선속도(ν)와 선형적인 관계에 있다. 따라서 흐름 속도가 빠르면 이동상에서 더 빨리 움직이는 분석물 분자들이 정지상에 머물러 있는 분석물 분자들에 비해 훨씬 빠르게 움직여 가기 때문에 이동상 물질 이동에 의한 띠넓어짐이 증가한다.

분별능은 항상 시간과 상충된다는 점을 인식하는 것이 중요하다. Van Deemter 식[식 (12.17)]에서 바로 확인할 수 있다. 이론단 높이는 세 번째 항(물질 이동, $C\nu$)에서는 흐름 속도에 정비례하지만, 두 번째 항(세로 확산, B/ν)에서는 흐름 속도에 반비례한다. 우리는 실행 가능한 타협안을 찾아야 한다. 최소 단높이(최고 효율)를 만족하는 최적 흐름 속도가 존재하기는 하지만 보통은 이보다 더 빠른 흐름 속도를 사용하게 된다.

띠넓어짐에 관여하는 몇 가지 요인들은 컬럼의 제작 과정 및 정지상의 특성의 함수이다. H와 관련된, 따라서 분별능의 향상에 관련된 모든 요인들을 고려한다면 띠넓어짐에 관여하는 변수 가운데 오직 일부만이 분석자의 제어 아래 있다.* 여기에는 이동상의 흐름 속도, 온도 및 사용하는 컬럼의 길이 등이 있다. 따라서 실제로는 이들이 주요 관심 대상이 되는 매개 변수가 된다.

**컬럼을 스스로 제작하고자 한다면 H에 관해서 몇 가지 추가로 고려해야 할 사항이 있다.*

단높이가 다소 증가하는 대가로 분석 시간이 단축되는 이점이 더 크기 때문이다. 앞서 언급한 대로 컬럼의 길이를 늘림으로써 이론단 수를 늘릴 수 있지만 이도 또한 분석물이 컬럼에서 보내는 시간을 늘리게 되고(따라서 세로 확산이 증가하며), 분석물은 또한 더 많은 소용돌이 확산 및 이동상 물질 이동을 겪게 될 것이다. 하지만 띠넓어짐에 관여하는 이들 요인들은 긴 컬럼을 사용함으로써 분리 효율이 향상되는 이점을 상쇄시키지는 않는다.

문제 12.15 띠넓어짐에 의한 부정적인 효과를 세 가지 이상 들어라.

12.3 기초적 방법 개발

크로마토그래피 분리의 목표는 최소한의 시간 동안에 최고의 분리를 달성하는 것이라는 점을 기억하라. 여기서 분리에 있어서 "최고"의 개념의 진정한 의미는 최소 필요 분별능(R_s)이다. 만일 프로토콜이 최소 분별능의 필요 사항을 만족한다면 추가적으로 방법 개발을 추진할 필요가 없다. 그러나 만일 프로토콜이 최소 분별능의 필요 사항을 만족하지 못한다면, 그리고 특히 다수의 시료에 대한 정형화된 분석에 사용할 방법을 개발하는 경우라면, 프로토콜 개선을 위해 쏟는 시간과 노력이 아깝지 않을 것이다.

완벽한 크로마토그래피 프로토콜을 개발하는 것은 과학일 뿐만 아니라 예술이기도 하며, 사용 목적과 비슷한 응용 분야에서의 훌륭한, 문서화된 프로토콜은 방법 개발에서 최선의 출발점이 된다. 적합한 컬럼 및 정지상, 용매계 및 검출기 매개 변수를 선정하는 것은 이러한 결정의 극히 일부에 해당한다. 또한 시료 매트릭스에서 특정 성분의 존재만을 확인하려는 것인지 정량 또는 분리까지가 목표인지도 고려해야 한다. 정량이 목적이라면 각 성분에 대한 표준 물질이 준비되어 있는지도 고려해야 할 것이다. 만일 준비되어 있지 않은 경우라면 스스로 만들어야 할 것이다. 한편 개발하는 방법의 목적이 시료 성분의 정제 및 분리일 수도 있다. 이 경우라면 분석 또는 정제해야 할 시료의 양이 얼마인지, 분석물의 예상 농도 범위가 어느 정도인지를 파악해야 한다. 휘발성, 열적 안정성 및 확인 가능한 성분의 개수 등과 같은 시료의 기초 정보 또한 파악해야 한다.

◆ 열역학 요인 및 속도론적 요인

분리의 열역학은 분석물의 K_D 값의 차이에 해당하며 선택 인자(α)로써 평가한다. 크로마토그래피 분리의 속도론적 매개 변수들은 분석물이 두 상 사이에서 얼마나 자주 옮겨가는가에 해당하며 이론단(N_t)의 개념으로 정량화된다.

방법 개발의 초기 단계에서 분석자는 만족스러운 선택 인자(α)를 줄 만한 정지상을 선정하게 된다. 그 후 이동상의 조성 및 흐름 속도를 조절하여 프로토콜을 미세 조정하게 된다. 이동상은 단일 용매일 수도 있지만 반드시 그럴 필요는 없다. 예를 들면 아세토나이트릴과 물, 메탄올과 물, 또는 이 세 가지 모두의 용매를 특정 비율로 혼합하여 이동상의 극성을 맞출 수 있다. 이동상의 가변성은 방법 개발에 엄청난 유연성을 주지만 동시에 상당히 복잡해지게 하기도 한다.

분별능은 두 개의 핵심 매개 변수를 통해 제어된다. 선택 인자 α의 변화(결국 분석자가 행하는 k_r 값의 조작) 또는 이론단 수(N_t)의 변화가 바로 그것이다. 식 (12.19)는 **기본 분별능 식**(fundamental resolution equation)이라고도 하며, 이들 인자들이 분별능에 미치는 영향을 보여준다.

$$R_s = \frac{1}{4}(\alpha - 1)\sqrt{N_t}\left[\frac{k_r}{(1+k_r)}\right] \qquad \text{식 (12.19)}$$

식 (12.19)에 사용된 각 항들은 이미 정의된 바 있다.

기본 분별능 식은 본질적으로 상호 독립적인 세 부분으로 이루어져 있다. (α − 1) 항, $\sqrt{N_t}$ 항, $\left[\dfrac{k_r}{(1+k_r)}\right]$항이 그것이다. 분별능의 최적화 과정은 각 항을 독립적으로 최적화하는 방법으로, 대개 이 과정을 반복 수행하여 진행하게 된다.

$\left[\dfrac{k_r}{(1+k_r)}\right]$항을 먼저 살펴보자. 관심 대상이 되는 특정 분석물 성분의 k_r 값이 너무 작다면(즉, 1에서 10 사이의 범위에 들어오지 않는다면), k_r을 해당 범위에 들어오도록 변화시켜 줌으로써 분별능을 좋게 하는 효과를 가져오게 될 것이다. k_r이 너무 작은 경우 분석물의 분배는 거의(혹은 전혀) 일어나지 않는다는 점을 기억하자. 마찬가지로 k_r 값이 너무 크다면 분석 시간이 불필요하게 길어진다. 이 항의 값이 10에 가까워질수록 분리에서의 개선 폭이 줄어들게 된다. 즉, 1에서 4로 증가할 때는 효율이 크게 향상되는 반면, 6에서 9로 증가할 때는 약간의 효율 향상이 있을 뿐이다. LC에서는 보통 용매 조성을 변화시킴으로써 k_r을 조절한다. 하지만 정지상 및 온도를 변화시키는 방법 또한 선택 가능하다. 용매의 변화 방법을 기술하는 데에는 *용매 세기*(solvent strength)라는 용어를 흔히 사용한다. k_r을 증가시키는 것(정지상에 더 강하게 머물게 하여 머무름 시간을 틈새 부피로부터 더 멀리 떨어뜨리는 쪽으로 이동시킴)이 목적이라면 *더 약한 이동상*(weaker mobile phase)을 사용해야 한다. k_r을 감소시키는 것(정지상에 더 약하게 머물게 하여 머무름 시간을 틈새 부피에 보다 가까운 쪽으로 이동시킨)이 목적이라면 더 **강한 이동상**(stronger mobile phase)을 사용해야 한다. 이들 용어에 대해서 잠시 살펴보자. 약한 이동상과 강한 이동상이라는 개념은 이동상과 정지상 사이에서 분석물의 분포 계수에 해당한다. 강한 용매는 "분석물을 정지상으로부터 끌어내는" 것으로 생각할 수 있다. 이 설명은 정지상의 역할을 함축하고 있다. 예를 들어 비극성 유기 분자의 혼합물을 분리하고자 한다면 비극성 정지상을 선택해야 할 것이다. 이 경우 강한 이동상은 역시 비극성으로서 두 상 사이에서 분석물의 분포를 놓고 경쟁하게 될 것이다. 동일한 용매를 극성 정지상에서 극성 화합물을 분리하기 위한 방법에서 사용할 때는 이 용매는 약한 이동상이 될 것이다.

식 (12.19)의 $\sqrt{N_t}$ 항은 **컬럼 인자**(column factor)로 불리며, 단순히 컬럼의 총 이론단 수의 제곱근을 취한 것이다. 앞선 논의에서 이론단 수를 늘리는 데는 두 가지 방법이 있었다. 컬럼의 길이를 늘리거나 이론단 높이를 줄이는 것이다. 제곱근 연산 때문에 컬럼의 길이를 늘려서 분별능을 2배로 향상시키기 위해서는 4배만큼 길어진 컬럼을 사용해야 하고 실행 시간 또한 4배만큼 길어질 것이다. 단높이는 흐름 속도[식 (12.17)의 ν 항]를 조절하는 방법으로 변화시킬 수 있다. 흐름 속도가 느리면 같은 길이의 컬럼 내에서 분석물의 분배 횟수가 늘어나고 결과적으로 이론단 높이(H)가 줄어들게 된다. 흐름 속도가 감소하면 일반적으로 분배는 개선되지만 대신에 띠넓어짐이 늘어나고 분석 시간이 길어진다.

(α − 1) 항을 살펴보자. 정의에 의해 선택 인자 α ≥ 1이다. 따라서 분별능 향상의 목적은 α의 값을 더 크게 하는 것이 되겠다. α = 1이라면 $R_s = 0$이다. (α − 1) 항은 분별하고자 하는 두 분석물의 상대적인 분리를 고려하고 있다. 근본적으로 선택도는 각 분석물에 대한 K_D 값으로 귀속된다. 방법 개발의 목표 중 하나는 K_D 값을 충분히 다르게 하여 두 분석물 사이에 만족할 만한 분별능을 얻는 것이다. 두 피크가 충분히 분리되지 않는다면 해당 조건에서 K_D 값이 서로 너무 비슷한 것이다. 분리의 이런 측면을 변화시키는 것은 언제나 간단 명료한 것은 아니며 보통 시행착오를 수반하게 마련이다. 하지만 선택성의 변화를 통하여 분별능의 향상과 전체 분석 시간의 감소를 동시에 달

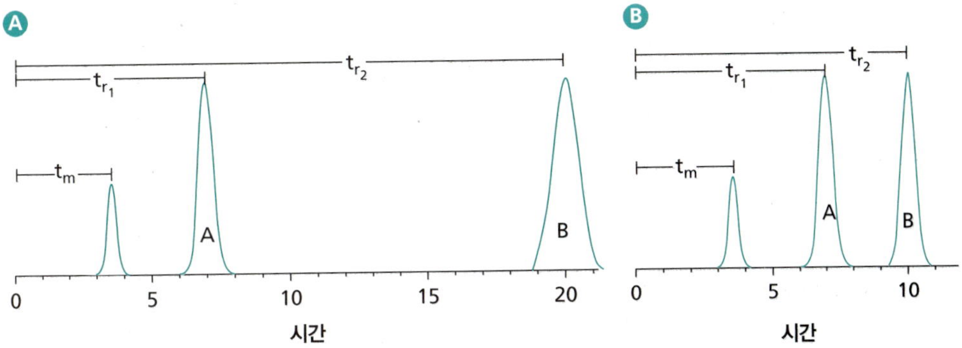

그림 12.9 이성분 크로마토그램. 패널 (A)는 등용매 용리를 나타낸 것이다. 패널 (B)는 기울기 용리의 결과를 나타낸 것이다.

성할 수 있다. 이동상 조성은 선택성에 영향을 주는 매개 변수 중 하나이지만, 보다 유리한 선택 인자를 위해서는 k_r 값은 1에서 10 사이의 범위로 유지할 필요가 있다. 선택성에 영향을 주는 다른 매개 변수로는 정지상의 변화, 온도 변화 및 이동상 첨가물 등이 있다. 예를 들면 pH를 조절하여 평형을 이동시키거나 착화제를 첨가하여 이차 평형을 유도하여 한 종류의 분석물의 K_{Dnet} 값을 변화시켜 볼 수도 있다.

문제 12.16 색인 카드 정도 크기로 K_D, R_s, N_t, k_r 및 α를 정의하는 식을 정리한 요약 표를 만들어 보라. 이들 식에 내포되어 나타나는 항들(t_m, W_b, H, σ와 같은 것들)도 정의하라.

◆ 등용매 용리 대 기울기 용리

등용매(isocratic) 및 **기울기**(gradient) 용리는 이동상의 상대적인 조성의 크로마토그래피 실험 진행 시간에 따른 변화 여부를 말해 주는 용어이다. *등용매* 용리는 실험 과정에서 이동상의 조성이 일정하게 유지되는 경우를 가리키는 용어이다. *기울기* 용리는 이동상의 조성(세기)이 실험 과정에서 시간에 따라 변화하는 경우를 가리킨다. 기울기 방식의 크로마토그래피를 사용하게 되면 크로마토그래피 실험에서 분석 시간이 단축되고 나중에 용리되는 분석물에 대하여 컬럼에 머무르는 시간을 단축시켜 띠넓어짐을 감소시킴으로써 이들 피크에 대한 분리 효율을 향상시킬 수 있다. 그림 12.9는 이성분계에 대한 등용매 프로토콜과 기울기 프로토콜을 비교한 것이다. 패널 A의 크로마토그램은 등용매 조건에서의 분리 결과를 나타낸다. 피크 A가 7분 만에 용리된 반면 피크 B는 20분이 지나서야 용리된 사실에 유의하자. 일회성 분석이라면 분석 결과로서는 만족스럽다고 볼 수 있다. 하지만 개발하려는 방법이 상용 실험실에서 매일 수백 개의 시료에 사용할 정형화된 분석에 대한 것이라면 매 주입 때마다 20분씩 기다리는 것은 바람직하지도 않고 비용도 많이 들 것이다. 패널 B의 크로마토그램은 기울기 조건에서 진행된 것이다. 분석자는 7분 후에 이동상을 변화시킴으로써 화합물 B의 이동상에 대한 친화도가 높아지도록 프로그램을 작성하였다. 그 결과 화합물 B가 보다 빨리 용리되면서도 여전히 만족할 만한 분별능을 보여준다. 크로마토그래피 용어로서 표현하자면 7분 후에 이동상의 세기를 증가시킨 것이다. 기울기 용리에 의해 분석 시간이 절반으로 단축될 뿐만 아니라 나중에 용리되는 피크들의 띠넓어짐도 줄어들게 된다.

▶ 프로파일 _Profile

온도의 역할

열적 효과가 크로마토그래피 분리에 큰 영향을 준다는 점은 과학자들에게 널리 알려진 사실이었으나, 전통적인 분리 조건에서는 열적 효과는 대개 무시해 왔다. 그러나 최근 장치의 소형화 경향이 지속되고 모세관 컬럼이 광범위하게 사용되면서 온도 인자가 새롭게 주목을 받게 되었다. 온도는 속도론적 측면과 열역학적 측면 양쪽 모두에서 기법에 영향을 미치고 따라서 전반적인 분리 제어에 중요한 역할을 할 수 있다. 저온 분리 프로파일은 제약 산업의 제조 과정에서 중요한 응용 분야인 카이랄 분리에서 거울상 이성질체의 상호 분리에서의 분별능을 향상시키는 데 효과적인 것으로 나타났다. 고온 분리 프로파일은 더 긴 컬럼을 사용하며 분석 시간을 훨씬 짧게 하면서도 분별능 및 피크 용량의 저하를 일으키지 않게 되며 이로써 효율을 향상시킬 수 있다. ■

Greibrokk, T. Heating or Cooling LC Columns. Anal. Chem., ***2002****, 374A-378A.*

문제 12.17 진통제 제조 공정에서 극성 정지상 및 10% 물과 90% 메탄올로 이루어진 이동상을 사용하여 분석했을 때 네 종류의 화합물이 다음 순서로 용리되었다. 카페인, 아세트아미노펜, 아스피린, 이부프로펜. 뒤쪽의 두 화합물은 서로 수 분 간격으로 넓게 떨어져 있었다. 어떻게 하면 분별능을 유지하면서도 실험 시간을 단축시킬 수 있겠는가?

문제 12.18 위 실험에서 비극성 정지상을 사용할 경우 용리 순서는 어떻게 되겠는가?

문제 12.19 비극성 정지상 및 10% 물과 90% 메탄올로 이루어진 이동상을 사용했더니 처음 두 성분이 하나의 피크로서 함께 용리되었다. 이들 화합물을 분리해 내려면 실험 조건을 어떻게 변화시켜야 하겠는가?

◈ 정성 및 정량 분석

잘 설계된 크로마토그래피 방법의 주된 강점 중 하나는 그것이 선형계라는 점이다. 즉 검출기의 반응이 시료의 양에 정비례하므로 정량 분석에 매우 적합하다는 것이다. 어떠한 분석물이든지 간에 머무름 시간은 주어진 실험 조건에서 크게 변하지 않으므로 머무름 시간을 통하여 분석물의 확인이 가능하다. 더욱이 검출기 반응이 광학 스펙트럼이나 질량 스펙트럼 등 특징적인 정보를 제공할 경우 분석물의 확인에 도움을 줄 수도 있다. 따라서 크로마토그래피는 시료 중의 분석물의 확인이라는 정성 분석에도 탁월하다.

정량적 크로마토그래피 분석에서는 표준 물질을 사용하여 검출기 신호를 농도의 함수로서 나타내어 교정 곡선을 얻는다. 그림 12.10은 상용 진통제 알약 제조 과정에서 아세트아미노펜, 아세틸살리실산 및 카페인의 크로마토그래피 분리에 대하여 얻은 교정 곡선을 나타낸다. 이 분석에서는 18개의 탄소 원자 사슬이 실리카 구슬에 붙어 있는 비극성 정지상(C_{18} 컬럼)을 분리용으로 사용하였다. 검출은 질량 분석으로 수행하였다.

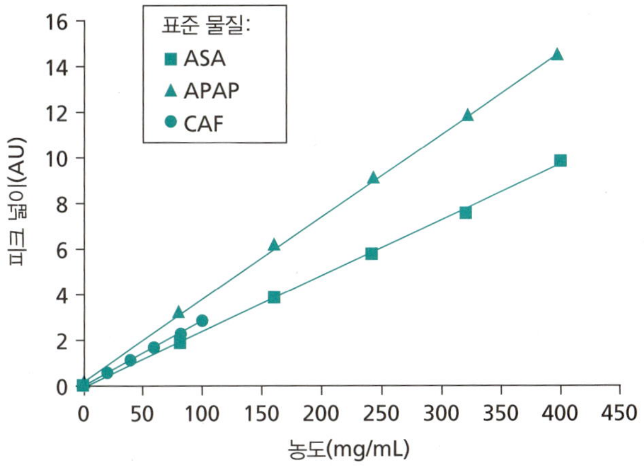

그림 12.10 아세틸살리실산(ASA), 아세트아미노펜(APAP) 및 카페인(CAF) 표준 물질에 농도에 대한 크로마토그램 피크 면적의 도시.

문제 12.20 세 가지 서로 다른 종류의 두통약에 대하여 LC 분석을 수행하였다. 각 브랜드 제품은 모두 얼마간의 아세트아미노펜을 포함하고 있다. 검출기는 자외선-가시선 분광기였다(출력은 AU 즉 흡광도 단위로 측정). 네 개의 아세트아미노펜 표준 물질 및 세 종류의 시료에 대한 검출기 반응을 여기에 제시하였다. 교정 곡선을 그리고, 선형 회귀 분석을 수행하여 각 시료 안의 아세트아미노펜의 농도를 구하라.

표준 물질(ppm)	AU
1.00	0.098
2.00	0.211
4.00	0.402
8.00	0.699
시료 A	0.375
시료 B	0.296
시료 C	0.801

선형 검출기 반응의 또다른 중요한 특징은 시료의 가감이 가능하다는 점이다. 분석물 화합물의 순수한 시료를 시료 매트릭스에 첨가하면(스파이크), 여기서 나오는 크로마토그래피 피크의 넓이는 분석물의 새로운 총량(원래 시료 더하기 스파이크)에 비례할 것이다.

미지 시료 분석에서 스파이크를 사용하는 경우라면 언제든 바로 이 선형계의 가감성을 이용할 수 있다. 스파이크를 첨가했을 때 분석물 피크의 반응이 증가하면 분석물을 확인하는 증거가 된다. 꼼꼼한 정량 분석을 수행한다면 추가된 스파이크의 양으로부터 원래 미지 시료 매트릭스에 포함된 해당 성분을 정량할 수도 있다.[4]

예를 들면, 그림 12.11의 크로마토그램은 무지개송어의 근육 조직에서 아르세노베타인[$(CH_3)_3As^+CH_2COO^-$] 형태의 비소가 검출된 것을 나타낸다. 더 작은 피크 A는 시료 추출물에 해당하며, 더 큰 피크 B는 시료 추출물에 아르세노베타인 표준 물질을

[4] 이 방법을 표준물 첨가법이라고 한다. 이 기법은 대부분의 대학 2~3학년 수준의 분석 교과서에서 자세하게 다루는 내용이다.

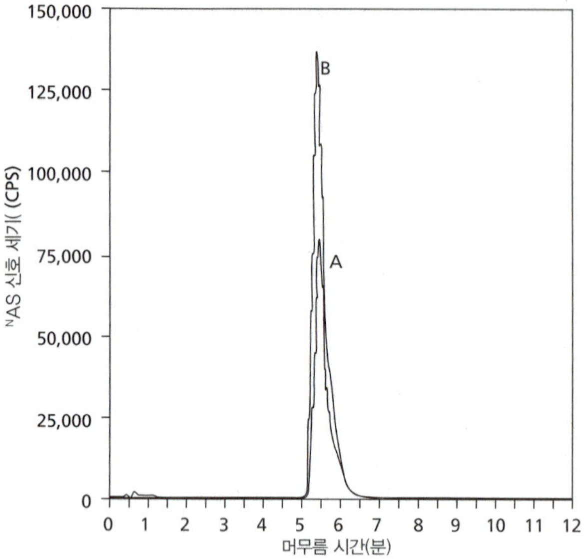

그림 12.11 무지개송어 근육 추출물에 대한 양이온 교환 HPLC-ICP-MS 크로마토그램. (A) 송어 근육 추출물의 크로마토그램, (B) 동일 시료를 아르세노베타인 스파이크 처리했을 때의 크로마토그램.

스파이크 처리한 것을 의미한다. 머무름 시간이 동일하므로 시료 내의 아르세노베타인 형태의 비소를 쉽게 확인할 수 있게 되며[5], 피크의 높이(또는 넓이)로부터 분석물을 정량할 수 있다.

시스템의 선형성은 시료의 양이 이동상의 부피에 비해 적은 경우에만 만족된다. 적절한 피크 모양과 대칭성을 유지한 상태에서 LC로 분석 가능한 분석물의 최대량을 용량이라고 한다. 시스템의 용량을 구하는 데에는 시료를 주입하는 부피 혹은 띠너비를 고려할 수 있다. 분석 분리에서는 일반적으로 주입 부피는 매우 작은 "파도" 수준이다. 하지만 제조 분리에서는 주입 부피가 훨씬 큰 "뭉치" 수준이다. 분배에서의 평형 과정이 온전히 유지되는 한(부피로 환산된) 뭉치의 너비는 피크의 너비에 비례할 것이다. 쉬운 말로 설명하면, 분석물의 농도가 너무 높다면 정지상 표면의 흡착 가능한 지점이 모두 들어차게 되고, 이동상에 남아 있는 이후의 분석물은 분배 평형에 참여하지 못하게 되어 흐름 속도대로 쓸려간다는 것이다. 이런 상황에서는 크로마토그램에서 비대칭적인 피크가 나오게 된다.

문제 12.21: 흐름 속도 1 mL/분일 때 프로파일 "와인의 분석: 정성 분석과 정량 분석"에 나온 피크 #6의 머무름 부피를 구하라.

문제 12.22: 기울기 방법을 사용하여 프로파일 "와인의 분석: 정성 분석과 정량 분석"에 나온 크로마토그램의 실행 시간을 어떻게 단축할 수 있을지를 "구체적으로" 설명하라. 크로마토그램의 어느 부분에서 어떻게 이동상을 변화시킬 것인가?

[5] Ciardullo, S.; et al. Bioaccumulation Potential of Dietary Arsenic, Cadmium, Lead, Mercury, and Selenium in Organs and Tissues of Rainbow Trout (Oncorhyncus mykiss) as a Function of Fish Growth. *J. Agric. Food Chem.* **2008**, 56, 2442, 2451.

▶ 프로파일 _Profile

와인의 분석:
정성 분석과 정량 분석

그림에서 세 개의 크로마토그램은 와인에 포함된 페놀계 화합물의 역상 액체 크로마토그래피 분리의 결과를 나타내며, 280, 320, 365 nm의 자외선(UV) 검출을 사용하였다. 세 개의 패널은 자외선-가시선 배열된 광다이오드 검출기를 아용하여 세 파장에서의 용리액 화합물을 검출한 것을 나타낸다. 특징적인 머무름 시간 및 분광 특성으로부터 와인 내의 특정 성분을 확인할 수 있다. 이 분석에서 머무름 시간이 17분 근처의 큰 피크(6번으로 표시)는 하이드록시신남산의 타르타르산 에스터인 카프타르산으로 확인되었다. 연구 결과 하이드록시신남산 계열의 물질은 이들 와인에 포함된 주요 페놀계 성분이며, 이들 화합물 사이의 상대적인 성분비는 포도의 품종(여기서는 샤르도네와 피노누아르를 비교) 및 재배 시기에 따라 달라진다는 것이 알려졌다. 이와 같은 정보는 페놀계 화합물의 재배 조건 및 처리 방법에 따른 영향에 관심이 있는 포도 재배 농가에게 유용할 것이다. ■

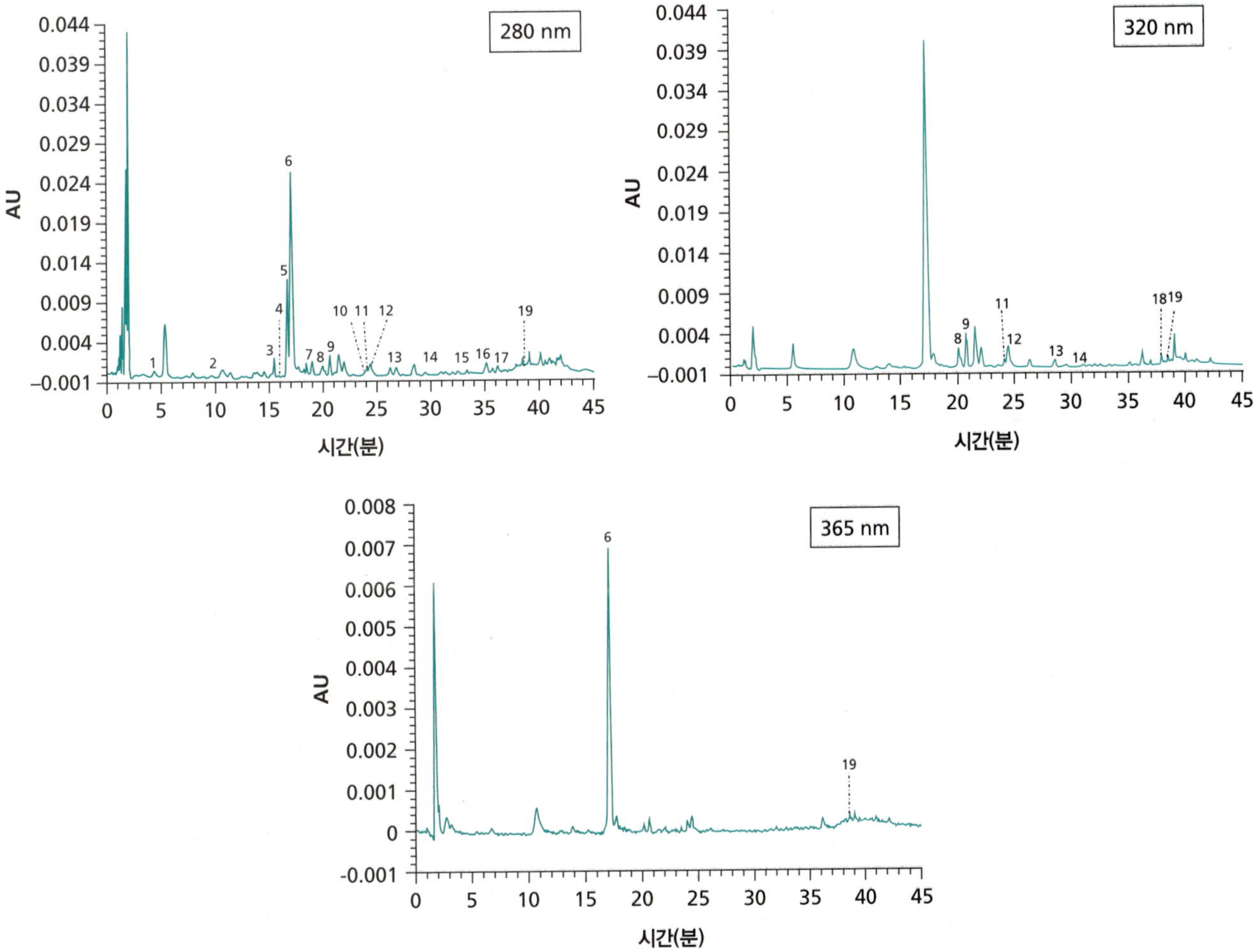

Chamkha, M; Cathala, B.; Cheynier, V.; Roger Douillard, R. Phenolic Composition of Champagnes from Chardonnay and Pinot Noir Vintages, J. Agric. Food Chem., ***2003****, 51, 3179-3184.*

12.4 정지상 물질과 분리 모드

크로마토그래피 기법은 흔히 분리 모드의 물리적 특성으로 기술된다. 현재 LC 분석에서 사용되는 분리 메커니즘은 크게 네 가지가 있다. 분배 크로마토그래피는 이들 가운데 하나로서 액체 이동상과 (일반적으로) 액체 결합상 정지상을 사용한다[**액체-액체 크로마토그래피**(liquid-liquid chromatography)]. 또 다른 분리 모드로는 **흡착 크로마토그래피**(adsorption chromatography)가 있다. 흡착 크로마토그래피는 다음과 같은 극단적인 경우로 생각해 볼 수 있다. 즉 분석물이 이동상에 비하여 정지상 쪽을 극단적으로 선호하여 정지상에 결합해 버리고 "분배"란 것이 일어나지 않는 경우가 되는 것이다. 흡착 크로마토그래피에서는 분석물 및 이동상 조성에 따라 관심 대상이 되는 분석물이 정지상과의 표면 상호 작용에 의해 고체 정지상에 머무르게 된다. 시료를 용리시킬 때에는 결합의 선호도를 뒤집기 위하여 이동상을 변화시켜 주게 되고, 정지상으로부터 분석물이 빠져나오게 된다. 이를 종종 **액체-고체 크로마토그래피**(liquid-solid chromatography) 또는 **고체상 추출**(solid-phase extraction)이라고도 부른다.

정지상의 본질적인 특성, 이동상의 특성 및 분석물의 양쪽 상과의 상호작용 등에 따라 각각의 분류 내에서 추가로 분리 모드가 분류된다. 여기에는 극성에 의한 분리, 전하에 의한 분리, 크기에 의한 분리 및 형태 특이성 상호 작용 기반 분리 등이 있다.

정상상 크로마토그래피

정상상 크로마토그래피(normal phase chromatography)는 일반적으로 비교적 극성이 강한 분석물의 분리에 사용된다. **정상상**(normal phase) 크로마토그래피에서 정지상은 처음에 이동상보다 더 극성이며 분석물 화학종의 분배를 유도하는 물리적 성질은 극성의 차이가 된다. 그림 12.12를 참조하라. 일반적인 정상상 컬럼 충전 물질로는 실리카

▶ 프로파일_*Profile*

(운동선수의) 도핑과 액체 크로마토그래피-질량 분석법

과학자 및 기술자들은 성적 향상용 약물을 복용하는 운동선수들을 적발하기 위하여 도핑 실험실에서 질량 분석(MS) 검출기와 결합된 액체 크로마토그래피(LC)를 널리 이용하고 있다. 성적 향상용 약물은 체내에서 자연적으로 생성되는 분자와 구조가 매우 비슷하거나 동일하기 때문에 확인이 매우 어렵다. 운동 능력의 향상을 위해 흔히 사용되는 약물로는 근육 강화 스테로이드, 호르몬 및 흥분제 등이 있다. 세계반도핑기구(The World Anti-Doping Agency, WADA)는 약물 사용 기준 설정에 사용되는 검출 기준을 설정하는 국제기구이다. 독립된 분석 실험실에 대해 유효성 검사를 위한 인증을 실시한다. 검사관들은 실험실과 독립적으로 운동선수들로부터 소변 또는 혈액 시료를 채취하고 여기서 관리 연속성이 시작되며 분석에 들어간다. 분석화학자들은 시스템을 속이려는 자들보다 한 발짝 더 앞서가기 위하여 끊임없이 노력하고 있다. 2007년에 독일체육대학쾰른(German Sport University Cologne, Deutsche Sporthochschule Köln)의 Mario Thevis와 동료 연구진은 LC-MS를 사용하여 자연 상태의 인체 인슐린과 글리코젠 생성 촉진을 위해 사용되는 합성 호르몬제 사이의 조성의 미세한 차이를 검출할 수 있는 혁신적인 방법을 개발하였다. ■

Mukhopadhyay, R. Out! Catching Doping Athletes. Anal. Chem., ***2007****, 79(15), 5522-5528.*

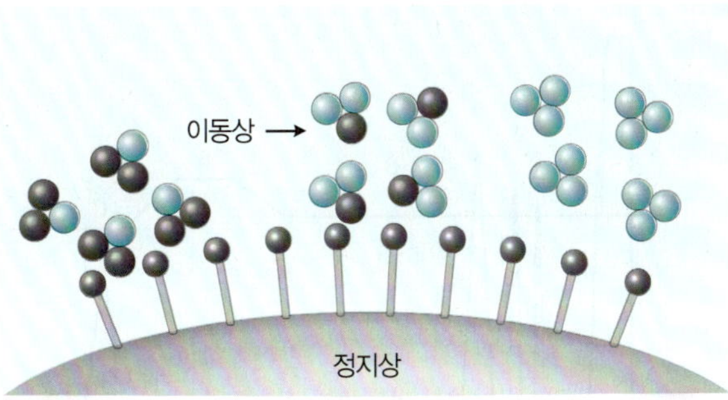

그림 12.12 정상상 분리의 모식도. 회색은 (분자 내에서) 극성이 "더 강한" 부분을 나타낸다. 청색은 (분자 내에서) 극성이 상대적으로 약한 부분을 나타낸다. 극성 작용기를 지닌 분석물 분자들(회색 구)은 비극성 분석물 분자들(파란색 구)과 대비하여 선택적으로 정지상 쪽으로 분배된다.

및 실리카 기반 지지체를 아미노기, 다이올기, 사이아노기 등의 작용기로 유도체화시킨 (혹은 "결합시킨") 것을 사용한다.[6]

정상상 실험에서는 이동상 기울기는 헥세인이나 헵테인과 같은 상대적으로 비극성인 유기 용매로부터 시작한다. 이 조건에서는 극성 분석물의 정지상에 대한 친화도가 높아지게 된다. 분석의 진행에 따라서 아이소프로판올, 아세트산 에틸, 클로로폼 등과 같은(처음의 용매와) 혼합 가능한 용매를 추가해 주게 되면 이동상의 극성이 점차로 증가하게 된다. 이 과정에서 분석물의 이동상에 대한 친화도는 분석의 진행에 따라 증가하게 된다. 이동상의 구성 성분의 선택에서 주된 고려 사항으로는 이동상 성분의 "투명도" 또는 자외선 차단이 있다. 시료를 UV-vis 분광광도계를 사용하여 검출하는 경우 용매는 검출 대상이 되는 스펙트럼 영역에서 투명해야 한다. 예를 들면 헥세인은 201 nm의 자외선 차단 값을 가지므로 검출 파장이 201 nm보다 긴 경우의 응용에 적합하다. 반면에 아세트산 에틸은 256 nm의 자외선 차단 값을 가지므로 검출 파장이 256 nm보다 긴 경우가 아니라면 적합하지 않다.

정상상 크로마토그래피의 응용 대상으로는 지용성 비타민이나 당류, 폴리알코올과 같이 유기 용매에 녹을 수 있는 극성 화합물이나, 또는 유기 인산염과 같이 수용액에서 불안정한 극성 화합물 등이 있다. 정상상 크로마토그래피는 제약 분석뿐만 아니라 식품 순도 분석 및 식품 추출물 제조 등에 널리 응용되고 있다.

그림 12.13에 올리브유 추출물의 정상상 크로마토그램을 도시하였다.[7] 이 분석에서 각 성분은 극성에 따라 용리되며 아세토나이트라일과 메탄올의 이동성(70:30)에서 극성이 가장 작은 성분(세라마이드류, 세레브로사이드류, 포스파티딜 콜린류)이 먼저 용리된다. 분리가 계속되고 이동상이 순수한 메탄올로 전환됨에 따라 극성이 보다 큰 성분(다이갈락토실다이글리세라이드류, 포스파티딜에탄올아민류)이 용리된다. 그리고 분리의 마지막 단계에서는 100% 물의 이동상에서 극성이 가장 큰 성분(50분에서 55분 사이에 있는 25번 분획의 미확인 피크)이 용리된다.

[6] 이후에 개발된 다른 분배 구성의 정지상과 대비하여 전통적인 극성 정지상을 사용하는 방법을 "정상상" 크로마토그래피라고 부르기 시작하였고 이후로 이 용어가 널리 사용되게 된다.

[7] Karantonis, H. C.; et al., *J. Agric. Food Chem.*, **2002**, *50*, 1150-1160.

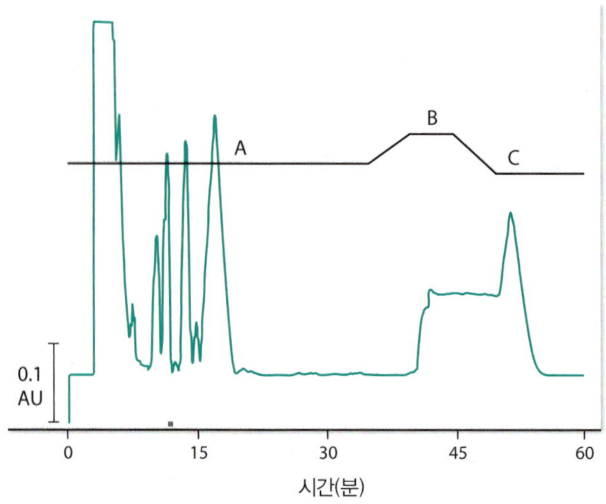

그림 12.13 정상상-NH_2 컬럼을 사용한 올리브유 내의 전체 극성 지질에 대한 기울기 용리 HPLC. (A) 70:30 아세토나이트라일/메탄올, (B) 100% 메탄올, (C) 100% 물.

문제 12.23 표 12.1에 나열된 화합물을 미량씩 함유하고 있는 수용액 시료가 있다. 옥탄올-물 분포 계수를 pK_D 값으로 표에 나타내었다. 이 수용액 시료를 취하여, 75% 메탄올과 25% 물로 이루어진 이동상과 셀룰로스 컬럼을 사용하여 고성능 LC로 분석했을 때 용리 순서를 예측하고 그 이유를 설명하라.

표 12.1: 옥탄올–물 분포 계수:
$pK_D = -\log(K_D)$

화합물명	pK_D
n-펜테인	3.45
2,2-다이메틸프로페인	3.11
3-메틸프로페인	3.60
2,2-다이메틸뷰테인	3.82
2,3-다이메틸뷰테인	3.85

Source: Sangster, J. Octanol-Water Partition Coefficients of Simple Organic Compounds. *J. Phys. Chem. Ref. Data*, **1989**, *18(3)*, 1111.

문제 12.24 분자의 극성만을 참고하여 정상상 크로마토그래피 실험에서 다음 각각의 묶음 내에서 세 화합물의 용리 순서를 예측하라.

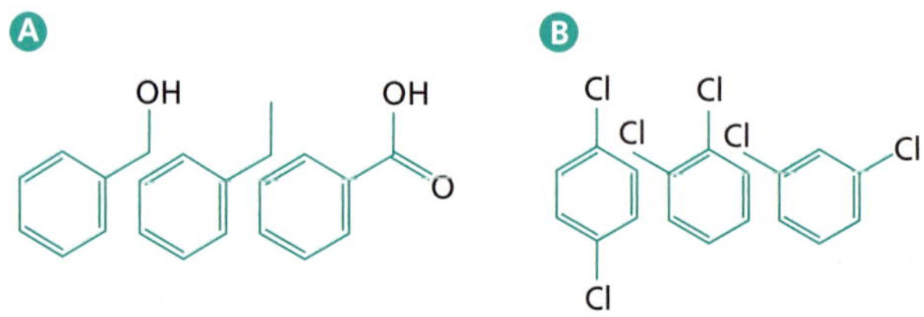

◈ 역상 크로마토그래피

역상 크로마토그래피(reversed phase chromatography, RPC)는 비교적 비극성이거나 적어도 상당한 부분의 유기물 부분을 구조 내에 함유하고 있는 분석물의 분리에 주로 사용된다. **역상**(reversed phase)이라는 용어는 정상상 크로마토그래피에 대응되는 개념으로 사용된다. RPC에서는 정지상은 소수성을 띠고 있다. 정상상 크로마토그래피에서와 마찬가지로 분석물의 분리 모드는 극성에 의한 것이다. 하지만 정상상 크로마토그래피에서와 달리 RPC에서는 가장 극성이 작은 분석물이 가장 오래 머무르게 된다. 일반적인 RPC 정지상 충전물은 실리카 구슬에 결합된 옥테인(C_8) 또는 옥타데실(C_{18}) 탄소 사슬로 구성되어 있다. 하지만 컬럼에 균일하게 충전될 수 있는 비극성 화합물이라면 어느 것이든지 사용할 수 있다. 예를 들면, 폴리(스타이렌-다이바이닐벤젠)은 통상적인 C_{18} 정지상을 사용하기에는 pH 요구 조건이 너무 극단적일 경우에 사용되는 역상 소재이다(그림 12.14 참조). 이동상 내의 소수성 분석물은 소수성 정지상에 선택적으로 결합하게 된다. 분석 과정이 진행됨에 따라(예를 들면 물의 비율을 감소시킴으로써) 이동상의 세기를 증가시킨다. 동일한 이동상 조건에서 분석된 동일한 시료에 대해서 역상 크로마토그래피에서의 용리 순서는 정상상 크로마토그래피에서의 순서와 반대로 나오게 된다.

C_8이나 C_{18}과 같은 결합된 정지상의 RPC 컬럼은 표면 상호 작용을 통해 작용하기도 하고 매우 얇은 막과 같이 작용하기도 한다. 그림 12.15는 C_8 컬럼의 개략도를 나타낸 것이다. 정지상이 두꺼워지면, 즉 보다 3차원적인 구조를 취하게 되면, 물질 이동의 증가에 의해 추가적인 띠넓어짐 현상이 일어나게 된다. C_{18} 이상의 길이를 갖는 사슬로 지지체를 유도체화시키는 것도 마찬가지 이유로 바람직하지 않다. 더 긴 사슬은 접힘으로써 표면 구조를 형성하게 된다. 층이 깊어질수록 물질 이동은 더 큰 문제가 된다.

역상 실험에서는 이동상의 기울기는 극성이 높은 용매로 시작한다. 보통 낮은 퍼센

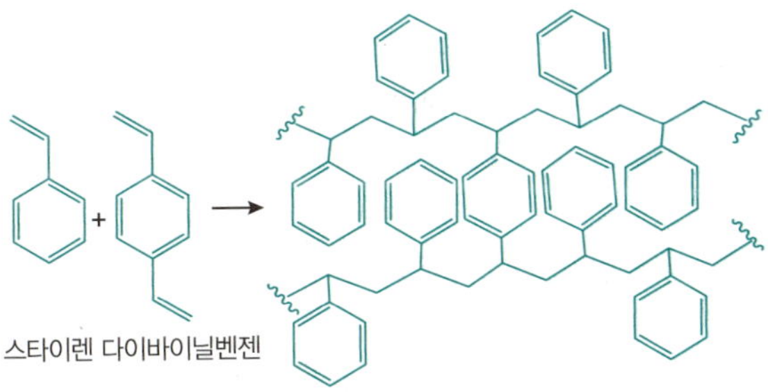

그림 12.14 폴리(스타이렌-다이바이닐벤젠)의 모식도.

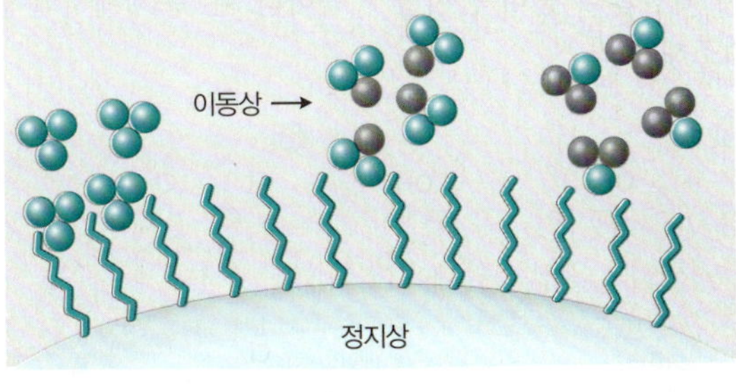

그림 12.15 C-8 역상 분리의 모식도. 회색은 (분자 내에서) 극성이 "더 강한" 부분을 나타낸다. 청색은 (분자 내에서) 극성이 상대적으로 약한 부분을 나타낸다. 비극성 작용기를 지닌 분석물 분자들(청색 구)은 극성 분석물 분자들(회색 구)과 대비하여 선택적으로 정지상 쪽으로 분배된다.

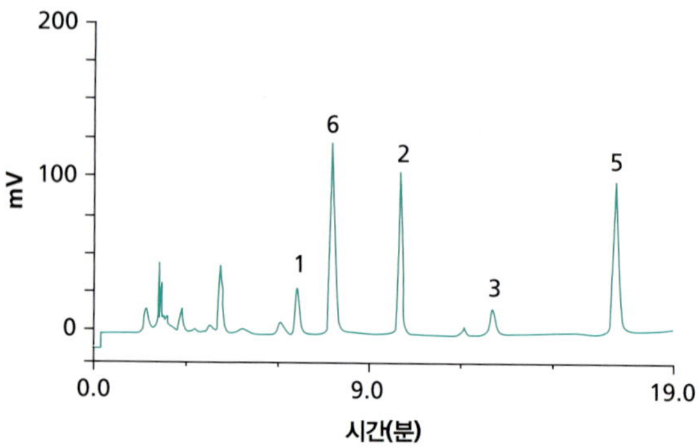

그림 12.16 사후 부검용으로 채취된 전혈 시료에 대한 역상 HPLC 크로마토그램. 각 피크는 다음과 같다. 벤조일에크고닌(1), 2'-메틸벤조일에크고닌(2), 코카인(3), 2'-메틸코카인(5), 3,4-메틸렌다이옥시-N-에틸암페타민(6).

트의 수용성 유기 물질(예, 메탄올, 아세토나이트라일 등)을 포함한 수용액이 사용된다. 이 조건에서는 비극성 분석물의 정지상에 대한 친화도가 높아지게 된다. 분석의 진행에 따라서 유기 용매의 농도를 증가시킴으로써 이동상의 극성을 점차 감소시키게 된다. 정상 크로마토그래피에서와 마찬가지로 이동상의 용매들은 (용매의) 변화 구간에서 서로 잘 섞여야 하며, 만일 UV-vis 검출기를 사용할 경우 각 용매에 대한 투명도 또는 자외선 차단 또한 고려해야 한다.

그림 12.16은 역상 고성능 LC를 사용하여 사람의 혈액 시료 내의 코카인과 그 대사물을 검출하는 것을 보여주고 있다.[8] 시료는 사후 부검용으로 채취되었다. 크로마토그래피 과정에서는 C_8 역상 컬럼과 이동상 기울기를 사용하였다. 극성이 큰 화합물(벤조일에크고닌, 그림에서 1번으로 표시됨)이 먼저 용리되고, 유기 용매의 퍼센트가 증가하면서 극성이 작은 화합물들이 용리된다.

문제 12.25 표 12.1에 나열된 화합물들이 수용액 시료 내에 동일한 양씩 미량으로 함유되어 있다고 가정하자. 이 수용액 시료를 옥탄올 분취량으로 추출한다고 할 때,

(a) 평형 상태에서 옥탄올 상 내의 농도가 증가하는 순서대로 이들 화합물을 나열해 보라.

(b) 수용액 시료의 분취량을 고성능 LC로 75% 메탄올과 25% 물로 구성된 이동상 및 C_8 컬럼으로 분석했다고 가정하자. 예측되는 크로마토그램을 예상되는 용리 순서를 표시하여 그려라. 각 피크를 표지하라. 본 문제에서의 답을 문제 12.21에서의 답과 비교 대조해 보라.

문제 12.26 분자의 극성만을 참고하여 역상 크로마토그래피 실험에서 다음 각각의 묶음 내에서 세 화합물의 용리 순서를 예측하라. 본 문제에서의 답을 문제 12.22에서의 답과 비교 대조해 보라.

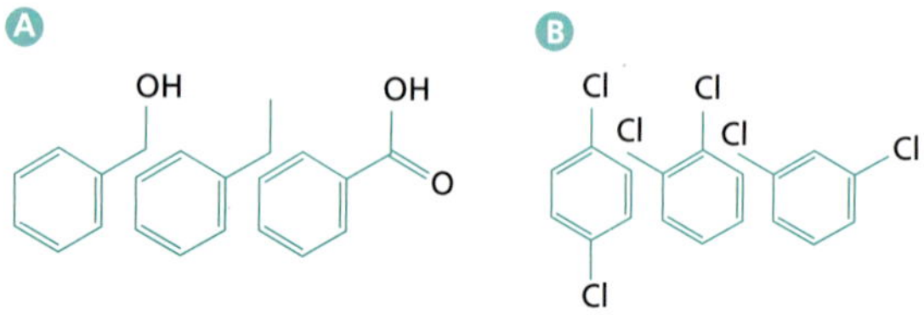

[8] Karine, M.; Clauwaert, J. F.; Van Bocxlaer, W. E. L.; De Leenhee. A. P. Liquid Chromatographic Determination of Cocaine, Benzoylecgonine, and Cocaethylene in Whole Blood and Serum Samples with Diode-Array Detection. *Journal of Chromatographic Science*, **1997**, *35(7)*, 321-328.

◆ 이온 교환 크로마토그래피

이온 교환 크로마토그래피(ion exchange chromatography, IEC)는 이온성 분석물의 분리에 사용된다. IEC에서 각 분석물 화학종의 분리를 일으키는 물리적 성질은 이온 전하 밀도이다. IEC는 전하를 띤 분석물과 정지상에 결합된 반대 전하의 작용기 사이의 전하–전하 상호 작용에 기초한다. IEC는 **음이온 교환 크로마토그래피**(anion exchange chromatograpy)와 **양이온 교환 크로마토그래피**(cation exchange chromatograpy)의 두 가지로 구분되며, 추가로 상호 작용의 세기에 따라 강한 양이온 교환(SCX), 약한 양이온 교환(WCX), 강한 음이온 교환(SAX), 약한 음이온 교환(WAX) 등으로 분류된다. 이온 상호 작용의 세기는 정지상의 이온화에 따라 좌우된다. 크로마토그래피 문헌에서는 흔히 이들 약어만을 사용하므로 이들 약어에 익숙해질 필요가 있다.

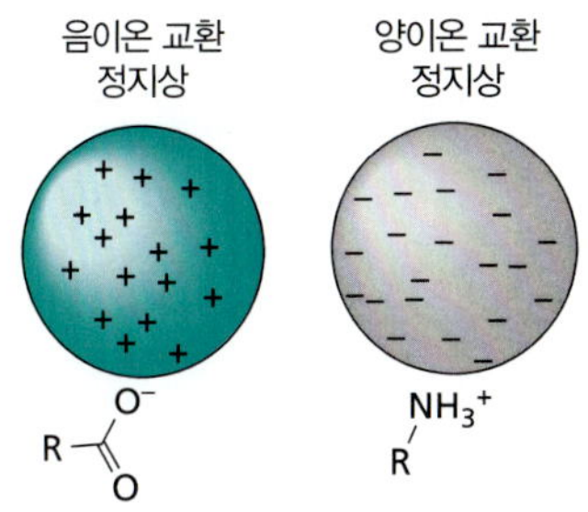

그림 12.17 이온 교환 수지. 이 개략도는 정지상에 대한 이온의 친화도를 보여준다. 이온성 부분이 결합된 실리카 구슬을 구로 나타내었다.

IEC에서의 분리 메커니즘에는 분석물과 정지상 사이의 정전기적 상호 작용이 수반된다. 처음에는 정지상은 적절한 상대 이온과 느슨하게 결합되어 있다. 이들 상대 이온은 시료가 이동상을 따라 컬럼을 통과하여 이동하면서 분석물 분자에 의해 화학량적으로 치환된다.

음이온 교환이든 양이온 교환이든 분리 모드는 정지상의 전하가 아닌(상대 이온과 교환되는) 분석물의 전하를 기준으로 언급한다는 점에 유의해야 한다(그림 12.17 참조).

정상상 및 역상 기법과 마찬가지로, 기울기 분석의 목적은 분석 과정에서 이동상과 정지상의 상대적인 친화도를 변화시키는 것이다. IEC에서는 분석자에게 더 많은 옵션이 있다. 기울기를 생성하는 방법으로 분석 과정에서 이동상의 이온 세기를 변화시키는 방법이 있다. 이온 세기가 증가함에 따라 정지상의 이온 자리가 들어차고 분석물과의 상호 작용 가능성이 줄어들게 된다. 약산이나 약염기의 경우에는 분석자는 이동상의 pH를 조절하여 분석물의 퍼센트 이온화도를 변화시킬 수도 있다. 그림 12.18에서 IEC로 몇 가지 단백질을 기울기 용리시킨 결과를 나타내었다.

◆ 친수성 상호 작용 크로마토그래피

비극성 분석물을 분리하는 크로마토그래피 방법에서 극성 정지상을 사용하는 경우를 **친수성 상호 작용 크로마토그래피**(hydrophilic interaction chromatography, HIC) 또는 **친수성 상호 작용 액체 크로마토그래피**(hydrophilic interaction liquid chromatography, HILIC)라고 한다. 이동상은 보통 소량의 물을 녹인 비양성자성 극성 유기 용매이다. 아세토나이트라일은 물과의 혼합성 및 190 nm에서 900 nm 사이 구간의 UV-vis 범위에서의 투명성 때문에 비양성자성 극성 유기 용매로서 보편적으로 사용된다. HIC의 메커니

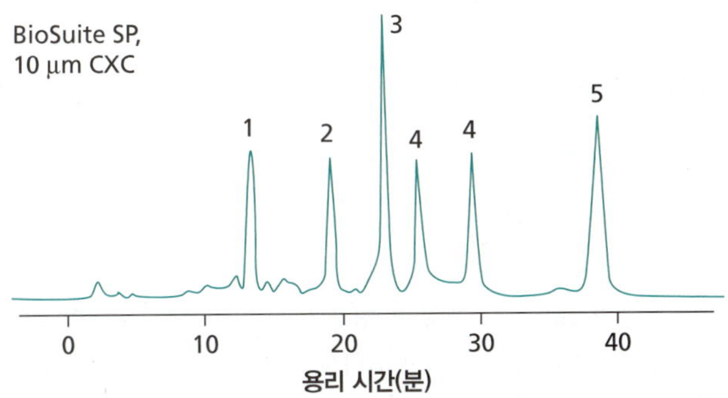

그림 12.18 강한 음이온 교환 컬럼인 Waters BioSuite SP 컬럼을 사용한 양이온 교환 분리. 선형 기울기 용리를 사용하여 분리를 수행하였으며, 용리액 B(20 mM 인산 소듐, pH 7.0 + 0.5 M 염화 소듐)의 농도는 0%에서 100%로, 용리액 A(20 mM 인산 소듐, pH 7.0)의 농도는 100%에서 0%로 변화시켰다. 분리 결과는 다음과 같다. (1) 트립시노젠, (2) 라이보뉴클레이즈, (3) 알파-카이모트립시노젠, (4) 사이토크롬-c (두 개의 봉우리), (5) 라이소자임.

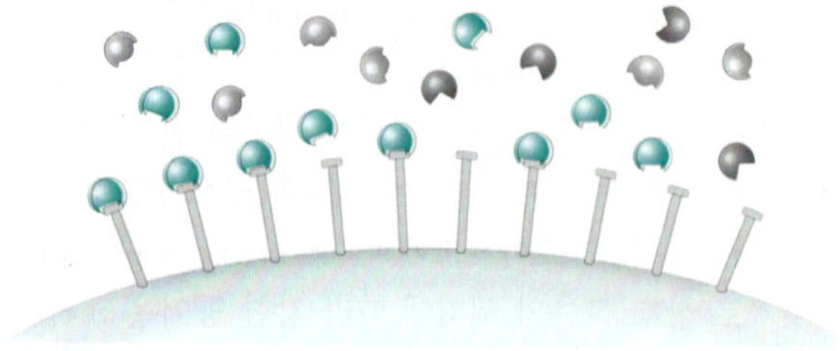

그림 12.19 정지상의 친화 리간드와 형태 특이성 분석물과의 결합의 모식도.

즘에는 친수성 정지상에 의해 생성된 물의 농도가 높은 정지상 표면의 계면과 물의 농도가 낮은 유기 용매 상으로 구성된 이동상 이중층의 생성이 관여하는 것으로 보인다. 그리고 이들 두 영역 사이의 계면에서 분배가 일어나게 된다(액체-액체 크로마토그래피). 분석물이 pH에 민감한 경우 물의 농도가 높은 용액층 내에서 양성자화/탈양성자화의 또 다른 평형이 일어나게 되고 정지상과의 이온 교환 현상을 분리 계획의 일부로서 이용할 수 있다. 따라서 분석자들은 pH를 분별능을 조절하는 또 하나의 변수로서 활용할 수 있게 된다. 용매 기울기 또한 pH 기울기와 마찬가지로 분리를 최대화하는 데 사용된다. 이런 경우 유기 용매는 비양성자성 용매를 사용하는 것이 중요하다. 다른 극성 유기 용매들도 소량의 물을 용매화할 수 있고 적절한 λ 차단 값을 가질 경우 HIC에 사용되어 왔다. 표 6.2에 용매 목록을 각 용매의 Snyder 극성 지수 및 λ 차단 값과 함께 나열하였다.

친화 크로마토그래피

친화 크로마토그래피(affinity chromatography)는 특정 분석물(시료 혼합물 내의 분자 또는 분자 유형)이 다른 물질에 대하여 선택성 또는 친화성을 띠는 경우에 생물학적 응용에서 주로 활용된다(그림 12.19 참조). 친화 컬럼은 이와 같은 결합의 선택성을 이용하는 것이다.

이 같은 친화성의 예로서 클루코스 결합성 단백질의 글루코스에 대한 결합을 들 수 있다. 정지상에는 비활성 고체 지지체가 들어 있으며, 이 지지체에는 리간드라고 불리는 관심 대상이 되는 작용제가 부착 또는 유도체화되어 있다. 리간드의 예로는 글루코스, 항원, 효소, 금속 이온, 핵산 및 생화학적 수용체 등이 가능하다. 분석물의 리간드와의 결합은 가역적이어야만 분석물이 컬럼으로부터 용리될 수 있다. 정지상은 우수한 흐름 특성을 지니며 리간드에의 접근성 또한 우수해야 한다. 리간드를 고체 지지체에 부착할 때는 흔히 연결제(linker)를 사용하여 리간드가 고체 지지체 표면에 누워 있는 것을 방지한다. 이동상의 pH나 이온 세기, 또는 극성을 변화시킴으로써 기울기를 생성할 수 있다.

카이랄 크로마토그래피

카이랄 크로마토그래피(chiral chromatography)는 라셈 혼합물로부터 광학적으로 순수한 거울상 이성질체를 분리하는 데 쓰인다. 기억하듯이 라셈 혼합물의 l 및 d 거울상 이성질체는 끓는점, 녹는점, 증기 압력 등의 성질이 동일하므로 순수한 거울상 이성질체의 분리 작업에는 상당한 어려움이 따른다. 다행스럽게도 카이랄 쌍 관계에 있는 두 거울상 이성질체 사이에는 순수한 거울상 이성질체 기질에 대한 친화도에서 차이가 있다. 카이랄 크로마토그래피에서는 광학적으로 순수한(단일) 거울상 이성질체 물질을 실리카젤 등의 정지상에 고정시킨다. 이렇게 생성된 카이랄 정지상(chiral stationary phase, CSP)은 이동상 내의 라셈 분석물에 대하여 분배의 차이를 일으키게 되고, 따라서 두 거울상 이성질체를 효율적으로 분리할 수 있게 된다.

▶ 프로파일 _Profile
카이랄 약품 캐비닛

*Chemical & Engineering News*지의 2004년 기사에 따르면, 4대 블록버스터 약물의 활성 성분은 단일 거울상 이성질체로 이루어져 있다.*

	전세계 매출액 (십억 달러)	활성 화합물	치료 대상
Lipitor	$12.0	Atorvastatin	콜레스테롤
Zocor	$5.9	Simvastatin	콜레스테롤
Plavix	$5.0	Clopidogrel	혈전
Nexium	$4.8	Esomeprazole	궤양

Rouhi, A. M. C&EN, ***2004****, 83(36), 49-53.*

카이랄 크로마토그래피는 제약 산업에서 가장 널리 응용되고 있다. 생물학적으로 활성을 띠는 분자는 거울상 이성질체로 존재하는 경우가 매우 흔하다. 카이랄 활성 분자의 각각의 거울상 이성질체는 상이한 약리 효과를 가지는 경우가 많으며, 때로는 한 쪽의 이성질체가 독성을 띠는 경우도 있다.

◈ 크기별 배제 크로마토그래피

크기별 배제 크로마토그래피(size exclusion chromatography, SEC)에는 두 가지 유형이 있다.

1. **젤투과 크로마토그래피**(gel permeation chromatography, GPC). GPC에서는 소수성 정지상 물질과 유기 이동상 용매를 사용한다. GPC는 유기 고분자 물질(극성 유기 용매 및 비극성 용매에 잘 녹는 고분자 물질)의 분리에 널리 쓰인다. GPC는 SEC에서의 역상 크로마토그래피와 비슷한 것으로 생각할 수 있다.
2. **젤거르기 크로마토그래피**(gel filtration chromatogrpahy, GFC). GFC에서는 친수성 정지상 물질과 수용액 이동상 용매를 사용한다. GFC는 생체 고분자 물질(수용성 고분자 물질)의 분리에 널리 쓰인다. GPC는 SEC에서의 정상상 크로마토그래피와 비슷한 것으로 생각할 수 있다.

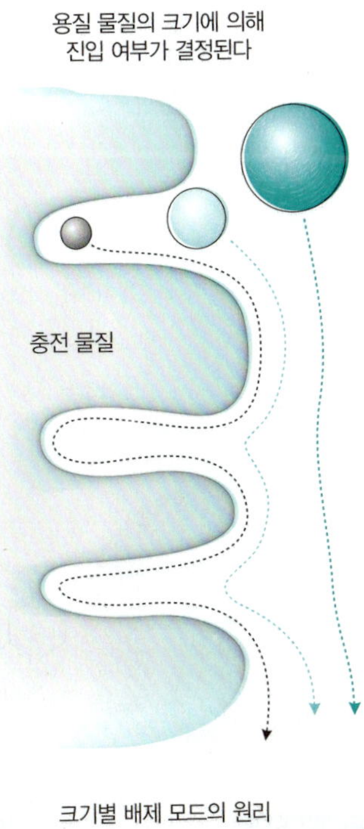

그림 12.20 SEC의 분리 메커니즘을 설명하는 확대 개략도.

SEC에서의 분리 모드는 분자의 크기에 의한 것이다. 이 기법에서는 다공성 물질을 정지상 물질로 사용한다. 충전 물질은 미세한 스펀지 입자와 비슷한 것으로 생각해 볼 수 있다. 이동상 내의 분석물이 정지상을 통과할 때 너무 큰 분석물들은 공극에 들어갈 수 없게 되므로 배제되고 정지상 입자를 비켜가는 경로를 택할 수밖에 없다. 한편 작은 분석물들은 공극에 들어갈 수 있으므로 정지상의 공극 안으로 들어가게 되고 공극 안의 용매상 안에 머무르게 된다(그림 12.20 참조). 이 기법에서는 정지상 물질의 공극의 크기에 의해 분리 범위가 정해진다. 분자의 크기가 작은 분석물은 공극 속으로 밀려들어가고 더 큰 부피의 컬럼 및 이동상을 지나게 될 것이다. 이 때문에 작은 분자들일수록 컬럼에 더 오랜 시간 동안 머무르게 된다. 한편 분자의 크기가 큰 분석물일수록 정지상의 공극에서 배제되고 컬럼을 보다 빨리 빠져나오게 된다(그림 12.21 참조). 배제 효과에 의하여 크기가 큰 분석물일수록 컬럼으로부터 먼저 용리되고 크기가 작은 분석물일수록 정지상의 공극에 더 오래 머무르게 되어 늦게 용리된다(그림 12.21 참조).

엄밀히 말하자면, 크기별 배제 정지상을 사용하는 응용법은 크로마토그래피 기법이

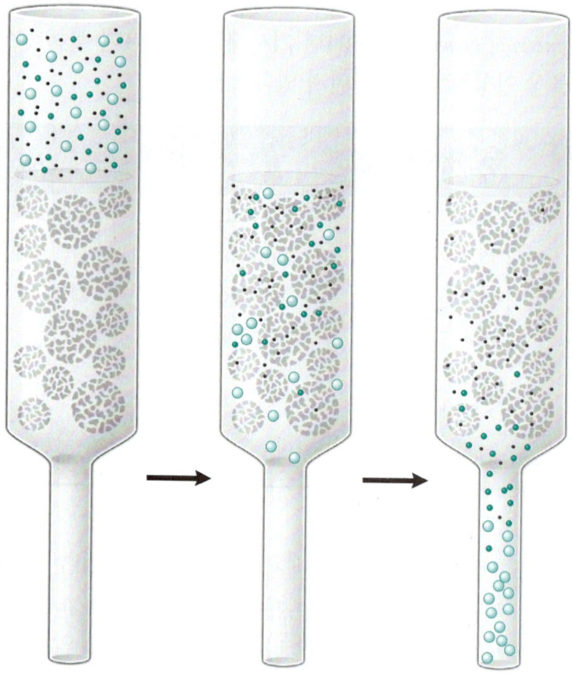

그림 12.21 크기별 배제 분리의 개략도. t = 0으로 표시된 컬럼은 분리 전의 분석물 혼합물을 나타낸다. 이 그림에서 분석물 혼합물은 세 가지 서로 다른 입자 크기의 분석물로 되어 있다. 분석물이 컬럼을 통과해 내려감에 따라 가장 큰 분석물 입자들은 정지상의 공극으로부터 배제되고 가장 먼저 용리된다. 가장 작은 분석물 입자들은 정지상의 공극에 가장 깊이까지 투과해 들어가고 가장 늦게 용리된다.

라고 할 수 없다. 이렇게 구분하는 이유는 분리 모드가 분석물의 두 상 사이의 분배에 의한 것이 아니라 정지상이 특정 크기(배제 한계) 이하의 분자들을 공극 안에 가두어 둘 수 있는 작용에 의한 것이기 때문이다. SEC에 사용되는 장비 및 기기 장치법은 이 장에서 설명하는 다른 크로마토그래피 기법과 거의 동일하고 단지 정지상의 성질에서만 차이를 보이기 때문에 이 장에 SEC를 함께 수록하였다.

공극으로부터 배제되지 않는 가장 큰 분자의 크기를 배제 한계라고 한다. 배제 한계보다 큰 분자들은 모두 배제되어 한꺼번에 함께 용리된다. 배제 한계 이상에서는 분석물의 분리는 일어나지 않는다.

SEC에서 분리 메커니즘의 핵심 성질은 분석물 분자의 "크기"라고 하였다. SEC 결과의 맥락에서 분자의 크기를 논할 때 실제로 일컫는 대상은 용매 내에서 분자가 차지하는 공간의 부피, 즉 분자의 "유체역학적 부피"를 말하는 것이라는 점을 인식하는 것이 중요하다. 이동상 내에서 분자들이 구를 때 분자의 형태에 따라서 때로는 분자량과 크게 동떨어진 범위의 부피를 헤집고 다니는 경우가 있다. 분자량이 작은 분자라도 막대 모양의 분자라면 더 크게 보일 수 있고, 반면에 분자량이 큰 분자라도 매우 단단히 채워진 구형의 분자라면 더 작게 보일 수 있다. 그림 12.22에 나타낸 두 분자는 분자량은 동일하지만, 왼쪽의 데카-1-엔-3,5,7-트라이아인은 매우 경직된 분자로서 오른쪽의 나프탈렌 분자에 비해 훨씬 큰 부피를 휘젓고 다니게 된다.

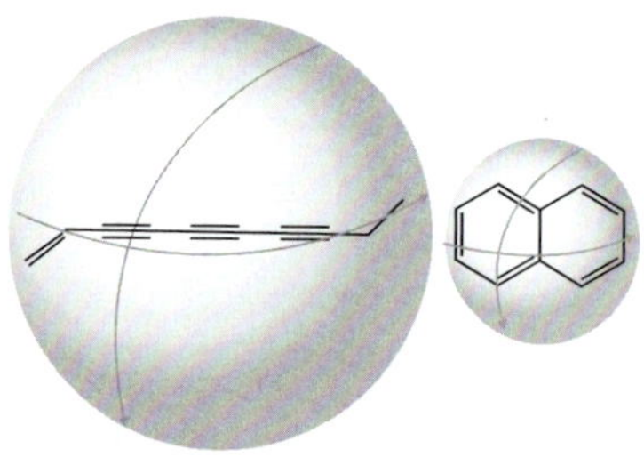

그림 12.22 두 분자 모두 분자식은 $C_{10}H_8$이다. 하지만 나프탈렌(오른쪽)의 유체역학적 부피가 훨씬 작고 따라서 SEC 실험에서는 훨씬 작게 인식된다.

일반적으로 비슷한 형태의 분자에 대해서는 머무름 시간(또는 용리 부피)은 분자량의 $\log_{10}$ 값에 반비례한다(그림 12.23 참조).

$$t_r \propto {}^{1}\!/_{\log_{10} \mathrm{MW}} \qquad \text{식 (12.20)}$$

초창기의 정지상은 덱스트란이나 녹말 젤, 아가로스 또는 폴리아크릴아마이드 등으

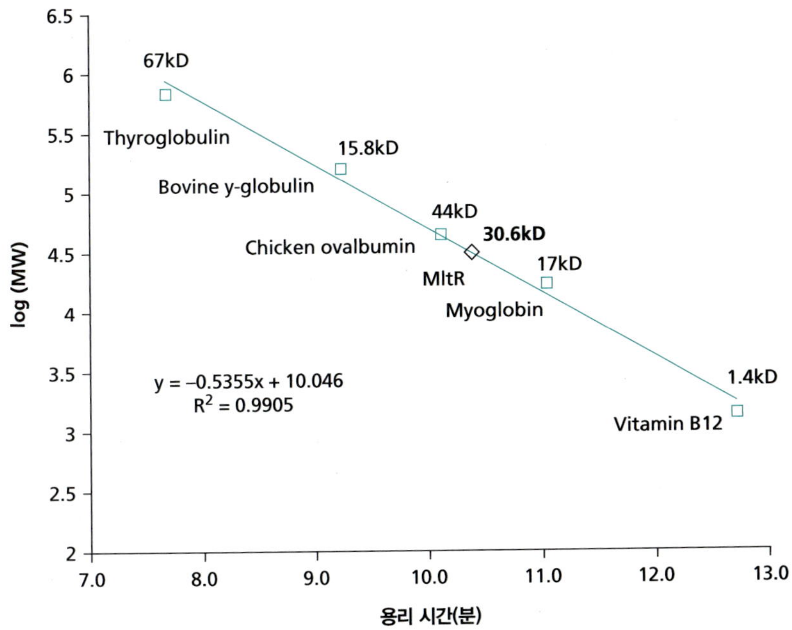

그림 12.23 분석용 젤거르기 실험에서 용리 시간(또는 부피)에 대한 분자량의 교정 곡선.

로 만들었다. 그러나 많은 상용 정지상은 고압에서의 작동을 위해서 꼼꼼하게 설계된 공극 크기 분포를 가진 고분자 물질로 이루어져 있으며, 소정의 교정 곡선에 따라 사용하고자 하는 응용에 가장 적합한 충전 물질을 선택할 수 있도록 일련의 제품군으로 제공되고 있다. GPC 정지상은 일반적으로 폴리메타크릴산 또는 폴리스타이렌으로 이루어져 있다. GFC 정지상은 보통 실리카 기반인 경우가 더 많지만 폴리메타크릴산도 사용된다.

12.5 기기장치법

개론

이 절에서는 크로마토그래피 기기의 체계 구성 요소에 관해 알아볼 것이다. 비교 목적으로 우선 Tswett의 최초의 개발품과 매우 유사한 체계인 컬럼 프로마토그래피에 대하여 논의할 것이다. 컬럼 크로마토그래피에서는 유리관에 셀룰로스, 알루미나 또는 실리카 등을 채워서 정지상으로 사용한다. 정지상을 용매(이동상)으로 적신 후 작은 부피의 시료를 컬럼 상단에 싣는다.

컬럼 상단에 용매를 추가한 후 시료와 용매는 중력에 의해 아래쪽으로 이동하게 된다. Tswett의 시료는 색깔이 선명했기 때문에 눈으로 관찰할 수 있었는데, 이 때에는 사람의 눈이 검출기 역할을 했던 셈이다.[9] 그림 12.24에 간단한 LC 체계의 구역 도표를 나타내었다. 이러한 형태의 크로마토그래피 체계를 단순히 **컬럼 크로마토그래피**(column chromatography)라고 흔히 말한다.

기기장치법의 관점에서 보면 컬럼 크로마토그래피는 단지 기법일 뿐 기기라고는 전혀 볼 수 없을 것이다. 하지만 컬럼 크로마토그래피는 유기 및 무기 화학에서 이미 공부하고 경험한 내용을 통해서 익숙한 기법일 것이므로 이 책에서 더 많은 분량을 다룰 기

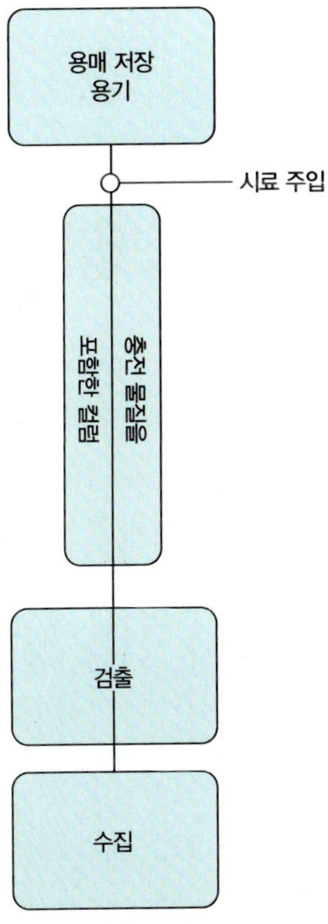

그림 12.24 간단한 LC 체계의 구역 도표.

[9] 때로는 흑색광을 사용하여 폴리콘쥬게이션 분석물의 형광을 유도하기도 한다. 이 방법을 통해서 일반적으로는 무색의 시료를 시각적으로 검출할 수 있게 된다.

기 기법(고성능 LC 및 초고성능 LC)의 기초를 설명하는 훌륭한 소재가 될 것이다. 더욱이 컬럼 크로마토그래피는 실험실에서 소량의 물질을 정제하는 데 여전히 널리 사용되고 있다. Tswett의 컬럼 LC 체계에서와 마찬가지로 정지상으로는 일반적으로 미세 분말 상태의 고체를 컬럼에 충전하여 사용한다(그림 12.25 참조).

컬럼의 하단은 정지상이 컬럼 아래로 쏟아지는 것을 막기 위해 일반적으로 유리솜으로 막혀 있으며, 컬럼의 상단은 일반적으로 수 센티미터의 모래로 덮고 적절한 용매로 컬럼을 적시게 된다. 컬럼에 시료를 실을 때에는 용매를 컬럼을 따라 흘러내리게 하여 흐름이 멈추었을 때 용매 상단이 모래 덮개 영역에 오도록 한다. 다음에 시료를 모래 덮개 상반에 싣고 모래 안에서 층을 형성하도록 한다. 마지막으로 모래 위의 용매 저장 용기를 용매로 채운다. 모래는 저장 용기를 채우는 동안에 시료가 흩어지는 것을 방지한다. 흐름이 다시 시작되고 이동상이 컬럼을 따라 내려가게 되면 시료의 성분이 두 상 사이에 분배를 일으키게 된다. 컬럼 크로마토그래피의 흐름은 일반적으로 중력으로 작동시키지만, 경우에 따라서는 실험대의 공기 분사구를 용매 저장 용기 상단에 연결하여 용매가 컬럼을 보다 잘 통과하도록 약간의 공기 압력을 더해 주기도 한다. 이러한 기법을 **속성 크로마토그래피**(flash chromatography)라고 하며, 흔히 컬럼에서 분리가 느리게 일어나는 것을 좀 더 빠르게 해 줄 수 있다.

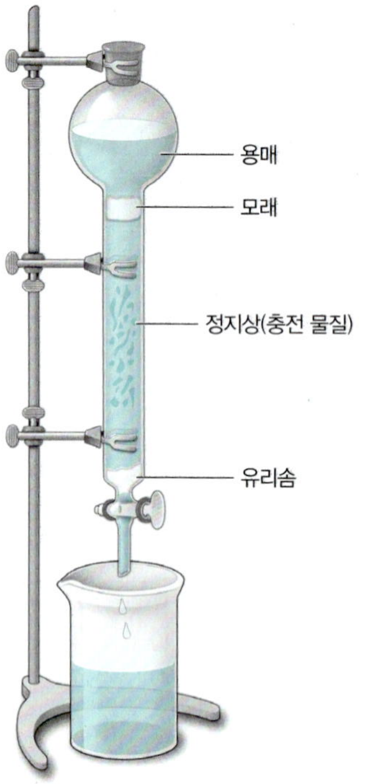

그림 12.25 컬럼 크로마토그래피를 위한 간단한 장치

문제 12.27 그림 12.25에 도시된 컬럼 크로마토그래피 체계에 검출기 체계를 어떻게 통합할 수 있을지 개략적으로 설명하라. (복수의 답이 가능하다.)

◆ 고성능 액체 크로마토그래피 구성 요소

현대의 LC 체계에서도 Tswett의 원래의 액체 크로마토그래피 체계의 기본 구성 요소들은 쉽게 확인할 수 있다. 하지만 현대의 LC 체계에서는 보통 지름 3~5 μm 사이의 지지체 구슬과 결합된 정지상과 같이 정교하게 설계된 충전 물질을 사용하여 이동상에 대한 표면적을 극대화시키고 있다. 이렇게 하면 분리 효율은 획기적으로 향상된다. 하지만 동시에 이동상을 충전된 정지상에 통과시키는 데에 매우 높은 압력을 필요로 하게 된다. 이와 같은 LC 체계를 흔히 **고성능 LC**(high-performance LC) 또는 고압 LC(HPLC)라고 한다.

현대 크로마토그래피 체계의 높은 압력을 유지하기 위해서는 몇 가지 중요한 구성 요소가 추가되어야 한다. 그림 12.26은 일반적인 HPLC 체계의 구역 도표를 나타낸다. 현대 HPLC 체계에는 상당한 수준의 공학적 설계가 도입되어 있으나, 그 기초 기술은 Tswett가 처음에 발명한 체계와 같다. 어떠한 구성의 LC든지간에 이동상이 저장 용기에 담겨 있고 컬럼으로 이동된다. 액체 이동상은 컬럼을 통과하여 흐르고 분리 후 용리액 내의 분석물이 검출된다.

HPLC 기기에서는 펌프가 저장 용기에서 용매를 끌어온다. 기울기 크로마토그래피의 경우에는 복수의 저장 용기에서 용매를 끌어오게 된다. 2용매계(binary), 3용매계(ternary), 혹은 4용매계(quarternary)의 저장 용기 체계는 매우 흔하게 볼 수 있다. 고성능 LC 체계에서 컬럼은 매우 조밀하게 충전되므로 이동상을 컬럼으로 밀어내는 데에는 액체 펌프 체계가 필요하다. 이들 펌프는 매우 높은 압력을 가해 줄 수 있는데, 이 때 압력의 단위는 보통 제곱인치당 파운드(pounds per square inch, psi)로 소숫점 세 자리까지 측정된다. 1기압이 14.7 psi에 해당한다는 사실을 기억하라. HPLC 체계는 흔히 수백 기압의 압력에서 작동하며, 신형의 "초고압" 펌프는 1000기압에서 작동할 수 있다. 컴퓨터는 각 이동상 성분의 혼합기로의 흐름을 조절하고 펌프 또한 제어한다. 이동상의 흐름은 주입구를 통해 펌프로 이동되고 이어서 컬럼을 통과하게 된다. 용리액은 압

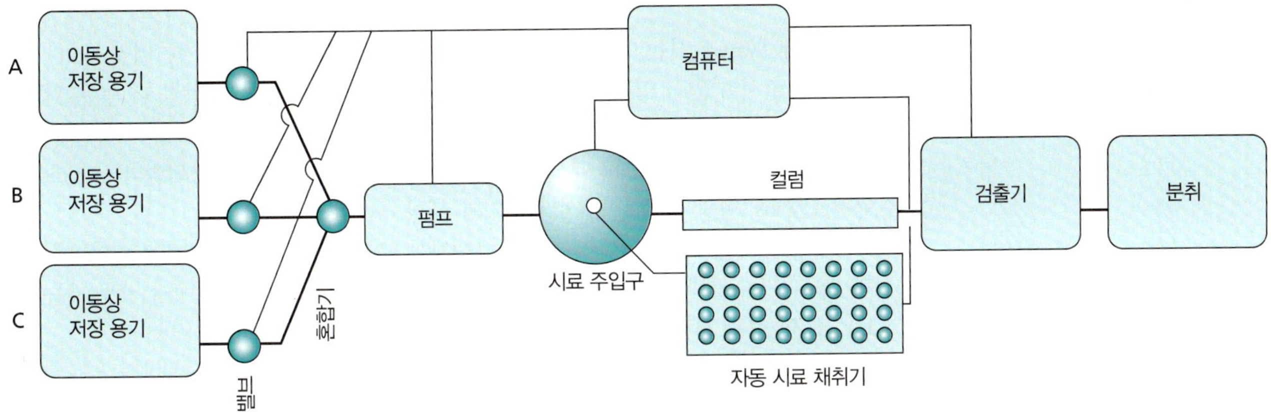

그림 12.26 세 개의 펌프와 자동 시료 채취 기능을 사용하는 3용매계(ternary) HPLC 체계의 구역 개략도. 혼합기로 들어가는 이동상의 각 성분의 양은 컴퓨터 작동식 밸브로 정확하게 조절된다. 혼합기를 통하여 펌프로 유입되는 이동상 용매를 완벽하게 균일화한다.

력 하에서 검출기를 지나게 되고,[10] 컴퓨터는 검출기로부터의 신호를 되받아서 검출기 반응을 처리하게 된다. 분리의 목적이 원래 용액을 정제하여 분취하는 것이라면 용리된 시료를 자동 분취기로 보내지거나 수동으로 분취할 수 있으며, 시료의 분취가 실험의 목적이 아닌 경우라면 그대로 폐수로 흘려보내게 된다. HPLC 체계는 Tswett의 원래의 컬럼 크로마토그래피보다 훨씬 복잡해 보이지만, HPLC의 "마음과 영혼"은 여전히 정지상과 이동상 사이의 분석물의 분배에 있다.

◆ 이동상

이동상의 선택에서 순도는 중요한 고려 사항이다. 용매는 시약 등급(reagent-grade), 분광 등급(spectroscopy-grade), HPLC 등급(HPLC grade) 등의 품질 그룹으로 구입하게 된다. HPLC 등급의 용매는 최고의 품질로서 UV-vis 흡광성 오염물이 최소화된 제품이다. 분광 검출기를 사용하는 크로마토그래피 체계에서는 반드시 HPLC 등급의 용매를 사용해야 한다. 또한 용매는 사용 전에 필터링을 거쳐야 한다. 일반적인 필터링 프로토콜에서는 먼지나 세균과 같은 입자를 제거하기 위하여 0.2마이크론의 필터를 사용한다. 세균의 증식은 용매 흡입 라인이나 컬럼이 막히는 원인이 된다. 더욱이 세균은 기포를 발생시켜 압력 문제의 원인이 될 수도 있다. 세균의 증식을 제어하려면 매일 새로 필터링해 주어야 한다. 일부 프로토콜에서는 아자이드와 같은 항세균제를 첨가하여 세균 증식을 억제하기도 한다. 일부 HPLC 체계에는 저장 용기에서 흡입되는 용매를 곧바로 직접 거를 수 있는 필터링 액세서리가 장착된 경우도 있다.

용매에는 자연적으로 공기 중의 기체가 녹아들어가고, 이동상이 압력 하에서 기기를 통과할 때 용해된 기체가 용매 밖으로 빠져나오는 탈기(degassing) 현상이 일어나게 된다. 따라서 이동상 용매가 크로마토그래피 체계 안으로 들어가기 전에 탈기시켜 주는 것이 중요하다. 기기 내에서의 탈기 현상(outgassing)은 컬럼 또는 검출기 내에서 기포를 생성할 수도 있고 원하지 않는 압력 요동을 일으키기도 한다. 용매마다 공기의 용해도가 다르므로 용매를 혼합하고 가압할 때 기기 내에서의 탈기 현상은 더욱 큰 문제가 될 수 있다. 이런 기기의 경우 혼합에 앞서 살포(sparging) 작업을 해 주는 것이 중요하다. 살포 작업은 기기에 헬륨 기체 탱크를 연결하여 용매로 불어넣어 준다. 헬륨이 다른 용해된 기체를 밀어내게 된다. 하지만 헬륨은 대부분의 용매에 대하여 용해도가 가장 작다는 점에 주목하라. 크로마토그래피 분석에서 매우 낮은 흐름 속도로 헬륨을 살포해

[10] 가장 널리 쓰이는 검출 체계로는 UV-vis, 적외선, 전기화학적 검출기 및 질량 분석기가 있다.

▶ 프로파일 _Profile

초고압 액체 크로마토그래피

2004년에 Waters 사는 최초의 상용 초고압 액체 크로마토그래피 기기인 Acquity UPLC[TM]를 출시하였다. 입자 크기에서의 진보(1.7~1.8 μm)와 함께 훨씬 더 높은 압력에서 작동하는 보다 조밀한 충전 물질을 사용할 수 있는 하드웨어 설계상의 혁신을 동시에 이룩하였다. 결과적으로 분별능과 처리량 모두 획기적으로 향상되었다. Acquity 제품은 UV-vis, 형광 및 질량 분석 검출기와 함께 구매할 수 있다.

Acquity의 출시 이후 여러 제조업체들에서 UHPLC 체계를 제공하고 있다. 예를 들면 PerkinElmer 사의 Flexar는 18,000 psi(≈1,225 atm)*까지의 압력에서 작동 가능하며 UV-vis 및 형광 검출기와 함께 제공된다.

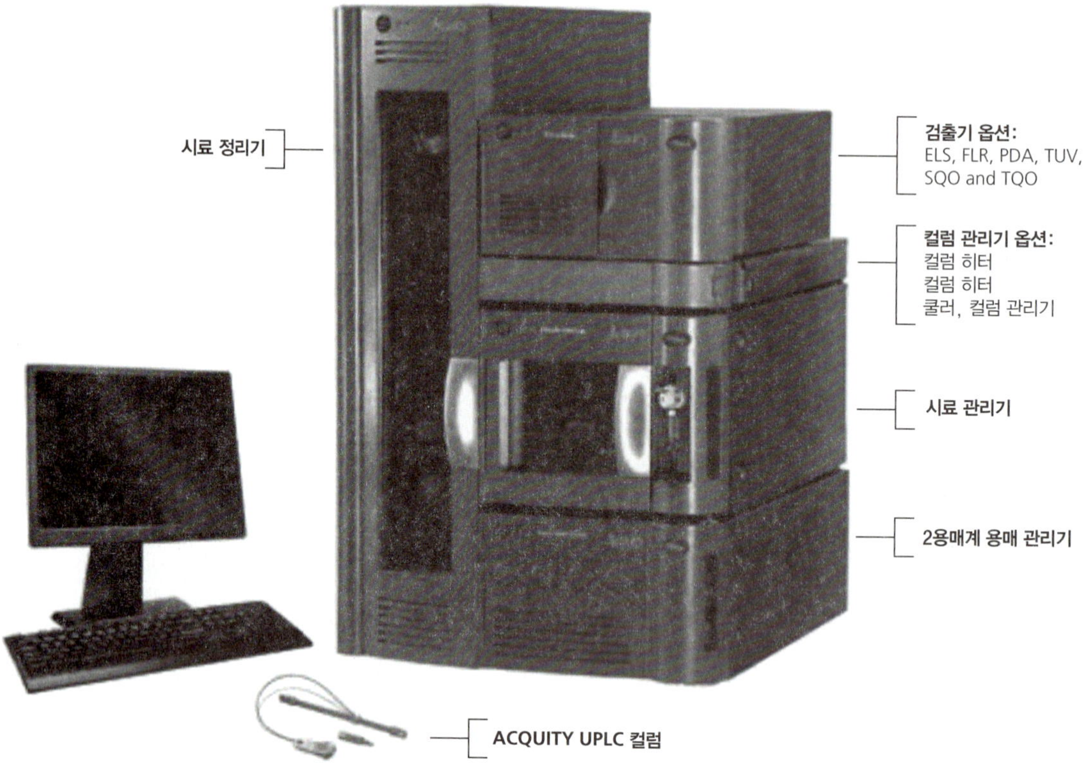

* *대양의 가장 깊은 곳에서의 압력이 1,072 atm으로 추정된다.*

주면 용매를 "기체가 없는" 상태로 유지할 수 있다. 용매가 먼저 가압된 후에 혼합되는 기기에서는 살포 장치는 필요하지 않다. 헬륨 가격의 증가에 따라 진공 탈기 또한 널리 이용되고 있다. 진공 탈기에서는 용매에 일정 시간 동안 강한 진공을 걸어주게 된다. 진공 하에서 용매를 음파 파쇄 처리하는 것 또한 진공에서의 탈기를 촉진할 수 있다. 이동상을 살짝 가열해 주는 것도 탈기에 도움이 된다. 마지막으로 안전을 위해서 이동상 용매는 항상 적절한 환기 시설을 갖춘 환경에서 사용 및 유지하여 용매 증기에 대한 노출을 최소화해야 한다.

◆ 컬럼

HPLC는 고압에서 작동하므로 정지상은 일반적으로 스테인리스강 컬럼에 들어 있다. 이동상이 균일한 조건 하에서 고정상을 통과하도록 하려면 정지상의 컬럼에 대한 "충전" 작업은 재현성이 높고 균일한 방법으로 이루어져야 한다. 가장 먼저 고려해야 할 것은 정지상의 입자의 크기이다. HPLC 컬럼 제조사들은 소용돌이 확산 및 물질 이동 효과를 최소화하기 위해 입자 크기의 허용 오차를 매우 좁은 범위 내로 유지하기 위하여 매우 신경을 쓰고 있다. 기성품 컬럼에서 용질에 대한 정지상의 유효 표면적(충전 물질의 단위 질량당)은 2에서 500 m^2/g 사이로 다양하다.

충전 물질에 의한 분리 성능의 제약은 다른 경로로도 일어날 수 있다. 예를 들면, pH 8 이상에서는 실리카 기반 지지체의 가수분해가 일어날 수 있다. 마찬가지로 온도가 올라감에 따라서도 정지상의 손상이 촉진될 수 있다. 따라서 컬럼의 작동 조건은 동일 응용 내에서는 항상 일정하게 유지되어야 한다.

시간의 경과 및 사용에 따른 충전 물질의 변화에도 신경을 써야 한다. 산화 및 유도체화에 따라 정지상의 행동이 변할 수 있으며, 충전의 변화에 따라 새로운 통로가 생성될 수도 있다. 컬럼의 허용 범위 및 정상 작동 매개 변수에 대한 컬럼 제조사의 가이드라인을 준수함으로써 컬럼의 사용 기간 동안 이와 같은 효과가 일어나는 것을 최소화해야 한다.

충전 물질의 화학적 성질 또한 당연히 사용되는 분배 메커니즘에 중요한 역할을 한다. 제조사의 웹사이트에는 결합된 정지상, 입자 크기 및 각 컬럼의 응용 분야에 대한 다양한 정보가 수록되어 있다. 12.7절에 몇몇 유명 컬럼 공급자들의 링크를 수록하였으며, 이들 학술 자료에 친숙해질 것을 강력히 추천한다. 예를 들면 Waters의 사이트에서는 컬럼을 결합된 정지상별(예, 2-에틸피리딘, 아마이드, 아미노, 음이온/양이온 교환, C_1, C_6, C_8, C_{18}, 사이아노, 플루오로페닐), 입자 크기별(2.5~55 μm), 컬럼 길이별(5~300 mm), 직경별(320 μm~50 mm) 및 모드별(예, 정상상, 역상, 이온 교환) 등으로 검색할 수 있다. 또한 Waters 웹사이트의 "학술 자료" 탭에서는 지원 라이브러리, 웹캐스트 및 안내 동영상을 포함한 사용자 안내 등도 볼 수 있다. 마찬가지로 Restek의 웹사이트에서는 검색 가능한 라이브러리를 통하여 특정 분리 방법에 대한 응용 노트를 찾아볼 수 있다. 이 사이트에는 또한 "ChromaBLOGraphy"도 있으며 이는 구독도 가능하다.

충전된 컬럼은 이동상의 흐름에 대한 저항성이 있으므로 컬럼의 길이에 제약이 따른다. 컬럼의 길이가 길어질수록 이동상을 통과시키는 데 필요한 압력이 높아진다. 일반적인 HPLC 컬럼의 길이는 5~25 cm 사이로서 10,000 단수 단위의 효율(N_t)을 보인다.

◈ 주입기

앞서 논의한 대로 시료는 단일 펄스/주사를 통해 컬럼에 주입된다. HPLC에서 시료는 주사기를 통해 주입기로 실린다. 이 작업은 수동으로 할 수도 있고 혹은 정형화된 분석의 경우 자동 시료 채취기로 할 수도 있다. 그림 12.27에 주입기의 두 위치, 싣기(load) 및 주입(inject)에 대한 흐름도를 나타내었다.

싣기 위치에서는 이동상은 시료 고리(sample loop)를 거치지 않고 곧바로 컬럼으로 유입된다. 이로써 시료를 싣는 데 충분한 시간을 확보하고 기기를 준비시킬 수 있다. 시료를 주입기 "고리"에 싣는다. 각 부피별로 다양한 고리가 있으므로 기기 및 방법에 적합한 고리 크기를 선택하면 된다. 고리 크기에 의해 주입되는 시료의 부피가 제한된다. 예를 들어 2마이크로리터 고리가 장착된 기기에서 5마이크로리터를 실으려고 할 경우, 2마이크로리터는 고리를 채우고 3마이크로리터는 흘러넘쳐서 밖으로 빠져나가게 된다. 꼼꼼한 정량 분석이 필요한 분석 작업을 하는 경우 고리에 시료를 과주입(overfill)하는 것을 추천한다. 이렇게 함으로써 매회 실험 때마다 한결같이 정확한 부피를 주입할 수 있게 된다. 고리 부피의 2배 부피를 과주입하면 주입 부피도 정량화되고, 고리 내에 남아 있던 성분 또한 씻어낼 수 있으므로 이 방법을 권장한다. 우리의 경우 정확하게 2마이크로리터의 시료를 주입하기 위하여 2마이크로리터 고리에 4마이크로리터를 과주입

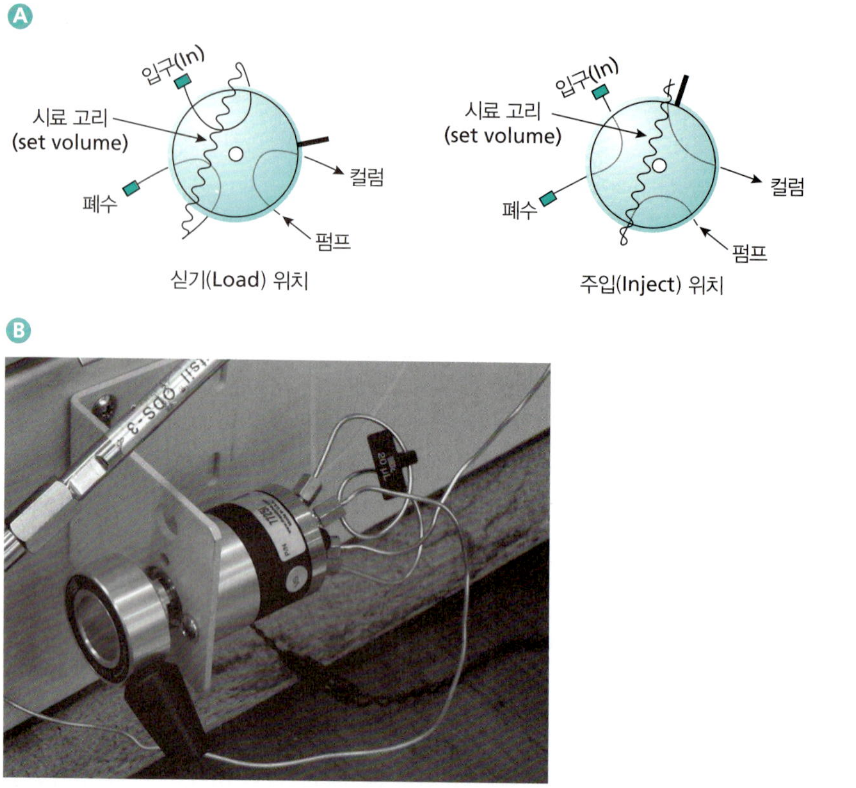

그림 12.27 (A) HPLC 주입기의 개략도. 왼쪽의 싣기(load) 위치에서는 이동상은 시료 고리를 거치지 않고 지나간다. 주입기가 싣기 위치에 놓여 있는 동안에 액체 시료 매트릭스는 *입구*(In) 포트에 실리게 된다. 시료 매트릭스가 시료 고리(물결선으로 표시)에 들어갈 때 과량의 액체는 폐수로 배출된다. 오른쪽의 주입(inject) 위치에서는 주입기가 회전하여 이동상이 펌프에 의해 시료 고리를 통과하며 시료를 컬럼으로 운반하게 된다. (B) 20마이크로리터 시료 고리를 장착한 LC47LG 주입기 밸브의 사진. Rheodyne 사의 밸브.

한다. 기기가 준비되면 주입기는 주입 위치로 이동하고 시료는 이동상과 함께 컬럼으로 들어가도록 흐름이 재배열된다. 고리를 과소주입(underfill)하거나 부분주입(partial loop filling)할 수도 있다. 이 경우에는 주입되는 시료의 양은 전적으로 주사기의 정밀도 및 주입 작업을 진행하는 테크니션에게 달려 있다. 이와 같은 변인 때문에 정량적인 목적에는 적합하지 않다. 그러나 경우에 따라서는 좀 더 편리할 수도 있다. 예를 들어 고리의 크리는 5마이크로리터이지만 2마이크로리터만 주입하고자 하는 경우에는 주사기를 이용하여 2마이크로리터를 재서 주입할 수 있다. 이렇게 하는 것이 시료 고리를 교체하는 것보다 더 편리할 수도 있으며, 정량적인 실험이 아닌 경우 이 방식으로 주입하는 것 또한 문제없을 것이다.

자동 시료 채취기가 장착된 경우라면 주입은 시간에 따라 이루어지고 컴퓨터가 주입기의 회전을 제어한다. 자동 시료 채취기는 큰 배치(batch)에 대한 정형화된 분석을 수행하는 상용 실험실에서 매우 유용하게 사용된다.

◆ 펌프

용매 펌프는 HPLC 체계에서 중요한 부분이다. 펌프가 없이는 이동상은 조밀하게 충전된 정지상을 통과할 수 없다. 더욱이 펌프는 맥류나 흐름 속도의 변화가 없는 연속적이고 일정한 흐름을 제공해야 한다. 그림 12.27을 다시 한 번 보자. 이동상 용매가 펌프에 의해 컬럼으로 유입되는 모습을 도시하고 있다. 그림 12.28에 펌프의 기능 부위를 상세

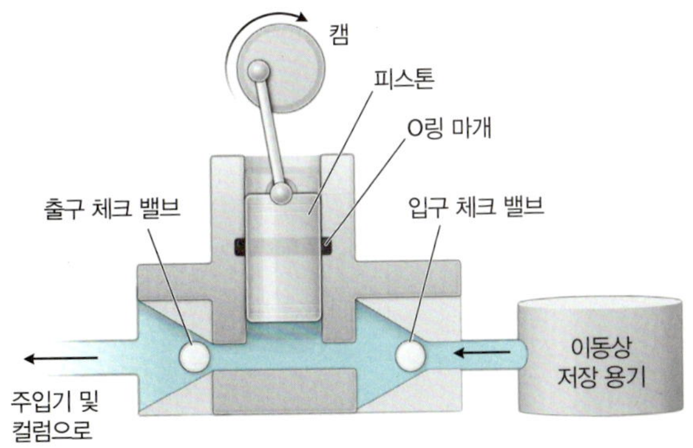

그림 12.28 일반적인 HPLC 펌프의 개략도.

하게 도시하였다. 용매는 펌프의 입구 밸브를 통해 유입된다. 펌프의 피스톤은 사파이어 막대로 만들어져 있고 피스톤이 기계적으로 당겨지며 용매를 빨아들인다. 용매의(저장 용기로의) 역류를 막기 위하여 입구 매니폴드에는 2개의 단방향 밸브가 장착되어 있다. 흐르는 용매 안에 떠 있는 루비 구가 역류를 방지하는 작용을 한다. 역류가 일어나려고 할 경우 구가 제자리에 멈추면서 흐름을 멈추게 된다. 피스톤을 앞으로 밀어내게 되면 용매에 압력이 가해지고 출구 밸브를 통해 흘러나가게 된다. 고급형 HPLC 펌프에는 2개의 펌프 헤드가 있어서 맥류를 최소화한다. 한쪽 펌프 헤드가 상사점(최대로 끌어당기는 지점)에 올 경우 다른 쪽 펌프 헤드는 이미 용매에 압력을 가하고 있게 된다.

펌프의 재충전 스트로크는 빠른 반면 가압 스트로크는 지정된 흐름 속도에서 정밀하게 조절된다. 각 펌프를 컴퓨터로 제어하여 각 펌프가 지정된 용매를 크로마토그래피 프로토콜에 따라 정확한 양만큼 유입시키게 된다. 펌프로부터 나오는 가압된 용매는 이동상의 단일 흐름으로 합류되어 주입기와 컬럼으로 유입된다.

◆ 검출기

검출기는 어느 정도의 선택성이 있어야 LC 분석에서 유용하게 사용될 수 있다. 다른 말로 하면 일부 분석물에는 매우 잘 반응하고 나머지 분석물에는 전혀 반응하지 않아야 한다는 것이다. 그러나 크로마토그래피 기법이란 본질적으로 복잡한 매트릭스 내의 성분을 분리 정제하는 것이므로 선택성은 반드시 필수적인 고려 사항이 되지 않을 수도 있다. 또한 신호 에너지가 검출된 분석물의 양에 정량적으로 반응하고 선형 동적 범위가 큰 경우가 유용할 것이다. 검출 한계(limit of detection, LOD) 또한 매우 작은 것이 좋다. LC에서는 검출기의 시간 상수가 빨라야 분석물이 유입될 때 검출기가 빠르게 반응하고 분석물이 빠져나갈 때 검출기의 반응이 빠르게 줄어들 것이다. 마지막으로 신호 대 잡음 비가 충분해야 할 것이다. 감도 또한 고려의 대상이 된다.[11] 감도란 검출기의 분석물에 대한 반응을 분석물의 농도의 함수로 나타낸 것이다. 이상적으로는 신호 대 농도의 교정 곡선의 기울기는 매우 급하게 될 것이다. 하지만 모든 분석물이 동일한 감도 프로파일을 보일 필요는 없다. 마지막으로 이상적인 LC 검출기는 안정성 또한 중요하다. 잡음(단기간 동안의 무작위 요동) 및 표류(장기간 동안의 신호의 변화) 양쪽 모두 최소화되어야 한다. 잡음 및 표류는 LOD를 감소시킬 것이다.

문제 12.28 그림 12.29로부터 화합물 A의 농도의 함수로 나타낸 기기의 반응을 그래프로 그려라. 크로마토그램을 얻기 위해 사용된 농도는 각각 1.0, 2.0, 3.0 mM이었다. 이와 같은 그래프를 감도 곡선이라고 한다.

[11] 감도는 교정 곡선의 기울기로 정의된다는 점을 기억하라.

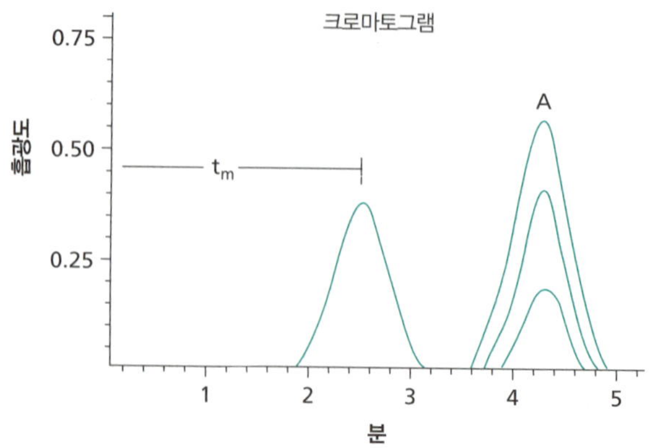

그림 12.29 다양한 농도의 분석물 A에 대한 검출기의 반응.

문제 12.29 그림 12.29과 문제 12.28에서 작성한 그래프를 이용하여 다음 질문에 대답하라.

(a) 화합물 A에 대한 최소 검출량을 추정하라.

(b) 4 mM의 화합물 A 시료에 대한 기기의 반응을 추정하라.

(c) 4.25분의 머무름 시간과 0.366 AU의 피크 높이를 갖는 시료의 농도를 추정하라.

가장 많이 사용되는 검출기들은 사실 그 자체로 기기 기법으로서, 두 가지 가장 널리 사용되는 검출기로서는 UV-vis 및 형광 분광광도계가 있다. 이들 두 가지 기기 기법에 대해서는 6장과 7장에서 각각 논의한 바 있다. 또한 10장에서 언급했듯이 질량 분석기를 검출기로 활용하는 HPLC도 어렵지 않게 찾아볼 수 있다. 소개의 완성을 위해 HPLC-Fourier 변환 적외선(HPLC-FTIR) 기기 또한 존재한다는 것을 언급해야만 하겠다. 그러나 HPLC 용매는 보통 적외선 영역을 강하게 흡수하는 경향이 있으므로 HPLC에 있어서 적외선 영역에서의 검출의 효용성은 제한적이다.

HPLC와 이들 다른 분광법을 직렬로 연결할 수 있다는 특성을 이용하여 매우 강력한 분석 도구를 만들 수 있다. 복잡한 매트릭스를 특정 분석물로 분리해 내는 데 그치지 않고, 매트릭스로부터 분취된 각각의 분취물에 대하여 스펙트럼 정보를 얻어낼 수 있다. HPLC에는 많은 종류의 "검출기"가 있다. 문헌을 간단히 숙독하더라도 굴절률 검출기, 전기화학적 검출기, 방사능 검출기 등의 다양한 방법이 소개될 것이다.

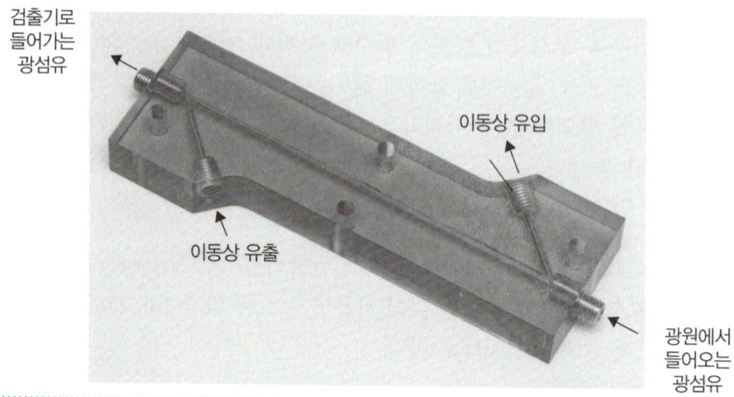

그림 12.30 HPLC-UV-vis에서 사용되는 Z셀 연결 장치.

자외선-가시선 검출법 그림 12.30에 Z셀을 도시하였다. Z셀은 흡광 검출에서 가장 흔하게 볼 수 있는 구성으로서 흐름 검출 셀의 예이다. 도시된 셀에서는 이동상 용리액이 셀의 왼쪽 아래에 있는 가느다란 관을 따라 셀로 들어와서 오른쪽 위로 빠져나간다. 이동상은 기포가 갇히지 않도록 방지하기 위해 아래쪽에서 위쪽 방향으로 흐른다. Z셀 형태의 구성은 배관의 단면만을 이용하는 방법에 비하여 더 긴 경로 길이를 이용하면서도 피크 너비를 희생하지 않을 수 있다. Beer의 법칙으로부터 신호(흡광도)는 경로 길이(b)에 정비례한다는 것을 알고 있다. Z셀의 수평 채널은 UV-vis 분광광도계의 광학 경로이고 수평면의 2개의 굵은 선은 Z셀로 들어오고 나가는 빛을 유도하는 광섬유이다.

형광 검출 형광 검출기의 경우에는 Z셀에는 단 하나의 광케이블만 있고, 이를 통하여 들뜸 펄스가 전달된다. 발광은 전통적인 광학 기구를 통해 시준되고 들뜸 광원과 수직하게 측정된다.

질량 분석 검출 HPLC-질량 분석기에서 가장 흔하게 볼 수 있는 연결 장치는 대기압 이온화(atmospheric pressure ionization, API) 이온화원이라고 불린다. LC-MS 연결 장치는 1980년대 후반 API 이온화원의 상용화 이후 널리 사용되기 시작하였다. API 이온화원에는 전기 분무 이온화(electrospray ionization, ESI) 및 대기압 화학 이온화(atmospheric pressure chemical ionization, APCI) 이온화원이 있다. ESI는 3장에서 논의한 Babington 분무기와 유사하다. 이동상 용매는 질량 분석기의 진공 하의 모세관으로 유입되고 분무되어 에어로솔 안개가 되어 질량 분석기로 유입된다. APCI에서는 용리액은 가열된 관으로 유입되어 분무되고 여기서 용매가 기화되며 질량 분석기로 유입된다.

전도도 검출 이온 크로마토그래피에서 가장 널리 사용되는 검출기 방식은 전도도 검출기이다. 전도도 검출기에서는 두 개의 전극이 흐름 셀 안에서 일정 거리(보통 1 cm) 만큼 떨어져 있고 Wheatstone 브리지 회로의 한쪽 팔로서 전기적으로 연결되어 있다. 이동상이 전극을 통해 흘러가게 되면 교류를 회로에 통과시키게 되고 이것이 바탕 신호가 된다. 컬럼으로부터 개별 용질이 용리될 때마다 셀 내의 전도도가 변하게 되고, Wheatsone 브리지의 균형이 깨지게 되어 신호가 발생하게 된다.

▸ **프로파일** _*Profile*

분석 산업의 주역들

고성능 액체 크로마토그래피(HPLC) 형태의 크로마토그래피는 분석 기기 산업을 지배하고 있으며 매년 수십 억 달러 규모의 매출을 기록하고 있다. 업계의 주요 업체로는 Agilent Technologies, Amersham Pharmacia Biotech, Beckman Coulter, Bioanalytical Systems, Gilson, Hitachi, PerkinElmer, Shimadzu Scientific, Varian, Waters가 꼽힌다. 또 다른 기기 기법을 통해 검출이 이루어지는 결합(hyphenated) 기법(LC-MS, LC-ICP-MS, LC-FTIR 등, 각 약어에 대한 의미는 부록 참조)은 급속도로 사용이 확대되고 있으며, 업계 또한 각 구성 요소와 소프트웨어의 통합 개선을 위하여 끊임없이 노력하고 있다.* ■

* *Erickson, B. Anal. Chem.*, ***2000***, *72, 711A-716A.*

12.6 심화자료

Books

Ackman, R. G. Errors in the Identification by Gas—Liquid Chromatography of Conjugated Linoleic Acids in Seafoods. In *Omega-3 Fatty Acids: Chemistry, Nutrition, and Health Effects*; Shahidi, F., Finley, J. W. eds.; ACS Symposium Series 788; American Chemical Society: Washington, DC, **2001**, 788, 235–242.

Bartle, K. D.; Clifford, A. A.; Myers, P.; Robson, M. M.; Seale, K.; Tong, D.; Batchelder, D. N.; Cooper, S. Packed Capillary Column Chromatography with Gas, Supercritical, and Liquid Mobile Phases. In *Unified Chromatography*; Parcher, J. F.; Chester, T. L., Eds; ACS Symposium Series, 748; American Chemical Society: Washington, DC, **1999**, 142–167.

Beck, T. L.; Klatte, S. J. Computer Simulations of Interphases and Solute Transfer in Liquid and Size Exclusion Chromatography. In *Unified Chromatography*; Parcher, J. F., Chester, T. L., eds; ACS Symposium Series, 748; American Chemical Society: Washington, DC, **1999**, 67–81.

Beesley, T. E.; Scott, R. P. W. *Chiral Chromatography* (Separation Science Series). John Wiley & Sons: New York, **1998**.

Donnelly, C.; Pollock, A.; Heidtmann, Y.; Marley, E. Development of an Immunoaffinity Column for the Determination of T-2 and HT-2 Toxins in Cereals Using Liquid Chromatography with Fluorescence Detection. In *Food Contaminants*; Siantar, D. P., Trucksess, M. W., Scott, P. M., Herman, E. M., eds.; ACS Symposium Series, 1001, **2008**, 276–284.

Jiang, D.; Huang, Y.; Peterson, D. G. Application of Two-Dimensional Orthogonal Reversed-Phase Liquid Chromatography for Taste Compound Analysis. In *Recent Advances in the Analysis of Food and Flavors,* Toth, S., Mussinan, C., eds.; ACS Symposium Series 1098, **2012**, 137–144.

Manz, A.; Dittrich, P. S.; Pamme, N.; Lossifidis, D. *Bioanalytical Chemistry,* 2nd ed. Imperial College Press: London, **2015**. Distributed by World Scientific Publishing Co, Singapore.

Meyer, V. *Practical High-Performance Liquid Chromatography,* 5th ed. John Wiley & Sons: Hoboken, NJ, **2010**.

Sangster, J. *Octanol-Water Partition Coefficients: Fundamentals and Physical Chemistry.* John Wiley & Sons: Chichester, UK, **1997**.

Shabir, G. *HPLC Method Development and Validation in Pharmaceutical Analysis: Handbook for Analytical Scientists.* LAMBERT Academic Publishing, **2013**. Saarbrücken, Germany.

Snyder L. R.; Kirkland J. J.; Dolan, J. N. *Introduction to Modern Liquid Chromatography,* 3rd ed. John Wiley & Sons: Hoboken, NJ, **2010**.

Weber, D.; Lau, B. P.-Y.; Godefroy, S. B. Characterization of Gluten Proteins in Grain Flours by Liquid Chromatography-Tandem Mass Spectrometry Using a Quadrupole Time-of-Flight Mass Spectrometer. In *Food Contaminants;* Siantar, D. P., Trucksess, M. W., Scott, P. M., Herman, E. M., eds.; ACS Symposium Series, 1001, American Chemical Society: Washington, DC, **2008**, 482–500.

Journals

Arnaud, C. H. Speeding Up Separations: Ultra-high-pressure Liquid Chromatography Improves Separations and Cuts Run Times by as Much as 90%. *Chem. Eng. News Archive,* **2010**, *88(24)*, 40–44.

Casoli, A.; Mangia, A.; Predieri, G.; Sappa, E.; Volante, M. Applications of High-performance Liquid Chromatography to Metal Carbonyl and Cluster Chemistry. *Chem. Rev.,* **1989**, *89* (2), 407–418.

Dorsey, J. G.; Dill, K. A. The Molecular Mechanism of Retention in Reversed-Phase Liquid Chromatography. *Chem. Rev.,* **1989**, *89(2)*, 331–346.

Pirkle, W. H.; Pochapsky, T. C. Considerations of Chiral Recognition Relevant to the Liquid Chromatography Separation of Enantiomers. *Chem. Rev.,* **1989**, *89(2)*, 347–362.

Online Resources

Hamilton (http://www.hamiltoncompany.com/HPLC/)

PerkinElmer (http://www.perkinelmer.com/catalog/category/id/hplc%20columns)

ProteCol (http://www.sge.com/products/protecol-lc-columns)

Restek USLC (www.restek.com)

Sigma-Aldrich (http://www.sigmaaldrich.com/analytical-chromatography/hplc/columns.html)

Thermo Scientific (http://www.dionex.com/en-us/products/columns/lc/lp-71678.html)

Waters (www.waters.com)

12.7 연습 문제

12.1: 다음 용어를 정의하라.

a. 배제 한계
b. 등용매(용리)
c. 기울기(용리)
d. 이동상 세기
e. 분포 상수
f. 정지상
g. 역상
h. 정상상
i. 이온 교환
j. 크기별 배제
k. 소용돌이 확산
l. 선택 인자
m. 머무름 시간
n. 용리
o. 분별능
p. 이론단
q. 단높이
r. 틈새 부피
s. van Deemter 식
t. W_b
u. W_h
v. 컬럼 효율
w. 유체역학적 부피
x. 바탕선 분별능

12.2: 표에 나열된 화합물들이 수용액 시료 내에 동일한 양씩 미량으로 함유되어 있다고 가정하자. 이 수용액 시료를 옥탄올 분취량으로 추출한다고 하자. 분포 계수는 pK_D 값으로 나타내었다.

옥탄올-물 분포 계수

$pK_D = -\log(K_D)$

화합물명	pK_D
벤젠	2.13
톨루엔	2.73
o-자일렌	3.12
m-자일렌	3.20
p-자일렌	3.15

Sangster, J. J. Phys. Chem. Ref. Data, 1989, 18, 1111.

(a) 평형 상태에서 옥탄올 상 내의 농도가 증가하는 순서대로 이들 화합물을 나열해 보라.

(b) 수용액 시료의 분취량을 고성능 LC로 75% 메탄올과 25% 물로 구성된 이동상 및 C8 컬럼으로 분석했다고 가정하자. 용리 순서를 예상하고 예측되는 크로마토그램을 그려라. 각 피크를 표지하라.

12.3: 표에 나열된 화합물들이 수용액 시료 내에 동일한 양씩 미량으로 함유되어 있다고 가정하자. 이 수용액 시료를 옥탄올 분취량으로 추출한다고 하자. 분포 계수는 pK_D 값으로 나타내었다.

(a) 수용액 시료의 분취량을 고성능 LC로 75% 메탄올과 25% 물로 구성된 이동상 및 C8 컬럼으로 분석했다고 가정하자. 예측되는 크로마토그램을 그리고 각 피크를 표지하라.

(b) 50% 메탄올과 50% 물로 구성된 이동상으로 이 실험을 반복할 경우 크로마토그램은 어떻게 변하겠는가?

옥탄올-물 분포 계수

$pK_D = -\log(K_D)$

화합물명	pK_D
2-메틸푸란	1.85
테트라하이드로푸란	0.82
메틸 t-뷰틸 에터	0.94
Cis-2,5-다이메틸테트라하이드로푸란	1.22
Trans-2,5-다이메틸테트라하이드로푸란	1.34

* *Naseem, R. Biochemical Journal,* **2006**, *395, 529-535.*

12.4: BRCA1의 조각(230~534번 아미노산)을 정제하였더니 다음과 같은 크로마토그램을 얻었다.

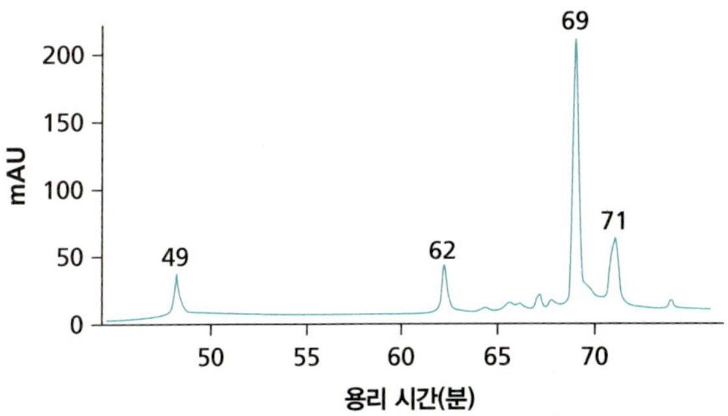

(a) 흐름 속도 1 mL/분 및 흐름 속도 0.3 mL/분 조건에 대하여 번호가 표시된 각 피크에 대하여 머무름 시간과 머무름 부피를 구하라.

(b) t_m 값이 3분이라고 할 때 반높이법을 사용하여 69번과 71번 피크 사이의 분별능을 예측하라. 이 분별능 값으로부터 추론할 수 있는 것은 무엇인가?

12.5: 이온 크로마토그래피 분리에서 사용할 수 있는 "기울기" 크로마토그래피의 한 형태로서 실험 과정에서 이동상의 pH를 변화시켜 주는 방법이 있다. 마찬가지로 약산의 대부분을 이온 형태 또는 회합된 형태로 유지하는 pH를 선택할 수 있다. 다음의 각 약산에 대한 pKa 값을 이용하여 pH 5의 이동상 내에서 각 약산의 퍼센트 이온화도를 예측하라. (*힌트:* Henderson-Hasselbalch 식이 문제 풀이에 매우 유용할 것이다.)

몇 가지 흔히 볼 수 있는 생물학적 산

이름	식	구조	pK_a
아세트산 (식초)	CH_3COOH	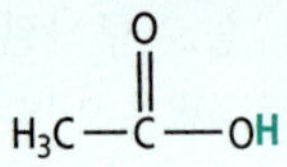	4.76
석신산 (신 사탕)	$C_4H_6O_4$	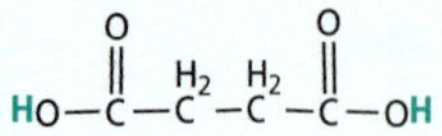	$pKa_1 = 4.21$ $pKa_2 = 5.60$
벤조산 (천연 방부제)	C_6H_5COOH	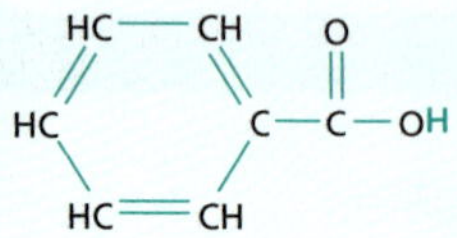	4.19
폼산(개미 독소 성분)	CH_2O_2	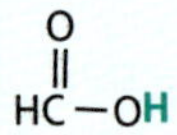	3.75
아세틸 살리실산 (아스피린)	$C_9H_8O_4$	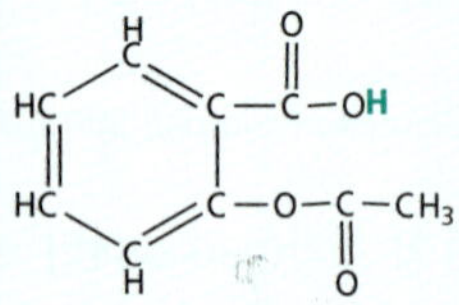	3.52
시트르산	$C_6H_8O_7$	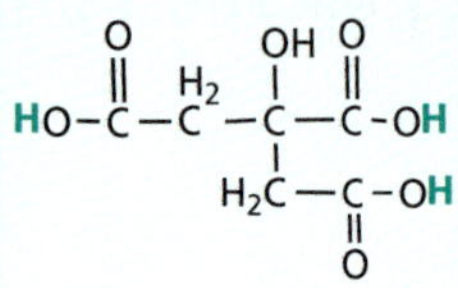	$pKa_1 = 3.15$ $pKa_2 = 4.77$ $pKa_3 = 6.40$
옥살산	$C_2H_2O_4$	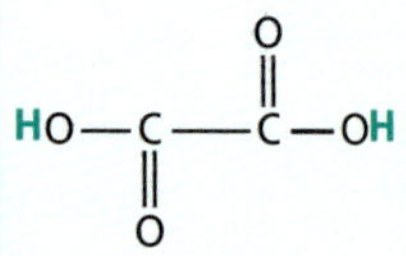	$pKa_1 = 1.27$ $pKa_2 = 4.2?$

산성 양성자는 파란색으로 표시하였다.

12.6: 크로마토그램에서 각 번호의 피크에 대한 N_t 및 H 값을 구하라. 컬럼 길이는 10 cm라고 가정한다.

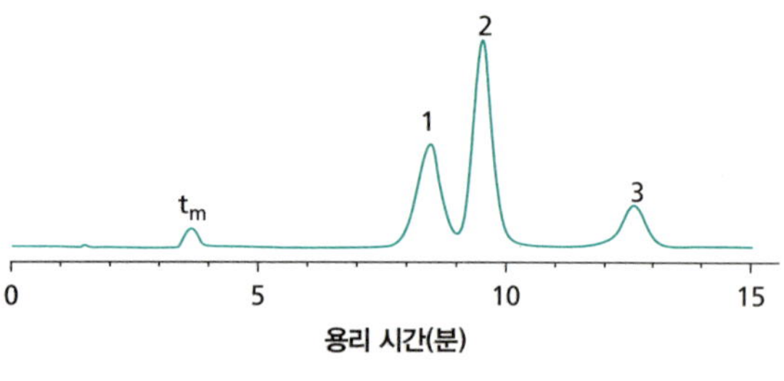

12.7: 연습 문제 12.6의 크로마토그램의 각 피크에 대하여 분별능 및 머무름 인자(k_r)를 계산하라.

12.8: 식 (12.19)의 우변에 주어진 각 매개 변수를 증가시킬 경우 인접한 두 피크 사이의 분별능에 어떤 영향을 미칠지 예상해 보라.

12.9: 등용매 크로마토그래피 방법과 비교했을 때 기울기 크로마토그래피 방법의 장점을 두 가지 이상 설명하라.

12.10: 다음 제조사(Agilent Technologies, Amersham Pharmacia Biotech, Beckman Coulter, Bioanalytical Systems, Gilson, Hitachi, PerkinElmer, Shimadzu Scientific, Varian, Waters Corporation) 중 한 회사의 웹사이트를 검색하여 최소 두 종류의 정상상 물질의 화학적 조성과 구조를 알아보라.

12.11: 다음 크로마토그램에서 타원 안에 있는 두 개의 피크에 대한 분별능을 향상시키기 위해 크로마토그래피 실험을 개선할 수 있는 여러 가지 방법을 기술하라.

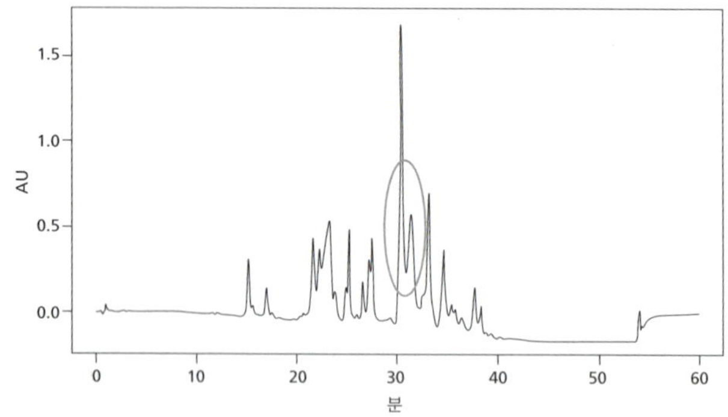

J'Adore 향수(수용성)의 HPLC 크로마토그램, 복잡한 혼합물 분석의 예. C18 컬럼에서 60분 실행 시간 동안에 5~100% 아세토나이트라일-물 선형 기울기를 이용하여 분리하였다.

12.12: 표준물 첨가법을 사용한 에너지 음료 내의 카페인의 HPLC 분석을 위해서 5.00 mL의 음료를 피펫으로 취하여 50 mL 부피 플라스크에 넣고 일정 부피의 1.205 mg/mL 카페인 표준 용액을 첨가한 후 HPLC 이동상으로 희석하여 시료를 제조하였다. 시료 제조 프로토콜 및 3회 주입에서 얻은 결과를 다음 표에 정리하였다.

에너지 음료에 대한 고성능 액체 크로마토그래피 데이터

첨가된 에너지 음료의 부피(mL)	첨가된 카페인 표준 시료의 부피 (mL)	최종 희석 부피(mL)	크로마토그램의 카페인 피크의 높이 (임의 단위)	크로마토그램의 카페인 피크의 넓이 (임의 단위)
5.00	0.00	50.00	24.79	408.3
5.00	0.50	50.00	46.77	831.7
5.00	2.00	50.00	80.40	1278.6

(a) 피크 높이 데이터를 이용하여 에너지 음료 내의 카페인의 원래 농도를 구하라.

(b) 피크 넓이 데이터를 이용하여 에너지 음료 내의 카페인의 원래 농도를 구하라.

(c) (a)와 (b)에서 구한 두 값 가운데 어느 쪽이 더 신뢰성이 높겠는가? 그 이유를 설명하라.

그레인저의

핵심 기기분석

INSTRUMENTAL ANALYSIS

제 13 장

기체 크로마토그래피

Gas Chromatography

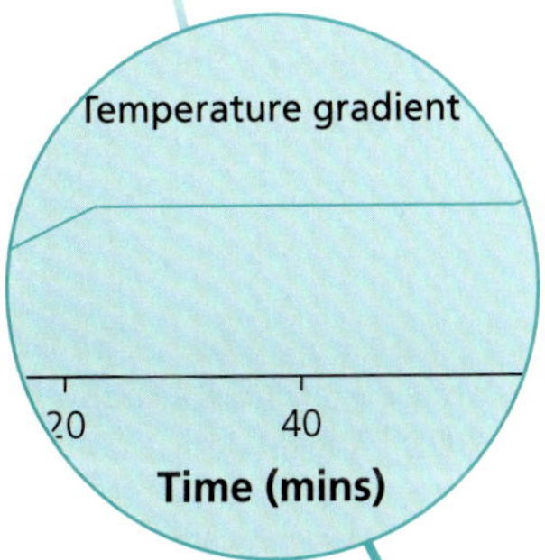

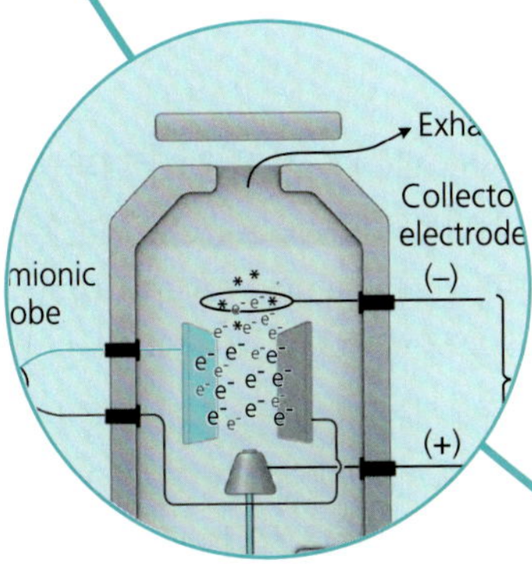

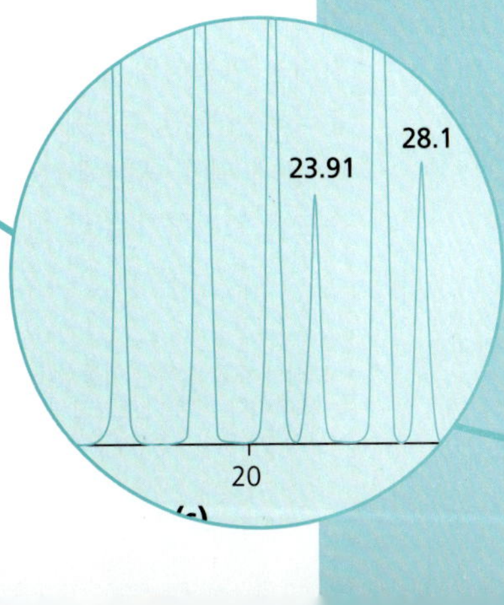

▸ 개념 _Concepts

▸ 특집 _Features

프로파일

비교 및 대조

사례 연구

▶ 프로파일 _Profile

취기제, 페로몬, 화학 신호

이들 휘발성 화합물에 대해 과학은 제대로 파악하지 못하고 있는지 몰라도 자연은 확실하게 파악하고 있는 듯하다. 많은 동물들이 냄새를 통해 서로를 확인하며, 취기제 분자 표지 물질을 통해 서식지 및 다른 장소들의 위치를 확인하고, 후각 기반 화학 신호를 통하여 식물과 상호 작용을 한다. 기체 크로마토그래피(GC)는 이들 증기상의 미량 화합물을 분석하는 데 완벽하게 특화된 분석 도구이다. *Analytical Chemistry*지에서 2005년도에 발표한 흥미로운 논문에 의하면, 퍼시픽 노스웨스트 국립 연구소의 Alan Willse 박사는 Monell 화학 감각 센터 및 Pennsylvania 대학의 연구진과의 공동 연구를 통하여 생쥐의 오줌 내의 휘발성 화합물을 확인하고 그 결과로써 생쥐의 모집단을 확인하였다. 연구진은 주조직 적합 복합체(major histocompatibility complex, MHC)*의 유전자에서만 차이를 나타내는 2개의 유전적으로 구분되는 생쥐 그룹을 대상으로 화학 신호를 사용하여 두 그룹의 MHC 유전자에 의해 생성되는 페로몬의 차이를 시료 내의 수천 가지의 화합물 중에서 밝혀내는 데 성공하였다. 또 다른 흥미로운 사례로서 빈 대학의 연구진은 GC를 사용하여 거미난초(*Ophrys sphegodes*)가 꿀벌의 수분 작용을 유도하기 위하여 이들을 유인하는 페로몬 화합물을 분비한다는 사실을 발견하였다.† 꽃들이 이들 화합물들을 화학종뿐만 아니라 조성비까지 일정하게 분비한다는 사실은 참으로 인상적이다. 과학자들은 "전자더듬이 검출(electroantennographic detection)"이라는 비전통적 검출기를 사용하였는데, 이것은 수벌의 더듬이(antenna)를 화학 수용체로 사용하는 방법이다. 마지막 사례로서, 폴란드의 과학자들은 GC-MS를 사용하여 사람의 호흡 시료로부터 암을 확인하는 개의 능력을 보다 깊게 이해할 수 있게 되었다.‡ 2012년에 발표된 논문에서 Buszewski와 그의 동료들은 폐암의 존재와 관련된 두 종류의 미량의 유기 화합물에 대하여 GC-MS 검출 결과와 개의 반응 사이에 양의 상관관계가 있음을 발견하였다. 이와 같은 연구를 통하여 사람의 건강을 모니터링하는 데 임상적으로 유용한 바이오마커를 확인할 수 있을 것이다. ■

* *Willse A.; et al. Identification of Major Histocompatibility Complex-Regulated Body Odorants by Statistical Analysis of a Comparative Gas Chromatography/Mass Spectrometry Experiment. Anal. Chem.* ***2005****, 77, 2348-2361.*

† *Schiestl, F. P.; et al, Orchid Pollination by Sexual Swindle. Nature,* ***1999****, 399, 421-422.*

‡ *Buszewski, B.; et al. Identification of Volatile Lung Cancer Markers by Gas Chromatography.Mass Spectrometry: Comparison with Discrimination by Canines. Anal. Bioanal. Chem.,* ***2012****, 404, 141-146.*

13.1 서론

기체 크로마토그래피(gas chromatography, GC)는 가장 잘 정립된 분석적 분리 기술 중 하나이다. 12장에서 액체 크로마토그래피(LC)를 공부했다면 GC는 매우 익숙하게 보인 것이다. 우리는 기초 및 응용의 양쪽 관점에서 중요 영역에 대한 비교 및 중요한 차이점에 대하여 초점을 맞출 것이다. 이름에서 유추할 수 있듯이 LC와 GC의 일차적인 차이는 이동상의 물리적 상태이다.[1] LC에서는 혼합물의 각 성분이 액체 이동상 내에서 분리되는 반면, GC에서는 각 성분이 기체 상태에서 분리된다. 따라서 LC에서의 용매 및 용매 펌프 대신에 GC 기술에서는 운반 기체를 공급하는 고압 기체 실린더와 흐름 속도를 조절하기 위한 밸브를 사용하게 된다.

[1] 12장에서도 소개된 **이동상**(mobile phase)은 크로마토그래피에서 분리 과정 중에 이동하는 부분을 지칭하는 용어이다. 크로마토그래피 분리 과정에서 일단의 분석물은 **정지상**(stationary phase)을 통과하는 과정에서 이동상 안에서 차등 이동이 진행된다. GC에서의 이동상은 운반 기체인 반면 LC에서의 이동상은 액체이다.

12장에서 우리는 크로마토그래피의 혁신가로 Mikhail Tswett를 프로파일에서 언급하였다. 하지만 Tswett의 발견은 한동안 잊혀진 상태로 있다가 1930년대가 돼서야 재발견되고 1940년대에 이르러 본격적으로 개발되었다.[2] Archer John Porter Martin과 그의 동료인 Richard Laurence Millington Synge는 "분배 크로마토그래피의 발명" 및 크로마토그래피에서의 선구적인 업적으로 1952년 노벨 화학상을 수상하였다.[3] Martin과 또다른 동료인 Anthony T. James는 1950년대 초에 기체−액체 크로마토그래피(gas-liquid chrmoatography, GLC)를 소개하였다. "기체 크로마토그래피는 휘발성 화합물의 분리에 있어 기존 방법론을 압도하는 주요한 진전을 이룩하였다. 기체 크로마토그래피는 열적으로 안정한 휘발성 화합물의 효율적인 분리를 위해 여전히 가장 널리 사용되는 크로마토그래피 기법으로 남아 있다."[2]

GC의 응용 범위는 인간의 창의성의 전 범위를 아우른다. 향수, 식품 및 석유 재료에서의 응용은 역사적인 중요성을 지닌다. 현대의 관심 분야 및 연구로는 제약 산업에서의 카이랄 분리, 유기 염소 화합물 및 살충제 등과 함께, 잠재적 폭발물의 검출, 외계 탐사, 호흡 분석, 대기 질 및 대기 모니터링 등과 같은 문제 기반 응용 등이 있다.

노트
이온 화합물은 일반적으로 보통의 GC 작동 온도에서 비휘발성이므로 GC 분석에는 적합하지 않다.

GC는 컬럼의 열적 안정 범위 내에서 휘발성을 갖는 모든 화합물에 대해 유용한 기법이다. 통상적인 GC 분석은 40°C에서 400°C 사이의 범위에서 수행된다. 하지만 휘발성이 매우 높은 분석물에 대해서는 상온 GC 분석도 흔히 볼 수 있다. 그러나 화합물의 GC 분석 적합성 여부는 보통 휘발성보다는 열분해성에 의해 좌우되는 편이다. 화합물이 GC의 일반적인 주입 조건 하에서 분해되는 경우 일부 응용에는 부적합하게 될 것이다. 반면에, **열분해**(pyrolysis)라는 샘플링 기법을 통하여 화합물의 열분해성을 분석에 활용할 수도 있다. 이 경우에는 크로마토그래피에 앞서 먼저 열분해를 일으키며, 생성된 크로마토그램은 열분해 생성물에 대한 분석 결과를 제공하게 된다.

12장에서 공부한 LC 분석과 마찬가지로, GC 기법은 **정성 분석**(qualitative analysis) 및 **정량 분석**(quantitative analysis) 양쪽 모두에 유용하게 활용될 수 있다. 즉 GC 기법은 시료 내에 특정 화합물의 존재 여부뿐만이 아니라 해당 화합물이 얼마나 혹은 어떤 농도로 존재하는지까지 알아낼 수 있다. GC에서는 각 화합물의 컬럼과의 분자간 상호 작용의 차이, 컬럼 내에서의 머무름 특성[4] 및 검출 방법에 따라 우수한 분리 및 특성 확인이 가능하다. GC에서의 피크 넓이의 분석 방법은 LC에서 설명했던 내용과 유사하다. LC 체계에서와 마찬가지로, 이 장은 운반 기체와 주입구에서부터 컬럼 및 컬럼 상호 작용을 거쳐서 검출기까지, 기기를 차례로 훑는 방식으로 구성하였다.

지난 십여 년 동안 GC 분석 분야에서 발표된 논문들은 기술의 응용 분야에 집중되어 왔다. 기술의 순수 과학 기초를 다루는 논문은 훨씬 적은 편수가 발표되었지만, 소형화 및 다차원 분석 관련 분야만큼은 예외였다. 이 장의 마지막 부에서 이들 첨단 분야에 대하여 설명할 것이다. 지난 십여 년 간의 주요 혁신은 기기를 샘플링 지점(sample site)으로 가져가는 것(휴대성)과 분석 속도[더 정확하게는 처리량(주어진 시간 동안 얼마나 많은 시료를 분석할 수 있는지)]를 높이는 것과 관련되어 있다. 예를 들어 미국 국토안보국에서 당면한 문제를 생각해 보자. 샘플링 지점은 공항이 될 수 있고, 분석은 수하물 내의 잠재적 폭발물을 검색하는 것일 수 있다.

---

[2] Poole, C. F. *The Essence of Chromatography*. Elsevier: Amsterdam, The Netherlands, **2002**.

[3] The Nobel Prize in Chemistry 1952, http://www.nobelprize.org/nobel_prizes/chemistry/laureates/1952/ (accessed Aug 14, 2015).

[4] **머무름**(retention)은 크로마토그래피에서 분석물의 정지상에 대한 상호 작용을 기술하는 용어이다. 분석물 중에서 정지상과 선택적으로 상호 작용을 하거나 흡착되는 분석물은 이동상과 함께 흘러가려는 분석물에 비해 더 강하게 머무르게 된다.

» 예제 13.1

GC 분석에서는 분석물이 실험 온도 조건에서 휘발성을 띠는 것이 중요하다. 이 장의 이후 부에 나오겠지만, 이들 온도 조건은 컬럼의 유형 또는 사용된 정지상에 따라 일부 제한된다. 끓는점과 함께 나열된 유기화합물들을 살펴보자(BP = 끓는점, MTBE = 메틸 *tert*-뷰틸 에터, THF = 테트라하이드로푸란).

화합물	끓는점(°C)
사이클로헥세인	80.7
안트라센	340
MTBE	55.2
나프탈렌	218
THF	66
아세토나이트라일	81.3

실험실에 4개의 GC 컬럼이 있다고 하자. 컬럼 A, B, C, D의 최고 작동 온도는 각각 200°C, 220°C, 280°C, 300°C이다. 어떤 컬럼으로 분석했을 때 6개 화합물 모두를 가장 성공적으로 분리해 낼 수 있을까? 무엇을 고려해야 하는가?

설명 ›

가장 휘발성이 낮은 분석물의 끓는점보다 높은 온도 범위까지 작동 가능한 컬럼을 선택하는 것이 이상적이다. 이 경우에는 안트라센이 가장 휘발성이 낮은 분석물이 된다. 그러나 보유한 컬럼 중 그 어느 것도 작동 온도가 안트라센의 끓는점보다 높이 올라가지 않는다. 다만 컬럼 D의 최고 작동 온도가 안트라센의 끓는점에 근접한다. 컬럼 D로써 상대적으로 낮은 온도에서 시작하고 최고 온도 300°C까지 올리는 방법을 시도하는 것이 합리적일 것이다. 컬럼 D를 사용할 경우 안트라센을 용리시키는 데 필요한 실행 시간이 지나치게 길어질 수 있고 따라서 일상적인 분석에는 부적합할 수 있다는 점을 고려해야 할 것이다. 또한 12장에서 배웠듯이 머무름 시간이 길어지면 피크 넓어짐이 일어나게 된다.

불필요한 분석 지연을 방지하려면 기기의 휴대성뿐만 아니라 처리량 또한 확보되어야 한다. 1979년에 Terry, Jerman, Angell은 미세공정으로 제작된 부품으로 구성된 최초의 GC를 설명하는 선구적 논문을 발표하였다.[5] 이후로 소형화 위주로 발전하는 분야의 범위는 확대 일로에 있다.

GC의 화학 전 분야에서의 광범위한 활용은 GC의 유용성뿐만 아니라 정성적 및 정량적 결과 또한 높이 평가받기 때문이다. 분석과학자들에게 있어서 GC는 유용하고 신뢰성이 높으며 탄탄한 기술이다. 따라서 기기분석법으로서의 GC는 산업, 정부, 현장 및 학계의 거의 모든 실험실에서 보편적으로 사용되고 있다.

LC의 분배[6]에 관해 배웠던 대부분의 개념들은(12장) 일반적으로 GC 분리에도 마찬가지로 적용될 수 있다. 이동상(기체)과 고체[**기체−고체 크로마토그래피**(gas−solid chromatography, GSC)] 또는 고체 지지체 표면에 흡착 또는 결합에 의해 고정된 액체 상태(GLC)의 정지상 사이에서 분석물의 분포가 일어난다. 기체 이동상은 **운반 기체**(carrier gas)라고도 불린다. (전부는 아닐지라도) 대부분의 응용에서 운반 기체는 분석

[5] Terry, S. C.; Jerman, J. H.; Angell, J. B. A Gas Chromatographic Air Analyzer Fabricated on a Silicon Wafer. *IEEE Trans. Electron Devices*, **1979**, *26*, 1880-1886.

[6] **분배**(partitioning)란 크로마토그래피에 두 개의 상(이동상과 정지상) 사이의 분석물의 물리적 배분을 기술하는 용어이다. 이 개념은 12장에서 다룬 바 있다.

▶ 프로파일 _Profile

화성에서의 기체 크로마토그래피

1976년 여름에 Viking 1호가 기체 크로마토그래피(GC)를 탑재하고 화성에 착륙하였다. 몇 달 후 두 번째 GC가 Viking 2호에 실려 도착하였다. 이들 기기들의 설계 및 이들로부터 획득한 상당수의 데이터 및 지식은 지금까지도 상당히 타당한 것이 많다. 실제로 본 탐사 과정에서의 담론 및 논란을 통하여 과학적 탐구의 본질에 관하여 많은 것을 이해할 수 있다. 이 토의는 기기의 감도 및 기기 설계의 중요성에 대한 흥미로운 이야기를 들려준다.

두 개의 기체 크로마토그래피-질량 분석기(gas chromatography-mass spectrometer, GC-MS) 시스템은 산소 없이 시료를 가열하는 기술(열분해, pyrolysis)을 사용하여 화성 표면을 조사하였다. 유기 물질은 보다 간단한 휘발성 화합물로 분해되고 이후 수소 기체를 흘려주어 GC로 들어가게 된다. 시료 오븐은 8초 만에 500°C까지 빠르게 가열할 수 있었다. 기기의 설계는 그 당시로서는 최첨단이었으며 다수의 새롭고 중요한 특징을 포함하고 있었는데, 예를 들면 여분의 수소 기체를 제거하기 위한 팔라듐 소재 분리 장치라든지, 전제 시스템이 소형 원자로*에 의해 구동된다든지 하는 것들이다.

과학자들은 Viking 탐사로부터의 결론이 과장되어 왔다는 데 대하여 우려를 표시해 왔다. 바로 화성 토양 분석 결과에서 유기물의 존재가 검출되지 않았다는 내용이다. 시료 채취 과정에서의 열분해법 사용에 관한 의문이 제기되면서 2000~2001년에 검출 한계에 대한 재조사가 이루어졌다. 또한 온도나 토양의 철분 함량 등을 포함한 다른 실험적 변수들도 당시 기기들로써 유기물의 존재 여부를 제대로 검증할 수 있었는지에 대한 의문을 증폭하였다.

전문가들은 기기들은 정확히 설계대로 작동하였고 과학 기기 장치의 기념비적인 업적을 성취하였다고 주장한다. 실제로 Viking 탐사의 목적에는 생명체의 증거에 대한 탐색은 포함되지 않았으며, 기기 또한 해당 목적으로 설계된 것이 아니었다. 따라서 외삽은 부적절하다. 그러나 대중은 화성의 생명체에 관심이 있었고 언론은 연결점을 찾기를 열망하고 있었다. 과학적 토론과 동료 평가는 과학적 탐구의 일부로서 용인되는 것이지만 과학계 외부에서는 과학적 과정에서의 결함으로 흔히 인식되곤 한다. 대중의 신뢰의 성쇠에 따라 중요 프로젝트에 대한 예산 지원이 영향을 받게 된다.

화성 탐사차인 NASA 우주 실험실 Curiosity. Curiosity는 SAM (sample analysis at Mars, 화성에서의 시료 분석) 유닛의 일부로서 GC를 탑재한다.

하지만 1976년의 데이터에 대한 비판적인 평가를 통하여 새로운 프로젝트에 대한 중요한 결정을 내리는 데 도움을 얻을 수 있다. 예를 들면, 화성 탐사차인 NASA 우주실험실 Curiosity는 SAM (sample analysis at Mars, 화성에서의 시료 분석) 유닛의 일부로서 GC를 탑재한다.

탐사차의 GC는 성능이 대폭 향상되어 다양한 종류의 화합물을 검출할 수 있으며 또한 보다 높은 온도(최대 1000°C)에서 작동 가능하다. 열분해 추출기가 설계에 포함되었으며, 유기물의 탐색 및 탄소계 물질의 동위 원소 측정을 위한 업그레이드가 포함되었다.

달의 표면 및 그 아래쪽의 물질에 대한 SAM의 물질 채취 능력 또한 다양해졌으며, 습식 화학적 유도체화 기능이 추가되었다. SAM 프로젝트의 연구책임자인 Paul Mahaffy 박사는 다음과 같이 기고하였다. "우리 연구실은 아타카마 사막의 가장 건조한 지역에서 채취된 산화도가 높고 유기물이 희박한 토양 시료 내의 유기물을 분석하는 데 본 추출 방법을 활용하여 왔다. 이 습식 추출법은 열분해 과정에서 이들 유기물의 산화에 의한 시료의 변질 관련 가능성을 피할 수 있다."[†] 1976년 Viking 착륙선과 동일한 형태의 핵발전기를 장착한 Curiosity는 2012년 8월 6일에 화성에 착륙한 후 Gale 분화구 주변을 탐사하고 있다. 더 자세한 정보는 NASA 웹사이트: http://ssed.gsfc.nasa.gov/sam/curiosity.html에서 찾아볼 수 있다. ■

[*] *Mukhopadhyah, R., Analytical Chemistry, Oct 1, **2007**, 79, 7249-7256.*
[†] *Paul Mahaffy, Geochemical News, October 2009, vol. 141.*

물 분자와 상호 작용을 하지 않는다. 즉 용매로서 작용하는 것이 아니라 단지 분석물을 컬럼을 통해 운반하는 역할을 할 뿐이다. 시료의 각 성분의 분배는 보통 분석물의 고체 정지상에 대한 물리적 흡착(GSC의 경우) 또는 기체상과 액체상 사이의 분포(GLC의 경우)에 의해 주로 일어나게 된다. 흡착 및 분배 분포 모두 12장에서 보다 자세하게 다룬 바 있으므로 진도를 나가기 전에 이들 개념에 대해 복습할 수 있을 것이다. GC에서의 정지상의 선택 및 방법 개발에 관해서는 13.3절에서 다룰 것이다. GC 분석의 광범위하게 활용되고 있는 현황에도 불구하고, GC의 기본 분리 메커니즘, 다양한 용리 조건이 선택성에 미치는 영향, 다양한 정지상의 크로마토그래피 조건에서의 행동 및 용리액과의 상호 작용 등에 관하여는 아직도 많은 것이 알려지지 않은 상태로 남아 있다는 것을 문헌을 통해 알 수 있다. 일반적으로 다양한 종류의 화합물에 대한 GC 결과는 실험적으로 수집 및 정리되며, 머무름 시간을 예측하는 데 유용한 데이터 세트의 생성에 대한 연구가 지속되고 있다. 그러나 대부분의 이동상에 대하여 연역적으로 머무름 시간을 예측하는 방법은 없다.

열역학적 모델링 및 "정량적 구조 성질 관계(quantitative structure property relationship)" 접근법에 대한 연구가 지속되고 있으나, 현장에서의 GC 분석과학자들은 대체로 머무름 시간 예측에 데이터베이스 분석을 참조한다. 몇 개의 회사들이 GC 데이터베이스를 상용으로 판매하고 있다.

비교 및 대조_Compare and Contrast

기체 크로마토그래피 대 액체 크로마토그래피

잠시 시간을 내서 그림 13.1의 GC 기기의 구역 도표와 12장(그림 12.26)의 고성능 LC 체계의 구역 도표를 각 구성 요소별로 비교해 보기 바란다. 이 장을 모두 읽고 나서 두 체계에서 같거나 비슷한 구성 요소 및 두 체계에서 서로 다른 구성 요소를 확인해 보기 바란다. 이 장의 내용을 진행하면서 메모에 자세한 설명을 추가하면서 다음의 질문에 대한 대답을 준비하라.

1. LC에서 사용되는 *기울기 용리*(gradient elution)는 GC에서와 어떻게 다른가? 이 논의와 가장 관련이 깊은 기기 구성 요소는 무엇인가?
2. LC 및 GC에서 사용되는 검출기의 유형은 두 체계에서 사용되는 상(액체 또는 기체)에 의해 어떤 제약을 받는가?
3. GC에서 사용되는 컬럼 기술은 LC와 비교해서 어떻게 다른가?

13.2 기체 크로마토그래피 기기 설계의 기초

서론에서 언급했던 것처럼 GC 기기는 지난 장에서 공부했던 LC 기기에 비하여 다소 간단한 편이다. GC는 펌프해 줄 액체가 없기 때문에 실린더 밸브(조절기라고도 함) 및 흐름 모니터로써 기체 흐름을 제어해 주기만 하면 된다. 그림 13.1을 함께 훑어보자. 시료는 기밀식 주사기를 통해 GC로 유입된다. 시료는 실린더로부터 나오는 기체의 흐름에 의해 컬럼을 거쳐 검출기까지 운반된다. 각 구성 요소들에 대해서는 이번 장의 이후 절에서 보다 자세히 다루게 될 것이다. 그림에서 "오븐"이라고 표지된 부분에 특히 주목하라. GC에서는 온도가 일정 부분 분리를 제어하는 역할을 한다. 따라서 컬럼은[7] 정밀한 온도 조절기가 달린 오븐 안에 안착되어 있다. 시료의 각 성분이 컬럼 말단에서 용리되면 검출기로 유입되고 신호를 측정하게 된다. 컴퓨터로 전체 조작을 제어하고 검출기로부터의 신호를 기록하게 된다.

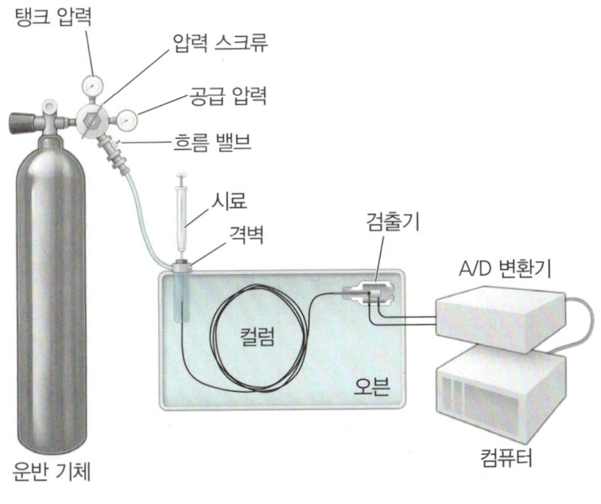

그림 13.1 GC 기기의 기본적인 개략도.

[7] **컬럼**(column)이라는 용어는 구어적으로는 **정지상**(stationary phase)과 사실상 동의어로서 사용된다. 얇은 층 크로마토그래피 등의 다른 형태의 크로마토그래피와 구분되는 컬럼 크로마토그래피에서는 (문자적인 의미의) 컬럼 안에 들어 있는 정지상을 사용한다. 이동상이 컬럼을 통하여 흐르게 되고 분석물이 컬럼 안에서 분리된다. 이 장의 이후 절에서 볼 수 있듯이 GC의 컬럼 기술은 LC와 크게 다르다. 컬럼 크로마토그래피의 기초를 복습하려면 12장을 참고하기 바란다.

13.3 방법 개발

GC에는 적용되는 응용 분야만큼이나 다양한 방법이 있다. 하지만 실험 설계의 일부로서 공통적으로 선택되는 일련의 매개 변수가 있다. 여기에는 컬럼의 유형, 검출기 선택, 운반 기체 흐름 속도 및 온도 프로그램이 있다.

GC 실험을 이해하기 위해서 먼저 한 가지 사례 연구를 살펴보도록 하겠다. 제공된 정보를 자세히 읽어본다면 전체 GC 분석에 대하여 이해할 수 있을 것이다. 다음에 기기 구성 요소 및 실험 옵션에 대하여 논의할 것이다. 그림 13.2에 땅콩버터에 함유된 지방산 메틸 에스터(fatty acid methyl ester, FAME)를 분리한 기체 크로마토그램을 도시하였다. 이 논문의 저자는 수소 첨가된 식물성 기름이 함유된 땅콩버터의 트랜스 지방 함량을 연구하였다. 데이터를 얻기 위해 사용된 방법을 살펴보면서 논문에서 실험 기술 부분 각각의 정보를 하나하나 짚어보도록 하겠다("땅콩버터: 사례 연구" 참조).

이 설명으로부터 기체 크로마토그래피에 관하여 무엇을 알 수 있는가?

땅콩버터: 사례 연구

불꽃 이온화 검출기 및 비스사이아노프로필 폴리실록세인 정지상(SP-2560, Supelco Inc. Bellefonte, PA)을 사용한 용융 실리카 모세관(100 m × 0.25 mm) 컬럼을 장착한 Hewlett-Packard 5890 기체 크로마토그래피(Hewlett-Packard Co., Palo Alto, CA)를 사용하여 지방산 메틸 에스터 분석을 수행하였다. 운반 기체는 질소로서 12 cm/s로 흘려주었고, 컬럼은 초기 4분의 보류 시간 이후 145°C에서 220°C까지 4°C/분의 속도로 상승하도록 컬럼을 프로그램하였다. 220°C에서 35분간의 보류 시간 이후 온도를 다시 240°C까지 4°C/분의 속도로 상승시킨 후 다시 10분간 유지하였다.

주입기와 검출기는 250°C로 설정하였다. 주입기는 24.8 mL/분으로 분할 흐름을 적용하였다. 데이터는 Hewlett-Packard model 3396 series II integrator로 얻었다. 지방산 퍼센트 함량은 확인된 메틸 에스터에 대한 감응 인자로부터 계산하였다. 각 분석물은 머무름 시간을 Ne-Check Prep, Inc. (Elysian, MN)로부터 구입한 표준 물질과 비교하여 확인하였다. 특성을 이미 알고 있는 콩기름에 대한 분석 및 스파이크 회수를 매일 수행하여 정성적 정확성을 확인하였다.

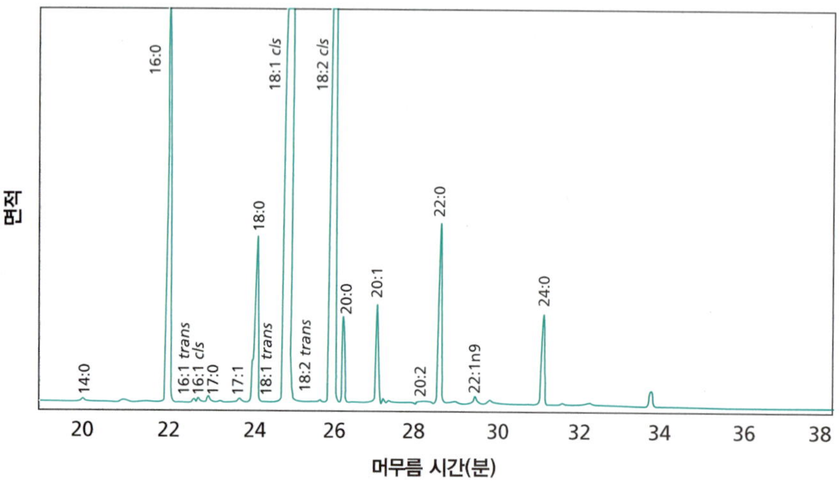

그림 13.2 땅콩버터에 함유된 지방산 에스터에 대한 GC의 예. 각 피크에 표지된 숫자는 "지질 번호(lipid number)"로서 지방산 내의 탄소의 개수와 이중 결합의 개수로 나타낸다. 예를 들어 20:2로 표시된 지방산은 탄소 원자 20개로 이루어진 사슬에 2개의 이중 결합을 함유하고 있다. 여기에 이중 결합의 위치(n9) 또는 종류(cis 또는 trans) 등이 추가로 표시된다.

출처: *T. H. Non-detectable Levels of trans-Fatty Acids in Peanut Butter, J. Agric. Food Chem.*, **2001**, *49*, 2349-2351.

그림 13.3 불꽃 이온화 검출기 및 용융 실리카 모세관(100 m × 0.25 mm) 컬럼을 장착한 Hewlett-Packard 5890 GC.

Hewlett-Packard 5890[8]은 구형 모델이지만 주력 기기로서 많은 실험실에서 여전히 널리 쓰이고 있다. 그림 13.3의 왼쪽 아래 사진에는 GC와 함께 운반 기체로 사용할 압축 헬륨 탱크가 있다. GC를 실행시키는 데 사용되는 컴퓨터는 본 영상에는 보이지 않는다. 분석물이 컬럼을 통해 오븐을 빠져나가게 되면 용리액이 검출기로 유입된다.

이 기기에 장착된 검출기는 **불꽃 이온화 검출기**(flame ionization detector)로서 오븐 옆에 장착되어 있다. 5890의 전면 오븐 문을 열게 되면 (같은 그림의 오른쪽 위) 오븐 안의 컬럼을 볼 수 있을 것이다. 이 사진에서 컬럼이 유입 포트(주입기 및 기체 유입구와 연결됨)와 검출기로 연결된 유출 포트 양쪽에 모두 연결되어 있는 것을 볼 수 있다. 오븐의 두꺼운 벽 및 단열 처리된 문에 주목하라. 이것은 온도 조절에 중요하다. 또한 오븐 뒷면에 장착된 대류 팬도 확인할 수 있다. 이것은 공기를 오븐 전역에 순환시켜 열 분포를 균일하게 하는 역할을 한다.

방법에서 언급된 "비스사이아노프로필 폴리실록세인 정지상을 사용한 용융 실리카 모세관(100 m × 0.25 mm) 컬럼" 부분은 땅콩버터 분석 실험에 사용된 컬럼의 종류와 크기 및 정지상을 나타낸다. 분석물과 원하는 상호 작용을 할 수 있는 컬럼을 선택해야 한다. 일반적으로 컬럼 표면과 운반 기체 사이에 분배가 잘 일어나는 컬럼을 원하게 된다. 컬럼의 길이에 주목하라. 100미터이다! 탁상용 GC 안에 저 길이가 어떻게 들어가는지를 보려면 그림 13.3의 오븐을 살펴보기 바란다. (LC 컬럼과 달리) GC 컬럼은 공간 절약을 위해 둥글게 감겨 있다. 컬럼이 워낙 가늘기 때문에 유연성이 있다. 제시된

[8] Hewlett-Packard (HP)는 HP-Agilent라고도 알려져 있다. Agilent는 1999년에 HP로부터 분사된 회사이다.

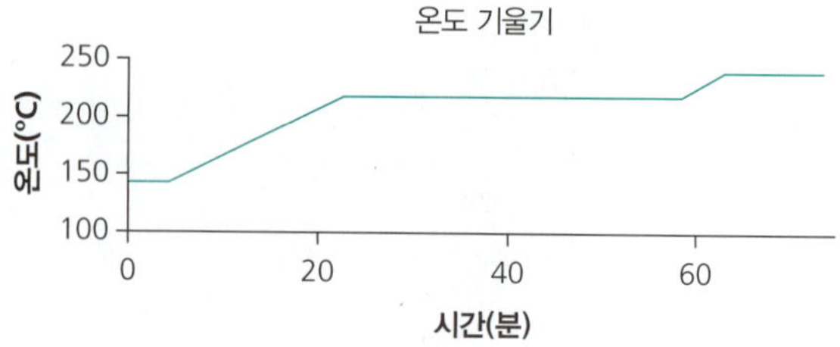

그림 13.4 땅콩버터의 지방산 분석에 사용된 온도 기울기 프로파일의 그래프.

컬럼의 경우 모세관 컬럼의 안지름은 겨우 0.25밀리미터이다. 정지상[9] 물질인 비스사이아노프로필 폴리실록세인은 FAMEs의 분리를 위해 설계된 극성이 강한 비결합 고분자로서 특히 *cis/trans* 이성질체의 분리와 같은 이성질체 관련 응용에 유용하다.

또한 주입을 "분할"했다고 말했다. "분할" 주입의 아이디어는 Hewlett-Packard 5890에 시료 용량이 상대적으로 큰 모세관 컬럼(충전 컬럼)을 장착할 수 있기 때문에 적용된 것이다. 시료를 분할함으로써 컬럼에 과부하가 걸리지 않도록 시료의 양을 조절할 수 있다. 충전 컬럼은 크기가 더 크므로 주입 부피는 마이크로리터 단위이다. 하지만 컬럼의 부피는 r^2에 따라 줄어들게 되므로(r = 컬럼의 반지름) 일반적인 모세관 컬럼에 들어가는 주입 부피는 나노리터 단위이다. 나노리터 주사기가 없으므로 주입 부피를 분할하는 것으로 처리하는 것이다. 컬럼 및 주입기에 대해서는 13.4절에서 더 상세하게 다루도록 하겠다.

땅콩버터 분석 방법 프로파일에 관하여 이야기한다면, 질소 운반 기체(12 cm/초)와 온도 기울기 프로파일이 함께 제시되어 있다. 흐름 속도는 분석자가 제어하는 실험 변수 가운데 하나로서 주어진 시간 동안에 운반 기체 분자가 움직이는 평균 직선 거리를 나타낸다. 분석자가 제어하는 또 다른 실험 변수로는 온도가 있다. 그림 13.4에 논문에 나온 땅콩버터 분석에 대한 온도 기울기의 실험 프로파일을 도시하였다. 논문의 서술을 꼼꼼히 읽어보고 온도 기울기 프로파일을 어떻게 작성하는지 이 그림에 메모해 보기 바란다.

온도 기울기 프로파일은 분석 대상이 되는 지방산에 대한 정보 또한 제공한다. 땅콩버터의 지방산을 FAMEs의 형태로 분석을 진행한다는 사실에 주목하라. 즉 이들 지방산은 분석에 앞서 먼저 메틸 에스터 유도체화를 거치게 된다. 지방산 자체는 끓는점이 높고 고온에서 분해되기 쉬우므로 지방산 자체를 직접 분석하고 검출하는 경우 GC는 부적합하다. 하지만 간단한 유도체화를 통해 보다 휘발성이 높은 FAMEs로 만들어 주면 GC 분석에 적합하게 된다.

문제 13.1 GC 방법 개발에서 분석자가 제어하는 세 가지 실험 변수를 나열하라.

땅콩버터의 사례 연구에서 설명의 마지막 부분("데이터는 Hewlett-Packard model 3396 series II integrator로 얻었다...")은 기기의 검출기(FID)와 데이터 처리에 사용된 컴퓨터 소프트웨어를 기술하고 있다. 크로마토그램(그림 13.2)에서 볼 수 있듯이 신호는 *y*축에 "면적"으로 나타낸다. 이것은 정량적으로 사용할 수 있는 상대 신호이다. 일반적으로 피크가 클수록 농도가 높다는 것을 의미하지만, 검출기 반응은 분자량에도 영향을 받을 수 있다. 이 실험에서는 표준 물질을 사용하여 각각의 지방산의 실제 농도에 대하여 피크 면적을 교정하였다. 각 FAMEs에 대한 머무름 시간(*x*축, 분 단위)을 알려진 표준 물질과 대조하여 땅콩버터의 각 지방산을 확인하게 된다.

[9] **정지상**(stationary phase)은 분리 기법에서 (이동상과 대비되어) 분석 과정에서 움직이지 않는 부분을 의미하는 크로마토그래피 용어이다.

GC 분석에서 사용되는 분석 모드에 대한 보다 일반적인 설명에 들어가기에 앞서, 13.2절의 비교 및 대조 "기체 크로마토그래피 대 액체 크로마토그래피"에서 제시된 세 가지 질문을 복습해 보는 시간을 잠시 가져보자. 그 다음에 GC 분석에서 발견한 것들 중 12장에서 배웠던 LC 분석과의 공통점과 차이점에 관하여 메모를 업데이트하여 보자.

13.4 분리 모드

◆ 등온 분리 대 온도 기울기

지금까지 배운 내용으로부터, GC가 LC와 크게 다른 점 중 하나는 분석 과정에서 이동상의 조성이 변하지 않는다는 사실을 추론할 수 있을 것이다. 용매 기울기를 사용한 LC 방법에서는 용매의 조성이 변화한다는 사실을 기억하자. 예를 들면 이동상 용매의 극성(역상 또는 정상상 실험의 경우)이나 이온 세기(이온 교환 실험의 경우)가 실험 과정에서 변화하게 된다. GC 방법에서는 이동상의 조성 변화는 *해당 사항이 없다*. GC 분석에서 운반 기체는 분석 과정 내내 동일하다. GC 기법에서는 분리를 열역학적 관점에서 조종하는 대신에 속도론적 관점에서 조종하게 되며 이를 위하여 온도 기울기를 사용하게 된다.[10]

등온 분리(isothermal separation)에서는 온도는 처음부터 끝까지 일정하게 유지된다. 이것은 실험 계획으로서 가장 간단한 방법으로서 온도를 전 시간 구간 동안 일정하게 유지시키기만 하면 된다. 앞서의 사례 연구에서 볼 수 있듯이 실험 온도는 시간에 따라 변화시킬 수 있다. 이것을 **온도 기울기**(temperature gradient)라고 부르며 등온 분리보다 더 널리 쓰이고 있다.

> **노트**
> GC에서의 등온 분리는 LC 분석에서의 등용매 분리와 비슷한 것이다.

온도 기울기를 생성하기 위해서는 컬럼의 온도를 균일하게 변화시켜야 한다. 즉 컬럼의 모든 부분의 온도가 (이상적으로는) 동일해야 한다는 것이다. 따라서 온도 변화는 빠르고 균일하게 일어나야만 한다. 대류 오븐은 가장 흔히 볼 수 있는 방식으로서 매우 효율적인 장치이다. 오븐에는 컴퓨터와 연결된 항온 조절기가 장착되어 있다. 컴퓨터에 의해 방법에 프로그램된 대로 온도 변화를 제어하게 된다. 온도 경사(상승 또는 하강)는 시간에 대하여 선형일 수도 있고 비선형일 수도 있다. 앞서 논의했던 사례 연구에서는 두 개의 온도 경사 구간이 모두 선형이며 동일한 기울기(4°C/분)로 되어 있다. 모든 경우에 반드시 이렇게 할 필요는 없다. 기체 크로마토그래피 실험에서 항상 시료의 분해를 고려해야 한다는 사실을 기억하자. 따라서 컬럼의 온도 한도뿐만 아니라 분석물의 분해 특성에 대해서도 신경을 써야 한다.

문제 13.2

(a) 분배 속도론에 관한 지식을 이용하여, GC 분석에서 온도가 너무 낮게 설정되었을 때 분석물에 어떤 영향이 있을 수 있는지 예측하라.

(b) GC 분석에서 "너무 낮은" 온도를 분석에 유리하게 활용할 수 있는 방법은 혹시 없을까?

◆ 컬럼

분리 모드의 측면에서 GC 분석은 보통 컬럼의 조성에 의해 분류된다. 컬럼은 **충전 컬럼**(packed column) 및 **열린 관컬럼**(open tubular column)으로 분류된다. 충전 컬럼은 분석적 응용에서는 거의 볼 수 없으며 주로 (정제 목적의) *대용량* GC에서 사용된다. 12장에서 언급되었듯이 대용량 크로마토그래피는 대량의 화학종의 정제에 사용되고 있다.

---

10 크로마토그래피 분리의 이론적 원리에서 속도론적 및 열역학적 측면에 대한 내용을 복습하려면 12장의 내용을 참고하면 될 것이다.

▸프로파일 _Profile

NIST 14 기체 크로마토그래피 라이브러리와 검색 소프트웨어

미국 국립표준기술연구소(National Institute of Standard and Technology, NIST)는 자체적으로 제공하는 기체 크로마토그래피(GC) 데이터베이스를 주기적으로 업데이트하고 있다. 2014 버전에는 82,337종류의 화합물에 대한 GC 분석 결과에 대한 라이브러리가 포함되어 있으며, 또한 385,872건의 GC 방법 및 논문에 발표된 머무름 지수 인용이 포함되어 있다. 화합물의 이름, 화학식 또는 CAS (Chemical Abstract Service) 번호에 따라 검색이 가능하다. 검색 결과는 분자 구조의 유사도, 컬럼의 종류(충전 컬럼/모세관 컬럼), 정지상의 종류(극성/비극성) 및 GC 온도 조건(등온 분리/온도 프로그램) 등에 따라 정렬할 수 있다.

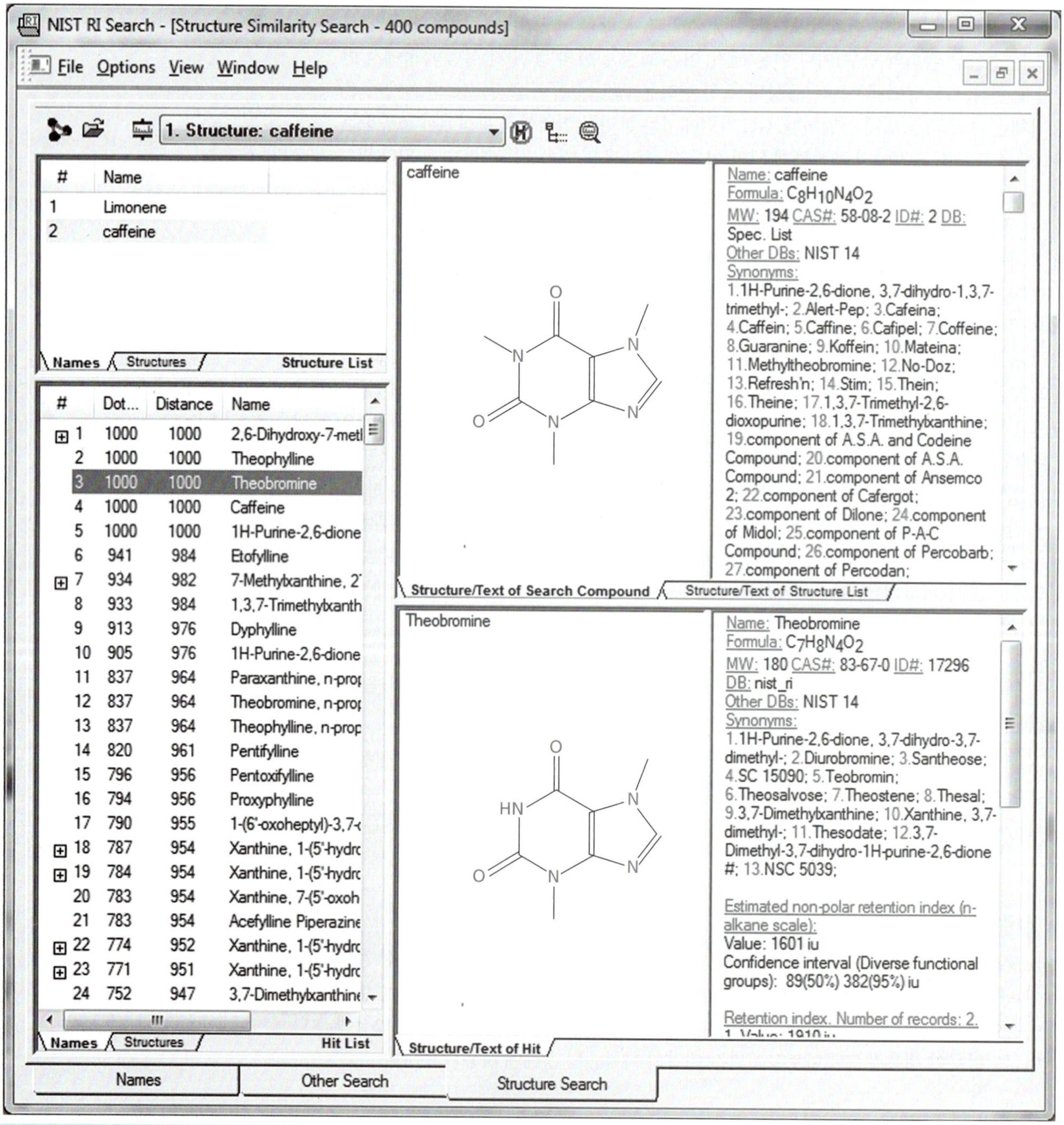

충전 컬럼[그림 13.5(D) 참조]은 개념적으로 LC 컬럼과 비슷하다고 볼 수 있다. 유리, 실리카, 테플론, 알루미늄 및 스테인리스강 컬럼에 작은 입자를 조밀하게 충전하거나, 컬럼 내부에 다공성의 가교 결합 중합체를 채워서 만든다. 고체 입자 또는 고분자가 정지상으로 작용할 수도 있고(GSC), 또는 끓는점이 높은 액체를 코팅하여 정지상으로 작용하게 할 수도 있다(GLC). GC 충전 컬럼의 지름은 일반적으로 2~4 mm 정도로 매우 작다. 논문에서 충전 컬럼은 열린 관컬럼에 비해 응용 예가 적으므로 이제부터는 주로 열린 관컬럼에 대해서 설명하도록 하겠다.

그림 13.5에 도시된 모든 컬럼 구성은 **용융 실리카 열린 관**(fused silica open tubular, FSOT) 컬럼을 기반으로 만들어진 것이다. 이들 컬럼은 유리 및 금속제 컬럼에 비해 안지름이 더 작고 바깥쪽은 고분자 보호제로 코팅되어 유연성 및 조작성이 강화되었다. 일반적인 모세관 컬럼의 안지름은 1 mm 미만으로서 주로 μm(1 mm = 1,000 μm) 단위로 나타내게 된다. 모세관의 지름이 가늘기 때문에 모세관 벽 자체가 정지상으로 작용할 수 있다(GSC의 일종). 하지만 많은 응용에서는 모세관의 내벽을 액체의 얇은 막(벽 코팅 열린 관, wall-coated open tubular, WCOT), 다공성 고체 정지상(다공성 층 열린 관, porous layer open tubular, PLOT), 액체로 코팅된 고체 지지체 물질의 얇은 막(지지체 코팅 열린 관, support-coated open tubular, SCOT) 등으로 코팅한 모세관 컬럼이 사용되고 있다. 그림 13.5에 WCOT, PLOT, SCOT 모세관 컬럼 및 충전 모세관 컬럼의 단면을 도시하였다. 표 13.1에 FSOT 모세관 컬럼 기술에서 가장 널리 사용되는 용어를 요약 제시하였다. 이들 얇은 막의 두께는 0.1 마이크론 단위이다. 일반적으로 모세관의 내벽을 정지상의 얇은 막으로 코팅함으로써 특정한 종류의 분석물 분자에 대한 분배 선택성을 향상시키게 된다. 모세관의 내벽을 액체가 아닌 충전 물질의 얇은 막으로 코팅할 수도 있다(PLOT).

분석물은 정지상과 흡착/탈착 분배를 통하여 상호 작용을 하게 된다. LC에서 분석물이 이동상과 정지상 사이에 분배되는 것과 개념적으로는 유사한 것이다. 고정된 정지상의 표면 또는 내부에서 더 오랜 시간을 보내는 분석물은 이동상에서 더 오랜 시간을 보내며 운반 기체에 의해 휩쓸려 가는 분석물에 비하여 더 오래 머무르게 된다. 분석에 어떤 종류의 컬럼을 사용하는지는 응용 분야에 달려 있다. GC에는 LC에서와 같은 다양한 분리 모드(역상, 정상상, 이온 교환, 친화, 크기별 배제 등)가 없다. 대신에 응용 분야에 따라 적합한 정지상 물질을 선택하게 되며 컬럼은 분석물의 종류에 따라 분류된다. 땅콩버터 분석 사례 연구에서 이와 같은 분류 및 선택법을 잘 보여주고 있다. 이 분석에서는 FAMEs의 시스 및 트랜스 이성질체를 분리하는 컬럼이 필요한데, 비스사이아노프로필 폴리실록세인 컬럼은 바로 이 기능으로 광고되는 제품이다.

표 13.1 ▸ 모세관 컬럼 용어

FSOT	용융 실리카 열린 관 (fused silica open tubular)	GSC
WCOT	벽 코팅 열린 관 (wall-coated open tubular)	GLC
PLOT	다공성 층 열린 관 (porous layer open tubular)	GSC
SCOT	지지체 코팅 열린 관 (support-coated open tubular)	GLC

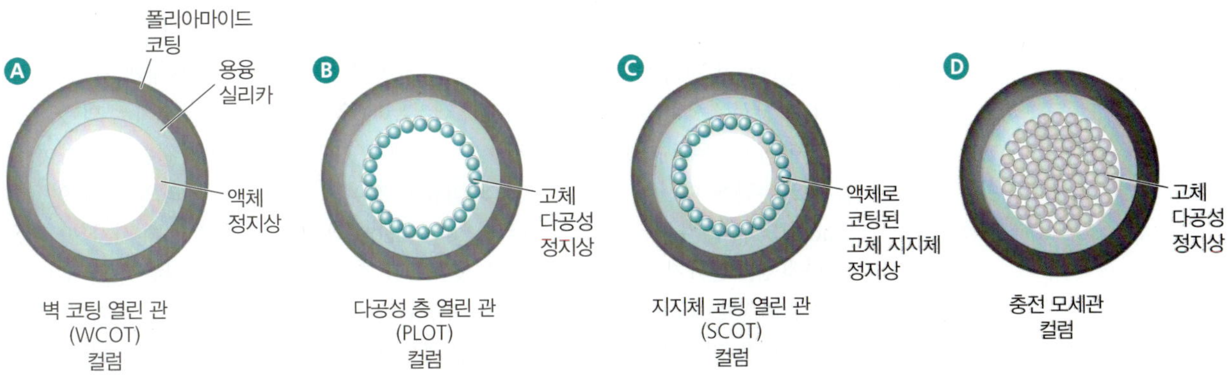

그림 13.5 여러 가지 모세관 컬럼의 단면. (A) WCOT 모세관 컬럼, (B) PLOT 모세관 컬럼, (C) SCOT 모세관 컬럼, (D) 충전 모세관 컬럼. 길이 비례로 도시되지 않았음에 주의할 것!

▶ 프로파일 _Profile
Erika Cremer

1921년에 고등학교를 갓 졸업한 Erika Cremer(1900~1996)라는 이름의 학생은 독일 베를린의 Lyzeum Boretius에 입학하기로 결정하였다. 그 당시에는 여성이 대학에 진학하는 경우는 매우 드물었다. 대학에서 그녀는 Max Planck, Albert Einstein, Fritz Haber, Walther Nernst, Max von Laue, 그리고 그녀의 논문 지도 교수가 되는 Max Bodenstein 등의 유명 과학자들의 강의를 들을 수 있었다. 그녀는 연구를 계속하여 수소 함유 기체의 폭발에 대한 속도론적 모델을 개발하고, 핵분열의 에너지학에 대한 이해에 기여하였으며, 무엇보다도 중요한 업적으로서 기체상 확산 및 기체의 흡착 특성의 이해를 획기적으로 발전시키는 데 기여하게 된다. 1938년에 Cremer는 베를린 대학에서 부분적인 강의권을 갖는 박사후 연구직을 받게 된다. 학장은 그녀에게 여성에게 공식적인 교수직을 줄 수 없기 때문에 그녀에게 줄 수 있는 최고의 직급이라고 하였다. 제2차 세계대전이 발발하면서 많은 남성들이 징집되어 베를린 대학을 떠나게 되면서 Cremer에게는 경력상의 기회가 갑자기 늘어나게 되었다. 그녀는 오스트리아의 인스브루크 대학의 교수직을 얻게 되었고 여기서 아세틸렌의 수소화 반응에 대한 연구를 시작하게 되었다. 기체상 반응에서 각 성분을 정량하기 위하여 기체상 분석물의 선택적 흡착/탈착에 관한 연구를 시작하게 되었다. 그녀는 분리 과정을 특징적으로 특정 시간을 강변에서 보내는 일련의 배가 기체의 강으로 운반되는 것으로 시각화하였다. 또한 흡착 엔탈피와 머무름 시간 사이의 수학적인 공식을 수립하였으며, 1944년에 기체 크로마토그래피의 탄생을 알리는 논문을 제출하였다. 안타깝게도 인쇄소가 폭격을 받아서 인쇄기가 파괴되었다. 그녀의 논문은 이후 30년이 지나서야 출판되게 된다.

LC와의 유사성을 이용하여 GC에 대해 생각하는 것이 개념적으로는 쉽겠지만, GC와 LC에서의 분리의 원리에는 근본적인 차이가 있다는 사실을 이해할 필요가 있다. LC에서는 이동상의 세기를 변화시켜 이동상과 정지상 사이에서의 분석물의 분배에 영향을 주게 된다. GC에서는 온도를 이용하여 같은 효과를 얻는다. 분석 과정에서 GC 환경의 온도를 변화시킬 수 있기 때문에, GC에서는 LC에서는 없는 상 변화가 일어날 수 있다.

13.3절의 땅콩버터 사례 연구에서 볼 수 있듯이, GC 실험에서 주입기 온도는 종종 컬럼의 초기 온도보다 훨씬 높은 온도로 설정되기도 한다. 이것은 시료 매트릭스의 전 분석물이 기화되어 컬럼으로 유입될 수 있도록 하기 위해서이다. 예를 들면 우리의 사례 연구에서 주입기 온도는 250°C였다. 그러나 초기 컬럼 온도는 겨우 145°C였다. 따라서 시료 중 휘발성이 낮은 성분은 상 변화에 의해 컬럼 상단에 응축될 수 있다. 시료 중 휘발성이 높은 성분은 컬럼까지 흘러가서 이동상과 정지상 사이에 분배되지만 휘발성이 낮은 성분은 컬럼으로 훨씬 천천히 이동하며 실험 온도가 충분히 상승하여 휘발성이 증가하기 전까지 훨씬 오랜 시간을 컬럼 벽에 흡착된 상태로 보내게 될 것이다.

GC 분석에서 온도 기울기를 프로그램하는 경우 분석물의 끓는점에 주의를 기울이는 것이 좋다. 온도 기울기에 대한 앞선 논의에서, GC의 방법 개발 전반에 대하여 분석물의 끓는점에 대하여 신중한 고려가 필요할 것이라고 하였다. 우리의 사례 연구에서 Sanders의 방법은 다음과 같이 마무리된다. "220°C에서 35분간의 보류 시간 이후 온도를 다시 240°C까지 4°C/분의 속도로 상승시킨 후 다시 10분간 유지하였다." GC 방법에서 이와 같은 마지막 구간을 열세척(thermal clean)이라고 한다. 매번 주입이 끝날 때마다 컬럼을 최대 온도로 가열하여 이전 주입에 의해 컬럼에 남아 있는 모든 "찌꺼기"를 휘발시키게 된다.

열린 관컬럼은 충전된 컬럼이 아니므로 기체 흐름에 대한 저항이 충전 컬럼에 비해서 훨씬 낮다. 운반 기체와 분석물은 훨씬 높은 흐름 속도로 컬럼을 통과할 수 있고 따라서 분석물이 컬럼에서 보내는 시간을 최소화시킬 수 있으며 세로 확산이 감소하고 분별능이 향상된다.[11] 결과적으로 GC에서 모세관 컬럼은 충전 컬럼에 비해 훨씬 긴 컬럼을 사용할 수 있다. 모세관 컬럼은 100미터까지 길어질 수 있는 반면 충전 컬럼의 길이는 일반적으로 2~3미터 수준이다(그림 13.6 참조). 모세관 컬럼은 길이가 긴 덕분에 이론단수가 훨씬 크다.[12] 충전 컬럼의 N 값이 보통 대략 10^2에서 10^3 범위에 있는 데 비하여 모세관 컬럼의 N 값은 흔히 ~10^5 단위까지 올라간다. 다른 말로 하면 모세관 컬럼은 비교적 짧은 시간 내에 우수한 분리 성능을 제공할 수 있고 이 때문에 인기가 있는 것이다.

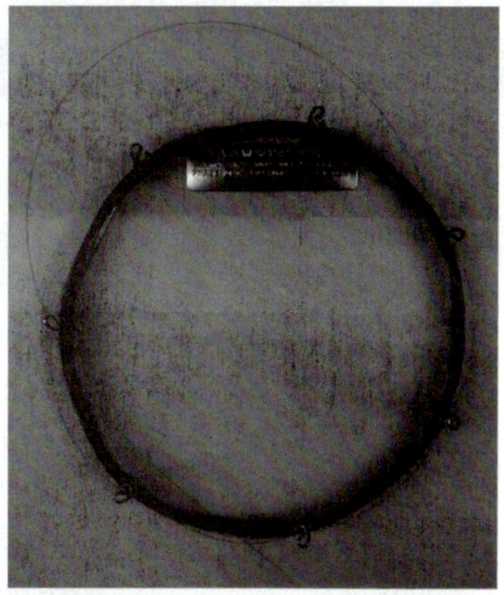

그림 13.6 GC 컬럼의 길이는 100 m까지 길어질 수도 있다. GC 컬럼은 일반적으로 금속제 틀에 감겨 있고, 이 틀을 GC 오븐의 브래킷에 매달게 된다.

다른 옵션과 비교했을 때 문헌에서 용융 실리카(FSOT) 컬럼은 지배적인 위치를 차지하고 있다. FSOT 컬럼은 실용성과 분석 성능 양쪽 모두에서 장점을 지닌다. 단높이가 더 작고 따라서 단위 길이당 단수가 더 크며, 분리 효율이 더 높고, 분석 시간에서의 이점 및 설계의 유연성을 제공하며, 화학적 안정성 또한 우수하다. 모세관 컬럼의 주요 단점으로는 컬럼 용량이 나노그램 단위의 시료 양 수준으로 매우 작다는 점을 꼽을 수 있다. 또한 GLC 분리가 GSC 분리에 비해 훨씬 널리 쓰이고 있는데, 그 주된 이유로는 GSC 분리의 경우 흡착 효과에 의한 반영구적 표면 흡착 및 꼬리 끌기 때문에 시료 손실의 문제가 발생하며, 또한 이전 실험에서 흡착된 분석물이 후속 실험에서 용리되는 "기억" 효과도 있기 때문이다. GLC는 분배 방식의 분리이므로 장시간에 걸쳐 보다 만족스런 결과를 제공한다.

GC 컬럼에 사용되는 정지상이 갖추어야 할 이상적인 성질로서는 높은 끓는점(컬럼의 초고 작동 온도 대비 100°C 이상), 열적 안정성(고온에서 분해되지 않을 것), 화학적 안정성 등을 꼽을 수 있다. 다양한 정지상이 분석물과 상호 작용하는 방법에 의해(분배 특성에 따라) **머무름 인자**(retention factor, k_r) 및 **선택 인자**(α) 등이 영향을 받게 되고 다시 이에 의해 컬럼에 가장 적합한 화합물의 종류가 결정된다.

대부분의 제조사들이 제공하는 컬럼 선택 안내서에서는 정지상, 정지상에 사용된 결합 및 가교의 종류, 응용 분야 등에 대하여 풍부한 정보를 제공하고 있다. 예를 들면 Restek 사의 경우 온라인 선택 안내서에서 컬럼을 5개의 일반적 응용(환경, 식품 · 맛 · 향수, 임상 · 법의학, 제약, 석유 · 석유화학) 위주로 분류하는 것으로 시작하고 있다. 또한 각 컬럼과 연관된 미국 환경보호청(Environmental Protection Agency, EPA) 프로토콜 및 미국재료시험협회(American Society for Testing and Materials) 방법을 함께 수록하였다. 예를 들면 Agilent 사의 VF-1701 ms, 30 m × 0.25 mm, 0.25 μm (부품 번호 CP9151)에 대해서는 EPA 방법 515.4 "액체-액체 추출, 유도체화 및 전자 포착 검출을 통한 GS에 의한 음용수의 염소계 산 측정"에 권장되는 컬럼으로 소개하고 있다. Sigma-Aldrich사(Supelco사의 모회사)와 Restek사 또한 마찬가지로 자사의 GC 컬럼에 대한 온라인 선택 안내서를 제공하고 있다. GC 컬럼 공급사의 목록을 표 13.2에 수록하였다. 이들 회사들의 웹사이트를 탐색하면 유용한 정보를 얻을 수 있을 것이다.

일반적 응용 관련 컬럼 분류

- 환경
- 식품 · 맛 · 향수
- 임상 · 법의학
- 제약
- 석유 · 석유화학

[11] **세로 확산**(longitudinal diffusion)은 컬럼 길이 방향으로의 띠넓어짐에 의한 분별능 감소를 말한다. 세로 확산에 대해서는 12장에서 LC의 맥락에서 처음 설명하였다. GC의 맥락에서의 보다 상세한 정보를 원한다면 이 장의 끝 부분의 참고 문헌을 찾아보면 된다.

[12] **이론단**(theoretical plate)은 컬럼의 분리 능력의 척도이다. **이론단 해당 높이**(height equivalent to a theoretical plate)는 컬럼의 분리능을 측정하는 중요한 인자이다. 12장에서 본 내용에 대하여 상세히 설명하였으며, GC의 맥락에서의 보다 상세한 정보를 원한다면 이 장의 끝 부분의 참고 문헌을 찾아보면 된다.

표 13.2 ▸ 기체 크로마토그래피 컬럼 제조사

회사명	웹사이트	기술 자료 웹사이트
Restek Corporation	www.restek.com	[URL] 삽입
PerkinElmer	www.perkinelmer.com	웹사이트 내 검색 가능한 안내서
Sigma-Aldrich	www.sigmaaldrich.com/analytical-chromatography/gas-chromatography.html	컬럼 선택 안내서 및 응용 노트
Crawford Scientific (J & W Scientific) (Agilent)	www.crawfordscientific.com/	웹사이트 내 검색 가능한 안내서, 안내서는 PDF 형식으로 다운로드도 가능
SGE Analytical Science	www.sge.com/	온라인 선택 안내서
Interchim	www.interchim.eu/pp/106/gas-chromatography.html	웹사이트에서 결합된 정지상의 화학 구조 제공
Phenomenex	www.phenomenex.com/gc-column	GC "학습 센터" 탭; 선택 안내서, 장착법에 대한 동영상 클립, 컬럼 준비 안내서 및 유도체화 안내서 제공
Cronus	www.labhut.com/	GC 응용 라이브러리 및 학습 센터
Thermo Scientific	www.thermoscientific.com/	분석물의 극성에 따라 분류한 몇 가지 제품 선택 안내서
Grace	grace.com	몇 가지 선택 및 응용 안내서
Vici	www.vici.com	지원 링크를 통해 다양한 분류로 이동

참고 자료가 존재하지 않는 경우라면 다음 사항을 고려하여 정지상을 선택한다. GC에서 분석물의 머무름에 영향을 미치는 두 가지 주요 요소는 끓는점(휘발성)과 분석물이 정지상에 대해 가질 수 있는 친화성이다. 극성 화합물을 비극성 정지상에서 분리하고자 할 경우 정지상과의 분배 메커니즘은 아무 도움이 되지 않으며, 오직 분석물의 끓는점만이 분리에 영향을 미칠 것이다. 분석물은 단지 끓는점이 낮은 것부터 높은 것의 순서대로 차례로 용리될 뿐이다. 온도 기울기는 이 시나리오에서 매우 유용하게 사용될 수 있다. 마찬가지로 비극성 화합물을 극성 정지상을 사용한 컬럼에서 분리하고자 할 경우에도 분석물의 끓는점이 분리에 주된 영향을 미칠 것이다. 정지상의 올바른 선택은 끓는점이 비슷한 분석물을 분리하고자 할 경우에 결정적으로 중요하게 된다. 예를 들어 두 화합물의 끓는점은 비슷하지만 한쪽의 극성이 다른 쪽보다 큰 경우에는 극성 정지상을 사용하여 분리의 선택성을 높일 수 있다. 일반적으로 끓는점이 비슷한 분석물을 분리하고자 할 경우, 극성 분석물에는 극성 정지상을, 비극성 분석물에는 비극성 정지상을 선택해야 한다.

정지상을 선택할 때 기억할 점을 몇 가지 꼽자면 다음과 같다.

- 정지상이 비극성인 경우 분석물 분자와 정지상 사이의 주된 상호 작용 모드는 van der Waals 힘(즉 분산력)이 된다. 일반화학에서 van der Waals 힘이 분자량에 따라 증가한다고 배웠던 것을 기억하자. 분산력이 정지상과의 유일한 상호 작용 모드라면 끓는점이 비슷한 분석물은 분자량 순서에 따라 가벼운 것부터 무거운 것의 순서대로 용리될 것이다.
- 분석물이 방향족 고리를 함유할 경우 방향족 고리가 함유된 정지상을 선택하여 정지상과의 π-쌓임 상호 작용을 이용하는 것이 좋다.
- 분석물 분자가 극성 작용기 또는 헤테로 원자를 포함한 경우 다양한 극성 정지상을 이용할 수 있다. 이 경우에는 극성이 분배에 주된 영향을 미치게 된다.

» 예제 13.2

특정 분리에 대하여 올바른 GC 정지상을 선택하려면 어떻게 해야 하는가?

Sigma-Aldrich에서 제공하는 GC 컬럼을 수록한 다음 차트에서는 각 컬럼을 정지상의 극성에 따라 나열하고 있다. 컬럼의 이름에 포함된 숫자는 해당 정지상의 최고 작동 온도이다.

예제 13.1에서와 비슷하게 분자의 목록을 제시하였다. 뿐만 아니라 이번에는 각 분자의 Snyder 극성 지수 수치 또한 함께 수록하였다. 2-뷰탄온, 사이클로헥세인 및 아세토나이트라일이 모두 끓는점이 서로 비슷하다는 데 주목하라. 다행히도 GC 분리에 대하여 각각의 극성이 서로 다르다. 컬럼의 선택이 GC 분리에서 용리 순서에 어떻게 영향을 미칠지 생각해 보자. 일차적인 근사로서 용리 순서는 끓는점

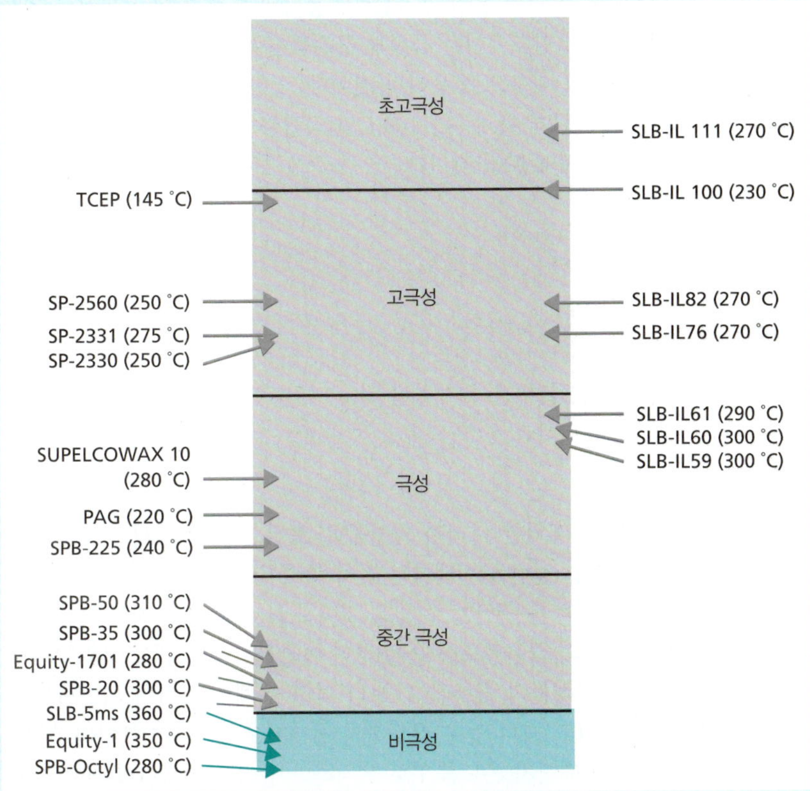

화합물*	극성†	BP(°C)
MTBE	2.9	55.20
THF	4.2	66
2-뷰탄온	4.7	79.64
사이클로헥세인	0	80.74
아세토나이트라일	6.2	81.3

BP = 끓는점(boiling point), MTBE = 메틸 *tert*-뷰틸 에터(methyl tert-butyl ether), THF = 테트라하이드로푸란(tetrahydrofuran)

* 대부분의 GC 컬럼 공급사들에서 웹사이트에 유사한 데이터를 제공하고 있다. 공급사의 목록은 표 13.2를 참조하라.

† Snyder 극성 지수 참조 문헌: Walker, N.; Stuart, D. *Acta Crystallogr*. 1983, A39, 158.

순서를 따를 것이라고 예상해 볼 수 있다. 55°C 미만에서 시작되는 온도 기울기를 실행하는 경우 특히 그러한 것이다. 그러나 81.3°C 이상의 온도에서는 기체상과 정지상 사이의 분석물의 분배가 분리에 주된 영향을 미칠 것이다. 정지상이 비극성이라면 세 화합물 가운데 극성이 가장 강한 것이 가장 먼저 용리되고, 극성이 가장 약한 것이 마지막으로 용리될 것이다(아세토나이트라일 → 2-뷰탄온 → 사이클로헥세인). 실제로는 용리 순서에 영향을 미치는 변수가 두 개가 있으므로 복잡한 혼합물에서 용리 순서를 예측하는 것은 더욱 복잡해진다. 컬럼의 온도가 끓는점보다 낮을 경우 분자들은 더 잘 머무르게 되고 전체 이동 속도가 상당히 느려질 것이다. 분석물의 끓는점이 서로 상당히 다를 경우에는 온도 기울기를 사용하여 용리 순서를 자유자재로 조절할 수 있다. 이들 5개의 화합물을 모두 분리하기 위해 적합한 방법으로는 중간 정도의 극성 범위의 컬럼(예, SPB-20)을 선택하고 55°C 부근에서 시작하여 66°C 이상으로 온도를 올린 후 THF가 용리될 때까지 이 온도로 유지시키면 될 것이다. 실행 초기 단계에서는 극성과 끓는점이 가장 낮은 MTBE가 가장 먼저 용리되고, THF가 그 다음으로 용리될 것이다. 일단 THF가 용리된 후에는 온도를 81°C 이상으로 빠르게 올려준다(100°C면 적절한 선택이 될 것이다). 이 때의 용리 순서는 극성의 순서에 따를 것이다.

» 예제 13.3

아닐린, 벤젠, 나프탈렌, 톨루엔, o-자일렌 및 p-자일렌의 분리에 사용할 방법을 어떻게 설계할 것인지 설명하라.

전략 ›

아닐린(아미노벤젠)을 제외한 나머지 화합물은 모두 비극성 방향족 화합물이다. 따라서 비교적 비극성인 컬럼을 선택하는 것이 좋겠지만, 약간의 극성은 아닐린에 대하여 두 상 사이의 분배를 촉진할 수 있을 것이다. 컬럼은 최고 작동 온도가 휘발성이 가장 낮은 분석물의 끓는점보다 높은 것이 이상적이다. 그리고 온도 기울기를 휘발성이 가장 높은 분석물의 끓는점(T_i)보다 약간 높게 시작하여 휘발성이 가장 낮은 분석물의 끓는점(T_f)보다 높은 온도까지 올라가도록 프로그램한다. 모든 분석물 화학종이 용리될 때까지 온도를 T_f로 유지하다가 이후에 컬럼의 최고 작동 온도 바로 아래까지 올려서 다음 실험에 앞서 열세척을 수행한다. 이 마지막 단계는 이전 실험에 의한 상호 오염을 방지하기 위해 중요하다.

풀이 ›

각 분석물의 끓는점은 다음과 같다. 벤젠(80.1°C), 톨루엔(111°C), p-자일렌(139°C), o-자일렌(144°C), 아닐린(184°C) 및 나프탈렌(218°C). 예제 13.2에서 제시된 중간 극성의 컬럼 중 어느 것을 골라도 적합한 선택이 될 것이다. SP-35을 선택해 보자. 온도 기울기는 벤젠의 끓는점보다 약간 높은 온도에서 시작해야 할 것이므로 T_i는 95°C로 설정하는 것이 적절하겠다. 다음에 온도를 나프탈렌의 끓는점 이상으로 올려야 하므로 T_f는 250°C로 설정하는 것이 적절하겠다. 온도 상승 속도는 2에서 4°C/분 정도면 적절하겠다. 나프탈렌 피크의 용리 후 온도를 다시 올리되 컬럼의 최고 작동 온도보다 낮게 유지시킨다. 세척 온도는 280°C면 적절할 것이며, 모든 휘발성 화학종이 컬럼에서 용리되었다고 확신할 수 있을 때까지 이 온도를 유지시키면 될 것이다.

컬럼을 선택할 때에는 컬럼의 종류뿐만 아니라 컬럼의 크기(안지름 및 길이)에 대해서도 결정을 내려야 하며, 또한 옵션이 가능할 경우 정지상의 막 두께에 대한 선택도 고려해야 한다. 컬럼의 안지름이 작을수록 효율과 분별능이 향상되지만 용량(주입할 수 있는 시료의 양)은 일반적으로 낮아진다. 컬럼의 지름과 막의 두께가 증가할수록 용량 또한 높아진다. 어느 경우에든 컬럼의 과부하는 항상 분별능의 저하를 일으킨다. 또한 검출기에 대해서도 고려해야 한다. 일부 검출기에도 용량 한계가 있고, 이 경우 컬럼의 용량이 검출기의 용량을 초과하는 것은 바람직하지 않을 것이다. 제조사의 선택 안내서에는 각 응용에 대한 조언 및 권장 사항을 제공하고 있다.

문제 13.3 예제 13.1, 13.2, 13.3을 안내서로 이용하여, 카페인, 카테콜 및 페놀의 분리를 수행하는 방법을 제시하라. 선택한 컬럼 및 온도 기울기에 대하여 근거를 설명하라.

문제 13.4 온라인에 접속하여 GC 컬럼 제조사 중 한 곳에서 제공하는 "컬럼의 선택" 안내서를 이용하여 휘발유의 분석에 사용할 컬럼을 선택하라. (GC 컬럼 공급자 목록은 표 13.2를 참고하라.) 해당 컬럼을 선택한 이유를 설명하고, 크로마토그래피의 원리에 기초하여 선택 근거를 설명하라.

문제 13.5 온라인에 접속하여 GC 컬럼 제조사 중 한 곳에서 제공하는 "컬럼의 선택" 안내서를 이용하여 대사 스테로이드의 분석에 사용할 컬럼을 선택하라. (GC 컬럼 공급자 목록은 표 13.2를 참고하라.) 해당 컬럼을 선택한 이유를 설명하고, 크로마토그래피의 원리에 기초하여 선택 근거를 설명하라.

13.5 운반 기체와 주입기

이제는 GC 방법이 무엇인지 잘 알게 되었을 것이므로, 그림 13.1로 돌아가서 각각의 기기 구성 요소에 대해서 보다 상세히 알아보도록 하겠다. 각각의 경우에 대해서 일반적인 설명 후에 가장 흔히 사용되는 옵션의 예시를 함께 제시하도록 하겠다.

◈ 운반 기체

짐작할 수 있듯이 이동상으로 액체 대신에 기체를 사용할 때에는 전혀 다른 기기 하드웨어와 기법이 필요하다. LC에서와 달리 GC에서는 운반 기체의 압력과 온도 모두가 분석물의 머무름에 큰 역할을 한다. 결과적으로 많은 경우에 GC에서의 데이터는 (LC에서의 머무름 시간 t_r과 달리) **머무름 부피**(retention volume) $\mathbf{V_R}$로 나타낸다. V_R은 분배 계수(K_D), 액체의 밀도(GLC의 경우) 및 온도에만 의존하므로 V_R 값에 따라 화합물의 특성을 확인할 수 있다. 하지만 V_R 값은 실험에 따라 변할 수 있으므로 화합물을 확인하는 결정적인 단서로서는 사용하지 않는다. 13.8절에 V_R에 대하여 추가적으로 논의가 계속될 것이다. 중요한 식을 표 13.3에 요약 정리하였다.

운반 기체의 흐름 속도는 실린더(보통 2단계 기체 조절기를 이용)에서 대략적으로 제어되고 다시 기기에서 전자식 공기 흐름 제어기를 통하여 미세 조정된다. 압력은 보통 10에서 50 psi 사이의 범위로서 지난 장에서 논의했던 LC에 비해서는 훨씬 낮은 값이 된다. 하지만 흐름 속도는 LC와 비교해서 훨씬 빨라서 1에서 500 mL/분 단위가 된다. 흐름 속도는 일반적으로 cm/초(선형 흐름 속도) 또는 mL/분(부피 흐름 속도)로 측정된다.

이상적인 GC 실험에서 사용할 이동상 기체는 실험 조건 하에서 비활성이어야 한다. 가격이 저렴한 질소가 합리적인 선택이 된다. 하지만 질소의 경우에는 유용한 흐름 속도 범위가 비교적 좁다. 그 외에도 응용 분야에 따라 헬륨, 아르곤, 이산화 탄소 등의 기체가 사용되기도 한다. 운반 기체는 가압 실린더에 봉입된 상태로 공급자로부터 충분히 높은 품질의 제품을 구매하게 되며 물(및 기타 다른 불순물)을 제거하는 카트리지를

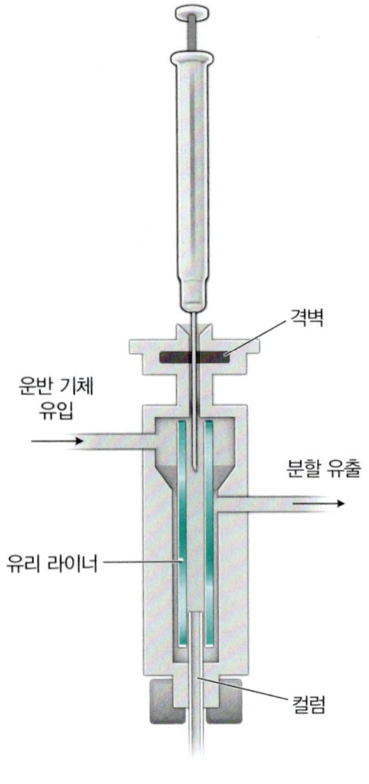

그림 13.7 GC 주입 포트의 개략도.

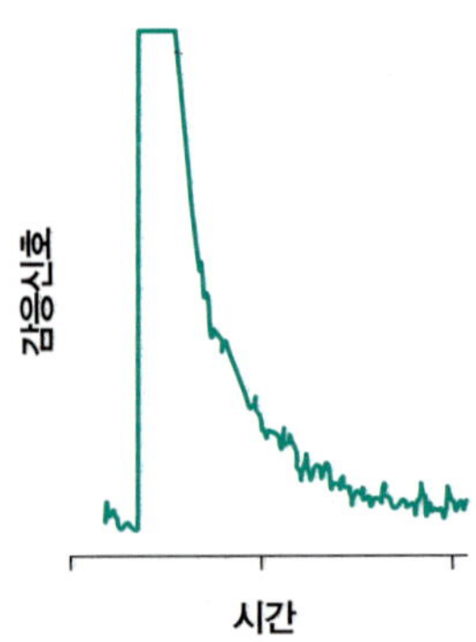

그림 13.8 과부하된 GSC 컬럼의 예. GSC 컬럼에 과부하가 걸리게 되면 피크의 뒤쪽 모서리가 바탕선으로 돌아가지 않고 늘어지게 된다. 거꾸로 GLC 컬럼에 과부하가 걸리게 되면 피크의 앞쪽 모서리가 바탕선으로 돌아가지 않고 늘어지게 된다.

거쳐 기기에 연결하여 운반 기체가 건조한 상태로 컬럼에 유입되도록 한다.

문제 13.6 앞서 지적했던 것처럼 질소 기체는 운반 기체로서 유용한 흐름 속도 범위가 비교적 좁다. 수소는 흔히 사용되는 운반 기체 가운데 유용한 흐름 속도 범위가 가장 넓다. N_2 대신에 H_2를 사용할 경우 예상되는 장단점을 들어 N_2가 H_2에 비해 더 널리 사용되는 이유를 설명하라.

시료는 보통 10 μL GC용 주사기를 통해 GC로 주입한다. 시료(보통 수 마이크로리터 부피)는 고무 또는 유기 규소 중합체로 된 격벽을 통해 주사기 바늘로 주입되어 가열된 주입구 포트로 유입된다. 이 때 주입구 포트는 시료 성분의 끓는점 중 가장 높은 온도보다 50°C만큼 높게, 혹은 분석에서 사용하는 온도 기울기의 최고 온도보다 0에서 25°C만큼 높게 설정하는 것이 보통이다. 주입기를 가열함으로써 시료의 모든 성분이 기화되어 동시에 컬럼으로 유입되도록 하는 것이다. 하지만 주입구 온도를 너무 높게 설정하여 시료를 과열시키지 않도록 주의해야 한다. 격벽의 출혈에 의한 잡음(격벽의 분해로 인한 오염물 피크)이 생길 수 있기 때문이다. LC에서와 마찬가지로 시료를 컬럼에 넣을 때에는 가능한 한 짧은 시간 구간 동안에 컬럼 상단에 매우 좁은 "마개" 형태로 들어가도록 하는 것이 이상적이다. 시료가 일단 주입된 후에는 띠넓어짐은 분별능의 저하의 원인이 될 뿐이다. 따라서 우수한 분별능을 얻기 위한 첫 단계는 주입기에 달려 있다. 유지 보수가 제대로 되지 않은 주입기는 다른 종류의 띠넓어짐 및 꼬리끌기(피크 모양의 비대칭)의 원인이 된다. 따라서 격벽, 포트 라이너 및 마개 등을 주기적으로 교체해 주는 것이 중요하다. 그림 13.7에 일반적인 GC 주입 포트의 개략도를 나타내었다.

매우 높은 분별능을 요구하는 응용이나 매우 높은 분별능을 위해 설계된 기기의 경우, 주입기에서 일어나는 띠넓어짐이 주된 제한 요인 중 하나가 된다. 기기 제조사들은 예를 들어 "무용 부피" 또는 불완전한 흐름 및 주입기 포트 내의 온도 기울기(예, 운반 기체의 예열)로 인한 컬럼 외 띠넓어짐을 최소화하기 위한 혁신을 제시하였다.

대부분의 상용 주입기에는 또한 **분할 주입**(split injection) 또는 **분할 흐름**(split flow)이라고 불리는 기능이 있다. 분할 흐름 주입기(그림 13.7 참조)에서는 시료와 운반 기체가 주입기 안에서 혼합되고 시료의 대부분을 빼내게 되며 (분할) 컬럼으로 들여보내지 않는다. 분할 비는 제어 가능하지만 일반적으로 시료의 1% 정도만이 컬럼으로 유입된다. 모세관 GC의 경우 용량이 작기 때문에 쉽게 과부하가 걸릴 수 있으며, 분할 주입기는 이처럼 시료가 컬럼에 과부하를 줄 것이 예상될 때 주로 사용된다.

13.4절에서 제시하였듯이 모세관 컬럼은 충전 컬럼에 비해 분석에서 몇 가지 핵심적인 장점이 있다. 우선 분별능이 더 높다(미터당 이론단수가 훨씬 큼). 둘째로 흐름에 대한 저항이 더 적으므로 충전 컬럼에 비해 훨씬 긴 길이의 컬럼을 사용할 수 있다. 그러나 모세관 컬럼은 지름이 작기 때문에(0.05~0.5 mm) 컬럼에 과부하를 주기가 매우 쉽다(그림 13.8 참조). 주입에 앞서 시료를 희석해야 하는 수고를 덜기 위해서 주입기에서 시료의 일부를 "버리도록" 프로그램할 수 있다. 대부분의 현대 GC 기기들에는 프로그램 가능한 분할 주입기가 장착되어 있다. 분석 중에 과부하에 의한 피크가 보일 경우 분석자는 방법에서 분할 비를 높이게 된다.

자동 시료 채취기는 정형화된 분석에서 시료 주입을 자동화할 수 있는 기능을 제공하며 처리량이 중요한 실험실에서 널리 사용되고 있다. 그림 13.9에 CTC Analytics 사에서 제조한 자동 시료 채취기의 사진을 나타내었다. 시료는 시료 트레이에 실리게 되고 기기를 프로그램하여 시료를 순서대로 주입하도록 명령하게 된다. 자동 시료 채취기는 시간을 절약할 뿐만 아니라 변동성을 제거하는 역할도 한다. 일부 자동 시료 채취기는 주입에 앞서 각종 시료 준비 단계(예, 유도체화, 컬럼 주입 전 예열)까지 명령에 의해 자동으로 수행하여 한 걸음 더 나아간 분석 자동화를 제공한다. 이러한 기능은 처리

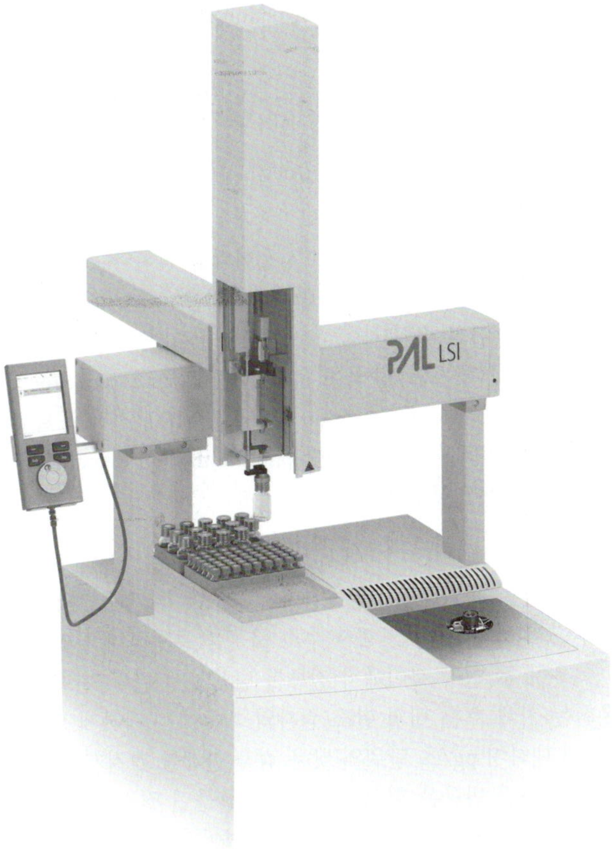

그림 13.9 이 사진은 CTC Analytics사에서 제조한 자동 시료 채취기 "PAL GC-xt"를 나타낸다. 이 자동 시료 채취기는 0.1에서 500 mL까지 주입하도록 프로그램 가능하며 최대 294개의 시료를 담을 수 있다.

량을 많은 작업을 최적화하고 연구자들이 화학 물질에 노출되는 것을 최소화하는 데 도움을 준다. 일반적인 GC 주사기로 정확한 부피를 재현성 있게 주입하는 것은 매우 어렵다. 따라서 내부 표준 물질이 있어야만 표준 GC 기기로 정량 분석을 수행할 수 있다. 하지만 자동 시료 채취기를 사용하면 주입시의 변동성이 크게 감소되므로 내부 표준 물질 없이도 정량 분석의 수행이 가능하게 된다(각주 12 참조). 반면에 고급 정량 작업의 경우에는 여전히 각 시료에 알려진 농도의 내부 표준 물질을 첨가하는 것이 *모범 사례*(best practices)로 되어 있다.

13.6 검출기

화학 문헌을 조금만 검색해 보아도 GC 기기의 운반 기체에서 분석물을 검출하는 방법은 매우 다양하다는 것을 금방 알 수 있을 것이다. 하지만 극소수의 방법만이 상용화된 기기에서 정형화되어 사용되고 있다. 이 부에서는 가장 일반적인 방법에 대해 살펴보려고 한다. GC 검출기는 다음의 다섯 가지 범주로 묶을 수 있다.

- **이온화 검출기**(ionization detector): 분석물은 이온으로 변환되고 두 전극 사이의 전도도의 변화로부터 분석물의 농도를 구한다.
- **광학 검출기**(optical detector): 광학적 흡광/발광으로부터 분석물의 농도를 구한다.
- **열전도도 검출기**(thermal conductivity detector): 운반 기체와의 비교 전도도에 기초하여 분석물을 검출한다.
- **전기화학 검출기**(electrochemical detector): 분석물을 수소나 산소와 반응시키고 생성물을 용매화시킨 후, 이에 따른 전기 전도도의 변화를 이용하여 분석물을 검출한다.

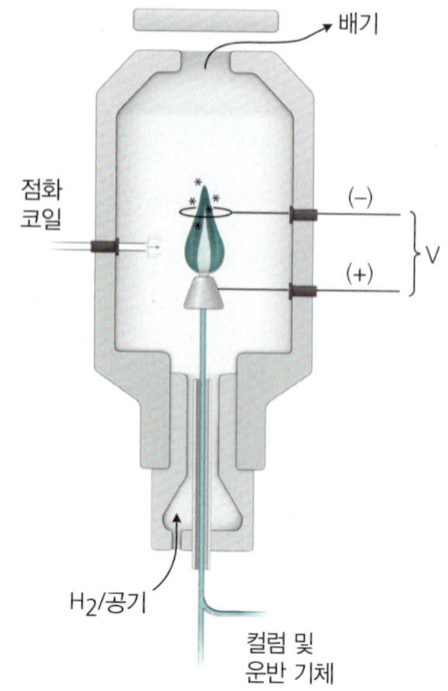

그림 13.10 FID의 개략도.

- **직렬 기기 검출**(tandem instrument detection): 제2의 “독립된” 기기를 검출기로 사용하는 방법이다(예, 질량 분석법).

◆ 이온화 검출기

GC 기기에서 사용되는 운반 기체는 일반적으로 비활성이다. 또한 GC 기기에서 사용되는 고온 조건에서 이들 기체의 전기 전도도는 매우 낮다. 이온화 검출기의 기본 원리는 운반 기체를 두 전극 사이에서 절연체로 사용한다는 점이다. 분석물이 두 전극 사이를 지나가게 되면 두 전극 사이의 전도의 변화로부터 분석물의 존재를 검출하게 된다. 다양한 이온화 검출기 사이의 주된 차이점은 분석물을 이온화시키는 메커니즘에 있다. 가장 잘 알려진 이온화 검출기로는 **불꽃 이온화 검출기**(flame ionization detector, FID), **열이온 이온화 검출기**(thermionic ionization detector, TID), **전자 포획 검출기**(electron capture detector, ECD) 및 광이온화 검출기(photoionization detector, PID) 등이 있다. 각각의 검출기에 대하여 논의하도록 하겠다.

불꽃 이온화 검출기 FID는 GC 기기에서 가장 흔히 볼 수 있는 검출기로서[13] 매우 드문 경우를 제외하면 범용 검출기로서 동작한다.[14] FID는 두 전극 사이에 놓인 수소–산소 불꽃으로 이루어져 있다. 운반 기체가 수소 불꽃을 통과하며 분석물의 이온화가 일어나고 생성된 이온이 두 전극 사이에서 전류를 발생하게 된다. 탄화수소 화학종의 경우 시료의 이온화는 기체 흐름 내의 탄소 원자의 개수에 비례하게 되고 때문에 FID는 탄화수소 분석물에 대하여 pg/초 단위의 낮은 검출 한계를 가지게 된다.[15] 헤테로 원자를 포함한 화합물에 대한 반응은 현저히 작다. 예를 들면 질소 산화물 및 황을 함유한 저분자 물질에 대한 검출 한계는 몇 자리 수 이상 떨어지며 보통 수십 ng/초 단위가 된다. FID는 질소 및 인을 포함한 저분자 화합물에 대해서는 보통 부적합한 선택으로 간주된다. (CO_2나 H_2O와 같이) 완전히 산화된 기체 또한 마찬가지로 FID에서 쉽게 검출되지 않는다. 그림 13.10에 FID의 개략도를 나타내었다.

열이온 검출기 열이온(thermionic) 장치라는 용어는 전기장의 존재 하에서 물질을 일함수[16] 이상으로 가열하여 이온의 흐름을 생성하는 장치를 일컫는다.[17] TID는 1971년에 질소 및 인을 함유한 화합물의 검출을 위해 Kolb와 Bischoff에 의해 처음으로 개발되었다.[18] 최초 개발 이후 기초적인 설계는 그다지 변하지 않았다(그림 13.11 참조). TID의 핵심 구성 요소로는 세라믹 실린더 전열선의 사용을 들 수 있다. 세라믹 실린더에는 알칼리 금속(루비듐 또는 세슘)이 도핑되어 있다.[19] 용리 직전에 운반 기체를 수소 기체와 혼합하고 이렇게 만들어진 혼합 운반 기체를 혼합물의 인화점 바로 아래까지 가열한다. 운반 기체가 컬럼으로부터 용리되면서 알칼리 금속 위로 지나가게 되고 “차가운” 플라스마를 점화시키게 된다. 열이온 조건에서 전자는 알칼리 금속의 일함수에 따라 음극과 양극 사이를 흐르게 된다. 들뜬 상태의 질소나 인이 존재할 경우 알칼리 금속의 일함수가 감소하고 결과적으로 전류가 증가하게 된다(그 증가 폭은 종종 10^4배에 이

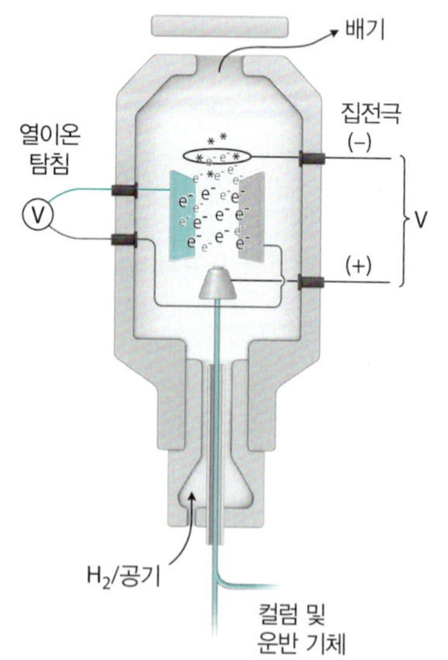

그림 13.11 TID의 개략도. 용리된 시료를 이온화하기 위하여 불꽃을 사용하는 대신에, TID에서는 필라멘트에서 방출되는 고에너지 전자의 흐름을 사용한다. 이온화된 시료를 별표(*)로 나타내었다. 분석 신호는 집전극에서 발생하는 전류가 된다.

[13] Morgan D. J. Construction and Operation of a Simple Flame-Ionization Detector for Gas Chromatography *J. Sci. Instrum.* **1961**, *38*, 501-503.

[14] Eiceman, G. A.; Hill, Jr., H. H.; Gardea-Torresdey, J. Gas Chromatography, *Anal. Chem.* **1998**, *70*, 321-340; Poole, C. F. The Essence of Chromatography. Elsevier; Amsterdam, The Netherlands, **2002**.

[15] David, D. J. *Gas Chromatographic Detectors*. Wiley-Interscience: New York, **1974**; Hill, H. H.; McMinn, D. G. *Detectors for Capillary Chromatography*. Wiley: New York, **1992**.

[16] 고체 표면 계면의 원자로부터 전자를 떼어내는 데 필요한 일(에너지). 일함수는 진공에서의 원자의 이온화 에너지와 비슷한 개념이지만 고체 표면에 대하여 적용된다.

[17] 5장에서 살펴본 바 있는 Coolidge X선 관에서 열이온 장치를 사용하여 전자의 흐름을 생성하였다.

[18] Kolb, B.; Bischoff, J. A New Design of a Thermionic Nitrogen and Phosphorous Detector for GC. *J. Chromatogr. Sci.* **1971**, *12*, 625-629.

[19] David, D. J. *Gas Chromatographic Detectors*. Elsevier: Amsterdam, **1986**.

르기도 함). TID의 중요한 단점으로는 알칼리 금속 구슬이 시간이 지남에 따라 소모되므로 주기적으로 교체해 주어야 한다는 사실이다.[20]

전자 포획 검출기 1957년에 개발된[21] ECD는 살충제, 유기금속 화합물, 나이트로 및 나이트라일 화합물들에 대하여 여전히 널리 사용되는 검출기이다.[22] 할로젠화 화합물 및 전기음성도가 강한 부분을 함유한 화합물에 대하여 타의 추종을 불허하는 감도 때문에 널리 사용되는 것이다. 예를 들면 Agilent Technologies의 경우 6 fg/mL의 검출 한계를 갖는 ECD 검출기를 판매하고 있다.[23] ECD 검출기에서는 컬럼으로부터 나온 용리액이 방사성 동위원소실로 유입되고 여기서 *보충 기체*(make-up gas, 일반적으로 질소)와 합쳐지게 된다. ECD는 β선을 방출하는 방사성 동위원소를 사용하여 보충 기체에 전자의 흐름을 유입시킨다. 여기서 β 입자가 보충 기체와 충돌하여 기체의 양이온과 라디칼에 더하여 2차 자유 이온의 플라스마를 생성하게 된다. 2차 이온은 양으로 하전된 집전극 쪽으로 가속되고 바탕 전류로서 수집된다. 운반 기체가 전기음성도가 강한 부분을 함유한 분석물 분자를 포함하는 경우 분석물이 전자를 *포획*하게 되고 그 결과 수집되는 전류가 감소하게 된다. 대다수의 ECD 검출기는 얇은 금속박으로 만들 수 있고 400°C까지 열적으로 안정한 ^{63}Ni를 β선 발생원으로 사용한다. 그림 13.12에 ECD의 개략도를 나타내었다.

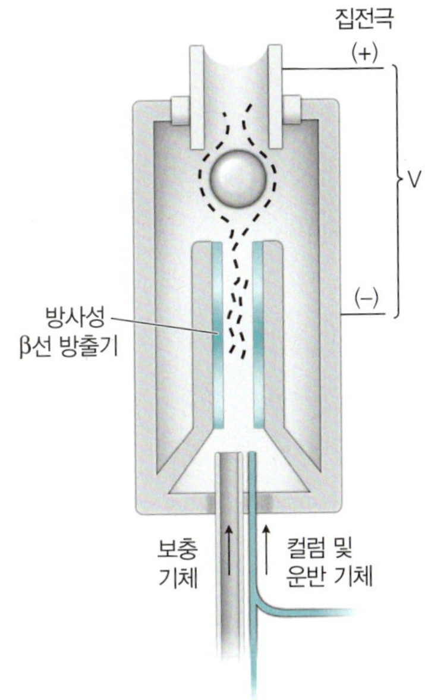

그림 13.12 ECD의 개략도. 이온화원은 방사성 β선 방출기이다. 앞서의 두 가지 이온화 검출기와 달리 ECD는 음이온을 생성하여 집전극에서 검출하게 된다. ECD 검출기는 염소, 브로민, 아이오딘과 같이 전기음성도가 높은 큰 원자를 함유한 화합물에 대하여 특히 유용하다.

광이온화 검출기 PID는 자외선(UV)을 이용하여 운반 기체 내의 유기 용리액을 이온화시키고 이렇게 발생된 전류를 다른 이온화 검출기에서와 마찬가지 방법으로 측정한다. PID는 다른 종류의 이온화 검출기와 비교하여 보충 기체를 사용하지 않는다는 분명한 장점이 있으며 따라서 휴대용 GC 기기에 널리 활용된다(그림 13.13 참조). 또한 PID는 용리액의 분석물 중 작은 퍼센티지만을 이온화시키기 때문에 일반적으로 비파괴적이라고 분류된다. 따라서 PID는 다중 검출 모드를 사용하는 기기에서 검출기로서 좋은 선택이 된다. PID의 단점에는 검출기의 감도가 농도에 관계되므로 검출기 반응이 흐름 속도에 민감하다는 점이 있다.

더욱이 PID의 감도는 분석물 내에 산화될 수 있는 탄소의 수에 따라 증가한다. 각 분석물에 대하여 별도의 교정 곡선을 만들어야 한다. FID와는 달리 PID는 범용 검출기로 분류되지 않는다. 하지만 도리어 PID의 이런 성질을 이용하여 매우 선택성이 높은 분석을 수행할 수도 있다. UV 램프의 출력을 조절하면 PID를 특정 분석물에는 매우 민감한 반면 다른 분석물에는 사실상 그냥 지나치도록 할 수도 있다. PID가 FID에 비해 어떤 분석물에는 50배 이상 더 민감하게 반응하고 분석 대상이 아닌 화학종에 대해서는 사실상 반응하지 않도록 만들어진 사례도 있다.[24] PID와 FID를 직렬로 장착한 GC 기기는 매우 다재다능한 기기가 될 수 있다.

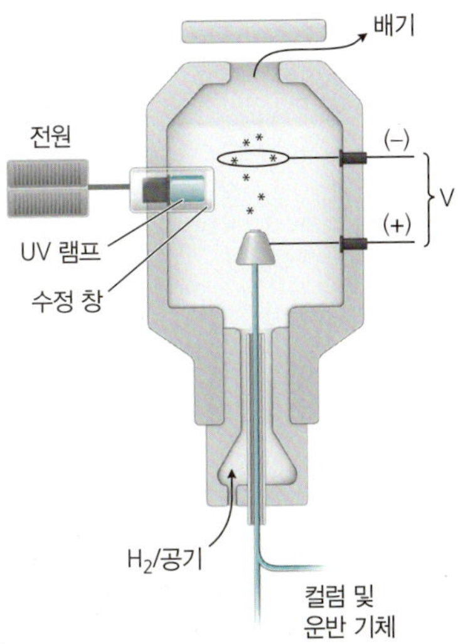

그림 13.13 광이온화 검출기의 개략도. PID에서는 이온화원은 자외선 램프이다.

◆ 광학 검출기

광학 흡광도 검출기(optical absorbance detector)는 GC 체계에서는 LC 기기만큼이나 널리 쓰이지는 않고 있다. 일반적으로 대부분의 휘발성 유기 화합물은 UV 흡광 최대값

[20] Patterson, P. L. Recent Advances in Thermionic Ionization Detection for Gas Chromatography *J. Chromatogr. Sci.* **1986**, *24*, 41-52.

[21] Lovelock, J. E. A Sensitive Detector for Gas Chromatography. *J. Chromatogr. A.*, **1958**, *1*, 35-46.

[22] Krejči M.; Dressler M. Selective Detectors in Gas Chromatography. *Chromatographic Reviews*, **1970**, *13*, 1-59.

[23] Smith, D.; Lynam, K. GC/μECD Analysis and Confirmation of PCBs in Fish Tissue with Agilent J&W DB-35ms and DB-XLB GC Columns. Agilent Technologies Application Note, http://www.chem.agilent.com/Library/applications/5990.6236EN.pdf (accessed Aug 14, 2015).

[24] Driscoll, J. N.; Krull, I. S. Recent Advances in Gas Chromatography Instrumentation: An Historical Perspective. *CRC Crit. Rev. Anal. Chem.*, **1986** *17(2)*, 193.

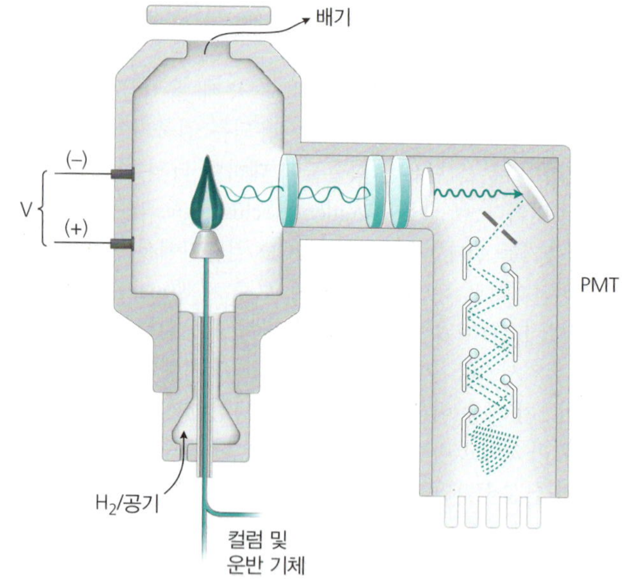

그림 13.14 FPD의 개략도.

이 200 nm 이하에서 나타나는데, 이는 대부분의 광학 기구 재료의 투과 범위 밖에 있다. 따라서 흡광도 검출기는 GC에서 "범용" 검출기로 분류되지 않는다. 하지만 몇 가지 광학 검출기의 경우 특정한 종류의 분석에서 핵심적인 장점이 있기도 하다. 이 가운데 가장 흔한 형태를 여기서 알아보자.

불꽃 광도 검출기 불꽃 광도 검출기(flame photometric detector, FPD)는 인 및 황을 함유하는 화합물의 분석에 적합한 검출기이다. FPD는 개념적으로 원자 발광 분광 광도계와 비슷하다(4장 참조). 하지만 FPD에서 사용되는 불꽃은 용리액을 원자화시키는 것이 목적이 아니다. GC에서 나온 운반 기체와 용리된 분석물은 2단계 수소−산소 불꽃기로 유입된다. 여기서 분석물은 첫 번째 불꽃에 의해 분해되고 이렇게 생성된 조각이 두 번째 불꽃에 의해 에너지를 얻어 들뜬 상태로 된다(그림 13.14 참조).[25] 들뜬 상태의 분자 조각들이 이완될 때 방출된 광자를 섬광계/광전증폭관(photomultiplier tube, PMT)을 사용하여 검출한다.[26] FPD는 인이나 황을 함유한 화합물의 검출에 주로 사용되고 있지만 비소, 셀레늄, 저마늄, 주석, 안티모니, 브로민 등의 다른 원자를 함유한 화합물의 검출에도 활용될 수 있다. 한편 많은 전이 금속 착물은 발광 검출에 적합하다.[27] FPD의 검출 한계는 인을 함유한 화합물에 대해서는 10^{-13}에서 10^{-14} g/초 범위이며, 황을 함유한 화합물에 대해서는 10^{-12}에서 10^{-13} g/초 범위에 들어온다.

◆ 원자 발광 검출기

원자 발광 분광법(atomic emission spectroscopy, AES)에 대해서는 4장에서 먼저 공부하였으며, 이 때 유도 결합 아르곤 플라스마 및 직류 아르곤 플라스마 토치가 원자화 및 들뜨기 양쪽 모두에 에너지원으로 사용된다는 것을 살펴본 바 있다. GC 컬럼에서 유출되는 용리액을 플라스마 토치의 아르곤 흐름 줄기에 유입시키기만 한다면 간단할 것이다.

[25] Patterson, P. L. Recent Advances in Thermionic Ionization Detection for Gas Chromatography *J. Chromatogr. Sci.*, **1986**, *24*, 41-52.

[26] 섬광계 광전증폭관에 대한 설명은 6장을 참고하기 바란다.

[27] Jing, H. W.; Amirav, A. Pulsed flame photometric detector − a step forward towards universal heteroatom selective detection *J. Chromatogr. A*, **1998**, *805*, 177-215; Aue, W. A.; Sun, X. Y.; Millier, B. Inter-elemental Selectivity, Spectra and Computer-Generated Specificity of Some Main-Group Elements in the Flame Photometric Detector. *J. Chromatogr. A*, **1992**, *606*, 73-86.

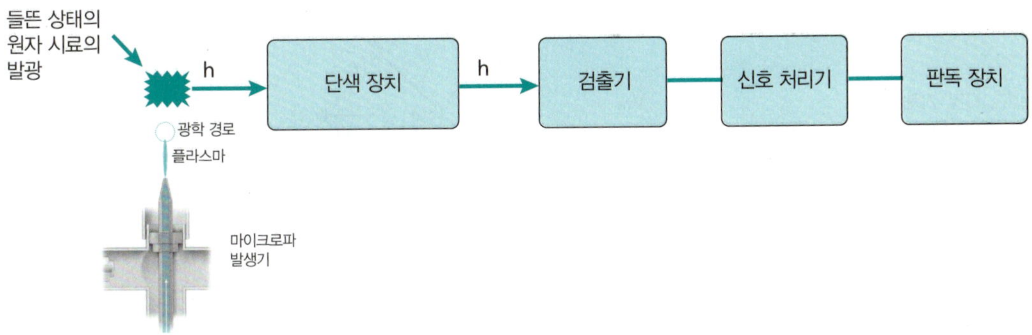

그림 13.15 마이크로파 헬륨 플라스마 생성기를 원자화 및 들뜸 에너지원으로 사용한 AED의 개략도.

하지만 AES가 가장 적합한 곳은 전이 금속 착물의 연구이며, GC는 주로 유기 화합물의 연구에 사용된다. 아르곤 플라스마 토치는 들뜬 상태의 원자 상태 탄소에 대하여 충분한 들뜸 에너지를 공급하지 못한다. 1980년대 후반에 Hewlett-Packard 사는 GC 검출기 전용으로 설계된 헬륨 플라스마 토치를 개발하였다.[28,29] 헬륨 플라스마는 마이크로파실에서 생성되며, 컬럼으로부터 유출된 용리액이 마이크로파실을 통과하는 과정에서 원자화와 동시에 들뜬 상태의 원자가 생성된다. 원자 발광 검출기(atomic emission detector, AED)의 핵심적인 장점으로는 컬럼으로부터 용리되는 분석물의 정량과 각 용리액의 원소 조성 결정이 동시에 이루어진다는 점을 꼽을 수 있다. AED 검출기의 개략도를 그림 13.15에 나타내었다. AED는 모세관 GC 컬럼에서 마이크로파-유도 플라스마실로 연결되는 연결부, 마이크로파실에 대한 냉각 체계, 회절발 및 관련 광학 부품, 컴퓨터에 연결된 위치 조정 가능한 광다이오드 등으로 구성되어 있다. AED는 범용 원소별 검출기로 분류되며 최소 검출 한계는 pg/초 미만위 단위이다. AED는 인상적인 성능 사양을 자랑하지만 구매 가격 및 작동 비용이 매우 비싸다. 분석물에 따라서 별도의 "포착제(scavenger)" 기체를 선택해야 하며, 검출기에는 값비싼 헬륨 및 기타 보충 기체가 소요된다.

◆ 열전도도 검출기

일반적으로 GC의 운반 기체로는 질소, 수소 또는 헬륨을 사용한다. 이들 기체는 모두 열전도도가 높은 편이다. **열전도도 검출기**(thermal conductivity detector, TCD)는 분석물이 검출기를 통과할 때 컬럼 용리액의 열전도도의 변화를 측정하는 방식으로 작동한다. 대부분의 화합물은 운반 기체에 비하여 열전도도가 낮으므로 TCD는 범용 검출기로 분류될 수 있다.

TCD에는 2개의 전열선 필라멘트가[30] 각각 절연실에 들어 있다. 절연실 중 한 쪽은 기준실로서 운반 기체가 지속적으로 흐르고 있다. 다른 한 쪽은 측정실로서 컬럼 용리액 기체가 지속적으로 흐르고 있다. 분석물이 절연실을 통과하지 않는 경우에는 필라멘트로부터 절연실 본체로 지속적인 열 흐름이 유지된다. 분석물이 측정실을 통과하는 경우에는 측정실 내 기체의 열전도도가 감소하고 결과적으로 필라멘트가 뜨거워진다. 필라멘트의 저항이 증가하게 되고 결과적으로 저항에 의한 전압 강하 또한 증가한다(Ohm의 법칙). TCD는 흔히 고전적인 Wheatstone 브리지 회로의 일부로 제작되는데, 이 때에는 두 필라멘트 사이의 전압 변화를 측정한다(그림 13.16 참조).

---

28 Hewlett-Packard 사는 1999년에 분석 기기 사업부를 Agilent Technologies로 분사시켰다.

29 Handley, A. J.; Adlard, E. R. (editors). *Gas Chromatographic Techniques and Applications*. **2001**, Sheffield Academic Press, Sheffield, UK.

30 (감도가 낮은) 저가형 모델에는 필라멘트가 1개만 있다.

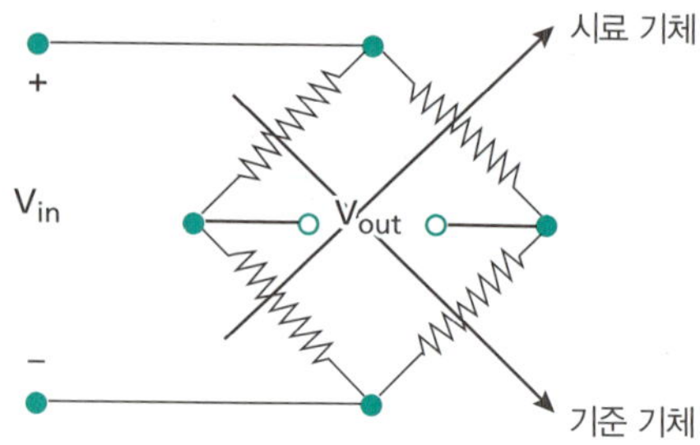

그림 13.16 TCD의 개략도. 시료 기체는 왼쪽 아래에서 오른쪽 위로 흘러가며 기준 기체는 왼쪽 위에서 오른쪽 아래로 흘러간다. 온도에 따른 저항 변화를 V_{out}의 전압 차로 측정한다.

TCD는 다른 종류의 검출기와 비교하여 여러 가지 장점이 있다. 첫째로 비파괴적이며 따라서 다른 검출기와 직렬로 연결하여 사용할 수 있다. 둘째로 대부분의 유기 화합물에 대하여 열전도도는 서로 비슷하기 때문에 TCD는 광범위한 분석물에 대하여 매우 유사한 반응을 보이게 된다. 이 때문에 일반적으로 TCD로는 별도의 교정 작업 없이 각 피크의 넓이만을 비교하는 방법으로 상대 조성을 구하는 것이 가능하다. 다른 기법과 비교할 때 TCD의 주된 단점으로는 검출 한계가 더 높다는(나쁘다는) 점을 들 수 있다. 일반적으로 TCD의 최소 검출 한계는 10^{-6}에서 10^{-8} g/초 수준이다.

◈ 전기화학 검출기(전해질 전도도 검출기)

전기화학 검출기(electrochemical detector, ELCD)에서는 용리액이 수소 기체와 혼합되어 가열된 니켈 도금 관을 통과하게 되고 이 관에서 다음 반응에 대한 촉매 전환이 일어난다. (1) 할로젠 함유 화합물의 HX (HF, HCl, HBr, HI)로의 전환, (2) 질소 함유 화합물의 암모니아(NH_3)로의 전환. ELCD의 개략도를 그림 13.17에 나타내었다. ELCD로 황 함유 화합물을 검출하고자 할 경우에는 보충 기체를 산소로 바꾸어 황 화합물을 SO_2로 전환시키게 된다. 어느 경우가 되었든지 니켈 촉매실에서 나오는 용리액을 각각 다음의 적절한 용매가 들어 있는 전도도 흐름 셀로 통과시킨다. 암모니아의 경우: 물(~5% v/v *tert*-뷰틸 알코올), HX의 경우: 1-프로판올, SO_2의 경우: 메탄올(~3% v/v 물)이다. 용액상에서 전환 생성물(즉 HX, NH_3, SO_2)이 이온화되어 전기 전도성 용액을 생성한다. ELCD는 선택성이 매우 높은 검출기로서 최소 검출 한계는 pg/초 미만의 범위이다. ELCD의 장점은 할로젠 및 황을 함유한 화합물에 대하여 검출 한계가 매우 낮

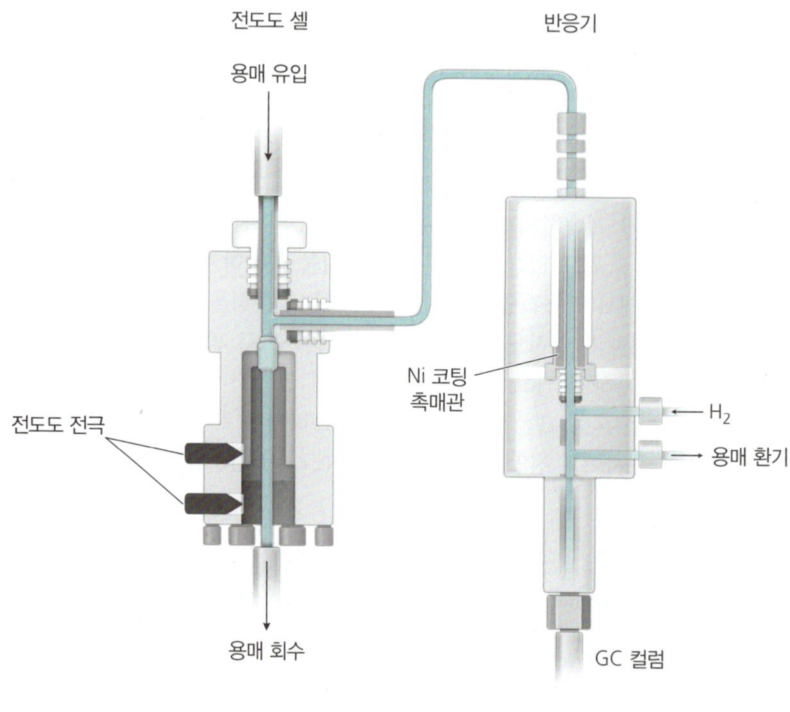

그림 13.17 ELCD의 개략도.

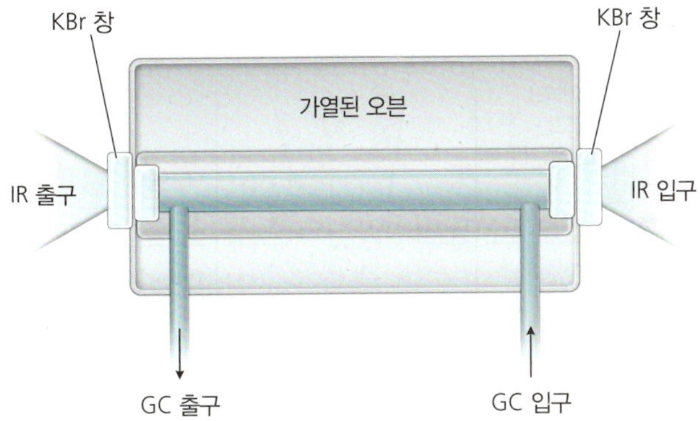

그림 13.18 GC-FTIR 광관의 개략도.

다는 점이다. AED에도 이같은 장점이 있기는 하지만 ELCD 쪽이 구매 가격 및 작동 비용이 훨씬 저렴하다. 하지만 ELCD는 오염에 취약하다. 탄소 석출물이 촉매관에 쌓이는 것을 방지하려면 세정 장치를 반드시 사용해야 하며, 황 산화물 석출물 또한 검출기의 감도 저하의 원인이 될 수 있다.

◆ 직렬 기기 검출

가장 널리 사용되는 직렬 기기 검출을 두 가지 들자면 **GC-Fourier 변환 적외선 분광법**(GC-Fourier transform infrared, GC-FTIR) 및 **GC-질량 분석법**(GC-mass spectroscopy, MS) 체계를 꼽을 수 있다. GC는 복잡한 혼합물의 분리에는 매우 강력한 도구이지만 그 자체로는 각각의 성분을 확인할 수는 없다. 반면에 적외선 분광법은 혼합물의 각 성분을 분리할 수는 없지만 분자의 결합 구조를 밝히는 데는 탁월한 도구이다. 스펙트럼 데이터베이스를 활용하면 FTIR을 혼합물 내 개별 성분에 대한 명확한 확인을 위한 "지문"으로 활용할 수 있다. 마찬가지로 질량 분석기(MS) 또한 혼합물의 성분을 분리할 수는 없지만 화합물의 구조 구성 요소를 밝히는 데는 탁월한 도구로서 FTIR에서와 마찬가지로 스펙트럼 데이터베이스를 통하여 개별 성분을 명확하게 확인할 수 있다.

FTIR 기기의 작동 및 설계에 대해서는 8장에서 자세히 다루었으며, MS 기기의 작동 및 설계에 대해서는 10장에서 자세히 다룬 바 있다. 여기서는 이들 각 기법과의 *연결 장치*(interface)의 설계에 집중하도록 하겠다.

GC-Fourier 변환 적외선 분광법 GC 실험에서 용리액은 기체이므로 GC-FTIR의 연결 장치는 단순히 변경된 기체 셀이면 된다(표준 형태의 기체 셀의 사진은 그림 8.15를 참조할 것). GC로부터 나온 용리액은 FTIR 분광기의 광학 경로에 위치한 온도 조절기가 달린 "광관"을 통과하게 된다. 그림 13.18에 GC-FTIR 광관의 개략도를 나타내었다. 여러 제조사에서 GC-FTIR 액세서리를 판매하고 있다.

GC-질량 분석법 GC 및 MS 기법 모두 기체상에서 작동하므로 이들 두 기법의 연결은 간단할 것이라고 누구나 예상할 수 있을 것이다. 현대의 다수의 모세관 컬럼은 안지름이 매우 작기 때문에 MS에 컬럼을 바로 삽입하여 사용할 수도 있다. 하지만 초기의 GC 컬럼은 지름이 훨씬 크고 많은 경우 충전 물질을 포함하고 있었다. GC와 MS를 연결할 때의 기술적인 난제는 두 기기 사이의 압력의 차이였다. GC 기기는 높은 압력(> 760 mmHg)에서 작동하는 반면 MS 기기는 매우 낮은 압력(10^{-5}에서 10^{-6} mmHg)에서 작동한다. 어떻게 하면 GC에서 나오는 대부분의 용리액을 MS로 옮기면서도 압력을 7~8자리만큼 떨어뜨릴 수 있을지가 기기 설계상의 난제였다. 몇 가지의 연결 장치 설계가 수 년 동안 개발되었지만 그 가운데 가장 중요한 것은 **분사 분리기**(jet separator)였다(그림 13.19 참조). 분사 분리기는 운반 기체와 용리액의 확산율의 차이를 이용하여 유기 용리액을 운반 기체로부터 분리하는 작용을 한다. 운반 기체는 보통 (헬륨이나 수

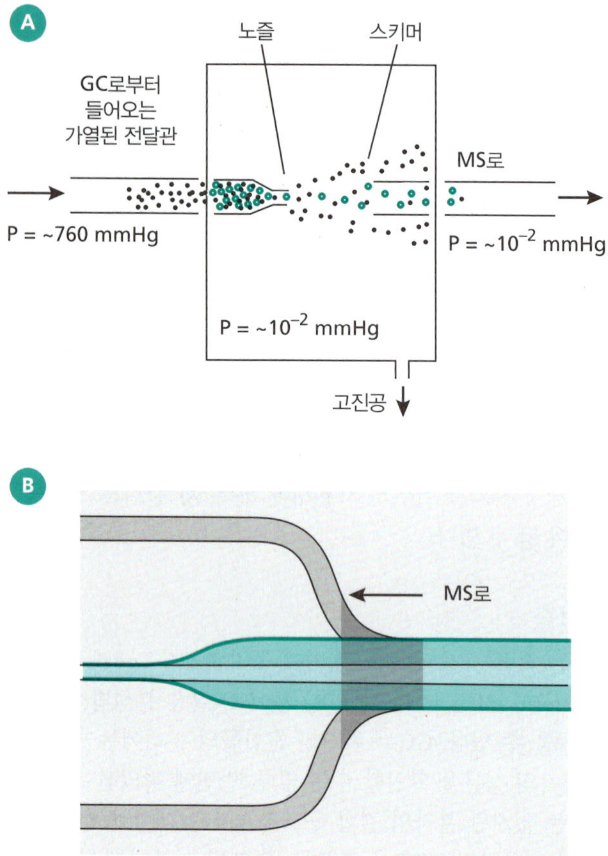

그림 13.19 (A) GC-MS 분사 분리기의 개략도. (B) 분사 분리기의 "분사구"를 이루는 가늘게 뽑아낸 모세관의 단면.

소 등의) 가벼운 분자로서 연구 대상이 되는 분석물에 비하여 확산 계수가 훨씬 크다. 분석물이 GC 컬럼 하단에 근접하게 되면 *전달관*(transfer line)이라고 하는 가열부를 통과하게 된다. 전달관의 온도는 일반적으로 약 250°C이다. 가열된 전달관은 용리되는 기체에 운동 에너지를 더해 준다. 용리되는 기체는 작은 구멍을 통해 부분 진공실(약 10^{-2} torr)로 분무되는데, 이 때 운반 기체는 확산율이 크므로 분무각이 커지게 된다. 반면에 유기 분석물의 분자량은 운반 기체보다 크기 때문에 확산율이 훨씬 작고 분무각 또한 훨씬 작아지게 된다. 분무 원뿔의 가운데 부분을 스키머를 이용하여 포집함으로써 질량 분석기 유입 전에 운반 기체의 대부분을 분석물로부터 제거할 수 있게 된다.

분사 분리기에는 두 가지 기능이 있다. 첫째로 압력을 760 mmHg 수준에서 10^{-6} mmHg 수준으로 낮추어 주며, 둘째로 운반 기체의 상당 부분을 제거함으로써 결과적으로 분석물을 농축시키게 된다. 분사 분리기는 일반적으로 유리 모세관을 가늘게 한 점으로 뽑아낸 후 이 모세관을 진공에 연결된 유리 구와 접합시켜 만든다.

문제 13.7 FID가 장착된 기기에서 CO_2를 운반 기체로 사용할 경우 문제가 생기지는 않겠는가? 그 이유를 설명하라.

문제 13.8 지역 분석 실험실에서 근무하는 화학자로서 제초제 오염이 의심되는 시료를 대량으로 분석하고자 한다. 미량으로 함유된 다음의 각 물질에 대하여 GC 분석을 하고자 할 경우 어떤 검출기가 필요할지(설명과 함께) 계획을 세워 보라. (a) 2,4-D, (b) 아트라진, (c) RoundUp. *각 화합물의 구조는 온라인 검색 엔진을 통해 찾아보라.*

문제 13.9 싸이아자이드 이뇨제를 소량 복용하는 환자로부터 소변 시료를 채취하여 분석하고자 한다. 어떤 종류의 GC 검출기를 선택할 것인가? 그 이유를 설명하라.

◈ 정량적 및 정성적 고려 사항

GC에서 피크 높이 및 피크 넓이는 LC 분석에서와 마찬가지로 정량적인 결과를 제공하며, 분석의 세부 사항은 대체로 분석에 사용된 검출기의 종류에 달려 있다. 일련의 외부 표준 물질을 사용하여 교정 곡선을 그리거나 내부 표준 물질을 사용하여 시료 내의 각 분석물의 함량을 정량할 수 있게 된다. 분광 분석(Beer 법칙 적용)의 경우 검출기에서 측정된 시료의 흡광도를 농도로 변환하게 된다. 반면에 (현상을 계수하는) 광자 분석의 경우 (계수 결과값을) 일련의 알려진 양의 표준 물질과 비교함으로써 시료에 적용함으로써 정량적 측정을 할 수 있다. LC 기법에서는 농도 분석에 크게 의존하며 주로 비파괴적인 검출을 수행하게 되는 반면, GC 기법에서는 주로 절대량 분석에 의존하며 시료를 파괴하는 검출기를 활용하게 된다. 하지만 앞의 부에서 살펴보았듯이 이러한 일반화에 대한 예외도 찾아볼 수 있다.

조사에서 사용된 크로마토그래피 조건에서의 머무름 시간은 관심 대상이 되는 분석물을 확인할 수 있게 해 준다. 이 장의 첫 번째 부에서 논의했듯이 머무름 특성으로 나타낸 분리 결과는 대체로 실험적으로만 이해 가능하며, 따라서 대부분의 분석자들은 문헌을 통하여 실험 설계 및 결과 해석에 대한 정보를 얻는다. 데이터베이스의 사용 또한 피크 확인에서의 유용성 때문에 점점 더 보편화되고 있다.

차트 기록기는 수십 년 동안 업계 표준으로 활약하였으나, 오늘날의 최신 기기들은 검출기로부터 컴퓨터로 신호를 보내서 분석하도록 한다. 컴퓨터에서는 아날로그-디지털 변환 후에 디지털화된 신호를 이용하여 처리, 저장 및 보고를 수행하게 된다. 사용된 검출기의 종류에 따라 신호의 여러 특성이 영향을 받게 되는데, 이러한 특성에는 감도, 검출 한계, 동적 및 선형 범위, 반응 시간 및 잡음 등이 있다. 컴퓨터에서는 피크의 적분, 바탕선 조정 및 자동 축척 조정 등을 통해 신호 처리를 완수하게 된다. LC에서와 마찬가지로 데이터 수집 및 처리 특성은 샘플링 속도 및 아날로그-디지털 변환기의 범위에 달려 있다. 특히 몇몇 고속 GC 기법 및 복잡한 혼합물에 대한 다차원 GC에서 등장하는 새로운 방법들에서는 샘플링 속도가 기법의 한계까지 근접할 수 있고 따라서 분석 전반의 분별능과 성능에 대한 제한 요인이 된다. 이러한 과제를 극복하는 방법은 컴퓨터 인터페이스 및 데이터 처리 능력 측면에서 방법론적 진보의 첨단에 있다.

13.7 기체 크로마토그래피에서의 새로운 개발과 지향

지난 십 년 간 GC 분야에서 출판된 논문의 대부분은 GC를 분석 장치로 사용하여 연구 대상이 되는 문제에 대한 결과를 획득한 응용에 대한 보고 내용이었다. 하지만 최근 문헌에 소개된 몇몇 매우 흥미로운 새로운 개발에 관한 내용은 살펴볼 만한 가치가 있다. 이들 획기적인 분야에서의 연구 및 신기술은 이 과학 분야를 크게 발전시키고 있다.

◈ 다차원 기체 크로마토그래피 기법

매우 복잡한 혼합물의 분석에 사용되는 **다차원 GC**(multidimensional GC, MDGC)에서는 첫 번째 GC 분석으로부터 용리되는 분석물을 두 번째 GC로 보내서 추가적인 분리 및 특성 확인을 하게 된다(그림 13.20 참조). 시료를 첫 번째 GC로부터 두 번째 GC로 보내는 방법에는 두 가지가 있다. **중심부 절단 2차원/2D GC**(heart cutting two-dimensional/2D GC)는 둘 중 더 오래 전에 개발되고 성숙한 기법으로서 첫 번째 GC 컬럼 뒤에 연결 장치를 장착하여 사용한다.

분별이 제대로 되지 않은 문제의 분석물이 첫 번째 컬럼으로부터 용리되기 직전의 시간에 연결 장치를 교대시켜 유출물을 두 번째 컬럼으로 유입시킨다. 연결 장치는 문제의 분석물이 두 번째 컬럼으로 유입되는 데 필요한 시간 동안만 최대한 짧게 열어 놓는다. 두 번째 컬럼 진입 후 시료는 한 차례 더 분리된다. 일반적으로 중심부 절단 2D GC에

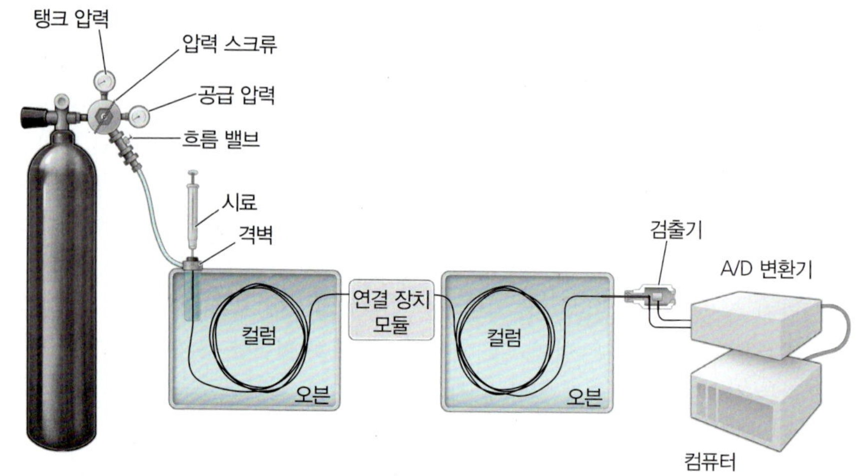

그림 13.20 일차 컬럼으로부터의 유출물을 이차 컬럼으로 보내는 역할을 하는 두 컬럼 사이의 연결 장치를 포함한 MDGC 체계의 개략도.

서는 서로 다른 특이성을 지닌 두 컬럼을 사용하게 되며 양쪽 차원으로 모두 분리가 일어나게 된다. 중심부 절단 2D GC는 1958년에 개발되어 근근이 사용되어 왔으나, 최근에는 1991년에 Liu와 Phillips에 의해 개발된 보다 최신의 MDGC 기법인 GC × GC에 밀려 상대적으로 관심이 떨어진 상태이다.

중심부 절단 2D GC에서와 마찬가지로 GC × GC에서는 두 컬럼 사이에 연결 장치가 있어 첫 번째 컬럼의 유출구로부터 두 번째 컬럼의 유입구로의 흐름을 조절하고 진행시키게 된다. 하지만 GC × GC에서는 연결 장치가 첫 번째 컬럼으로부터의 유출물을 두 번째 컬럼으로 펄스로 보내게 되며, 그 부피는 대략 피크의 너비 정도가 된다. 이때의 샘플링 속도를 **변조 주기**(modulation period)라고 한다. 시료의 각 펄스에 대해서는 두 번째 컬럼에서 매우 신속하게, 일반적으로 고속 고온 등온 분석으로 분석이 진행된다. 변조 및 컬럼의 성능과 관련된 개발은 지대한 관심 대상 분야이다. GC × GC를 사용하여 발표된 응용 분야의 수는 증가되는 추세이며, 특히 정상적인 기능과 질병 상태 양쪽 모두를 이해하기 위해 특정 세포 체계의 모든 저분자 대사 물질을 확인하는 대사체학과 같은 새로운 분야에서는 강력한 기법으로 각광받고 있다. 응용 범위는 환경, 석유 및 제약 등의 분야에서 무궁무진하다. 현재 GC × GC 기법에서 가장 널리 쓰이는 검출기는 검출 시간이 빠른 MS 기기이다. 하지만 본 기법으로 수집된 풍부한 데이터를 처리할 수 있는 데이터 처리 체계와 관련해서는 더 많은 개발이 필요하다.

◆ 소형화, 휴대성, 속도 및 처리량

13.1절에서 언급했던 것처럼, 오늘날 기체 크로마토그래피의 주된 혁신은 휴대성(기기를 분석 지점으로 가져가는 것) 및 처리량(초고속 분석을 통하여 짧은 시간 동안 많은 시료를 분석할 수 있도록 하는 것) 등의 아이디어의 융합과 연관되어 있다. 이 두 가지 목표는 미국 국토안보부 절차 및 외계 탐사 등을 포함한 많은 중요한 응용 분야에서 사용되고 있다. 실용적인 휴대성을 달성하기 위해서는 소형화 분야의 혁신이 필요하며, 이 분야에서의 진보는 놀라울 정도이다. 이 분야에서의 연구는 요구 전력, 크기의 제약 및 이용과 같은 공학적 문제와 관련된 소형화에서의 새로운 발전뿐만 아니라, 컬럼 기술 및 성능의 새로운 발전으로 이어지며 분리 메커니즘 및 입자의 거동과 관련된 근본적인 이해 향상에 대한 희망을 제시하였다. 반도체, 컴퓨터 메모리 및 마이크로프로세서의 생산 등을 포함한 컴퓨터 소형화로 인한 기술은 보다 새롭고, 빠르고, 값싸고, 작은 기기 장치의 개발에 결정적으로 기여하였다. GC 체계의 소형화에서의 발전을 특정

▶ 프로파일 _Profile

호흡과 대기 질

실내 공기 모니터링에 관한 흥미 있는 논문에서 저자인 Sun Kyu Kim과 미시간 대학교의 공동 연구진은 "ppb 수준 미만에서 자동, 준(準) 실시간, 선택적으로 휘발성 유기 화합물을 모니터링하기 위한 [미세 가공] GC 기술의 최초 현장 시연"을 발표하였다.* 휴대용 기기로써, 건물 밑의 오염된 토양 및 지하수로부터 건물 안으로 스며들어 오는 것으로 알려진 잠재적 대기 오염 물질인 트라이클로로에틸렌(TCE)을 선택적으로 확인하고 정량하였다. 이 분석의 난제 중 하나는 오염 물질의 농도 수준이 낮다는 것이다. 실내 대기에는 또한 수많은 다른 휘발성 유기 화합물(VOC)이 비슷한 수준의 저농도로 존재하므로 분석은 더욱 복잡해진다. Kim과 그의 연구진은 두 집에서 시험 분석을 진행하였다. 한 곳은 지하실 벽과 콘크리트 바닥 사이의 틈으로부터 TCE 증기가 스며들어왔던 이력이 있는 곳이며, 또 다른 한 곳은 의도적으로 TCE 발생원을 숨겨 놓은 곳이었다. 첫 번째 집에서 연구진은 이전의 발견 내용을 확인하고 시간에 따른 TCE 수준의 일시적인 변화를 기록할 수 있었다. 더욱이 집 안에서 증기가 스며들어오는 지점으로부터의 거리에 따라 집 전체에 걸쳐 TCE 수준에 대한 지도를 작성할 수 있었다. 두 번째 집에서는 연구진은 마이크로GC를 이용하여 집 전체에 걸쳐 TCE 수준에 대한 지도를 작성하고 이를 통하여(옷장 안에 있던) TCE 발생원을 찾아낼 수 있었다. 이들의 마이크로GC 시제품은 너비 44 cm, 깊이 25.5 cm, 높이 14.5 cm에 무게는 4.5 kg이었고 노트북 컴퓨터로 작동되었다. 검출은 4개의 마이크로센서를 활용하여 배열된 화학 저항을 사용하였다. 연관된 응용에서 버지니아테크의 Vereb과 공동 연구진은 사람의 호흡 분석을 통해 환경 독소에 대한 노출 가능성을 진단하는 기법에 대한 리뷰 기사를 썼다.† 이 기사에서는 해당 목적의 응용을 위해 사용되고 있는 소형화된 휴대용 GC 장치에 사용되는 각종 새로운 미세 가공품 장치, 센서 및 예비 농축 장치에 대하여 리뷰하였다. 미래에 개발이 계속된다면 의사의 진찰실에 놓인 마이크로 GC를 진단 도구로 사용할 수 있을지도 모른다. ■

* Kim, S. K.; et al. *Environmental Science and Technology*, **2012**, (4), 6073.
† Vereb, H.; et al. *Environmental Science and Technology*, **2011**, (45), 8167.

하자면, 미세 샘플링 조건 하에서 검출 한계를 향상시키기 위한 목적으로 컬럼 기술 및 제조, 검출기의 크기 및 감도, 그리고 예비 농축 장치 등에 관한 연구가 지속되고 있다. 배열된 검출기의 개발은 처리량을 늘리기 위한 또 다른 방법이다.

컬럼의 소형화도 주목할 만한 개발과 발견에 기여하였다. 이 정도로 매우 작은 규모에서는 균일성 및 재현성의 확보와 함께, 소형화된 컬럼에 대하여 무용 부피 및 띠넓어짐의 증가 없이 유입구에 주입 예비 농축기[31]를 연결하고 유출구에 검출기를 연결하는 만족스러운 수단을 개발하는 것 또한 상당한 난제가 된다. 이러한 "컬럼 외" 효과를 줄이는 것은 이와 같은 초소량 응용에 필수적이다. 특히 관심의 대상이 되는 것은 소형화된 "고종횡비 컬럼"의 개발이다. 이것은 기하학적으로 원기둥(column) 모양이 아닌 컬럼을 말한다. 고종횡비 컬럼은 컴퓨터 산업에서 이용되는 마이크로칩 기술을 이용하여 제조하며, 직사각형 모양의 단면을 갖는 통로를 갖도록 만들어진다.

[31] 예비 농축(preconcentration)이란 미량 분석물에 대한 검출 한도의 향상을 목적으로 분석에 앞서 시료를 농축시키는 모든 과정을 말한다.

표 13.3 ▸ 각 기호 및 정의

기호	정의	설명
V_g	머무름 부피	$V_g = t_r F$
V_R°	조정 머무름 부피	$V_R^\circ = j t_r F_c$
V_N	알짜 조정 머무름 부피	$V_N = j t_R' F_c$
V_m	정체 부피	$V_m = t_m F_c$
V_m°	조정 정체 부피*	$V_m^\circ = j V_m$
V_G°	비(比)머무름 부피	$V_G^\circ = V_N / w$ w = 정지상의 무게
t_r	머무름 시간	$t_r = V_g / F$
t_m	보류 시간	LC에서의 틈새 부피와 유사
t_r'	조정 머무름 시간	$t_r' = t_r - t_m$
F	운반 기체 흐름 속도	$F = V_g / t_r$
F_c	평균 운반 기체 속도	$F_C = F_o\left(\frac{T_C}{T_a}\right)\times\left(1-\left(\frac{P_{H_2O}}{P_o}\right)\right)$
P_i	유입구 압력	$P_i = P_o + P_G$
P_o	주변 압력 또는 외부 압력	각 위치에서의 대기의 압력
P_G	컬럼 상단 압력	기체 조절기에서 측정한 압력
P	상대 압력	$P = \frac{P_i}{P_o}$
P_{H_2O}	물의 증기 압력	물리 상수 표에서 가져옴
j	압축 인자	$j = \frac{3}{2} \times \frac{(P^2-1)}{(P^3-1)}$
T_C	컬럼 온도	
T_a	주변 온도	
k_r	머무름 인자	$k_r = \frac{t_r'}{t_m} = \frac{t_r - t_m}{t_m}$

이들 컬럼은 한쪽 방향으로는 길고 다른 방향으로는 좁기 때문에 "고종횡비 컬럼"이라고 불린다. 마치 모세관 GC 컬럼에서 분별능이 향상되는 것처럼 좁은 쪽 방향에서는 크로마토그래피 분별능이 향상되는 효과가 있으며, 반면에 긴 쪽 방향은 흐름 특성의 개선에 기여한다. 흥미 있는 사실로, Golay[32]는 그의 초기 GC 관련 연구에서 직사각형 단면을 갖는 관에서 성능 특성이 향상될 것이라고 예측했었고, 또한 새로운 컬럼의 직사각형 모양에 의해 새로 발생되는 몇 가지 띠넓어짐 문제에 대해서도 확인한 바 있다. 연구자들은 고종횡비 컬럼을 균일하게 코팅할 수 있는 만족스런 방법을 찾기 위해 고생하고 있다. 모서리 부분이 일반적으로 막이 더 두꺼운 층으로 쌓이기 마련이기 때문이다. 관의 모서리 부분은 이동상에 대한 항력을 증가시키므로 물질 이동 효과가 증가하게 된다.

[32] Marcel J. E. Golay (1902~1989)는 GC의 초기 선구자 중 한 사람이며, 모세관 컬럼을 발명한 사람이다.

13.8 심화 이론

크로마토그래피의 분리 이론에 대해서는 12장에서 LC의 맥락에서 설명한 바 있다. 일반적인 이론은 GC에도 마찬가지로 적용 가능하다. 여기서는 GC에 적용되는 크로마토그래피 이론의 몇 가지 특징적인 부분을 알아보도록 할 것이다. 이후 진행될 토의에 대하여 표 13.3의 요약 정보가 유용할 것이다.

◆ 기체 크로마토그래피 분리의 평가

가장 간단하게, *머무름 부피* V_R은 t_r 및 운반 기체의 흐름 속도(F)와 관련하여 다음과 같이 나타낼 수 있다[식 (13.1) 참조].

$$V_R = t_r F \qquad \text{식 (13.1)}$$

GC에서 흐름 속도는 다양한 실험 조건 및 운반 기체의 압축성에 의존하기 때문에 GC에서의 이러한 관계식은 실제에 비해 지나치게 단순해 보일 수 있다. LC의 경우 액체는 일반적으로 압력의 영향을 잘 받기 않기 때문에 이동상의 압축성은 보통 무시된다. 하지만 GC에서의 운반 기체의 경우에는 압축성을 반드시 고려해 주어야 한다. 또한 시료와 운반 기체가 주입되는 컬럼 상단의 압력(P_i)은 컬럼 하단의 압력(주변 압력, P_o)과 반드시 같지는 않다. 압력 차이 또는 압력 강하($P_o - P_i$) 또한 고려해 주어야 한다. 기체의 **압축성 보정 인자**(compressibility correction factor) j는 다음과 같이 계산된다.[33]

$$j = \frac{3}{2} \times \frac{(P^2 - 1)}{(P^3 - 1)} \qquad \text{식 (13.2)}$$

여기서 P는 상대 압력으로서 다음과 같이 계산된다.

$$P = \frac{P_i}{P_o} \qquad \text{식 (13.3)}$$

유입구 압력 P_i는 주변 압력(P_o)과 컬럼 상단 압력(P_G)의 합으로 계산된다.

$$P_i = P_o + P_G \qquad \text{식 (13.4)}$$

압축성 보정 인자 j를 알면 평균 운반 기체 속도(F_c) 및 관심 대상이 되는 성분에 대한 평균 $V_R{}^o$를 계산할 때 컬럼에 걸친 압력 강하를 보상할 수 있다.

식 (13.1)로 돌아가서, j 항을 첨가하여 압축성을 함께 고려하여 평균 머무름 부피 $V_R{}^o$[식 (13.4) 참조]를 구하면 다음과 같다.

$$V_R{}^o = j t_r F_c \qquad \text{식 (13.5)}$$

조정 정체 부피 $V_m{}^o$도 마찬가지로 구할 수 있다. 이 값은 빈 컬럼의 부피를 나타낸다. LC에서의 틈새 부피와 마찬가지로 정체 부피는 크로마토그램의 시작점(시간 = 0)에서부터 최초의 머무름이 없는 피크가 용리되는 시점[식 (13.6) 참조]까지 컬럼을 통과하는 운반 기체의 부피를 나타낸다. 여기서 t_m은 컬럼의 정체 부피이고 F_c는 평균 운반 기체 속도이다. GC에서의 정체 부피는 컬럼 길이 전체에 대한 평균 온도 및 평균 압력에

[33] Martire, D. E.; Locke, D. C. Compressibility Factor for Nonideal Carrier Gases in Gas Chromatography. *Anal. Chem.*, **1965**, *37*, 144-145.

서 컬럼 안의 기체의 부피와 동일하다. 식 (13.7)은 정체 부피의 계산에 보정 인자 j를 적용한 것이다.

$$V_m = t_m F_c \quad \text{식 (13.6)}$$

$$V_m^o = jV_m \quad \text{식 (13.7)}$$

문제 13.10 압축성 보정 인자 j를 변화하는 주변 압력의 함수로서 계산하라. 컬럼 상단 압력은 70 mmHg로 일정하게 유지되고 주변 압력은 각각 다음과 같다(단위 mmHg) .

(a) 760.0 (b) 767.3 (c) 752.6 (d) 749.7

컬럼에 걸친 평균 흐름 속도 F_c를 계산하려면 온도 기울기 및 기체의 압력을 모두 고려해야 한다. 식 (13.6)은 F_c를 계산하기 위한 일반화된 식을 제공한다. P_{H_2O}의 값은 물리 상수 표에서 구할 수 있으며 실험에 사용된 주변 압력 조건에서의 *물의 증기 압력*을 나타낸다. P_o에 대한 P_{H_2O}의 비로부터 컬럼 내의 건조한 운반 기체의 압력과 기포 측정계(부피 흐름 속도 측정에 흔히 사용)에서의 기체의 압력(물속에서 측정됨) 사이의 차이를 보정한다. 이 식에서 T_c는 컬럼의 온도이고 T_a는 주변 온도이다.

$$F_C = F_o\left(\frac{T_c}{T_a}\right)\times\left(1-\left(\frac{P_{H_2O}}{P_o}\right)\right) \quad \text{식 (13.8)}$$

» 예제 13.4

다음의 GC 실험 매개 변수를 사용하고 있다고 하자. 컬럼 유출구의 운반 기체 흐름 속도: 25.0 mL/분. 컬럼 온도: 250°C. 주변 온도: 23°C. 주변 압력: 758.8 mmHg. 컬럼 상단 압력: 68.4 mmHg. 압축성 보정 인자 j를 구하라.

전략 ›

식 (13.4)로부터 시작하여 컬럼 유입구의 압력 P_i를 구한다. 이렇게 구한 P_i 값을 이용하여 전체 압력 P를 계산하고, 이를 식 (13.2)에 대입하여 j를 얻는다.

풀이 ›

P_i에 대해서 풀면,

P_o = 758.8 mmHg

P_G = 68.4 mmHg

$P_i = P_o + P_G$ = 758.8 + 68.4 mmHg = 827.2 mmHg.

P에 대해서 풀면,

$P = P_i / P_o$ = 827.2 mmHg / 758.8 mmHg = 1.090

j에 대해서 풀면,

$$j=\frac{3}{2}\times\frac{(P^2-1)}{(P^3-1)}=\frac{3}{2}\times\frac{(1.09^2-1)}{(1.09^3-1)}=0.958$$

» 예제 13.5

직전에 풀이한 예제로부터 계산을 계속하여 컬럼에 걸친 평균 흐름 속도 F_c를 계산해 보자. 컬럼 유출구의 운반 기체 흐름 속도: 25.0 mL/분. 컬럼 온도: 250°C. 주변 온도: 23°C. 주변 압력: 758.8 mmHg. 컬럼 상단 압력: 68.4 mmHg. 또한 j = 0.9580 mmHg로 계산하여 구하였다. 23°C에서의 P_{H_2O}의 값은 자료를 찾아본 결과 21.068 mmHg였다.

전략 ›
식 (13.8)을 사용한다. 해당되는 모든 항을 사용하여 F_c에 대하여 식을 풀면 된다.

풀이 ›

$$F_c = F_o\left(\frac{T_c}{T_a}\right)\times\left(1-\left(\frac{P_{H_2O}}{P_o}\right)\right)$$

F_o = 25.0 mL/min
23°C에서의 P_{H_2O} = 21.068 mmHg
P_o = 758.8 mmHg
T_c = 250°C = 523 K
T_a = 23°C = 296 K

$$F_c = 25\,\text{mL/min}\left(\frac{523\text{K}}{296\text{K}}\right)\times\left(1-\left(\frac{21.068\text{ mmHg}}{758.8\text{ mmHg}}\right)\right) = 43\,\text{mL/min}$$

문제 13.11 GC 실험 매개 변수가 다음과 같이 주어졌다. 컬럼 유출구의 운반 기체 흐름 속도 25.0 mL/분. 주변 온도 23°C. 주변 압력 758.8 mmHg. 23°C에서 물의 부분 압력 21.068 mmHg. 컬럼 상단 압력 68.4 mmHg. 다음 각 컬럼 온도에 대해 F_c를 계산하라.
(a) 150°C (b) 200°C (c) 300°C (d) 385°C

문제 13.12 흐름 속도를 25.0 mL/분에서 30.0 mL/분으로 변경했다고 하자. 문제 13.11의 각 컬럼 온도에 대해 F_c를 다시 계산하라.

문제 13.13: 북극권의 한 연구소에서 빙핵 시료 내에 갇혀 있는 기체에 대한 GC 분석을 수행한다고 하자. 실험실의 온도는 12°C로 유지되고 있다. 다른 GC 매개 변수는 다음과 같다. 컬럼 유출구의 운반 기체 흐름 속도: 25.0 mL/분. 주변 압력: 762.8 mmHg. 컬럼 상단 압력: 78.4 mmHg. 다음 각 컬럼 온도에 대해 F_c를 계산하라. (*힌트*: 12°C에서 물의 부분 압력은 자료에서 찾아보아야 할 것이다.)
(a) 150°C (b) 200°C (c) 300°C (d) 385°C

V_R°는 관심 대상이 되는 피크에 대한 *조정 머무름 부피*를 나타내며, 운반 기체의 압축성에 대해 보정을 거친 값이다.

일련의 보정을 더할 것이 있다. 정체 부피를 고려하여 **알짜 조정 머무름 부피**(net adjusted retention volume, V_N)를 계산해야 한다. 이를 위한 일련의 계산에서는 관심 대상이 되는 피크에 대한 머무름 시간 t_r과 컬럼에 대한 보류 시간 t_m 사이의 차이인 t_R'을 이용할 것이다[식 (13.9) 참조]. 식 (13.10)은 압축성을 보정하여 알짜 조정 머무름

» 예제 13.6

다음으로 (예제 13.5에서) 계산된 F_c 값을 이용하여 다음 실험 데이터에 대한 $V_m°$ 및 $V_R°$를 구하라. 관심 대상이 되는 피크에 대한 머무름 시간(t_r): 3.25분, 컬럼 보류 시간(t_m): 0.20분.

전략 ›

식 (13.6)과 식 (13.7)을 이용하여 $V_m°$를 구한다. 다음에 식 (13.5)를 이용하여 $V_R°$를 구한다.

풀이 ›

$V_m = t_m F_c$

$V_m = 0.20\ \text{min}\ (43.0\ \text{mL/min})$

$V_m = 8.6\ \text{mL}$

$V_m° = jV_m$

$V_m° = 0.9580\ (8.6\ \text{mL})$

$V_m° = 8.2\ \text{mL}$

$V_R° = jt_r F_c$

$V_R° = 0.9580\ (3.25\ \text{min})\ (43.0\ \text{mL/min})$

$V_R° = 133\ \text{mL}$

» 예제 13.7

예제 13.3에 제시된 피크(t_r = 3.25분)에 대하여 V_N을 구하라.

전략 ›

식 (6.9)를 이용하여 t_R'를 구한다. 다음에 t_R', j (예제 13.4에서 구함) 및 F_c (예제 13.5에서 구함) 등을 식 (13.10)에 대입하여 V_N을 구한다.

풀이 ›

$t_R' = (t_r - t_m)$

$t_R' = 3.25\ \text{min} - 0.20\ \text{min}$

$t_R' = 3.05\ \text{min}$

$V_N = jt_R' F_c$

$V_N = (0.9580)(3.05\ \text{min})(43.0\ \text{mL/min}) = 126\ \text{mL}$

부피를 계산하는 식을 나타낸다. V_N과 $V_R°$ 사이의 차이는 t_r 대신 t_R'을 사용한다는 점에 주목하자.

$$t_R' = (t_r - t_m) \quad \text{식 (13.9)}$$

$$V_N = jt_R' F_c \quad \text{식 (13.10)}$$

V_N은 관심 대상이 되는 피크에 대하여 운반 기체의 압축성을 보정한 상태의 알짜 머무름 부피를 나타낸다.

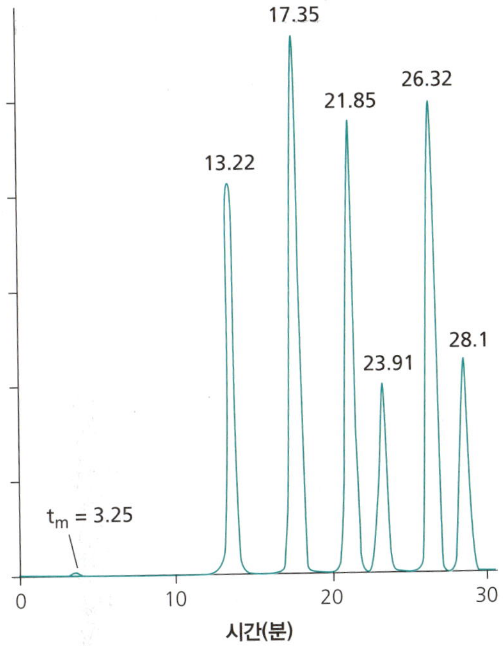

그림 13.21 머무름 시간을 나타낸 GC 크로마토그램. 컬럼 유출구의 운반 기체 흐름 속도: 28.1 mL/분. 컬럼 온도: 285°C. 주변 온도: 24.8°C. 주변 압력: 760.2 mmHg. 컬럼 상단 압력: 70.4 mmHg. 사용된 컬럼의 길이: 30미터.

V_N, K_r 및 선택성 사이의 관계

이제 컬럼 환경을 고려하여 머무름 값을 보정하는 방법을 알게 되었으니(LC에서와 마찬가지 방법으로) 분배에 관한 머무름 매개 변수와 선택성 사이의 관계를 살펴보도록 하자. 앞서의 분배에 대한 논의로부터(12.2절 참조) 머무름 인자(k_r)는 머무름 시간의 비로서[표 13.3 및 식 (13.11), 식 (12.6) 참조] 분석물이 정지상에서 보내는 시간과 이동상에서 보내는 시간의 비율을 나타낸다는 사실을 기억하자. 또한 선택 인자라고도 불리는 분리 인자(α)는 크로마토그램에서 두 피크가 얼마나 멀리 떨어져 있는지를 두 피크의 머무름 인자를 통해 기술한다는 사실도 기억하자. 식 (12.7)은 두 피크에 대한 분리 인자를 계산하는 일반적인 식을 나타내고 있다. 여기서 k_r'은 머무름이 더 강한 분석물에 대한 머무름 인자이고 k_r''은 머무름이 더 약한 분석물에 대한 머무름 인자이다. 따라서 α는 항상 1보다 크다. GC에서도 LC에서와 마찬가지 방법으로 α를 활용할 수 있다.

문제 13.14 그림 13.21의 각 피크에 대하여 $V_R°$를 구하라.

문제 13.15 그림 13.21의 각 피크에 대하여 V_N을 구하라.

일반적인 용리 문제: 분별능과 띠넓어짐에 대한 고찰

GC 또한 12장에서 LC의 맥락에서 논의했던 각종 분별능 문제로부터 자유롭지 못하기는 마찬가지이다. 긴 컬럼을 사용하면 피크가 서로 잘 분리되어 분별능이 높아질 수 있겠지만, 분석물이 컬럼에서 더 오랜 시간을 보내게 되므로 띠넓어짐이 더 심해질 것이다. 따라서 일반적인 용리 문제는 GC 기법에서도 마찬가지로 해당된다. 12.2절의 분별능과 띠넓어짐에 관한 개념 가운데 특히 세로 확산에 관한 내용을 복습하기 바란다.

12장에서 이론단 해당 높이는 피크의 넓어짐을 일으키는 다양한 엔탈피적/엔트로피적 물리적 매개 변수를 고려한 van Deemter 식을 이용하여 모델링된다고 하였다. *van Deemter 식*은 식 (13.11)[또한 식 (12.17)]과 같이 주어진다.

$$H = A + B/\nu + (C\nu) \qquad \text{식 (13.11)}$$

여기서

H = 이론단 해당 높이

A = 소용돌이 확산 계수

B = 세로 확산 계수

ν = 이동상의 흐름 선속도

C = 물질 이동에 대한 속도 상수

van Deemter 식에서 소용돌이 확산 항(*A*)은 충전이 잘 된 컬럼 및 GC의 열린 관컬럼에서는 생략된다. 따라서 GC에서는 단높이(H)는 van Deemter 식의 변형된 형태인 *Golay 식*으로 계산된다[식 (13.12) 참조].

$$H = \frac{B}{\nu} + C \qquad \text{식 (13.12)}$$

피크 너비에 영향을 미치는 다양한 요인 가운데 세로 확산(van Deemter 식의 *B* 항)은 GC에서 가장 큰 문제를 일으킬 수 있는 요인이 된다. LC에서의 액체 내 분석물의 확산에서와 비교했을 때 운반 기체 내에서의 분석물의 확산 속도가 높기 때문이다. 세로 확산 효과를 통제하지 못하면 단높이가 늘어나고 분별능이 나빠진다. 흐름 속도가 낮을수록 세로 확산 항에 의한 띠넓어짐이 심해진다. 반면에 흐름 속도를 높이게 되면 세로 확산이 최소화되고 띠넓어짐의 주된 원인은 물질 이동에 의한 것이 된다. 단높이를 최소화하려면 세로 확산의 최소화와 물질 이동에 의한 띠넓어짐의 최소화 사이에서 타협해야 한다. GC에서는 물질 이동에 의한 영향보다 확산에 의한 효과가 훨씬 크기 때문에, 일반적으로는 흐름 속도를 높여도 분별능이 크게 떨어지지 않는다. 이렇게 함으로써 분석 시간도 줄이고 가능한 처리량(시간당 시료의 수) 또한 늘릴 수 있게 된다.

α는 머무름 시간의 비로서 상대적인 피크 위치를 기술하지만 피크의 *너비*를 고려하지 않기 때문에 분별능의 척도로서는 부족하다[분별능에 관해 복습하려면 식 (12.10) 참조]. 피크의 겹침을 고려하려면 피크의 너비를 반드시 고려해야 한다. 이들 인자들은 GC에서도 LC에서와 마찬가지 의미를 지닌다. 피크 너비는 또한 주어진 분석 조건에 대하여 컬럼의 피크 용량의 주요 결정 인자이다. 피크 용량은 최적의 실험 조건 하에서 컬럼에서 분별 가능한 피크의 개수이다. 나중에 용리되는 피크는 처음에 용리되는 피크에 비해서 너비가 더 넓으므로 일반적인 용리 문제가 발생하게 된다. 실행 시간을 늘리고 긴 컬럼을 사용하면 분리가 향상되지만(H와 N의 향상), 실행 시간이 길어지면서 피크의 넓어짐이 심해지고 피크의 겹침에 의해 분별능이 감소되며 따라서 피크 용량 또한 줄어든다. 피크 용량을 제대로 계산하려면 시간에 따라 변하는 피크 너비를 고려한 미분 방정식을 풀어야 한다(예제 13.23 참조).

GC 방법에서 온도는 분리 설계의 중요한 부분이다. 온도를 높이면 분배 평형의 속도론적 효과를 보다 빠르게 할 수 있고 따라서 분포 평형 및 각 성분의 정지상과 이동상 사이에서의 평형 도달 시간을 변화시키게 된다. 온도가 높을수록 분석물은 더 빨리

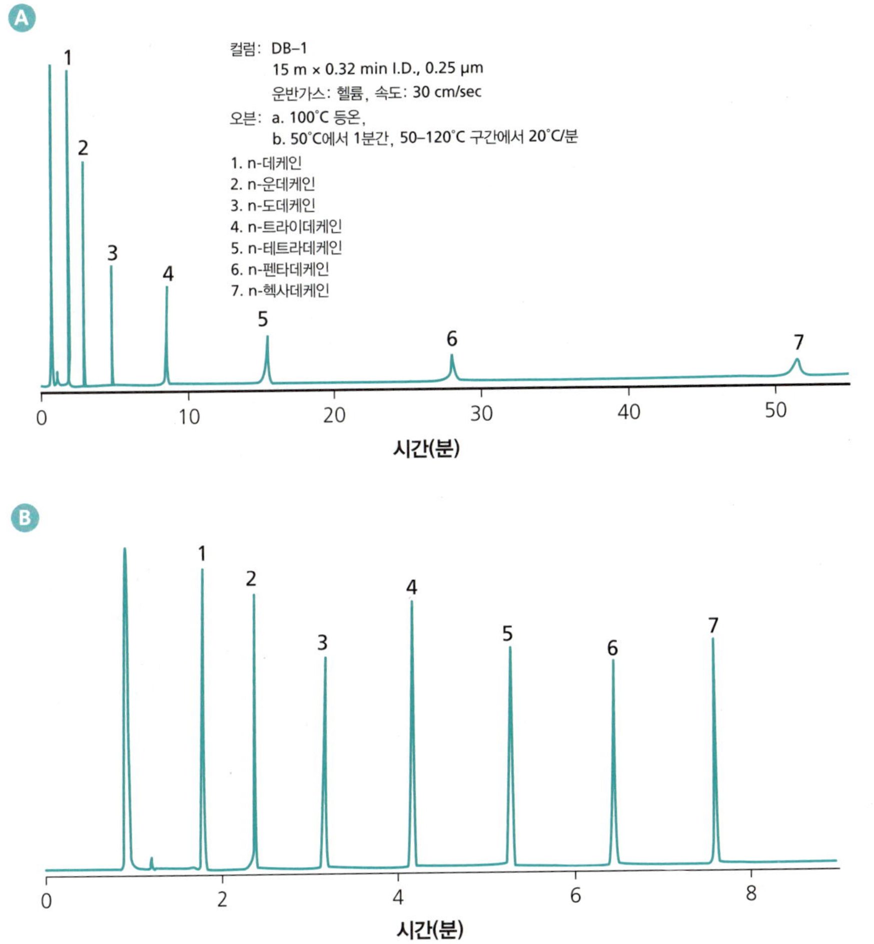

그림 13.22 온도 기울기를 사용해 피크를 날카롭게 유지하고 분석 시간을 단축시킨다.

용리되고 피크가 더 날카롭게 나올 것이다. 하지만 온도가 높아지면 비슷한 분석물의 경우 충분히 분리되기에는 시간이 부족하게 되어 분별능에 악영향을 줄 수 있다. 이 장의 앞에서 살펴보았듯이, *온도 프로그램*으로 분석 전 시간에 걸쳐 온도를 꼼꼼히 제어하여 머무름 시간이 짧고 긴 양쪽 모두에 대하여 분별능을 최대화시킬 수 있도록 온도 기울기를 설계할 수 있다. 더욱이 온도 기울기를 잘 활용하여 GC의 컬럼의 길이 또한 획기적으로 늘어날 수 있다. 더 긴 컬럼을 사용함으로써 분석물의 분배를 늘리고 분리를 향상시키며, 온도를 올림으로써 분석 시간을 단축시키고 피크를 좁게 유지할 수 있다. 그림 13.22는 온도 기울기를 이용하여 어떻게 피크를 날카롭게 하고 분별능을 향상시키며 피크 용량을 증가시킬 수 있는지를 보여 주고 있다. 적절한 컬럼을 선택한 후에는 GC 방법에서는 온도의 제어가 핵심적인 고려 사항이 된다. 온도 기울기에서는 온도는 분석 과정 동안 시간에 따라 변화하게 된다. 온도 변화는 가열 및 냉각 구간 양쪽 모두에서 즉각적으로, ±5°C 범위 내의 정확도로 이루어져야 하며, 등온 구간에서는 또한 일정하게 유지되어야 한다. 분석 과정에서 실험 조건의 조정을 통하여 분별능을 최대화하고 분석 시간을 최소화하여 일반적인 용리 문제를 최소화하게 된다.

문제 13.16 LC와 GC에서의 기울기 분리 방법을 비교 및 대조하라.

13.9 심화자료

Books

Dettmer-Wilde, K.; Engewald, W. (editors). *Practical Gas Chromatography: A Comprehensive Reference.* Springer-Verlag: Berlin, **2014**.

Hites, R. A. *Handbook of Instrumental Techniques for Analytical Chemistry.* Settle, F. (editor). Prentice Hall: Upper Saddle River, NJ, **1997**, 609.

McNair, H. M.; Miller J. M. *Basic Gas Chromatography,* 2nd ed. John Wiley & Sons: Hoboken, NJ, **2009**.

Poole, C. F. *Gas Chromatography.* Elsevier: Oxford, UK, **2012**.

Poole, C. F. *The Essence of Chromatography*. Elsevier: Amsterdam, The Netherlands, **2002**.

Journals

Ahn, H.; Brandani, S. Analysis of Breakthrough Dynamics in Rectangular Channels of Arbitrary Aspect Ratio. *AIChE Journal,* **2005**, *51,* 1980–1990.

Dorman, F.; Whiting, J. J.; Cochran, J. W.; Gardea-Torresdey, J. Gas Chromatography (Review). *Anal. Chem.,* **2010**, *82(12),* 4775–4785.

Eiceman, G . A. Gardea-Torresdey, J.; Dorman, F.; Overton, E.; Bhushan, A.; Dharmasena, H. P. Gas Chromatography. *Anal. Chem.* **2006,** *78,* 3985–3996.

Eiceman, G. A.; Gardea-Torresdey, J.; Overton, E.; Carney, K.; Dorman, F. Gas Chromatography. *Anal. Chem.,* **2002**, *74(12),* 2771–2780.

Seeley, J. V.; Seeley, S. K. Multidimensional Gas Chromatography: Fundamental Advances and New Applications. *Anal. Chem.,* **2013,** *85,* 557–578.

Online Resources

Manura, J. J. Improving Sensitivity in the H.P. 5971 MSD and Other Mass Spectrometers—Part II of II, SISWEB Tech. Note D, Scientific Instrument Services, Ringoes, NJ. http://www.sisweb.com/referenc/articles/sensit-2.htm (accessed Aug 14, 2015).

Several column selection guides are available, including:

- http://www.restek.com/Chromatography-Columns/GC-Columns (accessed Aug 14, 2015)
- http://www.sge.com/support/training/columns/capillary-column-selection-guide (accessed Aug 14, 2015)
- http://www.sigmaaldrich.com/etc/medialib/docs/Supelco/General_Information/t407133.Par.0001.File.tmp/t407133.pdf (accessed Aug 14, 2015)

13.10 연습 문제

13.1 다음 용어를 정의하라.

a. 용리액
b. 등온 용리
c. 온도 기울기
d. 온도 프로그램
e. 선택 인자
f. 머무름 인자
g. 운반 기체
h. 머무름 부피
i. 압축성 보정 인자
j. van Deemter 식
k. 분할 주입
l. 정체 부피
m. 조정 머무름 부피
n. 알짜 조정 머무름 부피

13.2 그림 13.21의 4번 피크에 대하여 이론단 높이 H와 이론단수 N을 계산하라. 이 문제에 답하기 위해 12.2절을 복습해야 할 수도 있다. 계산에 필요한 변수의 값은 크로마토그램의 축으로부터 추정할 수도 있다.

13.3 분리 방법을 설계할 때는 이론단을 컬럼의 분리 효율의 척도로서 사용한다. 따라서 이론단수를 늘리는 것이 항상 좋다고 생각할 수도 있다. 그렇다면 왜 분리를 향상시키기 위해서 항상 컬럼의 길이를 늘리지 않는 것일까?

13.4 컬럼 효율에 관한 식 (13.11)에서 각 변수의 효과를 설명하라.

13.5 다음 화합물에 대하여 등온 조건으로 SLB-5ms 컬럼으로 모세관 GC 분리를 수행할 경우의 용리 순서를 예측하라(예제 13.2 참조).

(a) 에탄올
(b) n-프로판올
(c) 메탄올
(d) n-펜탄올
(e) n-뷰탄올

13.6 분할 주입기에 대하여 개략도를 그리고, 각 구성 요소에 대하여 나름대로 설명하라.

13.7 FID에 대하여 개략도를 그리고, 각 구성 요소에 대하여 나름대로 설명하라.

13.8 TID에 대하여 개략도를 그리고, 각 구성 요소에 대하여 나름대로 설명하라.

13.9 ECD에 대하여 개략도를 그리고, 각 구성 요소에 대하여 나름대로 설명하라.

13.10 PID에 대하여 개략도를 그리고, 각 구성 요소에 대하여 나름대로 설명하라.

13.11 FPD에 대하여 개략도를 그리고, 각 구성 요소에 대하여 나름대로 설명하라.

13.12 AED에 대하여 개략도를 그리고, 각 구성 요소에 대하여 나름대로 설명하라.

13.13 직렬 GC-FTIR에서 사용되는 "광관" 연결 장치에 대하여 개략도를 그리고, 각 구성 요소에 대하여 나름대로 설명하라.

13.14 직렬 GC-MS에서 사용되는 분사 분리기에 대하여 개략도를 그리고, 각 구성 요소에 대하여 나름대로 설명하라.

13.15 다음 그림과 같이 두 피크가 정체 부피 직후에 공용리된다고 하자. 다음 중 어느 조치가 분별능을 향상시키기 위한 *최선책*이 되겠는가? 선택한 답변에 대하여 이유를 설명하고 왜 나머지 요소를 선택하지 않았는지도 설명하라.

(a) 컬럼의 길이 증가

(b) 운반 기체 속도 증가

(c) 운반 기체 속도 감소

(d) 컬럼 온도 높이기

(e) 컬럼 온도 낮추기

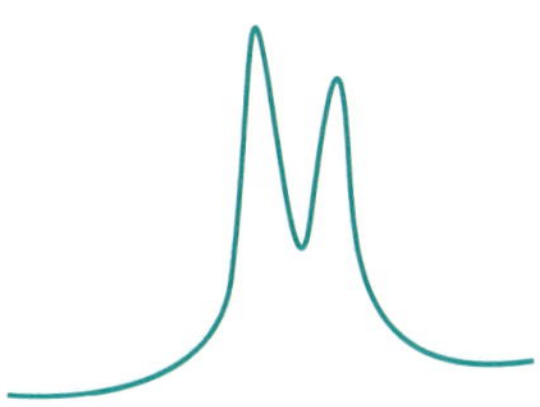

13.16 이 장에서 논의한 다양한 검출기 가운데 할로젠화 유기 화합물의 검출에 가장 적합한 것은 무엇인가?

13.17 모든 크로마토그래피 실험에서는 주입 부피를 제어하는 것이 중요한 고려 사항이 된다. LC와 GC에서 사용하는 주입 부피 제어 방법에 대하여 비교 및 대조하라.

13.18 TCD와 FID는 양쪽 모두 범용 GC 검출기로 분류되고 있지만 TCD 쪽이 FID보다 더 범용성이 높다고 알려져 있다. TCD가 그토록 범용성이 높은데도 FID를 사용하는 이유는 무엇일까?

13.19 원자 발광 분광기(4장)와 AED의 작동에 대하여 비교 및 대조하라.

›고급 연습 문제

13.20 GC와 LC의 이동상의 특성을 비교 및 대조하라. 각 기법에서 이동상의 중요한 성질 및 분리 효율에 미치는 영향에 대하여 설명하라.

13.21 그림 13.21에 제시된 크로마토그램에 대하여 다음 질문에 답하라.

(a) 처음 두 피크에 대하여 선택 인자 및 분별능을 계산하라(분별능의 계산법에 대한 복습은 12.2절 참조).

(b) 첫 번째 피크와 마지막 피크에 대한 이론단수를 계산하라.

13.22 van Deemter 식의 어떤 항이 GC 분리에서 가장 큰 영향을 미치는가? 일반적인 용리 문제에 어떻게 작용하는지를 설명하라.

13.23 피크 용량은 주어진 실험 조건에서 크로마토그램 안에서 관찰 가능한 피크의 총 개수이다. 피크 용량을 계산하는 식은 다음과 같다.

$$n_C = 1 + \int_{t_m}^{t_R} \left(\frac{\sqrt{N}}{4t} \right) dt$$

여기서 n_C는 피크 용량, t는 분리 시간, t_m은 정체 시간, t_r은 마지막으로 용리되는 피크의 머무름 시간이다. 개별 피크의 머무름 시간에 따른 이론단수의 변화를 무시할 경우, t_m = 6분, t_r = 40분, N = 52,000일 때 피크 용량을 계산하라.

13.24 GC를 이용하여 소변 시료 내의 Prozac을 반복적으로 정량하려면 어떤 검출기를 선택해야 하겠는가?

13.25 일련의 n-알케인을 분석하고자 할 때 GC-FTIR과 GC-MS 기기 중 어느 것이 더 좋겠는가? 그 이유를 설명하라.

그레인저의

핵심 기기분석

INSTRUMENTAL ANALYSIS

제 14 장

전기 이동

Electrophoresis

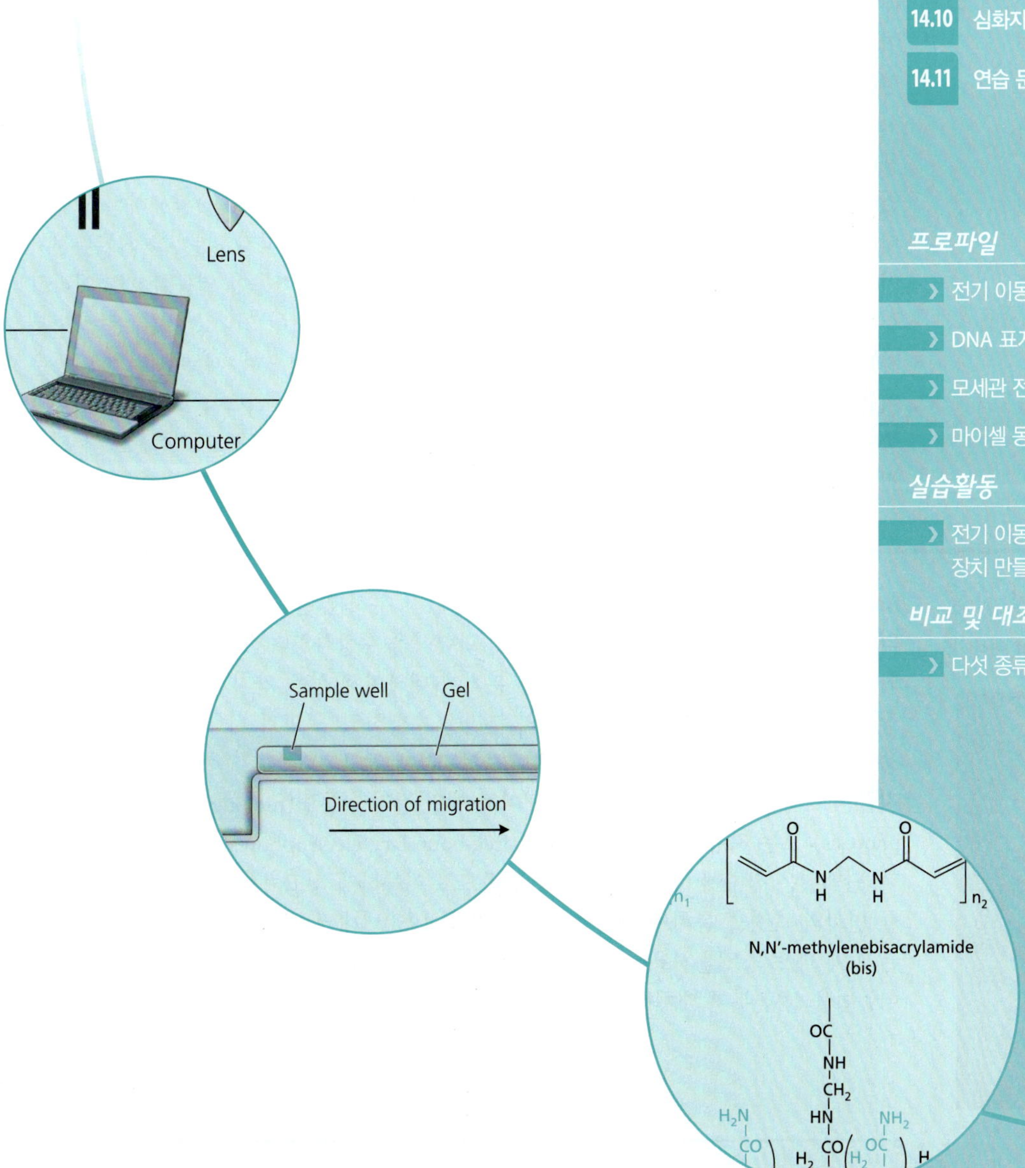

▶ **개념**_*Concepts*

▶ **특집**_*Features*

프로파일

실습활동

비교 및 대조

14.1 서론

전기 이동이라는 분석 기법에 사용되는 기기는 매우 간단한 것으로서 그 중 가장 간단한 형태에서 사용되는 것은 차라리 장치라고 부르는 것이 더 적절할지도 모른다. **전기 이동**(electrophoresis)은 전기장 내에서 전하를 띤 입자들의 차등 이동을 바탕으로 하여 거대 분자 화학종을 분리하고 확인하는 데 쓰인다. 전기 이동의 특수한 형태인 모세관 전기 이동은 최근 약 25년 동안에 걸쳐 빠른 실행 시간, 탁월한 분별능, 자동화 및 정량 결과 획득 옵션을 제공하는 정말로 유용한 기술로 발전하였다. 현재 전기 이동은 *분석자의 도구 모음*에서 중요한 위치를 차지하고 있다. 전기 이동은 현대 법의학 및 기타 분석 응용 분야에서 중요한 역할을 맡고 있으며, 이 때문에 현대 전기 이동 기법에 대한 철저한 논의에서는 전기 이동의 기초를 함께 다루는 것이 중요하다. 더욱이 전기 이동 분리의 기본 원리는 다른 분리 기법과 뚜렷이 구별되며, 따라서 분석화학자들은 전기 이동의 기초와 응용 및 결과에 대해 이해하는 것이 중요하다.

크로마토그래피(12장, 13장)와 마찬가지로 전기 이동 또한 분리 기법이다. 전기 이동은 혼합물의 조성을 확인하기 위하여 *분석 목적*으로 사용될 수도 있고, 혼합물 내의 관심 대상 성분들을 분리해 내기 위하여 *제조 목적*으로 사용될 수도 있다. 크로마토그래피에서와 달리 전기 이동에서는 하나의 상만이 존재한다. 크로마토그래피가 두 상 사이에서의 분석물의 분배(예, 액체−기체 분배)에 의존하는 반면, 전기 이동에서는 모든 성분이 같은 상 내에 존재한다. 분배 현상은 일어나지 않는다. 또한 크로마토그래피에서 분자의 다양한 성질(예, 극성, 전하, 친화도, 크기 등)을 이용하여 다양한 기법을 사용하는 것과 달리, 전기 이동은 주로 이온성 분석물의 혼합물에 대한 분리에 국한되어 있다. 이 장의 맨 마지막 부에서는 중성 분석물의 분리에 전기 이동을 활용하는 방법에 대하여 논의할 것이다. 하지만 절대 다수의 응용에서 전하를 띠지 않는 분석물은 전기 이동 분리에 참여하지 않는다. 하지만 그렇다고 해서 전기 이동이 열등한 기법이라고 결론을 내려서는 안 된다! 단백질 및 핵산(DNA 및 RNA) 모두 거대 분자(혹은 생고분자) 물질로서 고분자 전체에 걸쳐 높은 전하 밀도를 띠고 있으며, 때문에 전기 이동은 이들 생물학적 시료의 분리에서 광범위한 응용성과 전례 없는 위력을 보여 왔다. DNA 중합체는 여러 자리 이온으로서 단백질 시료는 완충 용액의 pH를 조절함으로써 전기적으로 양성, 음성, 또는 중성이 될 수 있다. 결과적으로 전기 이동은 DNA 및 단백질의

▶ **프로파일** _Profile

전기 이동의 아버지

Arne Tiselius (1902~1971)는 "전기 이동 및 흡착 분석에 관한 연구, 특히 혈청 단백질의 복잡성에 관한 발견"으로 1948년 노벨 화학상을 수상하였다. Tiselius는 스웨덴의 생화학자로서 박사 과정 중에 전기 이동 분리에 대하여 관심을 가지기 시작하였고, 전기장을 이용하여 용액 내의 큰 단백질의 분리를 수행하였다. 그가 사용했던 장치는 완충 용액을 채운 U자형 관으로 이루어졌다. 양쪽 끝에 전극을 담그고 전압을 걸어 주었다. 지금은 이러한 종류의 전기 이동법을 **이동 계면 전기 이동법**(moving-boundary electrophoresis) 또는 **자유 계면 전기 이동법**(free-boundary electrophoresis)이라고 부르고 있다. 단백질은 전하에 따라 두 전극 중 한쪽으로 이동하게 되고, 단백질 계면에서의 굴절률 변화의 측정을 통하여 검출을 수행하였다. 1950년대에 이르러서는 종이나 젤과 같은 고체 매트릭스를 사용하는 **띠 전기 이동법**(zone electrophoresis)이 이동 계면 전기 이동법을 상당 부분 대체하게 되었다. ■

분석에서 주된 방법 중 하나가 되고 있다. 따라서 전기 이동의 결과물은 친자 감별 문제, 유전자 검사, 고고학적 및 역사적 유물의 연대 추정 등의 형태로 지속적으로 뉴스에 등장하고 있다.

전기 이동의 원리는 1800년대 전기장 내에서 전하를 띤 화학종의 이동에 대한 과학적 연구까지 거슬러 올라갈 수 있다.[1] 하지만 20세기 중반에 단백질 및 DNA의 구조에 대한 이해가 진전되고 나서야 전기 이동 기법이 다시 각광을 받기 시작하였다.[2] 전기 이동은 1980년대 후반에서 1990년대 사이에 진행된 인간 제놈 서열 분석 작업 과정에서 급속도로 발전하며 다양한 전기 이동 기법이 확장 및 개발되었다.[3]

14.2 기본 이론

띠 전기 이동법(zone electrophoresis)에서는 혼합물 내의 전하를 띤 성분들이 전기장에 의해 매트릭스[4] 내에서 강제적으로 이동하게 된다. 매트릭스는 분석물의 확산을 최소화하여 같은 크기 대 전하 비를 갖는 분석물 이온들끼리 매트릭스 내에서 좁은 띠로서 함께 움직이도록 해 준다. 혼합물 내의 다양한 성분들은 매트릭스 내에서의 분석물 입자들[5] 사이의 전기 이동도의 차이에 의해 띠로서 분리된다. 전기장의 영향으로, 양전하를 띤 입자는 음극(환원 전극) 쪽으로 이동하고, 음전하를 띤 입자는 양극(산화 전극) 쪽으로 이동한다. 그림 14.1에 이를 나타내었다.

어휘 복습

전극 회로의 비금속성 부분과의 접촉에 사용되는 전기 전도성 물질

전기 분해 직류 전류를 사용하여 비자발적인 산화-환원 반응을 일으키는 일(예, 전지의 충전)

갈바니 전지 자발적 화학 반응에 의한 두 전극 사이의 전류 발생(예, 전지의 방전)

환원 전극/캐쏘드(cathode) 전기장 내에서 양이온(**cat**ion)이 끌려 이동하는 전극. 전지에서는 (+) 단자가 환원 전극이 되며, 전해 전지에서는 (−) 단자가 환원 전극이 된다.

산화 전극/애노드(anode) 전기장 내에서 음이온(**an**ion)이 끌려 이동하는 전극. 전지에서는 (−) 단자가 산화 전극이 되며, 전해 전지에서는 (+) 단자가 산화 전극이 된다.

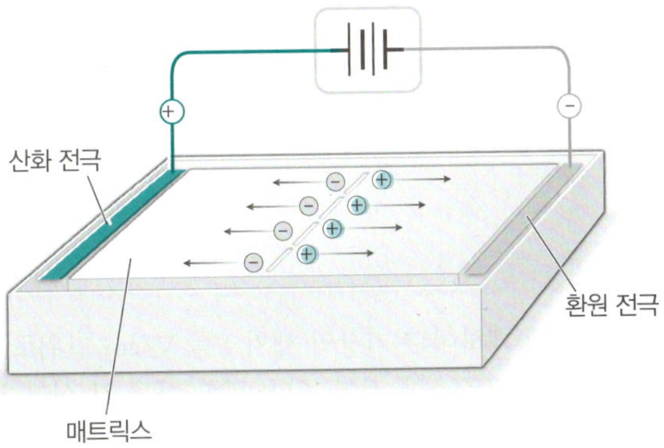

그림 14.1 전기장 내에서 이온의 전기 이동에 의한 거동을 나타낸 개략도. 화살표는 각 이온의 전기장 내에서의 이동 방향을 나타낸다. 매트릭스 내에서 양이온(cation)은 환원 전극(cathode)으로, 음이온(anion)은 산화 전극(anode)으로 이동한다.

[1] Michael Faraday (1791~1867)는 전기 전도의 이해에 대한 초기 선구자였다. Svante August Arrhenius는 염 수용액의 전해질 전도에 관한 업적으로 노벨 화학상(1903)을 수상하였다.

[2] Tiselius는 전하를 띤 화학종의 전해 분리를 수행하는 장치를 최초로 개발하였다. 참조 문헌: Tiselius, A. A New Apparatus for Electrophoretic Analysis of Colloidal Mixtures. *Trans. Faraday Soc.*, **1937**, 33, 524-531.

[3] Zubritsky E. How analytical chemists saved the human genome project ... or at least gave it a helping hand. *Anal. Chem.*, **2002**, *74(1)*, 23A-26A.

[4] 이전 장에서 **매트릭스**(matrix)라는 용어는 분석 시료 내에서 분석물을 제외한 나머지 부분을 가리키는 말이었다. 예를 들면 토양의 납 분석에서는 흙이 매트릭스가 된다. 하지만 전기 이동에서는 *매트릭스*는 분리가 수행되는 매질을 가리킨다. 전기 이동에서의 *매트릭스*는 크로마토그래피에서의 *정지상*(12장 참조)과 가장 비슷한 맥락으로 사용되는 용어라고 볼 수 있겠다.

[5] 전기 이동이 (단백질 및 핵산과 같은) 거대 생고분자 및 이들 거대 분자의 복합체에 널리 적용되고 있으므로(분석물이나 분자, 이온 등의 용어 대신에) **입자**(particle)라는 용어를 사용하였다. 전기 이동은 작은 분자에도 활용될 수 있으며 여러분들도 아마 학부 실험에서 작은 분자의 전기 이동 실험을 해 본 적이 있을지도 모른다. 하지만 분석에서 전기 이동 기법의 주된 활용 분야는 생체 고분자를 분리 및 확인하는 일이다. 따라서 *입자*라는 용어는 충분히 서술적이다.

> **전기장의 세기**
>
> 일반적으로 전기 이동 실험에서 매트릭스의 총 길이는 1미터보다 훨씬 짧기 때문에, 관습적으로(볼트/cm) 단위로 전기장의 세기(E)를 계산한다.
>
> $\left(\frac{Volts}{cm}\right)$

전기장은 동력으로 작용하여 매트릭스 내에서 전하를 띤 입자를 밀어내거나 끌어당긴다. 물리학 강좌에서 배웠던 식 (14.1a)를 기억하자. 이 식에서 F는 전하를 띤 입자에 작용하는 힘, q는 입자의 전하, E는 전기장의 세기이다. 액체 크로마토그래피와 연관시켜 유추하고자 한다면, 전기장은 액체 크로마토그래피 기기의 펌프에 의한 고압의 이동상 흐름에 해당한다고 생각해 볼 수 있다. 전기장의 세기(E)는 매트릭스의 길이에 대한 전압의 비로 계산된다[식 (14.1b) 참조]. 식 (14.1a) 및 (14.1b)로부터, 전기장 내에서 이온성 화학종이 받는 힘을 기술하는 식을 유도할 수 있다[식 (14.1c) 참조].

$$F = qE \qquad \text{식 (14.1a)}$$

$$E = \frac{V}{L} \qquad \text{식 (14.1b)}$$

$$F = q\frac{V}{L} \qquad \text{식 (14.1c)}$$

F = 전하를 띤 입자가 받는 힘(뉴턴)

q = 입자의 전하(쿨롱)

E = 전기장의 세기$\left(\frac{\text{뉴턴}}{\text{쿨롱}}\right.$ 또는 $\left.\frac{\text{볼트}}{\text{미터}}\right)$

V = 걸어 준 전압(볼트)

L = 매트릭스의 길이(미터)

예제 14.1

다음 실험 장치 설계에 대하여 전기장의 세기 E를 V/cm 단위로 계산하라. 100볼트를 12 cm × 12 cm 매트릭스에 걸어 준다. 또한 다음 각 실험 조건 변화에 대하여 전기장의 세기의 증감을 예측하라.

A. 걸어 주는 전압을 200 V로 증가

B. 매트릭스를 6 cm(너비) × 12 cm(길이)의 젤로 변경

C. 매트릭스를 24 cm × 24 cm의 젤로 변경

D. 매트릭스를 24 cm × 24 cm로 변경하고 걸어 주는 전압을 200 V로 증가

풀이

처음의 실험에서 E = 100 V를 12 cm(길이)로 나누면 100/12 = 8.3 V/cm

변경 A: 전압을 100 V에서 200 V로 올리면 E는 200/12 = 16.6 V/cm로 증가

변경 B: E는 변하지 않는다. 전기장의 세기는 매트릭스의 너비와는 무관하다. 걸어준 전압 및 매트릭스의 길이가 변하지 않으므로 E 또한 변하지 않는다.

변경 C: 매트릭스의 길이가 12 cm에서 24 cm로 늘어나면 E는 100/24 = 4.2 V/cm로 감소

변경 D: 전압을 100 V에서 200 V로 2배로 늘리고 매트릭스의 길이를 12 cm에서 24 cm로 2배로 늘렸으므로 E는 원래의 실험과 같은 200/24 = 8.3 V/cm

문제 14.1 전기 이동 실험에서 사용된 매트릭스의 길이가 15 cm이고, 이 매트릭스에 걸어 준 전압이 20 V일 때, 단일 전하를 띤 단백질이 받는 힘을 계산하라.

전기장의 세기는 입자의 매트릭스 내에서의 이동 속도를 결정하는 변수 중 하나이며, 따라서 E는 분석물 입자의 분리에 영향을 미치는 실험 제어 변수 중 하나이다. 저전압 실험은 일반적으로 6에서 20 V/cm 범위에서 진행되며, 반면에 고전압 실험[6]에서는 전기장의 세기는 200 V/cm까지 올라갈 수 있다. 고전압 및 저전압의 각각의 장단점에 대해서는 이 장의 뒷부분에서 다루도록 하겠다.

앞서 언급했듯이 *매트릭스*는 전기 이동 실험에서 중요한 구성 요소이며, 일반적으로 완충 용액으로 포화된 길이 8 cm에서 1미터 사이의 종이나 젤로 이루어져 있다. 매트릭스를 크로마토그래피에서의 정지상과 비슷하다고 생각하기 쉽겠지만, 전기 이동에서는 매트릭스는 크로마토그래피에서와 같이 분배를 일으키지는 않는다는 사실을 기억하자. 대신에 매트릭스에는 몇 가지 다른 기능이 있다. *첫째*로, 매트릭스는 저항(회로에서 전도도가 낮은 부분)으로 기능하며 매트릭스의 길이 방향으로 걸리는 전압을 적당한 크기로 완화시켜 준다. 덕분에 전기 분해가 일어나는 것을 방지해 준다. *둘째*로, 매트릭스는 대류에 의한 완충 용액의 물질 이동(혼합) 또한 완화시킨다. 대류는 유체 내에서 불균일한 가열이 일어날 경우 언제나 발생한다. 따뜻한 유체는 떠오르고 차가운 유체는 가라앉는다. 전기 이동 실험에서는 매트릭스 내의 전류 흐름에 대한 저항 때문에 가열이 일어나게 된다. 대류를 억제하지 않을 경우 띠 전기 이동 실험에서 띠 너비가 심하게 늘어나게 된다. 매트릭스는 이와 같은 혼합을 억제하며 이로 인해 띠 전기 이동법에서는 *분별능*이 자유 계면 전기 이동법에 비해 대폭 향상된다.[7] *셋째*로, 매트릭스의 넓은 표면적은 분리 과정에서 발생한 열이 발산되는 것을 돕는다. *넷째*로, 매트릭스는 흡착 지지체 매질 및 입자를 끌어오는 체로서도 작용한다. 매트릭스의 체로서의 작용으로 인해 비슷한 전하 분포를 가진 입자들을 크기, 모양 및 이동도에 따라 구분하고 분리할 수 있게 된다.

분별능

12장에서 식 (12.10)으로 액체 크로마토그래피에서의 분별능을 정의하였다. 전기 이동 실험에서 임의의 주어진 두 띠 사이의 분별능을 다음과 같이 정의된다.

$$R_s = \frac{d_{1,2}}{(W_1 + W_2)/2}$$

여기서 $d_{1,2}$는 관찰된 두 띠 사이의 거리이고, W_1 및 W_2는 각각 띠 1, 2의 너비이다. 이 식을 식 (12.10)과 비교 및 대조해 보라.

문제 14.2 물은 약 −1.5 V의 전압에서 다음 반쪽 반응식에 따라 전기 분해를 일으킨다.

$4OH^-(aq) \rightarrow O_2(g) + 2H_2O(l) + 4\,e^-$	산화 전극(산화)
$4H_2O(l) + 4e^- \rightarrow 2H_2(g) + 4OH^-(aq)$	환원 전극(환원)
$2H_2O \rightarrow 2H_2 + O_2$	알짜 반응

30 cm 매트릭스에 완충 수용액을 채워 전기 이동 실험을 수행하고 있다고 가정하자. 완충 용매가 전기 분해를 일으키지 않도록 하는 최대 허용 전압은 얼마가 되겠는가?

전기 이동은 전기장의 영향 아래서 전하를 띤 입자의 거동에 적용되는 물리적 원리에 기초하고 있다. 따라서 전기장의 세기(E) 및 입자가 띠고 있는 전하량(q)은 매트릭스 내의 분석물의 이동 속도에 중요한 영향을 미치는 인자이다. 하지만 입자가 매트릭스를 통해 이동할 때 받는 마찰에 의한 저항력 또한 이동 속도에 영향을 미친다. 점성 마찰력은 **마찰 계수**(frictional coefficient, f) 및 입자의 속도에 의존한다. 이온의 질량 및 모양이 점성 항력에 영향을 준다. Newton의 제2법칙을 적용하고 입자의 속력이

[6] Manz A. *Bioanalytical Chemistry*. Imperial College Press: London, **2004**.

[7] 자유 계면 전기 이동법에 관한 논의는 도입부의 프로파일 "전기 이동의 아버지" 부분을 참고하라.

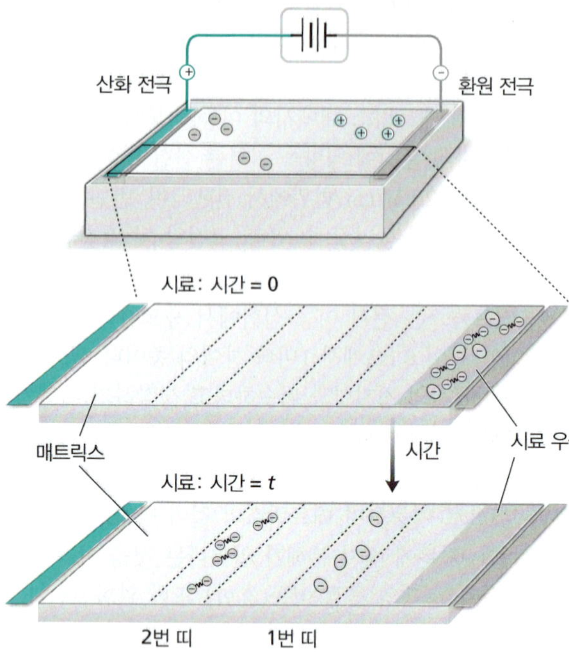

그림 14.2 음전하를 띤 입자의 매트릭스 내에서의 전기 이동에 의한 거동. 가운데 패널은 전기장을 켜기 전인 시간 = 0일 때의 단일 시료 우물을 나타낸다. 분석물 혼합물을 시료 우물에 싣는다. 맨 아래 패널은 같은 우물에서 전기장을 켠 후 얼마간의 시간이 지난 후의 모습을 나타낸다. 시료 혼합물은 전기장의 영향으로 이동하고 시간이 지난 후에는 더 작고 이동도가 높은 하전 입자일수록 더 크고 느린 하전 입자에 비해 매트릭스 내에서 더 빨리, 더 멀리 이동하게 된다. 이 예시에서는 음전하를 띤 입자들을 젤의 (–) 단자 쪽의 우물에 실어 주고, 전기장의 (+) 단자 쪽으로 이동시키는 점에 주목하기 바란다.

일정하다고 가정하면, 전기장 내에서 전하를 띤 입자의 이동 속도(v)는 이들 힘의 균형의 결과로서 식 (14.2)로 나타낼 수 있다. 간단히 말해서, 전기장의 세기가 증가하면 입자가 젤을 통해 이동하는 속도도 증가할 것이다. 마찬가지로, 입자의 전하량이 증가하면 입자가 젤을 통해 이동하는 속도는 증가할 것이다. 입자의 분자량과 크기가 커질수록 마찰 계수 또한 커지고 따라서 같은 전하를 지닌 더 작은 분자에 비해 더 느리게 움직이게 된다. 그림 14.2와 그림 14.3을 참고하기 바란다.

$$\mathrm{Eq} = vf \qquad \text{식 (14.2)}$$

여기서

- E = 전기장의 세기, $\left(\frac{\mathrm{N}}{\mathrm{C}}\text{ 또는 }\frac{\mathrm{V}}{\mathrm{m}}\right)$
- q = 입자의 전하량, (C)
- ν = 입자의 이동 속도, $\left(\frac{\mathrm{m}}{\mathrm{s}}\right)$
- f = 마찰 계수(점성 항력), $\left(\frac{\mathrm{N \cdot s}}{\mathrm{m}}\text{ 또는 }\frac{\mathrm{Kg}}{\mathrm{s}}\right)$

» 예제 14.2

일반적인 전기 이동 실험에서는 전기장의 세기(E)는 상수이다. 두 입자가 있고 한 쪽 입자가 다른 쪽의 2배의 전하를 띠고 있다고 하자. 두 입자의 크기와 모양이 비슷하다고(따라서 마찰 계수 또한 비슷하다고) 가정할 때, 두 입자의 속도에 대한 전하의 효과를 설명하라.

풀이 ›

ν에 관하여 식 (14.2)를 푼다.

$$\nu = qE/f$$

첫 번째 입자의 전하가 q_1이고, 두 번째 입자의 전하를 $2q_1$이라고 하자.

첫 번째 입자의 속도 = q_1E/f
두 번째 입자의 속도 = $2q_1E/f$

E/f는 동일하므로 두 번째 입자에서 ν가 첫 번째 입자보다 두 배 빠르게 된다. 다른 모든 효과가 일정할 경우 속도는 전하에 정비례한다.

문제 14.3 예제 14.2에서와 비슷한 접근법으로, 같은 전하를 띤 두 입자에서 한 쪽 입자의 마찰 계수가 다른 쪽에 비해 두 배만큼 클 경우 속도에 미치는 영향을 설명하라.

매트릭스의 조작 또한 이동 속도에 영향을 미칠 수 있다. 예를 들면 매트릭스의 밀도를 높임으로써 입자에 대한 점성 항력 f를 증가시킬 수 있다. 젤 매트릭스의 경우에는 젤의 밀도는 젤의 가교 결합의 정도(평균 공극 크기)에 영향을 받는다. 본질적으로 입자에 대한 점성 항력은 젤의 공극 크기의 함수가 된다. 전기 이동 분리에서는 기전력과 점성 항력 사이의 관계를 이용하여 이온의 이동도(크기) 차이에 따라 이온을 분리하게 된다. 이들 효과를 종합하여 입자의 **전기 이동 이동도**(electrophoretic mobility, μ_{ep})로 나타낸다.

$$\mu_{ep} = \frac{\nu}{E} = \frac{q}{f} \qquad \text{식 (14.3)}$$

여기서 μ_{ep} = 전기 이동도 $\left(\frac{m\cdot C}{N\cdot s} = \frac{C\cdot s}{Kg}\right)$

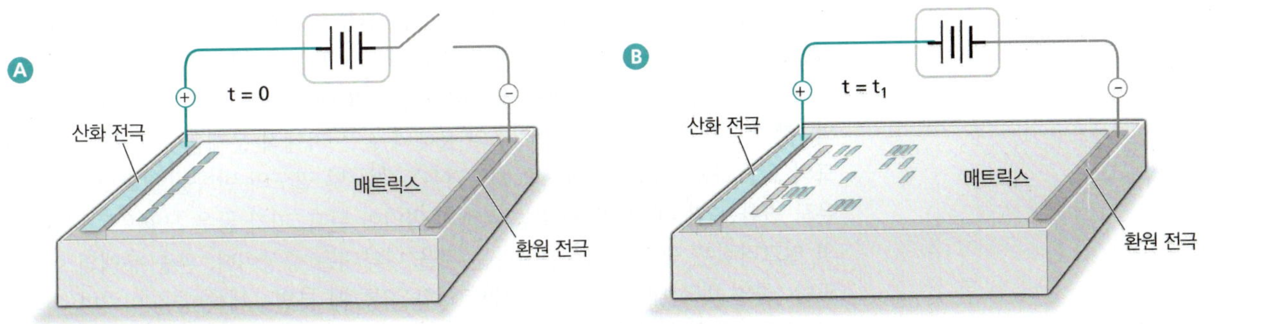

그림 14.3 패널 (A)는 일련의 양이온 혼합물을 전기장을 가하기 전인 시간 = 0일 때 전기 이동 젤의 우물(짙은 푸른색)에 실은 모습을 나타낸다. 패널 (B)는 같은 계를 전기장의 영향 아래 시간 t = t_1이 지날 때까지 놓아두었을 때의 모습을 나타낸다. 시료는 각 줄에서 각각의 띠(밝은 푸른색)로 분리되었다. 각 띠는 고유의 전기 이동 이동도 μ 값을 가지며 이는 실험 조건에 따라 다르다.

문제 14.4 전기 이동 실험을 매트릭스 없이 용액 속에서 수행하는 것을 *이동 계면 전기 이동법* 또는 *자유 계면 전기 이동법*이라고 한다. 이러한 실험 설계에서 예상되는 문제점을 설명하고, 이들 기법이 현대에 잘 사용되지 않는 이유를 몇 가지 들어라.

전기 이동 이동도(electrophoretic mobility, μ_{ep})는 단위 전기장의 세기 당 속도(v)로 계산되며, 이온의 전하에 비례하고 마찰 계수에 반비례한다. 특정 이온에 대한 마찰 계수[식 (14.4) 참조]는 이온의 유체역학적 부피(r) 및 매질의 점성(η)에 비례한다.

$$f = 6\pi r\eta \qquad \text{식 (14.4)}$$

식 (14.4)를 식 (14.3)에 대입하면 다음 식을 얻는다.

$$\mu_{ep} = \frac{q}{6\pi r\eta} \qquad \text{식 (14.5)}$$

유체역학적 부피(r)는 각 이온의 고유한 성질이다. 전기 이동에서는 부분적으로는 유체역학적 부피의 차이에 의해 입자의 분리가 일어난다(그림 14.3 참조). 실험 조건을 조작하는 방법에는 다음과 같은 방법들이 있다.

- 전기장의 세기(E)를 조절
- pH 조절을 통하여 이온의 전하량(q)을 조절
- 매트릭스의 점성(η) 조절

물론 이는 단순한 평가이다. 다른 많은 물리적 요인들이 이동 속도에 영향을 미친다. 궁극적으로 pH, 이온 세기 및 온도 등 다양한 기여 변수들이 전기 이동 실험을 특징하게 된다. 실제로는 이러한 영향들을 종합하여 실험적으로 결정된 전기 이동 이동도(μ)로 나타나게 된다. 그 값은 각 화학종에 대하여 상세한 실험 조건 하에서 특징적인 값을 갖는다. 전기 이동법에서는 혼합물 내의 각 화학종이 전기장 내에서 고유의 이동도(각 화학종의 질량대 전하 비, 크기, 모양 및 유연성에 영향을 받음)를 가진다고 생각에 기초하여 이들 화학종을 확인하게 된다.

문제 14.5 예제 14.3에서의 띠 B~E에 대하여 전기 이동 이동도 μ_{ep}의 계산을 완성하고, 결과를 표로 정리하라.

전기 이동의 결과에 영향을 미치는 다양한 실험 매개 변수 가운데 가장 신경을 써야 할 것은 온도이다. **줄열**(Joule heating)은 전류가 저항을 통하여 흐를 때 언제나 발생한다. 매트릭스는 저항을 지닌 매질로서 작용하므로 줄열은 전기 이동 실험에서의 실험적 현실의 일부가 된다. 완충 용액이 가열되면 대류 전류 및 그 외에 단백질의 변성 및 (젤 매트릭스의 경우) 매트릭스의 용해와 같은 기계적 문제들이 발생할 수 있다. 온도의 요동 또한(특히 젤 매트릭스의 경우) 점성 및 밀도의 변화를 일으킬 수 있으므로 온도 변화는 띠넓어짐 및 분별능 저하의 원인이 된다. 띠가 굽은 모양으로 나타나는 띠의 일그러짐은 냉각이 불충분하다는 것을 나타내는 증상이다. 완충 용액의 이온 세기 또한 (줄열 및 상대 이온 효과에 대한 영향을 통해) 분별능에 영향을 미치며, 따라서 전기 이동 실험은 일반적으로 가능한 한 낮은 이온 세기에서 수행하게 된다.

» 예제 14.3

전기 이동 실험을 막 끝내고 실험 결과로부터 전기 이동 이동도(μ) 데이터에 대한 표를 작성하고 있다. 5개의 띠(A~E)가 있고 이들 띠의 시료의 처음 위치로부터의 이동 거리는 각각 5 mm, 14 mm, 24 mm, 150 mm, 400 mm이다. 젤의 길이는 8 cm이고, 200 V의 전압으로 25분간 실험을 수행하였다. 띠 A에 대한 μ_{ep} 값을 계산하라.

풀이 ›

식 (14.1c)를 이용하여 전기장의 세기 *E*를 계산하면,

$$E = V/L = 200\ V/8\ cm = 25\ V/cm$$

다음에 띠 A(5 mm 위치)에 대한 속도를 계산한다. 속도는 단위 시간당 이동 거리이다. 띠 A는 25분 동안에 5 mm 이동하였으므로 이동 속도는 5 mm/25분으로 계산되며, 따라서

$$v = 5\ mm/25분 = 0.2\ mm/분$$

마지막으로 띠 A에 대한 μ 값을 구하기 위하여 위에서 계산한 값들을 식 (14.3)에 대입한다.

$$\mu = v/E \quad 여기서 \quad v = 0.2\ mm/분 \quad 및 \quad E = 25\ V/cm$$

계산에 앞서 속도를 cm/분 단위로 변환하여 mm와 cm 사이의 단위 차이를 해결한다(10 mm = 1 cm). 이 때 v = 0.02 cm/분이 되고 따라서,

$$\mu = (0.02\ cm/분)/25\ V/cm$$

$$\mu = 8 \times 10^{-4}\ cm^2/V\cdot min$$

14.3 기초 장치

기초적인 전기 이동 기기는 매우 간단하고 저렴하다.[8] 필요한 것은 전원, 전극 두 개, 전도성 용액 및 매트릭스(일반적으로 젤 또는 종이)이다. 두 개의 전극(양극인 산화 전극 및 음극인 환원 전극)은 보통 백금선으로 되어 있고,매트릭스의 전기적 계면을 형성한다. (전원을 켜서) 두 전극 사이에 전위차를 가하면 전기장이 생성되고, 이온이 전기장을 따라 이동하면서 전류가 생성된다. 그림 14.4에 간단한 젤 (A) 및 종이 (B) 전기 이동 장치의 개략도를 전원부를 제외하고 도시하였다. 시료가 환원 전극 쪽 단자에 실려 있는 사실에서 알 수 있듯이 두 장치는 모두 음이온 분석물의 혼합물을 분리하기 위한 장치이다. 젤 장치의 개략도(그림 14.4A)에서는 젤은 완충 용액 저장 용기 위에 떠 있다. 종이 매트릭스 장치의 개략도(그림 14.4B)에서는 종이를 용매로 포화시킨 후 양쪽 끝을 용매 저장 용기에 담가 모세관 현상에 의해 축축한 상태로 유지한다. 그림 14.5에 일반적인 젤 전기 이동 장치의 사진을 나타내었다. 어떤 경우에는[안정성(젤이 매우 얇은 경우) 또는 습기 유지(종이 매트릭스의 경우) 등의 이유로] 두 장의 유리판 사이에 젤을 고정시키는 경우도 있다. 전극을 전원에 연결하면 전원에 의해 매트릭스 사이의 전압 강하가 계산된다. 전자는 전원에서 흘러나와 전극으로 흘러들어가고 완충 용액 내의 이온은 매트릭스 내에서 흐름으로써 회로가 완성된다. 양이온은 환원 전극으로 흐르고 음

[8] 2016년 기준으로 그림 14.5와 같은 전기 이동 장치는 $200 미만으로, 전원은 $600 미만으로 구매 가능하다. $1,000 미만으로 완제품 전기 이동 장비를 구매하거나 $20 정도의 가격으로 자체 제작 가능하다(실습활동 편의 "전기 이동의 정확한 이해: 스스로 전기 이동 장치 만들어 보기" 부분 참조).

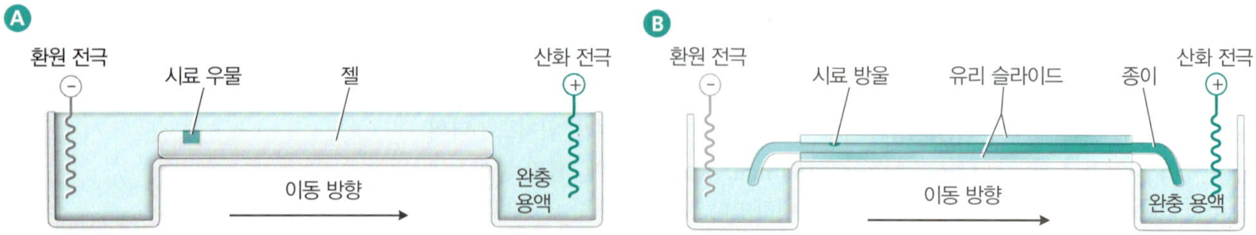

그림 14.4 기초적인 젤 (A) 및 종이 (B) 전기 이동 장치의 개략도. 분석물은 시료 우물에 싣거나(젤) 또는 종이 위에 방울로 떨어뜨린다. 전기장을 걸어 주게 되면 음이온은 산화 전극 쪽으로 이동하고 양이온은 환원 전극 쪽으로 이동한다. (A)와 (B) 그림 모두 음이온성 분석물의 이동을 나타내고 있다.

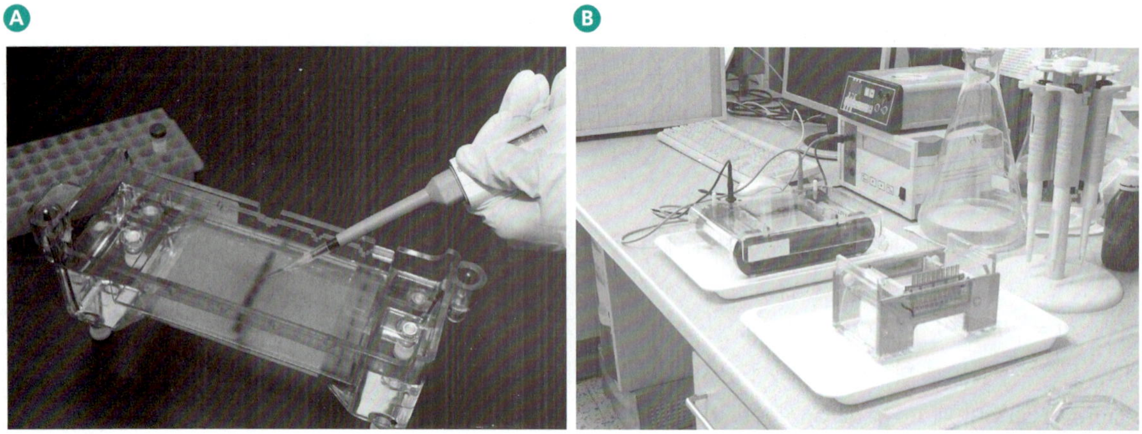

그림 14.5 패널 (A)에서는 시료와 염료를 미리 만들어진 우물에 싣는 모습을 볼 수 있다. 패널 (B)에서는 전원 및 시료 우물을 제작하는 데 사용되는 빗살을 볼 수 있다.

이온은 산화 전극으로 흐른다. 마찬가지로 이온성 분석물의 이온은 전기장의 영향을 받아 매트릭스 내에서 밀려가거나 끌려가게 된다. 양이온 시료 혼합물을 분석하려면 시료를 매트릭스의 산화 전극 단자에 실어야 한다. 만일 시료가 양이온과 음이온 양쪽 모두의 분석물을 포함한다면 그림 14.5(A)에서와 같이 젤의 가운데 부분에 실을 수도 있다.

그림 14.5에 전기 이동 장치의 사진을 도시하였다. 패널 (A)에서는 분석자가 피펫을 사용하여 젤의 톱니 부분에 시료를 싣는 모습을 볼 수 있다. 이와 같은 톱니를 **우물**(well)이라고 부른다. 또한 시료에 *염료*(loading dye)를 혼합하여 시료의 시각적 확인을 돕는다. 또한 염료는 전하를 띤 분자로서(흔히 브로모페놀 블루를 사용) 가장 작은 DNA 조각의 예상 이동 속도보다 아주 약간 빠르게 이동할 수 있도록 선택되었다. 염료는 가장 작은 DNA 조각을 제외한 모든 것보다 앞서 젤을 통과한다. 염료가 젤의 말단부에 도달하면 전원을 끌 때가 되었다는 것을 알 수 있게 된다. 그림 14.5의 패널 (B)에서는 전원 및 젤을 붓는 과정에서 시료 우물을 제작하는 데 사용되는 빗살을 사진으로 볼 수 있다.

이들 우물은 일반적으로 부피가 30에서 50마이크로리터 정도이다. 종이 매트릭스에서는 시료를 모세관을 이용하여 (얇은 층 크로마토그래피에서와 같은 방법으로) 종이에 "방울로" 떨어뜨린다. 목적은 시료를 가능한 한 작은 띠로 싣는 것이다. 궁극적으로, 간단한 전기 이동 실험에서 분별능은 일정 부분 처음의 시료 띠의 너비에 의해 제한된다. 분별능에 관해서는 14.8절에서 보다 자세히 이야기하도록 하겠다.

띠 기법은 분석 및 대용량의 양쪽 모드에서 모두 사용할 수 있다. 분석 실험의 목적은 시료 내의 다양한 성분을 확인하는 것이다. 분석 실험의 경우 소량의 시료를 매트릭

DNA 표지물(marker)이라는 용어는 몇 가지 다른 의미를 지닐 수 있다. 하지만 전기 페로그램의 경우에는 DNA 표지물은 전기 페로그램에서 관찰되는 DNA 조각의 분자량의 교정에 사용되는 내부 표준 물질로 생각할 수 있다. DNA의 분자량 교정에 흔히 사용되는 분자량 표지물로는 람다(lambda) DNA가 있다[때로는 *람다 사다리*(Lambda Ladder)라고도 불림]. 전기 이동 실험에서는 일반적으로 몇 개의 우물에 람다 DNA 표지물을 채워서 실험 대상 DNA와 같은 조건에서 전기 이동을 수행한다. 여기에 도시한 그림은 람다 DNA이다(*cI857 ind* 1 *Sam7*). 각 DNA 조각은 이전 조각 대비 48.5킬로베이스만큼 더 크다. 작은 조각일수록 전기 페로그램에서 더 멀리 이동한다. 실험 대상 DNA 조각 중에 242.5킬로베이스 조각과 같은 거리를 이동한 조각이 있다면 해당 실험 대상 DNA 조각의 크기 또한 대략 242.5킬로베이스라고 알 수 있게 된다.

DNA 표지물은 일반적으로 두 가지 중 하나의 방법으로 만든다. 첫 번째 방법은 알고 있는 DNA 조각을 제한 효소로 처리하는 것이다. 제한 효소는 DNA를 특정 위치에서 잘라서 몇 가지 다른 크기의 일련의 조각을 생성한다. 제한 효소를 사용하는 방법의 장점은 더 많은 표지물을 쉽게 만들 수 있다는 점이다. 이 방법의 단점은 효소에 의해 조각의 크기가 결정된다는 점이다. 두 번째 방법은 알고 있는 크기의 조각을 포스포다이에스터 결합을 이용하여 연결하는 것이다. 이 방법은 젤 내에서 선형 눈금(사다리)을 생성할 수 있다는 장점이 있다. 단점으로는 비용 및 표지물 DNA 생성이 복잡해진다는 점을 들 수 있다. ■

▶ 프로파일 _*Profile*

DNA 표지물

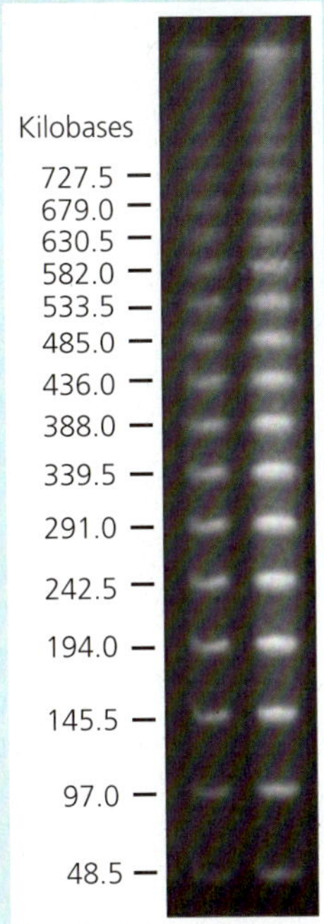

스에 싣는다. 얻어지는 **전기 페로그램**(electropherogram)은 시료 성분의 각 띠를 보통 준수한 분별능으로 보여준다. 시료의 성분은 분석물의 띠의 모양(서로 다른 μ_{ep} 값에 해당)을 알려진 표준 물질(사다리 또는 표지물이라고도 부름)과 비교하여 확인한다. 몇 가지 사례를 14.7절 및 14.8절에서 알아보도록 하겠다.

대용량 실험의 목적은 비교적 많은 양의 분석물을 정제하여 회수하는 것이다. 분석 실험과 비교하여 대용량 실험에서는 더 많은 양의 시료를 더 큰 부피의 매트릭스에 싣게 되며, 생성된 전기 페로그램에서 시료의 띠는 매트릭스 전체에 걸쳐 나타나게 된다. 그 다음에 정제된 시료의 성분을 매트릭스로부터 회수하게 된다.

사용하는 매트릭스의 양을 증가시키면 매트릭스의 부피가 표면적보다 더 빠르게 증가하게 된다. 대용량 전기 이동 장치의 기기적 난제 중 하나는 줄열의 발산이다. 동일한 매트릭스, 완충 용액 및 전압 조건에서 대용량 실험은 분석 실험에 비하여 발열이 더 크게 된다. 매트릭스를 적정 온도로 유지하기 위해서 대용량 전기 이동 장치는 흔히 수냉식으로 작동된다. 그림 14.6은 Bio-Rad Laboratories사에서 제조한 대용량 전기 이동실을 나타낸다. 매트릭스는 연동식 펌프에 의해 순환되는 수조에 의해 재킷화된 젤 관 내에 위치한다.

14.4 종이 전기 이동법

전기 이동의 가장 간단한 예인 종이 전기 이동법에서는 셀룰로스(종이) 또는 종이의 유도체로서 종이의 하이드록실기가 아세틸화된 아세트산 셀룰로스의 매트릭스를 사용한다. 종이에는 분자 체의 성질이 없다는 독특한 성질이 있다. 즉 종이에는 입자를 통과시키는 공극이 없으며, 따라서 분리는 주로 질량 대 전하 비에 의해 이루어진다. 무거운 입자일수록 같은 전하를 띤 가벼운 입자에 비해 더 느리게 이동하며, 전하가 더 큰 입자

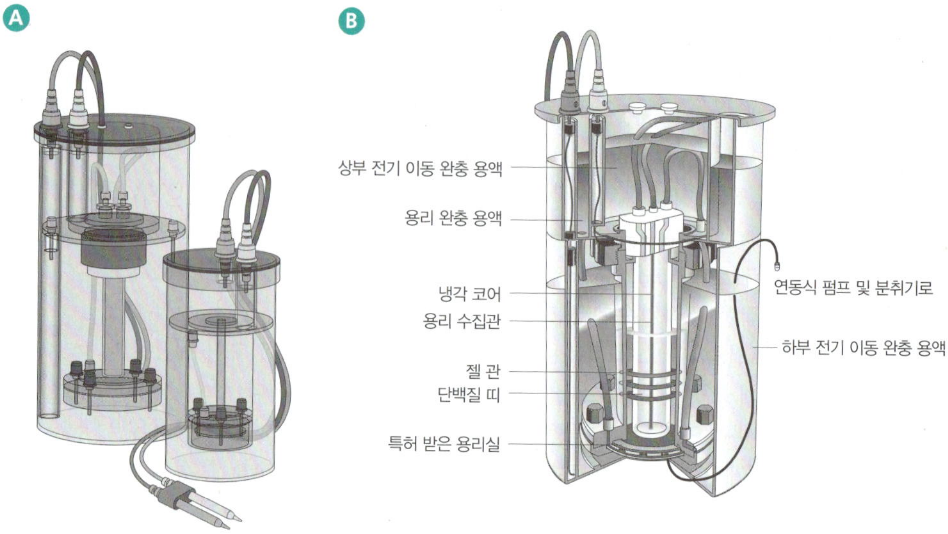

그림 14.6 복잡한 생체 매트릭스의 단백질 분리에 사용되는 대용량 전기 이동실의 예, Bio-Rad 사의 Model 491 Prep Cell. 패널 (A)는 장치 전체의 개략도를 나타낸다. 패널 (B)는 시료 띠를 회색 원반 모양으로 나타낸 젤 컬럼의 확대도를 나타낸다.

일수록 비슷한 질량의 전하가 작은 입자에 비해 더 빠른 속도로 이동하게 된다. 크기 및 모양에 의한 복잡한 기여 요인이 없다면 종이 전기 이동은 젤 전기 이동에 비하여 분리 모드가 간단하다는 장점이 있다. 따라서 종이 전기 페로그램은 해석이 간단하다.

실습활동 _Activity

전기 이동의 정확한 이해: 스스로 전기 이동 장치 만들어 보기

기초적인 전기 이동 장치의 제작은 매우 간단한다. 필요한 것은 젤을 고정한 용기(플라스틱 식기), 전극 두 개(알루미늄박 또는 흑연 연필심) 및 전원(직렬 연결된 9볼트 전지) 등만 있으면 된다. 동네 식료품점에서 살 수 있는 한천 또는 펙틴*을 이용하여 젤을 주조†할 수 있다. 젤을 주조할 때에는 시료 우물을 생성할 수 있는 틀이 필요하다. 이가 넓은 머리빗이면 된다. 분석물로는 식용 색소를 사용할 수 있다. 많은 식용 색소는 이온성이고 색상이 선명하므로 별도의 검출기나 시각화 단계가 없어도 된다. 염료가 양이온성인지 음이온성인지에 대한 정보가 없으므로 염료는 젤의 가운데 부분에 싣는 것이 좋다. (본 실습활동의 단계별 안내는 웹사이트 http://howtosmile.org/record/4255에서 찾아볼 수 있다.)

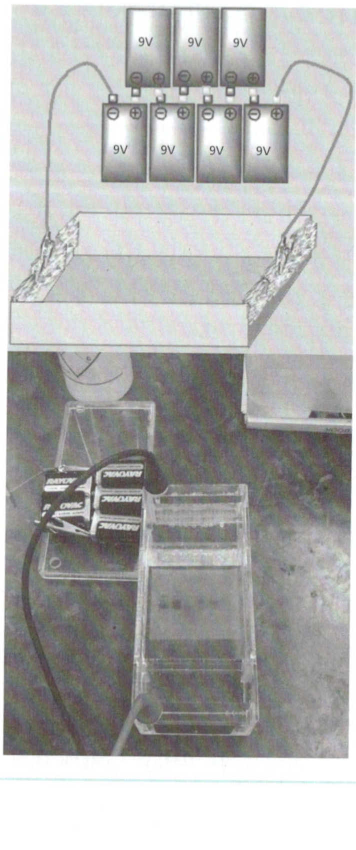

*펙틴은 주로 감귤류 과일에 존재하는 다당류이다. 펙틴은 가내 통조림 가공에서 젤리 및 잼을 제조할 때 사용된다. Ball RealFruit Pectin, Certo Fruit Pectin, Sure Jell 등의 다양한 상표명으로 판매된다.

†주조(casting)란 액체를 틀에 부은 후 경화시켜 모양을 만드는 작업을 말한다.

반면에 종이 전기 이동의 단점으로는 셀룰로스 표면의 하이드록실기의 극성 분석물에 대한 흡착성을 꼽을 수 있다. 이 때문에 분배 분리 모드가 생성되고 전기 이동 실험에 종이 크로마토그래피의 차원이 추가된다. 분리 모드 사이의 경쟁에 의해 분별능이 떨어지게 된다. 하이드록실기를 아세틸화 처리하게 되면(아세트산 셀룰로스) 하이드록실기가 제거되므로 몇몇 응용에서는 아세트산 셀룰로스가 매트릭스로서 선호된다.

종이를 적절한 띠로 잘라 소량의 완충 용액에 담금으로써 종이로부터 시료를 회수할 수 있다. 이들 시료는 다시 핵자기 공명 분광법이나 Fourier 변환 적외선 분광법 등의 다른 방법으로 분석할 수 있다.

종이 전기 이동법은 간단하지만 현대에는 보다 효율적인 젤 기법으로 대체되어(14.5절 참조) 자주 쓰이지는 않는다. 하지만 14.8절에서 볼 수 있듯이 종이 매트릭스를 사용하는 강력한 2차원 전기 이동법이 있다.

14.5 젤 전기 이동법

폴리아크릴아마이드(PA) 또는 아가로스를 젤 매트릭스로 사용하는 젤 전기 이동법은 현재 RNA, DNA 및 단백질의 분리에 광범위하게 응용되고 있다. PA 및 아가로스 모두 다공성의 거미줄처럼 얽힌 긴 고분자로 볼 수 있으며, 시료 내의 입자들은 전기장에 의해 밀려가거나 끌려갈 때 이들을 헤쳐 나가야만 한다. 매트릭스는 3차원의 그물이며 입자들은 그물 내에서 밀려가거나 끌려가는 모습으로 상상할 수 있겠다. 젤의 분자 체로서의 기능 덕분에 젤에서는 종이에 비하여 분별능이 향상된다.

14.2절에서 설명했듯이, 시료 혼합물에서 입자의 분리에는 크기 및 전하가 관여하며, 혼합물 내의 다양한 성분들은 각 입자의 매트릭스 내에서의 전반적인 전기 이동 이동도에 따라 띠 모양으로 분리된다. **젤 전기 이동법**(gel electrophoresis)은 띠 전기 이동법의 일종으로서 혼합물의 각 성분을 비슷한 전하, 크기 및 모양에 따라 각각의 띠로서 분리해 낸다. 그림 14.2 및 그림 14.3 모두 띠 분리의 개략도를 나타내고 있으며 프로파일 "DNA 표지물"에서는 아가로스 젤 전기 페로그램을 나타내고 있다. 종이 전기 이동법에서와 마찬가지로 분리 후에는 젤에서 생성된 띠를 잘라서 완충 용액에 담금으로써 시료를 회수하여 다음 분석에 사용할 수 있다.

전기 이동과 액체 크로마토그래피 사이의 중요한 차이점 중 하나로는 전기 이동에서는 연속적인 매트릭스(서로 얽혀 있는 고체 고분자 덩어리)를 사용하는 반면 액체 크로마토그래피에서는 입자 형태의 정지상(초소형 구)을 사용한다는 점을 들 수 있다. 두 번째 중요한 차이점으로 동력을 들 수 있다. 전기 이동에서는 전기장에 의해 입자들이 밀려가거나 끌려가며 분리 매트릭스 내에서 이동하는 반면, 크로마토그래피에서는 입자들이 고압의 액체 또는 기체에 떠밀려 가며 이동상 내에서 이동하면서 이동상과 정지상 사이에서 분배를 일으킨다. 젤 전기 이동에서는 매트릭스를 쉽게 통과하여 움직일 수 없는 큰 입자들은 더 느리게 움직이고(혹은 전혀 움직이지 않고) 반면에 마찰 계수가 상대적으로 작은 작은 입자들은 더 빠르게 움직인다는 특징을 이해해야 한다. 이 결과는 크기별 배제 크로마토그래피(12장 참조)에서와는 정확히 반대가 되는 것이다.[9]

◆ 폴리아크릴아마이드 젤 전기 이동

폴리아크릴아마이드 젤 전기 이동(polyacrylamide gel electrophoresis, PAGE)은 공극의 크기의 적합성 때문에 젤 전기 이동 실험으로서 단백질 분석에 가장 널리 사용되고

[9] 크기별 배제 크로마토그래피에서는 큰 입자들이 정지상에서 배제되어 더 빨리 용리된다는 사실을 기억하자.

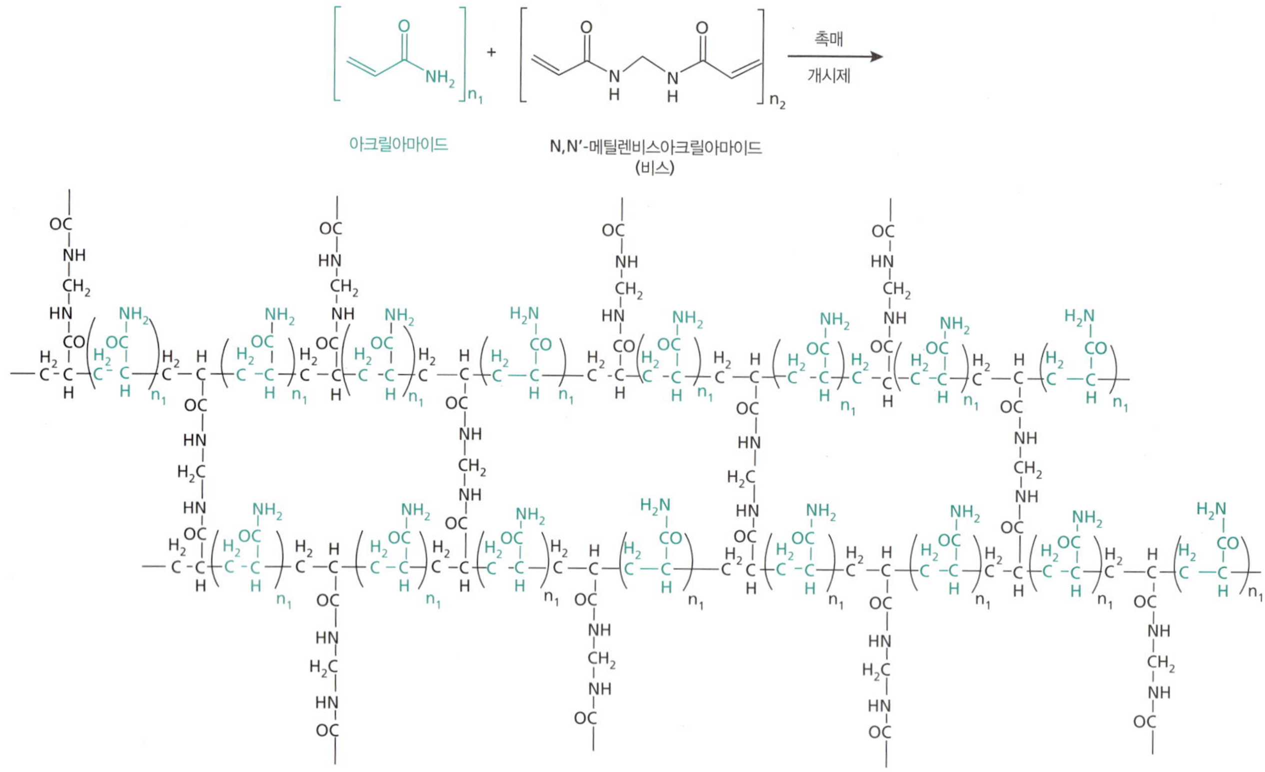

그림 14.7 N,N′-메틸렌비스아크릴아마이드 가교제와 PA의 중합 반응을 나타낸 개략도.

표 14.1: 폴리아크릴아마이드 젤의 분리 범위

아크릴아마이드의 퍼센트 함량(T)	일반적인 분자량 범위
3~5	100,000 이상
5~12	20,000~150,000
10~15	10,000~80,000
15+	15,000 미만

From Andrew, A. T. Electrophoresis: Theory Techniques and Biochemical and Clinical Applications, 2nd ed. Oxford University Press: New York, 1986.

있다. 여기서 사용되는 젤은 아크릴아마이드 단위체와('비스'라고도 불리는) N,N'-메틸렌비스아크릴아마이드 "가교제"로 만들어진다. 개시제 및 촉매와 함께 중합 반응을 일으키면 젤이 생성된다. 공극의 크기는 가변적이나 젤의 주조 시점에서 설정된 평균 공극의 크기에 의해 젤의 특성이 결정된다. 평균 공극 크기는 중합체 사슬의 길이에 영향을 미치는 요인들인 단위체의 총량 및 젤 내의 가교체의 퍼센트 함량 그리고 촉매의 양 등에 의해 조절된다(그림 14.7 참조).

아크릴아마이드 단위체는 독성이 강하므로 이들 젤은 보통 중합된 형태로 구매하여 사용하게 된다. PAGE 젤을 구매할 때는 단위체의 밀도 및 가교체의 퍼센트 함량을 명시해야 한다. T 값과 C 값을 지정하는 명명법이 표준으로 채택되어 사용되고 있다. "T" 값은 젤(아크릴아마이드 + 비스)의 총 농도(m/v)를 나타내며 "C" 값은 전체 단위체 가운데 비스 가교제 단위체의 퍼센트 함량을 나타낸다. $T_{12}C_4$로 표시된 PA 젤의 경우 전체 질량의 12%가 고분자이고 고분자 중 4%가 가교제로 이루어져 있다는 뜻이다. (보다 상세한 정보는 표 14.1을 참조하라.)

문제 14.6 다음 PA 젤의 조성을 설명하라.

(a) T_9C_2 (b) T_9C_4 (c) $T_{15}C_7$ (d) T_8C_2

문제 14.7 표 14.1을 이용하여 문제 14.6에 제시된 젤 가운데 어느 것이 비교적 작은 입자(분자량 15,000 이하)의 분리에 가장 적합할지 결정하라. 비교적 큰 입자(분자량 50,000 이상)의 분리에 가장 적합한 것은 무엇이겠는가?

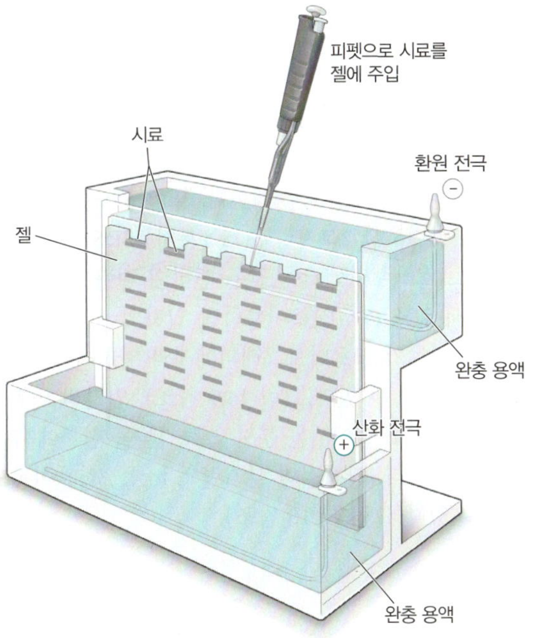

그림 14.8 수직 PAGE. 시료는 젤 윗면의 우물에 주입한다. 전기장을 걸어주게 되면 시료가 힘을 받아 젤로 밀려들어가게 된다. 젤 내에서의 이동도 차이에 의해 분리가 일어난다.

문제 14.8 전체 질량의 10%가 고분자이고, 이 중 2%가 가교제인 젤에 대한 올바른 명명법은 무엇이겠는가?

PAGE는 일반적으로 젤 방향을 수직으로 하여 실험을 수행하게 된다(그림 14.8 참조). 젤의 두께는 매우 얇고(~10 mm 미만) 두 장의 유리판 사이에 주조된다. 시료를 젤 윗면의 우물 또는 톱니에 주입하면 시료는 전기장에 의해 젤 속으로 이동하게 된다. 장치는 우물 쪽이 젤의 (−) 단자(환원 전극 단자) 쪽이 되도록 주조하며, 따라서 관심 대상이 되는 시료는 (+) 단자인 산화 전극 단자 쪽의 한 방향으로 이동하게 된다. PA 젤은 수평 방향 장치로도 사용할 수 있으나, 이 경우에는 우물의 깊이를 일정 수준 이상으로 유지하기 위해 젤의 두께가 훨씬 두꺼워지게 된다.

문제 14.9 수직 PAGE 실험에서 시료를 젤의 (−) 단자 쪽에 주입한 경우 양전하를 띤 입자에는 어떤 일이 일어나겠는가?

잠시 여유를 가지고 그림 14.8과 그림 14.4를 비교하여 보자. 두 장치는 본질적으로 서로 같다. 수직 전기 이동의 핵심적인 특징은 젤을 두 장의 유리판 사이에서 지지해야 한다는 점이다. 두 장의 유리판 사이에 끼워넣은 얇은 PA 젤은 환원 전극과 산화 전극 사이에 매달려 있다. 상부의 완충 용액은 환원 전극과 접촉하고 있으며 하부의 완충 용액은 산화 전극과 접촉하고 있다. 이 실험에서는 완충 용액의 pH는 약한 염기성으로 설정되고, 이 때 단백질은 음의 알짜 전하를 띠게 된다. 전기장을 켜 주게 되면 단백질은 젤로 끌려들어가서 장치 하단의 (+) 극 쪽으로 이동하게 된다. 여기서 볼 수 있듯이 pH의 조절은 중요한 분석 매개 변수이다. 일반적으로 젤에서 우물 중 하나에 일련의 분자량를 알고 있는 단백질 표준 물질(표지물)을 주입하여 각 분석물 띠의 전기 이동 이동도(μ)에 대한 크기별 기준으로 삼는다. 같은 젤 내에 복수의 우물을 이용하여 복수의 시료를 동일한 전기 이동 조건에서 동시에 분석할 수 있으며, 따라서 전기 이동 이동도를 이용하여 각 분석물을 나란히 비교할 수 있게 된다.

◈ 황산 도데실 소듐 폴리아크릴아마이드 젤 전기 이동

PAGE에서의 또다른 일반적인 관행은 단백질 시료를 황산 도데실 소듐(SDS)[10]으로 변성 처리하는 것이다. SDS는 계면 활성제로서(예, 세제) 탄소 12개의 알킬기 끝에 황산기가 달려 있다. SDS는 단백질과 상호 작용하여 단백질의 고유한 접힘 구조를 이루는 수소 결합을 허물어 선형의 단백질을 생성한다. 또한 SDS는 단백질 1그램 당 1.4 g의 비율로 결합하여(혹은 아미노산 2분자당 SDS 1분자) SDS-단백질 부분을 다가 이온으로 변환한다. 결과적으로 모든 단백질이 같은 전하대 질량 비 및 동일한(무작위한) 모양을 갖게 된다. 따라서 SDS-PAGE를 이용하면 입자의 모양이 이동도에 미치는 복잡한 영향을 제거하고(젤거르기 크로마토그래피에서와 마찬가지로) 오직 분자량만에 의한 전기 이동 분리를 수행할 수 있다(그림 14.9 참조). 입자의 이동도는 분자량의 로그값에 따라 변한다. SDS-PAGE 젤에서는 분자량 표지물을 한줄에 주입하여 질량에 따른 전기 이동 이동도를 결정한다. 단백질의 분자량의 $\log_{10}$ 값과 이동도를 함께 도시하면 선형 관계식을 얻을 수 있다(그림 14.10 참조).

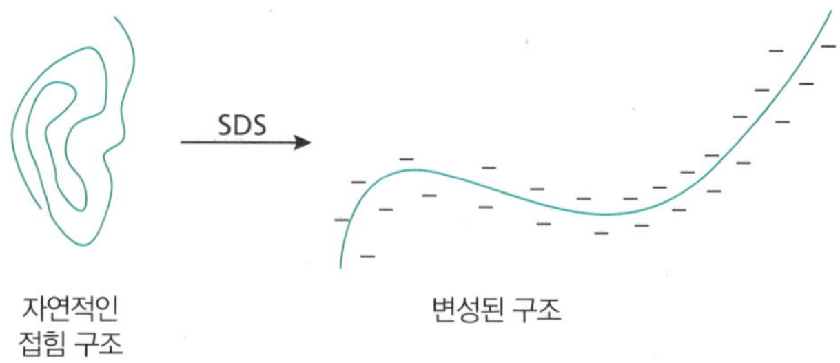

그림 14.9 SDS-PAGE 분석을 위해 SDS로 변성된 단백질의 개략도.

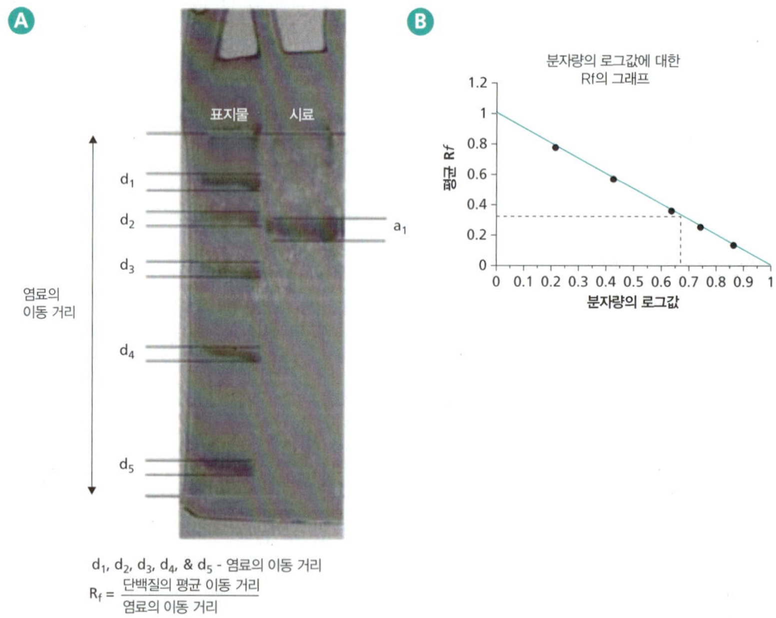

그림 14.10 몇 가지 단백질에 대한 SDS PAGE 실험 결과(A) 및 분자량 교정 곡선(B)의 개략도. 상대 이동(R_f)은 각 단백질의 이동 거리를 염료 표지물의 이동 거리로 나눈 값으로 계산한다. 교정 곡선은 일련의 단백질 표준 물질에 대하여 분자량의 로그값에 대한 상대 이동(R_f)의 값을 기준으로 작성하였다. 이후에 이 그래프 또는 추체선의 식을 이용하여 미지 단백질의 분자량을 결정할 수 있다.

[10] SDS는 많은 가정용 세제의 주성분이다.

문제 14.10 그림 14.10의 그래프를 이용하여 상대 이동도 0.75의 단백질 조각의 분자량을 계산하라.

◆ 아가로스 젤 전기 이동

큰 이온(> 200 kD)들은 PA 젤에서는 실험이 잘 되지 않는다. 큰 이온들을 조금이라도 움직이게 하려면 젤의 공극의 크기가 커야 한다. PA 젤에서 공극의 크기를 이 정도로 크게 만들려면 가교율을 대폭 낮추어야 하는데, 이렇게 하면 지지체나 유리판 등을 사용할지라도(유동성이 너무 크고, 너무 묽고, 너무 연약해지므로) 실제 실험에서의 취급성이 매우 나빠진다. 따라서 보다 큰 단백질 및 특히 DNA에 대한 응용에서는 젤 전기 이동의 매트릭스로서 공극의 크기가 더 큰 아가로스를 사용하면 최대 50,000 kD까지의 이온에도 사용할 수 있게 된다. **아가로스**(agarose)는 d-갈락토스와 3,6-안하이드로갈락토스로 구성된 선형 다당류로서 홍조류의 일종인 우뭇가사리 세포에서 추출된다. 해초로부터 얻어지는 천연물인 아가로스는 독성이 없는 "녹색" 소재로서 각광받고 있다. 따라서 아가로스는 교육 목적으로도 적합한 매트릭스로서 실험실습 과목에서도 사용해 본 적이 있을 것이다.

일반적인 아가로스 젤 실험에서는 첫 단계로서 젤을 주조하는 것이 보통이지만, 기성품 젤을 구매하여 사용할 수도 있다. PAGE에서와 달리 아가로스 젤의 공극의 크기는 젤 내의 아가로스의 퍼센트 함량(m/v)으로 결정된다. 아가로스의 함량은 일반적으로 0.2%에서 3% 사이의 범위에 있다. 아가로스 겔은 보통 수평 방향으로 사용되며 젤의 한쪽 끝 또는 중앙부에 우물을 미리 만들어 놓는다. 우물의 위치는 시료 혼합물에 포함된 관심 대상이 되는 입자들의 전하가 모두 음이거나, 모두 양이거나, 혹은 양전하와 음전하가 혼재되어 있는지에 따라 달라질 수 있다. 따라서 입자들은 어느 쪽 방향으로도 [(+) 극 또는 (–) 극] 분리 가능하며, 시료에 양이온과 음이온 양쪽이 모두 함유되어 있을 경우 양쪽 방향을 모두 사용할 수도 있다. 핵산 또한 다중 음이온이므로, DNA 분석용의 젤은 항상 한 방향으로 주조되고 우물이 전기장의 (–) 단자(환원 전극) 쪽으로 가도록 장치하여 시료가 젤의 (+) 단자 쪽으로 이동하도록 한다.

문제 14.11 PAGE 및 아가로스 젤 전기 이동에서 사용되는 매트릭스의 물리적 매개 변수를 서로 비교 및 대조해 보라. 분석자가 이들 물리적 매개 변수를 조절하려면 어떤 조치를 취할 수 있는가?

14.6 분석의 종료: 시간 인자

지금까지 기술한 모든 실험에서 시간은 중요한 역할을 한다. 전기장이 존재하는 한 입자들은 전기장 내에서 계속해서 이동할 것이다. 전기 이동을 멈추려면 전기장을 꺼 주어야 한다. 따라서 전기장이 입자들에 걸리는 시간은 핵심적인 실험 매개 변수 중 하나이다. 실험 시간이 너무 짧다면 입자들은 충분히 먼 거리를 이동하지 못하게 되므로 원하는 분별능을 얻을 수 없게 된다. 한편으로 시간에 따라 확산이 증가하고 전체 실험 시간 동안에 걸쳐 띠넓어짐이 일어나게 된다. 확산은 띠의 관찰 및 회수를 어렵게 만드는 요인이 될 수 있다. 더욱이 실험 시간이 너무 길게 되면 입자들은 사실상 젤 끝까지 이동하여 완충 용액 안으로 사라져 버릴 수도 있다. 적정 실험 시간을 결정하려면 보고자 하는 합리적인 실험 시간 동안에 충분히 좁은 시료 띠를 유지하면서도 각각의 띠를 충분히 분별할 수 있는 시간을 찾아야 할 것이다. 일반적인 실험 시간은 20분에서 90분 사이의 범위이다. 전압이 높을수록 실험 시간을 단축할 수 있지만 젤이 과열될 위험이 있다.

단위 복습

1돌턴은 ^{12}C 원자 질량의 12분의 1로 정의된다. ^{12}C 원자 1개의 질량은 12돌턴(12 Da)이다. 약어 kD는 킬로돌턴을 나타낸다.

일반적으로 완충 용액에 추적 염료를 첨가하여[11] 입자들이 주어진 시간 동안에 얼마나 이동했는지를 시각적으로 확인할 수 있도록 하지만, 이 방법을 제대로 활용하려면 기준 실험이 필요하게 된다. 시료 혼합물에 포함된 화합물의 이동도 범위가 다양할 경우, 이동도가 더 작은 시료 및 더 큰 시료의 분리에 각각 최적화된 별개의 젤을 준비해야 할 수도 있다.

14.7 젤 시료 검출

시각화

대부분의 전기 이동 응용에서 분석 대상이 되는 입자들은 맨눈으로는 볼 수 없다. 따라서 분석의 최종 단계에서는 검출을 해야 한다. 착색은 가장 널리 또 쉽게 사용되는 검출 방법이다. 매트릭스를 전기 이동 장치로부터 제거한 후 적절한 착색제에 담그고 헹군 다음, 눈으로 또는 적절한 광원 및 렌즈를 이용하여 시각적으로 확인하게 된다. 표 14.2에 몇 가지 전기 이동용 착색제의 예를 수록하였다. 단백질 시료에 흔히 사용되는 착색제로는 은 착색제, 쿠마시 블루, 플루오레스카민(플루람이라고도 불림) 등이 있다. 은 착색제 및 쿠마시 블루 모두 맨눈으로 확인할 수 있도록 띠를 착색시켜 주는데, 둘 중에서는 은 착색제 쪽이 좀 더 감도가 높다. 플루오레스카민은 단백질 내의 1차 아민과 반

표 14.2: 젤용 착색제

분석물	착색제	설명
아미노산, 펩타이드, 단백질	닌하이드린 2,2-다이하이드록시인데인-1,3-다이온 **CAS#: 485–47-2**	자유 아미노산 및 폴리펩타이드 내의 아미노산에 대하여 매우 감도가 높은 착색제, 종이 전기 이동 후에 사용
단백질	아미노 백 10B 4-아미노-5-하이드록시-3-[(4-나이트로페닐)아조]-6-(페닐아조)-2,7-나프탈렌 다이설폰산, 이소듐 염 **CAS#: 1064–48-8**	단백질의 양이온 단말과 결합; 셀룰로스에 흡착되므로 종이에 대한 바탕 착색이 강하며 폴리아마이드 젤의 변성 및 수축을 일으킴 막의 블롯팅 전사물에 가장 적합
	쿠마시 브릴리언트 블루 R250: **CAS#: 6102–59-2** G250: **CAS#: 6104–58-1**	섬유업계에서 최초로 개발되었으나 현재는 단백질 분석에서 흔히 사용되는 염료이다. G250은 R250에 비하여 메틸기가 2개가 더 있다. 염료는 단백질의 염기성 작용기에 결합하여 비극성 상호 작용을 하기도 한다.
	은 착색제 $(AgNO_3)_{aq}$	은은 단백질에 의해 금속 상태의 은으로 환원된다. ng 단위의 검출이 가능하다.
	퐁소 S **CAS#: 6226–79-5**	웨스턴 블롯팅에서 매우 널리 사용되는 염료. 물로 세척 가능한 가역 착색제이다.
	염화 단실 **CAS#: 605–65-2**	일차 아미노산 작용기와 결합하여 형광 발생
	플루오레스카민 CAS#: 38183–12–9	일차 아미노산 작용기와 결합하여 형광 발생
당단백질	알션 블루 **CAS#: 33864–99-2**	산성 다당류 및 당단백질의 착색에 사용

(계속)

[11] 예를 들면 Chemical Abstracts Service (CAS) 번호 2650−17-1인 자일렌 사이안은 PA 및 아가로스 젤 실험 양쪽 모두에서 DNA 분리의 추적 염료로 사용된다. CAS 번호 1733−12-6인 크레솔 레드는 단백질의 PAGE 실험 및 DNA/RNA의 아가로스 젤 실험에서 추적 염료로 사용된다. CAS 번호 34725−61-6인 브로모페놀 블루 또한 단백질 및 핵산에 대한 PA 및 아가로스 실험 양쪽 모두에서 사용된다.

표 14.2: 젤용 착색제 *(계속)*

분석물	착색제	설명
폴리뉴클레오타이드	아크리딘 오렌지 *N,N,N′,N′*-테트라메틸아크리딘-3,6-다이아민 **CAS#: 494-38-2**	층간 삽입형 형광 염료 DNA에 결합 시: 들뜸 = 502 nm, 방출 = 525 nm (녹색) RNA에 결합 시: 최대 들뜸 = 460 nm, 최대 방출 = 650 nm (적색)
	파이로닌 Y(또는 G) **CAS#: 92-32-0**	RNA 착색제로 널리 사용, 육안으로는 적색으로 보이며 302 nm의 형광 방출
	브로민화 에티듐(EtBr) **CAS#: 1239-45-8**	층간 삽입형 형광 염료, 핵산 착색제로 매우 널리 사용됨. EtBr의 형광 세기는 DNA에 층간 삽입될 경우 10배로 증가함. 최대 흡수 = 285 nm, 최대 방출 = 605 nm.

Adapted from Melvin, M. Electrophoresis (Analytical Chemistry by Open Learning). John Wiley & Sons: Chichester, UK, 1987에서 발췌.

응하여 형광 유도체를 생성하고 이 젤을 자외선 광원에 비추어 형광을 관찰한다. 브로민화 에티듐은 핵산의 착색에 가장 흔히 사용된다. 브로민화 에티듐은 DNA 주 골격에 층간 삽입을 일으키게 되고 이것이 자외선에 노출되면 강한 형광을 낸다(그림 14.11 참조). 하지만 브로민화 에티듐은 돌연변이 유발원으로 지정되어 있으며, 교육용 실험에서는 흔히 브로모크레솔 그린과 같은 색깔을 띤 염료를 사용한다. 스캐너 또한 띠의 세기를 시각화할 수 있다(뿐만 아니라 정량까지도 가능함). 분석 대상이 되는 시료가 방사성 표지되어 있다면 X선 필름 또는 사진 필름을 사용하여 시각화할 수도 있다. 이를 방사선 사진법(autoradiography)이라고 한다. 혹은 방사성 표지된 시료를 섬광 계수기로 정량할 수도 있다. 이때에는 매트릭스를 가로 세로별로 얇게 썰어서 각 부분을 각각의 바이얼에 담고 섬광 형광제에 담근 다음, 섬광 계수기에서 계수 분석을 하게 된다.

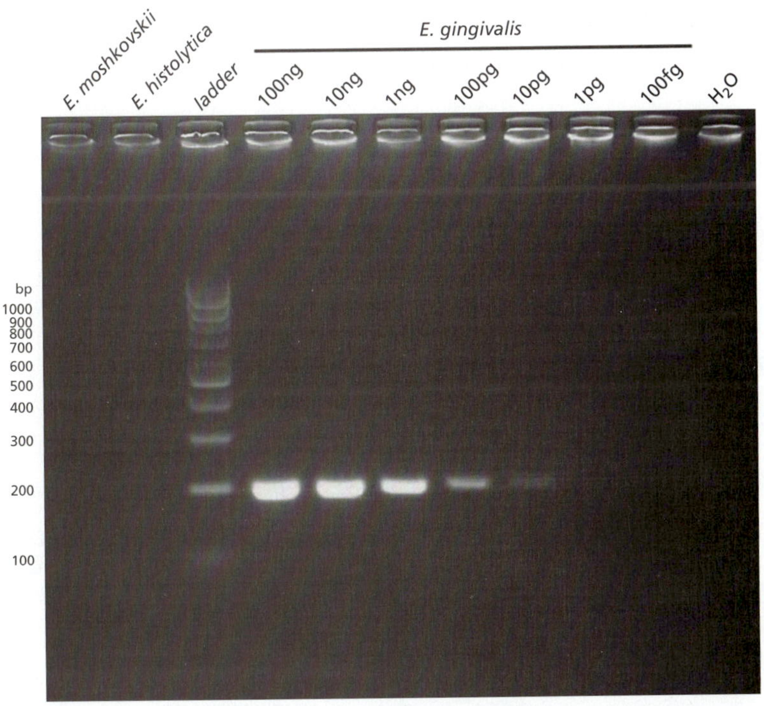

그림 14.11 λ-사다리 표지물 및 PBR 322 플라스미드 DNA에 대한 아가로스 젤 전기 페로그램. 젤은 2%에 브로민화 에티듐에 20분간 담근 후 완충 세척 용액에 20분간 담가둔 후에 자외선 광원으로 검출하였다.

> **복습하기**
> 6.7절에서 광전자 증배관을 소개할 때 섬광 계수기를 처음 다룬 바 있다. 전기 이동에서는 DNA 및 단백질에 방사성 동위원소 표지물을 사용할 수 있다. 다음에 시료를 형광 또는 인광 화합물(형광단)을 함유한 용액에 담근 후, 방출된 빛을 광전자 증배관을 통해 검출한다.

◆ 블롯팅

젤 전기 이동의 경우, 젤 상의 시료 띠를 좀더 듬직한 기판 위로 전사 즉 **블롯팅**(blotting)하여 보다 구체적인 시각화가 가능하다. 가장 잘 알려진 블롯팅 기법인 **서던 블롯팅**(Southern blotting)은 발명자인 Edwin Southern의 이름을 딴 것이다. 서던 블롯팅에서는 DNA 조각을 아가로스 젤에서 나일론 또는 나이트로셀룰로스 막으로 전사하여 시료 띠에 대한 특정 DNA 서열의 존재 여부를 확인한다. 모세관 효과를 통하여 DNA를 막으로 전사하게 된다. 말린 스펀지를 완충 용액 안에 넣고 이 스펀지 위에 젤을 놓는다. 막을 다시 젤 위에 놓는다. 흡입에 사용할 매질(보통 종이 타월)을 막 위에 놓고 이 더미 맨 위에 무게추를 놓는다(그림 14.12 참조). 완충 용액은 수직 방향으로 젤을 통하여 빨려 올라가고 DNA를 막으로 전사시킨다. 나일론 막을 더미에서 제거한 후 혼성화 용액에 담근다. 이 안에서 방사성 표지된 특정 서열의 DNA 표지물이 상보적 서열 부분에 결합하게 된다. 관심 대상이 되는 DNA 서열이 막 위의 DNA 성분의 띠 중에 존재할 경우, 방사성 표지된 상보적 서열은 막을 세척한 후에도 막 위에 고정된 상태로 남게 된다. 이 방법으로 방사성 표지된 상보적 DNA 가닥을 특정 서열에 대한 표지물로 사용할 수 있다. 결합된 표지물의 시각화를 통하여 관심 대상 서열의 분석 대상DNA 내의 존재를 확인할 수 있다. 이 기법은 특히 범죄 현상에서 채취한 시료 및 친자 확인 분석, 유전형 분석 등에 유용하다.

문제 14.12 액체 및 기체 크로마토그래피와 종이 및 젤 전기 이동에서 널리 사용되는 검출 방법들을 서로 비교 및 대조해 보라.

◆ 정량적 전기 이동법

친자 확인 검사 및 기타 정성적 실험에서는 전기 페로그램 무늬 내의 특정 띠의 존재 여부를 확인하는 것만으로 충분하다. 하지만 예를 들어 전기 이동법을 이용하여 단백질의 대사 속도론을 연구하는 경우라면 각 띠 내의 단백질의 상대적인 양을 측정할 수 있어야만 할 것이다. 초기 전기 이동 실험에서 각 띠의 정량은 **농도계**(densitometer)라는

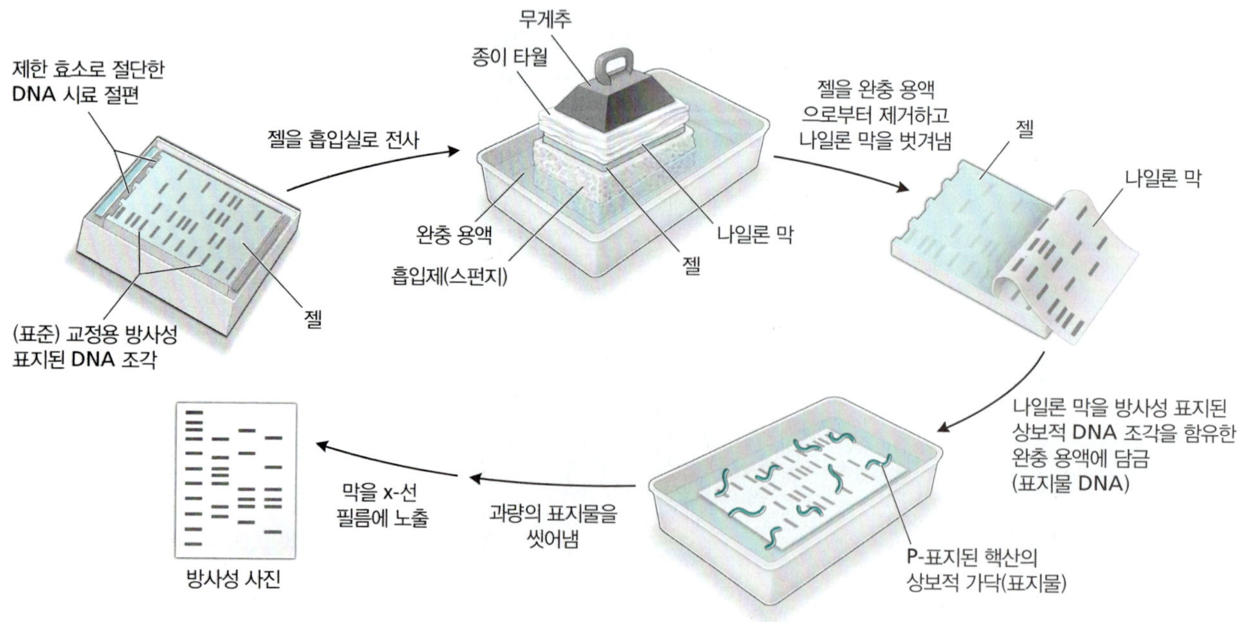

그림 14.12 서던 블롯팅을 이용한 전기 이동 실험의 개략도.

장치를 통해 이루어졌다. 농도계는 본질적으로 광원 및 광검출기를 갖춘 자외선-가시선(UV-vis) 분광기이다. *농도계*(densitometer)라는 이름은 전기 이동 띠의 흡광도를 광학 밀도(optical density)라고도 부르는 데서 기인하였다. **흡광도** 또는 **광학 밀도**(optical density, OD)는 광학 경로가 1 cm일 때의 흡광도 단위 1을 나타낸다. 젤을 광원과 검출기 사이에 놓은 후 검출기에 도달하는 빛의 양을 측정한다. 검출기 위로 젤을 밀어 넣고 젤의 각 위치에 대하여 OD를 측정하는 수동 스캐닝 작업은 지루하고 오랜 시간을 소요하였다. 시간이 지남에 따라 몇몇 회사들이 스캐닝 작업을 자동화해 주는 농도계를 개발하였고, 이들 제품이 정량적 전기 이동 작업 시장을 지배하게 되었다. 많은 실험실에서는 여전히 전통적인 방식의 농도계를 사용하고 있다. 하지만 디지털 이미징 장치들이 이러한 기법을 빠르게 대체하고 있다. 예를 들면 일부 회사들은 사실상 스캐너 기술에 기반한 제품을 이름만 "농도계"로 붙여서 팔고 있다. 이러한 제품은 *분자 영상기*(molecular imager)라고 부르는 편이 보다 타당할 것이다. 복사기에서 문서를 스캔하듯이 젤을 스캔한 후 회색조의 픽셀 농도를 소프트웨어로 분석하여 피크로 표시한다. 픽셀 농도는 OD에 비례하며 따라서 출력물은 전통적인 농도계의 결과물과 비슷하게 보인다. 이러한 스캐너들은 사실 매우 정교한 장치로서 광원을 필요에 따라 레이저광으로 교체하여 형광을 유도할 수도 있고, 다양한 광학 필터를 사용하여 명암비를 향상시킬 수도 있다. 사용자가 착색제/염료를 입력하면 그에 따라 스캐너가 광원 및 광학 기기 조합을 최적화한다.

피크의 높이는 농도에 비례하며, 피크의 넓이를 통하여 띠 내의 분석물의 총량을 정량할 수 있다. 이러한 장치는 또한 전기 이동 데이터를 디지털화하여 저장할 수 있다는 장점이 있다. 교정 표준 물질은 여러 회사로부터 구매 가능하다. 스캐너형의 분자 영상 장치뿐만 아니라 감도가 매우 높은 전하 결합 소자(charge coupled device)형 디지털 카메라 또한 분자 영상 장치로 사용되고 있다. 카메라는 주로 작은 크기의 젤에 사용되며, USB 케이블을 이용하여 영상을 컴퓨터로 직접 불러올 수 있다. 소프트웨어를 이용한 영상 분석은 스캐너 소프트웨어에서와 마찬가지 방법으로 수행된다.

다른 블롯팅 기법

RNA, 단백질 및 항체 등에 대해서도 비슷한 목적을 달성하기 위한 다른 관련 기법들이 개발되어 있다. 노던 블롯팅에서는 RNA를 아가로스로부터 나이트로셀룰로스 막으로 전사하여 비슷한 방법으로 특정 서열에 대하여 분석을 수행한다. 웨스턴 블롯팅에서는 단백질을 젤로부터 나이트로셀룰로스지로 전사한 후 항체 인식을 통하여 확인 작업을 수행한다.

14.8 분별능의 향상

분별능은 띠 전기 이동법에서 핵심적인 고려 사항이다. 띠 전기 이동에서 띠의 분별능은 주어진 두 띠에 대하여 두 띠의 평균 너비에 대한 두 띠 사이의 거리의 비율로 정의된다. 척도에 대한 감각을 돕기 위해 부연하자면, 띠 사이의 거리 및 띠의 너비는 보통 밀리미터 단위로 측정된다.

$$R_s = \frac{d_{1,2}}{(w_1 + w_2)/2} \qquad \text{식 (14.6)}$$

여기서

$d_{1,2}$ = 두 띠 사이의 거리

W_1 및 W_2 = 1번 및 2번 띠의 각 너비

문제 14.13 그림 14.13에서 "표지물"로 표지된 줄에 대하여 다음 각각의 경우에 대하여 두 띠 사이의 분별능을 계산하라.

(a) LD_2와 LD_3

(b) LD_{30}과 LD_{29}

(c) LD_{22}와 LD_{17}

(d) LD_{21}과 LD_{18}

(e) LD_{29}와 LD_{28}

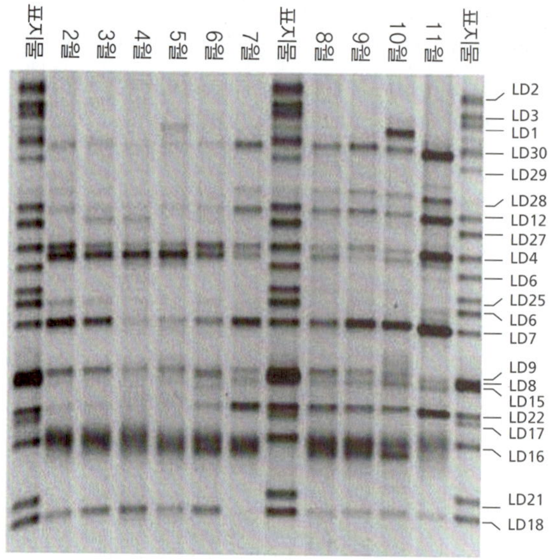

Clone	Cyanobacterium
LD4	*Limnothrix* sp.
LD5	*Prochlorothrix* sp.
LD25	*Prochlorothrix* sp.
LD6	*Limnothrix* sp.
LD7	*Prochlorothrix* sp.
LD9	*Synechococcus* sp.
LD8	*Aphinozomenon* sp.
LD15	*Prochlorothrix* sp.
LD22	*Prochlorothrix* sp.
LD16	*Prochlorothrix* sp.
LD18	*Planktothrix* sp.

그림 14.13 분별능은 주어진 띠의 평균 너비에 대한 띠 사이의 거리의 비율이다.

그림 14.13에서는 잘 구분된 띠들이 많이 보인다. 하지만 "2월" 및 "9월"로 표지된 줄에서는 몇몇 구분이 잘 되지 않은 띠들이 있다. 궁극적으로는 띠 사이의 거리는 띠의 너비에 의해 영향을 받게 되고, 따라서 시료 띠의 이론적인 최소 너비는 주입 우물의 너비에 의해 결정된다. 다른 말로 하면, 분석물이 젤 상단부의 2 mm 너비의 구역(시료 우물)에서 이동을 시작할 경우, 전기 이동 결과 생성되는 시료 띠 너비는 아무리 좋아 봐야 최소한 2 mm 이상이 될 것이다. 젤 내에서의 확산 때문에 띠의 너비는 일반적으로 시간에 따라 늘어난다. 따라서 전기 이동을 수행할 때는 시료 용액을 최대한 진하게 만들어서 우물에 최소한의 부피로 주입할 수 있도록 해야 한다. 완충 용액을 포함한 시료의 일반적인 주입 부피는 보통 10에서 30마이크로리터 범위이다. 분별능을 향상시킬 수 있는 다른 기법으로는 **불연속 전기 이동**(discontinuous electrophoresis), **등전 집중**(isoelectric focusing) 및 **2차원 전기 이동**(two-dimensional electrophoresis) 등이 있다.

◆ 불연속 전기 이동

불연속 전기 이동(discontinuous electrophoresis)[12]은 영어에서는 흔히 "disc electrophoresis"로 축약되기도 한다. 시료는 피펫으로 실행 젤(running gel)의 우물로 주입되는 대신에, 전류에 의해서 *쌓임 젤*(stacking gel)로부터 실행 젤로 실리게 된다(그림 14.14 참조). 쌓임 젤은 공극이 매우 크고 염기성의 실행 젤보다는 낮은 pH를 갖도록 주조되었다. 쌓임 젤은 보통 약한 산의 성분을 포함한 완충 용액(예, 글라이신, pH = 9.6)으로 만들어지며 이 쌓임 젤로 시료를 싣게 된다. 쌓임 젤은 실행 젤의 위로 "쌓이게" 된다. 전기장을 켜 주면 실행 젤 위쪽의 약한 산성의 이온이 쌓임 젤 안으로 이동하게 되고(쌓임 젤과 실행 젤 사이의 계면에서 양성자를 잃으면서) 중화되며 이동을 멈추게 된다. 전하 운반체를 잃음에 따라 두 젤 사이의 계면에서 젤의 저항이 크게 증가한다. 결과적으로 Ohm의 법칙 식 (14.7)에 의하여 계면에서의 전압 강하(V)가 매우 커지게 된다.

[12] Shuster, L. Preparative Acrylamide Gel Electrophoresis: Continuous and Disc Techniques. *Methods Enzymol.*, **1971**, *22*, 412-433.

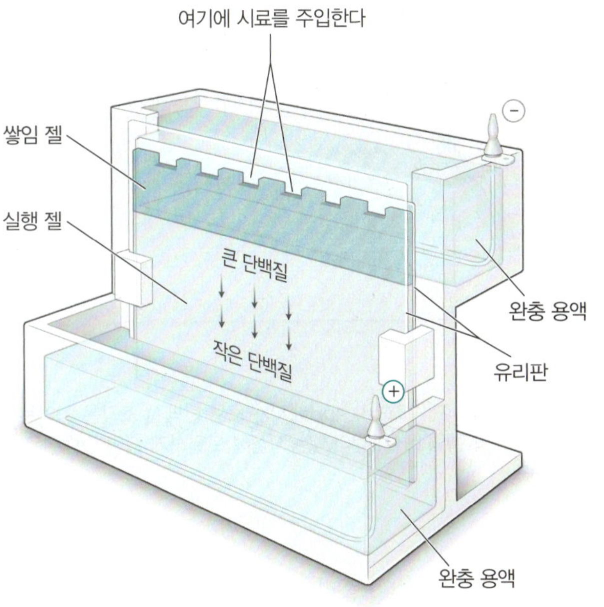

그림 14.14 불연속 전기 이동의 개략도. 쌓임 젤은 시료를 실행 젤로 매우 좁은 띠로서 빠르게 주입하기 위해 사용된다.

$$V = IR \text{ (Ohm의 법칙)} \quad \text{식 (14.7)}$$

국소적으로 전기장의 세기가 증가하면서 시료 이온을 실행 젤로 매우 빠르게 이동시키며, 그 결과(약 0.01 mm 두께의) 매우 좁은 띠를 생성하여 시료의 수동 주입에 비해 전체 분별능을 대폭 향상시킬 수 있게 된다.

문제 14.14 전기 이동 이동도 μ는 원리적으로 액체 크로마토그래피에서의 k_r 값과 비슷하다(12장 내용 참조). 두 계수 μ 및 k_r의 맥락에서 크로마토그래피와 전기 이동의 두 기법을 비교 및 대조해 보라.

◆ 등전 집중

등전 집중(isoelectric focusing)은 차등 일정 상태(differential steady state) 기법의 또 다른 형태의 전기 이동 실험으로서 단백질 시료의 분별능을 크게 높일 수 있는 기법이다. 등전 집중법에서는 젤의 길이 방향으로 pH가 변하도록 젤을 주조한다. 단백질이 젤을 통하여 이동하게 되면 이렇게 설정된 다른 pH 환경을 경험하게 된다. 양전하를 띤 단백질의 경우에는 pH가 pKa 이상으로 올라가게 되면 양성자를 잃게 된다. 단백질은 중성이 되면서 젤 내에서 이동을 멈추게 된다. 단백질이 전기적으로 중성이 되는 pH 지점을 **등전점**(isoelectric point)이라고 하며 기호 pI로 나타낸다. 입자들이 등전 띠로부터 확산되어 나가면 다시 전하를 띠게 되고 띠 쪽으로 다시 돌아오게 된다. 결과적으로 매우 좁은 띠가 형성되고 분별능이 향상된다. 따라서 이렇게 생성된 전기 페로그램은 시료 중의 단백질 성분을 pI에 따라 나타내게 된다(그림 14.15 참조).

등전 집중 실험에 사용되는 젤에는 *폴리앰폴라이트*(polyampholyte)[13]라 불리는 특

[13] Dobrynin, A. V.; et al. Polyampholytes. *J. Poly Sci. Part B: Poly Phys.*, **2004**, *42(19)*, 3513-3538.

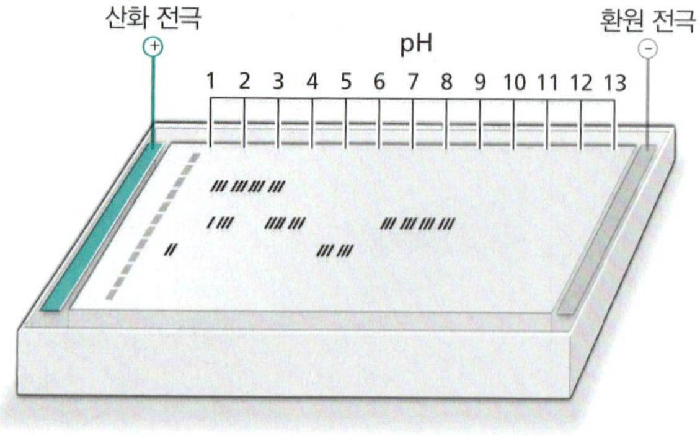

그림 14.15 등전 집중 젤의 개략도. 낮은 pH에서는 모든 단백질 조각은 양이온으로 존재한다. 단백질이 젤 내에서 자신의 pKa와 젤의 pH가 같아지는 지점에 도달하게 되면 단백질은 전기적으로 중성이 되고 이동을 멈추게 된다.

별한 고분자 물질이 살포되어 있다. 폴리앰폴라이트는 양쪽성[14] 아미노 및 카복실 기로 이루어진 양이온성 및 음이온성 단위체를 모두 포함한 전해질 중합체이다. 이들 산성 및 염기성 작용기의 존재량은 젤 전체에 걸쳐 달라지며, 등전 집중 젤 내의 pH 기울기를 일으킨다. 전기장의 영향 하에 이들 양쪽성 전해질 운반체의 집합에 의해 pH 기울기를 생성되며, 이웃한 띠 사이에 pH 0.05 정도의 근소한 차이의 기울기를 생성하도록 만들 수도 있다.

등전 집중 기법은 결정적인 분석 도구이다. 등전 집중법은 동질 효소(isozyme, 구조가 다르지만 기능이 같은 효소), 효소 이상(enzymopathy, 효소의 구조 및 기능의 이상) 및 헤모글로빈 돌연변이 등과 같은 단백질 기반 질병의 확인 등에 사용된다.

문제 14.15 등전 집중법에서의 분리 메커니즘이 다른 전기 이동 기법과 근본적으로 다른 점은 무엇인가?

◆ 2차원 전기 이동

간단한 종이 전기 이동 실험으로는 전압을 높이더라도 원하는 분별능을 얻을 수 없을 것이다. 따라서 2차원 전기 이동-전기 이동 및 ("지문" 실험이라고도 불리는) 2차원 전기 이동−크로마토그래피 기법 등이 개발되었다. 2차원 기법에서 첫 번째 차원은 앞서 이야기한 대로의 종이 전기 이동을 가리킨다. 두 번째 차원은 종이를 90도 회전시켜 첫 번째 실험과 수직 방향으로 제2의 실험을 수행하는 것을 가리킨다. 두 번째 차원에는 제 2의 전기 이동 실험이 올 수도 있고 종이 크로마토그래피 실험이 올 수도 있다. 2차원 전기 이동−전기 이동 실험에서는 입자들은 양쪽 차원 모두에서 전하에 의해 분리된다. 따라서 (양쪽 차원 모두에서) 가장 멀리 이동한 입자들은 시작점에서 대각선 방향으로 가장 멀리 위치하게 되고 복잡한 혼합물을 더 잘 구분할 수 있게 된다. 2차원 전기 이동-크로마토그래피 실험의 경우 입자들은 첫 번째 차원에서는 전하에 의해 분리되고 두 번째 차원에서는 극성에 의해 분리된다. 따라서 이렇게 생성된 "지문"은 시료 성분에 대한 다층적인 정보를 지니게 된다.

---

14 양쪽성 물질은 친수성과 소수성 작용기를 모두 지니고 있다. 가장 널리 볼 수 있는 예로서는 비누 및 세제가 있다.

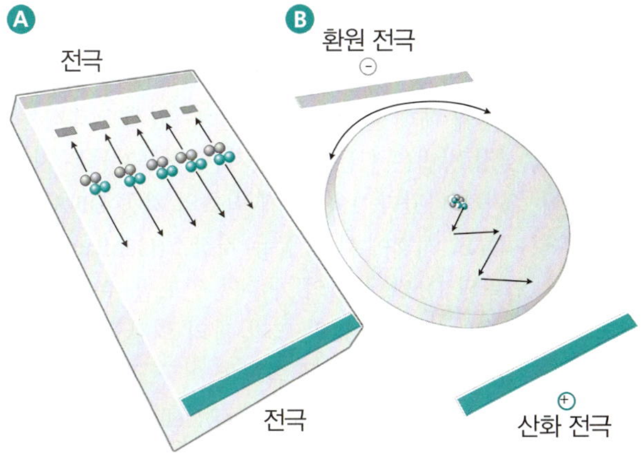

그림 14.16 패널 (A)는 전기장 반전 젤 전기 이동 실험을 나타낸다. 전기장이 전체 실행 시간 동안에 걸쳐 주기적으로 짧은 시간 동안 반전된다(+/−에서 −/+로). 패널 (B)는 회전 젤 전기 이동 실험을 나타낸다. 전체 실험 시간 동안에 걸쳐 전기장은 일정하게 유지하면서 젤의 회전 방향을 연속적으로 바꾸어 준다.

문제 14.16 젤 전기 이동 기법 중 가장 강력한 2차원 기법에서는 첫 번째 차원에서 단백질 혼합물을 먼저 등전 집중법으로 분리한 후 수직 방향의 제2차원에서 SDS-PAGE로 분리를 수행한다. 이 실험의 결과로 얻을 수 있는 정보에 대하여 설명하라.

현재 사용되고 있는 2차원 전기 이동법에는 몇 가지 변종이 더 있으며, 이들 기법 가운데 일부에서는 실험 과정에서 전기장의 방향을 변화시키는 경우도 있다. 이와 같이 전기장에 시간에 따른 변화를 주는 2차원 전기 이동 기법을 **펄스장 젤 전기 이동**(pulsed field gel electrophoresis, PFGE) 실험이라고 한다.

PFGE에서는 시료를 매트릭스로 주입한 후 지정된 시간(펄스) 동안 한 방향으로 전기 이동을 실행한다. 펄스가 끝나면 전기장의 방향을 재배치하여 다음번 펄스에서 시료 내의 입자들이 새로운 전기장 방향에 맞추어 정렬되도록 한다. PFGE는 매우 큰 DNA 조각(~20,000에서 2백만 염기)의 분리에서 분별능과 분리를 향상시킴으로써 그 진가를 발휘하는 기술이다. DNA조각은 길고 얇은 고분자 물질이므로 그 재정렬 과정에 걸리는 시간은 조각의 길이에 따라 좌우된다. 작은 조각일수록 재정렬이 빠르고 새로운 전기장 방향으로 움직이기 시작하는 반면, 큰 조각일수록 재정렬이 느리고 새로운 방향으로의 이동을 더 느리게 시작하게 된다. 다양한 응용에 대하여 펄스 계획(펄스의 길이 및 방향각의 변화)이 설계되어 왔으며, 통상적인 아가로스 전기 이동법에서의 한계인 50,000 kD를 훨씬 상회하는 크기의 DNA 조각에 대해서도 우수한 분별능을 제공하고 있다.

그림 14.16에 두 가지 펄스 계획을 도시하였다. 그림 14.16의 왼쪽에서는 전기장은 일정한 시간 간격에 따라 순간적으로 반전된다. 분석물 입자가 반전된 전기장 내에서 재정렬될 수 있는 능력은 분석의 추가적인 변수가 된다. 그림 14.16의 오른쪽에서는 젤을 전기장 내에서 앞뒤로(좌우로) 흔들어 주며 입자들을 전기장 내에서 지속적으로 재정렬되도록 한다.

14.9 모세관 전기 이동

◆ 모세관 전기 이동에 대한 소개

모세관 전기 이동(capillary electrophoresis, CE)에는 전통적인 젤 매트릭스 전기 이동(판 전기 이동이라고도 불림), 기체 크로마토그래피 및 액체 크로마토그래피 기법의 다양한

▶ **프로파일** _Profile

모세관 전기 이동과 인간 제놈 프로젝트

1953년에 Watson과 Crick은 DNA의 나선 구조에 관한 논문을 발표한 후,* 수 년 이내에 DNA에서 단백질로의 번역이 갖는 모든 의미를 이해할 수 있게 되었다. DNA 서열을 알게 되면 진화 및 유전병에 대해 더 깊이 이해할 수 있게 되리라는 것은 명백하였다. 전통적인 DNA 서열 결정 방법은 힘든 일이었지만, 연구자들은 지속적으로 새로운 서열을 데이터베이스에 추가해 나갔다. 1980년에 최초의 자동 DNA 서열 결정기가 상용화되었고, 그 해 말에는 DNA 서열에 대한 공용 저장소(GenBank)가 창립되었다. 그림 14.18에 GenBank에 입력된 DNA 서열의 개수의 연도별 추이를 나타내었다. 자동 DNA 서열 결정기의 도입에 따라 전체 30억 염기 쌍의 인간 제놈을 지도로 나타내는 꿈도 현실로 다가오게 되었고, 1988년에 미국 의회는 미국 국립 보건원(National Institutes of Health, NIH) 및 미국 국방부(Department of Defense) 주도의 인간 제놈 프로젝트(Human Genome Project, HGP)에 대한 연구비를 승인하였다. HGP의 초기 작업의 상당 부분은 제놈의 서열 분석을 가속화하기 위한 향상된 기술을 개발하는 데 투입되었다. 이러한 노력의 과실 중 하나가 바로 모세관 전기 이동(CE)의 급속한 발전이었다. HGP에 대한 CE의 영향력은 그림 14.17에서 명확히 확인할 수 있는데, CE 기기의 상용화 이후 추세선의 기울기가 증가한 것을 볼 수 있다. GenBank의 데이터 입력 속도는 CE 기기의 상용화 이후 4배로 증가하였다. ■

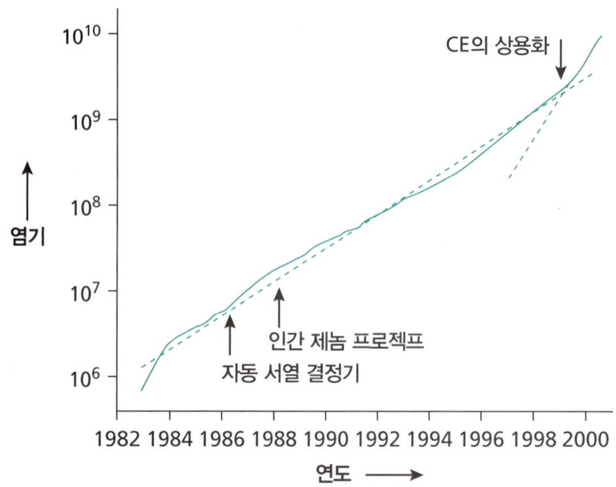

그림 14.17 GenBank에 입력된 DNA 서열의 수. 점선은 해당 해에 대한 추세선을 나타낸다. 1999년까지는 입력이 매 2년마다 2배로 늘어났다. 1999년 이후에는 입력이 매 6개월마다 2배로 늘어나고 있다.

*Watson, J. D.; Crick, F. H. C. *Genetical Implications of the Structure of Deoxyribonucleic Acid. Nature,* **1953**, *171*, 964-967.

측면이 종합되어 있다. 이름에서 알 수 있듯이 CE는 모세관에서 수행되는 전기 이동법이다.[15] 초기의 CE 기기에서 사용된 모세관은 모세관 기체 크로마토그래피에서 사용하는 관을 그대로 가져다 사용하였으며, CE의 분리 메커니즘에 대한 이론적 이해의 상당 부분 또한 마찬가지로 크로마토그래피 이론으로부터 적용된 것이다. 하지만 몇 가지 중요한 차이점이 있다. 전통적인 판 기법에서는 젤을 *매트릭스*라고 부르지만, CE에서 "매트릭스"는 완충 용액으로서 판 전기 이동 실험에서의 젤보다는 액체 크로마토그래피 실험에서의 이동상과의 공통점이 훨씬 더 많다. 실제로, 액체 크로마토그래피 실험에서의 이동상과 마찬가지로 완충 용액은 모세관을 따라 흐르게 되므로, 완충 용액을 일종의 "이동상"으로 생각하는 것도 나름의 장점이 있을 수 있다. 결과적으로 CE의 검출 체계는 액체 크로마토그래피에서 사용하던 것을 바로 가져와서 성공적으로 적용하게 되었다. 또한 이동상 흐름의 장점을 최대한으로 살리기 위해서 CE에서의 모세관은 GC에 비해서 안지름이 훨씬 작아야 한다. 그 이유에 대해서는 이 장의 뒷부분에서 설명하도록 하겠다.

판 전기 이동
모세관 전기 이동법이 등장하면서 기존의 젤 매트릭스를 사용하는 전통적인 기법은 판 전기 이동법으로 총칭되고 있다.

CE는 판 전기 이동에 비하여 훨씬 적은 양의 시료를 소요하며, 분별능이 훨씬 높고, 분석 시간이 훨씬 짧은 기법을 제공하고 있다. 이러한 특성은 모두 제놈 분석과 같은 대규모 프로젝트에 요구되는 특성이기도 하다.

◆ 기기

CE 기기는 개념적으로는 단순하다. 모세관은 모세관 기체 크로마토그래피에서 사용되는 것과 비슷한 용융 실리카 모세관이다(13장 참조). 모세관에 완충 용액 또는 젤을 채운다. 모세관의 양쪽 끝을 각각의 완충 용액 저장 용기에 담그고 고전압(30 kV) 전원에 연결된 전극을 양쪽 끝에 연결한다. UV-vis 분광기를 검출기로 활용한 CE 기기의 개략도를 그림 14.18에 나타내었다. CE는 다재다능하여 UV-vis 검출법뿐만 아니라 다른 다양한 검출기에도 적용될 수 있다. 예를 들면 CE는 전기화학 검출기, 질량 분석 검출기, 레이저 유도 형광 검출기, 방사성 동위 원소 계수기 검출기 등의 다양한 검출기에 적용 가능하다.

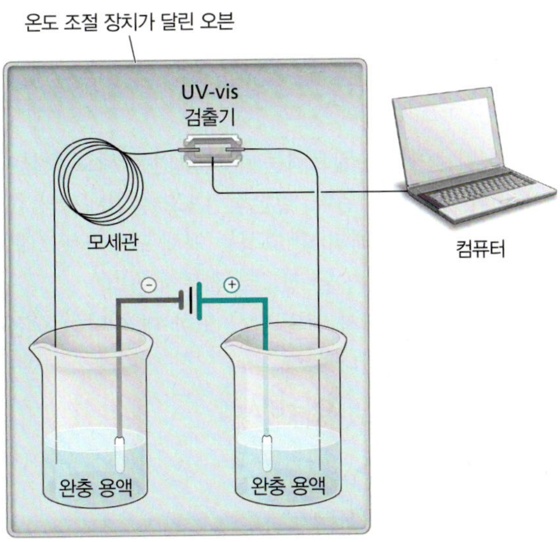

그림 14.18 CE 기기의 개략도.

[15] Schmitt-Kopplin, P. *Capillary Electrophoresis: Methods and Protocols (Methods in Molecular Biology)*. Humana Press: Totowa, NJ, **2008**; Ruttinger, H-H. *Affinity Capillary Electrophoresis in Pharmaceutics and Biopharmaceutics*. Informa Healthcare, **2003**; Altria, K. D. *Capillary Electrophoresis Guidebook: Principles, Operation, and Applications (Methods in Molecular Biology)*. Humana Press: Totowa, NJ, **2010**.

◆ 분리 효율

판 기법에서와 마찬가지로 CE에서 전하를 띤 입자들은 전기장 내에서의 이동도에 따라 분리된다. 마찬가지로 이동도는 입자의 전하 및 크기/모양의 양쪽에 모두 관련되어 있다. 단순화된 해석에서는 이온의 전하와 용액 내에서의 수화된 부피 사이와의 관계로써 설명한다. 전하 대 부피 비가 커질수록 이온의 모세관 내에서의 이동 속도 또한 증가할 것이다. 더욱이 모세관 벽 표면에 대한 코팅을 통하여 전기 이동-크로마토그래피 분리 모드가 조합되도록 변형할 수도 있다. 예상대로 분리 효율은 van Deemter 식을 통해 모델링된다. van Deemter 식은 12장에서 처음으로 소개하였으나 학생들의 편의 및 비교를 위하여 다시 소개한다.

$$H = A + B/\nu + C \cdot \nu$$

여기서 각 항은 다음과 같다.

H = 이론단 해당 높이
A = 소용돌이 확산 계수
B = 세로 확산 항
ν = 이동상의 흐름 선속도
C = 물질 이동에 대한 속도 항

*H*는 이론단 사이의 거리를 나타낸다는 사실을 기억하자.[16] 또한 비슷한 두 이온을 분리할 수 있는 능력은 단일 컬럼 내에 얼마나 많은 이론단을 쌓을 수 있는가에 의해 좌우된다.[17] 따라서 *H*가 감소하면 컬럼의 효율은 증가한다. 하지만 기체 크로마토그래피에서의 효율과 CE에서의 효율 사이에는 상당한 차이점이 있다. CE에서는 분석물은 균일하게 흐르는 액체에 의해 운반되므로, 이론단 높이에 관여하는 두 가지 요인은 CE에서는 사라진다. 바로 소용돌이 확산(*A*) 및 물질 이동(*C*)이다. 이 때문에 모델이 크게 단순화되어 CE에 대한 van Deemter 식은 다음과 같이 단순화될 수 있다.

$$H = B/\nu \quad \text{식 (14.8)}$$

여기서

B = 세로 확산 항
ν = 이동상의 흐름 선속도

이상적으로는 CE의 띠넓어짐을 일으키는 주요 요인은 세로 확산이 유일하며, 결과적으로 분리 효율이 극히 높아지게 된다. 일반적인 CE 실험에서의 효율은 이론단수가 50만 이상으로서, 기체 크로마토그래피 및 고성능 액체 크로마토그래피 실험에서의 효율에 비해 자릿수가 하나 이상 차이가 날 정도로 월등히 높다.

CE는 또한 판 전기 이동에 비해서 열의 발산 또한 더 쉽다는 장점이 있다. CE에서의 줄열은 다음과 같이 계산할 수 있다.

$$Q = E^2 \Lambda c \quad \text{식 (14.9)}$$

여기서

Q = 줄열(Ω/cm³)
E = 전압 기울기(V/cm)
Λ = 전해질의 몰 전도도($cm^2 mol^{-1} W^{-1}$)
c = 전해질의 몰농도(mol/L)

[16] "단"에 대한 개념은 응축판을 얼마나 촘촘히 쌓을 수 있는가에 의해 효율이 좌우되는 증류 컬럼에서 빌려 온 것이다.

[17] 이론단수는 대문자 N으로 나타낸다.

CE에서는 모세관 벽의 표면적이 모세관의 용적에 비해 크기 때문에 벽을 통한 줄열의 발산이 판형 젤에 비해 훨씬 효율적으로 일어난다. 결과적으로 CE 실험에서는 전통적인 판 기법에 비하여 훨씬 높은 전압을 사용할 수 있다. 사용자 입장에서는 실행 시간이 대폭 단축되는 셈이다.

◆ 전기 삼투 흐름

판 전기 이동에서와 마찬가지로 CE에서의 이온의 분리 또한 전기장 내에서의 이온들의 이동 속도 차이에 의한 것이다. 그러나 판 전기 이동 기법에서와는 달리 CE 실험에서는 매트릭스(완충 용액) 또한 모세관을 따라 흐르고 있다. 용융 실리카 모세관의 표면은 실란올(Si-OH) 작용기로 덮여 있다. 이는 pH 2 이하에서는 양성자가 붙어 있는 상태로 있지만 pH 2 이상에서는 실란올 작용기가 SiO^-로 이온화된다. 완충 용액 내의 용매화된 양이온이 모세관 내벽의 음전하를 띤 표면과 결합하여 전기적 중성을 유지한다. 전기장을 걸어주게 되면 이들 양이온이 환원 전극 쪽으로 이동하게 되고 용매 내의 이온 또한 이에 동반하여 환원 전극 쪽으로 운반된다. CE에 사용되는 모세관은 워낙 가늘기 때문에 이 효과는 모세관 중심까지 균일하게 미치게 된다. 결과적으로 환원 전극 쪽 방향으로 용매의 알짜 흐름이 생성된다(그림 14.19 참조). 이러한 용매의 모세관 내에서의 알짜 흐름을 *전기 삼투 흐름*(electro-osmotic flow, EOF)라고 부른다. 그러므로 CE 조건에서는 전기장에 의한 이온의 이동뿐만 아니라 완충 용액의 질량 이동이 수반되고, 따라서 일반적으로 분석물의 모든 성분들이(전하에 관계 없이 심지어 중성 성분이라도) 모세관의 한쪽 끝으로 용리된다.

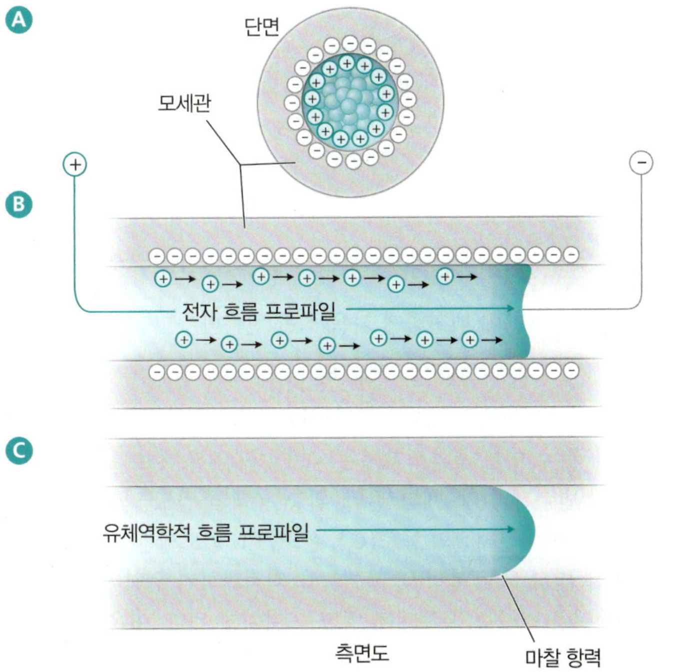

그림 14.19 EOF를 나타내는 개략도. 패널 (A)는 모세관의 단면으로서 수화된 이온과 모세관 표면의 이온 이중층을 나타낸다. 패널 (B)는 모세관의 측면으로서 양이온의 환원 전극 방향으로의 이동 및 그에 동반된 용매의 EOF를 나타낸다. 패널 (C)는 모세관의 측면으로서 펌프 작용에 의해 모세관 내에서 밀려 이동하는 용매의 유체역학적 프로파일을 나타낸다.

CE에서 전기장의 세기에 대한 이온의 속도는 **전기 삼투 속도**(electro-osmotic velocity, ν_{eo})로 불리며, 전기장의 세기 및 **전기 삼투 이동도**(electro-osmotic mobility, μ_{eo})의 함수로 주어진다. 식 (14.3)에서 전기 이동 이동도를 유도했던 것과 마찬가지 방법으로 식을 유도할 수 있다.

$$\nu_{eo} = \mu_{eo} E \qquad \text{식 (14.10)}$$

여기서

ν_{eo} = 전기장 내에서 이온의 전기 삼투 속도 $\left(\frac{m}{s}\right)$

μ_{eo} = 전기 삼투 이동도 $\left(\frac{m \cdot C}{N \cdot s} = \frac{C \cdot s}{Kg}\right)$

E = 전기장의 세기 $\left(\frac{\text{뉴턴}}{\text{쿨롱}} = \frac{\text{볼트}}{\text{미터}}\right)$

식 (14.10)에 대하여 생각할 때에는 이온의 전기 삼투 이동도는 다음의 두 변수에 의해 영향을 받는다는 사실을 고려해야 한다. EOF 및 전기 이동에 의한 이동이다. 앞서 논의했던 것처럼 전기 이동에 의한 이온의 전기장 내에서의 이동은 매트릭스의 점성 항력(η)에 의해 방해를 받게 된다. 한편 용매의 EOF는 이온 이중층에서의 이온의 흐름의 결과이다. 이온 이중층의 밀도는 모세관 내벽의 표면 전위에 좌우된다. 이 표면 전위를 **제타 전위**(zeta potential, ζ)이라고 부른다. 마찬가지로 제타 전위의 완충 용액에 대한 영향력은 완충 용액의 유전 상수(ε)로 정량화될 수 있다. 이들 모든 효과를 종합하면 *Henry 식*으로 알려진 전기 삼투 이동도에 대한 식을 유도할 수 있다.

$$\mu_{eo} = \frac{\varepsilon\zeta}{4\pi\eta} \qquad \text{식 (14.11)}$$

여기서

μ_{eo} = 전기 삼투 이동도 $\left(\frac{m \cdot C}{N \cdot s} = \frac{C \cdot s}{Kg}\right)$

ε = 완충 용액의 상대 유전율(유전 상수), 단위 없음[18]

ζ = 제타 전위 $\left(\frac{m}{C \cdot s}\right)$

η = 점도 $\left(\frac{N \cdot s}{m^2} = \frac{Kg}{m \cdot s}\right)$

식 (14.11)을 식 (14.10)에 대입하면 다음 식을 얻는다.

$$\nu_{eo} = \left(\frac{\varepsilon\zeta}{4\pi\eta}\right) E \qquad \text{식 (14.12)}$$

식 (14.12)에서 볼 수 있듯이 분석자에게는 EOF의 흐름 속도를 제어하기 위해 조절할 수 있는 몇 가지 변수가 있다. 제타 전위, 완충 용액의 점도 및 가해 주는 전압이 바로 그것이다. 제타 전위는 전해질의 농도(C_i), 온도(T) 및 모세관 벽의 전하 밀도(σ_{Si})의 함수이다.[19] 이들 세 변수 모두 분리 및 분별능을 최적화하기 위하여 조절할 수 있다.

C_i를 조절하면 이온 이중층의 두께에 영향을 미치게 된다. 이온 세기가 증가할수록 모세관 벽의 이온 이중층의 두께가 감소하고, 이온 세기가 높아지면 이 이중층이 붕괴되며 EOF가 사실상 차단된다. σ_{Si}를 조절하기 위해서는 pH를 조절하여 모세관 표면을

[18] 상대 유전율은 진공의 유전율에 대한 해당 물질의 유전율의 비율이다.

[19] Hayes, M. A.; Kheterpal, I.; Ewing, A. G. *Anal. Chem.*, **1993**, *65*, 27.

전체적으로 혹은 부분적으로 양성자화시킬 수 있다. pH가 2보다 훨씬 작은 경우 모세관 벽은 사실상 완전히 양성자화된다. 표면의 SiO^- 작용기를 제거함으로써 EOF를 사실상 차단하게 된다. 또 다른 방법으로는 모세관 표면을 화학적으로 변형시키는 방법이 있다. 예를 들면 흔히 PA 또는 메틸셀룰로스를 사용하여 모세관 표면의 Si-OH 작용기의 이온화를 억제하기도 한다.

겉보기 이동도 CE 기기 내에서 이온이 이동할 수 있는 두 가지 방법을 기술하였다. 첫 번째는 전기 이동에 의한 이동이고 두 번째는 전기 삼투 현상이다. 이들 두 힘은 항상 함께 작용하는 것은 아니라는 점을 인식하는 것이 중요하다. 그림 14.19을 다음 관점에서 살펴보자. 이 그림에서 양이온은 전기장의 영향으로 환원 전극 쪽으로 이동하고 있다. 마찬가지로 EOF 또한 환원 전극 쪽으로 이동하고 있다. 이 경우에는 두 영향력은 서로 합쳐지며 보강되므로 컬럼으로부터 용리되는 양이온 분석물에 대하여 (이동 속도는 증가하고) 용리 시간은 단축된다. 하지만 같은 계의 음이온의 경우에는 전기 이동에 의해서는 산화 전극 쪽으로 끌려가게 되지만 EOF에 의해서는 환원 전극 쪽으로 밀려가게 된다. 이 경우에는 두 영향력은 서로 반대 방향으로 작용하게 된다. pH가 3 이상일 경우에는 EOF의 효과가 전기 이동에 의한 이동 효과보다 더 세므로 음이온은 환원 전극 쪽에서 용리된다. 하지만 pH가 2에 근접하게 되면 EOF가 약해지거나 완전히 멈추게 된다. 낮은 pH에서는 음이온은 컬럼의 산화 전극 쪽 말단에서 용리된다. 낮은 pH에서 CE를 이용하여 음이온을 검출하기 위해서는 전원의 극성을 반전시켜야만 분석물을 컬럼의 검출기 쪽 말단으로 용리시킬 수 있다. 분석물 가운데 중성 화학종의 경우 전기 이동에 의한 이동은 없으며 EOF에 의해서만 이동하게 된다. 따라서 중성 화학종의 경우에는 CE 컬럼으로는 전기 이동에 의한 분리는 일어나지 않는다. 하지만 컬럼을 코팅하여 크로마토그래피 분리 모드를 부여하게 되면 CE 체계 내에서 중성 화학종을 분리하는 것도 가능하다.

일반적으로 CE에서는 중성 화학종에 대한 분별능이 나쁘다(프로파일 "마이셀 동전기 모세관 크로마토그래피" 내용 참조). 전기 이동 이동도와 전기 삼투 이동도의 벡터 합을 **겉보기 이동도**(apparent mobility)라는 용어로 지칭한다.

$$\mu_{app} = \mu_{ep} + \mu_{eo} \qquad \text{식 (14.13)}$$

여기서 각 항은 다음과 같다.

μ_{app} = 겉보기 이동도
μ_{ep} = 전기 이동 이동도
μ_{eo} = 전기 삼투 이동도

분석물이 모세관 컬럼을 통과하여 이동하는 속도는 겉보기 이동도와 걸어준 전기장의 곱이 된다.

$$\nu_{app} = \mu_{app}E \qquad \text{식 (14.14)}$$

문제 14.17 E와 μ의 단위는 각각 식 (14.2) 및 식 (14.3)에서 주어졌다. 이들 단위를 분석하여 식 (14.14)에서 둘의 곱 $\mu_{app}E$가 실제로 속도의 단위를 가진다는 것을 보여라.

문제 14.18 전기장의 세기 20 V/m로 CE 실험을 수행하고 있다. μ_{app} 값이 각각 0.001 및 0.0015인 두 분석물(A와 B)을 분리하려고 한다. 바탕선 너비는 2초라고 가정한다. 바탕선 수준의 분별능을 얻으려면 컬럼의 길이는 얼마가 되어야 하겠는가? [이 개념의 복습을 위해서는 식 (12.10)을 참조하라.) 이 길이가 합리적인 길이인가? 설명하라.

▶ 프로파일 _Profile

마이셀 동전기 모세관 크로마토그래피

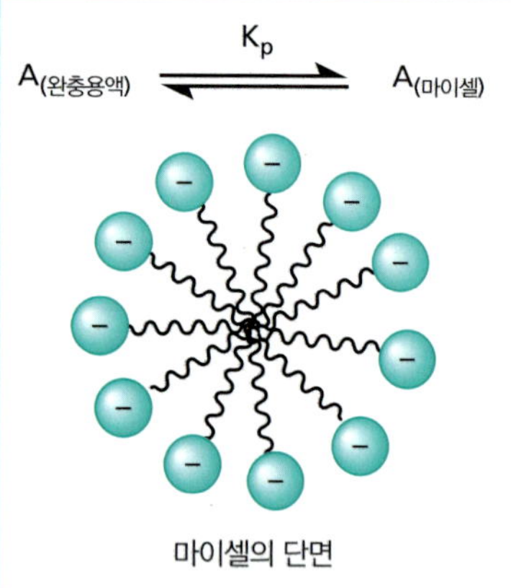

마이셀 동전기 모세관 크로마토그래피(micellar electrokinetic capillary chromatography)는 전기 이동 및 크로마토그래피 분리 모드의 장점을 융합하여 중성 분석물 화학종을 분리하는 기법이다. 계면 활성제(세제 및 비누)는 임계 농도 이상에서 마이셀을 형성한다. 마이셀은 극성 용매 내에 분산된 계면 활성제 분자의 콜로이드 집합이다. 계면 활성제 분자의 정렬에 따라 계면 활성제의 소수성 말단부는 모두 구의 안쪽으로 정렬된다. 마이셀 동전기 모세관 크로마토그래피에서는 완충 용액에 계면 활성제를 임계 농도 이상으로 첨가하고 마이셀의 극성 머리 부분이 다른 전하를 띤 화학종과 마찬가지로 전기 이동에 의해 이동되도록 한다. 하지만 마이셀의 비극성 내부는 상대적으로 극성인 완충 용액과 마이셀 내부 사이에서 상 간 계면으로서 작용하게 된다. 극성의 유기물 분석물 분자들은 이 두 상 사이에서 역상 크로마토그래피에서와 비슷한 메커니즘에 의해 분배를 일으킬 수 있다. 액체 크로마토그래피와 다른 점은 분석물이 마이셀에 들어간 후에는 전기 이동에 의해 이동한다는 점이다. 분석물의 극성 용매와 비극성 마이셀 내부 사이의 차등 분배(Kp)에 기초하여 분리가 일어난다. ■

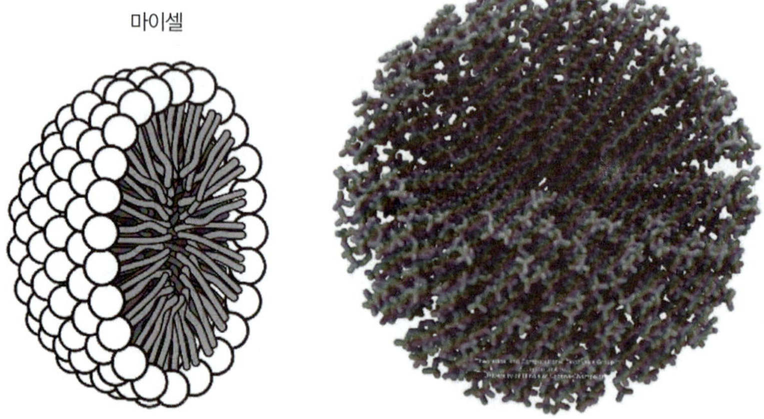

◆ 시료의 주입 및 처리량

시료는 다음의 세 가지 중 한 가지 방법으로 CE 컬럼에 주입된다. **사이펀 작용**(siphoning), **동전기 주입**(electrokinetic injection) 및 **유체역학적 주입**(hydrodynamic injection).

*사이펀 작용*은 가장 간단한 방법이다. 모세관의 한쪽 끝을 더 낮게 유지하고, 높은 쪽 끝을 시료 저장 용기에 넣는다. 사이펀 작용의 경우는 주입되는 양을 정량화하는 것이 매우 어렵고 따라서 정성적인 작업에만 사용하는 것이 가장 좋다.

*동전기 주입*에서는 전기장을 사용하여 시료를 컬럼으로 끌어온다. 동전기 주입에서는 모세관의 양쪽 끝 중(시료의 종류에 따라 적절하게 선택된) 한 쪽 끝을 완충 용액 저장 용기 대신에 시료 용액에 담그게 된다. 전원을 잠시 동안 켜게 되면 전류와 함께 시료가 모세관 안으로 끌려가게 된다.

시료에 대하여 정량 분석을 수행하는 경우라면 모세관에 주입되는 분석물 간의 상대 농도를 실제 시료와 동일하게 맞추어 주어야 한다. 동전기 주입을 사용하는 경우, 컬럼에 주입된 각 분석물의 몰수는 다음과 같이 예측할 수 있다.

$$n_i = \nu_{app_i}\left(\frac{k_b}{k_s}\right)t\pi r^2 M_i \qquad \text{식 (14.15)}$$

여기서 각 항은 다음과 같다.

n_i = 주입된 i번째 분석물의 몰수
v_{appi} = 주입된 i번째 분석물의 겉보기 속도
r = 모세관의 반지름
t = 주입 시간
M_i = 주입하는 시료 용액 내에서 i번째 분석물의 몰농도
$\left(\frac{k_b}{k_s}\right)$ = 완충 용액과 시료의 전도도의 비

식 (14.14) 및 식 (14.15)로부터, 동전기 주입법의 단점 중 하나로 모세관에 주입되는 특정 분석물의 농도가 각 분석물의 겉보기 속도 및 전도도에 좌우된다는 점을 알 수 있다. 전기 이동 논문에서는 이것을 **주입 바이어스**(loading bias)라고 부른다. 결과적으로 모세관에 주입되는 여러 시료 성분의 농도가 원래 시료 내의 각 분석물의 농도와 달라지게 된다. 정량적인 작업에서는 이는 결코 이상적인 상황이 아니다. 이러한 이유 때문에 많은 상용 기기에서는 유체역학적 주입법을 사용하고 있다.

유체역학적 주입(hydrodynamic injection)에서는 산화 전극과 환원 전극 쪽의 용매 저장 용기 사이의 압력 차에 의해 시료를 컬럼으로 밀어넣는다. 시료가 주입되면 완충 용액을 대체하고 전기장 기울기를 재개하여 분석을 진행한다. 유체역학적 주입을 사용하는 경우 주입 부피는 *Poiseuille* 식에 의해 다음과 같이 계산된다.[20]

$$V_{inj} = \frac{\Delta P \pi d^4 t}{128 \eta L} \qquad \text{식 (14.16)}$$

여기서 각 항은 다음과 같다.

V_{inj} = 주입 부피(nL)
ΔP = 모세관 양 끝 사이의 압력 차이(Pa)
d = 모세관의 안지름(m)
t = 주입 시간(초)
η = 주입된 시료의 점성(Pa·초)
L = 컬럼의 전체 길이(m)

문제 14.19 다음 주어진 조건에서 유체역학적으로 주입된 시료의 부피를 계산하라. ΔP = 70 kPa, d = 0.25 mm, t = 2초, h = 1.3 × 10^{-3} Pa · 초, L = 3 m. 각 분석물 화학종의 농도가 3 mM일 경우 몇 몰의 시료가 주입되겠는가?

텔레비전의 범죄 수사물 프로그램에서는 기술자들이 DNA 증거물을 찾아내기 위해 범죄 현장을 약솜으로 닦아내는 모습을 자주 볼 수 있다. 중합 효소 연쇄 반응으로 증폭시킨다고 할지라도, DNA, RNA는 물론 단백질 시료의 양은 일반적으로 매우 적다. 따라서 어떤 주입 방법을 사용하든 간에, CE에는 주입 부피가 매우 작다는 바람직한 장점이 있다. 일반적인 주입 부피는 피코리터에서 나노리터 수준의 범위에 있다. 이 작업은 또한 쉽게 자동화할 수 있다. 분석 시료 간 시간 간격은 약 8분 정도로서 이 경우 시간당 7번까지의 CE 실험을 실행할 수 있다.

◆ 동적 코팅

생물학적 pH 범위(~6.0−8.0)에서는 용융 실리카 컬럼의 내벽은 음의 알짜 전하를 띠

[20] Poiseuille 식은 고전 유체역학에서 유래한 것으로서 압력 차이에 의해 관내에서 흐르는 유체의 부피를 기술하는 식이다. 다음 문헌 또한 참고하기 바란다. Sutera, S. P.; Skalak, R. The History of Poiseuille's Law. *Annual Review of Fluid Mechanics*, **1993**, *25*, 1-19.

그림 14.20 CTAB의 구조.

고 있고 따라서 분석물 전체가 EOF에 의해 환원 전극 쪽으로 휩쓸려 가게 된다. 하지만 생물학적 pH 범위에서 많은 중요한 생물학적 분석물은 음이온으로 존재한다.[21] 오랫동안 이온 세기가 높은 완충 용액은 EOF를 억제한다고 알려져 왔다. 하지만 1983년에 양이온성 계면 활성제인 브로민화 세틸트라이메틸암모늄(cetyltrimethylammonium bromide, CTAB)[22]을 완충 용액에 첨가하면 종래의 예상대로 EOF를 억제하는 것이 아니라 EOF의 방향을 반전시킨다는 것이 발견되었다.[23]

이제는 EOF의 반전이 필요한 경우 0.5 mM의 CTAB을 완충 용액에 첨가하는 일은 흔하게 되었다(그림 14.20 참조). 이 방법을 **동적 코팅**(dynamic coating)이라고 한다. 동적 코팅은 이후 상당한 기간 동안 사용되었지만, 그 과정은 1996년에 이르러서야 제대로 규명되었다.[24] CTAB이 용융 실리카 내벽에 단단히 달라붙고 소수성 꼬리가 반마이셀(hemimicelle)을 형성하여 결과적으로 모세관 표면에 양이온성 표면을 생성한다(그림 14.21 참조). 결합된 짝음이온은 산화 전극 쪽으로 이동하게 되고 EOF에 의하여 용매 또한 이에 동반하여 산화 전극 쪽으로 운반된다. 현재 많은 상용 코팅제들이 출시되어 특정 분석물의 분리에 적합한 EOF의 미세 조정이 가능하게 되었다.[25]

문제 14.20 이 장 앞머리의 Arne Tiselius에 관한 프로파일("전기 이동의 아버지")을 읽어보자. CE와 자유 계면 전기 이동법 사이의 유사점 및 차이점에 대하여 설명하라. 분리 메커니즘 및 분별능에 관한 관점을 포함하여 기술하라.

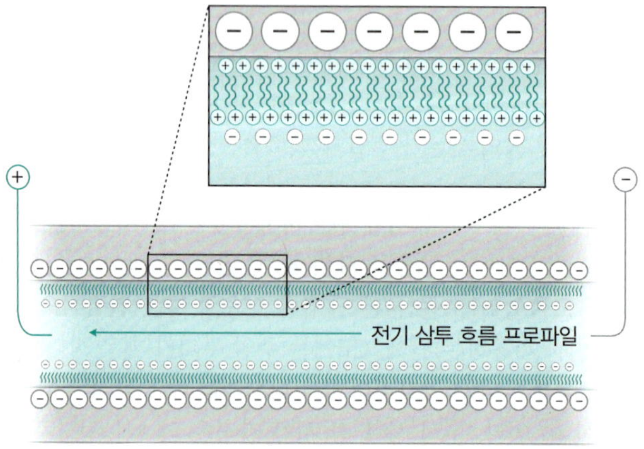

그림 14.21 CTAB으로 코팅된 용융 실리카 모세관 표면의 확대도.

[21] 예를 들면 DNA는 다중 음이온이며 많은 당단백질도 전기 이동 분리의 pH 범위에서 음이온으로 존재한다.
[22] 브로민화 세트리모늄(cetrimonium bromide)이라고도 불림.
[23] Reijenga, J. C.; Aben, G. U. A.; Verheggen, T. P. E. M.; Everaerts, F. M. *J. Chromatogr.*, **1983**, *260*, 241.
[24] Lucy, C. A.; Underhill R. S., *Anal. Chem.*, **1996**, *68*, 300-305.
[25] 상용 공급자로는 MicroSolve, Waters Inc., Bio-Rad, Life Technologies 등의 회사들이 있다.

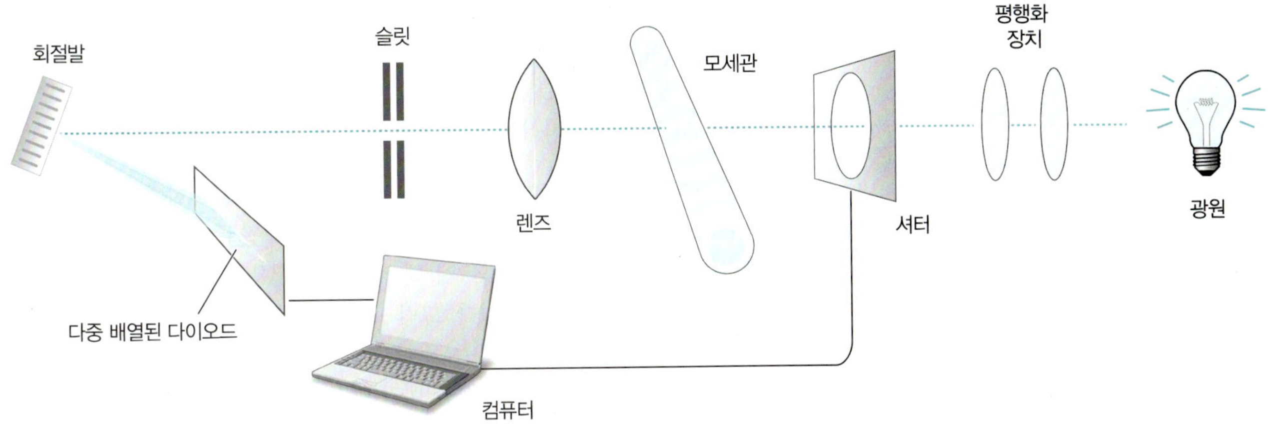

그림 14.22 CE 기기에 사용되는 UV-vis 검출기의 배열된 다이오드 검출기의 개략도.

검출

대부분의 CE 기기에서는 모세관을 검출 셀로 사용하여 검출을 수행한다. 이러한 방식을 모세관 내 검출(on-capillary detection)이라고 한다.

자외선-가시선 검출 그림 14.18에 모세관 내 검출의 예를 도시하였고, 그림 14.22에서 UV-vis CE 기기의 배열된 다이오드 검출기 부분만을 확대하여 도시하였다. 이 사례에서 모세관은 UV-vis 분광기의 광학 경로를 수직으로 통과하는 흐름 셀을 나타낸다. 모세관 내 검출법은 기기 설계가 단순화된다는 장점이 있다. 검출 셀로 시료를 펌프질하기 위한 추가 구성 요소를 부착하지 않아도 된다. 하지만 설계 관점에서는 몇 가지 극복해야 할 난제가 있다. 대부분의 모세관은 원통형이며(지금은 직육면체형의 관도 나와 있음) 액체가 차 있는 관의 곡면은 볼록 렌즈를 형성하고, 그 굴절률은 완충 용액에 따라 변하게 된다. 시료 셀로부터 빛을 최대한 활용하기 위해서는 보다 복잡한 렌즈 설계가 요구된다. 모세관 내 검출은 또한 감도가 낮다는 단점이 있다. Beer의 법칙으로부터 흡광도는 경로에 정비례한다($A = \varepsilon bc$). 모세관의 곡면 또한 이미 짧은 유효 경로를 추가로 40% 가량 단축시킨다.[26] 일반적인 모세관의 지름은 약 50 μm 정도이므로 유효 광학 경로는 고작 30 μm 정도밖에 안 되는 것이다. CE의 UV-vis 검출에서의 흡광도 값은 일반적으로 매우 작으며, 0.001 정도면 만족스러운 값으로 본다. 모세관의 지름이 작은 것은 또한 UV-vis 검출의 감도를 낮추는 또 다른 요인을 제공한다. 시료의 부피가 모세관의 총 부피에 비해 작기 때문에, 시료 셀의 상당한 부분은 시료 매트릭스가 아닌 용융 실리카가 차지하고 있다. 이에 비례하여 빛이 상당한 부분이 시료 매트릭스를 통과하지 않은 채로 검출기에 도달하게 된다. 이것은 사실상 떠돌이빛으로서[식 (6.10) 참조] 흡광도 값을 추가로 낮추는 요인이 된다. CE에서 경로를 증가시키기 위한 설계법으로 Z셀을 사용하는 방법이 있다. 12장에서 Z셀을 처음 소개한 바 있다(그림 12.30 참조). Z셀에서는 모세관을 두 번 90도로 꺾어서, 분광기의 광학 경로를 이 두 꺾임부 사이의 직선부를 통과하도록 한다. 적절히 설계된 Z셀은 또한 빛이 실리카 모세관에 직각으로 입사할 때의 떠돌이빛 문제를 상당 부분 제거할 수 있으며 검출 한계를 10배 이상 향상시키게 된다.[27] 하지만 Z셀을 사용할 경우 입사광을 셀 길이 전체에 걸쳐 지름 30 μm 정도의 범위에 정확하게 초점을 맞추어야 한다는 과제가 생긴다.

[26] Petersen, J.; Mohammad, A. A. (editors). *Clinical and Forensic Applications of Capillary Electrophoresis.* Springer: New York, NY, **2001**.

[27] Want, T.; Aiken, J. H.; Huie, C. W.; Hartwick, R. A. *Anal. Chem.*, **1991**, *63*, 1372-1376.

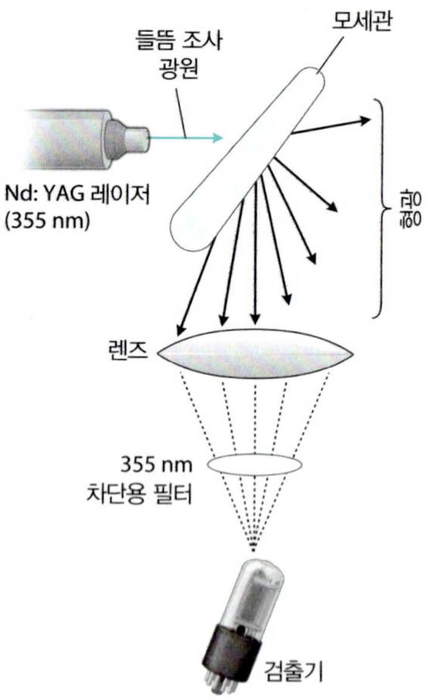

그림 14.23 CE 기기에 사용되는 형광 검출기의 개략도.

UV-vis 검출은 다음과 같은 경우에 한해 제한적으로 활용되고 있다. 최소 1개의 π 궤도함수를 포함한 유기 분석물이나, 최적의 경우로서 콘주게이션된 π 궤도함수를 포함한 유기 분석물 및 유도체화를 쉽게 일으킬 수 있는 유기 분석물의 경우이다. UV-vis 검출에서는 10^{-7} M 정도의 합리적인 최소 검출 한계를 달성할 수 있다.[28]

형광 검출 분석물이 강한 형광단을 함유하고 있거나 형광 유도체화가 가능하다면 형광 분광법이 CE의 검출 장치로 적합할 수 있다. 7장에서 배웠듯이 형광을 측정하기 위해서는 먼저 외부 광원으로 시료를 들뜨게 해야 한다는 내용을 기억하자. 광원은 자외선 램프 또는 레이저광을 사용할 수 있다. 그림 14.23는 CE용 형광 검출 체계의 개략도를 나타낸다. 그림 7.2의 내용을 복습하는 것이 도움이 될 수 있다. 7장 내용 중에서 적절하게 설계된 형광 분광기는 신호 대 잡음 비가 매우 높은 장점을 지닌다는 내용을 기억할 것이다. 형광 검출기를 통하여 CE 실험의 감도를 1000배까지 높일 수 있고[29] 검출 한계 또한 10^{-13} M까지 낮출 수 있다.[30] 물론 모든 분석물이 형광을 방출하지는 않는다는 단점이 있다.

전기화학적 검출 전기화학적 검출법은 크게 전위차 모드와 전류 모드로 분류할 수 있다. 전위차 검출법은 그 응용에 전극을 유도체화하고 뒤이어 모세관 본체 내에서 전극을 매우 정밀하게 정렬하는 작업이 필요하기 때문에 그리 널리 사용되지는 않는다. 이 과정은 매우 지루하고 자동화가 어렵다. 더욱이 반응은 Nernst 식에 의해 좌우되므로 전극을 주기적으로 교정해 주어야 한다. 마지막으로 전극의 수명이 2~3일 정도로 매우 짧아질 수 있다. 하지만 특정 분야의 응용에서는 전위차 검출법이 몇 가지 명백한 장점을 가지고 있다. 예를 들면 전위차 검출법은 UV-vis 및 형광 검출법에 부적합한 Ca^{2+}와 같은 무기 주족 원소 분석물의 검출에 매우 적합하다. CE에서의 Ca^{2+}-선택성 탐침[31]의 사용을 통하여 검출 한계를 10^{-8} M까지 낮춘 바 있다.[32] 다수의 이온 선택성 전극의 제조에 관하여 문헌에 서술되어 있으며,[33] 이 중 일부는 15장에서 특집으로 다루게 될 것이다.

전류 검출법에서는 분석물이 산화 환원 반응에 활성을 나타내야 한다. 전류 검출 체계에서는 전극에 직류 전압을 걸어 주고 분석물이 전극 표면과 접촉할 때 산화 또는 환원된다. 전극과 분석물 사이의 전자 교환의 결과로 생성되는 전류를 신호로서 측정하게 된다. 전류 검출기는 전위차 검출기보다 더 견고하지만 선택성이 떨어지므로 범용 검출기로서 오히려 더 적합하며 복잡한 혼합물 내의 단일 화학종을 연구하는 데에는 부적합하다. 전류 검출기의 일반적인 검출 한계는 μM 범위이다.[34]

질량 분석 검출 CE-질량 분석법에서 사용되는 기기 설계는 액체 크로마토그래피-질량 분석법과 많은 공통점을 지니고 있다. 주로 전기 분무 연결 장치를 사용하여 질량 분석기와 연결하게 된다. 전기 분무 이온화법에 대해서는 10장에서 직렬 질량 분석 기법을 소개할 때 처음 소개한 바 있으며(그림 10.8 참조), 12장에서 액체 크로마토그래피-질량 분석법을 논의할 때 다시 다룬 바 있다. CE 기기와 전기 분무-질량 분석기 사이의 연결 장치는 LC 기기와 전기 분무-질량 분석기 사이의 연결 장치와 사실상 동일

[28] Mainka, A.; Bachmann, K. *J. Chromatogr. A*, **1997**, *767*, 241-247.

[29] Wu, S.; Dovichi, N. J. *Talanta*, **1992**, *173*, 39.

[30] Landers, J. P. (editor). *Handbook of Capillary Electrophoresis*. CRC Press, New York, **1997**.

[31] 이온 선택성 탐침의 제작에 관한 자세한 내용은 15장을 참고할 것.

[32] Haber, C.; Silverstri, I.; Roosli, S.; Simon, W. Chimia, **1991**, *45*, 117-121.

[33] Bakker, E.; Buhlmann, P.; Pretsch, E. Carrier-Based Ion-Selective Electrodes and Bulk Optodes. 1. General Characteristics. *Chem. Rev.*, **1997**, *97*, 3083-3132; Timerbaev, A. R. Element Speciation Analysis Using Capillary Electrophoresis: Twenty Years of Development and Applications. *Chem. Rev.*, **2013**, *113(1)*, 778-812.

[34] Swinney, K., Bornhop, D. J., *Electrophoresis*, **2000**, *21*, 1239-1250.

하다. 한 가지 중요한 변경점이 있다. CE 기기에서의 용리액의 부피는 액체 크로마토그래피와 비교해서 훨씬 작다. 때문에 모세관을 감싸는 축 방향 바늘로부터 나오는 지지 용액을 사용하여 CE에서 나오는 용리액의 부피를 증가시키게 된다. 전기 분무 연결 장치를 사용할 때는 또한 몇 가지 실험적인 고려 사항이 필요하다. 전기 분무법에서는 완충 용액의 휘발이 일어나므로 완충 용액에 사용하는 염 또한 어느 정도의 휘발성이 있는 것이 좋다(예, 폼산 암모늄). 이렇게 하면 전기 분무 연결 장치 내에 축적되는 완충 용액 염의 양을 줄일 수 있다. 어느 경우에든 CE−질량 분석법에서는 전기 분무 장치의 주기적인 청소 작업이 필요하다.

CE−질량 분석법의 핵심적인 장점으로는 기기 설계의 진정한 직렬성을 꼽을 수 있다. 전기 분무 연결 장치는 모세관의 용리액 단자에 연결되므로 다른 널리 사용되는 검출기 다음에 질량 분석기를 배치할 수 있다. 실제로, 독립적인 CE−질량 분석기보다는 오히려 UV-vis/CE−질량 분석기 또는 형광/CE−질량 분석기와 같은 기기를 더욱 흔하게 볼 수 있다.

◆ 모세관 전기 이동법의 최근 개발 동향

CE 기법의 높은 효율 및 신속한 분석 시간 덕분에 CE 기술은 급속도록 발전하게 되었다. 하지만 전통적인 CE는 여전히 탁상 기기로 수행되고 있다. CE의 최근 개발 방향은 CE 기술의 소형화된 미세유체역학 기반 장치[35]에 대한 접목에 집중되어 있으며, 이를 통하여 휴대성이 높고 가격이 저렴한 "랩온어칩(lab on a chip)" 기술을 구현하는 것을 목표로 하고 있다. 소프트 리소그래피를 이용하여 칩에 10에서 100 μm 범위의 통로를 성공적으로 식각하여 새겨 넣을 수 있게 되었으며,[36] 이를 통하여 광범위한 생분석 소자를 빠르고 저렴하게 가공할 수 있게 되었다. 예를 들면, 2002년도에 *Analytical Chemistry* 지에 발표된 논문에서는[37] 폴리(다이메틸실록세인)-유리 칩 상에 평면 CE 시스템을 미세가공으로 제조한 연구를 소개하였다. 이 소자에서 시료의 주입은 유체역학적 주입법을 사용하였고 분석물의 검출은 미세 원판 전극을 이용하여 전류 검출 모드로 수행되었다. 아스코브산에 대한 최소 검출 한계는 약 5 μM였다. 이후 기술은 더욱 빠르게 발전하여 이미 상용화된 소자들이 시장에 출시되었다[38](그림 14.24 참조).

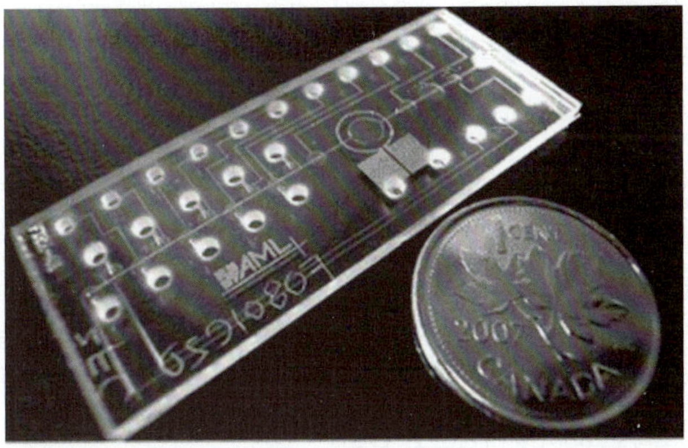

그림 14.24 Dolomite Inc. 사에서 출시한 Mitos 모세관 전기 이동 칩. 전체 크기는 15 × 45 × 2 mm이다. 통로는 깊이 20 mm, 길이 30 mm이다.

35 미세유체역학은 매우 작은 부피의 액체를 다루는 학문으로서 분석화학, 생화학, 물리학 및 나노기술의 영역을 넘나드는 분야이다.

36 McDonald, J. C.; et al. Fabrication of Microfluidic Systems in Poly(dimethylsiloxane). (Review.) *Electrophoresis*, **2000**, *21*, 27-40.

37 Backofen, U.; Matysik, F.; Lunte, C. E. *Anal. Chem.*, **2002**, *74*, 4054-4059.

38 Micralyne Inc., ProteinSimple Inc., Dolomite Inc.

비교 및 대조_Compare and Contrast

다섯 종류의 분리 기법 돌아보기

기법	분석물의 범위	분리 모드	장치
액체 크로마토그래피	액체 용매에서 수행 이온성, 극성 및 비극성 분석물에 사용 가능 제조 목적의 대용량 분리에 쉽게 적용 가능 자동화가 쉬움	이동상 용매가 동력으로 작용한다. 이동상(용매)과 정지상(충전 물질) 사이 분배의 결과로 분리가 이루어진다.	뷰렛에 정지상을 채운 것과 같은 간단한 장치에서부터, 매우 안정한 펌프 체계, 매우 정밀하게 충전된 컬럼 및 고가의 검출기(자외선-가시선 및 형광 분광기 등)를 사용하는 고성능 액체 크로마토그래피와 같은 복잡하고 비싼 장비에 이르기까지 다양함
기체 크로마토그래피	분석물이 기체에 용해된 상태로 수행 분석물은 일반적으로 휘발성 유기 분자임 제조 목적의 대용량 분리에는 일반적으로 사용되지 않음 자동화가 쉬움	이동상 기체가 동력으로 작용한다. 이동상(기체)과 정지상(모세관 표면 또는 충전 물질) 사이 분배의 결과로 분리가 이루어진다.	온도 조절 장치가 달린 오븐 안에 장착된 컬럼에 압력 하의 운반 기체를 통과시키게 된다. 기기에서 가장 비싼 부분은 오븐이다. GC용 검출기는 상대적으로 저렴한 편이다.
종이 전기 이동	다양한 이온성 분석물의 분리에 사용, 합성 또는 천연 고분자 물질의 분리 또는 제조 목적의 대용량 분리에는 일반적으로 사용되지 않음 자동화가 어려움	전기장이 동력으로 작용한다. 분석물이 종이 표면을 이동하면서 전기장 내에서의 이동도의 차이에 의해 분리가 이루어진다. 유도체화 처리되지 않는 셀룰로스의 경우 분배 메커니즘 또한 존재한다.	두 개의 전극, 완충 용액, 전원 및 종이 한 장이면 됨(아주 저렴하고 간단한 장치) 2차원 실험의 경우 또한 전기장의 방향 전환이 간단하면서도 분별능을 크게 향상시킬 수 있다.
젤 전기 이동	단백질 및 DNA와 같은 거대 생체 고분자의 분리에 사용, 하지만 분자량이 큰 이온성 고분자의 분리에도 적용되고 있음 제조 목적의 대용량 분리에 쉽게 적용 가능 자동화가 어려움	전기장이 동력으로 작용한다. 분석물이 젤을 통해 이동하면서 전기장 내에서의 이동도의 차이에 의해 분리가 이루어진다. 단백질 분석물의 경우 pH 기울기를 이용하여 분석물의 이동을 조절할 수 있다.	두 개의 전극, 완충 용액, 전원 및 젤(매우 저렴하고 간단한 장치). 젤의 특성은 대상 분석물의 종류 및 분리의 분별능에 큰 영향을 미친다. 2차원 실험의 경우 또한 전기장의 방향 전환이 간단하면서도 분별능을 크게 향상시킬 수 있다.
모세관 전기 이동	일반적으로 DNA와 같은 거대 생체 고분자의 분리에 사용, 하지만 다양한 이온성 분석물의 분리에도 적용되고 있음 제조 목적의 대용량 분리에는 적합하지 않음 자동화가 쉬움	전기장이 동력으로 작용한다. 하지만 EOF 또한 완충 용액의 흐름을 일으킨다. 분석물이 컬럼을 통해 이동하면서 전기장 내에서의 이동도의 차이에 의해 분리가 이루어진다. 표면 코팅 및 마이셀을 사용하여 크로마토그래피 분리 모드와 접목시킬 수도 있다.	두 개의 전극, 완충 용액, 전원 및 긴 모세관 컬럼의 지름이 가늘기 때문에 EOF가 생성된다. 표면 코팅을 통하여 EOF를 제어하거나 크로마토그래피 분리 모드를 접목할 수 있다. 마이셀 또한 중성 분석물을 크로마토그래피 분리 모드로 분리하기 위하여 실험에 접목될 수 있다.

EOF, 전기 삼투 흐름

기술이 지속적으로 개발된다면 칩 기반 전기 이동법은 시료를 다시 실험실로 가져오지 않도록 정교한 화학 분석을 수행할 수 있는 자체 완비된 휴대용 현장 "실험실"의 핵심적인 구성 요소가 될 것이 틀림없다.

문제 14.21 앞서 비교 및 대조 "다섯 종류의 분리 기법 돌아보기"에 얇은 층 크로마토그래피를 머리 속에서 추가해 보라. 각 세 열에 들어갈 내용을 작성하라.

14.10 심화자료

Books

Garcia C. D.; Chumbimuni-Torres, K. Y.; Carrilho, E. *Capillary Electrophoresis and Microchip Capillary Electrophoresis: Principles, Applications, and Limitations.* John Wiley & Sons: Hoboken, NJ, **2013**.

Martin, R. *Gel Electrophoresis: Nucleic Acids (Introduction to Biotechniques).* Taylor & Francis: New York, **1996**.

Mikkelsen, S. R.; Corton, E., *Bioanalytical Chemistry.* John Wiley & Sons: Hoboken, NJ, **2004**.

Voet. D.; Voet, J. *Biochemistry.* John Wiley & Sons: Hoboken, NJ, **2010**.

Westermeier, R. *Electrophoresis in Practice: A Guide to Methods and Applications of DNA and Protein Separations.* John Wiley & Sons: Hoboken, NJ, **2005**.

Journals

Ewing, A. G.; Wallingford, R. A.; Olefirowicz, T. M. Capillary Electrophoresis. *Anal. Chem.* **1989,** *61(4),* 292A–303A.

Leube, J.; Roeckel, O. Quantification in Capillary Zone Electrophoresis for Samples Differing in Composition from the Electrophoresis Buffer. *Anal. Chem.* **1994**, *66,* 1090.

Melanson, J. E.; Baryla, N. E.; Lucy, C. A. Dynamic Capillary Coatings for Electroosmotic Flow Control in Capillary Electrophoresis. *TrAC Trends in Analytical Chemistry,* **2001**, *20(6–7),* 365–374.

14.11 연습 문제

14.1 단백질 시료의 젤 전기 이동에서,

(a) 주어진 시간 동안에 어떤 단백질이 다른 단백질보다 더 빨리 이동하는 이유는 무엇인가?

(b) 젤 전기 이동 실험에서 pH는 단백질의 이동 속도에 어떤 영향을 미치는가?

14.2 DNA의 분리에 사용되는 아가로스 젤을 그려라. 다음 사항을 함께 표지하라.

(a) 우물의 위치

(b) (+) 단자 전극

(c) (−) 단자 전극

(d) 젤 내에서 DNA의 이동 방향

14.3 음전하를 띤 단백질은(산화 전극 또는 환원 전극 중에서) 어느 극 쪽으로 이동하겠는가?

14.4 단백질의 등전점에 대하여 pH를 어떻게 조절해야 단백질을 환원 전극 쪽으로 이동시킬 수 있겠는가?

14.5 단백질의 등전점에 대하여 pH를 어떻게 조절해야 단백질을 산화 전극 쪽으로 이동시킬 수 있겠는가?

14.6 DNA에 비하여 단백질의 전기 이동에서 pH의 조절이 더 중요한 변수가 되는 이유는 무엇인가?

14.7 다음 폴리아크릴아마이드 젤의 조성을 설명하라.

(a) $T_{17}C_5$ (b) T_7C_2 (c) $T_{15}C_4$

14.8 흔히 사용되는 두 가지 추적 염료의 구조를 아래에 나타내었다. 동일한 조건에서 어떤 염료가 젤 전기 페로그램 상에서 더 멀리 이동하겠는가? 그 이유를 설명하라.

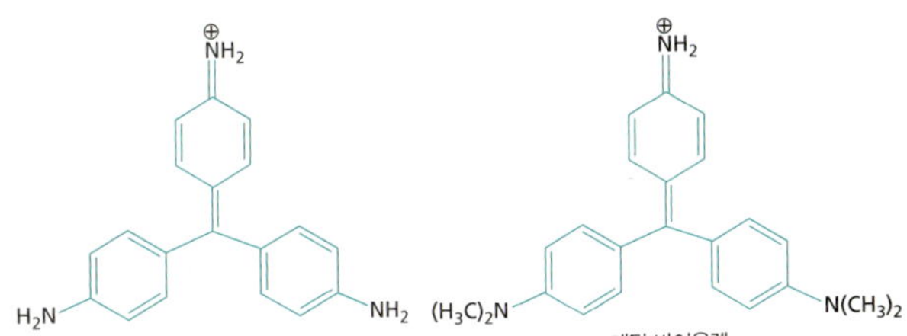

파라로살린 메틸 바이올렛

14.9 염기성 황색 색소 2호의 구조를 여기에 도시하였다. pK_{a1} = 9.8이고 pK_{a2} = 10.7이다. 염기성 황색 색소 2호에 대한 전기 이동 실험을 pH = 8, pH = 10, pH = 12의 조건에서 수행할 때 상대적인 이동 속도에 대하여 설명하라.

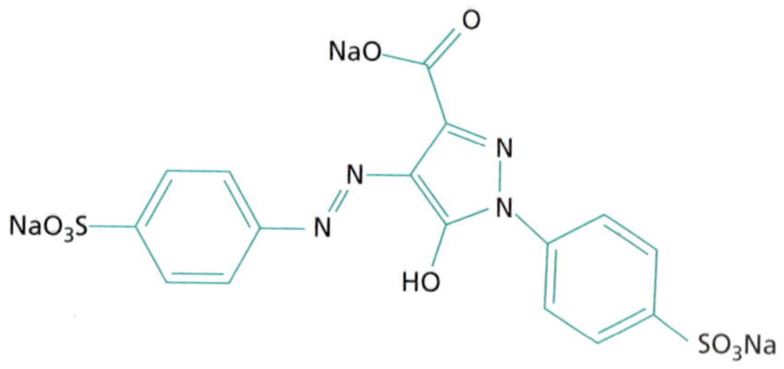

14.10 브로민화 에티듐의 구조를 그려라.

14.11 젤 전기 이동 실험에서 브로민화 에티듐의 주된 기능은 무엇인가?

14.12 전기 이동에서 널리 사용되는 세 가지 시각화 기법에 대하여 연구하고 기술하라.

14.13 CE가 고성능 액체 크로마토그래피 및 기체 크로마토그래피에 비해서 훨씬 높은 분리 효율을 보이는 이론적인 이유는 무엇인가?

14.14 다음 각 분석에 대하여 (있다면) 적절한 젤 조성 및 적절한 착색제를 추천해 보라.

(a) 분자량이 15,000에서 30,000 사이의 단백질의 종이 전기 이동 분석

(b) 분자량이 15,000에서 30,000 사이의 단백질의 웨스턴 블롯팅 젤 전기 이동 분석

(c) 분자량이 100,000에서 130,000 사이의 단백질

(d) 글라이신, 류신, 알라닌 및 프롤린의 혼합물

(e) 항체 단백질 혼합물의 전기 이동 분석

(f) 제한 효소로 소화 처리한 초파리 DNA의 제놈 분석

14.15 CE에서 흔히 사용되는 세 가지 시료 주입법을 나열하고 설명하라.

14.16 판 기법과 CE에서 소요되는 일반적인 주입 부피에 대하여 비교 및 대조하라.

14.17 젤 전기 이동 실험에서는 때로 굽어진 띠가 관찰된다. 띠의 굽어짐을 일으키는 실험적 매개 변수에는 무엇이 있는가?

14.18 PA 및 아가로스 양쪽 모두를 사용하여 복합 젤을 만들었다. 이들 물질을 조합하면 공극의 크기에 어떤 영향을 주겠는가? 기계적 안정성은? 녹는점은? 문헌 조사를 통하여 복합 젤의 응용 분야를 찾아보라. 예상한 것과 같은 응용 분야인가?

제 15 장

전위차법과 탐침

Potentiometry and Probes

▸ 개념 _Concepts

▸ 특집 _Features

프로파일

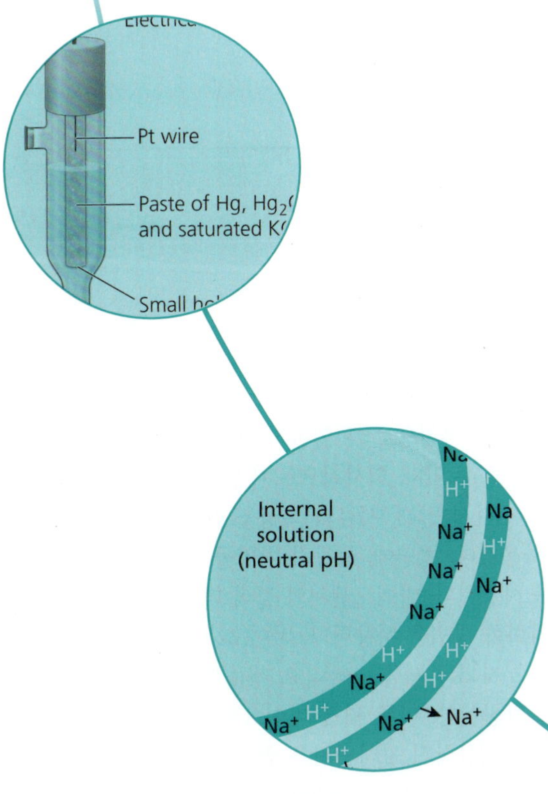

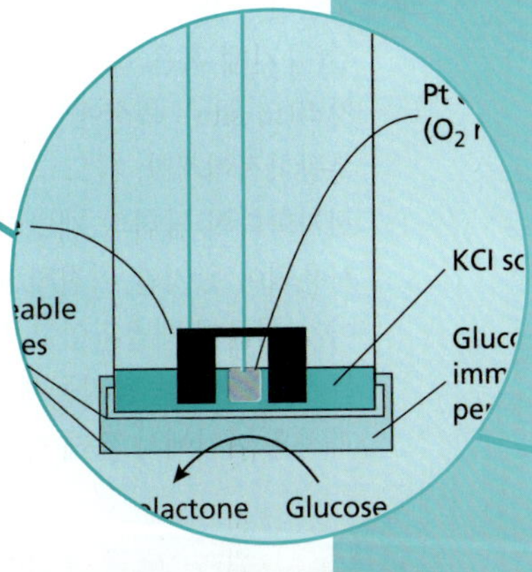

▶ **프로파일** _Profile

휴대용 수질 탐침(probe)

깨끗한 물은 지구상에서 가장 중요한 원천의 하나가 되어가고 있고, 생태학자들은 대규모 농업으로 영향을 받고 있는 분수령(watershed) 지역, 산업 및 도시 폐수 유출, 그리고 지하수를 품고 있는 지층인 대수층(aquifers)의 중요한 화학적 특성을 감시하기 위해 애쓰고 있다. 전통적으로, 이 작업은 현장에서 물을 채취하고 대부분의 실제 화학적 측정은 실험실에서 수행된다. 그러나 지난 수십 년에 걸쳐 아래 그림에서 나타낸 Geo Scientific사에서 제조한 것과 같은 멀티파라미터(multiparameter) 수질 탐침기를 사용하게 되었다. 이 센서는 용존 산소, pH, 질산염(nitrate), 암모늄(ammonium), 전도도(conductivity)를 동시에 현장에서 측정할 수 있는 전기화학적 탐침을 포함한다. 이것은 또한 엽록소, 조류, 로다민(rhodamine)을 분광학적으로 측정할 수 있는 능력을 가지고 있다. 로다민은 수역의 유체 역학을 모니터하기 위해 이동 수역(예, 강, 하천)에 때때로 첨가하는 형광 염료이다. ■

15.1 기초 원리: 탐침과 바이오센서

계측 전기화학은 일반적으로 전압전류법(voltammetry, 16장), 전류법(amperometry), 전하량법(coulometry), 전위차법(potentiometry)을 포함하는 세부적 방법들로 분류된다. 그러나 넓은 의미로 계측 전기화학은 기본적으로 두 일반적 영역인 수동적(passive) 그리고 능동적(active) 전기화학으로 나눌 수 있다. 역사적으로 대부분의 전기화학적 *탐침*(probe)은 본질적으로 수동적이었다. 다시 말해, 시료의 특성을 간단히 측정하기 위해 정적인(static) 전기화학 장치를 사용했다. 반면에, 능동적 방법들은 화학 반응을 제어하기 위한 에너지 원천으로 전기를 사용한다. 바이오센서와 같이 더 흥미롭고 유용한 오늘날의 많은 탐침들은 능동적 전기화학 방법을 사용한다. 바이오센서는 생물학적 물질(유기체 혹은 분자)을 이용해 특정 분자의 존재를 나타내고, 생물학적 시스템에서 제자리(in situ) 측정에 종종 사용되는 탐침이다. 비록 몇몇 바이오센서들은 본질적으로 분광학적이지만, 나노 기술의 출현으로 생물학적 모니터링을 위한 매우 작고 활동적인 전기화학적 탐침의 개발이 가능해졌다. 이 장에서는 오랫동안 화학 분석에서 존재하며 사용되어 왔지만 여전히 매우 중요한 수동형인 몇몇 *전위차* 탐침을 다룰 것이다. 더 나아가 최근에 개발되었고, 많은 경우에 측정을 위해 능동형인 전기화학적 방법에 의존하는 몇몇 중요한 탐침들에 대해서도 살펴볼 것이다. 이러한 탐침들에 포함된 전기화학적 과정은 여기에서 짧게 설명될 것이다. 더 자세한 사항들은 16장에서 다루어질 것이다.

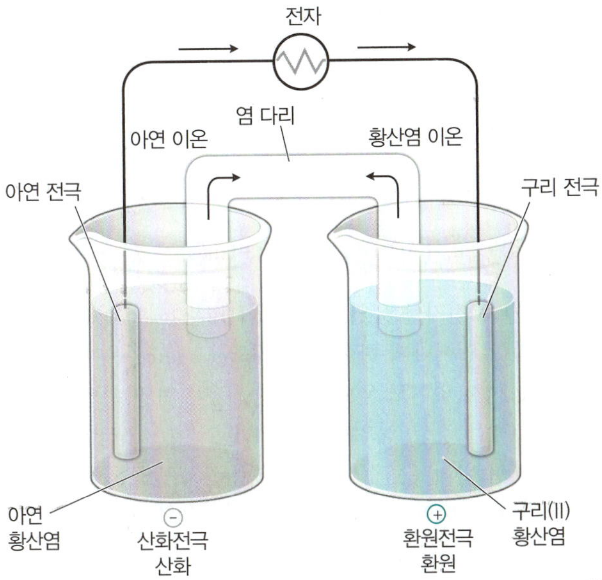

그림 15.1 Daniell 전지는 전류가 산화전극(anode)에서 환원전극(cathode)로 흐를 때 자발적인 반응의 전압이 측정되는 갈바니 전지(galvanic cell)이다.

어떤 특정의 탐침을 설명하고 논의하기 전에, 모든 탐침에 적용되는 기본적인 몇몇 원리들을 살펴보자. 앞서 일반화학이나 분석화학 강좌를 통해 전기화학 전지(electrochemical cell)는 산화환원(redox) 반응의 자유 에너지를 전기의 형태로 이용할 수 있게 해주는 장치라는 것을 배웠을 것이다. 갈바니[혹은 볼타(voltaic)] 전지는 자발적인 반응으로 산화되는 물질에서 환원되는 물질로 이동하는 전자를 활용한다. 배터리는 갈바니 전지 반응을 이용한 예이다. 전해 전지(electrolytic cell)는 전기 에너지를 사용하여 비자발적인 산화환원 반응을 일으킨다. 용융 염화 소듐의 전기분해를 통해 소듐(sodium) 금속과 염소 기체가 생성된다.

수동형 탐침(passive probe)에서 전류는 생성되거나 시스템에 가해지지 않는다. 이러한 탐침은 전도성 장벽[예, 염다리(salt bridge)]을 통해 연결된 두 가지 용액의 화학적 성질 차이에서 기인하는 전위(electrical potential) 차이[전압(voltage)]를 단순히 측정한다. 능동형 탐침(active probe)은 화학적 시스템을 조사하기 위하여 산화환원 반응을 이용한다. 능동형 탐침은 산화환원 반응에 의해 생성되는 전류(혹은 전압)을 측정한다. 능동형 탐침은 전해 전지적(electrolytic)이거나 갈바니 전지적(galvanic)이다. 기초 전기화학(전지, 반쪽 전지, 전위)을 복습하는 것은 어떻게 수동형 탐침이 작동하는지 이해하는 데 도움이 될 것이다.[1]

모든 전기화학 전지는 그것들이 전해 전지적이든 혹은 전지적이든, 몇 가지 공통점을 갖는다. 이러한 것들은 선행 강좌들에서 다루었을 것이기 때문에, 여기서는 간단하게 요점만 복습하도록 한다. 전기화학(산화환원) 반응은 산화 반응과 환원 반응의 두 반쪽 반응(half-reactions)으로 이루어져 있고, 전기화학 반응을 이해하기 위해 각 반쪽 반응들을 따로 고려한다.[2] 환원 반쪽 반응은 환원전극 반쪽 전지에서 일어나고, 산화 반쪽 반응은 산화전극 반쪽 전지에서 일어난다. 이것의 전형적인 예가 Daniell 전지(그림

[1] 기초 전기화학의 추가 복습을 위해서는 일반 화학이나 정량 분석화학 교재를 참고하라.

[2] 반쪽 반응들은 전하를 흐르게 하여 회로를 통한 전류를 활용할 수 있지만 용액 간의 혼합은 최소화하는 장벽으로 분리될 것이다. 하지만, 반응물들을 하나의 용기에 섞는 경우에도 반응의 전기화학을 보다 잘 이해하기 위하여 반응을 두 반쪽 반응의 합으로 간주할 수 있다.

15.1)인데, 자발적인 과정인 아연 금속에서 구리(II)이온으로 이동하는 전자를 활용한다. Daniell 전지 내 반응은 다음과 같이 표시될 수 있다.

산화전극 반응: $Zn(s) \rightleftharpoons Zn^{2+}(aq) + 2e^-$ $E^0 = +0.76\ V$ 식 (15.1a)

환원전극 반응: $Cu^{2+} + (aq) + 2e^- \rightleftharpoons Cu(s)$ $E^0 = +0.34\ V$ 식 (15.1b)

전지반응: $Zn(s) + Cu^{2+}(aq) \rightleftharpoons Zn^{2+}(aq) + Cu(s)$ $E^0_{cell} = +1.10\ V$ 식 (15.1c)

Daniell 전지에서 반쪽 전지들은 염다리에 의해 분리되어 용액의 혼합이 방지되고, 회로를 통해 전하 흐름이 일어나게 하여 전원(power source)을 제공한다. 당연히 해당 반응은 물리적인 반쪽 전지 없이도 일어난다. 즉, 만약 아연 분말(Zn(s))을 황산 구리 수용액(Cu^{2+}(aq))에 뿌렸을 경우, 동일한 반응이 일어나고 구리 금속이 용액에 침전물로 형성될 것이다. 실제로 일어나는 유일한 반응은 전지 반응(cell reaction)이라는 것을 이해하는 것이 중요하다. 어떠한 반쪽 반응도 독립적으로 일어날 수 없다. 모든 경우, 산화 반응이 일어날 때 균형을 이루도록 환원 반응도 일어난다.

식 (15.1a~c)에서 기호 E^0는 *표준 전위*(standard potential)를 나타내며, 이는 표준 열역학 조건(25°C, 수용액 물질의 경우 1 M, 기체 물질의 경우 1 atm)에서 노말 수소 전극(normal hydrogen electrode)을 기준으로 측정한 전위이다. 식 (15.1a)와 식 (15.1b)의 반쪽 화학 반응식을 더하여 식 (15.1c)의 전체 화학 반응식을 얻을 수 있기 때문에, 각 반쪽 반응의 표준 전위를 더하여 전체 반응의 표준 전위 E^0를 얻을 수 있다. 이것은 단순히 Hess의 법칙의 연장이다. 표준 반쪽전지 전위는 참조 표에서 찾을 수 있는데, 표에서 모든 반쪽 반응들은 환원 반응의 형태로 제시되어 있다. 이 표에서 산화 반응에 대한 표준 전위를 구하기 위해서는, 단순히 그 환원 반응 형태의 반쪽 반응을 역으로 하고(산화 반응으로 만들기 위해), E^0의 신호를 역으로 하면 된다. 참조 표에서(예, 표 15.1) 식 (15.1a)의 아연 반응은 환원 반응 형태로 표시되었고 $E^0 = -0.76$ V으로 제시되었다. 만일 아연 전극을 다른 금속으로 바꾼다면 전압은 바뀌게 될 것이고, 본질적으로, 비록 귀찮은 일이지만, 산화전극에 어떤 금속이 연결되어 있는지를 나타내는 탐침을 만들어 내게 되는 것이다. 또한, 어느 반쪽 전지에서라도 간단히 금속 이온의 농도를 변화시킴으로써 전압의 변화를 확인할 수 있을 것이다. 이러한 전지 배열은 또한 금속 이온의 농도를 측정하는데 사용할 수 있는 것이다.

경우에 따라서는 참조 표에 *형식 전위*(formal potential) $E^{0'}$라는 값들이 나열되어 있을 수도 있음을 주목하라. 형식 전위는 반드시 표준 상태일 필요는 없지만 특정 조건에서 측정된 전위이다. 예를 들어, 모든 물질의 농도가 1 M이 아니라면, 실제 농도는 표시되어 있을 것이다(표 15.1 참조).

문제 15.1 예제 15.1의 반응이 중성 용액에서 일어났다면, 표준 전해 전지 전위는 어떻게 되었을지 예측하라.

문제 15.2 예제 15.1의 반응이 알칼리성 용액에서 일어났다면, 표준 전해 전지 전위는 어떻게 되었을지 예측하라.

문제 15.3 자동차 배터리는 한 전극에서 30% 황산 용액 속에서 PbO_2를 $PbSO_4$로 변화시키고, 다른 쪽 전극에서는 Pd을 $PbSO_4$로 변화시키면서 전기를 만들어 낸다. 표 15.1에서 주어진 반쪽 반응과 전기화학 전위 데이터를 사용하여 이 갈바니 전지의 가장 적합한 구성을 제안 해보라.

» 예제 15.1

$H_2(g)$와 $O_2(g)$는 물의 전기 분해에 의해 생성된다. 이 때 산성 수용액에 전기를 공급하여 기체 상태의 H_2와 O_2가 생성된다. 묽은 황산 용액에서 수소와 산소를 생성하는 데 필요한 전위를 계산해 보라.

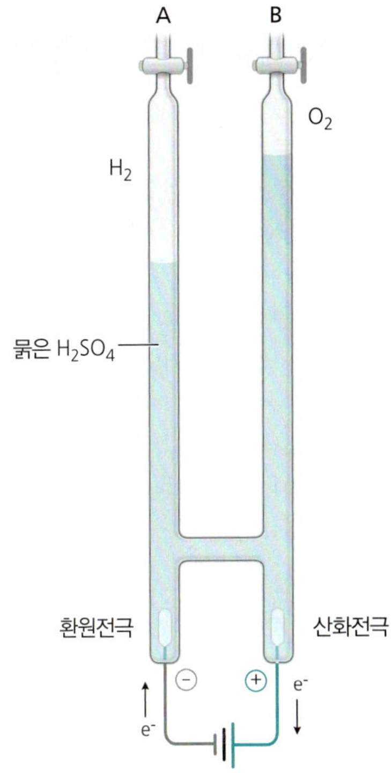

분석 ›

물 분자에서 수소와 산소는 각각 +1, −2의 산화수를 갖는다. 따라서 수소와 산소 기체가 생성되기 위하여 수소는 환원전극에서 환원(+1에서 0으로)되고, 산소는 산화전극에서 산화(−2에서 0으로)되어야 한다. 이러한 시나리오에 사용할 수 있는 반쪽 반응을 찾기 위해 표 15.1의 표준 환원 반쪽 전지 표를 살펴보자. 전지가 갈바니 전지 또는 전해 전지인지는 상관없이, 환원전극과 산화전극의 정의는 동일하다. 환원전극에서는 아래 두 가지 반응이 가능할 수 있다.

$$2\,H_2O\,(l) + 2e^- \rightleftharpoons H_2\,(g) + 2\,OH^-\,(aq) \qquad E^0 = -0.83\ V$$

$$2\,H^+\,(aq) + 2e^- \rightleftharpoons H_2\,(g) \qquad E^0 = 0.00\ V$$

두 번째 반응이 열역학적으로 더 유리하지만(E^0이 더 큰 양의 값이므로), *중성* pH 조건에서는 수소 이온의 농도가 낮기 때문에 첫 번째 반응이 실질적으로 일어난다. 하지만, 문제를 간단히 하기 위하여, 충분한 양의 수소 이온을 제공할 수 있는 산성 조건을 지정하였다. 따라서 본 문제의 경우에는 두 번째 반응이 환원전극에서 우세할 것이다. 산화전극에서의 반응으로 적합한 반응은 아래와 같이 표 목록에서 한 가지만 있다.

$$O_2\,(g) + 4\,H^+\,(aq) + 4\,e^- \rightleftharpoons 2\,H_2O\,(l) \qquad E^0 = 1.23\ V$$

하지만 산화전극 반응은 산화 반응이라는 것을 알고 있기 때문에, 실제 반쪽 반응은 이것의 역반응이다. 따라서 전지에서 일어나는 두 반쪽 반응들은 아래와 같다.

산화전극 반응: $2\,H_2O\,(l) \rightleftharpoons O_2\,(g) + 4\,H^+\,(aq) + 4\,e^- \quad E^0 = -1.23\ V$

환원전극 반응: $2\,H^+\,(aq) + 2e^- \rightleftharpoons H_2\,(g) \quad E^0 = 0.00\ V$

이 때 산화전극 반응은 네 개의 전자를 생성하고 환원전극 반응은 단지 두 개의 전자만을 소모하는 것으로 나타나므로, 이 불균형을 해소하기 위해 환원전극 반응을 두 배 해야 한다. 이와 같은 반쪽 반응에서의 화학량론적 변화는 K_{eq}, ΔH, ΔG와는 달리 E^0 값을 변화시키지 않는다. E^0 값은 물질의 고유한 속성이다.

풀이 ›

산화전극 반응: $2\,H_2O\,(l) \rightleftharpoons O_2\,(g) + 4\,H^+\,(aq) + 4\,e^- \quad E^0 = -1.23\ V$

환원전극 반응: $4\,H^+\,(aq) + 4\,e^- \rightleftharpoons 2\,H_2\,(g) \quad E^0 = 0.00\ V$

전지 반응: $2\,H_2O\,(l) \rightleftharpoons O_2\,(g) + 2\,H_2\,(g) \quad E^0 = -1.23\ V$

전체 전지 반응을 구하기 위해 반쪽 반응들을 합산하고, 전체 전지 전위 −1.23 V를 구하기 위해서는 각 반쪽 반응들의 E^0 값을 합산한다. 전지 전위가 음의 값을 갖는 것은 전지 반응이 비자발적임을 나타낸다. 따라서 해당 전지 반응을 일으키기 위해서는 1.23 V가 *가해져야*(applied) 한다.[3]

[3] 음의 ΔG 값은 자발적인 반응을 나타내지만, 이후에 나오는 "복습하기"에서 보듯이 $\Delta G = -nFE$임을 기억하라.

표 15.1 ▸ 표준 수소 전극을 기준으로 한 25°C에서의 표준 환원 반쪽 반응들의 전위

반응	E°, V	반응	E°, V
$F_2 + 2H^+ + 2e \rightleftharpoons HF$	3.053	$2H^+ + 2e \rightleftharpoons H_2$	0.0000
$F_2 + 2e \rightleftharpoons 2F^-$	2.866	$Fe^{3+} + 3e \rightleftharpoons Fe$	−0.037
$O(g) + 2H^+ + 2e \rightleftharpoons H_2O$	2.421	$Pb^{2+} + 2e \rightleftharpoons Pb$	−0.1262
$O_3 + 2H^+ + 2e \rightleftharpoons H_2O + O_2$	2.076	$PbSO_4(s) + 2e^- \rightleftharpoons Pb_{(s)} + SO_4^{-2}(aq)$	−0.310
$OH + e \rightleftharpoons OH^-$	2.02	$Sn^{2+} + 2e \rightleftharpoons Sn$	−0.1375
$Au^+ + e \rightleftharpoons Au$	1.692	$In^+ + e \rightleftharpoons In$	−0.14
$PbO_2(s) + HSO_4^- + 2H^+ + 2e^- \rightleftharpoons PbSO_4(s) + 2H_2O$	1.690	$O_2 + 2H_2O + 2e \rightleftharpoons H_2O_2 + 2OH^-$	−0.146
$Mn^{3+} + e \rightleftharpoons Mn^{2+}$	1.5415	$Mo^{3+} + 3e \rightleftharpoons Mo$	−2.00
$Au^{3+} + 3e \rightleftharpoons Au$	1.498	$Cu(OH)_2 + 2e \rightleftharpoons Cu + 2OH^-$	−0.222
$PbO_2 + 4H^+ + 2e \rightleftharpoons Pb^{2+} + 2H_2O$	1.455	$V^{3+} + e \rightleftharpoons V^{2+}$	−0.255
$Au^{3+} + 2e \rightleftharpoons Au^{2+}$	1.401	$Ni^{2+} + 2e \rightleftharpoons Ni$	−0.257
$Cl_2(g) + 2e \rightleftharpoons 2Cl^-$	1.358	$PbCl_2 + 2e \rightleftharpoons Pb + 2Cl^-$	−0.2675
$Tl^{3+} + 2e \rightleftharpoons Tl^+$	1.252	$Co^{2+} + 2e \rightleftharpoons Co$	−0.28
$O_3 + H_2O + 2e \rightleftharpoons O_2 + 2OH^-$	1.24	$Tl^+ + e \rightleftharpoons Tl$	−0.336
$O_2 + 4H^+ + 4e \rightleftharpoons 2H_2O$	1.23	$In^{3+} + 3e \rightleftharpoons In$	−0.338
$MnO_2 + 4H^+ + 2e \rightleftharpoons Mn^{2+} + 2H_2O$	1.224	$Cd^{2+} + 2e \rightleftharpoons Cd$	−0.447
$Ir^{3+} + 3e \rightleftharpoons Ir$	1.156	$Fe^{2+} + 2e \rightleftharpoons Fe$	−0.447
$RuO_2 + 4H^+ + 2e \rightleftharpoons Ru^{2+} + 2H_2O$	1.120	$S + 2e \rightleftharpoons S^{2-}$	−0.4763
$Pt^{2+} + 2e \rightleftharpoons Pt$	1.118	$Ag_2S + 2e \rightleftharpoons 2Ag + S^{2-}$	−0.691
$Br_2(l) + 2e \rightleftharpoons 2Br^-$	1.066	$Cr^{3+} + 3e \rightleftharpoons Cr$	−0.744
$Pd^{2+} + 2e \rightleftharpoons Pd$	0.951	$Zn^{2+} + 2e \rightleftharpoons Zn$	−0.762
$2Hg^{2+} + 2e \rightleftharpoons Hg_2^{2+}$	0.920	$Cr^{2+} + 2e \rightleftharpoons Cr$	−0.913
$Ag^+ + e \rightleftharpoons Ag$	0.800	$Te + 2e \rightleftharpoons Te^{2-}$	−1.143
$Fe^{3+} + e \rightleftharpoons Fe^{2+}$	0.771	$V^{2+} + 2e \rightleftharpoons V$	−1.175
$Rh^{3+} + 3e \rightleftharpoons Rh$	0.758	$Mn^{2+} + 2e \rightleftharpoons Mn$	−1.185
$Ag_2SO_4 + 2e \rightleftharpoons 2Ag + SO_4^-$	0.654	$Al^{3+} + 3e \rightleftharpoons Al$	−1.662
$Rh^+ + e \rightleftharpoons Rh$	0.600	$Be^{2+} + 2e \rightleftharpoons Be$	−1.847
$Rh^{2+} + 2e \rightleftharpoons Rh$	0.600	$H_2 + 2e \rightleftharpoons 2H^-$	−2.23
$MnO_4^- + 2H_2O + 3e \rightleftharpoons MnO_2 + 4OH^-$	0.595	$Mg^{2+} + 2e \rightleftharpoons Mg$	−2.372
$Te^{4+} + 4e \rightleftharpoons Te$	0.568	$Eu^{3+} + 3e \rightleftharpoons Eu$	−2.407
$AgNO_2 + e \rightleftharpoons Ag + NO_2^-$	0.564	$Nd^{3+} + 3e \rightleftharpoons Nd$	−2.431
$MnO_4^- + e \rightleftharpoons MnO_4^{2-}$	0.558	$Mg^+ + e \rightleftharpoons Mg$	−2.70
$I_2 + 2e \rightleftharpoons 2I^-$	0.5355	$Na^+ + e \rightleftharpoons Na$	−2.71
$Cu^+ + e \rightleftharpoons Cu$	0.521	$Ca^{2+} + 2e \rightleftharpoons Ca$	−2.868
$Ru^{2+} + 2e \rightleftharpoons Ru$	0.455	$Sr^{2+} + 2e \rightleftharpoons Sr$	−2.89
$[Ferricinium]^+ + e \rightleftharpoons [Ferrocene]$	0.400	$Ba^{2+} + 2e \rightleftharpoons Ba$	−2.912
$[Fe(CN)_6]^{3-} + e \rightleftharpoons [Fe(CN)_6]^{4-}$	0.358	$Cs^+ + e \rightleftharpoons Cs$	−2.92
$Cu^{2+} + 2e \rightleftharpoons Cu$	0.3419	$K^+ + e \rightleftharpoons K$	−2.931
$Re^{3+} + 3e \rightleftharpoons Re$	0.300	$Rb^+ + e \rightleftharpoons Rb$	−2.98
$Ru^{3+} + e \rightleftharpoons Ru^{2+}$	0.2487	$Li^+ + e \rightleftharpoons Li$	−3.040
$Cu^{2+} + e \rightleftharpoons Cu^+$	0.153	$3N_2 + 2H^+ + 2e \rightleftharpoons 2NH_3$	−3.09
$Sn^{4+} + 2e \rightleftharpoons Sn^{2+}$	0.151	$Ca^+ + e \rightleftharpoons Ca$	−3.80
$2H^+ + 2e \rightleftharpoons H_2$	0.0000	$Sr^+ + e \rightleftharpoons Sr$	−4.10

표준 조건하에서 실험을 수행한다는 것은 종종 비생산적이고, 불편하고, 불가능하기까지 하다. 전위차계 탐침의 기능은 다양한 조건에서의 분석물질 농도를 측정하는 것이라는 점을 고려하자. 따라서 탐침은 대부분 비표준 조건에서 작동할 것이다. 앞서 배웠듯이, Nernst 식을 사용하여 비표준 조건에서 관찰된 전위(E_{obs})를 이론적인 표준 전위(E^0)와 연관 지을 수 있다.

$$E_{obs} = E^0 - \frac{RT}{nF}\ln(Q_{eq}) \qquad \text{식 (15.2)}$$

여기서 R = 기체 상수(gas law constant, J/mol·K)
T = 온도(K)
n = 반응에서의 전자의 몰 수
F = Faraday의 수, 96,485 C/mol
Q_{eq} = 반응 지수(reaction quotient)[4]

또한 전위는 반응의 Gibbs 자유 에너지(ΔG)와 표준 Gibbs 자유 에너지(ΔG^0)와도 연관되어 있다.

$$\Delta G = -nFE \qquad \text{식 (15.3)}$$

$$\Delta G^0 = -nFE^0 \qquad \text{식 (15.4)}$$

식 (15.3)에서 음의 ΔG 값은 양의 전위(E) 값으로 나타남을 알 수 있다. 따라서 양의 전위 값은 자발적인 반응과 연관되고, 음의 전위 값은 비자발적인 반응과 연관된다. 식 (15.2)~(15.4)까지의 식들을 반쪽 반응에 적용할 수 있다. 하지만 자발성의 개념 확장은 전지 전위(전체 산화환원 반응)에만 적용할 수 있다.

복습하기

주어진 산화 환원 짝에 대해 다음과 같은 ΔG^0, $E_{cell}{}^0$, K 사이의 관계를 일반 화학에서 배웠을 것이다.

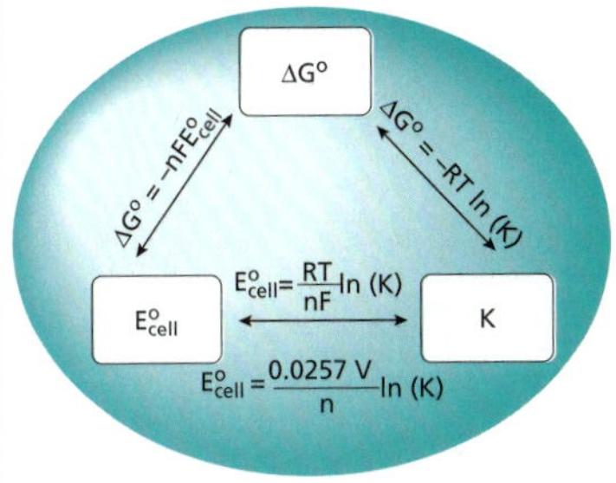

» 예제 15.2

다음과 같은 전지의 0.1°C에서의 전지 전압을 계산하라.

$$Zn(s)|Zn^{+2}(1\ M)||Cu^{+2}(0.1\ M)|Cu(s)$$

전략 ›

E^0 값을 찾기 위해 표준 환원 표를 참조하자. 또한, 주어진 조건이 표준 조건이 아님을 인지하자. 표준 상태는 25°C이고, 모든 수용액 물질들의 농도는 1 M이다. E_{cell}을 찾기 위해 E^0와 식 (15.2)를 사용하라.

풀이 ›

두 반쪽 반응식과 전체 반응식은 다음과 같다.

$$Zn(s) \rightarrow Zn^{+2}(aq) + 2e^- \qquad E^{\circ}_{1/2} = +0.76V$$

$$Cu^{+2}(aq) + 2e^- \rightarrow Cu(s) \qquad E^{\circ}_{1/2} = +0.34V$$

$$Zn(s) + Cu^{+2}(aq) \rightarrow Zn^{+2}(aq) + Cu(s). \qquad E^{\circ}_{cell} = 1.10V$$

전체 전지 반응으로부터, n = $2e^-$이고, $Q = \frac{[Zn^{+2}]}{[Cu^{+2}]} = \frac{1}{0.1} = 10$임을 알 수 있다.

이를 Nernst 식에 적용하면 아래와 같다.

$$E_{cell} = 1.10V - \frac{\left(8.314\frac{J}{K \cdot mol}\right)(273.1K)}{(2)\left(96{,}500\frac{J}{V \cdot mol}\right)}\ln\frac{1}{0.1} = 1.07V$$

---

[4] 반응 지수는 평형 상수와 같은 수학적 구조를 갖는다. 하지만, 반드시 평형 상태에서의 값이 아님을 알고 있다. 일반적인 다음과 같은 반응에 대하여, 아래 관계를 이미 일반화학에서 선행 학습하였다.

$$aA + bB \rightleftharpoons dD + eE,\ Q_{eq} = \frac{[D]^d[E]^e}{[A]^a[B]^b}.$$

문제 15.4

(a) $[Cu^{2+}] = 0.50$ M이고, $[Zn^{2+}] = 1.25$ M일 때, 0.0°C에서 Daniell 전지의 전압은 얼마로 측정되겠는가?

(b) 주어진 조건하에서 반응의 Gibbs 자유 에너지는 얼마인가?

(c) 해당 전지가 어떻게 구리 이온의 온도를 측정하는 탐침으로 사용될 수 있는지 수학적으로 설명하라.

(d) 해당 전지가 어떻게 온도를 측정하는 탐침으로 사용될 수 있는지 수학적으로 설명하라.

문제 15.5 액체 상태의 물을 산소와 수소 기체로 자발적으로 변환하기 위해 필요한 온도나 관련 기체들의 부분압에 대한 조건이 있는가? 설명하라.

15.2 전위차 탐침

분광계는 주어진 분석물질 신호[예, 흡광도(absorbance)]를 직접적으로 측정하지 않는다는 것을 상기하라. 오히려 광자가 검출기에 도달하여 전기 시스템에 전자가 흐를 때 발생하는 전류를 측정하는 것이 기기의 기본적인 작동이다. 유사하게, 전위차 탐침(potentiometric probe, *potentio* = 전위/전압, *metric* = 측정)도 분석물질을 직접적으로 측정하지는 않는다. 예를 들어, pH 미터(pH meter)는 pH 값이나 구체적으로는 $[H_3O^+]$을 측정하지 않는다. 반면에, pH 미터는 수동적으로 두 전극 사이의 전압 차이를 측정한다. 하지만, pH 미터 시스템에 관한 화학적 지식을 통해 전압의 변화가 수소 이온의 농도 변화에 의한 것을 알 수 있기 때문에 전압 측정을 통해 수소 이온의 농도, 즉 pH 값을 측정할 수 있다. 기본적으로 모든 전위차 탐침은 이와 같은 방식으로 작동한다. 따라서 다루는 화학적 시스템이 충분히 예측 가능한 방식으로 작용하여 신호(전압)와 분석물질의 농도 사이의 신뢰할 수 있는 상관관계를 만들 수 있어야 한다.

전위차 탐침에서 얻는 신호는 분석물질 농도의 함수로써 전위에서의 비례적 변화 값(V 단위로 측정)이다. 전위를 측정하기 위해서 두 전극을 사용해야 한다. 즉, 분석물질의 농도 변화에 반응하는 *지시 전극*(indicator electrode)과 *기준 전극*(reference electrode)이다. 기준 전극(아래 참조)은 측정하고자 하는 변화를 비교할 수 있도록 일정한 전위를 나타낼 수 있는 알고 있는 안정한 산화환원 평형을 이용한다. 탐침은 때때로 이러한 두 전극들의 조합으로 이루어지고, 대부분의 pH 탐침이 이러한 경우이다(그림 15.2A). 다른 탐침은 측정을 위해 탐침과 연계하여 사용할 별도의 기준 전극을 사용하기도 하는데, 이는 불소 이온 전극(fluoride ion electrode)과 같은 경우이다(그림 15.2B). 지시 전극의 전압은 분석물질의 농도에 따라 변화하고, 측정되는 신호는 지시 전극과 기준 전극 사이의 전압이다.

$$E_{\text{전지}} = E_{\text{탐침}} = E_{\text{지시 전극}} - E_{\text{기준 전극}} \qquad \text{식 (15.5)}$$

반쪽 반응 전위는 보통 표준 수소 전극을 기준으로 보고되지만, 실제로 가장 흔히 사용되는 기준 전극은 포화 칼로멜 전극(saturated calomel electrode, SCE)과 은/염화은 전극[silver/silver chloride (Ag/AgCl) electrode, Ag/AgCl]이다. SCE(그림 15.3A)은 전기적 연결을 위해 사용하는 불활성 전극을 포함하고, 원소 수은(일반적으로 KCl과 함께 혼합된 반죽)과 접촉한 칼로멜(Hg_2Cl_2)로 구성된다. 반죽은 염화 이온을 함유한 용액과 분리되어 튜브 안에 밀봉되어 있다[식 (15.6)]. 은/염화은 전극(그림 15.3B)에는 염화은(AgCl)이 표면에 직접 도포된 은(Ag) 전극이 있고, 이는 염소 이온을 함유

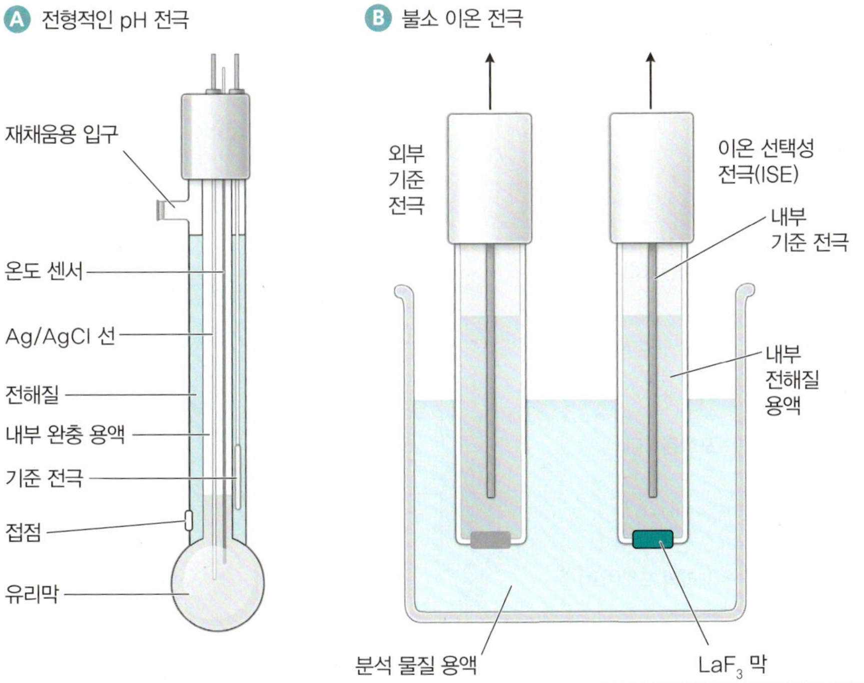

그림 15.2 전위차 탐침의 예: (A) 두 전극이 단일 탐침에 결합된 전형적인 pH 전극. (B) 지시 전극이 외부(사용자-제공) 기준 전극과 분리된 불소 이온 전극.

25°C, 1 기압, $[H^+] = 1$ M의 농도의 표준 상태 조건에서, 수소 이온에서 수소 기체로의 환원 전위는 정확히 0 V로 정의된다.

$$2H^+(aq)(1\ M) + 2e^- \rightarrow H_2(1\ atm) \qquad E° = 0\ V$$

아울러, 이 환원 반응은 *표준 수소 전극*(standard hydrogen electrode, SHE)에서 발생하고 **E°**는 **표준 환원 전위**(standard reduction potential)이다. SHE는 종종 노말 수소 전극(normal hydrogen electrode)으로도 불려진다. 만일 표준 상태에서 SHE를 기준으로 구리 전극의 전압을 측정한다면, SHE 대비 +0.34 V의 전압을 갖는다는 것을 확인할 수 있다(표 15.1 참조). 이 경우, 구리 이온은 수소 기체에 의해 환원된다. 수소 이온의 환원 전위를 0.00 V로 설정했기 때문에, 구리 이온의 환원 전위 +0.34 V는 수소 이온의 환원보다 구리 이온의 환원이 +0.34 V 더 쉽다는 것을 의미한다. 만일 전선의 전압을 수도관의 압력과 유사하다고 생각한다면, 구리 이온의 환원 전위를 다음과 같이 생각할 수 있다. *전자를 수소 이온에 공급하는 것보다 구리 이온에 공급하는 것이 0.34 V 더 작은 전자 압력*[5]*을 필요로 한다.*

▸ **프로파일** _Profile

표준 수소 전극

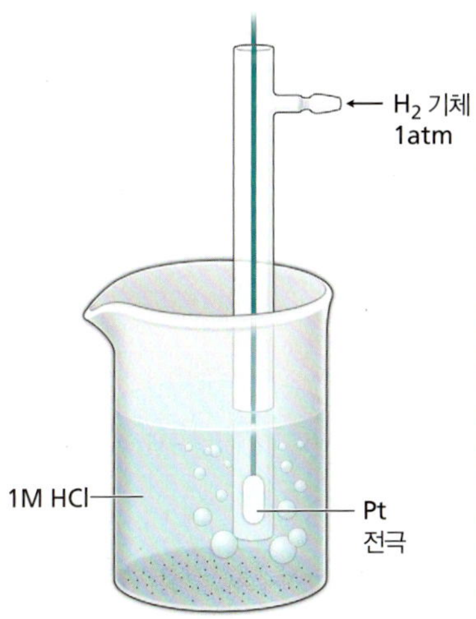

[5] 전자는 음의 전하를 가지므로 음의 전압은 더 많은 전자 밀도와 같은 의미임을 기억하자.

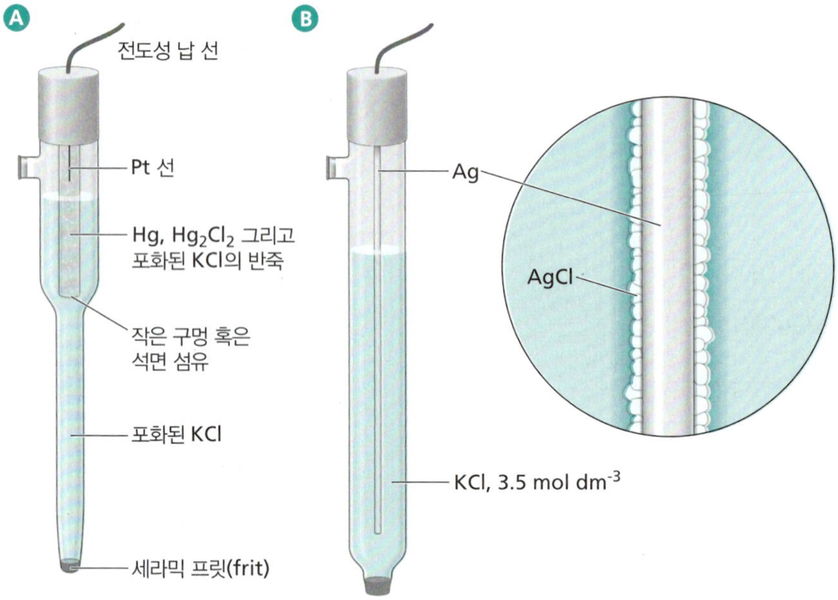

그림 15.3 일반적인 기준 전극: (A) 포화 칼로멜 전극. (B) 은/염화은 전극.

하는 용액에 담겨 있다[식 (15.7)]. 고체상은 평형 상수 식에 포함되지 않으므로, 두 기준 전극의 경우 염화 이온의 농도가 비교적 일정하게 유지된다면 기준 전극의 반쪽 전지 전위는 일정하게 유지된다[식 (15.2) 참조].

$$Hg_2Cl_2\,(s)+2e^- \rightleftharpoons 2\,Hg\,(l)+2\,Cl^- \qquad \text{식 (15.6)}$$

$$AgCl(s)+e^- \rightleftharpoons Ag\,(s)+Cl^-(aq) \qquad \text{식 (15.7)}$$

문제 15.6 식 (15.2), (15.6), (15.7)을 사용하여 SCE와 Ag/AgCl 기준 전극의 반쪽 반응들에 대해 Nernst 식을 작성하라.

문제 15.7 문제 15.6의 정답과 표 15.1을 이용하여 그림 15.3B에 표시된 Ag/AgCl 기준 전극의 전위를 계산하라.

대부분의 경우 탐침은 표준 용액들을 사용하여 보정되므로 일정한 기준 전극의 전위는 최종 측정에 영향을 미치지 않는다. 따라서 분석적인 측정은 이론적으로 오직 분석물질(A)의 농도 변화에만 관련이 있고, 전위차 측정은 식 (15.8)에 의해 [A]에 다음과 같이 관련된다.

$$E_{obs}=\frac{RT}{F}\ln[A]+k \qquad \text{식 (15.8)}$$

이때 E_{obs}는 분석적 전위 측정값이고, [A]는 관심 분석물질의 몰농도[6]이다. 상수 k는 탐침의 구성과 관련된 다양한 계면의 존재로 인한 전위 차이들[예, 접점 전위(junction potential)]의 조합이다. 예를 들어, 그림 15.2A의 pH 전극에서 알짜(net) E^0는 0이다.

[6] 엄격히 말해서, 분석물질의 *활동도*(activity)가 사용되어야 한다. 하지만, 대부분의 경우에 농도가 비교적 낮기 때문에 몰농도를 사용하는 것은 합당한 근사(approximation)이다.

이는 기준 전극과 센서 전극 모두 Ag/AgCl 산화환원쌍(redox couple)을 사용하기 때문이다. 하지만 비록 작지만, 기준 전지(연한 파란색)와 덩어리 용액(bulk solution) 사이의 접점(junction)으로부터 발생하는 알짜 k 값이 존재할 것으로 예상된다.

물론, 가능하다면, 지시 전극은 *특이적*(specific)이면, 즉 단일 분석물질에만 반응하는 것이 바람직하다. 하지만 많은 경우에 일반화된 분석물질 종류나 작은 수의 분석물질 종류에만 반응하는 특이적인 전극으로 설정하게 된다. 이러한 경우에는 유사한 분석물질들 간의 방해(interference)를 최소화하기 위하여 해당 시스템의 화학적 이해에 의존해야 한다. 예를 들어, pH 전극은 하이드로늄 이온(hydronium ion)에만 특이적인 것이 이상적이다. 즉 pH 전극은 용액 내의 하이드로늄 이온에만 반응해야 한다. 하지만, 실제로는 pH 전극은 하이드로늄 이온에 대한 강한 선호 반응을 보이기는 하지만, 용액 내의 모든 +1가의 양이온에도 반응한다.

일반적으로 전위차 탐침의 지시 전극은 고체 전도성(금속이나 탄소) 전극(solid conductive electrode) 혹은 막 전극(membrane electrode)으로 분류한다.

고체 전도성 전극은 더 세분화될 수 있다.

1. **1차** 금속 전극(metallic electrodes of the first kind)은 자체 이온의 지시 전극으로 작용한다. 사진 필름을 생산하는 공장에서 나오는 폐수 내 은 이온에 대한 지시 전극으로서의 은 금속을 예로 들 수 있다.
2. **2차** 금속 전극(metallic electrodes of the second kind)은 그 금속의 불용성 염(salt)과 접촉하고 있는 금속으로 구성된다. 이런 형태의 전극은 염의 음이온 농도 변화에 반응한다. Ag/AgCl 기준 전극과 포화 칼로멜 기준 전극도 2차 금속 전극이다. 하지만 음이온(두 경우 모두 Cl^-) 농도가 일정하게 유지되어 기준 전극의 전위가 일정한 것이다.
3. **3차** 전극(third kind)이라 알려진 전극들도 있지만, 복잡하고 종종 느린 다단계 평형 시스템에 의존하기 때문에 일반적으로 널리 사용되지는 않는다. 평형 전위는 역시 금속 양이온의 농도에 대한 함수이다. 그러나 3차 전극은 분석물질 양이온과는 다른 금속으로 구성된다. 전극 구성은 두 개의 아주 조금(sparingly) 가용성인 염의 혼합물과 접촉하는 금속을 포함한다. 첫 번째 염은 접촉하고 있는 금속의 이온을 포함하고, 두 번째 염은 분석물질 이온을 포함한다. 두 염 모두 같은 음이온을 공유한다[예를 들어, 구리 수산염(oxalate)과 칼슘 수산염(oxalate)의 혼합물과 접촉하고 있는 구리 선].

비활성 금속 전극(예, Pt 혹은 Au)은 단순히 전자 싱크(sink)로 작용하여 전체 산화환원 전위를 동일한 용액에 담긴 기준 전극을 기준으로 측정하는 경우가 많다.

막 전극(membrane electrodes)은 또한 결정성 혹은 비결정성으로 구분된다. 다음 장에 기술할 pH 전극은 비결정성 막 전극이며, 그림 15.2B에 제시된 불소 이온 선택성 전극은 감지 막으로 고순도 란탄(III) 불화물(LaF_3) 결정을 사용한다.

◆ pH 탐침

전위차 pH 탐침은 매우 얇은 규산염(유리) 벌브(bulb)를 기준 전극으로부터 지시 전극을 분리하는 막으로 사용한다.[7] 유리는 비결정성 고체이기 때문에 pH 탐침은 비결정성 막 전극으로 분류된다. 그림 15.2A는 pH 탐침의 본체 구성을 보여주는데, 이는 두 개의

[7] 유리 막은 상당히 약해서 쉽게 깨질 수 있다. 유리 막과 딱딱한 표면 사이의 어떤 충격도 피하도록 조심해야 한다. 탐침을 용액을 젓는 데 사용해서는 절대로 안 된다.

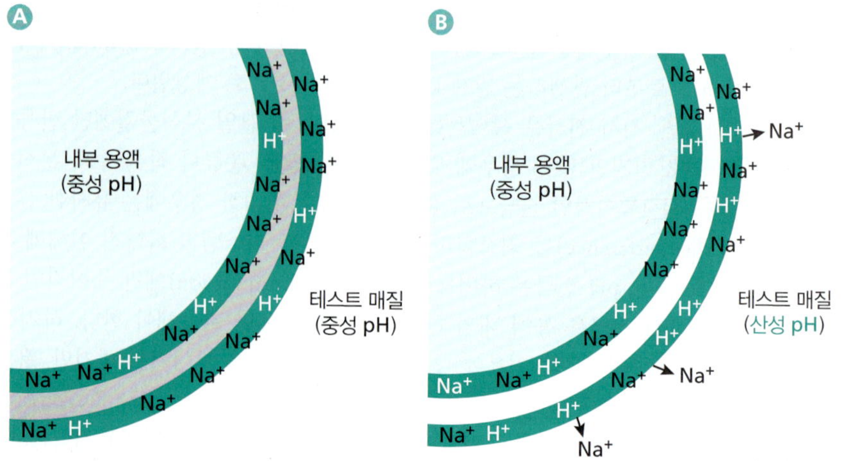

그림 15.4 pH 막 전극. H^+가 없을 때, 내부 및 외부 표면(어두운 파란색)은 규산 소듐으로 구성된다. H^+가 있을 때, 유리의 표면 층 내 일부 Na^+는 H^+로 치환된다. (A)에서 내부와 외부 용액은 둘 다 Na^+와 H^+이 등가 치환된 중성이고, (B)에서는 산성의 외부 용액이 있는데, Na^+가 H^+(소듐 이온이 치환된 후, 유리막 표면층에 더 많은 H^+)로 과잉으로 치환된다.

Ag/AgCl 전극으로 구성되고 그 중 하나는 측정하고자 하는 용액과 직접 접촉하고 있다. 또 다른 전극은 측정하고자 하는 용액과 역시 접촉하는 얇은 벽으로 된 유리 벌브로 끝나는 챔버(chamber)에 밀폐되어 있다. 이 챔버 내에는 일정한 농도로 유지되는 KCl 용액이 채워져 있어, 내부 Ag/AgCl 전극은 일정한 기준 전위로 유지된다.

그림 15.4는 전극이 어떻게 작용하는지를 확실히 보여준다. 규산염 벌브의 벽에는 $Si\text{-}O^-$ 말단 그룹이 노출되어 있고, 이는 양성자가 없을 때는 보통 소듐 이온이나 리튬 이온과 같은 양이온에 의해 전하 균형을 이루고 있다. 그러나 H^+는 Na^+를 외부 벽(측정하고자 하는 용액에 노출된)에서 치환하여, 막 접합에서의 변화로 인해 전위 차가 발생한다. H^+의 농도가 클수록 지시 전극과 기준 전극 사이의 전위 변화를 유발하는 Na^+의 치환(displacement)이 커진다. 전위에서의 이 변화가 분석 신호이다. 대안적으로 알칼리 용액내 과량의 수산화물 이온은 외부 벽으로부터 양성자를 추출하여 반대의 전위 변화를 유발할 것이다. 이 경우에 전위차 반응을 나타내는 식은 다음과 같다.

$$E_{obs} = \frac{RT}{nF} \ln\left[H^+\right] + k \qquad \text{식 (15.9)}$$

이 때, 여기서 $[H^+]$는 외부의 측정하고자 하는 매질(medium)의 양성자의 농도이고, 상수 k는 고체 유리 막으로 인한 전위차, 두 전극 사이의 용액 저항으로 인한 전위 강하, 그리고 기타 유사한 화학적 및 물리적 요인을 포함한다. 물론, $pH = -\log[H^+]$이므로

$$E_{obs} = -\frac{2.303\,RT}{nF} pH + k \qquad \text{식 (15.10)}$$

이고, 주어진 온도에서 $\left(\frac{2.303\,RT}{nF}\right)$ 내의 값은 상수이므로, E_{obs}는 다음과 같이 pH 값에 직접적으로 비례하게 된다.

$$pH = -k_1 E_{obs} + k_0 \qquad \text{식 (15.11)}$$

실제로 pH 전극은 표준 pH 용액으로 교정하고, 알려지지 않은 시험 용액의 pH를 측정하기 위하여 pH와 측정 된 전위 사이에 예상되는 선형 관계를 이용한다. 25°C에서 pH에 따른 E의 기울기[식 (15.11)]는 59.1 mV로 예상된다. pH 미터를 주어진 온도에서 두 개의 완충 표준 용액을 사용하여 보정할 때, pH 미터는 보통 식 (15.11)의 예상 기울기에 근거하여 선형 직선성을 표시한다. 식 (15.11)이 식 (15.10)으로부터 간단해졌음을 주목하면, 온도는 관찰되는 신호에 영향을 미치는 것을 알 수 있다. 따라서 pH 미터를 보정할 때, 분석적인 측정을 하려는 온도에서나 적어도 매우 가까운 온도에서 보정하는 것이 바람직하다.

$$\%\ \text{선형도} = \frac{\text{측정된 기울기}}{\text{예상된 기울기}} \times 100 = \frac{(\text{측정된 기울기})(nF)}{2.303\ RT} \qquad \text{식 (15.12)}$$

문제 15.8 식 (15.11)을 논의할 때 언급된 59.1 mV의 기울기가 어떻게 결정된 것인지 설명하라.

» 예제 15.3

식 (15.9)와 (15.10)으로부터 식 (15.11)을 유도하라.

전략 ›

기본 시스템 사이 변환을 위해 로그 규칙을 적용하고, 식들에서 일정하게 유지될 것으로 기대하는 값들에 대해 가정하도록 하자.

풀이 ›

$$E_{obs} = \frac{RT}{nF}\ln(H^+) + k \qquad \text{식 (15.9)}$$

ln(자연로그, base *e*)을 $\log_{10}$으로 변화하기 위하여, ln(10) 혹은 2.303을 곱한다.

$$E_{obs} = (2.303) \times \frac{RT}{nF}\log\left[H^+\right] + k$$

pH = $-\log[H^+]$이므로, **log[H⁺]**는 **−pH**로 바뀌고

$$E_{obs} = -\frac{2.303\,RT}{nF}pH + k \qquad \text{식 (15.10)}$$

R과 F는 상수이다. 또한 반쪽 반응에서 **n**은 상수이고, $H^+ + e^- \rightleftharpoons \frac{1}{2} H_2$ 반쪽 반응인 경우에는 **1**이다. 마지막으로, 실험에서 pH 전극은 같은 온도에서 보정되고 분석 측정을 위해 사용될 것이므로, 주어진 실험에서 온도 T도 상수로 지정할 수 있다.

따라서 주어진 실험에서, $\frac{2.303\,RT}{nF}$는 일정한 상수 k′이 되어 식 (15.11)을 유도할 수 있다.

문제 15.9 만약 체온인 37°C에서 측정 실험을 수행한다면, 문제 15.8에서 기울기는 어떻게 변화하는가?

보충 설명

여기서 설명한 선택성 오차로 인해 일반적인 pH 전극으로는 높은 정확도로 해양수의 pH를 측정할 수 없다. 이는 해양수에서 Na^+와 K^+의 농도는 상당히 높기 때문이다. 용해된 CO_2(인공적 글로벌 기후 변화와 연관 있는)로부터 해양수의 산도(acidity) 변화를 측정하는 것은 중요하기 때문에, 다른 접근법이 해양수의 pH를 측정하는데 사용되어 왔다. 한 가지 방법은 페놀 레드 시약이나 *m*-크레솔 퍼플 시약과 같은 일반적인 산-염기 지시약(indicators)을 사용하는 것이다. 지시약 기반의 적정을 수행할 때에는, 색 변화를 관찰함으로써 종말점(endpoint)을 추정할 수 있다. 분광계(spectrometer)를 사용하면 육안으로 관찰하는 것보다 훨씬 정확하게 색 변화를 감지할 수 있다. 따라서 해양에서 발생하는 것으로 알려진 전형적인 pH 범위에서, 분광학적 접근이 높은 정확도로 pH를 측정할 수 있다. 또 다른 방법은 이온-반응형 트랜지스터(ion-sensitive transistor)를 사용하는 것인데, 이온-반응형 트랜지스터는 H^+을 이온-반응형 표면으로 운반할 수 있지만 금속 이온의 운반은 최소화하는 실리콘 나이트라이드(Si_3N_4)로 코팅되어 있다.

앞서 언급한 바와 같이, 측정 시 오차를 피하기 위해 시스템의 화학을 이해하고 가능한 한 이를 제어하는 것이 중요하다. 몇 가지 주목할 만한 오류들은 다음과 같다.

1. E_{obs}의 온도 의존성
2. 내부 완충용액과 외부 시험 용액 간의 이온 세기 차이가 증가함에 따라 증가하는 접점 전위(*k*에 포함된 인자 중 하나) 내부 완충액과 외부 시험 용액 사이의 이온 강도가 증가함.
3. $[H^+]$이 높을 때 유리 막의 H^+에 의한 포화[산 오차(acid error)라고 불림]
4. 다른 강한 염기 용액에서와 같이, $[H^+]$이 낮은 경우 높은 농도의 금속 이온에 대한 전극의 반응[알카리 오차(alkaline error)]

전극이 어느 양이온에도 반응 할 수 있다는 사실은 금속 이온(특히 Li^+과 Na^+같이 작은 1가 이온들)의 활동도(activity)가 현저할 때 문제가 될 수 있다. 이러한 상황에서는 전압 신호, E_{obs}는 식 (15.13)에서 볼 수 있듯이 금속 이온에 대한 측정 가능한 응답을 포함하며, 이때 금속 이온에 대한 응답은 각 종에 대한 유리 막의 상대적 선택성(selectivity)에 의해 정규화된다.

$$E_{obs} = \frac{2.303RT}{F}\log\left[\left[H^+\right] + \sum\left(f_{\frac{H}{M}}\right)\left[M^+\right]\right] + k \qquad \text{식 (15.13)}$$

선택 계수(selectivity coefficient), $f_{H/M}$는 주어진 유리 전극이 하이드로늄 이온과 관련하여 특정 금속 이온 M^+에 대해 갖는 평형 반응을 고려한 정규화 계수이다. 만일 방해 이온들이 다중으로 존재한다면, 식 (15.13)에서 보는 것처럼 각각의 효과를 합해야 할 것이다. 선택 계수는 보통 상당히 작은 수이기 때문에(예를 들어, pH 전극의 경우 1 ppm 이하), 금속 이온에 의한 방해 효과를 수정하는 것은 금속 이온의 농도가 비교적 클 때만 필요하다.

» 예제 15.4

용액의 명목 pH 값이 7.00이다. 유리 전극의 Na^+와 관련하여 H^+에 대한 선택 계수($f_{H/M}$)가 2.5×10^{-8}일 때, 25°C에서 측정한 pH 값을 1% 감소시키기 위해 필요한 소듐 이온의 농도를 얼마인가? $k = 0$으로 가정하라.

전략 ›

이 문제를 풀기 위해 식 (15.13)을 이용할 수 있다. Na^+에 의한 방해가 없다면, pH는 7.00이고 $[H^+] = 1.0 \times 10^{-7}$ M이다. Na^+에 의한 방해로 pH 값이 1% 감소된다면 관찰되는 pH는 6.99이다. 즉, $pH_{obs} = -\log([H^+] + f_{N/Na} \cdot [Na^+])$이다.

풀이 ›

$$6.99 = -\log([H^+] + f_{H/Na} \cdot [Na^+])$$

$$6.99 = -\log([1.0 \times 10^{-7}] + (2.5 \times 10^{-8}) \cdot [Na^+])$$

$[Na^+] = 0.093$ M Na^+ ion[8]

해당 농도의 Na^+이 1%의 pH 값 감소를 가져올 것이다.

[8] 해양수는 0.47 M의 Na^+를 포함하고 있다. 따라서 "보충 설명"에서 언급한 바와 같이, pH 탐침은 일반적으로 해양수의 측정에는 유용하지 않다.

▶ 프로파일 _Profile

생체내(in vivo) 사용을 위한 나노미터 수준 크기의 pH 탐침

최근에 University of Southern California와 National University of Singapore의 연구자들은 나노미터 범위의 크기를 가진 pH 전극의 개발을 보고하였다. 안티모니(antimony)는 일반적인 유리 막을 사용하지 않고도 $[H^+]$에 전위차 반응을 나타내고, 순수한 안티모니로 이루어진 전극이 80 nm 정도로 작은 지름으로 만들어질 수 있음이 보고되었다. 80 nm는 인간의 세포보다 약 500배 작은 크기이다. 전극은 높은 수준의 직선성(linearity)을 나타내었고, 술폰화된(sulfonated) 나피온(Nafion) 고분자로 코팅되었을 때는 수 주간 우수한 안정성을 보였다.

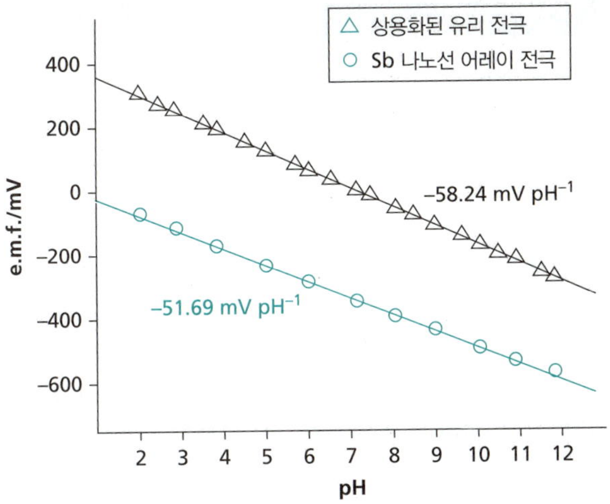

Chang, P-C., Chen, H-Y., Ye, J-S., Sheu, F-S., Lu, J. G. ChemPhysChem, ***2007****, 8(1), 57–61.*

문제 15.10 유리 막 전극이 다른 금속 이온보다 양이온에 더 높은 친화도(affinity)를 보이는 이유는 무엇인가?

문제 15.11 pH 미터가 두 표준 완충용액을 사용하여, pH 4.00에 대하여 −234 mV로 보정되고 pH 7.00에 대해서는 −403 mV로 보정되었다. 미지의 용액에서 전압이 −478 mV로 측정되었다. 미지 용액의 pH는 미터에 어떻게 표시될지 예측하라. 만약 이 실험이 반복된다면, 방법론적으로 어떠한 개선점을 제안할 수 있는가?

문제 15.12 문제 15.11에서 사용된 pH 미터의 보정 과정에서의 직선성 백분율(percent linearity)은 얼마인가?

문제 15.13 만일 해양수 시료의 pH_{obs}가 8.05로 측정된다면, 25°C에서 소듐 이온의 농도가 0.47 M일 때 실제 pH 값은 얼마인가? 이 때, $f_{H/Na} = 2.5 \times 10^{-8}$이다. 측정의 오차 백분율(percent error)은 얼마인가?

문제 15.14 K^+(0.015 $\underline{M}$, $f_{H/K} = 2.5 \times 10^{-10}$)와 Ca^{2+}(0.015 $\underline{M}$, $f_{H/Ca} = 1.6 \times 10^{-8}$)에 의한 방해를 추가하여 문제 15.13을 반복하라.

문제 15.15 비분석적인 요소(예, k)를 무시할 때, 25°C에서 pH 4.00 완충용액 안에서 측정되는 전위는 얼마인가? 만일 실험실 온도가 하루 동안 5°C 증가한다면, 예상되는 오차는 얼마인가?

그림 15.5 녹조 현상을 일으키는 부영양화(eutrophication).

질산염 탐침

많은 선택적인 전위차 탐침(nitrate probe)은 *이온 선택성 전극*(ion-selective electrodes, ISE) 범주로 분류된다. pH 탐침과 같이 ISE도 특정 종이나 매우 작은 범위의 종들에 선택적이지만, 비슷한 크기나 전하를 지닌 다른 이온들로 인한 방해를 겪는다. 많은 ISE는 유리 pH 전극과 같은 일반적인 구성을 지니는데, 특정 이온에 선택적인 막으로 얇은 유리막을 대체한다. 사실, 몇몇 제조업체들은 서로 다른 이온들의 농도를 측정할 수 있도록 이온에 따라 막만 교환할 수 있는 ISE 조립체(assembly)를 판매한다. 여기서는 이러한 막 전극을 설명하기 위하여 질산염 ISE를 다루고자 한다.

질산염 ISE는 환경 화학자나 생태학자들에게 중요한 도구이다. 질산염은 해조류를 포함한 모든 식물을 위한 비료로 사용되는 질소의 고정된 형태이다. 비록 자연계에서 질산염의 농도는 일반적으로 1 ppm 이하이지만, 인위적인 원인들로 질산염의 농도가 10배에서 100배의 비율로 증가되어 수역을 막거나 질식시킬 수 있는 광범위한 부영양화(eutrophication)로 이어질 수 있다(그림 15.5 참조). 식수의 질산염 함량이 증가할 경우, 유아에게 소위 푸른 아이 증후군(blue baby syndrome)이라고 불리는 치명적인 병을 유발할 수 있다. 질산염 ISE는 자연 상태 물에서의 질산염 농도를 빠르고 정확하게 측정하는 방법으로 발전하였다.

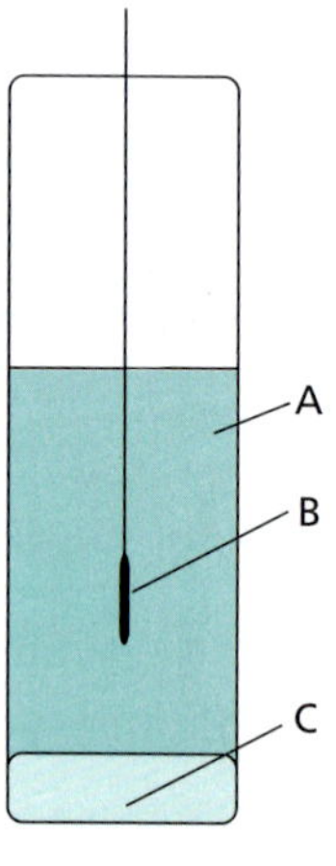

그림 15.6 질산염 ISE: (A) 내부 표준 채움 용액(internal standard filling solution) — 보통 KCl 또는 $(NH_4)_2SO_4$, (B) Ag/AgCl 전극, (C) $R_4N^+NO_3^-$이 포함된 PVC.

질산염 ISE를 구성하는 세부적인 방법은 다양하다. 그림 15.6은 막 ISE의 일반적인 형태를 나타낸다. 막은 전형적으로 측정하고자 하는 이온에 선택성을 나타내는 물질이 들어 있는 고분자(종종 polyvinylchloride [PVC])이다. 질산염의 경우 선택성을 나타내는 도핑제(dopant)는 보통 테트라옥틸암모늄 질산염(tetraoctylammonium nitrate)과 같은 4차 암모늄 질산염(quaternary ammonium nitrate salt)이다. ISE는 분리된 기준 전극을 필요로 할 수도 있고, 아니면 그림 15.2A에 나타낸 pH 전극과 유사하게 단일 개체로 구성될 수 있다. 질산염 ISE의 기능은 또한 pH 전극과 유사하다. 표준 내부 용액과 접촉하는 PVC 막 부분에는 $R_4N^+NO_3^-$의 질산염과 용액의 음이온 사이의 교환과 관련된 평형이 발생한다. 전극이 측정하고자 하는 용액에 노출되는 경우, 용액 내 질산염의 농도에 따른 함수로 막 사이에 전위가 발달한다. pH 탐침과 같이 질산염 ISE도 사용하기 전에 표준 질산염 용액으로 보정해야 하지만, ppb 수준에서 질산염을 측정할 수 있다. 또한 pH 탐침과 마찬가지로 질산염 ISE는 다른 음이온에 의한 방해를 겪을 수 있다. 대부분의 경우 방해 효과는 쉽게 처리될 수 있을 정도로 작다. 하지만 작은 농도의 과염소산염(perchlorate)과 염소산염(chlorate)라도 피하거나 수학적으로 교정하여야 한다. 수학적 처리 관계식은 식 (15.14)에 제시되어 있다. 이 때 I^-는 방해 음이온을 대변한다.

Creager와 동료들은 살리실산염(salicylate) 이온 선택성 전극을 제작하는 간단한 방법을 기술하였다. 폴리염화비닐(polyvinylchloride, PVC)을 표준 15 mL 비커에 테트라옥틸암모늄 살리신산염(tetraoctylammonium salicylate)과 함께 테트라하이드로푸란(tetrahydrofuran) 용매에 녹인다. 용매가 증발한 후에, 막을 족집게로 집어내고 1 cm 직경 디스크 형태로 코르크 마개로 절단한다. 위쪽이 뚫린 마개를 사용하여 PVC 막 디스크를 바닥이 제거된 바이알(vial)로 만든 전극 본체에 밀봉한다. 전극 본체는 0.1 M NaCl/0.1 M Na-살리산산염 수용액으로 채워지고, Ag/AgCl 전극을 삽입하여 고무마개(rubber septum)로 막는다. 표준 Ag/AgCl 기준 전극이 전지를 완성한다. 비록 디자인과 제작이 간단하지만, 전극은 10^{-4} M salicylate 수준의 낮은 검출 한계를 갖는다. 그러나 벤조산염(benzoate)은 3×10^{-3}의 선택 계수 $f_{H/M}$로 상당한 방해 효과를 가져다주는 것으로 알려졌다. ■

Creager, S. E.; Lawrence, K. D.; Tibbets, C. R. *J. Chem. Ed.* **1995**, 72, 274–276.

▶ 프로파일 _Profile

살리실산염 이온 선택성 전극 제작

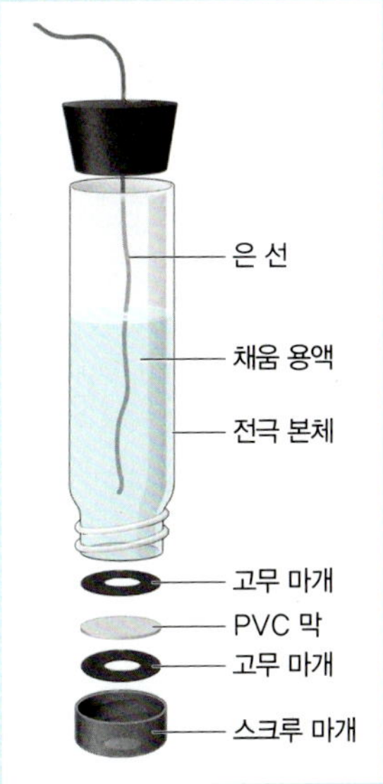

$$E_{obs} = \frac{2.303RT}{nF}\log\left[[NO_3^-] + \sum\left(f_{\frac{NO_3}{I}}\right)[I^-]\right] + k \qquad 식\ (15.14)$$

◆ 산소 탐침

산소 센서의 개발은 우리가 가능할 거라고 예상한 그 이상의 삶의 질을 가능하게 해 주었다. 일부 자동차 모델은 1986년 이전에도 산소 센서를 장착하고 있었지만, 그 해에 촉매 변환기와 함께 산소 센서의 사용은 미국과 호주의 모든 새로운 자동차의 제조에 있어서 의무가 되었다. 그 이후에 산소 센서[람다(lambda) 센서라고도 함]는 에너지 원으로 화석 연료를 사용하는 전력 공장과 제조 공장에서도 사용되어 왔다. 람다 센서로부터의 전위차 피드백(feedback)은 연료 대 공기 비율의 미세 조정을 가능하게 하여 연소를 극대화하고 휘발성 유기 화합물과 일산화 탄소의 배출량을 최소화시킨다.

이 센서는 두 개의 기체 투과성 백금 전극 사이에 끼어 있는 이티륨 기반의 지르코니아(yttrium-stabilized zirconia, YSZ) 막으로 구성된다. 한 전극은 샘플 기체에 노출되고, 다른 하나는 기준 기체에 노출된다(그림 15.7). YSZ의 양면에서 산소 부분압의 어떠한 차이도 식 (15.15)에 정의된 네른스트(Nernstian) 반응으로 이어진다. 이 경우에 적절한 산화환원 짝이 $O_2/2O^{2-}$이기 때문에 n은 4이다. 기준 기체는 보통 대기의 공기이다. 람다 센서가 올바르게 작동하기 위해서는 약 320°C까지 가열되어야 하므로, 실제로 엔진 예열 중에는 피드백이 끊어지거나 내부 전열기가 작동 온도에 급속하게 이르게 하기 위해 포함된다.

$$E_{obs} = \frac{RT}{nF}\ln\frac{p(O_2)_{exhaust}}{p(O_2)_{reference}} + k \qquad 식\ (15.15)$$

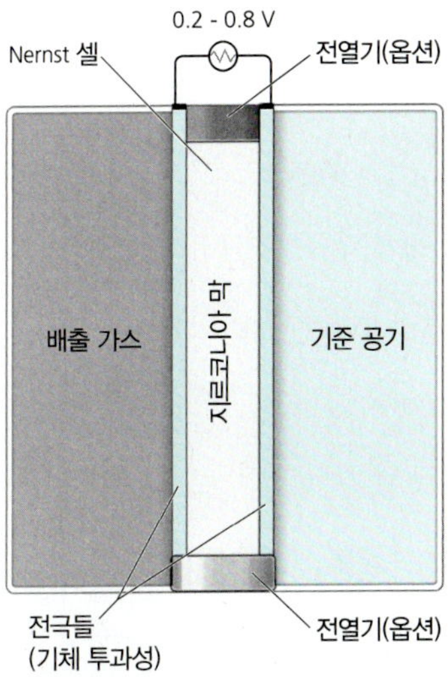

그림 15.7 평면형 산소(람다) 센서.

» 예제 15.5

0.0050 M 중탄산염(bicarbonate) 이온(HCO_3^-)과 1.4×10^{-4} M 요오드(iodide) 이온을 포함하고 있는 연못 물 시료의 질산염 이온 농도를 측정하고자 한다. 질산염 이온 농도는 대략 0.020 M 정도일 거라 예상된다. 만일 선택 계수가 $f_{NO3/HCO3}$ = 0.02이고 $f_{NO3/I}$ = 20이라면, $[NO_3^-]$ 측정에서 예상되는 오차 백분율(percent error)을 계산하라.

전략 ›

이 문제를 풀기 위해 식 (15.14)를 사용할 수 있다. 식 (15.14)에서 방해에 의해 영향을 받는 유일한 부분은 로그 함수의 괄호 부분이다.

풀이 ›

$$\begin{aligned}[NO_3^-]_{Obs} &= ([NO_3^-] + (f_{NO3/HCO3}) \cdot [HCO_3^-] + (f_{NO3/I}) \cdot [I^-]) \\ &= ([0.020\ \underline{M}) + (0.02)(0.005\ \underline{M}) + (20)(1.4 \times 10^{-4})] \\ &= 0.0229\ \underline{M}\end{aligned}$$

질산염 이온의 명목 농도는 0.02이므로, 오차 백분율은 다음과 같다.

$$\%\ 오차 = \frac{|이론값 - 실제값|}{이론값} \times 100 = \frac{|명목값 - 관찰값|}{명목값} \times 100$$

$$\%\ 오차 = \frac{|0.020 - 0.0229|}{0.020} \times 100 = 14.5\%\ \ 오차$$

문제 15.16 방정식 (15.9)와 (15.15)를 비교해 보라. 어떤 차이가 있는가? 차이가 생기는 이유는 무엇인가?

문제 15.17 어떤 질산염 ISE에 대하여 nitrate/nitride 선택 계수가 0.062이고, nitrate/chloride의 선택 계수가 4.0×10^{-3}, 그리고 nitrate/perchlorate 선택 계수가 990이다. 0.1 mM인 각 방해 음이온(개별적으로, 모두 동시에 존재하지는 않음)이 있을 때 1.5 mM 질산염 측정에서 예상되는 오차 백분율은 얼마인가?

문제 15.18 문제 15.17에서 제시된 것과 같은 조건이 주어졌을 때, 모든 세 가지 방해가 존재한다면 예상되는 오차 백분율은 얼마인가?

문제 15.19 *k*는 무시할 만큼 작다고 할 때, 만약 람다 센서가 317 mV의 전위를 나타낸다면 자동차 배기가스에서 산소의 부분압을 계산해 보라. 기준 기체는 공기라 가정하자.

15.3 비전위차 탐침

현대의 많은 탐침들은 능동형 전기화학 방법을 사용하고 있다. 다시 말해, 탐침의 신호가 분석물이 관여하는 산화환원 반응과 연관된 전압이나 전류에 의존한다. 이러한 탐침은 흔히 갈바니 또는 전류법 탐침/센서라고 한다. 갈바니 전지에는 측정할 수 있는 전압을 유발하는 자발적인 산화환원 반응이 관여하고, 전류법 전지에는 산화환원이 발생

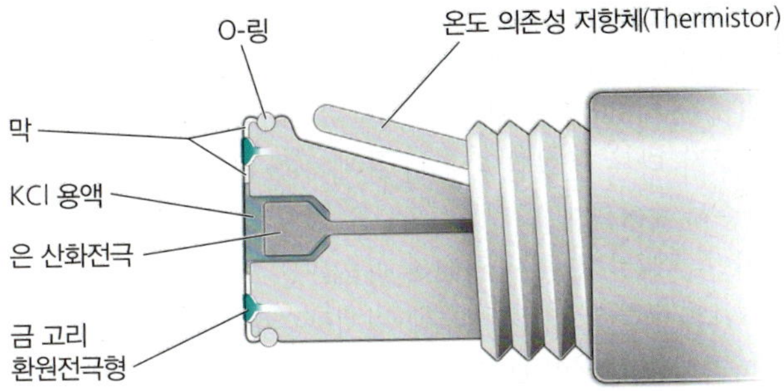

그림 15.8 Clark 전지—일반적인 용존 산소 탐침.

할 수 있도록 전압을 가하여 분석 신호로서 전류를 측정한다.

용해 산소 탐침

용존 산소(dissolved oxygen, DO) 수준은 자연적인 수역의 질을 측정하는 중요한 척도이다. 물속 O_2 분자가 충분히 녹아 있지 않으면 수중 생물들이 어려움을 겪거나 결국에는 질식되어 죽게 된다. 더 나아가 적절한 수준의 DO 없이는 보통 죽은 식물이나 동물을 분해하는 박테리아가 정상적으로 작용할 수 없으며, 이로 인해 무산소성 과정이 지배적으로 되어 종종 정체된 늪이 되고 달걀 썩는 냄새를 내뿜게 된다. 역사적으로 수정된 Winkler 방법이 DO를 측정하기 위해 사용되어 왔지만, 이를 위해서는 실험실 분석이 필요하고, 산소를 소비하는 분해 반응은 계속될 것이기 때문에 테스트할 물을 샘플로 추출하여 실험실로 신속하게 운반해야 했다. 기체 통과 막을 가진 Clark 전지의 개발은 DO의 현장 측정을 가능하게 했다.

Clark 전지(그림 15.8)는 불활성 환원전극(일반적으로 백금 또는 금)과 반응성 금속(일반적으로 은 또는 구리)으로 이루어진 산화전극으로 구성되어 있다. 전극들이 표준(1 M) KCl 용액에 담겨 있고, 전극에 −0.6~−0.8 V의 전압이 가해지면 용해된 분자 O_2의 양만큼 비례적으로 전류를 생성하는 산화환원 반응이 일어난다.

산화 반응: $Ag(s) + Cl^-(aq) \rightleftharpoons AgCl(s) + e^-$ $E^0 = -0.22$ V 식 (15.16a)

환원 반응: $\frac{1}{4} O_2(aq) + \frac{1}{2} H_2O(l) + e^- \rightleftharpoons OH^-(aq)$ $E^0 = +0.40$ V 식 (15.16b)

전지 반응: $Ag(s) + Cl^-(aq) + \frac{1}{4} O_2(aq) + \frac{1}{2} H_2O(l) \rightleftharpoons AgCl(s) + OH^-(aq)$ $E^0_{Cell} = +0.18$ V 식 (15.16c)

E^0_{cell}이 양수이고, 적어도 순수한 열역학적 관점에서 볼 때, 자발적인 반응을 나타낸다는 것을 주목하자. 하지만 고체 전극에서 산소의 직접적인 환원을 위해서는 전자 전달 반응과 연관된 반응 장벽(kinetic barrier)을 극복하기 위한 *과전위*(overpotential)[9]가 필요하다. 따라서 백금 전극 표면으로 확산되는 모든 O_2 분자의 완전하고 순간적인 환원을 보장하기 위해 환원 전압이 가해진다. 또한 반응이 일어나는 동안 은 산화전극이 부분적으로 소모되어 은 전극 표면에서 AgCl(s) 층이 성장하게 된다는 것을 인지해야

[9] 주어진 산화환원 반응이 일어날 것으로 예상하는 전압을 열역학적으로 추정할 수 있다. 예를 들어, 식 (15.16)에서 주어진 전지 반응에 대해서는 E^0_{cell} = +0.18 V이 열역학적으로 결정된 전압이다. 하지만 실제로는 열역학적으로 예측되는 전압보다 약간 높은 전압을 보통 가해야 한다. 이는 다공성 막을 가로지는 저항과 같이 전지 내부의 저항에 걸쳐 발생하는 전압 강하(voltage drops) 혹은 반응 장벽 때문이다. 반응을 일으키기 위해 필요한 추가적인 전압을 *과전위*라 부른다.

한다. 이로 인해 Clark 전지의 산화전극은 계속적인 작동을 위해서 주기적으로 연마해 주어야 한다. 큰 전압을(E_{cell}보다 0.8~1.0 V 더 음의 값) 가하는 것도 산화환원 동안 산화전극의 *부동화*(passivation)[10]를 보정하는 데 도움이 된다.

용액 내에 비교적 다른 산화환원 종이 존재하지 않는다면, 위에서 설명한 것처럼 DO의 결정은 단순히 수용액에 담긴 전극 선을 가지고 실험실에서 수행할 수 있다. 하지만 자연적인 천연수에는 거짓 신호(false signal)를 유발할 수 있는 많은 물질들이 산소와 함께 녹아 있다. 예를 들어, 천연수에 편재하는 Fe(III)은 가한 전압에서 Fe(0)로 환원될 것이다. 따라서 전형적인 DO 전류법 탐침에서는 반응 전지가 실험 용액(예, 연못 물)과 얇은(~20–25 μm) 폴리에틸렌 혹은 Teflon 막으로 분리되어 있다. 산소 분자는 이 얇은 막을 통과할 수 있지만, 물속에 있을 대부분의 이온 종들은 통과할 수 없기 때문이다(그림 15.8 참조). 내부 공간이 작기 때문에, 분석이 이루어지는 동안 염화 이온의 농도는 줄어들어[식 (15.16a) 참조], 전해질 용액은 주기적으로 보충되어야 한다.

대부분의 상업적 탐침들은 대략 ±0.1 ppm의 정확도로 1~20 ppm의 범위에서 DO를 측정할 수 있다. 천연수에서 DO가 전형적으로 5~15 ppm의 범위에 있기 때문에 이러한 수준의 정확도가 필요하다.

◆ 염화이온 탐침

염소와 수용성 염소 반응 생성물은 자연적으로 발생하는 양이 크지는 않지만, 선진국에서는 이러한 종들이 사실상 모든 물 시스템에 존재하게 되었다. 염소는 보통 소독제로 물에 가해진다. 지방 자치 정부에서는 자연계로 물을 다시 보내기 전에 염소를 추가하여 미생물을 파괴하고, 식수에도 더 소량을 가하여 미생물의 성장을 막는다. 산업 공장에서는 시스템 펌프, 파이프, 그리고 밸브를 막히게 할 수 있는 곰팡이나 조류 성장을 최소화하기 위해 물-냉각 시스템에 염소를 사용한다. 적절한 소독은 필요하지만 불쾌한 냄새(식수에서)와 무해한 생물체에 대한 해를 유발하지 않기 위해 적절한 균형을 유지하는 것이 중요하다.

염소 측정에서 실제 목표는 *전체 가능 염소량*(total available chlorine, TAC)을 측정하는 것이다. 이는 Cl_2 분자는 물과 반응하여 하이포아염소산염(hypochlorite)을 만들고, Cl_2는 매우 낮은 pH에서만 존재할 것이기 때문이다(그림 15.9 참조). 물론 하이포아염소산염은 약산인 하이포아염소산(hypochlorous acid)의 짝염기이기 때문에, TAC는 세 가지 종이 모두 관여하는 pH-의존성의 복잡한 평형으로 존재한다.

$$Cl_2\,(aq) + H_2O\,(l) \rightleftharpoons HOCl\,(aq) + H^+\,(aq) + Cl^-\,(aq) \quad K_1 = 3.9 \times 10^{-4} \qquad \text{식 (15.17)}$$

$$HOCl(aq) \rightleftharpoons H^+(aq) + OCl^-(aq) \quad K_2 = 2.9 \times 10^{-8} \qquad \text{식 (15.18)}$$

대부분의 천연수 시스템에서 pH는 지역의 산업적 그리고 환경적 특성에 따라 6.5에서 8.5의 범위를 이룬다. 불행히도 이 pH 범위는 HOCl와 OCl^-의 농도가 가장 크게 변화하는 범위이다. 몇몇 경우에는 HOCl의 농도만이 중요하다. 이는 HOCl이 가장 활발한 소독제이기 때문이다. 정수 처리장에서의 분석이 이러한 경우이다. 왜냐하면 주된 관심이 미생물을 죽이기 위한 염소의 적절한 수준을 유지하는 것이기 때문이다.

보통 HOCl와 OCl^-을 측정하는 TAC의 측정에 관심이 있다. Cl_2는 약 pH 2.5 이하에서만 의미가 있기 때문에 Cl_2의 기여는 무시할 만하다. 염화이온 탐침으로 TAC를 측

[10] 특정 산화환원 반응 중에, 전극 표면은 산화물의 형성 혹은 전기화학 반응의 생성물이 전착되어 비전도성 층으로 씌워질 수 있다. 이러한 층 때문에, 전극 표면과 접촉하는 용액 내 종들은 가해지는 전압보다 낮은 전압을 경험하게 된다. 이러한 효과를 전극의 *부동화*라 한다.

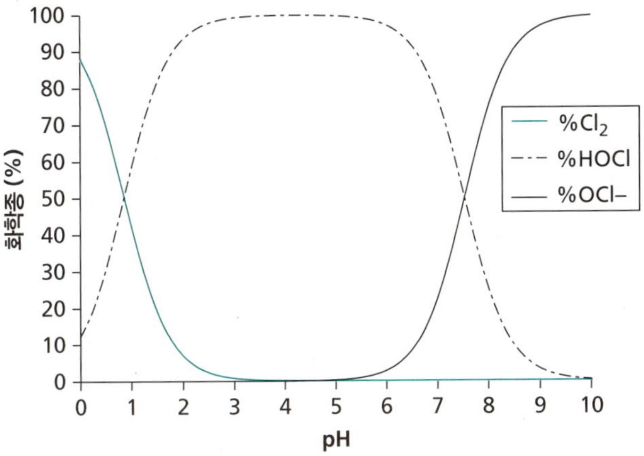

그림 15.9 pH의 함수로서 수용액 내의 염소 종들의 평형 분포도.

정하는 세 가지 일반적인 접근이 있다. 일정 부피의 물 시료를 측정 전에 약 pH 5로 조절하여 모든 염소를 HOCl의 형태로 변화한 후 HOCl을 측정할 수 있다. 또는 HOCl을 원래 물 시료에서 측정하고 이차적으로 pH도 측정하여, HOCl 결과를 측정된 pH에서의 값으로 수학적으로 조정할 수도 있다. 마지막으로, HOCl와 OCl^- 둘 모두를 독립적으로 측정할 수 있는 2-상(2-phase) 탐침을 사용할 수 있으며, 이 경우 TAC는 단순히 두 측정치의 합이다.

전류법 염소이온 탐침은 환원전극에서의 HOCl와/혹은 OCl^-의 환원 반응에 의존하고, 이 때 산화전극에서의 산화 반응은 산소 탐침에서 사용되는 것과 같다[식 (15.16a)].

환원 반응:

$$\mathrm{HOCl(aq)+H^+(aq)+2e^- \rightleftharpoons Cl^-(aq)+H_2O(l)} \qquad E^0=+1.49\,\mathrm{V} \qquad \text{식 } \mathbf{(15.19)}$$

그리고/혹은

$$\mathrm{OCl^-(aq)+H_2O(l)+2e^- \rightleftharpoons Cl^-(aq)+OH^-(aq)} \qquad E^0=+0.90\,\mathrm{V} \qquad \text{식 } \mathbf{(15.20)}$$

두 반응 중 어떤 경우에도 알짜 전지 반응은 자발적일 것이다. 사실 탐침은 원한다면 갈바니 모드로 작동할 수 있다. 갈바니 전위는 시간에 따라 변화하는 Cl^-의 농도뿐만 아니라 용액 내에 발생하는 다른 산화환원 평형에 크게 의존한다. 더 나아가 다른 할로겐화 물질, 특히 유기염소화물(organochlorides)은 심각한 방해 물질이 될 수 있다. 탐침은 동시에 일어날 수 있는 유기할로겐화물의 환원 반응은 억제하면서도 원하는 반응이 일어나도록 전극에 약 0.5 V의 전압을 가하는 전류법 모드로 보통 작동하게 된다.

탐침 자체는 그림 15.6에 제시된 DO 탐침과 같은 일반적인 구성을 갖는다. 하지만, 막은 보통 선택적으로 HOCl이 통과할 수 있는 폴리비닐라덴 플로오라이드(polyvinylidene fluoride)이다. 대부분의 상업적인 탐침들은 TAC의 경우에서 보고된 것과 같이 0.01~20 ppm 범위의 염소를 측정할 수 있다.

문제 15.20 HOCl만 측정하는 염소이온 탐침의 E^0_{cell}은 무엇인가? OCl^- 측정에 대한 E^0_{cell}은 무엇인가?

FYI

폴리비닐라덴 플로오라이드(polyvinylidene fluoride, PVDF)는 구조적으로 테플론(Teflon)과 유사하다. PVDF는 1,1-디플루오로에틸렌(1,1-difluoroethylene)으로부터 파생되고, 테플론은 1,1,2,2-테트라플루오로에틸렌(1,1,2,2-tetrafluorethylene)으로부터 파생된다.

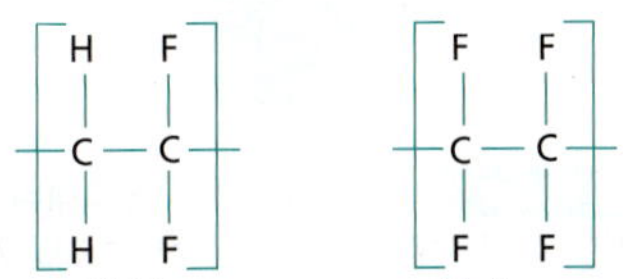

PVDF Teflon

문제 15.21 그림 15.6에 제시된 DO 탐침에서 원래 1.0 M이었던 염화 이온의 농도가 10% 감소했을 때 전해질을 보충하고자 한다. 만일 내부 공간의 부피는 500 μL, polytetrafluoroethylene (PTFE) 막의 두께가 25 μm, 그리고 O_2가 1.05×10^{-7} g/s·cm의 속도로 PTFE를 통해 확산된다면, 전해질을 보충하기 전까지 얼마동안 탐침을 연속적으로 사용할 수 있는가?

문제 15.22 식 (15.17)과 식 (15.18)에 제시된 평형을 고려하라. 염화 이온의 농도가 112 ppm이고 초기 Cl_2 농도가 4.5 ppm인 산업 지역의 물에 대해, pH에 따른 %Cl_2, %HOCl, %OCl^-를 엑셀(Excel)을 사용하여(그림 15.9에서와 같이) 도시하라. *힌트:* TAC는 활발한 염소, 즉 Cl_2, HOCl, OCl^-만 고려한다. 따라서 염소 이온(Cl^-)의 농도가 일정하다고 가정하고, HOCl과 OCl^-를 찾기 위한 K_1과 K_2 표현을 각각 사용하라.

◈ 총 염도 탐침

총 염도(total salinity)는 물 시료에 모두 녹아 있거나 해리된 염으로부터 발생하는 이온들의 총 농도이다. 총 염도를 제대로 측정하기 위해서는 NaCl, KCl, Na_2SO_4, KNO_3 등의 양을 결정하기 위한 시료의 총체적인 화학적 분석을 수행해야 한다. 이것은 대개의 경우 시간과 비용 측면에서 제한된다. 대신에, 용액의 전도도(conductance, 즉 전기를 흐르게 하는 능력)를 측정할 수 있다. 물론 천연수 시료와 같이 복잡한 혼합물의 총 전도도는 전체 이온 농도의 *함수*이지만, 주어진 이온과 관련된 실제 전도도는 전기장에서의 이온의 이동도(이동 속도)에 직접적으로 의존한다. 이로 인해 이온의 전도도는 이온의 수화된 크기(hydrated size)에 반비례하고 이온의 전하에 직접적으로 관련되어 있다.

염도 탐침은 전위차법이나 산화환원 반응에 의존하지 않는다. 그보다는 간단한 전도도 측정을 사용하며 단일 종(염화 이온)과 관련되어 있다. 즉, 미터기는 두 전극 사이의 고정된 선형 거리 사이의 저항(R, 단위 ohms)을 측정하고, 이를 저항의 역수인 *전도도*(conductance, G)로 변환한다. 기본적인 전도성 전지(conductivity cell) 그림이 그림 15.10에 제시되어 있다. 예전에는 전도도의 단위가 "mho"(ohm을 거꾸로 쓴)이었지만, SI 단위인 지멘스(Simens)로 대체되었다. 지멘스 단위는 19세기 발명가이자 산업가인 Ernst Werner von Siemens의 이름을 따라 명명되었고, "mho"와 크기가 같다. 보고되는 분석 값은 *전도도*(conductivity, C)이다. 보고되는 값은 전극이 면적(A)와 전극 간 거리(d)를 고려한 값이다. 전극은 백금, 금, 탄소와 같은 불활성 물질로 구성된다.

$$G = \frac{1}{R} (\text{단위는 지멘스, S}) \qquad \text{식 (15.21)}$$

$$C = G \cdot \frac{d}{A} (\text{단위는 S/cm}) \qquad \text{식 (15.22)}$$

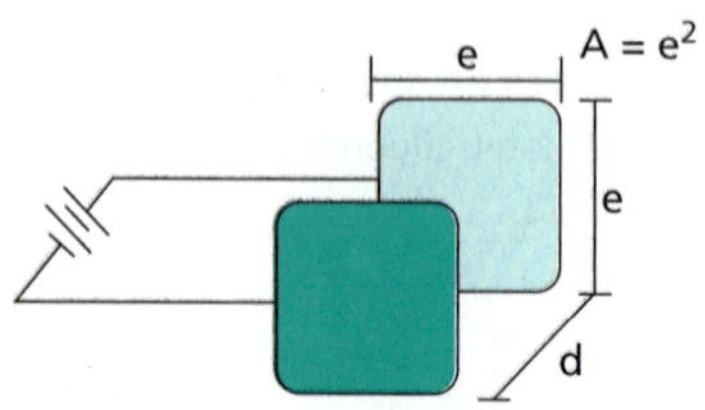

그림 15.10 거리 d로 분리된 2개의 정사각형 전극으로 구성된 전도성 전지의 기본 도식. 표준 전도성 전지에서 전극은 백금과 d = 1.0 cm으로 만들어진다.

염도(S_{Cl})의 결정은 용액의 염화 이온(염도로 불림)을 침전시키기 위해 필요한 은 이온의 양과 관련된 변환 계수에 기초한다. 그러나 현재의 방법은 시료의 온도[섭씨(°C) 단위]와 측정한 전도도, 그리고 복잡한 다항식 형태의 실험적으로(empirically) 결정된 함수 세트를 사용한다.[11]

[11] *Standard Methods for the Examination of Water and Wastewater*에서 설명된 이 접근은 2 PSU보다 크고 42 PSU보다 작은 염도를 가진 시료에만 유효하다. 해양수는 25°C에서 약 35 PSU의 염도를 갖는다. 담수는 컷오프(< 1 PSU)보다 훨씬 낮은 염도를 가지고 있지만, 총 염도는 담수에서는 보통 중요한 측정값은 아니다.

» 예제 15.6

전도성 전지는 길이가 0.5 cm인 정사각형 전극들로 이루어져 있고, 전극들 간의 간격은 0.75 cm이다. 용액에 넣었을 때 측정된 저항이 1400 ohms이다. 용액의 전도도를 계산하라.

풀이 ›

전도도(conductance)를 계산하기 위해 식 (15.21)을 사용할 수 있다.

$$G = \frac{1}{R} = \frac{1}{1400\,\text{ohms}} = 7.143\times10^{-4}\,\text{ohms}^{-1} = 714.3\,\mu\text{S}$$

다시 전도도(conductivity)를 계산하기 위해 식 (15.22)를 사용하면 다음과 같다.

$$C = G\cdot\frac{d}{A} = (714.3\,\mu\text{S})\cdot\frac{0.75\text{cm}}{(0.50\text{cm})^2} = 2142\,\mu\text{S/cm} = 2100\,\mu\text{S/cm}$$

$$S_{Cl} = a_0 + a_{\frac{1}{2}}R_t^{\frac{1}{2}} + a_1 R_t + a_{\frac{5}{2}}R_t^{\frac{5}{2}} + a_2 R_t^2 + a_{\frac{5}{2}}R_t^{\frac{5}{2}} + \Delta S \qquad \text{식 (15.23)}$$

$$\Delta S_{Cl} = \left[\frac{T-15}{1+0.0162(T-15)}\right]\left[b_0 + b_{\frac{1}{2}}R_t^{\frac{1}{2}} + b_1 R_t + b_{\frac{3}{2}}R_t^{\frac{3}{2}} + b_2 R_t^2 + b_{\frac{5}{2}}R_t^{\frac{5}{2}}\right] \qquad \text{식 (15.24)}$$

실험적(empirical) 식 (15.23)과 식 (15.24)에 사용된 값 R_t는 알려진 표준에 대한 측정된 시료의 전도도 비, 즉 $R_t = C_{samp}/C_{KCl}$이다.[12] 이 표준은 정확히 35 실제적 염도 단위(practical salinity units, PSU)의 염도와 53.06 mS/cm의 전도도를 지니고 있다고 알려져 있다. PSU는 특정 농도 단위를 포함하고 있지는 않지만, 실질적으로 PSU로 측정된 염도 크기는 ppt(parts per thousand) 단위로 측정된 총 이온 농도와 매우 가깝다. 식 (15.23)과 식 (15.24)에 사용된 계수 값들은 실험적으로 얻어지고, 표 15.2에 수록되어 있다.

다양한 온도에서 KCl 표준에 대한 전도도[식 (15.24)의 R_t 항에서 분모]를 찾기 위한 표들이 문헌에 보고되었다. 또는 식 (15.25)가 C(온도 T에서의 KCl 표준)를 추정하는 데 사용될 수 있다.

$$C(\text{KCl Std}, \mu\text{S/cm}) = -0.2672\,T^3 + 4.6637\,T^2 + 861.3\,T + 23035 \qquad \text{식 (15.25)}$$

문제 15.23 전도도 전지가 직경이 0.5 cm인 원형 전극을 사용하고 전극들을 1.00 cm 간격으로 배치한다. 용액에 넣었을 때 저항이 1100 ohms이다. 용액의 전도도를 계산하라.

문제 15.24 측정이 25°C에서 이루어졌다고 하면, 예제 15.6과 문제 15.23에서 설명된 물 시료의 염도는 얼마인가? 스프레드시트를 사용하여 계산하는 것이 아마도 쉬울 것이다.

표 15.2 ▸ 식 (15.23)과 (15.24)에서 사용하기 위한 계수 *a*와 *b*의 실험적 값

X*	a_X	b_X
0	0.0080	0.0005
$\frac{1}{2}$	−0.1692	−0.0056
1	25.3851	−0.0066
$\frac{3}{2}$	14.0941	−0.0375
2	−7.0621	0.0636
$\frac{5}{2}$	2.7081	−0.0144

* x항은 식 (15.23)과 (15.24)의 서로 다른 인자들을 의미한다. 예를 들어, 식 (15.23)에서 두 번째 항은 $a_{\frac{1}{2}}R_t^{\frac{1}{2}}$이므로, $a_x = a_{½} = -0.1692$이다.

[12] 이 표준은 1.000 kg의 최종 용액 무게를 이루기 위하여 32.4356 g의 KCl을 물에 용해하여 제조한다. $R_t = C_{samp}/C_{KCl}$.

15.4 인체 내 측정을 위한 탐침

◆ 포도당 탐침: 바이오센서

전기화학적 바이오센서(electrochemical biosensor)는 특정 분자를 탐지하기 위하여 유기체나 생물학적 기원의 분자를 사용하는 탐침이다. 이것들은 생물학적 시스템에서 발견되는 포도당, 알코올, 콜로스테롤, 요소와 같은 생물학적 분자나 물질에 매우 선택적으로 종종 만들어진다. 기능면에서 전기화학적 바이오센서는 ISE와 매우 비슷하다. 바이오센서를 개발하는 데 있어서 흔히 수정된 Clark 전지를 사용해 왔다(그림 15.8). 이 때 수정된 Clark 전지는 외부 산소 투과성 막은 여전히 존재하고, 목표 분자의 산화를 촉진하는 효소[예, 포도당 산화 효소(glucose oxidase), 알코올 산화 효소(alcohol oxidase), 콜레스테롤 산화 효소(choleserol oxidase)]를 고정시키는 추가적인 고분자 막을 지니고 있다. 산화 반응은 산소를 소비하여 지시 전극에서의 산소 환원 반응에 의한 전류법적 신호의 감소를 가져다준다. 1세대 포도당 전류법 센서(Clark 전지의 유사체)를 사용하여 이를 보다 자세히 설명한 후, 센서 설계의 최근 개선 사항들에 대해 논의하고자 한다.

당뇨병을 앓고 있는 사람들은 고혈당을 막는 수단으로 포도당 레벨을 규칙적으로 점검해야 한다. 대부분의 당뇨병 환자들은 손가락검진 방법을 사용하여 포도당 레벨을 측정하는데, 이는 손가락을 찔러 한 방울의 혈액을 뽑아 혈당 수치를 나타내는 기기에 넣어 측정이 이루어진다. 이러한 몇몇 기기들은 분광학적 특성을 이용하지만, 많은 기기들이 전기화학적인 기반을 두고 있다. 상당한 양의 연구가 연속 포도당 감시기(continuous glucose monitors, CGMs, 통증 없이 삽입되어 장기간 연속적으로 작동할 수 있는 마이크로 스케일 대 나노 스케일 장치)의 개발에 투입되었다. 비록 다양한 형태의 CGM들이 상업화되었지만, 아직까지 어떤 것도 폭넓게 사용되지는 못하고 있다. 몇 가지 형태의 비-CGM 전류법 포도당 센서에 초점을 맞추고자 한다.

그림 15.11에 나타난 바와 같이 모든 포도당 바이오센서는 포도당 산화 효소(GOx)

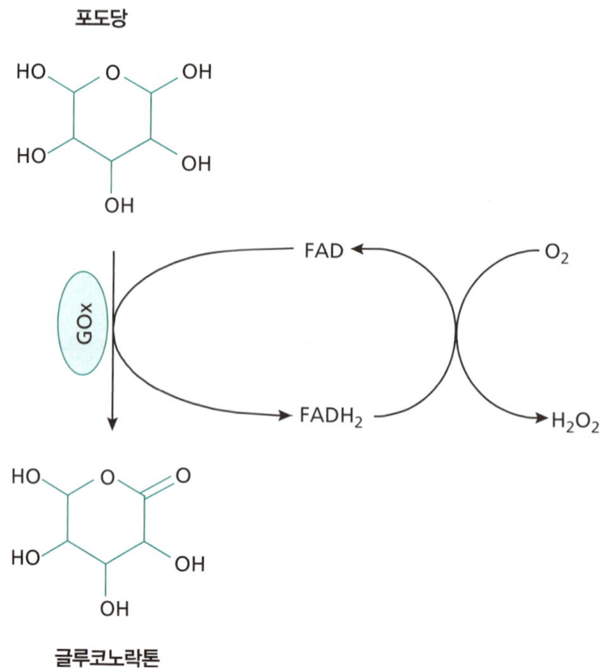

그림 15.11 O_2를 H_2O_2로 환원시키는 포도당의 산화 반응을 촉진하는 포도당 산화 효소의 과정.

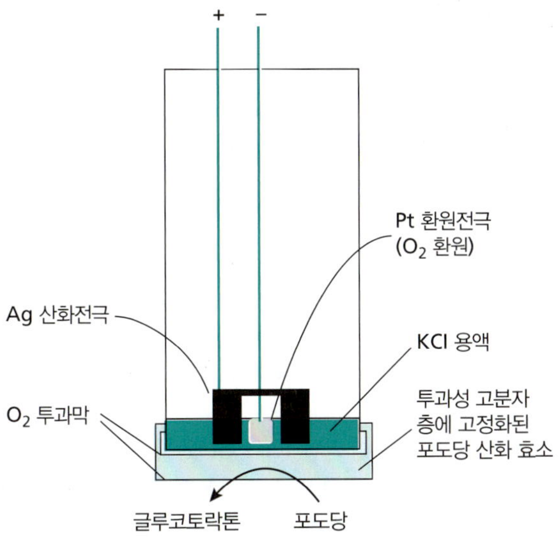

그림 15.12 산소 레벨의 감소를 감시하여 포도당을 간접적으로 검출하기 위한 수정된 Clark 전지.

에 의한 포도당의 촉진된 산화 반응을 활용한다. 포도당 산화는 촉매 과정 중에 $FADH_2$로 환원되는 보조인자(cofactor) 플라빈 아데닌 디뉴클레오티드(flavin adenin dinucleotide, FAD)의 도움을 받는 GOx에 의해 촉진된다. $FADH_2$는 과정 중에 주변의 O_2에 의해 다시 산화되고, O_2 그 자체는 H_2O_2로 환원된다. *1세대 센서*(First-generation sensors)는 초기에 그림 15.12에 그려진 것처럼 수정된 Clark 전지를 사용하였다.

이 바이오센서는 백금 전극으로 일정하게 확산되어 오는 산소에 의한 바탕선(baseline) 전류를 포도당이 없을 때 측정한다. 포도당이 시스템에 유입되면, 포도당은 GOx를 포함하고 있는 고분자 층으로 확산된다. 이는 백금 환원전극에 도달하는 산소 양의 감소를 초래하고, 이로 인해 바탕선 전류에 비해 신호의 감소를 가져온다. 1세대 센서의 또 다른 형태는 포도당 산화 과정의 마지막 단계에서 생성되는 H_2O_2의 레벨을 측정하는 것이다. 이것은 Clark 전지보다 선호되는 형태인데, 이는 PTFE 막과 GOx를 고정하고 있는 고분자 층을 통한 산소의 확산에 의존하지 않기 때문이다. 그러나 1세대 센서의 두 형태 모두 지속적으로 일정한 산소의 공급과 다른 공통된 종들[예, 아스코브산(ascorbic acid), 아세트아미노펜(acetaminophen)]이 전기화학적으로 산화될 수 있는 비교적 높은 전압(약 0.6 V)에 의존한다.

방해 문제는 GOx를 고정하고 있는 층을 통해 적은 수의 분자만(물론 포도당 포함) 허용하는 특별한 막을 사용하여 적어도 부분적으로 해결할 수 있다. 비록 산소 공급의 불규칙성을 해결하기 위해 여러 가지 방법들이 제안되어 왔지만, 어떤 것도 완전히 만족스럽지는 않았다. 이 문제를 해결하기 위하여 *2세대 포도당 센서*(second-generation glucose sensor)는 최종 단계에서의 전자 싱크(electron sink)로서의 산소를 제거하고 산소를 페로센(ferrocene), $Fe(Cp)_2$와 같은 가역적인 산화환원 종으로 대체하였다. 지시 전극은 본질적으로 세 개의 층을 갖는다.

1. 페로센(혹은 이의 유도체)을 백금 혹은 탄소 전극 표면에 적층하여 개량 전극을 만든다.
2. GOx가 FAD와 함께 나피온(Nafion)과 같은 투과성 막에 적층된다.
3. 폴리카보네이트(polycarbonate) 혹은 PVC와 같은 얇은 외부막 보호 코팅으로 추가된다.

전극 표면에서 페로센을 페로세니움 이온(ferrocenium ion)으로 산화시키는 양의 전압(페로센을 위해 약 400 mV)이 지시 전극에 가해진다.

$$Fe(Cp)_2 \text{ (Pt 산화전극)} \rightarrow Fe(Cp)_2^+ + e^- \qquad \text{식 (15.26)}$$

포도당이 시스템에 도입되면 GOx이 고정되어 있는 나피온(Nafion) 층으로 확산되고 산화된다.

$$\text{Glucose} + \text{FAD(GOdx)} \rightarrow \text{gluconolactone} + [\text{FAD(GOx)}]_{reduced} \qquad \text{식 (15.27)}$$

$$[\text{FAD(GOx)}]_{reduced} + 2\,Fe(Cp)_2^+ \rightarrow \text{FAD(GOx)} + 2\,Fe(Cp)_2 \qquad \text{식 (15.28)}$$

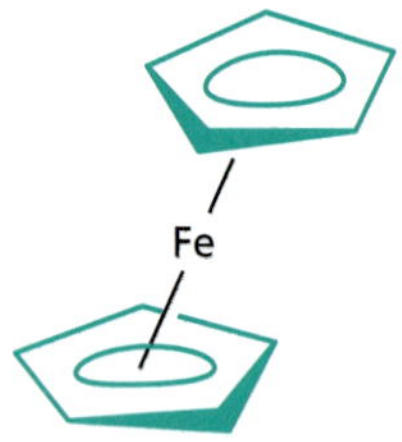

페로센 $Fe(C_5H_5)_2$

페로세니움 이온(ferrocenium ion)은 환원된 FAD(GOx)를 위한 전자 싱크로 작용한다[식 (15.28)]. 그 후 바로 전극에 의해 페로세니움 이온으로 다시 산화되어 존재하는 포도당의 양에 비례하는 전류 신호를 가져온다.

▸프로파일 _Profile
10년 간 거의 두 배가 된 당뇨 환자의 비율

미국 보건 연구소에 따르면, 당뇨병(1 유형과 2 유형 모두 포함)을 진단 받은 미국 성인의 비율은 1996년 4.6%에서 2007년 8.5%로 거의 두 배가 되었다. 해당 기간 동안 인구가 증가했기 때문에, 치료 받은 성인의 수는 1996년의 9백만 명에서 2007년의 19백만 명으로 두 배 이상 증가했다. 당뇨병을 치료하기 위한 의료비 또한 1996년에 185억 달러(2007년 환율로 변환)에서 2007년에 408억 달러로 두 배 이상 증가했다. 국립 보건원에 따르면 이런 경향은 계속되고 있으며, 2010년에도 거의 2백만 건의 새로운 사례가 보고되었다. 2007년에 당뇨병은 미국에서 7번째 주요한 사망 원인이었다. 그 해에 71,000명 이상의 사망자를 내었고, 추가적인 160,000명의 사망자들에게도 영향을 끼친 원인으로 기록되었다. 당뇨 환자의 사망률은 비 당뇨 환자의 두 배에 이른다. 이는 포도당 점검을 위한 간단하고 정확한 방법에 대한 계속적인 연구의 필요성을 확실하게 나타낸다.

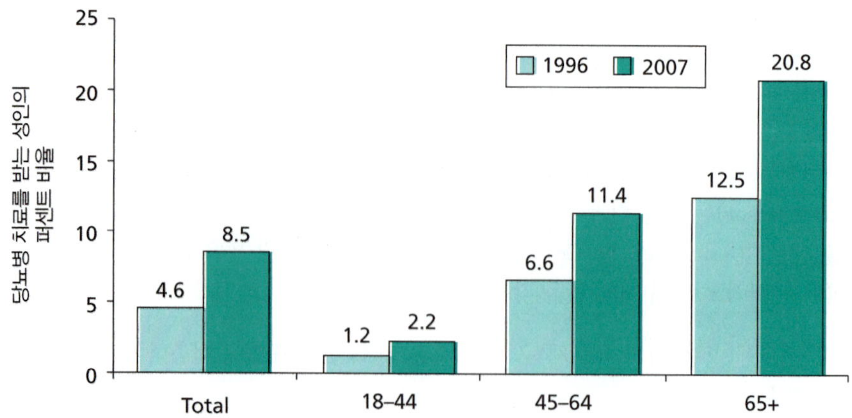

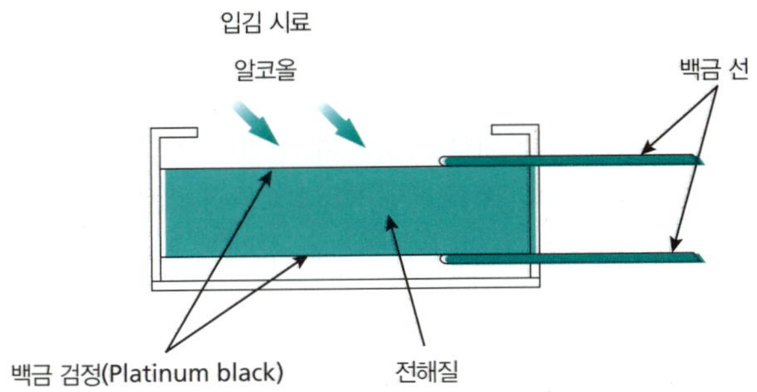

그림 15.13 알코올 연료 전지 바이오센서 디자인.

◆ 알코올 연료 전지 탐침

연료 전지는 우리가 지금까지 논의한 것보다 적극적인 전기화학의 다른 형태를 사용한다. 전압이나 전류를 가하기보다는, 연료 전지는 측정할 수 있는 전기 신호를 나타내는 자발적인 산화환원 반응의 발생에 의존한다. 현대적인 알코올 측정기(alcohol breath analyzer)의 한 형태인 Alco-Sensor (Intoximeters사 제조)는 이러한 형태의 전기화학적 방법을 사용한다.

알코올 연료 전지 센서에 대한 일부 세부 정보는 회사 소유물이지만, 기본적 설계는 알려져 있고 화학적 특성도 잘 이해되고 있다. 전지(그림 15.13)는 미세하게 나뉜 백금[백금 검정(platinum black)으로 불림]으로 코팅된 얇은(2~5 mm) 다공성 고분자로 구성되어 있다. 다공성 고분자는 산성 전해질 용액으로 채워져 있고, 두 백금 전극 사이에 끼어 있다. 입김 시료는 직접적으로 백금 검정 표면에 도달하고, 에탄올이 산화되어 아세트산으로 전환되는 자발적인 반응이 일어난다.

$$C_2H_5OH + H_2O \rightarrow CH_3COOH + 4\,H^+ + 4\,e^- \qquad E^0 = +0.75\ V \qquad \text{식 (15.29)}$$

전자는 정의상 산화전극인 위쪽의 백금 전극에 모아지고, 회로로 흘러가 신호를 가져다준다. 식 (15.29)에서 생성된 양성자는 다공성 고분자 전해질을 통해 확산되어 산소(외부 공기로부터)와 결합되면서 에탄올 산화로부터의 전자 흐름에 의해 다른 백금 전극에서 환원된다.

$$O_2 + 4\,H^+ + 4\,e^- \rightarrow 2\,H_2O \qquad E^0 = +1.23\ V \qquad \text{식 (15.30)}$$

알짜 반응은 아래와 같다.

$$C_2H_5OH + O_2 \rightarrow CH_3COOH + H_2O \qquad E^0_{net} = +1.98\ V \qquad \text{식 (15.31)}$$

문제 15.25 왜 다공성 고분자 전해질이 표준적인 백금 전극과 접촉하고 있지 않고 백금 검정에 코팅되어 있다고 생각하는가?

문제 15.26 알코올 연료 전지 센서에서의 알짜 반응과 연관된 Gibbs 자유 에너지(kJ/mol)를 계산하라. ΔG_{rxn}을 통해 전체 반응에 대해 무엇을 알 수 있는가?

알코올 연료 전지 바이오센서는 넓은 범위의 물질들에 대한 잠재적 방해에 대한 테스트를 받았다. 비색(colorimetric) 화학 반응에 의존하는 발색기(progenitor)인 Breath-

▶ 프로파일 _Profile

"스마트" 화장실: 건강을 관리해주는 똑똑한 화장실

일본의 선두적인 화장실 및 욕실 장비 제조업체 TOTO는 2005년에 "똑똑한 화장실 II"를 발표했다. 고가($5,000 이상)인 이 변기는 특정 건강 관련 파라미터들을 모니터링하고 온도 센서, 소변당 수치 측정을 위한 바이오센서, 편리하게 위치한 혈압 팔찌(cuff)를 포함하며, 변기 옆에 체중계 및 체질량지수(BMI) 측정 스테이션을 설치했다. 결과는 매 방문별로 모아지고 화장실의 인터넷 연결을 통해서 자동적으로 컴퓨터나 다른 전자 장치로 저장된다.

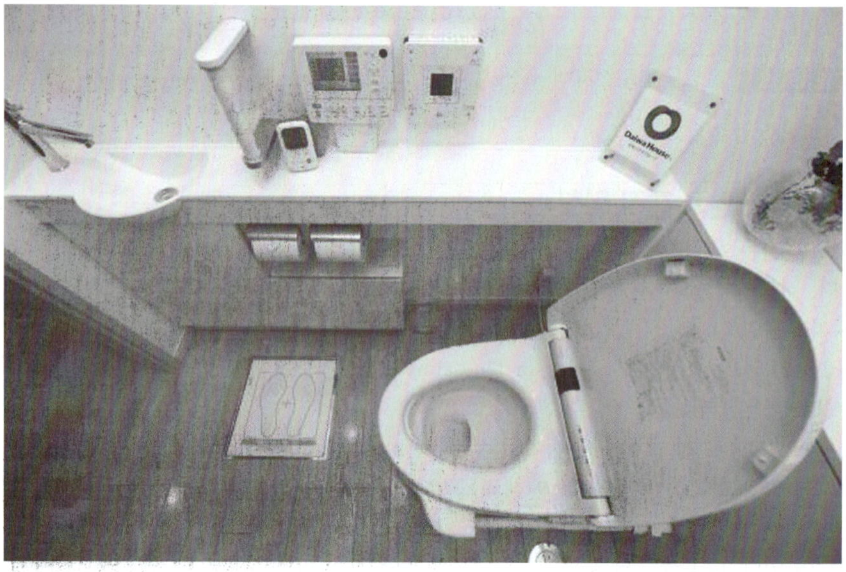

alyzer와는 달리, 연료 전지 센서는 당뇨 환자의 날숨에 포함될 수도 있는 아세톤에는 반응하지 않는다. 다른 종류의 알코올에는 반응하지만 에탄올보다는 훨씬 낮은 효율로 반응한다. 예를 들어 연료 전지 센서는 메탄올에 대해 22%의 효율을 보이고 이소프로판올(isopropanol, 소독용 알코올)에는 10%의 효율을 나타낸다. 미국 대부분의 주 및 도에서는 알코올 연료 전지 센서를 신뢰할 수 있는 현장 음주측정기로 인정했다.

그림 15.14

15.5 심화자료

Books

Minear, R. A. *Water Analysis: Inorganic Species, Part 2.* Academic Press: Orlando, FL, **1984**.

Namiesnik, J.; Szefer, P. (editors). *Analytical Measurements in Aquatic Environments.* CRC Press Analytical Series: Boca Raton, FL, **2009**.

Pico, Y., ed. *Chemical Analysis of Food: Techniques and Applications.* Academic Press: Orlando, FL, **2012**.

Rice, E. W.; Baird, R. B.; Eaton, A. D.; Clesceri, L. S., eds. *Standard Methods for the Examination of Water and Wastewater.* American Water Works Association: Washington, D.C., **2012**.

Wagner, R. J.; Boulger, R. W.; Oblinger, C. J.; Smith, B. A. *Guidelines and Standard Procedures for Continuous Water-Quality Monitors: Station Operation, Record Computation, and Data Reporting.* US Department of the Interior/US Geological Survey: Washington, D.C., **2006**.

Journals

Creager, S. E.; Lawrence, K. D.; Tibbets, C. R. An Easily Constructed Salicylate-Ion-Selective Electrode for Use in the Instructional Laboratory. *J. Chem. Ed.*, **1995**, *72*, 274–276.

Wang, J. Electrochemical Glucose Sensors. *Chemical Reviews.* **2008**, *108*, 814–825.

Online Resources

Toxicological Profile for Chlorine. US Department of Health and Human Services, **2010**. http://www.atsdr.cdc.gov/toxprofiles/tp172.pdf.

15.6 연습 문제

15.1 주석 및 은 전극을 사용하여 구성된 갈바니(자발적인) 전지에 대한 산화전극 및 환원전극의 반쪽 반응들을 작성하라. 또한, 전체 전지 반응을 작성하고 표준 전지 전위를 계산하라.

15.2 문제 15.20에서 제시된 산화환원 반응의 Gibbs 자유 에너지를 계산하라.

15.3 NaI를 전해질로 사용하여 중성 용액에서 수행하는 물의 전기 분해에서 예상되는 산화전극과 환원전극의 반응들을 작성하라.

15.4 문제 15.3에서 제시된 시스템에서 H_2나 O_2 기체를 발생시키기 위해 가해야 할 최소 전위는 얼마인가?

15.5 ISE가 측정하고자 분석물질에 대해 드물게 특이적(specific)이지만, 보통 선택적(selective)인 이유는 무엇인가?

15.6 21°C에서 pH = 10.00 완충용액 내의 유리 막 전극에 대해 측정될 전위를 예측해보라. 비분석적인 요인(즉, *k*)는 무시할 만하다고 가정한다. 추가적인 보정 없이 하루의 끝에 실험실 온도가 25°C로 상승한다면 예상되는 오차는 얼마인가?

15.7 전체 반응이 자발적임에도 불구하고, Clark 전지가 보통 전류법 모드(amperometric mode)에서 작동되는 이유는 무엇인가?

15.8 22°C에서 만약 $[Cl^-] = 0.91$ M, pH = 10.12, 그리고 용존 산소량이 7.8 ppm인 Clark 전지에 대한 실제 전지 전위를 예측해 보라.

15.9 유타(Utah) 주 그레이트 솔트 레이크(Great Salt Lake)에서 얻은 물 시료의 pH_{obs}가 7.65라고 측정되었다. 소듐 이온의 농도가 1.56 M, Mg^{2+}의 농도는 1.89 M이고 25°C일 때, 실제 pH는 얼마인가? $f_{H/Na} = 2.5 \times 10^{-8}$과 $f_{H/Mg} = 1.7 \times 10^{-8}$이다. 소듐 이온과 마그네슘 이온만 측정에 영향을 미칠 만하다고 한다면 측정에서의 오차 백분율은 얼마인가?

15.10 해양수의 소금 농도가 약 0.6 M이다. 염도를 교정하지 못했다면, pH 측정에 염도가 영향을 미치는 백분율은 얼마인가? 총 소금 양은 NaCl에 의해 표시될 수 있다고 가정한다.

그레인저의
핵심 기기분석
INSTRUMENTAL ANALYSIS

제 16 장

분석적 전압전류법

Analytical Voltammetry

개념 _Concepts

특집 _Features

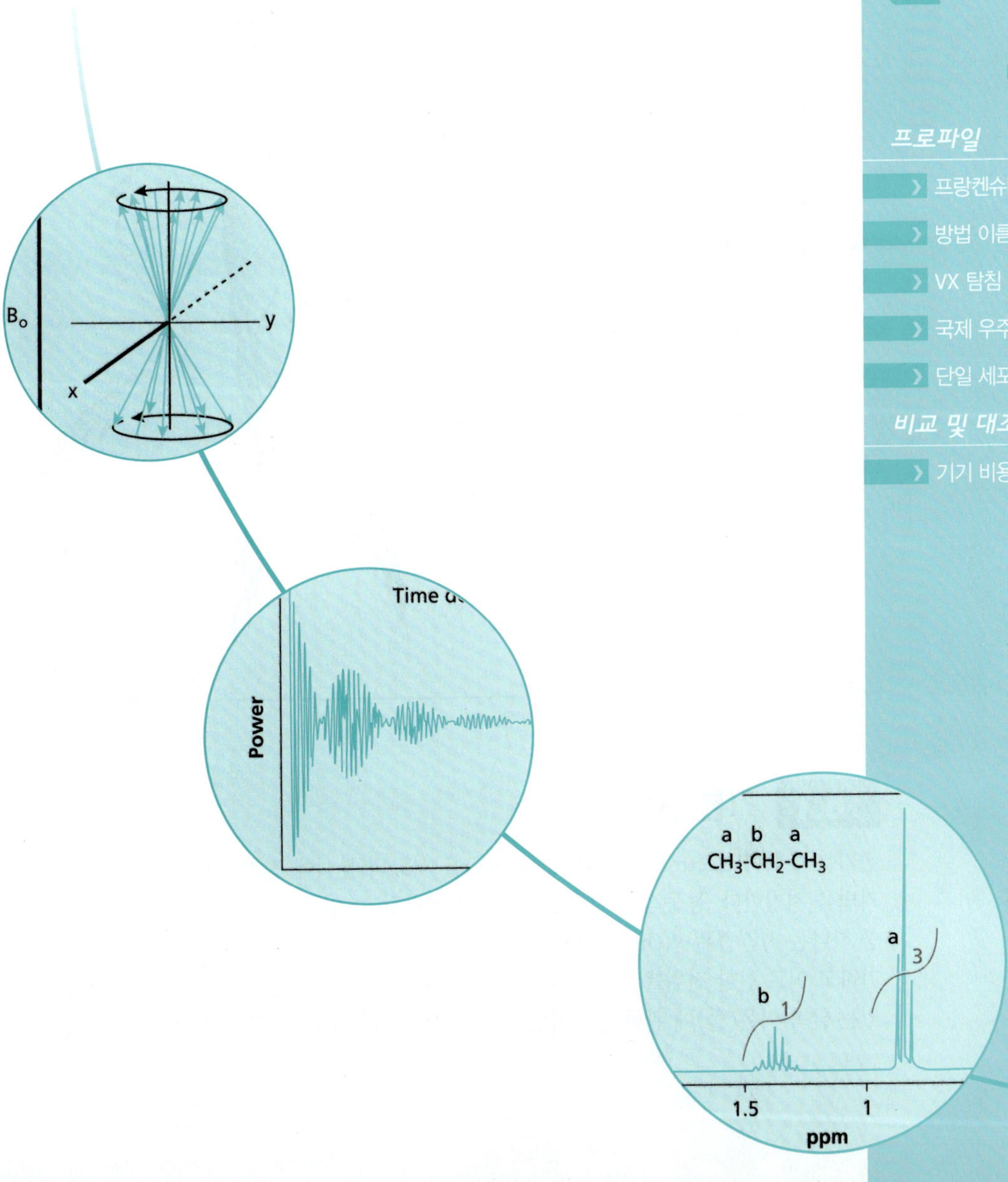

▶ 프로파일 _Profile

프랑켄슈타인 이전

Mary Shelley는 초기 전기화학자 중의 한 명인 18세기 후반 볼로냐 대학(University of Bologna)의 해부학과 수술외과의 교수였던 Luigi Galvani에 의해서 시작된 과학적 논쟁에 의해 영감을 받아서 소설 "*프랑켄슈타인 또는 현대적 프로메테우스*(Frankenstein; or, The Modern Prometheus)"를 집필했다. 개구리를 해부하는 동안 Galvani는 가위나 메스 같은 전도성 도구로 신경과 다리 근육을 모두 건드렸을 때 다리 근육의 경련을 일으키는 것을 보고 놀랐다! 그는 연속적인 추가 실험을 하였고, 1791년에 그는 "동물의 전기(animal electricity)"라고 부르며 전기를 생명의 본질적이고 타고난 힘이라는 결론을 기술한 70페이지 분량의 논문을 출판했다.

Galvani의 결론은 본질적으로 틀렸다는 것이 밝혀졌다. 그는 새로운 형태의 전기를 발견한 것이 아니었다. 하지만 그는 저명한 과학자이다. 그의 이름은 전류를 활용하여 근육을 자극하는 것을 지칭하는 "생물학적 갈바니즘(biologial galvanism)"이라는 용어와 자발적인 반응을 통해 전기를 생산하는 전기화학적 전지를 기술하는 "갈바니(galvanic)"이라는 용어로 살아있다. ■

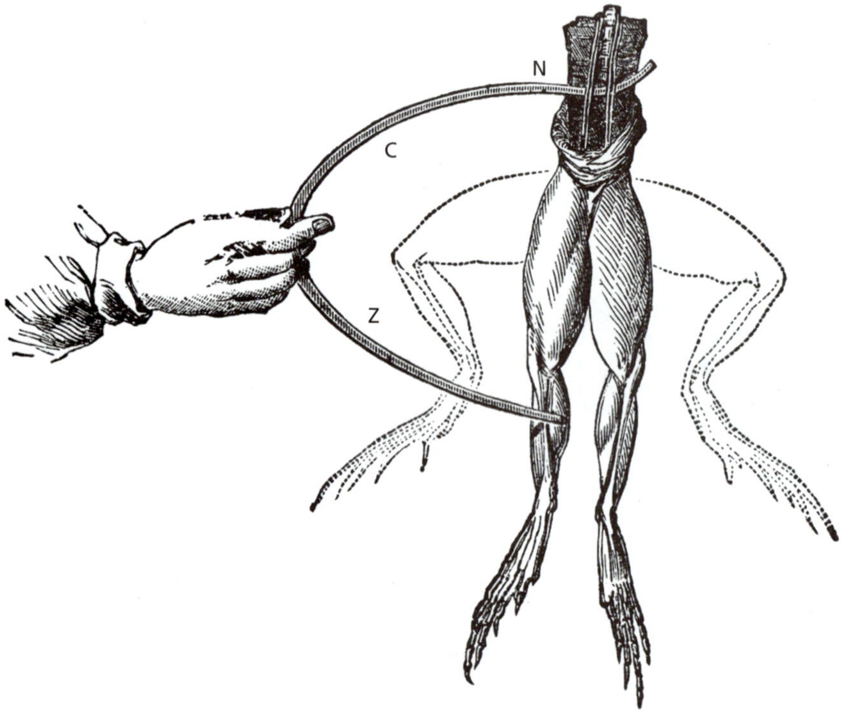

16.1 기본 원리

전기분석 화학(electroanalytical chemistry)은 시료의 분석에 전기화학이 사용되는 모든 기법을 지칭한다. 능동적인 전기분석이라고 여겨질 수 있는 가장 초기의 전기분석 기술 중 하나는 *시간전위법*(chronopotentiometry)인데, 이것은 한 쌍의 전극에 일정한 전류를 가하고 이로 인한 전위를 시간에 따라 측정하는 것이다. 측정된 전위는 용액에 존재할 수 있는 금속 이온(들)에 관한 정성적인 정보를 제공한다. 또한, 정량적인 정보는 주어진 산

표 16.1 ▸ 몇 가지 흔한 능동적 전기분석 화학 방법들

기법	측정되는 변수	이것의 함수로 측정되는 파라미터가 도시됨	제어되는 파라미터
시간전류법	전류 (A)	시간	전위
시간전위법	전위	시간	전류
시간전하량법	전하량	시간	전류 혹은 전위
시간흡광법	흡광도	시간	전류 혹은 전위
전압전류법	전류	전위	전위

화환원 현상과 연관되어 있는 시간의 양과 관계되어 있다.[1] 시간전위법은 수십 년간 주요한 전기분석 방법으로서의 위상을 누렸다. 이는 전류를 제어하고 전위를 측정하기 위해 필요한 전자 장비가 그리 복잡하지 않기 때문이다. 시간전위법은 오늘날에도 종종 사용되고 있다. 그러나 저렴한 고체 상태 트랜지스터와 반도체 회로의 등장과 함께, 시간전위법은 전류법(amperometry)과 전압전류법(voltammetry)과 같은 전위가 제어되는 방법들로 대체되어 왔다. 몇 가지 능동적 전기분석 방법들이 표 16.1에 정리되어 있다.

15장에서 언급된 것처럼, 전기분석 화학은 두 개의 일반적인 체제로 나눌 수 있다. *수동적*(passive) 및 *능동적*(dynamic, 15장에서는 “active”라 표현됨) 방법이다. 15장에서 논의한 기술들은 대부분 *수동적* 방법들이었다.[2] 이번 장에서 기술할 능동적 방법들은 하나의 전기화학적 매개 변수(일반적으로 전위 또는 전류)를 제어하고 이에 따른 다른 매개 변수 또는 화학 시스템에 대한 영향을 관찰한다. 15장에서 논의한 탐침들이 정량적인 분석에서 중요하긴 하지만, 능동적 방법들은 종종 화학적 시스템의 정성적 분석 및 응용에 더욱 유용하게 사용된다. 능동적 전기화학 분야의 분석가들은 다양한 메뉴의 방법들을 이용할 수 있다. 이 장에서는 전압전류법적(voltammetric) 방법들, 특히 순환 전압전류법(cyclic voltammetry)과 네모파 전압전류법(square wave voltammetry)에 중점을 두고자 한다. 가장 흔하게 사용되는 방법들은 순환 전압전류법과 네모파 전압전류법이고, 이 방법들에 대한 기본적인 이해를 제공하고자 한다. 이는 이러한 기본적인 지식이 학습자가 필요로 할 때 능동적 전기화학의 더욱 발전된 응용 분야로 자신의 전문성을 확장시킬 수 있게 해 줄 수 있을 것이기 때문이다. 전압전류법에서 관찰되는 분석 신호는 전압이 가해졌을 때 전극에서 일어나는 것에 기초하기 때문에, 전압전류법을 이해하는데 필요한 기본적인 개념을 알아보기 위해 먼저 시간전류법(chronoamperometry)에 대해 알아보고자 한다.

전기분석 화학을 이해하기 위해서는 전기의 기본 개념들을 이해하는 것이 중요하다. 참고로 2장에서는 분석 신호로서의 전류와 전압에 대해 설명하였다.

이 개념들은 전기분석적 방법들을 이해하는 데에 중요하기 때문에, 여기서 이 방법들과 연관된 다섯 가지 기본적인 개념들을 다시 정의해 나갈 것이다. 전류(current)는 전자 흐름의 속도이며, 암페어[amps, 여기서 amp = 쿨롱(coulombs)/초(second)]로 측정된다. 그것은 i 또는 I 기호로 주어진다. *전위*(potential) 또는 전압(voltage)은 적용 또

[1] 전류가 산화되거나 환원될 수 있는 물질을 포함하는 시스템에 가해질 때, 전위는 가장 쉽게 산화(또는 환원)하는 종(A)이 반응하는 값으로 이동할 것이다. 전위는 모든 종 A가 반응할 때까지 일정하게 유지될 것이고, 이 후 다음으로 가장 쉽게 산화되는 종들이 반응하는 전위로 바뀔 것이다. 전위가 일정한 시간을 전이 시간(transition time)이라 하고, 그리스 단어인 tau, τ로 표시한다.

[2] 수동적 방법은 측정하는 시스템의 화학적 특색과 관련된 정상 상태 매개 변수(steady state parameter)(보통 전위)를 측정하는 데 사용된다.

▶ 프로파일 _Profile
방법 이름의 구문 분석

능동적 전기화학에서 사용되는 기술들을 지칭하는 이름들은 실제로 기술 그 자체의 설명이다. 일반적인 그리스와 라틴 어원에 익숙하면(예를 들어, 시간을 뜻하는 *chrono*) 실험의 매개 변수를 식별하는 데 도움이 될 수 있으며, 단어의 끝에 있는 어원부터 시작하여 이름을 끝에서부터 역으로 구문 분석(parsing)할 수 있다. 예를 들어, *chronoamperometry*라는 단어를 역으로 구문 분석하면, *측정법* + *암페어* + *시간*(metry + ampere + chrono)은 "시간의 함수로서 암페어를 측정한다"고 해석할 수 있다. 얻어지는 데이터는 시간(x축) 대 전류(y축)의 그래프가 될 것이다. 마찬가지로, 전압전류법의("볼트의 함수로 암페어를 측정") 실험에서 얻어진 그래프는 전압 대 전류를 나타내야 한다. 이러한 실험에서 실제로 제어되는 매개 변수는 분명하지만 반드시 이름의 일부는 아니다(표 16.1 참조). ■

는 생성되는 전기 화학적 힘과 관련되어 있는 에너지 용어이며, 볼트 단위로 측정된다[V = 주울(joules)/쿨롱(coulomb)]. 일반적으로 전기를 논의할 때, V가 기호이다. 그러나 전기화학에서는 종종 E가 기호로 주어진다. 모든 전기적 시스템에서, 물질을 통한 전자의 흐름에 대한 혹은 용액을 통한 전하를 띤 입자의 흐름에 대한 자연적인 *저항*(resistance)이 존재한다. 저항은 기호 R로 주어지고 옴(ohms)으로 측정된다. *전하*(charge)는 시간에 대해 적분된 전류이고, *쿨롱*(coulombs) 단위를 갖는다. 일반적으로 기호 q 또는 Q로 표시된다. 마지막으로, *시간*(*초*)[time (seconds)]는 항상 전기분석 연구에서 중요 요소이다. 저항, 전하, 시간은 전형적인 실험에서 항상 분명하게 고려되지는 않는다. 그러나 이것들은 항상 염두해 두어야 할 기본적인 속성들이다.

문제 16.1 실험 방법인 *voltabsorptometry*를 구문 분석하여, 어떠한 파라미터가 제어되고, 제어된 파라미터의 함수로 어떠한 파라미터가 측정될지 예측하라.

문제 16.2 실험 방법인 voltabsorptometry이 연구하는 데 도움이 될 만한 화학적 시스템을 설명하라. *힌트*: 6장과 8장을 고려하라.

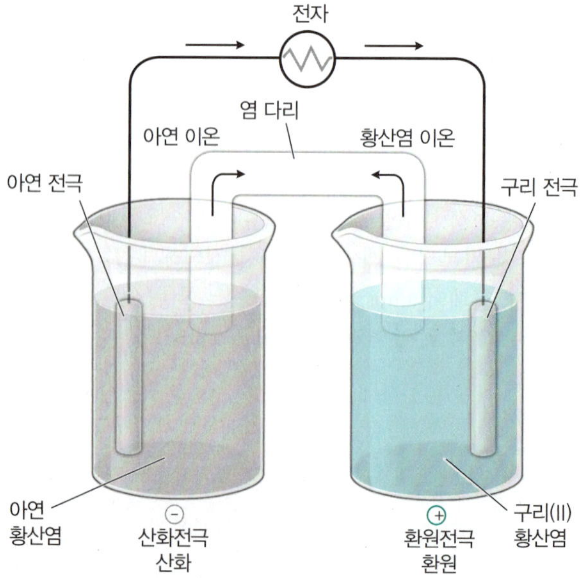

그림 16.1 Daniell 전지는 +1.1 V의 전지 전위를 나타내는 갈바니 전지이다.

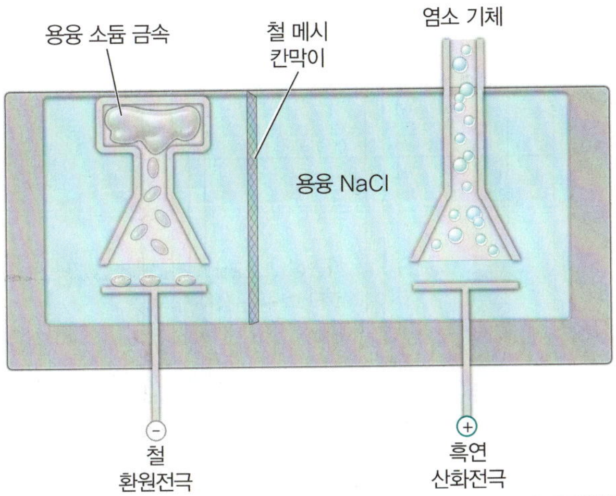

그림 16.2 Downs 전지는 전해 전지이다. 용해된 NaCl에서, 소듐 이온(Na^+)은 철 환원전극에서 소듐 금속으로 환원되고, 염화 이온(Cl^-)은 흑연 산화전극에서 Cl_2 기체로 산화된다.

16.2 3-전극 전지

일반화학에서 다음 사항들을 배웠다. (1) 산화-환원 반응은 전기를 발생시키는 데 사용될 수 있고, 전기는 일을 하는 데 사용될 수 있다(기본적인 배터리). (2) 전기 에너지는 비자발적인 반응을 일으키기 위해 화학적 시스템에 적용될 수 있다. 두 경우 모두 최소 두 개의 전극과 화학적 시스템을 포함하는 전기화학적 전지에서 해당 과정이 일어난다. 두 개의 전극을 가진 전지는 이미 익숙하다. *갈바니 전지*는 자발적인 화학 산화환원 반응이 전기를 발생시키는 데 사용되는 전지이다. 예를 들어, Daniell 전지는 하나의 반쪽 전지에 아연 금속과 Zn(II) 이온, 다른 반쪽 전지에는 구리 금속과 Cu(II) 이온으로 구성된 전지로, 약 1.1 V의 전압을 발생시킨다 (그림 16.1 참조). 전해 전지는 배터리를 재충전하거나 액체 상태의 염화 소듐에서 염소 가스와 소듐 금속을 생산하는 등의 반응을 일으키는 데 전기가 사용되는 전지이다(그림 16.2). 두 전극에는 각각에서 일어나는 반응의 종류를 정의하는 이름이 주어진다. *환원전극*(cathode)은 환원이 일어나는 전극이고, *산화전극*(anode)은 산화가 일어나는 전극이다.

문제 16.3 15장에서 얻은 기술을 이용하여, Daniell 전지(그림 16.1)와 연관한 두 반쪽 반응과 전체 산화환원 반응을 작성하라. 전지의 Gibbs 자유 에너지를 계산하고, 갈바니 전지인지(즉, 반응은 자발적인지) 확인하라.

문제 16.4 15장에 얻은 기술을 이용하여, Downs 전지(그림 16.2)와 연관한 두 반쪽 반응과 전체 산화환원 반응을 작성하라. 전지의 Gibbs 자유 에너지를 계산하고, 전해 전지인지(즉, 반응은 비자발적인지) 확인하라.

두 전극만을 가지고 전기분석학적 실험을 수행할 수 있다고 해도, 최고의 분석적 결과는 3-전극 전지(그림 16.3)로부터 얻게 된다. 우리는 전기분석적 전지를 설명할 때 보통 *환원전극*과 *산화전극*이라는 용어를 사용하지 않는다. 오히려, 전지 내의 각 전극의 기능에 대한 더 많은 정보를 제공해 주는 *기준 전극*(reference electrode), *작업 전극*(working electrode) 및 *상대 전극*(counter electrode)과 같은 용어를 선호한다. 전지를

혼동하지 않기
산화 반응은 산화전극에서 발생한다. 산화(***o**xidation*)와 산화전극(***a**node*)의 영문명은 모두 모음으로 시작함을 유념하면 혼동스럽지 않을 것이다.

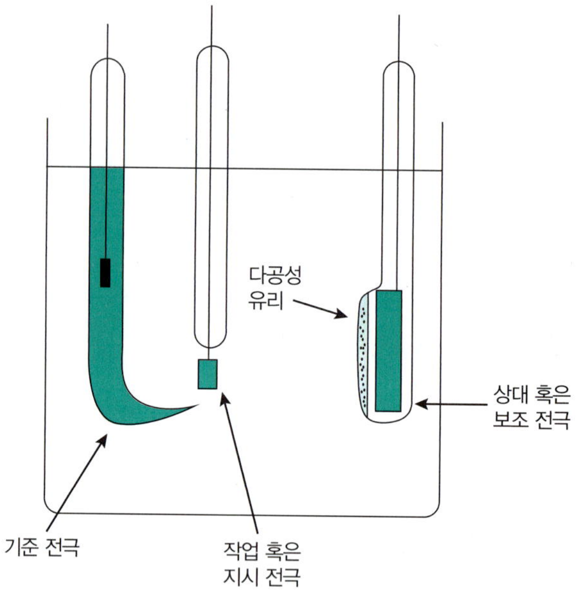

그림 16.3 3-전극 전기분석적 전지의 그림.

사용할 때, 제어된 파형[3]의 전류나 전압을 작업 전극[4][종종 지시 전극(indicator electrode)으로 간주됨]에 가하고, 이로 인한 반응 파형(분석 신호, 각각 전압 혹은 전류)이 측정된다. 실험 과정에서 전류는 작업 전극과 상대 전극[보조 전극(auxiliary electrode)으로도 알려짐] 사이에 흐른다. 관심을 갖는 환원 혹은 산화 과정이 작업 전극에서 일어나지만, 산화 과정 없이 환원이 일어날 수는 없고 이의 역도 마찬가지이다. 그 반대 과정은 상대 전극에서 일어나야만 한다. 상대 전극에서 발생하는 과정을 구체적으로 제어하지는 않기 때문에 미지의 물질이나 잠재적인 방해 물질이 상대 전극에서 생성될 수도 있다. 따라서 보통의 경우 상대 전극은 다공성 유리 분리기(separator)를 통해 본체(bulk) 용액으로부터 분리된다. 이 때 다공성 유리 분리기는 전하 흐름은 허용하지만 미지 종들의 이동은 저해한다.

가해진 전압 혹은 전류에 따라 신호가 측정되지는 않기 때문에, Downs 전지(그림 16.2)는 능동형 전기분석적 전지가 아니다. 하지만, 지금까지 논의한 개념들을 설명하기 위해 Downs 전지를 사용할 수는 있다. 특정 전압이 두 전극에 가해지면, 환원 전극에서는 액체 소듐이 생성되고 산화전극에서는 염소 기체가 발생한다. 만일 두 생성물이 접촉하게 되면 이들은 서로 자발적으로 반응하여 NaCl을 형성하고, 이는 전지 과정의 효율을 낮추게 된다. 용융 소듐과 염소 기체의 재결합을 막기 위하여, 그 두 전극은 다공성 철 메쉬(mesh)로 분리되어 있다.

16.1절에서 언급한 바와 같이, 관심을 갖는 화학적 시스템이 존재하는 용액은 전기적 저항을 나타낸다. 어떻게 용액의 전도도를 증가시킬 것인지를 나중에 논의할 것이다. 하지만 전도도 증가를 위한 처리 이후에도 작업 전극과 상대 전극 사이에는 저항이

[3] 파형(waveform)은 실험에서 사용하는 값들의 패턴이다. 예를 들어, 제어된 전압 파형은 −0.5 V부터 +0.5 V까지 1 mV의 단계의 선형적인 진행일 수 있다. 두 가지 가장 흔한 파형, 즉 순환 전압전류법과 네모파 전압전류법에 사용하는 파형들은 이 장에서 나중에 다룰 것이다.

[4] 기기는 이러한 방식을 기능적으로 작동하지는 않는다는 것을 주목하라. 하지만 이는 분석적 결과를 해석하는 측면에서 그 과정을 생각하는 방식이다.

존재한다. Kirchhoff의 전압 법칙은 이러한 저항을 통한 전압 강하(voltage drop)가 있을 것이라는 것을 알려준다. 따라서 이 두 전극만 사용하는 경우에는, 의도된 전압이 실제로 작업 전극에서 화학적 시스템에 가해지는지 확신할 수 없다. 이로 인해 제3의 전극이 도입된다. 두 주요 전극 사이의 전압 강하를 부분적으로 보정하기 위하여, 작업 전극의 수동형 센서로서 기준 전극을 전지에 도입한다.[5] 기준 전극은 기기에 되먹임(feedback)하여 작업 전극 전압의 정확성을 보장할 수 있는 조정이 이루어진다.

문제 16.5 세 가지 흔한 기준 전극들의 이름은 무엇인가? 이들을 간략히 기술하라.

문제 16.6 그림 16.2를 고려할 때 용융 NaCl의 밀도 대비 용융 Na의 밀도에 관하여 무엇을 알수 있는가?

문제 16.7 작업 전극과 상대 전극(혹은 그림 16.2의 두 전극)을 분리하는 분리기가 다공성인 이유가 무엇인가?

16.3 시간전류법

실험

그 이름에서 알 수 있듯이, 기본적인 능동형 전기분석 기술인 *시간전류법*(chronoamperometry, CA)은 시간의 함수로 전류를 측정하는 실험 방법이다. CA에서는 일정 상태(steady-state)의 전압이 작업 전극(그림 16.4A 참조)에 가해지고, 작업 전극과 상대 전극에서의 산화환원 반응들에 의해 생성되는 전류가 시간의 함수로 측정된다(그림 16.4B 참조). 이 그림에서는 음의 전압이 작업 전극에 가해진다(그림 16.4A의 *y*축 참조). 따라서 분석물은 초기에 산화된 형태(Ox)로 존재해야 하고 환원된 형태(Red)로 전환된다. 음의 전압은 전자가 그 화학적 시스템에 들어간다는 것을 의미하고, 이 반응은 식 (16.1)에서와 같이 나타낸다.

$$\text{Ox (aq)} + e^- \rightleftharpoons \text{Red (aq)} \qquad \text{식 (16.1)}$$

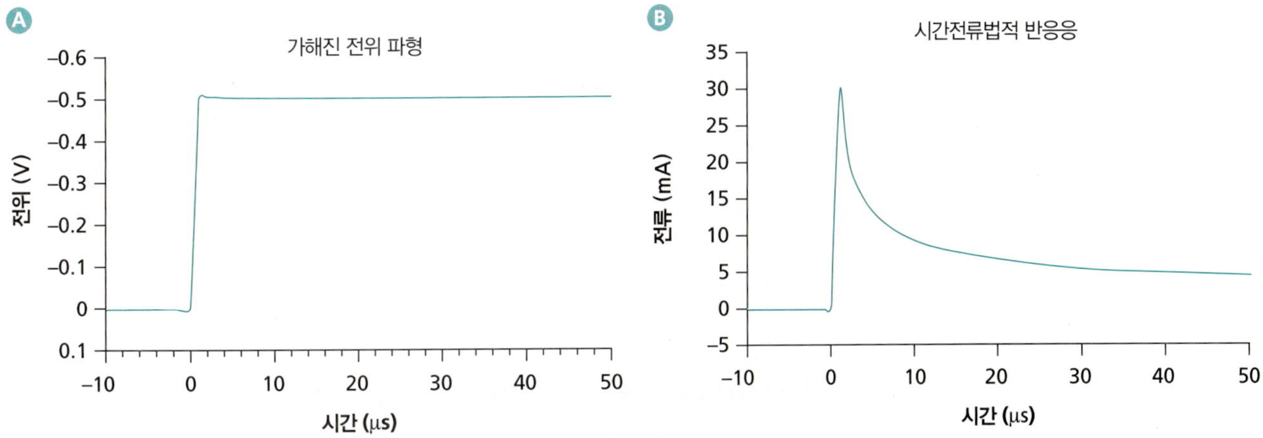

그림 16.4 전형적인 CA 실험. (A) 가해지는 전압 파형. 0초에서 작업 전극의 전압은 0.0 V에서 −0.5 V로 변한다. 작업 전극과 상대 전극 사이에 측정되는 전류는 초기에 30 mA로 치솟은 후 시간에 따라 7 mA의 일정 상태 전류로 감소한다. 실험 매개 변수: 3 mm 전극 지름, 1 전자 환원 반응, 5.0 mM 분석물질 농도, 그리고 7.6×10^{-6} cm²/s의 확산 계수(diffusion coefficient).

[5] 기준 전극은 15장에서 논의되었다.

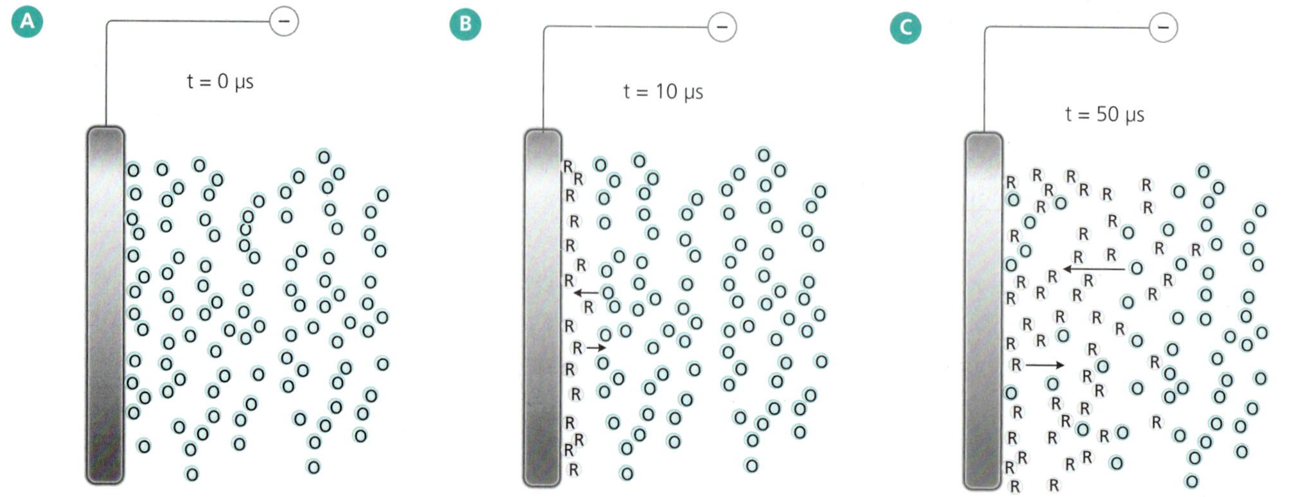

그림 16.5 CA 실험 과정 중 전극 표면에서 산화된 혹은 환원된 종들의 확산 층을 보여주는 개략 그림.

전자가 작업 전극에서 시스템으로 흐를 때, 전류는 작업 전극과 상대 전극 사이에서 발생한다. 발생하는 전류는 시간에 따라 변화한다(그림 16.4B). 시스템에서 일어나고 있는 것을 고려하면 전류 반응 커브의 모양을 이해할 수 있다. 초기에는 분석하고자 하는 종, Ox이 균일하게 용액에 분포하고 있어, 일부 분석 종들이 작업 전극 표면에 존재하게 된다. 실제로, 일부 분석물 분자나 이온들은 전극 표면에 흡착되어 있을 것이다(그림 16.5A). 이러한 현상은 이후에 더 자세히 논의될 것이다. 시간이 0일 때, 전압은 즉시 −0.5 V 값으로 가해진다. 전압이 가해진 후 초기에 관찰되는 급격한 전류는 전극 표면과 근처에 존재하는 Ox 분석물 입자의 환원 반응에 의한 것이다.[6] 반응이 진행됨에 따라 환원 반응에 참여하는 Ox 형태의 분석물 입자의 수는 감소하고, Ox 분석물 입자는 환원된 형태인 Red로 변화한다(그림 16.5B 참조). 전극 근처에서 Ox의 농도는 0으로 소멸한다. 확산 현상으로 인해 본체 용액에서의 Ox 입자들은 전극을 향해 이동하고, 새로이 생성된 Red 입자들은 전극 표면에서 본체 용액으로 확산되어 나아간다. 일정 시점에는 전극 주위의 겹핍 지역(depletion zone)이 커져 계속되는 전류 반응이 Ox 입자가 고농도의 지역인 본체 용액에서 전극으로 확산되어 가는 정도에 완전히 의존하게 된다(그림 16.5C 참조). 이 시점에서 반응은 *확산 지배*(diffusion controlled) 상태라 불리고, 0이 아닌 안정기(plateau) 영역의 전류 값은 본체 용액에서의 Ox의 농도와 확산 계수에 비례하게 된다. 그림 16.4B는 확산 지배 전류를 보여준다. 최종 전류는 0이 아님을 주목하라.

문제 16.8 전극에 환원된 물질이 산화되는 양의 전압을 가할 때 산화된 종들과 환원된 종들의 확산 층(diffusion layers)을 스케치하라(그림 16.5와 유사).

◆ 시간전류법과 관련 방법들에서의 잡음

다른 모든 분석적 방법들에서와 마찬가지로, 측정하고자 하는 신호는 최대화하고 다른 모든 비분석적 신호(잡음)들은 최소화하는 것이 필요하다. 전기분석 화학의 경우에는

[6] 여기에 사용된 "입자(particle)"는 *분석물 분자* 혹은 *분석물 이온*을 의미하는 포괄적인 용어로 사용되었음을 주목하라. 이는 관심 종들이 두 형태 모두 가능하기 때문이다.

관심 분석물과 연관된 산화환원 반응에 의한 *패러데이 전류*(faradaic current)를 최대화하고, 용액에 존재하는 불순물에 의한 패러데이 전류는 최소화하고자 한다. 극한치의 전압을 가한 경우에는 용매조차도 산화 반응이나 환원 반응에 참여할 수 있어 이로 인한 패러데이 전류가 발생할 수 있다. 실험의 목적은 관심 분석물에 의해서만 측정되는 패러데이 전류가 발생하도록 하는 것이다. *비패러데이 전류*(nonfaradaic current)와 불순물에 의한 패러데이 전류의 원천들은 최소화되어야 한다. 잡음의 원천들은 CA 실험을 시행하기 전에 주의 깊은 준비를 통해 최소화될 수 있다. 비패러데이 전류는 산화-환원되지 않는(redox-inactive) 종들의 전극 주위 분포 변화로 인해 발생한다. 비패러데이 전류의 주요한 요소이고 제거될 수 없는 것은 *충전 전류*(charging current)인데, 이는 전기활성(electroactive) 종들이 존재하든 존재하지 않든지 상관없이 전극에 가해지는 전압의 변화에 따라 발생하게 된다.

충전 전류

진공 상태에서 전극에 음의 전압이 가해진다면, 전하가 방전되거나 확산되어 나갈 여지가 없는 경우에는 전극이 크게 분극되기 전에 매우 적은 양의 전자만이 전극 표면에 모일 수 있고, 이로 인해 전류가 흐르는 데 어려움이 있다. 다시 말하면, 전극 표면에 정적인 전위(static potential)가 가한 전위와 반대 방향의 같은 크기로 존재한다. 이는 축전기(capacitor)에 전하가 쌓이는 것에 정확히 비유되고, 이 때문에 충전 전류는 *용량성 충전*(capacitive charging)이라고 종종 지칭된다. 하지만, 용액 내의 전극에 전압이 가해진다면, 용액 내 이온과 극성 종들이 생성된 전기장으로 인해 전극으로 끌린다. 이들 종들은 효과적인 전하 균형을 제공하여 더 큰 분극을 허용하며, 이로 인해 추가적인 전류에 대한 저항이 이 과정을 멈추기 전에 더 큰 전류의 흐름을 허용한다. 이를 통해 전극은 축전기처럼 취급될 수 있다고 이론화되었다. 이 때 전자들은 전극에 걸쳐 배열되고 반대 전하의 이온들은 전극 표면에 따라 용액에 배열된다. 이 이온 층은 반대 전하의 이온들이 *이온 이중층*(ionic double layer) 혹은 *전기 이중층*(electrical double layer)라 불리우는 층으로 끌려오고, 본체 용액의 정상 조건이 얻어짐에 따라 전기장의 크기가 0으로 줄어들 때까지 이들 층들의 확산이 이루어진다(그림 16.6 참조). 전극 표면에서 이온들의 이러한 층들은 충전된 전기적 축전기처럼 작동한다.[7]

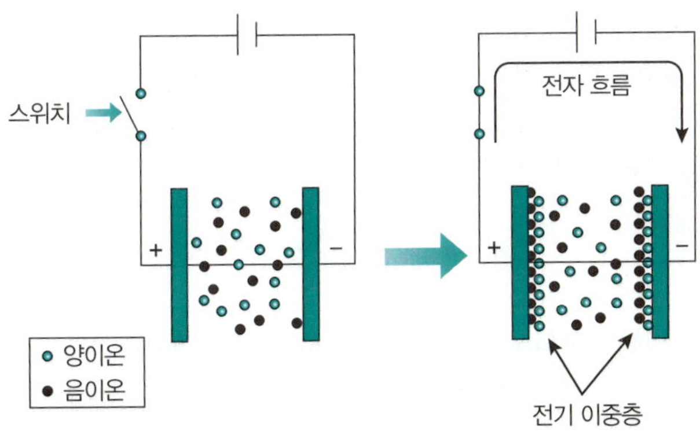

그림 16.6 전극에 전하가 가해지기 전과 후의 전극 표면의 개략 그림.

[7] 이중층을 이론적으로 취급하기 위해서는 여기서 다루는 것보다 훨씬 더 복잡한 상황을 필요로 한지만, 이런 간단한 표현도 이 장에서 고려해야 할 것으로는 충분하다.

CA에서는 이중층을 충전하는 데 필요한 전류, 즉 충전 전류가 측정되어 신호를 얻을 때 방해를 일으킨다. 다행히도 이중층을 충전하는 데 필요한 시간은 적어도 CA 실험의 시간 틀 안에서는 짧은 시간이다. 따라서 이중층 충전 전류는 실험의 후반부에 얻어진 데이터(예를 들어, 확산 지배 영역 동안)만을 사용하여 피할 수 있다. 그림 16.4B에서 이 데이터 영역은 약 25 μs에 시작하는 안정기(plateau) 영역이다. 하지만, 전극 분극과 관련된 추가적인 문제인 *이동*(migration)이 존재하고 이는 반드시 고려해야 할 이중층의 특성이다. 이를 위해 용액 상에서의 물질 운반(mass transport) 개념을 고려해야 한다.

◆ 물질 운반

물질 운반, 즉 물질이 용액 내에서 한 위치에서 다른 위치로 이동하는 것은 세 가지 방식으로 일어난다. 확산(diffusion), 이동(migration), 그리고 대류(convection)이다.

확산(diffustion)은 고농도 영역에서 저농도 영역으로의 입자의 이동이다. 확산에 의한 입자의 선속(flux)[8]은 *Fick의 1차 법칙*(Fick's first law)으로 주어진다[식 (16.2) 참조].

$$J_k = -D_k \frac{\Delta C_k}{\Delta x} \qquad \text{식 (16.2)}$$

여기서

J_k = 확산에 의한 k 종의 선속 밀도(flux density) (mol/m^2s)
D_k = k 종의 확산 계수(diffusion coefficient) (m^2/s)
x = 전극 표면으로부터의 거리(m)
C_k = 전극 표면으로부터 x 거리에서의 k의 농도(mol/m^3)

$\frac{\Delta C_k}{\Delta x}$ 양은 농도 기울기(concentration gradient)를 표현하고, 용액에서 분자 종들의 확산을 위한 원동력이다. D_k 앞의 음의 부호는 종들이 고농도 영역에서 저농도 영역, 혹은 본체 용액에서 전극으로 종들이 이동한다는 것을 의미한다. 환원(혹은 산화) 전압이 가해지는 순간, 전극 표면과 접촉하고 있는 모든 전기활성 물질(electroactive substance)들은 환원(혹은 산화)되어, $x = 0$에서 $C_k = 0$이다. 전극으로부터 일정 거리에서, 물질의 농도는 최대이고 본체(초기) 용액의 농도와 같다. 전극 방향으로의 분석물의 선속은 용액 내 종의 고유한 이동도(mobility)(확산 계수 D_k로 주어짐)와 전극 표면에서 본체 용액으로의 농도 기울기로 정의된다.

이동(migration)은 전기장 내에서 전하를 띤 종들이나 비대칭의 극성 종들의 이동이다. 두 전극(작업 전극과 상대 전극) 사이에 전압이 걸리면, 전압 기울기(potential gradient)가 생성된다. 많은 경우에, 용액 내 분석물은 전하를 띤 종들이다. 따라서 이동은 분석물의 본체 용액에서 전극 표면으로의 물질 운반에 영향을 미친다. 이동에 의한 선속은 식 (16.3)으로 주어진다.

$$J_k = -\frac{zF}{RT} D_k \cdot C_k \frac{\partial \phi(x)}{\partial x} \qquad \text{식 (16.3)}$$

여기서

J_k = 이동에 의한 k 종의 선속 밀도(flux density) (mol/m^2s)
z = 관심 종들의 전하(단위 없음)
$\frac{\partial \phi(x)}{\partial x}$ = 전극에 가해진 전압에 의한 전압 기울기(V/cm)
F = Faraday 상수(96,485 C/mol)
R = 기체 상수, 8.3145(J/mol·K)

[8] 선속(혹은 선속 밀도)은 단위 시간에 주어진 영역(보통 $m^2 \cdot s$)을 이동하는 물질의 양, 보통 몰(mol) 단위이다.

T = 온도(K)
D_k = k 종의 확산 계수(m^2/s)
C_k = 전극 표면으로부터 x 거리에서의 k의 농도(mol/m^3)
x = 전극 표면으로부터의 거리(m)

따라서 이동에 의한 선속은 분석물의 농도, 분석물의 전하, 전기장의 크기에 크게 의존한다.

대류(convection)는 용액 젓기와 같은 기계적 섞음이나 실험실 내의 진동 혹은 열적 기울기(즉, 온도 차)에 의한 이동이다. 기계적 섞음의 경우, 용액 내 물질의 선속은 식 (16.4)에서 나타낸 바와 같이 섞기 속도(rate of stirring) $v(x)$에 비례한다.

$$J_k = C_k \cdot v(x) \qquad \text{식 (16.4)}$$

여기서

J_k = 대류에 의한 k 종의 선속 밀도(flux density) (mol/m^2s)
C_k = k 종의 본체 용액 농도(mol/m^3)
$v(x)$ = 기계적 섞음 속도(m/s)
x = 전극 표면으로부터의 거리(m)

물질 운반은 세 가지(확산, 이동, 대류) 방식을 통해 일어난다. 따라서 전체 선속은 식 (16.2)부터 식 (16.4)의 합이다. 이러한 경우는 상당히 복잡하고 전기화학적 거동을 수학적으로 직접 모델링하기에 어렵다. 만약 세 가지 물질 운반 방식이 전체 물질 운반

▸ 프로파일 _*Profile*

VX 탐침

제네바 의정서에서는 "유독한 질식 가스"의 사용을 금지한다. 이는 그러한 활동이 인간 간에 행해지는 가장 악랄한 범죄라고 널리 간주되기 때문이다. 신경 가스는 대중들에게 커다란 공포심을 가져다주기 때문에 잠재적 테러범 집단들의 주요한 도구이다.

2013년에 체코 공화국의 한 연구 그룹에서는 VX와 사린 가스와 같이 잘 알려진 신경 가스를 피코 몰 양 수준에서 검출할 수 있는 시간전류법 센서를 개발하였다. 이 센서는 신경 가스가 아세틸콜린 가수 분해 효소(acetylcholinesterase, AChE)의 활성을 저해한다는 사실에 기반하고 있으며, 이를 통해 AChE 효소가 전극에 고정되어 있을 때 신경 가스의 존재를 간단한 시간전류법을 통해 검출할 수 있는 것이다. ■

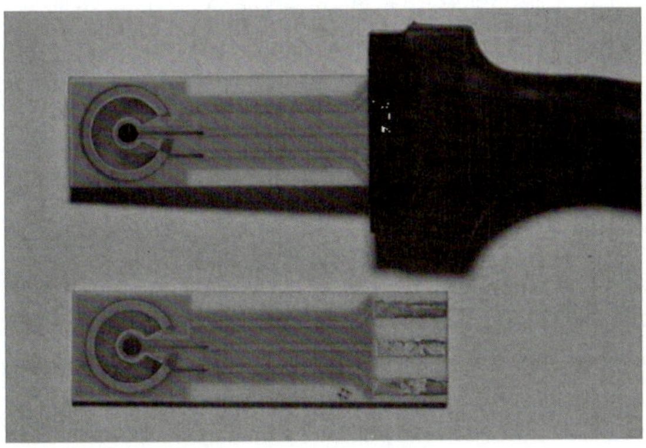

Pohanka, A.; Vojtech, A.; Kizek, R. An Acetylcholinesterase-Based Chronoamperometric Biosensor for Fast and Reliable Assay of Nerve Agents. Sensors, ***2013****, 11498–11506.*

에 기여한다면, 이러한 실험으로부터 분석적으로 유용한 데이터를 얻는 것은 상당히 어렵다. 따라서 얻은 데이터를 이해하기 위해서는 물질 운반 방식 중 하나 혹은 그 이상을 최소화하거나 제거하는 것이 필요하다.

문제 16.9 식 (16.2), (16.3), (16.4) 각각에 대해 각 식의 양변에서 단위 균형이 맞는지 확인하라.

문제 16.10 식 (16.3)과 각 변수 z, D, T, C를 고려하라. 각 매개변수(parameter)의 크기가 증가할 때 이동 선속 밀도(migration flux density)에 어떠한 영향을 미치는가? 선속(전극을 향한 입자들의 운동)의 물리적 현상에 대해 생각하고, 각 변수에 따른 효과를 설명하라.

문제 16.11 다음 용어들을 정의하라.

(a) 시간전위법(chronopotentiometry)
(b) 전압전류법(voltammetry)
(c) 환원전극(cathode)
(d) 확산(diffusion)
(e) 용량성 충전(capacitive charging)
(f) 물질 운반(mass transport)
(g) 패러데이 전류(faradaic current)
(h) 갈바니(galvanic)

◆ 물질 운반의 제어

확산은 실험자가 제어할 수 없는 자연적인 현상이다. 즉, 확산은 용매의 점성도(viscosity)[9]와 확산되는 종의 크기에 의해 본질적으로 제어된다. 확산에 의한 물질 운반을 바꾸기 어렵기 때문에, 시스템을 단순화하기 위해 보통 이동과 대류에 의한 영향을 경감시키게 된다.

이동도 자연적인 현상이지만, 식 (16.3)에서 확인할 수 있듯이 실험실에서 제어할 수 있는 매개변수들에 의존한다. *지지 전해질*(supporting electrolyte, SE)인 전기화학적으로 비활성인 염을 과량 가함으로써 용질 종의 물질 운반에 이동이 미치는 영향을 효과적으로 제거할 수 있다. 만약 지지 전해질(SE) 이온의 농도가 분석 물질 종들의 농도에 비해 매우 높다면, 지지 전해질 이온들이 대부분의 이동 선속에 참여하게 되어 분석 물질 종들의 이동을 무시할 수 있다. 더욱이, 높은 농도의 지지 전해질 이온들은, 보통 전극 표면에서 나노미터 수준의 매우 짧은 거리에서의 이중층의 전기장을 방전시킬 수 있어 대부분의 분석 물질 이온들이 전기장을 전혀 경험하지 않게 만든다. 그림 16.7은 평면 원판 전극(disk electrode)에서의 거리의 함수로서 전기장에 대한 지지 전해질 농도의 영향을 나타낸다. 이상적으로, 지지 전해질은 분석물질 종의 크기에 비해 작아 상대적으로 분석물질의 확산 계수보다 매우 큰 확산 계수를 갖는 것이 바람직하다. 이를 통해 분석물질 이온들보다 지지 전해질 이온들이 이동에 의한 물질 운반에 참여하게 된다. 지지 전해질을 첨가함으로써 추가적인 이점들도 얻게 된다. 즉, 지지 전해질은 용액 저항(solution resistance)을 현저하게 감소시켜, 저항 전위 강하[ohmic (IR) voltage drop]을 줄인다. 또한, 과량 농도의 지지 전해질은 매우 짧은 시간 안에 이중층을 완전히 충전하는 것을 가능하게 하여 충전 전류에 의한 오차를 최소화 시킬 수 있다. 저항

[9] 14장의 젤 전기이동법(gel electrophoresis))에서는 체질 물질(sieving agent)로 젤(gel)이 사용되어 확산 효과를 감소시킨다. 젤의 큰 점성도는 분석 물질의 확산을 크게 저하시킨다.

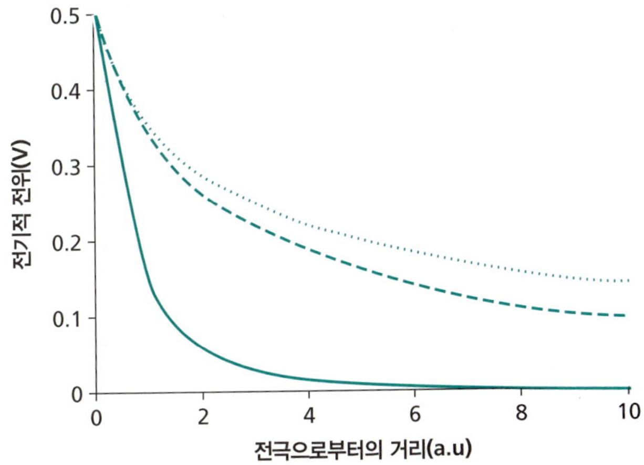

그림 16.7 0.5 M (실선), 0.01 M (파선), 혹은 0.001 M (점선) 농도의 지지 전해질 용액 내의 원판 전극에 +0.5 V의 전위가 가해질 때 전기적 전위 기울기를 나타낸 그림.

전위 강하(혹은 IR 강하)는 16.4절에서 보다 자세히 다룰 것이다.

대류에 의한 물질 운반은, 분석 물질 용액을 교반하지 않거나 진동이 있는 곳을 피하거나, 혹은 실험 기간 동안의 온도를 일정하게 유지함으로써(현대적 연구실에서는 큰 문제가 아님) 쉽게 최소화시킬 수 있다. 이러한 조건들의 용액은 *잠잠하다고*(quiescent) 지칭한다.

두 가지 간단한 방법들, 즉 염을 가하거나 잠잠한 용액을 사용함으로써, 이동과 대류에 의한 물질 운반은 현저히 최소화시킬 수 있어 물질 운반은 대부분 확산에 의해 이루어진다고 볼 수 있다.

◆ Cottrell 식

Cottrell 식[식 (16.5)]은 시간전류법에 따른 현상을 수학적으로 기술해 주어, 분석 물질의 농도를 신호(측정된 전류)와 연관시켜 시간전류법을 정량적인 분석법으로 사용할 수 있게 해 준다.[10] Cottrell 식에서의 주요한 가정은 가한 전압이 산화환원 평형을 극복하기에 충분히 크다는 것이다. 즉, 가하는 전압 하에서 분석물질 종은 전극에 접근하는 즉시 환원(혹은 산화)된다.

$$i(t) = \frac{nFAC_O^{*}\sqrt{D_O}}{\sqrt{\pi t}} \qquad \text{식 (16.5)}$$

여기서,

i(t) = 시간 t(s)에서 측정된 전류
n = 산화환원 식에 관여하는 전자의 수(mol e^-/mol 반응물)
A = 전극 면적(m^2)
D_O = 분석물질의 확산 계수(m^2/s)
C_O^* = 산화환원 활성 분석물질의 본체 용액 농도(mol/m^3)
F = Faraday 상수, 96,485 C/mol e^-

[10] 주어진 Cottrell 식은 다음과 같은 가정 하에 유도된 식이다. 즉, 전극은 평면형(예를 들어, 실린더형 혹은 원형이 아님)이고, 가한 전압이 충분히 커서 주어진 모든 분석물질이 산화환원에 참여할 수 있고, 이동과 대류에 의한 물질 운반은 무시할 수 있고, 반응은 전기화학적으로 가역적[*가역성*(reversibility)은 16.4절 참조]이라는 가정이다. 보다 자세한 Cottrell 식의 유도는 다음 문헌을 참고하라. Bard, A.; Faulkner L. *Electrochemical Methods*. John Wiley & Sons, New York, **2001**.

▶ **프로파일** _Profile

국제 우주 정거장

국제 우주 정거장(International Space Station, ISS)에는 전기분석 화학적 "미각(taste)"을 가지고 있다. 국제 우주 정거장에서 수질을 점검하는 주된 방법은 전자 혀(electronic tongue) 혹은 E-Tongue을 사용하는 것이다. E-Tongue은 국제 우주 정거장의 우주 비행사들에게 깨끗한 물을 공급하는 임무를 수행하기 위해 전기화학적 도구의 집합체(array)를 사용한다. 집합체에는 순환전압전류법, 전도도 측정, 이온 선택성 전극들의 모음을 위한 전극들이 포함되어 있다(15장 참조). 집합체에는 부식 연구를 위해 사용되는 갈바니 마이크로 셀(galvanic micro cells)의 집합체도 포함되어 있다. 전체 E-Tongue의 지름은 1.5인치 미만이다.

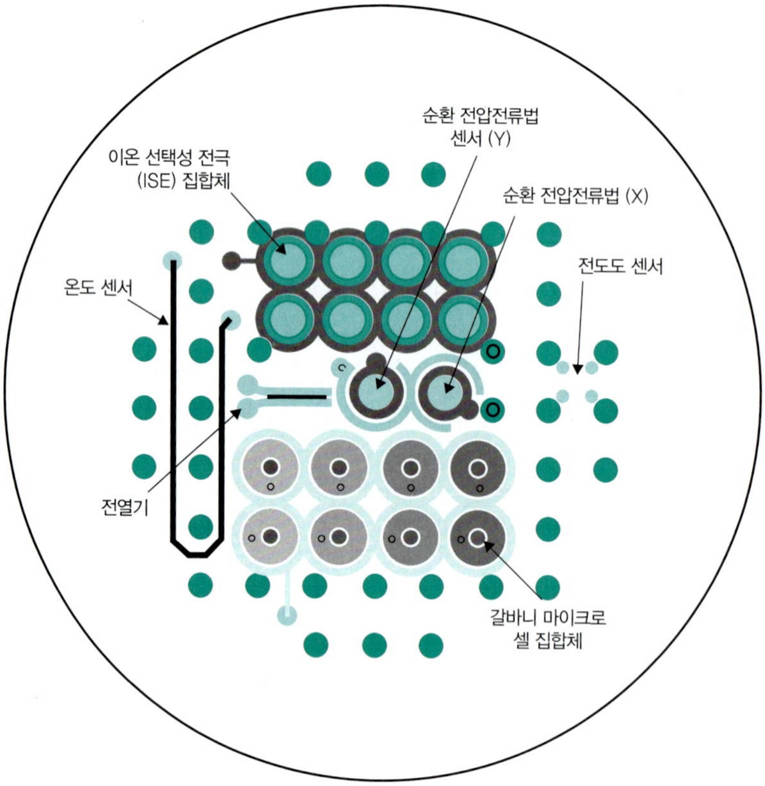

Cottrell 식을 통해 $t^{-1/2}$에 따른 i(t)의 도시 그래프가 선형일 것이라 예상할 수 있고, 실제로도 선형이다. 대부분의 경우 처음 몇 마이크로초(μs) 후의 데이터만 사용한다. 즉, 충전 전류가 0으로 감소한 후, 측정되는 전류가 분석물질 종의 전극 표면으로의 확산에 의해 제한될 때의 데이터를 사용한다(그림 16.4 참조). 분석적으로, i(t)는 농도에 직접적으로 비례한다. 만약 n, A, D를 알고 있다면, 확산 지배 조건 하에서(그림 16.4에서 안정기 영역) 측정한 전류 값을 사용하여 용액 내 분석물질의 농도를 직접 결정할 수 있다. 만약 위 세 매개변수 중 하나라도 알 수 없는 경우에도 검정 곡선(calibration curve)을 얻어 시간전류법을 정량 분석을 위해 사용할 수 있다.

문제 16.12 3.0 mm 지름의 탄소 원판 전극을 사용하여 1.13 μM 루미놀(luminol) 용액에 대하여 산화 전압을 가해 시간전류법을 수행하였다. $t^{-1/2}$에 따른 i(t)의 도시 그래프 기울기가 3.7×10^{-8} $A \cdot s^{1/2}$이고, 루미놀의 확산 계수는 4.6×10^{-6} cm^2/s이다.[11] 루미놀의 산화 반응에 관여하는 전자의 수를 계산하라. (예제 16.1을 참조하라.)

[11] Pastore, P.; et al. *Ann Chim.*, **2002**, *92*, 271-280.

예제 16.1

1.0 mm 지름의 백금 원판 전극을 사용하여 새로운 착물(complex)인 Ru(phen) L_4^{2+}의 3.05 mM 용액에 대하여 환원전압을 가해 시간전류법을 수행하였다. $t^{-1/2}$에 따른 i(t)의 도시 그래프의 기울기가 3.66×10^{-6} A·s^{½}이었다. 비슷한 착물에 대한 문헌 조사를 통해 확산 계수(diffusion coefficient)를 9×10^{-6} cm^2/s로 추정하였다. Ru(phen)L_4^{2+} 착물의 환원으로 인해 이동한 전자를 수를 추정하라. [용어 *phen*은 리간드 페난트로린(phenanthroline)을 의미하고, L은 일반적인 한 자리 리간드(monocoordinating ligand)를 의미한다.]

전략 ›

먼저, 일차식(y = mx + b) 형태로 Cottrell 식을 $t^{-1/2}$에 따른 i(t)을 기술하면, 기울기(m)은 아래와 같다.

$$m = \frac{nFAC_O^* \sqrt{D_O}}{\pi^{1/2}}$$

이를 n에 대하여 풀면 아래와 같다.

$$n = \frac{m\sqrt{\pi}}{FAC_O^* \sqrt{D_O}}$$

다음으로, 각 수치들의 단위에 유념하며 각 수치들을 대입하여 *n* 값을 계산한다.

쿨롱(coulombs) 단위를 amp(A)·s 단위로 변환시키기 위해 1 A·s/C 변환인자를 사용하면

$$F = 96{,}485\ \text{C/mol} \times 1\ \text{A·s/C} = 96{,}485\ \text{A·s/mol}$$

이다. 원판 모양의 전극 면적(A)은 아래와 같다.

$$A = \pi r^2 = \pi(0.50\ \text{mm})^2 \times (1\ \text{m}/10^3\ \text{mm})^2 = 7.\underline{8}54 \times 10^{-7}\ \text{m}^2$$

문헌 조사를 통해 찾은 확산 계수의 단위는 cm^2/s이고 전극 면적의 단위는 m^{2}이므로, 확산 계수는 아래와 같다.

$$D = 9 \times 10^{-6}\ \text{cm}^2/\text{s} \times (1\ \text{m}/100\ \text{cm})^2 = 9 \times 10^{-10}\ \text{m}^2/\text{s}$$

또한, 용액의 농도는 몰농도(moles/L)로 제시되어 있으므로, 부피 단위를 맞추기 위해 L 단위를 m^{3}으로 전환하면 아래와 같다.

$$C_O = 3.05 \times 10^{-3}\ \text{mol/L} \times (10^3\ \text{L}/\ 1\ \text{m}^3) = 3.05\ \text{mol/m}^3$$

풀이 ›

계산한 각 수치들을 Cottrell 식에 대입하여 n의 값을 구하면 아래와 같다.

$$n = \frac{m\sqrt{\pi}}{(96{,}485\frac{\text{A·s}}{\text{mol}})(7.854 \times 10^{-7}\ \text{m}^2)(3.05\frac{\text{mol}}{\text{m}^3})\sqrt{9 \times 10^{-10}\ \text{m}^2/\text{s}}}$$

n = 0.93 = 1 전자 혹은 Ru(phen)L_4^{2+} 1몰당 전자 1몰

전자의 수는 일반적으로 정수이다.

문제 16.13 일반적으로 전극의 실제 면적은 전극의 기하학적 면적을 계산하기 보다는 시간전류법으로 알려진 표준 용액을 사용하여 측정한다. 만약 $Ru(phen)L_4^{2+}$의 확산계수가 9.25×10^{-6} cm^2/s이라면, 예제 16.1에서 사용한 전극의 실제 면적은 얼마인가?

문제 16.14 두 번째 금속 착물 $M(org)^{2+}$의 이온 지름이 예제 16.1에서 설명된 $Ru(phen)L_4^{2+}$의 이온 지름보다 약 40% 작다고 한다. 만약 $M(org)^{2+}$을 이용한 시간전류법 실험에서 같은 전극과 같은 농도의 용액을 사용한다면, $t^{-1/2}$에 따른 i(t) 그래프의 기울기가 $Ru(phen)L_4^{2+}$의 결과와 비교할 때 높을지 낮을지 예측하고 이유를 설명하라. *힌트*: Cottrell 식에서 입자의 크기가 영향을 미치는 부분이 무엇인가?

16.4 선형 주사 전압전류법과 순환 전압전류법

배경

전압전류법(voltammetry)에서는 사용자가 전위(potential)[전압(voltage)]를 제어하고, 작업 전극과 상대 전극 사이에 흐르는 전류를 측정한다. 다시 말해, 전류가 분석적 신호이다. 시간전류법에서는 전위값이 고정되어 있지만, 전압전류법에서 전위는 시간에 따라 변화하거나 "주사[훑음(sweep)]"된다. 또한, 시간전류법에서 전류는 시간의 함수로 측정되지만, 전압전류법에서는 전류가 가해진 전위의 함수로 얻어진다.

전압전류법에서의 어려운 점들 중 하나는 전기분석적 셀이 용액의 전기적 저항과 작업 전극과 상대 전극 사이의 물리적 거리로 인한 고유한 저항을 지닌다는 점이다. Ohm의 법칙[식 (16.6)][12]은 저항에 따른 전위의 감소가 전류와 저항에 대해 정비례한다는 것을 알려준다.

$$E = I \cdot R \qquad \text{식 (16.6)}$$

여기서

E = 전위(V, volts)

I = 전류(A, amps)

R = 저항(Ω, ohms)이다.

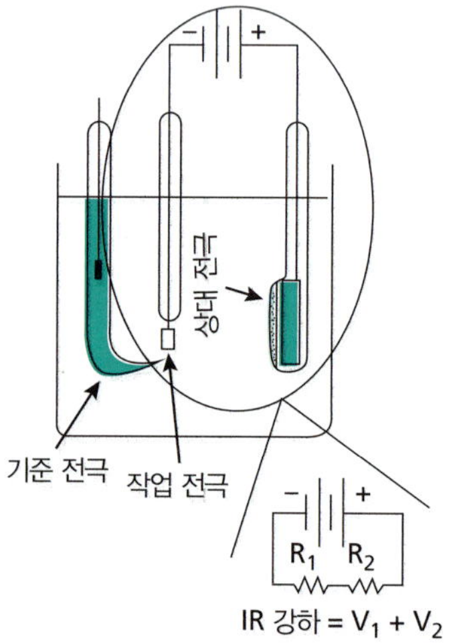

그림 16.8 3-전극 전지(three-electrode cell) 내 IR 강하 모식도. R_1은 용액 저항 그리고 R_2은 작업 전극과 상대 전극 사이의 다공성 장벽에 의해 발생하는 저항을 각각 나타낸다. 총 IR 강하는 두 저항에서 발생하는 전압 강하의 합이다.

전압이 저항에 가해지면 전압은 Ohm의 법칙에서의 계산 값만큼 감소한다. 이와 유사한 현상이 전기화학적 전지에서 일어나는 것이다. 전지내에 내재된 저항은 전압을 감소시킨다. 따라서 작업 전극에 실제로 적용되는 전위는 의도했던 전위 값보다 일정량 더 작다. 이를 종종 *IR 강하*(IR drop)라 부른다(그림 16.8 참조). 전압전류법에서는 산화 혹은 환원 과정 중의 전압을 판별하는 것이 중요하기 때문에, 이와 같은 IR 강하는 시간전류법에서 보다 훨씬 더 큰 문제가 된다.

16.2절에서 언급되었듯이, 기준 전극은 전압 강하를 적어도 부분적이나마 보정할 수 있는 수단을 제공한다(그림 16.3 참조). 기준 전극은 용액 내에서 작업 전극 주위의 물질 운반(mass transport)에 영향을 미치지 않는 범위에서 최대한 작업 전극 가까이 위치한다. 이론상 기준 전극과 작업 전극 사이에는 전류가 흐르지 않기 때문에, 이들 사이에는 IR 강하가 존재하지 않아 기준 전극은 본질적으로 작업 전극의 전위 참값을 측정할 수 있도록 해준다. 실제 회로에서는 작업 전극의 전위를 연속적으로 측정하여 반영함으로써, 전위가 다양한 값에서 변화 적용될 때 해당 전위를 원하는 값으로 자동적이고 순간적으로 조정할 수 있도록 한다. 16.3절의 "물질 운반의 제어(Controlling Mass Transport)"

[12] 식 (14.7)을 참조하라.

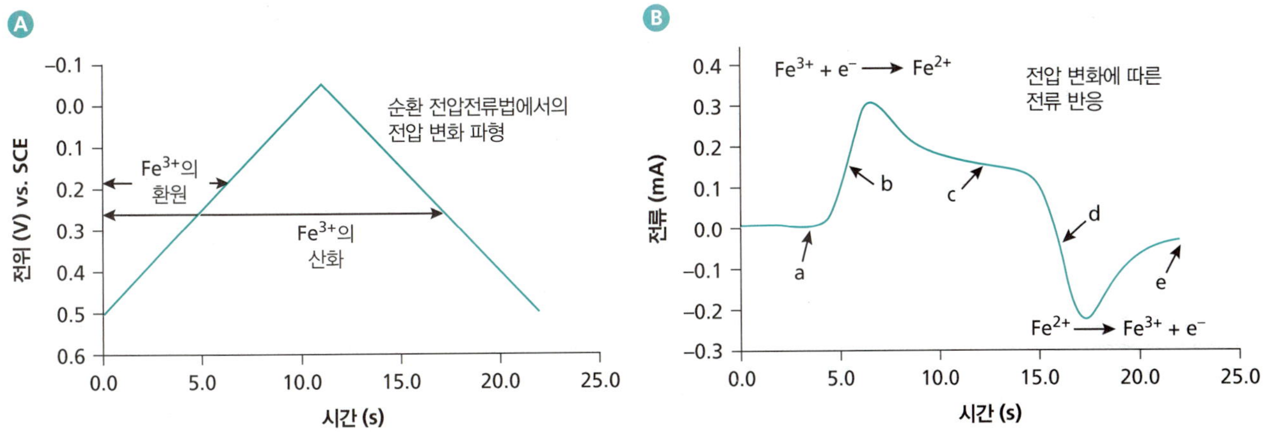

그림 16.9 전압전류법에서 가해진 전위 파형과 얻어진 전류.

에서 우리가 논의했던 용액의 저항을 줄이는 데 필요한 지지 전해질(supporting electrolyte, SE)의 역할을 회상해 보라. IR 강하의 영향을 줄이는 다른 방법들은 16.6절 *초미세 전극과 나노전극*에서 논의된다.

◈ 실험

아마도 오늘날 사용되는 가장 흔한 전기분석 방법은 순환 *전압전류법*(CV)일 것이다. 이 기법에서는 선형적으로 변화하는 전위가 전극에 적용되고, 가해지는 전위의 함수로 얻어지는 전류를 측정한다. 전형적으로, 초기 전위는 산화나 환원이 일어나지 않는 값으로 선택하여 가하고, 이후 전위는 (1) 분석물을 환원시키기 위해 음의 방향으로 주사(훑음)하거나, (2) 분석물을 산화시키기 위해 양의 방향으로 주사한다. 만약 한 방향으로 전위를 주사하고 실험을 마친다면, 이는 *선형 주사 전압전류법*(linear sweep voltammetry)에 해당한다. 순환 전압전류법에서 초기 주사는 반대 방향으로의 두 번째 주사로 이어지게 되고, 일반적으로 초기 전위값으로 돌아간 후 마치게 된다. 순환 전압전류법에서 그림 16.9A는 시간의 함수로 가해진 전위를 나타내고, 그림 16.9B는 가해진 전위에 따라 시간의 함수로써 얻어진 전류를 보여준다.

그림 16.9는 실험이 시간에 따라 어떻게 진행되는지를 잘 보여주지만, 이것은 일반적으로 결과가 마지막에 표시되는 방식이 아니다. 우리는 보통 시간이 아닌 가해진 전위에 따라 전류를 도시한다. 역 주사(reverse sweep) 동안 측정한 전류는 정 주사(forward sweep) 동안에 사용한 동일한 전위 척도(x축) 위에 도시하게 되어, 전형적인 전압전류도(cyclic voltammgram)는 익숙한 "오리(duck)"의 모양을 나타내게 된다(그림 16.10 참조).[13] 전형적인 주사 속도(sweep rate)로 수행된 전체 실험은 단 몇 분밖에 걸리지 않으며, 종종 1분도 걸리지 않는다.

시간전류법에서 우리가 살펴본 바와 같이, 시스템에서 일어나는 화학적 반응을 살펴보면 전압전류도의 모양을 설명할 수 있다. 산화환원 반응이 일어나지 않는 전위(+0.5 V)에서 시작하므로 측정된 전류는 0이다. 그림 16.9에서 이 시작점을 찾아보라. 전위를 (이 경우, +0.5 V에서 −0.1 V로 음의 방향으로) 주사함에 따라 분석물(Fe^{3+})이

[13] 그림 16.9의 순환 전압전류법 그림은 음의 전압이 오른쪽에 표시되고 환원 전류가 양의 값으로 위쪽에 표시된 "미국식"임을 유의하라. 많은 다른 나라에서는, 음의 전압은 왼쪽에 표시하고 환원 전류는 음의 값으로 아래쪽에 표시하기도 한다.

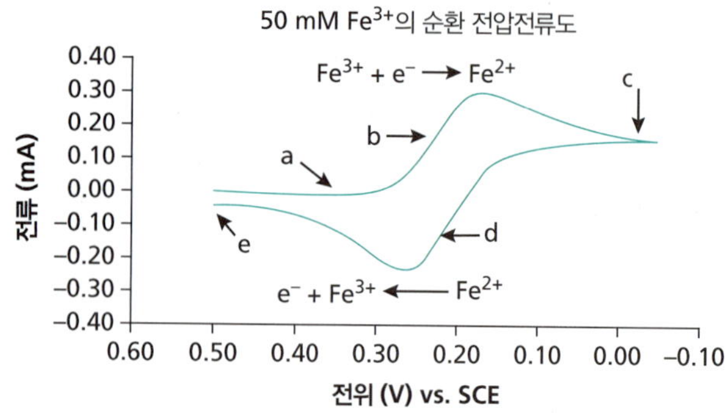

그림 16.10 전위에 따른 전류를 나타낸 전형적인 순환 전압전류도.

환원되는 전위에 도달하기 전에도 완만한 경사가 바탕선(baseline)에서 관찰된다(그림 16.9와 그림 16.10에서 "a" 위치). 이러한 초기의 완만한 경사는 충전 전류 때문이다. 전위의 변화는 충전 전류를 유발한다는 점을 기억하라. 따라서 연속적으로 더 큰 음의 전압들이 각각 가해지는 것은 기본적으로 (작업 전극의 관점에서) 새로운 전압 펄스가 가해지는 새 시간전류법 실험들이 수행되는 것이다.

용액 내 Fe^{3+}의 환원에 대한 표준 전위에 접근할 때, 전류는 증가하기 시작하는 것을 관찰할 수 있는데 이는 용액 내 서로 다른 Fe^{3+} 이온들의 에너지 상태가 분포를 이루고 있기 때문이다(일부는 더 쉽게, 다른 일부는 더 어렵게 환원됨). Fe^{3+}/Fe^{2+} 쌍의 표준 전위 E^0를 초과하는 전위 값에서 에너지 상태 분포는 최대치에 도달하고 이는 순환전압전류도 피크의 약 2/3 위치에서 발생한다(그림 16.9와 그림 16.10에서 "b" 위치).[14] 이는 비록 대부분의 Fe^{3+} 이온들이 전극 위에서 환원될 수 있는 전위에 도달하였지만 가해지는 전위의 변화 속도가 전극 주위의 결핍 영역(depletion zone)을 생성하는 속도를 넘어서기 때문이다(이는 그림 16.5와 관련된 부분에서 기술된 바와 같음). 다시 말해, 우리는 아직 확산 지배 조건 (diffusion-controlled conditions)에 도달하지는 않았지만 전위는 E^0를 초과하였다. 이후 전류는 최대치 피크에 도달하고 이후 확산 지배 조건에 접어듦에 따라 줄어든다(그림 16.9와 그림 16.10의 "c" 위치). [만약 음의 방향으로 전위 주사를 지속한다면 일정 상태 전류(steady-state current)를 얻을 것이다.] 비교를 위해서, 만일 전위를 +0.5 V에서 −0.1 V로 전위 단계를 가하여 시간전류법을 수행한다면, 관찰되는 확산 제한 전류(diffusion-limited current)는 순환전류도에서 약 12초에 관찰되는 전류와 비슷할 것이다(그림 16.9와 그림 16.10의 "c" 영역).

그림 16.9를 살펴보면, 약 6초부터(Fe^{3+} 환원 전류의 최대 피크 부근) 전위를 12초에서 뒤집을 때까지 전류는 점점 줄어드는 것을 확인할 수 있다. 이는 전극 주위에 결핍 영역이 완성되기 때문이다. 이 영역에는 본체(bulk) 용액에서 확산되어 들어오는 이온 외에는 Fe^{3+} 이온이 없고, 환원된 형태인 Fe^{2+} 이온이 훨씬 높은 농도로 존재하게 된다(물론, Fe^{2+}은 동시에 전극에서부터 확산되어 나갈 것이다).

마지막으로, 전위 주사의 방향을 반대로 적용한 후 몇 초 후에는 전극 주위에 누적된 Fe^{2+} 이온이 산화되는 전위에 도달한다(그림 16.9와 그림 16.10의 "d" 위치). 그 후 우리는 반대 방향에서의 전류 피크를 관찰하게 된다.

문제 16.15 시간전류법과 전압전류법에서의 분석적 신호는 무엇인가? IR 강화와 관련하여 Ohm의 법칙[식 (16.6)]은 어떤 영향을 미치는가?

[14] 실제 E^0의 위치는 위쪽의 환원 피크와 아래쪽의 산화 피크의 중간 지점으로 가역적인 시스템에서는 환원 피크의 상승하는 방향으로 약 2/3 지점에서 발생한다.

◆ 가역성

동적(dynamic) 전기분석 방법들을 사용할 때 두 가지 관점, 즉 *화학적* 가역성(chemical reversibility)과 *전기화학적* 가역성(electrochemical reversibility) 측면에서 시스템의 가역성을 고려해야 한다.

16.3절 서두에서 사용한 일반적인 환원 과정을 고려할 때, 충분히 큰 음의 전압이 가해지면 물질의 산화된 형태(Ox)는 환원된 형태(Red)로 변환된다.

$$\text{Ox (aq)} + e^- \rightleftharpoons \text{Red (aq)} \qquad \textbf{식 (16.7)}$$

만약 Red 물질이 안정하면, 충분히 큰 양의 전압은 역반응을 일으킬 것이다.

$$\text{Red (aq)} \rightleftharpoons \text{Ox (aq)} + e^- \qquad \textbf{식 (16.8)}$$

이 경우의 시스템은 *화학적 가역성*을 나타낸다. 우리는 일반화학 수업에서부터 Hess의 법칙 문제들을 해결할 때 화학적 가역성을 다루어 왔다.

만일 원래 반응의 생성물[Red, 식 (16.7)]이 불안정하여 더 안정한 형태(P)로 이차적인 화학적 반응을 겪는다면, 아래 식 (16.9)에서 기술한 바와 같이 이러한 시스템은 화학적으로 가역적이지 않을 수 있다.

$$\text{Ox}(\text{aq}) + e^- \rightleftharpoons \text{Red}(\text{aq}) \xrightarrow{k_c} \text{P} \qquad \textbf{식 (16.9)}$$

여기서

k_c = 이어지는 화학 반응의 속도 상수(rate constant)(M/s)

P = Red이 변환된 더 안정한 생성물

이러한 경우, 가역성이 나타나는 형태는 실험이 수행되는 속도에 비해 이어지는 화학 반응의 속도가 어떠한지에 의존하게 된다. 만일 순환 전압전류법의 주사 속도가 매우 높다면 작은 k_c를 갖는 시스템은 화학적으로 가역적으로 나타날 수도 있다. 하지만 높은 주사 속도에서도 큰 k_c를 갖는 시스템은 화학적으로 비가역적으로 보일 수 있다.

그림 16.11은 전기화학적 생성물(Red)이 더 안정한 생성물로 변환되는 화학 반응이 전기화학 반응에 이어져 발생하는 경우들을 나타낸다. k_c이 클 때는(그림 16.11C)

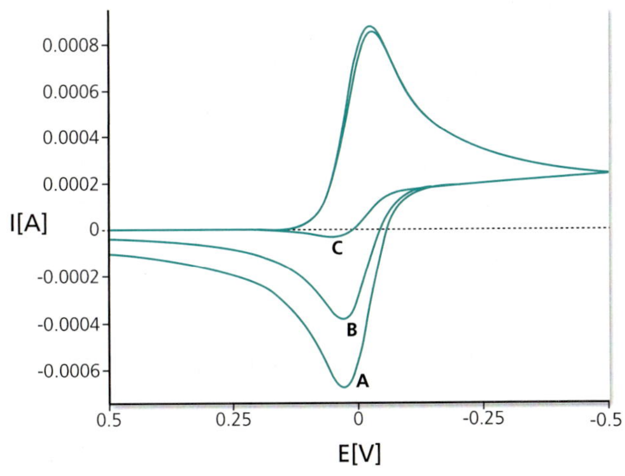

그림 16.11 전기화학 반응에 이어져 화학 반응이 발생하는 시스템에 대해 $\text{Digisim}_{\text{TM}}$ 소프트웨어로 시뮬레이션된 순환 전압전류도. 모든 경우 전압 주사 속도는 1 V/s로 동일하고, 이어지는 화학 반응의 반응 속도 k_c 값이 각각 (A) 0 s^{-1}(화학적으로 가역적), (B) 0.01 s^{-1}, (C) 10 s^{-1}(화학적으로 비가역적)인 경우이다.

산화될 Red이 더 이상 존재하지 않기 때문에 산화 피크[15]가(아래 방향) 거의 관찰되지 않는다. 그림 16.11에서 전압 주사 속도는 1 V/s로 일정하지만 k_c 값들은 각기 다르다는 것을 유의하라. 만일 k_c이 10 s^{-1}로 일정하게 유지되지만 주사 속도가 각각 1 V/s(그림 16.11C), 10 V/s(그림 16.11B), 100 V/s(그림 16.11A)으로 변화하는 경우에도 거의 비슷한 순환 전압전류도를 얻을 수 있다. 후자의 경우, 실험을 매우 빨리 실행하면 이어져 발생하는 화학 반응이 전극 주위에서 Red의 농도를 낮추기 전에 Red의 산화 전위에 도달할 수 있을 것이다. 하지만, 불행하게도 이와 같은 높은 주사 속도를 사용하는 경우에는 몇 가지 불리한 점들이 존재하는데, 이는 이 장의 후반부에 다룰 것이다.

*전기화학적 가역성*은 전극에서 분석 종(analytical species)으로 혹은 그 반대 방향으로 전자가 이동하는 용이성을 다룬다. 용액 내 전극에서의 전자 이동은 본질적으로 불균일 과정(heterogeneous process)이며, 이의 속도 상수는 가해진 전위의 크기, 분석 종의 농도, 전극 물질의 전도성과 같은 요인들에 의존한다. 이러한 과정은 일차 반응 속도(first-order kinetics)를 나타낸다. 가해진 전위가 변화함에 따라 정반응(환원 반응)과 역반응(산화 반응)의 속도 상수들은 변화한다. 하지만, 표준 전위 E^0에서 시스템은 평형 상태이고, 정반응과 역반응 속도 상수들은 동일하다. 표준 전위의 평형 상태에서 속도 상수는 *표준 불균일 속도 상수*(standard heterogenous rate constant) k_s로 정의되며, 전기화학적 가역성을 결정하는 데 사용된다.

$$Ox\,(aq) + e^- \overset{k_s}{\rightleftharpoons} Red\,(aq) \qquad \text{식 (16.10)}$$

k_s의 단위는 일반적으로 cm/s(혹은 SI 단위로 m/s)으로 표시된다. 이러한 단위는 일차 반응 속도 상수의 단위로는 흔하지 않은 것으로 보일 수 있지만, 이는 전극의 면적(cm^2 혹은 m^2)이 전체 반응 속도에 영향을 미치는 불균일(혹은 계면) 반응에 대한 일차 반응 속도론을 통해 유도된다.

$$Rate = k_s C \qquad \text{식 (16.11)}$$

여기서

k_s = 표준 불균일 속도 상수[cm/s (혹은 m/s)]

C = 반응 종들의 농도[mol/cm^3 (혹은 mol/m^3)]

계면 반응(interfacial process) 속도는 mol/(s·cm^2)[혹은 mol/(s·m^2)]의 단위를 갖는다. 만약 k_s의 값이 상대적으로 크다면(> 0.02 cm/s), 전자 이동의 속도는 충분히 빨라 반응은 가역적으로 나타날 것이다(그림 16.12A). 만약 k_s가 10^{-5} cm/s 이하로 떨어지면, 시스템은 비가역적으로 보일 것이고, 역반응을 일으키기 위해서는 상당한 크기의 전위가 가해져야 한다. 이는 순환 전압전류도에서 전류 피크의 위치가 이동하는 것으로 관찰된다(이는 그림 16.12의 예에서 확인할 수 있음). 다시 말해, 순환 전압전류도에서 환원 피크와 산화 피크가 더 멀리 떨어져 보일 것이다. k_s가 0.02와 10^{-5} cm/s 사이에 존재하는 경우에는 *준 가역적*(quasi-reversible)이라 불린다(그림 16.12B와 그림 16.12C).

문제 16.16 k_s의 단위가 cm/s임을 식 (16.11)을 사용하여 보여라.

[15] 전위 주사 속도 v는 단순히 전압을 하나의 값에서 다른 값으로 전환하는 속도이며, 일반적으로 단위는 V/s이다.

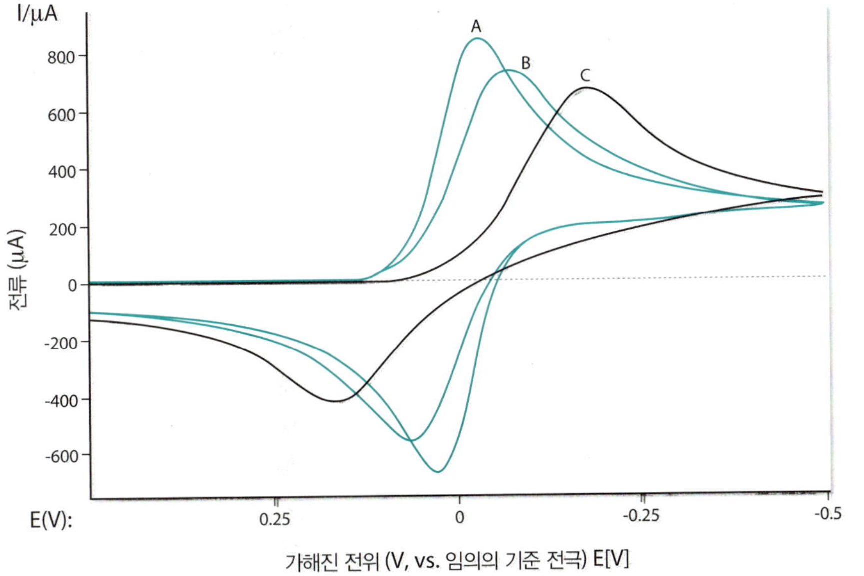

그림 16.12 다양한 수준의 전기화학적 가역성을 나타내는 시스템에 대해 Digisim_{TM} 소프트웨어로 시뮬레이션된 순환 전압전류도. 모든 경우 전압 주사 속도는 1 V/s로 동일하고, 전자 이동에 대한 표준 불균일 속도 상수 k_s이 각각 (A) 1 cm/s(전기화학적으로 가역적), (B) 0.01 cm/s, (C) 0.001 cm/s(준 가역적)인 경우이다.

◆ 순환 전압전류법을 통한 정량 분석: Randles-Sevcik 식

순환 전압전류법에서 신호는 가해지는 전위의 함수로 측정되는 전류이다. 피크 전위에서 측정되는 전류[즉, 피크 전류(peak current)]는 분석물의 농도에 비례하기 때문에 순환 전압전류법은 적절한 정량분석법으로 사용될 수 있다. 이러한 관계는 Randles-Sevcik 식으로 나타난다.[16]

$$i_p = 0.4463\,A\,C_O^*(nF)^{3/2}\left(\frac{D_O}{RT}\right)^{1/2}\nu^{1/2} \qquad \text{식 (16.12)}$$

여기서

i_p = 피크 전류(A, amp)
ν = 전위 주사 속도(V/s, volt/s)
n = 산화환원 반응에 관여하는 전자의 수(mol e^-/mol 반응물)
A = 전극 면적(m^2)
D_O = 분석물의 확산 계수(m^2/s)
C_O^* = 산화환원 활성 분석물의 본체 농도(mol/m^3)
F = Faraday 상수(96,485 C/mol e^-)
R = 기체 상수(8.314 J/mol·K)
T = 온도(K)

만약 실험이 표준 열역학 온도 25 °C에서 수행된다면, 식 (16.12)은 식 (16.13)으로 바뀐다.

[16] Cottrell 식과 마찬가지로, Randles-Sevcik 식은 전극이 평면이고 이동 및 대류 모두 무시할 수 있다는 가정 하에 얻어진다. Randles-Sevcik 식의 유도와 관련된 보다 자세한 설명은 Bard, A.; Faulkner L. *Electrocemic Methods*, John Wiley & Sons, New York, **2001**. 책의 2장을 참고하라.

$$i_p = (2.687 \times 10^5) A C_O^* n^{3/2} D_O^{1/2} \nu^{1/2} \qquad \text{식 (16.13)}$$

여기서,

i_p = 피크 전류(A, amp)
ν = 전위 주사 속도(V/s, volt/s)
n = 산화환원 반응에 관여하는 전자의 수(mol e^-/mol 반응물)
A = 전극 면적(m^2)
D_O = 분석물의 확산 계수(m^2/s)
C_O^* = 산화환원 활성 분석물의 본체 농도(mol/m^3)

전극 면적(A)은 일반적으로 잘 알려진 산화환원 활성 물질을 사용하여 실험적으로 시간전류법으로 결정하지만, 전극의 수치가 알려진 경우 기하학적으로 추정할 수 있다. 식 (16.13)에서 우리는 또한 i_p가 $n^{3/2}$, 주사 속도의 제곱근, 그리고 확산 계수의 제곱근에 비례함을 알 수 있다. 따라서 $\nu^{1/2}$에 따른 i_p의 매우 간단한 함수는 아래와 같은 기울기를 갖는 일차식이다.

$$m = (2.687 \times 10^5) A\, n^{3/2} D_O^{1/2} \qquad \text{식 (16.14)}$$

만일 세 변수 중 두 개(C_O, n, 혹은 D_O)를 안다면 우리는 순환 전압전류법을 통해 $\nu^{1/2}$에 따른 i_p의 관계를 통해 세 번째 변수를 찾을 수 있다.

문제 16.17 식 (16.12)에서의 단위들이 올바른지 확인하라.

문제 16.18 식 (16.13)과 식 (16.14)에서의 상수(2.687×10^5)의 단위는 무엇인가?

문제 16.19 아래 그림은[17] 25°C에서 1 M KNO_3 전해질을 포함한 2.0 mM 페리시아나이드 칼륨 수용액에서 1.0 mm 직경의 백금 원판 전극을 사용하여 전위 주사 속도를 각각 20, 50, 100, 200, 500, 1,000 mV/s로 변화시키면서 얻은 순환 전압전류도이다. 이 용액에서 피크 전류를 추정하고, 페리시아나이드 이온의 확산 계수를 계산하라. 이때 페리시아나이드 이온은 페로시아니드 이온으로 1 전자 환원 과정을 거친다고 가정한다. (예제 16.2를 참고하라.)

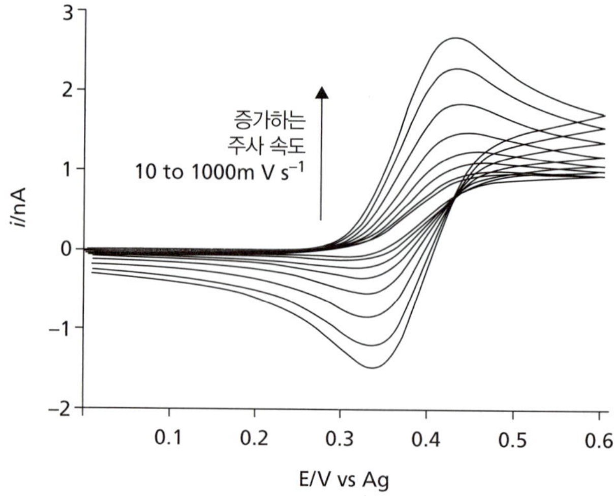

[17] From Rogers E. I.; et al. J. *Phys. Chem.* C, **2008**, *112*, 2729 – 2735.

» 예제 16.2 – Randles-Sevcik 식 사용

페로센의 확산 계수가 3.8×10^{-7} cm^2/s인 비수용액 용매에서 58 mM 페로센을 사용하여 순환 전압전류법을 22.3°C에서 수행하였다. 작업 전극은 1.5 mm 직경의 백금 원판이었다. 아래의 데이터는 서로 다른 전위 주사 속도로 얻은 순환 전압전류도에서 수집되었다(각 수치는 3회 스캔 결과의 평균값). 산화환원 반응에서 이동한 전자의 수를 계산하라.

주사 속도 (mV/s)	피크 전류 (i_p, μA)
20.0	28.9
50.0	40.9
100.	55.5
200.	77.4

전략 ›

실험 온도가 25°C이 아니기 때문에 식 (16.12)를 사용해야 한다. 선형 방정식(y = mx + b) 형태로, Randles-Sevcik 식은 $v^{1/2}$에 따른 i_p의 그래프를 나타내고 이의 기울기(m)는 아래와 같다.

$$m = 0.4463\,A\,C_O^*(nF)^{3/2}\left(\frac{D_O}{RT}\right)^{1/2}$$

기울기에 관한 식을 n에 대하여 풀면 아래와 같다.

$$n = \left(\frac{m\sqrt{RT}}{0.4463\,AC_O^*F^{3/2}\sqrt{D_O}}\right)^{2/3}$$

다음으로, 각 수치들의 단위에 유념하며 각 수치들을 대입하여 n 값을 계산한다.

$$\begin{aligned}
&F = 96{,}485\ C/mol \times 1\ A{\cdot}s\ /\ C = 96{,}485\ A{\cdot}s/mol\\
&A = \pi r^2 = \pi(0.75\ mm)^2 \times (1\ m/10^3\ mm)^2 = 1.\underline{7}7 \times 10^{-6}\ m^2\\
&D = 3.8 \times 10^{-7}\ cm^2/s \times (1\ m/100\ cm)^2 = 3.8 \times 10^{-11}\ m^2/s\\
&C_O = 58 \times 10^{-3}\ mol/L \times (10^3\ L/1\ m^3) = 58\ mol/m^3\\
&T = 22.3°C + 273.15 = 295.\underline{4}5K
\end{aligned}$$

마지막으로, 주사 속도와 전류의 단위로 각각 V/s와 A(amps)를 사용하여 $v^{1/2}$에 따른 i_p의 그래프 기울기를 계산한다. 엑셀 소프트웨어를 사용하여 기울기를 계산하면 1.767×10^{-4} A·s/V이다.

풀이 ›

다시 계산된 각 값을 기울기 식에 대입한다.

$$n = \left(\frac{(1.767\times10^{-4}\,A\cdot s^{1/2}/V^{1/2})\sqrt{(8.3145\dfrac{V\cdot C}{mol\cdot K})(295.45K)}}{0.4463(1.77\times10^{-6}\,m^2)(58\dfrac{mol}{m^3})(96{,}485\,A\cdot s/mol)^{3/2}\sqrt{3.8\times10^{-11}\dfrac{m^2}{s}}}\right)^{2/3}$$

n = 1.02 = 1 전자 혹은 페로센 1 mole당 1 mole의 전자

문제 16.20 순환 전압전류법을 사용하여 North Carolina주 Elon의 Mary Nell 호수에서 얻은 수용액에 포함된 Cr^{3+}을 분석하였다. 25.00 mL의 시료로 31.6 μA의 i_p 값을 측정하였다. 표준 Cr^{3+} 시료 용액(4.56×10^{-7} M) 25.00 mL로 52.4 μA의 i_p 값을 측정하였다면, Mary Nell 호수 내의 Cr^{3+}의 농도는 얼마인가?

문제 16.21 의료 분야에서 행해지는 중요한 측정 실험들의 경우, (표준 25°C와 비교하여) 인체의 높은 온도를 고려하여 실험 파라미터를 결정할 필요가 있다. 일반적인 사람의 체온이 37°C임을 고려하여 과학적 의료 분야를 위해 식 (16.12)의 단순한 형태를 [식 (16.13)과 같이] 유도하라.

문제 16.22 25°C에서 Rh(III) 착물인 $Rh(bpca)_2^+$는 Ag/AgCl 기준 전극 대비 −0.82 V에서 가역적인 2 전자 산화환원 피크를 나타내며 확산 계수는 5.8×10^{-6} cm^2/s이다. 3.00 mm 직경의 유리 탄소 원판 전극을 사용하여 100.0 mV/s의 전위 주사 속도에서 순환 전압전류도를 얻어, 67.3 μA의 i_p 값을 측정하였다. $Rh(bpca)_2^+$의 mM 단위의 농도는 얼마인가? [리간드 *bpca*는 bis(2-pyridylcarbonyl) amide (비스(2-피리딜카보닐) 아미드) 음이온이며, 이는 −1가의 이온 전하를 나타낸다.]

◆ 순환 전압전류법을 사용한 정성 분석

많은 연구자들이 순환 전압전류법의 가장 큰 장점은 *정량적* 분석에서가 아니라 *정성적* 분석에 있다고 한다. 이 주제에 대한 완전한 논의는 그 자체로 하나의 과목 수업이 될 수 있으며, 이 주제에 관한 몇 가지 훌륭한 논문들이 보고되어 왔다.[18] 따라서, 우리는 순환 전압전류법을 정성적 분석의 측면에서 사용하는 몇 가지 접근법에 대한 개요만을 제공하고자 한다.

순환 전압전류법 결과는 다른 방법들과 함께 새로운 물질들의 근본적인 특성을 결정하는 데 사용될 수 있다. 가역적인 시스템의 경우, 순환 전압전류법을 사용하여 $v^{1/2}$에 따른 i_p의 함수 관계가 25°C에서 $2.687\ AC^* n^{3/2} D_o^{1/2}$의 기울기를 갖는 선형 관계임을 확인할 수 있다. 일반적으로 전극의 면적은 알려져 있거나 일정한 정확도로 추정될 수 있으며, 분석 물질의 본체(bulk) 농도도 알 수 있다. 하지만, 불행하게도 새로운 물질의 경우에는 n과 D_k의 값이 보통 알려져 있지 않아, 앞의 $v^{1/2}$에 따른 i_p의 함수 관계에서 두 개의 알 수 없는 변수를 갖는다. 경우에 따라 n의 값은 다른 방법들을 통해(예를 들어, 전기분해를[19] 통해) 명확하게 확인할 수 있지만, 우리는 종종 예제 16.3에서 설명한 대로 시간전류법과 순환 전압전류법을 통해 n과 D 모두를 신속하게 추정할 수 있다.

문제 16.23 예제 16.3의 시간전류법과 순환 전압전류법 결과에서 기울기 값이 반으로 감소되었다면, 정수에 가까운 n 값을 얻을 수 있는지 예상해 보고 설명하라.

문제 16.24 문제 16.23에서의 예상을 예제 16.3에서 수행하는 계산을 통해서 확인하라.

문제 16.25 25°C에서 2.35 mM 농도의 페리시아나이드 칼륨 용액 $K_3Fe(CN)_6$을 사용하여 다양한 전위 주사 속도에서 일련의 순환 전압전류도를 3.00 mm 직경의 유리 탄소 전극으로 측정하였다. $v^{1/2}$에 따른 i_p의 일차 함수의 기울기가 1.59×10^{-4} $A \cdot s^{1/2}/V^{1/2}$로 측정되었다. 동일한 시스템을 사용하여 시간전류법을 통해 $t^{-1/2}$에 따른 i의 일차 함수의 기울기를 3.3×10^{-5} $A \cdot s^{1/2}$로 측정하였다. 이 용액에서 페리시아나이드의 산화환원 반응에서 이동하는 전자의 수(**n**)와 확산 계수(**D**)를 결정하라.

[18] 16.8절의 심화자료를 참조하라.

[19] n 값을 결정하는 다른 방법들은 시간 소모가 클 수 있다. 시간전류법과 순환 전압전류법만을 사용하여 n과 D의 합리적인 추정치를 얻을 수 있다.

» 예제 16.3 – 시간전류법과 순환 전압전류법을 사용한 n과 D의 추정

코발트 착물 $Co(acacac)_4^{3+}$은 Ag/AgCl 기준 전극 대비 −0.41 V에서 가역적인 산화환원 피크를 나타낸다. 5.00×10^{-3} M 용액과 3.00 mm 직경의 유리 탄소 전극을 사용하여 다양한 전위 주사 속도에서 일련의 순환 전압전류도를 측정하였다. $\nu^{1/2}$에 따른 i_p의 일차 함수의 기울기가 $5.1 \times 10^{-4}\ A \cdot s^{1/2}/V^{1/2}$로 나타났다. 동일한 시스템을 사용하여 시간전류법을 통해 $\mathbf{t}^{-1/2}$에 따른 **i**의 일차 함수의 기울기를 $7.1 \times 10^{-5}\ A \cdot s^{1/2}$로 측정하였다. 모든 경우에 온도는 25°C였다.

Co(III) 착물의 환원 반응에서 이동하는 전자의 수(**n**)와 확산 계수(**D**)를 결정하라. [리간드 acac는 중성의 acetylacetone(아세틸아세톤)을 의미한다.]

전략 ›

Cottrell 식을 통해서 $t^{-1/2}$에 따른 i(t)의 그래프 기울기가 다음과 같음을 알고 있다.

$$\text{기울기} = \frac{nFAC^*\sqrt{D_O}}{\pi^{1/2}} \quad \text{또한} \quad k_{CA} = (nD^{1/2})\text{도 계산할 수 있다.}$$

Randles-Sevcik 식을 통해서도 $\nu^{1/2}$에 따른 i_p의 그래프 기울기가 다음과 같음을 알 수 있다.

$$\text{기울기} = (2.687\times10^5)ACn^{\frac{3}{2}}D_O^{\frac{1}{2}} \quad \text{또한} \quad k_{CV} = (n^{3/2}D^{1/2})\text{도 계산할 수 있다.}$$

k_{CA}/k_{CV} 비율을 사용하여 n 값을 계산할 수 있고, 이를 이용하여 다시 D 값도 계산한다.

풀이 ›

$$k_{CA} = \left(nD^{\frac{1}{2}}\right) = \frac{(\text{기울기})(\pi^{\frac{1}{2}})}{FAC} = 3.69\times10^{-5}\,m/s^{1/2}$$

$$k_{CA} = \left(n^{\frac{3}{2}}D^{\frac{1}{2}}\right) = \frac{\text{기울기}}{(2.687\times10^5)AC} = 5.37\times10^{-5}\,m/s^{1/2}$$

$$\frac{k_{CV}}{k_{CA}} = \frac{n^{3/2}\cdot D^{1/2}}{n\cdot D^{1/2}} = n^{1/2}\,\frac{5.37\times10^{-3}}{3.69\times10^{-3}} = 1.455$$

$$n = 2.11$$

n은 정수이어야 하므로 n = 2이다. 계산한 n 값을 이용하여 D 값을 계산하면 아래와 같다.

$$k_{CA} = \left(nD^{\frac{1}{2}}\right) = 3.69\times10^{-3}\,m/s^{1/2}$$

$$D = 3.40\times10^{-10}\,m^2/s$$

전기 화학자들은 시스템이 가역적인지 아닌지를 결정할 수 있는 몇 가지 간단한 도구를 가지고 있다. 만일 산화환원 시스템이 완전히 가역적이라면(화학적 그리고 전기화학적으로 모두)[20], 식 (16.15)을 통해 우리는 25°C에서 하나의 전자가 이동하는 산화환원 쌍의 산화 피크 전위와 환원 피크 전위의 위치는 약 59 mV만큼 분리되어 있음을

[20] 식 (16.15)의 우변항을 통해 일반 화학에서 배운 Nernst 식을 떠올릴 수도 있을 것이다. 사실, 식 (16.15)는 근본적으로 Nernst 식에서 유도되지만, 실제 유도 과정은 그리 간단하지 않다. 59 mV 만큼의 피크-대-피크 분리에 대한 보다 자세한 설명은 Bard, A. Faulkner L. *Electrocemic Method*의 6장을 참조하라(Johon Wiley & Son, New York, 2001년).

예측할 수 있다. 그러나 실제로는, 비이상적인 질량 이동 또는 전극으로부터의 전자 전달, 산화환원 반응의 반응물이나 생성물의 전극 표면에의 흡착, 혹은 산화환원 반응에 이어지는 상대적으로 느린 화학적 반응과 같은 여러 요인들 때문에 59 mV의 피크-대-피크(peak-to-peak) 분리는 거의 관찰되지 않는다. 일반적으로 25°C에서는 59 mV에서 100 mV의 피크-대-피크 분리를 가역적 시스템의 허용 가능한 지표로 간주한다.

$$|E_{p,a} - E_{p,c}| = \frac{2.303\,RT}{nF} \qquad \text{식 (16.15)}$$

여기서

$E_{p,a}$ = 산화 피크 전위(V)
$E_{p,c}$ = 환원 피크 전위(V)
F = Faraday 상수(96,485 C/mol)
R = 기체 상수(8.314 J/mol · K)
T = 온도(K)
n = 산화환원 반응에 관여하는 전자의 수(mol e^-/mol 반응물)

또한 가역적인 시스템에 대하여 산화 피크 전위와 환원 피크 전위 사이의 중간 지점으로 산화환원 시스템의 표준 전극 전위,[21] E^0를 추정할 수 있다. 이러한 방식으로 결정된 E^0 값은 전위 주사 속도와 관련된 실험 변수들에 의해 영향을 받을 수 있기 때문에, 많은 전기 화학자들은 이와 같은 중간 지점 값을 $E_{1/2}$ 또는 반파장 전위(half-wave potential)으로 간주하는 것을 선호한다[식 (16.16)].

$$E^0 \approx E_{1/2} = \frac{(E_{p,c} + E_{p,a})}{2} \qquad \text{식 (16.16)}$$

여기서

E^0 = 산화환원 쌍(Ox/Red)에 대한 표준 전위(V)
$E_{1/2}$ = 산화환원 쌍(Ox/Red)에 대한 반파장 전위(V)
$E_{p,a}$ = 산화 피크 전위(V)
$E_{p,c}$ = 환원 피크 전위(V)

문제 16.26 25°C에서 가역적인 시스템에 대하여 ΔE_p가 약 59 mV로 예상되는지를 식 (16.15)를 풀어 입증하라.

문제 16.27 주어진 전기화학적 시스템의 경우, 25°C의 온도에서 0.0298 V의 ΔE_p를 측정하였다면, 이 결과에 대해 어떤 논리적 설명을 할 수 있는가?

문제 16.28 900°C 에서 녹은 NaCl에 용해된 분석 물질의 순환 전압전류법을 수행한 경우, 1 전자 산화환원 반응이라면 얼마의 ΔE_p를 측정할 것으로 예상하는가?

문제 16.29 그림 16.10에 표시된 순환 전압전류도에 대한 ΔE_p를 추정하라. 얻어진 순환전압전류도가 가역적 시스템을 나타낸다고 생각하는가? 이유를 설명하라.

문제 16.30 그림 16.10에 표시된 시스템의 E^0을 추정하라. 추정값을 신뢰할 수 있는가? 이유를 설명하라.

[21] 엄밀히 말하면, 우리가 식 (16.16)에서 얻는 것은 표준 전위(standard potential) E^o가 아닌 모든 관련 종들의 농도가 1.0 M로 설정되지 않았을 때인 *형식* 전위(formal potential) $E^{0'}$이다.

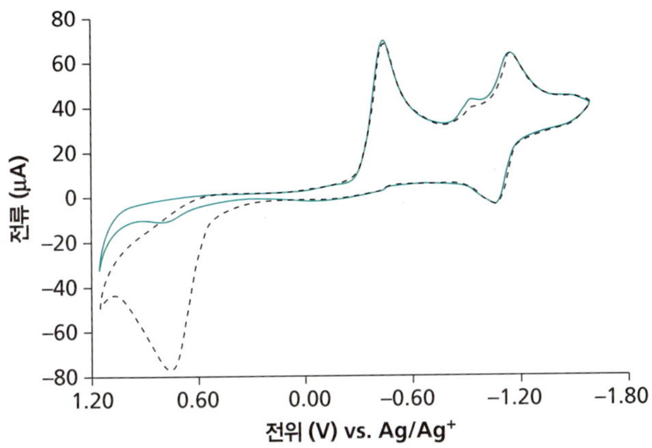

그림 16.13 0.2 M의 TBAP를 지지 전해질(supporting electrolyte)로 포함하는 CH_3CN 용액에서 $Pt(dpk)Cl_4$의 순환 전압전류도(cyclic voltammogram).

연구 대상인 종들이 다수의 환원 및 산화 피크들을 나타내는 것은 흔한 일이며, 이에 따라 순환 전압전류도가 그림 16.10 또는 그림 16.11A에서 나타난 것과 같은 이상적인 외관을 갖는 것은 드문 일이다. 그림 16.13은 아세토나이트릴(acetonitrile)에서 di-2-피리딜케톤 백금(IV) (di-2-pyridylketone platinum(IV))의 순환 전압전류도를 나타낸다. 점선 곡선에서 환원 방향의 전위 주사(sweep)는 0.00 V에서 시작하여 음의 방향인 −0.80 V까지 주사된 후, 전위 주사는 +1.18 V까지 역방향으로 진행되어 이후 한 번 더 0.00 V로 다시 반전되어 진행되었다. 그림 16.13의 실선 곡선에서 전위는 초기에 양의 방향으로 주사되었다. 초기에 양의 방향으로 주사되는 경우에는 +0.8 V에서의 산화 피크가 관찰되지 않았다. 두 곡선을 비교해 보면, 점선 곡선에서 관찰되는 +0.8 V에서의 산화 피크는 환원 방향의 주사 과정 중 −0.5 V 주위에서 발생하는 환원된 종들의 재산화 과정에서 발생하는 것임을 알 수 있다. 환원 피크 및 이와 연관된 산화 피크들은 앞서 논의한 이상적인 값 59 mV보다 훨씬 큰 1 V 이상으로 분리되어 있음을 알 수 있다.

초기 환원 방향의 전위 주사를 음의 방향으로 더욱 진행할 경우, 첫 번째 환원 반응에 이어 최소 두 개의 추가적인 환원 반응이 존재함을 알 수 있다. 이 중 마지막 환원 반응만이 명확한 가역성을 나타내는 것을 확인할 수 있다(−1.14 V에서의 환원 피크와 이와 연관된 −1.07 V에서의 산화 피크 사이의 ΔE_p에 근거).[P]

이와 유사하게, 그림 16.14는 테트라부틸암모니움 헥사플루오로포스페이트(tetrabutylammonium hexafluorophosphate, TBAP)를 지지 전해질로 포함한 아세토나이트릴 용매의 이종금속 Os과 Ro의 착물 용액에 대한 순환 전압전류도를 나타낸다. 순환 전압

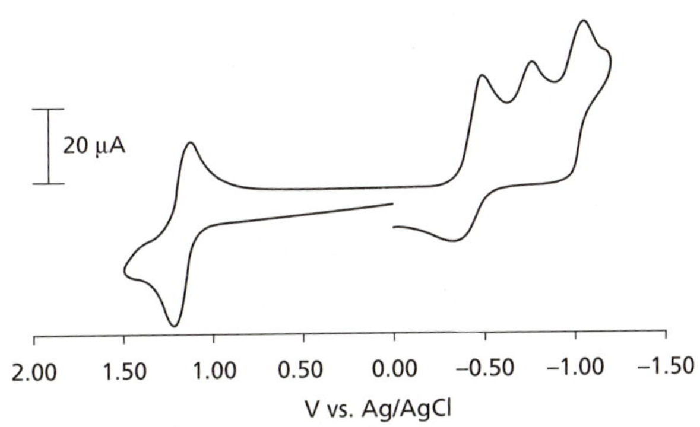

그림 16.14 0.1 M TBAP를 포함한 CH_3CN 안의 $[(bpy)_2Os(dpp)RhCl_2(phen)](PF_6)]_3$의 순환 전압전류도(cyclic voltammogram). 분석 물질은 초기 종의 산화 피크(Ag/Ag+ 대비 +1.2 V)와 환원 피크(−0.5, −0.75, −1.2 V)를 모두 나타낸다.

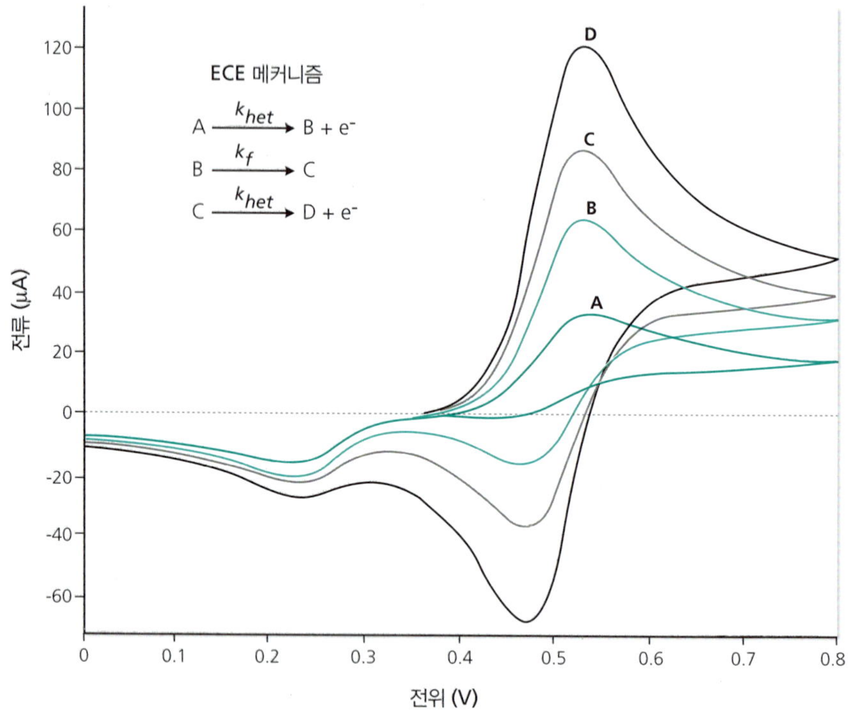

그림 16.15 비이상적인 순환 전압전류도 예시 및 DigiSim 소프트웨어를 사용한 관련 메커니즘 결정 목적의 전기화학적 분석 소프트웨어 효용성 예시. 주사 속도는 (A) 0.1 V/s, (B) 0.5 V/s, (C) 1.0 V/s 및 (D) 2.0 V/s이다.

전류도에서 전위 주사는 0.00 V에서 시작되고, 처음에는 양의 방향으로 +1.5 V까지 진행된 후 반전되어 음의 방향으로 −1.25 V까지 이동한다. 네 가지 각각의 산화환원 과정은 명확하다. 원래 종의 산화 반응(~1.25 V에서 아래 방향의 피크로 나타남)에 이어 원래 산화 상태로의 환원 반응(~1.19 V에서 윗 방향의 피크로 나타남)와 세 개의 추가적인 환원 반응들이 −1.25 V까지 음의 방향으로 전위 주사를 진행할 때 관찰된다. 산화 피크(1.25 V)와 환원 피크(1.19 V) 사이의 작은 전위 분리 값(~60 mV)으로 알 수 있듯이 산화 반응만이 거의 이상적인 가역성을 나타냄을 알 수 있다.

적절한 소프트웨어(예, DigiSim™)를 사용하면 복잡한 전기화학적 거동을 순환 전압전류법 실험 중에 발생하는 전기화학적 및 화학적 과정들로 명확히 이해할 수 있다. 이러한 이해는 고찰하는 화학 종의 근본적인 화학적 성질과 반응성을 더 잘 이해할 수 있도록 해 준다. 예를 들어, 그림 16.15는 서로 다른 전위 주사 속도로 얻어진 순환 전압전류도 집합을 보여 준다.[22] 이 시스템은 낮은 주사 속도에서는 가역적이지 않음을 알 수 있다. 주사 속도 0.1 V/s(그림 16.15A)에서는 하나의 환원 피크(~0.53 V)와 하나의 산화 피크(~0.22 V)가 관찰되지만, 이 두 피크의 전위 분리값은 59 mV의 이상적인 분리값에 비해 약 5배 더 큰 값을 나타낸다. 전위 주사 속도가 증가함에 따라, 추가적인 산화 피크(~0.48 V)가 분명해지고, 환원 피크(~0.53 V)와의 피크 분리값이 ~2 V/s의 주사 속도를 사용할 때 이상적인 60 mV 값과 매우 가까워진다는 것을 알 수 있다(그림 16.15D).

추가적인 방법을 사용하지 않고도, 낮은 주사 속도 실험에서(그림 16.15A) 초기 종이 환원되고(A → B), 이후 쉽게 산화되지 않는 일부 종(P)를 생성하는 추가적인 반응

[22] 그림 16.15는 DigiSim 소프트웨어를 사용하여 얻은 시뮬레이션된 순환 전압전류도를 나타낸다. 이 그림은 DigiSim 소프트웨어의 매뉴얼에서 가져왔다.

이 일어남을 추측할 수 있다. 전위 주사 속도가 증가하면(그림 19.15D), 전위 변화는 이어지는 추가적인 화학 반응(B → P) 속도보다 더 빠른 속도로 변화한다. 따라서 초기에 환원된 물질(B)을 재산화시켜 다시 A로 되돌릴 수 있다.

특별히 설계된 전기화학적 분석 소프트웨어가 없다면, 환원 과정의 세 번째 단계를 식별하기는 어려울 것이다. 그러나 소프트웨어를 사용하면, 메커니즘이 "ECE" 과정 즉, 전기화학적 과정 후 화학적 과정이 뒤따르고 다시 두 번째 전기 화학적 과정이 이어진다는 것을 합리적인 신뢰도를 가지고 결정할 수 있다. 몇 시간 밖에 걸리지 않는 기술과 5,000달러 미만의 비용이 드는 장비를 사용하여 이와 같은 화학종들의 환원 과정에 대한 메커니즘 관련 엄청난 양의 지식을 얻을 수 있는 것이다.

◆ 용매, 전해질, 전기화학적 범위

실제 용액에서 우리는 임의의 전압으로 전위를 무턱대고 주사할 수는 없다. 용매와 지지 전해질(supporting electrolyte, SE)은 모두 분석 물질보다 훨씬 높은 농도로 존재하므로, 용매와 지지 전해질이 환원되거나 산화되는 전압들에 의해 실제 실험이 제한된다.

그림 16.16은 용액에 의한 실제 한계치까지 전압 주사를 진행하여 얻은 순환 전압전류도를 나타낸다. 오른쪽에서 관찰되는 전류의 큰 증가는 용매(아세토니트릴) 자체가 환원되기 때문이며, 왼쪽의 전류의 큰 감소는 용매의 산화 때문이다. 시스템에 의해 부과되는 전위의 한계 세트를 *전기화학적 범위*(electrochemical window)라고 한다(예를 들어, 용매가 전기화학적으로 안정적인 전위 범위). 표 16.2는 몇 가지 일반적인 전기화학 실험용 용매에 대한 전기화학적 범위를 보여준다. 이 범위를 벗어나서 전위 주사를 수행하면 용매의 산화환원 작용으로 인한 상당한 크기의 전류를 관찰할 수 있으며, 이는 분석 물질과 관련된 그 어떤 전류 피크들도 압도할 수 있다. 아세토나이트릴과 같은 비수 용매(nonaqueous solvent)나 상온 이온성 액체(room temperature ionic liquid)를 사용하면 물에서 관찰할 수 있는 것보다 전기화학적 범위가 상당히 증가할 수 있다. 물은 대부분의 비수 용매의 전기화학적 범위 내에서 산화와 환원되기 때문에, 전기화학적 실험에 사용하기 전에 용매에서 물을 제거하는 것이 일반적으로 바람직하다. 충분한 용매 건조를 위해서는 (소듐과 같이) 물을 포획하는 물질과 함께 용매를 보관하고 증류 과정을 거치는 것이 선호된다. 적당한 건조를 위해서는 좋은 건조제와 함께 용매를 보관하는 것만으로도 충분하다. 비록 대부분의 염(salt)과 금속들은 일반적인 전기화학적 용매들의 전기화학적 범위 밖에서 산화환원 되지만, 실험에 사용되는 전극 소재와 지지 전해질의 산화환원 전위에 의해 부과될 수 있는 제한 또한 고려해야 한다.

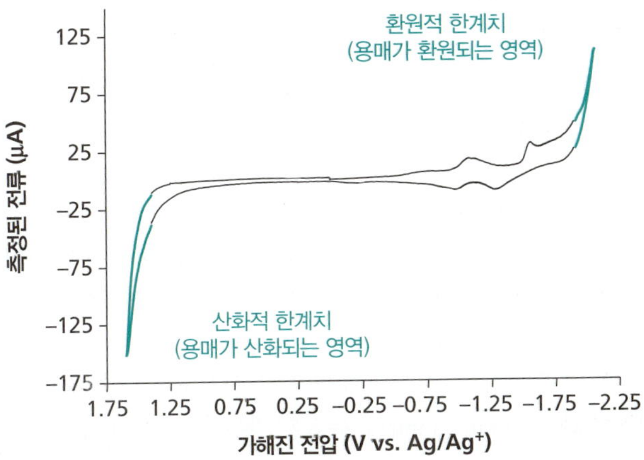

그림 16.16 지지 전해질로 0.1 M $TBAPF_6$가 가해진 아세토니트릴 용매의 전기화학적 범위에 의해 제한되는 $Pd(bpca)_2$의 순환 전압전류도.

표 16.2 ▸ 몇 가지 일반적인 전기화학 실험용 용매에 대한 전기화학적 범위.

용매	전위 범위 −E/+E V VS. AG/AG$^+$	전형적인 전해질	전형적인 전극
BMIM-PF_6	−1.5/+3.5	해당 사항 없음†	탄소, 고체 금속류
테트라하이드로푸란(Tetrahydrofuran, THF)	−3.5/+1.5	PF_6^-, BF_4^-, 혹은 유기 음이온들의 알칼리 금속 염류	탄소, 고체 금속류
황산화디메틸(Dimethylsulfoxide, DMSO)	−4.0/+1.0	유기 염류	탄소, 고체 금속류
디메틸폼아미드(Dimethylformamide, DMF)	−3.5/+1.5	PF_6^-, BF_4^-, 혹은 유기 음이온들의 알칼리 금속 염류	탄소, 고체 금속류
아세트나이트릴(Acetonitrile, ACN)	−3.0/+2.5	PF_6^-, BF_4^-, 혹은 유기 음이온들의 알칼리 금속 염류	탄소, 고체 금속류
물	−2.5/+1.5‡	알칼리 금속 할로젠화물 및 질산염류	탄소, 고체 금속류 수은

*용매의 전기화학적 범위를 온전히 활용하기 위해서 용매는 무수(anhydrous)의 형태이어야 한다. 용매 건조 기술들은 표 16.7을 참조하라.

†BMIM-PF_6 (1-Butyl-3-methylimidazolium hexafluorophosphate)은 상온 이온성 액체이다. 이는 본질적으로 용융 염이어서 지지 전해질을 사용할 필요가 없다.

‡물을 용매로 사용하는 경우, 전기화학적 범위는 전극 물질과 산/염기의 존재 유무에 크게 의존한다.

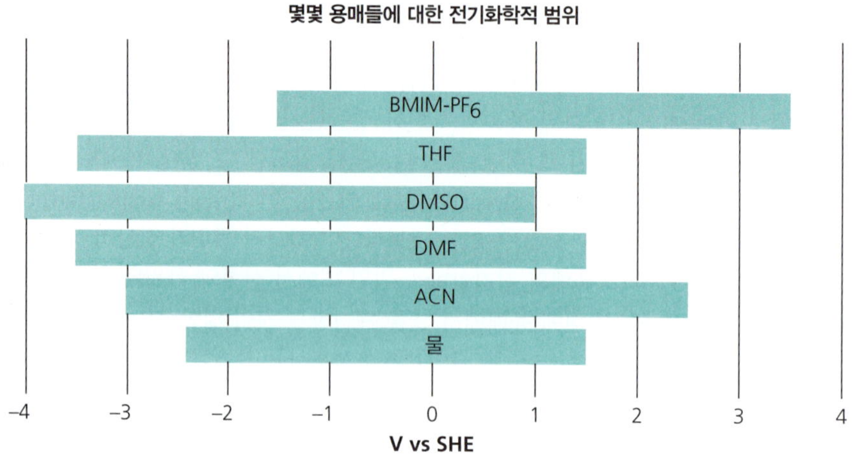

16.5 네모파 전압전류법

네모파 전압전류법[23](square wave voltammetry, SWV)은 순환 전압전류법보다 우수한 정량적 결과를 산출하는 데 사용할 수 있다. 네모파 전압전류법은 또한 반응물들의 특성 및 반응 메커니즘에 대한 중요한 정성적 분석을 제공할 수도 있지만, 후자의 목적을 위해서는 순환 전압전류법 만큼 광범위하게 사용되지는 않는다. 우리는 네모파 전압전류법을 이해하고 정량 분석법으로서의 적용을 이해하는 데 초점을 맞추고자 한다.

순환 전압전류법에서 관찰된 피크 모양은 주사되는 전위가 전극 주위의 결핍층(depletion zone) 형성이 일어나는 전위, 즉 피크의 2/3 정도의 위치에서 관찰되는 E°를 넘어서기 때문임을 상기하자. 또한 곧 논의할 예정이지만, 충전 전류(charging current)는 더 빠른 전위 주사 속도에서 더욱 분명해진다. 그러나 매우 낮은 전위 주사 속도(예, 1 mV/s)로 전압전류도(voltammogram)를 수집할 경우, 그림 16.17A에서 보이는 것과 같

[23] 네모파 전압전류법은 때때로 이 방법의 정량적/정성적 적용에 관한 초기 연구 결과들을 보고한 연구자들을 기념하여 Osteryoung 전압전류법 혹은 Osteryoung 네모파 전압전류법이라고도 불리운다.

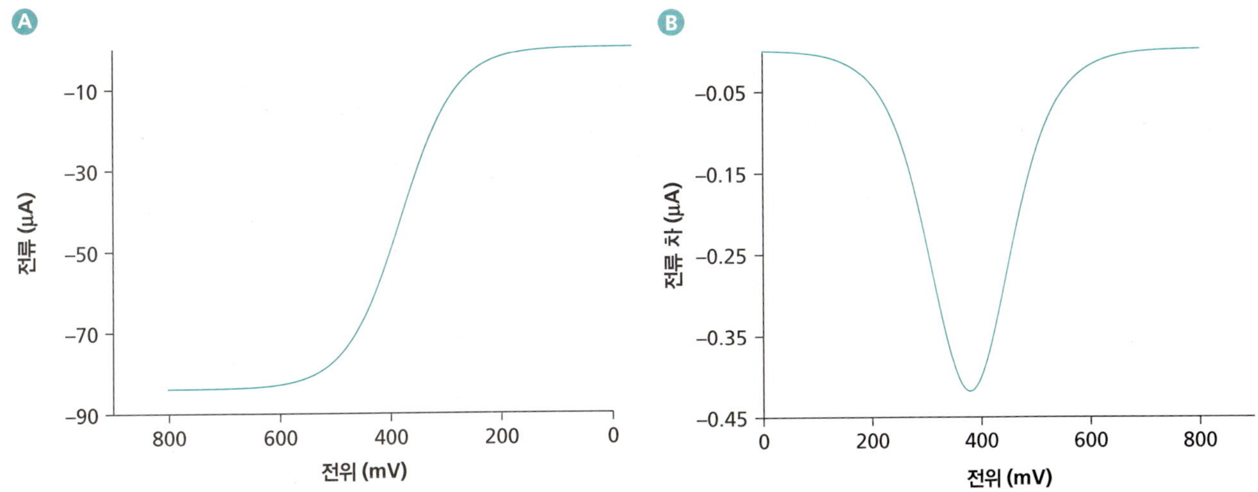

그림 16.17 시뮬레이션된 페로센(ferrocene)의 선형 주사 전압전류도(순환 전압전류도의 반쪽). 매우 낮은 전위 주사 속도(1 mV/s)로 얻어지면, 전압전류도의 모양은 S자 형이 되고 (A), 이를 미분하면 피크 모양의 곡선이 얻어진다(B).

이 관찰하고자 하는 산화환원 쌍의 E°에서 변곡점이 나타나는 S자형(sigmoidal) 전류 신호를 관찰하게 된다. 만약 수학적으로 이 S자형 곡선을 미분한다면, 결과는 그림 16.17B에 나타낸 것과 같이 기본적으로 평탄한 기준선과 E°에서 최대점이 발생하고 피크 높이는 분석물의 농도에 비례하는 피크 형태의 곡선을 얻게 될 것이다. 물론, 예를 들어, 0.5 V에서 0.1 V까지 1 mV/s의 낮은 주사 속도로 전위를 주사하면 이는 거의 10분이 걸릴 것이다. 네모파 전압전류법은 앞서 기술한 바와 같이 낮은 전위 주사 속도로 얻은 전압전류도를 미분한 것과 거의 동일한 결과를 가져다주지만, 아주 짧은 시간 안에 수행이 가능하다.

그림 16.18A는 네모파 전압전류법 실험에서 시간에 따라 가해지는 전위 파형을 보여준다. 전위 파형은 기본적으로 네모파(펄스)가 겹쳐진 선형 주사(순환 전압전류법과 동일)의 형태이다. 전류는 각 순방향($i_{forward}$) 및 역방향($i_{reverse}$) 펄스의 끝 부근에서 샘플링 된다[그림 16.18B에서 "샘플 주기(sample period)"로 표시됨]. 그림 16.17B의 미분 결과 곡선처럼 알짜 전류(net current)는 두 샘플링된 전류의 차이이고($i_{forward} - i_{reverse}$), 이 차이 값은 두 펄스 전위의 평균 전위값에 따라 도시된다. 그림 16.18C는 계산된 전류 대 평균 전위값에 따라 계산된 전류값이 도시된 네모파 전압전류도를 보여준다. 펄스 끝에서 전류를 샘플링하면 충전 전류의 영향을 크게 감소시키고, 샘플링한 두 전류의 차이를 나타냄으로써 신호의 크기를 높이게 된다. 즉, $i_{forward}$는 음수이고(이 경우 산화에 대해) $i_{reverse}$는 양수이므로, $i_{forward} - i_{reverse}$는 그 크기가 각각의 크기보다 커지게 된다. 곡선의 피크는 표준 전위값에 매우 가까운 곳($E^0 - \Delta E$)에서 발생하게 되며, 여기서 ΔE는 네모파 펄스의 높이(일반적으로 단 몇 mV)이며, 이는 순환 전압전류법에서 E^0이 피크의 2/3 정도의 위치에서 관찰되는 것과 대비된다. 이와 같이 증가된 정밀도는 충전 전류를 최소화한 결과이다. 네모파 전압전류법은 또한 순환 전압전류법보다 빠르다. 전체 네모파 전압전류법의 전체 주사 시간은 일반적으로 1분 미만이고, 종종 10초 미만이면 충분하다.

네모파 전압전류법에 대한 전류 반응을 설명하는 수학적 모델은 순환 전압전류법의 경우 보다 훨씬 더 복잡하다. 식 (16.17)은 네모파 전압전류법에 대해 일반화된 수학적 수식을 제공한다.

$$i_p = \Delta i = \frac{nFAC^{*}D_O^{\frac{1}{2}}}{(\pi\tau)^{\frac{1}{2}}} \cdot \Delta\psi \qquad \text{식 (16.17)}$$

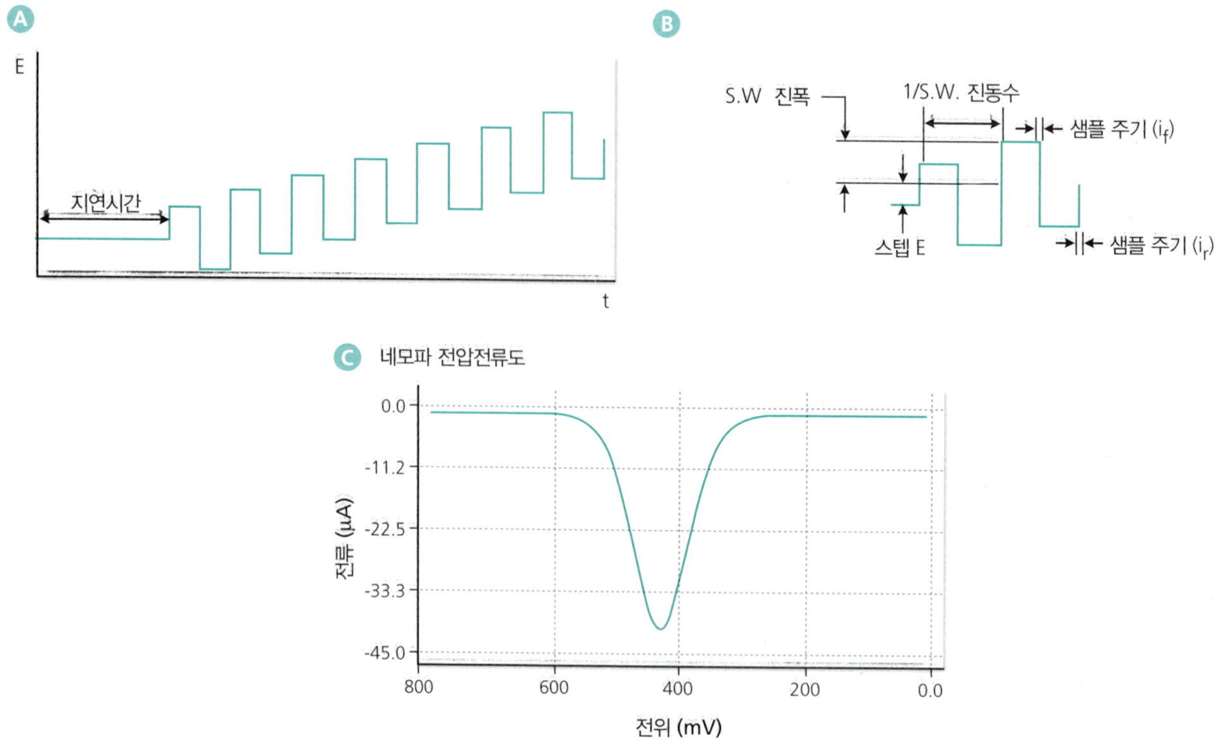

그림 16.18 네모파 전압전류법에서 가해지는 전위 파형 및 전류 반응의 시뮬레이션.

여기서

i_p = 네모파 전압전류도의 피크에서 측정되는 전류 (A, i_p는 실제 $\Delta i = i_{forward} - i_{reverse}$)

n = 산화환원 반응에 관여하는 전자의 수(mol e^-/mol 반응물)

A = 전극 면적(m^2)

D_O = 분석물의 확산 계수(m^2/s)

C_O^* = 산화환원 활성 분석물의 본체 농도(mol/m^3)

F = Faraday 상수(96,485 C/mol e^-)

τ = 주어진 네모파에 대한 전체 시간(순방향 및 역방향 펄스 모두 포함한 시간, s)

ΔΨ = 평균 전위값의 함수인 무차원 매개변수(dimensionless parameter), 전위 펄스의 높이, 네모파의 진동수, 펄스의 길이, 그리고 전류가 샘플링 되기 전의 펄스 후의 지연 시간[24]

식 (16.17)에서 피크 높이가 분석물의 농도에 정비례한다는 것을 알 수 있다. 따라서 네모파 전압전류법은 정량분석에 매우 효율적으로 사용될 수 있다. 예제 16.4와 문제 16.32에서 우리는 용액 속 미지의 금속 이온 농도를 결정하기 위해 어떻게 네모파 전압전류법을 사용할 수 있는지를 알 수 있을 것이다. 먼저 내부 소량첨가물(internal spike)을 이용하고, 두 번째는 보정 곡선과 함께 표준 세트를 이용한다.

문제 16.31 Cottrell 식[식 (16.5)]과 네모파 전압전류법 식[식 (16.17)]을 비교하라. 이들은 어떻게 비슷한가? 네모파 전압전류법에 대한 지식을 이용하여, 왜 그런 유사점을 기대할 수 있는지를 설명하라.

[24] 대부분의 전기화학자들은 네모파 전압전류법의 최대 장점은 메커니즘과 기타 정성적 매개변수들을 결정하는 유용성이라는 것에 동의한다. 그러한 목적을 위한 네모파 전압전류법의 이론적 분석은 상당히 복잡할 수 있다. 많은 연구 논문들이 네모파 전압전류법에 의한 광범위한 메커니즘적 연구에 대한 이론적인 기여를 이루어 왔지만, 우리는 견고한 일반 개요서로 다음을 추천한다. Mirceski, V.; Komorsky-Lovric, S.; Lovric, M. *Square Wave Voltammetry*, Springer, **2007**.

예제 16.4 – 네모파 전압전류법 식의 사용

오래된 식수관이 있는 주택에서 식수 시료를 채취하고, 지지 전해질을 시료에 추가하였다. 20.00 mL의 탈이온수(deionized water)를 지지 전해질이 가해진 시료 250.0 mL에 추가로 첨가하였다. 해당 용액으로 네모파 전압전류법을 수행하여 Ag/AgCl 기준 전극 대비 −0.41 V에서(Pb^{2+}가 환원될 것으로 예상되는 전압) 피크를 관찰하였다. 피크의 높이는 4.85 μA로 측정되었다. 다음으로 지지 전해질이 가해진 시료 250.0 mL에 1.32×10^{-5} M $Pb(NO_3)_2$ 20.00 mL를 첨가한 용액을 준비하여, 다시 네모파 전압전류법을 수행하여 −0.41 V에서 10.57 μA 높이의 피크를 관찰하였다. 원래 시료에 존재하는 Pb^{2+}의 농도는 얼마인가?

전략 ›

이는 고전적인 단일 표준물 첨가법에(standard addition) 관한 문제이다. 두 시료를 같은 양[20 mL의 소량첨가물(spike)을 시료 250 mL에 추가]으로 희석하였으므로, 관찰된 피크 높이의 차이는 $Pb(NO_3)_2$ 용액의 소량 첨가로 인한 Pb^{2+}에 의해 발생한 것으로 판단할 수 있다. 따라서 소량첨가물을 가하지 않은 시료의 Pb^{2+} 농도를 구하기 위해 비례 관계와 희석 효과를 고려하여 원래 시료에 존재하는 Pb^{2+}의 농도를 구할 수 있다.

풀이 ›

두 번째 시료의 소량첨가물로 인한 Pb^{2+}의 농도:

$$(M_{added})(V_{added}) = (M_{final})(V_{final})$$

$$(1.32 \times 10^{-5}\ M)\ (20.00\ mL) = (M_{final})\ (250.0 + 20.00\ mL)$$

$$M_{final} = 9.7\underline{7}8 \times 10^{-7}\ M\ Pb^{2+}$$

소량첨가물로 인한 전류 = 10.57 − 4.85 μA = 5.72 μA

$$\frac{i_{spike}}{M_{spike}} = \frac{i_{unspiked}}{M_{unspiked}} \quad \text{so} \quad M_{unspiked} = \frac{i_{unspiked} \cdot M_{spike}}{i_{spike}}$$

$$M_{unspiked} = \frac{(4.85\mu A)(9.778 \times 10^{-7}\ M)}{(5.72\mu A)} = 8.291 \times 10^{-7}\ M$$

원래 시료의 Pb^{2+}의 농도:

$$(M_{original})(V_{original}) = (M_{diluted})(V_{diluted})$$

$$(M_{original})(250.0\ mL) = (8.291 \times 10^{-7}\ M)(270.0\ mL)$$

$$M_{original} = 8.95 \times 10^{-7}\ \underline{M}\ Pb^{2+}$$

문제 16.32 식수 시료의 카드뮴 양을 결정하기 위해서 일련의 검정 용액을 준비하고 네모파 전압전류법으로 분석하였다.

Cd^{2+} (PPB)	네모파 전압전류도에서의 피크 높이(nA)
10	0.59
20	1.15
40	2.28

식수 시료의 네모파 전압전류도에서의 피크 높이는 1.36 nA로 측정되었다. 이 식수에서 Cd^{2+}의 농도는 얼마인가?

16.6 작업 전극

일반적인 작업 전극들

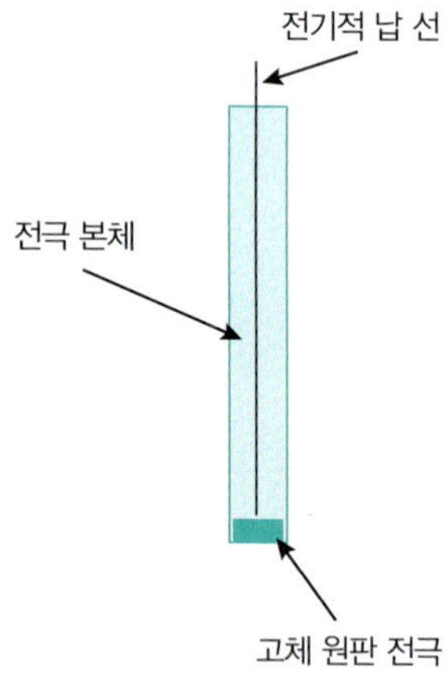

그림 16.19 금속 선과 유리성 탄소 막대 혹은 금속 원판을 사용하여 제작한 원판 전극의 전형적인 구성을 나타내는 개략도.

전기화학자가 연구에서 직면하는 가장 중요한 결정 중 하나는 작업 전극을 이루는 물질을 결정하는 것이다. 어떠한 전도성 물질도 전극으로 사용될 수 있지만, 모든 물질들이 전기화학적 분석에 적합한 것은 아니다. 표 16.3에는 이상적인 작업 전극 소재의 바람직한 특성들이 수록되어 있다. 사실상 모든 금속이 한 가지 또는 다른 용도에서 전극으로 사용되어 왔지만, 표 16.3에 제시된 이상적인 특성에 가장 적합하고 일반적으로 사용되는 몇 가지 물질들이 있다. 금과 백금이 작업 전극을 구성하는 데에 사용되는 가장 일반적인 금속이고, 탄소는 가장 일반적인 비금속 물질이다. 흑연(graphite)은 여전히 탄소 전극을 만드는 데 사용되지만, 유리성 탄소는 현대적 용도로 훨씬 더 일반적이다.

가장 간단한 디자인의 전극은 선(wire)이나 박막(foil) 형태의 전극 물질을 직접적으로 용액에 담그는 것이다. 하지만 이런 경우, 전극 면적을 정확하게 추정하기 어렵고, 전극을 세척/연마(polishing)하는 것도 종종 효과적으로 수행하기 어렵다. 가장 일상적으로, 밀리미터(mm) 척도 수준의 치수를 지닌 원판 형태의 전극이[즉, 원판 전극(disk electrode)] 일반적인 전기화학적 방법에 사용된다. 그림 16.19는 금속 및 탄소 전극의 구성을 묘사하는 일반적인 개략도를 나타낸다. 작업 전극은 금속 선(wire)을 유리로 밀봉하고, 카바이드(carbide) 톱을 사용하여 원판을 노출시킨 후 일련의 미세 입자들이 분산되어 있는 용액으로 원판 전극을 연마하여 수작업으로 제작할 수도 있다. 그러나 이러한 수작업에 투자된 시간과 비용은 전극들을 대량으로 만드는 회사들로부터 구입하는 비용보다 보통 더 크다.

초미세전극과 나노전극

전형적인 실험 조건에서 충전 전류를 최소화하는 방법에 대해 16.3절에서 논의하였다. 충전 전류는 0.02 V/s에서 약 1 V/s의 일반적인 전위 주사 속도에서는 심각한 문제가 아니다. 그림 16.10, 16.13, 16.14에 나타난 바탕선의 아주 사소한 기울기 값에 주목하라. 하지만, 순환 전압전류도의 메커니즘적 분석을 위해서는 가능한 광범위한 전위 주사 속도[최소한 두 자릿수(decade)[25] 범위에 걸쳐 순환 전압전류도를 획득할 것을 요구한다. 사용되는 주사 속도 범위가 넓을수록, 결정한 메커니즘에 대한 신뢰도는 높아진다. Randles-Sevcik 식[식 (16.12)]은 패러데이 전류(i_p)는 $v^{1/2}$에 따라 선형적으로 증가함을 보여준다. 안타깝게도, 충전 전류는 v에 따라 선형적으로 증가하고, 그 결과 v가 증가하면 충전 전류가 패러데이 전류보다 더 빠르게 증가한다. 즉, 잡음이 신호보다 더 빨리 증가한다. 충전 전류는 일반적으로 전위 주사 속도가 약 5~10 V/s 이상으로 증

표 16.3 ▸ 이상적인 작업 전극

이상적인 특성	요구되는 이상적 특성에 대한 이론적 근거
높은 전도성	전류가 흐르기 위한 낮은 저항; 전극 내 전위 강하의 최소화
화학적 비활성	다양한 용매와 pH 범위에서 사용 가능; 분석물질과 반응하지 않음
높은 산화 전위	사용 중 훼손되지 않고 전기화학적 범위를 제한하지 않음
높은 연마도	간단한 기하학적 계산을 통한 정밀한 전극 면적 계산이 가능함 (예, 원판 전극의 경우 $A = \pi r^2$)

[25] "decade" 용어는 자릿수를 표현하는 데 종종 사용된다. 예를 들어, 0.01~10의 범위는 세 자릿수 혹은 세 "decade"에 걸쳐 있다.

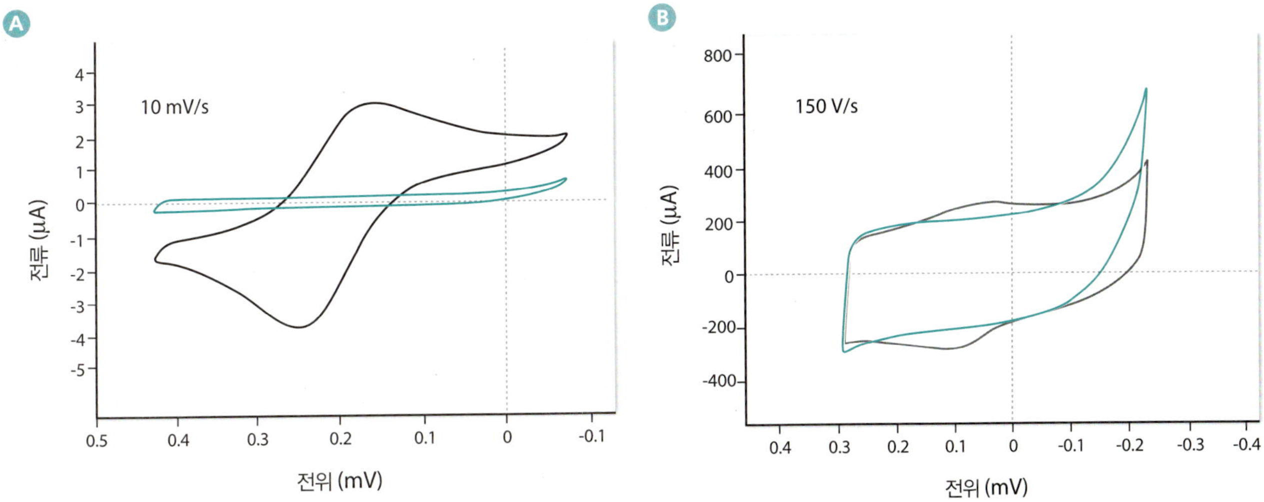

그림 16.20 10 mV/s 및 150 V/s의 전위 주사 속도에서의 공백(blank) 용액과 분석물질을 포함한 용액에 대한 순환 전압전류도의 비교. (A) 10 mV/s에서, 공백 용액에서 보여지는 충전 전류는 분석 물질을 포함한 용액에서의 관찰되는 패러데이 전류보다 상당히 작다. 그러나 (B) 150 V/s의 전위 주사 속도에서는 충전 전류가 관찰되는 전류의 주요한 출처가 된다. 분석 물질 신호는 "배경(background)" 전류와 비교하여 거의 식별되지 않는다.

가될 때 중요한 잡음의 원인이 된다. 높은 전위 주사 속도에서는 충전 전류로 인한 배경 잡음이 기본적으로 분석 신호를 압도하게 된다(그림 16.20 참조). 이러한 본질적인 한계를 극복하기 위해, 분석화학자들은 작은 전극 크기로 인해 충전 전류 잡음을 최소화하는 초미세전극(ultramicroelectrode, UME)을 사용할 수 있는 장비를 개발하였다.

이번 장에서 앞서 예제 문제들을 (예를 들어, 예제 16.1과 16.2) 통해 암시된 바와 같이, 일반적인 전기화학적 연구에 사용되는 전극의 치수는 밀리미터 척도이다. 이러한 크기의(혹은 그 이상의) 전극들에 대한 물질 운반의 주요 방식은 평면 확산(planar diffusion)이다. 즉, 전극을 향한 물질의 확산이 전극 표면에 대한 수직 방향으로 이루어진다. 물론 일부 입자들은 비평면 확산의 방식으로 전극에 접근하지만, 밀리미터 크기의 원판 전극의 둘레는 전극 면적에 비해 매우 작다. 비평면 확산의 경로를 통해 전극에 도달하는 물질의 양은 전극 표면에 접근하는 본체 물질과 비교하면 무시할 정도이다(그림 16.21A 참조). 사실, 식 (16.5)와 식 (16.12)와 같은 대부분의 전기화학적 식을 도출하는 데 사용되는 경계 조건(boundary condition) 중 하나는 평면 확산만이 중요하다는 것이다.

전극의 크기가 감소하면 전극 전체 면적에 대한 전극 둘레의 비율이 증가하기 때문에 비평면 확산의 상대적 중요성이 증가한다. 초미세전극(UME)은 때때로 간단히 미세전극(microelectrode)라고도 하며, 적어도 전극의 치수 중 하나는 마이크로미터(μm) 척도의 수준을 갖는다. 이렇게 작은 규모의 전극에서는 비평면 확산(원판 전극의 경우 반구형 확산)을 통해 분석물의 대부분이 전극으로 이동한다. 그림 16.21B는 전극 표면에 대한 평면 확산과 비평면 확산의 차이를 보여준다.

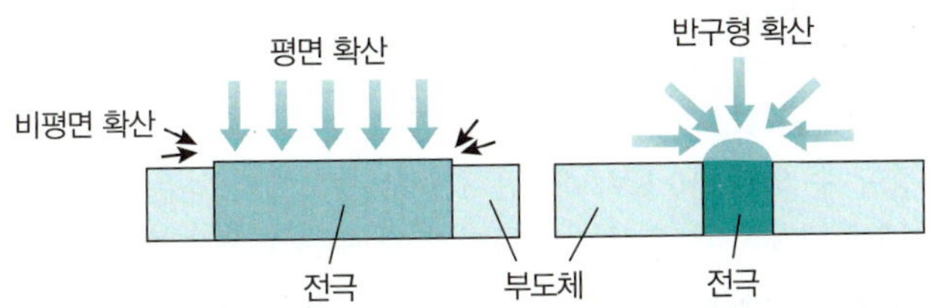

그림 16.21 (A) 밀리미터(mm) 척도 수준의 크기를 갖는 전극에서의 평면 확산과 (B) 초미세전극(UME)(오른쪽)에서의 비평면적[구면(spherical)] 확산 비교.

표 16.4 ▸ 전극 지름의 감소에 따른 비교

원판 지름	면적(cm^2)	둘레(cm)	둘레 : 면적 비율
1 cm	7.8×10^{-1}	3.14	4
1 mm	7.8×10^{-3}	3.14×10^{-1}	40
100 μm	7.8×10^{-5}	3.14×10^{-2}	400
10 μm	7.8×10^{-7}	3.14×10^{-3}	4,000
1 μm	7.8×10^{-9}	3.14×10^{-4}	40,000
100 nm	7.8×10^{-11}	3.14×10^{-5}	400,000
10 nm	7.8×10^{-13}	3.14×10^{-6}	4,000,000

순환 전압전류법을 사용하여 반응 메커니즘을 결정할 때, 광범위한 전위 주사 속도 범위를 사용하는 것이 바람직하다는 점을 상기하라. 하지만, 전위 주사 속도가 증가할수록 충전 전류가 패러데이 전류보다 더 빠르게 증가하기 때문에, 이용 가능한 전위 주사 속도의 크기에는 제한이 있다. 충전 전류와 패러데이 전류 모두 전극의 면적이 작아지면 감소한다. 하지만, 비선형 확산(nonlinear diffusion)은 (실험자의 관점에서 볼 때 좋은 측면에서) 패러데이 전류에만 영향을 미치기 때문에, 전극의 면적이 작을수록 패러데이 신호 전류에 비해 충전 전류에 의한 신호는 상대적으로 작다. 전극의 치수가 나노미터(nm) 척도에 가까워지면서[나노전극(nanoelectrode, NE)] 이러한 효과는 더욱 극명해진다.

표 16.4에는 전극 지름의 감소에 따른 원판 전극에 대한 몇 가지 비교 데이터가 수록되어 있다. 평면 확산 대비 비평면적 확산의 상대적 증가에 대한 척도로 전극의 면적 대비 둘레의 비율을 사용 할 수 있다. 1 mm 직경의 전극에서 10 μm 직경의 전극으로 전환할 때 이 비율, 즉 전극의 면적 대비 둘레의 비율이 1,000배 증가하는 반면 평면 확산으로 인한 충전 전류와 패러데이 전류는 전극 면적의 감소로 인해 100,000배 감소했다. 상대적 척도로는 충전 전류가 패러데이 전류보다 1,000배 이상 감소했다. 즉, 이는 신호 대 잡음 비율이 1,000배 증가했다는 의미이다. 그림 16.22와 16.23은 초미세전극(UME) 사용의 실질적인 장점을 보여준다. 170만 V/s(그림 16.22D)의 전위 주사 속도에서도 5 μm 전극의 페러데이 전류 피크 형태는 그림 16.20B에서 볼 수 있는 150 V/s 전위 주사 속도에서 얻은 1 mm 전극의 그것보다 우수하다. 매우 빠른 전위 주사 속도를 활용하여 마이크로 스케일 이상의 전극으로 수행해 오던 것보다 훨씬 더 높은 반응 속도에 대한 반응속도론적 측정을 수행할 수 있다.

그림 16.23은 두 가지 다른 전위 주사 속도에서 얻은 안트라센(anthracene)의 순환 전압전류도를 나타낸다. 심지어 100 V/s에서도, 안트라센의 산화는 완전히 비가역적인 것으로 나타나, 매우 빠른 화학적 반응이 전기화학적 산화에 연이어 일어나 매우 안정적인 최종 생성물(end product)이 생성된다는 것을 의미한다. 100 V/s의 전위 주사 속도도 일상적인 (mm 수준) 전극에 적용 가능한 범위를 벗어난다. 하지만, 5 μm 수준의 백금 원판 전극에서는 충전 전류가 거의 관찰되지 않는다. 전위 주사 속도를 100배 증가시키면 산화환원 쌍과 연관된 환원 전류가 관찰된다. 즉, 10,000 V/s의 전위 주사 속도를 사용하면 전기화학적 산화 반응에 이어지는 화학 반응의 속도를 넘어서서 역(reverse) 산화 전류 피크를 관찰할 수 있다. 이와 같은 순환 전압전류도에서 반응속도록적 매개변수를 추정할 수 있다. 10 KV/s의 전위 주사 속도에서 얻은 산화 전류 피크(아래쪽)는 약 1.0 V에서 발생하며, 주사는 되돌리기 전 +1.3 V까지 계속된다. 환원 전류 피크는 약 0.9 V에서 발생한다. 따라서 산화 전류 피크와 환원 전류 피크 사이에 일정전위기는 10,000 V/s의 전위 주사 속도로 총 0.7 V 범위를 주사하였다. 이를 통해 전기화학적 산화에 이어지는 화학 반응이 발생하는 데 70 μs 이상의 시간이 소요되므로, 해당

비교 및 대조_Compare and Contrast

기기 비용

반응 속도를 통한 메커니즘적 연구에 사용되는 다른 분석기기들을 고려하라. 고속 광학 장치를 갖춘 고품질의 흐름정지형(stop-flow) 시스템은 $1,000에서 $2,000 정도의 연간 유지관리 비용과 함께 $30,000에서 $60,000 정도의 구입 비용을 필요로 할 것이다. 적당한 품질의 초전도성 핵자기공명분광기는 $200,000 이상이며, 연간 유지관리 비용은 $10,000에서 $20,000이다. 그러나 나노암페어(nA)의 전류를 측정할 수 있는 고속 일정전위기(potentiostat)의 경우 유지 관리 비용이 거의 없으며, $20,000에서 $25,000의 구입 비용만을 필요로 할 것이다.

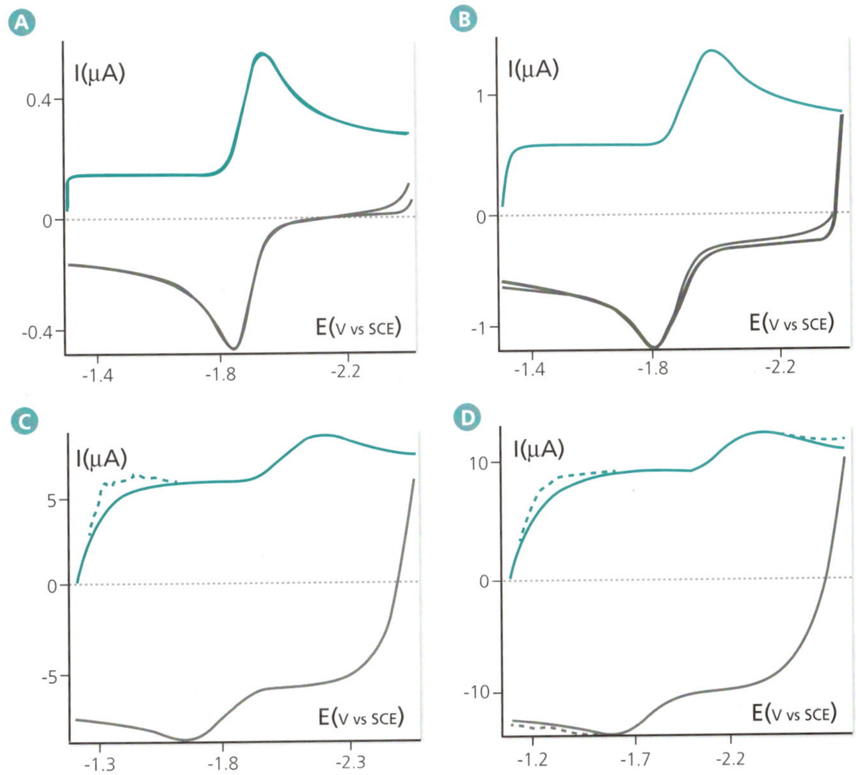

그림 16.22 (A) 22 kV/s, (B) 56 kV/s, (C) 320 kV/s, (D) 1.7 MV/s의 전위 주사속도로 초미세전극(UME)에서 10 mM 안트라센(anthracene) 용액으로부터 얻은 전압전위도. 작업 전극은 5 μm의 금 원판 전극임.

화학 반응의 반응 속도 상수는 $1.4 \times 10^4\ s^{-1}$ 미만임을 알 수 있다.

매우 작은 면적의 전극을 사용하는 것과 관련된 장점은 Ohm의 법칙과 관련이 있다. IR 강하 문제는 원하는 높은 신호(전류)를 얻고자 할 때 용액에 내재된 저항으로 인해 상당한 전위 손실을 유발하기 때문에 발생한다는 점을 상기하라. 그러나 초미세전극(UME)과 나노전극(NE)을 사용하여 매우 작은 전류를 측정하면, IR 강하는 무시할 수 있다. 마찬가지로, 이동(migration)에 따른 물질 운반은 소형 전극에서 크게 감소한다. 실제로, 보조 전해질 없이 용액에서, 그리고 심지어 기체상에서도 전기화학이 가능하다.[26]

그렇다면, 왜 우리는 초미세전극(UME)과 나노전극(NE)을 정기적으로 사용하지 않을까? 장점에는 항상 반대급부(trade-off)가 수반되며, 이 질문에 대한 대답은 이전 단락과 그림 16.23에 제시되어 있다. 이 작은 전극에서 관찰되는 매우 작은 전류의 크기는 대부분의 전기화학적 기구가 나타내는 잡음 수준보다 훨씬 낮다. 나노암페어(nA)

[26] 이러한 예는 많지만, 다음의 문헌을 추천한다. Ultramicroelectrode Electrochemistry—Theory and Applications, Lyons, M. (editor), *Sensors*, **2013**, *13*.

수준의 전류를 감지하도록 특별히 설계된 기기들도 이와 같이 낮은 수준에서의 신호 대 잡음 비율 문제로 어려움을 겪는다. 전기화학 전지와 많은 배선은 전자기파 간섭으로부터 보호되고 전지와 기기 사이의 모든 배선 역시 가려지는 패러데이 바구니(Faraday cage) 안에 유지되어 있어야 한다. 다시 말해, 이와 같은 작은 크기의 전극으로 전기화학 실험을 수행하기 위해서는 금전적/시간적 비용이 발생하는 것이다.

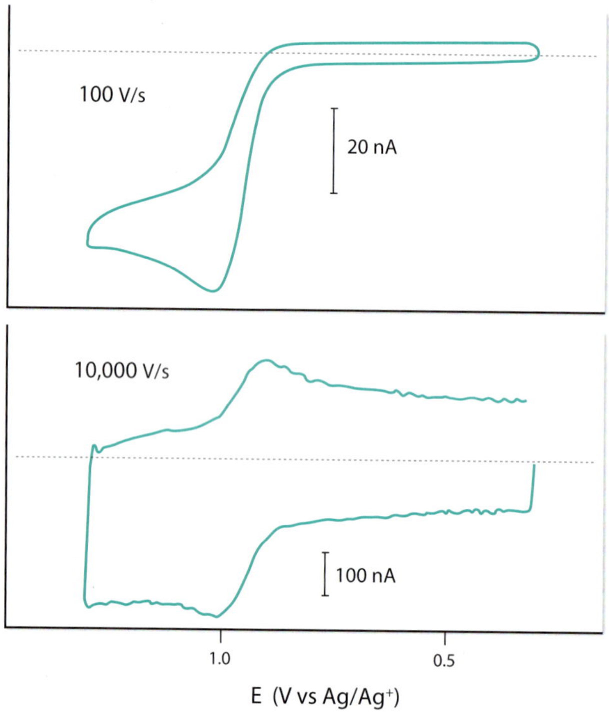

그림 16.23 아세트나이트릴(acetonitrile)[0.6 M 테트라에틸 인산암모늄(tetraehtyl ammonium phosphate)을 지지전해질로 포함한] 용매 내의 2.4 mM 안트라센(anthracene)의 산화를 나타내는 순환 전압전류도가 5 μm 크기의 백금 원판 전극을 사용하여 100 V/s와 10,000 V/s의 전위 주사 속도에서 얻어졌다.

▶ **프로파일** _*Profile*

단일 세포에서의 순환 전압전류법

Wightman과 동료들은 살아있는 쥐에서 순환 전압전류법을 수행하기 위해 5 μm 탄소 섬유 전극을 사용하였다. 얻어진 순환 전압전류도는 쥐의 뇌에 존재하는 도파민(dopamine)의 전기화학적 산화와 환원에 대한 전압전류계 반응을 보여준다. 초미세전극이 사용되었기 때문에 지지 전해질로 용매의 전도성을 높이기 위한 노력은 필요 없다.

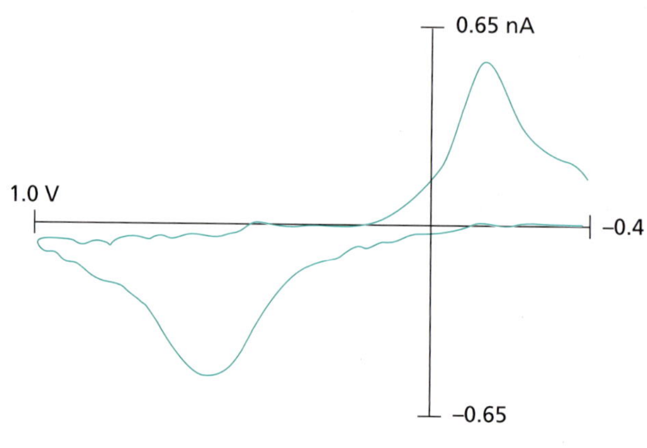

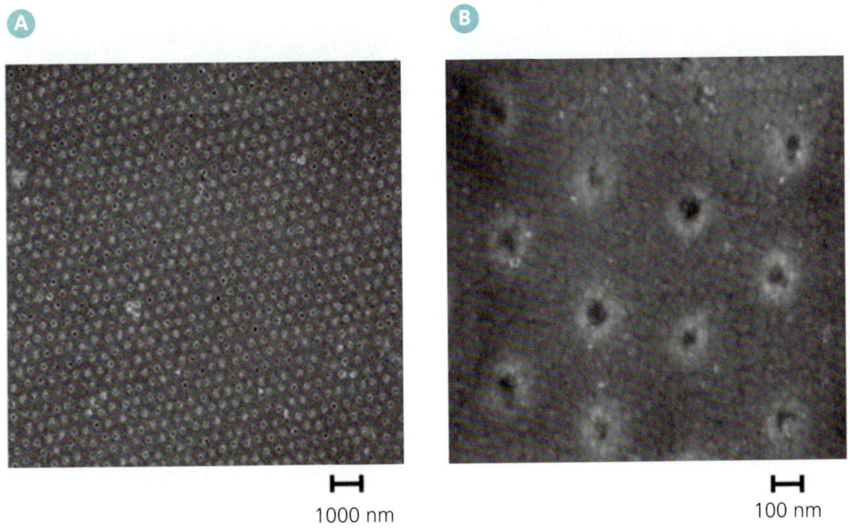

그림 16.24 초미세마이크로어레이(ultramicroarray) 전극의 예. (A) 전체 전극 어레이는 1 mm^2 격자에 500만 이상의 초미세전극(UME)(각각의 직경 100 nm)들이 존재함을 나타낸다. (B)에서 초미세마이크로어레이 전극의 클로즈업 화면을 볼 수 있다.

초미세전극(UME) 및 나노전극(NE)을 사용하여 얻은 장점과 이러한 비용의 균형을 맞추는 한 가지 방법은 어레이(array) 전극을 사용하는 것이다(그림 16.24). 이와 같이 크기가 작은 전극은 그 작은 크기로 인해, 각 전극 간 거리를 전극 지름의 10~50배 정도로 분리하여 여러 전극들을 함께 배열할 수 있다. 1 μm 전극들을 서로 25 μm씩 분리하여 50 × 50 격자(grid)에 배열하면, 총 전극 크기는 약 1 cm 정도이며 합산된 전류는 2500배 증가한 신호, 즉 nA 범위에서 μA 범위의 신호를 발생시키고 이는 일반적인 장치를 통해 쉽게 측정 가능하다.

문제 16.33 지름이 1 μm인 전극들을 포함하는 마이크로어레이(microarray) 전극을 제작하고자 한다. 전극들이 서로 간섭하지 않도록 하려면 최소 직경의 10배(10 μm)씩 모든 인접 전극들이 분리되어야 한다. 전극을 위한 1.5 × 1.5 mm 면적의 사각형 지지면(square support)이 있다면, 어레이 배열에 몇 개의 전극을 장착할 수 있는가?

문제 16.34 표 16.4를 참조하고, 문제 16.33에서 설계된 어레이 전극에 대해 생각해 보라. 직경이 1 mm인 전극에 비해 신호 대 잡음 비율은 어느 정도 증가할 것으로 예상하는가? 어레이 전극 중 하나에서 관찰되는 전류가 1 mm 전극에 비해 몇 배 감소할 것으로 예상하는가? 하나의 전극이 아닌 전체 어레이 전극을 사용할 때의 전류 비율은 얼마인가?

16.7 유용한 자료

표 16.5와 16.6에는 전압전류계 측정에 미치는 온도의 영향을 이해하는 데 도움이 될 수 있는 정보가 수록되어 있다. 표 16.7에는 전기화학에 사용되는 일반적인 비수용매(nonaqueous)를 건조하는 몇 가지 방법들이 설명되어 있다.

표 16.5 ▸ 기준 전극의 온도 의존성*

T(°C)	칼로멜 0.1 M KCl	포화 칼로멜	Ag/AgCl 1.0 M KCl
0	336.7	259.18	236.55
5	—	—	234.13
10	336.2	253.87	231.42
15	336.1	251.1	228.57
20	335.8	247.75	225.57
25	335.6	244.53	222.34
30	335.4	241.18	219.04
35	335.1	237.6	215.65
40	334.5	234.49	212.08
45	—	—	208.35
50	331.5	227.37	204.49
55	—	—	200.56
60	324.8	223.5	196.49
70	—	—	187.82
80	—	208.3	178.7
90	—	—	169.5

*표준 수소 전극 대비 $E_{mV}°$

From Shugar, G. J.; Dean, J. A. *The Chemist's Ready Reference Handbook*. McGraw-Hill: New York, NY, 1990.

표 16.6 ▸ $\frac{2.3026RT}{F}$(mV)의 온도 의존성

T(°C)	$\frac{2.3026RT}{F}$	T(°C)	$\frac{2.3026RT}{F}$	T(°C)	$\frac{2.3026RT}{F}$
0	54.199	35	61.144	70	68.088
5	55.191	40	62.136	75	69.080
10	56.183	45	63.128	80	70.073
15	57.175	50	64.120	85	71.065
20	58.167	55	65.122	90	72.057
25	59.159	60	66.104	95	73.049
30	60.152	65	67.096	100	74.041

From: Shugar, G. J. and Dean, J. A. The Chemists Ready Reference Handbook, McGraw-Hill, New York, 1990.

표 16.7 ▸ 용매 건조 기술*

THF	테트라하이드로푸란(Tetrahydrofuran). THF는 3 Å의 분자체(sieves)나 CaH_2를 사용하여 선행 건조 과정을 거쳐야 한다. 고체 소듐(sodium)과 벤조페논(benzophenone)을 THF 용기에 가하고 N_2 분위기에서 환류(refluxed)한다. THF가 엄밀히 건조되면, 벤조페논의 환원을 통해 형성된 자유 라디칼(free radical)로 인한 진한 파란색을 THF 용기에서 관찰할 수 있다. 건조한 THF는 이후에 질소 분위기에서 증류한다. THF 용기가 주황색으로 변하면, 새로운 소듐과 벤조페논을 재충전할 시기이다.
DMSO	황산화디메틸(Dimethyl sulfoxide). DMSO를 건조시키는 가장 편리한 방법은 4 Å의 분자체(sieves)를 사용하는 것이다. 하지만 이 방법은 6~10 ppm 범위의 수분 함량을 나타낸다.† DMSO는 끓는점이 매우 높기 때문에 좋은 결과를 얻으려면 증류 방법을 진공 상태에서 수행해야 한다. 보고된 증류 방법에는 CaH_2, $MgSO_4$ 또는 $CaSO_4$를 사용한 증류를 포함하며, 건조한 DMSO는 4 Å의 분자체(sieves)를 사용하여 저장한다.
DMF	디메틸폼아미드(Dimethyl formamide). DMF는 고온에서나 산(acid) 혹은 염기(base)가 존재할 때 분해된다. DMF를 4 Å의 분자체(sieves) 존재 하에서 최소 12시간 이상 유지하고, 이 후에 DMF를 기울여 따르고(decant) 과열되는 것을 방지하기 위해 진공 상태에서 증류한다. 건조한 DMF는 4 Å의 분자체(sieves)를 사용하여 저장할 수 있다.
ACN	아세트나이트릴(Acetonitrile)은 4 Å의 분자체(sieves), $CaSO_4$ 또는 CaH_2를 사용하여 선행 건조 과정을 거쳐야 한다. 수산화칼슘(calcium hydride)을 ACN 용기에 첨가하고 N_2 분위기에서 증류한다. 건조한 ACN은 4 Å의 분자체(sieves)를 사용하여 저장할 수 있다.

*표준 일반적인 용매 건조 방법에 대한 추가적인 정보를 얻기 위해서는 다음 문헌을 참조하라. 445 – 447 of The Chemist's Companion by A. J. Gordon and R. A. Ford, John Wiley & Sons, 1972.

†Gayloard Chemicals—Technical Notes.

16.8 심화자료

Books

Bard, A. J.; Faulkner, L. R. *Electrochemical Methods: Fundamentals and Applications*, 2nd ed. John Wiley & Sons: New York, **2000**.

Gosser, D. K. *Cyclic Voltammetry: Simulation and Analysis of Reaction Mechanisms.* John Wiley & Sons: New York, **1993**.

Monk, P. M. S. *Fundamentals of Electroanalytical Chemistry*. Wiley: Chichester, UK, **2001**.

Wang, J. *Analytical Electrochemistry.* Wiley-VCH: Hoboken, NJ, **2006**.

Journals

Dickinson, E. J. F.; Limon-Peterson, J. G.; Rees, N. V.; Compton, R. G. How Much Supporting Electrolyte Is Required to Make a Cyclic Voltammetry Experiment Quantitatively "Diffusional"? A Theoretical and Experimental Investigation. *J. Phys. Chem. C.*, **2009**, *113*, 11157–11171.

Jo, A., Do, H., Jhon, G.-J., Suh, M., Lee, Y. Electrochemical Nanosensor for Real-Time Direct Imaging of Nitric Oxide in Living Brain. *Anal. Chem.*, **2011**, *83*, 8314–8319.

Wang, H., Pilon, L. Accurate Simulations of Electric Double Layer Capacitance of Ultramicroelectrodes. *J. Phys. Chem. C.*, **2011**, *115*, 16711–16719.

16.9 연습 문제

16.1 어떠한 표준 불균일 속도 상수(standard heterogeneous rate constant, k_s) 값(m/s의 단위)으로 전기화학적 가역성(reversible), 준가역성(quasi-reversible), 비가역성(irreversible)을 지정할 수 있는가?

16.2 3-전극 전지의 각 전극은 각기 어떠한 용도로 사용되는가?

16.3 3-전극 전지에서 상대 전극과 본체 용액 사이의 다공성 분리기(porous separator)의 용도는 무엇인가?

16.4 순환 전압전류법 실험에서 전류가 증가하고 급격히 감소하는 이유를 설명하라. 전류 값이 0으로 떨어지지 않는 이유는 무엇인가?

16.5 다음 용어를 정의하라.

(a) 시간전류법(chronoamperometry)

(b) 산화전극(anode)

(c) 이동(migration)

(d) 대류(convection)

(e) 전위 주사 속도(sweep rate)

(f) 메커니즘(mechanism)

(g) 초미세마이크로(ultramicro)

(h) 전해(electrolytic)

16.6 1.75×10^{-3} M 농도의 금속 이온 용액을 사용하여 한쪽 가장자리 길이가 0.5 cm인 정사각형 전극으로(전극의 한쪽 면만이 용액에 노출되어 있음) 순환 전압전류법 실험을 수행하였다. 50 mV/s의 전위 주사 속도를 사용하여 62.9 μA의 피크 전류를 측정하였다. 금속 이온의 확산 계수는 얼마인가?

16.7 알려지지 않은 크기의 원판 전극으로 7.21×10^{-10} m²/s의 확산 계수를 가진 알려진 유기물 양이온의 순환 전압전류법 실험을 수행하였다. 해당 양이온은 2-전자의 전기화학적 환원 과정을 거치는 것으로 알려져 있다. 100 mV/s의 전위 주사 속도를 사용하여 2.0 mM 농도의 양이온 용액으로 피크 전류 78 mA의 피크 전류를 관찰하였다. 전극의 면적은 얼마인가?

16.8 1.0 mm 직경의 백금 원판 전극을 사용하여 새로운 $Rh(phen)L_4^{2+}$ 착물 3.05×10^{-3} <u>M</u> 용액에 대하여 환원 전위를 가하면서 시간전류법을 수행하였다. $t^{-1/2}$ 대비 i_{cat} 그래프의 기울기는 3.66×10^{-6} A·s$^{1/2}$이었다. 문헌조사에 따르면, $Ru(phen)L_4^{2+}$와 $Pd(phen)L_4^{2+}$의 확산 계수는 각각 1.1×10^{-5} cm²/s, 7.2×10^{-6} cm²/s이다. (*힌트*: 주기율표를 참조하라.) $Rh(phen)L_4^{2+}$의 시간전류법을 통한 전기화학적 환원 과정에서 전달된 전자 수(n)를 합리적으로 추정하라. [*phen*이라는 용어는 중성 페난트로린(phenanthroline) 리간드를 지칭한다.]

16.9 특정 전기화학적 시스템에 대해 0.203 V의 ΔE_p를 측정하였다. 이 결과에 대해 어떤 논리적 설명을 할 수 있는가? *힌트*: 그림 16.12와 함께 제공되는 텍스트를 고려하라.

16.10 만약 37°C에서 체내 종(신체 내)의 순환 전압전류법을 수행하였다면, 2-전자 과정이라고 가정했을 때 어떤 ΔE_p를 측정하겠는가?

16.11 그림 16.12에 표시된 각 순환 전압전류도에 대해 ΔE_p를 측정하라. 각 경우에, 순환 전압전류도가 가역적 시스템을 나타낸다고 생각할 수 있는가? 설명하라.

16.12 그림 16.12에 표시된 각 순환 전압전류도에 대해 E^0를 측정하라. 측정한 결과를 통해 비가역적 시스템에 대해 방정식 (16.16)을 사용하는 신뢰성에 대해 어떤 사실을 알 수 있는가?

그레인저의

핵심 기기분석

INSTRUMENTAL ANALYSIS

부록

Appendix

약어와 두문자어의 표

약어	의미
A	흡광도
a	선택 인자
AAS	원자 흡수 분광법
AC	교류
ADC	아날로그-디지털 변환
AE	Auger 전자
AED	원자 발광 검출기
AES	원자 발광 분광법
AFM	원자 힘 현미경
Ag/AgCl	은/염화은(기준 전극)
AMF	원자 힘 현미경
AMS	가속기 질량 분석법
ANOVA	분산 분석
APCI	대기압 화학 이온화
API	대기압 이온화
AS	Auger 전자 분광법
ASTM	미국 재료시험학회
ATR	감쇠 전반사
AU	흡광도 단위(때로는 임의의 단위)
b	선형식의 절편
b	회절 각
bis	N,N′-메틸렌비스아크릴아마이드
BJT	양극성 접합 트랜지스터
B_o or B	외부 자기장
^{13}C NMR	탄소-13 핵자기 공명(분광법)
C	쿨롱
C	전도도
CA	시간-전류법
CCD	전하 결합 소자

약어	의미
CD	컴팩트 디스크
CE	모세관 전기 영동
CE-MS	모세관 전기 영동-질량 분석법
CFP	시안 형광 단백질
CGM	지속적 혈당관찰 기기
CI	화학 이온화
CI	신뢰구간
CL	신뢰 한계
cm^{-1}	파수 또는 역 센티미터
CSP	키랄 고정상
CTAB	세틸트리메틸안모늄프로미드
CV	순환 전압-전류법
d	FTICR의 들뜸판 사이의 거리
D	(선형) 분산
DAC	디지털-아날로그 변환
D_b	(각) 분산
DC	직류
DCP	직류 플라스마
df	자유도
D_m	이동상의 확산 계수
DMA	동역학적 분석
DMF	다이메틸폼아마이드
DMSO	디메틸술폭시드
DMTA	동적 재료 열분석
DNA	데옥시리보핵산
DO	용존 산소
DPK	다이-2-피리딜 케톤
DSC	시차 스캐닝 열계량법
DTA	시차 열분석
DTGS	중수소화 황산 트리글리신
e	전자의 기본 전하
E	전위(전압)
E	전기장 세기
e/h	전자-정공 짝
E^0	표준 전위
$E^{0\prime}$	형식 전위
$E_{1/2}$	CV에서 반파 전위
ECD	전자 포획 검출기
E_{cell}	전지 전위
EDL	무전극 방전등
EDXRF	에너지 분산형 X-선 형광 분광 광도계
EI	전자 이온화 또는 전자 충격 이온화

약어	의미
$E_{indicator}$	지시 전극의 전위
ELCD	전기 화학 검출기
EMR	전자기 복사
EMS	전자기 스펙트럼
E_{obs}	관측된 전위
EOF	전기삼투 흐름
$E_{p,a}$	CV에서 산화전극 (산화) 피크의 전위
$E_{p,c}$	CV에서 환원전극 (환원) 피크의 전위
E_{probe}	탐침 전위
$E_{reference}$	기준 전극의 전위
ESEM	환경적 스캐닝 전자 현미경
ESI	전자분무이온화
F	패러데이 상수
F	패러드(기본 단위)
f	마찰 계수(전기영동)
$f_{(x)}$	정규 확률 분포 함수
FAAS	불꽃 원자 흡수 분광법
FAD	플라빈 아데닌 디뉴클레오티드
$FADH_2$	플라빈 아데닌 디뉴클레오티드의 환원형
FAMEs	지방산메틸에스터
F_B	자기장에서 이온이 겪는 힘
F_c	평균 운반 기체 속도(기체 크로마토그래피)
F_C	구심력(질량 분석법)
f_c	FTICR에서 이온의 세차 운동 빈도
F_{crit}	통계적 F-테스트에 사용된 임계 F 값
FDA	식약청
F_E	정전기장에서 이온이 겪는 힘
$Fe(Cp)_2$	페로센
FET	장 효과 트랜지스터
F_{exp}	통계적 F-테스트에서 사용된 실험 데이터로부터 결정되어진 계산된 F 값
$f_{H/M}$	주어진 금속 이온(M)에 대한 양성자의 선택 계수
FID	유도 자유 감쇠
FID	불꽃 이온화 검출기
fMRI	기능적 자기 공명 기록법
FOV	관측 시야
FPD	불꽃 광도 검출기
FRET	형광(또는 Forster)공명에너지전이 분광법
FSOT	용융 실리카 열린 관(컬럼)
FT	Fourier 변환
FTICR	Fourier 변환 이온 사이클로트론 공명 질량 분석기
FTIR	Fourier 변환 적외선 (분광법)
FT-NMR	Fourier 변환 핵자기 공명 (분광법)

약어	의미
FT-Raman	Fourier 변환 라만 (분광법)
FZP	Fresnel 띠판
G	전도도(전위차법 그리고 탐침)
γ	자기 회전 비율
GC	기체 크로마토그래피
GC-FTIR	기체 크로마토그래피-Fourier 변환 적외선 (분광법)
GC-MS	기체 크로마토그래피-질량 분석법
G_{crit}	통계적 Grubbs 테스트에 사용된 임계 G 값
G_{exp}	통계적 Grubbs 테스트에서 사용된 실험 데이터로부터 결정된 계산된 G 값
GFAAS	흑연로 원자 흡수 분광법
GFC	젤거름 크로마토그래피
GLC	기체-액체 크로마토그래피
GO_x	글루코스 산화효소
GPC	젤투과 크로마토그래피
GSC	기체-고체 크로마토그래피
^{1}H NMR	양성자 핵자기 공명 (분광법)
H (also HETP)	이론적 단 높이
HCL	속빈 음극 램프
HIC	소수성 상호 작용 크로마토그래피
HOMO	가장 높은 점유 분자 오비탈
HPLC	고성능 액체 크로마토그래피(또한 고압 액체 크로마토그래피)
Hz	헤르츠
hv	플랑크 상수 시간 진동수(또한 광자를 나타내는 일반적인 방법)
I	직류 (전자공학)
$i_{(t)}$	시간-전류법 실험에서 시간(t)에서 측정된 전류
ICP	유도 결합 플라스마
ICP-AES	유도 결합 플라스마-원자 발광 분광
ICP-MS	유도 결합 플라스마-질량 분석법
ICR	이온 사이클로트론 공명 (질량 분석법)
ICs	집적 회로
IEC	이온교환 크로마토그래피
$i_{forward}$	SWV(네모파 전압-전류법)에서 정방향 펄스로 측정된 전류
i_p	CV(순환 전압-전류법) 피크에서 측정된 전류
$i_{reverse}$	SWV(네모파 전압-전류법)에서 역방향 펄스로 측정된 전류
IRMS	동위 원소비 질량 분석법
ISE	이온 선택성 전극
J	줄
j	기체 압축 보정 인자
J_k	전극에 대한 k 종의 선속 밀도
k	Boltzmann 상수
K	반응에 대한 평형 상수
K_α	K-껍질 한 준위 위에서 떨어지는 전자로 인한 X-선 방출

약어	의미
K_β	K-껍질 두 준위 위에서 떨어지는 전자로 인한 X-선 방출
K_{cf}	용량 인자
K_D	분포 계수
KE	운동 에너지
K_{OW}	옥탄올:물 분포 상수
K_p	분배 계수
k_R	머무름 인자
k_s	전극에서 산화-환원 반응에 대한 표준 불균일 속도 상수
L	평균 자유 행로 (질량 분석법)
L	길이
Λ	몰 전도도 (모세관 전기 영동)
LASER	방사선의 유도 방출에 의한 빛의 증폭
LC	액체 크로마토그래피
LC-MS	액체 크로마토그래피-질량 분석기
LDR	선형 동적 영역
LED	발광 다이오드
LIBS	레이저-유도 파열 분광법
LOD	검출 한계
LOQ	정량 한계
LUMO	가장 낮은 비점유 분자 오비탈
M	분석물 분자 (질량 분석법)
M	몰농도
m	질량
m	선형식의 기울기
MO	분자 오비탈
m/z	질량대 전하 비
MALDI	매트릭스-보조 레이저 탈착 이온화법(질량 분석법)
MCT	수은 카드뮴 및 텔루라이드
MDGC	다차원 기체 크로마토그래피
MECK	미셀 동전기 모세관 크로마토그래피
μ_{eo}	전기 삼투 이동도
MHz	메가헤르츠($1 \times 10^6\ s^{-1}$)
ML_6	6개의 리간드에 배위된 전이 금속
M_o	자기 모멘트
MP	마이크로파 플라즈마
MP-AES	마이크로파 플라즈마-원자 발광 분광학
MRI	자기 공명 영상
MS	질량 분석법
MS-MS	이단계 탠덤 질량 분석법
MS-MS-MS	삼단계 탠덤 질량 분석법
n	반응물 1몰당 이동한 전자의 수(산화 환원 반응에서)
n	주양자수

약어	의미
N	표본 또는 모집단의 측정 수
BK7	붕소규산염 크라운 유리
NCL (also NLCL)	음이온 화학 이온화
Nd-YAG	네오디뮴-도핑 이트륨 알루미늄 가넷; Nd:$Y_3Al_5O_{12}$
NE	나노전극
NHE	정규 수소 전극
NICI (also NCI)	음이온 화학 이온화
nm	나노미터
NMR	핵자기 공명 (분광학)
NPN	n형/p형/n형 반도체로 구성된 BJT(양극성 접합 트랜지스터)
N_t	이론단수
OD	흡광도
Ox	산화 환원 반응에서 반응물의 산화된 형태
^{31}**P NMR**	인-31 핵자기 공명 (분광법)
P	압력
p	전자 운동량(SEM)
PA	폴리아크릴아마이드
PAGE	폴리아크릴아마이드 젤 전기 이동
PFGE	펄스장 젤 전기 이동
P_i	도입 기체 압력(기체 크로마토그래피)
pI	단백질이 중성이 되는 pH
PID	광이온화 검출기
PLOT	다공성
PMT	광전자 증배관
PNP	p형/n형/p형 반도체로 구성된 BJT (양극성 접합 트랜지스터)
ppb	10억 분의 1
ppm	100만 분의 1
PSU	실용 염분 단위
PTFE	폴리테트라플루오로에틸렌
PVC	폴리바이닐 클로라이드
PVDF	폴리바이닐리덴 플루오라이드
PZT	지르코늄 티탄산 납
q	이온 전하(전기 영동)
Q or Q_{eq}	평형 상태가 아닌 반응에 대한 반응 지수
Q_{crit}	통계적 Q 테스트에서 임계 Q 값
Q_{exp}	통계적 Q 테스트에서 실험 데이터로부터 결정된 계산된 Q 값
QIT	사중 극자 이온 트랩
QSPR	정량적 구조 특성 관계
R	아크의 반지름(질량 분광법)
R	기체 법칙 상수
R	저항기(전자 장치)
r	유체 역학적 부피(전기 영동)

약어	의미
R^2	정량 계수
RC	저항 값의 곱과 콘덴서 값의 곱
r_c	FTICR에서 이온의 오비탈 반지름
Red	산화 환원 반응에서 반응물의 환원된 형태
RET	공명 에너지 전달 분광법
RF or *rf*	라디오파 진동수
RNA	리보핵산
RPC	역상 크로마토그래피
R_s	분별능
S	전체 염도
s	시료의 표준 편차
SE	표준 오차
S/N	신호-대-잡음 비
S_0	단일항 바닥 상태
S_1	첫 번째 들뜬 단일항 상태
SAX	강한 음이온 교환 크로마토그래피
s_{blnk}	바탕 측정에서의 표준 편차
s_c	선형 회귀 방정식에서 y 측정 값으로부터 계산된 x 값의 표준 편차
SCE	포화(표준) 칼로멜 기준 전극
SCOT	고체 코팅 열린 관(컬럼)
SCX	강한 양이온 교환 크로마토그래피
SDD	실리콘 표류 검출기
SDS PAGE	소듐 도데실 설페이트 폴리아크릴아마이드 젤 전기영동
SE	지지 전해질
SEC	크기별 배제 크로마토그래피
SED	이차 전자 검출
SEM	스캐닝 전자 현미경
SHE	표준 수소 전극
SIMS	이차 이온 질량 분석법
SS_{y-y}	잔류값 제곱의 합
STA	동시 열 분석
STM	스캐닝 터널링 현미경
SWV	네모파 전압-전류법
S_{x-x}	x 값의 평균과 차이의 제곱 합
s_y	y 추정치의 표준 오차(Excel LINEST 함수)
T	온도(보통 켈빈)
t	주어진 자유도 값에 대한 정규 분포에 대한 t 분포 값
T	투과도(광학 분광법)
T_1	세로(또는 스핀-격자) 이완 (NMR)
T_1	첫 번째 들뜬 삼중항 상태(전자 들뜸)
T_2	가로 방향 이완(NMR)
T_2	두 번째 들뜬 삼중항 상태(전자 들뜸)

약어	의미
TAC	총 가용 염소
TCD	열전도도 검출기
TEM	투과 전자 현미경
$\mathbf{t_{excite}}$	FTICR에서의 들뜸 펄스 시간
TGA	열무게 분석
TGA-FTIR	열무게 분석-Fourier 변환 적외선 분광학
TGA-MS	열무게 분석-질량 분석법
THF	테트라하이드로퓨란
TID	열이온화 검출기
TIMS	열이온화 질량 분석법
TLC	얇은 층 크로마토그래피
$\mathbf{t_m}$	무효 시간
TMS	테트라메틸실레인
TOF	비행 시간
$\mathbf{t_r}$	머무름 시간
TXRF	총 반사 엑스선 형광 분광기
UME	초소형 전극
UPLC or UHPLC	초고성능 액체 크로마토그래피
UV-Vis	자외선-가시선(분자 분광법 및 기기)
V	전압(질량 분석법)
V	말단 바이어스 전위(STM)
V	볼트(기본 단위)
VBT	원자가 결합이론
$\mathbf{V_N}$	순조정 머무름 부피(가스 크로마토그래피)
$\mathbf{V_{p\text{-}p}}$	FTICR에서 rf 신호의 진폭
$\mathbf{V_r}$	상 부피비(액체 크로마토그래피)
$\mathbf{V_r}$	머무름 부피(기체 크로마토그래피)
$\mathbf{V_R^o}$	조정된 머무름 부피(기체 크로마토그래피)
W	와트
ω	라모르 주파수
WAX	약한 음이온 교환 크로마토그래피
$\mathbf{W_b}$	바탕선의 피크 너비
WCOT	벽 코팅 열린 관(칼럼)
WCX	약한 양이온 교환 크로마토그래피
WDXRF	파장 분산형 X선 형광 분광 광도계
$\mathbf{W_h}$	반높이 피크너비
XPS	X선 유도 광전자 분광법
$\mathbf{x_q}$	의심되는 데이터 값
XRF	X선 형광 분광법
YFP	황색 형광 단백질
$\mathbf{y_{i,act}}$	실험 데이터의 실제 y 값
$\mathbf{y_{i,calc}}$	선형 회귀 방정식으로부터 계산된 y 값

약어	의미
YSZ	이트륨-안정화된 지르코니아
z	이온 전하(질량 분석)
Z	원자 번호
Z	임피던스
ζ	제타 전위
γ	변형 혹은 당김(기계적 응력 분석)
ΔG	반응의 깁스 자유 에너지의 변화
ΔG^0	반응의 자유 에너지 표준 변화
ΔH	엔탈피 변화
ε	몰 흡광계수(광학 분광학)
ε	유전 상수 또는 상대 유전율(전기 영동)
η	액체의 점도
λ	파장
μ	평균 입자수
μ_{app}	겉보기 이동도
μ_{ep}	전기 이동도
ν	선형유속(크로마토그래피)
ν	훑음 스캔 속도(전기화학)
ν_{app}	겉보기 속도
ν_{eo}	전기 삼투 속도
σ	입자수의 표준편차
σ	가해진 응력(기계적 응력 해석)
σ_{Si}	모세관 벽의 전하 밀도(모세관 전기 영동)
ϕ	표면의 작업 기능(STM)
$\bar{X}$	표본의 평균

찾아보기

Index

ㅇ

그레인저의
핵심 기기분석
INSTRUMENTAL ANALYSIS

옮긴이 소개

경희대학교 화학과	김주훈
광주과학기술원 지구환경공학부	김태영
원광대학교 화학과	조원련
창원대학교 화학과	이용일*
한양대학교 화학분자공학과	이영복

(* 옮긴이 대표)

그레인저의

핵심 기기분석

INSTRUMENTAL ANALYSIS

| 발행일 2020년 3월 1일 1판 1쇄

| 지은이 Robert M. Granger II/Hank M. Yochum/
Jill N. Granger/Karl D. Sienerth

| 옮긴이 이용일, 김주훈, 김태영, 이영복, 조원련

| 발행인 박 종 성

| 발행처 사이플러스 Science plus

| 주 소 (우) 04003 서울특별시 마포구 잔다리로 101

| 전 화 332-6171

| 팩 스 332-6185

| 등 록 2005.10.20. 제 2005-00222호

| ISBN 979-11-88731-07-7 93430 값 42,000원

그레인저의

핵심 기기분석

INSTRUMENTAL ANALYSIS

중요 물리적 상수

상수	기호	값
Speed of light (*in vacuo*)	c	2.99792×10^{8} ms^{-1}
Planck's constant	h	6.62607×10^{-34} J s
Aogadro's number	N	6.022140×10^{23} particles mol^{-1}
Faraday constant	F	96485.33 C mol^{-1}
Gas constant	R	8.31446 J K^{-1} mol^{-1}
		0.0820578 L atm K^{-1} mol^{-1}
Boltzmann's constant	k	1.38065×10^{-23} J K^{-1}
Rest mass of the electron	m_e	9.10938×10^{-31} kg
Electronic charge	e	1.602177×10^{-19} C

에너지 변환 인자

	Joules	Ergs	Calories	Liter Atmosphere	Electrom Volts
1 joule =	1	10^{7}	2.3901×10^{-1}	9.8692×10^{-3}	6.2415×10^{18}
1 erg =	10^{7}	1	2.3901×10^{-8}	9.8692×10^{-10}	6.2415×10^{11}
1 calorie =	4.1840	4.1840×10^{7}	1	4.1293×10^{-2}	2.6114×10^{19}
1 Uter atmosphere =	1.0133×10^{2}	1.0133×10^{9}	24.217	1	6.3242×10^{20}
1 electron volt =	1.6022×10^{19}	1.6022×10^{-12}	3.8293×10^{-20}	1.5812×10^{-21}	1

유용한 변환 인자 및 관계식

길이

SI unit: Meter (m)

1 kilometer = 1000 meters
= 0.62137 mile
1 meter = 100 centimeters
1 centimeter = 10 millimeters
1 nanometer = 1×10^{-9} meter
1 picometer = 1×10^{-12} meter
1 inch = 2.54 centimeter (exacily)
1 Ångstrom = 1×10^{-10} meter

질량

SI unit: Kilogram (kg)

1 kilogram = 1000 grams
1 gram = 1000 milligrams
1 pound = 453.59237 grams = 16 ounces
1 ton = 2000 pounds

부피

SI unit: Cubic meter (m^3)

1 liter (L) = 1×10^{-3} m^3
= 1000 cm^3
= 1.056688 quarts
1 gallon = 4 quarts

압력

SI unit: Pascal (Pa)

1 pascal = 1 N/m^2
= 1 kg/m · s^2
1 atmosphere = 101.325 kilopascals
= 760 mmHg = 760 torr
= 14.70 lb/in^2

에너지

SI unit: Joule (J)

1 joule = 1 kg m^2/s^2
= 0.23901 calorie
= 1 C × 1 V
1 calorie = 4.184 joules

온도

SI unit: kelvin (K)

T(K) = T(°C)(l K/°C) + 273.15 K
T(°C) = (5°C/9°F)[T(°F) − 32°F]
T(°F) = (9°F/5°C) T(°C)+ 32°F

가시선 스펙트럼

파장 영역, nm	색깔	보충 색깔
400 ~ 435	Violet	Yellow-green
435 ~ 480	Blue	Yellow
480 ~ 500	Blue-green	Red
500 ~ 560	Green	Purple
560 ~ 580	Yellow-green	Violet
580 ~ 595	Yellow	Blue
595 ~ 650	Orange	Green-blue
650 ~ 750	Red	Blue-green

단위기호

A	ampere	Hz	hertz
Å	ångström	J	joule
atm	atmosphere	K	kelvin
C	coulomb	L	liter
°C	degree Celsius	M	mole/liter
°	angular degree	m	meter
eV	electron volt	min	minute
F	farad	s	second
G	gauss	T	tesla
g	gram	V	volt
h	hour	W	watt
		Ω	(omega) ohm

곱셈접두어

접두어	기호	인수
atto	a	10^{-18}
femto	f	10^{-15}
pico	p	10^{-12}
nano	n	10^{-9}
micro	µ	10^{-6}
milli	m	10^{-3}
centi	c	10^{-2}
deci	d	10^{-1}
kilo	k	10^{3}
mega	M	10^{6}
giga	G	10^{9}
tera	T	10^{12}